내가 뽑은 원픽! 최신 출제경향에 맞춘 최고의 수험서

2026
자동차정비 산업기사 필기

한권완성

이병근·박지은 공저

카페 닉네임

머리말

자동차 산업은 전통적으로 가솔린, 디젤, LPG 자동차를 단계적으로 발전시켜왔고, 현재는 환경까지 생각한 친환경 자동차(하이브리드, 전기, 수소 자동차 등)를 개발, 활성화하는 것은 물론이고, 더 나아가 무공해자동차 개발을 지향하고 있습니다. 이에 맞춰 한국산업인력공단에서는 변화하는 자동차 산업시장을 반영하여 국가직무능력표준(NCS)에 맞춰 출제기준을 새롭게 개정하였습니다.

출제기준이 개정됨에 따라 일반기계공학 단원이 없어지고, 친환경 자동차(하이브리드, 전기, 수소 자동차 등) 정비 단원이 추가되었습니다. 자동차정비에 관련한 이론과 NCS 학습모듈의 내용이 합쳐 새로운 문제가 다수 출제되는 경향을 보이고 있습니다. 이에 따라 기존의 단순 암기, 기출문제 위주 학습으로는 시험 합격에 어려움을 겪는 분들이 많아졌습니다.

이러한 문제점을 해결하기 위해 본교에서 가르친 학생들을 대상으로 자동차에 대한 기초지식, 이해하기 어려운 부분, 쉽게 놓치고 실수하는 부분을 파악하고 반영하여 새롭게 핵심이론을 정리하였습니다. 또한, 자동차정비산업기사 필기시험에 출제된 문제들을 모두 파악하여 출제 가능성이 높은 문제만 선별해 기출문제 및 적중 복원 모의고사로 수록하였습니다.

이 책은 자동차정비산업기사 필기시험을 준비하고, 취득하고자 하는 모든 수험자분께 도움이 되고자 자동차정비의 기초지식부터 엔진, 전기·전자장치, 섀시 정비 그리고 친환경 자동차 정비의 이론지식을 다양하게 수록하였고, 다양한 도표와 사진을 수록하여 더욱 쉽게 학습할 수 있도록 집필하였습니다.

자동차정비산업기사 필기를 준비하시는 수험생 여러분, 목적지까지 가는 길은 여러 가지입니다. 빙빙 돌아가는 길도 빠른 지름길도 있습니다. 아무리 좋은 차를 타도 빙빙 돌아간다면 오랜 시간과 노력이 필요합니다. 이 교재가 수험생들의 자동차정비산업기사 필기 합격으로 가는 지름길이 되길 진심으로 바랍니다. 감사합니다.

저자 이병근, 박지은

시험 가이드 / GUIDE

🔧 자동차정비 산업기사 개요

자동차산업의 성장과 더불어 운행되는 자동차 수가 늘어남에 따라 기계상의 결함이나 사고 등 여러 가지 이유로 정상적으로 운행되지 못하는 경우가 많다. 이런 경우 원인을 찾아내고 정비하여 안전하고 쾌적한 운행상태로 바꾸어 주는 것이 자동차정비이다. 이를 위해 산업현장에서 필요로 하는 자동차정비업무를 수행할 전문 기능인력이 필요하게 되었다.

🔧 시험정보

1. 검정방법

① 시행처 : 한국산업인력공단
② 관련학과 : 대학 및 전문대학의 자동차과, 자동차공학 관련학과
③ 시험과목(필기) : 자동차 엔진 정비, 자동차 섀시 정비, 자동차 전기·전자장치 정비, 친환경 자동차 정비
④ 검정방법(필기) : 객관식 4지 택일형 과목당 20문항(과목당 30분)
    ※ 합격 기준 : 100점을 만점으로 하여 60점 이상
⑤ 필기시험 수수료 : 19,400원

2. 검정방법

📑 1과목 자동차 엔진 정비

과급 장치 정비	• 과급장치 점검 · 진단 • 과급장치 수리하기 • 과급장치 검사하기	• 과급장치 조정하기 • 과급장치 교환하기
가솔린 전자제어 장치 정비	• 가솔린 전자제어장치 점검 · 진단 • 가솔린 전자제어장치 수리 • 가솔린 전자제어장치 검사	• 가솔린 전자제어장치 조정 • 가솔린 전자제어장치 교환
디젤 전자제어 장치 정비	• 디젤 전자제어장치 점검 · 진단 • 디젤 전자제어장치 수리 • 디젤 전자제어장치 검사	• 디젤 전자제어장치 조정 • 디젤 전자제어장치 교환
엔진 본체 정비	• 엔진본체 점검 · 진단 • 엔진본체 수리 • 엔진본체 검사	• 엔진본체 관련 부품 조정 • 엔진본체 관련부품 교환
배출가스장치 정비	• 배출가스장치 점검 · 진단 • 배출가스장치 수리 • 배출가스장치 검사	• 배출가스장치 조정 • 배출가스장치 교환

2과목 자동차 섀시 정비

자동변속기 정비	• 자동변속기 점검·진단 • 자동변속기 수리 • 자동변속기 검사	• 자동변속기 조정 • 자동변속기 교환
유압식 현가장치 정비	• 유압식 현가장치 점검·진단 • 유압식 현가장치 검사	• 유압식 현가장치 교환
전자제어 현가장치 정비	• 전자제어 현가장치 점검·진단 • 전자제어 현가장치 수리 • 전자제어 현가장치 검사	• 전자제어 현가장치 조정 • 전자제어 현가장치 교환
전자제어 조향장치 정비	• 전자제어 조향장치 점검·진단 • 전자제어 조향장치 수리 • 전자제어 조향장치 검사	• 전자제어 조향장치 조정 • 전자제어 조향장치 교환
전자제어 제동장치 정비	• 전자제어 제동장치 점검·진단 • 전자제어 제동장치 수리 • 전자제어 제동장치 검사	• 전자제어 제동장치 조정 • 전자제어 제동장치 교환

3과목 자동차 전기·전자장치 정비

네트워크통신장치 정비	• 네트워크통신장치 점검·진단 • 네트워크통신장치 교환	• 네트워크통신장치 수리 • 네트워크통신장치 검사
전기·전자회로 분석	• 전기·전자회로 점검·진단 • 전기·전자회로 교환	• 전기·전자회로 수리 • 전기·전자회로 검사
주행안전장치 정비	• 주행안전장치 점검·진단 • 주행안전장치 교환	• 주행안전장치 수리 • 주행안전장치 검사
냉·난방장치 정비	• 냉·난방장치 점검·진단 • 냉·난방장치 교환	• 냉·난방장치 수리 • 냉·난방장치 검사
편의장치 정비	• 편의장치 점검·진단 • 편의장치 수리 • 편의장치 검사	• 편의장치 조정 • 편의장치 교환

4과목 친환경 자동차 정비

하이브리드 고전압 장치 정비	• 하이브리드 전기장치 점검·진단 • 하이브리드 전기장치 교환	• 하이브리드 전기장치 수리 • 하이브리드 전기장치 검사
전기자동차정비	• 전기자동차 고전압 배터리 정비 • 전기자동차 구동장치 정비	• 전기자동차 전력통합제어장치 정비 • 전기자동차 편의·안전장치 정비
수소연료전지차 정비 및 그 밖의 친환경 자동차	• 수소 공급장치 정비 • 그 밖의 친환경자동차	• 수소 구동장치 정비

도서의 구성과 활용

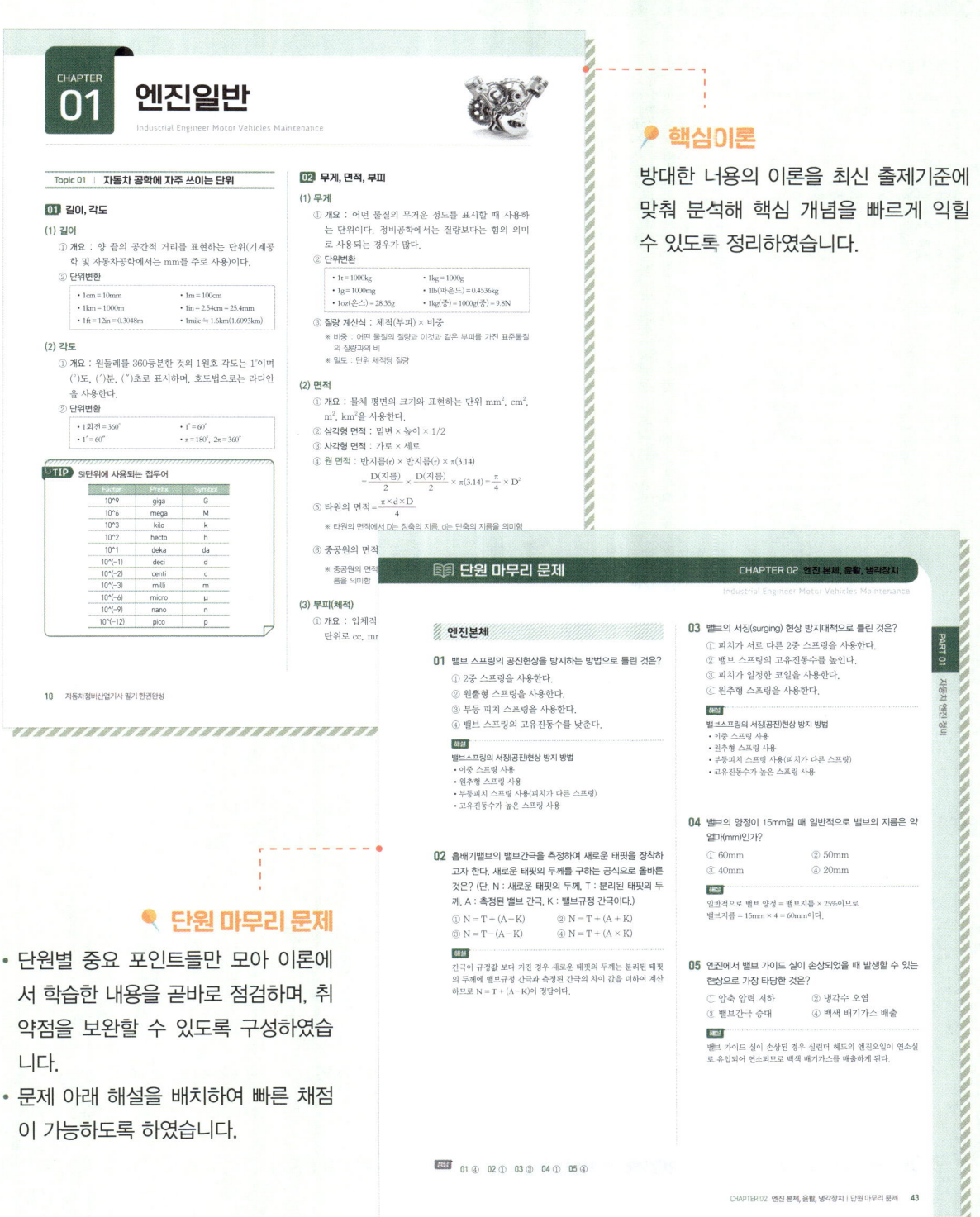

핵심이론
방대한 내용의 이론을 최신 출제기준에 맞춰 분석해 핵심 개념을 빠르게 익힐 수 있도록 정리하였습니다.

단원 마무리 문제
- 단원별 중요 포인트들만 모아 이론에서 학습한 내용을 곧바로 점검하며, 취약점을 보완할 수 있도록 구성하였습니다.
- 문제 아래 해설을 배치하여 빠른 채점이 가능하도록 하였습니다.

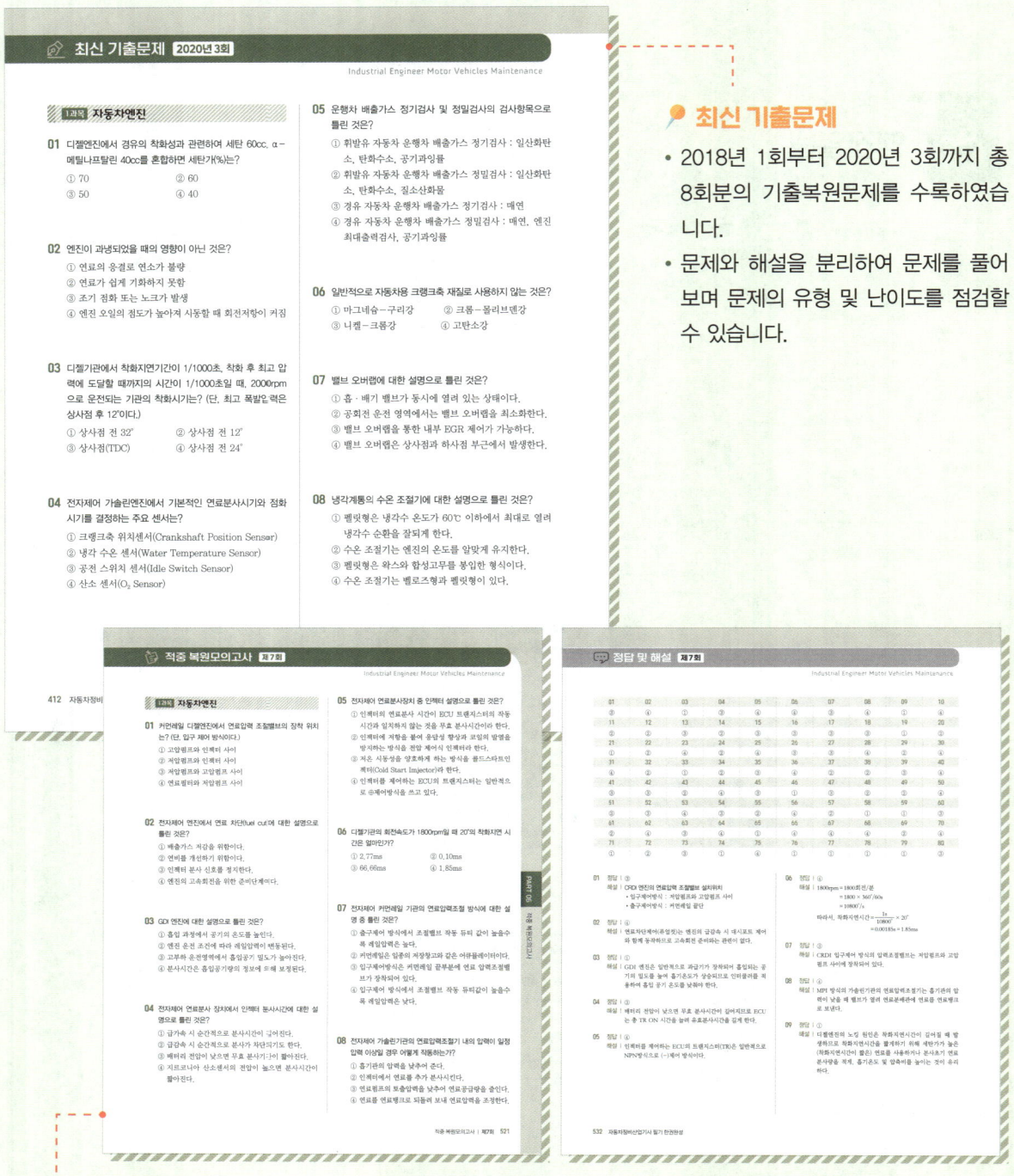

최신 기출문제

- 2018년 1회부터 2020년 3회까지 총 8회분의 기출복원문제를 수록하였습니다.
- 문제와 해설을 분리하여 문제를 풀어보며 문제의 유형 및 난이도를 점검할 수 있습니다.

적중 복원모의고사

- CBT 변경 이후 출제된 문제들을 분석하여 출제 가능성이 높은 문제만 수록해 반복 출제 영역과 출제 흐름을 파악할 수 있습니다.
- 명쾌한 해설은 물론 오답해설과 관련 이론까지 모두 제공하여 완벽한 마무리 점검이 가능하도록 하였습니다.

이용 가이드 / GUIDE
CBT 모의고사

다음 단계에 따라 시리얼 번호를 등록하면 무료 CBT 모의고사를 이용할 수 있습니다.

www.yeamoonedu.com

STEP 01 로그인 후 메인 화면 상단의 [CBT 모의고사]를 누른 다음 시험 과목을 선택합니다.

STEP 02 시리얼 번호 등록 안내 팝업창이 뜨면 [확인]을 누른 뒤 **시리얼 번호**를 입력합니다.

시리얼번호

| XXXX | - | XXXX | - | XXXX | - | XXXX |

STEP 03 [마이페이지]를 클릭하면 등록된 CBT 모의고사를 [모의고사]에서 확인할 수 있습니다.

시리얼 번호

S102 – 21YD – 1557 – 5G1U

목차 / CONTENTS

PART 01　자동차 엔진 정비

CHAPTER 01	엔진일반	10
CHAPTER 02	엔진 본체, 윤활, 냉각장치	22
CHAPTER 03	가솔린 전자제어 장치	55
CHAPTER 04	디젤 전자제어 장치 정비	91
CHAPTER 05	배기장치 배출가스 저감장치 정비	109
CHAPTER 06	자동차 안전 및 검사기준	120

PART 02　자동차 전기·전자장치

CHAPTER 01	기초 전기·전자 정비	152
CHAPTER 02	충전장치	171
CHAPTER 03	시동장치	182
CHAPTER 04	냉난방장치	191
CHAPTER 05	네트워크통신장치	202
CHAPTER 06	편의장치	212
CHAPTER 07	주행안전장치	225

PART 03　자동차 섀시 정비

CHAPTER 01	파워트레인(클러치, 변속기)	234
CHAPTER 02	전자제어 제동장치	249
CHAPTER 03	전자제어 조향장치	263
CHAPTER 04	유압식·전자제어 현가장치	275

PART 04　친환경자동차 정비

CHAPTER 01	하이브리드 고전압장치	288
CHAPTER 02	전기자동차	303
CHAPTER 03	수소연료전지차 및 그 밖의 친환경 자동차	314

PART 05　최신 기출문제

최신 기출문제 2018년 1회	326
최신 기출문제 2018년 2회	338
최신 기출문제 2018년 3회	350
최신 기출문제 2019년 1회	362
최신 기출문제 2019년 2회	374
최신 기출문제 2019년 3회	386
최신 기출문제 2020년 1, 2회	398
최신 기출문제 2020년 3회	410

PART 06　적중 복원모의고사

제1회 적중 복원모의고사	422
제2회 적중 복원모의고사	437
제3회 적중 복원모의고사	452
제4회 적중 복원모의고사	468
제5회 적중 복원모의고사	484
제6회 적중 복원모의고사	502
제7회 적중 복원모의고사	519

PART 01
자동차 엔진 정비

CHAPTER 01 | 엔진일반
+ 단원 마무리문제

CHAPTER 02 | 엔진 본체, 윤활, 냉각장치
+ 단원 마무리문제

CHAPTER 03 | 가솔린 전자제어 장치
+ 단원 마무리문제

CHAPTER 04 | 디젤 전자제어 장치 정비
+ 단원 마무리문제

CHAPTER 05 | 배기장치 배출가스 저감장치 정비
+ 단원 마무리문제

CHAPTER 06 | 자동차 안전 및 검사기준
+ 단원 마무리문제

CHAPTER 01 엔진일반

Industrial Engineer Motor Vehicles Maintenance

Topic 01 | 자동차 공학에 자주 쓰이는 단위

01. 길이, 각도

(1) 길이

① 개요 : 양 끝의 공간적 거리를 표현하는 단위(기계공학 및 자동차공학에서는 mm를 주로 사용)이다.

② 단위변환

- 1cm = 10mm
- 1km = 1000m
- 1ft = 12in = 0.3048m
- 1m = 100cm
- 1in = 2.54cm = 25.4mm
- 1mile ≒ 1.6km(1.6093km)

(2) 각도

① 개요 : 원둘레를 360등분한 것의 1원호 각도는 1°이며 (°)도, (′)분, (″)초로 표시하며, 호도법으로는 라디안을 사용한다.

② 단위변환

- 1회전 = 360°
- 1′ = 60″
- 1° = 60′
- $\pi = 180°$, $2\pi = 360°$

> **TIP** SI단위에 사용되는 접두어

Factor	Prefix	Symbol
10^9	giga	G
10^6	mega	M
10^3	kilo	k
10^2	hecto	h
10^1	deka	da
10^(−1)	deci	d
10^(−2)	centi	c
10^(−3)	milli	m
10^(−6)	micro	μ
10^(−9)	nano	n
10^(−12)	pico	p

02 무게, 면적, 부피

(1) 무게

① 개요 : 어떤 물질의 무거운 정도를 표시할 때 사용하는 단위이다. 정비공학에서는 질량보다는 힘의 의미로 사용되는 경우가 많다.

② 단위변환

- 1t = 1000kg
- 1g = 1000mg
- 1oz(온스) = 28.35g
- 1kg = 1000g
- 1lb(파운드) = 0.4536kg
- 1kg(중) = 1,000g(중) = 9.8N

③ 질량 계산식 : 체적(부피) × 비중

※ 비중 : 어떤 물질의 질량과 이것과 같은 부피를 가진 표준물질의 질량과의 비
※ 밀도 : 단위 체적당 질량

(2) 면적

① 개요 : 물체 평면의 크기와 표현하는 단위 mm^2, cm^2, m^2, km^2을 사용한다.

② 삼각형 면적 : 밑변 × 높이 × 1/2

③ 사각형 면적 : 가로 × 세로

④ 원 면적 : 반지름(r) × 반지름(r) × π(3.14)

$$= \frac{D(지름)}{2} \times \frac{D(지름)}{2} \times \pi(3.14) = \frac{\pi}{4} \times D^2$$

⑤ 타원의 면적 $= \dfrac{\pi \times d \times D}{4}$

※ 타원의 면적에서 D는 장축의 지름, d는 단축의 지름을 의미함

⑥ 중공원의 면적 $= \dfrac{\pi(D^2 - d^2)}{4}$

※ 중공원의 면적에서 D는 바깥쪽 원의 지름, d는 중공(구멍)의 지름을 의미함

(3) 부피(체적)

① 개요 : 입체적인 공간에서 차지하는 크기를 표현하는 단위로 cc, mm^3, cm^3, m^3을 사용한다.

② 단위변환

- $1\ell = 1000cc$
- $1cm^3 = 1cc$
- $1cm^3 = 10mm \times 10mm \times 10mm = 1000mm^3$

③ 원기둥 부피 = 밑면 원 넓이 × 높이
$$= \frac{\pi}{4} \times D^2 \times h(높이)$$

④ 사각기둥 부피 = 가로 × 세로 × 높이

03 온도, 시간, 열량

(1) 온도

① 개요 : 뜨거운 정도 혹은 차가운 정도를 숫자로 나타낸 것을 말하며 섭씨(℃), 화씨(℉), 절대온도(°K)로 표현한다.

② 섭씨온도를 화씨온도로 변환 : $°F = \frac{9}{5}℃ + 32$

③ 화씨온도를 섭씨온도로 변환 : $℃ = \frac{5}{9}(°F - 32)$

④ 절대온도를 섭씨(화씨)온도로 변환 : $0°K = -273℃(-460°F)$

(2) 시간

① 개요 : 하루를 24분의 1이 되는 동안을 세는 단위이다. 시(h : hour), 분(m : minute), 초(s : second)로 표시한다.

② 단위변환

$1h = 60min = 3600s$

(3) 열량

① 개요 : 1cal는 1기압에서 순수한 물 1g을 1℃ 올리는 데 필요한 열의 양을 말한다.

② 단위변환

$1000cal = 1kcal$

04 일, 회전력, 압력

(1) 일(Work : kgf · m)

① 개요 : 어떤 물체에 힘을 가하여 힘의 작용방향으로 이동한 거리만큼을 곱한 값이다.

② 계산식 : 일(kgf·m) = 힘(kgf) × 이동거리(m)

③ $1kgf·m ≒ 9.8N·m = 9.8J ≒ 426.9kcal$

(2) 회전력(Torque : m · kgf)

① 개요 : 어떤 굴체에 작용하여 물체를 회전시키는 원인이 되는 물리량

② 계산식 : 회전력(T) = 중심점과의 거리(m) × 힘(kgf)

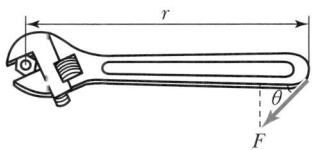

[그림 1-1] 스페너의 회전력

③ 사선의 회전력(T)
= 중심점과의 거리(m) × 힘(kgf) × sinθ

(3) 압력(Pressure : kgf/cm², lb/in²(psi))

① 개요 : 단위 면적당 받는 힘의 크기를 말한다.

② 계산식 : $P(압력) = \frac{F(힘, kgf)}{A(면적, cm^2)}$

③ $1kgf/cm^2 = 1bar = 100kpa = 14.22lb/in^2(psi)$

※ 대기압(Pa) : 공기층을 지구의 중력이 잡아당기기 때문에 생기는 압력

05 속도, 가속도

(1) 속도

① 개요 : 단위시간에 이동한 거리를 나타내며 m/s, km/h 등의 단위를 사용한다.

② 계산식 : $1km/h = \frac{1000m}{3600s} = \frac{1}{3.6}m/s$

(2) 가속도

① 개요 : 시간의 흐름에 따라 증가하는 속도의 정도를 말하며 m/s²를 주로 사용한다.

② 계산식 : 가속도(m/s²) = $\frac{나중 속도 - 처음 속도}{걸린 시간}$

※ 중력가속도 9.8m/s²

06 배기량, 압축비

(1) 배기량

① 개요 : 피스톤이 1행정 하였을 때의 흡입 또는 배출한 공기나 혼합기의 체적을 말하며 주로 cm³, cc의 단위를 사용한다($1cm^3 = 1cc$).

② 실린더 배기량(V) = $\dfrac{\pi D^2 L}{4}$

③ 총 배기량(V) = $\dfrac{\pi D^2 LN}{4}$

④ 분당 배기량(V) = $\dfrac{\pi D^2 LN}{4} \times R$

- D : 실린더 안지름(cm)
- L : 피스톤 행정(cm)
- N : 실린더 수
- R : 회전수(2행정 기관 : R, 4행정 기관 : $\dfrac{R}{2}$)

(2) 압축비

① 개요 : 실린더 총 체적과 연소실 체적과의 비를 말하며 ε로 나타낸다.

② 계산식 : 압축비(ε) = $\dfrac{실린더체적(V_b)}{연소실체적(V_c)}$

= $\dfrac{행정체적(V_s) + 연소실체적(V_c)}{연소실체적(V_c)}$

= $\dfrac{행정체적(V_s)}{연소실체적(V_c)} + 1$

07 마력(Horse Power)

(1) 개요

① 출력을 나타내는 단위로 주로 불마력(PS)을 사용한다.
② 불마력(PS) : 1PS = 75kgf·m/s = 0.736kW = 632.3Kcal/h
③ 영마력(HP) : 1HP = 76kgf·m/s

(2) 지시마력(도시마력 IHP ; Indicated Horse Power)

① 개요 : 실린더 내에서 혼합기가 연소되어 폭발된 압력을 통해 피스톤을 밀어낼 때의 마력을 말한다.
② 계산식 : 지시마력(IHP) = 제동마력 + 마찰마력

$$IHP = \dfrac{P \times A \times L \times N \times R}{75 \times 60}$$

※ 75는 1PS=75kgf·m/s, 60은 분당회전수를 초당회전수로 변환한 값

- P : 지시평균 유효압력(kgf/cm²)
- A : 실린더 단면적(cm²)
- L : 행정(m)
- N : 실린더 수
- R : 회전수(rpm, 2행정은 R, 4행정은 $\dfrac{R}{2}$)
  ※ 4행정 기관은 크랭크 축 2회전이 1회의 동력을 얻으므로 $\dfrac{R}{2}$이다.

(3) 제동마력[정미(축)마력 BHP ; Brake Horse Power]

① 개요 : 크랭크 축에서 발생하여 실제 일로 변환되는 마력을 말한다.
② 계산식 : BHP = $\dfrac{2\pi TR}{75 \times 60} = \dfrac{TR}{716}$

- T : 회전력(m·kgf)
- R : 회전수(rpm)
- 2π : 360°를 호도법으로 표기

(4) 마찰마력(손실마력 FHP ; Friction Horse Power)

① 개요 : 기계마찰 등으로 인하여 손실된 마력을 말한다.
② 계산식 : FHP = $\dfrac{총 마찰력(kgf) \times 속도(m/s)}{75}$

(5) 연료마력(PHP ; Petrol Horse Power)

① 개요 : 연료 소비량에 따른 기관의 출력을 측정한 마력을 말한다.
② 계산식 : PHP = $\dfrac{60CW}{632.3t} = \dfrac{C \times W}{10.5t}$

※ 1PS=632.3kcal/h

- C : 연료의 저위발열량(kcal/kg)
- W : 연료의 무게(kg)
- t : 측정시간(분)

(6) SAE 마력[과세표준(공칭)마력]

① 실린더 안지름이 mm일 때 계산법 : SAE 마력 = $\dfrac{M^2 N}{1613}$
② 실린더 안지름이 inch일 때 계산법 : SAE 마력 = $\dfrac{D^2 N}{2.5}$

- M, D : 실린더 안지름
- N : 실린더 수

08 효율

(1) 기계효율

① 개요 : 도시마력에서 실제 일로 변환된 제동마력을 효율로 표시한 것을 말한다.
② 계산법 : 기계효율(η_m) = $\left[\dfrac{제동마력(BHP)}{도시마력(IHP)}\right] \times 100\%$

(2) 제동 열효율

① 개요 : 공급된 열에너지에서 실제 일로 변환된 열에너지를 효율로 표시한 것을 말한다.

② 계산법
　㉠ 제동마력이 주어진 경우

$$제동\ 열효율(\eta_e) = \frac{632.3 \times \text{BHP}}{B_e \times H_\ell} \times 100\%$$

- BHP : 제동마력
- B_e : 연료 소비율(kg/h)
- H_ℓ : 연료의 저위발열량(kcal/kg)

㉡ 제동마력이 주어지지 않은 경우

$$제동\ 열효율(\eta_e) = \frac{632.3}{B_b \times H_\ell} \times 100\%$$

- BHP : 제동마력
- B_e : 제동 연료 소비율(kg/ps·h)
- H_ℓ : 연료의 저위발열량(kcal/kg)

Topic 02 | 자동차 엔진 이해

01 열기관

① 외연기관 : 실린더 밖에서 연료가 연소되는 기관이다(예 증기기관).
② 내연기관 : 실린더 안에서 연료가 연소되는 기관이다(예 가솔린 기관, 디젤 기관).

02 엔진분류

(1) 열역학적 분류

① 카르노 사이클 : 이상기체 사이클을 말한다.

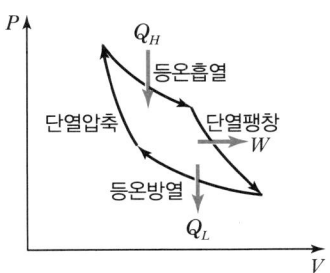

[그림 1-2] 카르노 사이클의 지압선도

② 오토(정적) 사이클 : 일정한 체적하에서 연소되는 사이클을 말한다(예 가솔린 기관).

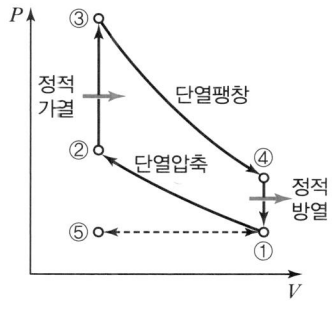

[그림 1-3] 오토(정적) 사이클의 지압선도

$$오토\ 사이클\ 이론열효율(\eta) = 1 - \frac{1}{\varepsilon^{\kappa-1}}$$
ε : 압축비, κ : 비열비

③ 디젤(정압) 사이클 : 일정한 압력하에서 연소되는 사이클을 말한다(예 저속·중속 디젤 기관).

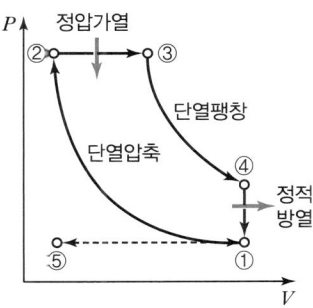

[그림 1-4] 디젤(정압) 사이클의 지압선도

$$디젤(정압)\ 사이클\ 이론\ 열효율(\eta) = 1 - \frac{1}{\varepsilon^{\kappa-1}} \times \frac{\sigma^\kappa - 1}{\kappa(\sigma-1)}$$
ε : 압축비, κ : 비열비, σ : 체절비(단절비)

④ 사바테(복합) 사이클 : 일정한 압력, 체적하에서 연소되는 사이클을 말한다(예 고속디젤 기관).

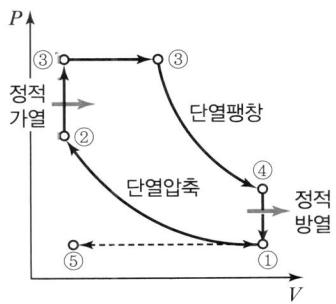

[그림 1-5] 사바테(복합) 사이클의 지압선도

사바테(복합) 사이클 이론 열효율$(\eta) = 1 - \dfrac{1}{\varepsilon^{\kappa-1}} \times \dfrac{\rho \cdot \sigma^{\kappa}-1}{(\rho-1)+\kappa(\sigma-1)}$

ε : 압축비, κ : 비열비, σ : 체절비(단절비), ρ : 압력비(폭발비)

※ 사바테 사이클의 압력비가 1일 경우 정압사이클과 동일한 열효율을 가진다.

(2) 기계학적 분류

1) 4행정 사이클기관

① 개요 : 흡입, 압축, 폭발(동력), 배기의 4행정이 1사이클을 완성하는 기관이다.

② 흡입행정 : 피스톤이 하강하여 혼합기나 공기를 흡입한다(흡기밸브 열림, 배기밸브 닫힘).

③ 압축행정 : 피스톤이 상승하여 혼합기나 공기를 압축한다(흡·배기밸브 닫힘)

[표 1-1] 가솔린 및 디젤 엔진의 압축비, 압축압력 비교

구분\기관	가솔린 기관	디젤 기관
압축비	7~11 : 1	15~22 : 1
압축 압력	7~11kgf/cm²	30~45kgf/cm²
압축 온도	120~140℃	500~550℃

④ 폭발(동력)행정 : 연소 시 폭발 압력으로 피스톤이 하강하여 크랭크 축을 회전시킨다(흡·배기밸브 닫힘).

[표 1-2] 가솔린 및 디젤 엔진의 점화방식과 압력 비교

구분\기관	가솔린 엔진	디젤 엔진
점화 방식	전기 불꽃점화	압축 자기착화
폭발 압력	35~45kgf/cm²	55~65kgf/cm²

⑤ 배기행정 : 피스톤이 상승하며 배기가스를 배출시킨다(흡기밸브 닫힘, 배기밸브 열림).

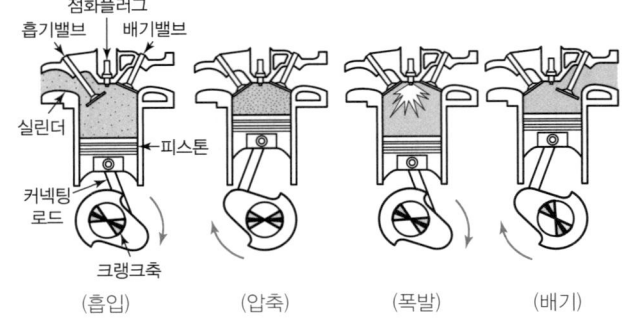

[그림 1-6] 4행정 1사이클 기관

2) 2행정 사이클 기관

① 개요 : 피스톤 상승행정과 하강행정의 2행정이 1사이클을 완성하는 기관이다.

② 상승행정 : 연소실 내의 혼합기 압축, 크랭크 실로 혼합기 흡입한다.

③ 하강행정 : 연소실 내의 동력행정, 하강행정 말 배기와 함께 소기구멍을 통해 혼합기 흡입한다.

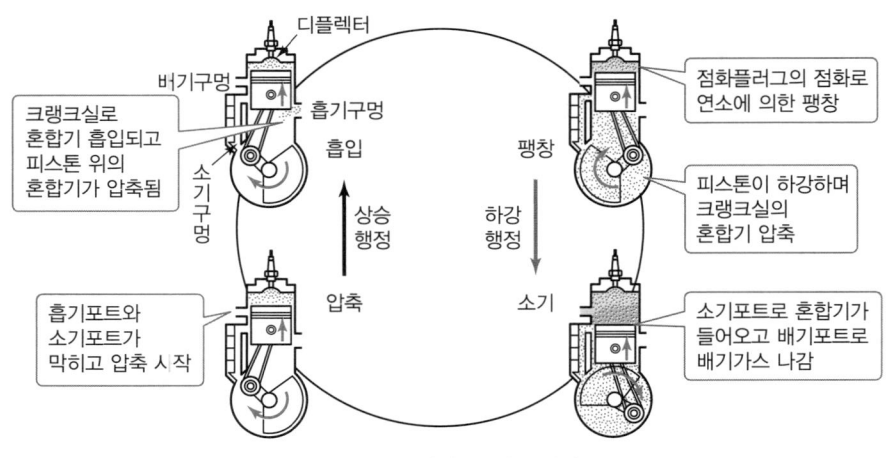

[그림 1-7] 2행정 1사이클 기관

④ 2사이클 기관의 소기방식은 다음과 같다.
  ㉠ 단류 소기식(역 U자형, 융커스형, 배기밸브 소기형)
  ㉡ 반전 또는 루프 소기식
  ㉢ 횡단 소기식

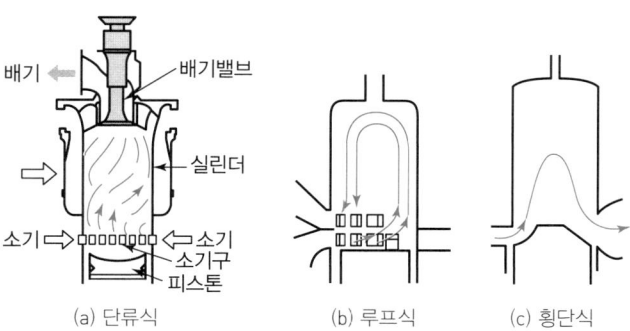

[그림 1-8] 2사이클 기관의 소기방식

> **TIP** 디플렉터의 작용
> - 혼합기의 와류작용
> - 잔류가스 배출
> - 압축비 높임
> - 연료 손실 감소

3) 4행정 및 2행정 사이클 기관 비교

기관 구분	4행정 사이클	2행정 사이클
장점	• 각 행정의 구분이 확실함 • 회전속도 범위가 넓음 • 체적효율이 높음 • 연료 소비율이 낮음 • 기동이 쉬움	• 4행정 사이클 기관의 1.6~1.7배 출력 가능함 • 회전력의 변동이 적음 • 실린더 수가 적어도 회전이 원활함 • 밸브기구가 간단함 • 소음이 적고 마력당 중량이 가벼움
단점	• 밸브기구가 복잡함 • 충격이나 기계적 소음이 큼 • 실린더 수가 적을 경우 회전이 원활하지 못함 • 마력당 중량이 무거움	• 유효행정이 짧아 흡·배기가 불완전함 • 연료 소비율이 높음 • 저속이 어렵고 역화 현상이 발생함 • 피스톤과 피스톤 링의 소손이 빠름

CHAPTER 01 엔진일반 15

단원 마무리 문제

CHAPTER 01 엔진일반

Industrial Engineer Motor Vehicles Maintenance

01 〈보기〉는 어떤 사이클을 나타내는 것인가?

〈보기〉
단열압축 → 정압급열 → 단열팽창 → 정적방열

① 카르노 사이클   ② 정압 사이클
③ 브레이튼 사이클 ④ 복합 사이클

해설
압축 후 연소과정에서 정압급열 과정이므로 정압 사이클(디젤 사이클)임을 알 수 있다.

02 내연기관의 연소가 정적 및 정압 상태에서 이루어지기 때문에 2중 연소 사이클이라고 하는 것은?

① 오토 사이클   ② 디젤 사이클
③ 사바테 사이클 ④ 카르노 사이클

해설
연소과정이 정적 및 정압으로 복합적으로 이루어지는 연소과정을 복합 사이클 또는 사바테 사이클이라 한다.

03 내연기관의 열역학적 사이클에 대한 설명으로 틀린 것은?

① 정적 사이클을 오토 사이클이라고도 한다.
② 정압 사이클을 디젤 사이클이라고도 한다.
③ 복합 사이클을 사바테 사이클이라고도 한다.
④ 오토, 디젤, 사바테 사이클 이외의 사이클은 자동차용 엔진에 적용하지 못한다.

해설
정적 사이클, 정압 사이클, 복합 사이클은 내연기관의 대표적인 열역학적 사이클로 주로 적용될 뿐 그 종류를 정해놓을 수 없다. (예) 하이브리드 차량에 주로 사용되는 밀러 사이클, 아킨슨 사이클 등

04 이상적인 열기관인 카르노 사이클 기관에 대한 설명으로 틀린 것은?

① 다른 기관에 비해 열효율이 높기 때문에, 상태 비교에 많이 이용된다.
② 동작가스와 실린더 벽 사이에 열 교환이 있다.
③ 실린더 내에는 잔류가스가 전혀 없고, 새로운 가스로만 충전된다.
④ 이상 사이클로서 실제로는 외부에 일을 할 수 있는 기관으로 제작할 수 없다.

해설
카르노 사이클에서 동작가스와 실린더 벽 사이에 열 교환은 없는 것으로 가정한다.

05 등온, 정압, 정적, 단열과정을 P-V 선도에 아래와 같이 도시하였다. 이 중에서 단열과정의 곡선은?

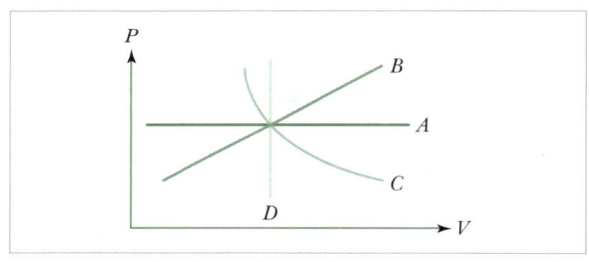

① A   ② B
③ C   ④ D

해설
- A : 정압과정
- C : 단열과정
- D : 정적과정

06 2행정 디젤기관의 소기방식이 아닌 것은?

① 가변 벤튜리 소기식 ② 단류 소기식
③ 루프 소기식 ④ 횡단 소기식

해설

2행정 기관의 소기방식
- 단류 소기식(밸브 인 헤드형, 피스톤 제어형)
- 루프 소기식
- 횡단 소기식

07 행정 체적 215cm³, 실린더 체적 245cm³인 기관의 압축비는 약 얼마인가?

① 5.23 ② 6.28
③ 7.14 ④ 8.17

해설

연소실 체적 = 실린더 체적 − 행정 체적이므로
연소실 체적 = 245cc − 215cc = 30cc
압축비 $= 1 + \dfrac{\text{행정 체적}}{\text{연소실 체적}} = \dfrac{215}{30} + 1 =$ 약 8.17

08 오토 사이클의 압축비가 8.5일 경우 이론 열효율은? (단, 공기의 비열비는 1.4이다.)

① 57.5% ② 49.6%
③ 52.4% ④ 54.6%

해설

가솔린기관(오토 사이클)의 이론 열효율

$(\eta) = 1 - \left(\dfrac{1}{\varepsilon}\right)^{\kappa-1}$

$= 1 - \left(\dfrac{1}{8.5}\right)^{1.4-1} = 57.5\%$

09 4행정 사이클, 4실린더 기관을 65ps로 30분간 운전시켰더니 연료가 10ℓ 소모되었다. 연료의 비중이 0.73, 저위발열량이 11000kcal/kg이라고 하면 이 기관의 열효율은 몇 %인가? (단, 1마력당 1시간당의 일량은 632.5kcal이다.)

① 약 23.6% ② 약 24.6%
③ 약 25.6% ④ 약 51.2%

해설

연료의 질량(kg) = 비중 × 부피(L) = 0.73 × 10 = 7.3kg

시간당 연료소비량(kg/h) $= \dfrac{7.3}{0.5} = 14.6$

$\eta_e = \dfrac{632.5 \times BPS}{G \times H_\ell} \times 100\%$

여기서, BPS : 제동마력(PS),
G : 시간당 연료소비량(kg/h),
H_ℓ : 연료의 저위발열량(kcal/kg)

$\eta_e = \dfrac{632.5 \times 65}{14.6 \times 11000} \times 100\% =$ 약 25.6%

10 총 배기량이 160cc인 4행정 기관에서 회전수 1800rpm, 도시평균유효압력이 87kgf/m²일 때 축마력이 22PS인 기관의 기계효율은 약 몇 %인가?

① 75 ② 79
③ 84 ④ 89

해설

도시마력 $= \dfrac{PVNR}{75 \times 60 \times 100} \times \dfrac{87 \times 160 \times 1 \times 900}{75 \times 60 \times 100}$

$= 27.84$PS

기계효율 $= \dfrac{\text{축마력}}{\text{도시마력}} = \dfrac{22}{27.84} \times 100(\%) =$ 약 79%

정답 01 ② 02 ③ 03 ④ 04 ② 05 ③ 06 ① 07 ④ 08 ① 09 ③ 10 ②

11 내연기관에서 기계효율을 구하는 공식으로 맞는 것은?

① $\dfrac{\text{마찰마력}}{\text{제동마력}} \times 100\%$ ② $\dfrac{\text{도시마력}}{\text{이론마력}} \times 100\%$

③ $\dfrac{\text{제동마력}}{\text{도시마력}} \times 100\%$ ④ $\dfrac{\text{마찰마력}}{\text{도시마력}} \times 100\%$

> **해설**
> 기계효율 = $\dfrac{\text{축마력(제동마력)}}{\text{도시마력(지시마력)}} \times 100(\%)$

12 복합 사이클의 이론 열효율은 어느 경우에 디젤 사이클의 이론 열효율과 일치하는가? (단, ε=압축비, ρ=압력비, σ=체절비(단절비), κ=비열비이다.)

① $\rho = 1$ ② $\rho = 2$
③ $\sigma = 1$ ④ $\sigma = 2$

> **해설**
> • 디젤 사이클 이론 열효율
> $= 1 - \dfrac{1}{\varepsilon^{\kappa-1}} \times \dfrac{\sigma^\kappa - 1}{\kappa(\sigma - 1)}$
> • 복합 사이클 이론 열효율
> $= 1 - \dfrac{1}{\varepsilon^{\kappa-1}} \times \dfrac{\rho \cdot \sigma^\kappa - 1}{(\rho - 1) + \kappa(\sigma - 1)}$
> 여기서, ε : 압축비, κ : 비열비, σ : 체절비(단절비), ρ : 압력비(폭발비)이므로 압력비가 1일 경우 정압 사이클과 동일하다.

13 가솔린기관에서 압축비가 12일 경우 열효율(η_o)은 얼마인가? (단, 비열비(κ)=1.4이다.)

① 54%   ② 60%
③ 63%   ④ 65%

> **해설**
> $\eta_o = \left[1 - \left(\dfrac{1}{\varepsilon}\right)^{\kappa-1}\right] \times 100\%$ (ε : 압축비, κ : 비열비)
> $\eta_o = \left[1 - \left(\dfrac{1}{12}\right)^{1.4-1}\right] \times 100\% = 62.98\% ≒$ 약 63%

14 엔진 효율(engine efficiency)을 설명한 것으로 옳은 것은?

① 엔진이 소비한 연료량과 발생된 출력의 비율
② 엔진의 흡입공기질량과 행정체적에 상당하는 대기질량과의 비율
③ 엔진에 공급된 총 열량 중에서 일로 변환된 열량이 차지하는 비율
④ 엔진의 동력행정에서 발생된 압력이 피스톤에 행한 일과 출력 압력과의 비율

> **해설**
> 엔진의 열효율은 공급된 열에너지(열량)에 대한 일의 비율을 말한다.

15 자동차기관의 유효압력에 대한 설명으로 틀린 것은?

① 도시평균 유효압력 = 이론평균 유효압력 × 선도계수
② 평균 유효압력 = 1사이클의 일 × 실린더 용적
③ 제동평균 유효압력 = 도시평균 유효압력 × 기계효율
④ 마찰손실 평균 유효압력 = 도시평균 유효압력 − 제동평균 유효압력

> **해설**
> 평균 유효압력 = 1사이클의 일 ÷ 실린더 용적
> 압력(kgf/cm²) = 일(kgf · cm) ÷ 부피(cm³)

16 기관에서 도시 평균 유효압력은?

① 이론 PV선도로부터 구한 평균유효압력
② 기관의 기계적 손실로부터 구한 평균유효압력
③ 기관의 크랭크축 출력으로부터 계산한 평균유효압력
④ 기관의 실제 지압선도로부터 구한 평균유효압력

> **해설**
> ④은 지문의 내용과 일치한다.
> ①은 이론 평균 유효압력이다.

17 제동마력 : BPS, 도시마력 : IPS, 기계효율 : η_n이라고 할 때 상호 관계식을 올바르게 표현한 것은?

① η_n = IPS ÷ BPS
② BPS = η_n ÷ IPS
③ η_n = BPS ÷ IPS
④ IPS = η_n ÷ BPS

해설
기계효율 = $\dfrac{\text{제동마력}}{\text{지시마력}}$ = $\dfrac{\text{BPS}}{\text{IPS}}$ = BPS ÷ IPS

18 다음 중 단위 표기가 잘못된 것은?

① 회전수 : rpm, 압축압력 : kgf/cm²
② 전류 : A, 축전지용량 : Ah
③ 연료 소비율 : km/h, 토크 : kgf−h
④ 전압 : V, 체적 : cc

해설
연료 소비율:kg/h, 토크:kgf−m이다.

19 제동 열효율을 설명한 것으로 옳지 못한 것은?

① 제동일로 변환된 열과 총 공급된 열량의 비다.
② 작동가스가 피스톤에 한 일로써 열효율을 나타낸다.
③ 정미효율이라고도 한다.
④ 도시열효율에서 기관 마찰부분의 마력을 뺀 열효율을 말한다.

해설
작동가스가 피스톤에 한 일로써의 열효율은 지시열효율이다.

20 디젤엔진의 회전수가 2500rpm이고 회전력이 28kgf·m일 때, 제동출력은 약 몇 PS인가?

① 98   ② 108
③ 118   ④ 128

해설
제동마력 = $\dfrac{TR}{716}$ = $\dfrac{28 \times 2500}{716}$ = 97.76 = 약 98PS

21 연료소비율이 200g/PS·h인 가솔린엔진의 제동 열효율은 약 몇 %인가? (단, 가솔린의 저위발열량은 10200Kcal/kg이다.)

① 11   ② 21
③ 31   ④ 41

해설
제동열효율 = $\dfrac{632.3}{\text{제동연료소비율} \times \text{저위발열량}} \times 100(\%)$
= $\dfrac{632.3 \times 100}{0.2\text{kg/PS}\cdot\text{h} \times 10200\text{kcal/kg}}$
= 30.99% = 약 31%

22 저위발열량이 44000kJ/kg인 연료를 시간당 20kg을 소비하는 기관의 제동출력이 90kW이면 제동열효율은 약 얼마인가?

① 28%   ② 32%
③ 36%   ④ 41%

해설
1kcal = 4.2kJ이므로
44000kJ = 10476kcal
1PS = 0.736kW이므로
90kW = 122.28PS
제동열효율 = $\dfrac{632.3 \times \text{제동마력}}{\text{연료소비율} \times \text{저위발열량}} \times 100(\%)$
= $\dfrac{632.3 \times 122.28\text{PS} \times 100}{20\text{kg/h} \times 10476\text{kcal/kg}}$
= 36.90% = 약 36%

정답 11 ③   12 ①   13 ③   14 ③   15 ②   16 ④   17 ③   18 ③   19 ②   20 ①   21 ③   22 ③

23 가솔린기관의 열손실을 측정한 결과 냉각수에 의한 손실이 25%, 배기 및 복사에 의한 손실이 35%였다. 기계효율이 90%이면 정미효율은?

① 54% ② 36%
③ 32% ④ 20%

해설
정미효율 = [100%−손실(냉각수 + 배기 및 복사)] × 기계효율 = [100%−(25% + 35%)] × 0.9 = 36%

24 출력 50kW의 엔진을 1분간 운전했을 때 제동출력이 전부 열로 바뀐다면 몇 kJ인가?

① 2500 ② 3000
③ 3500 ④ 4000

해설
kW = kJ/s
50kw = 50kJ/s
초당 50kJ의 열로 바뀌는 출력으로 1분간 운전했으므로 50kJ/s × 60s = 3000kJ

25 가솔린 연료 200cc를 완전 연소시키기 위한 공기량은 약 몇 kg인가? (단, 공기와 연료의 혼합비는 15:1, 가솔린의 비중은 0.73이다.)

① 2.19 ② 5.19
③ 8.19 ④ 11.19

해설
밀도 = $\frac{질량}{부피}$ 이므로 질량 = 밀도 × 부피이다.
여기서, 물의 밀도는 1kg/l이므로 가솔린의 밀도는 0.73kg/l이다. 따라서, 가솔린의 질량 = 0.73kg/l × 0.2l = 0.146kg이고 혼합비가 15:1이므로 공기의 질량 = 15 × 0.146kg = 2.19kg이다.

26 실린더 안지름이 80mm, 행정이 78mm인 4사이클 4실린더 엔진의 회전수가 2500rpm일 때 SAE 마력은 약 몇 PS인가?

① 15.9 ② 20.9
③ 25.9 ④ 30.9

해설
SAE마력 = $\frac{M^2 \times N}{1613}$
여기서, M : 실린더 안지름(mm)
N : 실린더 수
SAE 마력 = $\frac{80^2 \times 4}{1613}$ = 15.87PS
= 약 15.9PS

27 연료의 저위발열량을 H(kcal/kgf), 연료소비량을 F(kgf/h), 도시출력을 P$_i$(PS), 연료소비시간을 t(s)라 할 때 도시열효율 η_i를 구하는 식은?

① $\eta_i = \frac{632 \times P_i}{F \times H_i}$ ② $\eta_i = \frac{632 \times H_i}{F \times t}$

③ $\eta_i = \frac{632 \times t \times H_i}{F \times P_i}$ ④ $\eta_i = \frac{632 \times t \times P_i}{F \times H_i}$

해설
도시열효율 = $\frac{632.3 \times 도시마력}{연료소비율 \times 저위발열량}$

28 기관의 지시마력과 관련이 없는 것은?

① 평균유효압력 ② 배기량
③ 기관회전속도 ④ 흡기온도

해설
IPS = $\frac{P \times A \times L \times N \times R}{75 \times 60}$
P : 지시평균 유효압력(kgf/cm^2)
A : 실린더 단면적(cm^2)
L : 행정(m)
N : 실린더 수
R : 회전수(rpm, 2행정은 R, 4행정은 $\frac{R}{2}$)이므로 흡기온도는 지시마력과 관련없음

29 정비용 리프트에서 중량 13500N인 자동차를 3초 만에 높이를 1.8m로 상승시켰을 경우 리프트의 출력은?

① 24.3kW   ② 8.1kW
③ 22.5kW   ④ 10.8kW

해설

출력(마력) = 힘 × 거리 ÷ 시간이므로
리프트의 출력 = 13500N × 1.8m ÷ 3s
           = 8100N · m/s
1N · m/s = 1J/s이므로 8100N · m/s = 8.1kJ/s
1kW = 1kJ/s이므로 8.1kJ/s = 8.1kW

30 압축상사점에서 연소실체적은 V_e=0.1L, 이때의 압력은 P_e=30bar이다. 체적이 1.1L로 커지면 압력은 몇 Bar가 되는가? (단, 동작유체는 이상기체이며, 등온 과정으로 가정한다.)

① 약 2.73bar   ② 약 3.3bar
③ 약 27.3bar   ④ 약 33bar

해설

보일의 법칙에 의해 $P_1V_1 = P_2V_2$이므로
30bar × 0.1L = P2 × 1.1L이다.
따라서, $P_2 = \dfrac{30 \times 0.1}{1.1} = 2.727$ = 약 2.73bar

정답 23 ② 24 ② 25 ① 26 ① 27 ① 28 ④ 29 ② 30 ①

CHAPTER 02 엔진 본체, 윤활, 냉각장치

Industrial Engineer Motor Vehicles Maintenance

Topic 01 | 엔진 본체 정비

01 엔진 본체 이론

(1) 실린더 헤드

1) 연소실의 구비조건
① 화염전파 시간이 짧아야 한다.
② 연소실 표면적을 최소화하여야 한다.
③ 흡·배기밸브의 지름을 크게 하여 흡·배기 효율이 높아야 한다.
④ 압축 행정시 혼합기 또는 공기에 와류가 있어야 한다.
⑤ 가열되기 쉬운 돌출부가 없어야 한다.

2) 연소실의 종류(O.H.V 기관)

종류	특징
반구형	열효율이 좋음
쐐기형	와류가 좋음, 고압축비
지붕형	연소실 상단부가 90°를 이룸
욕조형	고압축비, 반구형과 쐐기형의 중간형

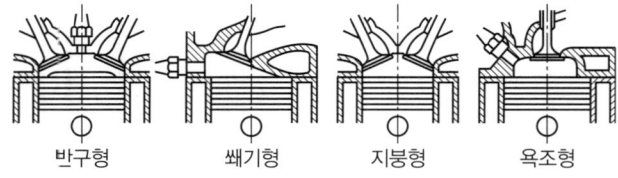

[그림 2-1] 연소실의 형상

3) 실린더 헤드 가스켓(Gasket)
① 실린더와 헤드 사이에 설치되어 혼합기의 밀봉 및 냉각수, 오일의 누설을 방지한다.
② 가스켓의 종류
  ㉠ 보통 가스켓
  ㉡ 스틸 베스토(흑연) 가스켓(고부하, 고압축에 우수)
  ㉢ 스틸 가스켓

(2) 실린더 블록

1) 실린더
기관의 기초구조물로서 실린더 부분과 물 재킷 및 크랭크 케이스 등으로 구성된다.

2) 실린더 라이너

종류 \ 구분	습식 라이너	건식 라이너
방식	냉각수와 직접 접촉	냉각수와 간접 접촉
두께	5~8mm	2~3mm
특징	2~3개의 실링(보호링)을 끼워 냉각수의 누출을 방지함	마찰력에 의해 실린더에 설치(내경 100mm당 2~3ton의 힘이 필요)

3) 실린더 마멸
① 실린더 마멸은 TDC 부근에서 최대이고, BDC에서도 마멸량이 크다.
  ※ 피스톤이 TDC와 BDC 위치에서 일단 정지하기 때문에 유막의 단절과 피스톤 링의 호흡작용을 하고 폭발행정 시 TDC에 더해지는 연소 압력 등으로 피스톤 링이 실린더 벽에 밀착되기 때문에 TDC 부근에서 마멸이 최대이고, BDC에서 또한 마멸량이 커짐

> **TIP 피스톤 링의 호흡작용**
> • 피스톤의 작동위치가 변환될 때 피스톤 링의 접촉부분이 바뀌는 과정에서 순간적으로 떨림현상이 발생하는 것
> • 피스톤 링의 플러터(flutter)현상이라고도 하며, 이로 인해 실린더의 마모도 증가

② 실린더 마멸 측정방법
  ㉠ 실린더 보어 게이지를 이용하는 방법
  ㉡ 내측 마이크로미터를 이용하는 방법
  ㉢ 외측 마이크로미터와 텔레스코핑 게이지를 이용하는 방법
③ 측정부위 : 실린더의 상, 중, 하로 크랭크 축의 방향과 그 직각 방향(측압 방향) 6개소

④ 오버 사이즈 치수

KS 규격	SAE 규격
0.25mm	0.02″
0.50mm	
0.75mm	0.04″
1.00mm	
1.25mm	0.06″
1.50mm	

⑤ 수정값 = 최대 측정값 + 0.2mm(수정 절삭량)
→ O/S에 맞는 큰 치수로 수정값을 선택

> **TIP** 보링(boring) 및 호닝(honing)
>
> • 보링(boring) : 실린더 내면을 확대 가공하는 작업
>
> | 실린더 내경 | 수정 한계값 | 오버 사이즈 | 보링 값 |
> |---|---|---|---|
> | 70mm 미만 | 0.15mm 이상 | 1.25mm | 최대 마모량+수정 절삭량(0.2mm)로 계산하여 피스톤 오버 사이즈에 맞지 않으면 계산값보다 크면서 가장 가까운 값으로 선정
예 실린더 내경 기준값(한계값)이 75.00mm(+0.20mm)일 때 측정된 최대 내경값이 75.60mm이라면 75.60mm(측정값)+0.20mm(진원 절삭값)=75.80mm이므로 가장 가까운 o/s 값 76.00mm로 가공 해야 함 |
> | 70mm 이상 | 0.20mm 이상 | 1.50mm | |
>
> • 호닝(honing)
> – 기름숫돌을 이용 정밀 연마하는 작업으로 바이트 자국을 제거
> – 실린더 간 내경차 한계값 0.05mm 이하

(3) 실린더 행정과 내경비

① 장행정 기관(under square engine) : 실린더의 내경보다 피스톤 행정이 긴 기관이다($\frac{D}{L} < 1.0$).

② 정방형 기관(square engine) : 실린더 내경과 피스톤 행정의 길이가 같은 기관이다($\frac{D}{L} = 1.0$).

③ 단행정 기관(over square engine) : 실린더 내경이 피스톤 행정보다 긴 기관이다($\frac{D}{L} > 1.0$).

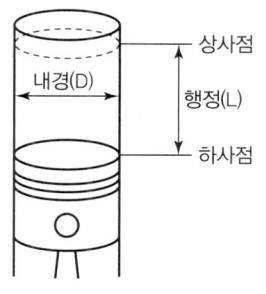

[그림 2-2] 행정과 내경

④ 단행정 기관의 특징
  ㉠ 피스톤 평균속도를 변화시키지 않고 엔진 회전속도를 높일 수 있음
  ㉡ 체적당 출력이 큼
  ㉢ 흡·배기밸브의 지름을 크게 할 수 있어 효율을 증대할 수 있음
  ㉣ 기관 높이를 낮게 할 수 있음
  ㉤ 상대적으로 측압이 커 회전력이 작음

(4) 피스톤 어셈블리

1) 피스톤(Piston)

① 구조
  ㉠ 피스톤 헤드 : 연소실의 일부가 되는 부분이며 내면에 리브를 설치하여 피스톤을 보강한다(헤드부의 열 : 1500~2000℃).
  ㉡ 링 홈 : 피스톤 링을 설치하기 위한 홈을 말한다.
  ㉢ 랜드 : 링 홈과 링 홈 사이을 말한다.
  ㉣ 스커트 부 : 피스톤이 왕복운동을 할 때 측압을 받는 부분이다.
  ㉤ 보스 부 : 커넥팅 로드에 피스톤 핀이 설치되는 부분이다.
  ㉥ 히트 댐 : 헤드부의 열이 스커트 부에 전달되는 것을 방지하는 홈을 말한다.

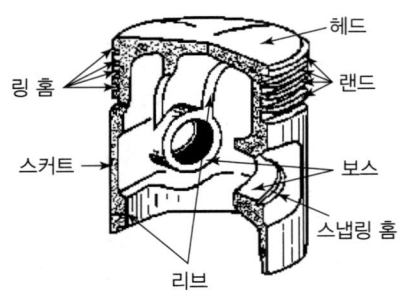

[그림 2-3] 피스톤의 구조

② 구비조건
  ㉠ 폭발압력을 유효하게 이용할 수 있어야 한다.
  ㉡ 가스 및 오일누출이 없어야 한다.
  ㉢ 마찰로 인한 기계적 손실을 방지하여야 한다.
  ㉣ 기계적 강도가 커야 한다.
  ㉤ 관성력을 방지하기 위하여 가벼워야 한다.
  ㉥ 열 팽창율이 적고, 열전도가 잘되어야 한다.

③ 피스톤 간극
  ※ 피스톤 최대 외경과 실린더 내경과의 차이로 열팽창을 고려하여 둔다.

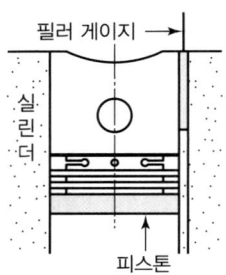

[그림 2-4] 피스톤 간극

  ㉠ 간극이 클 때
    • 블로바이에 의한 압축압력이 저하됨
    • 오일이 연소실에 유입되어 오일 소비가 증대됨
    • 피스톤 슬랩 현상이 발생되며 엔진 출력이 저하됨
  ㉡ 간극이 적을 때
    • 오일 간극의 저하로 유막이 파괴되어 마찰·마멸이 증대됨
    • 마찰열에 의한 소결(stick) 현상이 발생함

> **TIP** 피스톤에서 발생하는 불량 현상
> • 블로바이현상 : 피스톤 간극이 커서 혼합기의 일부가 크랭크실로 유입되는 현상
> • 슬랩현상 : 피스톤이 운동방향을 바꿀 때 실린더 벽에 충격을 주는 현상
> • 소결현상 : 실린더와 피스톤이 눌어붙는 현상

④ 피스톤 오프셋
  측압을 감소시켜 피스톤의 원활한 회전과 편마모를 방지하고 실린더에 가해지는 압력을 감소시켜 실린더의 마멸을 감소시킨다.

⑤ 피스톤의 평균속도

$$S = \frac{2NL}{60}(m/s)$$

  • N : 회전수(rpm)
  • L : 행정(m)

⑥ 피스톤의 재질
  ㉠ 특수 주철 : 강도가 크고 열팽창이 적으나 관성이 커서 현재에는 거의 사용하지 않는다.
  ㉡ Al(알루미늄) 합금 : 구리계 Y합금과 규소계 Lo-Ex 합금을 사용한다.
    • 장점 : 특수주철에 비해 열전도성이 우수, 비중이 작아 고속·고압축비 기관에 적합, 출력을 증대시킬 수 있음
    • 단점 : 특수주철에 비해 강도가 적고 열팽창 계수가 큼

2) 피스톤 링(Piston Ring)

① 혼합기의 기밀 유지와 오일 제어, 열전도의 3가지 기능을 한다.
② 압축 링과 오일 링으로 구성된다.
③ 피스톤 링 이음 간극 : 엔진의 작동 온도 시 열팽창 고려하여 0.03~0.1mm 정도 유격한다.
④ 피스톤 측압과 보스부 방향을 피하여 120~180° 정도의 각을 두고 피스톤 링을 설치한다.
⑤ 피스톤 링 마찰력

$$P = Pr \times N \times Z$$

  • P : 총 마찰력 • Pr : 피스톤 링 1개당 마찰력(kgf)
  • N : 피스톤당 링 수 • Z : 실린더 수

3) 피스톤의 종류

① 캠연마 피스톤 : 타원형 피스톤(보스부는 단경, 스커트부는 장경)이다.
② 솔리드 피스톤 : 통형 피스톤으로 기계적 강도가 크고, 열팽창 계수가 적어, 고부하 기관에 사용한다.
③ 스플리트 피스톤 : 스커트 상부에 홈을 두어 스커트부로 열이 전달되는 것을 방지한다.
④ 인바 스트럿 피스톤 : 인바 강을 넣고 일체로 주조한 형식으로 작동 중 일정한 피스톤 간극을 유지한다.
⑤ 옵셋 피스톤 : 피스톤 핀 중심을 1.5mm 정도 편심시켜 피스톤 슬랩을 방지한 형식이다.
⑥ 슬리퍼 피스톤 : 측압을 받지 않는 부분의 스커트부를 잘라낸 피스톤 형식이다.

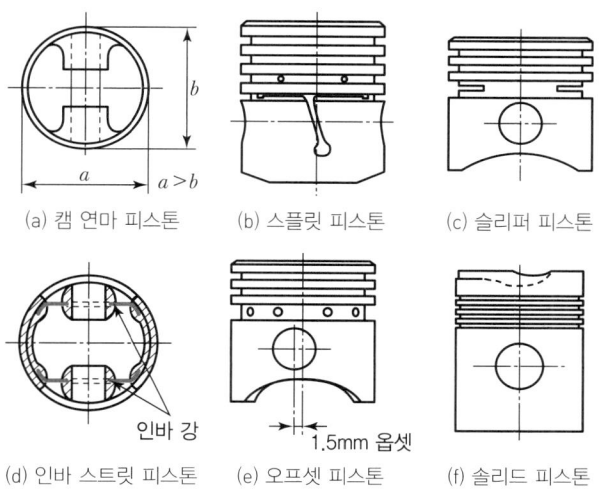

[그림 2-5] 피스톤의 종류

4) 피스톤 핀(Piston Pin)

피스톤과 커넥팅 로드를 연결하는 핀으로 폭발압력을 커넥팅 로드에 전달한다.

① 피스톤 핀의 설치방법
  ㉠ 고정식 : 핀을 보스부에 고정볼트로 고정하는 방식이다.
  ㉡ 반부동식 : 커넥팅 로드 소단부에 클램프 볼트로 고정하는 방식이다.
  ㉢ 전부동식 : 고정된 부분 없이 스냅링에 의해 빠져나오지 않도록 하는 방식이다.

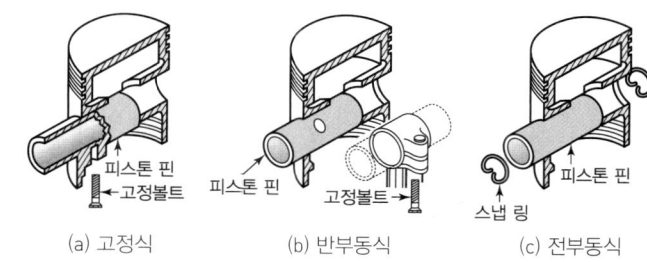

[그림 2-6] 피스톤 핀의 설치방법

(5) 커넥팅 로드(Connecting Rod)

① 피스톤과 크랭크 축을 연결하는 I 단면의 로드이다.
② 압축력과 인장력에 견뎌야 하며, 휨과 비틀림에 견딜 수 있는 강도와 강성이 있어야 한다.
③ 피스톤 행정의 약 1.5~2.3배 정도의 길이여야 한다.
④ 커넥팅 로드의 길이는 소단부와 대단부의 중심선 사이의 길이에 따라 용도가 다르다.

소단부와 대단부의 중심선 사이가 긴 경우	소단부와 대단부의 중심선 사이가 짧은 경우
측압이 작아 실린더의 마멸이 감소되며 강도가 적고 중량 면에 불리하여 기관이 높이가 높아짐	측압이 증대되어 마멸이 증대되나 강성은 커지며, 기관의 높이는 낮아져 고속용 기관에 적합함

(6) 크랭크 축 및 기관 베어링

1) 크랭크 축(Crank Shaft)

① 크랭크 축의 구조
  ㉠ 크랭크 핀 : 커넥팅 로드 대단부와 연결되는 부분이다.
  ㉡ 크랭크 암 : 크랭크 축의 크랭크 핀과 메인 저널을 연결하는 부분이다.
  ㉢ 메인 저널 또는 메인 베어링 저널 : 축을 지지하는 메인 베어링이 들어가는 부분이다.
  ㉣ 평형추(밸런스웨이트) : 크랭크 축의 평형을 유지시키기 위하여 크랭크 암에 부착되는 추이다.

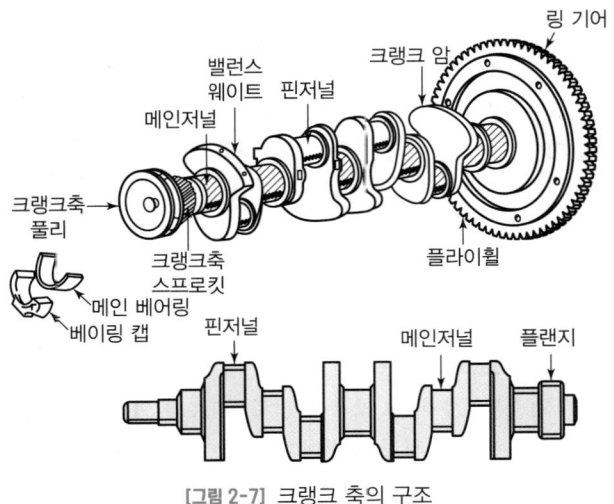

[그림 2-7] 크랭크 축의 구조

② 구비조건
  ㉠ 정적, 동적 평형이 잡혀 있어야 한다(회전밸런스).
  ㉡ 강성이 커야 한다.
  ㉢ 내마모성이 커야 한다.
③ 크랭크 축 엔드플레이(축방향 유격) 조정
  ㉠ 일체식 : 스러스트 베어링
  ㉡ 시임 조정식 : 스러스트 와셔를 베어링과 크랭크 축 사이 끼워 조정한다.
   ※ 엔드플레이(endplay ; 축방향 유격) : 크랭크 축 축방향의 움직임
④ 크랭크 축의 점화 순서
  ㉠ 4행정 사이클 엔진에서 1번 실린더를 점화 순서의 첫 번째로 설정한다.
  ㉡ 점화시기 고려사항
   • 연소가 같은 간격으로 일어나도록 해야 함
   • 크랭크 축에 비틀림 진동이 일어나지 않게 해야 함
   • 혼합기가 각 실린더에 균일하게 분배되게 해야 함
   • 하나의 메인 베어링에 연속해서 하중이 걸리지 않을 수 있도록 인접한 실린더에 연이어 점화되지 않도록 해야 함
  ㉢ 점화순서와 각 실린더의 작동
   • 4기통 엔진 : 크랭크 핀의 위상각은 180°
    – 점화순서 : 1-3-4-2, 1-2-4-3

> **TIP** 위상각
> 폭발행정이 일어나는 각으로 4행정 1사이클 기관의
> 위상각 = $\dfrac{720°}{\text{기통수}}$ 이다.

  • 6기통 엔진 : 위상각은 120°
   – 우수식 작동행정 : 1-5-3-6-2-4
   – 좌수식 작동행정 : 1-4-2-6-3-5
   – 행정과 점화순서 : 행정의 순서는 시계방향, 점화순서는 반시계방향

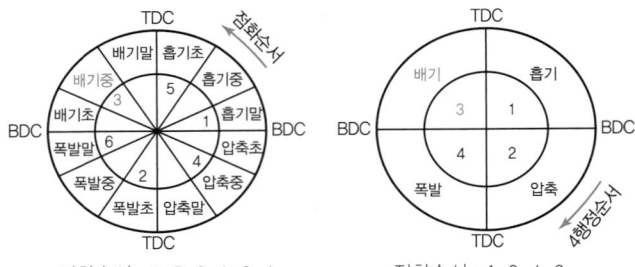

점화순서 : 1-5-3-6-2-4   점화순서 : 1-3-4-2

[그림 2-8] 6기통 점화순서와 4기통 점화순서

> **TIP** 연소 지연시간에 따른 크랭크 축 회전각도
> 연소 지연시간에 따른 크랭크 축 회전각도
> $= \dfrac{\text{엔진회전수(R)}}{60} \times 360° \times \text{연소지연시간(T)} = 6RT$

2) 기관 베어링(Engine Bearing)
  ① 재질
   ㉠ 배빗메탈(Babbitt Metal) : Sn 70~90%, Sb 2~7%, Cu 2~10%
   ㉡ 켈밋 합금(Kelmet Alloy) : Pb 20~45%(소량의 Ni, Ag, S), Cu
   ㉢ 트리메탈(Tri Metal) : 베어링 셀 위에 켈밋을 주입하고 표면층으로서 화이트 메탈이나 Ag계 합금 또는 Pb-Sn계 합금 등을 0.02~0.05mm 정도 얇게 부착한 것
  ② 구조
   ㉠ 베어링 크러시
    • 하우징 안둘레와 베어링 바깥 둘레와의 차이
    • 크러시가 작으면 엔진 작용 온도변화로 헐겁

게 되어 베어링이 움직임
- 크러시가 크면 조립 시에 찌그러져 오일 유막이 파괴되어 소결현상 초래

ⓒ 베어링 스프레드
- 베어링 바깥쪽 지름과 베어링 하우징의 지름 차이(0.125~0.5mm)
- 스프레드를 두는 이유 : 작은 힘으로 눌러 끼워 베어링을 제자리에 밀착시키고 크러시가 조립 시 안쪽으로 찌그러짐을 방지

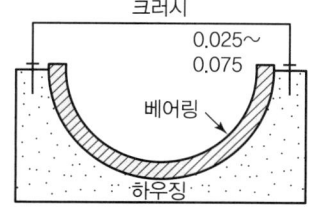

[그림 2-9] 베어링 크러시   [그림 2-10] 베어링 스프레드

ⓒ 베어링 간극 : 오일 간극 0.03~0.1mm
- 간극이 큰 경우 : 유압이 저하되고 오일의 소비가 증대되며 소음이 발생
- 간극이 작은 경우 : 유막 파괴로 베어링이 소결됨
- 간극 측정 : 플라스틱 게이지, 마이크로미터와 실납, 시일스톡방식

(7) 플라이휠(Fly Wheel)
① 크랭크 축 후부에 설치되어 맥동적인 출력을 원활하게 한다.
② 회전 중 관성이 크고 중량이 가벼워야 한다.
③ 중량은 회전속도와 실린더 수에 따라 설정된다.
④ 링기어가 설치되어 기동모터에 의해 회전한다.

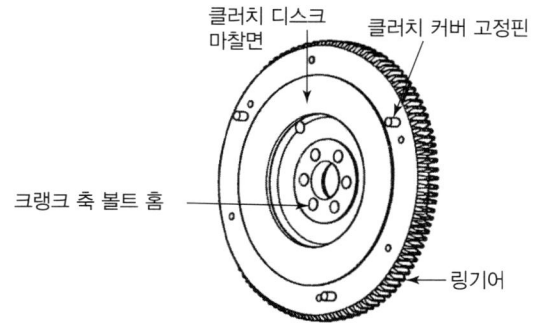

[그림 2-11] 플라이휠의 구조

(8) 밸브기구
1) 밸브기구의 형식
① 오버헤드 밸브기구(OHV ; Over Head Valve)

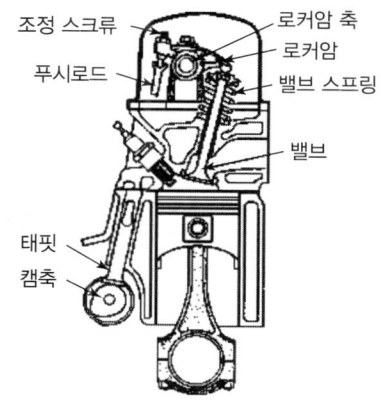

[그림 2-12] 오버헤드 밸브기구(OHV)

② 오버헤드 캠축 밸브기구(OHC ; Over Head Cam shaft)
㉠ 형식 : 캠축을 실린더 헤드 위에 설치하고 캠이 직접 로커암을 움직여 밸브를 열도록 되어 있다.
㉡ 특징
- 복잡한 구조이나 밸브 기구의 왕복운동 관성력이 작으므로 가속도를 크게 할 수 있음
- 고속에서도 밸브 개폐가 안정되어 고속성능이 향상됨

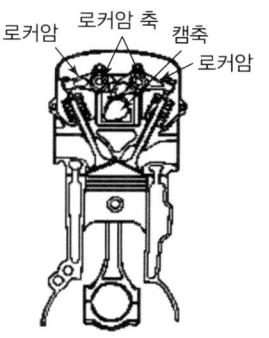

[그림 2-13] 오버헤드 캠축 밸브기구(OHC)

2) 밸브 기구의 구성부품
① 캠축(Cam shaft)
㉠ 크랭크 축에서 동력을 받아 캠을 구동한다.
㉡ 밸브 수와 같은 수의 캠이 배열된 축이다.
㉢ 구성 : 저널, 캠, 편심륜

ⓔ 캠의 구성
- 베이스 서클(Base Circle) : 기초원
- 노스(Nose) : 밸브가 완전히 열리는 점
- 리프트(Lift : 양정) : 기초원과 노스원과의 거리
- 플랭크(Flank) : 밸브 리프터 또는 로커암이 접촉되는 옆면
- 로브(Rob) : 밸브가 열려서 닫힐 때까지의 거리

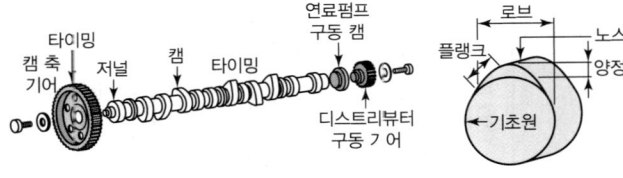

[그림 2-14] 캠의 구조

② 캠축의 구동방식
㉠ 기어 구동 : 크랭크 축과 캠축 기어가 서로 맞물려 구동한다.
㉡ 체인 구동 : 소음이 적고, 캠축의 위치 변환이 용이하며 체인의 장력 조절용 텐셔너와 진동 흡수용 고무 댐퍼가 설치되어 있다(OHC 기관에서 사용).
㉢ 벨트 구동 : 체인 대신 벨트로 캠축을 구동하여 소음이 없으며 윤활이 필요 없고, 장력 조절용 텐셔너와 아이들러가 설치되어 있다(OHC 기관에서 사용).

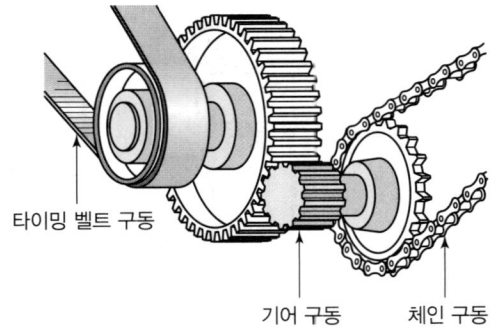

[그림 2-15] 캠축의 구동방식

※ 캠축 기어와 크랭크 축 기어의 잇수비는 2 : 1이다.
※ 타이밍 기어, 체인, 벨트 장착 시 각 기어, 스프로킷의 타이밍 마크가 일치되도록 장치한다(타이밍 마크가 일치하지 않으면 엔진 부조, 언진의 시동 불능 등의 현상이 나타날 수 있다).

③ 밸브 리프터(Valve Lifter, 유압 태핏)
㉠ 캠의 회전운동을 상하 직선운동으로 바꾸어 푸시로드 및 로커 암에 전달한다.
㉡ 밸브 리프터 종류
- 기계식 밸브 리프터 : 원통형으로 형성되어 OHV 기관에서 사용
- 유압식 밸브 리프터 : 유압을 이용 밸브 간극을 작동 온도와 관계없이 항상 "0"으로 유지

④ 밸브(Valve)
㉠ 역할
- 공기 및 혼합기를 실린더 내에 유입 또는 연소가스를 배출
- 압축 및 폭발 행정에서 밸브 시트에 밀착되어 가스의 누출을 방지
㉡ 밸브의 주요부
- 밸브 헤드 : 엔진 작동 중에 흡입밸브는 450~500℃, 배기밸브는 700~800℃의 열적 부하를 받음
- 마진 : 기밀유지를 위해 보조 충격에 지탱력을 가진 두께로 재사용 여부를 결정. 두께는 보통 1.2mm 정도이며 0.8mm 이하일 때 교환
- 밸브 페이스(면)
  - 밸브시트에 밀착되어 기밀유지 및 헤드의 열을 시트에 전달
  - 밸브시트와 접촉 폭은 1.5~2.0mm
  - 넓으면 열 전달 면적이 커져 냉각이 양호하고 압력이 분산되어 기밀유지가 불량
  - 좁으면 냉각이 불량하나 기밀유지는 양호, 접촉각은 30°, 45°, 60°
  - 밸브 간섭각 : 열팽창을 고려하여 1/4~1° 정도
- 스템 앤드 : 로커암이 접촉되는 부분으로 평면으로 되어있음

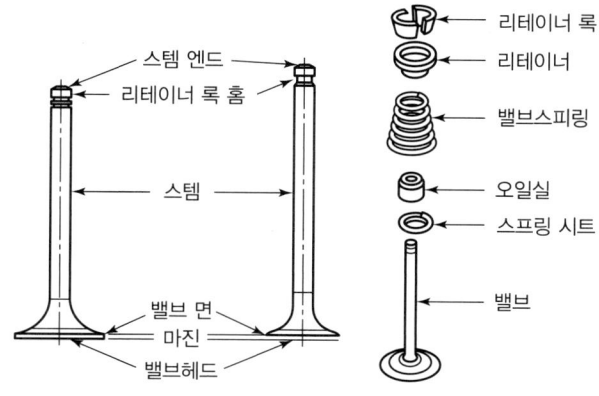

[그림 2-16] 밸브의 구조

ⓒ 밸브 간극
- 냉간 시에 간극을 두어 정상운전 온도 시 알맞은 간극을 유지
- 간극을 두지 않으면 온도 상승 시 팽창하여 밸브와 밸브시트의 밀착상태가 불량
- 기관 정지 시에 밸브 간극을 조정
- 밸브 간극이 너무 크면 밸브 열림량이 작아 흡·배기 효율이 떨어짐
- 밸브 간극의 조정(유압 태핏 교환 계산식)

> N = T + A − 간극 규정 값(K)
> - T : 분리된 태핏의 두께(부적합품)
> - A : 측정된 밸브 간극
> - N : 새로운 태핏의 두께

⑤ 밸브 스프링
ⓐ 밸브가 닫혀 있는 동안 밀착을 양호하게 하기 위한 기구이다.
ⓑ 규정값의 장력 15% 이상 감소 시, 자유고 3% 이상 감소 시, 직각도 3% 이상 변형 시 교환한다.
ⓒ 밸브 서징 현상
- 밸브 스프링의 고유진동수와 밸브 개폐 횟수가 같거나 정수배일 때 캠에 의한 강제 진동과 스프링 자체의 고유진동이 공진하여 캠의 작동과 상관없이 진동을 일으키는 현상
- 방지책
  - 이중 스프링, 부등 피치형 스프링, 원추형 스프링 사용
  - 정해진 양정 내에서 충분한 스프링 정수를 얻도록 할 것

- 밸브의 무게를 가볍게 할 것

> **TIP 블로백과 블로다운현상**
> - 블로백(blow back)
>   밸브 페이스와 밸브 시트의 접촉이 불량하여 혼합기나 배기가스가 새어나가는 현상
> - 블로다운현상(blow down)
>   배기행정 초기에 배기밸브가 열려 배기가스 자체의 압력에 의하여 배기가스가 배출되는 현상

⑥ 밸브 회전기구
ⓐ 종류
- 릴리스형식 : 자연 회전
- 포지티브형식 : 강제 회전
ⓑ 목적
- 밸브면과 시트 사이, 밸브 스템과 가이드 사이의 카본 제거
- 밸브면과 시트, 스템과 가이드의 편마모 방지
- 헤드부의 열을 균일하게 발산

⑦ 밸브 개폐 시기

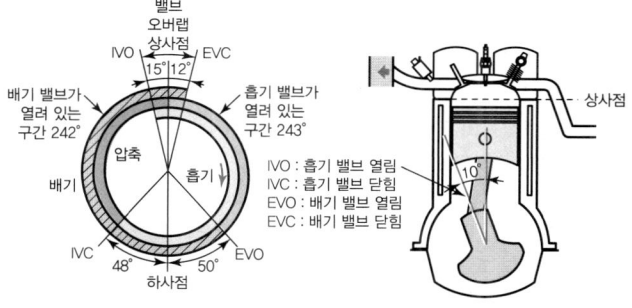

[그림 2-17] 밸브 개폐 시기 선도

ⓐ 혼합기나 공기의 흐름관성을 유효하게 이용하기 위해 상사점 전후 또는 하사점 전후에서 열리고 닫힌다.
ⓑ 밸브 오버랩은 상사점 부근에서 흡·배기밸브가 동시에 열려 있는 상태로 흡입 및 배기효율을 향상시킨다.

⑧ CVVL(Continuously Variable Valve Life)
ⓐ 밸브의 열림량을 조절한다.
ⓑ 저속에서는 양정을 작게, 고속에서는 양정을 크게 조절한다.

⑨ CVVT+CVVD(Continuously Variable Valve Duration)
　㉠ 캠 회전축의 편심을 통한 밸브의 열림 타이밍, 열림기간을 조절하는 장치이다.
　㉡ 연비+실용영역에서의 성능을 향상시킨다.
　㉢ 저부하 시 흡기밸브 닫힘을 늦춰 펌핑로스를 저감시킨다(Atkinson 사이클 구현).
　㉣ 저속 중고부하 시 흡기포트 열림을 빠르게 하여 EGR 효과를 높인다.

> **TIP 흡기 다기관 진공도 시험**
> - 진공도 측정의 정의
>   작동 중인 엔진의 흡기 다기관 내의 진공도를 측정하여 지침의 움직이는 상태로 점화시기 틀림, 밸브 작동 불량, 배기 장치의 막힘, 실린더 압축압력의 누출 등 엔진에 이상이 있는지를 판단할 수 있도록 한다.
> - 진공도 측정 준비작업 및 측정
>   - 엔진을 가동하여 웜 업(warm-up)을 한다.
>   - 엔진의 작동을 정지한 후 흡기 다기관의 플러그를 풀고 연결부에 진공계 호스를 연결한다.
>   - 엔진을 공회전 상태로 운전하면서 진공계의 눈금을 판독한다.
> - 흡기 다기관 진공도시험의 판정
>   - 정상 : 공회전 상태에서 게이지 압력이 45~50cmHg 사이에 정지 혹은 고르게 움직인다.
>   - 점화시기가 늦거나 밸브의 밀착불량일 때 : 진공도가 정상보다 5~8cmHg 낮다.
>   - 밸브작동의 불량(타이밍 틀림) : 바늘이 20~40cmHg 사이에서 규칙적으로 움직인다.
>   - 배기장치의 막힘 : 초기에 정상을 나타내다가 일정 시간 후 게이지가 0까지 내려갔다가 40~43cmHg에서 정지한다.
>   - 실린더 피스톤 사이에서 압축압력 누설 : 진공도가 30~40cmHg를 나타낸다.

02 엔진 본체 점검 진단

(1) 엔진 압축압력 점검

1) 엔진 압축압력을 이용한 압력 점검

엔진에 출력이 현저하게 저하되었을 때, 과도한 엔진오일 소모 또는 연비가 불량한 경우 분해·수리 여부를 결정하기 위해 실시한다.

① 압축압력 측정 준비작업
　㉠ 전지 충전 상태를 점검한 다음 단자와 케이블과의 접속 상태를 점검한다.
　㉡ 엔진을 시동하여 웜 업(warm-up)을 한 후 정지한다.
　㉢ 모든 점화플러그 뺀다.
　㉣ 연료 공급 차단 및 점화 1차선을 분리한다.
　㉤ 공기 청정기 및 구동 벨트 모두 제거한다.

② 압축압력 측정순서
　㉠ 점화플러그 구멍에 압축 압력게이지를 설치한다.
　㉡ 스로틀 밸브를 완전히 연다.
　㉢ 엔진을 크랭킹(cranking)으로 8~10회 압축행정이 되도록 진행. 이때 엔진의 회전속도는 200rpm~250rpm으로 설정한다.
　㉣ 처음 압축압력과 마지막 압축압력을 기록한다.

③ 압축압력 결과분석
　㉠ 정상 압축압력 : 정상 압축압력은 규정 값의 90% 이상이고, 각 실린더 사이의 차이가 10% 이내로 나와야 한다.
　㉡ 규정 값 이상일 때 : 압축압력이 규정 값의 10% 이상이면 실린더 헤드를 분해한 후 연소실의 카본을 제거한다.
　㉢ 규정 값 이하일 때 : 압축압력이 규정 값 이하이면 해당 실린더 점화플러그 홀을 통해 소량의 엔진오일을 넣고 재측정 한다(습식 측정).
　㉣ 엔진오일의 첨가로 압축 압력이 상승한 경우 피스톤링 또는 실린더 벽의 마모 및 손상되었을 수 있다.
　㉤ 압축압력이 상승하지 않는 경우 밸브 고착, 밸브 시트 접촉 불량, 헤드 개스킷을 통한 가스 누설일 수 있다.

> **TIP 습식 압축압력 시험**
> - 밸브 불량, 실린더 벽 및 피스톤 링, 헤드개스킷 불량 등의 상태를 판단하기 위하여 진행함
> - 점화플러그 구멍으로 엔진오일을 10cc 정도 넣고 1분 후에 다시 하는 시험

④ 엔진해체 정비시기
　㉠ 압축압력이 규정값의 70% 이하일 때 정비한다.
　㉡ 연료 소비율이 규정값의 60% 이상일 때 정비한다.
　㉢ 윤활유 소비율이 규정값의 50% 이상일 때 정비한다.

출처 : 교육부(2015). 엔진본체정비((LM1506030201_14v2). 한국직업능력개발원. p.13

[그림 2-18] 압축압력 게이지 장착 위치

2) 실린더 헤드 변형 점검

① 실린더 헤드 변형을 점검하기 위해 실린더 헤드를 분해한다.

② 실린더 헤드 볼트는 아래 번호 순서대로 분해한다.

※ 실린더 헤드 볼트를 잘못된 순서로 푸는 경우 헤드에 변형이 올 수 있음

출처 : 교육부(2019). 엔진본체정비(LM150603C201_18v4). 한국직업능력개발원. p.42

[그림 2-19] 실린더 헤드 볼트 분해순서

③ 실린더 헤드 변형을 점검하기 위해서는 곧은자(평면자)와 간극게이지가 필요하며, 실린더 헤드 위에 곧은자(평면자)를 직각으로 두고, 다음 그림과 같이 가로, 세로, 대각선 틈새(간극)을 측정 및 점검한다.

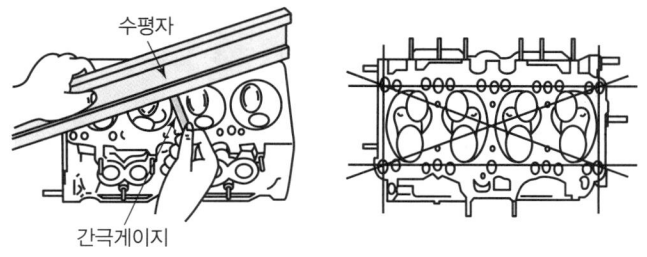

출처 : 교육부(2015). 엔진본체정비(LM150603C201_14v2). 한국직업능력개발원. p.35

[그림 2-20] 실린더 헤드 변형 측정

④ 점검 후 실린더 헤드 볼트를 조일 때에는 반드시 정해진 토크를 준수해야 하며, 볼트의 조임 순서는 다음 그림의 번호 순서대로 조여야 한다.

출처 : 교육부(2019). 엔진본체정비(LM1506030201_18v4). 한국직업능력개발원. p.42

[그림 2-21] 실린더 헤드 볼트 조임순서

3) 실린더 내경, 피스톤 외경, 마모량 측정

① 실린더 내경 및 피스톤 외경과 마모량 측정을 할 수 있도록 엔진을 분해한다.

② 실린더 내경의 경우 보어게이지로 측정을 한다.

③ 피스톤 외경의 경우 외경 마이크로미터로 측정을 한다.

③ 실린더 마모량의 경우 보어게이지 혹은 간극게이지로 측정을 한다.

④ 실린더 마모량 측정 부위는 실린더의 상부, 중앙, 하부의 위치에서 크랭크 축 방향과 그 직각방향의 6곳을 측정하여 가장 큰 측정값을 마모량 값으로 한다.

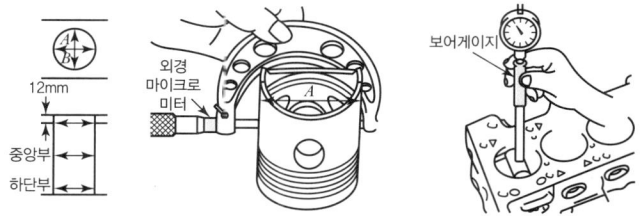

출처 : 교육부(2015). 엔진본체정비(LM1506030201_14v2). 한국직업능력개발원. p.36

[그림 2-22] 실린더 내경, 피스톤 외경, 마모량 측정

03 엔진본체 관련 부품 조정, 수리, 부품 교환, 검사

(1) 피스톤 링 분해, 검사

1) 피스톤 직경, 피스톤 링 앤드 갭, 피스톤 링 절개구 간극 점검

① 실린더 블록에서 피스톤을 분해한다.
② 피스톤 직경은 외경 마이크로미터로 점검을 한다.
③ 피스톤 링 앤드 갭은 필러 게이지(간극 게이지)로 점검을 한다.
④ 피스톤 링 절개구 간극 점검은 필러 게이지(간극 게이지)로 점검을 한다.
⑤ 링 장착 방법은 링의 앤드 갭이 크랭크 축 방향과 크랭크 축 직각 방향을 피해서 120~180° 간격으로 설치한다.
⑥ 피스톤 링 1조가 4개로 되어 있을 경우 맨 밑에 오일 링을 먼저 끼운 다음 압축 링을 차례로 끼운다.

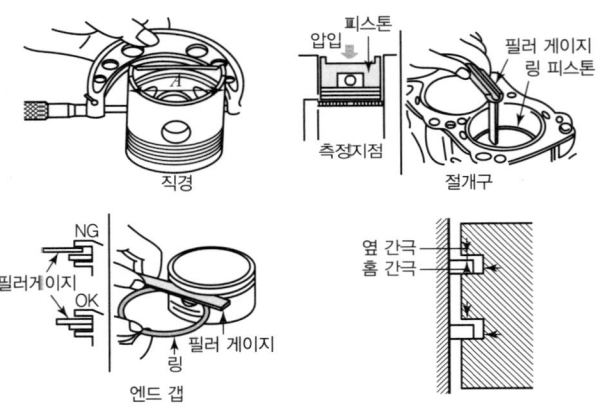

출처 : 교육부(2015). 엔진본체정비(LM1506030201_14v2). 한국직업능력개발원. p.38

[그림 2-23] 피스톤 직경, 엔드 갭, 절개구 간극 측정

(2) 크랭크 축 분해, 검사, 조립

1) 크랭크 축 분해 및 조립

① 엔진에서 크랭크 축 메인 베어링을 분해한다.
② 베어링 분해 시 바깥에서부터 대각선 안쪽 방향으로 분해한다.
③ 크랭크 축 분해 시 크랭크 축 메인 저널 베어링 캡이 섞이지 않도록 분해한다.
④ 조립 시 크랭크 축에 오일 구멍이 막히지 않았는지 확인하고, 볼트 조립은 중앙에서부터 대각선 바깥쪽 방향으로 조립한다.
⑤ 크랭크 축의 조립은 토크렌치를 이용하여 규정 토크로 조인다.

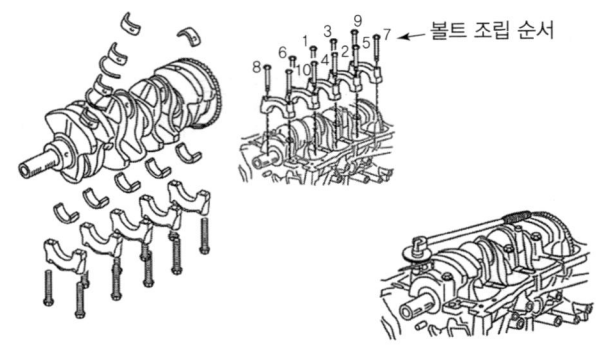

출처 : 교육부(2015). 엔진본체정비(LM1506030201_14v2). 한국직업능력개발원. p.42

[그림 2-24] 크랭크축 분해 조립시 볼트 토크와 분해 조립 순서 확인

2) 크랭크 축 휨 측정 및 점검

① 크랭크축 가운데 저널에 다이얼 게이지의 측정자가 직각으로 닿도록 설치한다.
② 측정 전 크랭크축 가운데 저널 측정 시작 부분을 분필로 체크 하고, 다이얼 게이지 '0점' 조정을 한다.
③ 크랭크축을 서서히 1회전 시켜 다이얼 게이지가 움직인 눈금을 읽는다.
④ 다이얼 게이지의 바늘이 가리킨 (+)방향 이동거리와 (-)방향 이동거리를 모두 더한 총 이동거리 값에서 1/2 해주면 크랭크축의 휨 측정값이 된다.

3) 크랭크 축 메인 저널 직경 측정 및 점검

① 크랭크 축 메인 저널을 외경 마이크로미터로 점검을 한다.
② 측정 시 직각 방향으로 두 번 측정한다.

출처 : 교육부(2019). 엔진본체정비(LM1506030201_18v4). 사단법인 한국자동차기술인협회. 한국직업능력개발원. p.50

[그림 2-25] 크랭크 축 휨 측정, 크랭크 축 메인 저널 직경 측정

4) 크랭크 축 축방향 유격 점검

① 크랭크 축을 베어링과 함께 실린더 블록에 조립한다.
② 다이얼 게이지를 크랭크축에 직각방향으로 설치한다.
③ 크랭크 축을 한쪽 방향(왼쪽)으로 고정한다(드라이버를 이용하여 한쪽으로 밀어 놓는다).
④ 측정을 하기 전 다이얼 게이지 '0점' 조정을 한다.
⑤ 반대 방향으로 최대한 이동시켜 다이얼 게이지가 움직인 거리를 읽는다.

출처 : 교육부(2019), 엔진본체정비(LM150603C201_18v4), 사단법인 한국자동차기술인협회, 한국직업능력개발원. p.50

[그림 2-26] 크랭크 축 엔드 플레이 측정(축방향 유격)

5) 크랭크 축 핀 저널 직경 측정 및 점검

① 크랭크 축 핀 저널을 외경 마이크로미터로 점검한다.
② 측정시 직각 방향으로 두 번 측정한다.

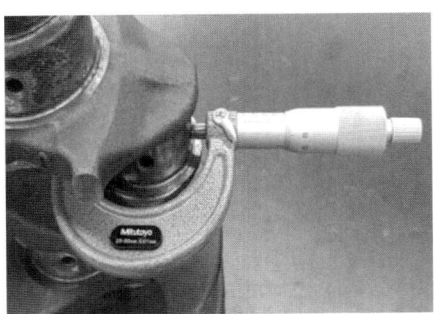

출처 : 교육부(2019), 엔진본체정비(LM1506030201_18v4), 사단법인 한국자동차기술인협회, 한국직업능력개발원. p.50

[그림 2-27] 크랭크 축 핀 저널 직경 측정

(3) 플라이휠 분해, 검사, 조립

① 엔진에서 플라이휠을 분해한다.
② 측정할 플라이휠 면에 다이얼 게이지를 수직으로 설치한다.
③ 측정 전 플라이휠에 측정 시작부분을 분필로 체크를 하고, 다이얼게이지 '0점' 조정을 한다.
④ 플라이휠을 1회전 시켜 다이얼 게이지가 움직인 눈금을 읽는다.
⑤ 다이얼 게이지의 바늘이 가리킨 (+)방향 이동거리와 (-)방향 이동거리를 모두 더한 총 이동 거리가 플라이휠 런 아웃 측정값이 된다.
⑥ 플라이휠을 본래대로 조립한다.

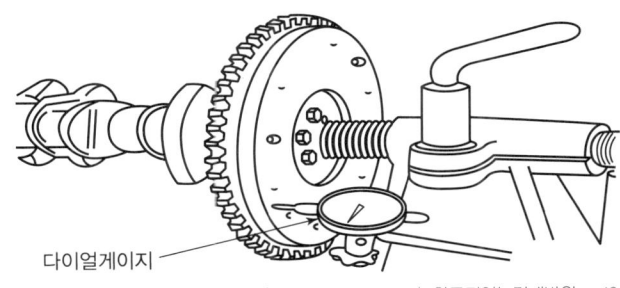

출처 : 교육부(2015), 엔진본체정비(LM1506030201_14v2), 한국직업능력개발원. p.43

[그림 2-28] 플라이휠 런 아웃 측정

Topic 02 | 윤활장치

01 윤활장치 이해

(1) 윤활장치의 작용

① 감마작용 : 마찰 및 마멸을 방지하는 작용이다.
② 기밀작용 : 혼합기 및 가스의 누출을 방지하는 작용이다.
③ 냉각작용 : 마찰열을 흡수하여 방열하는 작용이다.
④ 세척작용 : 섭동부의 이물질을 제거하는 작용이다.
⑤ 방청작용 : 산화 부식을 방지하는 작용이다.
⑥ 응력분산작용 : 국부적인 압력을 분산시키는 작용이다.

(2) 윤활장치 구성

① 오일펌프 : 크랭크 축 및 캠축상의 헬리컬 기어와 접촉 구동하여 오일팬의 오일을 흡입·가압하여 각 윤활부에 공급하는 역할을 한다.
  ㉠ 종류 : 기어펌프(내·외접기어), 로터리펌프, 베인펌프, 플런저펌프 등
  ㉡ 압송압력 : $2 \sim 3 kgf/cm^2$

② 오일 스트레이너
- ㉠ 오일팬 내의 커다란 불순물을 여과
- ㉡ 불순물에 의해 막혔을 경우에는 바이패스 통로로 오일을 공급

③ 유압 조절 밸브 : 윤활회로 내의 유압이 과도하게 상승하는 것을 방지하고 일정하게 유지시킨다(2~3kgf/cm²).

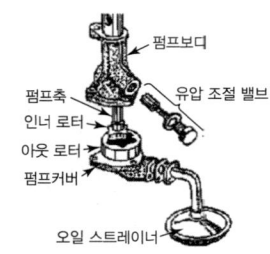

[그림 2-29] 오일 스트레이너

[그림 2-30] 유압 조절 밸브

④ 오일 여과기 : 오일 속의 불순물(수분, 연소 생성물, 금속 분말 등)을 여과시킨다.

⑤ 유량계
- ㉠ 오일의 양을 점검하는 막대로서 L(MIN)과 F(MAX)의 중심선 사이면 정상
- ㉡ 최근에는 게이지 대신 오일압력 스위치가 부착되어 경고하는 방식을 채택

> **TIP 유량 점검**
> - 유량 점검은 평평한 도로에서 엔진을 작동온도(85~95℃)로 한 다음 시동을 끄고 점검
> - 오일 색깔의 변화 요인
>   - 검정색 : 심한 오염 시
>   - 으유색 : 냉각수 혼입 시

⑥ 유압계 : 오일 공급 압력을 나타내는 계기이다.
- ㉠ 유압이 높아지는 원인
  - 기관 오일의 점도가 높을 때
  - 윤활회로 내의 어느 부분이 막혔을 때
  - 유압 조절 밸브의 스프링 장력이 과대할 때

> **TIP 점도**
> 액체를 유동시켰을 때 나타내는 액체의 내부저항 또는 마찰로 윤활유의 가장 중요한 성질이며, 일반적으로 끈적끈적한 정도를 말한다.

- ㉡ 유압이 낮아지는 원인
  - 기관 오일의 점도가 낮을 때
  - 기관 베어링의 마모가 심해 오일 간극이 커졌을 때
  - 윤활 회로 내의 어느 부분이 파손되었을 때
  - 유압 조절 밸브의 스프링 장력이 약할 때
  - 윤활유가 심하게 희석되었을 때

(3) 윤활 방식

① 비산식 : 커넥팅 로드 대단부에 주걱을 설치하여 윤활유를 뿌려서 윤활하는 방식으로 단기통이나 2기통의 소형 기관에서 사용한다.

② 압송식 : 오일펌프로 오일 팬 안에 있는 오일을 흡입, 가압하여 윤활하는 방식이다(유압 2~3kgf/cm²).

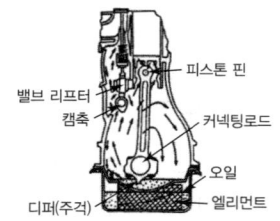

[그림 2-31] 비산식

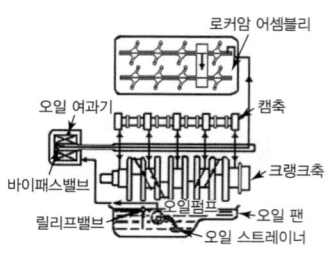

[그림 2-32] 압송식

③ 비산 압송식 : 비산식과 압송식의 조합 방식으로 현재 가장 많이 사용한다.

(4) 여과방식

① **분류식** : 펌프의 오일 중 일부는 윤활유로, 일부는 여과하여 오일팬으로 보내는 방식이다.
② **전류식** : 펌프의 오일을 전부 여과하여 윤활부로 공급하는 방식으로 여과기가 막혔을 때 바이패스 통로로 여과되지 않은 오일을 공급(가장 깨끗함)한다.
③ **복합식(샨트식)** : 펌프의 오일 중 여과한 것과 여과하지 않은 것을 혼합하여 윤활부로 공급하는 방식이다.

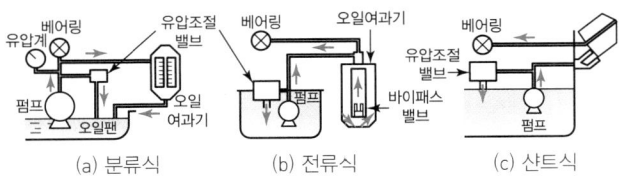

[그림 2-33] 윤활유의 여과 방식

(5) 윤활유의 구비 조건

① 점도가 적당해야 한다.
② 청정력이 커야 한다.
③ 열과 산의 저항력이 커야 한다.
④ 비중이 적당해야 한다.
⑤ 인화점과 발화점이 높아야 한다.
⑥ 응고점이 낮아야 한다.
⑦ 기포 발생이 적어야 한다.
⑧ 카본 생성이 적어야 한다.
⑨ 점도지수가 커야 한다.
⑩ 유성이 좋아야 한다.
  ※ 유성 : 유막을 형성하는 성질

> **TIP 점도지수**
> 온도의 변화에 따른 오일 점도의 변화 정도를 표시한 것으로 점도지수가 높은 오일일수록 점도의 변화가 적다.

(6) 윤활유의 종류

① **SAE 분류** : 점도에 의한 분류로 수치가 높을수록 점도가 높다.
② 계절에 따른 사용 SAE 종류

계절	봄·가을용	여름용	겨울용
SAE 번호	30	40~50	10~20

> **TIP 다급용 오일**
> 사계절용 오일로 가솔린기관은 10W-30, 디젤기관은 20W-40의 오일을 사용한다.

02 윤활장치 점검, 진단

(1) 오일펌프 사이드 간극 점검, 측정

① 오일펌프 사이드 간극을 점검하기 위해 곧은자와 필러게이지(간극게이지)를 준비한다.
② 주어진 기관에서 오일펌프 사이드 간극을 점검하고 기록표의 요구사항을 측정 및 점검하고 본래 상태로 조립한다.

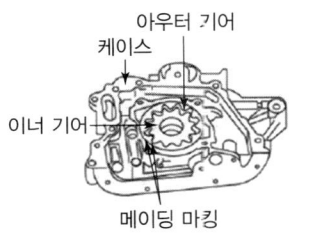
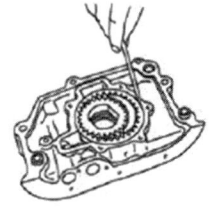

아우터 기어와 케이스 간극

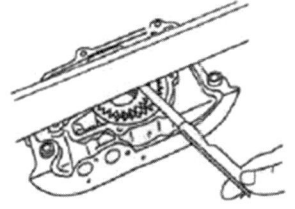

사이드 간극 점검   치형 끝단과 크레스트 간극

출처 : 교육부(2015), 윤활장치정비(LM1506030203, 14v2), 한국직업능력개발원, p.11

[그림 2-34] 오일펌프 사이드 간극 측정

(2) 엔진오일 점검

① 엔진오일 상태를 점검한다.
② 엔진오일의 변색, 수분의 유입 여부, 점도 저하 등을 점검한다. 엔진오일의 질이 눈에 띄게 불량할 경우 오일을 교환한다.
③ 엔진오일의 양을 점검한다. 엔진을 워밍업한 후 엔진을 정지하고 약 5분이 지난 뒤 엔진오일의 양이 'F'와 'L' 사이에 위치하는지 확인한다.

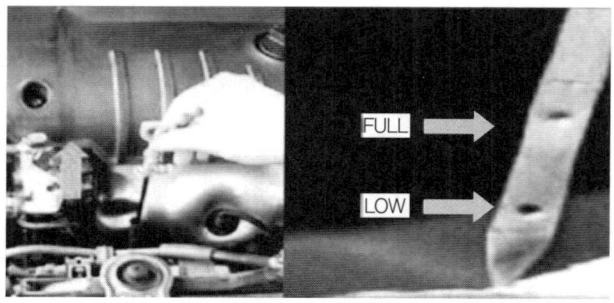

출처 : 교육부(2015), 윤활장치정비(LM1506030203_14v2), 한국직업능력개발원, p.14

[그림 2-35] 오일의 양 점검

03 윤활장치 수리, 교환, 검사

(1) 엔진오일 교환, 검사 개요

① 엔진오일은 엔진의 윤활장치를 관리하는 가장 기본이 되는 소모품으로 정기적으로 교환해야 한다.
② 엔진의 구동 시간을 확인하여 교환하거나 엔진오일의 점도와 색상 등을 확인하여 적절한 시기에 교환한다.

출처 : 교육부(2018), 윤활장치정비(LM1506030203_18v4), 사단법인 한국자동차기술인협회, 한국직업능력개발원, p.39

[그림 2-36] 오일 드레인 장비와 진공 흡입 장비

(2) 엔진오일 교환, 검사 방식

1) 진공 흡입 방식

① 특징
  ㉠ 진공 흡입 방식은 엔진오일을 진공 흡입 장비를 이용하여 교환하는 방식이다.
  ㉡ 자동차를 리프트를 이용하여 들어 올리지 않고 교환할 수 있다.

② 진행 방법
  ㉠ 진공 흡입 장비를 준비하고, 엔진오일 레벨게이지를 제거한다.
  ㉡ 엔진오일 레벨게이지 홀에 진공 흡입 장비의 흡입 호스를 밀어 넣어 오일팬의 바닥에 닿을 수 있도록 한다.
  ㉢ 진공 흡입 장비에 에어호스를 연결하고 밸브를 조작하여 엔진오일 팬의 엔진오일을 흡입시킨다.
  ㉣ 진공 흡입 장비의 흡입호스로 더 이상 엔진오일이 흡입되지 않으면 호스를 깊이 넣었다가 빼면서 잔여 엔진오일을 흡입시킨다.
  ㉤ 더 이상 흡입되지 않으면 진공 흡입 장비의 밸브를 닫은 후 흡입호스를 빼고 엔진오일 레벨게이지를 장착한다.
  ㉥ 엔진오일 필터를 탈착하고 탈착한 오일 필터 케이스에 진공 흡입 장비의 흡입 호스를 연결해 오일 필터 케이스 내부의 엔진오일을 흡입한다.
  ㉦ 카트리지형 엔진오일 필터를 교환한다. 단, 진공 흡입 장비를 이용하는 방식은 엔진오일 필터를 엔진룸에서 교환할 수 있는 차량인 경우에만 교환하도록 한다.
  ㉧ 정비지침서의 엔진오일용량을 확인하고 배출된 엔진오일의 양을 비교하면서 새 엔진오일을 주입하고 에어클리너를 교환한 후 작업을 마무리한다.

출처 : 교육부(2018), 윤활장치정비(LM1506030203_18v4), 사단법인 한국자동차기술인협회, 한국직업능력개발원, p.40

[그림 2-37] 진공 흡입 장비로 엔진오일 흡입

2) 드레인 방식

① 특징
차량을 들어 올려 엔진오일을 교환하는 가장 전통적인 방식으로 대부분의 정비소에서 작업한다.

② 진행 방법
㉠ 차량 엔진오일 주입구 마개를 탈착한다.
㉡ 차량을 들어 올린 뒤 엔진오일을 받을 드레인을 준비한다.
㉢ 엔진오일 팬의 드레인 플러그를 열어 엔진오일을 배출시킨다.
㉣ 엔진오일이 배출되는 동안 정비지침서를 이용하여 엔진오일 필터의 위치를 파악하고 엔진오일 필터를 탈착한다. 이때 오일필터에 잔류한 엔진오일이 바닥에 떨어지지 않도록 주의한다.
㉤ 새 엔진오일 필터의 개스킷 부위에 새 엔진오일을 도포하고 장착한다.
㉥ 엔진오일 팬에서 엔진오일이 거의 배출되지 않을 때 드레인 플러그를 장착한다.
㉦ 주변을 정리하고 차량을 내린다.
㉧ 정비지침서의 엔진오일용량을 확인하고 새 엔진오일을 주입한 뒤 에어 클리너를 교환한 후 작업을 마무리한다.

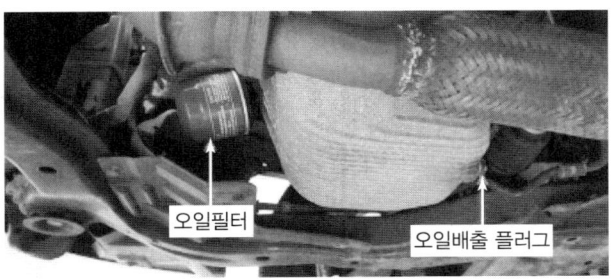

출처 : 교육부(2018), 윤활장치정비(LM1506030203_18v4), 사단법인 한국자동차기술인협회, 한국직업능력개발원. p.41

[그림 2-38] 엔진오일 드레인 플러그와 오일 필터

3) 엔진오일 잔유 제거 방식

① 특징
㉠ 엔진오일의 잔유 제거는 최근 차량 소유주의 요구에 의하여 많이 사용하는 방식이다.
㉡ 적용하는 방식은 신유를 주입하여 씻어 내는 방식과 진공 흡입 장비를 이용하여 잔유를 제거하고 차량을 리프팅한 뒤 차를 기울여 엔진에 잔류된 엔진오일을 배출시키는 방식이 있다.
㉢ 기존의 드레인 방식과 유사하나 교환작업 중간에 세심한 주의가 추가되어야 한다.

※ 기존 드레인 방식은 잔유 제거가 없이 중력으로만 오일을 배출하였지만 잔유 제거 방식을 사용하면 흡인장치 사용이나 차량을 기울이는 작업 등이 추가되어 주의가 필요함

② 진행 방법
㉠ 엔진오일 배출 드레인 플러그의 방향에 따라 잭 리프트를 이용하여 차량을 들어 올리고, 오일 배출 플러그 위치를 확인한다.
㉡ 엔진오일 팬의 배출구에 진공 흡입 장비의 흡입 호스를 삽입하고 잔존한 엔진오일을 흡입한다.

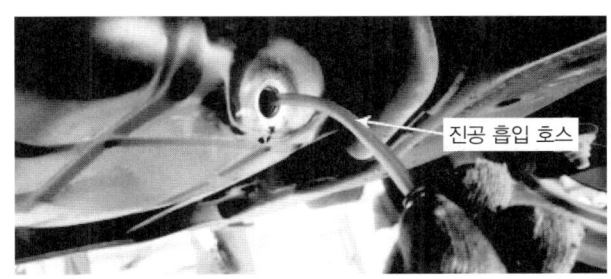

출처 : 교육부(2018), 윤활장치 정비(LM1506030203_18v4), 사단법인 한국자동차기술인협회, 한국직업능력개발원. p.44

[그림 2-39] 엔진오일 잔류제거(진공 흡입 호스 사용)

> **TIP** 오일 필터 교환 시 주의사항
> 새 엔진오일 필터에 엔진오일을 주입할 때는 오일 필터 내부의 필라멘트가 엔진오일을 머금을 수 있도록 엔진오일을 천천히 주입하도록 한다. 엔진오일 필터 개스킷 부위에 새 엔진오일을 도포하고 장착한다.

출처 : 교육부(2018), 윤활장치정비(LM1506030203_18v4), 사단법인 한국자동차기술인협회, 한국직업능력개발원. p.39

[그림 2-40] 엔진오일 필터 내 엔진오일 주입

Topic 03 | 냉각장치

01 냉각장치 이해

(1) 냉각장치의 목적

엔진 작동 중 연소온도(1500~2000℃), 마찰 열에 의해 엔진이 과열되는 것을 방지하여 일정 온도(85~95℃)가 되도록 하는 장치이다.

(2) 냉각 방식의 분류

1) 공랭식
   ① 개요 : 공랭식이란 기관을 대기와 접촉시켜 냉각하는 방식을 말한다.
   ② 공랭식 냉각 방식의 종류
      ㉠ 자연 통풍식 : 오토바이와 같이 주행 중 받는 공기로 냉각하는 방식
      ㉡ 강제 통풍식 : 냉각 팬을 설치하여 강제로 냉각하는 방식
   ③ 장점
      ㉠ 냉각수의 동결 및 누수의 염려가 없음
      ㉡ 냉각수를 보충할 필요가 없어 기관의 보수 점검이 용이함
      ㉢ 워밍업 시간이 짧고, 기관 전체 무게가 가벼움
   ④ 단점
      ㉠ 기관 전체의 균일한 냉각이 곤란함
      ㉡ 실린더와 실린더 헤드의 열로 인한 변형이 쉬움
      ㉢ 냉각 팬 등에 의해 운전 중의 소음이 큼

2) 수냉식
   ① 개요 : 기관 주위에 냉각수를 접촉시켜 냉각하는 방식을 말한다.
   ② 수냉식 냉각 방식의 종류
      ㉠ 자연 순환식 : 대류에 의하여 자연 순환되도록 한 방식
      ㉡ 강제 순환식 : 물 펌프를 설치하여 강제로 냉각수를 순환시켜 냉각하는 방식
      ㉢ 압력 순환식 : 냉각장치 회로를 밀폐시켜 냉각수가 가열, 팽창 시 발생되는 압력으로 냉각수를 가압하여 비등되지 않도록 하는 방식

(3) 수냉식 냉각장치 구성

1) 물 재킷(Water Jacket)
   실린더 블록 및 헤드에 설치된 냉각수 통로를 말한다.

2) 라디에이터(Radiator)
   ① 개요 : 기관에서 가열된 냉각수를 냉각하는 장치이다.
   ② 구비조건
      ㉠ 단위 면적당 방열량이 클 것
      ㉡ 공기의 저항이 적을 것
      ㉢ 소형, 경량이고 견고할 것
      ㉣ 냉각수의 저항이 적을 것

3) 라디에이터 코어
   ① 개요 : 가열된 냉각수가 위쪽 탱크로부터 아래 탱크로 흐르는 튜브와 공기가 통하는 핀 부분으로 구성된다.
   ② 플레이트 핀형
      튜브를 수직으로 배열한 다음, 평면판으로 된 핀을 일정한 간격으로 부착하여 납땜한 것이다.
   ③ 코루게이트 핀형
      핀을 물결 모양으로 성형하여 플레이트 핀형보다 방열량이 크고 가벼워 일반적으로 많이 사용한다.
   ④ 리본 셀룰러형(해리슨형)
      평평한 상자 모양의 수관을 파형으로 만든 것이다.

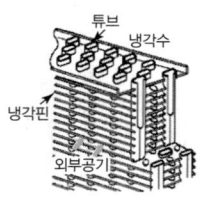 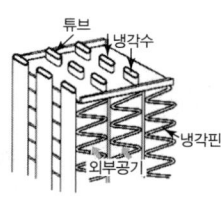 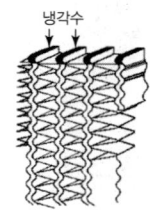

(a) 플레이트 핀형　　(b) 코루게이트 핀형　　(c) 리본 셀룰러형

[그림 2-41] 라디에이터 코어

   ⑤ 코어 막힘율
      ㉠ 코어 막힘율 = $\dfrac{\text{신품 용량} - \text{구품 용량}}{\text{신품 용량}} \times 100(\%)$
      ㉡ 코어 막힘율이 20% 이상일 때 교환

4) 라디에이터 캡(압력식 캡)
   ① 냉각장치 내의 압력을 $0.3 \sim 0.5 \text{kgf/cm}^2$ 상승시킨다.
   ② 비점을 110℃ 정도로 높여 냉각성능을 향상시킨다.

③ 냉각수의 증발을 막는 역할을 한다.

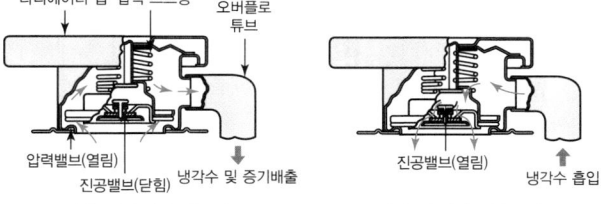

[그림 2-42] 압력식 라디에이터 캡의 작동

5) 물펌프(Water Pump)
원심력에 의해 냉각수를 강제 순환시키는 펌프로서 크랭크 축 회전수의 1.2~1.6배로 회전한다.

6) 냉각팬(Cooling Fan)
물펌프와 함께 회전하거나, 전동모터를 사용하여 방열기의 냉각수를 식혀주는 동시에 배기 다기관의 과열을 방지시킨다.

7) 수온조절기(Thermostat)
① 개요 : 엔진 내부의 냉각수의 온도 변화에 따라 자동적으로 통로를 개폐하여 냉각수 온도를 알맞게 조절하는 기능을 수행한다(65℃에서 열리기 시작하여 85℃ 정도에서 완전히 열린다).

② 벨로스형 : 벨로스 속에 에테르나 알코올을 봉입하고 이들 물질의 팽창과 수축작용을 이용하여 밸브가 개폐한다.

③ 왁스 펠릿형 : 금속 케이스에 봉입한 왁스가 수온의 상승으로 인하여 용해될 때에 생기는 체적 변화(팽창)를 이용하여 밸브를 개폐한다.

④ 바이메탈형 : 열팽창 계수가 다른 2개의 금속을 사용하여 밸브를 개폐한다.

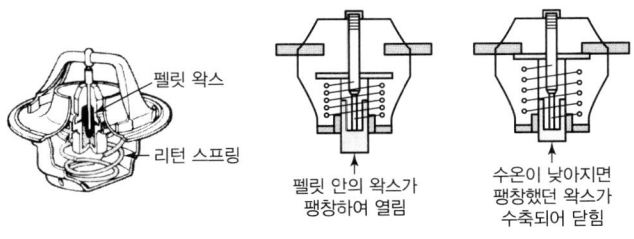

[그림 2-43] 왁스 펠릿형 수온 조절기

8) 시라우드(Shroud)
라디에이터와 팬을 감싸고 있는 판으로 공기의 흐름을 도와 냉각 효과를 증대시키고, 배기 다기관의 과열을 방지시킨다.

(4) 냉각수와 부동액

1) 냉각수
① 경수 : 산이나 염분이 포함되어 금속을 부식시킨다.
② 연수 : 증류수, 수돗물, 빗물을 사용한다.

2) 부동액
① 목적 : 냉각수의 응고점을 낮추어 엔진의 동파를 방지하기 위해 사용한다.
② 종류 : 알코올, 메탄올, 글리세린, 에틸렌글리콜 등이 있다.
③ 현재는 영구부동액인 에틸렌글리콜(비점 : 197.2℃, 응고점 : -50℃)을 사용한다.

[표 2-1] 냉각수와 부동액의 혼합 (단위 : %)

온도 혼합비율	-4℃	-7℃	-11℃	-15℃	-20℃	-25℃	-31℃
부동액	20	25	30	35	40	45	50
냉각수	80	75	70	65	60	55	50

02 냉각장치 점검, 진단

(1) 라디에이터 누수 상태 점검
① 라디에이터 캡을 탈거한 후 라디에이터에 시험기를 장착한다.
  ※ 엔진이 고온일 때 라디에이터 내부의 냉각수는 고온, 고압의 상태이며, 이 때 라디에이터 캡을 개방할 경우 고온의 냉각수가 분출되어 화상을 입을 수 있으므로 엔진을 충분히 냉각시킨 후 탈거

② 펌프질하여 압력을 일정하게 올린 상태에서 누수를 점검한다.

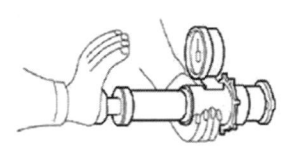
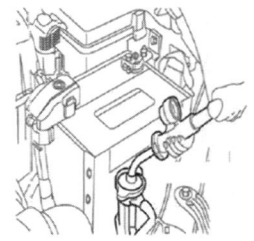

캡 누수 점검　　　라디에이터 누수 점검

출처 : 교육부(2015), 냉각장치정비(LM1506030202, 14v2), 한국직업능력개발원, p.21

[그림 2-44] 라디에이터 캡 및 라디에이터 시험

(2) 서모스탯 점검

서모스탯 점검은 서모스탯에 열을 가해 밸브가 열리는지 점검하는 것이다.

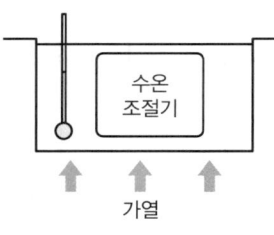

출처 : 교육부(2019), 냉각장치정비(LM1506030202_17v3), 사단법인 한국자동차기술인협회, 한국직업능력개발원, p.14

[그림 2-45] 서모스탯 점검

(3) 부동액 점검, 진단

부동액은 색상을 확인하여 색상의 변화와 산도를 측정하고 부동액의 비중을 점검한다.

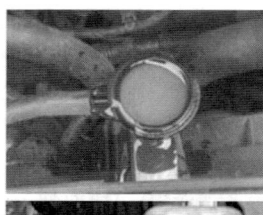

출처 : 교육부(2019), 냉각장치정비(LM1506030202_17v3), 사단법인 한국자동차기술인협회, 한국직업능력개발원, p.14

[그림 2-46] 부동액 점검

03 냉각장치 수리, 교환, 검사

(1) 라디에이터 교환

① 라디에이터 배출 플러그의 위치를 확인하고, 드레인을 받을 도구를 위치시킨 후 배출 플러그를 풀어 냉각수를 배출한다.
   ※ 엔진과 라디에이터의 온도를 확인하여 배출작업 시 화상을 입지 않도록 주의
② 라디에이터 부수장치 및 라디에이터를 탈거한다.
③ 라디에이터를 조립한다. 조립은 분해의 역순으로 실시한다.
④ 부동액과 냉각수를 혼합하여 냉각라인에 주입시킨다.
⑤ 엔진의 시동을 걸어 엔진을 워밍업한 후 냉각팬이 작동하면 냉각수를 보충하여 에어빼기를 실시하고 작업을 마무리한다.

> **TIP** 냉각라인 에어빼기 작업 방법
> ① 엔진을 예열시켜 냉각팬이 회전하도록 한다.
> ② 냉각팬이 회전하면 라디에이터와 리저버 탱크에 냉각수를 계속 보충한다.
> ③ 위 작업을 2~3회 반복하여 냉각 계통의 공기를 제거한다.

출처 : 교육부(2019), 냉각장치정비(LM1506030202_17v3), 사단법인 한국자동차기술인협회, 한국직업능력개발원, p.24

[그림 2-47] 라디에이터 교환

(2) 워터펌프 교환

1) 교환 시기

워터펌프의 임펠러에 손상이 발생하여 펌핑 능력이 부족하거나 누수로 인한 고장 발생을 확인하면 워터펌프를 교환해야 한다.

2) 교환 방법

① 라디에이터의 배출 플러그의 위치를 확인하고, 드레인을 받을 도구를 위치시킨 후 배출 플러그를 풀어 냉각수를 배출한다.

※ 엔진과 라디에이터의 온도를 확인하여 배출작업 시 화상을 입지 않도록 주의

② 워터펌프 부수 장치 및 워터펌프를 탈거한다.

출처 : 교육부(2019), 냉각장치정비(LM1506030202_17v3), 사단법인 한국자동차기술인협회. 한국직업능력개발원. p.27

[그림 2-48] 워터펌프 탈거

③ 워터펌프를 교환 후 조립한다. 조립은 분해의 역순으로 실시한다.

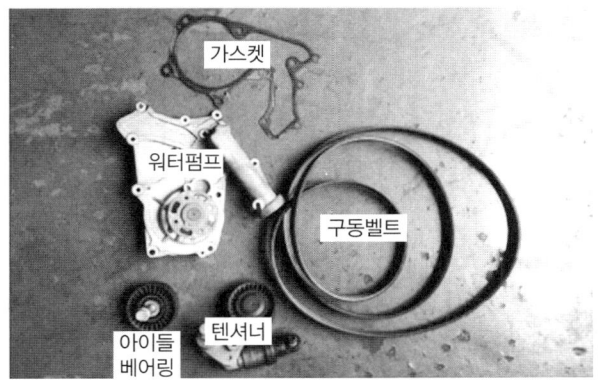

출처 : 교육부(2019), 냉각장치정비(LM1506030202_17v3), 사단법인 한국자동차기술인협회. 한국직업능력개발원. p.28

[그림 2-49] 워터펌프 교환

④ 드레인플러그를 잠그고 부동액과 냉각수를 혼합하여 냉각라인에 주입한다.

⑤ 엔진의 시동을 걸어 엔진을 워밍업한 후 냉각팬이 작동하면 냉각수를 보충하여 에어빼기를 실시하고 작업을 마무리한다.

(3) 서모스탯 교환

① 라디에이터의 배출 플러그의 위치를 확인하고, 드레인 받을 도구를 위치시킨 후 배출 플러그를 풀어 냉각수를 배출한다.

※ 엔진과 라디에이터의 온도를 확인하여 배출작업 시 화상을 입지 않도록 주의

② 서모스탯을 교환하기 위해 부수적인 부품을 함께 탈거하고 서모스탯 하우징을 탈거한 후 서모스탯을 탈거한다.

출처 : 교육부(2019), 냉각장치정비(LM1506030202_17v3), 사단법인 한국자동차기술인협회. 한국직업능력개발원. p.31

[그림 2-50] 서모스탯 교환

③ 서모스탯을 조립한다. 조립은 분해의 역순으로 실시한다.

④ 드레인 플러그를 잠그고 부동액과 냉각수를 혼합하여 냉각라인에 주입한다.

⑤ 엔진의 시동을 걸어 엔진을 워밍업한 후 냉각팬이 작동하면 냉각수를 보충하여 에어빼기를 실시하고 작업을 마무리한다.

※ 서모스탯 단품을 자체 분해하는 경우 냉각성능의 저하 등 역효과를 야기시킬 수 있으므로 분해하지 않음

(4) 부동액 교환

① 라디에이터의 배출 플러그의 위치를 확인하고, 드레인 받을 도구를 위치시킨 후 배출 플러그를 풀어 냉각수를 배출한다.
   ※ 엔진과 라디에이터의 온도를 확인하여 배출작업 시 화상을 입지 않도록 주의
② 냉각수 라인을 세척한다.
③ 드레인 플러그를 잠그고 부동액과 냉각수를 혼합하여 냉각라인에 주입시킨다.
④ 엔진의 시동을 걸어 엔진을 워밍업한 후 냉각팬이 작동하면 냉각수를 보충하여 에어빼기를 실시하고 작업을 마무리한다.

(5) 냉각팬 교환

1) 적정교환 시기

냉각팬에 고장이 발생하게 되면 엔진의 과열이 발생하게 된다. 엔진의 냉각장치가 정상적이지 않은 경우 냉각팬의 작동을 확인하고 교환한다.

2) 교환방법

① 냉각팬이 작동되지 않도록 배터리 (−)터미널을 탈거한다.
② 냉각팬의 고정볼트를 풀고 라디에이터에서 냉각팬을 탈거한다.

출처 : 고육부(2019), 냉각장치정비(LM1506030202_17v3), 사단법인 한국자동차기술인협회, 한국직업능력개발원, p.31

[그림 2-51] 냉각팬 교환

③ 냉각팬을 조립한다. 조립은 분해의 역순으로 한다.
④ 엔진의 시동을 걸어 냉각팬의 작동 상태를 확인한다.

단원 마무리 문제

CHAPTER 02 엔진 본체, 윤활, 냉각장치

Industrial Engineer Motor Vehicles Maintenance

엔진본체

01 밸브 스프링의 공진현상을 방지하는 방법으로 틀린 것은?

① 2중 스프링을 사용한다.
② 원뿔형 스프링을 사용한다.
③ 부등 피치 스프링을 사용한다.
④ 밸브 스프링의 고유진동수를 낮춘다.

해설
밸브스프링의 서징(공진)현상 방지 방법
- 이중 스프링 사용
- 원추형 스프링 사용
- 부등피치 스프링 사용(피치가 다른 스프링)
- 고유진동수가 높은 스프링 사용

02 흡배기밸브의 밸브간극을 측정하여 새로운 태핏을 장착하고자 한다. 새로운 태핏의 두께를 구하는 공식으로 올바른 것은? (단, N : 새로운 태핏의 두께, T : 분리된 태핏의 두께, A : 측정된 밸브 간극, K : 밸브규정 간극이다.)

① $N = T + (A - K)$
② $N = T + (A + K)$
③ $N = T - (A - K)$
④ $N = T + (A \times K)$

해설
간극이 규정값 보다 커진 경우 새로운 태핏의 두께는 분리된 태핏의 두께에 밸브규정 간극과 측정된 간극의 차이 값을 더하여 계산하므로 $N = T + (A - K)$이 정답이다.

03 밸브의 서징(surging) 현상 방지대책으로 틀린 것은?

① 피치가 서로 다른 2중 스프링을 사용한다.
② 밸브 스프링의 고유진동수를 높인다.
③ 피치가 일정한 코일을 사용한다.
④ 원추형 스프링을 사용한다.

해설
밸브스프링의 서징(공진)현상 방지 방법
- 이중 스프링 사용
- 원추형 스프링 사용
- 부등피치 스프링 사용(피치가 다른 스프링)
- 고유진동수가 높은 스프링 사용

04 밸브의 양정이 15mm일 때 일반적으로 밸브의 지름은 약 얼마(mm)인가?

① 60mm
② 50mm
③ 40mm
④ 20mm

해설
일반적으로 밸브 양정 = 밸브지름 × 25%이므로
밸브지름 = 15mm × 4 = 60mm이다.

05 엔진에서 밸브 가이드 실이 손상되었을 때 발생할 수 있는 현상으로 가장 타당한 것은?

① 압축 압력 저하
② 냉각수 오염
③ 밸브간극 증대
④ 백색 배기가스 배출

해설
밸브 가이드 실이 손상된 경우 실린더 헤드의 엔진오일이 연소실로 유입되어 연소되므로 백색 배기가스를 배출하게 된다.

정답 01 ④ 02 ① 03 ③ 04 ① 05 ④

06 가솔린기관에서 밸브 개폐시기의 불량 원인으로 거리가 먼 것은?

① 타이밍벨트의 장력 감소
② 타이밍벨트 텐셔너의 불량
③ 크랭크축과 캠축 타이밍 정렬 틀림
④ 밸브 면의 불량

> **해설**
> 밸브 면(페이스)이 불량한 경우 압축기가 누설되는 블로백 현상이 발생할 수 있고 밸브의 개폐시기와는 거리가 멀다.

07 기계식 밸브 기구가 장착된 기관에서 밸브간극이 없을 때 일어나는 현상은?

① 밸브에서 소음이 발생한다.
② 밸브가 닫힐 때 밸브 면과 밸브 시트가 서로 밀착되지 않는다.
③ 밸브 열림 각도가 작아 흡입효율이 떨어진다.
④ 실린더 헤드에 열이 발생한다.

> **해설**
> 밸브간극이 없다는 것은 밸브가 항상 눌린 상태로 약간 열려있는 것과 같은 현상으로 밸브 면(페이스)과 밸브시트가 밀착되지 않아 압축공기가 누설될 수 있다.

08 피스톤 링에 대한 설명으로 틀린 것은?

① 피스톤의 냉각에 기여한다.
② 내열성 및 내마모성이 좋아야 한다.
③ 높은 온도에서 탄성을 유지하야 한다.
④ 실린더 블록의 재질보다 경도가 높아야 한다.

> **해설**
> 피스톤 링의 경도가 실린더 블록보다 높으면 실린더 벽의 마모가 심해지므로 피스톤 링의 경도는 실린더 블록보다 낮아야 한다.

09 동일한 배기량으로 피스톤 평균속도를 증가시키지 않고, 기관의 회전속도를 높이려고 할 때의 설명으로 옳은 것은?

① 실린더 내경을 작게, 행정을 크게 해야 한다.
② 실린더 내경을 크게, 행정을 작게 해야 한다.
③ 실린더 내경과 행정을 모두 크게 해야 한다.
④ 실린더 내경과 행정을 모두 작게 해야 한다.

> **해설**
> 피스톤의 평균속도는 일정하므로 피스톤이 이동하는 길인 행정을 짧게 하면 회전속도는 증가한다. 또한, 배기량을 동일하게 해야 하므로 실린더 내경은 크게 한다.

10 자동차 기관에서 피스톤의 구비조건으로 틀린 것은?

① 무게가 가벼워야 한다.
② 내마모성이 좋아야 한다.
③ 열의 보온성이 좋아야 한다.
④ 고온에서 강도가 높아야 한다.

> **해설**
> 피스톤이 받은 열은 피스톤링에 전달하여 냉각시켜야 하므로 보온성이 아닌 '열전도성'이 좋아야 한다.

11 피스톤 핀을 피스톤 중심으로부터 오프셋(offset)하여 위치하게 하는 이유는?

① 피스톤을 가볍게 하기 위하여
② 옥탄가를 높이기 위하여
③ 피스톤 슬랩을 감소시키기 위하여
④ 피스톤 핀의 직경을 크게 하기 위하여

> **해설**
> 피스톤이 커넥팅로드에 힘을 전달할 때 발생하는 측압에 의해 피스톤의 슬랩 현상이 발생할 수 있는데 이 측압을 감소시켜 '슬랩 현상을 줄이기 위해' 피스톤 핀을 중심에서 오프셋시켜 설치한 것을 오프셋 피스톤이라 한다.

12 피스톤 슬랩(piston slap)에 관한 설명으로 관계가 먼 것은?

① 피스톤 간극이 너무 크면 발생한다.
② 오프셋 피스톤에서 잘 일어난다.
③ 저온 시 잘 일어난다.
④ 피스톤 운동 방향이 바뀔 때 실린더 벽으로의 충격이다.

해설
오프셋 피스톤은 슬랩 현상을 줄이기 위해 피스톤핀을 중심에서 오프셋시켜 설치한 것이므로 '피스톤 슬랩이 잘 일어나지 않는다'.

13 왕복 피스톤 기관의 속도에 대한 설명으로 가장 옳은 것은?

① 피스톤의 이동 속도는 상사점에서 가장 빠르다.
② 피스톤의 이동 속도는 하사점에서 가장 빠르다.
③ 피스톤의 이동 속도는 BTDC 90° 부근에서 가장 빠르다.
④ 피스톤의 이동 속도는 ATDC 10° 부근에서 가장 빠르다.

해설
피스톤의 이동속도는 폭발압력이 가장 강한 상사점 후(ATDC) 10° 부근에서 가장 빠르다.

14 피스톤 링 이음 간극으로 인하여 기관에 미치는 영향과 관계없는 것은?

① 소결의 원인
② 압축가스의 누출 원인
③ 연소실에 오일유입의 원인
④ 실린더와 피스톤과의 충격음 발생원인

해설
실린더와 피스톤과의 충격음 발생은 노킹 현상으로 주로 피스톤과 실린더 간극이 클 때 발생하므로 피스톤 링의 이음간극과는 거리가 멀다.
• 피스톤 링 이음간극이 작은 경우 = 소결 발생
• 피스톤 링 이음간극이 큰 경우 = 압축가스의 누출 원인, 연소실에 오일 유입의 원인

15 최적의 점화시기를 의미하는 MBT(Minimum spark advance for Best Torque)에 대한 설명으로 옳은 것은?

① BTDC 약 10~15° 부근에서 최대폭발압력이 발생되는 점화시기
② ATDC 약 10~15° 부근에서 최대폭발압력이 발생되는 점화시기
③ BBDC 약 10~15° 부근에서 최대폭발압력이 발생되는 점화시기
④ ABDC 약 10~15° 부근에서 최대폭발압력이 발생되는 점화시기

해설
지문의 내용은 상사점 후 약 10~15°에서 최대폭발압력이 발생되는 점화시기를 말한다.

16 점화순서가 1-3-4-2인 기관에서 2번 실린더가 배기행정이면 1번 실린더의 행정으로 옳은 것은?

① 흡입
② 압축
③ 폭발
④ 배기

해설
2번 실린더가 배기행정이면 다음 점화순서인 1번 실린더는 배기 이전 행정이므로 동력행정(폭발행정)임을 알 수 있다.

17 4행정 사이클기관에서 블로다운(blow-down) 현상이 일어나는 행정은?

① 배기행정 말~흡입행정 초
② 흡입행정 말~압축행정 초
③ 폭발행정 말~배기행정 초
④ 압축행정 말~폭발행정 초

해설
블로다운 현상은 배기행정 초기에 배기가스 자체 압력에 의해 연소실의 가스가 배기관으로 이동하는 현상으로 폭발행정 말기~배기행정 초기에서 발생한다.

정답 06 ④ 07 ② 08 ④ 09 ② 10 ③ 11 ③ 12 ② 13 ④ 14 ④ 15 ② 16 ③ 17 ③

18 가솔린기관의 노크 방지법으로 틀린 것은?

① 화염전파 거리를 짧게 한다.
② 화염전파 속도를 빠르게 한다.
③ 냉각수 및 흡기온도를 낮춘다.
④ 혼합 가스에 와류를 없앤다.

> **해설**
> 가솔린기관의 노크를 방지하기 위해서는 혼합가스의 와류를 없애는 것이 아닌 발생시켜 연료의 분포를 고르게 한다.

19 가솔린기관에서 노크 발생을 억제시키는 방법으로 거리가 가장 먼 것은?

① 옥탄가가 높은 연료를 사용한다.
② 점화시기를 빠르게 한다.
③ 회전속도를 높인다.
④ 흡기온도를 저하시킨다.

> **해설**
> 가솔린기관에서 노킹이 검출되는 경우 점화시기를 빠르게 하는 것이 아닌 '지각(늦춘다)시켜' 노킹을 방지한다.

20 가솔린 엔진에서의 노크 발생을 감지하는 방법이 아닌 것은?

① 실린더 내의 압력측정
② 배기가스 중의 산소농도 측정
③ 실린더 블록의 진동 측정
④ 폭발의 연속음 설정

> **해설**
> 배기가스 중의 산소농도를 측정하여 알 수 있는 것은 실제 공연비이므로 노킹의 검출과는 거리가 멀다.

21 가솔린기관의 노크에 대한 설명으로 틀린 것은?

① 실린더 벽에 해머로 두들기는 것과 같은 음이 발생한다.
② 기관의 출력을 저하시킨다.
③ 화염전파 속도를 늦추면 노크가 줄어든다.
④ 억제하는 연료를 사용하면 노크가 줄어든다.

> **해설**
> 가솔린기관에서 화염전파 속도가 느릴 경우 노킹현상이 나타날 수 있으므로 화염전파 속도를 빠르게 하여 노킹현상을 줄일 수 있다.

22 가솔린기관에서 노크 센서를 사용하는 가장 큰 이유는?

① 최대 흡입공기량을 좋게 하여 체적효율을 향상시키기 위함이다.
② 노킹 영역을 검출하여 점화시기를 제어하기 위함이다.
③ 기관의 최대 출력을 얻기 위함이다.
④ 기관의 노킹 영역을 결정하여 이론공연비로 연소시키기 위함이다.

> **해설**
> 가솔린기관에서 노킹이 발생되면 엔진과열, 출력 저하 소음 등의 현상이 발생하므로 이를 노크센서로 검출하여 노크발생 시 점화시기를 지각시켜 노킹을 방지한다.

23 기관에 쓰이는 베어링의 크러시(Crush)에 대한 설명으로 틀린 것은?

① 크러시가 크면 조립할 때 베어링이 안쪽 면으로 변형되어 찌그러진다.
② 베어링에 공급된 오일을 베어링 전 둘레에 순환하게 한다.
③ 크러시가 작으면 온도변화에 의하여 헐겁게 되어 베어링이 유동한다.
④ 하우징보다 길게 제작된 베어링의 바깥 둘레와 하우징 둘레와의 길이 차이를 크러시라 한다.

> **해설**
> 베어링의 공급된 오일은 베어링 내부와 크랭크축 외경부 사이에서 윤활을 하므로 베어링 바깥 부분에는 오일이 공급되면 안 된다.

24 엔진의 크랭크축 휨을 측정할 때, 반드시 필요한 기기가 아닌 것은?

① 블록게이지
② 정반
③ V블록
④ 다이얼게이지

해설
- 블록게이지는 각종 측정 장비의 영점세팅을 위해 기준이 되는 게이지를 말한다.
- 크랭크축에 휨을 측정할 때 정반 위에 V블록을 설치하고 크랭크축을 올려 다이얼게이지로 설치한다.

25 크랭크축 메인베어링 저널의 오일간극 측정에 가장 적합한 것은?

① 필러 게이지를 이용하는 방법
② 플라스틱 게이지를 이용하는 방법
③ 시임을 이용하는 방법
④ 직각자를 이용하는 방법

해설
크랭크축 오일간극 측정 방법
- 플라스틱 게이지를 이용하는 방법
- 외경 마이크로미터와 내경 마이크로미터 또는 텔레스코핑 게이지를 사용하는 방법
- 시일스톡 게이지를 이용하는 방법

26 크랭크각 센서에 활용되지 않는 검출방식은?

① 홀(hall) 방식
② 전자유도(induction) 방식
③ 광전(optical) 방식
④ 압전(piezo) 방식

해설
압전(피에조) 방식은 압력 또는 충격 검출을 위해 사용되므로 노크 센서, 흡기압 센서, 대기압 센서 등에 사용된다.

27 전자제어식 엔진에서 크랭크각 센서의 역할은?

① 단위시간당 기관 회전속도 검출
② 단위시간당 기관 점화시기 검출
③ 매 사이클당 흡입공기량 계산
④ 매 사이클당 폭발횟수 검출

해설
전자제어 엔진에서 크랭크각 센서는 단위시간당 크랭크축의 회전속도를 검출하여 ECU로 보내면 ECU는 이 신호를 기준으로 점화시기, 연료분사시기 등을 제어한다.

28 엔진 분해조립 시, 볼트를 체결하는 방법 중에서 각도법(탄성역, 소성역)에 관한 설명으로 거리가 먼 것은?

① 엔진 오일의 도포 유무를 준수할 것
② 탄성역 각도법은 볼트를 재사용할 수 있으므로 체결 토크 불량 시 재작업을 수행할 것
③ 각도법 적용 시 최종 체결토크를 확인하기 위하여 추가로 볼트를 회전시키지 말 것
④ 소성역 체결법의 적용조건을 토크법으로 환산하여 적용할 것

해설
소성역 체결법의 적용조건을 토크법이 아닌 '각도법'으로 환산하여 적용할 것

29 기관의 플라이휠과 관계없는 것은?

① 회전력을 균일하게 한다.
② 링기어를 설치하여 기관의 시동을 걸 수 있게 한다.
③ 동력을 전달한다.
④ 무부하 상태로 만든다.

해설
④는 클러치의 역할이다.

30 언더 스퀘어 엔진에 대한 설명으로 옳은 것은?

① 속도보다 힘을 필요로 하는 중·저속형 엔진에 주로 사용된다.
② 피스톤 행정이 실린더 내경보다 작은 엔진을 말한다.
③ 엔진 회전속도가 느리고 회전력이 작다.
④ 엔진 회전속도가 빠르고 회전력이 크다.

해설
언더 스퀘어 엔진은 장행정 엔진으로 내경 대비 행정이 길어 회전속도가 느리고 회전력이 큰 특징이 있다.

31 내연기관에서 연소에 영향을 주는 요소 중 공연비와 연소실에 대해 옳은 것은?

① 가솔린기관에서 이론 공연비보다 약간 농후한 15.7~16.5 영역에서 최대 출력 공연비가 된다.
② 일반적으로 엔진 연소기간이 길수록 열효율이 향상된다.
③ 연소실의 형상은 연소에 영향을 미치지 않는다.
④ 일반적으로 가솔린기관에서 연료를 완전 연소시키기 위하여 가솔린 1에 대한 공기의 중량비는 14.7이다.

해설
① 가솔린기관에서 이론 공연비 영역에서 최대 출력 공연비가 된다.
② 일반적으로 엔진 연소기간이 짧을수록 열효율이 향상된다.
③ 연소실의 형상은 연소에 영향을 미친다(와류형성, 표면적을 작게 하여 노킹방지).

32 내연기관에서 장행정 기관과 비교할 경우 단행정 기관의 장점으로 틀린 것은?

① 흡·배기 밸브의 지름을 크게 할 수 있어 흡·배기 효율을 높일 수 있다.
② 피스톤의 평균속도를 높이지 않고 기관의 회전속도를 빠르게 할 수 있다.
③ 직렬형 기관인 경우 기관의 높이를 낮게 할 수 있다.
④ 직렬형 기관인 경우 기관의 길이가 짧아진다.

해설
단행정 기관의 경우 실린더 행정의 길이가 짧아 기관의 높이는 낮아지지만, 실린더 내경이 크므로 길이는 길어진다.

33 캠축에서 캠의 각부 명칭이 아닌 것은?

① 양정 ② 로브
③ 플랭크 ④ 오버랩

해설
오버랩은 배기 말기, 흡기 초기에 흡기·배기밸브를 동시에 열린 구간이므로 캠의 명칭과는 거리가 멀다.

34 실린더 내의 가스유동에 관한 설명 중 틀린 것은?

① 스월(swirl)은 연료와 공기의 혼합을 개선할 수 있다.
② 스퀴시(squish)는 압축행정 초기에 혼합기가 중앙으로 밀리는 현상을 말한다.
③ 텀블(tumble)은 실린더의 수직 맴돌이 흐름을 말한다.
④ 난류는 혼합기가 가지고 있는 운동에너지가 모양을 바꾸어 작은 맴돌이로 된 것이다.

해설
스퀴시(squish)는 압축행정 '말기'에 혼합기가 중앙으로 밀리는 현상을 말한다.

35 간극체적 60cc, 압축비 10인 실린더의 배기량(cc)은?

① 540 ② 560
③ 580 ④ 600

해설
압축비 = $1 + \dfrac{배기량}{간극체적}$ 이므로
배기량 = (압축비 − 1) × 간극체적 = 9 × 60 = 540cc

36 실린더 안지름 60mm, 행정 60mm인 4실린더 기관의 총 배기량은?

① 약 750.4cc ② 약 678.6cc
③ 약 339.2cc ④ 약 169.7cc

해설
• 배기량 = $\dfrac{\pi}{4}D^2 \times L = 0.785 \times D^2(\text{cm}^2) \times L(\text{cm})$
  = $0.785 \times 6^2 \times 6 = 169.56\text{cm}^3 = 169.56\text{cc}$
• 총 배기량 = 배기량 × 실린더 수 = 169.56 × 4 = 약 678.24cc

37 총 배기량이 1254cc이고, 실린더 수가 4인 가솔린엔진의 압축비가 6.6이다. 이 엔진의 연소실 체적은 약 몇 cc인가?

① 47.5
② 56
③ 190
④ 313.5

해설
- 실린더 당 배기량 = $\frac{1254}{4}$ = 313.5cc
- 압축비 = 1 + $\frac{배기량}{연소실\ 체적}$ 이므로

연소실 체적 = $\frac{배기량}{(압축비-1)}$ = $\frac{313.5}{5.6}$ = 약 56cc

38 실린더의 지름이 100mm, 행정이 100mm일 때 압축비가 17:1이라면 연소실 체적은?

① 약 29cc
② 약 49cc
③ 약 79cc
④ 약 109cc

해설
- 배기량 = $\frac{\pi}{4}D^2 \times L$ = 0.785 × D^2(cm²) × L(cm)
  = 0.785 × 10² × 10 = 785cm³ = 785cc
- 압축비 = 1 + $\frac{배기량}{연소실\ 체적}$ 이므로

연소실 체적 = $\frac{배기량}{(압축비-1)}$ = $\frac{785}{16}$ = 약 49cc

39 실린더 압축압력시험에 대한 설명으로 틀린 것은?

① 압축압력시험은 엔진을 크랭킹하면서 측정한다.
② 습식시험은 실린더에 엔진오일을 넣은 후 측정한다.
③ 건식시험에서 실린더 압축압력이 규정값보다 낮게 측정되면 습식시험을 실시한다.
④ 습식시험 결과 압축압력의 변화가 없으면 실린더 벽 및 피스톤 링의 마멸로 판정할 수 있다.

해설
압축압력 시험 시 습식시험 결과 '압축압력이 상승하면' 실린더 벽 및 피스톤 링의 마멸로 판정할 수 있다.

40 다이얼 게이지로 측정할 수 없는 것은?

① 축의 휨
② 축의 앤드플레이
③ 기어의 백래시
④ 피스톤 직경

해설
다이얼 게이지는 비교측정 장비로 피스톤 직경, 크랭크축 외경, 캠의 높이 등은 측정 할 수 없다.

41 연속가변밸브타이밍(Continuously Variable Valve Timing) 시스템의 장점이 아닌 것은?

① 유해배기가스 저감
② 연비향상
③ 공회전 안정화
④ 밸브강도 향상

해설
연속가변밸브타이밍(CVVT) 시스템은 밸브의 열림 타이밍을 제어하여 펌핑로스를 감소하여 공회전 안정화와 연비를 향상하고 EGR량 조절에 의해 유해배기가스 저감효과가 있다. 밸브강도 향상과는 거리가 멀다.

윤활장치

01 윤활유 소비 증대의 원인으로 가장 거리가 먼 것은?

① 엔진 연소실 내에서의 연소
② 엔진 열에 의한 증발로 외부에 방출
③ 베어링과 핀 저널 마멸에 의한 간극의 증대
④ 크랭크케이스 또는 크랭크축 씰에서 누유

해설
베어링 핀 저널 마멸에 의해 간극이 증대된 경우 오일 압력이 낮아질 수 있으나 윤활유가 소비되는 원인과는 거리가 멀다.

정답 30 ① 31 ④ 32 ④ 33 ④ 34 ② 35 ① 36 ② 37 ② 38 ② 39 ④ 40 ④ 41 ④ | 01 ③

02 엔진의 윤활유가 갖추어야 할 조건으로 틀린 것은?

① 비중이 적당할 것
② 인화점이 낮을 것
③ 카본 생성이 적을 것
④ 열과 산에 대하여 안정성이 있을 것

> **해설**
> 윤활유의 인화점이 낮으면 화재 위험이 증가하므로 인화점 및 발화점은 높은 것이 좋다.

03 기관오일에 캐비테이션이 발생할 때 나타나는 현상이 아닌 것은?

① 진동, 소음 증가
② 펌프 토출압력의 불규칙한 변화
③ 윤활유의 윤활 불안정
④ 점도지수 증가

> **해설**
> 점도지수는 온도가 변화에 따른 점도변화량을 수치화한 것으로 커비테이션과 관련이 없다.
>
> **참고** 캐비테이션 현상
> 오일에 기포가 발생되는 공동현상으로 케비테이션 현상이 있는 경우 펌프토출압력의 불규칙한 변화로 인해 진동 및 소음이 증가하고, 기포에 의해 오일 압송이 불안정하다.

04 다음 중 윤활유 첨가제가 아닌 것은?

① 부식 방지제
② 유동점 강하제
③ 극압 윤활제
④ 인화점 하강제

> **해설**
> 윤활유의 인화점이 낮으면 화재 위험이 증가하므로 인화점 및 발화점은 높이는 것이 좋다.

05 윤활유의 점도에 관한 설명으로 가장 거리가 먼 것은?

① 점도지수가 높을수록 온도변화에 따른 점도변화가 많다.
② 점도는 끈적임의 정도를 나타내는 척도이다.
③ 압력이 상승하면 점도는 높아진다.
④ 온도가 높아지면 점도가 저하된다.

> **해설**
> 점도지수는 온도가 변화에 따른 점도변화량을 수치화한 것으로 점도지수가 높을수록 온도변화에 따라 점도변화정도가 '적음'을 의미한다.

06 기관의 윤활방식 중 윤활유가 모두 여과기를 통과하는 방식은?

① 전류식
② 분류식
③ 중력식
④ 샨트식

> **해설**
> 지문의 내용은 전류식에 대한 설명으로 여과방식 중 분류식은 오일필터를 통해 여과된 오일이 다시 오일팬으로 압송되는 방식이며, 샨트식은 복합식이다.

07 윤활유의 유압 계통에서 유압이 저하되는 원인이 아닌 것은?

① 윤활유 부족
② 윤활유 공급펌프 손상
③ 윤활유 누설
④ 윤활유 점도가 너무 높을 때

> **해설**
> 윤활유의 점도가 너무 높을 경우 유동성 저하로 유압이 상승된다.

08 4행정 사이클기관의 윤활방식에 속하지 않는 것은?

① 압송식   ② 복합식
③ 비산식   ④ 비산 압송식

해설
윤활방식의 분류
- 비산식
- 압송식(압력식)
- 비산 압송식

09 윤활유의 구비조건으로 틀린 것은?

① 응고점이 높고 유동성이 있는 유막을 형성할 것
② 적당한 점도를 가질 것
③ 카본 형성에 대한 저항력이 있을 것
④ 인화점이 높을 것

해설
응고점은 오일이 굳어 고체화되는 온도이므로 응고점이 '낮고' 유동성이 있는 유막을 형성해야 한다.

10 윤활유가 갖추어야 할 주요 기능으로 틀린 것은?

① 냉각작용   ② 응력집중작용
③ 방청작용   ④ 밀봉작용

해설
윤활유의 주요기능
- 냉각작용
- 응력분산작용
- 방청작용
- 밀봉작용
- 청정작용

11 기관의 윤활장치 설명 중 틀린 것은?

① 오일의 변색고- 수분의 유입 여부를 점검한다.
② 엔진 오일의 질이 불량한 경우 보충한다.
③ 엔진 웜업 후 정지 상태에서 오일량을 점검한다.
④ 오일량 게이지 F와 L사이에 위치하는지 확인한다.

해설
엔진오일이 변색이나 수분에 유입으로 인해 질이 불량한 경우 보충하는 것이 아닌 교환한다.

12 엔진오일의 분류 방법 중 점도에 따른 분류는?

① SAE 분류   ② API 분류
③ MPI 분류   ④ ASE 분류

해설
SAE 분류는 엔진오일을 점도에 따라 구분한 것으로 W기호가 있는 것은 겨울철 윤활유이다.

13 엔진오일의 성능향상을 위해 첨가하는 물질이 아닌 것은?

① 산화촉진제   ② 청정분산제
③ 응고점 강하제   ④ 점도지수 향상제

해설
엔진오일이 산화되면 윤활기능이 상실되므로 산화촉진제가 아닌 산화방지제를 첨가한다.

14 엔진오일의 열화 방지법으로 틀린 것은?

① 이물질 혼입을 방지한다.
② 교환한 오일은 침전시킨 후 사용한다.
③ 유황 성분이 적은 윤활유를 사용한다.
④ 산화 안정성이 좋은 윤활유를 사용한다.

해설
교환한 오일은 절대 재사용하지 않는다.

냉각장치

01 수랭식 엔진과 비교한 공랭식 엔진의 장점으로 틀린 것은?

① 구조가 간단하다.
② 냉각수 누수 염려가 없다.
③ 단위 출력당 중량이 무겁다.
④ 정상 작동온도에 도달하는 데 소요되는 시간이 짧다.

해설
공랭식 엔진은 공기흐름으로 냉각하므로 구조가 간단하고 냉각수 누수 염려가 없고 예열시간이 짧으며, 단위 출력당 중량이 가벼운 것이 장점이다.

02 자동차용 부동액으로 사용되고 있는 에틸렌글리콘의 특징으로 틀린 것은?

① 팽창계수가 작다.
② 비중은 약 1.11이다.
③ 도료를 침식하지 않는다.
④ 비등점은 약 197℃이다.

해설
에틸렌글리콜의 특징
• 응고점은 약 −50℃ 비등점은 약 197℃이다.
• 도료를 침식하지 않는다.
• 비중은 1.11이다.
• 금속 부식성이 있다.
• 팽창계수가 크다.

03 기관의 냉각장치에 사용되는 서모스탯에 대한 설명으로 거리가 먼 것은?

① 과열을 방지한다.
② 과냉을 통해 차내 난방효과를 낮춘다.
③ 기관의 온도를 일정하게 유지한다.
④ 기관과 라디에이터 사이에 설치되어 있다.

해설
서모스탯이 열린 상태로 고착될 경우 예열시간이 길어지고 엔진이 과냉될 경우 히터코어 온도저하에 의해 난방효과가 떨어질 수 있다. 따라서 ②의 내용은 서모스탯의 기능이 아닌 불량 현상으로 볼 수 있다.

04 냉각수 온도 센서의 역할로 틀린 것은?

① 기본 연료 분사량 결정
② 냉각수 온도 계측
③ 연료 분사량 보정
④ 점화시기 보정

해설
기본 연료 분사량 기준신호는 크랭크각 센서(CKPS)와 공기유량 센서(AFS)이다.

05 전자제어 가솔린기관에서 냉각수온에 따른 연료증량 보정 신호로 사용하는 것으로 엔진 냉각수 온도를 감지하는 부품은?

① 수온 스위치   ② 수온 조절기
③ 수온 센서   ④ 수온 게이지

해설
지문의 내용은 수온센서에 대한 설명이며, 엔진의 온도센서는 부특성 서미스터(NTC)방식으로 온도가 상승하면 저항과 출력전압이 낮아지는 특성이 있다.

06 100% 물로 냉각수를 사용할 경우 발생할 수 있는 현상으로 틀린 것은?

① 비등점이 낮고 오버히트 발생
② 부식에 의한 냉각계통의 스케일 발생
③ 빙점의 상승으로 기관 동파 발생
④ 냉각효과 상승으로 과냉 현상 발생

해설
지문의 내용과 과냉 현상과는 거리가 멀다.
100% 물로 냉각수를 사용하는 경우 어는점(빙점)은 높고 비등점은 낮은 상태로 어는점이 높으면 기관이 동파될 수 있고, 비등점이 낮으면 오버히트(과열)가 발생한다. 또한, 물에 의해 기관 내부에 부식에 의한 스케일이 발생할 수 있다.

07 압력식 캡을 밀봉하고 냉각수의 팽창과 동일한 크기의 보조 물탱크를 설치하여 냉각수를 순환시키는 방식은?

① 밀봉압력 방식
② 압력순환 방식
③ 자연순환 방식
④ 강제순환 방식

해설
지문의 내용은 밀봉압력 방식으로 라디에이터 압력식 캡을 적용하여 라디에이터 내부의 압력이 높을 경우 정압밸브가 열려 보조 물탱크로 냉각수를 배출하고, 라디에이터 내부 압력이 낮을 경우 부압밸브가 열려 라디에이터로 냉각수가 유입된다.

08 냉각팬의 점검과 직접 관계가 없는 것은?

① 물펌프 축과 부시 사이의 틈새
② 원활한 회전과 소음발생 여부
③ 팬의 균형
④ 팬의 손상과 휨

해설
①은 물펌프(워터펌프)의 점검방법이므로 냉각팬 점검과는 거리가 멀다.

09 냉각장치의 냉각팬을 작동하기 위한 입력신호가 아닌 것은?

① 냉각수온 센서
② 에어컨 스위치
③ 수온 스위치
④ 엔진회전수 신호

해설
냉각팬은 냉각수의 과열상태와 에어컨 콘덴서의 작동상태를 확인하므로 냉각수온 센서와 서모스위치(수온 스위치), 에어컨 스위치를 입력신호로 사용할 수 있다. 엔진회전수와 냉각팬 작동과는 거리가 멀다.

10 겨울철 기관의 냉각수 순환이 정상으로 작동되고 있는데, 히터를 작동시켜도 온도가 올라가지 않을 때 주 원인이 되는 것은?

① 워터 펌프의 고장이다.
② 서모스탯이 열린 채로 고장이다.
③ 온도 미터의 고장이다.
④ 라디에이터 코어가 막혔다.

해설
냉각수 순환은 정상적으로 작동되므로 워터펌프, 온도미터, 라디에이터 코어는 이상이 없다. 따라서 서모스탯이 열린 채로 고착되어 엔진에 과냉에 으한 히터코어 온도 저하로 판단할 수 있다.

11 냉각장치에 사용되고 있는 전동 팬의 특성에 대한 설명으로 적합한 것은?

① 번잡한 시가지 주행에 부적당하다.
② 방열기의 설치가 용이하지 못하다.
③ 일정한 풍량을 확보할 수 있어 냉각 효율이 좋다.
④ 릴레이 형식에 따라 압송형과 토출형의 2종류가 있다.

해설
전동 팬의 특성
• 제어가 간편하여 번잡한 시가지 주행에 적당하다.
• 전동 모터를 사용하므로 방열기의 설치가 용이하다.
• 일정한 풍량을 확보할 수 있어 냉각 효율이 좋다.

12 주행 중 기관이 과열되는 원인이 아닌 것은?

① 워터펌프가 불량하다.
② 서모스탯이 열려있다.
③ 라디에이터 캡이 불량하다.
④ 냉각수가 부족하다.

해설
서모스탯이 열린 상태로 고착된 경우 워터재킷의 냉각수 온도가 낮을 때에도 라디에이터로 냉각수가 토출되어 엔진과열이 아닌 예열시간이 길어지고 과냉될 수 있다.

정답 01 ③ 02 ① 03 ② 04 ① 05 ③ 06 ④ 07 ① 08 ① 09 ④ 10 ② 11 ③ 12 ②

13 가솔린엔진에서 온도게이지가 "HOT" 위치에 있을 경우 점검해야 하는 사항으로 가장 거리가 먼 것은?

① 냉각 전동 팬 작동 상태
② 라디에이터의 막힘 상태
③ 수온센서 혹은 수온스위치의 작동 상태
④ 부동액의 농도 상태

해설
가솔린엔진에서 온도게이지가 HOT 위치에 있을 때는 엔진의 과열상태로 볼 수 있다. 따라서 과열 원인을 점검하는 사항으로 거리가 먼 것을 찾는 문제로 부동액의 농도가 아닌 비중을 점검해야 한다.

14 수온센서 고장 시 엔진에서 예상되는 증상으로 잘못 표현한 것은?

① 연료소모가 많고 CO 및 HC의 발생이 감소한다.
② 냉간 시동성이 저하될 수 있다.
③ 공회전시 엔진의 부조현상이 발생할 수 있다.
④ 공회전 및 주행 중 시동이 꺼질 수 있다.

해설
수온센서 고장 시 연료소모가 많아 농후한 연소이므로 CO 및 HC의 발생이 증가한다.

15 냉각수온센서 고장 판단 시 나타나는 현상으로 가장 거리가 먼 것은?

① 엔진이 정지
② 공전속도가 불안정
③ 웜업 후 검은 연기 배출
④ CO 및 HC 증가

해설
수온센서 고장으로 엔진이 정지되는 것은 아니나 냉간 시 공회전 속도가 불안정하고 연료소모가 많아 농후한 연소이므로 불완전연소에 의해 검은 연기를 배출하며, CO 및 HC의 발생이 증가한다.

16 라디에이터에 부은 물의 양은 1.96L이고, 동형의 신품 라디에이터에 2.8L의 물이 들어갈 수 있다면, 이때 라디에이터 코어의 막힘은 몇 %인가?

① 15
② 20
③ 25
④ 30

해설
라디에이터 코어 막힘률
$= \dfrac{\text{신품용량} - \text{구품용량}}{\text{신품용량}}$
$= \dfrac{2.8 - 1.96}{2.8} = \dfrac{0.84}{2.8} \times 100(\%) = 30\%$

17 라디에이터 캡 시험기로 점검할 수 없는 것은?

① 라디에이터 코어 막힘 여부
② 라디에이터 코어 손상으로 인한 누수 여부
③ 냉각수 호스 및 파이프와 연결부에서의 누수 여부
④ 라디에이터 캡의 불량 여부

해설
라디에이터 코어 막힘은 사용 중인 라디에이터와 신품 라디에이터의 물 주입량의 비교를 통해 점검한다.

18 전자제어 연료분사장치 기관의 냉각수 온도센서로 가장 많이 사용되는 것은?

① 정특성 서미스터
② 트랜지스터
③ 다이오드
④ 부특성 서미스터

해설
엔진의 온도센서는 부특성 서미스터(NTC)방식으로 온도가 상승하면 저항과 출력전압이 낮아지는 특성이 있다.

정답 13 ④ 14 ① 15 ① 16 ④ 17 ① 18 ④

CHAPTER 03 가솔린 전자제어 장치

Industrial Engineer Motor Vehicles Maintenance

Topic 01 | 가솔린 연료장치

01 가솔린 연료장치

(1) 연료와 연소

1) 가솔린의 구성
① 개요 : 석유계 원유로 탄소(83~87%)와 수소(11~14%)의 유기화합물(CnHn)이다.
② 비중 : 0.74~0.76
③ 발열량 : 10500kcal/kg
④ 옥탄가 : 88~95
⑤ 구비조건
   ㉠ 휘발성이 알맞을 것
   ㉡ 발열량이 클 것
   ㉢ 카본 퇴적이 적을 것
   ㉣ 옥탄가가 높을 것

2) 노킹(Knocking)
① 개요 : 이상 연소에 의하여 그 충격으로 연소실 안에서 심한 압력 진동이 발생하여, 마치 해머로 실린더 벽을 두드리는 것과 같은 현상이다.
② 원인
   ㉠ 기관에 과부하가 걸릴 때
   ㉡ 기관이 과열될 때
   ㉢ 점화시기가 틀릴 시(조기점화 시)
   ㉣ 혼합비가 희박할 시
   ㉤ 저옥탄가의 가솔린 연료 사용 시
③ 방지책
   ㉠ 점화시기 지연
   ㉡ 혼합비를 농후하게
   ㉢ 압축비, 혼합가스의 온도를 저하
   ㉣ 고옥탄가의 가솔린 사용
   ㉤ 화염 전파거리 단축
   ㉥ 연소실 내 카본 제거

④ 영향
   ㉠ 기관의 과열, 배기밸브 및 피스톤의 소손
   ㉡ 기관의 출력 저하
   ㉢ 피스톤과 실린더의 소결 발생
   ㉣ 기계 각부의 응력 증대
   ㉤ 배기가스 온도 저하

3) 옥탄가
① 개요 : 연료의 내폭성을 나타내는 치수(가솔린)이다.
② 계산식 :
$$옥탄가 = \frac{이소옥탄}{이소옥탄 + 노말헵탄(정헵탄)} \times 100(\%)$$
③ C.F.R 기관 : 옥탄가를 결정하기 위해서 특별히 제작된 단(單)실린더의 시험기관이다.
④ 노킹 방지제 : 4에틸납[Pb(C2H5)], 벤젠, 알코올, 2염화 에틸렌, 2브롬 에틸렌 등이 있다.

(2) 연료탱크
① 연료의 저장탱크로 용량은 보통 1일 주행 연료량(30~70L)을 기준으로 한다.
② 부식방지를 위하여 내부에는 아연 도금 처리한다.
③ 연료탱크의 작은 구멍 수리는 연료증기를 완전히 제거한 후 물을 반쯤 채우고 납땜을 실시한다.
④ 배기 통로 끝으로부터 30cm, 노출된 전기단자로부터 20cm 이상 떨어져서 설치한다.
⑤ 배플 : 연료의 유동방지 및 연료 탱크의 강성 증대의 역할을 한다.

(3) 연료파이프
① 5~8mm 정도의 강재 파이프를 사용하며, 부식방지를 위하여 아연도금 처리한다.
② 파이프의 피팅은 오픈 앤드 렌치로 분해, 조립하여야 한다.

(4) 연료여과기
연료 속에 포함되어 있는 먼지, 수분 등을 여과한다.

(5) 연료펌프

① 연료를 흡입, 가압하여 연료파이프에 압송시킨다.
② 연료 압송압력 : 2.0~3.0kgf/cm² (전기식 1~5kgf/cm²)
③ 전기식은 주로 연료탱크 내장식으로 전기 모터를 이용하며, 베이퍼 록이 일어나지 않고 설치가 자유롭다.

> **TIP** 베이퍼 록
> 파이프 내에 연료가 비등하여 연료펌프의 기능을 저해하든가 운동을 방해하는 현상

02 전자제어 연료분사장치

(1) 전자제어 연료분사장치의 개요 및 특징

1) 개요

전자제어 연료 분사 장치란 각종 센서(sensor)를 부착하고 이 센서에 보내준 정보를 기반으로 기관의 운전 상태에 따라 연료의 공급량을 기관 컴퓨터(ECU ; Electronic Control Unit)로 제어하여 인젝터(Injector)를 통하여 흡기 다기관에 분사하는 방식이다.

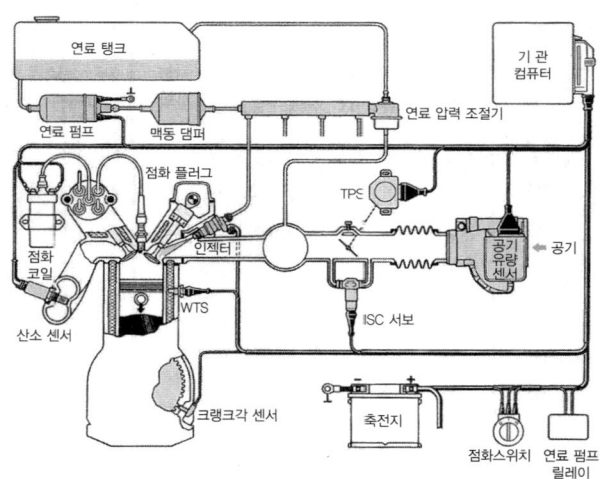

[그림 3-1] 전자제어 방식의 구성도

2) 특징

① 연료 소비율이 향상된다.
② 유해배출 가스의 배출이 감소된다.
③ 기관의 응답성능이 향상된다.
④ 냉간 시동성능을 향상된다.
⑤ 기관의 출력성능이 향상된다.

3) 장점

① 고출력 및 정확한 혼합비 제어로 배기가스를 저감시킨다.
② 연료 소비율이 향상된다.
③ 기관의 효율을 증대시킬 수 있다.
④ 부하 변동에 대해 신속한 응답이 가능하다.
⑤ 저온 기동성의 향상시킬 수 있다.

(2) 전자제어 연료분사장치의 분류

1) 제어방식에 의한 분류

① K-제트로닉 : 연료 분사량을 기계-유압식으로 제어하는 방식(MPC)으로 연속적인 분사장치이다.
   ※ MPC ; Manifold Pressure Controlled fuel injection type
② L-제트로닉
   ㉠ 흡입되는 공기량을 체적 및 질량 유량으로 검출하는 직접 계량 방식(AFC)
   ㉡ 메저링 플레이트식, 카르만 와류식, 핫 와이어 방식
   ※ AFC ; Air Flow Controlled injection type
③ D-제트로닉 : 흡기 다기관의 절대 압력 또는 스로틀 밸브의 개도와 기관 회전속도로부터 공기량을 간접으로 계량하는 방식(MAP 센서)이다.

2) 분사방식에 의한 분류

① 기계적으로 연속 분사하는 방식 : 기계-유압 방식으로 작동되는 연료분사 장치로서 기관이 작동되는 동안 계속하여 연속적으로 연료를 분사하는 방식이다. Bosch사의 K-Jetronic이 이에 해당된다.
② SPI(Single Point Injection) 방식 : TBI(Throttle Body Injection)라고도 부르며 스로틀 밸브 위의 한 중심점에 위치한 인젝터(1~2 설치)를 통하여 간헐적으로 연료를 분사하므로 흡기 다기관을 통하여 실린더로 유입된다.
③ MPI(Multi Point Injection) 방식
   ㉠ 흡기 다기관에 인젝터를 각 실린더에 1개씩 설치하여 연료를 분사하는 방식

ⓒ 연료는 흡입밸브 바로 앞에서 분사되므로 흡기 다기관에서의 연료 응축(wall wetting)에 전혀 문제가 없으며, 기관의 작동온도에 관계없이 최적의 성능을 보장

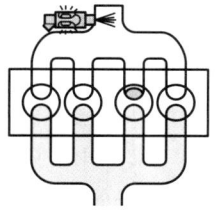

[그림 3-2] SPI 방식

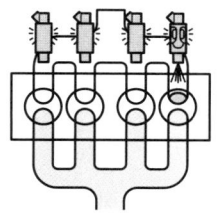

[그림 3-3] MPI 방식

④ GDI(가솔린 직접분사 방식) : 실린더 내에 가솔린을 직접 분사하는 방식으로 약 35~40 : 1의 초희박 공연비로도 연소가 가능하다.

(3) 전자제어 연료 분사장치의 구조

1) 연료계통

연료탱크 → 연료펌프 → 연료 여과기 → 분배 파이프 → 인젝터 → 흡기 다기관

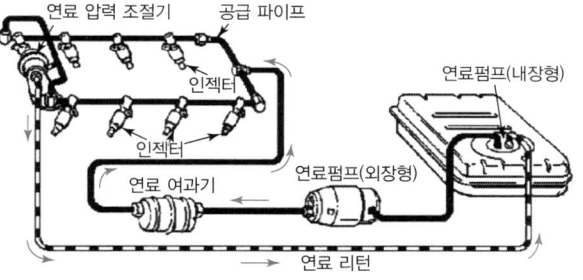

[그림 3-4] 연료 흐름도

① 연료펌프
  ㉠ 개요 : 연료탱크 내에 설치되어 축전지 전원으로 모터가 구동된다.
  ㉡ 릴리프밸브 : 과잉압력으로 인한 연료의 누출 및 파손을 방지한다.

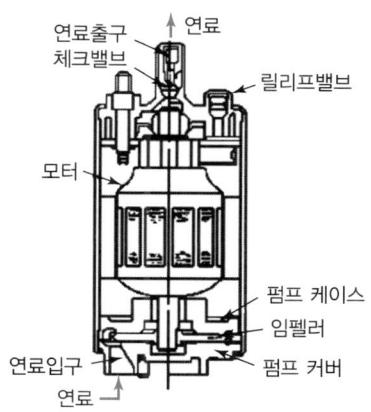

[그림 3-5] 전기식 연료펌프의 구조

  ㉢ 체크밸브
   • 연료펌프의 소음 억제 및 베이퍼 록 현상 방지
   • 연료의 압송 정지 시 연료의 역류방지
   • 연료라인의 잔압을 유지시켜 시동성이 향상

> **TIP 연료압력의 변화 주요 원인**
>
> | 연료압력이 너무 높은 원인 | 연료압력이 너무 낮은 원인 |
> | --- | --- |
> | • 연료의 리턴 파이프가 막혔을 때
• 연료펌프의 릴리프밸브가 고착 되었을 때 | • 연료 필터가 막혔을 때
• 연료펌프의 릴리프밸브의 접촉이 불량할 때 |

② 인젝터 : 분사밸브
  ㉠ 개요
   • 인젝터는 각 실린더의 흡입밸브 앞쪽에 1개씩 설치되어 각 실린더에 연료를 분사시켜 주는 솔레노이드 밸브 장치를 말함
   • 인젝터는 기관 컴퓨터로부터의 전기적 신호에 의해 작동하며, 그 구조는 밸브 보디와 플런저(plunger)가 설치된 니들밸브로 되어있음
  ㉡ 인젝터 점검사항 : 인젝터의 작동음, 작동시간, 분사량
  ㉢ 콜드 스타트 인젝터(cold start injector) : 기관의 냉간시동 시 기관의 온도에 따라 흡기 다기관 내에 연료를 일정시간 동안 추가적으로 분사시키는 역할로 서모스위치에 의해 제어한다.

③ 압력 조절기

흡입다기관 내의 부압 변화에 대응하여 연료 분사량을 일정하게 유지하기 위해 인젝터에 걸리는 연료의 압력을 $2.2 \sim 2.6 \text{kgf/cm}^2$으로 한다.

2) 제어계통

① 기관컴퓨터(ECU ; Electronic Control Unit)

㉠ 기관 컴퓨터의 주요 기능
- 이론공연비 14.7 : 1로 정확히 유지시킴
- 유해배출 가스의 배출을 제어
- 주행성능을 향상시킴
- 연료소비율 감소 및 기관의 출력을 향상시킴

㉡ 기관 컴퓨터의 구조 및 작용
- 기관 컴퓨터의 구조
  - 기관 컴퓨터는 디지털 제어(digital control)와 아날로그 제어(analog control)가 존재함
  - 중앙처리 장치(CPU), 기억장치(memory), 입·출력 장치(I/O) 등으로 구성함
  - 아날로그 제어는 A/D 컨버터(아날로그를 디지털로 변환함)가 1개 더 포함됨
- 기관 컴퓨터의 작동
  - 기관 컴퓨터의 연료분사량 산출 :
    연료분사시간 = 기본 분사시간 × 보정 계수 + 무효분사시간

    기본 분사시간 = $\dfrac{Q/N}{K(A/F)}$

    여기서, Q = 흡입공기량(m^3/s)

    N = 엔진 회전수(1/s)

    K = 인젝터 치수, 분사방식, 실린더 수에 의해 결정되는 정수

    A/F = 목표공연비
  - 기관 컴퓨터의 페일 세이프(fail safe) 작동 : 페일 세이프 작동의 목적은 모든 조건 아래에서 안전하고 신뢰성 있는 자동차의 작동을 보장하기 위하여 결함이 발생하였을 때 기관 가동에 필요한 케이블을 연결하거나 정보 값을 바이패스시켜 대체 값에 의한 기관 가동이 이루어지도록 하는 것

㉢ 공전속도 제어기능 : 공전속도 제어는 각종 센서의 신호를 기초로 기관 컴퓨터에서 ISC-서보의 구동신호를 공급하여 ISC-서보가 스로틀 밸브의 열림 정도를 제어한다.
- 기관을 시동할 때 제어 : 스로틀 밸브의 열림은 냉각수 온도에 따라 기관을 시동하기에 가장 적합한 위치로 제어함
- 패스트 아이들 제어(fast idle control) : 공전스위치가 ON으로 되면 기관 회전속도는 냉각수 온도에 따라 결정된 회전속도로 제어되며, 공전스위치가 OFF 되면 ISC-서보가 작동하여 스로틀 밸브를 냉각수 온도에 따라 규정된 위치로 제어함
- 공전속도 제어 : 에어컨 스위치가 ON 되거나 자동변속기가 N 레인지에서 D 레인지로 변속될 때 등 부하에 따라 공전속도를 기관 컴퓨터의 신호에 의해 ISC-서보를 확장 위치로 회전시켜 규정 회전속도까지 증가시킴. 동력조향장치의 오일압력 스위치가 ON이 되어도 마찬가지로 증속시킴
- 대시포트 제어(dash port control) : 기관을 감속할 때 연료공급을 일시차단 시킴과 동시에 충격을 방지하기 위하여 감속조건에 따라 대시포트를 제어함
- 에어컨 릴레이 제어 : 기관이 공전할 때 에어컨 스위치가 ON이 되면 ISC-서보가 작동하여 기관의 회전속도를 증가시킴

㉣ 자기진단기능 : 기관 컴퓨터는 기관의 여러 부분에 입·출력신호를 보내게 되는데 비정상적인 신호가 처음 보내질 때부터 특정시간 이상이 지나면 기관 컴퓨터는 비정상이 발생한 것으로 판단하고 고장코드를 기억한 후 신호를 자기진단 출력단자와 계기판의 기관 점검등으로 보낸다.

㉤ 노크센서(knock sensor)와 노크 제어장치의 기능
- 노크센서 : 표면에 일정방향의 물리적인 힘이 가해질 때 전압이 발생하는 원리를 이용한 일종의 가속도 센서
- 노크 제어장치의 작동
  - 노크 제어장치의 효과 : 노크 제어장치 기관에서는 노크 발생시점(점화시기와 기관회전력 [그림 3-6] A점)에 근접한 부근(점화시

기와 기관회전력 [그림 3-6] B점)에서 점화시기를 제어 실시. 이때 노크가 발생하면 점화시기를 늦추고, 늦춘 후 노크 발생이 없으면 점화시기를 다시 빠르게 한다. 이러한 연속적인 제어를 통하여 기관 출력증대 및 기관을 보호할 수 있다.

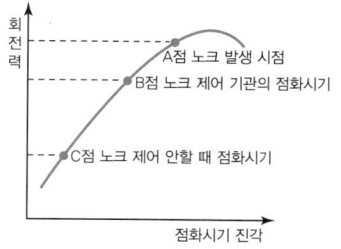

[그림 3-6] 점화시기와 기관회전력

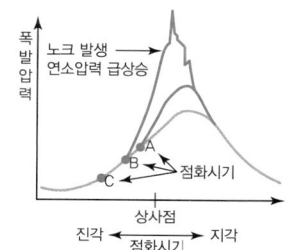

[그림 3-7] 점화시기와 노크발생 관계

03 린번, GDI, LPG, LPI 엔진

(1) 린번엔진(Lean Burn Engine)

1) 개요

린번엔진(Lean Burn Engine)은 희박연소 엔진으로 공연비는 20~22 : 1로 희박한 조건에서 작동된다.

2) 특징

① 열효율 및 연비를 향상(10~20%)시킨다.
② 새로운 삼원촉매 CCC(Closed-coupled Catalyst Converter) 사용으로 70% NOx 저감시킨다.
③ 와류발생을 통한(MTV) 희박연소에 의한 연소 온도 저하한다.
④ 토크 저하 및 변동의 방지한다.

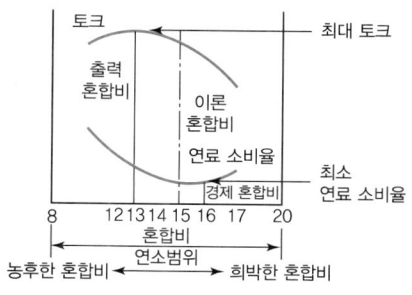

[그림 3-8] 혼합비 및 연료 소비율과 출력의 관계

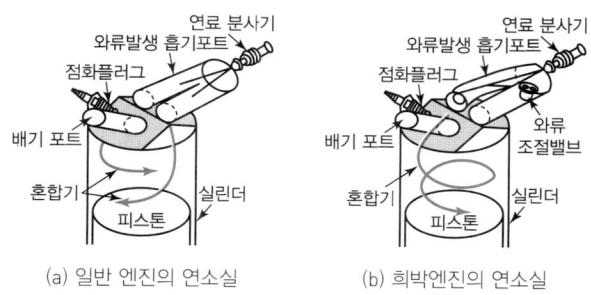

[그림 3-9] 희박엔진의 와류발생 장치

(2) GDI(Gasoline Direct Injection) 엔진

1) 개요

GDI 엔진은 고압축비로 압축된 연소실 안의 공기에 고압의 연료를 직접 분사함으로써 초희박 혼합기의 공급 및 연소가 가능한 엔진이다.

2) 특징

① 초희박 연소에 의한 저연비를 실현(공연비 40 : 1) 한다.
② 희박연소에서의 낮은 공회전 속도 설정과 연비 향상시킨다.
③ 배출가스의 정화 : NOx를 저감시킬 수 있다.
④ 체적 효율을 향상시킨다.
⑤ 노킹방지로 고압축, 고출력 실현이 가능하다.

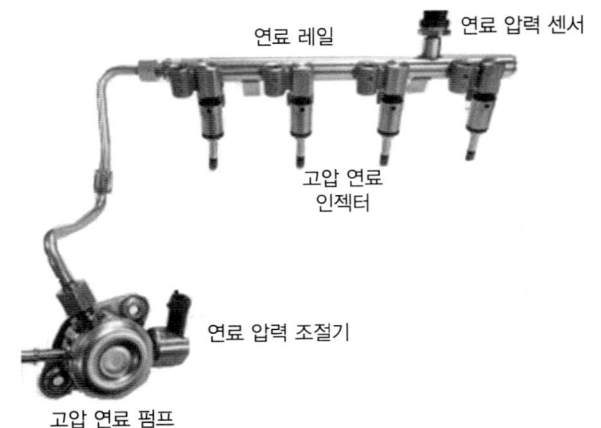

[그림 3-10] GDI 연료 장치 구성

3) 연료 공급
① 연료 공급은 '연료 탱크 → 저압 펌프 → 고압 펌프 → 연료 레일 → 고압 인젝터' 순으로 공급된다.
② 고압 연료 펌프는 실린더 안으로 가솔린을 직접 분사하기 위해 필요한 고압을 발생시킨다.
③ 연료 압력 조절기는 듀티를 증가하면 연료압력이 증가하는 구조로 되어 있으며, 고압 연료 펌프에는 5bar의 압력으로 연료가 공급되어 압력 조절 밸브 이후에는 공회전 시 30bar 정도 수준으로 제어되고 최대 압력은 150bar이다.

(3) LPG, LPI 엔진

1) LPG의 특성
① 무색, 무취, 무미이다.
② 비중 : 액체 0.5, 기체 1.5~2
③ 옥탄가 : 90~120
④ 연료 구성 : 프로판(C_3H_8) + 부탄(C_4H_{10})으로 구성
⑤ 계절별 연료구성
  ㉠ 겨울 : 프로판(30) : 부탄(70)
  ㉡ 여름 : 프로판(10) : 부탄(90)
  ㉢ 봄·가을 : 프로판

2) LPG 기관의 장·단점
① 장점
  ㉠ 가솔린보다 값이 싸 경제적이다.
  ㉡ 혼합기가 가스상태로 CO(일산화탄소)의 배출량이 적다.
  ㉢ 옥탄가가 높고 연소속도가 가솔린보다 느려 노킹발생이 적다.
  ㉣ 블로바이에 의한 오일 희석이 적다.
  ㉤ 유황분의 함유량이 적어 윤활유의 오손이 적다.
② 단점
  ㉠ 연료탱크가 고압용기로 차량 중량이 증가한다.
  ㉡ 한랭 시 또는 장시간 정차 시 증발 잠열 때문에 시동이 곤란하다.
  ㉢ 용적 효율이 저하되고 출력이 가솔린차보다 낮다.
  ㉣ 고압용기의 위험성을 지니고 있다.

3) LPG 기관의 구성
① 봄베(bombe)
  ㉠ 주행에 필요한 연료를 저장하는 고압탱크이다.
  ㉡ 안전장치
   • 안전밸브 : 용기 안 압력이 24kgf/cm² 이상 시 작동
   • 과류방지 밸브 : 액체 압력 7~10kgf/cm², 차량 충돌 시 연료가 급격히 방출될 때 밸브를 닫아 연료 누출을 방지하기 위한 밸브
   • 체크밸브 : 송출밸브 내에 설치되어 있으며, LPG 가스의 역류를 방지
   • 긴급차단 솔레노이드 밸브 : 외관은 액·기상 솔레노이드 밸브와 비슷하며, 액체 및 기체 연료의 공급통로가 서로 차단되어 있어, 별도로 연료공급파이프가 파손되어 가스가 누출될 경우나 엔진이 꺼졌을 때 작동하며 LPG 누출을 예방
  ㉢ 연료 충전은 봄베 용기의 85%까지만 충전한다(액체상태의 LPG는 외부온도에 따라 압력과 체적이 달라져 과충전 시 사고의 위험성이 있다).
② 액기상 솔레노이드 밸브(solenoid valve)
  냉각수 온도 센서의 신호를 받아 ECU 명령에 따라 연료를 기체상태 또는 액체상태로 베이퍼라이저에 공급하는 역할을 한다.
③ 베이퍼라이저(vaporize, 감압 기화장치)
  ㉠ 가솔린 엔진의 기화기에 해당하며 LPG를 감압 기화시켜 일정한 압력으로 유지시키며, 엔진의 부하 증감에 따라 기화량을 조절한다.
  ㉡ 감압, 기화, 압력조절의 3가지 작용을 한다.

④ 프리히터(pre-heater)

LPG를 가열하여 LPG 일부 또는 전부를 기화시켜 베이퍼라이저에 공급하기 위해 설치한다.

⑤ 믹서(mixer)

베이퍼라이저에서 기화된 LPG를 공기와 혼합하여 연소실에 공급하는 장치로 LPG와 공기의 혼합비는 15 : 3이다.

4) LPI(액상 LPG 분사)의 특징 및 장치 구성

① LPI 장치의 특징

㉠ 겨울철 시동성능이 향상된다.
㉡ 정밀한 LPG 공급량의 제어로 이미션(emission) 규제 대응에 유리하다.
㉢ 고압 액체상태 분사로 인해 타르 생성의 문제점을 개선할 수 있다.
㉣ 가솔린기관과 같은 수준의 동력성능을 발휘한다.

> **TIP 기존 LPG 기관과 LPI 기관의 차이점**
> - 액상 분사방식으로 액기상 솔레노이드, 베이퍼 라이저, 믹서 부품이 없다.
> - 고압 분사를 위해 연료 펌프, 연료압력센서, 연료압력 조절밸브, 인젝터로 구성되어 있다.

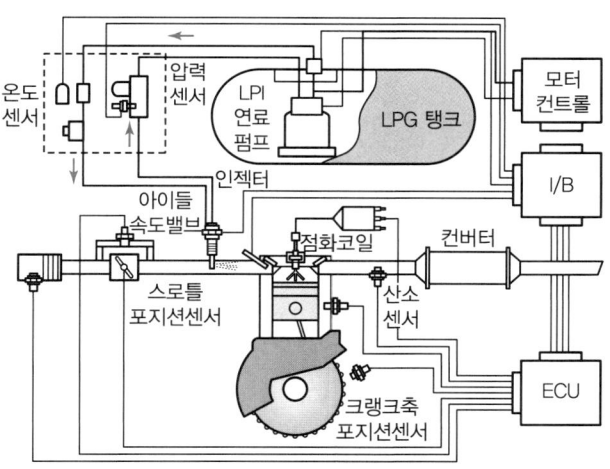

[그림 3-11] LPI 장치의 구성도

Topic 02 | 흡기장치

01 흡기장치 이해

(1) 흡기계통

1) 흡기장치의 구성

흡입 관성에 따른 공기의 일시 저장 기능을 하는 레조네이터(공명, 소음기), 흡입하는 공기 속에 들어있는 먼지 등을 제거하는 공기 청정기, 각 실린더에 혼합기나 공기를 분배하는 흡기 다기관, 흐르는 공기를 차단하거나 흐르게 해주는 스로틀 밸브 등으로 구성되어 있다.

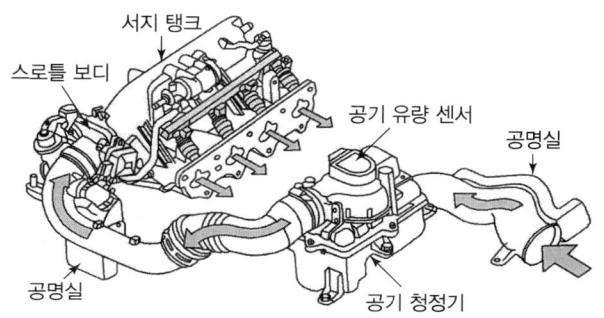

[그림 3-12] 흡입계통의 구성

① 공기 청정기(Air cleaner)

㉠ 흡입공기의 먼지와 이물질 등을 여과하는 기능과 내연기관이 공기를 흡입하면서 생기는 맥동 소음을 감소시켜 주는 작용을 한다.
㉡ 작동 방식에 따라 건식, 습식, 유조식으로 분류할 수 있다.

② 흡기 다기관(Intake manifold)

혼합기를 실린더 내로 유도하는 통로이며, 공전 상태에서 45~50cmHg의 부압을 유지하여 브레이크 배력 장치 및 크랭크실 환기와 점화 진각 장치 등을 작동시킨다.

③ 가변 흡기 다기관(VIS ; Variable Intake System)

VIS(Variable Intake System)란 '가변식 흡입장치'라는 뜻으로, 다양한 엔진의 요구에 대응하고 저속에서 고속까지 높은 출력을 발휘하도록 개발된 엔진 흡기계통의 부속장치이다.

| 저속 | 흡입관의 길이를 길게 하여 흡입관성 효율을 높임 |
| 고속 | 흡기관 길이를 짧게 하여 엔진으로 신속하게 공기가 들어가도록 함 |

④ 스월 컨트롤 밸브(SCV ; Swirl Control Valve)
  ㉠ DC모터와 모터의 위치를 검출하는 모터 위치 센서로 구성된다.
  ㉡ 두 개 중 하나의 흡기 포트를 닫아 연소실에 유입되는 흡입공기의 유속을 증가시키며 스월(소용돌이) 효과를 발생시킨다.

⑤ 스로틀 밸브 바디(Throttle Valve Body)
  ㉠ 개요 : 공기 유량 센서와 서지탱크 사이에 설치되어 흡입공기 통로의 일부를 형성한다. 스로틀 밸브와 스로틀 위치 센서가 있고, 스로틀 보디에는 형식에 따라 기관을 감속할 때 연료공급을 일시 차단하는 대시포트(dash-port) 기능 등이 설치되어 있는 것이 있으며, ISC-servo를 둔 형식도 있다.
  ㉡ 구성 : 스로틀 밸브, 공전 속도조절기, TPS

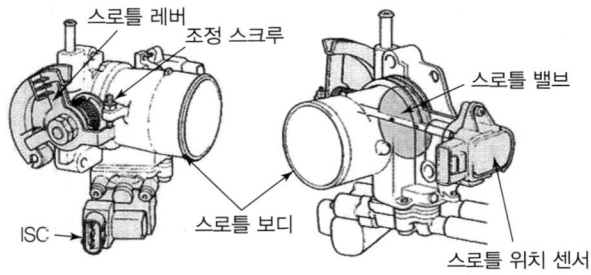

[그림 3-13] 스로틀 보디의 구조

  ㉢ ISC-servo
    • 구성 : 모터, 웜기어, 웜휠, 플런저, 모터위치센서(MPS), 공전 위치 스위치
    • 스로틀 밸브의 개도를 조정하여 공전 속도를 제어
    • 공전 속도 제어기능
      - 패스트 아이들 제어
      - 공전 제어
      - 대시포트 제어
      - 부하 시 제어(에어컨 작동 시, 동력 조향 장치의 오일 압력 스위치 ON 시 등)

> **TIP 대시포트**
> 급감속 시 연료를 일시적으로 차단함과 동시에 스로틀 밸브가 빠르게 닫히지 않도록 하여 기관의 회전 속도를 완만하게 변화시킨다.

2) 스로틀 위치 센서
  스로틀 위치 센서는 운전자가 가속페달을 밟은 정도에 따라 개폐되는 스로틀 밸브의 열림을 계측하여 기관 컴퓨터로 입력시키는 것이며, 접점방식과 선형방식이 있다.

3) 공전 속도 조절기
  ① 개요
    공전 속도 조절기는 기관이 공전 상태일 때 부하에 따라 안정된 공전 속도를 유지하도록 하는 장치이며, 그 종류에는 ISC-서보 방식, 스텝 모터 방식, 공전 액추에이터 방식 등이 있다.
  ② ISC(Idle Speed Control)-서보 방식
    ISC-서보 방식의 공전 속도 조절기는 공전 속도 조절 모터, 웜기어(worm gear), 웜휠(worm wheel), 모터 포지션 센서(MPS), 공전 스위치 등으로 되어있다.

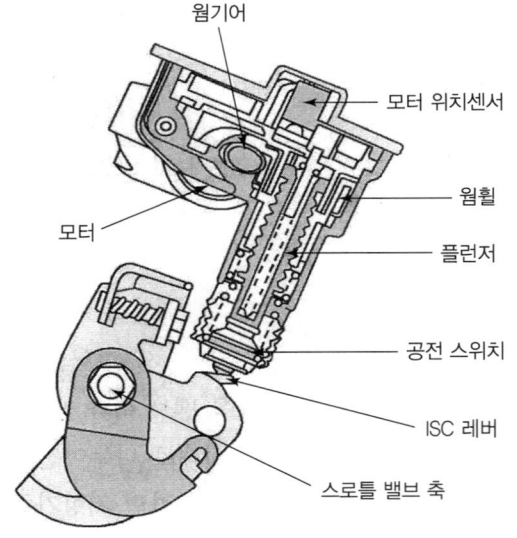

[그림 3-14] ISC-서보의 구조

③ 스텝 모터 방식(Step motor type)
  ㉠ 스로틀 밸브를 바이패스하는 통로에 설치하여 흡입공기량을 조절함으로써 공전 속도를 제어한다. 즉, 기관의 부하에 따라 단계적으로 스텝 모터가 작동하여 기관을 최적의 상태로 유지한다.
  ㉡ 스텝 모터는 모터 포지션 센서의 피드백(feedback)이 필요 없어 제어계통이 간단해진다.

> **TIP**
> 1주기를 100%로 볼 때 주기 내의 HI, LOW가 되는 부분의 비율
> → 듀티 제어를 통해 밸브의 열림량을 정밀제어할 수 있다.

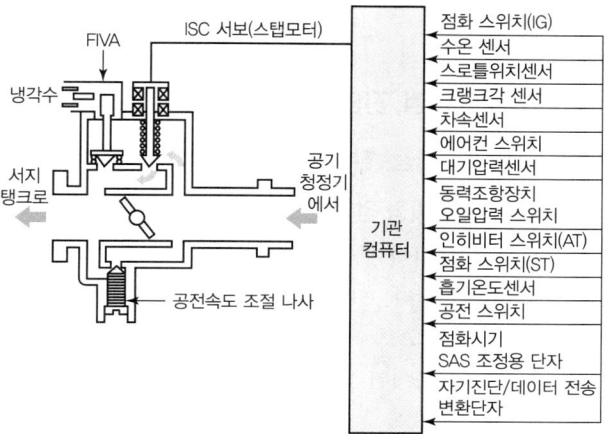

[그림 3-15] 스텝 모터의 전체 구성도

④ 공전 액추에이터(ISA ; Idle Speed Actuator) 방식
  기관에 부하가 가해지면 기관 컴퓨터가 기관의 안정성을 확보하기 위해 공전 액추에이터의 솔레노이드 코일에 흐르는 전류를 듀티 제어하여, 솔레노이드 밸브에 발생하는 전자력과 스프링 장력이 서로 평형을 이루는 위치까지 밸브를 이동시킴으로써 공기 통로의 단면적을 제어하는 방식이다.

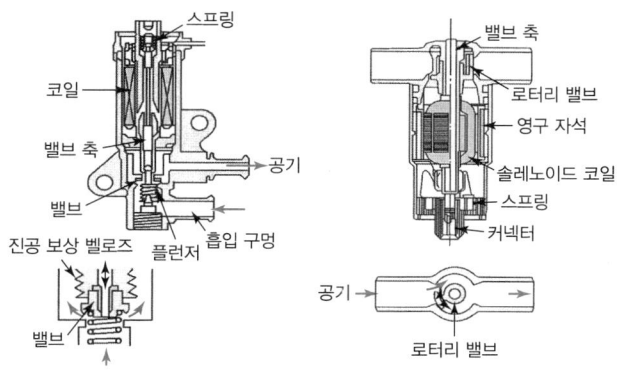

[그림 3-16] 공전 액추에이터의 구조

4) 공기 유량 센서(Air flow sensor)

① 개요
  유량은 단위시간당 흐르는 유체의 양으로 정의되며, 흡입공기의 유량은 기관의 성능, 운전성능, 연료소비율 등에 직접적인 영향을 미치는 요소이다.

② 공기 유량 센서의 종류와 그 작용
  ㉠ 베인 방식(vane or measuring plate type)-에어플로 미터 방식 : L-제트로닉 방식에서 흡입공기량을 계측하여 이것을 기관 컴퓨터로 보내는 방식이다.

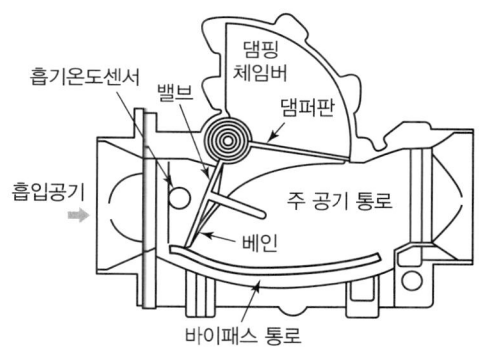

[그림 3-17] 베인 방식의 공기 유량 센서의 구조

  ㉡ 칼만 와류 방식(karman vortex type) : 칼만 와류 방식 공기 유량 센서의 측정 원리는 균일하게 흐르는 유동 부분에 와류를 일으키는 물체를 설치하면 칼만 와류라고 부르는 와류열(vortex street)이 발생하는데 이 칼만 와류의 발생 주파수와 흐름 속도와의 관계로부터 유량을 계측하는 것이다.

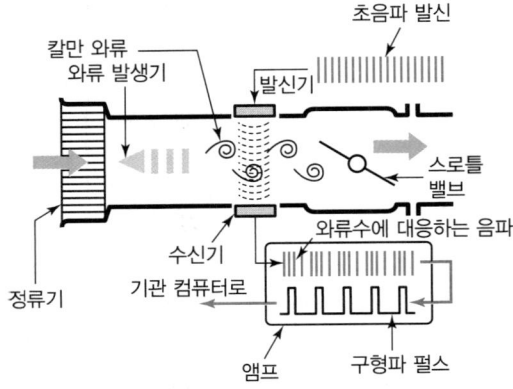

[그림 3-18] 초음파 검출 방식

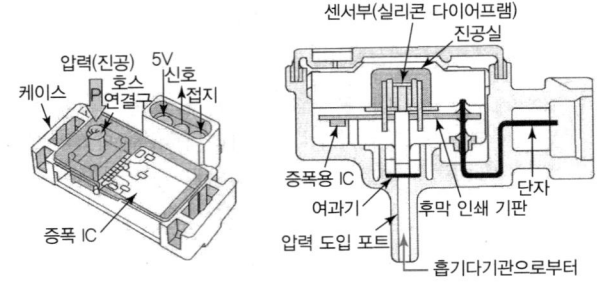

[그림 3-19] MAP 센서의 구조

ⓒ 열선 및 열막 방식(hot wire or hot film type)
- 열선은 지름 70μm의 가는 백금 전선이며, 원통형의 계측 튜브(measuring tube) 내에 설치
- 계측 튜브 내에는 저항기구, 온도 센서 등도 설치
- 계측 튜브 바깥쪽에는 하이브리드(hybrid) 회로, 출력 트랜지스터, 공전 전위차계(idle potentio meter) 등 설치

ⓓ MAP 센서(Manifold Absolute Pressure Sensor ; 흡기 다기관 절대압력 센서)
- 흡기 다기관의 특성과 MAP 센서 출력의 관계
  - 공회전 상태(스로틀 완전 닫힘) : 진공압력 최대, 절대압력 최소, 센서 출력 전압 최소(약 0.9~1.7V), 유량 최소
  - 전부하 상태(스로틀 완전 열림) : 진공압력 최소, 절대압력 최대(대기압력 수준), 센서 출력 전압 최대(약 4.4~4.8V), 유량 최대
- MAP 센서의 작용
  - D-Jetronic에서 사용
  - 흡기 다기관의 절대압력 변화를 측정하여 전압 출력
  - 기관이 공전할 때 전압(0.9~1.7V)을 출력
  - 스로틀 밸브가 완전히 열린 상태에서는 높은 전압(4.4~4.8V) 출력

02 흡기장치 점검, 진단, 조정

(1) 스로틀 바디 점검, 진단, 조정

1) ISC 밸브값 파형 점검
① 스로틀 바디에 부착되어 있는 ISC 밸브의 오염도를 확인한다.
② 오슬로스코프 파형 측정 시 +, -측이 균일하게 출력이 되는지와 열림, 닫힘측 제어선의 출력이 엔진 rpm 변화에 잘 반응하고 있는지 정비지침서의 규정값과 듀티율을 확인한다.

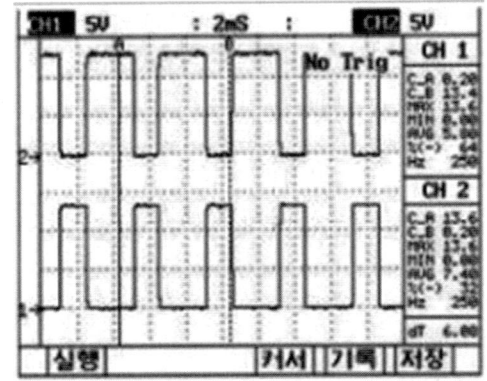

출처 : 교육부(2015), 흡·배기장치 정비(LM1506030206_14v2), 한국직업능력개발원, p.32

[그림 3-20] ISC 밸브값 파형 점검하기

2) TPS 센서 파형 점검

TPS 센서 저항값을 확인하여 IG/ON 후 스로틀 개도량에 따라 전압의 변화가 아날로그 신호로 나타나는지 중간에 노이즈가 없는지 확인한다.

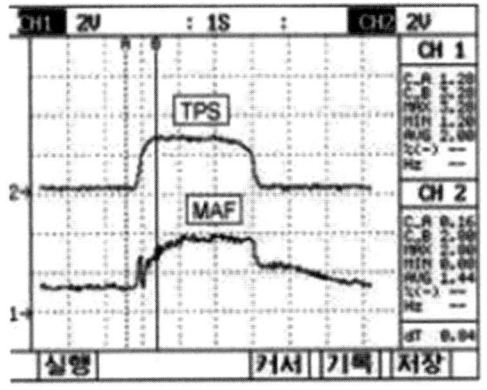

출처 : 교육부(2015), 흡·배기장치 정비(LM1506030206_14v2), 한국직업능력개발원, p.32

[그림 3-21] TPS 센서 오슬로스코프 파형 점검

03 흡기장치 수리, 교환, 검사

① 에어 클리너 교환
  ㉠ 로커 커버와 브리더 호스를 분리한다.
  ㉡ 에어 플로어 센서와 연결된 호스를 이완시킨다.
  ㉢ 에어 클리너 상부 커버와 하부 커버의 고정 클램프를 탈거한다.
  ㉣ 조립 시 일회성 사용품은 모두 교체한다.
  ㉤ 조립은 분해의 역순으로 한다.
  ㉥ 각종 볼트와 너트는 정비지침서의 규정 토크를 준수한다.
  ※ 신품의 에어 클리너 교체 시 필터 면이 오염되지 않도록 해야 함

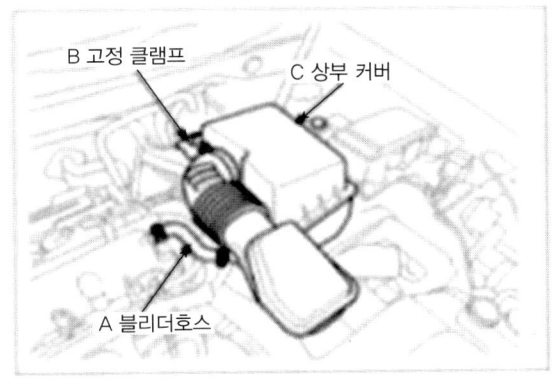

출처 : 교육부(2015), 흡·배기장치정비(LM1506030206_14v2), 한국직업능력개발원, p.49

[그림 3-22] 에어 클리너 교환

(2) 에어 클리너 검사

① 에어 클리너 장착은 분해의 역순이며, 상부 커버와 하부 커버의 체결 상태 및 연결 호스의 체결 상태를 확인한다.
② 각종 체결 부위를 확인한 후 엔진의 작동상태와 이상음의 발생 유무를 확인한다.
③ 건식 엘리먼트에 이물질이 있을 경우 에어건을 이용하여 제거하고 오염이 심한 경우 교환한다.

Topic 03 | 점화장치

01 엔진점화장치 이해

(1) 엔진점화장치

1) 개요

점화장치는 연소실에 설치된 점화플러그를 통하여 전기 불꽃을 발생시켜서 혼합기를 적정 시기에 연소시키는 장치이다.

2) 점화장치의 구비조건

① 발생 전압이 높고 여유 전압이 커야 한다.
② 점화 시기 제어가 정확해야 한다.
③ 불꽃 에너지가 높아야 한다.
④ 잡음 및 전파 방해가 적어야 한다.
⑤ 절연성이 우수해야 한다.

3) 고압의 발생 원리

자기유도작용(Self Induction)과 상호유도작용(Mutual Induction)에 의해 고압이 발생한다.

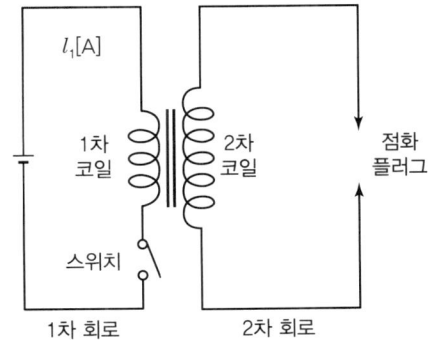

출처 : 교육부(2015), 엔진점화장치 정비(LM1506030205_14v2), 한국직업능력개발원, p.4

[그림 3-23] 점화 코일 회로

(2) 엔진점화장치의 구성요소

1) 점화 스위치(Ignition Switch)

① 개요 : 배터리에서 공급하는 전기를 운전 조건에 따라 운전석에서 개폐하기 위한 장치이다.

② LOCK 단자 : 자동차의 도난 방지와 안전을 위하여 조향 핸들을 잠그는 단자이다.

③ ACC 단자 : 시계, 라디오, 시거라이터 등으로 축전지 전원을 공급하는 단자이다.

④ IG1 단자 : 점화 코일, 계기판, 컴퓨터, 방향 지시등 릴레이, 컨트롤 릴레이 등으로 실제 자동차가 주행할 때 필요한 전원을 공급한다.

⑤ IG2 단자 : 신형 엔진의 점화 스위치에서 와이퍼 전동기, 방향 지시등, 파워 윈도, 에어컨 압축기 등으로 전원을 공급하는 단자이다.

⑥ ST 단자 : 엔진을 크랭킹할 때 배터리 전원을 기동 전동기 솔레노이드 스위치로 공급해주는 단자이며, 엔진 시동 후에는 전원이 차단된다.

2) 폐자로형 점화 코일(Ignition Coil)

① 1차 코일에서의 자기유도 작용과 2차 코일에서의 상호유도 작용을 이용한다.

② 고에너지 점화장치(High Energy Ignition)에서 사용하는 점화 코일은 폐자로형(몰드형) 철심을 사용하며, 자기유도 작용에 의해 생성되는 자속이 외부로 방출되는 것을 방지하기 위해 철심을 통하여 자속이 흐르도록 한다.

3) 고압 케이블(High Tension Cable)

고압 케이블은 점화 코일의 중심 단자와 배전기 캡 중심 단자, 배전기 중심 단자와 점화플러그를 연결하는 절연 배선이다.

4) 점화플러그(Spark Plug)

① 개요 : 점화플러그(Spark Plug)는 실린더헤드에 부착되어 실린더 내에서 압축된 혼합기에 고압 전기로 불꽃을 일으키는 역할을 한다.

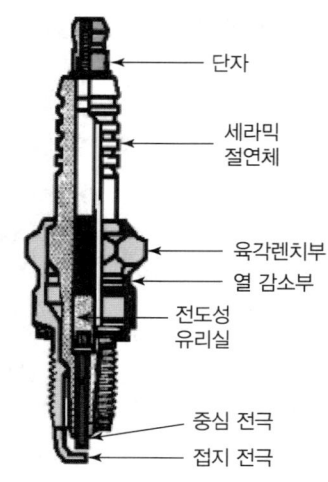

출처 : 교육부(2019), 엔진점화장치 정비(LM1506030205_17v3), 사단법인 한국자동차기술인협회, 한국직업능력개발원, p.10

[그림 3-24] 점화플러그와 점화플러그 구조

[표 3-1] 점화플러그 형식

B	P	5	E	S	11
나사지름	구조/특징	열가	나사길이	구조/특징	플러그간극
A(18mm)	P(절연체)	2(열형)	E(19.0mm)	S	9
B(14mm)	R(저항)	4	H(12.7mm)	YV	10
C(12mm)	U(방전)	5	H(12.7mm)	W	11
D(10mm)		6		VX	13
E(18mm)		7 ↑		K	
BD(14mm)		8 ↓		M	
		9		Q	
		10		B	
		11		J	
		12		C	
		13(냉형)			

② 점화플러그의 열가 : 점화플러그 형식에서 3번째 숫자를 말하며, 열가가 높을수록 냉형으로 열방출이 잘되는 성질을 가진다.

③ 자기 청정 온도 : 점화플러그의 자기 청정 온도는 보통 450~600℃로 카본에 의한 전극의 오손을 청소하는 온도이다.

㉠ 자기 정청 온도보다 낮을 경우 : 실화 발생

㉡ 자기 정청 온도보다 높을 경우 : 조기 점화로 노킹 발생

5) 파워 트랜지스터(Power TR)
① 개요 : 파워 트랜지스터는 흡기 다기관에 부착되어 컴퓨터(ECU)의 신호를 받아 점화 코일에 흐르는 1차 전류를 ON, OFF로 하는 NPN형 트랜지스터이다.
② ECU의 제어 신호에 의해서 점화 코일의 1차 전류를 단속하는 역할을 한다.
③ 베이스(IB) : ECU에 접속되어 컬렉터 전류를 단속한다.
④ 컬렉터(OC) : 점화 코일 (-)단자에 접속되어 있다.
⑤ 이미터(G) : 차체에 접지되어 있다.
⑥ 트랜지스터(NPN형)에서 점화 코일 1차 전류는 컬렉터에서 이미터로 흐른다.
⑦ 점화 코일에서 고전압이 발생되도록 하는 스위칭 작용을 한다.
⑧ 파워 트랜지스터가 불량하면 크랭킹은 되나 기관 시동 성능이 불량하고, 공회전 상태에서 기관 부조 현상이 발생한다. 그리고 심하면 시동이 안 걸리는 현상이 발생한다.

6) 배전기 방식 점화
① 옵티컬 형식(Optical type) 배전기(Distributor)
  ㉠ 발광 다이오드와 포토다이오드가 2개씩 들어있어 펄스 신호(디지털 파형)로 컴퓨터에 입력시킴
  ㉡ 디스크 바깥 부분에 90° 간격으로 4개의 빛 통과용 크랭크각 센서용 슬릿이 있음
  ㉢ 디스크 안쪽 부분에 1개의 제1번 실린더 상사점 센서용 슬릿이 있음

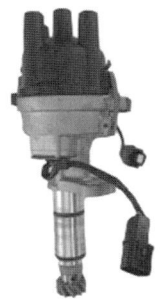 

출처 : 교육부(2019), 엔진점화장치 정비(LM15C6030205_17v3), 사단법인 한국자동차기술인협회, 한국직업능력개발원, p.10

[그림 3-25] 배전기와 배전기 내부 구조

② 인덕션 방식(Induction type)
  ㉠ 인덕션 방식은 톤 휠(ton wheel)과 영구자석을 이용하는 방식으로 분류
  ㉡ 크랭크샤프트 포지션(크랭크각) 센서의 기능
    • 크랭크 축의 회전수를 검출하여 ECU에 입력
    • ECU는 연료 분사 시기와 점화시기를 결정하기 위한 기준신호로 이용
    • 크랭크각 센서의 신호로 점화시기를 조절
    • 크랭크각 센서가 고장 나면 연료가 분사되지 않아 시동이 되지 않음
    • 크랭크각 센서는 크랭크 축 풀리(인덕션 방식) 또는 배전기(옵티컬 방식)에 설치되어 있음

7) 무배전식 점화장치와 독립 점화장치
① 무배전식 점화장치(DLI ; Distributor Less Ignition)
  2개의 실린더에 1개의 점화 코일로 압축 상사점과 배기 상사점에 있는 각각의 점화플러그를 동시에 점화시키는 장치이다.

출처 : 교육부(2015), 엔진점화장치 정비(LM1506030205_14v2), 한국직업능력개발원, p.18.

[그림 3-26] 무배전 점화장치의 점화 코일과 고압 케이블

② 독립 점화장치(DIS ; Direct Ignition System)
  ㉠ 각 실린더별로 1개의 점화 코일과 1개의 점화플러그에 의해 직접 점화하는 장치
  ㉡ 점화 방식은 동시 점화와 동일하나 다음의 사항이 추가됨
    • 고압 케이블인 센터 코드와 각 점화플러그로 고압의 전기를 공급하는 고압케이블이 없기 때문에 에너지의 손실이 거의 없음
    • 각 실린더별로 점화 시기의 제어가 가능하기 때문에 완전 연소 제어가 용이함

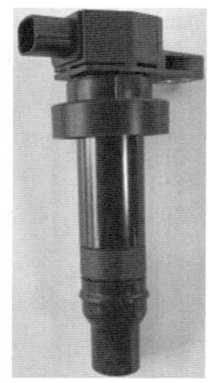

출처 : 교육부(2019), 엔진점화장치 정비(LM1506030205_17v3), 사단법인 한국자동차기술인협회, 한국직업능력개발원, p.18

[그림 3-27] DIS 점화코일

출처 : 교육부(2015), 엔진점화장치 정비(LM1506030205_14v2), 한국직업능력개발원, p.18.

[그림 3-28] 독립 점화장치의 점화 코일

02 엔진점화장치 점검, 진단

(1) 점화 코일 점검

1) 점화 코일 1차 저항 점검(폐자로 타입)

① 멀티테스터의 저항을 200Ω으로 설정한다.
② 점화 코일 내부저항 점검에서 1차 코일의 저항 측정은 멀티테스터의 적색 테스터 리드선을 점화 코일의 (+)단자 선에, 흑색 테스터 리드선을 점화 코일의 (-)단자 선에 접촉하여 측정한다.
③ 규정 값보다 낮은 경우 내부 회로가 단락된 것이며, OL로 표시된 경우 관련 배선의 단선으로 판단한다.

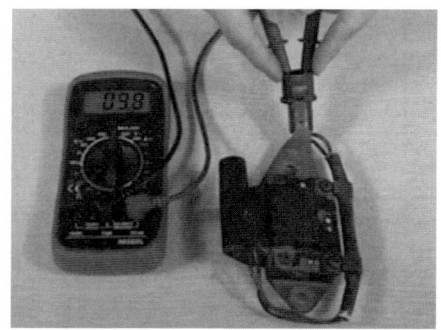

[그림 3-29] 점화 코일 1차 저항 점검

2) 점화 코일 2차 저항 점검(폐자로 타입)

① 멀티테스터 저항을 20kΩ으로 설정한다.
② 점화 코일 내부 저항 점검에서 2차 코일의 저항 측정은 적색 테스터 리드선을 점화 코일의 중심 단자에, 흑색 테스터 리드선을 점화 코일의 (-)단자 선에 접촉시켜 측정한다.
③ 규정 값보다 낮은 경우 내부 회로가 단락된 것이며, OL로 표시된 경우 관련 배선의 단선으로 판단한다.

[그림 3-30] 점화 코일 2차 저항 점검

(2) 점화플러그 점검

① 세라믹 인슐레이터의 파손 및 손상 여부를 점검한다.
② 전극의 마모 여부를 점검한다.
③ 카본의 퇴적이 있는지를 점검한다.
④ 개스킷의 파손 및 손상 여부를 점검한다.
⑤ 점화플러그 간극을 점검한다.
  ※ 플러그 간극 게이지로 플러그 간극을 점검하여 규정치 내에 있지 않으면 접지 전극을 구부려 조정할 수 있음

출처 : 교육부(2015). 엔진점화장치 정비(LM1506030205_14v2). 한국직업능력개발원. p.27.

[그림 3-31] 점화플러그 명칭

(3) 파워 트랜지스터(Power TR) 점검

① 파워 트랜지스터 점검은 점화 스위치를 OFF로 한 상태에서 점검한다.
② 점화플러그 케이블을 분리한다.
③ 파워 트랜지스터 커넥터를 분리한 후 파워 트랜지스터 1번 단자에 3.0V의 (+)전원을, 2번 단자에 (−)전원을 연결한다.
④ 디지털 회로 시험기의 레인지를 저항 위치에 놓은 상태에서 (+)측정 단자는 파워 트랜지스터 3번 단자에, (−)측정 단자는 2번 단자에 연결하여 통전 상태를 확인한다. 이때 전원 공급 시 통전되어야 하고, 미공급 시 통전되지 않아야 한다.

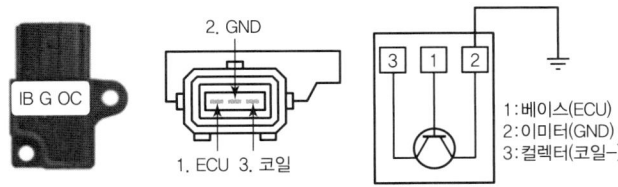

출처: 교육부(2015). 엔진점화장치 정비(LM1506030205_14v2). 한국직업능력개발원. p.14.

[그림 3-32] 파워 트랜지스터(파워 TR) 구성

02 엔진점화장치 수리, 교환, 검사

(1) 불꽃(스파크) 시험(DLI) 검사

① 고압 케이블을 탈거한다.
② 점화플러그를 탈거한 후 점화플러그 고압 케이블에 연결한다.
③ 점화플러그 외측 전극을 접지시키고 엔진을 크랭킹한다.
④ 대기 중에는 방전 간극이 작기 때문에 작은 불꽃만이 생성된다. 점화플러그가 양호하면 스파크는 방출 간극(전극 사이)에서 발생한다.

⑤ 점화플러그가 불량하면 절연이 파괴되기 때문에 스파크가 발생하지 않는다.
⑥ 각각의 점화플러그를 모두 점검한다.
⑦ 점화플러그 소켓을 사용하여 점화플러그를 부착한다.
⑧ 고압 케이블을 부착한다.

출처 : 교육부(2015). 엔진점화장치 정비(LM1506030205_14v2). 한국직업능력개발원. p.51

[그림 3-33] 불꽃 시험 검사

(2) 점화 1차 파형 검사, 분석

1) 개요

점화 코일 1차 전압은 점화 1차 코일 내부의 전압 변화를 스코프로 표시하는 것으로 1차 전압은 1차 전류의 전압 변화가 일어나는 점화 코일의 (−)배선에서 측정한다.

2) 검사 방법

① 파형 (가) 드웰 시간이 공회전 시 2~6ms가 되는지 점검한다.
② 파형 (나) 1차 피크 전압을 측정하여 200~300V가 되는지 점검한다.
③ 파형 (다) 점화 전압이 공회전 시 25~35V가 되는지 점검한다.
④ 파형 (다) 점화 시간이 공회전 시 1~1.7ms가 되는지 점검한다.
⑤ 엔진의 회전수에 따라 점화 1차 파형의 드웰 시간과 점화 전압, 피크 전압이 어떻게 변화하는지 점검한다. 1차 점화 전압의 불규칙한 변화 시에는 연소실, 점화플러그, 점화 코일의 상태를 점검할 수 있다.

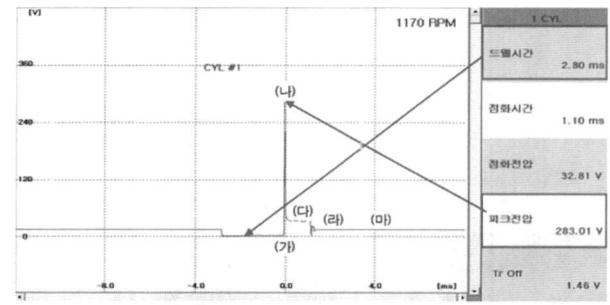

출처 : 교육부(2015), 엔진점화장치 정비(LM1506030205_14v2), 한국직업능력개발원. p.55

[그림 3-34] 점화 1차 파형 분석

(3) 점화 2차 파형 검사, 분석

1) 개요

점화 코일 2차 전압은 점화 2차 코일 내부의 전압 변화를 스코프로 표시하는 것으로, 2차 전압을 측정하기 위해서는 고압 케이블에 측정 배선을 연결한다.

2) 검사방법

① a~c 구간(드웰 시간) : 공회전 시 2~6ms 되는지 점검한다.

② g점(2차 피크 전압) : 측정하여 10~15kV가 되는지 점검한다.

③ f점(점화 전압) : 공회전 시 1~5kV가 되는지 점검한다.

④ f~e 구간(점화 시간) : 공회전 시 1~1.7ms가 되는지 점검한다.

⑤ 엔진의 회전수에 따라 점화 2차 파형의 드웰 시간과 점화 전압, 피크 전압이 어떻게 변화하는지 점검한다.

⑥ 2차 점화 전압의 불규칙한 변화 시에는 연소실, 점화플러그, 점화 코일의 상태를 점검할 수 있다.

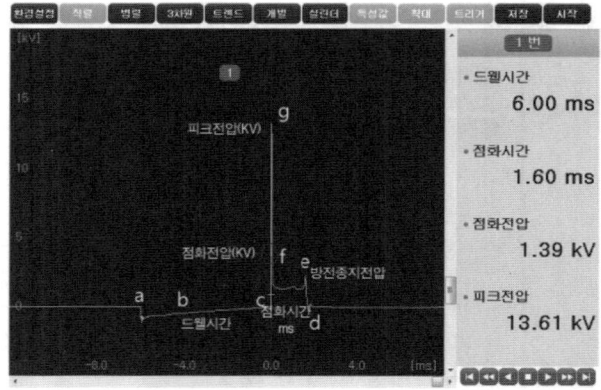

출처 : 교육부(2015), 엔진점화장치 정비(LM1506030205_14v2), 한국직업능력개발원. p.59

[그림 3-35] 점화 2차 파형 분석

(4) 파워 트랜지스터(Power TR) 파형 검사, 분석

1) 개요

① 파워 트랜지스터 파형 검사는 전압과 통전 시간을 점검하여 점화 회로의 이상 유무를 검사하기 위해서 하는 검사이다.

② 파워 트랜지스터가 불량하면 엔진의 시동 성능이 불량해져 시동이 꺼지며, 공회전 시 엔진 부조 현상이 발생하여 공회전 시 또는 주행 시 시동이 꺼진다. 또한, 주행 시 가속 성능이 떨어지며 연료 소모량이 많아진다.

③ ECU에 의해 파워 트랜지스터가 전류 단속을 하는 과정에서 점화 1차 전압이 발생하면서 고장 시에는 과다한 전류가 점화 코일로 유입되어 점화 코일이 손상될 수 있으므로 점검 시 주의해야 한다.

2) 검사 방법

① 파형 (1)에서 전압이 0V로 나오는지 점검한다.

② 파형 (2)까지의 전압이 2~3V가 되는지 점검한다.

③ 파형 (2)에서 (4)까지의 파워 TR ON 구간에서 파형의 형상이 비스듬하게 상승하는지 점검한다.

④ 파형 (4)의 전압이 3~4V가 되는지 점검한다.

⑤ 급격하게 4V로 수직 상승하는지 점검한다.

⑥ 파형에 잡음이 없고, 접지와 단속이 확실한지 점검한다.

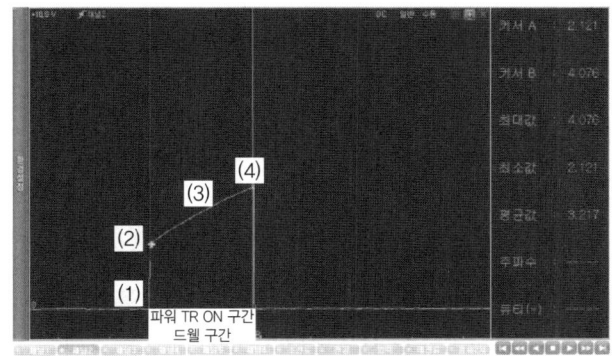

출처 : 교육부(2015), 엔진점화장치 정비(LM1506030205_14v2), 한국직업능력개발원, p.60

[그림 3-36] 파워 트랜지스터 파형 분석

가솔린 연료장치

01 가솔린엔진의 공연비 및 연소실에 대한 설명으로 옳은 것은?

① 연료를 완전 연소시키기 위한 공기와 연료의 이론공연비는 14.7 : 1이다.
② 연소실의 형상은 혼합기의 유동에 영향을 미치지 않는다.
③ 연소실의 형상은 연소에 영향을 미치지 않는다.
④ 공연비는 연료와 공기의 체적비이다.

해설
- 공연비는 공기와 연료의 질량비이며, 이론공연비는 14.7 : 1이다.
- 연소실에 형상에 따라 혼합기의 와류형성(유동과 관련)에 영향을 미치고, 연소실에 가열되기 쉬운 돌출부가 있는 경우 노킹이 발생할 수 있으므로 연소에도 영향을 미칠 수 있다.

02 전자제어 가솔린기관에 대한 설명으로 틀린 것은?

① 흡기온도 센서는 공기밀도 보정 시 사용된다.
② 공회전속도 제어는 스텝 모터를 사용하기도 한다.
③ 산소센서 신호는 이론공연비 제어신호로 사용된다.
④ 점화시기는 크랭크각 센서가 점화 2차 코일의 전류로 제어한다.

해설
점화시기는 크랭크각 센서의 신호를 받아 ECU가 파워TR을 통해 2차 코일의 베이스전류를 제어한다.

03 전자제어 가솔린기관의 노크 컨트롤 시스템에 대한 설명으로 가장 알맞은 것은?

① 노크 발생 시 실린더 헤드가 고온이 되면 서모 센서로 온도를 측정하여 감지한다.
② 압전소자가 실린더블록의 고주파 진동을 전기적 신호로 바꾸어 ECU로 보낸다.
③ 노크라고 판정되면 점화시기를 진각 시키고, 노크 발생이 없어지면 지각시킨다.
④ 노크라고 판정되면 공연비를 희박하게 하고, 노크 발생이 없어지면 농후하게 한다.

해설
- 노크 발생 시 실린더블록의 충격 및 진동을 노크 센서를 통해 감지한다.
- 노크라고 판정되면 점화시기를 지각 시키고(늦춘다), 노크 발생이 없어지면 진각시킨다.
- 노크라고 판정되면 공연비를 농후하게 하고, 노크 발생이 없어지면 희박하게 한다(가솔린기관에서 공연비가 희박하면 노크 발생 증가).

04 가솔린기관의 연료 옥탄가에 대한 설명으로 옳은 것은?

① 옥탄가의 수치가 높은 연료일수록 노크를 일으키기 쉽다.
② 옥탄가 90 이하의 가솔린은 4에틸납을 혼합한다.
③ 노크를 일으키지 않는 기준연료를 이소옥탄으로 하고 그 옥탄가를 0으로 한다.
④ 탄화수소의 종류에 따라 옥탄가가 변화한다.

해설
- 옥탄가 수치가 높은 연료일수록 노크가 발생하지 않는다.
- 4에틸납을 혼합하는 경우 옥탄가가 약간 상승할 수 있지만, 환경오염, 촉매손상 등의 이유로 현재는 사용하지 않는다.
- 노크를 일으키지 않는 기준연료를 이소옥탄으로 하고 그 옥탄가를 100으로 한다.

05 가솔린기관에서 사용되는 연료의 구비조건이 아닌 것은?

① 체적 및 무게가 적고 발열량이 클 것
② 연소 후 유해 화합물을 남기지 말 것
③ 착화온도가 낮을 것
④ 옥탄가가 높을 것

해설
가솔린의 착화온도(자연발화온도)가 낮으면 노킹 발생의 원인이 되므로 가솔린의 착화온도는 높아야 한다.

06 전자제어 연료분사식 가솔린엔진에서 연료펌프와 딜리버리 파이프 사이에 설치되는 연료 댐퍼의 기능으로 옳은 것은?

① 감속 시 연료차단
② 연료라인의 맥동 저감
③ 연료 라인의 릴리프 기능
④ 분배 파이프 내 압력 유지

해설
역할에 따른 부품명칭
① 감속 시 연료차단 : 대시포트
② 연료 라인의 맥동 저감 : 연료 댐퍼
③ 연료 라인의 릴리프 기능 : 릴리프밸브
④ 분배 파이프 내 압력 유지 : 연료압력 조절기

07 전자제어 엔진에서 혼합기의 농후, 희박 상태를 감지하여 연료 분사량을 보정하는 센서는?

① 냉각수온 센서   ② 흡기온도 센서
③ 대기압 센서   ④ 산소 센서

해설
전자제어 엔진에서 배기가스의 잔여 산소량을 검출하여 실제 공연비(농후, 희박)를 감지하는 것은 산소 센서이다.

08 전자제어 가솔린기관에서 고속운전 중 스로틀 밸브를 급격히 닫을 때 연료 분사량을 제어하는 방법은?

① 분사량 증가   ② 분사량 감소
③ 분사 일시중단   ④ 변함 없음

해설
대시포트 제어 시 연료 분사를 일시중단하여 감속충격을 방지한다.

09 전자제어 가솔린 분사 차량의 분사량 제어에 대한 설명으로 틀린 것은?

① 엔진 냉간 시에는 공전시 보다 많은 양의 연료를 분사한다.
② 급감속 시 연료를 일시적으로 차단한다.
③ 축전지 전압이 낮으면 인젝터 통전시간을 길게 한다.
④ 지르코니아 방식인 산소센서의 출력값이 높으면 연료 분사량도 증가한다.

해설
지르코니아 방식인 산소센서의 출력값(전압)이 높으면 농후한 연료이므로 연료 분사량을 감소시킨다.

10 〈보기〉에서 가솔린엔진의 연료분사량에 관련된 공식으로 맞는 것을 모두 고른 것은?

〈보기〉
ㄱ. 실제분사시간 = 기본 분사시간 + 보정분사시간
ㄴ. 기본 분사시간 = 흡입공기량 × 엔진회전수
ㄷ. 보정분사시간 = 기본 분사시간 ÷ 보정분사계수

① ㄱ   ② ㄴ
③ ㄴ, ㄷ   ④ ㄱ, ㄴ, ㄷ

해설
• 실제분사시간 = 기본 분사시간 + 보정분사시간
• 기본 분사시간 = 흡입공기량 ÷ 엔진회전수
• 보정분사시간 = 기본 분사시간 × 보정분사계수

정답 01 ① 02 ④ 03 ② 04 ④ 05 ③ 06 ② 07 ④ 08 ③ 09 ④ 10 ①

11 전자제어 연료분사장치에서 기본 분사량의 결정은 무엇으로 결정하는가?

① 냉각 수온 센서　　② 흡입공기량 센서
③ 공기온도 센서　　④ 유온 센서

> **해설**
> 가솔린기관의 기본 분사량은 크랭크각 센서(CKPS)와 공기유량 센서(AFS)의 신호로 결정된다.

12 전자제어 연료분사장치에서 분사량 보정과 관계없는 것은?

① 아이들 스피드 액츄에이터
② 수온 센서
③ 배터리 전압
④ 스로틀 포지션 센서

> **해설**
> 아이들 스피드 액츄에이터는 공회전 속도조절장치로 분사량 보정과 관련이 없다.
> • 수온 센서 : 엔진의 온도가 낮을 경우 분사량을 증량함
> • 배터리 전압 : 배터리 전압이 낮을 경우 유효분사시간이 감소하므로 분사시간을 증가시킴
> • 스로틀 포지션 센서 : 급가 · 감속 신호를 판단하여 연료를 증 · 감량함

13 전자제어 가솔린 연료 분사장치에서 흡입공기량과 엔진회전수의 입력만으로 결정되는 분사량은?

① 부분부하 운전 분사량
② 기본 분사량
③ 엔진시동 분사량
④ 연료차단 분사량

> **해설**
> 가솔린기관의 기본 분사량은 크랭크각 센서(CKPS)와 공기유량 센서(AFS)의 신호로 결정된다.

14 전자제어 가솔린기관에서 일정 회전수 이상으로 상승 시 엔진의 과도한 회전을 방지하기 위한 제어는?

① 출력중량보정 제어　　② 연료차단 제어
③ 희박연소 제어　　　　④ 가속보정 제어

> **해설**
> 엔진이 일정 회전수 이상으로 상승 시 연료를 차단하여 엔진의 과도한 회전을 방지하기 위한 제어는 연료차단 제어이다.

15 가솔린엔진의 연료압력이 규정값보다 낮게 측정되는 원인으로 틀린 것은?

① 연료펌프 불량
② 연료필터 막힘
③ 연료공급파이프 누설
④ 연료압력조절기 진공호스 누설

> **해설**
> 연료압력 조절기의 진공호스가 누설되면 공회전 시 연료압력이 낮아지지 않으므로, 공회전 시 연료압력이 기준보다 높을 수 있다.

16 전자제어 가솔린기관에서 연료압력이 높아지는 원인이 아닌 것은?

① 연료리턴 라인의 막힘
② 연료펌프 체크밸브의 불량
③ 연료압력조절기의 진공 불량
④ 연료리턴 호스의 막힘

> **해설**
> 연료펌프의 체크밸브가 열림 상태로 불량하면 엔진 가동 시에는 이상이 없고 엔진이 정지하면 연료가 역류하여 연료라인 압력이 급격히 저하된다. 또한, 닫힘 상태로 불량한 경우 연료 공급이 차단되어 연료라인 압력이 낮다.

17 전자제어 연료분사장치 연료펌프 내에 설치된 체크밸브 역할 중 옳은 것은?

① 연료의 회전을 원활하게 한다.
② 연료압력이 높아지는 것을 방지한다.
③ 베이퍼록 방지 및 연료압력을 유지하는 역할을 한다.
④ 과도한 연료압력을 방지한다.

> **해설**
> 연료펌프 내에 체크밸브의 역할
> • 역류방지
> • 잔압을 유지하여 베이퍼록 방지
> • 재시동성 향상

18 전자제어 가솔린엔진의 연료압력조절기가 일정한 연료압력 유지를 위해 사용하는 압력으로 옳은 것은?

① 대기압 ② 연료 분사압력
③ 연료의 리턴압력 ④ 흡기다기관의 부압

> **해설**
> 전자제어 가솔린엔진에서 연료압력 조절기의 진공호스는 흡기다기관과 연결되어 공회전시 연료압력을 낮게, 가속 시 연료압력을 높게 유지한다.

19 전자제어 가솔린기관의 연료압력조절기 내의 압력이 일정 압력 이상일 경우 어떻게 작동하는가?

① 흡기관의 압력을 낮추어 준다.
② 인젝터에서 연료를 추가 분사시킨다.
③ 연료펌프의 토출압력을 낮추어 연료공급량을 줄인다.
④ 연료를 연료탱크로 되돌려 보내 연료압력을 조정한다.

> **해설**
> 연료압력조절기 내의 압력이 일정압력 이상일 경우 압력조절기가 열려 분배파이프의 연료를 연료탱크로 리턴시킨다.

20 커먼레일 연료분사장치에서 파일럿 분사가 중단될 수 있는 경우가 아닌 것은?

① 파일럿 분사가 주분사를 너무 앞지르는 경우
② 연료압력이 최솟값 이상인 경우
③ 주 분사 연료량이 불충분한 경우
④ 엔진 가동 중간에 오류가 발생한 경우

> **해설**
> 파일럿 분사(예비분사)가 중단될 수 있는 경우
> • 파일럿 분사가 주분사를 너무 앞지르는 경우
> • 연료압력이 최솟값 이하인 경우
> • 주 분사 연료량이 불충분한 경우
> • 엔진 가동 중간에 오류가 발생한 경우

21 전자제어 기관에서 연료 차단(fuel cut)에 대한 설명으로 틀린 것은?

① 인젝터 분사신호를 정지한다.
② 배출가스 저감을 위함이다.
③ 연비를 개선하기 위함이다.
④ 기관의 고속회전을 위한 준비단계이다.

> **해설**
> 연료 차단(fuel cut)은 배출가스 저감, 연비개선을 위해 인젝터의 분사를 정지하는 것으로 기관이 감속 시 작용된다.

22 연료펌프의 체크밸브(check valve)가 열린 채로 고장 났을 때의 설명으로 가장 거리가 먼 것은?

① 시동이 걸리지 않는다.
② 주행에 큰 영향은 없다.
③ 시동이 지연된다.
④ 연료펌프는 작동된다.

> **해설**
> 연료펌프의 체크밸브가 열린 채로 고장 난 경우 역류방지기능만 상실되므로 연료펌프의 구동과 라인으로 연료를 이송하는 기능에는 문제가 없으므로 시동이 지연될 수 있으나 시동이 걸리지 않는 것은 아니다.

정답 11 ② 12 ① 13 ② 14 ② 15 ④ 16 ② 17 ③ 18 ④ 19 ④ 20 ② 21 ④ 22 ①

23 연료탱크 증발가스 누설시험에 대한 설명으로 맞는 것은?

① ECM은 시스템 누설관련 진단 시 캐니스터 클로즈밸브를 열어 공기를 유입시킨다.
② 연료탱크 캡에 누설이 있으면 엔진 경고등을 점등시키면 진단 시 리크(leak)로 표기된다.
③ 캐니스터 클로즈밸브는 항상 닫혀 있다가 누설시험 시 서서히 밸브를 연다.
④ 누설시험 시 퍼지컨트롤 밸브는 작동하지 않는다.

해설
- ECM은 시스템 누설 관련 진단 시 캐니스터 클로즈밸브를 닫아 공기를 차단시킨다.
- 캐니스터 클로즈밸브는 항상 열려 있다가 누설시험 시 서서히 밸브를 닫는다.
- 누설시험 시 퍼지컨트롤 밸브를 작동하여 진공이 유지되는지 확인한다.

24 전자제어 연료분사 장치에서 인젝터 분사시간에 대한 설명으로 틀린 것은?

① 급가속 시 순간적으로 분사시간이 길어진다.
② 급감속 시 순간적으로 분사가 차단되기도 한다.
③ 배터리 전압이 낮으면 무효 분사기간이 짧아진다.
④ 지르코니아 산소센서의 전압이 높으면 분사시간이 짧아진다.

해설
배터리 전압이 낮으면 코일에 인가되는 전류가 적어 무효 분사기간이 길어진다.

25 전자제어 가솔린 연료분사장치의 인젝터에서 분사되는 연료의 양은 무엇으로 조정하는가?

① 인젝터 개방시간
② 연료 압력
③ 인젝터의 유량계수와 분구의 면적
④ 니들 밸브의 양정

해설
ECU가 인젝터 코일을 작동하는 시간(인젝터 개방시간, 통전시간)이 분사시간으로 분사시간이 길면 분사량이 많다.

26 전자제어 엔진에서 분사량은 인젝터 솔레노이드 코일의 어떤 인자에 의해 결정되는가?

① 코일권수
② 전압치
③ 저항치
④ 통전시간

해설
ECU가 인젝터 코일을 작동하는 시간(인젝터 개방시간, 통전시간)이 분사시간으로 분사시간이 길면 분사량이 많다.

27 전자제어 가솔린 분사장치에서 인젝터의 분사시간을 결정하는 데 이용되는 신호가 아닌 것은?

① 유온 신호
② 흡입공기량 신호
③ 냉각수온 신호
④ 흡기온도 신호

해설
인젝터의 분사시간을 결정하는 것은 분사량 조절과 같은 의미로 흡입공기량, 냉각수온, 흡기온도, 크랭크각 센서 등의 신호를 검출하며, 가솔린기관에서 엔진오일의 온도는 검출하는 항목이 아니다.

LPG, LPI 기관

01 LPG 기관의 장점이 아닌 것은?

① 공기와 혼합이 잘 되고 완전 연소가 가능하다.
② 배기색이 깨끗하고 유해 배기가스가 비교적 적다.
③ 베이퍼라이저가 장착된 LPG 기관은 연료펌프가 필요 없다.
④ 베이퍼라이저가 장착된 LPG 기관은 가스를 연료로 사용하므로 저온시동성이 좋다.

해설
베이퍼라이저가 장착된 LPG 기관은 액화가스를 기화할 때 증발잠열 때문에 저온시동성이 떨어진다.

02 자동차용 LPG의 장점이 아닌 것은?
① 대기 오염이 적고 위생적이다.
② 엔진 소음이 정숙하다.
③ 증기폐쇄(vapor lock)가 잘 일어난다.
④ 이론공연비에 가까운 값에서 완전연소한다.

해설
LPG는 베이퍼라이저를 통해 감압하여 기화되므로 베이퍼록 현상이 적다.

03 LPG 엔진의 특징을 옳게 설명한 것은?
① 기화하기 쉬워 연소가 균일하다.
② 겨울철 이동이 쉽다.
③ 베이퍼록이다 퍼컬레이션이 일어나기 쉽다.
④ 배기가스에 의한 배기관, 소음기 부식이 쉽다.

해설
LPG는 액화석유가스로 상온에서 기체상태이므로 기화하기 쉬워 연소가 균일한 장점이 있다.

04 자동차용 연료인 LPG에 대한 설명으로 틀린 것은?
① 기체 가스는 공기보다 무겁다.
② 연료의 저장은 가스 상태로 한다.
③ 연료는 탱크 용량의 85%까지 충전한다.
④ 탱크 내 온도상승에 의해 압력상승이 일어난다.

해설
LPG는 액화석유가스로 고압으로 액화시켜 탱크에 저장한다.

05 가솔린 연료와 비교한 LPG 연료의 특징으로 틀린 것은?
① 옥탄가가 높다.
② 노킹 발생이 많다.
③ 프로판과 부탄이 주성분이다.
④ 배기가스의 일산화탄소 함유량이 적다.

해설
가솔린과 비교하여 LPG는 옥탄가가 높으므로 노킹 발생이 적다.

06 LPG 자동차에서 연료탱크의 최고 충전은 85%만 채우게 되어있는데 그 이유로 가장 타당한 것은?
① 충돌 시 봄베 출구밸브의 안전을 고려하여
② 봄베 출구에서의 LPG 압력을 조절하기 위하여
③ 온도 상승에 따른 팽창을 고려하여
④ 베이퍼라이저에 과다한 압력이 걸리지 않도록 하기 위하여

해설
LPG는 고압으로 압축하여 액화시킨 가스이므로 온도가 상승하여 부피가 팽창하는 경우 봄베 내에 압력이 상승하므로 이를 방지하기 위해 85%만 충전하도록 한다.

07 LPG 엔진에서 주행 중 사고로 인해 봄베 내의 연료가 급격히 방출되는 것을 방지하는 밸브는?
① 체크밸브
② 과류방지 밸브
③ 액·기상 솔레노이드 밸브
④ 긴급차단 솔레노이드 밸브

해설
LPG 각 밸브의 역할
- 체크밸브 : 송출밸브 내에 설치되어 있으며, LPG 가스의 역류를 방지
- 과류방지 밸브 : 차량 충돌 시 연료가 급격히 방출될 때 밸브를 닫아 연료 누출을 방지하기 위한 밸브
- 액·기상 솔레노이드 밸브 : 기관의 온도에 따라 액체, 기체 상태의 LPG를 전환하여 이송하기 위한 밸브
- 긴급차단 솔레노이드 밸브 : 외관은 액·기상솔레노이드 밸브와 비슷하며, 액체 및 기체 연료의 공급통로가 서로 차단되어 있어 별도로 연료공급파이프가 파손되어 가스가 누출될 경우나 엔진이 꺼졌을 때 작동하여 LPG 누출을 예방

08 LPG를 사용하는 자동차의 봄베에 부착되지 않는 것은?
① 충전 밸브
② 송출 밸브
③ 안전 밸브
④ 메인 듀티 솔레노이드 밸브

해설
메인 듀티 솔레노이드 밸브는 믹서에 장착되어 혼합비를 조정한다.

정답 23 ② 24 ③ 25 ① 26 ④ 27 ① | 01 ④ 02 ③ 03 ① 04 ② 05 ② 06 ③ 07 ② 08 ④

09 LPG 기관에 사용하는 베이퍼라이저의 설명으로 틀린 것은?

① 베이퍼라이저의 1차실은 연료를 저압으로 감압시키는 역할을 한다.
② 베이퍼라이저의 1차실 압력측정은 압력계를 설치한 후 기관의 시동을 끄고 측정한다.
③ 베이퍼라이저의 1차실 압력측정은 기관이 웜업된 상태에서 측정함이 바람직하다.
④ 베이퍼라이저에는 냉각수의 통로가 설치되어 있어야 한다.

해설
베이퍼라이저의 1차실 압력측정은 압력계를 설치한 후 기관의 시동을 켜고 공회전 상태에서 측정한다.

10 액상 LPG의 압력을 낮추어 기체상태로 변환시켜 연료를 공급하는 장치는?

① 베이퍼라이저(vaporizer)
② 믹서(mixer)
③ 대시 포트(dash pot)
④ 봄베(bombe)

해설
지문의 내용은 베이퍼라이저(기화기)에 대한 설명이다.
② 믹서 : 베이퍼라이저에서 기화된 가스와 공기를 혼합하여 혼합기를 형성
③ 대시포트 : 기관의 급감속 시 작동하여 충격을 방지
④ 봄베 : 고압의 액체 LPG를 저장하기 위한 일종의 연료탱크

11 LPG 기관의 연료 제어 관련 주요 구성부품에 속하지 않는 것은?

① 베이퍼라이저
② 긴급차단 솔레노이드 밸브
③ 퍼지 솔레노이드 밸브
④ 액상기상 솔레노이드 밸브

해설
퍼지 솔레노이드 밸브는 가솔린기관에서 캐니스터에 포집된 증발가스를 ECU 신호에 의해 흡기관으로 보내 재연소하기 위한 장치이다.

12 LPG 기관에서 공전회전수의 안정성을 확보하기 위해 혼합된 연료를 믹서의 스로틀 바이패스 통로를 통하여 추가로 보상하는 것은?

① 메인듀티 솔레노이드 밸브
② 대시포트
③ 공전속도 조절 밸브
④ 스로틀 위치 센서

해설
지문에 내용은 공전속도 조절밸브에 대한 설명이다.
• 메인듀티 솔레노이드 밸브 : 기화기에서 기화된 가스를 믹서로 ECU 신호에 의해 배출하기 위한 밸브
• 대시포트 : 기관의 급감속 시 작동하여 충격을 방지

13 LPG 기관의 믹서에 장착된 메인듀티 솔레노이드밸브의 파형에서 작동구간에 해당하는 것은?

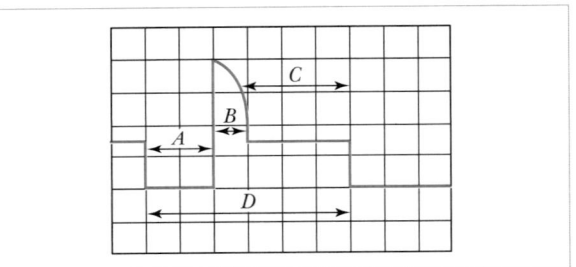

① A구간
② B구간
③ C구간
④ D구간

해설
솔레노이드 밸브의 전압파형은 (−)단자에서 측정하므로 솔레노이드가 작동 시 0V가 검출되므로 A구간이 작동구간이다.

14 LPG 엔진에서 액상·기상 솔레노이드 밸브에 대한 설명으로 틀린 것은?

① 기관의 온도에 따라 액상과 기상을 전환한다.
② 냉간 시에는 액상연료를 공급하여 시동성을 향상시킨다.
③ 기상의 솔레노이드가 작동하면 봄베 상단부에 형성된 기상의 연료가 공급된다.
④ 수온 스위치의 신호에 따라 액상·기상이 전환된다.

해설
냉간 시에는 기화되기 어렵기 때문에 이미 기화된 가스 즉, 기상연료를 공급하여 시동성을 향상시킨다.

15 LPG 기관과 비교할 때 LPI 기관의 장점으로 틀린 것은?

① 겨울철 냉간 시동성이 향상된다.
② 봄베에서 송출되는 가스압력을 증가시킬 필요가 없다.
③ 역화 발생이 현저히 감소된다.
④ 주기적인 타르 배출이 불필요하다.

해설
LPG 기관은 베이퍼라이저를 통해 액화된 LPG를 기화하여 연소실에 공급하고 LPI 기관은 연료펌프를 통해 고압(봄베에서 송출되는 가스압력을 증가시켜 기화를 방지한다)으로 액화된 LPG를 직접 분사하므로 냉간 시동성이 향상되고 역화현상이 적다.

16 LPI 기관의 연료라인 압력이 봄베 압력보다 항상 높게 설정되어 있는 이유로 옳은 것은?

① 공연비 피드백 제어
② 연료의 기화 방지
③ 공전속도 제어
④ 정확한 듀티 제어

해설
LPI 기관은 연료펌프를 통해 봄베에서 송출되는 가스압력을 증가시켜 기화를 방지한다.

17 LPI 차량이 시동이 걸리지 않는다. 다음의 원인 중 거리가 가장 먼 것은? (단, 크랭킹은 가능하다.)

① 연료차단 솔레노이드 밸브 불량
② key-off 시 인젝터에서 연료 누유
③ 연료 필터 막힘
④ 인히비터 스위치 불량

해설
인히비터 스위치가 불량한 경우 크랭킹 또한 불가능하므로 지문의 내용과는 거리가 멀다.

18 전자제어 LPI 차량의 구성품이 아닌 것은?

① 연료차단 솔레노이드 밸브
② 연료펌프 드라이버
③ 과류방지 밸브
④ 믹서

해설
믹서는 기화기 방식의 LPG 기관의 구성품이다.

19 LPI 엔진에서 크랭킹은 가능하나 시동이 불가능하다. 다음 두 정비사의 의견 중 옳은 것은?

〈보기〉
• 정비사 KIM : 연료펌프가 불량이다.
• 정비사 LEE : 인히비터 스위치가 불량일 가능성이 높다.

① 정비사 KIM이 옳다.
② 정비사 LEE가 옳다.
③ 둘 다 옳다.
④ 둘 다 틀리다.

해설
인히비터 스위치가 불량한 경우 크랭킹 또한 불가능하다.

정답 09 ② 10 ① 11 ③ 12 ③ 13 ① 14 ② 15 ② 16 ② 17 ④ 18 ④ 19 ①

흡기

01 전자제어 가솔린기관에서 사용되는 센서 중 흡기온도 센서에 대한 내용으로 틀린 것은?

① 온도에 따라 저항값이 보통 1kΩ~15kΩ 정도 변화되는 NTC형 서미스터를 주로 사용한다.
② 엔진 시동과 직접 관련되면 흡입공기량과 함께 기본 분사량을 결정하게 해주는 센서이다.
③ 온도에 따라 달라지는 흡입공기밀도 차이를 보정하여 최적의 공연비가 되도록 한다.
④ 흡기온도가 낮을수록 공연비는 증가된다.

해설
흡기온도 센서는 흡입공기의 밀도 보정을 위한 것으로 엔진 시동과 직접 관련이 없다.

02 일반적인 자동차기관의 흡기밸브와 배기밸브의 크기를 비교한 것으로 옳은 것은?

① 흡기밸브와 배기밸브의 크기는 동일하다.
② 흡기밸브가 더 크다.
③ 배기밸브가 더 크다.
④ 1번과 4번 배기밸브만 더 크다.

해설
흡기밸브가 작을 경우 흡입 저항이 증가되므로 흡기밸브를 크게 한다.

03 엔진의 흡·배기 밸브의 간극이 작을 때 일어나는 현상으로 틀린 것은?

① 블로바이로 인해 엔진 출력이 증가한다.
② 흡입밸브 간극이 작으면 역화가 일어난다.
③ 배기밸브 간극이 작으면 후화가 일어난다.
④ 일찍 열리고 늦게 닫혀 밸브 열림 기간이 길어진다.

해설
블로바이 현상은 실린더 블록과 피스톤 사이에 간극이 클 경우 발생하는 현상이므로 지문의 내용과는 거리가 멀다. 흡·배기밸브 간극이 작은 경우 블로백 현상이 발생할 수 있다.

04 기관 작동 중 실린더 내 흡입효율이 저하되는 원인이 아닌 것은?

① 흡입 및 배기의 관성이 피스톤 운동을 따르지 못할 경우
② 밸브 및 피스톤링의 마모로 인한 가스 누설이 발생되는 경우
③ 흡·배기 밸브의 개폐시기 불안정으로 인한 단속 타이밍이 맞지 않을 경우
④ 흡입압력이 대기압보다 높은 경우

해설
기관에서 흡입과정은 피스톤이 하강하며 실린더 내부 체적이 증가하고 실린더 내부의 압력은 감소하게 되어 대기압과 실린더 내부의 압력차이(부압)에 의해 흡입되는 것이므로 흡입되는 압력이 대기압보다 높은 경우 흡입효율이 증가된다. 이를 이용한 것이 과급기이다.

05 연료 증발가스를 활성탄에 흡착 저장 후 엔진 웜업 시 흡기매니폴드로 보내는 부품은?

① 차콜 캐니스터   ② 플로트 챔버
③ PCV 장치   ④ 삼원촉매장치

해설
지문의 내용은 차콜 캐니스터에 대한 내용으로 포집된 증발가스는 PCSV(퍼지컨트롤 솔레노이드 밸브)를 의 개폐를 통해 흡기매니폴드로 보내진다.

06 전자제어 기관에서 흡입하는 공기량 측정방법으로 가장 거리가 먼 것은?

① 스로틀 밸브 열림각
② 피스톤 직경
③ 흡기 다기관 부압
④ 칼만와류 발생 주파수

해설
피스톤의 직경은 엔진에서 변하지 않는 값이므로 피스톤 직경을 검출하게 얻을 수 있는 변수는 없다.

07 가솔린기관에서 흡기관의 진공이 누설될 경우 나타나는 현상과 거리가 먼 것은?

① 엔진부조
② 엔진출력 부족
③ 유해 배출가스 과다
④ 연료 증발가스 발생

해설
연료증발가스는 연료탱크 내부에서 발생하는 현상이므로 지문의 내용과는 거리가 멀다.

08 자동차의 흡배기 장치에서 건식 공기 청정기에 대한 설명으로 틀린 것은?

① 작은 입자의 먼지나 오물을 여과할 수 있다.
② 습식 공기 청정기보다 구조가 복잡하다.
③ 설치 및 분해조립이 간단하다.
④ 청소 및 필터교환이 용이하다.

해설
자동차 흡입공기 청정기(에어필터) 중 건식방식은 습식방식보다 구조가 간단하여 설치 및 분해 · 조립이 간단하다.

09 전자제어 가솔린기관의 흡입공기량 센서 중 흡입되는 공기흐름에 따라 발생하는 주파수를 검출하여 유량을 계측하는 방식은?

① 칼만 와류식   ② 열선식
③ 맵센서식   ④ 열막식

해설
- 칼만 와류식 : 초음파 발생기, 수신기, 와류발생기를 사용
- 열선, 열막식 : 백금 열선, 열막을 사용
- 맵센서식 : 압전소자(피에조소자)를 사용

10 전자제어 기관에서 열선식(hot wire type) 공기유량 센서의 특징으로 맞는 것은?

① 맥동오차가 다소 크다.
② 자기청정 기능의 열선이 있다.
③ 초음파 신호로 공기 부피를 감지한다.
④ 대기압력을 통해 공기 질량을 검출한다.

해설
열선, 열막식 공기유량 센서는 기관이 정지 후에 일정 온도로 상승시켜 센서에 부착된 이물 등을 연소시키는 자기청정 기능이 있다.

11 공기유량센서 중 흡입 통로에 발열체를 설치하여 통과하는 공기의 양에 따라 발열체의 온도변화를 이용하는 방식은?

① 베인식   ② 열선식
③ 맵센서식   ④ 칼만와류식

해설
지문의 내용은 열선, 열막 방식의 공기유량센서이다.
① 베인식 : 플레이트의 각도 변화에 따른 저항의 변화를 측정
③ 맵센서식 : 피에조 저항을 통해 흡기다기관의 절대압력을 측정
④ 칼만 와류식 : 와류발생기를 통해 수신되는 초음파 신호를 분석

12 전자제어 엔진의 MAP 센서에 대한 설명으로 옳은 것은?

① 흡기 다기관의 절대압력을 측정한다.
② 고도에 따르는 공기의 밀도를 계측한다.
③ 대기에서 흡입되는 공기 내의 수분 함유량을 측정한다.
④ 스로틀 밸브의 개도에 따른 점화 각도를 검출한다.

해설
MAP 센서는 흡기 다기관의 절대압력을 측정한다.
② 대기압 센서
③ 습도 센서
④ 스로틀 위치 센서

13 다음 그림은 스로틀 포지션 센서(TPS)의 내부회로도이다. 스로틀 밸브가 그림에서 B와 같이 닫혀 있는 현재 상태의 출력전압은 약 몇 V인가? (단, 공회전 상태이다.)

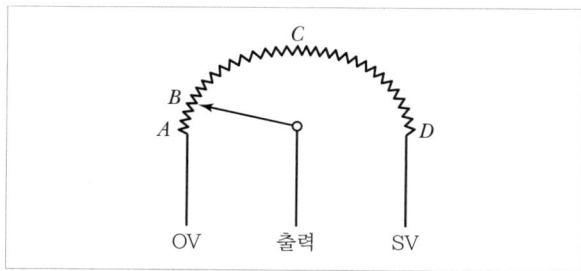

① 0V
② 약 0.5V
③ 약 2.5V
④ 약 5V

해설
출력부와 접지 사이에 저항이 거의 없는 상태(0V에 가까운 상태)이므로 약 0.5V가 출력된다.

14 TPS(스로틀 포지션 센서)에 관한 사항으로 가장 거리가 먼 것은?

① 스로틀 바디의 스로틀 축과 같이 회전하는 가변저항기이다.
② 자동변속기 차량에서는 TPS 신호를 이용하여 변속단을 만드는 데 사용된다.
③ 피에조 타입을 많이 사용한다.
④ TPS는 공회전 상태에서 기본값으로 조정한다.

해설
피에조 타입 센서는 노킹 센서, 흡기압 센서, 대기압 센서 등에 사용되며, TPS는 일종의 가변저항 형식이다.

15 가변저항의 원리를 이용한 것은?

① 스로틀 포지션 센서
② 노킹 센서
③ 산소 센서
④ 크랭크각 센서

해설
스르틀 포지션 센서(TPS)는 일종의 가변저항 형식으로 스로틀 밸브의 열림 정도에 따라 저항이 변하는 특성이 있다.

16 스로틀 위치 센서(TPS) 고장 시 나타나는 현상과 가장 거리가 먼 것은?

① 주행 시 가속력이 떨어진다.
② 공회전 시 엔진 부조 및 간헐적 시동 꺼짐 현상이 발생한다.
③ 출발 또는 주행 중 변속 시 충격이 발생할 수 있다.
④ 일산화탄소(CO), 탄화수소(HC) 배출량이 감소하거나 연료소모가 증대될 수 있다.

해설
일산화탄소(CO), 탄화수소(HC) 배출량이 '증가'하거나 연료소모가 증대될 수 있다.

17 흡기매니폴드 압력변화를 피에조(Piezo) 소자를 이용하여 측정하는 센서는?

① 차량속도 센서
② MAP 센서
③ 수온 센서
④ 크랭크 포지션 센서

해설
지문의 내용은 MAP 센서(흡기압 센서)이다.
① 차량속도 센서 : 맴돌이전류
③ 수온 센서 : 부특성 서미스터
④ 크랭크 포지션 센서 : 옵티컬 방식(LED와 포토다이오드), 인덕션 방식(마그네틱코일과 톤 휠), 홀센서 방식(홀소자)

18 흡입공기량을 간접 계측하는 센서의 방식은?

① 핫 와이어식
② 베인식
③ 칼만와류식
④ 맵센서식

해설
맵센서식은 흡기 다기관의 절대압력을 검출하여 유속밀도를 통해 흡입되는 공기량을 간접 계측한다.

19 전자제어 가솔린 연료분사 장치에 사용되지 않는 센서는?

① 스로틀 포지션 센서
② 크랭크각 센서
③ 냉각수온 센서
④ 차고 센서

해설
차고 센서는 ESC(전자제어현가장치)에서 차체 높이를 검출하는데 사용된다.

20 칼만 와류(karman vortex)식 흡입공기량 센서를 적용한 전자제어 가솔린엔진에서 대기압 센서를 사용하는 이유는?

① 고지에서의 산소 희박 보정
② 고지에서의 습도 희박 보정
③ 고지에서의 연료 압력 보정
④ 고지에서의 점화시기 보정

해설
고지대에서는 공기밀도가 낮아 산소가 희박하므로 이를 보정하기 위해 대기압력 센서를 사용한다.

21 가솔린 젠자제어 기관의 공기유량센서에서 핫 와이어(hot wire) 방식의 설명이 아닌 것은?

① 응답성이 빠르다.
② 맥동오차가 없다.
③ 공기량을 체적유량으로 검출한다.
④ 고도 변화에 따른 오차가 없다.

해설
열선, 열막식 유량센서는 공기량을 '질량' 유량으로 검출한다.

22 전자제어 가솔린엔진의 맵센서에 대한 설명 중 거리가 가장 먼 것은?

① ECU에서는 맵센서의 신호를 이용해 공연비를 제어한다.
② 맵센서의 신호의 결과에 따라 산소센서의 출력이 달라진다.
③ 맵센서 제어 상태를 공연비 입력값을 통해 파악할 수 있다.
④ 맵센서는 차량의 주행 상태에 다른 부하를 계산하는 용도로도 활용된다.

해설
맵센서는 흡입공기량을 간접 계측하기 위한 센서로 공연비 입력값과는 거리가 멀다.

23 센서의 고장진단에 대한 설명으로 가장 옳은 것은?

① 센서는 측정하고자 하는 대상의 물리량(온도, 압력, 질량 등)에 비례하는 디지털 형태의 값을 출력한다.
② 센서의 고장 시 그 센서의 출력값을 무시하고 대신에 미리 입력된 수치로 대체하여 제어할 수 있다.
③ 센서의 고장 시 백업(Back-up) 기능이 없다.
④ 센서 출력값이 정상적인 범위에 들면, 운전 상태를 종합적으로 분석해 볼 때 타당한 범위를 벗어나더라도 고장으로 인식하지 않는다.

해설
센서의 고장 시 그 센서의 출력 값을 무시하고 대신에 미리 입력된 수치로 대체하여 제어하는 것을 페일 세이프(fail safe) 기능이라 한다.

정답 13 ② 14 ③ 15 ① 16 ④ 17 ② 18 ④ 19 ④ 20 ① 21 ③ 22 ③ 23 ②

점화장치

01 전자제어 엔진에서 연료분사 시기와 점화시기를 결정하기 위한 센서는?

① TPS(Throttle Position Sensor)
② CAS(Crank Angle Sensor)
③ WTS(Water Temperature Sensor)
④ ATS(Air Temperature Ssensor)

해설
전자제어 엔진에서 연료분사 시기와 점화시기(타이밍)을 결정하기 위한 센서는 크랭크각 센서(CAS)이다.

02 기관 시험 장비를 사용하여 점화코일의 1차 파형을 점검한 결과 그림과 같다면 파워 TR이 ON되는 구간은?

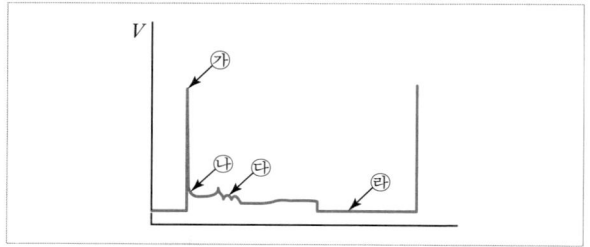

① 가 ② 나
③ 다 ④ 라

해설
㉮ 피크전압
㉯ 방전전압
㉰ 감쇠구간
㉱ 드웰구간
이므로 파워 TR ON되어 1차 코일에 전류가 흐르는 구간은 '라-드웰구간'이다.

03 전자제어 가솔린엔진에서 엔진의 점화 시기가 지각되는 이유는?

① 노크 센서의 시그널이 입력될 경우
② 크랭크각 센서의 간극이 너무 클 경우
③ 점화 코일에 과전압이 나타날 경우
④ 인젝터의 분사시기가 늦어졌을 경우

해설
실린더에 노킹이 발생하여 노크 센서의 신호가 입력되면 ECU는 노크를 판단하여 점화시기를 늦춘다(지각시킨다).

04 전자제어 가솔린 분사장치의 점화시기 제어에 대한 설명 중 틀린 것은?

① 통전시간 제어란 파워 TR이 "ON"되는 시간이며 드웰각 제어 또는 폐각도 제어라고 한다.
② 기본점화시기 제어란 기본 분사 신호와 엔진회전수 및 ECU의 ROM 내에 맵핑된 점화시기이다.
③ 크랭크각 1°의 시간이란 크랭크각 1주기의 시간을 180으로 나눈 시간이다.
④ 한 실린더당 2개 이상의 점화코일을 사용하는 것은 파워 TR이 ON되는 시간을 짧게 할 수 있어 그만큼 통전시간을 길게 하는 장점이 있다.

해설
파워 TR이 ON되는 시간을 짧게 할 수 있어 그만큼 통전시간을 '짧게'하는 장점이 있다.

05 점화순서를 정하는 데 있어 고려할 사항으로 틀린 것은?

① 연소가 일정한 간격으로 일어나게 한다.
② 크랭크축에 비틀림 진동이 일어나지 않게 한다.
③ 혼합기가 각 실린더에 균일하게 분배되게 한다.
④ 인접한 실린더가 연이어 점화되게 한다.

해설
인접한 실린더가 연이어 점화되지 않게 한다.

06 점화장치가 고장인 경우 나타나는 현상이 아닌 것은?

① 노킹현상 발생　② 공회전 속도 증가
③ 엔진의 출력 감소　④ 연비 감소

해설
- 점화장치가 고장인 경우 공회전 시 엔진이 부조할 수 있다.
- 공회전 속도가 증가하는 경우 ISC(공전속도조절장치)의 고장일 수 있다.

07 점화장치에서 드웰시간이란?

① 파워 TR 베이스 전원이 인가되어 있는 시간
② 점화 2차 코일에 전류가 인가되어 있는 시간
③ 파워 TR이 OFF에서 ON이 될 때까지의 시간
④ 스파크 플러그에서 불꽃방전이 이루어지는 시간

해설
드웰시간이란 점화준비 시간으로 파워 TR 베이스전원이 인가되어 점화 1차 코일이 자화되어있는 시간이다.

08 점화시기 제어에 직접적인 영향을 주는 센서가 아닌 것은?

① 크랭크각 센서　② 수온 센서
③ 노킹 센서　④ 압력 센서

해설
센서 출력에 따른 점화시기제어 특성
- 크랭크각 센서 : 엔진회전수가 빠를 때 진각, 느릴 때 지각
- 냉각수온 센서 : 냉각수온이 높을 때 지각, 낮을 때 진각
- 노크센서 : 노킹 감지 시 지각
- 대기압력 센서 : 대기 압력이 낮을 때 진각

09 가솔린엔진의 점화시기 제어에 대한 설명으로 옳은 것은?

① 가속 시 지각시킨다.
② 감속 시 진각시킨다.
③ 노킹발생 시 진각시킨다.
④ 냉각수 온도가 높으면 지각시킨다.

해설
센서 출력에 따른 점화시기제어 특성
- 크랭크각 센서 : 엔진회전수가 빠를 때 진각, 느릴 때 지각
- 냉각수온 센서 : 냉각수온이 높을 때 지각, 낮을 때 진각
- 노크센서 : 노킹 감지 시 지각
- 대기압력 센서 : 대기 압력이 낮을 때 진각

10 점화시기 조정이 가능한 배전기 타입 가솔린 엔진에서 초기 점화시기의 점검 및 조치방법으로 옳은 것은?

① 점화시기 점검은 3000rpm 이상에서 한다.
② 3번 고압 케이블에 타이밍 라이트를 설치하고 점검한다.
③ 공회전 상태에서 기본 점화시기를 고정한 후 타이밍 라이트로 확인한다.
④ 크랭크 풀리의 타이밍 표시가 일치하지 않을 때에는 타이밍 벨트를 교환해야 한다.

해설
① 점화시기 점검은 공회전에서 한다.
② 1번 고압 케이블에 압력센서를 설치하고 점검한다.
④ 크랭크 풀리의 타이밍 표시가 일치하지 않을 때에는 풀리의 위치를 조정한다.

정답 01 ②　02 ④　03 ①　04 ④　05 ④　06 ②　07 ①　08 ④　09 ④　10 ③

11 배전기 방식의 점화장치에서 타이밍 라이트를 사용하여 초기 점화시기를 시험할 때 고압 픽업 클립의 설치 위치는?

① 1번 점화 케이블
② 3번 점화 케이블
③ 축전지 (+)극
④ 배전기 이그나이터

> **해설**
> 픽업 장치를 1번 실린더의 점화 플러그에 연결되는 고압 케이블에 설치하여 고전압의 전류가 흐를 때 발광되는 불빛을 타이밍 마크에 비추어 점검한다.

12 가솔린자동차 점화전압의 크기에 대한 설명으로 틀린 것은?

① 압축압력이 크면 높아진다.
② 점화플러그 간극이 크면 높아진다.
③ 연소실 내에 혼합비가 희박하면 낮아진다.
④ 점화플러그 중심전극이 날카로우면 낮아진다.

> **해설**
> 연소실 내에 혼합비가 희박하면 점화전압이 높아지며, 혼합비가 농후하면 점화전압이 낮아진다.

13 점화요구전압에 대한 설명으로 틀린 것은?

① 스파크방전이 가능한 전압을 점화요구전압이라고 한다.
② 점화플러그의 간극이 넓을수록 점화요구전압은 커진다.
③ 압축압력이 높을수록 점화요구전압은 작아진다.
④ 흡입혼합기의 온도가 높을수록 점화요구전압은 낮아진다.

> **해설**
> 압축압력이 높을 때 점화요구전압이 높다.

14 점화코일의 시험 항목으로 틀린 것은?

① 압력시험
② 출력전압시험
③ 절연 저항시험
④ 1, 2차 코일 저항시험

> **해설**
> 점화코일의 시험 항목
> • 절연저항시험
> • 1, 2차 코일 저항 시험
> • 1, 2차 전압파형 시험

15 2개의 코일 간의 상호 인덕턴스가 0.8H일 때 한 쪽 코일의 전류가 0.01초간에 4A에서 1A로 동일하게 변화하면 다른 쪽 코일에는 얼마의 기전력이 유도되는가?

① 100V
② 240V
③ 300V
④ 320V

> **해설**
> 패러데이 전자기유도법칙
> 유도기 전력(ε)
> $\varepsilon = M \times \dfrac{dI}{dt} = $ 상호인덕턴스 $\times \dfrac{전류변화}{변화시간}$
> $= 0.8 \times \dfrac{3}{0.01} = 240V$

16 무배전기 점화장치(DLI)에서 동시점화 방식에 대한 설명으로 틀린 것은?

① 압축과정 실린더와 배기과정 실린더가 동시에 점화된다.
② 배기되는 실린더에 점화되는 불꽃은 압축하는 실린더의 불꽃에 비해 약하다.
③ 두 실린더에 병렬로 연결되어 동시 점화되므로 불꽃에 차이가 나면 고장난 것이다.
④ 점화코일이 2개이므로 파워 트랜지스터도 2개로 구성되어 있다.

> **해설**
> 두 실린더에 병렬로 연결되어 동시 점화되므로 압축상사점의 실린더는 압축압력이 높으므로 높은 전압의 불꽃이 발생하고, 배기상사점의 실린더는 압축압력이 낮으므로 낮은 전압의 불꽃이 발생하는 것이 정상이다.

17 무배전기식(DLI 타입) 점화장치의 드웰(dwell) 시간에 관한 설명으로 맞는 것은?

① 드웰 시간이 길면 점화시기가 빨라진다.
② 점화시기 변화는 드웰 시간과 관계없다.
③ 드웰 시간은 파워 트랜지스터가 ON되고 있는 시간을 말한다.
④ 드웰 시간은 C(컬렉터) 단자에서 B(베이스) 단자로 전류가 차단된다.

해설
드웰 시간은 파워 트랜지스터가 ON되고 있는 시간을 말한다.
① 드웰 시간이 길면 점화시기가 느려진다.
④ 드웰 시간동안 C(컬렉터) 단자에서 E(이미터) 단자로 전류가 흐른다.

18 전자 점화장치(HEI ; High Energy Ignition)의 특성으로 틀린 것은?

① HC가스가 증가한다.
② 고속성능이 향상된다.
③ 최적의 점화시기 제어가 가능하다.
④ 점화성능이 향상된다.

해설
점화시기제어의 정밀화로 유해배출가스(CO, HC) 저감 효과가 있다.

19 점화플러그 간극이 규정보다 넓을 때 방전구간에 대한 설명으로 옳은 것은?

① 점화전압이 높아지고 점화시간은 길어진다.
② 점화전압이 높아지고 점화시간은 짧아진다.
③ 점화전압이 낮아지고 점화시간은 길어진다.
④ 점화전압이 낮아지고 점화시간은 짧아진다.

해설
점화플러그 간극이 넓은 경우 점화전압은 높아지고, 점화시간은 짧아진다.

20 점화플러그에 대한 설명으로 틀린 것은?

① 열형 점화플러그는 열방출량이 높다.
② 조기 점화를 방지하기 위하여 적절한 열가를 가지고 있다.
③ 점화플러그의 간극이 기준값보다 크면 실화가 발생할 수 있다.
④ 점화플러그의 간극이 기준값보다 작으면 불꽃이 약해질 수 있다.

해설
열형 점화플러그는 수열면적이 작고 방열경로가 길어 열방출량이 낮으며, 열가가 작다.

21 점화플러그에 대한 설명으로 틀린 것은?

① 열가는 점화플러그의 열방산 정도를 수치로 나타내는 것이다.
② 방열효과가 낮은 특성의 플러그를 열형 플러그라고 한다.
③ 전극의 온도가 자기청정온도 이하가 되면 실화가 발생한다.
④ 고 부하 고속회전이 많은 기관에서는 열형 플러그를 사용하는 것이 좋다.

해설
고 부하 고속회전이 많은 기관에서는 열방출이 잘되는 냉형 플러그(열가가 높음)를 사용하는 것이 좋다.

정답 11 ① 12 ③ 13 ③ 14 ① 15 ② 16 ③ 17 ③ 18 ① 19 ② 20 ① 21 ④

22 점화플러그에 대한 설명으로 옳은 것은?
① 전극의 온도가 높을수록 카본퇴적 현상이 발생된다.
② 전극의 온도가 낮을수록 조기점화 현상이 발생된다.
③ 에어갭(간극)이 규정보다 클수록 불꽃 방전 시간이 길어진다.
④ 에어갭(간극)이 규정보다 클수록 불꽃 방전 전압이 높아진다.

해설
① 전극의 온도가 낮을수록 실화에 따른 카본퇴적 현상이 발생한다.
② 전극의 온도가 높을수록 자기착화에 따른 조기점화 현상이 발생한다.
③ 간극이 클수록 불꽃 방전 시간이 짧아진다.

23 점화 플러그의 구비조건으로 틀린 것은?
① 내열성능이 클 것
② 열전도 성능이 없을 것
③ 기밀유지 성능이 클 것
④ 자기청정 온도를 유지할 것

해설
점화플러그의 구비조건
• 내열성이 클 것
• 열전도성이 좋을 것
• 기밀유지 성능이 클 것
• 전기적 절연성이 좋을 것
• 자기청정온도를 유지할 것

24 점화플러그 종류 중 저항 플러그의 가장 큰 특징은?
① 불꽃이 강하다.
② 고속엔진에 적합하다.
③ 라디오의 잡음을 방지한다.
④ 플러그의 열 방출이 우수하다.

해설
점화플러그에 가해지는 전압은 15kV~20kV로 매우 높아 주변기기에 고주파 노이즈를 발생시킬 수 있으므로 저항플러그 또는 콘덴서를 사용하여 노이즈(잡음)를 방지할 수 있다.

25 점화코일의 시정수에 대한 설명으로 맞는 것은?
① 시정수가 작은 점화코일은 1차 전류의 확립이 빠르고 저속성능이 양호하다.
② 시정수는 1차 코일의 인덕턴스를 1차 코일의 권선저항으로 나눈 값이다.
③ 시정수는 1차 전류의 값이 최댓값에 약 88.3%에 도달할 때까지의 시간이다.
④ 인덕턴스를 작게 하면 권선비를 크게 해야 한다.

해설
① 시정수가 작을수록 1차 전류의 증가속도가 빠르고 고속성능이 양호하다.
③ 시정수는 1차 전류의 값이 정상치의 63.2%에 달할 때까지의 시간을 말한다.
$\tau = \dfrac{L_1}{R_1}$
여기서, τ : 시정수(s), L_1 : 1차 코일의 인덕턴스(H), R_1 : 1차 코일의 저항(Ω)

26 점화플러그의 열가(Heat Range)를 좌우하는 요인으로 거리가 먼 것은?
① 절연체 및 전극의 열전도율
② 연소실의 형상과 체적
③ 화염이 접촉되는 부분의 표면적
④ 엔진 냉각수의 온도

해설
엔진 냉각수의 온도는 점화시기제어를 위한 요인으로 점화플러그의 열가와 거리가 멀다.

27 그림과 같은 인젝터 파형에 대한 설명으로 틀린 것은?

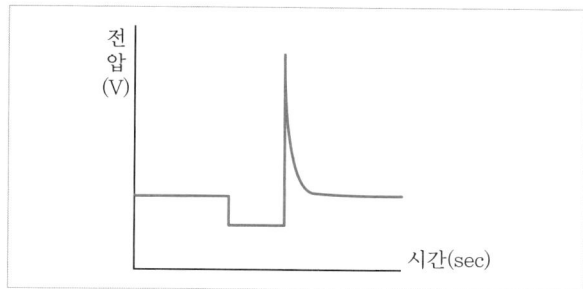

① 인젝터 전압파형에서 니들밸브의 작동 여부를 판단할 수 있다.
② 0V를 유지하다 인젝터 구동용 TR의 작동 시 전압은 12V 상승한다.
③ 전압파형에서 인젝터의 작동시간을 구할 수 있다.
④ 인젝터 작동시간의 전압기울기로 배선(라인) 저항 유무를 확인할 수 있다.

해설
13.8V~14.8V를 유지하다가 인젝터 구동용 TR 작동 시 전압은 0V로 하강한다.

28 점화장치에서 점화 1차 코일의 끝부분 (-)단자에 시험기를 접속하여 측정할 수 없는 것은?

① 노킹의 유무
② 드웰 시간
③ 엔진의 회전속도
④ TR의 베이스 단자 전원공급 시간

해설
1차 코일의 끝부분 (-)단자에 오실로스코프(시험기)를 접속하여 파형을 분석하면 드웰시간(TR의 베이스 단자 전원공급 시간), 점화전압, 피크전압, 전원전압, 점화시간, 엔진회전속도를 측정할 수 있다.

29 그림과 같은 점화 2차 파형에서 ①의 파형이 정상이라 할 때 ②와 같이 측정되는 원인으로 옳은 것은?

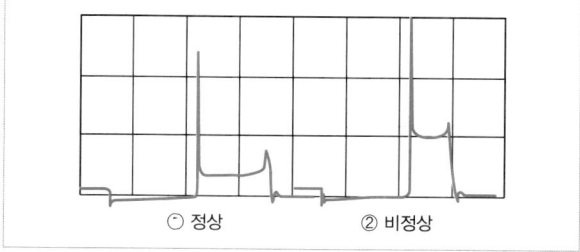

① 압축압력이 규정보다 낮다.
② 점화시기가 늦다.
③ 점화 2차 라인에 저항이 과대하다.
④ 점화플러그 간극이 규정보다 작다.

해설
점화전압이 높고 점학시간이 적은 이유
• 압축압력이 높을 때
• 점화 2차 라인의 저항이 클 때
• 점화플러그 간극이 규정보다 클 때
• 혼합비가 희박할 때

30 그림과 같이 콜게이션(corrugation)을 건너뛰는 비정상적인 방전현상은?

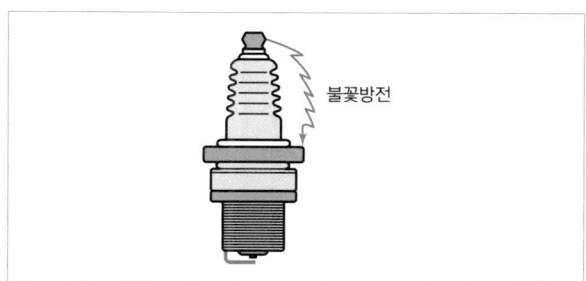

① 코로나 방전 현상
② 오로라 방전 현상
③ 플래시 오버 현상
④ 타코미터 현상

해설
플래시 오버 현상(섬락 현상) : 절연물을 끼워 놓은 두 도체간 전압이 어떤 전압 이상이 되었을 때 아크방전이 지속되는 현상

31 코일의 권수비가 그림과 같았을 때 1차 코일의 전류 단속에 의해 350V의 유도전압을 얻었다면 2차 코일에서 발생하는 전압은? (단, 코일의 직경은 동일하다.)

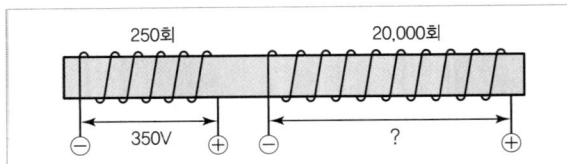

① 0V
② 2800V
③ 28000V
④ 35000V

해설
$250 : 20000 = 350(V) : x(V)$
$x(V) = 20000 \times 350/250 = 28000V$

32 점화파형에서 점화전압이 기준보다 낮게 나타나는 원인으로 틀린 것은?

① 2차 코일 저항 과소
② 규정 이하의 점화플러그 간극
③ 높은 압축압력
④ 농후한 혼합기 공급

해설
점화전압이 낮은 경우
- 2차 코일의 저항 과소
- 점화플러그 간극이 작을 때
- 압축압력이 낮을 때
- 혼합비가 농후할 때

33 점화장치에서 점화 1차회로의 전류를 차단하는 스위치 역할을 하는 것은?

① 점화코일
② 점화플러그
③ 파워 TR
④ 다이오드

해설
점화장치에서 파워 TR은 ECU의 베이스 전원 차단을(단속) 통해 점화 1차 코일의 전류를 차단하여 자기유도작용을 발생시킨다.

34 점화 2차 파형 회로 점검에서 감쇠 진동 구간이 없을 경우 고장 원인으로 가장 적합한 것은?

① 점화코일의 극성이 바뀜
② 스파크 플러그의 오일 및 카본 퇴적
③ 점화 케이블의 절연상태 불량
④ 점화코일의 단선

해설
점화코일이 단선된 경우 2차 파형에서 전압이 0V로 지속된다.

정답 31 ③ 32 ③ 33 ③ 34 ④

CHAPTER 04 디젤 전자제어 장치 정비

Industrial Engineer Motor Vehicles Maintenance

Topic 01 | 디젤 연료장치

01 디젤 장치 이해

(1) 디젤 엔진의 정의

실린더 내로 공기를 흡입, 압축하고 고온상태에서 연료를 고압으로 분사하여 자연 착화시켜 동력을 발생하는 기관이다.

(2) 디젤 엔진의 연료와 연소

1) 경유의 특성
  ① 비중 : 0.83~0.89
  ② 발열량 : 10700kcal/kg
  ③ 자연 발화온도 : 약 350~450℃

2) 경유의 구비조건
  ① 온도변화에 따라 점도변화가 적어야 한다.
  ② 유해성분 및 고형물질을 함유하지 말아야 한다.
  ③ 유황분 함량이 적어야 한다.
  ④ 착화성이 좋아야 한다.
  ⑤ 세탄가가 높고 발열량이 커야 한다.

(3) 디젤 기관의 연소과정

① 착화 지연기간(A~B) : 연료가 안개 모양으로 분사되어 실린더 안의 압축 공기에 의해 가열되어 착화 온도에 가까워지는 기간이다.
② 폭발 연소기간(화염 전파기간 B~C) : 한 군데 또는 여러 군데에서 발화가 일어나 급속히 각 부분으로 전파됨과 동시에 연소하여 압력이 급격히 상승된다.
③ 제어 연소기간(직접 연소기간 C~D) : 이 기간에 분사된 연료는 분사 즉시 연소. 이 구간은 거의 압력이 완만 상태로 연소가 계속되면서 압력이 상승된다.
④ 후 연소기간(D~E) : D에서 분사가 끝나고 연소 가스가 팽창하나, 그때까지 완전히 연소되지 않은 것은 팽창 기간에 연소된다.

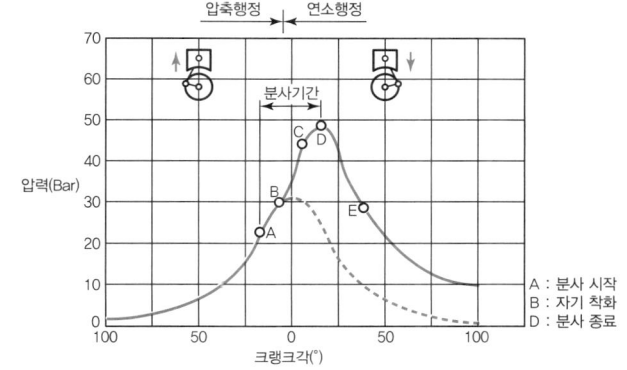

[그림 4-1] 디젤 기관의 연소과정

(4) 디젤 노크

1) 개요

착화 지연기간 중에 다량의 연료가 화염 전파기간 중에 일시적으로 연소되어 실린더 내의 압력이 급증하여 피스톤이 실린더 벽을 타격하여 소음을 발생하는 현상이다.

2) 원인
  ① 기관 회전수가 너무 낮다.
  ② 기관의 온도가 너무 낮다.
  ③ 착화 지연시간이 너무 길다.
  ④ 세탄가가 낮다.

3) 방지책
  ① 착화성이 좋은 연료(세탄가가 높은 연료)를 사용하여 착화 지연 기간을 단축시킨다.
  ② 압축비를 크게 하여 압축온도와 압력을 증가시킨다.
  ③ 분사 개시 시에 분사량을 적게 하여 급격한 압력상승을 억제시킨다.
  ④ 노크가 잘 일어나지 않는 구조의 연소실을 만든다.

⑤ 분사시기를 알맞게 조정한다.
⑥ 기관의 온도 및 회전수를 상승시킨다.

4) 세탄가
① 디젤 연료의 착화성을 수량으로 표시하는 일종의 방법이다.
② 세탄가가 높을수록 저온에서의 착화성이 좋아지나 너무 높으면 조기점화가 발생한다.
③ 세탄가가 너무 낮으면 엔진 시동이 잘 안 되고 하얀 연기를 배출하거나 탄소 침전물의 찌꺼기가 발생한다.
④ 세탄가는 보통 40~60이 적당하다.

$$세탄가 = \frac{세탄}{세탄 + \alpha - 메틸나프탈린} \times 100(\%)$$

⑤ 발화 촉진제 : 질산에틸, 초산아밀, 아초산에밀, 아초산에틸

(5) 디젤기관의 연소실

1) 단실식
① **직접 분사실식(Direct Injection Type)** : 피스톤과 실린더 헤드로 둘러싸인 연소실에 직접 연료를 분사하는 형식으로 연료의 분사 개시압력은 150~300kgf/cm² 로 비교적 높다.

2) 부연소실식
① 예연소실식(Precombution Chamber Type)
  ㉠ 주연소실 외에 실린더 헤드에 예연소실을 설치한 형식
  ㉡ 한랭 시 시동을 용이하게 하기 위해 예열플러그를 설치

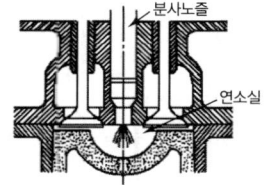
[그림 4-2] 직접 분사실식

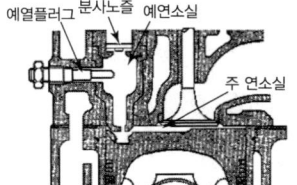
[그림 4-3] 예연소실식

② 와류실식(Turbulence Chamber Type)
  ㉠ 주연소실 외에서 압축행정 중 공기 와류를 일으키도록 실린더 헤드에 와류실을 설치하는 방식
  ㉡ 와류실은 구형으로 되어있고, 피스톤 면적의 2~3% 정도의 통로로 주연소실과 연결

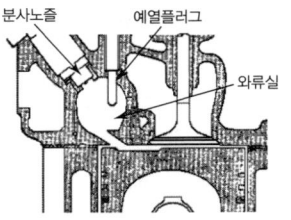
[그림 4-4] 와류실식

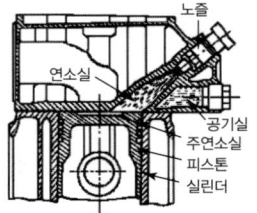
[그림 4-5] 공기실식

③ 공기실식(Air Chamber Type) : 압축 행정 시에 강한 와류가 발생되도록 주연소실 체적의 6.5~20% 정도의 공기실을 둔 것이다.

3) 연소실의 구비조건
① 가능한 연료를 짧은 시간에 연소(완전연소)할 수 있어야 한다.
② 압력(유효압력)이 높아야 한다.
③ 연료 소비율이 낮아야 한다.
④ 고속회전에서 연소상태가 양호해야 한다.
⑤ 기동이 쉬우며 디젤 노크가 적어야 한다.

(6) 분사펌프(플런저 펌프) 방식의 디젤기관 연료장치의 구성

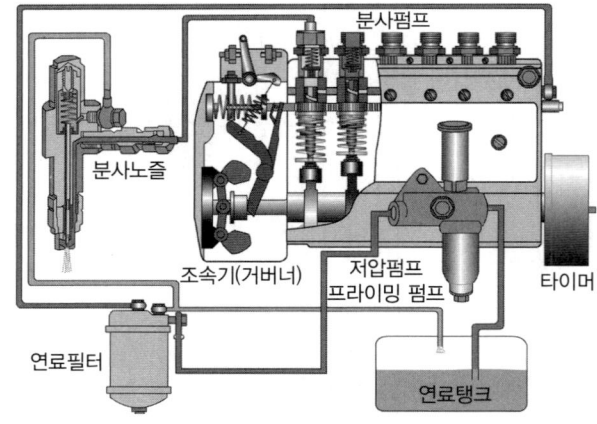
[그림 4-6] 분사펌프(플런저 펌프) 방식의 디젤기관 연료장치

1) 연료분사조건
① 무화 : 노즐에서 분사되는 분무의 연료 입자를 미립화하는 것을 말한다.
② 관통력 : 연료 분무 입자가 압축된 공기를 관통하여 도달하는 능력을 말한다.

③ 분포 : 분사된 연료의 입자가 연소실 내의 구석까지 균일하게 분포되어 알맞게 공기와 혼합하는 것을 말한다.

2) 연료여과기
연료 속에 들어있는 이물질과 수분 등의 불순물을 여과하여 분리하는 역할을 한다.

> **TIP 오버플로밸브**
> - 여과기 내의 연료가 규정압력(보통 1.5kgf/cm^2) 이상으로 높아지면 과잉의 연료를 탱크로 되돌아가게 한다.
> - 연료 속에 혼입된 공기 배출, 여과기의 여과성을 향상 기능을 한다.

3) 저압 펌프(연료 공급 펌프)
① 연료 분사 펌프에 연료를 공급하는 역할을 한다.
② 수동용 플라이밍펌프 : 기관 정지 중 연료장치 회로 내의 공기빼기 등에 사용한다.

> **TIP 연료공급 순서**
> 연료탱크 → 연료 여과기 → 연료 공급 펌프 → 연료 여과기 → 연료 분사 펌프 → 연료분사 파이프 → 연료 분사 노즐 → 연소실

> **TIP 공기빼기 순서**
> 연료 공급 펌프 → 연료 여과기 → 연료 분사 펌프 → 연료 분사 파이프 → 연료 분사 노즐

4) 분사 펌프
① 개요
  ㉠ 공급펌프에서 보낸 연료를 분사펌프의 캠축으로 구동되는 플런저가 분사 순서에 맞추어 고압으로 펌프 작용을 하여 분사노즐로 압송시켜 주는 장치이다.
  ㉡ 연료 분사펌프는 연료를 압축하여 분사순서에 맞추어 노즐로 압송시키는 것으로 조속기(연료 분사량 조정)와 타이머(분사시기를 조절하는 장치)가 설치되어 있다.

② 펌프 하우징
  ㉠ 펌프 하우징은 분사펌프의 주체부분이다.
  ㉡ 위쪽에는 딜리버리 밸브와 그 홀더(holder)가 설치되어 있다.

③ 분사펌프의 캠축과 태핏
  ㉠ 캠축 : 분사펌프 캠축은 크랭크 축 기어로 구동되며 4행정 사이클 기관은 크랭크 축의 1/2로 회전한다.
  ㉡ 태핏 : 펌프하우징 태핏 구멍에 설치되어 캠에 의해 상하운동을 하여 플런저를 작동시킨다.

④ 플런저 배럴과 플런저
  ㉠ 개요 : 펌프하우징에 고정된 플런저 배럴 속을 플런저가 상하로 미끄럼 운동하여 고압의 연료를 형성하는 부분이다.

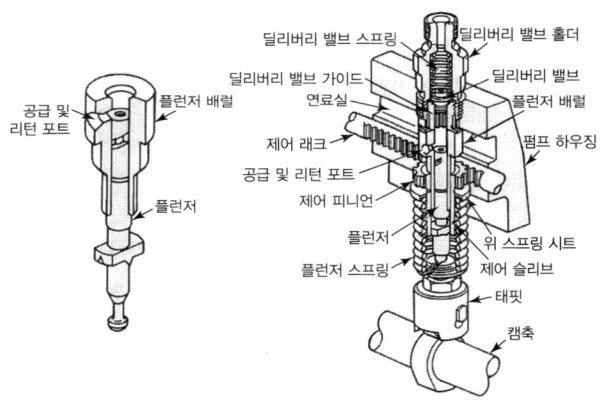

[그림 4-7] 펌프 엘리먼트

  ㉡ 플런저의 구성 : 플런저에는 연료분사량 가감을 위한 리드(제어 홈)와 이것과 통하는 배출구멍이 중심부분에 뚫어져 있고, 아래쪽에는 제어 슬리브(control sleeve)의 홈에 끼워지는 구동 플랜지(drive flange)와 플런저 아래 스프링 시트를 끼우기 위한 플랜지(flange)가 마련되어 있다.
  ㉢ 플런저 예 행정(plunger pre stroke) : 플런저 헤드가 하사점에서부터 상승하여 흡입구멍을 막을 때까지 플런저가 이동한 거리이다.
  ㉣ 플런저 유효행정(plunger available stroke)
    - 플런저 헤드가 연료공급을 차단한 후부터 리다가 플런저 배럴의 흡입구멍에 도달할 때까지 플런저가 이동한 거리

- 연료 분사량(토출량 또는 송출량)은 플런저의 유효행정으로 결정된다.
- 유효행정을 크게 하면 연료분사량은 증가된다.

ⓜ 플런저의 리드 파는 방식과 분사시기와의 관계
- 정 리드형(normal lead type) : 분사개시 때의 분사시기가 일정하고, 분사 말기가 변화하는 리드
- 역 리드형(revers lead type) : 분사개시 때의 분사시기가 변화하고 분사 말기가 일정한 리드
- 양 리드형(combination lead type) : 분사개시와 말기의 분사시기가 모두 변화하는 리드

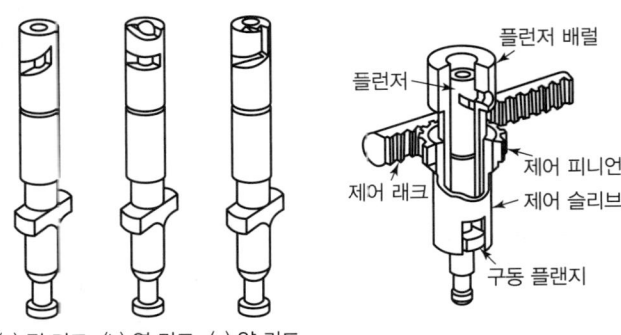

(a) 정 리드 (b) 역 리드 (c) 양 리드

[그림 4-8] 플런저 리드의 형식

⑤ **연료분사량 조절기구**
㉠ 연료분사량 조절기구는 가속페달이나 조속기의 움직임을 플런저로 전달하는 것이며, 제어래크, 제어피니언, 제어슬리브 등으로 구성되어 있다.
㉡ 전달과정 : 가속페달을 밟으면 제어래크 → 제어피니언 → 제어슬리브 → 플런저 회전(연료분사량 변화) 순서로 작동한다.

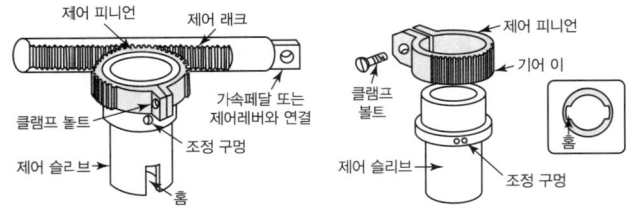

[그림 4-9] 연료분사량 조절기구

⑥ **딜리버리 밸브(delivery valve ; 송출밸브)**
㉠ 딜리버리 밸브는 플런저의 상승행정으로 배럴 내의 압력이 규정 값(약 10kgf/cm²)에 도달하면 이 밸브가 열려 연료를 분사 파이프로 압송한다.
㉡ 플런저의 유효행정이 완료되어 배럴 내의 연료압력이 급격히 낮아지면 스프링 장력에 의해 신속히 닫혀 연료의 역류(분사노즐에서 펌프로 흐름)를 방지한다.
㉢ 밸브 면이 시트에 밀착될 때까지 내려가므로 그 체적만큼 분사 파이프 내의 연료압력을 낮춰 분사노즐의 후적(after drop)을 방지한다. 또한 분사파이프 내의 잔압을 유지 시킨다.

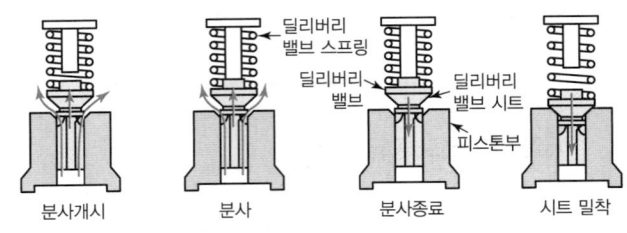

[그림 4-10] 딜리버리 밸브의 구조

5) **조속기(Governor)**
① 연료 분사량을 기관의 부하에 맞춰 가감하여 기관의 회전속도를 제어하는 역할을 한다.
② 기계식 조속기(Mechanical Governor) : 원심추가 받는 원심력과 조속기 스프링의 장력이 이루는 변위를 이용하여, 연료 분사 펌프의 제어래크를 움직여서 분사량을 조절한다.
③ 공기식 조속기 : 기관의 흡기 부압의 변화를 이용하여 연료 제어래크를 움직이는 방식이다.

> **TIP 분사량 불균율**
> - 각 실린더마다 분사량의 차이가 있으면 연소압력의 차이가 발생하여 진동을 유발한다.
> - 불균율의 허용범위
>   - 전부하 운전 시 : ±3%
>   - 무부하 운전 시 : 10~15% 이내
>
> $(+) \text{ 불균율} = \dfrac{\text{최대 분사량} - \text{평균 분사량}}{\text{평균 분사량}} \times 100(\%)$
>
> $(-) \text{ 불균율} = \dfrac{\text{평균 분사량} - \text{최소 분사량}}{\text{평균 분사량}} \times 100(\%)$

6) 분사시기 조정기(타이머)

기관의 회전속도 및 부하 변동에 따라서 연료의 분사시기를 자동적으로 조정하는 장치이다.

7) 연료 분사밸브

분사펌프로부터 고압의 연료를 연소실 내로 분사하는 장치이다.

① 분사노즐의 구비조건
   ㉠ 연료를 미세한 안개 모양으로 만들어 착화가 잘 되게 한다(무화).
   ㉡ 분무를 연소실의 구석구석까지 미치게 한다(분포).
   ㉢ 연료분사 후 완전히 차단되어 후적이 없어야 한다.
   ㉣ 고온, 고압의 심한 조건에서 장시간의 사용에 견뎌야 한다.

② 분사노즐의 종류
   ㉠ 개방형 분사노즐
      - 분사구멍을 여닫아주는 니들 밸브가 없어 항상 분공이 열려 있음
      - 고장이 적고 구조가 간단하나 연료의 무화가 불량하고 후적이 발생함
      - 현재는 거의 사용되지 않음
   ㉡ 밀폐형 분사노즐
      - 핀틀노즐 : 연료분사 구멍부에 끼워지는 노즐로 끝 모양이 가는 원통형 또는 원추형으로 되어있는 구조
      - 스로틀노즐 : 노즐 본체로부터 연료 분사 구멍이 1개이며, 니들밸브 끝이 바깥쪽으로 확산되는 구조
      - 구멍(홀)노즐 : 노즐 본체에 1개의 구멍 또는 여러 개의 연료분사 구멍이 있는 노즐, 주로 직접 분사실식 기관에 사용

> **TIP 구멍형 노즐의 특징**
> - 직접 분사실식에 사용하여 분사압력이 높고 무화가 좋음
> - 기관 기동 용이, 연료 소비량이 적음
> - 가공이 어렵고 구멍이 막힐 우려가 있음
> - 수명이 짧고, 각 연결부에서 연료가 새기 쉬움

[밀폐형 분사노즐 종류별 특징]

구분	핀틀형	스로틀형	구멍형
분사 압력	100~140kgf/cm²	80~120kgf/cm²	170~300kgf/cm²
분무공의 직경	1~2mm 정도	1mm 정도	0.2~0.3mm 정도
분사 각도	1~45°	45~65°	단공 4~5° 다공 90~120°

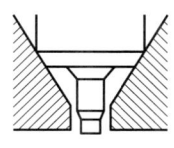 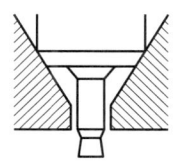 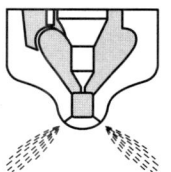

(a) 핀틀형　　(b) 스로틀형　　(c) 구멍형

[그림 4-11] 분사노즐의 종류

③ 노즐 시험기
   ㉠ 분사노즐의 세척

부품	세척 도구
노즐 보디	경유 혹은 석유
노즐홀더 보디	경유 혹은 석유
노즐홀더 캡	경유가 스며 있는 나무조각
노즐 너트	나일론 솔
노즐홀더 보디 외부	황동사 브러시

   ㉡ 분사노즐의 과열 원인
      - 연료 분사시기가 잘못되었을 때
      - 연료 분사량이 과다할 때
      - 과부하에서 연속적으로 운전할 때
   ㉢ 분사노즐 시험
      - 시험도구 : 노즐시험기
      - 시험 시 경유 온도 : 20℃
      - 비중 : 0.82~0.84
      - 시험 항목 : 분사개시 압력, 분무상태, 분사각도, 후적 유무 등
   ㉣ 분사노즐의 분사압력 조정방법
      - 캡 너트를 풀어내고 이어 고정너트를 풀기
      - 조정나사를 드라이버로 조정하기

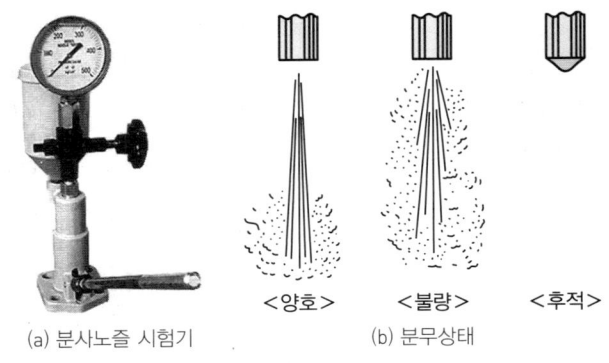

(a) 분사노즐 시험기   (b) 분무상태

[그림 4-12] 노즐시험 및 분무상태

(7) 예열장치

① 직접 분사실식 : 흡기 가열식
② 부연소실식(와류실식, 공기실식) : 예열플러그식

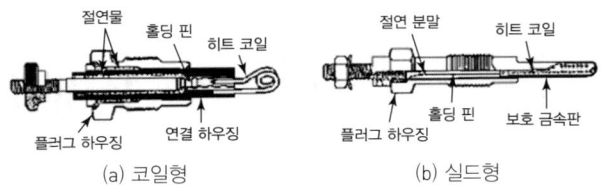

(a) 코일형   (b) 실드형

[그림 4-13] 예열플러그의 종류

02 커먼레일 엔진

(1) 커먼레일 방식의 개요

1) 커먼레일 방식의 사용 배경

① 디젤기관의 소음감소와 함께 연료경제성 및 유독성 배기가스의 감소를 위해 정밀하고 정확하게 계측되는 연료분사량과 함께 높은 압력의 분사압력을 형성하는 장치가 필요하였고 이에 디젤기관의 전자제어 및 고압직접 분사장치가 개발되었다.

② 이 연료장치에는 커먼레일(common rail)이라 부르는 연료 어큐뮬레이터(accumulator, 축압기)와 고압연료펌프 및 인젝터(injector)를 사용하며, 복잡한 장치들을 정밀하게 제어하기 위해 각종 센서와 출력요소 및 기관 컴퓨터(ECU)를 두고 있다.

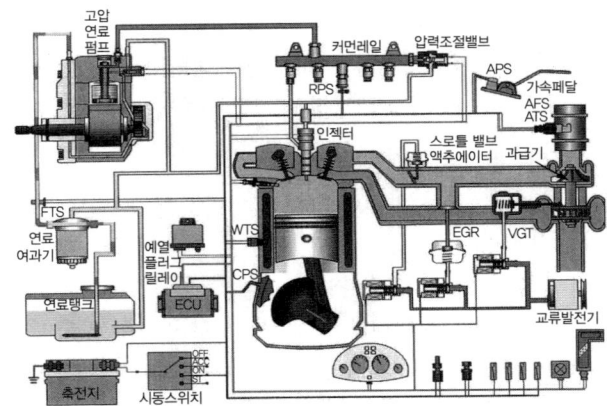

[그림 4-14] 전자제어 분사장치 기관의 구성도

2) 커먼레일 방식의 장점

① 커먼레일에 높은 압력의 연료를 저장하였다가 연소실 내에 약 1350bar 압력으로 분사한다.
② 분사 순서와 관계없이 항상 일정한 압력을 유지한다. 이 압력은 연료장치에 일정하게 유지된다.
③ 유해배출 가스를 감소시킬 수 있다.
④ 연료소비율을 향상시킬 수 있다.
⑤ 기관의 성능을 향상시킬 수 있다.
⑥ 운전성능을 향상시킬 수 있다.
⑦ 밀집된(compact) 설계 및 경량화를 이룰 수 있다.
⑧ 모듈(module)화 장치가 가능하다.

(2) 커먼레일 방식 디젤 기관의 연소과정

① 파일럿 분사(Pilot Injection ; 착화분사) : 주 분사가 이루어지기 전에 연료를 분사하여 연소가 원활히 되도록 하기 위한 것이며, 파일럿 분사실시 여부에 따라 기관의 소음과 진동을 줄일 수 있다.

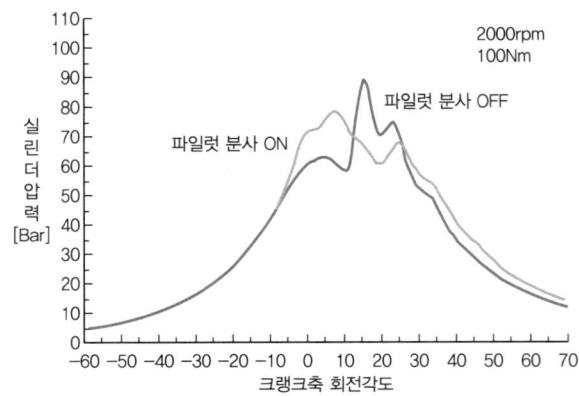

[그림 4-15] 파일럿 분사 유무에 따른 연소압력

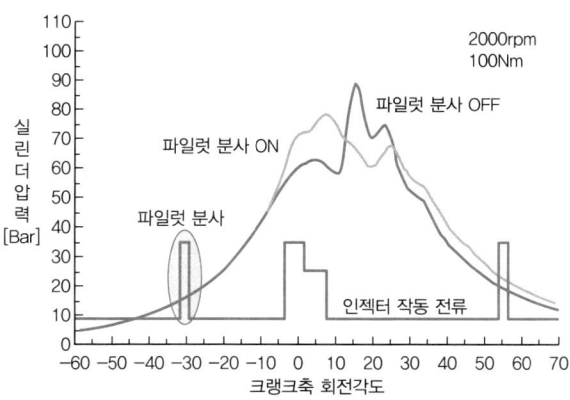

[그림 4-16] 연소압력의 변화

② 주 분사(Main Injection) : 기관의 출력에 대한 에너지는 주 분사로부터 나온다. 주 분사는 파일럿 분사가 실행되었는지 여부를 고려하여 연료분사량을 계산한다.

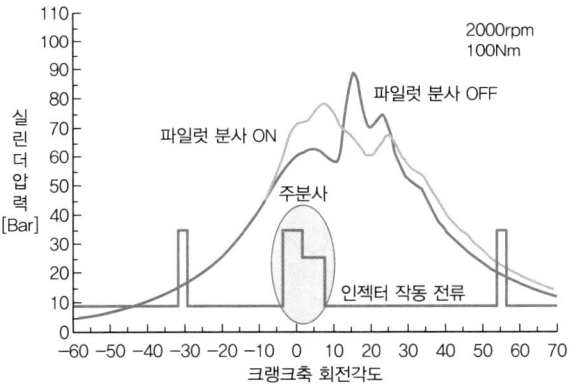

[그림 4-17] 주 분사에서의 연소압력 변화

③ 사후 분사(Post Injection) : 연소가 끝난 후 배기행정에서 연소실에 연료를 공급하여 배기가스를 통해 촉매변환기로 공급하여 DPF의 쌓인 PM을 연소시키며, LNT 방식의 흡장촉매에 NOx를 환원시킬 수 있다.

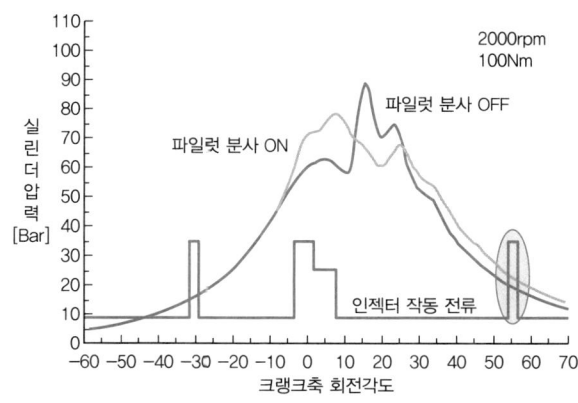

[그림 4-18] 사후분사에서의 연소압력 변화

(3) 커먼레일 방식 디젤기관의 제어

1) 기관 컴퓨터 입력요소

① 연료압력 센서(RPS ; Rail Pressure Sensor)
  ㉠ 커먼레일(Common Rail) 내의 연료압력을 검출하여 기관 컴퓨터로 입력시킨다.
  ㉡ 커먼레일 연료압력을 검출하여 분사연료량과 분사시기를 제어하는 기준신호로 사용한다.
  ㉢ 목표레일압력과 실제 레일 압력이 다를 경우 레일압력조절밸브를 통해 조절한다.

② 공기유량 센서(AFS)&흡기온도 센서(ATS)
  ㉠ 공기유량 센서(AFS)
    • 열막(Hot Film) 방식을 이용한다.
    • 배기가스 재순환 장치의 피드백 제어가 주 기능이다. EGR 밸브를 작동시켜 배기가스 속에 질소산화물 배출을 감소시킨다.
  ㉡ 흡기온도 센서(ATS ; Air Temperature Sensor)
    • 부특성 서미스터를 사용
    • 연료분사량, 분사시기, 시동할 때 연료분사량 제어 등의 보정신호로 사용

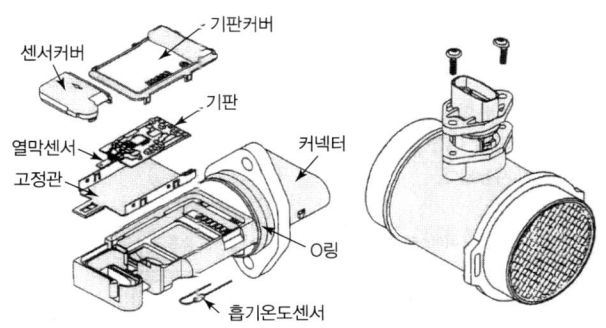

[그림 4-19] 공기유량 센서와 흡기온도 센서의 구조

③ 가속페달 위치센서(APS) 1&2
  ㉠ 가속페달 위치센서(APS)는 스로틀 위치센서(throttle position sensor)와 같은 원리를 사용하며, 가속페달 위치센서 1(main sensor)에 의해 연료분사량과 분사시기가 결정된다.
  ㉡ 가속페달센서 1 전압이 가속페달센서 2 전압보다 2배 크며, 센서 1과 센서 2 신호를 비교하여 센서1과 2의 전압 비율이 일정 이상 벗어날 경우 에러로 판정하여, 림프 홈 모드로 진입된다.
  ㉢ 림프 홈 모드로 진입 시 엑셀 페달 센서 오신호에 의한 엔진 과다 출력 발생을 방지하기 위해 엔진 회전수를 1200rpm으로 고정시켜 최소한의 주행만 가능하다.
    ※ ECU, APS, 악셀페달 모듈, ACV 교환 시 동기화가 필요함

④ 연료온도센서(FTS)
  연료온도센서(FTS)는 수온센서와 같은 부특성 서미스터이며, 연료온도에 따른 연료분사량 보정신호로 사용된다.

⑤ 수온센서(WTS ; Water Temperature Sensor)
  기관의 냉각수 온도를 검출하여 냉각수 온도의 변화를 전압으로 변화시켜 기관 컴퓨터로 입력시키면 기관 컴퓨터는 이 신호에 따라 연료분사량을 증감하는 보정신호로 사용되며, 열간 상태에서는 냉각팬 제어에 필요한 신호로 사용된다.

⑥ 크랭크 축 위치센서(CPS, CKP)
  ㉠ 전자감응 방식(magnetic inductive type)이다.
  ㉡ 실린더 블록 또는 변속기 하우징에 설치되어 크랭크 축과 일체로 되어있는 센서 휠(sensor wheel)의 돌기를 검출하여 크랭크 축의 각도 및 피스톤의 위치, 기관 회전속도 등을 검출한다.

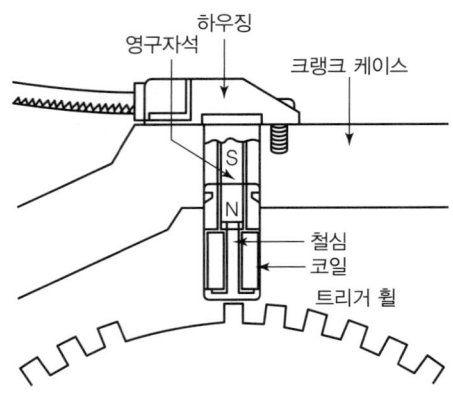

[그림 4-20] 크랭크 축 위치센서의 내부구조

⑦ 캠축 위치센서(CMP)
  ㉠ 캠축 위치센서(CMP)는 상사점 센서라고도 부르며, 홀 센서방식(hall sensor type)을 사용한다.
  ㉡ 캠축에 설치되어 캠축 1회전(크랭크 축 2회전)당 1개의 펄스신호를 발생시켜 기관 컴퓨터로 입력시킨다.

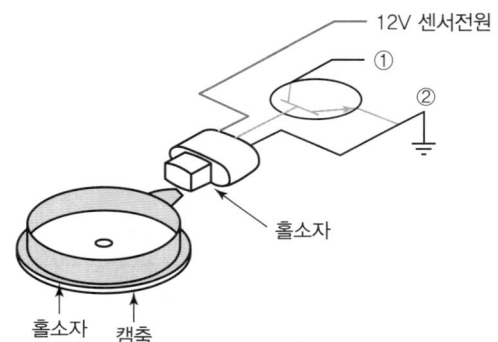

[그림 4-21] 캠축 위치센서의 내부구조

⑧ 부스터 압력센서
  과급장치에서 흡입되는 공기의 압력을 측정하여 EGR 작동량을 보정하며, 가변용량 과급기(VGT)가 설치된 기관에서 오버부스트를 감지하여 엔진을 보호하는 역할을 수행한다.

⑨ 람다센서
  배기가스 중의 산소농도를 측정하여 연료분사량을 보정하여 매연 감소와 EGR 정밀제어에 사용한다.

⑩ 배기가스 온도센서
  과도한 온도상승으로 배기시스템, 촉매의 손상방지와 사후분사에 의한 정확한 배기가스 온도를 검출한다.

⑪ 차압 센서
  ㉠ DPF 제어용 차압센서 : 필터 전후방 압력차를 검출하여 사후분사제어를 위한 신호로 사용한다.
  ㉡ 저압 EGR 차압센서 : 촉매 후방의 배기압력과 흡기관의 압력의 차이를 검출하여 저압 EGR 밸브의 제어량을 결정하기 위한 보정요소로 사용한다.

2) 기관 컴퓨터의 출력요소
  ① 흡기제어 밸브(ACV)
    ㉠ 엔진 정지 시 발생하는 진동을 저감한다(디젤링 현상 방지).
    ㉡ DPF재생 시 배기가스의 온도 상승을 보조한다.
    ㉢ EGR 정밀제어 기능이 있다.
  ② 스월 컨트롤 밸브
    ㉠ 흡입되는 공기의 흐름을 변화시켜(스월) 엔진의 출력과 EGR율을 높여 배기가스를 저감하는 시스템이다.
    ㉡ 스월 밸브 작동조건
      • 흡기포트 닫힘 : 공회전 및 저속(3000rpm 이하)
      • 완전 개방 : 페일세이프 모드, 고지대(해발 1500m)
      • 위치 학습 : 예열 후 점화스위치 OFF 시
  ③ 인젝터(Injector)
    고압연료 펌프로부터 송출된 연료가 커먼레일을 통하여 인젝터로 공급되면, 이 연료를 연소실에 직접 분사하는 부품이다.
  ④ 연료압력 제어밸브(Fuel pressure control valve)
    커먼레일 내의 연료압력을 조정하는 밸브이며 냉각수 온도, 축전지 전압 및 흡입공기 온도에 따라 보정을 한다.
  ⑤ 배기가스 재순환 장치(EGR)
    배기가스의 일부를 흡기 다기관을 유입시키는 장치이다.

> **TIP** 배기가스 재순환 장치(EGR) 참고사항
> • 듀티 5% 이하는 EGR 미작동을 의미하며 엔진이 워밍업 후에 작동한다.
> • 혼합비가 매우 희박(최대 32:1)해지는 가속 직후는 질소산화물(NOx)이 다량으로 배출되는 구간이므로 EGR 밸브가 작동하게 된다.
> • EGR 중지 명령 조건
>   – 공회전 시(단, 1000rpm 이상 가속 직후 52초 이후)
>   – AFS 및 EGR 밸브 고장 시
>   – 냉각수온 37℃ 이하 또는 100℃ 이상 시
>   – 배터리 전압이 8.99V 이하 시
>   – 연료량이 42mm³ 이상 분사 시
>   – 시동 시 및 대기압이 기준값 이하일 경우

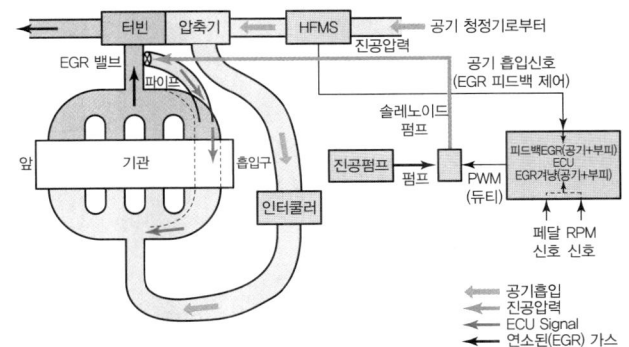

[그림 4-22] 배기가스 재순환장치의 구성

  ⑥ 보조 히터장치 종류
    ㉠ 가열 플러그방식 히터
    ㉡ 열선을 이용하는 정특성(PTC ; Positive Temperature Coefficient) 히터
    ㉢ 이외 직접 경유를 연소시켜 냉각수를 가열하는 연소방식 히터 등을 이용함

(4) 커먼레일 연료공급장치

1) 연료공급장치의 개요
  ① 커먼레일 방식의 기관 컴퓨터(ECU)는 각종 센서로부터의 입력신호를 기본으로 운전자의 요구(가속페달 설정)를 계산하고 기관과 자동차의 순간적인 작동성능을 총괄적으로 제어한다.
  ② 각종 센서로부터의 신호를 입력받아 이들 정보를 기초로 공기와 연료 혼합비율을 효율적으로 제어한다.

2) 저압 연료계통의 구성요소

저압연료 펌프의 종류에는 기어펌프를 사용하는 방식과 전동기를 사용하는 방식이 있다.

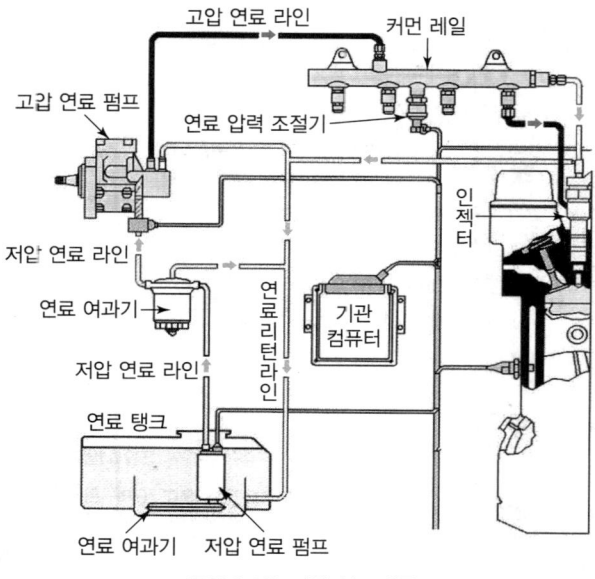

[그림 4-23] 저압 연료계통

3) 고압 연료계통의 구성요소

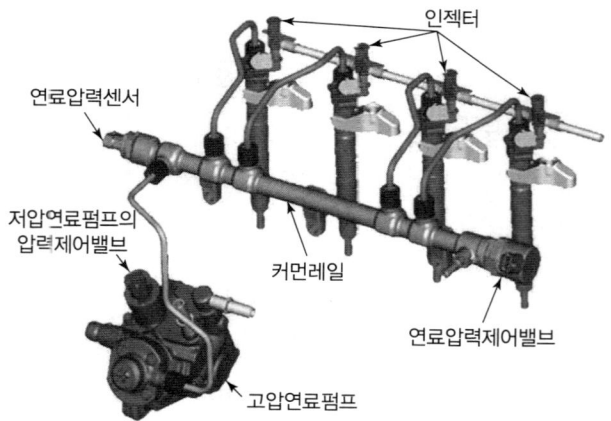

[그림 4-24] 고압 연료계통

① **고압연료 펌프(High pressure fuel pump)**
㉠ 고압연료 펌프는 기관의 타이밍 체인(벨트)이나 캠축에 의해 구동되며, 저압연료 펌프에서 공급된 연료를 높은 압력으로 형성하여 커먼레일로 공급한다.
㉡ 고압연료 펌프는 저압과 고압단계의 사이의 중간영역으로 볼 수 있으며, 공급된 연료압력을 연료압력 제어밸브에서 규정 값으로 유지시킨다.
㉢ 작동 최고압력은 1600bar 정도이고 기관 컴퓨터 제어 최고압력은 1350bar 정도이다.

② **커먼레일(Common rail, 고압 어큐뮬레이터)**
커먼레일은 고압연료펌프에서 공급된 높은 압력의 연료가 저장되는 부분으로 모든 실린더에 공통적으로 연료를 공급하는 데 사용된다.

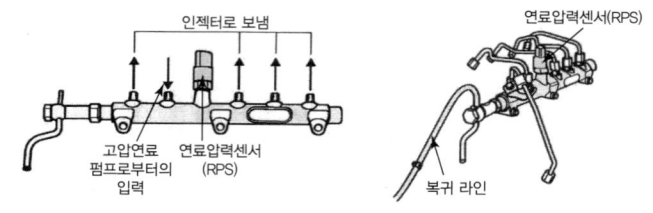

[그림 4-25] 커먼레일의 구조

③ **연료압력 제어밸브(Fuel pressure control valve)**
㉠ 입구제어방식
- 기어펌프를 저압연료펌프로 사용하는 방식(기계식 저압펌프)
- 저압연료펌프와 고압연료펌프의 연료통로 사이에 연료압력 제어밸브가 설치됨
- 고압연료펌프로 공급되는 연료량을 제어

㉡ 출구제어방식
- 전동기를 저압연료펌프로 사용하는 방식(전기식 저압펌프)
- 커먼레일에 연료압력 제어밸브가 설치됨
- 고압연료펌프에서 높은 압력으로 된 연료를 복귀계통으로 배출하여 연료압력을 제어

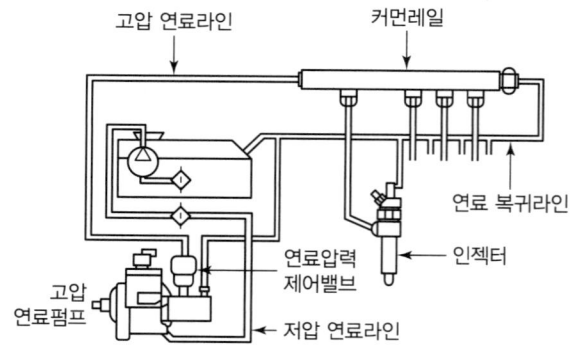

[그림 4-26] 연료압력 제어밸브 설치위치(입구제어)

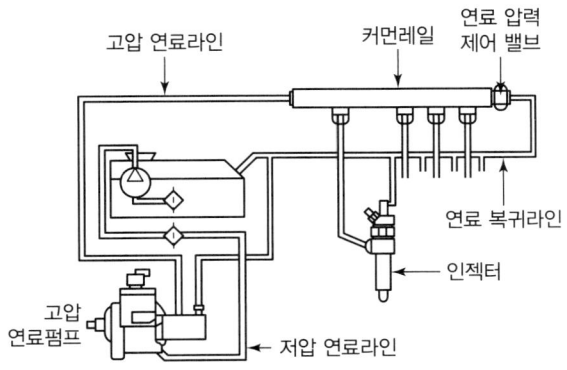

[그림 4-27] 연료압력 제어밸브 설치 위치(출구제어)

④ 압력제한 밸브(Fuel pressure limited valve)
입구 제어방식에서 커먼레일 내에 과도한 연료압력이 발생될 경우 비상통로를 개방하여 커먼레일 내의 연료압력을 제한한다.

⑤ 인젝터(Injector)
  ㉠ 인젝터의 개요
    - 커먼레일 방식 기관의 인젝터는 실린더 헤드에 설치되며, 연소실 중앙에 위치
    - 전기신호에 의해 작동하는 구조로 되어있음
    - 연료분사 시작점과 연료분사량은 기관 컴퓨터에 의해 제어됨
  ㉡ 인젝터의 방식
    - 솔레노이드 인젝터
      - 작동방식 : 솔레노이드 밸브가 작동되면 볼 밸브가 열리고, 이에 따라 컨트롤 체임버의 압력이 낮아지므로 플런저에 작용하는 유압이 낮아진다. 연료 압력이 니들 밸브 압력에 작용하는 압력보다 낮아지면 니들 밸브가 열린다.

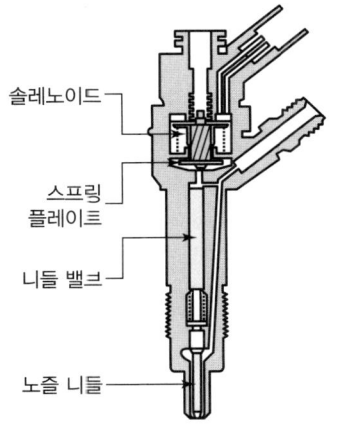

[그림 4-28] 솔레노이드 인젝터

- 피에조 인젝터
  - 작동방식 : 전원 공급(충전)에 따른 피에조 확장 → 유압 증폭 → 유압 제어 밸브 열림과 동시에 노즐 니들 열림 → 전원 차단(방전)에 따른 피에조 수축 → 유압 감소 → 유압 제어 밸브 닫힘과 동시에 노즐 니들 닫힘
  - 솔레노이드 형식의 인젝터와 대별되는 차이점은 리턴 라인의 압력이 저압 펌프의 압력과 연결되어 있어 기존 솔레노이드 인젝터처럼 리턴 유량 시험을 할 수 없음

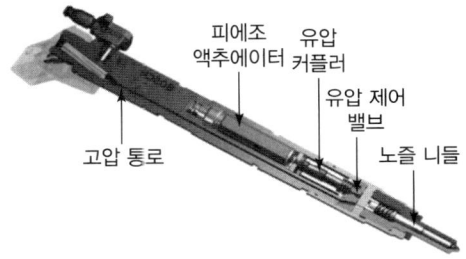

[그림 4-29] 피에조 인젝터

  ㉢ 인젝터에서의 연료분사
    - 커먼레일 방식 기관에서 인젝터의 분사는 제1단계가 파일럿 분사(pilot injection), 제2단계가 주 분사(main injection), 제3단계가 사후 분사(post injection)
    - 3단계의 연료분사는 연료압력과 온도에 따라 연료분사량과 분사시기를 보정함
      - 제1단계 파일럿 분사 : 기관의 폭발소음과 진동을 감소시키기 위해 실시

- 제2단계 주 분사 : 기관의 출력을 발생하기 위한 분사
- 제3단계 사후분사 : 디젤기관의 특성으로 인해 많이 발생되는 매연을 줄이고, 배기가스 후처리 장치의 재생을 돕기 위해 실시

ⓔ 인젝터 분사량 보정방식에 따른 구분

제조	인젝터	형식	분사량 보정	인젝터 교환시
보쉬	일반	솔레노이드	ECU에서 분사 보정	자기진단기 입력 안함
	그레이드		X, Y, Z	조합표에 의한 조합 사용
	클래스화		C1, C2, C3	동일 인젝터 교환 후 ECU 자기진단기에 입력
	IQA		IQA	각 인젝터 코드 7자리 ECU 자기진단기에 입력
	IQA + IVA	피에조	IQA + IVA	각 인젝터 코드 7자리 ECU 자기진단기에 입력
델파이	C21	솔레노이드	C21	각 인젝터 코드 16자리 ECU 자기진단기에 입력

- IQA(Injection Quantity Adaptation) 인젝터 : 인젝터 생산 시 로트별 분사량을 아이들, 부분부하, 전부하, 파일럿 분사구간에 따라 측정한 결과를 데이터베이스에 저장한 형태

> **TIP** IQA 인젝터의 장점
> - 버기가스 규제 대응용이
> - 최적의 연료분사량 제어 가능
> - 연료량 학습가능을 통한 최적의 운전상태 제공
> - 엔진 정숙성 향상

- IQA + IVA(Injector Voltage Adjustment) : 피에조 인젝터는 전압에 의해 구동되므로 개별 인젝터가 전압 대비 스트로크 특성이 다르게 되므로 이 특성을 인젝터별로 측정하여 데이터베이스화하여 IQA와 함께 코드화시킨 것

03 디젤 연료장치 점검, 진단하기

(1) 솔레노이드식 인젝터 리턴량 점검(동적 테스트)

① 인젝터 리턴 클립을 탈거하고 리턴 호스를 탈거하여 리턴 호스의 끝부분을 플라이어로 물려주어 연료가 누유되지 않도록 한다.
② 인젝터 리턴 홀에 인젝터 리턴호스 어댑터, 투명 튜브, 연료 용기를 설치한다.
③ 엔진을 시동하여 1분간 공회전한 후 30초간 3000rpm으로 유지한다.
④ 시동을 끄고 연료 리턴 용기에 담긴 연료량을 측정한다.
⑤ 시험의 정확성을 위해 2회 이상 반복한다.

출처 : 교육부(2015), 디젤 전자제어장치정비(LM1506030210_17v3), 한국직업능력개발원, p.36

[그림 4-30] 연료 리턴량 동적 시험

(2) 인젝터 파형 점검

① 오실로스코프를 준비하고 차량을 시동한다.
② 1번 채널의 환경 설정 100V, 피크모드, UN I모드로, 시간축 500m/div로 설정한다.
③ 소전류 채널의 환경 설정 30A, 일반모드, UN I모드로, 시간축 500m/div로 설정한다.

④ 1번 채널의 (−)프로브를 배터리 (−) 단자에 연결하고, (+)프로브를 인젝터 제어선에 연결하여 전압 분사 파형을 측정한다.
⑤ 소전류 센서를 인젝터 2선 중 심의 선에 걸어주어 전류의 방향이 (+)방향이 되도록 전류 작동 파형을 측정한다.
⑥ 전압 분사 파형에서 트리거 포인트를 50V 지점에서 트리거링 한다.
⑦ 마우스로 투 커서 위치를 이동시켜 투 커서 데이터에서 분사 시간과 풀인 전류와 홀드인 전류값을 판독하여 기록표를 작성한다.

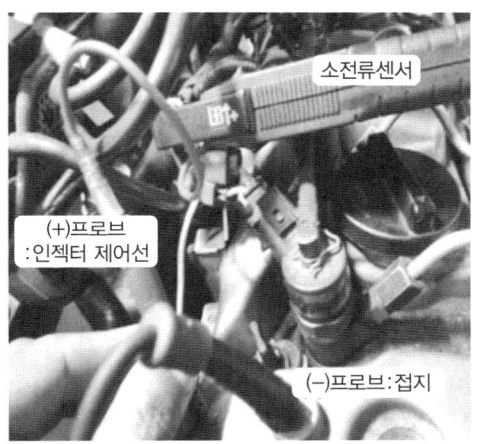

출처 : 교육부(2015), 디젤 전자제어장치정비(LM1506030210_17v3), 한국직업능력개발원, p.37

[그림 4-31] 프로브 연결

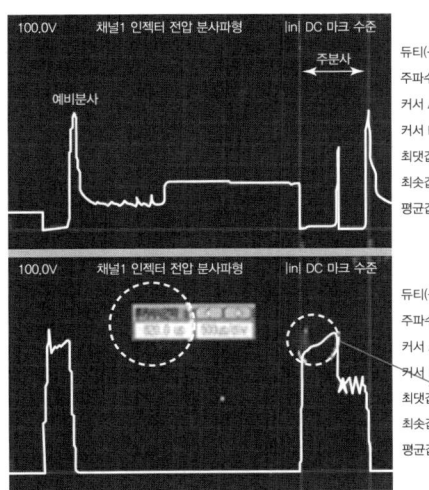

출처: 교육부(2015), 디젤 전자제어장치정비(LM1506030210_17v3), 한국직업능력개발원, p.37

[그림 4-32] 솔레노이드 인젝터 파형

Topic 02 | 과급장치

01 과급기(Charger)

(1) 과급기

1) 개요

과급기에 의한 과급의 효과는 배기량이 동일한 기관에서 실제로 많은 양의 공기를 공급할 수 있기에 연료 분사량을 증가시킬 수 있어 출력을 증가시킬 수 있다.

2) 과급기 설치 시 장점

① 기관의 출력이 향상되므로 회전력이 증대되고, 연료소비율이 향상된다.
② 기관의 출력이 35~45% 증가된다(단, 기관의 무게는 10~15% 증가).
③ 체적효율이 향상되기 때문에 평균 유효압력과 기관의 회전력이 증대된다.
④ 높은 지대에서도 기관의 출력 감소가 적다.
⑤ 압축온도의 상승으로 착화 지연 기간이 짧다.
⑥ 연소상태가 양호하기에 세탄가(cetane number)가 낮은 연료의 사용 가능하다.
⑦ 냉각손실이 적고, 연료소비율이 3~5% 정도 향상된다.

(2) 터보차저의 구조

① 임펠러(impeller) : 임펠러는 흡입 쪽에 설치된 날개이며, 공기에 압력을 가하여 실린더로 보내는 역할을 한다.
② 터빈(turbine) : 터빈은 배기 쪽에 설치된 날개이며, 배기가스의 압력에 의하여 배기가스의 열에너지를 회전력으로 변환시키는 역할을 한다.
③ 플로팅 베어링(floating bearing ; 부동베어링) : 플로팅 베어링은 10000~15000rpm 정도로 회전하는 터빈 축을 지지하는 베어링으로 기관으로부터 공급되는 기관오일로 충분히 윤활되어 하우징과 축 사이에서 자유롭게 회전할 수 있다.
④ 웨이스트 게이트 밸브(waste gate valve) : 웨이스트 게이트 밸브는 과급압력(boost pressure)이 규정 값 이상으로 상승되는 것을 방지하는 역할을 한다.

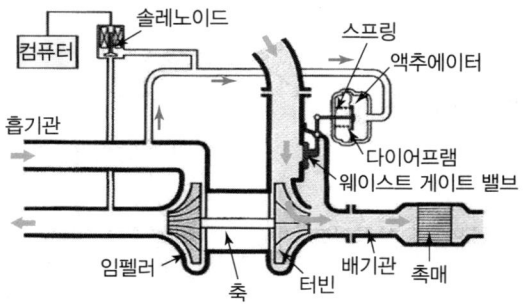

[그림 4-33] 웨이스트 게이트 밸브 설치 위치

ⓔ 노크방지 장치 : 실린더 블록에 노크센서(knock sensor)를 설치하고 노크에 의한 진동이 발생하면 분사시기를 지연시켜 방지한다.

(3) 가변용량 과급기(Variable Geometry Turbo charger)

1) 개요

가변용량 과급기(Variable Geometry Turbo charger)는 배기가스를 이용하여 기관 실린더로 흡입되는 공기량을 증가시키는 장치로 전자식과 진공 솔레노이드 방식이 있다.

2) 가변용량 과급기 작동원리(VGT)

① 저속 운전영역에서의 작동원리
  ㉠ 가변용량 과급기는 저속 운전영역에서 배기가스의 통로를 좁혀 흐름속도를 빠르게 하여 터빈을 힘차게 구동시켜 많은 공기를 흡입할 수 있도록 함
  ㉡ 저속 운전영역에서 배기가스 통로를 좁히는 방법은 벤투리(venturi)의 원리 이용

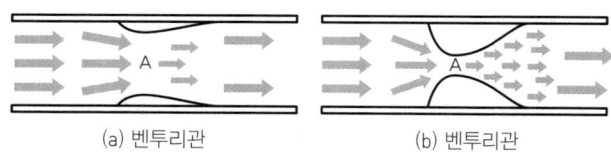

[그림 4-34] 벤투리의 원리

② 고속 운전영역에서의 작동원리 : 고속 운전영역에서는 일반적인 과급기와 같으며, 이때는 벤투리관의 면적을 원래의 상태로 넓혀주어 배출되는 많은 양의 배기가스가 터빈을 더욱 커진 에너지로 구동시켜 흡입공기량을 증가시켜 준다.

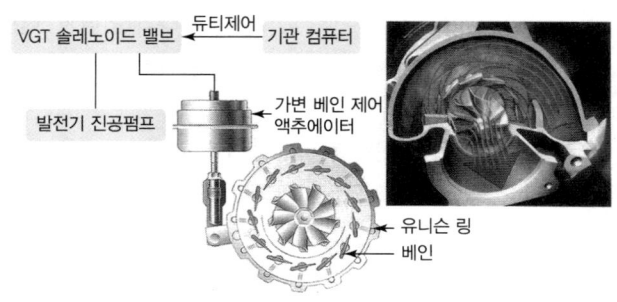

[그림 4-35] 가변용량 과급기의 작동

(4) 배기 터보식 과급기

배기가스를 이용하여 흡입공기량을 증가시킨다(일반적으로 4행정 디젤기관에서 사용).

(5) 기계식 슈퍼 과급기

압축기를 크랭크 축의 동력으로 회전하는 기기이다.

(6) 디퓨저

과급기에서 공기의 속도 에너지를 압력 에너지로 바꾸는 형상을 가진 부품이다.

> **TIP 인터쿨러(inter cooler)**
> 임펠러에 의해 과급된 공기는 온도상승과 밀도증대 비율이 감소되어 노킹발생 및 충전효율이 저하되므로 임펠러와 흡기 다기관에 설치되어 과급된 공기를 냉각시킨다.

단원 마무리 문제

CHAPTER 04 디젤 전자제어 장치 정비

01 디젤기관의 구성품에 속하지 않는 것은?

① 예열장치　　② 점화장치
③ 연료분사장치　④ 냉시동 보조장치

해설
디젤기관은 압축착화방식으로 연소되므로 점화장치가 없다.

02 동일한 배기량에서 가솔린기관에 비교하여 디젤기관이 가지고 있는 장점은?

① 시동에 소요되는 동력이 작다.
② 기관의 무게가 가볍다.
③ 제동열효율이 크다.
④ 소음진동이 적다.

해설
- 디젤기관은 가솔린기관과 비교하여 열손실이 적어 제동열효율이 좋고, 토크가 크다는 장점이 있다.
- 디젤기관은 압축압력이 높아 시동에 소요되는 동력이 크고, 기관의 무게가 무겁고 소음진동이 크다는 단점이 있다.

03 디젤기관의 연소실에서 간접분사식에 비해 직접분사식의 특징으로 틀린 것은?

① 열손실이 적어 열효율이 높다.
② 비교적 세탄가가 낮은 연료를 필요로 한다.
③ 피스톤이나 실린더 벽으로의 열전달이 적다.
④ 압축 시 방열이 적다.

해설
직접분사식 연소실은 노킹 발생이 쉬우므로 디젤연료의 안티 노크성인 세탄가가 높은 연료를 사용해야 한다.

04 디젤기관에서 감압장치의 설명 중 틀린 것은?

① 흡입 효율을 높여 압축압력을 크게 한다.
② 겨울철 기관오일의 점도가 높을 때 시동 시 이용한다.
③ 기관 점검, 조정에 이용한다.
④ 흡입 또는 배기밸브에 작용하여 감압한다.

해설
디젤기관은 압축압력이 높아 겨울철 시동이 어려울 수 있다. 따라서, 시동 시에 흡기 또는 배기밸브를 약간 열어주면 압축압력이 낮아 시동을 쉽게 할 수 있다. 이 장치를 감압장치라 한다.

05 디젤기관의 분사펌프 부품 중 연료의 역류를 방지하고 노즐의 후적을 방지하는 것은?

① 태핏　　　　② 조속기
③ 섯 다운 밸브　④ 딜리버리 밸브

해설
딜리버리 밸브는 분사펌프의 토출구에 장착되어 분사노즐까지 이송하는 딜리버리 파이프에서 연료가 역류되는 것을 방지하고 노즐 팁에 경유방울이 맺히는 후적을 방지하는 역할을 한다.

06 디젤엔진의 노크 방지책으로 틀린 것은?

① 압축비를 높게 한다.
② 착화지연기간을 길게 한다.
③ 흡입공기 온도를 높게 한다.
④ 착화성을 좋게 한다.

해설
디젤엔진에서 노크는 착화지연시간이 길어지면 발생하므로 착화지연시간을 짧게하기 위해 압축압력을 높게, 흡입공기 온도를 높게, 분사 초기의 분사량을 적게 하는 것이 유리하다.

정답　01 ②　02 ③　03 ②　04 ①　05 ④　06 ②

07 디젤 노크를 일으키는 원인과 관련이 없는 것은?

① 기관의 부하
② 기관의 회전속도
③ 점화플러그의 온도
④ 압축비

해설
점화플러그는 가솔린기관에 부품으로 디젤기관에는 사용하지 않는다.

08 디젤기관의 노킹 발생 원인이 아닌 것은?

① 착화지연 기간이 너무 길 때
② 세탄가가 높은 연료를 사용할 때
③ 압축비가 너무 낮을 때
④ 착화온도가 너무 높을 때

해설
세탄가는 디젤기관의 안티 노크성이므로 세탄가가 높을 경우 노킹 발생이 적다.

09 디젤기관의 회전속도가 1800rpm일 때 20°의 착화지연시간은 약 얼마인가?

① 2.77ms
② 0.10ms
③ 66.66ms
④ 1.85ms

해설
1800rpm = 1800회전/분
= 1800 × 360°/60s
= 10800°/s
따라서, 착화지연시간 = $\frac{1s}{10800} \times 20°$
= 0.00185s = 1.85ms

10 디젤기관에서 기관의 회전속도나 부하의 변동에 따라 자동으로 분사량을 조절해 주는 장치는?

① 조속기
② 딜리버리 밸브
③ 타이머
④ 체크밸브

해설
분사펌프방식의 디젤기관에서 분사량은 조속기(거버너)를 통해 조절된다. 분사시기는 타이머에서 조절된다.

11 디젤엔진의 연료 분사량을 측정하였더니 최대 분사량이 25cc이고, 최소 분사량이 23cc, 평균 분사량이 24cc이다. 분사량의 (+)불균형률은?

① 약 2.1%
② 약 4.2%
③ 약 8.3%
④ 약 8.7%

해설
$(+)$불균형률 $= \frac{최대 분사량 - 평균 분사량}{평균 분사량} \times 100(\%)$
$= \frac{25-24}{24} \times 100(\%) = 4.16\% =$ 약 4.2%

12 전자제어 디젤기관의 인젝터 연료분사량 편차보정기능(IQA)에 대한 설명 중 거리가 가장 먼 것은?

① 인젝터의 내구성 향상에 영향을 미친다.
② 강화되는 배기가스 규제 대응에 용이하다.
③ 각 실린더별 분사 연료량의 편차를 줄여 엔진의 정숙성을 돕는다.
④ 각 실린더별 분사 연료량을 예측함으로써 최적의 분사량 제어가 가능하게 한다.

해설
IQA 인젝터의 장점
• 배기가스 규제 대응 용이
• 최적의 연료분사량 제어 가능
• 연료량 학습을 통한 최적의 운전상태 제공
• 엔진 정숙성 향상

13 전자제어 디젤엔진의 제어모듈(ECU)로 입력되는 요소가 아닌 것은?

① 가속페달의 개도
② 기관 회전속도
③ 연료 분사량
④ 흡기 온도

해설
전자제어 디젤엔진(CRDI)에서 연료 분사량은 ECU의 신호에 의해 결정되므로 입력요소가 아닌 출력 요소이다.

14 전자제어 디젤 연료분사 방식 중 다단분사에 대한 설명으로 가장 적합한 것은?

① 후분사는 소음 감소를 목적으로 한다.
② 다단분사는 연료를 분할하여 분사함으로써 연소효율이 좋아지며 PM과 NOx를 동시에 저감시킬 수 있다.
③ 분사시기를 늦추면 촉매환원성분인 HC가 감소된다.
④ 후분사 시기를 빠르게 하면 배기가스 온도가 상승한다.

해설
- 다단분사(예비분사, 주분사, 사후분사)는 연료를 분할하여 분사함으로써 연소효율이 좋아지며 PM과 NOx를 동시에 저감시킬 수 있다.
- 진동 소음감소를 목적으로 하는 분사는 예비분사(파일럿 분사)이다.

15 전자제어 디젤연료분사장치(common rail system)에서 예비분사에 대한 설명 중 가장 옳은 것은?

① 예비분사는 주분사 이후에 미연가스의 완전연소와 후처리 장치의 재연소를 위해 이루어지는 분사이다.
② 예비분사는 인젝터의 노후화에 따른 보정분사를 실시하여 엔진의 출력저하 및 엔진부조를 방지하는 분사이다.
③ 예비분사는 연소실의 연소압력 상승을 부드럽게 하여 소음과 진동을 줄여준다.
④ 예비분사는 디젤엔진의 단점인 시동성을 향상시키기 위한 분사를 말한다.

해설
예비분사는 주분사 이전에 미량의 연료를 분사하여 착화지연시간이 짧아지므로 연소실의 연소압력 상승이 부드럽게 되어 소음과 진동을 줄여준다.
①은 사후분사(후분사)의 내용이다.

16 전자제어 디젤기관이 주행 후 시동이 꺼지지 않는다. 가능한 원인 중 거리가 가장 먼 것은?

① 엔진 컨트롤 모듈 내부 프로그램 이상
② 엔진오일 과다 주입
③ 터보차저 윤활회로 고착 또는 마모
④ 전자식 EGR 컨트롤 밸브 열림 고착

해설
④ 전자식 EGR 컨트롤 밸브가 열림 상태이면 가속 시 스모크(흑색)가 발생한다

엔진정지안됨 증상의 원인
- 터보챠저 윤활호로 고착 또는 마모
- 진공호스 누설
- 엔진오일 과다 주입
- ECM 프로그램 또는 하드웨어 이상

정답 07 ③ 08 ② 09 ④ 10 ① 11 ② 12 ① 13 ③ 14 ② 15 ③ 16 ④

17 터보차저의 구성부품 중 과급기 케이스 내부에 설치되며, 공기의 속도 에너지를 유체의 압력 에너지로 변하게 하는 것은?

① 디퓨져 ② 루트 과급기
③ 날개 바퀴 ④ 터빈

해설
공기의 속도 에너지를 유체의 압력 에너지로 변하게 하는 것은 디퓨져로 과급기 하우징의 형상을 의미한다.

18 가변용량제어 터보차저에서 저속 저부하(저유량) 조건의 작동원리를 나타낸 것은?

① 베인 유로 좁힘→배기가스 통과속도 증가→터빈 전달 에너지 증대
② 베인 유로 넓힘→배기가스 통과속도 증가→터빈 전달 에너지 증대
③ 베인 유로 넓힘→배기가스 통과속도 감소→터빈 전달 에너지 증대
④ 베인 유로 좁힘→배기가스 통과속도 감소→터빈 전달 에너지 증대

해설
유량이 적을 시 베인 유로를 좁히면 배기가스의 속도가 증가 되므로 터빈에 전달되는 에너지가 증가된다.

19 커먼레일 디젤 분사장치의 장점으로 틀린 것은?

① 기관의 작동상태에 따른 분사시기의 변화 폭을 크게 할 수 있다.
② 분사압력의 변화폭을 크게 할 수 있다.
③ 기관의 성능을 향상시킬 수 있다.
④ 원심력을 이용해 조속기를 제어할 수 있다.

해설
원심력을 이용해 조속기를 제어하는 것은 분사펌프방식의 디젤기관이다.

정답 17 ① 18 ① 19 ④

CHAPTER 05 배기장치 배출가스 저감장치 정비

Topic 01 | 가솔린, LPG 기관의 배기장치, 배출가스 저감 장치 정비

01 가솔린, LPG 기관의 배출가스 특성

① 무해성 가스 : 수증기(H_2O), 이산화탄소(CO_2), 질소(N_2)
② 유해성 가스 : 일산화탄소(CO), 탄화수소(HC), 질소산화물(NOx)

(1) 블로바이 가스
① 피스톤과 실린더 사이에서 크랭크 케이스로 누출되는 가스이다.
② 70~95%가 미연소 가스 상태로 주성분은 탄화수소(HC)이다.
③ 광화학 스모그의 원인이 된다.

(2) 연료 증발 가스
연료탱크 및 기화기에서 증발되는 가스로 주성분은 탄화수소(HC)이다.

(3) 유해가스의 배출 특성
① 이론 혼합비보다 농후할 때 : NOx 감소, CO, HC 증가
② 이론 혼합비보다 희박할 때 : NOx 증가, CO, HC 감소
③ 이론 혼합비보다 아주 희박할 때 : NOx, CO 감소, HC 증가
④ 저온 시 농후한 혼합비일 때 : HC, CO 증가, NOx 감소

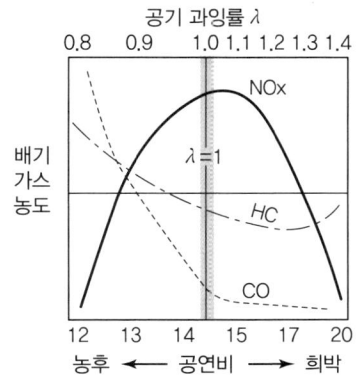

[그림 5-1] 공연비와 배출가스 농도 관계

⑤ 엔진 고온 시 : NOx 발생 증가
⑥ 엔진 가속 시 : NOx, CO, HC의 배출 증가
⑦ 엔진 감속 시 : NOx 감소, CO, HC 증가

02 가솔린 기관의 배출가스 저감장치

(1) 블로바이 가스 제어 장치
① 경부하 및 중부하 영역에서 블로바이 가스는 PCV(Positive Crank case Ventilation) 밸브의 열림 정도에 따라서 유량이 조절되어 서지탱크(흡기 다기관)로 들어간다.
② 급가속을 하거나 기관의 높은 부하 영역에서는 흡기 다기관 진공이 감소하여 PCV 밸브의 열림 정도가 작아지므로 블로바이 가스는 블리드 호스(bleed hose)를 통하여 서지탱크(흡기 다기관)로 들어간다.

(2) 연료 증발 가스 제어 장치

1) 개요
연료장치에서 발생한 증발가스(주성분 : 탄화수소)를 캐니스터에 포집한 후 퍼지 컨트롤 솔레노이드 밸브의 조절에 의하여 흡기 다기관을 통하여 연소실로 보내어 연소시킨다.

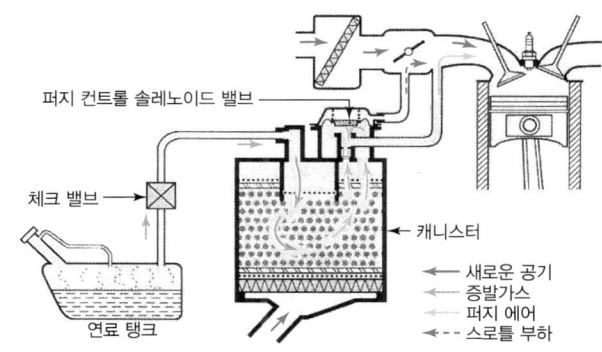

[그림 5-2] 연료 증발 가스 제어 장치

2) 연료 증발 가스 제어 장치의 구성

① **캐니스터(Canister)** : 기관이 작동하지 않을 때 연료 계통에서 발생한 연료 증발 가스를 캐니스터 내에 흡수 저장(포집)하였다가 기관이 작동되면 퍼지 컨트롤 솔레노이드 밸브를 통하여 서지탱크로 유입한다.

② **퍼지컨트롤 솔레노이드 밸브(PCSV ; Purge Control Solenoid Valve)** : 캐니스터에 포집된 연료 증발 가스를 조절하는 장치이며, 기관 컴퓨터에 의하여 작동된다.

> **TIP** PCSV 비작동 조건
> - 공회전 시(차종에 따라 다를 수 있음)
> - 넝간시(냉각수 온도가 낮을 때)
> - 공연비 피드백 제어 미실시 시
> - 공연비가 일정 시간 농후 판단 상태일 때
> - CTC 고장 코드 감지시

③ **연료탱크 압력 센서(FTPS ; Fuel Yank Pressure Sensor)** : 탱크 내의 증기압력을 감지하여 ECU로 보내 PCSV제어의 기준이 되는 센서이다.

(3) 가솔린, LPG 촉매컨버터(catalytic converter)

연소실에서 발생된 배출가스 중 HC, CO, NOx가 촉매를 지나는 동안 촉매에 코팅되어 있는 백금(Pt), 파라듐(Pd), 로듐(Rd) 등에 의해 산화 및 환원 작용으로 CO_2, H_2O, N_2 등으로 정화되어 배출시키는 장치이다.

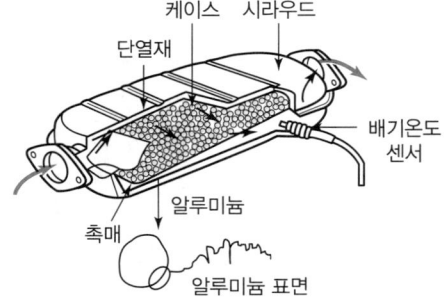

[그림 5-3] 촉매컨버터의 구조

1) 설치 위치에 따른 촉매컨버터의 종류

① **MCC(Manifold Catalytic Convertor) 형식** : 배기 다기관에 직접 부착되고 직경이 굵다.

② **WCC(Warm-up Catalytic Convertor) 형식** : 배기 다기관과 가까이 부착되어 웜-업이 빠른 특성이 있다.

③ **UCC(Under-floor Catalytic Convertor) 형식** : 자동차의 밑바닥에 위치하는 방식이다.

2) 촉매컨버터의 정화 비율

① 촉매컨버터의 정화 비율은 공연비와 촉매컨버터 입구의 배기가스 온도에 관계되는데 이론 공연비(약 14.7 : 1) 부근에서 정화 비율이 가장 높다.

② 배기가스 온도가 320℃ 이상일 때에는 높은 정화 비율을 나타낸다.

3) 촉매컨버터가 부착된 자동차의 주의사항

① 반드시 무연 가솔린을 사용해야 한다.
② 기관의 파워 밸런스(power balance) 시험은 실린더당 10초 이내로 해야 한다.
③ 자동차를 밀거나 끌어 시동하여서는 안 된다.
④ 잔디ㆍ낙엽 및 카펫 등의 가연물질 위에 주차하면 안 된다.

> **TIP** 산화반응과 환원반응
> - 산화반응 : 배기가스의 HC와 CO가 무해한 H_2O와 CO_2로 화학변화(산화)하는 것
> - 환원반응 : 배기가스의 NOx가 N_2+O_2로 화학변화(환원)하는 것

(4) 배기가스 재순환 장치
(EGR ; Exhaust Gas Recirculation)

1) 배기가스 재순환 장치의 작동

배기가스 재순환 장치는 흡기 다기관의 진공에 의하여 열려 배기가스 중의 일부(혼합가스의 약 15%)를 배기 다기관에서 빼내어 흡기 다기관으로 순환시켜 연소실로 다시 유입시킨다.

$$EGR율 = \frac{EGR\ 가스량}{EGR\ 가스량 + 흡입공기량}$$

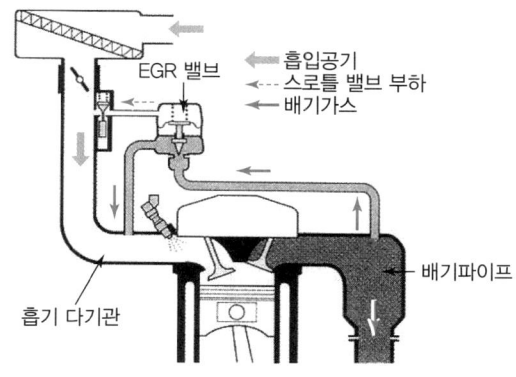

[그림 5-4] 배기가스 재순환 장치의 구성

2) 배기가스 재순환 장치의 구성 부품

① **배기가스 재순환 밸브(EGR 밸브)**: 배기가스 재순환 밸브는 스로틀 밸브의 열림 정도에 따른 흡기 다기관의 진공에 의하여 조절되며, 이 밸브에 신호를 주는 진공은 서모 밸브와 진공조절 밸브에 의해 조절된다.

② **서모 밸브(thermo valve)**: 배기가스 재순환 밸브의 진공 회로 중에 있는 서모 밸브는 기관 냉각수 온도에 따라 작동하며 일정 온도(65℃ 이하)에서는 배기가스 재순환 밸브의 작동을 정지시킨다.

③ **진공 제어 밸브**: 진공 제어 밸브는 기관 작동상태에 따라 배기가스 재순환 밸브를 조절하여 배기가스가 재순환되는 양을 조절한다.

03 가솔린 배기장치

(1) 배기 다기관(Exhaust manifold)

배기 다기관은 엔진에서 연소된 고온·고압의 가스가 엔진 외부로 안전하고 효율적으로 배출하는 장치로, 이를 위해서는 배기 유속과 배기 간섭파를 최소화하는 것이 중요하다.

(2) 소음기(Muffler)

배기가스는 고온(600~900℃)이고 흐름 속도가 거의 음속(340m/sec)에 달하며 배기 압력이 3~5kgf/cm² 정도 이므로, 이것을 그대로 대기 중에 방출시키면 급격히 팽창하여 격렬한 폭음을 낸다. 이 폭음을 막아주는 장치가 소음기이며, 음압과 음파를 억제하는 구조로 되어있다.

> **TIP** 소음기(Muffler) 효과
> 배기장치의 압력 감소, 온도 감소, 배압 상승으로 인한 엔진 출력이 감소한다.

(3) 산소센서(Oxygen sensor)

1) 지르코니아 산소센서의 출력 특성

① 혼합기 농후 → 최대 전압(약 1V) → 인젝터 분사 시간 감소 → 연료량 감소

② 혼합기 희박 → 최소 전압(약 0.1V) → 인젝터 분사 시간 증가 → 연료량 증가

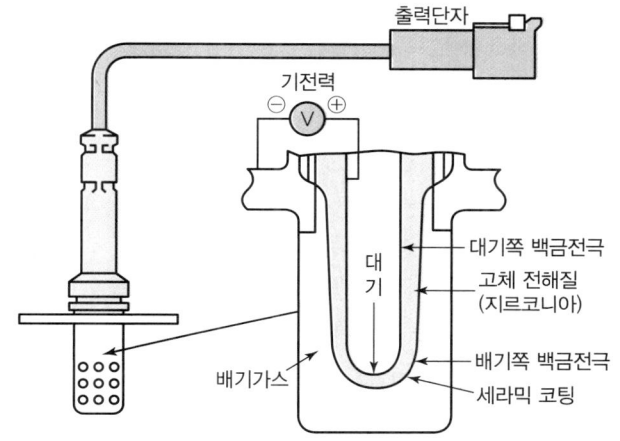

[그림 5-5] 산화 지르코니아 산소센서

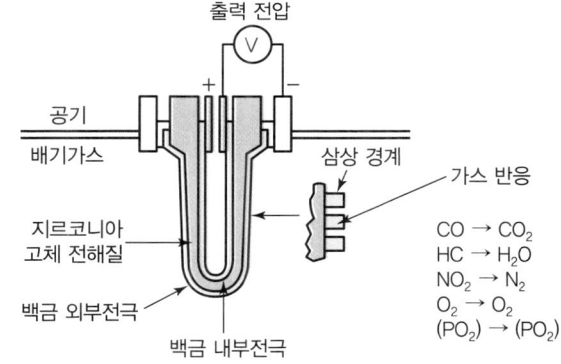

[그림 5-6] 산화 지르코니아 산소센서의 작동 원리

2) 산소센서 사용상 주의사항

① 산소센서의 출력 전압을 측정할 때 디지털 멀티테스터를 사용한다(아날로그 멀티테스터를 사용하면 파손되기 쉬움).
② 산소센서의 내부저항은 절대로 측정해서는 안 된다.
③ 무연(無鉛) 가솔린(4에틸납이 포함되지 않음)을 사용해야 한다.
④ 출력 전압을 단락시켜서는 안 된다.

3) 피드백 제어(Feed back control)

① 배기 다기관에 설치한 산소센서로 배기가스 중의 산소농도를 검출하고 기관 컴퓨터로 피드백시켜 연료 분사량을 증감함으로써 항상 이론 공연비가 되도록 연료 분사량을 제어한다.
② 다음과 같은 경우에는 제어를 정지한다.
　㉠ 냉각수 온도가 낮을 때
　㉡ 기관을 시동할 때
　㉢ 기관 시동 후 연료 분사량을 증가시킬 때
　㉣ 기관의 출력을 증대시킬 때
　㉤ 연료 공급을 차단할 때(희박 또는 농후 신호가 길게 지속될 때)

4) 산소센서 성능 점검

① 점화 스위치를 OFF한다.
② 스캐너를 연결한 후 오실로 스코프 모드를 선택하여 산소센서 신호선에 프로브를 연결한다.
③ 엔진 시동을 ON하고 엔진이 정상 온도가 될 때까지 워밍업을 한다.
④ 산소센서 신호선의 파형을 측정한다.

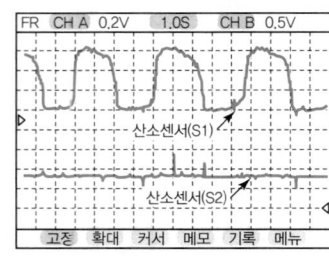
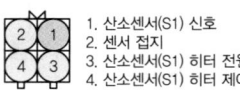

출처: 현대자동차(주)(http://gsw.hyundai.com), 2018. 07.

[그림 5-7] 산소센서 파형 점검

⑤ 측정된 파형이 정상이면 PCM을 점검하고, 비정상일 경우 앞 산소센서를 교환하고 검사한다.

5) 산소센서 점검, 진단

① 산소센서 점검 및 진단 방법
　㉠ 산소센서 탈거 시 산소센서 장착 부위 나사산이 망가지므로 탈거 혹은 조립 시 정비지침서를 참고하면서 반드시 토크렌치를 이용하여 규정값으로 체결한다.
　㉡ 조립 후 아이들의 상태와 부하 시 엔진의 소음을 체크한다.
　㉢ 산소센서 스캐너 진단, 검사를 실시한다.
　㉣ 산소센서 스캐너 진단을 실시할 때 커넥터 접촉 상태 및 와이어링 및 산소센서 손상 여부를 확인한다.
　㉤ 엔진과 산소센서 사이의 배기가스 누설 여부를 확인한다.

② 산소센서 파형 점검
　㉠ 지르코니아 산소센서의 경우 최대 1V에 가까울수록 농후한 연소이며, 0V에 가까울수록 희박한 연소임을 알 수 있다.
　㉡ 오실로스코프의 전압 축을 1V로, 시간 축을 300ms/div으로 설정한 후 엔진을 시동하여 공회전 상태에서 산소 센서의 파형을 분석한다.
　㉢ 전방 산소센서의 파형은 0.1V~0.9V를 주기적으로 반복되는 것이 정상이며, 후방 산소센서의 출력은 0.8V 정도로 균일하게 나타나는 것이 정상이다.

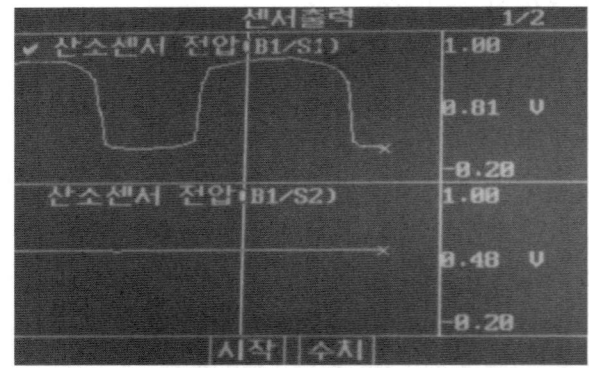

[그림 5-8] 산소센서 오실로스코프 점검, 진단

Topic 02 | 디젤기관의 배기장치, 배출가스 제어 장치정비

01 디젤기관의 배출가스 특성

디젤엔진은 가솔린 엔진에 비해 연료가 희박하고 공기가 과잉인 상태에서의 연소가 이루어지기 때문에 HC, CO의 발생량은 적은 편이나 높은 연소온도에 의해 많은 양의 NOx가 발생하며 불완전 연소에 의해 미세입자(PM)가 남게 된다.

(1) PM(미세입자, Particulate Matter)
일반적으로 디젤 엔진에서 연료를 연소할 때 불완전연소에 의해 생기는 고체상태의 미세한 물질을 말한다. 대기오염의 원인이 될 수 있어 EURO 기준을 통해 규제하고 있다.

(2) NOx(질소산화물)
질소산화물은 산화질소(NO)와 이산화질소(NO_2) 등 질소와 산소의 화합물의 총칭으로 생성은 연소실의 온도가 높을 때 발생하며 고농도에 노출되는 경우 호흡기 질환을 유발할 수 있고, 탄화수소+햇빛과 반응하여 광화학 스모그가 생성될 수 있다.

02 디젤기관의 배출가스저감 장치

(1) 디젤 블로바이 가스(blow-by gas) 제어장치
① 디젤 엔진은 압축압력이 가솔린보다 높으므로 블로바이 가스가 더 많이 형성되고, 대부분 과급기가 장착되어 있어 과급기의 펌프 이후의 압력은 대기압보다 항상 높은 상태이다. 따라서 블로바이 가스를 유입시키기가 어려우므로 블로바이 가스를 과급기 펌프 이전의 에어클리너 호스와 연결하여 연소실에 유입시킨다.

② 구성
  ㉠ 블리드(bleed) 호스
    로커암 커버에서 에어클리너 호스에 연결된 양방향으로 통하는 블리드 호스를 통해서 블로바이 가스가 연소실 유입된다.
  ㉡ 오일 분리기(oil separator)
    디젤 블로바이 가스는 생성되는 양도 많고 압력도 높기 때문에 블로바이 가스가 유입될 때 엔진 오일이 빨려 나갈 수 있으므로 오일을 걸러 주는 장치가 필요하다.

(2) 디젤 매연 필터(DPF ; Diesel Particulate Filter)
① 디젤 엔진에서 배출되는 배기가스 중에 포함된 입자성 물질을 포집하여 배기가스 중의 흑연을 제거한다. DPF는 배기가스 중 PM을 포집한 후 일정량이 누적되면 연소(재생)를 통해 태우며, DPF에 산화촉매 기능이 포함된 것을 CDPF라고 한다.

> **TIP** 입자상 고형물질(PM)의 종류
> - 고체상 입자(SOL, solid fraction) : PM의 대부분을 차지하는 시커먼 수트(soot)
> - 용해성 입자(SOF, soluble organic fraction)
> - 황산화물 입자(SO_4, sulfate particles)

② DPF에 의해 걸러진 분진들은 DPF 내부에 퇴적되어 DPF 전단과 후단 사이의 압력 차이를 발생시킨다.
③ DPF 전단과 후단 사이의 압력 차이가 일정 정도 이상 발생하고, 차량 운행 조건을 만족시킬 때(배기가스의 온도가 분진을 연소시킬 수 있는 온도(550~600℃)에 도달) 연소되어 제거(DPF 재생 과정)된다.

> **TIP** 차압 센서
> - DPF 재생 시기 판단을 위한 PM 포집량을 예측하기 위해 필터 전·후방 압력차를 검출한다. 차압이 20~30kPa(200~300mbar) 이상 발생할 경우 재생 모드에 진입한다.
> - '배기가스 온도센서'가 고장 상태(FAIL)에서는 DPF 강제 재생 모드가 실행되지 않는다.

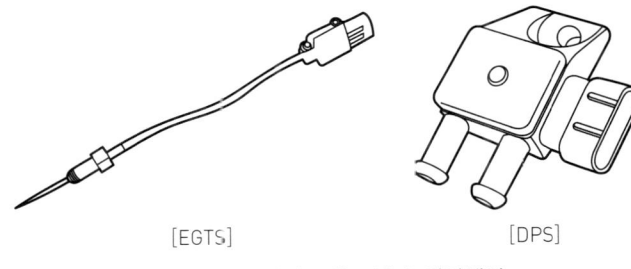

[EGTS]　　　　　[DPS]

[그림 5-9] 배기가스 온도센서, 차압센서

(2) 질소산화물 저감장치

1) LNT(Lean NOx Trap) 시스템

질소산화물 흡장 촉매로써 통상 주행 시[Lean mode (희박 연소)] LNT 촉매에 NOx를 포집한 후, 사후분사를 통한 주기적인 재생으로[Rich mode(농후 연소)]+EGR 작용을 통해 NOx를 N_2+CO_2로 환원하여 배출한다.

2) SCR(Selective Catalytic Reduction) 시스템

① 선택적 환원 촉매장치로 DPF 컨버터와 SCR 컨버터 사이의 배기가스에 바로 환원제(요소수)를 분사하여 배기가스 중의 질소산화물을 환원시키는 시스템이다.
② 도징 컨트롤 유닛(DOU)은 SCR 촉매 전, 후단에 설치된 NOx센서를 통해 질소산화물 수치를 모니터링하여 요소수를 얼마나 분사할지를 결정한다.
③ 요소수(Adblue)는 배기파이프 내에서 암모니아로 변환한다.
④ 암모니아는 SCR컨버터에서 질소산화물과 함께 반응하여 질소(N_2)와 물(H_2O)을 생성한다.

(3) 디젤 EGR

1) 특성

① 연소실의 온도를 저감하여 연소실로 재순환되는 EGR 가스를 제어한다.
② 전 운전 영역에서 작동한다(단, 급가속 시, DPF재생 시 작동금지).
③ EGR 쿨러 재순환 되는 배기가스 냉각을 통해 EGR 효율 증대된다.

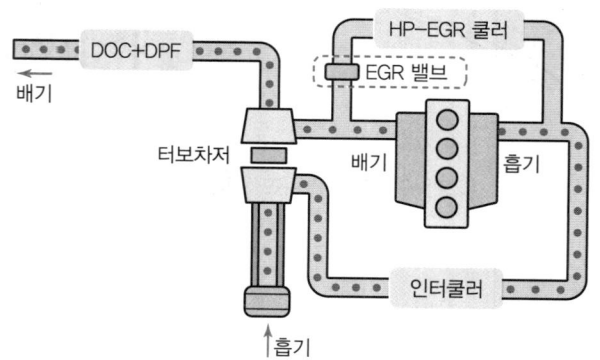

[그림 5-10] EGR 가스 흐름도

2) 구조

① 흡입공기량 센서(MAFS)&부스트 압력센서(BPS) : EGR 작동량 보정과 VGT 솔레노이드 밸브의 작동량 결정
② 리니어 산소센서(람다센서, 광역 산소센서, wide band oxyren sensor) : 배기가스 중의 산소농도를 측정하여 연료분사량을 보정하여 매연 감소와 EGR 정밀 제어에 사용

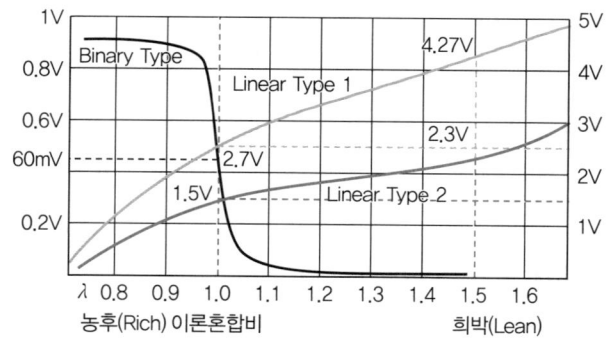

[그림 5-11] 혼합비에 따른 람다 센서 출력 특성

③ EGR 밸브 종류와 작동방법
  ㉠ 진공식 EGR : 솔레노이드 밸브가 진공식 EGR 액츄에이터를 작동
  ㉡ 솔레노이드 EGR : PWM 제어를 통해 작동
  ㉢ DC모터 EGR : H브리지 회로를 통한 작동, 카본에 의한 밸브 고착 개선

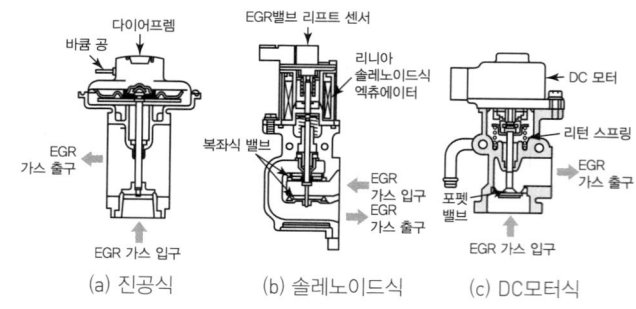

[그림 5-12] EGR 밸브 종류

④ EGR 쿨러 : 냉각수를 이용하여 재순환되는 EGR 가스의 온도는 낮춰 배기가스 밀도를 높여 EGR 시스템의 효율을 향상시킨다.
⑤ EGR 바이패스 밸브(ON, OFF제어)
  ㉠ 냉간 시 쿨러를 거치지 않고 흡기관으로 가스 직접 송출

ⓛ 흡기온 상승으로 촉매 정화율 향상
⑥ **저압 EGR**
DPF가 장착된 경우 DPF 후단에서 고압 EGR보다 깨끗한 배기가스를 추출하여 과급기의 펌프 전단에 공급하는 방식
㉠ 저압 EGR의 장점
- 배기가스가 과급기와 EGR로 분산되지 않으므로 엔진 출력이 상승한다.
- DPF 후단에서 PM을 감소시킨 배기가스를 추출하므로 엔진 내구성이 좋다.
- DPF 후단의 온도가 과급기 전단보다 낮으므로 EGR 쿨러의 용량을 줄일 수 있다.
- 고압 EGR 제어보다 NOx를 더욱 저감할 수 있다.
- 과급기 펌프 입구로 배기가스를 공급하여 신기와의 혼합을 고르게 할 수 있다.

㉡ 저압 EGR의 단점
- DPF의 효율이 저하될수록 과급기의 펌프를 손상시킬 수 있다.
- 재순환되는 배기가스 내 수분이 응축하여 산성을 띠며 관내를 흘러 부식을 유발할 수 있다.
- DPF 후단에 DC모터 형식의 배압 조절 밸브를 두어야 한다.
- 저압 EGR 밸브 및 솔레노이드 밸브, EGR 위치 센서, 저압 EGR 쿨러, DPF 후단과 과급기 펌프 전단의 압력 차를 판단하는 저압 EGR 차압 센서 등 시스템이 복잡하다.

단원 마무리 문제

CHAPTER 05 배기장치 배출가스 저감장치 정비

01 가솔린엔진에서 블로바이 가스 발생 원인으로 옳은 것은?
① 엔진 부조
② 실린더와 피스톤 링의 마멸
③ 실린더 헤드 개스킷의 조립 불량
④ 흡기밸브의 밸브 시트면 접촉 불량

해설
블로바이 가스는 연소실의 혼합기가 실린더와 피스톤 사이의 간극을 통해 크랭크실로 유입되는 가스를 말한다.

02 자동차 기관에서 발생되는 유해가스 중 블로바이 가스의 주성분은 무엇인가?
① CO
② HC
③ NOx
④ SO

해설
블로바이 가스는 혼합기이므로 기화된 가솔린 즉, 탄화수소(HC)이다.

03 자동차 기관의 배기가스 재순환장치로 감소되는 유해배출 가스는?
① CO
② HC
③ NOx
④ CO_2

해설
배기가스 재순환장치(EGR)는 배기가스 일부를 연소실로 유입시켜 연소온도를 낮춰 질소산화물(NOx)의 발생을 억제한다.

04 배출가스 중 삼원촉매장치에서 저감되는 요소가 아닌 것은?
① 질소(N_2)
② 일산화탄소(CO)
③ 탄화수소(HC)
④ 질소산화물(NOx)

해설
삼원촉매장치에서 저감되는 배기가스
② 일산화탄소(CO)→CO_2로 정화
③ 탄화수소(HC)→CO_2 + H_2O로 정화
④ 질소산화물(NOx)→N_2 + O_2로 정화

05 자동차 배기가스 중에서 질소산화물을 산소, 질소로 환원시켜 주는 배기장치는?
① 블로바이 가스 제어장치
② 배기가스 재순환장치
③ 증발가스 제어장치
④ 삼원촉매장치

해설
질소산화물을 산소, 질소로 환원시켜주는 배기장치는 삼원촉매이다. 배기가스 재순환 장치는 질소산화물이 발생되는 것을 억제하는 것이므로 의미가 다르다.

06 혼합비에 따른 촉매장치의 정화효율을 나타낸 그래프에서 질소산화물의 특성을 나타낸 것은?

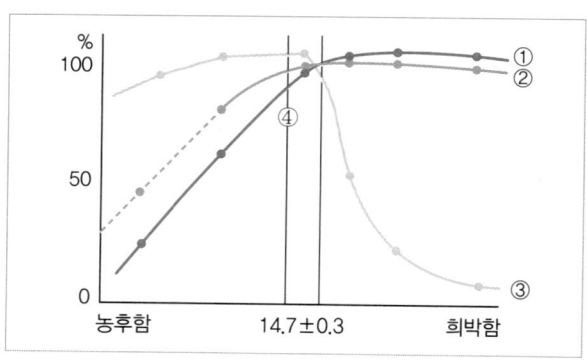

① ①
② ②
③ ③
④ ④

해설
질소산화물은 농후 구간에서는 거의 발생량이 없어 정화률이 높지만, 공연비가 희박할수록 많이 발생되는 특성이 있어 정화률이 떨어진다. 따라서, ③선의 특성과 일치한다.

07 삼원촉매의 정화율을 나타낸 것이다. 각 선의 (1), (2), (3)을 바르게 표현한 것은?

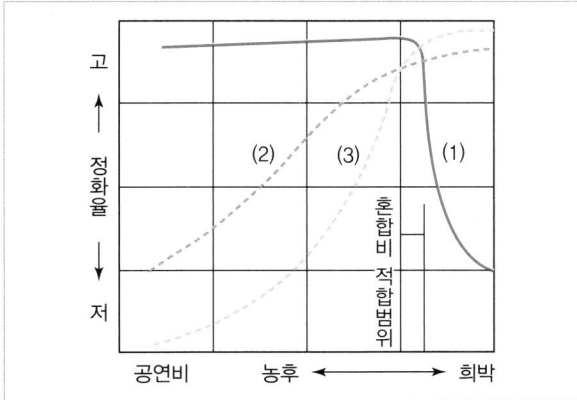

① NOx, CO, HC
② NOx, HC, CO
③ CO, NOx, HC
④ HC, CO, NOx

해설
(1) 농후 시 정화율이 좋은 특성이므로 질소산화물(NOx)의 특성과 일치한다.
(2) 희박구간에 실화에 의해 탄화수소(HC) 발생량이 증가되어 정화율이 낮아질 수 있다.
(3) 희박구간은 산소가 충분한 상태로 일산화탄소(CO)의 배출량은 거의 없으므로 정화율이 가장 높다.

08 가솔린 자동차로부터 배출되는 유해물질 또는 발생부분과 규제 배출가스를 짝지은 것으로 틀린 것은?

① 블로바이 가스-HC
② 로커암 커버-NOx
③ 배기가스-CO, HC, NOx
④ 연료탱크-HC

해설
② 블로바이 가스를 PCV 관에 의해 실린더 헤드로 유입시킨 후 PCV 밸브를 통해 흡기관으로 유입되므로 로커암 커버에 발생되는 배출가스는 탄화수소(HC)이다.

09 가솔린 기관의 유해 배출물 저감에 사용되는 차콜 캐니스터(charcoal canister)의 주 기능은?

① 연료 증발가스의 흡착과 저장
② 질소산화물의 정화
③ 일산화탄소의 정화
④ PM(입자상 물질)의 정화

해설
연료탱크의 증발가스를 연소실로 유입시켜 연소시키기 위한 장치는 캐니스터와 퍼지컨트롤 솔레노이드 밸브(PCSV)이다.

10 가솔린기관의 배출가스 중 CO의 배출량이 규정보다 많을 경우 가장 적합한 조치방법은?

① 이론공연비와 근접하게 맞춘다.
② 공연비를 농후하게 한다.
③ 이론공연비(λ) 값을 1 이하로 한다.
④ 배기관을 청소한다.

해설
일산화탄소(CO)는 공연비가 농후한 상태에서 발생량이 증가하므로 공연비를 희박하게(공기과잉률(λ)을 1에 가까운 방향으로) 하여 이론공연비와 근접하게 맞춰야 한다.

11 배출가스 저감 및 정화를 위한 장치에 속하지 않는 것은?

① EGR 밸브
② 캐니스터
③ 삼원촉매
④ 대기압 센서

해설
대기압 센서는 고지대에서 공기밀도를 보정하기 위한 신호로 사용되므로 배출가스 저감 및 정화와는 거리가 멀다.

12 가솔린엔진에서 연료 증발가스의 배출을 감소시키기 위한 장치는?

① 배기가스 재순환 장치
② 촉매 변환기
③ 캐니스터
④ 산소센서

해설
연료탱크의 증발가스를 연소실로 유입시켜 연소시키기 위한 장치는 캐니스터와 퍼지컨트롤 솔레노이드 밸브(PCSV)이다.

13 배기가스와 관련되어 피드백 제어에 필요한 주 센서는?

① 수온 센서　　② 흡기온도 센서
③ 대기압 센서　④ 산소센서

해설
산소센서는 배기관에 잔여산소농도와 대기 중의 산소농도를 비교하여 그 차이에 따라 출력이 변하는 것을 이용하여 공기과잉률을 측정하여 연료분사의 피드백 제어에 사용된다.

14 산소센서 출력 전압에 영향을 주는 요소로 틀린 것은?

① 연료온도
② 혼합비
③ 산소센서의 온도
④ 배출가스 중의 산소농도

해설
- 연료온도는 연소에 영향을 주는 것으로 산소센서의 출력 전압과는 거리가 멀다.
- 산소센서의 온도가 300℃ 이하일 경우 출력 전압이 발생하지 않는다.

15 산소센서의 사용상 주의사항을 설명한 것으로 틀린 것은?

① 무연 가솔린을 사용할 것
② 산소센서의 내부 저항을 자주 측정하여 이상 유무를 확인할 것
③ 전압을 측정할 경우에는 디지털 멀티미터를 사용할 것
④ 출력 전압을 쇼트 시키지 말 것

해설
산소센서의 내부저항을 측정할 시 테스터기의 미세전류에 의해 지르코니아 소자가 파손될 수 있으므로 절대 내부저항을 측정하지 않는다.

16 산소센서의 튜브에 카본이 많이 끼었을 때의 현상으로 맞는 것은?

① 출력 전압이 낮아진다.
② 피드백 제어로 공연비를 정확하게 제어한다.
③ 출력 신호를 듀티제어하므로 기관에 미치는 악영향은 없다.
④ 공회전 시 기관 부조 현상이 일어날 수 있다.

해설
산소센서는 연료분사의 피드백 제어에 사용되므로 센서 튜브의 카본이 많이 낀 경우 엔진이 부조할 수 있다.

17 배기가스 중에 산소량이 많이 함유되어 있을 때 산소센서의 상태는 어떻게 나타나는가?

① 희박하다.
② 농후하다.
③ 농후하기도 하고 희박하기도 하다.
④ 아무런 변화도 일어나지 않는다.

해설
배기가스 중에 산소량이 많은 것은 공연비가 희박함(공기과잉)을 알 수 있다.

18 전자제어 기관에서 주로 질소산화물을 감소시키기 위해 설치한 장치는?

① EGR 장치
② PCV 장치
③ PCSV 장치
④ ECS 장치

해설
지문은 EGR 장치에 대한 설명이다.
- PCV 장치는 블로바이 가스 배출 감소에 사용한다.
- PCSV 장치는 연료탱크 내에 가솔린 증발가스 배출 감소에 사용한다.
- ECS 장치는 전자제어 차체자세제어장치로 배출가스 감소와는 거리가 멀다.

19 전자제어 가솔린 기관의 EGR(Exhaust Gas Recirculation) 장치에 대한 설명으로 틀린 것은?

① EGR은 NOx의 배출량을 감소시키기 위해 전 운전영역에서 작동된다.
② EGR을 사용 시 혼합기의 착화성이 불량해지고, 기관의 출력은 감소한다.
③ EGR량이 증가하면 연소의 안정도가 저하되며 연비도 악화된다.
④ NOx를 감소시키기 위해 연소 최고온도를 낮추는 기능을 한다.

해설
EGR은 NOx의 배출량을 감소시키기 위해 작동되는 것은 맞지만 연소실 온도가 낮은 예열 시, 냉간 시에 작동될 경우 엔진출력이 저하되므로 작동하지 않는다.

20 배기가스 재순환(EGR) 밸브가 열려있다. 이 경우 발생하는 현상으로 올바른 것은?

① 질소산화물(NOx)의 배출량이 증가한다.
② 기관의 출력이 감소한다.
③ 연소실의 온도가 상승한다.
④ 공기 흡입량이 증가한다.

해설
EGR 밸브가 연소실의 온도가 낮은 예열 시, 냉간 시에 작동될 경우 엔진출력이 저하된다.

21 전자제어 가솔린 기관에서 EGR 장치에 대한 설명으로 맞는 것은?

① 배출가스 중에 주로 CO와 HC를 저감하기 위하여 사용한다.
② EGR량을 많게 하면 시동성이 향상된다.
③ 기관 공회전 시, 급가속 시에는 EGR 장치를 차단하여 출력을 향상시키도록 한다.
④ 초기 시동 시 불완전연소를 억제하기 위하여 EGR량을 90% 이상 공급하도록 한다.

해설
EGR 밸브는 주로 질소산화물(NOx) 생성억제를 위해 사용되며, EGR량과 시동성과는 관련이 없다.

22 다음 중 전자제어 가솔린엔진에서 EGR 제어영역으로 가장 타당한 것은?

① 공회전 시
② 냉각수온 약 65°C 미만, 중속, 중부하 영역
③ 냉각수온 약 65°C 이상, 저속, 중부하 영역
④ 냉각수온 약 65°C 이상, 고속, 고부하 영역

해설
질소산화물은 연소실의 온도가 높을 때, 공연비가 희박할 때 발생되므로 냉각수의 온도가 높고 저속, 중부하 영역에서 작동한다.

정답 12 ③ 13 ④ 14 ① 15 ② 16 ④ 17 ① 18 ① 19 ① 20 ② 21 ③ 22 ③

CHAPTER 06 자동차 안전 및 검사기준

Industrial Engineer Motor Vehicles Maintenance

Topic 01 | 자동차 및 자동차부품의 성능과 기준에 관한 규칙

01 정의

① 공차상태
  ㉠ 자동차에 사람이 승차하지 아니하고 물품(예비 부분품 및 공구 기타 휴대물품을 포함)을 적재하지 아니한 상태
  ㉡ 연료·냉각수 및 윤활유를 만재하고 예비타이어를 설치하여 운행할 수 있는 상태
② 적차상태 : 공차상태의 자동차에 승차정원과 최대 적재량이 적재된 상태[승차정원 1인(13세 미만의 자는 1.5인을 승차정원 1인으로 본다)의 중량은 65kgf으로 계산]를 말한다.
③ 축중 : 수평상태에서 1개의 차축에 연결된 모든 바퀴의 윤중을 합한 중량을 말한다.
④ 윤중 : 수평상태에서 1개의 바퀴가 수직으로 지면을 누르는 중량을 말한다.
⑤ 차량 중심선 : 직진, 수평상태에서 가장 앞의 차축의 중심점과 가장 뒤의 차축의 중심점을 통과하는 직선을 말한다.
⑥ 차량 중량 : 공차상태의 자동차의 중량을 말한다.
⑦ 차량 총중량 : 적차상태의 자동차의 중량을 말한다.
⑧ 풀 트레일러 : 차량 총중량을 대부분 당해 자동차의 앞·뒤의 차축으로 지지하는 구조의 피견인 자동차이다.
⑨ 연결 자동차 : 견인 자동차와 피견인 자동차를 연결한 상태의 자동차이다.
⑩ 조향비 : 조향핸들의 회전각도와 조향바퀴의 조향각도와의 비율을 말한다.
⑪ 승차정원 : 자동차에 승차할 수 있는 최대인원(운전자 포함)을 말한다.
⑫ 최대 적재량 : 자동차에 적재할 수 있는 물품의 최대중량을 말한다.
⑬ 유효 조광면적 : 등화 렌즈의 바깥둘레를 기준으로 산정한 면적에서 반사기 렌즈의 면적과 등화부 착용 나사 머리부의 면적 등을 제외한 면적을 말한다.
⑭ 머리 충격 부위 : 좌석을 앞뒤로 조절할 수 있는 경우 착석 기준점 및 착석 기준점 앞 127mm의 지점에서 위로 19mm 지점에서 가장 윗부분을 736mm에서 838mm까지 조절할 때에 머리모형이 정적으로 접할 수 있는 표면 중 유리면 외의 차실 안의 표면을 말한다.
⑮ 착석 기준점 : 좌석에 착석시킨 인체모형의 상체와 골반 사이의 회전중심점 또는 제작자 등이 정하는 이에 상당하는 표준 설계 위치이다.
⑯ 골반 충격 부위 : 착석 기준점에서 위로 178mm, 아래로 102mm, 앞으로 204mm, 뒤로 51mm로 결정되는 지면과 수직인 직사각형을 좌우로 이동할 경우 포함되는 부분을 말한다.

02 자동차의 안전기준

(1) 길이, 너비 및 높이
  ① 길이 : 13m 이하(연결 자동차의 경우 16.7m 이하)
  ② 너비 : 2.5m 이하(외부 돌출부가 있는 승용차 25cm, 기타 자동차 30cm)
  ③ 높이 : 4m 이하
  ④ 측정조건
    ㉠ 공차상태
    ㉡ 직진상태에서 수평면에 있는 상태
    ㉢ 차체 밖의 돌출부분은 이를 제거하거나 닿은 상태

(2) 최저 지상고
  공차상태에서 접지부분 외의 부분은 지면과 10cm 이상 간격이 있어야 한다.

(3) 차량 총중량
  차량 총중량은 20톤(화물자동차 및 특수자동차의 경우 40톤), 축중은 10톤, 윤중은 5톤 이내여야 한다.

(4) 최대 안전 경사각도
① 공차상태에서 좌·우 각각 35도(차량 총중량이 차량중량의 1.2배 이하인 자동차는 30도) 이상이어야 한다.
② 승차정원 11명 이상인 승합자동차 : 적차상태에서 28도 이어야 한다.

(5) 최소 회전반경
자동차의 최소회전반경은 바깥쪽 앞바퀴 자국의 중심선을 따라 측정할 때에 12m를 초과하여서는 아니 된다.

(6) 접지압력
무한궤도를 장착한 자동차의 접지압력은 $1cm^2$당 3kgf을 초과하지 아니하여야 한다.

(7) 원동기 및 동력 전달장치
① 원동기 각부의 작동에 이상이 없어야 하며, 주시동장치 및 정지장치는 운전자의 좌석에서 원동기를 시동 또는 정지시킬 수 있는 구조여야 한다.
② 자동차의 동력전달장치는 안전운행에 지장을 줄 수 있는 연결부의 손상 또는 오일의 누출 등이 없어야 한다.
③ 경유를 연료로 사용하는 자동차의 조속기는 연료의 분사량을 임의로 조작할 수 없도록 봉인을 하여야 하며, 봉인을 임의로 제거하거나 조작 또는 훼손하여서는 안 된다.
④ 초소형자동차의 경우 최고속도가 80km/h를 초과하지 않도록 원동기 및 동력전달장치를 설계·제작하여야 한다.

(8) 주행장치
① 자동차의 타이어 및 기타 주행장치의 각부는 견고하게 결합되어 있어야 하며, 갈라지거나 금이 가고 과도하게 부식되는 등의 손상이 없어야 한다.
② 브레이크라이닝 마모상태를 휠의 탈거(脫去) 없이 확인할 수 있는 구조이어야 한다. 다만, 초소형자동차는 제외한다.
※ 자동차(승용 자동차 제외)의 바퀴 뒷쪽에는 흙받이를 부착할 것
③ 타이어공기압 경고장치는 다음 기준에 적합해야 한다.
㉠ 최소한 40km/h부터 해당 자동차의 최고속도까지의 범위에서 작동될 것
㉡ 경고등은 운전자가 낮에도 운전석에서 맨눈으로 쉽게 식별할 수 있을 것

(9) 조종장치
조종장치 및 표시장치[표 6-1]는 운전자가 좌석안전띠를 착용한 상태에서 쉽게 조작 및 식별할 수 있도록 조향핸들의 중심으로부터 좌우 각각 50cm 이내에 배치하여야 한다.

[표 6-1] 손조작식 조종장치의 식별표시 및 조명기준

■ 자동차 및 자동차부품의 성능과 시준에 관한 규칙 [별표 2]

손조작식 조종장치 또는 표시장치의 식별표시 및 조명기준
(제13조제4항 및 제5항 관련)

항목	식별단어 또는 약어	식별부호	기능	조명기준	식별색상
변환빔 전조등 자동표시기	–		조종장치	–	
			표시장치	설치 필요	녹색
주행빔 전조등 자동표시기	–		조종장치	–	
			표시장치	설치 필요	녹색
적응형 주행빔 자동표시기	–	또는 AUTO	조종장치	–	
			표시장치	설치 필요	청색
방향지시등 자동표시기	표시가능		조종장치	–	
			표시장치	설치 필요	녹색
비상경고신호등 자동표시기	비상 또는 Hazard		조종장치	설치 필요	
			표시장치	설치 필요	적색
앞면안개등			조종장치	–	
			표시장치	설치 필요	녹색
뒷면안개등			조종장치		
			표시장치	설치 필요	황색
연료량 자동표시기	연료 또는 Fuel	또는	표시장치	설치 필요	황색
연료계			지시장치	설치 필요	–
오일압력 자동표시기	오일 또는 oil		표시장치	설치 필요	적색
오일압력계			지시장치	설치 필요	–
냉각수온도 자동표시기	온도 또는 Temp		표시장치	설치 필요	적색
온도계			지시장치	설치 필요	–
충전 자동표시기	전압, 전류, 충전, Volts, Amp 또는 Charge		표시장치	설치 필요	적색
전류계			지시장치	설치 필요	–
전동식창유리 잠금장치		또는	조종장치	–	–
앞면창유리서리 제거장치	서리제거, Defrost, Defog 또는 Def		조종장치	설치 필요	
			표시장치	설치 필요	황색

항목	식별단어 또는 약어	식별부호	기능	조명기준	식별색상
뒷면창유리서리 제거장치	뒷면서리제거, Rear Def, Rear Defrost, Rear Defog 또는 R-Def		조종장치	설치 필요	-
			표시장치	설치 필요	황색
안전띠 자동표시기	안전띠착용, fasten Belts 또는 Fasten Seat belts		표시장치	설치 필요	적색
에어백고장 자동표시기			표시장치	설치 필요	적색 또는 황색
제동장치고장 자동표시기	제동, Brake		표시장치	설치 필요	적색 또는 황색
ABS고장 자동표시기	자동제어 또는 ABS	또는 (ABS)	표시장치	설치 필요	황색
경음기	경음기 또는 Horn		조종장치	-	-
원동기 고장 자동표시기	Engine on-board diagnostics engine malfunction		표시장치	설치 필요	황색
경유 예열장치	Diesel pre-heat		표시장치	설치 필요	황색
냉방장치		또는 A/C	조종장치	설치 필요	
주행거리계	km 또는 (km 및 mile)	-	지시장치	설치 필요	-
타이어공기압경고장치 자동표시기	-	또는	표시장치	설치 필요	황색
자동차안정성제어장치 기능고장 자동표시기	ESC	또는 ESC	표시장치	설치 필요	황색
자동차안정성제어장치 기능정지	ESC OFF		조종장치	설치 필요	
자동차안정성제어장치 기능정지 자동표시기		또는 ESC OFF	표시장치	설치 필요	황색

(10) 조향장치

① 조향핸들의 유격(조향바퀴가 움직이기 직전까지 조향핸들이 움직인 거리)은 조향 핸들지름의 12.5% 이내여야 한다.

② 조향바퀴의 옆으로 미끄러짐(사이드슬립)이 1m 주행에 좌우방향으로 각각 5mm 이내여야 한다.

(11) 제동장치
① 주제동 장치의 급제동능력

[표 6-2] 주제동장치의 급제동 정지거리 및 조작력 기준

■ 자동차 및 자동차부품의 성능과 기준에 관한 규칙 [별표 3]

구분	최고속도가 80km/h 이상의 자동차	최고속도가 35km/h 이상 80km/h 미만의 자동차	35km/h 미만의 자동차
제동초속도(km/h)	50	35	당해 자동차의 최고속도
급제동정지거리(m)	22 이하	14 이하	5 이하
측정시 조작력(kg)	• 발조작식의 경우 : 90 이하 • 손조작식의 경우 : 30 이하		
측정자동차의 상태	공차상태의 자동차에 운전자 1인이 승차한 상태		

② 주제동장치의 제동능력과 조작력

[표 6-3] 주제동장치의 제동능력 및 조작력 기준

■ 자동차 및 자동차부품의 성능과 기준에 관한 규칙 [별표 4]

구분	기준
측정자동차의 상태	공차상태의 자동차에 운전자 1인이 승차한 상태

제동능력	• 최고속도가 80km/h 이상이고 차량 총중량이 차량중량의 1.2배 이하인 자동차의 각축의 제동력의 합 : 차량 총중량의 50% 이상
	• 최고속도가 80km/h 미만이고 차량 총중량이 차량중량의 1.5배 이하인 자동차의 각축의 제동력의 합 : 차량 총중량의 40% 이상
	• 기타의 자동차
	  - 각축의 제동력의 합 : 차량중량의 50% 이상
	  - 각축의 제동력 : 각 축중의 50%(다만, 뒷축의 경우에는 당해 축중의 20%) 이상

좌·우 바퀴의 제동력의 차이	당해 축중의 8% 이하
제동력의 복원	브레이크 페달을 놓을 때에 제동력이 3초 이내에 당해 축중의 20% 이하로 감소될 것

※ 관성제동장치를 갖춘 피견인자동차에 대해서는 위표를 적용하지 않음

③ 주차 제동장치의 제동능력과 조작력

[표 6-4] 주차 제동장치의 제동능력 및 조작력 기준

■ 자동차 및 자동차부품의 성능과 기준에 관한 규칙 [별표 4의2]

구분		기준
측정자동차의 상태		공차상태의 자동차에 운전자 1인이 승차한 상태
측정 시 조작력	승용자동차	발조작식의 경우 : 60kgf 이하
		손조작식의 경우 : 40kgf 이하
	기타 자동차	발조작식의 경우 : 70kgf 이하
		손조작식의 경우 : 50kgf 이하
제동능력		경사각 11도 30분 이상의 경사면에서 정지상태를 유지할 수 있거나 제동 능력이 차량중량의 20% 이상일 것

(12) 연료장치

① 연료탱크 · 주입구 및 가스배출구의 기준
  ㉠ 배기관의 끝으로부터 30cm 이상 떨어져 있을 것(연료탱크 제외)
  ㉡ 노출된 전기단자 및 전기개폐기로부터 20cm 이상 떨어져 있을 것(연료탱크 제외)

② 수소가스를 연료로 사용하는 자동차의 기준
  ㉠ 자동차의 배기구에서 배출되는 가스의 수소농도는 평균 4%, 순간 최대 8%를 초과하지 않을 것
  ㉡ 수소가스 누출 시 승객거주 공간의 공기 중 수소농도는 1% 이하일 것
  ㉢ 수소가스 누출 시 승객거주 공간, 수하물 공간, 후드 하부 등 밀폐 또는 반밀폐 공간의 공기 중 수소농도가 2±1% 초과 시 적색경고등이 점등되고, 3±1% 초과 시 차단밸브가 작동할 것

(13) 차대 및 차체

① 차대 및 차체의 기준(뒤 오버행)
  ㉠ 경형 및 소형자동차 : $\frac{11}{20}$ 이하일 것
  ㉡ 밴형, 승합자동차 : $\frac{2}{3}$ 이하일 것
  ㉢ 기타 자동차 : $\frac{1}{2}$ 이하일 것

② 측면보호대의 양쪽 끝과 앞·뒷바퀴와의 간격은 각각 40cm 이내이어야 하고, 가장 아랫부분과 지상과의 간격은 55cm 이하이고, 가장 윗부분과 지상과의 간격은 95cm 이상이어야 한다.

③ 후부안전판의 설치방법 등의 기준
  ㉠ 가장 아랫부분과 지상과의 간격은 55cm 이내일 것
  ㉡ 차량 수직방향의 단면 최소높이는 10cm 이상일 것
  ㉢ 차량 폭의 100% 이하일 것
  ㉣ 좌·우 최외측 타이어 바깥면 지점부터의 간격은 각각 100mm 이내일 것
  ㉤ 지상으로부터 200cm 이하의 높이에 있는 차체후단으로부터 차량 길이 방향의 안쪽으로 40cm 이내(자동차의 구조상 40cm 이내에 설치가 곤란한 자동차는 제외)에 설치할 것

④ 등록번호표의 부착위치는 차체의 뒷쪽 끝으로부터 65cm 이내로 설치하여야 한다.

(14) 운전자의 좌석

① 좌석의 규격은 가로·세로 각각 40cm 이상이어야 한다.
② 23인승을 초과하는 승합자동차의 좌석의 세로는 35cm 이상이어야 한다.

(15) 승객좌석의 규격

① 승객좌석의 규격은 가로·세로 각각 40cm 이상, 앞좌석등받이의 뒷면과 뒷좌석등받이의 앞면 간의 거리는 65cm 이상으로 하여야 한다.
② 어린이용 좌석의 규격은 5% 성인여자 인체모형이 착석할 수 있도록 하되, 등받이 높이는 71cm 이상이어야 한다.
  ※ "5% 성인여자 인체모형"이란 5번째 백분위 수의 성인 여성의 크기와 무게에 해당하는 인체모형을 의미함
③ 승합자동차(15인승 이하의 승합자동차 및 어린이운송용 승합자동차는 제외)의 승객좌석의 높이는 40cm 이상 50cm 이하이어야 한다.

(16) 좌석 안전띠 장치

① 승용, 승합(시내 및 농어촌버스 제외), 화물자동차의 좌석에는 3점식 또는 2점식 안전띠를 설치해야 한다.
② 안전띠 조절장치(2점식) : 인장하중 9800N의 하중에서 분리되거나 파손되지 않아야 한다.
③ 부착구와 안전띠 : 인장하중 14700N의 하중에서 분리되거나 파손되지 않아야 한다.

(17) 입석

① 2층 대형 승합자동차의 위층에서는 입석을 할 수 없다.
② 1인의 입실 면적

구분	1인당 입석면적
승차정원 23인승 이하 승합자동차	0.125m² 이상
좌석 승객의 수보다 입석 승객의 수가 많은 승차정원 23인승을 초과하는 승합자동차	0.125m² 이상
입석 승객의 수보다 좌석 승객의 수가 많은 승차정원 23인승을 초과하는 승합자동차	0.15m² 이상

③ 입석을 할 수 있는 자동차에는 손잡이를 설치해야 한다.

(18) 창유리

창유리 등이 닫힐 때 창유리 등의 윗면에 지름 4mm부터 200mm까지의 반강체원통(탄성계수가 mm당 1kg인 것을 말한다)이 닿거나 10kg 이상의 하중을 가하였을 때에 다음 어느 하나에 해당하는 기능을 갖추어야 한다.
① 창유리 등이 닫히기 시작하기 전의 위치로 돌아갈 것
② 창유리 등이 반강체원통에 닿거나 하중을 가한 위치로부터 50mm 이상 열릴 것
③ 창유리 등이 200mm 이상 열릴 것

(19) 소음 방지장치

① 「소음·진동관리법」 시행규칙 [별표 13]에 의거 승용자동차의 경우 경적소음은 1999년 12월 31일 이전 제작되는 자동차는 90dB~115dB, 2000년 1월 1일 이후 제작된 자동차는 90dB~110dB에 해당하여야 한다.
② 「소음·진동관리법」 시행규칙 [별표 15]에 의거 배기소음 측정 방법 자동차의 변속장치를 중립 또는 주차 위치로 하고 정지가동상태(Idle)에서 가속페달을 밟아 가속되는 시점부터 원동기의 최고출력 시의 75% 회전속도에 4초 이내 도달하고 그 상태를 1초 이상 유지시킨 후 가속페달을 놓고 정지가동상태로 다시 돌아올 때까지 최대소음도를 측정한다. 다만, 원동기 회전속도계를 사용하지 않고 배기소음을 측정할 때에는 정지가동상태에서 원동기 최고회전속도로 배기소음을 측정한다.

(20) 배기가스 발산 방지장치

「대기환경보전법」 규정에 의한 배출허용기준에 적합하여야 한다.

1) 「대기환경보전법」 시행규칙 [별표 22] 정기검사의 방법 및 기준(제87조 제1항 관련)
  ① 배출가스 및 공기과잉률 검사 : 저속공회전 검사모드(Low Speed Idle Mode)
    ㉠ 측정대상자동차의 상태가 정상으로 확인되면 원동기가 가동되어 공회전(500~1,000rpm) 되어 있으며, 가속페달을 밟지 않은 상태에서 시료채취관을 배기관 내에 30cm 이상 삽입한다.
    ㉡ 측정기 지시가 안정된 후 일산화탄소는 소수점 둘째자리 이하는 버리고 0.1% 단위로, 탄화수소는 소수점 첫째자리 이하는 버리고 1ppm 단위로, 공기과잉률(λ)은 소수점 둘째자리에서 0.01단위로 최종측정치를 읽는다. 다만, 측정치가 불안정할 경우에는 5초간의 평균치로 읽는다.
  ② 매연 광투과식 분석방법(부분유량 채취방식만 해당한다)
    ㉠ 측정대상자동차의 원동기를 중립인 상태(정지가동상태)에서 급가속하여 최고 회전속도 도달 후 2초간 공회전시키고 정지가동(Idle) 상태로 5~6초간 둔다. 이와 같은 과정을 3회 반복 실시한다.
    ㉡ 측정기의 시료채취관을 배기관의 벽면으로부터 5mm 이상 떨어지도록 설치하고 5cm 정도의 깊이로 삽입한다.
    ㉢ 가속페달에 발을 올려놓고 원동기의 최고회전속도에 도달할 때까지 급속히 밟으면서 시료를 채취한다. 이때 가속페달을 밟을 때부터 놓을 때까지 걸리는 시간은 4초 이내로 한다.
    ㉣ ㉢의 방법으로 3회 연속 측정한 매연농도를 산술 평균하여 소수점 이하는 버린 값을 최종측정치로 한다. 다만, 3회 연속 측정한 매연농도의 최대치와 최소치의 차가 5%를 초과하거나 최종측정치가 배출허용기준에 맞지 아니한 경우에는 순차적으로 1회씩 더 측정하여 최대 5회까지 측정하면서 매회 측정 시마다 마지막 3회의 측정치를 산출하여 마지막 3회의 최대치와 최소치의 차가 5% 이내이고 측정치의 산술평균값도 배출허용기준 이내이면 측정을 마치고 이를 최종측정치로 한다.
    ㉤ ㉣의 단서에 따른 방법으로 5회까지 반복 측정하여도 최대치와 최소치의 차가 5%를 초과하거나 배출허용기준에 맞지 아니한 경우에는 마지막 3회(3회, 4회, 5회)의 측정치를 산술하여 평균값을 최종측정치로 한다.

2) 「대기환경보전법」 시행규칙 [별표 26] 운행차의 정밀검사 방법 항목
  ※ 천연가스를 연료로 사용하는 자동차와 피견인자동차는 정밀검사대상 자동차에서 제외한다.
  ① 관능 및 기능 검사
    ㉠ 배출가스검사 전 자동차의 상태 확인
      • 부속장치는 작동을 금지할 것 : 에어컨, 히터, 서리제거장치 등 배출가스에 영향을 미치는

모든 부속장치의 작동 여부를 확인
- 정화용촉매, 매연여과장치 및 그 밖에 관능검사가 가능한 부품의 장착상태를 확인
- 배출가스 관련 장치의 봉인이 훼손되어 있지 아니할 것 : 조속기 등 배출가스 관련장치의 봉인훼손 여부를 확인
- 엔진오일, 냉각수, 연료 등이 누설되지 아니할 것
- 엔진, 변속기 등에 기계적인 결함이 없을 것

ⓛ 배출가스 관련 부품 및 장치의 작동상태 확인
- 연료증발가스 방지장치가 정상적으로 작동할 것
- 배출가스 전환장치가 정상적으로 작동할 것
- 배출가스 재순환장치가 정상적으로 작동할 것
- 엔진의 가속상태가 원활하게 작동할 것
- 흡기량센서, 산소센서, 흡기온도센서, 수온센서, 스로틀 포지션 센서 등이 제 위치에 부착되어 있어야 하고 정상적으로 작동할 것
- 그 밖에 배출가스 부품 및 장치가 정상적으로 작동할 것

② 배출가스검사(부하검사방법의 적용)

사용연료	부하검사방법	적용차종
휘발유·알코올·가스	정속모드 (ASM2525 모드)	모든 자동차
경유	한국형 경유 147 (KD147 모드) 검사방법	• 승용자동차 • 중형 이하 승합·화물·특수자동차
	엔진회전수 제어방식 (Lug-Down3 모드)	• 대형 승합·화물·특수자동차 • 중형 화물·특수자동차 중 일반형에서 특수용도형으로 구조를 변경한 자동차

※ ASM2525 모드는 저속 공회전 검사모드를 포함한다.

(21) 배기관
① 배기관의 열림 방향은 왼쪽 또는 오른쪽으로 45도를 초과해 열려 있어서는 안 된다.
② 배기관의 끝은 차체 외측으로 돌출되지 않도록 설치해야 한다.
③ 배기관은 자동차 또는 적재물을 발화시키거나 자동차의 다른 기능을 저해할 우려가 없어야 하며, 견고하게 설치하여야 한다.

(22) 전조등
① 등광색 : 백색
② 1등당 광도 : 변환빔은 3000cd 이상일 것
③ 수직위치(진폭)
  ㉠ 설치 높이가 1.0m 이하인 경우(한계범위 : −0.5%~−2.5%)
  ㉡ 설치 높이가 1.0m 초과인 경우(한계범위 : −1.0%~−3.0%)

(23) 안개등
① 앞면 안개등
  ㉠ 등광색 : 백색 또는 황색
  ㉡ 좌·우에 각각 1개를 설치할 것. 다만, 너비가 130cm 이하인 초소형자동차에는 1개 설치 가능
② 뒷면 안개등
  ㉠ 등광색 : 적색
  ㉡ 2개 이하로 설치할 것

(24) 후퇴등
① 등광색 : 백색
② 1개 또는 2개를 설치할 것. 다만, 길이가 600cm 이상인 자동차(승용자동차는 제외한다)에는 자동차 측면 좌·우에 각각 1개 또는 2개 추가로 설치 가능

(25) 차폭등
① 등광색 : 백색
② 좌·우에 각각 1개를 설치할 것. 다만, 너비가 130cm 이하인 초소형자동차에는 1개 설치 가능

(26) 번호등
① 등광색 : 백색
② 번호등은 등록번호판을 잘 비추는 구조이어야 한다.

(27) 후미등
① 좌·우에 각각 1개를 설치할 것. 다만, 다음 자동차에는 기준에 따라 후미등을 설치할 수 있다.
  ㉠ 끝단표시등이 설치되지 않은 다음 자동차 : 좌·우에 각각 1개의 후미등 추가 설치 가능
    • 승합자동차
    • 차량 총중량 3.5ton 초과 화물자동차 및 특수자동차(구난형 특수자동차는 제외)

ⓒ 구난형 특수자동차 : 좌·우에 각각 1개의 후미등 추가 설치 가능

ⓒ 너비가 130cm 이하인 초소형자동차 : 1개의 후미등 설치 가능

② 등광색 : 적색

(28) 제동등

① 등광색 : 적색

② 너비가 130cm 이하인 초소형자동차 : 1개의 제동등 설치가 가능하다.

(29) 방향지시등

① 등광색 : 호박색

② 점멸주기 : 매분 60회 이상 120회 이하(90 ± 30)

③ 방향지시기를 조작한 후 1초 이내에 점등되어야 하며, 1.5초 이내에 소등되어야 한다.

④ 하나의 방향지시등에서 합선 외의 고장이 발생된 경우 다른 방향지시등은 작동되는 구조이어야 하며 점멸횟수는 변경될 수 있다.

(30) 비상점멸표시등

비상점멸표시등은 모든 방향지시등을 동시에 점멸할 수 있도록 독립된 조작장치에 의해 작동되어야 한다.

(31) 후부 반사기

① 후부 반사기의 반사광은 적색이어야 한다.

② 최고속도가 40km/h 이하인 자동차에는 「자동차 및 자동차부품의 성능과 기준에 관한 규칙」 제112조의13의 기준에 적합한 저속차량용 후부표시판을 설치하여야 한다.

③ 반사띠의 의한 반사광 색상

ⓐ 앞면 : 백색

ⓑ 옆면 : 황색 또는 백색

ⓒ 뒷면 : 황색 또는 적색

(32) 창닦이기 장치

① 자동차의 앞면창유리에는 자동식 창닦이기·세정액분사장치·서리제거장치 및 안개제거장치를 설치하여야 하며, 필요한 경우 뒷면 및 기타 창유리의 경우에도 창닦이기·세정액분사장치·서리제거장치 또는 안개제거장치 등을 설치할 수 있다.

② 자동차(초소형자동차는 제외)의 앞면 창유리에 설치하는 창닦이기는 다음 기준에 적합하여야 한다.

ⓐ 작동주기의 종류는 2가지 이상일 것

ⓑ 최저작동주기는 분당 20회 이상이고, 다른 하나의 작동주기는 분당 45회 이상일 것

ⓒ 최고작동주기와 다른 하나의 작동주기의 차이는 분당 15회 이상일 것

ⓓ 작동을 정지시킨 경우 자동적으로 최초의 위치로 복귀되는 구조일 것

③ 초소형자동차의 앞면 창유리에 설치하는 창닦이기는 다음 기준에 적합하여야 한다.

ⓐ 분당 40회 이상 작동할 것

ⓑ 작동 정지 시 최초의 위치로 자동으로 돌아오는 구조일 것

(33) 경음기

① 일정한 크기의 경적음을 동일한 음색으로 연속하여 내어야 한다.

② 경적음의 크기는 일정하여야 하며, 차체전방에서 2m 떨어진 지상높이 1.2 ± 0.05m가 되는 지점에서 측정한 경적음의 최소크기는 90dB 이상이어야 한다.

(34) 후방보행자 안전장치

① 보행자에게 자동차가 후진 중임을 알리는 후진경고음 발생장치를 설치하여야 한다.

② 승용자동차·승합자동차 및 경형·소형의 화물·특수자동차의 후진 경고음은 60~85dB일 것

③ 경고음의 발생 횟수는 40~100회/분일 것

(35) 속도계 및 주행 거리계

① 자동차에 설치한 속도계의 지시 오차는 평탄한 노면에서의 속도가 25km/h 이상에서 다음 계산식에 적합하여야 한다.

$$O \leq V_1 - V_2 \leq V_2/10 + 6(km/h)$$

V_1 : 지시속도(km/h)

V_2 : 실제속도(km/h)

② 속도 제한장치 설치차량

ⓐ 승합자동차 : 110km/h 속도제한

ⓑ 차량총중량이 3.5ton을 초과하는 화물자동차·특수자동차 : 90km/h 속도제한

ⓒ 고압가스를 운송하기 위하여 필요한 탱크를 설치한 화물자동차 : 90km/h 속도제한

㉣ 저속전기자동차 : 60km/h 속도제한

(36) 운행기록계 설치 차량
① 「여객자동차 운수사업법」에 따른 여객자동차
② 「화물자동차 운수사업법」에 따른 화물자동차
③ 어린이통학버스

(37) 소화설비
승차정원 11인 이상의 승합자동차의 경우에는 운전석 또는 운전석과 옆으로 나란한 좌석 주위에 1개 이상의 A·B·C 소화기를 설치하여야 한다.

(38) 경광등 및 사이렌
① 경광등
㉠ 1등당 광도는 135cd 이상 2500cd 이하일 것
㉡ 등광색(「자동차 및 자동차부품의 성능과 기준에 관한 규칙」 제58조 제1항)

구분	등광색
• 경찰용 자동차 중 범죄수사·교통단속 그 밖의 긴급한 경찰임무 수행에 사용되는 자동차 • 국군 및 주한국제연합군용 자동차 중 군 내부의 질서유지 및 부대의 질서있는 이동을 유도하는데 사용되는 자동차 • 수사기관의 자동차 중 범죄수사를 위하여 사용되는 자동차 • 교도소 또는 교도기관의 자동차 중 도주자의 체포 또는 피수용자의 호송·경비를 위하여 사용되는 자동차 • 소방용 자동차	적색 또는 청색
• 전신·전화의 수리공사 등 응급작업에 사용되는 자동차와 우편물의 운송에 사용되는 자동차 중 긴급배달우편물의 운송에 사용되는 자동차 • 전기사업·가스사업 그 밖의 공익사업기관에서 위해 방지를 위한 응급작업에 사용되는 자동차 • 민방위업무를 수행하는 기관에서 긴급예방 또는 복구를 위한 출동에 사용되는 자동차 • 도로의 관리를 위하여 사용되는 자동차 중 도로상의 위험을 방지하기 위하여 응급작업에 사용되는 자동차(구난형 특수자동차와 노면 청소용 자동차 등) • 전파감시업무에 사용되는 자동차 • 기타 자동차	황색
구급, 혈액 공급차량	녹색

② 사이렌 음의 크기는 자동차의 전방 20m의 위치에서 90dB 이상 120dB 이하로 설정해야 한다.

(39) 저소음자동차 경고음 발생장치(VESS, 가상엔진사운드시스템)
하이브리드자동차, 전기자동차, 연료전지자동차 등 동력발생장치가 전동기인 자동차에는 20km/h 이하의 주행상태에서 75dB 이하의 경고음을 발생해야 한다.

Topic 02 | 자동차 검사

01 자동차의 종류(「자동차관리법」 시행규칙 [별표1])

(1) 규모별 세부기준

[표 6-5] 자동차의 규모별 세부기준

종류	경형		소형	중형	대형
	초소형	일반형			
승용 자동차	배기량이 250cc(전기자동차의 경우 최고정격출력이 15kW) 이하이고, 길이 3.6m, 너비 1.5m, 높이 2.0m 이하인 것	배기량이 1000cc 미만이고, 길이 3.6m, 너비 1.6m, 높이 2.0m 이하인 것	배기량이 1600cc 미만이고, 길이 4.7m, 너비 1.7m, 높이 2.0m 이하인 것	배기량이 1600cc 이상 2000cc 미만이거나, 길이·너비·높이 중 어느 하나라도 소형을 초과하는 것	배기량이 2000cc 이상이거나, 길이·너비·높이 모두 소형을 초과하는 것
승합 자동차	배기량이 1000cc 미만이고, 길이 3.6m, 너비 1.6m, 높이 2.0m 이하인 것		승차정원이 15인 이하이고, 길이 4.7m, 너비 1.7m, 높이 2.0m 이하인 것	승차정원이 16인 이상 35인 이하이거나, 길이·너비·높이 중 어느 하나라도 소형을 초과하고, 길이가 9m 미만인 것	승차정원이 36인 이상이거나, 길이·너비·높이 모두 소형을 초과하고, 길이가 9m 이상인 것
화물 자동차	배기량이 250cc(전기자동차의 경우 최고정격출력이 15kW) 이하이고, 길이 3.6m, 너비 1.5m, 높이 2.0m 이하인 것	배기량이 1000cc 미만이고, 길이 3.6m, 너비 1.6m, 높이 2.0m 이하인 것	최대적재량이 1ton 이하이고, 총중량이 3.5ton 이하인 것	최대적재량이 1ton 초과 5ton 미만이거나, 총중량이 3.5ton 초과 10ton 미만인 것	최대적재량이 5ton 이상이거나, 총중량이 10ton 이상인 것
특수 자동차	배기량이 1000cc 미만이고, 길이 3.6m, 너비 1.6m, 높이 2.0m 이하인 것		총중량이 3.5ton 이하인 것	총중량이 3.5ton 초과 10ton 미만인 것	총중량이 10ton 이상인 것
이륜 자동차	배기량이 50cc 미만(최고정격출력 4kW 이하)인 것		배기량이 100cc 이하(최고정격출력 11kW 이하)인 것	배기량이 100cc 초과 260cc 이하(최고정격출력 11kW 초과 15kW 이하)인 것	배기량이 260cc(최고정격출력 15kW)를 초과하는 것

(2) 유형별 세부기준

[표 6-6] 자동차의 유형별 세부기준

종류	유형별	세부기준
승용 자동차	일반형	2개 내지 4개의 문이 있고, 전후 2열 또는 3열의 좌석을 구비한 유선형인 것
	승용겸화물형	차실 안에 화물을 적재하도록 장치된 것
	다목적형	후레임형이거나 4륜구동장치 또는 차동제한장치를 갖추는 등 험로운행이 용이한 구조로 설계된 자동차로서 일반형 및 승용 겸 화물형이 아닌 것
	기타형	위 어느 형에도 속하지 아니하는 승용자동차인 것
승합 자동차	일반형	주목적이 여객운송용인 것
	특수형	특정한 용도(장의·헌혈·구급·보도·캠핑 등)를 가진 것

종류	유형별	세부기준
화물 자동차	일반형	보통의 화물운송용인 것
	덤프형	적재함을 원동기의 힘으로 기울여 적재물을 중력에 의하여 쉽게 미끄러뜨리는 구조의 화물운송용인 것
	밴형	지붕구조의 덮개가 있는 화물운송용인 것
	특수용도형	특정한 용도를 위하여 특수한 구조로 하거나, 기구를 장치한 것으로서 위 어느 형에도 속하지 아니하는 화물운송용인 것
특수 자동차	견인형	피견인차의 견인을 전용으로 하는 구조인 것
	구난형	고장·사고 등으로 운행이 곤란한 자동차를 구난·견인 할 수 있는 구조인 것
	특수용도형	위 어느 형에도 속하지 아니하는 특수용도용인 것
이륜 자동차	일반형	자전거로부터 진화한 구조로서 사람 또는 소량의 화물을 운송하기 위한 것
	특수형	경주·오락 또는 운전을 즐기기 위한 경쾌한 구조인 것
	기타형	3륜 이상인 것으로서 최대적재량이 100kg 이하인 것

02 자동차 검사의 유효기간(「자동차관리법」 시행규칙 [별표15의2])

구분		검사유효기간
비사업용 승용자동차 및 피견인자동차		2년(신조차로서 법 제43조 제5항에 따른 신규검사를 받은 것으로 보는 자동차의 최초 검사유효기간은 4년)
사업용 승용자동차		1년(신조차로서 법 제43조 제5항에 따른 신규검사를 받은 것으로 보는 자동차의 최초 검사유효기간은 2년)
경형·소형의 승합 및 화물자동차		1년
사업용 대형화물 자동차	차령이 2년 이하인 경우	1년
	차령이 2년 초과된 경우	6월
중형 승합자동차 및 사업용 대형 승합자동차	차령이 8년 이하인 경우	1년
	차령이 8년 초과된 경우	6월
그 밖의 자동차	차령이 5년 이하인 경우	1년
	차령이 5년 초과된 경우	6월

03 검사의 방법 (「자동차관리법」 시행규칙 [별표 15])

[표 6-7] 일반 자동차 검사방법

항목	검사기준	검사방법
1) 동일성 확인	자동차의 표기와 등록번호판이 자동차등록증에 기재된 차대번호 · 원동기형식 및 등록번호가 일치하고, 등록번호판 및 봉인의 상태가 양호할 것	자동차의 차대번호 및 원동기 형식의 표기 확인 등록번호판 및 봉인상태 확인
2) 제원측정	제원표에 기재된 제원과 동일하고, 제원이 안전기준에 적합할 것	길이 · 너비 · 높이 · 최저지상고, 뒤 오우버행(뒤차축중심부터 차체후단까지의 거리) 및 중량을 계측기로 측정하고 제원허용차의 초과 여부 확인
3) 원동기	① 시동상태에서 심한 진동 및 이상음이 없을 것	공회전 또는 무부하 급가속상태에서 진동 · 소음 확인
	② 원동기의 설치상태가 확실할 것	원동기 설치상태 확인
	③ 점화 · 충전 · 시동장치의 작동에 이상이 없을 것	점화 · 충전 · 시동장치의 작동상태 확인
	④ 윤활유 계통에서 윤활유의 누출이 없고, 유량이 적정할 것	윤활유 계통의 누유 및 유량 확인
	⑤ 팬벨트 및 방열기 등 냉각 계통의 손상이 없고 냉각수의 누출이 없을 것	냉각계통의 손상 여부 및 냉각수의 누출 여부 확인
4) 동력 전달장치	① 손상 · 변형 및 누유가 없을 것	① 변속기의 작동 및 누유 여부 확인 ② 추진축 및 연결부의 손상 · 변형 여부 확인
	② 클러치 페달 유격이 적정하고, 자동변속기 선택레버의 작동상태 및 현재 위치와 표시가 일치할 것	클러치 페달 유격 적정 여부, 자동변속기 선택레버의 작동상태 및 위치표시 확인
5) 주행장치	① 차축의 외관, 휠 및 타이어의 손상 · 변형 및 돌출이 없고, 수나사 및 암나사가 견고하게 조여 있을 것	① 차축의 외관, 휠 및 타이어의 손상 · 변형 및 돌출 여부 확인 ② 수나사 · 암나사의 조임 상태 확인
	② 타이어 요철형 무늬의 깊이는 안전기준에 적합하여야 하며, 타이어 공기압이 적정할 것	타이어 요철형 무늬의 깊이 및 공기압을 계측기로 확인
	③ 흙받이 및 휠하우스가 정상적으로 설치되어 있을 것	흙받이 및 휠하우스 설치상태 확인
	④ 가변축 승강조작장치 및 압력조절장치의 설치위치는 안전기준에 적합할 것	가변축 승강조작장치 및 압력 조절장치의 설치위치 및 상태 확인
6) 조종장치	조종장치의 작동상태가 정상일 것	시동 · 가속 · 클러치 · 변속 · 제동 · 등화 · 경음 · 창닦이기 · 세정액분사장치 등 조종장치의 작동 확인
7) 조향장치	① 조향바퀴 옆미끄럼량은 1m 주행에 5mm 이내일 것	조향핸들에 힘을 가하지 아니한 상태에서 사이드슬립측정기의 답판 위를 직진할 때 조향바퀴의 옆미끄럼량을 사이드슬립측정기로 측정
	② 조향 계통의 변형 · 느슨함 및 누유가 없을 것	기어박스 · 로드암 · 파워실린더 · 너클 등의 설치상태 및 누유 여부 확인
	③ 동력조향 작동유의 유량이 적정할 것	동력조향 작동유의 유량 확인

항목	검사기준	검사방법
8) 제동장치	① 제동력 　㉠ 모든 축의 제동력의 합이 공차중량의 50% 이상이고 각축의 제동력은 해당 축중의 50%(뒤축의 제동력은 해당 축하중의 20%) 이상일 것 　㉡ 동일 차축의 좌·우 차바퀴 제동력의 차이는 해당 축하중의 8% 이내일 것 　㉢ 주차제동력의 합은 차량 중량의 20% 이상일 것	주제동장치 및 주차제동장치의 제동력을 제동시험기로 측정
	② 제동계통 장치의 설치상태가 견고하여야 하고, 손상 및 마멸된 부위가 없어야 하며, 오일이 누출되지 아니하고 유량이 적정할 것	제동계통 장치의 설치상태 및 오일 등의 누출 여부 및 브레이크 오일량이 적정한지 여부 확인
	③ 제동력 복원상태는 3초 이내에 해당 축하중의 20% 이하로 감소될 것	주제동장치의 복원상태를 제동시험기로 측정
	④ 피견인자동차 중 안전기준에서 정하고 있는 자동차는 제동장치 분리 시 자동으로 정지가 되어야 하며, 주차브레이크 및 비상브레이크 작동상태 및 설치상태가 정상일 것	피견인자동차의 제동공기라인 분리 시 자동 정지 여부, 주차 및 비상브레이크 작동 및 설치상태 등 확인
9) 완충장치	① 균열·절손 및 오일 등의 누출이 없을 것	스프링·쇼크업소버의 손상 및 오일 등의 누출 여부 확인
	② 부식·절손 등으로 판스프링의 변형이 없을 것	판스프링의 설치상태 확인
10) 연료장치	작동상태가 원활하고 파이프·호스의 손상·변형·부식 및 연료누출이 없을 것	① 연료장치의 작동상태, 손상·변형·부식 및 조속기 봉인상태 확인 ② 가스를 연료로 사용하는 자동차는 가스누출감지기로 연료누출 여부 확인 및 가스저장용기의 부식상태 확인 ③ 연료의 누출 여부 확인(연료탱크의 주입구 및 가스배출구로의 자동차의 움직임에 의한 연료누출 여부 포함)
11) 전기 및 전자장치	① 전기장치 　㉠ 축전지의 접속·절연 및 설치상태가 양호할 것 　㉡ 전기배선의 손상이 없고 설치상태가 양호할 것	① 축전지와 견결된 전기배선 접속단자의 흔들림 여부 확인 ② 전기배선의 손상·절연 여부 및 설치상태를 육안으로 확인
	② 고전원전기장치 　㉠ 고전원전기장치의 접속·절연 및 설치상태가 양호할 것	① 고전원전기장치(구동축전지, 전력변환장치, 구동전동기, 충전즙속구 등)의 설치상태, 전기배선 접속단자의 접속·절연상태 등을 맨눈으로 확인
	㉡ 고전원 전기배선의 손상이 없고 설치상태가 양호할 것	② 구동축전지와 전력변환장치, 전력변환장치와 구동전동기, 전력변환장치와 충전접속구 사이의 고전원 전기배선의 절연 피복 손상 또는 활선 도체부의 노출여부를 맨눈으로 확인
	㉢ 구동축전지는 차실과 벽 또는 보호판으로 격리되는 구조일 것	③ 구동축전지와 차실 사이가 벽 또는 보호판 등으로 격리 여부 확인
	㉣ 차실 내부 및 차체 외부에 노출되는 고전원전기장치 간 전기배선은 금속 또는 플라스틱 재질의 보호기구를 설치할 것	④ 맨눈으로 확인이 가능한 고전원 전기배선 보호기구의 고정, 깨짐, 손상 여부 등을 확인

항목	검사기준	검사방법
11) 전기 및 전자장치	ⓜ 「자동차 및 자동차부품의 성능과 기준에 관한 규칙」[별표 5] 제1호 가목에 따른 고전원전기장치 활선도체부의 보호기구는 공구를 사용하지 않으면 개방·분해 및 제거되지 않는 구조일 것	⑥ 고전원전기장치 활선도체부의 보호기구 체결상태 및 공구를 사용하지 않고 개방·분해 및 제거 가능 여부 확인. 다만, 차실, 벽, 보호판 등으로 격리된 경우 생략 가능
	ⓗ 고전원전기장치의 외부 또는 보호기구에는 「자동차 및 자동차부품의 성능과 기준에 관한 규칙」[별표 5] 제4호에 따른 경고표시가 되어 있을 것	⑦ 고전원전기장치의 외부 또는 보호기구에 부착 또는 표시된 경고표시의 모양 및 식별가능성 여부를 맨눈으로 확인
	ⓐ 고전원전기장치 간 전기배선(보호기구 내부에 위치하는 경우는 제외한다)의 피복은 주황색일 것	⑧ 맨눈으로 확인 가능한 구동축전지와 전력변환장치, 전력변환장치와 구동전동기, 전력변환장치와 충전접속구에 사용되는 전기배선의 색상이 주황색인지 여부 확인
	ⓞ 전기자동차 충전접속구의 활선도체부와 차체 사이의 절연저항은 최소 1MΩ 이상일 것	⑨ 절연저항시험기를 이용하여 충전접속구 각각의 활선도체부(+극 및 -극)와 차체 사이에 충전전압 이상의 시험전압을 인가하여 절연저항 측정
	ⓩ 구동축전지, 전력변환장치, 구동전동기, 연료전지 등 고전원전기장치의 절연상태가 양호할 것	⑩ 전자장치진단기로 고전원전기장치의 절연저항 관련 고장진단코드를 확인. 다만, 전자장치진단기로 진단되지 않는 경우에는 계기장치의 고장경고등 점등 여부 확인
	ⓧ 구동축전지, 전력변환장치, 구동전동기, 연료전지 등 고전원전기장치의 작동에 이상이 없을 것	⑪ 전자장치진단기로 고전원전기장치의 고장진단코드를 확인. 다만, 전자장치진단기로 진단되지 않는 경우에는 계기장치의 고장경고등 점등 여부 확인
	③ 전자장치 ㉠ 원동기 전자제어 장치가 정상적으로 작동할 것 ㉡ 바퀴잠김방지식 제동장치, 구동력제어장치, 전자식주행제한장치, 차체자세제어장치, 에어백, 순항제어장치, 차로이탈경고장치 및 비상자동제동장치 등 안전운전 보조 장치가 정상적으로 작동할 것 ㉢ 저소음자동차의 경고음발생장치가 정상적으로 작동할 것 ㉣ 후방보행자 안전장치가 정상적으로 작동할 것	① 전자장치진단기로 각종 센서의 정상 작동 여부를 확인. 다만, 차로이탈경고장치가 전자장치진단기로 진단되지 않는 경우에는 맨눈으로 설치 여부 확인 ② 전자장치진단기로 경고음발생장치의 고장진단코드를 확인. 다만, 전자장치진단기로 진단되지 않는 경우에는 주행상태에서 경고음 발생 여부 확인 ③ 후방보행자 안전장치의 작동상태 확인
12) 차체 및 차대	① 차체 및 차대의 부식·절손 등으로 차체 및 차대의 변형이 없을 것	차체 및 차대의 부식 및 부착물의 설치상태 확인
	② 후부안전판 및 측면보호대의 손상·변형이 없을 것	후부안전판 및 측면보호대의 설치상태 확인
	③ 최대적재량의 표시가 자동차등록증에 기재되어 있는 것과 일치할 것	최대적재량(탱크로리는 최대적재량·최대적재용량 및 적재품명) 표시 확인
	④ 차체에는 예리하게 각이 지거나 돌출된 부분이 없을 것	차체의 외관 확인
	⑤ 어린이운송용 승합자동차의 색상 및 보호표지는 안전기준에 적합할 것	차체의 색상 및 보호표지 설치 상태 확인
13) 연결장치 및 견인장치	① 변형 및 손상이 없을 것	커플러 및 킹핀의 변형 여부 확인
	② 차량 총중량 0.75t 이하 피견인자동차의 보조연결장치가 견고하게 설치되어 있을 것	보조연결장치 설치상태 확인

항목	검사기준	검사방법
14) 승차장치	① 안전기준에서 정하고 있는 좌석 · 승강구 · 조명 · 통로 · 좌석안전띠 및 비상구 등의 설치상태가 견고하고, 파손되어 있지 아니하며 좌석수의 증감이 없을 것	좌석 · 승강구 · 조명 · 통로 · 좌석안전띠 및 비상구 등의 설치상태와 비상탈출용 장비의 설치상태 확인
	② 머리지지대가 설치되어 있을 것	승용자동차 및 경형 · 소형 승합자동차의 앞좌석(중간좌석 제외)에 머리지지대의 설치 여부 확인
	③ 어린이운송용 승합자동차의 승강구가 안전기준에 적합할 것	승강구 설치상태 및 규격 확인
15) 물품적재 장치	① 적재함 바닥면의 부식으로 인한 변형이 없을 것 ② 적재량의 증가를 위한 적재함의 개조가 없을 것 ③ 물품적재장치의 안전잠금장치가 견고할 것 ④ 청소용 자동차 등 안전기준에서 정하고 있는 차량에는 덮개가 설치되어 있어야 하고, 설치상태가 양호할 것	① 물품의 적재장치 및 안전시설 상태 확인(변경된 경우 계측기 등으로 측정) ② 청소용 자동차 등 안전기준에서 정하고 있는 차량의 덮개 설치여부를 확인
16) 창유리	① 접합유리 및 안전유리로 표시된 것일 것	유리(접합 · 안전)규격품 사용 여부 확인
	② 「자동차 및 자동차부품의 성능과 기준에 관한 규칙」 제94조 제3항에 따른 어린이운송용 승합자동차의 모든 창유리의 가시광선 투과율 기준에 적합할 것	창유리의 가시광선 투과율을 가시광선투과율 측정기로 측정하거나 선팅 여부를 맨눈으로 확인
17) 배기가스 발산 방지 및 소음방지장치	① 기소음 및 배기가스농도는 운행차 허용기준에 적합할 것배	배기소음 및 배기가스농도를 측정기로 측정
	② 배기관 · 소음기 · 촉매장치의 손상 · 변형 · 부식이 없을 것	배기관 · 촉매장치 · 소음기의 변형 및 배기계통에서의 배기가스누출 여부 확인
	③ 측정결과에 영향을 줄 수 있는 구조가 아닐 것	측정결과에 영향을 줄 수 있는 장치의 훼손 또는 조작 여부 확인
18) 등화장치	① 변환빔의 광도는 3,000cd 이상일 것	좌 · 우측 전조등(변환빔)의 광도와 광도점을 전조등시험기로 측정하여 광도점의 광도 확인
	② 변환빔의 진폭은 10m 위치에서 다음 수치 이내일 것 | 설치높이 ≤ 1.0m | 설치 높이 >1.0m | | −0.5%~−2.5% | −1.0%~−3.0% |	좌 · 우측 전조등(변환빔)의 컷오프선 및 꼭지점의 위치를 전조등시험기로 측정하여 컷오프선의 적정 여부 확인
	③ 컷오프선의 꺾임점(각)이 있는 경우 꺾임점의 연장선은 우측 상향일 것	변환빔의 컷오프선, 꺾임점(각), 설치상태 및 손상여부 등 안전기준 적합 여부를 확인
	④ 정위치에 견고히 부착되어 작동에 이상이 없고, 손상이 없어야 하며, 등광색이 안전 기준에 적합할 것	전조등 · 방향지시등 · 번호등 · 제동등 · 후퇴등 · 차폭등 · 후미등 · 안개등 및 비상점멸표시등과 그 밖의 등화장치의 점등 · 등광색 및 설치상태 확인
	⑤ 후부반사기 및 후부반사판의 설치상태가 안전기준에 적합할 것	후부반사기 및 후부반사판의 설치상태 확인
	⑥ 어린이운송용 승합자동차에 설치된 표시등이 안전기준에 적합할 것	표시등 설치 및 작동상태 확인
	⑦ 안전기준에서 정하지 아니한 등화 및 안전기준에서 금지한 등화가 없을 것	안전기준에 위배되는 등화설치 여부 확인

항목	검사기준	검사방법
19) 경음기 및 경보장치	경음기의 음색이 동일하고, 경적음·싸이렌음의 크기는 안전기준상 허용기준 범위 이내일 것	① 경적음이 동일한 음색인지 확인 ② 경적음 및 싸이렌음의 크기를 소음측정기로 확인(경보장치는 신규검사로 한정함)
20) 시야확보 장치	① 후사경은 좌·우 및 뒤쪽의 상황을 확인할 수 있고, 돌출거리가 안전기준에 적합할 것	후사경 설치상태 확인
	② 창닦이기 및 세정액 분사장치는 기능이 정상적일 것	창닦이기 및 세정액 분사장치의 작동 및 설치상태 확인
	③ 어린이운송용 승합자동차에는 광각 실외후사경이 설치되어 있을 것	광각 실외후사경 설치 여부 확인
21) 계기장치	① 모든 계기가 설치되어 있을 것	계기장치의 설치 여부 확인
	② 속도계의 지시오차는 정 25%, 부 10% 이내일 것	40km/h의 속도에서 자동차속도계의 지시오차를 속도계시험기로 측정
	③ 최고속도제한장치, 운행기록장치 및 주행기록계의 설치 및 작동상태가 양호할 것	최고속도제한장치, 운행기록장치 및 주행기록계의 설치상태 및 정상작동 여부 확인
22) 소화기 및 방화장치	소화기가 설치위치에 설치되어 있을 것	소화기의 설치 여부 확인
23) 내압용기	용기 등이 관련 법령에 적합하고 견고하게 설치되어 있으며, 용기의 변형이 없고 사용연한 이내일 것	용기 등이 「자동차관리법」에 따른 합격품인지 여부, 설치상태 및 변형·손상 여부 및 사용연한 확인
24) 기타	어린이운송용 승합자동차의 색상 및 보호표지 등 그 밖의 구조 및 장치가 안전기준 및 국토교통부장관이 정하는 기준에 적합할 것	그 밖의 구조 및 장치가 안전기준 및 국토교통부장관이 정하는 기준에 적합한지를 확인

Topic 03 | 기타 자주 출제되는 관련 법령

01 자동차의 에너지 소비효율 산정방법(「자동차의 에너지 소비효율 및 등급표시에 관한 규정」[별표1])

자동차의 에너지소비효율은 5-cycle 보정식에 의한 계산을 이용하여 자동차의 에너지소비효율 표시와 등급에 적용하고, CO_2 배출량 표시는 FTP-75(도시주행)모드 측정값 및 HWFET(고속도로 주행) 측정값을 복합하여 사용한다.

(1) 에너지소비효율 산정방법

1) 5-cycle 보정식

5가지 시험방법(5-Cycle)으로 검증된 도심주행 에너지소비효율 및 고속도로주행 에너지소비효율이 FTP-75(도심주행) 모드로 측정한 도심주행 에너지소비효율 및 HWFET(고속도로 주행)모드로 측정한 고속도로주행 에너지소비효율과 유사하도록 적용하는 관계식을 말한다.

① FTP-75 모드(도심주행 모드) 측정방법
② HWFET 모드(고속도로주행 모드) 측정방법
③ US06 모드(최고속·급가감속주행 모드) 측정방법
④ SC03 모드(에어컨가동주행 모드) 측정방법
⑤ Cold FTP-75 모드(저온도심주행 모드) 측정방법

2) 5-cycle 보정식에 의한 계산

$$\text{복합 에너지소비효율 (km/L)} = \frac{1}{\frac{0.55}{\text{도심주행 에너지소비효율}} + \frac{0.55}{\text{고속도로주행 에너지소비효율}}}$$

3) 각 주행시험 단계별 배출가스 중량농도에 의한 계산(전기사용 자동차의 경우)

$$\text{에너지소비효율 (km/kWh)} = \frac{\text{1회 충전 주행거리(km)}}{\text{차량주행시 소요된 전기에너지 충전량(kWh)}}$$

(2) 전기자동차 및 플러그 인 하이브리드자동차의 1회 충전 주행거리 산정방법

복합 1회 충전 주행거리(km) = 0.55 × 도심주행 1회 충전 주행거리 + 0.45 × 고속도로주행 1회 충전 주행거리

(3) 에너지소비효율 등의 소수점 유효자리수

① 5-cycle 보정식을 적용한 에너지소비효율의 최종 결과치는 반올림하여 소수점 이하 첫째 자리까지 표시한다.
② CO_2 배출량은 측정된 단위 주행거리당 이산화탄소배출량(g/km)을 말하며, 최종 결과치는 반올림하여 정수로 표시한다.
③ 전기자동차 및 플러그 인 하이브리드자동차의 경우 1회 충전 주행거리의 최종 결과치는 반올림하여 정수로 표현한다.
④ 에너지소비효율, CO_2 등의 최종 결과치를 산출하기 전까지 계산을 위하여 사용하는 모든 값은 반올림없이 산출된 소수점 그대로를 적용한다.

02 플러그 인 하이브리드자동차의 에너지소비효율

(1) 온실가스 배출량 및 연료소비율 측정방법

① 전기 1kWh = 860kcal, 휘발유 1L = 7230kcal, 경유 1L = 8420kcal
② 1cal = 4.1868J을 말한다.

03 자동차의 에너지소비효율 및 등급의 표시방법(라벨)(「자동차의 에너지 소비효율 및 등급표시에 관한 규정」[별표5])

에너지소비효율(연비)은 자동차에서 사용하는 단위 연료에 대한 주행거리(km/L, km/kWh, km/kg)를 말한다.

(1) 내연기관 자동차 표시내용(항목)

① 복합연비 : 13.4km/L
② 온실가스(CO_2) : 118g/km
③ 도심연비 : 12.5km/L
④ 고속도로연비 : 14.6km/L

(2) 전기자동차 표시내용(항목)

① 복합연비 : 5.5km/kWh
② 1회 충전 주행거리 : 96km
③ 도심연비 : 6.0km/kWh
④ 고속도로연비 : 4.5km/kWh

(3) 하이브리드자동차 표시내용(항목)

① 복합연비 : 18.2km/L

② 온실가스(CO_2) : 87g/km
③ 도심연비 : 18.4km/L
④ 고속도로연비 : 17.9km/L

(4) 플러그 인 하이브리드자동차 표시내용(항목)
① 복합연비(전기) : 3.0km/kWh
② 복합연비(휘발유) : 10.9km/L
③ 1회 충전 주행거리 : 49km
④ 온실가스(CO_2) : 61g/km

(5) 수소전기자동차 표시내용(항목)
① 복합연비 : 93.7km/kg
② 온실가스(CO_2) : 0g/km
③ 도심연비 : 98.9km/kg
④ 고속도로연비 : 88km/kg

[그림 6-1] 전기자동차/수소전기차 에너지소비효율등급 표시라벨(예시)

04 환경친화적 자동차의 요건 등에 관한 기준(「환경친화적 자동차의 요건 등에 관한 규정」제4조, 제7조)

(1) 하이브리드자동차 중 외부 전기 공급원으로부터 충전받은 전기에너지로 구동 가능한 차량은 "플러그인 하이브리드자동차", 외부 전기 공급원으로부터 충전 받을 수 없는 차량은 "일반 하이브리드자동차"로 구분한다.
① 일반 하이브리드자동차에 사용하는 구동축전지의 공칭전압은 직류 60V를 초과하여야 한다.
② 플러그인 하이브리드자동차에 사용하는 구동축전지의 공칭전압은 직류 100V를 초과하여야 한다.

(2) 전기자동차는 「자동차관리법」제3조 제1항 내지 제2항에 따른 자동차의 종류별로 다음 각 호의 요건을 갖춰야 한다.

1) 초소형전기자동차(승용자동차/화물자동차)
① 1회 충전 주행거리 : 「자동차의 에너지소비효율 및 등급표시에 관한 규정」에 따른 복합 1회 충전 주행거리는 55km 이상
② 최고속도 : 60km/h 이상

2) 고속전기자동차(승용자동차/화물자동차/경·소형 승합자동차)
① 1회 충전 주행거리 : 「자동차의 에너지소비효율 및 등급표시에 관한 규정」에 따른 복합 1회 충전 주행거리는 승용자동차는 150km 이상, 경·소형 화물자동차는 70km 이상, 중·대형 화물자동차는 100km 이상, 경·소형 승합자동차는 70km 이상
② 최고속도 : 승용자동차는 100km/h 이상, 화물자동차는 80km/h 이상, 승합자동차는 100km/h 이상

3) 전기버스(중·대형 승합자동차)
① 1회 충전 주행거리 : 한국산업표준 "전기 자동차 에너지 소비율 및 일 충전 주행거리 시험 방법(KS R 1135)"에 따른 1회 충전 주행거리는 100km 이상
② 최고속도 : 60km/h 이상

(3) 충전시설의 기준

1) 급속충전시설

충전기의 최대 출력값이 40킬로와트 이상인 시설로서 충전기와 전기자동차 사이의 연결부 규격이 한국산업표준(KS R IEC 62196-3)에서 정한 콤보1 또는 콤보2를 따르는 시설

2) 완속충전시설

충전기의 최대 출력값이 40킬로와트 미만인 다음 각 목의 어느 하나에 해당하는 시설
① 충전기와 전기자동차 사이의 연결부 규격이 한국산업표준(KS R IEC 62196-2)에서 정한 유형1을 따르는 시설
② 전기자동차에 이동형충전기 또는 휴대용충전기 등을 연결하여 구동축전지를 충전하고 이에 따른 과금을 할 수 있도록 설치된 콘센트(둘 이상의 콘센트가 설치된 때에는 동시에 각 콘센트를 이용할 수 있는 것에 한한다)

3) 다채널충전시설(둘 이상의 전기자동차를 동시에 충전할 수 있는 채널을 갖춘 충전시설)

동시충전이 가능한 채널의 수에 해당하는 충전시설을 설치한 것으로 본다. 다만, 충전시설을 설치한 것으로 보는 수량은 다음 각 호의 구분에 따른 값을 초과할 수 없다.
① 급속충전시설인 다채널 충전시설 : 최대 출력값을 40킬로와트로 나눈 값
② 완속충전시설인 다채널 충전시설 : 최대 출력값을 3킬로와트로 나눈 값

05 저속전기자동차에 대한 기준

"국토교통부령으로 정하는 최고속도 및 차량중량 이하의 자동차"란 최고속도가 매시 60킬로미터를 초과하지 않고, 차량 총중량이 1361킬로그램을 초과하지 않는 전기자동차(이하 "저속전기자동차"라 한다)를 말한다(「자동차관리법」 시행규칙 제57조의 2).

06 고전원 전기장치 절연 안전성 등에 관한 기준

① 고전원 전기장치의 외부 또는 보호기구에는 다음 각 항목의 기준에 적합하게 경고표시를 하여야 한다.
② 경고표시는 다음과 같다.

색상 : 바탕은 노란색, 그림·외곽선은 검정색

[그림 6-2] 고전원 전기장치 경고표시

③ 고전원 전기장치 간 전기배선(보호기구 내부에 위치하는 경우는 제외한다)의 피복은 주황색이어야 한다.
④ 직류회로 및 교류회로가 전기적으로 조합되어 있는 경우 절연저항은 500Ω/V 이상이어야 한다.
⑤ 직류회로 및 교류회로가 독립적으로 구성된 경우 절연저항은 각각 100Ω/V(DC), 500Ω/V(AC) 이상이어야 한다.

07 압축 수소가스 내압용기 제조관련 세부 기준

① 충전사이클(Filling cycles) : 외부의 수소를 용기에 충전하여 압력이 증가하는 사이클로서 4000회를 말한다.
② 의무사이클(Duty cycles) : 수소차량의 운행 사이클로서 40000회를 말한다.
③ 사용압력(최고충전압력) : 용기에 따라 15℃에서 35Mpa 또는 70Mpa을 말한다.
④ 주 밸브(고압차단밸브) 장착기준
  ㉠ 작동 동력원이 상실된 경우 자동적으로 닫히는 구조로 설치한다.
  ㉡ 연료전지의 구동이 정지된 경우 자동적으로 닫히는 구조로 설치한다.
  ㉢ 운전석에서 조작이 가능한 구조로 설치한다(시동장치로 작동되는 경우를 포함한다).
  ㉣ 주밸브는 진동, 충격에 의해 연료가스가 누출되지 아니하도록 안전하게 부착한다.
  ㉤ 주밸브는 사용압력의 1.5배 이상의 내압성능(그 구조상 물에 의한 내압시험이 곤란한 경우 공기·질소 등의 기체에 의해 1.25배 이상의 압력으로 내압시험을 실시할 수 있다)을 가지며, 사용압력 이상에서 기밀성능을 갖는 것으로 한다. 다만, 기체로 내압시험을 하는 경우 기밀시험은 생략한다.
⑤ 설계수명 : 용기의 설계수명은 제조자가 정하되, 최대 15년을 초과하지 않도록 한다.
⑥ 설계 충전횟수 : 설계충전횟수 = 1000 + 200 × X(X = 설계수명(년))
⑦ 설계온도 : 설계온도는 -40~85℃로 한다.

단원 마무리 문제

자동차 안전 및 검사기준

01 검사유효기간이 1년인 정밀검사 대상 자동차가 아닌 것은?

① 차령이 2년 경과된 사업용 승합자동차
② 차령이 2년 경과된 사업용 승용자동차
③ 차령이 3년 경과된 비사업용 승합자동차
④ 차령이 4년 경과된 비사업용 승용자동차

해설
비사업용 승용자동차는 검사유효기간이 2년이다.

02 자동차검사기준 및 방법에 의해 공차상태에서만 시행하는 검사항목은?

① 제동력　　② 제원측정
③ 등화장치　　④ 경음기

해설
자동차의 검사항목 중 제원측정은 공차(空車)상태에서 시행하며 그 외의 항목은 공차상태에서 운전자 1명이 승차하여 시행한다(『자동차 관리법』 시행규칙 [별표 15]에 의거).

03 자동차 검사에서 전기장치의 검사기준 및 방법에 해당되지 않는 것은?

① 전기배선의 손상 여부를 확인한다.
② 배터리의 설치상태를 확인한다.
③ 배터리의 접속·절연상태를 확인한다.
④ 전기선의 허용 전류량을 측정한다.

해설
전기장치 검사기준
• 축전지의 접속·절연 및 설치상태가 양호할 것
• 전기배선의 손상·절연 여부 및 설치상태를 육안으로 확인
• 축전지와 연결된 전기배선 접속단자의 흔들림 여부 확인

04 자동차 및 자동차부품의 성능과 기준에 관한 규칙에서 전기장치의 안전기준으로 틀린 것은?

① 차실 안의 전기단자 및 전기개폐기는 적절히 절연물질로 덮어씌워야 한다.
② 자동차의 전기배선은 모두 절연물질로 덮어씌우고, 차체에 고정시켜야 한다.
③ 차실 안에 설치하는 축전지는 여유 공간 부족 시 절연물질로 덮지 않아도 무관하다.
④ 축전지는 자동차의 진동 또는 충격 등에 의하여 이완되거나 손상되지 않도록 고정시켜야 한다.

해설
자동차의 전기장치는 다음 각 호의 기준에 적합하여야 한다.
• 자동차의 전기배선은 모두 절연물질로 덮어씌우고, 차체에 고정시킬 것
• 차실안의 전기단자 및 전기개폐기는 적절히 절연물질로 덮어씌울 것
• 축전지는 자동차의 진동 또는 충격 등에 의하여 이완되거나 손상되지 아니하도록 고정시키고, 차실안에 설치하는 축전지는 절연물질로 덮어씌울 것

05 「자동차관리법 시행규칙」상 사이드슬립측정기로 조향바퀴 옆 미끄럼량을 측정 시 검사기준으로 옳은 것은? (단, 신출 및 정기검사이며, 비사업용 자동차에 국한함)

① 조향바퀴 옆 미끄럼량은 1미터 주행 시 3밀리미터 이내일 것
② 조향바퀴 옆 미끄럼량은 1미터 주행 시 10밀리미터 이내일 것
③ 조향바퀴 옆 미끄럼량은 1미터 주행 시 7밀리미터 이내일 것
④ 조향바퀴 옆 미끄럼량은 1미터 주행 시 5밀리미터 이내일 것

해설
조향바퀴 옆미끄럼량은 1미터 주행에 5밀리미터 이내일 것(「자동차검사기준 및 방법」(제73조 관련) 「자동차관리법 시행규칙」 [별표 15])

06 「자동차관리법 시행규칙」에 따른 자동차 검사기준 및 방법에서 제동장치의 검사기준으로 틀린 것은? (단, 신출 및 정기검사이며 비사업용자동차에 해당한다.)

① 모든 축의 제동력 합이 공차중량의 50% 이상일 것
② 주차 제동력의 합은 차량 중량의 30% 이상일 것
③ 동일 차축의 좌·우 차바퀴 제동력의 차이는 해당 축중의 8% 이내일 것
④ 각축의 제동력은 해당 축중의 50%(뒤축의 제동력은 해당 축중의 20% 이상일 것)

해설
주차 제동력의 합을 차량 중량의 20% 이상일 것

07 「자동차관리법 시행규칙」상 제동시험기 롤러의 마모 한계는 기준 직경의 몇 % 이내인가?

① 2%   ② 3%
③ 4%   ④ 5%

해설
제동시험기 롤러는 기준 직경의 2% 이상 과도하게 마모된 부분이 없을 것(「기계·기구의 정밀도 검사기준」[별표12]에 의거)

08 검사기기를 이용하여 운행 자동차의 주 제동력을 측정하고자 한다. 다음 중 측정방법이 잘못된 것은?

① 바퀴의 흙이나 먼지, 물 등의 이물질을 제거한 상태로 측정한다.
② 공차상태에서 사람이 타지 않고 측정한다.
③ 적절히 예비운전이 되어 있는지 확인한다.
④ 타이어의 공기압은 표준 공기압으로 한다.

해설
공차상태에 운전자 1인이 탑승한 상태에서 측정한다.

09 자동차 전조등 시험 전 준비사항으로 틀린 것은?

① 타이어 공기압력이 규정값인지 확인한다.
② 공차상태에서 측정한다.
③ 시험기 상하 조정 다이얼을 0으로 맞춘다.
④ 배터리 성능을 확인한다.

해설
전조등 시험 시 공차상태에 운전자 1인이 탑승한 상태에서 측정한다.

10 자동차 전조등의 광도 및 광축을 측정(조정)할 때 유의사항 중 틀린 것은?

① 시동을 끈 상태에서 측정한다.
② 타이어 공기압을 규정값으로 한다.
③ 차체의 평형상태를 점검한다.
④ 축전지와 발전기를 점검한다.

해설
전조등 측정은 시동이 걸린 상태에서 실시한다.

11 자동차의 안전기준에서 방향지시등에 관한 사항으로 틀린 것은?

① 등광색은 백색이어야 한다.
② 다른 등화장치와 독립적으로 작동되는 구조이어야 한다.
③ 자동차 앞면·뒷면 및 좌·우에 각각 1개를 설치해야 한다.
④ 승용자동차와 차량총중량 3.5톤 이하 화물자동차 및 특수자동차를 제외한 자동차에는 2개의 뒷면 방향지시등을 추가로 설치할 수 있다.

해설
방향지시등은 황색 또는 호박색이어야 한다.

정답 01 ④ 02 ② 03 ④ 04 ③ 05 ④ 06 ② 07 ① 08 ② 09 ② 10 ① 11 ①

매연 및 배기소음

01 유해 배출가스(CO, HC 등)를 측정할 경우 시료채취관은 배기관 내 몇 cm 이상 삽입하여야 하는가?

① 20cm   ② 30cm
③ 60cm   ④ 80cm

해설
배출가스 및 공기과잉률 검사는 가속페달을 밟지 않은 상태에서 시료채취관을 배기관 내에 30cm 이상 삽입한다.

02 휘발유사용자동차의 차량중량이 1224kg이고 총중량이 2584kg인 경우 배출가스 정밀검사 부하검사방법인 정속모드(ASM 2525)에서 도로부하마력(PS)은?

① 10   ② 15
③ 20   ④ 25

해설
도로부하마력의 25%에 해당하는 부하마력을 설정하고 시속 40km의 속도로 주행하면서 배출가스를 측정하는 것을 말한다.

03 운행차 배출가스 정밀검사 무부하 검사방법에서 경유 자동차 매연측정방법에 대한 설명으로 틀린 것은?

① 광투과식 매연측정기 시료채취관을 배기관 벽면으로부터 5mm 이상 떨어지도록 설치하고 20cm 정도의 깊이로 삽입한다.
② 배출가스 측정값에 영향을 주거나 측정에 장애를 줄 수 있는 에어컨, 서리제거장치 등 부속장치를 작동하여서는 아니 된다.
③ 가속페달을 밟을 때부터 놓을 때까지의 소요시간은 4초 이내로 하고 이 시간 내에 매연농도를 측정한다.
④ 예열이 충분하지 아니한 경우에는 엔진을 충분히 예열시킨 후 매연농도를 측정하여야 한다.

해설
매연검사는 측정기의 시료 채취관을 배기관의 벽면으로부터 5mm 이상 떨어지도록 설치하고 5cm 정도의 깊이로 삽입한다.

04 광투과식 매연측정기의 매연 측정방법에 대한 내용으로 옳은 것은?

① 3회 연속 측정한 매연농도를 산술 평균하여 소수점 첫째 자리 수까지 최종측정치로 한다.
② 3회 측정 후 최대치와 최소치가 10%를 초과한 경우 재측정한다.
③ 시료채취관을 5cm 정도의 깊이로 삽입한다.
④ 매연 측정 시 엔진은 공회전 상태가 되어야 한다.

해설
① 3회 연속 측정한 매연농도를 산술 평균하여 소수점 이하는 버린 값을 최종측정치로 한다.
② 3회 측정 후 최대치와 최소치가 5%를 초과한 경우 재측정한다.
④ 매연 측정 시 엔진은 급가속하여 최고 회전속도 도달 후 2초간 공회전시키고 정지가동(Idle) 상태로 5~6초간 둔다.

05 운행차 배출가스 검사에 사용되는 매연측정기에 대한 설명으로 틀린 것은?

① 측정기는 형식승인된 기기로서 최근 1년 이내에 정도검사를 필한 것이어야 한다.
② 안정된 전원에 연결 후 충분히 예열하여 안정화시킨 후 조작한다.
③ 채취부 및 연결호스 내에 축적되어 있는 매연은 제거하여야 한다.
④ 자동차 엔진이 가동된 상태에서 영점조정을 하여야 한다.

해설
자동차 엔진이 꺼진 상태에서 영점조정을 한다.

06 운행차 배출가스 정기검사에서 매연검사방법으로 틀린 것은?

① 3회 연속 측정한 매연농도를 산술 평균하여 소수점 이하는 버린 값을 최종측정치로 한다.
② 3회 연속 측정한 매연농도의 최대치와 최소치의 차가 10%를 초과한 경우 최대 10회까지 추가 측정한다.
③ 측정기의 시료 채취관을 배기관의 벽면으로부터 5mm 이상 떨어지도록 설치하고 5cm 이상의 깊이로 삽입한다.
④ 시료 채취를 위한 급가속 시 가속페달을 밟을 때부터 놓을 때까지 소요시간은 4초 이내로 한다.

해설
3회 연속 측정한 매연농도의 최대치와 최소치의 차가 5%를 초과한 경우 최대 10회까지 추가 측정한다.

07 현재 사용하고 있는 정기검사 디젤엔진 매연검사 방법으로 옳은 것은?

① 광투과식 부하 가속 모드검사
② 광투과식 무부하 급가속 모드검사
③ 여지 광반사식 매연검사
④ 여지 광투과식 매연검사

해설
경유 차량의 정기검사 방법은 무부하 급가속 검사이며, 광투과식 측정 장비를 사용한다.

08 운행차 정기검사에서 배기소음 측정시 정지가동상태에서 원동기 최고출력시의 몇 %의 회전속도로 측정하는가?

① 65% ② 70%
③ 75% ④ 80%

해설
배기소음 측정 방법 자동차의 변속장치를 중립 또는 주차 위치로 하고 정지가동상태(Idle)에서 가속페달을 밟아 가속되는 시점부터 원동기의 최고출력 시의 75% 회전속도에 4초 이내 도달하고 그 상태를 1초 이상 유지시킨 후 가속페달을 놓고 정지가동상태로 다시 돌아올 때까지 최대 소음도를 측정한다. 「소음 · 진동관리법 시행규칙」[별표 15]에 의거

09 자동차 배기소음 측정에 대한 내용으로 옳은 것은?

① 배기관이 2개 이상인 경우 인도측과 먼 쪽의 배기관에서 측정한다
② 회전속도계를 사용하지 않은 경우 정지가동상태에서 원동기 최고 회전속도로 배기소음을 측정한다.
③ 원동기의 최고 출력 시의 75% 회전속도로 4초 동안 운전하여 평균 소음도를 측정한다.
④ 배기관 중심선에 45°± 10°의 각을 이루는 연장선 방향에서 배기관 중심높이보다 0.5m 높은 곳에서 측정한다.

해설
원동기 회전속도계를 사용하지 않고 배기소음을 측정할 때에는 정지가동상태에서 원동기 최고회전속도로 배기소음을 측정한다. 「소음 · 진동관리법 시행규칙」[별표 15]에 의거

10 운행자동차 배기소음 측정 시 마이크로폰 설치 위치에 대한 설명으로 틀린 것은?

① 지상으로부터 최소높이는 0.5m 이상이어야 한다.
② 지상으로부터의 높이는 배기관 중심 높이에서 ±0.05m인 위치에 설치한다.
③ 자동차의 배기관이 2개 이상일 경우에는 인도측과 가까운 쪽 배기관에 대하여 설치한다.
④ 자동차의 배기관 끝으로부터 배기관 중심선에 45°±10°의 각을 이루는 연장선 방향으로 0.5m떨어진 지점에 설치한다.

해설
지상으로부터의 최소높이는 0.2m 이상이어야 한다([별표 2] 운행차 소음측정방법(「소음 · 진동관리법 시행규칙」 제5조 관련).

정답 01 ② 02 ① 03 ① 04 ③ 05 ④ 06 ② 07 ② 08 ③ 09 ② 10 ①

11 운행차 정기검사에서 자동차 배기소음 허용기준으로 옳은 것은? (단, 2006년 1월 1일 제작되어 운행하고 있는 소형 승용자동차이다.)
① 95dB 이하
② 100dB 이하
③ 110dB 이하
④ 112dB 이하

해설
2000년 1월 1일 이후 제작된 소형 승용자동차의 배기소음 기준은 100dB 이하이다.

12 운행차 정기검사에서 소음도 검사 전 확인 항목의 검사방법으로 맞는 것은?
① 타이어의 접지압력의 적정 여부를 눈으로 확인
② 소음덮개 등이 떼어지거나 훼손되었는지 여부를 눈으로 확인
③ 경음기의 추가부착 여부를 눈으로 확인하거나 5초 이상 작동시켜 귀로 확인
④ 배기관 및 소음기의 이음 상태를 확인하기 위해 소음계로 검사 확인

해설
소음도 검사 전 확인(「소음·진동관리법 시행규칙」 [별표 15])
• 소음덮개가 떼어지거나 훼손되어 있지 아니할 것
• 배기관 및 소음기를 확인하여 배출가스가 최종 배출구 전에서 유출되지 아니할 것
• 경음기가 추가로 부착되어 있지 아니할 것

13 운행하는 자동차의 소음도 검사 확인 사항에 대한 설명으로 틀린 것은?
① 소음덮개의 훼손 여부를 확인한다.
② 경적소음은 원동기를 가동 상태에서 측정한다.
③ 경음기의 추가 부착 여부를 확인한다.
④ 배출가스가 최종 배출구 전에서 유출되는지 확인한다.

해설
경적소음은 원동기(엔진)를 정지 상태에서 측정한다.

14 운행하는 자동차의 소음측정 항목으로 맞는 것은?
① 배기소음
② 엔진소음
③ 진동소음
④ 가속출력소음

해설
운행차의 소음측정 항목에는 경적소음(경음기), 배기소음이 있다.

15 운행차 정기검사에서 소음도 검사 전 확인해야 하는 항목으로 거리가 먼 것은? (단, 「소음·진동관리법 시행규칙」에 의한다.)
① 소음덮개
② 경음기
③ 배기관
④ 원동기

해설
소음도 검사 전 확인(「소음·진동관리법 시행규칙」 [별표 15])
• 소음덮개가 떼어지거나 훼손되어 있지 아니할 것
• 배기관 및 소음기를 확인하여 배출가스가 최종 배출구 전에서 유출되지 아니할 것
• 경음기가 추가로 부착되어 있지 아니할 것

배출가스

01 다음은 배출가스 정밀검사에 관한 내용이다. 정밀검사모드로 맞는 것을 모두 고른 것은?

| 1. ASM 2525 모드 | 2. KD147 모드 |
| 3. Lug Down 3 모드 | 4. CVS-75 모드 |

① 1, 2
② 1, 2, 3
③ 1, 3, 4
④ 2, 3, 4

해설
CVS-75 모드는 부착용 배출가스 저감장치 측정방법이다.

02 운행차의 정밀검사에서 배출가스검사 전에 받는 관능 및 기능검사의 항목이 아닌 것은?

① 타이어의 규격
② 냉각수가 누설되는지 여부
③ 엔진, 변속기 등에 기계적인 결함이 있는지 여부
④ 연료증발가스 방지장치의 정상작동 여부

해설
- 정화용 촉매, 매연여과장치 및 그 밖에 관능검사가 가능한 부품의 장착상태를 확인
- 연료증발가스 방지장치가 정상적으로 작동할 것
- 엔진오일, 냉각수, 연료 등이 누설되지 아니할 것
- 엔진, 변속기 등에 기계적인 결함이 없을 것

03 운행차 배출가스 정기검사의 휘발유자동차 배출가스 측정 및 읽는 방법에 관한 설명으로 틀린 것은?

① 배출가스측정기 시료 채취관을 배기관 내에 20cm 이상 삽입하여야 한다.
② 일산화탄소는 소수점 둘째 자리에서 절사하여 0.1% 단위로 최종측정치를 읽는다.
③ 탄화수소는 소수점 첫째 자리에서 절사하여 1ppm 단위로 최종측정치를 읽는다.
④ 공기과잉률은 소수점 둘째 자리에서 0.01 단위로 최종측정치를 읽는다.

해설
배출가스측정기 시료 채취관을 배기관 내에 30cm 이상 삽입하여야 한다.

04 운행차 배출가스 정밀검사를 받아야 하는 자동차에 대한 설명으로 틀린 것은?

① 대기환경규제 지역에 등록된 자동차는 정밀검사 대상 자동차이다.
② 서울특별시에서 운행되는 승용자동차는 정밀검사 대상 자동차이다.
③ 피견인자동차는 정밀검사를 받아야 하는 자동차에서 제외한다.
④ 천연가스를 연료로 사용하는 자동차는 정밀검사를 받아야 한다.

해설
천연가스를 연료로 사용하는 자동차와 피견인자동차는 정밀검사 대상 자동차에서 제외한다(「대기환경보전법 시행규칙」[별표 25]에 의거).

05 차량총중량 1900kgf인 상시 4륜 휘발유 자동차의 배출가스 정밀검사에 적합한 검사모드는?

① 무부하 정지가동 검사모드
② 무부하 급가속 검사모드
③ Lug Down 3모드
④ ASM 2525 모드

해설
가솔린 차량의 경우 ASM 2525 모드를 통한 정밀검사를 진행하지만 상시사륜 차량의 경우 2륜만 회전시킬 수 없으므로 가솔린 정기 검사모드(무부하 정지 가동검사)로 실시한다.

06 배출가스 정밀검사에서 휘발유 사용 자동차의 부하검사 항목은?

① 일산화탄소, 탄화수소, 엔진정격회전수
② 일산화탄소, 이산화탄소, 공기과잉률
③ 일산화탄소, 탄화수소, 이산화탄소
④ 일산화탄소, 탄화수소, 질소산화물

> **해설**
> 휘발유 사용 자동차의 정밀검사 항목
> - 일산화탄소
> - 탄화수소
> - 질소산화물
> - 공기과잉률

07 배출가스 정밀검사에서 부하검사방법 중 경유사용 자동차의 엔진회전수 측정결과 검사기준은?

① 엔진정격회전수의 ±5% 이내
② 엔진정격회전수의 ±10% 이내
③ 엔진정격회전수의 ±15% 이내
④ 엔진정격회전수의 ±20% 이내

> **해설**
> 엔진정격회전수, 엔진정격최대출력의 측정결과가 엔진정격회전수의 ±5% 이내이고, 이때 측정한 엔진최대출력이 엔진정격출력의 50% 이상이어야 한다.

08 엔진최대출력의 정격회전수가 4000rpm인 경유사용자동차 배출가스 정밀검사 방법 중 부하검사의 Lug-Down 3 모드에서 3모드에 해당하는 엔진회전수는?

① 2800rpm   ② 3000rpm
③ 3200rpm   ④ 4000rpm

> **해설**
> 엔진정격 회전수의 80%에서 3모드로 형성하므로 4000 × 0.8 = 3200rpm

09 배출가스 정밀검사의 ASM2525 모드 검사방법에 관한 설명으로 옳은 것은?

① 25%의 도로부하로 25km/h의 속도로 일정하게 주행하면서 배출가스를 측정한다.
② 25%의 도로부하로 40km/h의 속도로 일정하게 주행하면서 배출가스를 측정한다.
③ 25km/h의 속도로 일정하게 주행하면서 25초 동안 배출가스를 측정한다.
④ 25km/h의 속도로 일정하게 주행하면서 40초 동안 배출가스를 측정한다.

> **해설**
> 차대동력계에서 25%의 도로부하로 40km/h의 속도로 주행하여 검사모드 시작 25초 경과 이후 모드가 안정된 구간에서 10초 동안의 일산화탄소, 탄화수소, 질소산화물 등을 측정한다.

10 운행차 배출가스 검사방법에서 휘발유, 가스자동차 검사에 관한 설명으로 틀린 것은?

① 무부하 검사방법과 부하검사방법이 있다.
② 무부하 검사방법으로 이산화탄소, 탄화수소 및 질소산화물을 측정한다.
③ 무부하 검사방법에는 저속공회전 검사모드와 고속공회전 검사모드가 있다.
④ 고속공회전 검사모드는 승용자동차와 차량총중량 3.5톤 미만의 소형자동차에 한하여 적용한다.

> **해설**
> 무부하 검사방법으로 일산화탄소, 탄화수소 및 질소산화물을 측정한다.

11 무부하 검사방법으로 휘발유 사용 운행자동차의 배출가스 검사 시 측정 전에 확인해야 하는 자동차의 상태로 틀린 것은?

① 배기관이 2개 이상일 때에는 모든 배기관을 측정한 후 최댓값을 기준으로 한다.
② 자동차 배기관에 배출가스분석기의 시료 채취관을 30cm 이상 삽입한다.
③ 측정에 장애를 줄 수 있는 부속장치들은 가동을 정지한다.
④ 수동변속기 자동차는 변속기어를 N단에 놓는다.

해설
운행자동차의 배출가스 검사 시 배기관이 2개 이상일 때는 한쪽 배기관을 측정하여 판정한다.

12 「자동차 및 자동차부품의 성능과 기준에 관한 규칙」 중 자동차의 연료탱크, 주입구 및 가스배출구의 적합 기준으로 옳지 않은 것은?

① 배기관의 끝으로부터 20cm 이상 떨어져 있을 것(연료탱크를 제외한다.)
② 차실 안에 설치하지 않아야 하며, 연료탱크는 차실과 벽 또는 보호판 등으로 격리되는 구조일 것
③ 노출된 전기단자 및 전기개폐기로부터 20cm 이상 떨어져 있을 것(연료탱크를 제외한다.)
④ 연료장치는 자동차의 움직임에 의하여 연료가 새지 아니하는 구조일 것

해설
배기관의 끝으로부터 30cm 이상 떨어져 있을 것(연료탱크를 제외한다.)

13 운행차 정기검사 시 배출가스 정화용 촉매장치 미 부착 자동차의 공기과잉률 허용기준은? (단, 희박연소방식을 적용한 자동차는 제외한다)

① 1 ± 0.10 이내　　② 1 ± 0.15 이내
③ 1 ± 0.20 이내　　④ 1 ± 0.25 이내

해설
가솔린 자동차의 공기과잉률 1 ± 0.1 이내. 다만, 기화기식 연료 공급장치 부착자동차는 1 ± 0.15 이내, '촉매 미부착 자동차는 1 ± 0.20 이내'(「대기환경보전법 시행규칙」 [별표21] 운행차 배출 허용기준)

친환경자동차 관련

01 자동차관리법상 저속 전기 자동차의 최고속도(km/h) 기준은? (단, 차량총중량이 1361kg을 초과하지 않는다.)

① 20　　② 40
③ 60　　④ 80

해설
"저속전기자동차"는 최고속도가 60km/h를 초과하지 않고, 차량 총중량이 1361kg을 초과하지 않는 전기자동차(「자동차관리법 시행규칙」 제57조의2)

02 저소음 자동차의 가상 엔진 사운드 시스템의 설명으로 틀린 것은?

① 발생음은 85dB을 넘지 않아야 한다.
② 전진 시 20km/h까지 음이 발생해야 한다.
③ 가상 음은 운전자가 임의로 끌 수 없어야 한다.
④ 경고음은 전진 주행 시 자동차의 속도변화를 보행자가 알 수 있도록 주파수 변화의 특성을 가져야 한다.

해설
전진주행 시 발생되는 전체음의 크기는 75dB을 초과하지 않아야 한다(「자동차규칙」 제53조의3 관련 별표 6의33).

03 자동차 규칙상 저소음자동차 경고음 발생장치 설치 기준에 대한 설명으로 틀린 것은?

① 하이브리드 자동차, 전기자동차, 연료전지자동차 등 동력발생장치가 내연기관인 자동차에 설치하여야 한다.
② 전진 주행 시 발생되는 전체음의 크기를 75데시벨(dB)을 초과하지 않아야 한다.
③ 운전자가 경고음 발생을 중단시킬 수 있는 장치를 설치하여서는 아니된다.
④ 최소한 매시 20킬로미터 이하의 주행상태에서 경고음을 내야 한다.

> **해설**
> 하이브리드 자동차, 전기자동차, 연료전지자동차 등 동력발생장치가 전기모터인 자동차에 설치하여야 한다.

04 고전원 전기장치의 규정되는 배선 색은?

① 주황색   ② 검은색
③ 흰색   ④ 빨간색

> **해설**
> 고전원 전기장치의 전기배선의 피복은 주황색이어야 한다(「자동차규칙」 제18조의2 관련 [별표5]).

05 자동차규칙상 고전원 전기장치 절연 안전성에 대한 아래 설명 중 (   )안에 들어갈 내용은?

> 연료전지 자동차의 고전압 직류회로는 절연 저항이 (   ) 이하로 떨어질 경우 운전자에게 경고를 줄 수 있도록 절연저항 감시시스템을 갖추어야 한다.

① 100ΩV   ② 300ΩV
③ 200ΩV   ④ 400ΩV

> **해설**
> 연료전지 자동차의 고전압 직류회로는 절연저항이 100ΩV 이하로 떨어질 경우 운전자에게 경고를 줄 수 있도록 절연저항 감시시스템을 갖추어야 한다.

06 전기사용자동차의 에너지 소비효율 계산식으로 옳은 것은?

① $\dfrac{1회 충전주행거리(km)}{차량주행\ 시\ 전기에너지충전량(kWh)}$

② $1 - \dfrac{1회 충전주행거리(km)}{차량주행\ 시\ 전기에너지충전량(kWh)}$

③ $\dfrac{차량주행\ 시\ 전기에너지충전량(kWh)}{1회 충전주행거리(km)}$

④ $1 - \dfrac{차량주행\ 시\ 전기에너지충전량(kWh)}{1회 충전주행거리(km)}$

> **해설**
> 전기사용 자동차의 경우
> 「자동차의 에너지소비효율 및 등급표시에 관한 규정」 부칙 2조 관련 [별표 1] 자동차의 에너지소비효율 산정방법 등에 의거
> 에너지소비효율(km/kWh)
> $= \dfrac{1회\ 충전\ 주행거리(km)}{차량주행\ 시\ 소요된\ 전기에너지\ 충전량(kWh)}$

07 환경친화적 자동차의 요건 등에 관한 규칙상 승용 고속전기자동차의 1회 충전 주행거리의 기준은 몇 km 이상인가?

① 150km   ② 200km
③ 300km   ④ 400km

> **해설**
> 고속전기자동차(승용자동차/화물자동차/경·소형 승합자동차) 1회 충전 주행거리(「환경친화적 자동차의 요건 등에 관한 규정」 제4조(기술적 세부사항)에 의거)
> • 승용자동차는 150km 이상
> • 경·소형 화물자동차는 70km 이상
> • 중·대형 화물자동차는 100km 이상
> • 경·소형 승합자동차는 70km 이상

08 환경친화적 자동차의 요건에 관한 규정상 플러그인 하이브리드 자동차에 사용하는 구동축전지 공칭전압 기준은?

① 직류 100V 이상
② 직류 60V 이상
③ 직류 120V 이상
④ 직류 220V 이상

> **해설**
> 기술적 세부사항(「환경친화적 자동차의 요건 등에 관한 규정」 제4조 관련)
> • 일반 하이브리드 : 직류 60V 이상
> • 플러그 인 하이브리드 : 직류 100V 이상

09 전기자동차 및 플러그인 하이브리드 자동차의 복합 1회 충전 주행거리(km) 산정방법으로 옳은 것은? (단, 「자동차의 에너지소비효율 및 등급표시에 관한 규정」에 의한다.)

① 0.55 × 도심주행 1회 충전 주행거리 + 0.45 × 고속도로주행 1회 충전 주행거리
② 0.45 × 도심주행 1회 충전 주행거리 + 0.55 × 고속도로주행 1회 충전 주행거리
③ 0.5 × 도심주행 1회 충전 주행거리 + 0.5 × 고속도로주행 1회 충전 주행거리
④ 0.6 × 도심주행 1회 충전 주행거리 + 0.4 × 고속도로주행 1회 충전 주행거리

> **해설**
> 자동차의 에너지 소비효율 산정방법 등(「자동차의 에너지소비효율 및 등급표시에 관한 규정」 [별표 1])
> 복합 1회 충전 주행거리 = 0.55 × 도심주행 1회 충전 주행거리 + 0.45 × 고속도로주행 1회 충전 주행거리이다.

10 자동차의 에너지 소비효율 산정에서 최종 결과치를 산출하기 전까지 계산을 위하여 사용하는 모든 값들을 처리하는 방법으로 옳은 것은?

① 반올림 없이 산출된 소수점 그대로 적용
② 반올림하여 소수점 이하 첫째 자리로 적용
③ 반올림하여 정수로 적용
④ 반올림 없이 소수점 이하 첫째 자리로 적용

> **해설**
> 에너지소비효율, CO_2 등의 최종 결과치를 산출하기 전까지 계산을 위하여 사용하는 모든 값은 반올림 없이 산출된 소수점 그대로를 적용한다(「자동차의 에너지소비효율 및 등급표시에 관한 규정」 [별표 1] 자동차의 에너지소비효율 산정방법 등에 의거).

11 수소 연료전지차의 에너지소비효율 라벨에 표시되는 항목이 아닌 것은? (단, 「자동차의 에너지소비효율 및 등급표시에 관한 규정」에 의한다.)

① CO_2 배출량
② 1회 충전 주행거리
③ 도심주행 에너지소비효율
④ 고속도로주행 에너지소비효율

> **해설**
>

12 수소가스를 연료로 사용하는 자동차에서 내압용기의 연료공급 자동 차단밸브 이후의 연료장치에서 수소가스 누설 시 승객거주 공간의 공기 중 수소농도 기준은?

① 1% ② 3%
③ 5% ④ 7%

해설
차단밸브(내압용기의 연료공급 자동 차단장치) 이후의 연료장치에서 수소가스 누출 시 승객거주 공간의 공기 중 수소농도는 1% 이하일 것(「자동차규칙」 제17조(연료장치)에 의거)

13 수소자동차 압력용기의 사용압력 기준으로 맞는 것은?

① 15℃에서 35MPa 또는 70MPa의 압력을 말한다.
② 15℃에서 50MPa 또는 100MPa의 압력을 말한다.
③ 20℃에서 35MPa 또는 70MPa의 압력을 말한다.
④ 20℃에서 50MPa 또는 100MPa의 압력을 말한다.

해설
15℃에서 35MPa 또는 70MPa의 압력을 말한다(「자동차용 내압용기 안전에 관한 규정」 [별표4] 압축수소가스 내압용기 제조관련 세부기준 검사방법 및 절차에 의거)

14 수소 연료전지 자동차의 수소탱크에 관한 설명으로 옳은 것은?

① 최대 사용한도는 20년에 5000회이다.
② 1년에 1회 의무적인 내압검사를 실시한다.
③ 수소탱크 제어모듈은 일정 압력 이상의 충전 시 충전 횟수를 카운트한다.
④ 탄소섬유로 이루어진 수소탱크는 강철에 비해 강도가 강하지만 강성은 약하다.

해설
① 최대 사용한도는 15년, 충전횟수 4000회이다.
② 내압시험일로부터 3년 이상 경과 시 내압검사를 실시한다.
④ 탄소섬유로 이루어진 내압용기는 강철에 비해 강도와 강성이 강하다.

15 수소가스를 연료로 사용하는 자동차 배기구에서 배출되는 가스의 수소농도 기준으로 옳은 것은?

① 평균 2%, 순간 최대 4%를 초과하지 아니할 것
② 평균 3%, 순간 최대 6%를 초과하지 아니할 것
③ 평균 5%, 순간 최대 10%를 초과하지 아니할 것
④ 평균 4%, 순간 최대 8%를 초과하지 아니할 것

해설
수소가스를 연료로 사용하는 자동차의 배기구에서 배출되는 가스의 수소농도는 평균 4%, 순간 최대 8%를 초과하지 아니할 것(「자동차규칙」 제17조에 의거)

정답 12 ① 13 ① 14 ③ 15 ④

PART 02
자동차 전기·전자장치

CHAPTER 01 | 기초 전기·전자 정비
+ 단원 마무리문제

CHAPTER 02 | 충전장치
+ 단원 마무리문제

CHAPTER 03 | 시동장치
+ 단원 마무리문제

CHAPTER 04 | 냉난방장치
+ 단원 마무리문제

CHAPTER 05 | 네트워크통신장치
+ 단원 마무리문제

CHAPTER 06 | 편의장치
+ 단원 마무리문제

CHAPTER 07 | 주행안전장치
+ 단원 마무리문제

CHAPTER 01 기초 전기·전자 정비

Industrial Engineer Motor Vehicles Maintenance

Topic 01 | 기초 전기

01 전기

무형으로 존재하는 에너지의 형태이다.

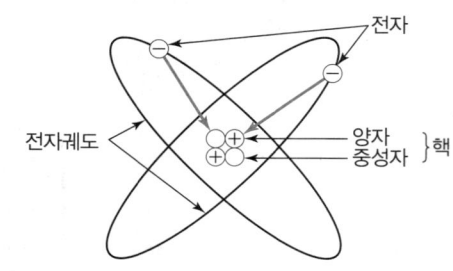

[그림 1-1] 물질의 구성

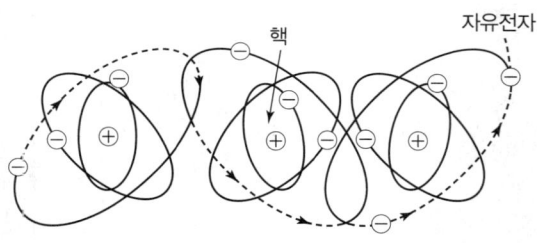

[그림 1-2] 자유전자의 이동

02 정전기

① 전하가 물질에 정지하고 있는 전기의 형태이다.
② 축전기 : 정전 유도작용을 이용하여 많은 전하량을 저장하는 것

$$Q = CV$$
Q : 전하량, C : 정전용량, V : 전압

㉠ 정전용량은 금속판 사이의 절연체의 절연도가 클수록 커짐
㉡ 충전되는 전하량은 가해지는 전압이 클수록 커짐
㉢ 정전용량은 상대하는 금속판의 면적이 클수록 커짐
㉣ 정전용량은 금속판 사이의 거리가 좁을수록 커짐

03 동전기

① 정의 : 전하가 물질 속을 이동하는 전기의 형태
② 직류 전기 : 시간의 경과에 대해 전압 및 전류가 일정 값을 유지하고 흐름 방향도 일정한 전기
③ 교류 전기 : 시간의 경과에 대해 전압 및 전류가 계속 변화하고 흐름 방향이 정방향과 역방향으로 차례로 반복되는 전기

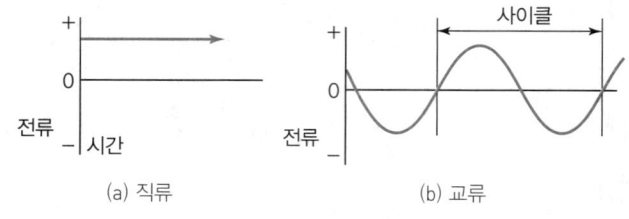

[그림 1-3] 동전기의 종류

04 전류

(1) 개요
① 임의의 한 점을 통과하는 전하의 양으로, 단위는 A(암페어 : amper)를 사용한다.
② 1A : 도체의 단면에서 임의의 한 점을 매초 1쿨롱의 전하가 이동할 때의 양을 의미

(2) 전류의 3대 작용
① 발열작용 : 도체 저항에 의해 흐르는 전류의 자승과 저항의 곱에 비례하는 주울열이 발생하는 것(예 전구, 예열 플러그 등)
② 화학작용 : 어떤 화학물질에 전류를 가하면 전기분해되는 것(예 축전지, 수소자동차의 스택, 전기 도금 등)
③ 자기작용 : 전선이나 코일에 전류가 흐르면 그 주위에 자기 현상이 발생하는 것(예 발전기, 전동기 등)

05 전압

① 전위의 차이 또는 도체에 전류를 흐르게 하는 전기적인 압력으로 단위는 V(볼트 : volt)를 사용한다.
② 1V : 1Ω의 도체에 1A의 전류를 흐르게 할 수 있는 전기적 에너지 차이

06 저항

① 전류가 물질 속을 흐를 때 전류의 흐름을 방해하는 힘으로 단위는 Ω(옴 : ohm)을 사용한다.
② 1Ω : 도체에 1A의 전류를 흐르게 할 때 1V의 전압이 필요한 저항

07 도체 형상에 의한 저항

① 도체의 저항은 그 길이에 비례하고 단면적에 반비례한다.
② 전압과 도선의 길이가 일정할 때 도선의 지름을 1/2로 하면 저항은 4배로 증가하고 전류는 1/4로 감소한다.

$$R = \rho \times \frac{\ell}{A}$$

R : 물체의 저항(Ω), ρ : 물체의 고유저항(Ω·cm),
ℓ : 길이(cm), A : 단면적(cm²)

08 저항 연결법

(1) 옴의 법칙(Ohm's law)

도체에 흐르는 전류는 도체에 가해진 전압에 정비례하고 그 도체의 저항에는 반비례한다는 법칙을 말한다.

$$I = \frac{E}{R}, \quad R = \frac{E}{I}, \quad E = IR$$

I : 도체에 흐르는 전류(A), E : 도체에 가해진 전압(V),
R : 도체의 저항(Ω)

(2) 직렬접속의 특징

① 합성저항은 각 저항의 합과 동일하다.
② 각 저항에 흐르는 전류는 일정하다.
③ 각 저항에 가해지는 전압의 합은 전원의 합과 동일하다.
④ 동일 전압을 연결하면 전압은 개수의 배가되고 용량은 1개일 때와 동일하다.

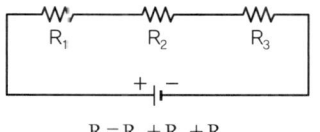

$$R = R_1 + R_2 + R_3$$

[그림 1-4] 직렬저항의 접속

⑤ 다른 전압을 연결하면 전압은 각 전압의 합과 같고 용량은 평균값이 된다.
⑥ 큰 저항과 아주 작은 저항을 연결하면 아주 작은 저항은 무시된다.

(3) 병렬접속의 특징

① 합성저항은 각 저항의 역수의 합의 역수와 같다.
② 각 회로에 흐르는 전류는 상승한다.
③ 각 회로의 전압은 일정하다.
④ 동일 전압을 연결하면 전압은 1개일 때와 동일하고 용량은 개수의 배가 된다.
⑤ 아주 큰 저항과 적은 저항을 연결하면 아주 큰 저항은 무시된다.

$$\frac{1}{R} = \frac{1}{R_1} + \frac{1}{R_2} + \frac{1}{R_3} \qquad R = R_1 + \frac{R_2 \times R_3}{R_2 + R_3}$$

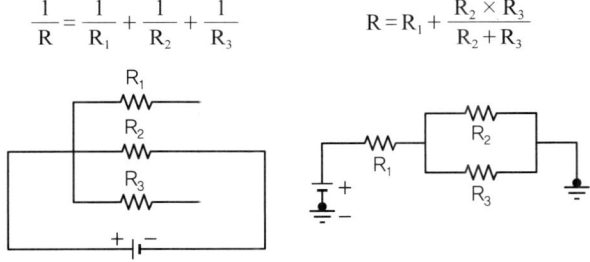

[그림 1-5] 병렬저항의 접속   [그림 1-6] 직·병렬저항의 접속

(4) 직·병렬접속의 특징

① 합성저항은 직렬 합성저항과 병렬 합성저항을 더한 값이다.
② 전압과 전류 모두 상승한다.

09 전압 강하

전류가 도체에 흐를 때 도체의 저항에 의해서 손실되는 전압으로 직렬접속 시 많이 일어난다.

10 키르히호프의 법칙(Kirchhoff's law)

① 제1법칙(전하의 보존법칙) : 회로 내의 한 점으로 유입된 전류의 총합은 유출된 전류의 총합과 동일하다.

$$I_1 + I_2 + I_3 = I_4 + I_5 + I_6 + I_7$$
$$\Sigma I = 0$$

② 제2법칙(에너지 보존법칙) : 임의의 한 폐회로에서 소비된 전압 강하의 총합은 기전력의 총합과 같다.

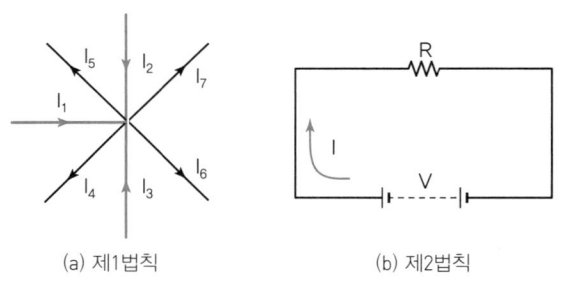

[그림 1-7] 키르히호프의 법칙

11 전력

전기가 하는 일의 크기(Watt, W)를 의미한다.

$$P = E \times I = I^2 \times R = \frac{E^2}{R}$$
$$(\because E = I \times R, \ I = \frac{E}{R} \text{이므로})$$

12 전력량

① 전력이 어떤 시간 동안에 한 일의 총량을 의미한다.

$$Wh = P \times t = \times I^2 \times R \times t(3600s)$$

② 주울의 법칙(Joule's law) : 도체 내에 흐르는 정상 전류에 의하여 일정한 시간 내에 발생하는 열량은 전류의 자승과 저항의 곱에 비례한다는 법칙이다.

③ 주울 열 : 전류가 저항 속을 흘러 발생하는 열

$$H(cal) = 0.24 \times I^2 \times R \times t$$

13 전자력

(1) 플레밍의 왼손 법칙(Fleming's left hand rule)

① 자계 내의 도체에 전류를 흐르게 하였을 때 도체에 작용하는 힘의 방향을 가리키는 법칙이다.

② 기동전동기, 전류계, 전압계 등에 이용된다.

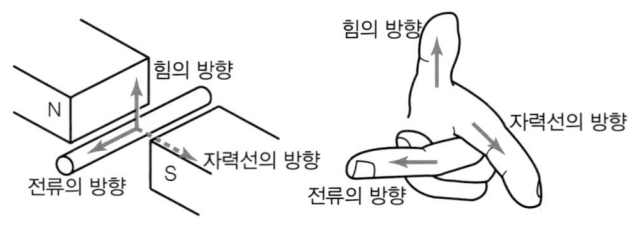

[그림 1-8] 플레밍의 왼손 법칙

14 전자 유도작용

① 자계 내에서 도체를 자력선과 직각 방향으로 움직이거나 도체를 고정시키고 자계를 직각 방향으로 움직이는 경우 도체에 기전력이 발생하는 현상을 말한다.

② 교류발전기, 점화 코일, ABS의 휠 속도 센서 등에 이용된다.

③ 플레밍의 오른손 법칙, 렌츠의 법칙 등이 있다.

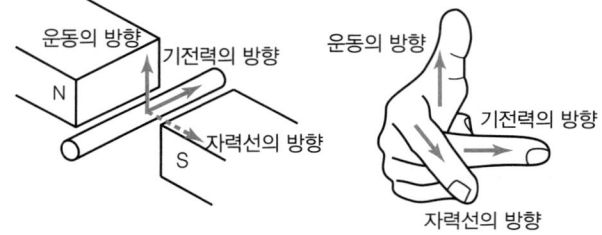

[그림 1-9] 플레밍의 오른손 법칙

15 자기 유도작용

하나의 코일에 흐르는 전류를 변화시키면 코일과 교차하는 자력선도 변화되기 때문에 코일에는 그 변화를 방해하는 방향으로 기전력이 발생하는 현상이다.

16 상호 유도작용

직류 전기회로에 자력선의 변화가 생겼을 때 그 변화를 방해하기 위해 다른 전기회로에 기전력이 발생하는 현상이다.

Topic 02 | 기초 전자

01 전선(와이어링)

(1) 개요
① 자동차 전기회로에서 사용하는 전선은 피복선과 비피복선으로 구분된다.
② 비피복선은 접지용으로 일부 사용한다.
③ 대부분은 무명(cotton), 명주(silk), 비닐 등의 절연물로 피복된 피복선을 사용한다.
④ 특히 점화장치에서 사용하는 고압 케이블은 내절연성이 매우 큰 물질로 피복된다.

(2) 전선의 피복 색깔 표시
전선을 구분하기 위해 피복의 바탕색, 줄무늬 색깔 순서로 표시한다.

예 1.25RG의 경우

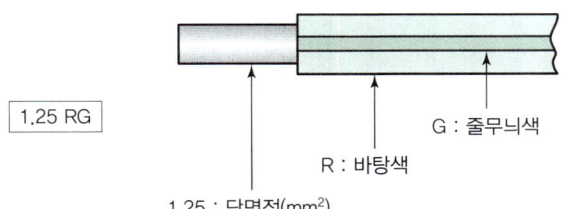

[그림 1-10] 전선의 피복 색깔 표시

[표 1-1] 전선 피복색깔에 대한 기호

약어	색상	약어	색상
B	흑색	L	청색
W	백색	Y	황색(노랑)
R	적색	O	주황색
G	녹색	P	분홍
Br	갈색	Lg	연두색
S	은색	T	황갈색
V	보라색	Be	베이지색
Gr	회색	Pp	자색

(3) 하니스의 구분
① 자동차에서는 전선 묶음을 전선 하니스(Wiring Harness) 또는 하니스라 한다.
② 하니스로 배선을 하면 전선 설치가 간단해지고 작업이 쉬워진다.

(4) 전선의 배선방식
전선을 구분하기 위해 피복의 바탕색, 줄무늬 색깔 순서로 표시한다.

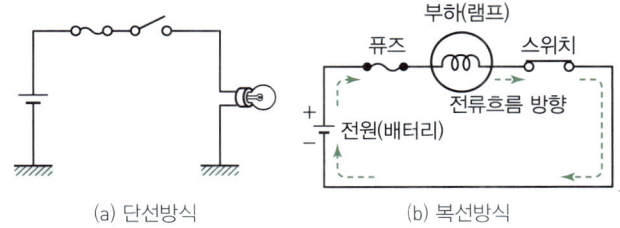

[그림 1-11] 단선방식과 복선방식

02 전선의 허용전류와 퓨즈
① 전선의 허용전류 : 전선에 안전한 상태로 사용할 수 있는 전류값이 정해져 있는데 이것을 허용전류라 한다.
② 퓨즈(Fuse) : 퓨즈는 단락 및 누전에 의해 과대 전류가 흐르면 차단되어 전류의 흐름을 방지하는 부품으로 전기회로에 직렬로 설치되는 안전장치로 재질은 납과 주석의 합금이다. 용량은 전기회로 허용전류의 약 1.5~1.7배의 것을 사용한다.

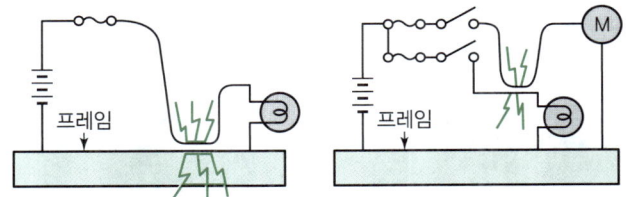

[그림 1-12] 퓨즈가 있는 회로

> **TIP 퓨즈의 단선 원인**
> • 회로의 합선에 의해 과도한 전류가 흘렀을 때
> • 퓨즈가 부식되었을 때
> • 퓨즈가 접촉이 불량할 때
> • 스위치의 잦은 ON/OFF 반복으로 피로가 누적되었을 때
> • 퓨즈 홀더의 접촉저항 발생에 의한 발열 때

③ 퓨저블링크
㉠ 자동차의 전압 배선 일부에 그 회로의 전선보다 가는 단면적의 전선을 직렬로 연결한 것
㉡ 과부하 혹은 사고로 인한 회로 쇼트 등의 발생 시 와이어링 하니스에서 화재 발생을 방지하는 것

④ 서킷브레이커
- ㉠ 바이메탈 방식 : 열팽창 계수가 다른 두 종류의 금속을 붙여 직렬로 연결하고, 온도가 상승하면 열팽창 계수가 작은 금속 쪽으로 휘어 기계적 접점이 끊어지는 것으로 회로를 차단할 수 있음
- ㉡ 서미스터 방식 : 정특성 서미스터(PTC)를 사용하여 직렬로 연결하고, 회로가 일정 온도 이상 상승하면 저항이 급격하게 증가하는 것을 이용하여 부도체에 가까운 특성으로 회로를 차단할 수 있음

03 퓨즈 점검방법

① 퓨즈 위치를 정비지침서를 보고 확인한 뒤에 테스트 램프 또는 멀티미터를 이용하여 퓨즈를 점검한다.
② 퓨즈 상단에 노출된 2개의 철심 부분에 테스트 램프를 접촉하여 퓨즈를 점검한다. 테스트 램프 접촉 시 양쪽 모두 불이 들어오면 퓨즈는 정상이다. 테스트 램프를 한쪽 철심 부분에 접촉 시 점등되고 다른 철심 부분에 접촉 시 점등되지 않으면 퓨즈가 끊어진 것이다.
③ 멀티미터를 이용할 경우에는 저항계에 맞추고 퓨즈 상단의 노출된 2개의 쇠 부분의 저항을 측정한다. 이 때 어떤 값이 표시되면 정상이다. 퓨즈가 끊어지면 저항은 무한대 또는 Error로 표시된다.

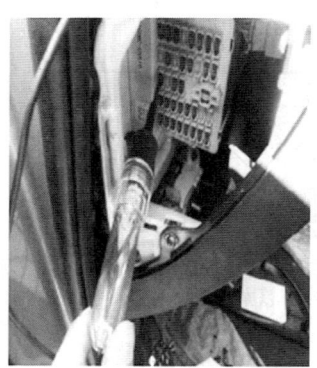 

출처 : 교육부(2018), 등화장치정비(LM150603106_17v3), 사단법인 한국자동차기술인협회, 한국직업능력개발원, p14.

[그림 1-13] 퓨즈 점검

04 릴레이

(1) 정의

전원과 부하 사이에 설치하여 전원을 연결하거나 차단하는 기능을 하는 부품으로 전자석을 사용하여 스위치를 동작시킨다.

(2) 릴레이의 종류

① NO(Nomal Open) 릴레이 : 전자석이 여자되었을 때 회로가 작동함
② NC(Nomal Close) 릴레이 : 전자석이 여자되었을 때 회로를 차단함
③ 2WAY 릴레이 : 전자석이 여자되었을 때 전류의 경로가 바뀜

(3) 릴레이 점검

① 엔진룸 릴레이 박스에서 릴레이를 분리한다.
② 릴레이 단자 86번과 85번 사이에 전원을 인가했을 때 단자 87번과 30번이 통전이 되는지 점검한다.
③ 릴레이 단자 86번과 85번 사이에 전원을 해지했을 때 단자 87번과 30번이 통전이 되지 않는지 점검한다.

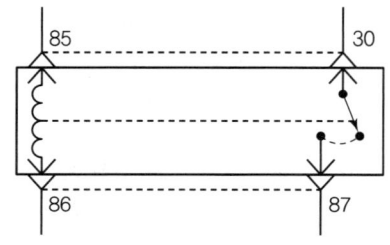

[그림 1-14] 릴레이 점검

05 반도체

(1) 정의

도체와 절연체의 중간 성질을 띠는 물질이다.

(2) 종류

1) P형 반도체

① 실리콘이나 게르마늄에 3가인 인듐(In)을 혼합하여 실리콘의 4가 안에 3가의 원자가 공유 결합할 때 정공(hole)(+)이 발생한다.
② 정공이 전기를 운반하는 불순물 반도체이다.

③ 정공(hole)은 (-)쪽으로 이동하고 전자는 (+)쪽으로 이동하여 전기를 운반하는 반도체이다.

2) N형 반도체
① 실리콘이나 게르마늄에 5가인 비소(As)나 인(P)을 혼합하여 실리콘의 4가 안에 5가의 원자가 공유결합할 때 1개의 자유전자(-)가 발생한다.
② 이 자유전자가 자유롭게 결정 속을 움직이면서 전기를 나르는 반도체를 N형 반도체라 한다.

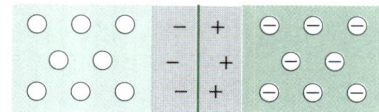

[그림 1-15] P형 반도체와 N형 반도체의 구조

3) PN 반도체 접합의 종류

[표 1-2] 반도체 접합의 종류

접합의 내용	접합도	적용
무접합	P / N	서미스터, 광전도 셀(CdS)
단접합	P N	다이오드, 제너 다이오드, 단일 접합 또는 단일 접점 트랜지스터
이중 접합	P N P / N P N	PNP 트랜지스터, NPN 트랜지스터, 가변 용량 다이오드, 발광 다이오드, 전계효과 트랜지스터
다중 접합	P N P N	사이리스터, 포토 트랜지스터

06 다이오드(Diode)

(1) 정의
P형 반도체와 N형 반도체를 결합하여 양 끝에 단자를 부착한 것이다.

(2) 실리콘 다이오드
① 순방향 접속에서는 전류가 흐르고, 역방향 접속에서는 전류가 흐르지 않는 특성(역류방지)이 있다.
② 이때 교류전기를 직류전기로 변환시키는 정류작용을 한다.
③ 정류회로의 종류에는 단상 반파정류, 단상 전파정류, 3상 전파정류 등이 있다.

(3) 제너 다이오드
① 전압이 어떤 값에 도달하면 역방향으로 전류가 흐르는 다이오드이다.
② 브레이크다운 전압 : 역방향으로 전류가 흐를 때의 전압
③ 전압 조정기의 전압 검출, 정전압 회로, 트랜지스터식 점화장치 등에서 트랜지스터 보호용으로 사용된다.

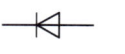  

〈다이오드〉 〈제너 다이오드〉 〈발광 다이오드〉 〈포토 다이오드〉

[그림 1-16] 다이오드의 종류

(4) 발광 다이오드(LED)
① 순방향으로 전류를 흐르게 하여 전류를 가시광선으로 변화시켜 빛을 발생하는 다이오드이다.
② 전자회로의 파일럿램프, 크랭크각 센서, 1번 실린더 TDC 센서, 차고 센서 등으로 이용된다.

(5) 포토 다이오드
① 빛에 의해 역방향으로 전류가 흐르는 다이오드이다.
② 크랭크각 센서, 1번 실린더 TDC 센서, 에어컨 일사 센서 등에 이용된다.

07 서미스터(Thermistor)
① 온도 변화에 대해 저항값이 크게 변화하는 반도체의 성질을 이용하는 소자를 말한다.
② 온도측정을 위한 센서는 온도가 상승하면 저항값이 감소되어 부의 특성으로 되는 NTC 서미스터를 사용한다.
③ 정전압 회로, 온도 보상장치, 수온 센서, 연료 잔량 센서 등에 사용된다.

08 트랜지스터(BJT)

(1) 특징
① 이미터, 베이스, 컬렉터의 3개 단자로 구성되어 있다.
② 스위칭작용 : 베이스의 전류를 단속하여 이미터와 컬렉터 사이의 전류를 단속

③ 증폭작용 : 작은 베이스 전류에 의해 큰 컬렉터 전류가 제어되는 것

(2) 종류

① PNP형 트랜지스터 : N형 반도체를 중심으로 양쪽에 P형 반도체를 결합한 것

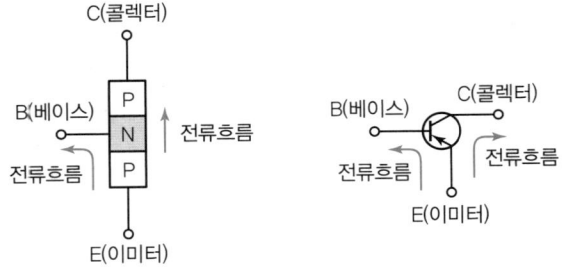

[그림 1-17] PNP형 트랜지스터

② NPN형 트랜지스터 : P형 반도체를 중심으로 양쪽에 N형 반도체를 결합한 것

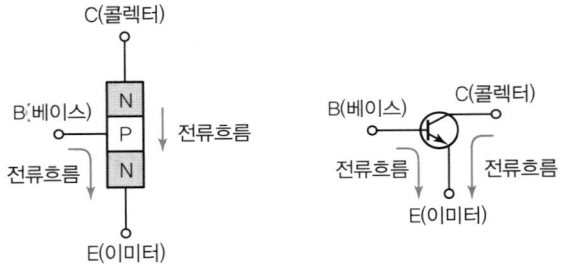

[그림 1-18] NPN형 트랜지스터

(3) 트랜지스터의 장점

① 소형, 경량이다.
② 내부에서의 전력 손실과 전압강하가 적다.
③ 기계적으로 강하고, 수명이 길다.
④ 예열 없이 작동된다.

(4) 트랜지스터의 단점

① 과대 전류 및 전압에 파손되기 쉽다.
② 온도가 상승하면 파손되므로 온도 특성이 나쁘다.

(5) 트랜지스터(BJT, MOSFET, IGBT) 특성 비교

① BJT(Bipolar Junction Transistor) : 일반적 트랜지스터, PNP, NPN 형태
② MOSFET(Metal-Oxide-Semiconductor Field-Effect Transistor) : 금속산화막반도체구조, 전계효과 트랜지스터
③ IGBT(Insulated Gate Bipolar Transistor) : 절연게이트 양극성 트랜지스터

[표 1-3] 트랜지스터(BJT, MOSFET, IGBT) 기호와 특성

구분	BJT	MOSFET	IGBT
기호	Base ─ Collector / Emitter	Gate ─ Drain / Source	Gate ─ Collector / Emitter
허용전류 높은 순	2	3	1
스위칭 속도 빠른 순	3	1	2
스위치 저항 낮은순	2	3	1
구동방식	전류	전압	전압

09 포토 트랜지스터(Photo transistor)

① 빛이 베이스 전류로 작용하므로 베이스의 단자가 없다.
② 소형이고 취급이 용이하며 광출력 전류가 크고 내구성 및 신호성이 풍부한 것이 특징이다.
③ 광량 측정, 광 스위치 소자로 사용되며, 조향 휠 각속도 센서, 차고 센서 등에 이용한다.

10 다링톤 트랜지스터

① 트랜지스터 내부에 2개의 트랜지스터로 구성된다.
② 1개로 2개분의 트랜지스터 증폭 효과를 지닌다.

11 사이리스터(SCR)

① PNPN형 또는 NPNP형의 4층 구조로 된 실리콘 정류 스위치 소자의 제어 정류기이다.
② (+)쪽을 애노드, (-)쪽을 캐소드, 제어 단자를 게이트라 한다.
③ 게이트 단자에 (+)극의 전압을 가했다가 없애도 사이리스터는 계속 전류가 흐른다.
④ 발전기의 여자장치, 조광장치, 통신용 전원 등의 각종 정류장치에 사용한다.

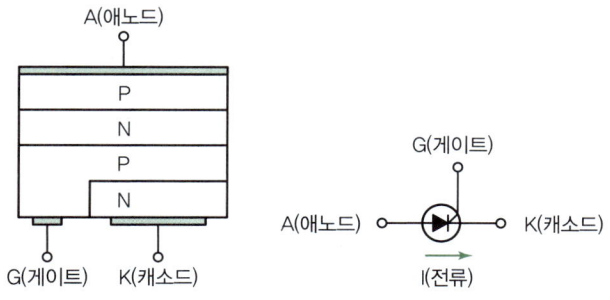

[그림 1-19] 사이리스터(SCR)

12 집적회로(IC ; Intergrated Circuit)

(1) 정의

IC란 많은 회로소자(저항, 축전기, 다이오드, 트랜지스터 등)가 1개의 실리콘 기판 또는 기관 내에 분리할 수 없는 상태로 결합된 것이며, 초소형화되어 있는 것을 말한다.

(2) IC신호 특성

① 디지털 형식(Digital type) : 디지털 형식은 Hi와 Low의 2가지 신호를 취급하며 이 사이를 스위칭하는 기능을 가지고 있어 "전압이 발생한다." 또는 "발생하지 않는다."의 신호를 이용함

② 아날로그 형식(Analog type)
   ㉠ 아날로그 신호의 입력 파형을 증폭시켜 출력으로 내보내는 기능을 지니고 있어 선형(linear) IC라 부름
   ㉡ 아날로그 신호 : 저항의 온도에 따른 전류의 변화와 같이 연속적으로 변화하는 신호

[표 1-4] 디지털 파형과 아날로그 파형의 차이

구분	아날로그	디지털
신호	(연속적 사인파)	(사각 펄스파 t_1, t_2, t_3)
특성	출력전압이 입력전압에 비례(선형)	출력전압이 입력전압에 계단형
성질	시간에 의해 연속적으로 변화하는 신호	시간에 대해 간헐적으로 변화하는 신호

(3) IC의 특징

1) IC의 장점
   ① 소형 · 경량이다.
   ② 대량 생산이 가능하므로 가격이 저렴하다.
   ③ 특성을 골고루 지닌 트랜지스터가 된다.
   ④ 1개의 칩(chip) 위에 직접화한 모든 트랜지스터가 같은 공정에서 생산된다.
   ⑤ 납땜 부위가 적어 고장이 적다.
   ⑥ 진동에 강하고 소비전력이 매우 적다.

2) IC의 단점
   ① 내열성이 30~80℃이므로 큰 전력을 사용하는 경우에는 IC에 방열기를 부착하거나 장치 전체에 송풍장치가 필요하다.
   ② 대용량의 축전기(condenser)는 IC화가 어렵다.
   ③ 코일의 경우에는 모노리틱 형식(monolothic type)의 IC가 어렵다.

13 마이크로컴퓨터(micro computer)

(1) 정의

마이크로컴퓨터는 중앙처리장치(CPU), 기억장치, 입력포트, 출력포트 등 4가지로 구성되며 산술연산, 논리연산을 하는 데이터 처리장치로 정의된다.

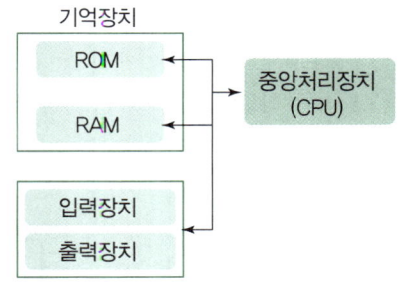

[그림 1-20] 컴퓨터의 개요도

(2) 마이크로컴퓨터의 구조

① 중앙처리장치(CPU ; Central Processing Unit) : 컴퓨터의 두뇌에 해당되는 부분으로, 미리 기억되어 있는 프로그램(작업순서를 일정한 순서에 따라서 컴퓨터 언어로 기입된 것)의 내용을 실행하는 장치

② 입·출력장치(I/O ; In put/Out put) : 중앙처리 장치의 명령에 의해서 입력장치(센서)로부터 데이터를 받아들

CHAPTER 01 기초 전기·전자 정비 159

이거나 출력장치(액추에이터)에 데이터를 출력하는 인터페이스 역할을 함

③ 기억장치(Memory)
  ㉠ ROM(Read Only Memory) : 한번 기억하면 그대로 기억을 유지하므로 전원을 차단하더라도 데이터는 지워지지 않음
  ㉡ RAM(Random Access Memory) : 데이터의 변경을 자유롭게 할 수 있으나 전원을 차단하면 데이터가 지워짐

④ 클록발생기(Colck Generator)-기준신호 발생기구 : 중앙처리장치, RAM 및 ROM을 집결시켜 놓은 1개의 패키지(package)이며, 수정 발진기가 접속되어 중앙처리 장치의 가장 기본이 되는 클록 펄스가 만들어짐

⑤ A/D(Analog/Digital) 변환기구(A/D 컨버터) : 아날로그 양을 중앙처리장치에 의해 디지털 양으로 변화하는 장치

⑥ 연산부분 : 중앙처리장치(CPU) 내에 연산이 중심이 되는 가장 중요한 부분이며, 컴퓨터의 연산은 출력은 하지 않고 오히려 그 출력이 되는 것을 다른 것과 비교하여 결론을 내리는 방식으로 스위치의 ON, OFF를 1 또는 0으로 나타내는 2진법과 0~9까지의 10진법으로 나타내어 계산

(3) 마이크로컴퓨터의 논리회로

1) 논리회로의 기본

① 논리적 회로(AND circuit) : 2개의 A, B 스위치를 직렬로 접속한 회로이며 램프(lamp)를 점등시키려면 입력 쪽의 스위치 A와 B를 동시에 ON 시켜야 함

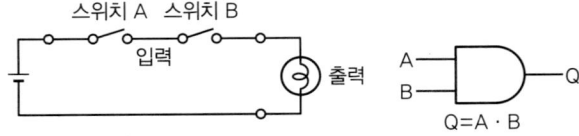

[그림 1-21] 논리적 회로

[표 1-5] 논리적 회로의 진리값

A	B	Q
0	0	0
0	1	0
1	0	0
1	1	1

② 논리화 회로(OR circuit) : A, B 스위치를 병렬로 접속한 회로이며, 램프를 점등시키기 위해서는 입력 쪽의 A 스위치나 B 스위치 중 1개만 ON 시키면 됨

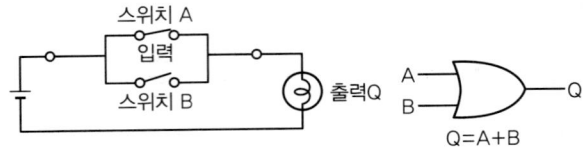

[그림 1-22] 논리화 회로

[표 1-6] 논리화 회로의 진리값

A	B	Q
0	0	0
0	1	1
1	0	1
1	1	1

③ 부정회로(NOT circuit) : 회로 중의 스위치를 ON 시키면 출력이 없고, 스위치를 OFF 시키면 출력이 되는 것으로서 스위치 작용과 출력이 반대로 되는 회로

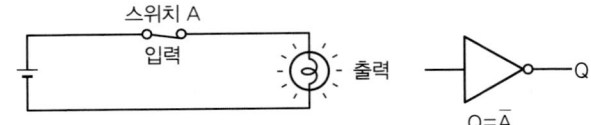

[그림 1-23] 부정회로의 기호와 회로

[표 1-7] 부정회로의 진리값

A	Q
0	1
1	0

2) 논리복합 회로

① 부정 논리적 회로(NAND circuit) : A, B 스위치를 직렬로 연결한 후 회로에 병렬로 접속한 것이며, 스위치 A 또는 B 둘 중의 1개만 OFF 되면 램프가 점등되고, 스위치 A, B 모두 ON이 되면 램프가 소등

② 부정 논리화 회로(NOR circuit) : A, B 스위치를 병렬로 연결한 후 회로에 병렬로 접속한 회로이며, 스위치 A, B 모두 OFF 되어야 램프가 점등되며 스위치 A 또는 B 둘 중의 1개만 ON이 되면 램프는 소등

③ 배타적 논리합 회로(XOR circuit) : A, B 입력 신호가 서로 같으면 램프가 꺼지고, 서로 다르면 램프(lamp)를 점등시킴

[그림 1-24] 배타적 논리합 회로의 기호

[표 1-8] 배타적 논리합 회로의 진리값

A	B	Q
0	0	0
0	1	1
1	0	1
1	1	0

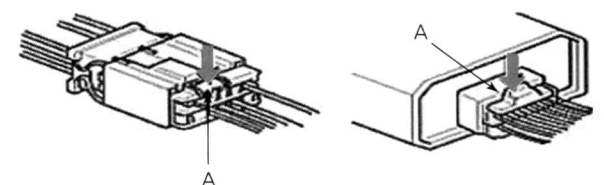

출처 : 교육부(2018), 등화장치정비(LM150603106_17v3), 사단법인 한국자동차기술인협회, 한국직업능력개발원, p68.

[그림 1-25] 커넥터 점검

⑦ 커넥터를 연결할 때는 '딱' 소리가 날 때까지 삽입한다.
⑧ 부품 교환 시에는 차종별 제품 규격을 정비지침서에서 확인하고 교환한다.

Topic 03 | 전장품 수리, 교환

01 전기장치 교환

① 전장계통의 정비 시에는 배터리의 (−)단자를 먼저 분리시킨다. 이때 (−)단자를 분리 혹은 연결하기 전에 먼저 점화 스위치 및 기타 램프류의 스위치를 OFF 시켜야 한다(만일 스위치를 OFF 시키지 않으면 반도체 부품이 손상될 우려가 있음).
② 전선이 날카로운 부위나 모서리에 간섭되면 그 부위를 테이프 등으로 감싸서 전선이 손상되지 않도록 한다.
③ 퓨즈 혹은 릴레이가 소손되었을 때는 정격용량의 퓨즈로 교환한다. 만일 규정용량보다 높은 것을 사용하면 부품이 손상되거나 화재가 일어날 수 있다.
④ 느슨한 커넥터의 접속은 고장의 원인이 되므로 커넥터 연결을 확실히 확인한다.
⑤ 하니스를 분리시킬 때 커넥터를 잡고 당겨야 하며, 하니스를 잡아당겨서는 안 된다.
⑥ 잠금장치(A)가 있는 커넥터를 분리할 때는 아래 그림의 화살표 방향으로 누르면서 분리한다.

단원 마무리 문제

CHAPTER 01 기초 전기·전자 정비

Industrial Engineer Motor Vehicles Maintenance

기초전기

01 전류의 자기작용을 자동차에 응용한 예로 알맞지 않은 것은?

① 스타팅 모터의 작동
② 릴레이의 작동
③ 시거 라이터의 작동
④ 솔레노이드의 작동

해설
시거 라이터의 작동은 열선을 이용한 것으로 전류의 발열작용과 관계가 있다.

02 12V 배터리에 저항 5개를 직렬로 연결한 결과 24A의 전류가 흘렀다. 동일한 배터리에 동일한 저항 6개를 직렬 연결하면 얼마의 전류가 흐르는가?

① 10A
② 20A
③ 30A
④ 40A

해설
저항 5개 $R = \dfrac{E}{I} = \dfrac{12}{24} = 0.5\Omega$이므로
저항 1개 $= 0.1\Omega$이다.
따라서, 저항이 6개인 경우 0.6Ω이므로
$I = \dfrac{E}{R} = \dfrac{12}{0.6} = 20A$이다.

03 차량에서 12V 배터리를 떼어내고 절연체의 저항을 측정하였더니 1MΩ이었다면 누설전류는?

① 0.006mA
② 0.008mA
③ 0.010mA
④ 0.012mA

해설
$I = \dfrac{E}{R} = \dfrac{12}{1 \times 10^6} = 12 \times 10^{-6}A = 12 \times 10^{-3}mA$
$= 0.012mA$

04 기전력 2V, 내부저항 0.2Ω의 전지 10개를 병렬로 접속했을 때 부하 4Ω에 흐르는 전류는?

① 0.333A
② 0.498A
③ 0.664A
④ 13.64A

해설
저항의 병렬 접속 시 합성저항 R
$\dfrac{1}{R} = \dfrac{1}{0.2} \times 10 = \dfrac{10}{0.2}$
따라서, $R = 0.02\Omega$
전체저항 $= 4 + 0.02 = 4.02\Omega$
회로에 전류 $I = \dfrac{E}{R} = \dfrac{2}{4.02} = 0.4975A$

05 그림과 같은 회로의 작동상태를 바르게 설명한 것은?

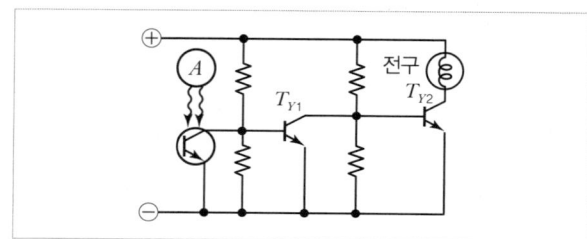

① A에 열을 가하면 전구가 점등한다.
② A가 어두워지면 전구가 점등한다.
③ A가 환해지면 전구가 점등한다.
④ A에 열을 가하면 전구가 소등한다.

해설
A는 포토 트랜지스터로 작동 특성은 밝을 때 전류가 통하고 어두울 때 전류를 차단한다. 따라서, 어두울 때는 전류가 차단되어 Tr_1이 작동되고 Tr_2는 차단되어 전구는 OFF 된다. 밝을 때는 전류가 공급되어 Tr_1이 차단되고, Tr_2는 작동되어 전구가 ON 된다.

06 그림과 같은 회로의 동작에 대한 설명으로 가장 옳은 것은?

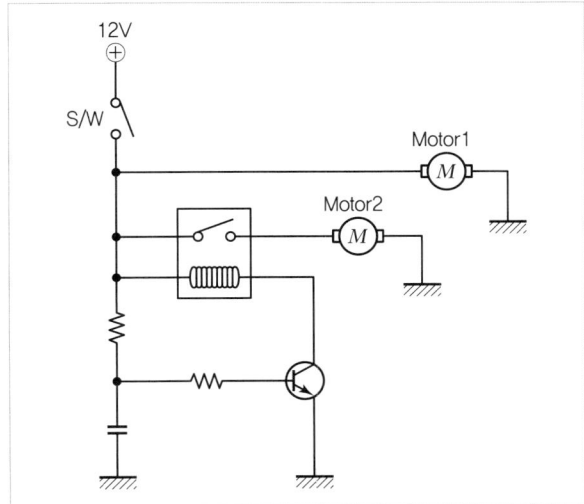

① 스위치 ON 시 모터1과 2는 동시에 동작한다.
② 스위치 ON 시 모든 모터가 동시에 동작 후 모터 2만 멈춘다.
③ 스위치 ON 시 모터1이 동작하고 잠시 후 모터2가 동작한다.
④ 스위치 ON 시 모터1만 동작하고 스위치 OFF 시 모터2가 동작한다.

해설
스위치 ON 시 콘덴서 충전 전까지 접지되어 TR은 OFF되므로 모터2는 작동하지 않는다. 잠시 후 콘덴서 완충 시 접지방향 전류가 차단되므로 TR이 작동되어 릴레이 코일을 자화시켜 모터2가 작동하게 된다.

07 단면적 0.002cm², 길이 10m인 니켈-크롬 선의 전기저항은 몇 Ω인가? (단, 니켈-크롬 선의 고유저항은 1.10μΩ이다.)

① 45 ② 50
③ 55 ④ 60

해설
도선의 저항 = $\frac{길이(m)}{단면적(m^2)}$

$= 1.10 \times 10^{-6} \times \frac{10}{0.2 \times 10^{-6}} m = 55\Omega$

08 다음 회로에서 2개의 저항을 통과하여 흐르는 전류는 A, B, C 각 점에서 어떻게 나타나는가?

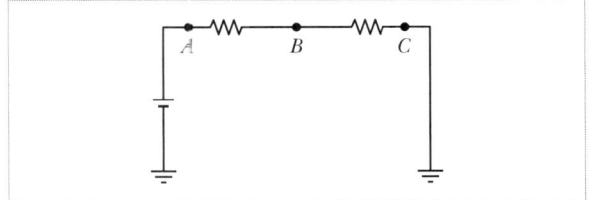

① A, B, C점의 전류는 모두 같다.
② B에서 가장 전류가 크고 A, C는 같다.
③ A에서 가장 전류가 작고 B, C는 갈수록 전류가 커진다.
④ A에서 가장 전류가 크고 B, C는 갈수록 전류가 작아진다.

해설
직류 회로에서 전류는 어디서나 같다.

09 전력 P를 잘못 표시한 것은? (단, E : 전압, I : 전류, R : 저항이다.)

① $P = E \cdot I$ ② $P = I^2 \cdot R$
③ $P = \frac{E^2}{R}$ ④ $P = \frac{R^2}{E}$

해설
$P = EI$, $E = IR$, $I = \frac{E}{R}$ 이므로
E, I을 각각 대입하면
$P = I^2 \cdot R = \frac{E^2}{R}$ 이다.

10 디젤기관에 병렬로 연결된 예열플러그(0.2Ω)의 합성저항은 얼마인가? (단, 기관은 4기통이고 전원은 12V이다.)

① 0.05Ω ② 0.10Ω
③ 0.15Ω ④ 0.20Ω

해설
$\frac{1}{R} = \frac{1}{0.2} + \frac{1}{0.2} + \frac{1}{0.2} + \frac{1}{0.2} = \frac{4}{0.2}$

$R = \frac{0.2}{4} = 0.05\Omega$

정답 01 ③ 02 ② 03 ④ 04 ② 05 ③ 06 ③ 07 ③ 08 ① 09 ④ 10 ①

11 다음 회로에서 전류(A)와 소비 전력(W)은?

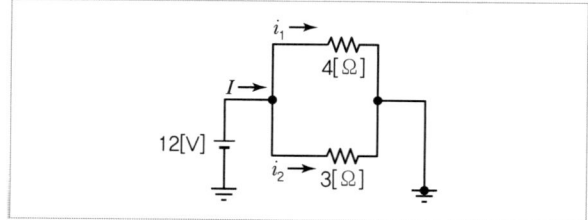

① I=0.58A, P=5.8W
② I=5.8A, P=58W
③ I=7A, P=84W
④ I=70A, P=840W

해설

$I_1 = \dfrac{E}{R} = \dfrac{12}{4} = 3A$

$I_2 = \dfrac{E}{R} = \dfrac{12}{3} = 4A$

$I = I_1 + I_2 = 7A$

$P = EI = 12 \times 7 = 84W$

12 온도와 저항의 관계를 설명한 것으로 옳은 것은?

① 일반적인 반도체는 온도가 높아지면 저항이 작아진다.
② 도체의 경우는 온도가 높아지면 저항이 작아진다.
③ 부특성 서미스터는 온도가 낮아지면 저항이 작아진다.
④ 정특성 서미스터는 온도가 높아지면 저항이 작아진다.

해설

- 일반적인 도체의 경우 정특성을 가지고 있어 온도가 높아지면 저항이 커지는 성질이 있다.
- 부특성 서미스터(NTC)의 경우 온도가 높아지면 저항이 작아지는 성질이 있다.

13 다음 병렬회로의 합성저항은 몇 Ω인가?

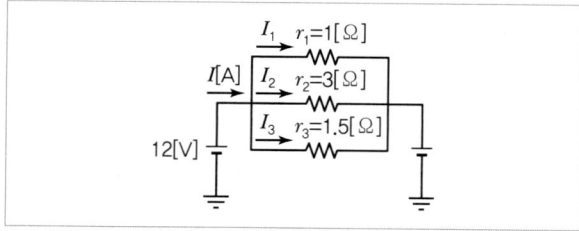

① 0.1
② 0.5
③ 1
④ 5

해설

$\dfrac{1}{R} = \dfrac{1}{1} + \dfrac{1}{3} + \dfrac{1}{1.5} = \dfrac{3+1+2}{3} = \dfrac{6}{3}$

$R = \dfrac{1}{2} = 0.5Ω$

14 전기회로의 점검방법으로 틀린 것은?

① 전류 측정 시 회로와 병렬로 연결한다.
② 회로가 접촉 불량일 경우 전압강하를 점검한다.
③ 회로의 단선 시 회로의 저항 측정을 통해서 점검할 수 있다.
④ 제어모듈 회로 점검 시 디지털 멀티미터를 사용해서 점검할 수 있다.

해설

- 전류 측정은 회로와 직렬로 연결한다.
- 전압, 저항 측정은 회로와 병렬로 연결한다.

15 전기회로에서 전압강하의 설명으로 틀린 것은?

① 불완전한 접촉은 저항의 증가로 전장품에 인가되는 전압이 낮아진다.
② 저항을 통하여 전류가 흐르면 전압강하가 발생하지 않는다.
③ 전류가 크고 저항이 클수록 전압강하도 커진다.
④ 회로에서 전압강하의 총합은 공급전압과 같다.

해설

회로에서 전류가 저항을 통하여 흐를 때 기전력(전압)의 차이가 발생하는데 이를 전압강하라 한다.

16 자동차 전기회로의 전압강하에 대한 설명이 아닌 것은?

① 저항을 통하여 전류가 흐르면 전압강하가 발생한다.
② 전압강하가 커지면 전장품의 기능이 저하되므로 전선의 굵기는 알맞은 것을 사용해야 한다.
③ 회로에서 전압강하의 총량은 회로의 공급전압과 같다.
④ 전류가 적고 저항이 클수록 전압강하도 커진다.

해설
전압은 전류와 저항의 크기에 비례하므로 전류가 크고 저항이 클수록 전압강하도 커진다.

17 회로의 임의의 접속점에서 유입하는 전류의 합과 유출하는 전류의 합은 같다고 정의하는 법칙은?

① 키르히호프의 제1법칙
② 옴의 법칙
③ 줄의 법칙
④ 뉴턴의 제1법칙

해설
키르히호프의 제1법칙은 회로에서 전하보존과 에너지 보존에 대한 내용으로 전류는 전하 흐름의 비율이므로 한 지점으로 들어오는 전류와 흘러나가는 전류가 같아야 한다는 법칙이다.

18 14V 배터리에 연결된 전구의 소비전력이 60W이다. 배터리의 전압이 떨어져 12V가 되었을 때 전구의 실제 전력은 약 몇 W인가?

① 3.2
② 25.5
③ 39.2
④ 44.1

해설
$P = \dfrac{E^2}{R}$

$R = \dfrac{E^2}{P} = \dfrac{14^2}{60} = 3.26\Omega$

따라서, 전압이 낮아진 경우

$P = \dfrac{12^2}{3.26} = 44.17W$

19 전자력에 대한 설명으로 틀린 것은?

① 전자력은 자계의 세기에 비례한다.
② 전자력은 도체의 길이, 전류의 크기에 비례한다.
③ 전자력은 자계방향과 전류의 방향이 평행일 때 가장 크다.
④ 전류가 흐르는 도체 주위에 자극을 놓았을 때 발생하는 힘이다.

해설
전자력은 자계방향과 전류의 방향이 수직일 때 가장 크고 평행일 때 가장 작다.

20 정류회로에 있어서 맥동하는 출력을 평활화하기 위해서 쓰이는 부품은?

① 다이오드
② 콘덴서
③ 저항
④ 트랜지스터

해설
콘덴서는 정류회로에서 맥동출력을 일정하게 하는 목적으로 사용한다.

21 12V 전압을 인가하여 0.00003C의 전기량이 충전되었다면 콘덴서의 정전용량은?

① $2.0\mu F$
② $2.5\mu F$
③ $3.0\mu F$
④ $3.5\mu F$

해설
$Q = CV$

$C = \dfrac{Q}{V} = \dfrac{3 \times 10^{-5}}{12} = 2.5 \times 10^{-6}F$

$= 2.5\mu F$

정답 11 ③ 12 ① 13 ② 14 ① 15 ② 16 ④ 17 ① 18 ④ 19 ③ 20 ② 21 ②

기초전기

01 차량 전기 배선의 색 표기 방법으로 틀린 것은?
① Y-노랑
② B-갈색
③ W-흰색
④ R-빨강

해설
B(Black)-검은색

02 멀티미터를 전류 모드에 두고 전압을 측정하면 안 되는 이유는?
① 내부저항이 작아 측정값의 오차 범위가 커지기 때문이다.
② 내부저항이 작아 과전류가 흘러 멀티미터가 손상될 우려가 있기 때문이다.
③ 내부저항이 너무 커서 실제 값보다 항상 적게 나오기 때문이다.
④ 내부저항이 너무 커서 노이즈에 민감하고, 0점이 맞지 않기 때문이다.

해설
전류 측정 시 직렬연결로 측정하기 때문에 내부저항을 작은 상태로 유지해야 정확한 측정이 가능하다. 따라서, 전류 측정 위치에서 전압을 측정하는 경우 테스터기 회로가 열화될 수 있다.

03 멀티테스터(Multitester)로 릴레이 점검 및 판단 방법으로 틀린 것은?
① 접점 점검은 부하전류가 흐르도록 하고 멀티테스터로 저항 측정해야 한다.
② 단품 점검 시 코일 저항이 규정 값보다 현저히 차이가 나면 내부 단락 및 단선이라고 볼 수 있다.
③ 부하전류가 흐를 때 양 접점 전압이 0.2V 이하이면 정상이라 본다.
④ 작동이 원활해도 멀티테스터로 접점 전압측정이 중요하다.

해설
접점 점검은 통전시험으로 부하전류가 흐르는 중에는 측정할 수 없다. 반드시 전원은 제거한 상태에서 점검한다.

04 테스트 램프를 이용한 12V 전장회로 점검에 대한 설명으로 틀린 것은?
① 60W 전구가 장착된 테스트 램프로 (+)전원을 이용하여 전동 냉각팬 작동 시험이 가능하다.
② 다이오드가 장착된 테스트 램프는 (+)전원을 이용하여 전동 냉각팬 작동 시험이 불가능하다.
③ 동일한 규격의 테스트 램프를 연결하여 6V 전원(배터리 전원의 1/2)을 만들 수 있다.
④ 60W 전구가 장착된 테스트 램프로 (+)전원을 ECU에 인가 시 ECU가 손상되지 않는다.

해설
60W 전구가 장착된 테스트 램프로 (+)전원을 ECU에 직접 인가 시 ECU가 손상될 수 있으므로 점검에 유의한다.

05 릴레이를 탈거한 상태에서 릴레이 커넥터를 그림과 같이 점검할 경우 테스트 램프가 점등하는 라인(단자)은?

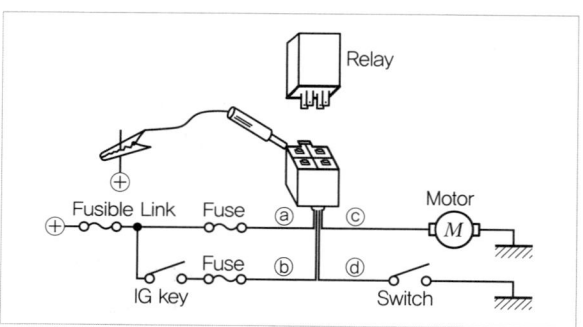

① ⓐ
② ⓑ
③ ⓒ
④ ⓓ

해설
테스트 램프의 집게 부분이 (+)전원이므로 전류의 흐름이 발생하려면 (-)접지 되어야 한다. 따라서, 접지부분과 직접 연결된 ⓒ부분만 점등될 수 있다.

06 그림과 같은 상태에서 86번과 35번 단자에 각각 ① 또는 ②의 상태와 같이 테스트램프를 연결할 경우 나타나는 현상에 대한 설명으로 옳은 것은? (단, 테스트 램프에 내장된 전구는 5W이다.)

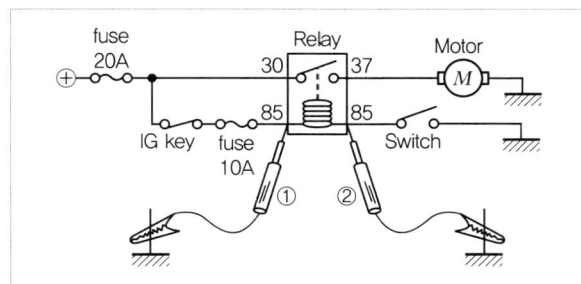

① ①의 상태에서 테스트 램프 점등, ②의 상태에서 점등하지 않지만, 릴레이가 동작한다.
② ①과 ②, 모든 상태에서 테스트 램프가 점등하지만, ①의 상태에서는 릴레이가 동작한다.
③ ①과 ②, 모든 상태에서 테스트 램프가 점등하지 않지만, ②의 상태에서는 릴레이가 동작한다.
④ ①의 상태에서 10A 퓨즈 단선, ②의 상태에서는 릴레이가 동작한다.

해설
① 위치에서는 전원의 흐름이 테스트 램프로만 흐르므로 점등되지만, ② 위치에서는 릴레이 코일과 전구가 직렬연결 되므로 상대적으로 저항이 매우 큰 릴레이 코일만 동작하고 전구는 켜지지 않는다.

07 퓨즈와 릴레이를 대체하여 단선, 단락에 따른 전류값을 감지함으로써 필요 시 회로를 차단하는 것은?
① BCM(Body Control Module)
② CAN(Controller Area Network)
③ LIN(Local Interconnect Network)
④ IPS(Intelligent Power Switching device)

해설
릴레이와 퓨즈의 역할을 통합한 부품으로 전류 부하 제어기능과 과전류에 대한 보호 기능을 동시에 갖춘 부품으로 빠른 스위칭 제어기능으로 ON/OFF 또는 PWM(펄스폭제어) 출력 제어가 가능하다. 소형이지만 다채널 제어가 가능하여 많은 전기 부하를 동시에 제어한다. 릴레이 대비 10% 크기로 감소되어 공간효율성이 향상되는 특징이 있다.

08 그림과 같은 회로에서 가장 적합한 퓨즈의 용량은?

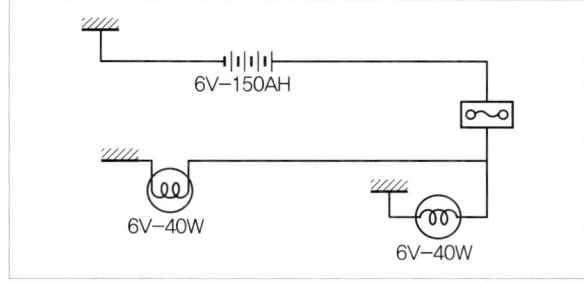

① 10A
② 15A
③ 25A
④ 30A

해설
회로의 전체 전류 $= I = \dfrac{P}{E} = \dfrac{80}{6} = 13.3A$

09 다음 회로에서 릴레이 코일선이 단선되어 릴레이가 작동되지 않는다. 각각 e점, f점의 전압값으로 맞는 것은?

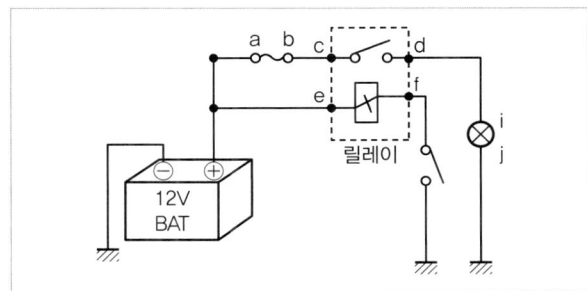

① e : 12, f : 12
② e : 12, f : 0
③ e : 0, f : 12
④ e : 0, f : 0

해설
코일이 단선되었기 때문에 e점은 12V, f점은 0V이다.

10 그림과 같은 인젝터 회로 점검에 대한 설명으로 옳은 것은?

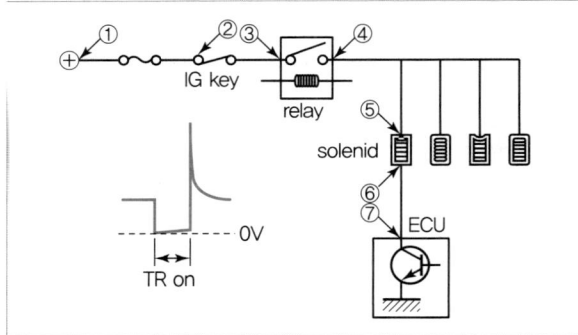

① ⑤번과 접지 사이에서 전압파형 측정 시 인젝터와 ECU 간의 접속 상태를 알 수 있다.
② 릴레이 접점의 저항 여부를 판단하기 위한 최적 측정 장소는 ③과 ④ 사이 전류 측정이다.
③ 인젝터 서지전압 측정은 ⑤번과 접지 사이에서 행하는 것이 가장 좋다.
④ IG key ON 후 TR이 OFF 시 ⑤번과 ⑦번 사이의 전압은 0V이어야 한다.

해설
④ IG key ON 후 TR이 OFF 시 ⑤번과 ⑦번 사이의 전압은 0V 이어야 한다.
① ⑥번과 ⑦번 사이에서 전압파형 측정 시 인젝터와 ECU 간의 접속 상태를 알 수 있다.
② 릴레이 접점의 저항 여부를 판단하기 위한 최적 측정 장소는 ③번과 ④번 사이 저항 측정이다.
③ 인젝터 서지전압 측정은 ⑥번과 접지 사이에서 행하는 것이 가장 좋다.

11 반도체 소자로서 이중접합에 적용되지 않는 것은?
① 사이리스터
② 포토 트랜지스터
③ 가변용량 다이오드
④ PNP 트랜지스터

해설
사이리스터는 3중접합이다.

12 반도체의 장점이 아닌 것은?
① 수명이 길다.
② 소형이고 가볍다.
③ 내부 전력 손실이 적다.
④ 온도 상승 시 특성이 좋아진다.

해설
반도체의 특징 중 온도 상승 시 특성과 성능이 떨어지는 단점이 있다.

13 역방향 전류가 흘러도 파괴되지 않고 역전압이 낮아지면 전류를 차단하는 다이오드는?
① 발광 다이오드
② 포토 다이오드
③ 제너 다이오드
④ 검파 다이오드

해설
지문의 내용은 제너 다이오드의 특성이다.
• 발광 다이오드 : 순방향 전류가 흐를 때 빛이 발생 되는 다이오드
• 포토 다이오드 : 빛을 받으면 역방향 전류가 흐르는 다이오드
• 검파 다이오드 : 검파회로에 사용되는 게르마늄 다이오드

14 제너 다이오드에 대한 설명으로 틀린 것은?
① 순방향으로 가한 일정한 전압을 제너 전압이라고 한다.
② 역방향으로 가해지는 전압이 어떤 값에 도달하면 급격히 전류가 흐른다.
③ 정전압 다이오드라고도 한다.
④ 발전기의 전압 조정기에 사용하기도 한다.

해설
역방향으로 가한 일정한 전압을 제너 전압이라고 한다.

15 발광 다이오드(LED ; Light Emitted Diode)에 대한 설명으로 틀린 것은?

① 소비전력이 작다.
② 응답속도가 빠르다.
③ 전류가 역방향으로 흐른다.
④ 백열전구에 비하여 수명이 길다.

> **해설**
> 전류가 순방향으로 흐를 때 빛이 발생하는 다이오드를 발광 다이오드라 한다. 역방향 전류는 일반 다이오드 특성과 같아 브레이크다운 전압 이하에서는 차단된다.

16 다음은 다이오드를 이용한 자동차용 전구회로이다. 전구의 점등이 발생하는 현상으로 옳은 것은?

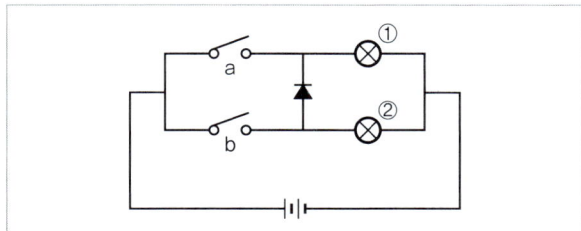

① 스위치 a가 ON일 때 전구 ①, ②가 모두 점등된다.
② 스위치 a가 ON일 때 전구 ①만 점등된다.
③ 스위치 b가 ON일 때 전구 ②만 점등된다.
④ 스위치 b가 ON일 때 전구 ①만 점등된다.

> **해설**
> • 스위치 a가 ON일 때 다이오드에 흐르는 전류가 역방향이므로 전구 ①만 점등된다.
> • 스위치 b가 ON일 때 다이오드에 흐르는 전류가 순방향이므로 전구 ①, ② 모두 점등된다.

17 포토 다이오드에 대한 설명으로 틀린 것은?

① 응답속도가 빠르다.
② 주변의 온도변화에 따라 출력 변화에 영향을 많이 받는다.
③ 빛이 들어오는 광량과 출력되는 전류의 직진성이 좋다.
④ 자동차에서는 크랭크 각 센서, 에어컨의 일사 센서 등에 사용된다.

> **해설**
> 주변 온도변화에 따라 출력 변화가 많은 반도체 소자는 서미스터 소자이다.

18 온도에 따라 전기저항이 변하는 반도체 소자로 온도센서, 연료잔량 경고등 회로에 쓰이는 것은?

① 피에조 압전 소자   ② 다이오드
③ 트랜지스터   ④ 서미스터

> **해설**
> 온도에 따라 저항이 변하는 반도체 소자는 서미스터이며, 온도가 높아질 때 저항이 커지면 정특성, 온도가 높아질 때 저항이 작아지면 부특성이라 한다.

19 자동차의 파워 트랜지스터에 관한 내용 중 틀린 것은?

① 파워 TR의 베이스는 ECU와 연결되어 있다.
② 파워 TR의 컬렉터는 점화 1차 코일의 (-)단자와 연결되어 있다.
③ 파워 TR의 이미터는 접지되어 있다.
④ 파워 TR은 PNP형이다.

> **해설**
> 파워 TR은 NPN 형태로 베이스 단자는 ECU에 컬렉터 단자는 점화코일 (-)단자에, 이미터 단자는 접지에 연결된다.

정답 10 ④ 11 ① 12 ④ 13 ③ 14 ① 15 ③ 16 ② 17 ② 18 ④ 19 ④

20 증폭률을 크게 하기 위해 트랜지스터 1개의 출력 신호가 다른 트랜지스터 베이스의 입력신호로 사용되는 반도체 소자는 무엇인가?

① 다링톤 트랜지스터 ② 포토트랜지스터
③ 사이리스터 ④ FET

해설
트랜지스터의 전류 증폭 작용을 크게 하기 위한 방법으로 예를 들어 증폭률이 100인 트랜지스터 두 개를 연결하여 회로를 구성하면 최종 증폭률이 10000이 된다.

21 NPN형 파워 TR에서 접지되는 단자는?

① 캐소드 ② 이미터
③ 베이스 ④ 컬렉터

해설
파워 TR은 NPN 형태로 베이스 단자는 ECU에 컬렉터 단자는 점화코일 (−)단자에, 이미터 단자는 접지에 연결된다.

22 논리회로에 대한 설명으로 틀린 것은?

① AND 회로 : 모든 입력이 "1"일 때만 출력이 "1"이 되는 회로
② OR 회로 : 입력 중 최소한 어느 한쪽의 입력이 "1"이면 출력이 "1"이 되는 회로
③ NAND 회로 : 모든 입력이 "0"일 경우만 출력이 "0"이 되는 회로
④ NOR 회로 : 입력 중 최소한 어느 한쪽의 입력이 "1"이면 출력이 "0"이 되는 회로

해설
NAND 회로 : 모든 입력이 "1"일 경우만 출력이 "0"이 되는 회로

23 발전기에서 IC식 전압조정기(Regulator) 제너 다이오드에 전류가 흐를 때는?

① 높은 온도일 때
② 브레이크 작동 상태일 때
③ 낮은 전압일 때
④ 브레이크다운 전압일 때

해설
제너 다이오드는 브레이크다운 전압(제너전압) 이상일 때 전류가 역방향으로 흐른다.

24 컴퓨터의 논리회로에서 논리적(AND)에 해당되는 것은?

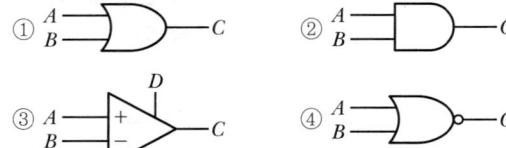

해설
① 논리합(OR)회로
③ 비교기회로
④ 부정논리합(NOR)회로

25 그림에서 A와 B는 입력이고 Q가 출력일 때 논리회로로 표현하면?

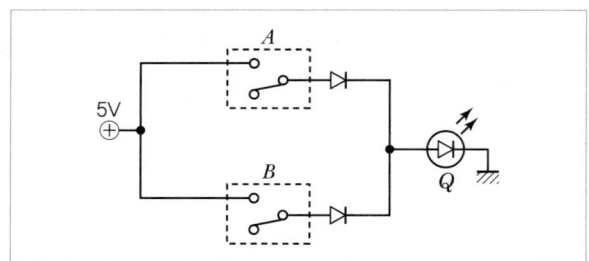

① AND 회로 ② OR 회로
③ NOT 회로 ④ NAND 회로

해설
스위치 A 또는 B 둘 중 하나라도 ON되면 LED가 동작하므로 논리합(OR)회로이다.

정답 20 ① 21 ② 22 ③ 23 ④ 24 ② 25 ②

CHAPTER 02 충전장치

Industrial Engineer Motor Vehicles Maintenance

Topic 01 | 충전장치 이해

01 축전지의 역할
① 기동 전동기의 전원을 공급한다.
② 발전기 고장 시 대체 전원으로 작동한다.
③ 발전기 출력과 전기부하의 언밸런스(불균형)를 조정한다.

02 축전지의 종류
① 납산 축전지
② MF 축전지
  ㉠ 전해액의 보충 및 정비가 필요 없음
  ㉡ 자기 방전율이 매우 작음
  ㉢ 장시간 보관이 가능함
③ AGM 축전지(Absorbent Glass Mat)
  ㉠ ISG(Idle Stop&Go) 적용 차량에 장착
  ㉡ 고밀도 흡습성 글라스매트 적용
    • 양·음극판 밀폐
    • 전해액의 누액 방지
    • 가스 발생 최소
  ㉢ 수명이 기존 MF 축전지보다 4배 이상
  ㉣ 충전 성능 우수
④ 알칼리 축전지
⑤ 니켈 카드뮴 축전지 : 메모리 효과에 의한 반복적인 충방전 효율이 낮음
⑥ 리튬이온, 리튬 폴리머 축전지

03 납산 축전지의 구조

(1) 극판
① 양극판 : PbO_2(과산화납)
② 음극판 : Pb(해면상납)
③ 음극판이 1장 더 많은 이유 : 양극판이 음극판보다 더 활성적이기 때문에 화학적 평형을 유지하기 위함

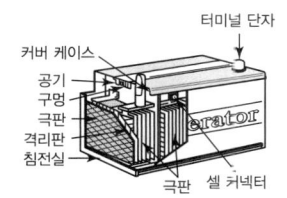
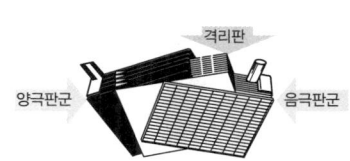

[그림 2-1] 축전지의 구조

(2) 격리판
① 역할 : 양극판과 음극판 사이에 설치되어 극판 단락을 방지
② 구비조건
  ㉠ 비전도성일 것
  ㉡ 전해액의 확산이 잘될 것
  ㉢ 다공성일 것
  ㉣ 전해액에 부식되지 않을 것
  ㉤ 기계적 강도가 있을 것
  ㉥ 극판에 좋지 않은 물질을 내뿜지 않을 것

(3) 전해액
① 특징 : H_2SO_4(묽은 황산)를 사용
② 전해액의 비중 : 표준비중은 1.260~1.280(20℃)
③ 전해액 비중과 온도와의 관계 : 온도가 높아지면 비중은 작아지고, 온도가 낮아지면 비중은 커짐

$$S_{20} = St + 0.0007(t-20)$$
S_{20} : 표준 온도(20℃)로 환산한 비중
St : t℃에서의 전해액 비중
t : 전해액의 온도(℃), 0.0007 : 1℃ 변화에 대한 계수

④ 전해액 비중과 충전량
  ㉠ 전해액의 비중이 1.260 이상일 경우 완전충전된 상태이며, 비중이 1.200일 경우는 즉시 보충전을 실시해야 함
  ㉡ 완전 방전이 되면 극판이 영구 황산납(설페이션 : sulfation)으로 변함

> **TIP** 설페이션(sulfation)
> 축전지의 방전상태가 오랫동안 진행되어 극판이 결정화되는 현상

ⓒ 설페이션의 원인
- 과방전되었을 때
- 극판 단락되었을 때
- 전해액의 비중이 너무 높거나 낮을 때
- 전해액의 부족으로 극판이 노출되었을 때
- 전해액에 불순물이 혼입되었을 때
- 불충분한 충전을 반복하였을 때

[표 2-1] 전해액의 비중과 충전량

전해액의 비중	충전량
1.260	100%
1.210	75%
1.150	50%
1.100	25%
1.050	0

(4) 단자기둥
① 납합금으로 제작한다.
② 양극 단자기둥은 부식되기 쉽다(양극판이 과산화납이므로).
③ 음극 단자기둥보다 양극 단자기둥의 직경이 크다.

04 축전지의 화학작용

$$PbSO_4 + 2H_2O + PbSO_4 \rightleftarrows PbO_2 + 2H_2SO_4 + Pb$$

양극판 전해액 음극판 **충전** 양극판 전해액 음극판
황산납   물   황산납 **방전** 과산화납 묽은황산 해면상납

05 축전지의 특징

(1) 개요
① 축전지 셀당 기전력은 약 2.1V이다.
② 방전종지전압은 약 1.75V이다.

(2) 축전지 용량
① 정의 : 일정 전류로 연속 방전할 때 방전 종지 전압에 이를 때까지의 용량

$$Ah(축전지\ 용량) = A(방전\ 전류) \times h(연속\ 방전\ 시간)$$

② 축전지 용량을 결정하는 요소
㉠ 극판의 크기(면적)
㉡ 극판의 수
㉢ 전해액의 양
㉣ 전해액의 온도
㉤ 전해액의 비중

③ 방전율(축전지 용량 표시법)
㉠ 20시간율 : 일정 전류로 방전종지전압이 될 때까지 20시간 사용할 수 있는 용량
㉡ 25A율 : 80°F에서 25A의 전류로 방전하여 셀당 전압이 방전종지전압에 이를 때까지 방전할 수 있는 총 전류
㉢ 냉간율 : 0°F에서 300A의 전류로 방전하여 셀당 전압이 1V가 될 때까지의 소요된 시간
㉣ 5시간율 : 방전종지전압에 도달할 때까지 5시간이 소요되는 방전전류의 크기

(3) 자기방전
① 정의 : 전기적인 부하 없이 시간의 경과와 함께 자연 방전이 일어나는 현상
② 자기방전 원인
㉠ 구조상 부득이한 경우
㉡ 단락에 의한 경우
㉢ 불순물 혼입에 의한 경우
㉣ 누전에 의한 경우
③ 온도와 자기 방전량과의 관계

[표 2-2] 온도와 자기 방전량과의 관계

전해액의 온도	비중 저하량	방전율(1일)
30℃	0.002	1.0%
20℃	0.001	0.5%
5℃	0.0005	0.25%

(4) 축전지 용량(부하) 시험 시 안전 및 유의사항
① 축전지 용액이 옷에 묻지 않도록 한다.
② 부하시험은 15초 이내로 한다.
③ 부하전류는 용량의 3배 이내로 한다.
④ 기름 묻은 손으로 시험기를 조작하지 않는다.

(5) 축전지 충전 종류

① 급속충전
 ㉠ 급속 충전기를 이용하여 축전지 용량의 50% 충전 전류로 충전
 ㉡ 충전 시 주의사항
  • 차에 설치한 상태로 충전할 때는 터미널단자를 떼어내고 충전할 것
  • 환기가 잘되는 곳에서 충전할 것
  • 전해액의 온도가 45℃를 넘지 않도록 할 것
  • 충전 시 축전지 근처에서 불꽃 등을 일으키지 말 것
  • 충전 시간은 되도록 짧게 할 것

② **단별전류 충전** : 최초 큰 전류에서 점차 단계적으로 전류를 감소시켜 충전

③ **정전류 충전** : 일정한 전류로 충전

최소	축전지 용량의 5%
표준	축전지 용량의 10%
최대	축전지 용량의 20%

④ **정전압 충전** : 일정한 전압으로 충전

06 발전기

(1) 개요
발전기를 중심으로 차량에 필요한 전력을 공급하는 장치이다.

(2) 원리 및 구조

1) 직류발전기(DC 발전기-자려자 발전기)
① 구성 : 계자 코일, 계자 철심, 전기자 코일, 정류자, 브러시 등으로 구성

> **TIP 자려자 발전기**
> 계자 철심에 남아 있는 잔류자기에 의하여 전류를 발생하는 발전기

② 직류발전기의 조정기
 ㉠ 컷아웃 릴레이 : 축전지에서 발전기로 역류하는 것을 방지

> **TIP 컷인 전압**
> 발전기로부터 축전지로 충전이 시작되는 전압(약 13.8V)

 ㉡ 전압 조정기 : 발전기의 발생 전압을 일정하게 유지하기 위한 장치
 ㉢ 전류 조정기 : 발전기의 발생 전류를 제어하여 발전기의 소손을 방지

2) 교류발전기(AC 발전기-타려자 발전기)
① 특징
 ㉠ 저속에서도 충전이 가능
 ㉡ 고속회전에 잘 견딤
 ㉢ 회전부에 정류자가 없어 허용 회전속도 한계가 높음
 ㉣ 반도체(실리콘 다이오드)로 정류하므로 전기적 용량이 높음
 ㉤ 소형, 경량이며, 브러시의 수명이 긺
 ㉥ 전압 조정기만 필요함

> **TIP 타려자 발전기**
> 따로 설치한 계자 코일에 축전지 전원을 공급하여 여자하도록 하여 전류를 발생하는 발전기

② 구성
 ㉠ 로터 : 자속을 형성하는 곳으로 직류발전기의 계자 코일과 계자 철심에 해당
 ㉡ 스테이터
  • 유도 기전력이 유기되는 곳으로 직류발전기의 전기자에 해당

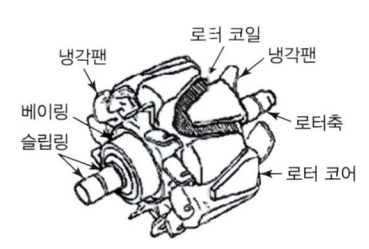

[그림 2-2] 로터의 구조

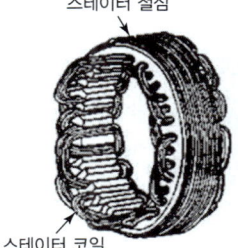

[그림 2-3] 스테이터의 구조

- 스테이터 결선법

Y결선 (스타결선)	• 각 코일의 한 끝을 공통점 0(중성점)에 접속하고 다른 한 끝 셋을 끌어낸 것 • 선간전압이 각 상전압의 √3배
△결선 (델타결선)	• 각 코일의 끝을 차례로 접속하여 둥글게 하고 각 코일의 접속점에서 하나씩 끌어낸 것 • 선간전류가 각 상전류의 √3배

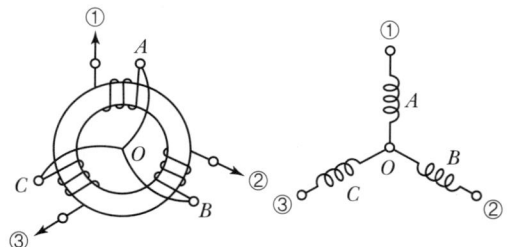

Y결선법

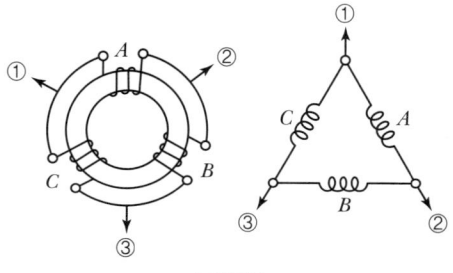

△결선법

[그림 2-4] 3상 코일 결선 방법

ⓒ 브러시 : 전원을 받아 로터의 슬립링에 전원 공급
ⓓ 정류기(다이오드)
- 실리콘 다이오드 사용
- 스테이터 코일에서 발생된 교류를 직류로 정류
- 역류 방지
- (+), (−) 다이오드 각각 3개

3) 전압 조정기

① 발전기의 회전속도와 관계없이 항상 일정한 전압으로 유지하는 역할을 한다.
② 일반적으로 제너 다이오드와 트랜지스터를 이용한 IC 전압 조정기를 사용한다.

Topic 02 | 충전장치 점검, 진단

01 축전지(배터리) 점검, 진단하기

(1) 축전지(배터리) 레이블 판독

축전지의 레이블을 보고 (+)단자의 방향과 용량, CCA, 제조일자 등을 판독한다. 아래 그림은 축전지의 레이블이다. 레이블에서 표시하는 내용을 살펴보면 다음과 같다.

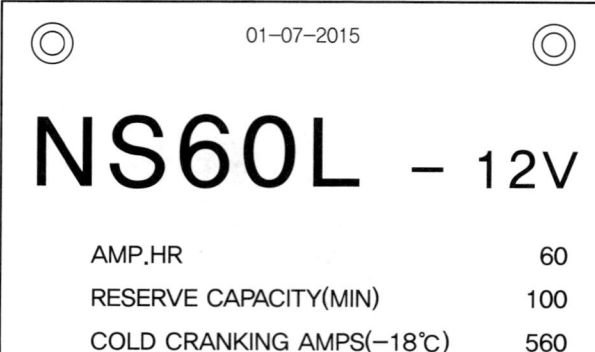

출처 : 교육부(2015), 충전장치정비(LM156030101_14v2), 한국직업능력개발원 p.1

[그림 2-5] 축전지 레이블 예시

60L−12V

① '60'은 축전지의 용량이 '60Ah'임을 나타낸다.
② 'L'은 (+) 단자의 위치가 '좌측'임을 나타낸다(단자가 오른쪽인 경우는 'R'이다).
③ '12V'는 축전지의 전압을 나타내는데, 이 경우 공칭전압은 '12V'이다.
④ 보유 용량은 '100분'이다.
⑤ 저온 시동 전류는 '560A'이다.
⑥ 제조일자는 '2015년 7월 1일'이다.

02 발전기 점검, 진단하기

(1) 발전기 충전 전압, 전류 점검

① 축전지가 정상 상태인지 확인한다.
② 전압계(멀티미터)의 모드를 DC V로 설정하고 적색 리드선을 발전기의 B단자에, 흑색 리드선을 차량의 접지에 설치한다.

(2) 발전기 충전 전압 시험

① 자동차의 시동을 켠 후, 워밍업 시킨다.
② 엔진의 회전속도를 2500rpm으로 증가시킨다.
③ 전압계의 최대 출력값을 확인한다.
④ 자동차의 시동을 끈다.
⑤ 발전기의 충전전압 규정값은 2500rpm 기준으로 13.8~14.9V이며, 측정값이 규정 전압 미만인 경우 발전기를 점검해야 한다.

(3) 발전기 충전 전류 시험

1) 측정 전 준비
① 축전지가 정상 상태인지 확인한다.
② 전류계(디지털 후크메타)의 모드를 DC A로 설정하고 발전기의 B단자에 설치한다.

2) 충전 전류 시험
① 자동차의 시동을 켠다.
② 전조등은 상향, 에어컨 ON, 블로워 스위치 최대, 열선 ON, 와이퍼 작동 등 모든 전기부하를 가동한다.
③ 엔진의 회전속도를 2500rpm으로 증가시킨다.
④ 전류계의 최대 출력값을 확인한다.
⑤ 모든 전기부하를 해제하고, 자동차의 시동을 끈다.
⑥ 발전기의 충전 전류의 한계값은 정격 전류의 60% 이상으로, 측정값이 한계값 미만을 나타내면 발전기를 탈거하여 점검해야 한다.

(4) 구동벨트 점검

① 구동벨트의 처짐양을 이용한 장력 점검 : 발전기 풀리와 아이들러 사이의 벨트를 10kgf의 힘으로 눌렀을 때 10mm 정도의 처짐이 발생하면 정상으로 판정한다.
② 기계식 장력계를 이용한 점검은 다음과 같다.
  ㉠ 장력계의 손잡이를 누른 상태에서 발전기 풀리와 아이들러 사이의 벨트를 장력계 하단의 스핀들과 후크 사이에 위치시킴
  ㉡ 장력계의 손잡이를 놓은 후 지시계의 눈금을 읽음

(5) 로터, 스테이터 코일 점검

1) 로터 점검

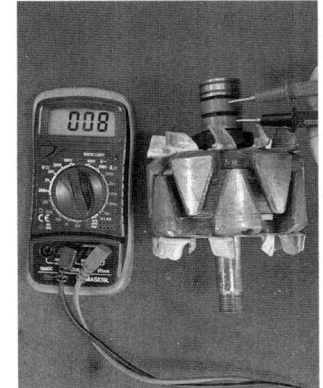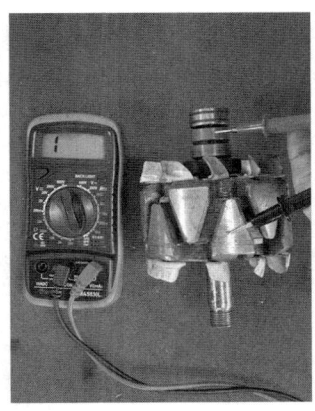

[그림 2-6] 로터코일 시험(좌-단선시험, 우-접지시험)

① 멀티테스터로 슬립링과 슬립링 사이의 통전 여부를 점검한다. 통전이 되는 경우 정상이며 통전이 되지 않는 경우에는 단선에 의한 불량으로 판단한다.
② 멀티테스터로 슬립링과 로터, 슬립링과 로터 축 사이의 통전 여부를 점검한다. 통전이 되지 않는 경우가 정상이며 통전이 되는 경우에는 불량이므로 로터를 교환해야 한다.

2) 스테이터 점검
① 멀티테스터로 스테이터 코일 단자 사이의 통전 여부를 점검한다. 통전이 되는 것이 정상이며 통전이 되지 않는 경우에는 스테이터 코일 내부 단선으로 판단한다.
② 멀티테스터로 스테이터 코일과 스테이터 코어 사이의 통전 여부를 점검한다. 통전이 되지 않는 것이 정상이며, 통전이 되는 경우에는 스테이터를 교환해야 한다.

(6) 발전기 출력 전압 파형 분석
① 발전기의 출력 전압의 파형은 8상 교류를 전파 정류한 직류이므로 끝은 맥동이 발생하며 아래 그림과 같이 정상 파형을 확인한다.

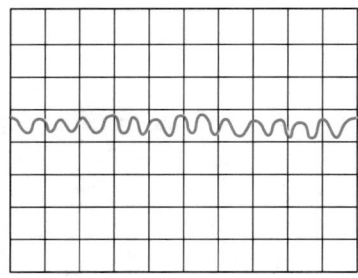

출처 : 교육부(2018), 충전장치정비(LM1506030101_17v3), 사단법인 한국자동차기술인협회, 한국직업능력개발원 p.78

[그림 2-7] 발전기 출력 전압 정상 파형

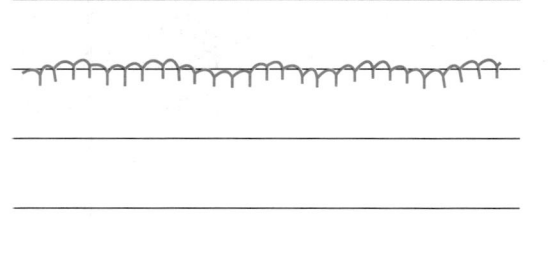

출처 : 교육부(2018), 충전장치정비(LM1506030101_17v3), 사단법인 한국자동차기술인협회, 한국직업능력개발원 p.78

[그림 2-8] 정상의 오실로스코프 파형

② 발전기 내의 다이오드가 단선이 되는 경우에는 아래와 같은 파형이 나타나게 되므로 이를 확인한다.

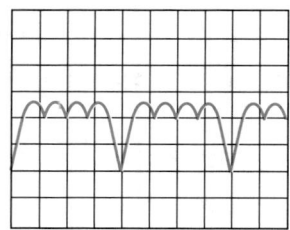
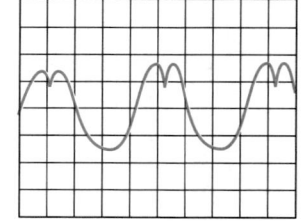

다이오드 1개 단선인 경우   다이오드 2개 단선인 경우

출처 : 교육부(2018), 충전장치정비(LM1506030101_17v3), 사단법인 한국자동차기술인협회, 한국직업능력개발원 p.78

[그림 2-9] 발전기 다이오드 단선인 경우의 출력 전압 파형

③ 아래 그림과 같이 규칙적인 노이즈 발생의 원인은 발전기 내부 슬립링의 오염을 의심하여야 한다.

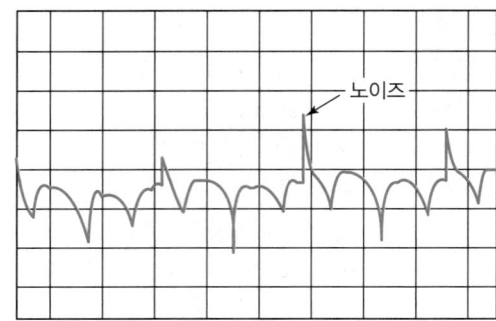

출처 : 교육부(2018), 충전장치정비(LM1506030101_17v3), 사단법인 한국자동차기술인협회, 한국직업능력개발원 p.79

[그림 2-10] 발전기에 오실로스코프 전류계 장착

(7) 암전류 검사

1) 개요

① 발전기에서 생성된 전기가 큰 저항 없이 배터리까지 전달이 되는지 여부를 확인하기 위하여 암전류를 검사한다.

② 특별한 이유 없이 축전지가 계속 방전되거나, 자동차에 부가적인 전기장치(예 오디오시스템, 블랙박스 등)를 장착하거나, 자동차 배선을 교환한 경우에는 암전류를 측정하여야 한다.

③ 암전류를 측정할 때는 점화 스위치를 탈거하고 모든 도어 및 트렁크, 후드는 반드시 닫은 후 일체의 전기부하를 끈 다음에 실시한다.

2) 암전류 측정 방법(멀티테스터 활용)

① 멀티테스터의 모드를 10A로 설정한다.
② 멀티테스터의 적색 리드선의 위치도 10A로 변경한다.
③ 축전지의 (−)단자와 (−)터미널을 분리한다.
④ 분리한 (−)터미널에 멀티테스터의 적색 리드선을 연결한다.
⑤ 축전지의 (−)단자에 멀티테스터의 흑색 리드선을 연결한다.
⑥ 자동차 점화 스위치에서 키를 탈거한다.
⑦ 자동차의 모든 도어를 닫는다.
⑧ 후드 스위치가 닫혀 있는지 확인한다.
⑨ 10~20분 경과 후 멀티테스터의 값을 측정한다.
⑩ 측정값이 50mA 이하일 경우에는 정상으로 판정한다.

단원 마무리 문제

CHAPTER 02 충전장치

01 차량에서 축전지의 기능으로 옳은 것은?
① 각종 부하 조건에 따라 발전 전압을 조정하여 과충전을 방지한다.
② 기관의 시동 후 각종 전기장치의 전기적 부하를 전적으로 부담한다.
③ 주행 상태에 따른 발전기의 출력과 전기적 부하와의 불균형을 조정한다.
④ 축전지는 시동 후 일정 시간 방전을 지속하여 발전기의 부담을 줄여준다.

해설
① 전압조정기에 대한 설명이다.
② 발전기에 대한 설명이다.
축전지의 기능
• 기관의 시동 시 전동기에 전원을 공급한다
• 발전기와 전기 부하의 불균형을 조정한다.

02 주행 중 배터리 충전 불량의 원인으로 틀린 것은?
① 발전기 B단자가 접촉이 불량하다.
② 발전기 구동벨트의 장력이 강하다.
③ 발전기 내부 브러시가 마모되어 슬립링에 접촉이 불량하다.
④ 발전기 내부 불량으로 충전전압이 배터리 전압보다 낮게 나온다.

해설
발전기 구동벨트의 장력이 약한 경우 구동 풀리의 슬립(미끄러짐)에 의해 충전이 불량할 수 있다.

03 축전지의 정전류 충전에 대한 설명으로 틀린 것은?
① 표준 충전전류는 축전지 용량의 10%이다.
② 최소 충전전류는 축전지 용량의 5%이다.
③ 최대 충전전류는 축전지 용량의 20%이다.
④ 이론 충전전류는 축전지 용량의 50%이다.

해설
급속 충전전류는 축전지 용량의 50%이다.

04 배터리 용량 시험 시 주의사항으로 가장 거리가 먼 것은?
① 기름 묻은 손으로 테스터 조작은 피한다.
② 시험은 약 10~15초 이내에 하도록 한다.
③ 전해액이 옷이나 피부에 묻지 않도록 한다.
④ 부하전류는 축전지 용량의 5배 이상으로 조정하지 않는다.

해설
부하전류는 축전지 용량의 3배 이상으로 조정하지 않는다.

05 배터리 세이버 기능에서 입력신호로 틀린 것은?
① 미등 스위치
② 와이퍼 스위치
③ 운전석 도어 스위치
④ 키 인(key in) 스위치

해설
배터리 세이버는 상시전원으로 공급되는 전기장치에 의해 배터리가 방전되는 것을 방지하는 것으로 키온(KEY ON) 전원인 와이퍼와는 관계가 없다.

정답 01 ③ 02 ② 03 ④ 04 ④ 05 ②

06 다음 중 축전지의 과충전 현상이 발생되는 주된 원인은?
① 전압 조정기의 작동 불량
② 발전기 벨트 장력 불량 및 소손
③ 배터리 단자의 부식 및 조임 불량
④ 발전기 커넥터의 단선 및 접촉 불량

> **해설**
> 발전기 내부의 전압 조정기를 통해 충전되는 전압을 조정하므로 축전지가 과충전되는 경우 전압 조정기의 불량으로 판단할 수 있다.
> ②, ③, ④ 축전지의 충전이 불량할 수 있다.

07 자동차용 MF 축전지의 특성 중 틀린 것은?
① 인디게이터로 충전상태를 확인할 수 있다.
② 저온 시동 능력이 좋다.
③ 충전회복이 빠르고 과충전 시 수명이 길다.
④ 전기저항이 낮은 격리판을 사용한다.

> **해설**
> 격리판은 양극판과 음극판의 단락을 막기 위한 다공성 판으로 절연체로 되어있어 전기가 흐르지 않는다.

08 AGM 배터리에 대한 설명으로 틀린 것은?
① 충·방전 속도와 저온 시동성을 개선하기 위한 배터리이다.
② 아주 얇은 유리섬유 매트가 배터리 연판들 사이에 놓여 있어 전해액의 유동을 방지한다.
③ 내부 접촉 압력이 높아 활성 물질의 손실을 최소화하면서 내부 저항은 극도로 낮게 유지한다.
④ 충격에 의한 파손 시 전해액이 흘러나와 다른 2차 피해를 줄 수 있다.

> **해설**
> AGM 배터리는 글라스 매트를 사용하여 파손 시에도 전해액의 누액을 방지한다.

09 다음 중 납산축전지의 특징으로 틀린 것은?
① 충전 시 비중이 낮은 묽은황산이 비중이 높은 묽은황산이 된다.
② 일반적으로 전해액의 온도가 상승하면 비중이 낮아진다.
③ 방전 시 전해액의 비중이 낮아지고 비중이 낮은 상태로 온도가 낮아지면 전해액이 빙결될 수 있다.
④ 축전지의 (−)극판은 구멍이 많은 납으로 이루어져 있으며, (+)극판보다 화학적으로 불안정한 상태이다.

> **해설**
> 축전지의 (−)극판은 구멍이 많은 납(해면상납)으로 이루어져 있으며, (+)극판보다 화학적으로 안정한 상태이므로 셀 구성 시 양극판보다 음극판을 1장 많게 설치한다.

10 납산 배터리의 방전종지전압에 대한 설명으로 옳은 것은?
① 셀 당 방전종지전압은 0.75V이다.
② 방전종지전압을 설페이션이라 한다.
③ 방전종지전압은 시간당 평균 방전량이다.
④ 방전종지전압을 넘어 방전을 지속하면 충전 시 회복 능력이 떨어진다.

> **해설**
> • 셀당 방전종지전압은 1.75V이다.
> • 설페이션은 과방전 또는 방전상태로 장기가 방치하여 극판이 결정화되어 충전용량이 저하되는 상태가 되는 것이다.

11 납산 배터리가 방전할 때 배터리 내부 상태의 변화로 틀린 것은?
① 양극판은 과산화납에서 황산납으로 된다.
② 음극판은 해면상납에서 황산납으로 된다.
③ 배터리 내부 저항이 증가한다.
④ 전해액의 비중이 증가한다.

> **해설**
> 방전 시 황산이 극판과 반응하여 전해액의 비중은 낮아진다.

12 배터리 규격 표시 기호에서 "CCA 660A"는 무엇을 뜻하는가?

① 20 전압율
② 25 암페어율
③ 저온 시동 전류
④ 냉간율

해설
CCA(Cold Cranking Amperage)는 저온 시동 전류라고 하며, 완충된 축전지가 영하 18℃에서 순간적으로 출력을 나타낼 수 있는 성능을 말한다. 지문에 나온 "CCA 660A"는 660A를 30초간 방전하였을 때 전압이 7.2V 이상을 유지할 수 있음을 의미한다.

13 배터리의 전해액 비중은 온도 1℃의 변화에 대해 얼마나 변화하는가?

① 0.0005
② 0.0007
③ 0.0010
④ 0.0015

해설
$S_{20} = S_t + 0.0007(t-20)$ 이므로
전해액의 비중은 1℃당 0.0007만큼 변화함을 알 수 있다.

14 완전 충전상태인 100Ah 배터리를 20A의 전류로 얼마 동안 사용할 수 있는가?

① 50분
② 100분
③ 150분
④ 300분

해설
$\frac{100Ah}{20A} = 5h = 300분$

15 12V 50Ah의 배터리에서 100A의 전류로 방전하여 비중 1.220으로 저하될 때까지의 소요시간은?

① 5분
② 10분
③ 20분
④ 30분

해설
$\frac{50Ah}{100A} = 0.5h = 30분$

16 충전계통의 고장 상태임에도 축전지만으로 점화 및 각종 등화장치 등을 작동시킬 수 있는 최대 시간을 표시한 것은?

① 550CCA
② RC 75min
③ 60AH
④ CMF120

해설
RC 75min의 의미는 충전계통(발전기)의 불량 시 축전지의 용량만으로 주행에 필요한 최소한의 전류를 사용하여 주행할 수 있는 최대 시간으로 표기한다.

17 충전 불량으로 입고된 차량의 점검 항목으로 틀린 것은?

① 벨트 장력
② 충전전류
③ 메인 퓨즈블 링크 상태
④ 엔진 구동 시 배터리 비중

해설
충전 불량의 경우 충전계통의 이상(발전기)이므로 축전지(배터리)의 비중과는 거리가 멀다.

18 전자유도에 의해 발생된 전압의 방향은 유도전류가 만든 자속이 증가 또는 감소를 방해하려는 방향으로 발생하는데 이 법칙은?

① 플레밍의 오른손 법칙
② 렌츠의 법칙
③ 플레밍의 왼손 법칙
④ 자기유도 법칙

해설
지문의 내용은 렌츠의 법칙에 대한 설명이다.
① 자속 안의 도선에 힘을 가하면 힘의 수직 방향으로 기전력이 발생한다는 법칙(발전기)
③ 자속 안의 도선이 전류를 가하면 전류의 수직 방향 힘이 작용한다는 법칙(전동기)
④ 하나의 코일의 자속이 변할 때 그 자속의 변화를 방해하려는 방향으로 유도기전력이 발생한다는 법칙

정답 06 ① 07 ④ 08 ④ 09 ④ 10 ④ 11 ④ 12 ③ 13 ② 14 ④ 15 ④ 16 ② 17 ④ 18 ②

19 발전기 B단자의 접촉 불량 및 배선 저항 과다로 발생할 수 있는 현상은?

① 과충전으로 인한 배터리 손상
② B단자 배선 발열
③ 엔진 과열
④ 충전 시 소음

해설
B단자에 접촉 불량 및 저항이 과다하면 전류의 발열작용에 의해 열이 발생할 수 있다.

20 전압 24V, 출력전류 60A인 자동차용 발전기의 출력은?

① 0.36kW
② 0.72kW
③ 1.44kW
④ 1.88kW

해설
$P = EI = 24 \times 60 = 1440W = 1.44kW$

21 L단자와 S단자로 구성된 발전기에서 L단자에 대한 설명으로 틀린 것은?

① L단자는 충전 경고등 작동선이다.
② 뒷유리 열선시스템에서도 L단자 신호를 사용한다.
③ 시동 후 L단자 전압은 시동 전 배터리 전압보다 높다.
④ L단자 회로가 단선되면 충전 경고등이 점등된다.

해설
L단자는 배터리 전압과 발전기 충전전압을 비교하여 배터리 전압보다 발전기의 충전전압이 낮을 경우 발전기 IC레귤레이터를 통해 접지되어 전구가 점등되므로 L단자가 단선된 경우 경고등은 점등되지 않는다.

22 점화 스위치를 ON(IG1)했을 때 발전기 내부에서 자화되는 것은?

① 로터
② 스테이터
③ 정류기
④ 전기자

해설
점화 스위치를 ON하면 축전지를 통해 로터 코일이 자화되고 크랭크축이 회전하며 스테이터 코일에서 기전력이 발생한다.

23 자동차에 사용되는 교류발전기 작동 설명으로 옳은 것은?

① 여자 다이오드가 단선되면 충전전압이 규정치보다 높게 된다.
② 여자전류 제어는 정류기가 수행한다.
③ 여자전류의 평균값은 전압 조정기의 듀티율로 조정된다.
④ 충전전류는 발전기의 회전속도에 반비례한다.

해설
교류발전기의 작동 설명
• 여자 다이오드가 단선되면 충전전압이 규정치보다 낮게 된다.
• 여자전류 제어는 전압 조정기가 수행한다.
• 여자전류의 평균값은 전압 조정기의 듀티율에 의해 조정된다.
• 충전전류는 발전기의 회전속도에 비례한다.

24 교류발전기의 전압 조정기에서 출력전압을 조정하는 방법은?

① 회전속도 변경
② 코일의 권수 변경
③ 자속의 수 변경
④ 수광 다이오드를 사용

해설
교류발전기에서 출력전압이 높을 때(제너전압 이상)에 제너 다이오드의 역방향으로 전류가 흘러 여자되는 코일의 자속을 감소시킨다.

25 자동차 교류발전기에서 가장 많이 사용되는 3상 권선의 결선 방법은?

① Y 결선
② 델타 결선
③ 이중 결선
④ 독립 결선

해설
교류발전기는 Y 결선(스타결선)을 사용하고, Y 결선의 선간전압은 상전압의 배이다.

26 교류발전기에서 정류작용이 이루어지는 곳은?

① 아마츄어
② 계자코일
③ 실리콘 다이오드
④ 트랜지스터

해설
교류발전기에서 실리콘 다이오드는 교류를 직류로 정류하여 각종 부하와 축전지에 전달한다.

27 교류발전기에서 축전지의 역류를 방지하는 컷아웃 릴레이(역류 방지기)가 없는 이유로 옳은 것은?

① 다이오드가 있기 때문이다.
② 트랜지스터가 있기 때문이다.
③ 전압 릴레이가 있기 때문이다.
④ 스테이터 코일이 있기 때문이다.

해설
교류발전기의 정류기에는 실리콘 다이오드를 사용한 정류 다이오드가 사용되어 역방향 전류는 차단된다.

28 교류발전기의 3상 전파 정류 회로에서, 출력전압의 조절에 사용되는 다이오드는?

① 제너 다이오드   ② 발광 다이오드
③ 수광 다이오드   ④ 포토 다이오드

해설
교류발전기에서 출력전압이 높을 때(제너전압 이상)에 제너 다이오드의 역방향으로 전류가 흘러 여자되는 코일의 자속을 감소시킨다.

29 스테이터 코일의 접속방식 중의 하나로 각 코일의 끝을 차례로 접속하여 둥글게 하고, 각 코일의 접속점에서 하나씩 끌어낸 방식의 결선은?

① 델타 결선   ② Y 결선
③ 이중 결선   ④ 독립 결선

해설
지문의 내용은 델타 결선의 종류로 델타 결선(△ 결선)의 선간전류는 상전류의 배이다.

30 교류발전기에서 스테이터의 결선 방법에 따른 전압 또는 전류에 대한 내용으로 틀린 것은?

① Y 결선의 선간전압은 상전압의 배이다.
② △ 결선의 선간전류는 상전류의 배이다.
③ Y 결선의 선간전류는 상전류와 같다.
④ △ 결선의 선간전압은 상전압의 3배이다.

해설
델타 결선(△ 결선)의 선간전류는 상전류의 배이다. 선간전압은 상전압과 같다.

31 교류발전기에서 생성되는 기전력의 크기와 관계가 없는 것은?

① 로터코일의 회전속도
② 스테이터 코일의 권수
③ 제너 다이오드 전류의 세기
④ 로터코일에 흐르는 전류의 세기

해설
기전력의 크기와 상관관계
- 코일의 회전속도가 빠를수록 기전력이 크다.
- 코일의 권수가 많을수록 기전력이 크다.
- 제너 다이오드의 제너전압이 클수록 기전력이 크다.
- 로터코일의 전류가 클수록 기전력이 크다.

32 자동차 발전기의 출력 신호를 측정한 결과이다. 이 발전기는 어떤 상태인가?

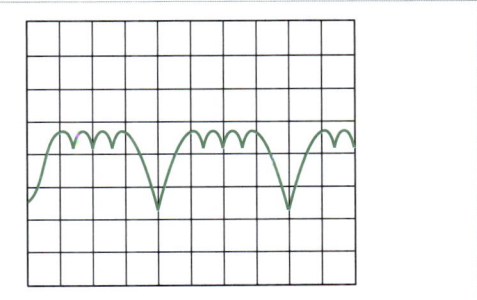

① 정상 다이오드 파형
② 다이오드 단선 파형
③ 스테이터 코일단선 파형
④ 로터코일 단락 파형

해설
정류 다이오드(실리콘 다이오드) 1개가 단선된 경우 발생되는 파형으로 정류작용의 불량으로 발생된다.

정답 19 ② 20 ③ 21 ④ 22 ① 23 ③ 24 ③ 25 ① 26 ③ 27 ① 28 ① 29 ① 30 ④ 31 ③ 32 ②

CHAPTER 03 시동장치
Industrial Engineer Motor Vehicles Maintenance

Topic 01 | 시동장치 이해

01 시동장치의 개요

(1) 정의
시동장치는 기관을 시동하기 위해 크랭크 축을 회전시키는 데 사용되는 장치를 의미한다.

(2) 구비조건
① 기계적인 충격에 강할 것
② 전원 소요 용량이 적을 것
③ 소형 경량이고 출력이 클 것
④ 기동 회전력이 클 것
⑤ 진동에 잘 견딜 것

(3) 시동전동기의 시동 소요 회전력
① 기관을 시동하려고 할 때 회전 저항을 이겨내고 기동전동기로 크랭크 축을 회전시키는 데 필요한 회전력이다.
② 시동 소요 회전력은 다음의 공식으로 표시한다.

$$T_S = \frac{R_E \times P_Z}{F_Z}$$

- T_S : 기동전동기의 필요 회전력
- R_E : 기관의 회전저항
- P_Z : 기동전동기 피니언의 잇수
- F_Z : 기관 플라이휠 링 기어 잇수

(4) 최소 기관 시동 회전속도
① 기관 시동은 크랭크 축을 회전시킬 수만 있으면 되는 것이 아니라 어느 정도 이상의 회전속도가 필요하다.
② 회전속도가 낮을 경우
  ㉠ 실린더와 피스톤 링 사이에서 압축가스가 누출되어 시동에 필요한 압축압력을 얻지 못함
  ㉡ 가솔린 기관의 경우 점화 코일 공급전압의 저하가 점화불량의 원인이 됨
  ㉢ 디젤기관의 경우 충분한 단열압축이 이루어지지 않으면 연료의 착화에 필요한 온도를 얻지 못하여 시동이 되지 않음

③ 최소 시동 회전속도
  ㉠ 기관 시동에 필요한 최저한계의 회전속도
  ㉡ 가솔린 기관보다 디젤 기관 쪽의 최소 시동 회전속도가 높음
  ㉢ 기온이 높을수록 회전속도가 높으며, 실린더 수, 사이클 수, 연소실 향상, 점화방식 등에 따라 달라짐
  ㉣ −15℃ 기준, 2행정 사이클 기관에서는 150~200rpm, 4행정 사이클 기관의 경우 가솔린 기관은 100rpm 이상, 디젤 기관은 180rpm 이상

(5) 기관의 시동성능
① 기동전동기의 출력은 전원인 축전지의 용량이나 온도 차이에 따라 영향을 받아 크게 변화한다.
② 축전지의 용량이 작으면 기관을 시동할 때 단자전압의 저하가 심하고 회전속도도 낮아지기 때문에 출력이 감소한다.
③ 온도가 저하되면 윤활유 점도가 상승하기 때문에 기관의 회전저항이 증가하는 반면 축전지의 용량 저하에 의해 기동전동기의 구동 회전력이 감소한다.

02 시동장치의 종류

(1) 직권식 전동기
① 전기자 코일과 계자 코일이 직렬로 접속한다.
② 장점 : 기동 회전력이 크고, 부하를 크게 하면 회전 속도가 낮아지고, 흐르는 전류가 커짐
③ 단점 : 회전속도 변화가 큼
④ 현재 자동차의 기동전동기로 사용된다.

(2) 분권식 전동기
  ① 전기자 코일과 계자 코일이 병렬로 접속한다.
  ② 회전속도가 일정한 장점이 있으나, 회전력이 작은 단점이 있다.

(3) 복권식 전동기
  ① 전기자 코일과 계자 코일을 직·병렬로 접속한다.
  ② 장점 : 기동식 회전력이 크고, 기동 후 회전속도가 일정함
  ③ 단점 : 구조가 복잡함
  ④ 윈드 실드 와이퍼모터에 사용된다.

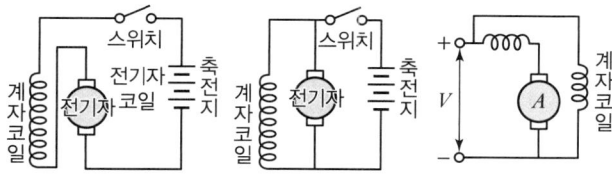

[그림 3-1] 직류 전동기의 종류

03 시동장치의 구성 및 구조

(1) 회전력을 발생하는 부분(전동기)

  1) 전기자(armature)
    ① 전기자 축 : 특수강으로 되어 큰 회전력을 받음
    ② 전기자 철심 : 자력선을 잘 통과시키고 맴돌이 전류를 감소시키며, 바깥 둘레의 홈은 전기자 코일을 지지하거나 냉각작용을 함
    ③ 전기자 코일 : 전기자를 회전시키는 역할을 함
    ④ 정류자 : 브러시에서 공급되는 전류를 일정한 방향으로 흐르도록 함

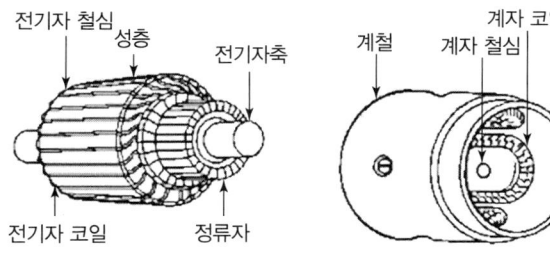

[그림 3-2] 전기자   [그림 3-3] 계자 코일과 계철

  2) 계철과 계자 철심
    ① 계철(요크) : 원통형의 전동기 틀로 자력선의 통로 역할
    ② 계자 철심 : 계자 코일을 지지함과 동시에 자계를 형성

  3) 계자 코일
  계자 철심에 전류가 흐르면 계자 철심을 자화시키는 역할을 한다.

  4) 브러시와 브러시 홀더
    ① 브러시 : 정류자와 접촉되어 전기자 코일에 전류를 유·출입시킴
    ② 브러시 홀더 : 브러시를 지지하며 브러시 스프링은 정류자에 브러시를 압착시킴
    ③ 브러시 길이 : 표준 길이의 1/3 이상 마모 시 교환함

(2) 동력전달기구

  1) 구분
    ① 벤딕스식 : 원심력에 의해 피니언 기어를 링 기어에 접촉함
    ② 피니언 섭동식 : 전자석 스위치를 이용하여 피니언 기어를 링 기어에 접촉함
    ③ 전기자 섭동식 : 전기자를 옵셋하여 접촉함

  2) 오버러닝 클러치
    ① 개요
      ㉠ 기관 시동 후 피니언과 플라이휠 링 기어가 물리면서 반대로 기관에 의해 기동전동기가 고속으로 구동, 전동기가 손상된다.
      ㉡ 이를 방지하기 위해 기관이 시동된 후 피니언이 공전하여 기동전동기가 구동되지 않도록 하는 장치가 오버러닝 클러치이다.
    ② 종류 : 롤러형, 스프래그형, 다판 클러치형 등
      ㉠ 롤러형 오버러닝 클러치(roller type)
        • 전기자 축의 스플라인에 설치된 슬리브(스플라인 튜브)가 아우터 슬리브(outer sleeve)와 일체로 되어 있음

- 아우터 슬리브 : 쐐기형의 홈이 파여 있는데 이 안에 롤러 및 스프링이 들어 있으며, 롤러는 스프링 장력에 의하여 항상 홈의 좁은 쪽으로 밀려 있음
- 이너 슬리브(inner sleeve) : 아우터 슬리브 안쪽에 있으며, 피니언과 일체로 되어 있음
- 아우터 슬리브에 만들어진 쐐기형의 홈에는 롤러 및 스프링이 들어 있음

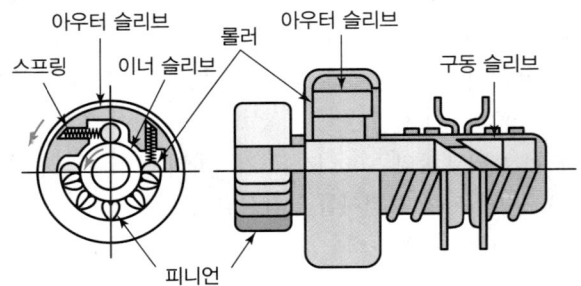

[그림 3-4] 롤러형 오버러닝 클러치의 구조

ⓛ 다판 클러치형 오버러닝 클러치(multi-plate type) : 전기자 섭동방식 기동전동기에서 사용
ⓒ 스프래그형 오버러닝 클러치(sprag type)
- 중량급 기관에서 주로 사용
- 플라이휠이 피니언을 구동하게 되면 이너 레이스가 아우터 레이스보다 빨리 회전하게 되어 아우터 레이스와 이너 레이스의 고정이 풀려 플라이휠이 기동전동기를 구동하지 못하게 됨

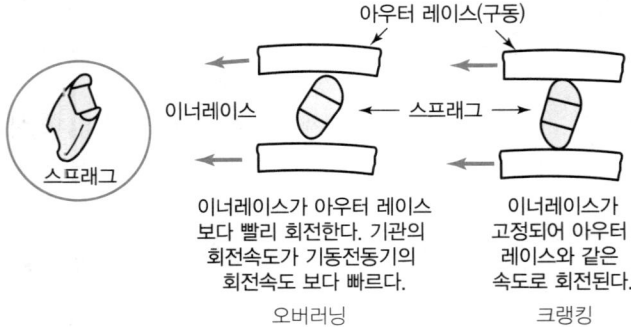

[그림 3-5] 스프래그 방식 오버러닝 클러치의 구조

(3) 피니언을 섭동시켜 플라이휠 링 기어에 물리게 하는 부분

1) 솔레노이드 스위치

① 솔레노이드 스위치의 구조
  ㉠ 솔레노이드 스위치는 마그넷 스위치(magnet switch)라고도 하며, 전자력으로 작동하는 기동전동기용 스위치임
  ㉡ 구조는 가운데가 비어 있는 철심, 철심 위에 감겨 있는 풀인 코일과 홀드인 코일, 플런저, 접촉판, 2개의 접점(B단자와 M단자)으로 되어 있음
  ㉢ 풀인 코일은 솔레노이드 스위치 ST단자(시동 단자)에서 감기 시작하여 M단자(전동기 단자)에 접속됨
  ㉣ 홀드인 코인은 ST 단자에서 감기 시작하여 솔레노이드 스위치 몸체에 접지됨
  ㉤ 풀인 코일은 축전지와 직렬로 접속되며, 홀드인 코일은 병렬로 연결됨

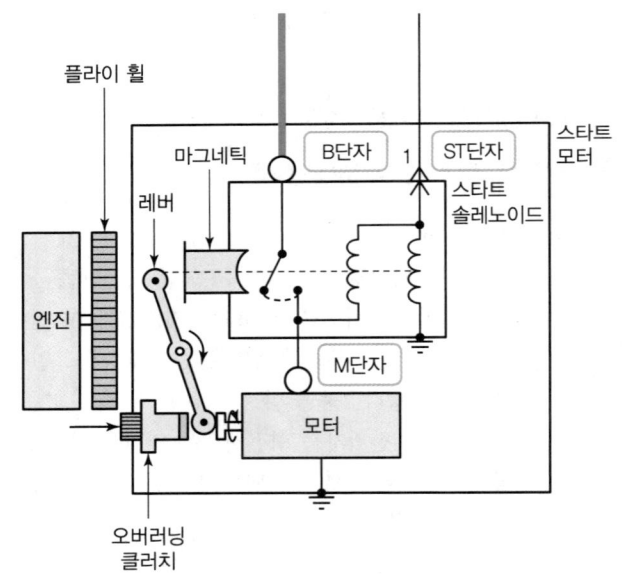

[그림 3-6] 시동 모터 회로도

Topic 02 | 시동장치 점검, 진단

01 시동 전동기의 시험

① 그로울러 테스터 : 전기자의 단선, 단락, 접지시험을 점검

② 기동 전동기의 계측시험
　㉠ 무부하시험 : 무부하 상태에서 시동 전동기의 전류, 전압 회전 속도를 측정
　㉡ 회전력시험 : 정지 상태에서 시동 전동기의 전류와 회전력을 측정
　㉢ 저항시험 : 부하 상태에서 전류, 전압 강하를 측정

02 시동 회로 점검 - 클러치 스위치, 인히비터 스위치

① 시동을 걸 때 변속기의 기어가 치합이 된 상태로 작동할 시 위험한 일이 발생할 수 있다.

② 시동 시 안전을 위해 인히비터 스위치(자동변속기 차량), 클러치 스위치(수동변속기 차량)을 이용한다.

③ 자동변속기 차량에서는 P나 N 레인지가 아닐 때, 수동변속기 차량에서는 클러치를 밟지 않을 때 시동이 걸리지 않도록 되어 있으므로 점화 스위치를 START 로 돌려도 전혀 반응이 없으면 이 부분의 고장 여부도 점검해야 한다.

자동변속기 인히비터　　　스위치수동변속기 클러치 스위치

출처 : 교육부(2015), 시동장치정비(LM156030102_14v2), 한국직업능력개발원 p.12

[그림 3-7] 인히비터 스위치와 클러치 스위치

03 축전지 점검 - 배터리 용량 테스터

(1) 개요

① 시동 스위치를 START 하여도 시동모터가 전혀 작동하지 않거나 '딸깍' 소리만 나고 엔진이 회전하지 않는다면 축전지의 상태를 확인해야 한다.

② 축전지의 단자 견결, 부식 여부, 충전 상태를 확인한다.

③ 축전지의 성능을 확인하기 위하여 축전지 용량 시험기를 이용하여 축전지의 전압 강하를 점검한다.

(2) 축전지 부하시험

① 축전지 부하 시험기의 적색 리드선을 축전지 (+)단자에, 흑색 리드선을 (–)단자에 설치한다.

② 축전지의 전압과 용량을 확인하여 부하 시험기의 표시창에 입력한다.

③ 'LOAD' 버튼을 누른 후 대기한다.

④ 축전지 부하 시험의 결과를 보고 충전 및 교환 여부를 결정한다.

04 시동전동기 점검 - 부하시험(크랭킹 점검)

(1) 시동전동기 솔레노이드 스위치 점검

① 시동전동기 솔레노이드 스위치의 S단자 커넥터를 탈거한 후 점프 와이어로 B자와 S단자를 0.5초~1초 정도 연결하여 크랭킹을 확인한다.

② 연결하였을 때 크랭킹이 된다면 시동모터의 S단자까지 전원 공급 여부를 점검하고 시동회로를 확인한다.

③ 만약 크랭킹이 안 된다면 시동전동기를 탈거하여 고장 여부를 점검한다.

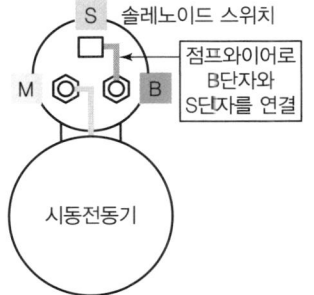 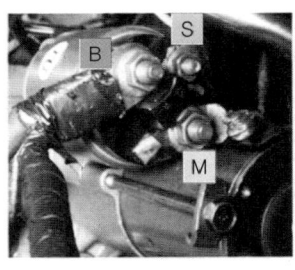

출처 : 교육부(2015), 시동장치정비(LM156030102_14v2), 한국직업능력개발원 p.15

[그림 3-8] 시동전동기 솔레노이드 스위치 점검

(2) 시동전동기 부하 시험

ⓐ 엔진 시동이 되지 않도록 연료 및 점화장치 관련 커넥터를 탈거한다.
ⓑ 전압계의 적색 리드선은 시동전동기 B단자에, 흑색 리드선은 축전지 (−)단자에 연결한다.
ⓒ 클램프 방식의 전류계를 시동전동기 B단자와 축전지 (+)단자 사이의 배선에 설치한다.
ⓓ 점화 스위치를 START로 돌려 15초 이내로 크랭킹한다.
ⓔ 크랭킹 시 전압 강하 측정 전압은 축전지 전압의 80% 이상이어야 한다.
　예 12V인 경우 12 × 0.8 = 9.6이므로 9.6V 이상이면 양호한 것으로 판정한다.
ⓕ 크랭킹 시 소모 전류는 축전지 용량의 3배 이하가 되는지 확인한다.
　예 60AH인 경우 60 × 3 = 180이므로 180A 이하면 양호한 것으로 판정한다.
※ 디젤 차량의 경우 엔진 배기량에 따라 전류값이 조금 높게 나오는 경우가 있다.

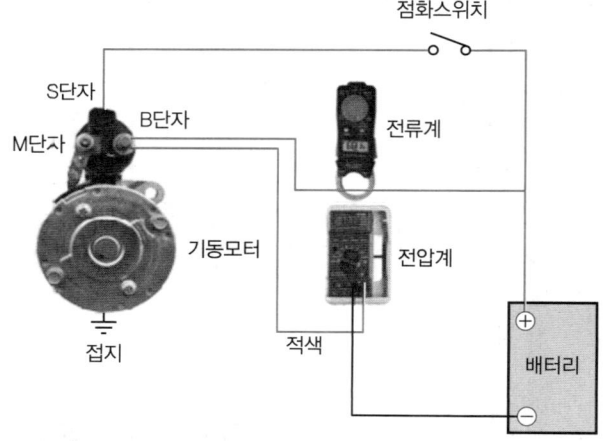

출처 교육부(2015), 시동장치정비(LM156030102_14v2), 한국직업능력개발원 p.15

[그림 3-9] 시동전동기 부하 시험

Topic 03 | 시동전동기 수리, 교환, 검사

01. 시동전동기 점검-전기자 브러시 점검

ⓐ 전기자의 정류자 표면을 점검하여 오염이 되었으면 사포를 이용하여 한계값 내에서 연마하고, 정류자의 외경을 측정한다. 측정값이 한계값 미만인 경우 전기자를 교환한다.
ⓑ 정류자를 V블록 위에 설치하고 다이얼게이지를 이용하여 런아웃을 측정한다. 한계값은 보통 0.05mm이다.

> **TIP** 정류자 런아웃 측정 후
> • 한계값 이상인 경우 전기자를 교환함
> • 한계값 미만인 경우에는 정류자 편 사이의 퇴적물이 있는지 점검함

ⓒ 멀티테스터로 모든 정류자 편 사이를 통전 시험한다. 만약 어느 하나라도 정상적으로 통전이 되지 않는다면 전기자를 교환해야 한다.

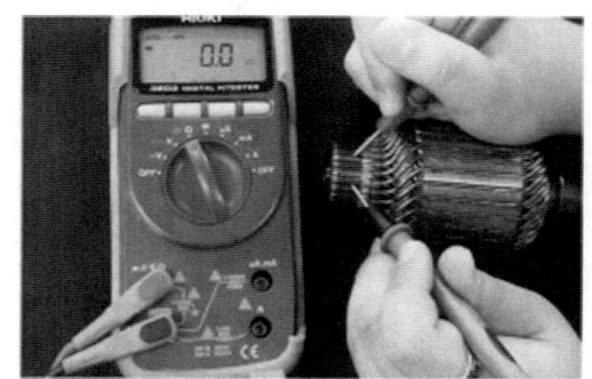

출처 : 교육부(2015), 시동장치정비(LM156030102_14v2), 한국직업능력개발원 p.34

[그림 3-10] 시동전동기 정류자 편 통전시험

ⓓ 멀티테스터를 사용하여 정류자 편과 전기자 코일 코어, 정류자 편과 전기자 축 사이의 통전 상태를 점검한다. 통전이 되지 않는 경우가 정상이며, 만약 어느 한쪽이라도 통전이 되는 경우 전기자를 교환해야 한다.

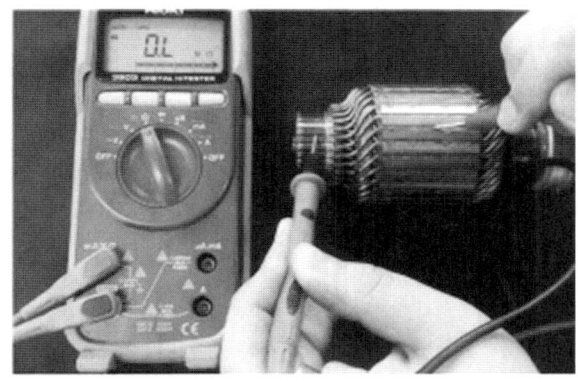

출처 : 교육부(2015), 시동장치정비(LM156030102_14v2), 한국직업능력개발원 p.34

[그림 3-11] 시동전동기 정류자와 전기자 축, 전기자 코일 코어 통전 시험

⑤ 멀티테스터를 사용하여 (+)브러시 홀더와 (−)플레이트 사이의 통전 상태를 점검한다. 통전이 되지 않아야 정상이며, 통전이 되는 경우 브러시 홀더 어셈블리를 교환해야 한다.

⑥ 버니어 캘리퍼스를 사용하여 브러시의 길이를 측정한다. 일반적으로 표준 길이의 1/3 이상 마모된 경우, 마모 한계선 이상 마모된 경우, 오일에 젖은 경우에 브러시를 교환한다.

출처 : 교육부(2015), 시동장치정비(LM156030102_14v2), 한국직업능력개발원 p.35

[그림 3-12] 브러시 마모 한계선

단원 마무리 문제

CHAPTER 03 **시동장치**

01 자동차용 기동전동기의 특징을 열거한 것으로 틀린 것은?
① 일반적으로 직권 전동기를 사용한다.
② 부하가 커지면 회전토크는 작아진다.
③ 상시 작동보다는 순간적으로 큰 힘을 내는 장치에 적합하다.
④ 부하를 크게 하면 회전속도가 작아진다.

해설
직권식 기동전동기는 부하가 커지면 회전토크가 커지고 회전속도가 작아지며, 전류 소모가 커지는 특징이 있다.

02 기동전동기의 작동 원리는?
① 앙페르 법칙
② 플레밍의 왼손 법칙
③ 플레밍의 오른손 법칙
④ 렌츠의 법칙

해설
기동전동기는 플레밍의 왼손 법칙을 기본 작동 원리로 한다.
① 앙페르 법칙 : 전류의 방향과 자기장의 방향과의 관계를 나타내는 '오른 나사의 법칙'
③ 플레밍의 오른손 법칙 : 발전기의 작동원리
④ 렌츠의 법칙 : 유도기전력과 유도전류는 자기장의 변화를 상쇄하려는 방향으로 발생한다는 전자기 법칙

03 기동전동기의 전기자 코일에 항상 일정한 방향으로 전류가 흐르도록 하는 것은?
① 슬립링
② 정류자
③ 변압기
④ 로터

해설
기동전동기 전기자코일에 전류 흐름이 바뀌는 경우 회전이 불가하기 때문에 브러시와 정류자의 접촉을 통해 전류를 공급한다.

04 플레밍의 왼손법칙에서 엄지손가락 방향으로 회전하는 기동전동기의 부품은?
① 로터
② 계자 코일
③ 전기자
④ 스테이터

해설
- 자계를 형성하는 부분 : 계자 코일
- 전류를 흘려 힘을 받는 부분 : 전기자 코일(아마추어)

05 전자제어 엔진에서 크랭킹은 가능하나 시동이 되지 않을 경우 점검요소로 틀린 것은?
① 연료펌프 작동
② 엔진 고장코드
③ 인히비터 스위치
④ 점화플러그 불꽃

해설
인히비터 스위치가 불량일 경우 크랭킹도 불가능하다.

06 시동 후 피니언 기어와 전기자축에 동력전달을 차단하여 기동전동기를 보호하는 부품은?
① 풀인 코일
② 브러시 홀더
③ 홀드인 코일
④ 오버러닝 클러치

해설
크랭킹 회전수는 150~200rpm 정도로 엔진의 공회전속도(600~800rpm)보다 현저히 낮기 때문에 엔진의 동력이 전기자를 회전시키는 경우 전기자 코일이 단선될 수 있다. 이를 기계적으로 차단하는 부품이 오버러닝 클러치이다.

07 기동전동기의 전기자 코일과 전기자 철심이 단락되지 않도록 사용하는 절연체가 아닌 것은?
① 운모
② 종이
③ 알루미늄
④ 합성수지

해설
알루미늄은 전도체로 전기가 잘 통한다.

08 기동전동기의 전류 소모 시험 결과 배터리의 전압이 12V일 때 120A를 소모하였다면 출력은 약 몇 PS인가?

① 1.96
② 2.96
③ 3.96
④ 4.96

> **해설**
> $P = EI = 12 \times 120 = 1440W$
> $1PS = 736W$
> 따라서, $1440W = \dfrac{1440}{736}PS = 1.956PS$

09 시동 전동기에 흐르는 전류는 160A이고 전압은 12V일 때, 이 시동 전동기의 출력은 몇 PS인가?

① 1.3
② 2.6
③ 3.9
④ 5.2

> **해설**
> $P = EI = 12 \times 160 = 1920W$
> $1PS = 736W$이므로
> $1920W = \dfrac{1920}{736} = 약 2.6PS$

10 기동전동기의 피니언기어 잇수가 9, 플라이휠의 링기어 잇수가 113, 배기량 1500cc인 엔진의 회전 저항이 8kgf·m일 때 기동전동기의 최소회전 토크는?

① 약 0.48kgf·m
② 약 0.55kgf·m
③ 약 0.38kgf·m
④ 약 0.64kgf·m

> **해설**
> 기동전동기의 최소회전 토크
> = 크랭크축의 회전저항 × $\dfrac{피니언기어 잇수}{링기어 잇수}$
> = $8 \times \dfrac{9}{113} = 0.637$

11 기동전동기의 오버러닝 클러치(Overrunning Clutch)에 대한 설명으로 틀린 것은?

① 엔진이 시동된 후, 엔진의 회전으로 인해 기동전동기가 파손되는 것을 방지하는 장치이다.
② 시동 후 피니언 기어와 기동전동기 계자코일이 차단되어 기동전동기를 보호한다.
③ 한 쪽 방향으로만 동력을 전달하며 일방향 클러치라고도 한다.
④ 오버러닝 클러치의 종류는 롤러식, 스프래그식, 다판 클러치식이 있다.

> **해설**
> 오버러닝 클러치는 시동 후 피니언 기어와 전기자축의 동력전달이 차단되어 기동전동기를 보호한다.

12 자동차의 직류직권 기동전동기를 설명한 것 중 틀린 것은?

① 기동 회전력이 크다.
② 부하를 크게 하면 회전속도가 낮아지고 흐르는 전류는 커진다.
③ 회전속도 변화가 작다.
④ 계자코일과 전기자코일이 직렬로 연결되어 있다.

> **해설**
> 직권식 전동기의 특징
> • 회전력이 크다.
> • 회전속도의 변화가 크다.
> • 부하를 크게 하면 회전속도가 낮아지고 회전토크는 증가되며, 전류는 커진다.
> • 계자코일과 전기자코일이 직렬로 연결되어 있다.

정답 01 ② 02 ② 03 ② 04 ③ 05 ③ 06 ④ 07 ③ 08 ① 09 ② 10 ④ 11 ② 12 ③

13 기동전동기의 필요 회전력에 대한 수식은?

① 크랭크축 회전력 $\times \dfrac{\text{링기어 잇수}}{\text{피니언기어 잇수}}$

② 캠축 회전력 $\times \dfrac{\text{피니언기어 잇수}}{\text{링기어 잇수}}$

③ 크랭크축 회전력 $\times \dfrac{\text{피니언기어 잇수}}{\text{링기어 잇수}}$

④ 캠축 회전력 $\times \dfrac{\text{피니언기어 잇수}}{\text{링기어 잇수}}$

해설

기동전동기의 최소회전 토크
= 크랭크축의 회전저항 $\times \dfrac{\text{피니언기어 잇수}}{\text{링기어 잇수}}$

14 그로울러 시험기의 시험 항목으로 틀린 것은?

① 전기자 코일의 단선시험
② 전기자 코일의 단락시험
③ 전기자 코일의 접지시험
④ 전기가 코일의 저항시험

해설

전기자 코일의 저항시험은 멀티테스터를 사용한다. 그로울러 시험기는 코일의 통전 상태(단선, 접지)와 단락점검을 할 수 있다.

15 자동차 기동전동기 전기자 시험기로 시험할 수 없는 것은?

① 코일의 단락
② 코일의 접지
③ 코일의 단선
④ 코일의 저항

해설

전기자 코일의 저항시험은 멀티테스터를 사용한다. 그로울러 시험기는 코일의 통전 상태(단선, 접지)와 단락점검을 할 수 있다.

정답 13 ③ 14 ④ 15 ④

CHAPTER 04 냉난방장치
Industrial Engineer Motor Vehicles Maintenance

Topic 01 | 냉·난방장치의 이해

01 냉·난방장치 개요
① 히터(난방)와 에어컨(냉방)장치로 공기조화장치 혹은 HVAC(Heating, Ventilating Air Conditioning)로 부른다.
② 자동차 내부의 온도와 습도, 풍량과 풍향을 제어하여 차량 탑승자에게 쾌적한 실내 환경을 제공한다.

02 냉·난방장치 역할
① 유리창에 성에를 방지하여 운전자의 원만한 시야를 확보한다.
② 차량 내부의 공기 중 먼지 제거를 통하여 깨끗한 실내 공기를 유지한다.
③ 일사량을 확인하여 사전에 설정된 온도로 자동 제어 가능하다.

Topic 02 | 난방장치

01 난방장치의 종류

(1) 온수식 난방장치
① 내연기관이 있는 대부분의 차량에서 사용하는 난방방식이다.
② 엔진이 워밍업 되었을 때 90℃ 이상의 냉각수가 히터코어에 공급된다.
③ 이 중 일부를 히터코어로 보내 블로워모터(송풍기)를 사용하여 실내를 난방한다.

(2) 가열플러그 난방장치
① 프리히터라고도 한다.
② 외기 온도가 낮을 경우 엔진에서 히터코어로 유입되는 냉각수의 온도를 높여준다.
③ 온수식 난방장치의 성능을 향상시킨다.

(3) 연소식 난방장치
① 엔진 외에 별도의 외부 연소기를 이용하여 난방하는 방식이다.
② 커먼레일 디젤 엔진의 승합차나 대형차와 같이 실내 공간이 큰 차량에서 주로 사용한다.
③ 외부 연소기의 열을 열교환기로 공기를 직접 데워 차량에 공급하는 방식은 직접형이다.
④ 냉각수를 데워 온수를 열원으로 공기를 데워주는 방식은 간접형이며 자동차에서 주로 사용한다.
⑤ 외부 온도가 3℃ 이하에서 작동하고 냉각수 온도가 125℃ 이상에서는 과열로부터 시스템을 보호하고자 연료를 차단하여 작동을 멈춘다.

(4) PTC(Positive Temperature Coefficient thermistor) 난방장치
① 히터코어 옆에 장착된 PTC 코일을 통해 전기적으로 공기를 가열하여 온도를 높이는 장치이다.
② 짧은 시간 실내 온도를 높일 수 있고 고온에서 위험성(온도가 상승하면 저항이 커져 전류가 감소하여 발열도 낮아진다)을 감소할 수 있다.
③ 장치의 구조가 간단하다.
④ 엔진워밍업이 오래 걸리는 차량에서 보조 난방장치로 PTC를 많이 사용한다.
⑤ PTC히터는 배터리 방전을 방지하고자 시동이 걸린 상태에서만 작동한다.

Topic 03 | 냉방장치

01 냉방장치의 개요

(1) 냉매의 구비조건
냉매는 무엇보다 안전해야 하고, 효율적인 냉동 능력을

발휘해야 하므로 다음과 같은 물리적, 화학적으로 우수한 성질 등이 요구된다.

1) 물리적 성질
　① 증발 압력이 저온에서 대기압 이상이어야 한다. 만약 증발 압력이 대기압보다 낮으면 공기 중의 산소, 수분, 먼지 등의 이물질로 인하여 냉매, 압축기 오일을 열화, 산화시켜 결국 냉동장치의 수명이 단축된다.
　② 응축 압력은 되도록 낮아야 한다. 응축 압력이 높으면 과다한 압축 작용이 필요하므로 경제성이나 내구성 부분에서 취약점이 발생한다.
　③ 임계온도는 충분히 높아야 한다. 임계온도란 특정 온도 이상이 되면 더 이상 압력에 따른 변화가 일어나지 않는 상태가 되는데 이 때의 온도를 말한다.
　　㉠ 기체는 적당한 압력을 가하면 액체로 상태 변화가 일어나지만, 임계온도보다 높을 경우 액화되지 않는다.
　　㉡ 임계온도가 낮은 증기는 임계온도 이상의 온도에서 압력을 아무리 높여도 응축되지 않으므로 다시 냉매로 사용할 수 없기 때문에 임계온도는 충분히 높아야 한다.
　④ 응고 온도가 낮아야 한다. 응고 온도는 냉방 사이클 내에서 일어나는 최저 온도보다는 낮아야 한다. 냉매가 높은 온도에서 응고하면 사용이 불가능하게 되므로 응고 온도는 낮을수록 바람직하다.
　⑤ 증발 잠열(kcal/kg)이 크고 액체의 비열(kcal/kg·℃)이 작아야 한다. 증발열이 큰 냉매일수록 적은 양의 냉매량으로 큰 냉동 효과를 얻을 수 있다. 비열은 물질의 온도를 높이거나 낮추는 데 필요한 열량으로 비열이 큰 물질일수록 온도를 올리거나 낮추기 어렵다.
　⑥ 비체적(m^3/kg, 단위 중량당 부피)과 점도가 작아야 한다. 압축기 흡입 공기의 비체적이 적을수록 피스톤 토출량이 적어도 되므로 장치를 소형화할 수 있다. 비체적이 크게 되면 압축기의 능력을 저하시킨다. 점도가 크면 유동 저항이 증대하여 압축기의 효율과 냉방 능력이 감소한다.

2) 화학적 성질
　① 안정성이 있어야 한다.
　② 부식성이 없어야 한다.
　③ 인화성과 폭발성이 없어야 한다.

3) 생물학적 특성
　① 악취가 없어야 한다.
　② 독성이 없어야 한다.

4) 경제적 특성
　① 가격이 저렴하고 구입이 용이해야 한다.
　② 소요 동력이 적고 부품의 소형 설계가 가능해야 한다.

(2) 냉매의 특성

1) R-12
　① R-12가 대기로 방출됨으로 인해 분해되지 않은 상태로 성층권으로 올라가면 태양으로부터 강한 자외선을 받아 염소(Cl)를 방출하게 되고, 오존(O_3)과 반응해 오존층을 파괴하게 된다.
　② 오존층의 파괴는 태양으로부터 나오는 강렬한 자외선이 지구 표면에 직접 닿게 되어 지구 온난화를 초래하여 생태계파괴를 일으키고, 피부암 등을 발생하게 하는 원인이 된다.

2) R-134a
　① 신 냉매의 수소 혼합으로 인해 입자가 작아지게 되고 고무를 파고 들어가는 특성을 가지게 되어 고무로 연결된 부분을 최대한 줄였고 고무로 된 부분의 내부를 나일론으로 코팅했다.
　② 연결 부위에 사용되는 O-링도 구냉매에서 사용되던 것을 사용해서는 안 되고 신냉매용 O-링을 사용해야 한다.
　③ 연결 부분에 약간의 문제가 생겨도 구냉매와 달리 쉽게 누출될 수 있기에 압력 시험을 할 때 신중을 기해야 한다.

3) R-1234yf
　① R-1234yf는 탄화불화올레핀(HFO : Hydrofluoroolefin) 계열의 약 가연성 물질로, 폭발성과 독성이 없으며 오존층파괴지수(ODP) 0, 지구온난화지수(GWP) 4인 친환경 냉매이다.

② 특히 열역학적인 특성이 신냉매(R-134a)와 유사하며 큰 설계 변경 없이 냉방 장치를 사용할 수 있기 때문에 미국환경청(EPA), 미국자동차공학회(SAE), 일본자동차협회(JAMA) 등 많은 단체와 기술협회가 승인하여 사용되고 있다.

(3) R-1234yf 취급 및 주입 절차
① 기본적으로 신냉매(R-134a)와 취급과 주입이 동일하다.
② 화기를 엄금해야 한다.
③ 작업장의 환기 상태가 좋아야 한다.
④ 응급 시 안전 조치 요령을 숙지해야 한다.
⑤ 냉매 혼입 시 시스템 내부를 전용액으로 세척 후 재주입해야 한다.
⑥ 대기 중으로 냉매를 방출하는 것을 법규로 금하고 있으므로 이를 준수해야 한다.

(4) 에어컨 냉매 교환 방법
1) 냉매 회수
냉매 부족으로 인한 냉방성능 저하일 경우에는 제일 먼저 기존의 냉매를 회수한다.

2) 진공
시스템 내의 공기와 수분을 모두 제거하는 진공 작업을 거침으로써 시스템 내의 공기 누설 등을 체크 한다. 만약 충분한 진공 작업에도 시스템 라인 압력이 진공압력으로 떨어지지 않는 때에는 냉매 가스가 새고 있는 경우로, 전자 누설감지기로 점검하거나 신유(냉동오일) 속에 형광물질 시약을 첨가하여 냉매 가스를 충전한 다음 충분한 시운전을 거쳐 누출된 부위를 육안 검사하는 방법도 있다.

3) 냉매 충전
에어컨 냉매 가스를 충전하는 방법은 매니폴드 게이지와 진공 펌프를 이용하여 수동모드로 작업하는 방법과, R-134a 또는 R-1234yf회수/재생/충전기를 이용한 자동모드 방법이 있다. 냉매 회수 시 배출된 폐유(냉동오일)만큼 신유(냉동오일 약 10~20cc)를 충전하고, 정량의 신냉매를 충전한다. 최근에는 냉매의 압력을 확인하여 충전하는 수동방식보다는 자동충전기를 이용하여 정량의 냉매량을 충전할 수 있는 방식을 선호한다.

> **TIP 에어컨 압력에 따른 고장 원인**
> - 저압과 고압이 모두 낮음 : 냉매 부족
> - 저압과 고압이 모두 높음 : 냉매 과도, 팽창밸브 개방 상태에서 고착
> - 저압이 높고, 고압이 낮음 : 압축기(컴프레서) 결함
> - 사이트글라스에 기포 확인 : 시스템 내 공기 유입

02 냉방장치의 종류

(1) TXV(Thermal eXpansion Valve) 방식

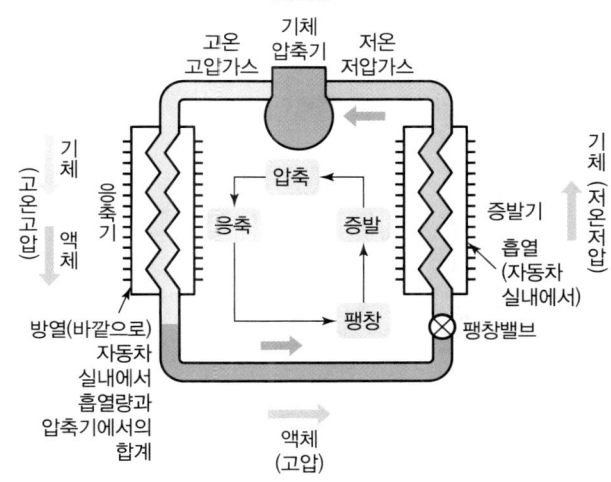

[그림 4-1] TXV 방식의 냉방 사이클의 원리

① 최근 대부분의 국내 승용 차량에 적용된 냉방 사이클이다.
② 기본 사이클 : 압축기 → 응축기(콘덴서) → 리시버드라이어(건조기) → 팽창밸브 → 증발기
③ 리시버드라이어는 고압 라인에 장착한다.
④ 팽창밸브에서는 교축 작용으로 냉매는 급격히 압력이 저하된다.

(2) CCOT(Clutch Cycling Orifice Tube) 방식
① 기본 사이클 : 압축기 → 응축기 → 오리피스튜브 → 증발기 → 어큐뮬레이터
② 팽창밸브 역할을 오리피스튜브에서 하는 것이 특징이다.
③ 어큐뮬레이터는 저압 라인에 장착한다.

03 냉방장치 구성부품의 역할 및 기능

(1) 압축기(compressor)
① 저압·기체상태의 냉매를 고압·기체상태의 냉매로 응축기로 토출하는 역할을 한다.
② 내연기관의 경우 엔진 크랭크축의 동력으로 작동한다.
③ 전기차의 경우 전자식 컴프레셔를 사용한다.
④ 에어컨 스위치를 ON 시켰을 때 마그네틱 클러치가 작동하여, 컴프레셔 풀리와 구동 샤프트가 연결된다(이때 엔진의 동력이 사용된다).
⑤ 가변용량 압축기 : 구동샤프트와 연결된 사판의 각도를 변화시켜 냉방부하에 따라 냉매 토출량을 조절하는 방식

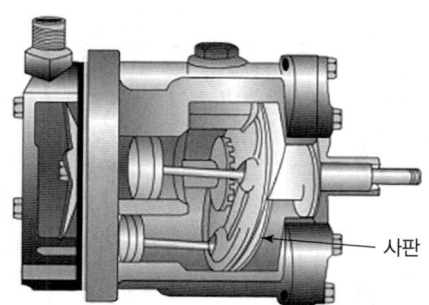

[그림 4-2] 압축기 구조

(2) 응축기(condenser)
① 고압·기체상태의 냉매를 액체상태의 냉매로 변환할 때 냉매의 열을 방출하는 역할을 한다.
② 라디에이터 앞에 설치하여 차량 주행 시 바람을 이용하여 충분한 냉각 효과를 얻도록 한다.

(3) 건조기(receiver drier)
① 기체가 액체로 응축되는 과정에서 생성될 수 있는 수분을 제거하고 냉각라인 안에 있는 이물질과 기포를 제거하는 역할을 한다.
② 액체상태의 냉매가 팽창밸브에 맥동 없이 원활하게 공급될 수 있도록 냉매를 저장하는 역할을 한다.
③ 차종에 따라 응축기와 일체형으로 장착되기도 한다.
④ 듀얼 및 트리플 압력 스위치가 장착되는 위치이기도 하다.
⑤ CCOT 방식에서는 이와 같은 역할을 하는 것이 어큐뮬레이터이다.

(4) 팽창밸브(expansion valve)
① 고압·액체상태의 냉매를 저압·액체(습증기)상태로 변환하는 역할을 한다.
② 형태에 따라 블록형과 앵글형이 있다.

(5) 증발기(evaporator)
① 저압·액체(습증기)상태의 냉매를 저압·기체상태로 변화하며 주변의 열을 흡수하는 역할을 한다.
② 증발기 앞에 핀서모 센서를 설치하여 온도를 감지하고 일정 온도 이하가 되면 압축기의 작동을 멈추게 하여 증발기가 어는 것을 방지한다.

Topic 04 | 자동 냉난방 장치 (FATC ; Full Auto Temperature Control)

01 자동 냉·난방장치 개요

① 운전자가 설정한 온도에 따라 차량 내부의 온도 자동으로 조정하는 장치이다.
② FATC는 각종 센서의 입력 신호를 근거로 차량 실내의 공기 온도를 운전자의 요구에 따라 자동으로 조정한다.
③ 시스템 고장 시 자기진단기로 회로의 고장 코드 및 입·출력 데이터, 강제 구동 기능을 이용하여 정비에 활용할 수 있다.

입력부분	제어부분	출력부분
· 실내 온도 센서 · 외기 온도 센서 · 일사량 센서 · 핀서모 센서 · 수온센서 · 온도조절 액추에이터 위치 센서 · AQS 센서 · 스위치 입력 · 전원공급	FATC 컴퓨터	· 온도조절 액추에이터 · 풍향조절 액추에이터 · 내외기조절 액추에이터 · 파워 T/R · 고속 송풍기 릴레이 · 에어컨 출력 · 제어 패널 화면 Display · 센서 전원 · 자기진단 출력

[그림 4-3] 자동 냉난방장치의 입출력 구성도

02 FATC(Full Auto Temperature Control) 입력 신호 및 출력신호

(1) FATC 입력 신호

1) 핀서모(pin thermo) 센서
① 핀서모 센서는 과도한 냉방으로 증발기가 빙결되는 것을 예방한다.
② 핀서모 센서는 부특성 서미스터(NTC)로 온도가 올라가면 저항이 내려가고 온도가 내려가면 저항이 올라가는 특성으로 온도를 감지한다.
③ 증발기의 온도를 감지하여 코어 온도가 약 0.5~ -10℃ 이하일 경우 압축기의 작동을 멈춘다. 약 3~4℃ 이상이 되면 다시 압축기의 구동을 위해 A/C 릴레이를 작동시킨다. 약 3~4℃ 이상이 되면 다시 압축기의 구동을 위해 A/C 릴레이를 작동시킨다.

2) 실내 온도 센서(in car sensor)
① 실내 온도 센서는 차량의 실내 온도를 감지하여 에어컨 ECU에 전달한다.
② 부특성 서미스터(NTC) 센서로 저항값의 변화로 온도를 측정한다.
③ 온도 자동모드 설정 시 블로워 모터 속도, 온도 조절 액추에이터 및 내·외기 전환 액추에이터의 위치를 보정해 주는 신호로 이용된다.
④ 실내공기 온도를 정확히 측정하기 위하여 별도의 DC 모터를 장착하거나 송풍기 작동 시 생기는 부압을 이용할 수 있도록 에어 흡입관을 이용하기도 한다.
⑤ 센서가 감지하는 온도의 오차를 줄이고 실내의 온도를 정확히 검출하는 데 목적이 있다. 최근에는 습도 센서와 같은 곳에 장착된 경우도 많다.

3) 외기 온도 센서(AMB sensor, Ambient)
① 부특성 서미스터(NTC)로 외부 공기의 온도를 측정하는 센서이다.
② 차량의 전면부 앞범퍼와 라디에이터 전면부 사이에 장착되어 외부 온도를 측정한다.
③ 외부 온도를 측정하여 에어컨 ECU에 입력하면 ECU는 토출 온도와 풍량이 운전자가 선택한 온도에 근접하도록 보정해 준다.
④ AMB 버튼을 눌렀을 때 외기 온도를 컨트롤 패널 디스플레이창에 표시하여 주는데, 최근에는 AQS 센서와 일체형으로 장착되기도 한다.

4) 냉각수 온도 센서(ECTS ; Engine Coolant Temperature Sensor)
① 냉각수 온도 센서는 엔진 실린더의 냉각수 통로에 위치하며, 엔진의 냉각수 온도를 측정한다.
② 부특성 온도계수(NTC ; Negative Temperature Coefficient) 특성을 갖는다.
③ 측정한 온도값은 냉·난방장치 ECU에 전송되어 난방가동제어에 사용되며, 출력신호는 엔진 ECU에도 전송되어 연료량 제어에도 사용된다.

5) 일사량 센서(photo sensor)
① 포토 센서라고 불리며 메인 크래시 패드 중앙에 위치하여 태양광의 세기를 측정한다.
② 광기전성 다이오드를 내장하고 있어 별도의 센서 전원이 필요치 않다.
③ 발생되는 기전력에 따라 토출 온도와 풍량이 선택한 온도에 근접할 수 있도록 보정해 준다.
④ 자기진단을 통해 고장이 검출되지 않는 센서이기 때문에 작업등을 비추었을 때 약 0.8V의 기전력이 발생되면 센서는 정상이라고 판정한다.

6) 트리플 압력 스위치(triple pressure switch)
① 트리플 압력 스위치는 압축기와 팽창밸브 사이, 즉 고압라인에 설치되며 기존 듀얼 압력 스위치(저압과 고압 스위치)에 MIDDLE 스위치를 포함한다.
② 듀얼 압력 스위치에서 저압 스위치는 약 $2.1kgf/cm^2$에서 스위치가 ON, $2.0kgf/cm^2$에서 OFF 되고, 고압 스위치는 $32kgf/cm^2$에서 OFF, $26kgf/cm^2$에서 ON 되는데 저압과 고압의 스위치가 모두 ON이 되어야 압축기가 작동할 수 있는 조건이 된다. 냉매의 충전량이 부족하여 저압 스위치가 OFF 되면 압축기의 작동이 멈추며, 압축기의 작동 중 고압 스위치가 OFF 되면 압축기의 작동이 멈추도록 되어 있다. 고압 측 냉매 압력 상승 시 MIDDLE 스위치 접점이 ON 되어 엔진 ECU로 작동 신호가 입력되면 엔진 ECU는 냉각팬을 고속으로 작동시켜 냉매의 압력 상승을 방지한다.

7) APT(Automotive Pressure Transducer) 센서
① 기존의 트리플 압력 스위치를 대체하는 센서로서, 연속적으로 냉매의 압력을 감지하여 연비 향상과 더불어 변속감을 향상시킨다.
② 냉매 압력에 따라 최적의(압축기, 냉각팬) 제어를 위하여 엔진 ECU로 입력되며, 냉방장치가 정상적으로 작동 중일 때 약 2.5V 정도의 전압이 출력된다.

8) AQS(Air Quality System) 센서
NO(산화질소), NOx(질소산화물), SO_2(이산화황), CxHy(하이드로카본), CO(일산화탄소) 등 인체에 유해한 가스가 실내로 유입되지 못하도록 AQS 센서가 범퍼 안쪽 응축기 부근에 설치되어, 공기 오염 시 내기 모드로 전환되고 외부 공기가 청정하면 외기 모드로 자동 전환되는 시스템이다. 오염 감지 시 약 5V, 오염 미감지 시 약 0V의 전압이 출력된다.

9) 습도 센서(humidity sensor)
① 실내 공기의 상대습도를 측정하여 차량 내부의 온도에 따른 습도를 최적으로 유지하며, 저온에서 발생되는 유리 습기로 인한 운전 장애를 제거한다.
② 고분자 타입의 임피던스 변화형 센서를 사용하기 때문에 구조가 간단하고 신속한 응답성을 갖는다.
③ 습도 센서에 수분이 잔류하면 에어컨이 계속 작동할 수 있는 데 습도 센서의 커넥터를 탈거하여 에어컨이 작동하지 않으면 전등이나 햇빛으로 센서를 말려준다.
④ 습도량과 출력 주파수는 반비례 관계에 있으며 최근에는 실내 온도 센서와 같은 곳에 장착되기도 한다.

10) 에어컨 스위치(A/C switch)
에어컨 스위치를 누르면 신호가 에어컨 ECU로 입력되고 이는 다시 엔진 ECU로 전달되는데, 트리플 압력 스위치 혹은 APT 신호와 증발기의 온도 센서의 조건이 만족될 때 엔진 ECU는 에어컨 릴레이에게 구동 명령을 내리게 된다.

(2) FATC 출력신호

1) 온도 조절 액추에이터(temp door actuator, air mix door actuator)
온도 조절 액추에이터는 내·외기 도어를 통해 유입된 공기를 에어컨 증발기와 히터코어를 어떤 비율로 통과시킬 것인가에 따라 실내로 유입되는 공기의 온도가 달라진다. 과거 수동 냉·난방장치의 경우 진공식으로 액추에이터 레버를 조작하였지만, 요즘에는 전기식으로 유로를 결정한다.

2) 풍향 조절 액추에이터(mode door actuator)
점화 스위치를 ON 했을 때 모드 스위치를 선택하면 'VENT(얼굴 방향) → DEFROST(앞유리 방향) → FLOOR(바닥 방향) → MIX' 순으로 풍향 제어가 순차적으로 작동하며, DEF 스위치를 선택하면 순서와 상관없이 DEF 모드로 작동한다.

3) 내·외기 모드 전환 액추에이터(intake door actuator)
내·외기 선택 스위치에 의해 블로워 모터(송풍기)로 유입되는 공기의 통로를 가변시키는 액추에이터로, 배터리 극성 변화에 따라 내기와 외기의 방향이 결정된다.

4) 파워 TR
수동 냉·난방장치는 송풍기(블로워 모터)의 속도를 조절하기 위하여 가변저항을 사용하였지만, 자동 냉·난방장치는 NPN 타입의 파워 TR를 이용한다.

5) 파워 모스펫(MOS-FET, field effect transistor)
파워 TR보다 한 단계 진보한 방식으로, 블로워 모터 속도 제어는 수동 8단, 자동무단으로 제어가 가능하다. TR보다 내부 저항이 작아 전력 손실이 적고 큰 전류를 제어할 수 있는 장점이 있어 Hi-블로워 릴레이 없이 속도 제어 전 영역을 담당한다.

단원 마무리 문제

CHAPTER 04 냉난방장치

01 난방장치의 열교환기 중 물을 사용하지 않는 방식의 히터는?

① 온수식 히터
② 가열플러그 히터
③ 간접형 연료 연소식 히터
④ PTC 히터

해설
PTC 히터 : 히터코어 옆에 장착된 PTC 코일을 통해 전기적으로 공기를 가열하여 온도를 높이는 장치

02 온수식 히터 장치의 실내 온도 조절방법으로 틀린 것은?

① 온도조절 액추에이터를 이용하여 열교환기를 통과하는 공기량을 조절한다.
② 송풍기 모터의 회전수를 제어하여 온도를 조절한다.
③ 열교환기에 흐르는 냉각수량을 가감하여 온도를 조절한다.
④ 라디에이터 팬의 회전수를 제어하여 열교환기의 온도를 조절한다.

해설
온수식 히터장치는 송풍기 모터(블로워 모터)의 회전수를 제어하여 온도를 조절한다.

03 고속도로에서 차량 속도가 증가되면 엔진 온도가 하강하고 실내 히터에 나오는 공기가 따뜻하지 않은 원인으로 옳은 것은?

① 엔진 냉각수의 양이 적다.
② 방열기 내부의 막힘이 있다.
③ 서모스탯이 열린 채로 고착되었다.
④ 히터 열교환기 내부에 기포가 혼입되었다.

해설
서모스탯이 열린 채로 고착된 경우 차량속도가 빠를 때 엔진 온도가 하강해도 냉각수가 라디에이터로 유입되어 냉각되므로 실내 히터코어에 유입되는 냉각수의 온도 또한 낮아진다.

04 전자제어 디젤 차량의 P.T.C(Positive-Temperature Coefficient) 히터에 대한 설명으로 틀린 것은?

① 공기 가열식 히터이다.
② 작동시간에 제한이 없는 장점이 있다.
③ 배터리 전압이 규정치보다 낮아지면 OFF 된다.
④ 공전속도(약 700rpm) 이상에서 작동된다.

해설
PTC 히터는 전류 소모가 크고, 정특성 서미스터 방식이므로 온도 상승 시 저항이 커져 전류의 흐름이 자동으로 차단되는 특징이 있다.

05 자동차 에어컨 냉매의 구비조건이 아닌 것은?

① 임계온도가 높을 것
② 증발잠열이 클 것
③ 인화성과 폭발성이 없을 것
④ 전기 절연성이 낮을 것

해설
에어컨 냉매의 구비조건 중 전기 절연성에 대한 내용은 거리가 멀고, 절연성이 낮으면 누전, 감전 등의 원인이 된다.

에어컨 냉매의 구비조건
- 응축 압력은 낮을 것
- 임계온도는 높을 것
- 응고온도가 낮을 것
- 증발잠열이 크고 비열이 작을 것
- 비체적과 점도가 작을 것
- 화학적으로 안정될 것
- 부식성이 없을 것
- 인화성과 폭발성이 없을 것
- 악취가 없을 것
- 독성이 없을 것
- 가격이 저렴하고 구입이 용이할 것
- 소요 동력이 적고 부품의 소형설계가 가능할 것

정답 01 ④ 02 ④ 03 ③ 04 ② 05 ④

06 냉매(R-134a)의 구비조건으로 옳은 것은?

① 비등점이 적당히 높을 것
② 냉매의 증발 잠열이 작을 것
③ 응축 압력이 적당히 높을 것
④ 임계온도가 충분히 높을 것

> **해설**
> 에어컨 냉매의 구비조건
> • 응축 압력은 낮을 것
> • 임계온도는 높을 것
> • 응고온도가 낮을 것
> • 증발잠열이 크고 비열이 작을 것
> • 비체적과 점도가 작을 것

07 에어컨에서 냉매 흐름 순서를 바르게 표시한 것은?

① 컨덴서 → 증발기 → 팽창밸브 → 컴프레서
② 컨덴서 → 컴프레서 → 팽창밸브 → 증발기
③ 컨덴서 → 팽창밸브 → 증발기 → 컴프레서
④ 컴프레서 → 팽창밸브 → 컨덴서 → 증발기

> **해설**
> TXV(Thermal eXpansion Valve) 방식의 기본사이클
> 압축기 → 응축기(콘덴서) → 팽창밸브 → 증발기

08 자동차의 에어컨에서 냉방효과가 저하되는 원인이 아닌 것은?

① 냉매량이 규정보다 부족할 때
② 압축기 작동시간이 짧을 때
③ 실내공기순환이 내기로 되어 있을 때
④ 냉매주입 시 공기가 유입되었을 때

> **해설**
> 공기순환이 내기가 아닌 '외기'로 되어있을 때 외부의 뜨거운 공기가 실내로 유입되어 냉방효과가 저하될 수 있다.

09 TXV 방식의 냉동사이클에서 팽창밸브는 어떤 역할을 하는가?

① 고온 고압의 기체상태의 냉매를 냉각시켜 액화시킨다.
② 냉매를 팽창시켜 고온 고압의 기체로 만든다.
③ 냉매를 팽창시켜 저온 저압의 무화상태 냉매로 만든다.
④ 냉매를 팽창시켜 저온 고압의 기체로 만든다.

> **해설**
> 팽창밸브(expansion valve)
> • 고압·액체 상태의 냉매를 저압·액체(습증기)상태로 변환하는 역할을 한다.
> • 형태에 따라 블록형과 앵글형이 있다.

10 냉방장치의 구성품으로 압축기로부터 들어온 고온·고압의 기체 냉매를 냉각시켜 액체로 변화시키는 장치는?

① 증발기   ② 응축기
③ 건조기   ④ 팽창밸브

> **해설**
> 응축기(condenser)는 고압·기체상태의 냉매를 액체상태의 냉매로 변환할 때 냉매의 열을 방출하는 역할을 한다.

11 냉방장치의 구조 중 다음의 설명에 해당되는 것은?

> 팽창밸브에서 분사된 액체 냉매가 주변의 공기에서 열을 흡수하여 기체 냉매로 전환시키는 역할을 하고, 공기를 이용하여 실내를 쾌적한 온도로 유지시킨다.

① 압축기   ② 송풍기
③ 증발기   ④ 리시버 드라이어

> **해설**
> 증발기(evaporator)는 저압·액체(습증기)상태의 냉매를 저압·기체상태로 변화하며 주변의 열을 흡수하는 역할을 한다.

12 자동차에 사용되는 에어컨 리시버 드라이어의 기능으로 틀린 것은?

① 액체 냉매 저장
② 냉매 압축 송출
③ 냉매의 수분 제거
④ 냉매의 기포 분리

해설
건조기(receiver drier)
- 기체가 액체로 응축되는 과정에서 생성될 수 있는 수분을 제거하고 냉각라인 안에 있는 이물질과 기포를 제거하는 역할을 한다.
- 액체상태의 냉매가 팽창밸브에 맥동 없이 원활하게 공급될 수 있도록 냉매를 저장하는 역할을 한다.

13 냉방 싸이클 내부의 압력이 규정치보다 높게 나타나는 원인으로 옳지 않은 것은?

① 냉매의 과충전
② 컴프레서의 손상
③ 리시버 드라이어의 막힘
④ 냉각팬 작동불량

해설
압축기(compressor)는 저압·기체상태의 냉매를 고압·기체상태의 냉매로 응축기로 토출하는 역할을 하므로 컴프레셔가 손상된 경우 냉방 사이클 내부압력이 규정치보다 낮게 되므로 지문의 내용과는 거리가 멀다.

14 에어컨 라인 압력점검에 대한 설명으로 틀린 것은?

① 시험기 게이지에는 저압, 고압, 충전 및 배출의 3개 호스가 있다.
② 에어컨 라인압력은 저압 및 고압이 있다.
③ 에어컨 라인압력 측정 시 시험기 게이지 저압과 고압 핸들 밸브를 완전히 연다.
④ 엔진 시동을 걸어 에어컨 압력을 점검한다.

해설
에어컨 라인압력 측정 시에는 시험기 게이지의 저압 고압 핸들의 밸브는 완전히 잠근다.

15 에어컨 압축기 종류 중 가변용량 압축기에 대한 설명으로 옳은 것은?

① 냉방 부하에 따라 냉매 토출량을 조절한다.
② 냉방 부하와 관계없이 일정량의 냉매를 토출한다.
③ 냉방 부하가 작을 때만 냉매 토출량을 많게 한다.
④ 냉방 부하가 클 때만 작동하여 냉매 토출량을 적게 한다.

해설
가변용량 압축기는 구동샤프트와 연결된 사판의 각도를 변화시켜 냉방 부하에 따라 냉매 토출량을 조절하는 방식이다.

16 에어컨 구성품 중 핀서모 센서에 대한 설명으로 옳지 않은 것은?

① 에버포레이터 코어의 온도를 감지한다.
② 부 특성 서미스터로 온도에 따른 저항이 반비례하는 특성이 있다.
③ 냉방 중 에버포레이터가 빙결되는 것을 방지하기 위하여 장착된다.
④ 실내 온도와 대기 온도 차이를 감지하여 에어컨 컴프레셔를 제어한다.

해설
- 핀서모 센서는 증발기 온도는 감지하여 증발기가 빙결되는 것을 방지하기 위한 센서로 실내 온도와 대기 온도 차이를 감지하는 것은 아니다.
- 증발기의 온도를 감지하여 코어 온도가 약 0.5~-10℃ 이하일 경우 압축기의 작동을 멈춘다. 약 3~4℃ 이상이 되면 다시 압축기의 구동을 위해 A/C 릴레이를 작동시킨다.

17 전자동 에어컨 시스템의 입력요소로 틀린 것은?

① 습도 센서
② 차고 센서
③ 일사량 센서
④ 실내 온도 센서

해설
차고 센서는 전자제어 현가장치에서 차체의 높이를 검출하기 위한 센서이다.

정답 06 ④ 07 ③ 08 ③ 09 ③ 10 ② 11 ③ 12 ② 13 ② 14 ③ 15 ① 16 ④ 17 ②

18 자동차 에어컨 시스템에서 응축기가 오염되어 대기 중으로 열을 방출하지 못하게 되었을 경우 저압과 고압의 압력은?

① 저압과 고압 모두 낮다.
② 저압과 고압 모두 높다.
③ 저압은 높고 고압은 낮다.
④ 저압은 낮고 고압은 높다.

해설
응축기에서 열을 방출하지 못하는 경우 냉매가 액화되기 어려워 기체 냉매의 큰 부피에 의해 라인압력이 높아질 수 있다.

19 에어컨 시스템에서 저압측 냉매압력이 규정보다 낮은 경우의 원인으로 가장 적절한 것은?

① 팽창밸브가 막힘
② 콘덴서 냉각이 약함
③ 냉매량이 너무 많음
④ 에어컨 시스템 내에 공기 혼입

해설
팽창밸브가 닫힘 상태로 고착된 경우 응축기에서 이송된 액체냉매가 저압라인으로 가지 못해 저압측의 냉매 압력이 낮을 수 있다.

20 에어컨 시스템에서 사용되는 에어컨 릴레이에 다이오드를 부착하는 이유로 가장 적절한 것은?

① 서지 전압에 의한 ECU 보호
② ECU 신호에 오류를 없애기 위해
③ 릴레이 소손을 방지하기 위해
④ 정밀한 제어를 위해

해설
릴레이 코일회로에 다이오드 또는 저항을 연결하는 이유는 여자된 코일의 전원을 차단할 때 발생하는 서지전압으로 인해 회로에 연결된 ECU 내부 TR(트랜지스터)이 손상되는 것을 방지하기 위함이다.

21 전자동 에어컨장치(Full Auto Conditioning)에서 입력되는 센서가 아닌 것은?

① 대기압 센서
② 실내 온도 센서
③ 핀써모 센서
④ 일사량 센서

해설
대기압 센서는 고지대에서 엔진에 흡입되는 산소밀도를 보정하기 위한 센서이므로 지문의 내용과는 거리가 멀다.

22 전자제어 에어컨장치에서 컨트롤 유닛에 입력되는 요소가 아닌 것은?

① 외기 온도 센서
② 일사량 센서
③ 습도 센서
④ 블로워 센서

해설
- 블로워 센서는 자동차에 사용하지 않는다.
- 블로워 모터는 전자동에어컨 장치에서 송풍량이 변하는 출력요소이다.

23 실내 온도 센서(NTC 특성) 점검방법에 관한 설명으로 옳지 않은 것은?

① 센서 전원 5V 공급 여부
② 실내 온도 변화에 따른 센서 출력값 일치 여부
③ 에어튜브 이탈 여부
④ 센서에 더운 바람을 인가했을 때 출력값이 상승되는지 여부

해설
지문의 내용은 부특성 서미스터이므로 온도가 상승되면 출력값이 감소한다.

24 자동차의 전자동 에어컨장치에 적용된 센서 중 부특성 저항방식이 아닌 것은?

① 일사량 센서
② 내기 온도 센서
③ 외기 온도 센서
④ 증발기온도 센서

해설
일사량 센서는 포토다이오드로 빛의 조사량을 검출하므로, 온도를 측정하기 위한 방식이 아니다.

25 자동에어컨(FATC) 작동 시 바람은 배출되나 차갑지 않다. 점검해보니 컴프레셔 스위치의 작동음이 들리지 않는다. 고장 원인으로 거리가 가장 먼 것은?

① 컴프레셔 릴레이 불량
② 트리플 스위치 불량
③ 블로우 모터 불량
④ 써머 스위치 불량

> **해설**
> 블로우 모터는 송풍기이므로 지문에 나온 바람은 배출된다는 항목에서 이상이 없음을 알 수 있다.

26 자동온도 조절장치(FATC)의 센서 중에서 포토다이오드를 이용하여 변환 전류로 컨트롤하는 센서는?

① 일사량 센서
② 내기 온도 센서
③ 외기 온도 센서
④ 수온 센서

> **해설**
> 일사량 센서는 포토다이오드로 빛의 조사량을 검출하여 발생되는 기전력에 따라 토출 온도와 풍량이 선택한 온도에 근접할 수 있도록 보정해 준다.

27 자동공조장치와 관련된 구성품이 아닌 것은?

① 컴프레서, 습도 센서
② 컨덴서, 일사량 센서
③ 에바포레이터, 실내 온도 센서
④ 차고 센서, 냉각수온 센서

> **해설**
> 차고 센서는 전자제어 현가장치에서 차체의 높이를 검출하기 위한 센서이다.

28 자동 공조장치에 대한 설명으로 틀린 것은?

① 파워 트랜지스터의 베이스 전류를 가변하여 송풍량을 제어한다.
② 온도 설정에 따라 믹스 액추에이터 도어의 개방 정도를 조절한다.
③ 실내 및 외기 온도 센서 신호에 따라 에어컨 시스템의 제어를 최적화한다.
④ 핀서모 센서는 에어컨 라인의 빙결을 막기 위해 콘덴서에 장착되어 있다.

> **해설**
> 증발기 온도가 너무 낮으면 증발기가 빙결되어 냉각 효과가 저하된다. 이를 방지하기 위해 증발기에 핀서모 센서를 설치하며 증발기 온도를 검출하여 핀서모 스위치가 OFF 되어 압축기의 작동을 차단시킨다.

정답 18 ② 19 ① 20 ① 21 ① 22 ④ 23 ④ 24 ① 25 ③ 26 ① 27 ④ 28 ④

CHAPTER 05 네트워크통신장치

Industrial Engineer Motor Vehicles Maintenance

Topic 01 | 자동차 통신의 개요

01 통신 개요

① 통신이란 특정한 규칙을 가지고 정보를 주고받거나 하며, 일정한 규칙과 정해진 방식으로 소통을 하는 것을 말한다.
② 현재 자동차에서는 안전운행을 위한 장치와 다양한 편의장치들, 각종 전자제어 시스템이 도입되면서 자동차 모든 시스템에서 광범위하게 네트워크 통신이 적용되고 있다.
③ 특히 무인 자동차와 하이브리드 자동차, 전기자동차 등에는 전자제어 시스템이 대량 장착되며 네트워크 통신 부분은 자동차 분야에서 더욱 확대 적용되고 있다.

02 통신 시스템의 장점

① 배선의 경량화 : ECU들의 통신으로 배선이 줄어듦
② 제어장치 간소화 : 전장품에서 가장 가까운 ECU에서 전장품을 제어함
③ 시스템 신뢰성 향상 : 배선 저감으로 인해 고장률 감소하고 정확한 정보를 송수신할 수 있음
④ 정비성 향상 : 각 ECU의 자기진단 및 센서 출력값을 진단 장비를 이용해 알 수 있어 정비성이 향상됨

03 OSI 7계층

통신이 일어나는 과정을 7단계로 나눈 것으로 통신이 일어나는 과정에서 문제가 발생 시 특정 단계의 계층만 정비하면 된다.

OSI reference layers
7. Application(응용)
6. Presentation(표현)
5. Session(세션)
4. Transport(전송)
3. Network(네트워크)
2. Data Link(데이터링크)
1. Physical(물리)

① 물리(Physical Layer)
 ㉠ 전기적 또는 물리적 변수를 결정하여 데이터를 전송하는 계층, 통신 단위는 비트(우성 또는 열성)
 ㉡ 사용 장비 : 케이블, 허브, 리피터
② 데이터링크(DataLink Layer)
 신뢰성 있는 전송을 보장하기 위해 데이터 묶음을 패킷안에 정렬 시키는 계층, CRC 기반의 오류제어, 전송 단위는 프레임
③ 네트워크(Network Layer)
 ㉠ 네트워크 노드간의 패킷 전달 계층, 데이터를 목적지까지 전달하는 라우팅 기능
 ㉡ 사용 장비 : 라우터
④ 전송(Transport Layer)
 메시지와 패킷 간의 상호 변환 작업 계층, 통신 활성화를, 보통 TCP프로토콜을 이용
⑤ 세션(Session Layer)
 데이터 통신을 위한 논리적인 연결 계층
⑥ 표현(Presentation Layer)
 코드 간의 번역을 담당하여 사용자에게 보여지는 데이터가 텍스트인지, 그림인지 포맷을 규정
⑦ 응용(Application Layer)
 데이터의 최종 목적지로 작동중인 사용자의 입·출력 부분, 대표적으로 HTTP, FTP, SMTP, POP3, IMAP, Telnet 등과 같은 프로토콜이 있음.

04 통신 프로토콜(Protocol)

(1) 개요
① 서로 다른 모듈들이 정보를 공유하기 위해 지정된 전압과 시간 주파수 등 모듈이 알 수 있는 일종의 언어이다.
② 컴퓨터 간의 통신에 대한 규칙, 전송방법, 에러관리 등에 대한 규칙을 정한 규약을 의미한다.
③ 공통 규칙의 통신 수단이면 다른 차량의 ECU일지라도 서로 통신이 가능하다.

(2) CAN 프로토콜의 내용

CAN layers
2. Data Link(데이터링크)   • Logic link control(논리 링크 제어)   • Media access control(매체 접근 제어)
1. Physical(물리)   • Physical coding sub-layer(물리 부호화 하위계층)   • Physical media attachment(물리 매체 접속 장치)   • Physical media dependent(물리층 매체 의존부)

① 제어기 상호 간 접속이나 전달 방법 : 정보를 전달하는 물리적인 매개체(**예** BUS 형태의 쌍꼬임선 등)
② 제어 기간 통신방법 : 정보를 송수신하는 방식의 정의 (**예** 단방향/양방향 통신, 전송 속도 등)
③ 주고받는 데이터 형식 : 송수신하는 데이터의 배열 (**예** 데이터 프레임 구조 등)
④ 데이터의 오류 검출 방법 : 데이터 프레임에서 발생되는 오류 검출(**예** 비트 채워 넣기, CRC 에러 등)
⑤ 코드 변환방식 : 코드 변환방식에 대한 정보
⑥ 기타 : 기타 통신에 필요한 내용 정의

05 통신의 종류

(1) 전송 방법에 의한 분류

1) 직렬 통신(Serial)
① 한 개의 데이터 전송라인으로 한 번에 한 bit씩 순차적으로 전송한다.
② 병렬 통신에 비해 속도가 느리다.
③ 모듈 간 또는 모듈과 주변 장치 간에 비트 흐름(Steam)을 전송한다.
④ 직렬 ↔ 병렬 컨버터(Transceiver)가 필요하다.

2) 병렬 통신(Parallel)
① 여러 개의 데이터 전송라인으로 한 번에 여러 개의 data bit를 동시에 전송한다.
② 직렬 통신에 비해 속도가 빠르다.
③ 배선 수의 증가로 모듈 설치 비용이 비싸고 장거리 설치가 어렵다.
④ 컴퓨터의 주변기기 프린터 등에 해당한다.

(2) 전송 시작 방법에 의한 구분

1) 비동기 통신(asynchronous communication)
① 데이터 전송 시 한 번에 한 문자씩 전송하는 방법으로 "start bit → 데이터 → stop bit" 순서로 발송한다.
② 데이터 전송이 정확, 단순하나 전송 속도가 느리다.
③ 데이터 통신이 전압의 저하, 노이즈 등에 의해 전송 도중 bit 추가나 손실이 발생할 수 있다[UTP(쌍꼬임선) 적용한 CAN 통신을 사용하여 시스템 오류 방지할 수 있다].
④ CAN 통신, K-Line 통신에 해당한다.

2) 동기식 통신
① 신호를 주고받는 배선 외에 클럭을 보내는 배선(SCK, Clock 회선)을 별도 설치하여 '클럭' 신호를 주기적으로 전송하여 클럭 신호 사이에 데이터를 '블록' 단위로 전송한다.
② 송수신이 동시에 일어나므로 전송 속도가 빠름, 각 비트의 출발시간과 도착시간의 예측이 가능하다.
③ 3선 동기 MOST 통신에 해당한다.

(3) 전송 방향에 의한 구분

1) 단방향 통신
① 정보를 주는 ECU와 실행만 하는 ECU가 통신하는 방식이다.
② 다중 전송시스템 : MUX(멀티플렉서) 통신, 듀티 사이클 : PWM(펄스폭 변조) 통신

2) 양방향 통신
① ECU들이 서로의 정보를 주고받는 통신방법이다.
② 마스터-슬레이브 구조(K-Line, KWP 2000, LIN) : 통신 권한을 Master만 가지며 Slave는 Master의 요구에만 응답할 수 있는 구조
③ 멀티 마스터 구조(CAN, FelxRay, MOST, LAN)

(4) 각 통신의 특성 비교

[표 5-1] 각 통신의 특성 비교

구분	통신구조	통신라인	통신속도	적용예시
K-Line	Master&Slave	1선	4kb/s	이모빌라이저 인증
KWP 2000	Master&Slave	1선	10.4kb/s	진단장치 통신
LIN	Master&Slave	1선	20kb/s	편의장치 일부
C-CAN	Multi Master	UTP	1Mb/s	파워트레인, 섀시제어기
B-CAN	Multi Master	UTP	125kb/s	바디전장, 멀티미디어
FlexRay	Multi Master	UTP	20Mb/s	고급, 안전제어 통신
MOST	Multi Master	광통신선	150Mb/s	멀티미디어 통신
LVDS	Multi Master	UTP	655Mb/s	멀티미디어 영상 통신
LAN	Multi Master	UTP	100Mb/s	멀티미디어 통신(고해상도 카메라)

[표 5-2] SAE 기준에 의한 통신 특성

구분	특징	적용
Class A	• 통신 : K-Line, Lin • 통신속도 : 10kb/s 이하 • 1선	진단통신, 이부 바디전장(도어, 시트, 파워윈도우)의 구동 신호&스위치 입력신호
Class B	• 통신 : J1850, 저속 CAN • 통신속도 : 40kb/s 이하 • Class A 보다 많은 정보의 전송이 필요한 경우에 사용	바디전장 모듈 간의 정보교환 클러스터 등
Class C	• 통신 : 고속 CAN • 통신속도 : 최대 1Mb/s 이하 • 실시간으로 중대한 정보교환이 필요한 경우로 1~10ms 간격으로 데이터 전송 주기가 필요한 경우에 사용	엔진, 자동변속기, 섀시계통 간의 정보 교환
Class D	• 통신 : MOST, IDB 1394 • 통신속도 : 수십 Mb/s • 수백~수천 bit의 블록 단위 데이터 전송이 필요한 경우	AV, DVD, CD 신호 등의 멀티미디어 통신

Topic 02 | K-Line 통신 및 kwp-2000 통신

01 K-Line 통신

① ISO 9141에서 정의한 프로토콜을 기반으로 차량 진단을 위한 라인의 이름이다.
② 진단 장비와 제어기 간의 1 : 1 통신에 적용한다.
③ 전압 특성 : 12V 기준 1선 통신을 수행한다.
④ 9.6V 이상 열성("1"), 2.4V 이하 우성("0")이다.
⑤ 기준 전압 폭이 커 잡음에 강함, 속도가 느리다.
⑥ 이모빌라이저 인증 통신[엔진제어기(EMS) ↔ 이모빌라이저 제어기(IMC)]

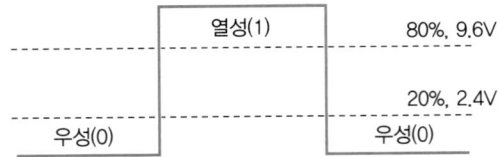

[그림 5-1] K-Line 통신의 출력값

02 kwp-2000 통신

① ISO 14230에서 정의한 프로토콜을 기반으로 차량 진단을 수행하는 통신명으로 기본 구성은 K-line과 동일하지만 데이터 프레임의 구조가 다르다.
② 진단 통신을 수행하는 제어기 수가 증가하여 여러 기기의 제어가 가능하다.
③ CAN 통신이 적용되지 않는 제어기의 진단 통신용으로 사용한다.
④ K-line보다 속도가 빠르다.

Topic 03 | CAN 통신

01 CAN 통신 개요

① 기계적 엔진 구동 방식에서 전자제어 방식으로 발전하면서 여러 모듈을 하나의 라인(BUS)에 병렬로 연결하는 차량용 프로토콜이다.
② CAN은 호스트 컴퓨터 없이(다중 마스터) 일반적으로 자동차에 존재하는 ECU 모듈끼리 통신하는 기술이다.
③ Multi Master 통신방식은 하나의 라인을 이용하여 여러 가지 메시지가 송수신되는 방식이다.
④ 모든 CAN의 구성 모듈은 정보 메시지 전송에 자유 권한이 있다.
⑤ 통신 중재 : 메시지가 동시에 전송될 경우 중재 규칙에 의해 순서가 정해진다.
⑥ 간단한 구조 : CAN-high, CAN-low의 dual 와이어 방식의 통신선으로 배선의 수 감소
⑦ 고속 통신 가능, 잡음에 강하다.
⑧ 신뢰성, 안정성 : 에러의 검출 및 처리 성능이 우수하다.
⑨ Plug&Play 기능 : 구조상 버스라인에 각각의 모듈들이 병렬로 연결된 방식이므로 확장성이 좋다.
⑩ 다른 모듈에 상관없이 BUS 연결 및 분리가 용이하다.

02 CAN 통신의 분류

① 고속 CAN(C-CAN) : 단일배선 적응능력이 없음
② 저속 CAN(B-CAN) : 단일배선 적응능력이 있음
   ※ 단일배선 적응능력 : CAN 데이터 버스 시스템에서 배선 하나가 단선 또는 단락되어도 1개의 배선이 통신 능력을 정확하게 유지하는 것을 말함

[표 5-3] 고속, 저속 CAN 통신의 특징

구분	고속 CAN(C-CAN)	저속 CAN(B-CAN)
프로토콜	ISO 11898	ISO 11519
최대 전송 속도	1Mb/s	125kb/s
버스 길이	최대 40m	전송속도에 따라 다름
최대 모듈 개수	30개	20개
신호 개수	약 500~800개	약 1200~2500개
메시지 개수	약 30~50개	약 250~350개
출력전류	25mA 이상	1mA 이하
열성/우성 구분 전압 차이	• 0V : 열성(1) • 2V 이상 : 우성(0)	• 5V : 열성(1) • 2V 이하 : 우성(0)
적용	파워트레인, 섀시의 실시간 제어	바디전장 데이터 통신

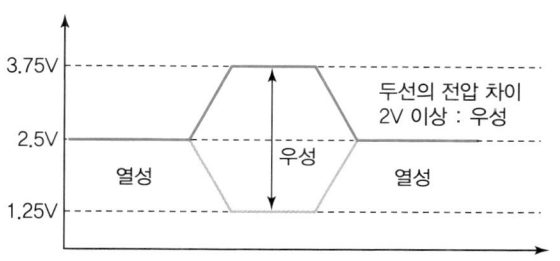

[그림 5-2] C-CAN의 전압레벨

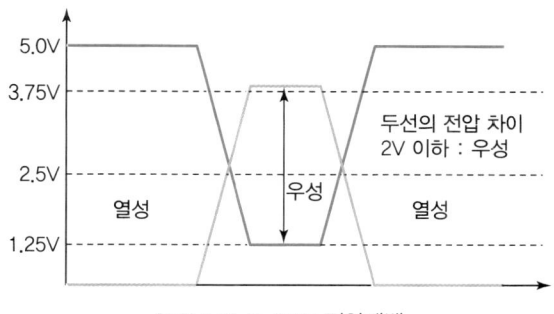

[그림 5-3] B-CAN 전압레벨

03 CAN 통신의 메시지 형식과 기본원리

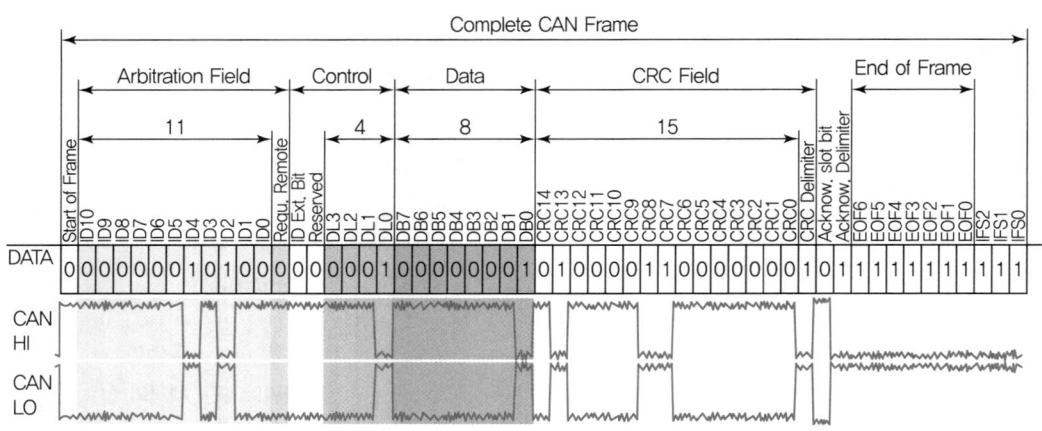

[그림 5-4] CAN 통신의 메시지 형식

① SOF : 메시지의 시작을 의미하는 비트로 BUS의 노드(ECU)에 동기화하기 위해 사용
② ID(IDENTIFIER) : 식별자로 메시지의 내용을 식별하고 우선순위를 부여함, 식별자(ID)가 낮을수록 우선순위가 높음, 이런 과정을 중재 또는 조정이라고 함
③ CONTROL : 데이터의 길이를 의미하는 비트
④ DATA : CAN BUS에 띄울 모듈의 데이터 내용
⑤ CRC : 프레임의 송신 오류 및 오류 검출에 사용되는 비트
⑥ ACK : 오류가 없는 메시지가 전송되었다는 것을 의미하는 비트로 CAN 트랜시버는 메시지를 정확하게 수신했다고 한다면 ACK 비트를 전송해야 함, 전송 노드는 버스 상에서 ACK 비트의 유무를 확인하고 만약 ACK 비트가 발견되지 않는다고 하면 재전송을 시도
⑦ EOF : 프레임의 끝을 나타내며 종료를 의미
⑧ IFS : 하나의 프레임이 끝나고 다음 프레임을 준비하는 기간, 어떠한 신호도 전송될 수 없음

04 CAN 통신 회로점검

(1) 종단 저항의 설치 이유

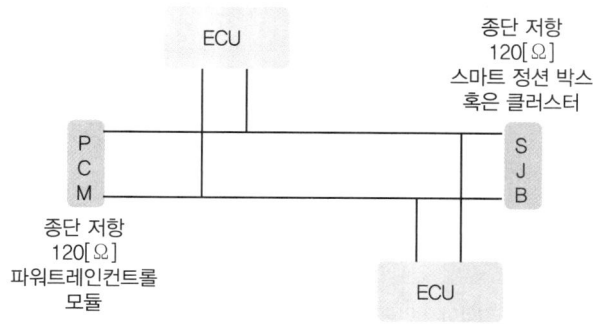

[그림 5-5] CAN 통신의 종단 저항

① 신호를 초기화하는 역할이다.
② BUS에 일정한 전류를 흐르게 한다.
③ 고주파 신호(노이즈, 반사파)를 흡수한다.

※ [그림 5-6]은 종단 저항이 없을 시 발생하는 반사파에 의해 통신이 불가능한 상태의 파형의 예시이다.

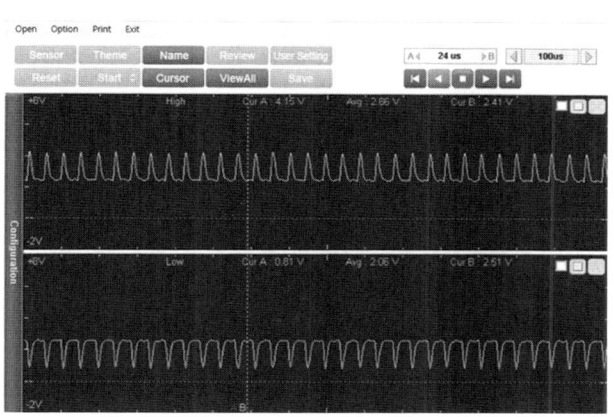

[그림 5-6] 종단 저항이 없는 CAN 파형

(2) 주선의 상태에 따른 종단 저항 측정값
   ① 정상 : 60Ω
   ② 차체에 단락(두 선 중 하나) : 60Ω
   ③ 단선(한 선, 두 선 모두) : 120Ω
   ④ High-Low 두 선이 단락 : 0Ω

단원 마무리 문제

CHAPTER 05 네트워크통신장치

01 차량에 사용하는 통신 프로토콜 중 통신 속도가 가장 빠른 것은?
① LIN
② CAN
③ K-LINE
④ MOST

해설

통신 프로토콜의 속도 비교

구분	통신구조	통신라인	통신속도	적용예시
K-line	Master&Slave	1선	4kb/s	이모빌라이저 인증
KWP 2000	Master&Slave	1선	10.4kb/s	진단장비 통신
LIN	Master&Slave	1선	20kb/s	편의장치 일부
C-CAN	Multi Master	UTP	1Mb/s	• 파워트레인 • 섀시제어기
B-CAN	Multi Master	UTP	125kb/s	• 바디전장 • 멀티미디어
FlexRay	Multi Master	UTP	20Mb/s	고급, 안전제어 통신
MOST	Multi Master	광통신선	150Mb/s	멀티미디어 통신
LVDS	Multi Master	UTP	655Mb/s	멀티미디어 영상 통신
LAN	Multi Master	UTP	100Mb/s	멀티미디어 통신 (고해상도 카메라)

02 고속 CAN High, Low 두 단자를 자기진단 커넥터에서 측정 시 종단저항 값은? (단, CAN 시스템은 정상인 상태이다.)
① 60Ω
② 80Ω
③ 100Ω
④ 120Ω

해설

CAN 시스템이 정상일 경우 종단저항(120Ω) 두 개가 병렬 연결되어 있으므로 측정되는 저항값은 60Ω이다.

03 자동차 전자제어모듈 통신방식 중 고속 CAN 통신에 대한 설명으로 틀린 것은?
① 진단 장비로 통신라인의 상태를 점검할 수 있다.
② 차량용 통신으로 적합하나 배선수가 현저하게 많아진다.
③ 제어모듈 간의 정보를 데이터 형태로 전송할 수 있다.
④ 종단저항 값으로 통신라인의 이상 유무를 판단할 수 있다.

해설

통신시스템의 장점
• 배선의 경량화 : ECU들의 통신으로 배선이 줄어듬
• 제어장치 간소화 : 전장품에서 가장 가까운 ECU에서 전장품을 제어함
• 시스템 신뢰성 향상 : 배선 저감으로 인해 고장률 감소하고 정확한 정보를 송·수신할 수 있음
• 정비성 향상 : 각 ECU의 자기진단 및 센서 출력값을 진단 장비를 이용해 알 수 있어 정비성이 향상됨

04 자동차 CAN 통신 시스템의 특징이 아닌 것은?
① 양방향 통신이다.
② 모듈 간의 통신이 가능하다.
③ 싱글 마스터(single master) 방식이다.
④ 데이터를 2개의 배선(CAN-HIGH, CAN-LOW)을 이용하여 전송한다.

해설

자동차에서 CAN 통신은 멀티 마스터 방식으로 ECU 간의 데이터 송수신이 자유롭다.

05 자동차 CAN 통신 시스템의 종류로 125kbps 이하에 적용되며 바디전장 계통의 데이터 통신에 응용하는 것은?
① Low Speed CAN
② High Speed CAN
③ Ultra Sonic CAN
④ Super Speed CAN

해설

Low Speed CAN(B-CAN)은 125kb/s의 통신속도로 바디전장 계통과 멀티미디어 일부에 적용되는 통신이다.

06 자동차용 컴퓨터 통신방식 중 CAN(Controller Area Network) 통신에 대한 설명으로 틀린 것은?

① 일종의 자동차 전용 프로토콜이다.
② 전장회로의 이상 상태를 컴퓨터를 통해 점검할 수 있다.
③ 차량용 통신으로 적합하나 배선 수가 현저하게 많다.
④ 독일의 로버트 보쉬사가 국제특허를 취득한 컴퓨터 통신방식이다.

해설
CAN 통신을 사용하는 경우 CAN BUS를 통한 송신이 가능하기 때문에 배선 수가 감소하는 효과가 있다.

07 자동차 통신방법 중에서 단방향 통신이 아닌 것은?

① CAN 통신 ② MUX 통신
③ PWM 통신 ④ Simplex통신

해설
CAN 통신은 멀티마스터 방식으로 양방향 통신이다.

08 자동차 모듈 간의 통신방법 중 CAN 통신의 특징이 아닌 것은?

① 정보의 특징이 한 방향으로 일정하게 전달되는 특징이 있다.
② 모든 CAN 구성 모듈은 정보 메시지 전송에 권한이 있다.
③ 듀얼 와이어 접속 방식으로 통신서로 구성이 간편하다.
④ 에러검출 및 처리성능이 우수하다.

해설
CAN 통신은 양방향 통신방법을 적용한다.

09 그림과 같이 캔(CAN) 통신회로가 접지 단락되었을 때 고장진단 커넥터에서 6번과 14번 단자의 저항을 측정하면 몇 Ω인가?

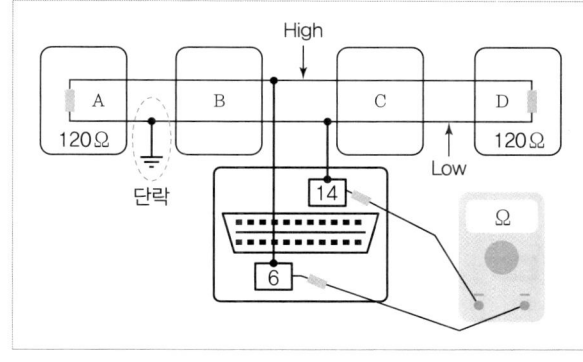

① 0 ② 60
③ 100 ④ 120

해설
전원을 OFF하고 테스터기로 CAN-High(6번 단자), CAN-Low(14번 단자) 라인 사이의 저항값은 60Ω일 때 정상(120Ω 두 개가 병렬연결이므로)으로 판단한다.

10 자동차 데이터 통신 중에 하나의 선이라도 단선되면 두 배선의 차등전압을 알 수 없어 통신 불량이 발생하는 통신방식은?

① A-CAN 통신 ② B-CAN 통신
③ C-CAN 통신 ④ D-CAN 통신

해설
CAN 통신의 분류
- 고속 CAN(C-CAN) : 단일배선 적응능력이 없음
- 저속 CAN(B-CAN) : 단일배선 적응능력이 있음
  ※ 단일배선 적응능력 : CAN 데이터 버스 시스템에서 배선 하나가 단선 또는 단락되어도 1개의 배선이 통신 능력을 정확하게 유지하는 것을 말함

정답 01 ④ 02 ① 03 ② 04 ③ 05 ① 06 ③ 07 ① 08 ① 09 ② 10 ③

11 네트워크 통신장치(High Speed CAN)의 주선과 종단저항에 대한 설명으로 틀린 것은?

① 주선이 단선된 경우 120Ω의 종단저항이 측정된다.
② 종단저항은 CAN BUS에 일정한 전류를 흐르게 하며, 반사파 없이 신호를 전송하는 중요한 역할을 한다.
③ 종단저항이 없으면 C-CAN에서는 BUS가 ON 상태가 되어 데이터 송수신이 불가능하게 된다.
④ C-CAN의 주선에 연결된 모든 시스템(제어기)들은 종단저항의 영향을 받는다.

> [해설]
> 종단저항이 없는 경우 반사파에 의해 데이터 송수신이 불가능하게 된다.

12 자동차용 컴퓨터 통신방식 중 CAN(Controller Area Network) 통신에 대한 설명으로 틀린 것은?

① 일종의 자동차 전용 프로토콜이다.
② 전장회로의 이상 상태를 컴퓨터를 통해 점검할 수 있다.
③ 차량용 통신으로 적합하나 배선 수가 현저하게 많다.
④ 독일의 로버트 보쉬사가 국제특허를 취득한 컴퓨터 통신방식이다.

> [해설]
> CAN 통신을 사용하는 경우 CAN BUS를 통한 송신이 가능하기 때문에 배선 수가 감소하는 효과가 있다.

13 일반적인 자동차 통신에서 고속 CAN 통신이 적용되는 부분은?

① 멀티미디어 장치
② 펄스폭 변조기
③ 차체 전장부품
④ 파워 트레인

> [해설]
> 고속 CAN 통신은 통신속도가 1Mb/s로 파워 트레인, 섀시 제어기에 적용된다.

14 자동차 CAN 통신의 CLASS 구분으로 가장 거리가 먼 것은? (단, SAE 기준이다.)

① CLASS A : 접지를 기준으로 1개의 와이어링으로 통신선을 구성하고, 진단통신에 응용되며 K-라인 통신이 이에 해당된다.
② CLASS B : CLASS A보다 많은 정보의 전송이 필요한 경우에 사용되며, 저속 CAN에 적용된다.
③ CLASS C : 실시간으로 중대한 정보교환이 필요한 경우로서 1~10ms 간격으로 데이터 전송주기가 필요한 경우에 사용되며 파워 트레인 계통에서 응용되고 고속 CAN 통신에 적용된다.
④ CLASS D : 수백 수천 bits의 블록 단위 데이터 전송이 필요한 경우에 사용되며, 멀티미디어 통신에 응용되며, FlexRay 통신에 적용된다.

> [해설]
> CLASS D 통신은 수백 수천 bits의 블록 단위 데이터 전송이 필요한 경우에 사용되며, 멀티미디어 통신에 응용되며, MOST, IDB 통신에 적용된다.

15 LAN(Local Area Network) 통신장치의 특징이 아닌 것은?

① 전장부품의 설치장소 확보가 용이하다.
② 설계변경에 대하여 변경하기 어렵다.
③ 배선의 경량화가 가능하다.
④ 장치의 신뢰성 및 정비성을 향상시킬 수 있다.

> [해설]
> LAN 통신장치의 특징
> • 전장부품의 설치장소 확보가 용이하다.
> • 설계변경에 대하여 변경하기 쉽다.
> • 배선의 경량화가 가능하다.
> • 장치의 신뢰성 및 정비성을 향상시킬 수 있다.

16 자동차에 적용된 다중 통신장치인 LAN 통신(Local Area Network)의 특징으로 틀린 것은?

① 다양한 통신장치와 연결이 가능하고 확장 및 재배치가 가능하다.
② LAN 통신을 함으로써 자동차용 배선이 무거워진다.
③ 사용 커넥터 및 접속점을 감소시킬 수 있어 통신장치의 신뢰성을 확보할 수 있다.
④ 기능 업그레이드를 소프트웨어로 처리함으로 설계변경의 대응이 쉽다.

해설
LAN 통신장치의 특징
- 전장부품의 설치장소 확보가 용이하다.
- 설계변경에 대하여 변경하기 쉽다.
- 배선의 경량화가 가능하다.
- 장치의 신뢰성 및 정비성을 향상시킬 수 있다.

17 K-Line 통신에 대하여 설명한 것으로 틀린 것은?

① ISO 9141 프로토콜을 기반으로 차량 진단을 위해 구형 차종에 적용되었다.
② 진단 장비가 여러 제어기 또는 특정 제어기를 선택하여 통신할 수 있다.
③ 통신 주체가 확실히 구분되는 마스터 · 슬레이브 방식으로 통신이 이루어진다.
④ 차량이 전자화되면서 진단장비와 제어기 간의 통신을 위하여 적용되었다.

해설
K-line 통신은 진단 장비와 제어기 간의 1 : 1 통신에 적용한다.

정답 11 ③ 12 ③ 13 ④ 14 ④ 15 ② 16 ② 17 ②

CHAPTER 06 편의장치
Industrial Engineer Motor Vehicles Maintenance

01 바디 제어 유닛(BCM ; Body Control Module)

(1) 바디 컨트롤 모듈(BCM) 시스템 개요

① 바디 컨트롤 모듈(BCM) 시스템 기능

워셔연동와이퍼, INT와이퍼, 미등 오토컷, 오토라이트, 전방안개등, 키홀 조명, 감광식 룸램프, 오토헤드램프 레벨링, 전조등(상향/하향), 에스코트 기능, 시트벨트 타이머, 키 작동 경고, 앞/뒷유리 열선 타이머, 파워 윈도우 타이머, 후석 시트워머 타이머, 중앙 도어 잠금/잠금해제 기능이 있다.

② 스마트 키 경고, IGN 키 리마인더, 도난 방지 등을 자동 컨트롤 하는 시스템으로 수많은 스위치 신호를 입력받아 시간제어(TIME) 및 경보제어(ALARM)에 관련된 기능을 출력 제어하는 장치이다.

③ BCM, SJB(스마트 실내 정션 박스), CLUC(인스트루먼트 클러스터)가 CAN으로 연결되어 있어 배선의 최적화를 이용하여 단거리 유닛이 입력을 받아 필요 유닛에게 CAN으로 송신하는 타입이다.

④ 출력의 경우도 배선이 아니라 CAN이므로 SJB 등으로 송신하여 SJB가 릴레이, IPS를 제어하는 방식이다. 따라서 각 유닛별로 센서 데이터와 강제 구동 데이터가 할당되어 있다.

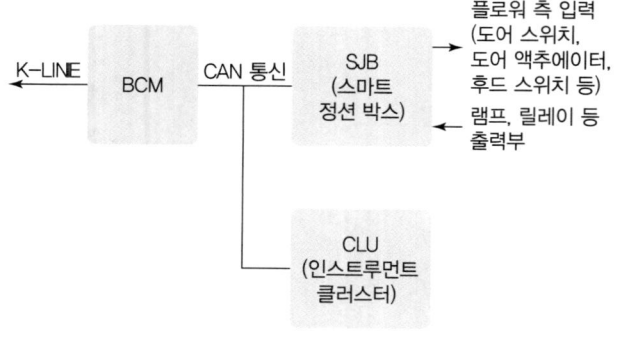

[그림 6-1] BCM 시스템 구조

02 세이프티 파워 윈도우

(1) 세이프티 파워 윈도우의 기능

오토-업 기능 구동중 물체의 끼임 발생 시 세이프티 기능 수행한다.

① 세이프티 기능 수행 조건 : 윈도우가 올라가는 중 최대 100N의 힘이 윈도우에 가해지기 전에 끼임 발생을 판단하여 세이프티 기능을 수행함

② 세이프티 기능 작동 시 윈도우 반전거리 : B필러 기준 4mm~250mm 구간에서 물체 감지 시 300mm 반전

③ 물체의 낌을 검출하지 않는 구간 : 창틀 끝에서 4mm 이하의 위치에서는 윈도우 오반전 방지를 위하여 물체의 끼임을 검출하지 않음

(2) 세이프티 파워 윈도우의 초기화 방법

① 배터리 연결 시의 초기화 : 모터 구동 중 배터리가 탈거된 상태에서 배터리를 연결할 경우 파워 스위치의 초기화가 필요함

② 초기화 방법 : 창문이 열린 상태에서 오토/메뉴얼 업 스위치를 이용하여 창문을 완전히 닫고 닫힌 상태를 0.2초 이상 유지함

※ 창문이 완전히 닫힌 상태에서 업 스위치를 작동할 경우 초기화 되지 않는다.

03 오토 라이트

(1) 오토 라이트 시스템 구성 및 작동

① 조도 센서를 이용하여 주위 조도 변화에 따라 운전자가 점등 스위치를 조작하지 않아도 Auto 모드에서 자동으로 미등 및 전조등을 ON 시켜 주는 장치이다.

② 주행 중 터널 진출입 시, 비, 눈, 안개 등에 의해 주위 조도 변경 시 작동한다.

(2) 오토 라이트 구성부품

오토 라이트 센서, 전조등, 점등 스위치, BCM(Body Control Module) 등으로 구성되어 있다.

① 오토 라이트 내부에 있는 조도 센서는 광전도소자(CdS)를 사용하여 빛의 밝기를 감지한다.
② 광전도소자는 빛이 밝으면 저항이 감소하고 어두워지면 저항이 증가하는 특성을 갖고 있다.

04 오토 와이퍼

다기능 스위치로부터 'Auto' 신호가 입력되면 와이퍼 모터 구동 제어를 앞창 유리의 상단 내면부에 설치된 레인 센서&유닛(A)에서 강우량을 감지하여 운전자가 스위치를 조작하지 않고도 와이퍼 작동 시간 및 Low 속도/High 속도로 자동으로 와이퍼를 제어하는 시스템이다.

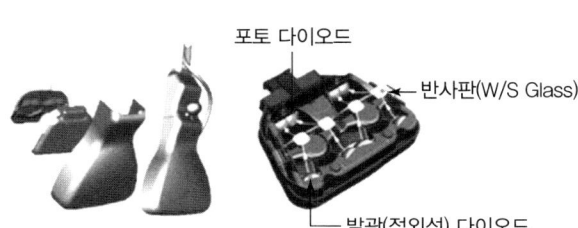

출처 : H자동차 서비스기술교육실(2016), 자동차전기전자교재, p.41.

[그림 6-2] 레인센서

(1) 통합형 레인센서의 기능
① 강우량 감지
② 빛 감지
③ 일조량 감지

(2) 작동 원리

발광 다이오드로부터 발산되는 빛(Beam)이 윈드 쉴드의 외부 표면에서 전반사가 되어 수광(Photo) 다이오드로 돌아온다. 이때 윈드 쉴드의 외부 표면에 물이 있으면 빔(Beam)은 광학 분리가 이루어지며 잔류한 빛의 강도가 수광 다이오드에서 측정된다. 윈드 쉴드에 물이 있다는 것은 Beam이 전반사가 이루어지지 않았다는 의미이기 때문에 그 손실된 빛의 강도가 글라스 표면의 젖음 정도를 나타낸다. 레인 센서는 2개의 발광 다이오드와 2개의 수광 다이오드, 광학섬유(Optic fiber) 그리고 커플링 패드로 구성된다.

05 감광식 룸램프

실내등 스위치의 Door 상태에서 도어를 열면 실내등이 점등된다. 이때 도어를 다시 닫으면 바로 꺼지지 않고 일정 시간 (5~6s) 동안 빛이 서서히 줄어들며 소등되게 하는 편의장치이다.

06 리어 윈도우 열선

리어 윈도우 열선은 BCM의 제어를 받으며 엔진 시동 중 발전기 L단자로부터 전압이 입력되고, 열선 스위치 신호가 BCM으로 입력되면 리어 윈도우 열선은 약 20분간 ON 되었다가 자동으로 OFF 된다(타이머 제어).

07 IMS(Integrated Memory System)

운전자가 설정한 최적의 시트 위치를 IMS 스위치 조작에 의하여 파워시트 유닛에 기억시켜 시트의 위치가 변해도 IMS 스위치를 통해 재생시킬 수 있다.

※ 재생 조건
① Key ON 전원이 입력된 경우
② 변속포지션이 'P'일 경우
③ BCM으로 송신된 신호가 3km/h 이하일 경우
④ 시트의 매뉴얼 S/W 조작이 없을 경우

08 에어백 시스템(SRS)

(1) 개요

① 운전자 및 승객을 보호하기 위한 안전장치로 운전자와 조향핸들 사이 또는 승객과 계기판 사이에 설치된 에어백을 순간적으로 부풀게 하여 운전자 및 승객의 부상을 최소화하는 장치이다.
② 에어백의 구성
　㉠ 조향핸들 중앙에 설치한 운전석 에어백 모듈(DAB ; Driver Air Bag module)
　㉡ 동승석 에어백 모듈(PAB ; Passenger Air Bag module)
　㉢ 안전벨트 프리 텐셔너(BPT ; Belt Pre Tensioner)
　㉣ 에어백 컴퓨터
　㉤ 클럭 스프링(clock spring)
　㉥ 사이드 충격검출 센서(side impact sensor)
　㉦ 인터페이스 모듈(interface module)
　㉧ 에어백 경고등(air bag warning lamp)
　㉨ 배선(wiring)
③ 에어백 컴퓨터에 내장된 충격 센서에 의해 충격 신호를 받았을 때 작동한다.

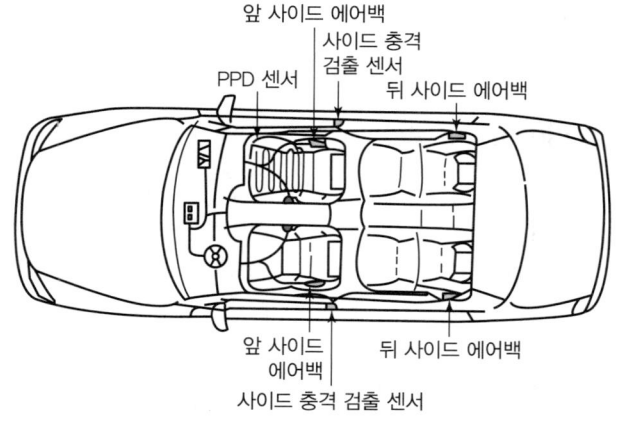

[그림 6-3] 에어백 설치 위치

(2) 에어백 구성 요소

1) 에어백 모듈(Air Bag Module) 개요

① 구성 : 에어백을 비롯하여 패트 커버(pat cover), 인플레이터(inflater)와 에어백 모듈 고정용 부품으로 구성한다.

② 설치 위치
  ㉠ 운전석 에어백 : 조향핸들 중앙
  ㉡ 동승석 에어백 : 글러브 박스(glove box) 위쪽

③ 에어백 모듈은 분해하는 부품이 아니므로 분해 및 저항 측정을 해서는 안 된다.

※ 에어백 모듈의 저항을 측정할 경우 뜻하지 않은 에어백의 전개(全開)로 위험을 초래할 수 있음

④ 구분 : 운전석 에어백 모듈, 동승석 에어백 모듈, 사이드 에어백 모듈 등

2) 에어백

① 내부를 고무로 코팅한 나일론제의 면으로 구성한다.
② 인플레이터와 함께 설치한다.
③ 점화회로에서 발생한 질소가스에 의하여 팽창하고, 팽창 후 짧은 시간 후 백(bag) 배출구멍으로 질소가스를 배출하여 충돌 후 운전자가 에어백에 눌리는 것을 방지한다.

3) 인플레이터(inflater)-화약점화 방식

① 화약, 점화재료, 가스 발생기, 디퓨저 스크린(diffuser screen) 등을 알루미늄 용기에 넣는 방식이다.
② 에어백 모듈 하우징에 설치된다.

(3) 클럭 스프링(Clock Spring)

① 에어백 컴퓨터와 에어백 모듈을 접속하는 부품이다.
② 조향핸들과 조향칼럼 사이에 설치한다.
③ 좌우로 조향핸들을 돌릴 때 배선이 꼬여 단선되는 것을 방지하기 위하여 종이 모양의 배선으로 설치된다.
④ 조향핸들과 함께 회전하기 때문에 반드시 중심위치를 맞추어야 한다.
⑤ 중심위치가 맞지 않으면 클럭 스프링 내부의 종이 모양의 배선이 단선되거나 저항값이 증가하여 경고등이 점등된다.

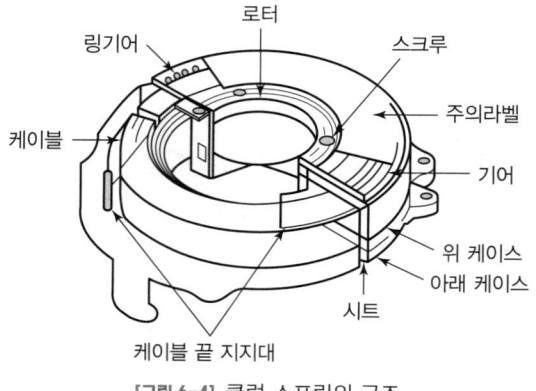

[그림 6-4] 클럭 스프링의 구조

(4) 안전벨트 프리 텐셔너(Belt Pre Tensioner)

1) 안전벨트 프리 텐셔너의 역할

① 차량 전방, 측방충돌 시 에어백 작동 전에 안전벨트의 느슨한 부분을 되감음으로써 다음의 역할을 한다.
  ㉠ 충돌로 인하여 움직임이 심해질 승객을 확실하게 시트에 고정
  ㉡ 승객이 크러시 패드(crush pad)나 앞 창유리에 부딪히는 것을 방지
  ㉢ 에어백이 펼쳐질 때 승객이 올바른 자세를 가질 수 있도록 함
  ㉣ 운전자 또는 승객의 안전벨트 착용 신호(버클센서)를 판단하여 작동한다.

② 충격이 크지 않은 경우에는 에어백은 펼쳐지지 않고 안전벨트 프리 텐셔너만 작동하기도 한다.

2) 안전벨트 프리 텐셔너의 작동

① 안전벨트 프리 텐셔너 내부에는 화약에 의한 점화 회로와 안전벨트를 되감는 피스톤이 설치된다.

② 컴퓨터에서 점화시키면 화약의 폭발력으로 피스톤을 밀어 벨트를 되감는다.

③ 작동된 프리 텐셔너는 반드시 교환하여야 하지만 에어백 컴퓨터는 6번까지 프리 텐셔너를 작동시킬 수 있으므로 재사용이 가능하다.

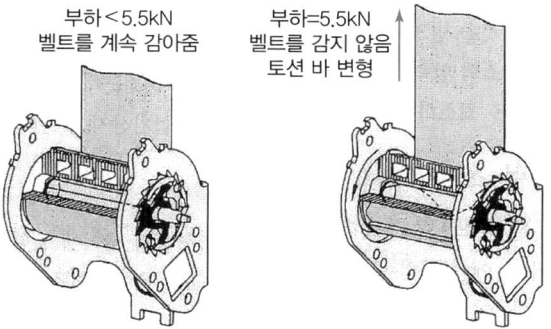

[그림 6-5] 안전벨트 프리 텐셔너의 작동

(5) 에어백 컴퓨터 회로의 안전장치

1) 단락 바(short bar)

① 에어백 컴퓨터를 떼어낼 때 경고등과 접지를 연결시켜 에어백 경고등을 점등한다.

② 에어백 점화라인 중 고압(High) 배선과 저압(Low) 배선을 서로 단락시켜 에어백 점화회로가 구성되지 않도록 한다.

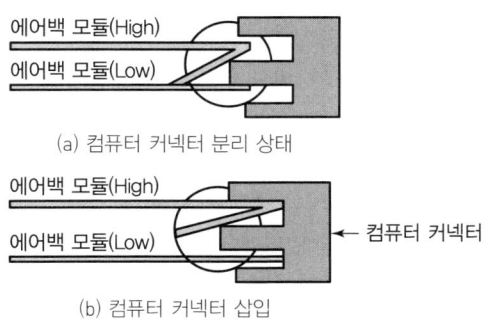

[그림 6-6] 단락 바의 구조

2) 2차 잠금장치(second lock system)

① 에어백에서 사용하는 각종 배선들은 어떤 악조건에서도 커넥터 이탈을 방지하기 위하여 커넥터를 끼울 때 1차로 잠금이 된다.

② 커넥터 위쪽의 레버를 누르거나 당기면 2차로 잠금이 되어 접촉 불량 및 커넥터의 이탈을 방지하고 있다.

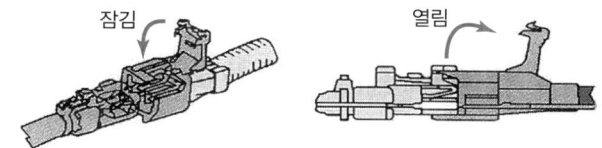

[그림 6-7] 2차 잠금 장치의 구조

3) 에너지 저장 기능

뜻하지 않은 전원차단으로 인하여 에어백에 점화가 불가능할 때 원활한 에어백 점화를 위하여 에어백 컴퓨터는 전원이 차단되더라도 일정 시간(약 150ms) 동안 에너지를 컴퓨터 내부의 축전기(condenser)에 저장한다.

(6) 승객 유무 검출 장치(PPD ; Passenger Presence Detect) 센서

조수석에 탑승한 승객 유무를 검출하여 승객이 탑승하였으면 정상적으로 에어백을 전개시키고, 승객이 없으면 조수석 및 사이드 에어백을 전개시키지 않는다.

09 도난방지장치

(1) 도난방지장치의 개요 및 구성

1) 도난방지장치의 구성

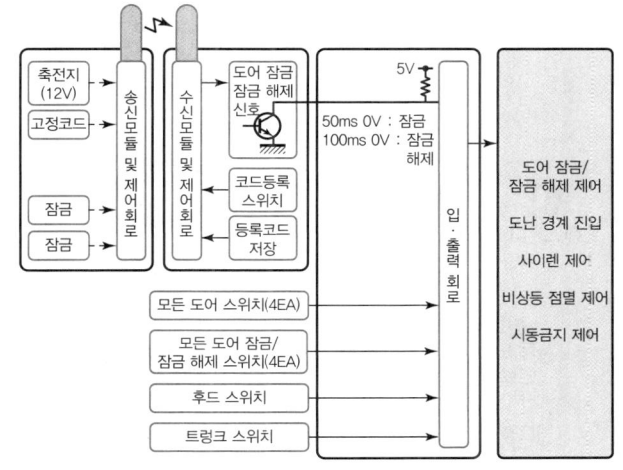

[그림 6-8] 도난경보장치의 개략도

① 리모컨 : 도어의 잠금(lock)/풀림(unlock) 스위치 정보를 무선으로 수신기로 송출함
② 수신기 : 리모컨으로부터 입력받은 신호가 사전에 등록된 코드와 일치하는지를 비교하여 일치하면 잠금에서는 5ms 동안 트랜지스터를 ON으로 하고, 풀림에서는 100ms 동안 ON으로 함
③ 기관 컴퓨터 : 수신기 트랜지스터의 ON/OFF에 따른 전압 및 시간의 변화 및 각종 입력정보를 종합적으로 판단하여 도어의 잠금 및 도난경계 진입 또는 잠김 풀림 및 도난경계 모드 해제를 실행함
④ 출력 : 도난경계 상태로 진입, 경보, 해제할 때 작동되는 요소들임

2) 도난방지장치의 주요 제어
① 도난경계 모드 진입 : 다음의 조건이 하나라도 만족되지 않으면 도난경계 상태로 진입하지 않음
  ㉠ 후드 스위치(hood switch)가 닫혀 있을 것
  ㉡ 트렁크 스위치가 닫혀 있을 것
  ㉢ 각 도어 스위치가 모두 닫혀 있을 것
  ㉣ 각 도어 잠금 스위치가 잠겨 있을 것
② 도난경계 모드 해제 : 도난경계 모드 상태에서 리모컨에 의한 도어의 잠금 해제 신호가 입력되면 경계상태를 해제함

(2) 이모빌라이저

1) 개요

이모빌라이저 장치는 무선통신으로 점화 스위치의 기계적인 일치뿐만 아니라 점화 스위치와 자동차가 무선으로 통신하여 암호코드가 일치하는 경우에만 기관이 시동되도록 하는 도난방지장치이다.

2) 이모빌라이저 구성부품의 기능
① 기관 컴퓨터 : 점화 스위치를 ON으로 하였을 때 스마트라를 통하여 점화 스위치 정보를 수신받고, 수신된 점화 스위치 정보를 이미 등록된 점화 스위치 정보와 비교 분석하여 기관의 시동 여부를 판단함
② 스마트라 : 기관 컴퓨터와 트랜스폰더가 통신을 할 때 중간에서 통신매체 역할을 하며, 이때 어떠한 정보도 저장되지 않음
③ 트랜스폰더
  ㉠ 스마트라로부터 무선으로 점화 스위치 정보 요구 신호를 받으면 자신이 가지고 있는 신호를 무선으로 보내주는 역할
  ㉡ 이모빌라이저 장치에서 사용되는 점화 스위치는 일반적으로 사용되는 것과는 다름

10 스마트 키 시스템

(1) 스마트 키 시스템 개요
① 스마트 키 시스템은 편리하게 운전자가 차량 실내로 진입 및 조작을 가능하게 하는 시스템이다.
② 스마트 키 시스템은 운전자의 어떤 행동이 수행되기 전에 차량(스마트 키 유닛)과 스마트 키와의 통신을 통해서 스마트 키의 유효 여부를 확인한다.

(2) 스마트 키 시스템의 주요 특성
① 운전석과 동승석 도어 그리고 트렁크를 통한 차량 진입 및 조작
② 스마트 키의 실내 감지 후 시동
③ 스마트 시스템을 통한 LF-RF 통신
④ 도어 아웃사이드 핸들의 푸쉬 버튼을 통한 운전석/동승석 도어의 해제와 잠금
⑤ 트렁크 오픈 스위치를 통한 트렁크 진입
⑥ 최대 2개의 스마트 키의 조작 가능
⑦ 싱글 라인 인터페이스를 통한 엔진 제어 시스템과 통신(이모빌라이저 통신)

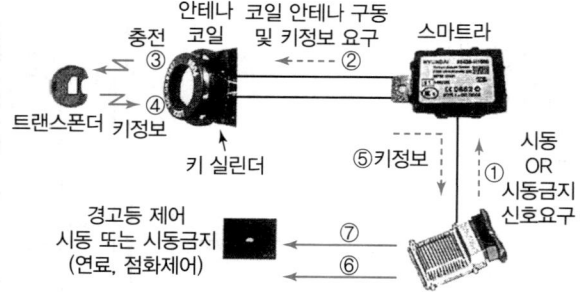

[그림 6-9] 이모빌라이저 장치의 구성 및 제어원리

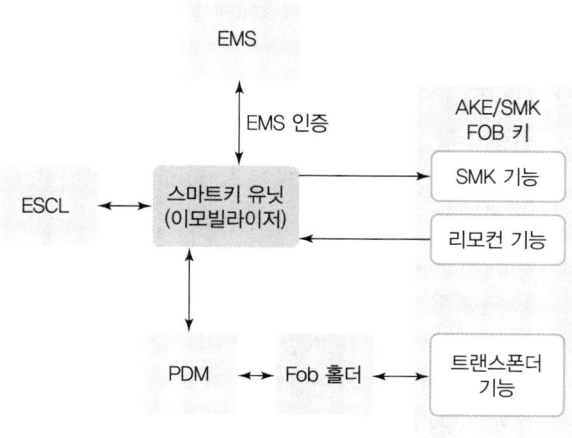

[그림 6-10] 스마트 키 시스템 구조

⑤ 시스템 지속 모니터링
⑥ 시스템 진단
⑦ 경고 버저/표시 메시지 제어

2) 전원 공급 모듈(PDM ; Power Distribution Module) 주요기능

① 전원 분배 릴레이 제어
② 센서 또는 ABS/VDC ECU로부터의 차속 모니터링
③ SSB LED(조명, 클램프 상태) 및 FOB 홀더 조명 제어
④ ESCL 전원 라인 제어 및 ESCL 잠금 해제 상태 모니터링
⑤ 시리얼 인터페이스와 FOB 홀더를 통한 트랜스폰더 통신
⑥ 스마트 키 유닛의 결함을 진단하기 위해 그리고 림프 홈 모드(LIMP HOME MODE) 관련 변환을 위해 시스템 지속 모니터링
⑦ 시동 정지 버튼(SSB) 스위치 입력 모니터링
⑧ 스타터 모터 전원 제어

3) FOB 키 홀더(HOLDER) 주요기능

① FOB 키 배터리 방전 혹은 통신 장애일 때, 홀더에 키를 삽입하면 정상 동작이 가능하다.
② FOB 키 홀더에 키를 삽입 후, 버튼을 누르면 전원 이동 및 시동 가능하다.
③ FOB 키는 전원 상태에 무관하게 탈거가 가능하다 (단, 탈거 시에도 전원 상태는 변하지 않는다).
④ 30초 인증 타이머 : 주행 중 엔진 정지 혹은 시동 꺼짐에 대비하여 FOB 키가 없을 때에도 시동을 허용하기 위한 기능

4) 외장 리시버

스마트 키 FOB에 의해 전송된 데이터는 외장 RF 리시버에 의해 수신된다. 리시버는 스마트 키 시스템에 적용되는 것과 동일하다. 리시버는 시리얼 통신라인을 통해 스마트 키 유닛에 연결된다.

5) 시동 정지 버튼(SSB ; Start Stop Button)

시동 버튼은 운전자가 차량을 작동하기 위해 사용된다. 2개의 LED 색상은 시스템 상태를 보여주기 위해 버튼의 중앙에 위치한다.

(3) 스마트 키 시스템의 구성

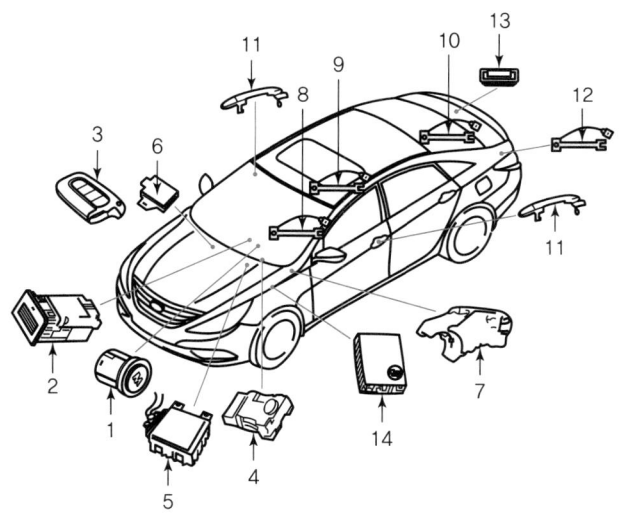

1. 시동정지 버튼(SSB)
2. FOB 키 홀더
3. FOB 키
4. POD(전원공급모듈)
5. 스마트 키 유닛
6. RF 수신기
7. ESCL(전자식 스티어링 컬럼 록)
8. 실내 안테나 1
9. 실내 안테나 1
10. 트렁크 안테나
11. 도어 핸들&도어 안테나
12. 범퍼 안테나
13. 트렁크 리드 오픈 스위치
14. BCM(바디 컨트롤 모듈)

[그림 6-11] 스마트 키 시스템 구성

1) 스마트 키(Smart Key) 유닛 주요기능

① 시동 정지 버튼(SSB) 모니터링
② 이모빌라이저 통신(EMS와 통신)
③ ESCL 제어
④ 인증 기능(트랜스폰더 효력 및 FOB 인증)

① 주황색 : ACC상태
② 녹색 : IG ON 상태
③ LED 표시 없음 : 전원 OFF 또는 시동 상태

6) **전자식 스티어링 컬럼 록(ESCL ; Electronic Steering Column Lock)**

ESCL(A)은 인증되지 않은 차량의 사용을 막기 위해 스티어링 컬럼을 잠그는 데 필요하다.

7) **안테나**

스마트 키 유닛에 의해 구동(LF신호)

(4) 스마트 키 시스템의 주요 제어

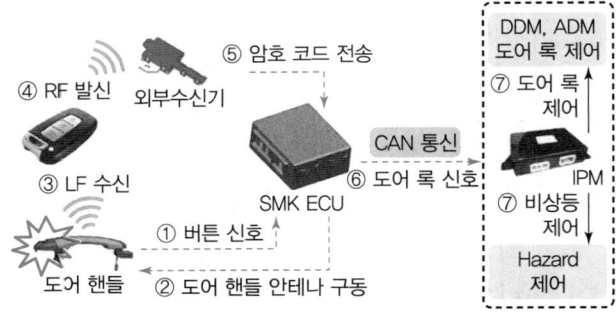

[그림 6-12] 스마트 키를 통한 도어록,언록 제어 구조

1) **도어 잠금해제(UNLOCK)**

〈초기 조건〉 전도어 잠금 상태이며 IGN OFF 시
① 도어 잠금 상태에서 스마트 키를 소지하고 도어 핸들의 푸쉬 버튼을 누른다(운전석/조수석 도어 가능).
② 도어 핸들의 푸쉬 버튼을 누른 후, 스마트 키 유닛은 도어 핸들의 안테나를 통해 스마트 키를 찾는다(LF). 스마트 키는 응답 신호를 RF 수신기로 데이터를 송신하며 수신기를 통하여 스마트 키 유닛으로 데이터를 입력하고 인증키를 확인한다.
③ 스마트 키 유닛에서 CAN 통신을 통해 BCM에 도어 잠금 해제 명령을 하고 BCM은 도어 해제 명령을 수행한다.

2) **도어 잠금(LOCK)**

〈초기 조건〉 트렁크, 도어 해제 상태, IGN OFF 시
① 사용자가 도어 핸들의 푸쉬 버튼을 누른다.
② 스마트 키 유닛은 도어 핸들 내의 LF 안테나를 통해 유효 스마트 키를 찾는다.

※ 스마트 키 유닛은 도어 핸들에서 0.7~1m 이내의 스마트 키를 확인할 수 있다.

3) **시동(START) 인증**

인증키 확인 후 시동 가능하다.
① 기어 변속레버를 P 또는 N 위치에서 브레이크 페달을 밟고 시동 버튼을 누른다.
② 차량 실내에 스마트 키가 있는지 검색한다.
③ 인증 유지시간
  ㉠ ACC → IG ON일 때 인증 정보가 없으면 검색 후 인증 유무 판단
  ㉡ IGN ON 상태에서 인증이 되면 이후는 계속 인증 유지

4) **트랜스폰더(Transponder) 통신**

※ 비상시(예 FOB 키 배터리 방전 등) 트랜스폰더와 통신을 통한 인증
① FOB 키가 FOB 홀더에 삽입되면 LF 탐색 없이 트랜스폰더 통신(이모빌라이저)만 한다.
② LF 탐색을 한 후 실내에 스마트 키가 없으면 키를 입력한 상태가 아니더라도 트랜스폰더 통신을 자동으로 시도한다.

5) **키 리마인더(REMINDER) 1**

문이 열린 상태이고 실내에 스마트 키가 있는 상태에서 차량 문의 노브 스위치(잠김 스위치)가 잠기는 것을 방지하기 위한 기능이다.

※ 확인 과정
① ACC 또는 IGN 1 OFF 상태에서 적어도 하나의 문이 열려있을 경우
② 차량 실내에 스마트 키가 위치해 있을 경우
③ 차량의 문을 열림에서 잠금으로 시도할 때 차량 실내에 스마트 키의 유무를 탐색한다.
④ 스마트 키가 차량 실내에서 감지되었을 경우 BCM은 도어 열림을 실행하며 문이 잠기는 것을 방지한다.

6) **키 리마인더(REMINDER) 2**

차량 문이 닫힌 후 0.5초 동안 잠금 상태를 확인하여 잠겨있으면 열리게 해준다.

※ 확인 과정
① 차량 전원상태 OFF에서 트렁크 포함해서 적어도 하나의 문이 열려있을 경우
② 차량 실내에 스마트 키가 위치해 있을 경우
③ 모든 차량의 문과 트렁크가 닫힐 경우
④ 스마트 키가 차량 실내에서 감지 되었을 경우, 스마트 키 유닛은 차량의 모든 도어를 잠금 해제하고 외부 버저를 작동시킨다.

7) 도어 잠금 경고 1

사용자가 ACC ON이나 IGN ON을 해둔 상태에서 정상적으로 차량 문이 잠긴 경우 차량을 떠나는 것을 막기 위한 기능하다.

※ 확인 과정
① 사용자가 도어 핸들의 푸쉬 버튼을 누르거나 테일 게이트 푸쉬 버튼을 누른다.
② 스마트 키 유닛이 도어 핸들이나 외장 안테나(LF)를 통해 유효 스마트 키를 찾는다.
③ 유효 스마트 키가 RF 안테나를 통해 응답한 내용이 RF 수신기로 전달된다.
④ RF 수신기를 통해 메시지가 스마트 키 유닛으로 전달 되고 이후 스마트 키 유닛이 외장 버저를 동작한다.

단원 마무리 문제

CHAPTER 06 편의장치

01 계기판의 방향지시등 램프 확인결과 좌우 점멸 횟수가 다른 원인이 아닌 것은?
① 플래셔 유닛의 접지가 단선되었다.
② 전구의 용량이 서로 다르다.
③ 전구 하나가 단선되었다.
④ 플래셔 유닛과 한쪽 방향지시등 사이에 회로가 단선되었다.

> **해설**
> 전구가 단선된 경우 계기판의 방향지시등 램프 한쪽이 빠르게 점멸된다.

02 계기판의 유압 경고등 회로에 대한 설명으로 틀린 것은?
① 시동 후 유압 스위치 접점은 ON 된다.
② 점화 스위치 ON 시 유압 경고등이 점등된다.
③ 시동 후 경고등이 점등되면 오일양 점검이 필요하다.
④ 압력 스위치는 오일펌프로부터의 유압에 따라 ON/OFF 된다.

> **해설**
> 유압 경고등은 엔진오일압력이 일정 압력 이하일 경우 작동하여 경고하기 위한 장치이므로 엔진 시동 후 유압스위치 접점이 OFF 되어 경고등이 소등되는 것이 정상이다.

03 전자제어 트립(trip) 정보시스템에 입력되는 신호가 아닌 것은?
① 차속
② 평균속도
③ 탱크 내의 연료 잔량
④ 현재의 연료소비율

> **해설**
> 트립 컴퓨터에서 평균속도는 거리계의 거리를 주행시간으로 나눈 값으로 출력신호에 해당한다.

04 자동차 트립 컴퓨터 화면에 표시되지 않는 것은?
① 평균연비
② 주행 가능 거리
③ 주행 시간
④ 배터리 충전 전류

> **해설**
> 트립 컴퓨터에서 배터리 충전 전류가 아닌 배터리 충전 전압을 표시한다.

05 주행 중 계기판 내부의 엔진회전수를 나타내는 타코미터의 작동 불량 발생 시 점검요소로 틀린 것은?
① CAN 통신
② 계기판 내부의 타코미터
③ BCM(Body Control Module)
④ CKP(Crankshaft Position sensor)

> **해설**
> 바디컨트롤 모듈은 차량 편의장치의 통합제어 유닛으로 엔진회전수 검출과는 거리가 멀다.

06 바디 컨트롤 모듈(BCM)에서 타이머 제어를 하지 않는 것은?
① 파워 윈도우
② 후진등
③ 감광 룸램프
④ 뒷유리 열선

> **해설**
> BCM의 타이머제어
> - 파워 윈도우 : 키 전원 OFF 시 일정 시간 동안 윈도우 모터에 전원을 공급하여 차량에서 내리기 전 윈도우 작동이 가능하도록 제어한다.
> - 감광 룸램프 : 야간에 차량에 탑승 시 도어를 닫자마자 실내가 어두워지는 것을 방지하기 위해 일정 시간 서서히 빛이 줄어들도록 제어한다.
> - 뒷유리 열선 : 열선 작동 시 전류 소모가 크기 때문에 일정 시간 이후에 자동으로 OFF 하도록 제어한다.
> - 후진등 : 변속레버가 R단에서만 작동하므로 타이머 제어와는 무관하다.

07 BCM(Body Control Module)에 포함된 기능이 아닌 것은?

① 와이퍼 제어
② 암전류 제어
③ 파워 윈도우 제어
④ 뒷유리 열선 제어

해설
BCM은 종전의 편의장치 통합제어 유닛으로 와이퍼 제어, 윈도우 제어, 열선 제어, 각종 등화장치 제어 등에 역할이 있으며, 암전류 제어는 배터리 센서의 기능이다.

08 스마트 키 시스템에서 전원 분배 모듈(Power Distribution Module)의 기능이 아닌 것은?

① 스마트 키 시스템 트랜스폰더 통신
② 버튼 시동 관련 전원 공급 릴레이 제어
③ 발전기 부하 응답 제어
④ 엔진 시동 버튼 LED 및 조명 제어

해설
PDM의 기능
- 단자 릴레이 제어-②
- 시리얼 인터페이스와 FOB 홀더를 통한 트랜스폰더 통신-①
- 시동 정지 버튼(SSB) 스위치 입력 모니터링-④

09 스마트 키 컨트롤 모듈의 기능이 아닌 것은?

① 스마트 키 검색을 위한 안테나 구동 기능
② 시동버튼 조명 제어 기능
③ 전원분배모듈의 릴레이 제어 요구 기능
④ ECU에 대한 시동 허가 요구 기능

해설
시동버튼 조명 제어 기능은 전원공급모듈(PDM)의 기능이다.

10 스마트 키 시스템이 적용된 차량의 동작 특징으로 틀린 것은?

① 안테나는 ECU 신호에 의해 송신신호를 보낸다.
② ECU는 주기적으로 안테나는 구동하여 스마트 키가 차량을 떠났는지 확인한다.
③ 일정 시간 스마트 키 없음이 인지되면 스마트 키 찾기를 중지한다.
④ 리모컨의 언록스위치를 누르면 패시브 록 기능을 수행하여 경계 상태로 진입한다.

해설
리모컨의 록스위치(잠김버튼)를 누르면 패시브 록 기능을 수행하여 경계 상태로 진입한다.

11 스마트 키 시스템이 적용된 차량에서 사용자가 접근할 때 기본동작으로 옳은 것은?

① 언록 버튼 조작 시 인증된 스마트 키로 확인되면 록 명령을 출력한다.
② 스마트 키가 안테나 신호를 수신하면 자기 정보를 엔진 ECU로 송신한다.
③ 송신기(LF)는 송신된 신호를 스마트 정션박스로 전송한다.
④ 스마트 키 ECU는 정기적으로 발신 안테나를 구동하여 스마트 키를 찾는다.

해설
① 언록 버튼 조작 시 인증된 스마트 키로 확인되면 언록 명령을 출력한다.
② 스마트 키가 안테나 신호를 수신하면 자기 정보를 스마트 키 ECU로 송신한다.
③ 송신기(LF)는 송신된 신호를 스마트 키 ECU로 전송한다.

정답 01 ③ 02 ① 03 ② 04 ④ 05 ③ 06 ② 07 ② 08 ③ 09 ② 10 ④ 11 ④

12 PIC 스마트 키 작동범위 및 방법에 대한 설명으로 틀린 것은?

① PIC 스마트 키를 가지고 있는 운전자가 차량에 접근하여 도어 핸들을 터치하면 도어 핸들 내에 있는 안테나는 유선으로 PIC ECU에 신호를 보낸다.
② 외부 안테나로부터 최소 2m에서 최대 4m까지 범위 안에서 송수신된 스마트 키 요구 신호를 수신하고 이를 해석한다.
③ 커패시티브(capacitive) 센서가 부착된 도어 핸들에 운전자가 접근하는 것은 운전자가 차량 실내에 진입하기 위한 의도를 나타내며, 시스템 트리거 신호로 인식한다.
④ PIC 스마트 키에서 데이터를 받은 외부 수신기는 유선(시리얼 통신)으로 PIC ECU에게 데이터를 보내게 되고, PIC ECU는 차량에 맞는 스마트 키라고 인증을 한다.

> **해설**
> 외부 안테나로부터 리모컨(RF) 신호를 최대 30m 범위 안에서 송수신된 스마트 키 요구 신호를 수신하고 이를 해석한다.
> ※ 참고 : 패시브(LF) 신호는 0.7m 범위이다.

13 자동차 PIC 시스템의 주요기능으로 가장 거리가 먼 것은?

① 스마트 키 인증에 의한 도어록
② 스마트 키 인증에 의한 엔진 정지
③ 스마트 키 인증에 의한 도어 언록
④ 스마트 키 인증에 의한 트렁크 언록

> **해설**
> PIC(Personal Identification Card) 시스템
> • 스마트 키 인증에 의해 도어, 트렁크의 잠금, 풀림 기능을 한다.
> • 스마트 키 인증에 의해 엔진의 시동을 가능하게 한다.

14 자동 전조등은 외부 빛의 밝기를 감지하여 자동으로 미등 및 전조등을 점등시켜준다. 이때 필요한 센서는?

① 조도 센서
② 조향각속도 센서
③ 초음파 센서
④ 중력(G) 센서

> **해설**
> 오토 라이트에 적용되는 있는 조도 센서는 광전도소자(CdS)를 사용하여 빛의 밝기를 감지한다.

15 자동차의 오토라이트 장치에 사용되는 광전도셀에 대한 설명 중 틀린 것은?

① 빛이 약할 경우 저항값이 증가한다.
② 빛이 강할 경우 저항값이 감소한다.
③ 황화카드뮴을 주성분으로 한 소자이다.
④ 광전소자의 저항값은 빛의 조사량에 비례한다.

> **해설**
> 광전도소자는 빛이 밝으면 저항이 감소하고 어두워지면 저항이 증가하는 특성(저항과 빛의 조사량이 반비례)을 가진다.

16 윈드 실드 와이퍼가 작동하지 않을 때 고장 원인이 아닌 것은?

① 와이퍼 블레이드 노화
② 전동기 전기자 코일의 단선 또는 단락
③ 퓨즈 단선
④ 전동기 브러시 마모

> **해설**
> 와이퍼 블레이드가 노화 또는 경화된 경우에도 와이퍼 모터의 작동은 이상이 없으나 작동 시에 앞 유리가 깨끗하게 닦이지 않을 수 있다.

17 광전소자 레인 센서가 적용된 와이퍼 장치에 대한 설명으로 틀린 것은?

① 발광 다이오드로부터 초음파를 방출한다.
② 레인 센서를 통해 빗물의 양을 감지한다.
③ 발광 다이오드와 포토 다이오드로 구성된다.
④ 빗물의 양에 따라 알맞은 속도로 와이퍼 모터를 제어한다.

> [해설]
> 발광 다이오드는 순방향 전류가 흐를 때 빛을 방출하는 반도체 소자이다.

18 에어백 시스템의 부품 중 고장 시 경고등이 점등되지 않는 것은?

① 에어백 모듈
② 충돌감지 센서
③ 클록 스프링
④ 디퓨저 스크린

> [해설]
> 디퓨저 스크린은 인플레이터에서 발생된 질소가스를 에어백 안으로 유입하기 위한 장치로 전기신호에 의해 작동하는 장치가 아니므로 고장이 발생해도 에어백 경고등은 점등되지 않는다.

19 에어백 컨트롤 유닛의 점검사항에 속하지 않는 것은?

① 시스템 내의 구성부품 및 배선의 단선, 단락 진단
② 부품에 이상이 있을 때 경고등 점등
③ 전기 신호에 의한 에어백 팽창 여부
④ 시스템에 이상이 있을 때 경고등 점등

> [해설]
> 에어백 모듈은 1회성 안전장치이므로 점검 시 절대 에어백이 팽창되지 않도록 한다.

20 에어백 인플레이터(inflator)의 역할에 대한 설명으로 옳은 것은?

① 에어백의 작동을 위한 전기적인 충전을 하여 배터리가 없을 때에도 작동시키는 역할을 한다.
② 점화장치, 질소가스 등이 내장되어 에어백이 작동할 수 있도록 점화 역할을 한다.
③ 충돌할 때 충격을 감지하는 역할을 한다.
④ 고장이 발생하였을 때 경고등을 점등한다.

> [해설]
> 인플레이터는 화약, 점화재료, 가스 발생기, 디퓨저 스크린(diffuser scree) 등을 알루미늄 용기에 넣어 에어백 컴퓨터의 점화 신호에 따라 점화된다.

21 에어백 장치에서 승객의 안전벨트 착용 여부를 판단하는 것은?

① 승객 시트부하 센서
② 충돌 센서
③ 버클 센서
④ 안전 센서

> [해설]
> 버클 센서는 버클알람(운전자가 안전벨트 미착용 상태에서 주행 시 경고등 점멸 및 경고음 발생) 또는 프리텐셔너 작동의 입력신호로 사용된다.

22 에어백(air bag) 작업 시 주의사항으로 잘못된 것은?

① 스티어링 휠 장착 시 클럭 스프링의 중립을 확인할 것
② 에어백 관련 정비 시 배터리 (−)단자를 떼어 놓을 것
③ 보디 도장 시 열처리를 요할 때는 인플레이터를 탈거할 것
④ 인플레이터의 저항은 아날로그 테스터기로 측정할 것

> [해설]
> 에어백 모듈의 저항을 측정할 경우 뜻하지 않은 에어백의 전개(全開)로 위험을 초래할 수 있으므로 절대 측정하지 않는다.

정답 12 ② 13 ② 14 ① 15 ④ 16 ① 17 ① 18 ④ 19 ③ 20 ② 21 ③ 22 ④

23 종합경보장치(Total Warning System)의 제어에 필요한 입력요소가 아닌 것은?

① 열선스위치
② 도어 스위치
③ 시트벨트 경고등
④ 차속 센서

해설
시트벨트 경고등은 출력요소에 해당된다.

24 통합 운전석 기억장치는 운전석 시트, 아웃사이드 미러, 조향 휠, 룸미러 등의 위치를 설정하여 기억된 위치로 재생하는 편의장치다. 재생금지 조건이 아닌 것은?

① 점화 스위치가 OFF 되어 있을 때
② 변속레버가 위치 "P"에 있을 때
③ 차속이 일정 속도(예 3km/h 이상) 이상일 때
④ 시트 관련 수동 스위치의 조작이 있을 때

해설
재생 조건
• Key ON 전원이 입력된 경우
• 변속포지션이 "P"일 경우
• BCM으로 송신된 신호가 3km/h 이하일 경우
• 시트의 매뉴얼 S/W 조작이 없을 경우

25 도난방지장치가 장착된 자동차에서 도난경계 상태로 진입하기 위한 조건이 아닌 것은?

① 후드가 닫혀 있을 것
② 트렁크가 닫혀 있을 것
③ 모든 도어가 닫혀 있을 것
④ 모든 전기장치가 꺼져 있을 것

해설
도난경계 모드 진입 조건
• 후드 스위치(hood switch)가 닫혀 있을 것
• 트렁크 스위치가 닫혀 있을 것
• 각 도어 스위치가 모두 닫혀 있을 것
• 각 도어 잠금 스위치가 잠겨 있을 것

26 도난방지장치에서 리모콘을 이용하여 경계상태로 돌입하려고 하는데 잘 안 되는 경우의 점검 부위가 아닌 것은?

① 리모콘 자체 점검
② 글로브 박스 스위치 점검
③ 트렁크 스위치 점검
④ 수신기 점검

해설
글로브 박스와 도난 경계모드 진입과는 관련이 없다. 지문의 내용에서 리모콘을 통해 경계상태로 진입하려 하는데 안되므로 리모콘과 수신기 점검이 필요하며, 도난 경계모드 진입 조건 중 트렁크 스위치도 닫혀 있어야 하므로 트렁크 스위치를 점검한다.

27 리모컨으로 도어 잠금 시 도어는 모두 잠기나 경계진입모드가 되지 않는다면 고장 원인은?

① 리모컨 수신기 불량
② 트렁크 및 후드의 열림 스위치 불량
③ 도어 록·언록 액추에이터 내부 모터 불량
④ 제어모듈과 수신기 사이의 통신선 접촉 불량

해설
도난경계 모드 진입 조건에 트렁크 및 후드의 열림 스위치 열림 상태가 있으므로 고장 원인으로 볼 수 있다. 지문의 내용에서 리모콘으로 도어가 잠겼다고 했으므로 리모콘과 수신기, 도어록·언록 액츄에이터는 이상이 없다는 것을 알 수 있다.

28 자동차에 적용된 이모빌라이저 시스템의 구성품이 아닌 것은?

① 외부 수신기
② 안테나 코일
③ 트랜스폰더 키
④ 이모빌라이저 컨트롤 유닛

해설
이모빌라이저 시스템의 구성품 : 트랜스폰더 키, 코일 안테나, 스마트라, 이모빌라이저 ECU

정답 23 ③ 24 ② 25 ④ 26 ② 27 ② 28 ①

CHAPTER 07 주행안전장치

Industrial Engineer Motor Vehicles Maintenance

Topic 01 | 첨단운전자 보조장치(ADAS) 개요

01. 첨단운전자 보조장치(ADAS) 개요

① 첨단운전자 보조장치(ADAS ; Advanced Driver Assistance Systems)는 차량의 안전, 편의에 관련한 기술 혁신을 말한다.
② 안전에 관점에서 보면 자동차가 위험한 상황을 미리 예견하여 미연에 방지하는 것을 자동화시키는 데 있으며 이를 통해 사고를 미연에 방지하여 생명을 구하고 불가피하게 손실되는 비용을 아낄 수 있다.
③ 편의의 관점에서 보면 평상시 주행/주차 시 반복적인 조작을 자동화하여 운전자의 피로도를 최소화하는 데 있다.

[표 7-1] 자율 주행 레벨

단계	용어	정의
5	완전 자동화 (Full Automation)	모든 주행상황에서 시스템이 차량운행을 전부 수행
4	고등 자동화 (High Automation)	특정 주행모드에서 시스템이 차량운행을 전부 수행 운전자는 해당 모드에서 개입 불필요
3	조건부 자동화 (conditional Automation)	특정 주행모드에서 시스템이 차량운행을 전부 수행 운전자는 시스템 개방 요청 시에만 대체 수행
2	부분 자동화 (partial Automation)	특정 주행모드에서 시스템이 조향 및 가/감속 모두 수행 나머지 차량운행 전부는 운전자가 수행
1	운전자 보조 (Driver Automation)	특정 주행모드에서 시스템이 조향 또는 가/감속 중 한가지 수행 나머지 차량운행 전부는 운전자가 수행
0	비자동화 (No Automation)	운전자가 차량운행을 전부 항시 수행

[표 7-2] 주요 ADAS 시스템의 명칭

약자	영문 명칭	한글 명칭
FCW	Forward Collision Warning	전방 충돌 경고
FCA	Forward Collision-avoidance Assist	전방 충돌방지 보조
LDW	Lane Departure Warning	차로 이탈 경고
LKA	Lane Keeping Assist	차로 이탈방지 보조
SCC w/S&G	Smart Cruise Control with Stop & Go	스마트 크루즈 컨트롤 (Stop&Go 포함)
HDA	Highway Driving Assist	고속도로 주행 보조
BCW	Blind-spot Collision Warning	후측방 충돌 경고
BCA	Blind-spot Collision-avoidance Assist	후측방 충돌방지 보조

Topic 02 | 주요부품

01. 레이더 모듈(Radar module)

(1) 레이더 모듈 사용 목적

사람이 길을 걸을 때 눈으로 길을 살피고 안전한지 확인한 후 비로소 걸음을 떼는 것처럼 자율주행 기술, 즉 첨단운전자 보조시스템(ADAS)은 장착된 자동차 역시 전방, 후측방을 센서로 스캔해 차선을 확인하고, 보행자나 선행 차량은 없는지 또 신호는 어떻게 되는지 등을 판단한 다음 차량을 안전하게 주행하게 한다. 레이더(Radar)는 물체의 거리나 속도, 각도를 측정하기 위해 전자기파를 사용하는 감지 센서를 의미한다.

※ 참고 : 초음파센서와 역할을 비슷하나 레이더 센서가 센서부 오염(눈, 비, 먼지 등)과 시간에 따른 전자파 감쇄로 인한 오류가 적은 장점이 있다.

(2) 레이더 모듈의 구성

레이더 모듈은 전면에 내장된 레이더 센서를 이용하여 전방의 차량 및 물체를 감지하는 역할을 하며, 클러스터, ESC, PCM 등과 CAN 통신을 한다(범퍼 내측에 설치).

(3) 레이더 모듈의 원리

① 레이더 센서는 근거리 센서와 원거리 센서가 복합 구조로 이루어져 있으며, 레이더 센서에 배열된 안테나로 최대 174m까지 주파수를 송신하고 차량 전방에서 반사되어 돌아오는 주파수 정보를 수신한다.

② 최대 64개의 타깃을 검출할 수 있지만, 차간거리 제어에 활용되는 목표 차량은 1대이며, 안테나를 통해 목표 차량이 정해지면 SCC w/S&G ECU는 목표 차량으로부터 수집된 정보를 바탕으로 목표속도, 목표 차간거리, 목표 가감 속도를 계산하고 각 정보를 ESC에 전달한다.

구분	근거리	원거리	레이더 센서
감지 거리	50m	174m	77GHz
좌우 각	60°	20°	
상하 각	4.5°	4.5°	
제어 속도	• 선행차가 있을 때 : 0~200km/h • 선행차가 없을 때 : 30~200km/h		

출처 : 교육부(2018), 주행안전장치정비(LM1506030107_17v3), 한국직업능력개발원, p.8

[그림 7-1] 레이더 센서 감지 거리

(4) 레이더 보정

1) 전방 레이더 장착 각도 검사/보정이 필요한 경우

① 전방 레이더를 교환한 경우
② 전방 레이더를 탈거 후 재장착할 경우
③ 정렬 실패 DTC가 발생한 경우
④ 기능 작동 중 전방 차량 등을 정상 인식 못 하는 경우
⑤ 옆 차로 차량 오인식이 빈번한 경우
⑥ 전방에 물체가 없는데 오인식이 빈번한 경우

※ 참고 : 베리언트 코딩은 부품의 신품장착 또는 수리 후 차량에 장착된 옵션의 종류에 따라 수정 부품의 기능을 최적화시키는 작업이다.

2) 주행모드가 지원되는 제품의 경우

① 수직/수평계를 제외하고는 별도의 보정 장비는 필요 없다.
② 보정 조건에 맞게 주행해야 하므로 교통 상황이나 도로에 인식을 위한 가드레일 등 고정 물체가 요구된다.

3) 주행모드가 지원되지 않는 제품의 경우

레이저/리플렉터/삼각대 등 보정용 장비와 장비를 설치하고 측정할 장소가 필요하다.

02 클러스터(Cluster)

클러스터는 CAN을 통해 입력되는 각종 정보를 표시하며, 클러스터 또는 스위치 고장 시 경고등을 점등시키고 제어를 중지한다.

03 멀티펑션카메라(MFC) 모듈

(1) 개요

① MFC 모듈은 영상의 입력뿐만 아니라 입력된 영상에서 유의미한 정보를 추출하여 실시간으로 출력 모듈로 전달한다.

② MFC 모듈 내부의 구성과 역할은 아래와 같다.

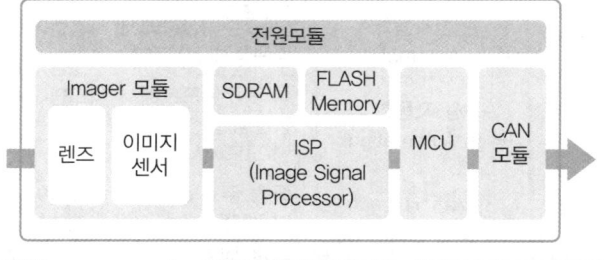

입력영상　　영상전처리　　차선 추출

출처 : 교육부(2018), 주행안전장치정비(LM1506030107_17v3), 한국직업능력개발원, p.25

[그림 7-2] 멀티 펑션 카메라(MFC) 모듈

(2) MFC 작동 원리

① 카메라를 통해 먼저 주행 방향을 인식하여 도로가 끝나는 부분에 소실점을 찍고, 그 이하 부분의 차량 및 보행자의 형태를 분석한다.

② 차량은 가로가 긴 직사각형 형태이며, 사람은 세로가 긴 직사각형으로 인식한 후, 히스토그램을 분석해 사람의 외형을 찾아낸다.

사용예시 우측 상단 그림의 보행자를 인식했다면 영상 화면을 픽셀 단위로 변환해서 이미지를 구현하게 되고 배경과 구분되는 픽셀의 경계선이 검출된다. 이를 형상화하게 되면 사람과 유사한 형태를 발견할 수 있게 되는 것이다.

> **TIP** 소실점과 히스토그램
> - 소실점 : 주행 방향을 눈으로 보았을 때 평행한 두 선이 한 곳에서 만나는 점
> - 히스토그램 : 데이터의 특징을 한눈에 알아볼 수 있도록 분포도를 보여줌

(3) 카메라 보정

1) 보정의 의미
카메라의 장착 오차에 따라 카메라가 이미 인식하고 있는 좌표와 실제 좌표가 틀어진 경우에 카메라가 재인식하여 수정하는 일련의 과정을 보정이라고 한다.

2) 보정의 종류
① EOL 보정 : 생산 공장의 최종 검차시, 보정판을 이용한 보정
② SPTAC 보정 : A/S에서 보정판을 이용한 보정

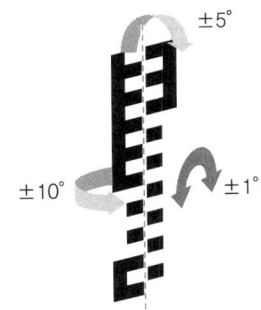

출처 : 현대 GSW

[그림 7-3] SPTAC 보정판

③ SPC 보정 : A/S에서 보정판이 없을 경우 주행상황을 유지한 상태에서 브정
④ 자동 보정(Auto-fix) : 최초 보정 이후 실제 도로 주행 중 발생한 오차를 자동 보정

3) 카메라 보정이 필요한 경우
① 카메라 유닛을 탈·부착한 경우
② 카메라 유닛을 신품으로 교환한 경우
③ 윈드쉴드 글라스를 교환한 경우
④ 윈드쉴드 글라스의 카메라 브래킷이 변형된 경우

Topic 03 | ADAS 시스템의 주요기능

01 전방 충돌방지 보조(FCA ; Forward Collision-avoidance Assist)

(1) 기능
① 전방의 차량, 보행자 및 자전거 탑승자를 인식하여 전방충돌 위험이 판단되면 경고문 표시와 경고음 등으로 운전자에게 알려주고, 충돌하지 않도록 한다.
② 방향지시등 스위치를 작동하고 교차로 좌회전 시 맞은편 인접 차로에서 다가오는 차량과의 충돌 위험이 판단되면 충돌하지 않도록 한다.
③ FCA 작동 중 휠스피드 센서에서 바퀴의 슬립을 감지하면, ABS를 구동시켜 슬립을 방지한다.

(2) 인식센서
FCA는 전방 카메라, 전방 레이더를 통해 인식한다.

(3) 주요 시스템 제한사항
① 인식 센서 또는 주변부가 오염되거나 파손될 경우
② 도로 면의 물기로 인해 태양광, 가로등 또는 마주 오는 차량의 불빛이 반사될 경우
③ 주변 차량 및 구조물이 적은 광활한 지역을 주행하는 경우(예 사막, 초원, 교외 등)
④ 인식 대상(차량, 보행자 및 자전거 탑승자)이 갑자기 끼어들 경우

02 차로 이탈방지 보조(LKA ; Lane Keeping Assist)

(1) 기능
① 일정 속도 이상 주행 중 전방의 차선(도로 경계 포함)을 인식하여 방향지시등 스위치 조작 없이 차로를 이탈할 경우 경고해주는 기능을 한다.

② 차로 이탈이 감지될 경우 자동으로 조향을 보조하여 차로를 이탈하지 않도록 하는 기능을 한다.

(2) 인식 센서
LKA는 전방 카메라를 통해 인식한다.

(3) 주요 시스템 제한사항
① 비, 눈, 먼지, 모래, 기름, 물웅덩이 등 이물질로 차로가 잘 보이지 않는 경우
② 차로 수가 증가, 감소하는 구간 또는 차로가 합류하는 구간 등
③ 차로 폭이 매우 좁거나 넓은 경우
④ 버스 전용차로등과 같이 좌측 또는 우측의 차선이 2개 이상인 경우
⑤ 급커브 구간이나 도로의 경사도가 심한 경우

03 스마트 크루즈 컨트롤(SCC w/S&G ; Smart Cruise Control with Stop&Go)

(1) 기능
스마트 크루즈 컨트롤 시스템은 운전자가 설정한 속도와 차간거리를 유지하면서 자동 주행하는 시스템이다.
① **정속 주행** : 전방 차량이 없으면 운전자가 설정한 속도로 정속 주행
② **감속 제어** : 설정 속도보다 속도가 느린 전방 차량이 인식되면 감속 제어
③ **가속 제어** : 전방 차량이 사라지면 설정된 속도로 다시 가속되어 정속 주행
④ **차간거리 제어** : 설정된 거리단계에 따라 전방 차량과의 거리를 유지하며 전방 차량과 같은 속도로 주행
⑤ **정체 구간 제어** : 스마트 크루즈 컨트롤 기능으로 일정 거리를 유지하던 전방 차량이 정차하게 되면, 전방 차량 뒤에 정차하고, 전방 차량이 출발하면 다시 거리를 유지하며 따라감(단, 정차 후 3초 이후에는 가속페달을 밟거나 "RES +" 또는 "SET-" 버튼을 누르면 재출발한다.)
⑥ **크루즈 컨트롤 해제 조건**
  ㉠ Cancel 스위치를 누를 경우
  ㉡ 브레이크 페달을 밟을 경우
  ㉢ 스포츠 모드 2단 이하로 변속할 경우
  ㉣ 변속 레버를 N(중립)단으로 변속할 경우
  ㉤ 주행 중 주차 브레이크를 사용할 경우
  ㉥ 속도가 설정 속도보다 15km/h 낮아진 경우
  ㉦ 200km/h 이상으로 가속된 경우
  ㉧ VDC가 작동할 경우

(2) 인식 센서
SCC w/S&G는 전방 카메라, 전방 레이더를 통해 인식한다.

(3) 주요 시스템 제한사항
① 운전자의 차량이 심하게 흔들릴 경우
② 운전자 차량이 지속적으로 선회하는 경우
③ 전방의 차량 속도가 매우 느리거나 빠를 경우
④ 인식 센서 또는 주변부가 오염되거나 파손된 경우

04 후측방 충돌방지 보조(BCA ; Blind-spot Collision-avoidance Assist)

(1) 기능
① 일정 속도 이상 주행 중 후측방의 차량을 인식하여 충돌 위험이 판단되면 경고문 표시와 경고음 등으로 운전자에게 알려주는 기능을 한다.
② 차로 변경을 할 때 또는 전진 출차 할 때 충돌 위험이 높아지면 충돌하지 않도록 하는 기능을 한다.

(2) 인식센서
BCA는 전방카메라, 후측방 레이더를 통해 인식한다.

(3) 주요 시스템 제한사항
① 인식 센서 또는 주변부가 오염되거나 파손될 경우
② 도로 면의 물기로 인해 태양광, 가로등 또는 마주 오는 차량의 불빛이 반사될 경우
③ 주변 차량 및 구조물이 적은 광활한 지역을 주행하는 경우(예 사막, 초원, 교외 등)
④ 인식 대상(차량, 보행자 및 자전거 탑승자)이 갑자기 끼어들 경우

단원 마무리 문제

CHAPTER 07 주행안전장치

01 주행안전장치 적용 차량의 전면 라디에이터 그릴 중앙부 또는 범퍼 하단에 장착되어 선행 차량들의 정보를 수집하는 모듈은?
① 레이더(Radar) 모듈
② 전자식 차량 자세제어(ESC) 모듈
③ 파워트레인 컨트롤 모듈(PCM)
④ 전자식 파킹 브레이크(EPB) 모듈

해설
지문의 내용은 레이더 모듈에 대한 설명이다.
② 전자식 차량 자세제어(ESC) 모듈 : 제동장치, 현가장치, 구동력를 제어하기 위한 정보를 수집
③ 파워트레인 컨트롤 모듈(PCM) : 엔진, 클러치, 변속기 제어를 위한 정보를 수집
④ 전자식 파킹 브레이크 모듈(EPB) : 주차 브레이크 작동을 위한 모듈

02 다음 중 주행보조 안전장치에 해당하지 않는 것은?
① 스마트 크루즈 컨트롤(SCC)
② 운전자세 메모리 시스템(IMS)
③ 차로 이탈 경고(LDW) 장치
④ 후측장 충돌방지 보조(BCA) 장치

해설
통합메모리시스템(IMS)은 운전석 시트의 리클라이(등받이) 전·후 제어, 하이트(의자 높이) 상·하 제어, 틸트 상·하 제어, 슬라이드 전·후 제어 등을 실시하여 운전자의 선택 스위치에 따라 위치를 재생하는 편의장치에 속한다.

03 주행 조향 보조시스템에 대한 구성요소별 역할에 대한 설명으로 틀린 것은?
① 클러스터 : 동작상태 알림
② 레이더 센서 : 전방 차선, 광원, 차량
③ LKSA 스위치 : 운전자에 의한 시스템 ON/OFF 제어
④ 전동식 파워 스티어링 : 목표 조향 토크에 따른 조향력 제어

해설
레이더 센서는 SCC w/S&G, FCA, BCW 전방의 차량 및 물체를 감지하는 역할이다.
※ 현재 LKAS는 LKA 차로 이탈방지 보조장치로 명칭이 변경되었으며, 멀티펑션카메라(MFC) 모듈을 통해 전방 차선, 광원, 차량을 인식한다.

04 일반적인 오토 크루즈 컨트롤 시스템(Auto Cruise Control System)에서 정속주행모드의 해제 조건으로 틀린 것은? (단, 특수한 경우 제외한다.)
① 주행 중 브레이크를 밟을 때
② 수동 변속기 차량에서 클러치를 차단할 때
③ 자동변속기 차량에서 인히비터 스위치가 P나 N 위치에 있을 때
④ 주행 중 차선 변경을 위해 조향하였을 때

해설
크루즈 컨트롤 해제 조건
• Cancel 스위치를 누를 경우/ • 브레이크 페달을 밟을 경우/ • 스포츠 모드 2단 이하로 변속할 경우/ • 변속 레버를 N(중립)단으로 변속할 경우/ • 주행 중 주차 브레이크를 사용할 경우/ • 속도가 설정 속도보다 15km/h 낮아진 경우/ • 200km/h 이상으로 가속된 경우/ • VDC가 작동할 경우

05 레이더 교체 후 레이더 성능을 최적화하는 작업을 무엇이라 하는가?
① 디버깅(Debugging)
② 베리언트 코딩(Variant coding)
③ 최적화 모드 프로그래밍
④ 캘리브레이터(Calibrator)

해설
베리언트 코딩은 부품 수리 후 차량에 장착된 옵션의 종류에 따라 수정 부품의 기능을 최적화시키는 작업이다.

정답 01 ① 02 ② 03 ② 04 ④ 05 ②

06 주행안전장치에 적용되는 레이더 센서의 보정이 필요한 경우가 아닌 것은?

① 주행 중 전방 차량을 인식하는 경우
② 접속사고로 센서 부위에 충격을 받은 경우
③ Radar sensor를 교환한 경우
④ Steering Angle sensor의 교환 및 영점 조정 후

> **해설**
> 레이더 센서의 보정이 필요한 경우는 주행 중 전방 차량을 인식하지 못하는 경우이다.

07 진단 장비를 활용한 전방 레이더 센서 보정방법으로 틀린 것은?

① 바닥이 고른 공간에서 차량을 수평 상태로 한다.
② 메뉴는 전방 레이더 센서 보정(SCC/FCA)으로 선택한다.
③ 주행모드가 지원되지 않는 경우 레이저, 리플렉터, 삼각대 등 보정용 장비가 필요하다.
④ 주행모드가 지원되는 경우에도 수평계, 수직계, 레이저, 리플렉터 등 별도의 보정 장비가 필요하다.

> **해설**
> 주행모드가 지원되는 제품의 경우 수직/수평계를 제외하고는 별도의 보정 장비는 필요 없으나 교통 상황이나 도로에 인식을 위한 고정 물체가 요구된다.

08 고속도로에 진입하여 주행 속도와 차간거리 설정 후 SCC w/S&G로 주행을 하는데 얼마 지나지 않아 클러스터에 "스마트 크루즈 컨트롤이 해제되었습니다."라는 메시지가 표시되었다. 다음 중 직접적인 원인이 아닌 것은?

① 브레이크 스위치 불량
② 차량 속도 센서 신호 불량
③ 스마트 크루즈 컨트롤 스위치 불량
④ 전동식 스티어링 토크 센서 불량

> **해설**
> MDPS의 토크 센서와 크루즈 컨트롤 해제와는 거리가 멀다.
> 각 항목에 원인이 될 수 있는 크루즈 컨트롤 해제 조건
> ① 브레이크 스위치 불량 : 브레이크 페달을 밟을 경우
> ② 차량 속도 센서 신호 불량 : 200km/h 이상으로 가속된 경우, 속도가 설정 속도보다 15km/h 낮아진 경우
> ③ 스마트 크루즈 컨트롤 스위치 불량 : Cancel 스위치를 누를 경우

09 차로 이탈 경고 장치(Lane Departure Warning)의 입력신호가 아닌 것은?

① 와이퍼 작동 신호
② 요레이트 및 가속도 신호
③ MDPS 토크 센서
④ 비상등 작동 신호

> **해설**
> 차로 이탈 경고 장치에서는 비상등 작동 신호가 아닌 방향지시등 작동 신호를 검출하여 운전자의 차로 변경 의지를 파악한다.

10 차로 이탈방지 보조장치에 사용되는 전방 카메라의 보정이 필요 없는 경우는?

① LKA 유닛을 탈부착한 경우
② LKA 유닛을 신품으로 교환한 경우
③ 윈드쉴드 글라스를 교환한 경우
④ 타이어 공기압이 낮아진 경우

> **해설**
> 전방 카메라 보정이 필요한 경우
> • 전방 카메라를 탈부착한 경우
> • 전방 카메라를 신품으로 교체한 경우(베리언트 코딩 및 보정 필요)
> • 윈드쉴드 글라스를 교환한 경우
> • 윈드쉴드 글라스의 전방 카메라 브라켓이 변형 및 파손된 경우

11 차로 이탈 경고(LDW) 장치의 작동 조건에 해당하는 경우는?

① 선회 시 도로 차선의 곡률 변화가 매우 심할 경우
② 한쪽 차선만 인식하는 경우
③ 2개 이상의 차선표시 라인이 있을 경우
④ 운전자가 급제동하거나 방향지시등을 켠 경우

> **해설**
> 한쪽 차선만 인식하는 경우는 LDW 작동금지 조건에 해당하지 않는다.
> LDW 장치의 작동금지 조건
> ① 급커브 구간이나 도로의 경사도가 심한 경우
> ③ 버스 전용 차로 등과 같이 좌측 또는 우측의 차선이 2개 이상인 경우
> ④ 운전자가 차선변경을 알리기 위해 좌, 우 방향지시등을 동작시킬 경우

12 차로 이탈 경고 장치(Lane Departure Warning)에 주로 사용되는 자동차 네트워크는?

① CAN 통신 ② LIN 통신
③ K-line 통신 ④ 병렬 통신

해설
첨단운전자 보조시스템(ADAS)의 네트워크는 CAN 통신이다.

13 차선 이탈 경고 및 차선 이탈방지 시스템(LDW&LKA)의 입력신호가 아닌 것은?

① 와이퍼 작동 신호 ② 방향지시등 작동 신호
③ 운전자 조향 토크 신호 ④ 휠 스피드 센서 신호

해설
휠 스피드 센서의 경우 바퀴의 잠김을 검출하여 제동장치(ABS), 차체 자세 제어장치, 간접식 TPMS에 사용된다.

14 차로 이탈방지 시스템(LKA)이 고장 났을 때 점검해야 할 부분으로 옳은 것은?

① 전동 조향장치 ② 후측방 카메라
③ 클러스터 ④ 레이더 센서

해설
차로 이탈방지 시스템의 입력은 멀티펑션카메라(MFC)를 통해 차선을 입력받아 운전자의 의지와 관계없이(조향 혹은 방향지시등 작동) 차선 이탈이 감지된 경우 경고와 MDPS(전동식 동력 조향장치)를 통해 차선을 벗어나지 않도록 하는 기능이 있다.

15 차로 이탈방지 보조시스템(LKA)의 미작동 조건이 아닌 것은?

① 급격한 곡선로를 주행하는 경우
② 급격한 제동 또는 급격하게 차선을 변경하는 경우
③ 차로 폭이 너무 넓거나 너무 좁은 경우
④ 노면의 경사로가 있는 경우

해설
차로 이탈방지 보조시스템에서 급커브 구간이나 도로의 경사도가 심한 경우에서 작동하지 않으므로 경사로가 있는 것이 아닌 '심한 경우' 미작동 조건이 될 수 있다.

16 보행자에 대한 전방 충돌방지 보조시스템(FCA)의 작동에 대한 설명으로 틀린 것은?

① FCA 작동 중 항상 ABS를 구동시켜 슬립을 방지한다.
② 카메라를 통해 먼저 주행 방향을 인식하여 도로가 끝나는 부분에 소실점을 찍고, 그 이하 부분의 보행자를 분석한다.
③ 장치가 작동하는 속도 조건은 약 8~70km/h이다.
④ 운전자가 브레이크 작동 중이라 하더라도 충분한 제동력이 발생되지 못하면 FCA가 작동된다.

해설
FCA 작동 중 휠 스피드 센서에서 바퀴의 슬립을 감지하면, ABS를 구동시켜 슬립을 방지한다.

17 전방 충돌방지 시스템(FCA)의 기능에 대해서 설명한 것은?

① 운전자가 설정한 속도로 자동차가 자동주행하도록 하는 시스템이다.
② 전방 장애물이나 도로 상황에 대해 자동으로 대처하도록 설정된 시스템이다.
③ 운전자가 의도하지 않은 차로 이탈 검출 시 경고하는 시스템이다.
④ 차량 스스로 브레이크를 작동시켜 충돌을 방지하거나 충돌속도를 낮추어 운전자를 보호한다.

해설
① 오토크루즈 시스템
② ADAS(첨단운전자보조)의 통칭
③ LDW(차로 이탈경고) 시스템

18 첨단 운전자 보조시스템(ADAS) 센서 진단 시 사양설정 오류 DTC 발생에 따른 정비 방법으로 옳은 것은?

① 베리언트 코딩 실시
② 시스템 초기화
③ 해당 센서 신품 교체
④ 해당 옵션 재설정

해설
베리언트 코딩은 부품 수리 후 차량에 장착된 옵션의 종류에 따라 수정 부품의 기능을 최적화시키는 작업이다.

정답 06 ① 07 ④ 08 ④ 09 ④ 10 ④ 11 ② 12 ① 13 ④ 14 ① 15 ④ 16 ① 17 ④ 18 ①

19 주행 보조시스템(ADAS)의 카메라 및 레이더 교환에 대한 설명으로 틀린 것은?

① 자동보정이 되므로 보정작업이 필요 없다.
② 후측방 레이더 교환 후 레이더 보정을 해야 한다.
③ 전방 레이더 교환 후 카메라 보정을 해야 한다.
④ 전방 레이더 교환 후 수평 보정 및 수직 보정을 해야 한다.

> **해설**
> 주행 중 전방 차량을 인식하지 못하는 경우 레이더 센서의 보정이 필요하다.

20 첨단 운전자 보조시스템(ADAS)에서 안전과 직결되는 장치가 아닌 것은?

① 후측방 충돌방지 보조(BCA) 장치
② 고속도로 주행 보조(HDA) 장치
③ 전방 충돌방지 보조(FCA) 장치
④ 차로 이탈방지 보조(LKA) 장치

> **해설**
> 고속도로 주행 보조 장치는 운전자의 피로도를 최소화하기 위한 편의 관점에서의 보조시스템이다.

21 주차 보조장치에서 차량과 장애물의 거리 신호를 컨트롤 유닛으로 보내주는 센서는?

① 초음파 센서
② 레이저 센서
③ 마그네틱 센서
④ 적분 센서

> **해설**
> 지문의 내용은 초음파 센서에 대한 설명으로 레이더 센서와 역할을 비슷하나 레이더 센서가 센서부 오염과 시간에 따른 전자파 감쇄로 인한 오류가 적다.

22 후측방 레이더 감지가 정상적으로 되지 않고 자동해제 되는 조건으로 틀린 것은?

① 차량 후방에 짐칸(트레일러, 캐리어) 등을 장착한 경우
② 차량운행이 많은 도로를 운행하는 경우
③ 범퍼 표면 또는 범퍼 내부에 이물질이 묻어 있는 경우
④ 광활한 사막을 운행하는 경우

> **해설**
> ① 차량 후방에 짐칸(트레일러, 캐리어) 등을 장착한 경우
> ③ 인식 센서 또는 주변부가 오염되거나 파손될 경우
> ④ 주변 차량 및 구조물이 적은 광활한 지역을 주행하는 경우(예시 사막, 초원, 교외 등)

23 후측방 충돌 경고(BCW) 시스템의 입·출력 신호로 가장 거리가 먼 것은?

① 아웃사이드 미러
② 요레이트 센서
③ TCU(변속레버 위치)
④ VDC 모듈

> **해설**
> 후측방 출돌 경고 시스템(BCW)은 전방 카메라를 이용하여 전방 차선을 인식하고 후측방 레이더 센서를 통해 차선을 이탈할 때 차량 후측방에 접근하는 차량으로 인한 충돌 위험이 인식되는 위험 단계에 따라 차체 자세 제어장치(ESC, VDC)로 편제동 제어를 하여 충돌 회피를 보조하므로 차량의 요모먼트를 검출하는 요레이트 센서와는 거리가 멀다.

24 후측방 충돌 경고(BCW) 시스템의 구성품에 해당되지 않는 것은?

① 제어 모듈
② 후방 레이더 센서
③ BCW 스위치
④ 요레이트 센서

> **해설**
> 요레이트 센서의 경우 차체의 요모먼트(Z축을 중심으로 회전)를 검출하여 차체 자세 제어장치에 입력신호로 사용된다.

정답 19 ① 20 ② 21 ① 22 ② 23 ② 24 ④

PART 03
자동차 섀시 정비

CHAPTER 01 | 파워트레인(클러치, 변속기)
+ 단원 마무리문제

CHAPTER 02 | 전자제어 제동장치
+ 단원 마무리문제

CHAPTER 03 | 전자제어 조향장치
+ 단원 마무리문제

CHAPTER 04 | 유압식·전자제어 현가장치
+ 단원 마무리문제

CHAPTER 01 파워트레인(클러치, 변속기)

Industrial Engineer Motor Vehicles Maintenance

Topic 01 | 동력전달장치(Power train)

01 동력전달장치의 개요

자동차의 동력은 기관(engine)또는 모터(Motor)에서 만들어지며, 주행을 위해서는 구동바퀴까지 효율적이면서 원활한 동력의 전달이 필요하다. 이처럼 자동차의 원활한 주행을 위하여 동력원에서 발생한 동력을 구동바퀴까지 전달하는 역할을 하는 장치들을 동력전달장치(power train)라 하며, 동력전달 방식에 따라 조금씩 다르게 구성되어 있다.

02 동력전달장치에 따른 자동차 분류

(1) 앞기관 앞바퀴 구동 방식(FF ; Front engine Front drive)
 ① FF 방식은 대부분의 승용차에 적용되는 방식으로 기관이 자동차의 앞부분에 있고, '클러치, 변속기, 종감속·차동장치, 구동축' 순으로 동력이 전달되어 앞바퀴만 구동이 되는 방식이다.
 ② 차내 실내공간이 넓다.
 ③ 자동차가 경량화된다.
 ④ 직진 안정성이 우수하다.
 ⑤ 무게 배분이 앞쪽에 치우쳐 앞 타이어의 마모가 빠르다.
 ⑥ 조향력이 커야 한다.
 ⑦ 앞차축의 구조가 복잡하다.

(2) 앞기관 뒷바퀴 구동 방식(FR ; Front engine Rear drive)
 ① FR 방식은 고급 승용차와 화물차에 많이 적용되는 방식으로 기관은 앞차축 부근에 위치하고 동력이 뒷바퀴로 전달되어 구동되는 방식이다.
 ② FF 방식과는 달리 엔진은 세로로 배치되어 있으며 길쭉한 모양의 변속기와 뒷바퀴까지 동력전달에 필요한 추진축이 있다.
 ③ 전후 중량 밸런스가 좋다.
 ④ 조향 바퀴(앞)와 구동 바퀴(뒤)가 다르기 때문에 조종 안정성이 우수하다.
 ⑤ FF 방식에 비하여 실내공간이 좁다.
 ⑥ 동력전달 과정이 길어 동력손실이 발생하므로 연비가 떨어진다.

(3) 중간기관 뒷바퀴 구동 방식(MR ; Midship engine Rear drive)
 ① MR 방식은 고성능 스포츠카에 많이 적용되는 방식이다.
 ② 운전석 뒤편인 뒤 차축 전방에 기관이 있고 뒷바퀴를 구동시킨다.
 ③ 무거운 기관이 자동차의 중심부분에 위치하여 앞과 뒤의 무게 배분이 비슷해지므로 타이어의 접지력을 균일하게 확보할 수 있다.
 ④ 선회 시 코너링이 우수하다.
 ⑤ 주행능력이 뛰어나다.
 ⑥ 기관정비 시 공간이 협소하여 작업에 어려움이 있다.
 ⑦ 엔진이 운전석 뒤에 있어 엔진소음이 크다.
 ⑧ 탑승공간이 좁다.

(4) 뒤 기관 뒷바퀴 구동 방식(RR ; Rear engine Rear drive)
 ① RR 방식은 뒤 차축 뒷부분에 기관이 위치하고, 뒷바퀴가 구동되는 방식이다.
 ② FF 방식의 정반대 형태이다.
 ③ 주로 버스에 많이 적용되는 방식이다.
 ④ 우수한 구동력을 얻을 수 있어 가속 시 안정감이 좋다.
 ⑤ 제동 효율이 좋다.
 ⑥ 중량이 뒤쪽에 몰려있어 상대적으로 앞부분이 가볍기 때문에 차량 선회 시 오버 스티어나 언더 스티어 현상이 발생할 수 있다.
 ⑦ 적재공간이 협소하다.

(5) 4륜구동 방식
 ① 4륜구동 방식은 기관에서 발생한 동력을 모든 바퀴에 전달하는 방식이다.
 ② 미끄러운 노면 주행 시 안전성이 우수한 편이다.
 ③ 큰 견인력을 필요로 하거나 비포장도로나 산악 지대 등의 험로주행에서 탁월한 능력을 발휘한다.

④ 4WD 또는 AWD라고 부르며, 일반적으로 다음과 같이 구분한다.
　㉠ 4WD(Four Wheel Drive, 파트타임 4륜구동 방식) : 평상시에는 2륜구동으로 주행하고 운전자가 도로의 상황이나 주행여건에 따라 4륜구동을 선택하여 주행할 수 있는 방식, 고속과 저속 4WD 주행모드가 있다.
　㉡ AWD(All Wheel Drive, 풀타임 4륜구동 방식) : 기관에서 발생한 동력이 모든 바퀴에 전달되어 항시 구동하는 방식이다. AWD 방식은 고속 주행 시 안정성이 뛰어나 주로 도심형 SUV나 4륜구동 승용차량에 적용되며 저속모드(4L), 고속모드(4H)가 있다.

> **TIP** 타이트 코너 브레이킹(Tight Coner Braking) 현상
> AWD(All Wheel Drive) 방식에서 센터 디퍼렌셜 장치가 없는 경우 차량 선회 시 전륜과 후륜의 회전반경의 차이에 의해 전륜이 제동되는 것과 같은 현상이 발생한다.

(6) 차동기어
① 랙과 피니언의 원리를 이용한다.
② 차량이 선회할 때 바깥쪽, 안쪽 바퀴의 회전수가 같을 경우 안쪽바퀴는 슬립, 바깥쪽 바퀴는 제동이 되므로 이를 방지하기 위해 구동바퀴에 저항이 크면 회전수를 줄여 양쪽 바퀴 회전수의 차이를 두기 위한 장치이다.
③ 동력 흐름 : 종감속 피니언 → 종감속 링기어 → 차동기어 케이스 → 피니언 축 → 피니언 기어 → 사이드 기어 → 구동축
④ 자동차동제한장치(LSD) : 진흙탕, 빙판길, 급가·감속 시, 고속 선회 시 한쪽 바퀴가 미끄러지거나 헛도는 것을 방지하기 위한 것으로 차동장치를 일시적으로 제한하는 장치이다.

Topic 02 | 클러치

01 클러치 개요

(1) 클러치의 필요성
① 기관 시동 시 동력을 차단하기 위해 필요하다.
② 기어 변속 시 기관의 동력을 차단 및 연결하기 위해 필요하다.
③ 자동차를 무부하 상태로 유지할 때 필요하다.

(2) 클러치 요구조건
① 기관에서 전달되는 동력의 전달과 차단은 신속하고 정확하여야 한다.
② 동력전달 시 서서히 전달되고 이상음의 발생이 없으며, 전달 후에는 미끄럼 발생이 없어야 한다.
③ 회전부분의 평형이 좋고, 기관의 회전변동을 적절하게 흡수해야 한다.
④ 마찰열 발생 시 방열이 잘되고 내구성이 좋아야 한다.
⑤ 구조가 간단하고 고장이 적어야 한다.

02 클러치의 종류와 원리

자동차에는 여러 종류의 클러치가 존재하며, 일반적으로 불리는 클러치는 수동변속기에서 사용되는 건식 마찰 클러치다. 클러치의 종류에는 기관에서 발생한 동력을 연결 및 차단하는 방식에 따라 마찰 클러치, 유체 클러치, 전자 클러치 등이 있다.

[그림 1-1] 마찰 클러치(좌-건식 단판, 우-습식 다판)

(1) 마찰 클러치

1) 건식 클러치
건식 클러치는 오일 없이 동력을 단속하며, 수동변속기 자동차에는 건식 단판 클러치(single-plate clutch)가 사용된다. 기관의 플라이휠과 클러치판이 접촉하는 방식으로서 구조가 간단하고 큰 동력을 확실하게 전달하는 특징이 있다.

2) 습식 클러치

습식 클러치는 오일 속에서 동력을 전달하거나 차단하며, 작동이 부드럽고 마찰면을 보호할 수 있는 특징이 있다. 자동변속기 자동차에는 동력 전달 및 변속에 필요한 언더 드라이브 클러치, 리버스 클러치, 오버 드라이브 클러치 등에서 습식 다판 클러치(multi-plate clutch)가 사용된다.

(2) 유체 클러치

유체 클러치는 유체를 매개체로 하여 동력을 전달한다. 자동변속기의 토크 컨버터 등에서 사용되며 유체가 매개체이기 때문에 동력의 단속 시 충격이 매우 적은 것이 장점이다. 단점으로는 마찰 클러치와 비교하여 동력손실이 비교적 크다는 점 등이 있다.

1) 토크 컨버터의 개요

토크 컨버터는 저속 출발 성능을 향상시키기 위하여 토크를 증대시켜 출발 시 운전을 용이하게 하며 토크 컨버터의 기능은 다음과 같다.
① 엔진의 토크를 변속기에 원활하게 전달하는 기능 (클러치 역할)을 한다.
② 토크를 변환시키는 기능(토크 증대 역할)을 한다.
③ 토크 전달 시 충격 및 크랭크축의 비틀림 완화 기능(플라이휠 역할)을 한다.

2) 토크 컨버터의 원리

토크 컨버터는 엔진의 회전력을 변환시키는 장치로서 유체 클러치의 일종이다. 토크 컨버터는 선풍기 A와 B를 관으로 연결하여 에너지를 회수하여 재사용하는 경우에 비유할 수 있다. [그림 1-2]의 경우 선풍기 B에 동력을 전달하고 나온 에너지를 회수함으로써 선풍기 A가 다시 선풍기 B에 동력을 전달하는 반복 과정에 의해 [그림 1-2] (a)의 경우보다 더 강력한 에너지를 전달 할 수 있을 뿐만 아니라, 회전력을 증대시킬 수도 있다. 토크 컨버터에는 [그림1-2] (b)의 에너지 회수관 역할을 하는 스테이터를 설치하여 토크를 증대시킨다.

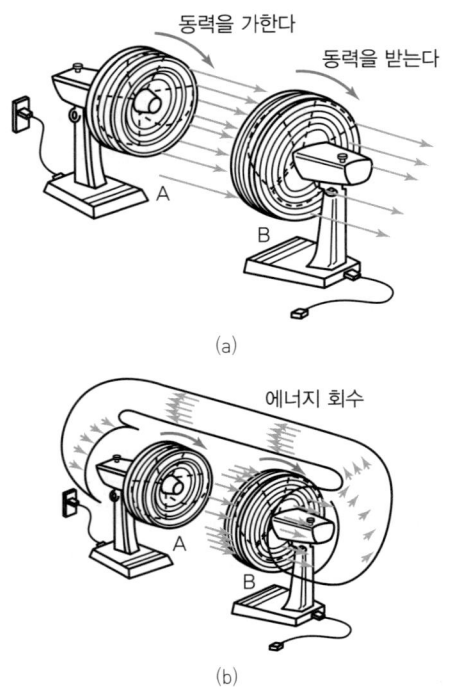

[그림 1-2] 토크 컨버터 작동원리

3) 토크 컨버터의 구성

토크 컨버터는 엔진과 자동변속기 사이에 설치되며, 내부에는 오일펌프로부터 공급되는 자동변속기 오일이 가득 채워져 있으며 펌프 임펠러(pump impeller), 스테이터(stater), 터빈런너(turbine runner) 및 원웨이 클러치(one way clutch)로 구성되어 있다. 일반적으로 3요소 1단 2상형의 토크 컨버터로 얻을 수 있는 토크 변환율은 2~3 : 1 정도이며 전달효율은 약 80% 정도이다.

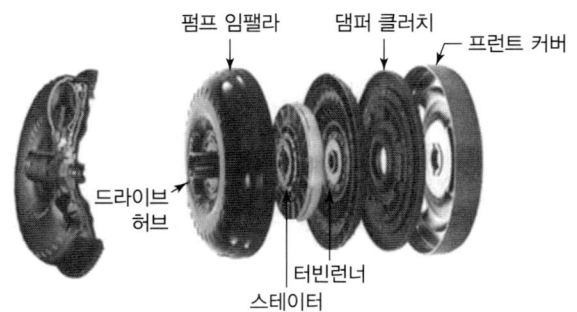

[그림 1-3] 토크 컨버터 구조

4) 스테이터

토크 컨버터의 펌프와 터빈의 사이에서 터빈으로부터 되돌아오는 오일의 방향을 펌프 임펠러의 회전 방향과 일치하게 변환하여 오일의 운동에너지가 최대가 되어 토크를 증대한다.

5) 원 웨이 클러치

원 웨이 클러치는 터빈의 회전속도가 증가하여 오일의 흐름이 스테이터 뒷면에 작용하게 되면 원 웨이 클러치에 의해 고정되어 있던 스테이터를 회전시키는 작용을 하며, 프리 휠링 또는 일방향 클러치라고도 한다. 스테이터가 회전을 시작하는 시점이 클러치 포인트(clutch point)이며 스테이터의 회전수가 클러치 포인터 지점을 벗어나면 토크 컨버터는 유체 클러치로 작용하여 토크 증대 작용이 일어나지 않기 때문에 토크 변환비율은 1이 된다.

(3) 전자 클러치

전자 클러치는 전류의 공급/차단으로 동력을 전달하거나 차단한다. 2개의 클러치 디스크 중에서 한쪽 클러치 디스크에 전자석(솔레노이드 코일)을 설치하고 전류를 공급하면 자장이 형성되고 자력으로 인해 다른 쪽 클러치 디스크가 당겨져 동력이 전달된다. 전자 클러치는 비교적 출력이 낮은 승용차의 무단자동변속기(CVT) 클러치에 사용된다.

Topic 03 | 변속기

01 변속기의 개요

변속기(變速器)는 회전속도와 구동력을 조절하여 주는 장치로서 도로 상황이나 주행조건, 운전자의 조작 등을 고려하여 기관의 동력을 주행에 필요한 최적의 구동력과 회전속도로 변환시키는 장치이다. 기관에서 발생한 동력을 감소시켜 구동력을 증대시키거나 반대로 기어비를 이용하여 회전속도를 높이고, 후진에 필요한 회전방향을 바꾸어 주는 역할을 한다.

02 변속기의 필요성

① 회전력의 증대를 위함이다.
② 기동 시 일단 므부하 상태로 두기 위함이다.
③ 자동차의 후진을 위함이다.

03 변속기가 갖추어야 할 조건

① 소형, 경량이고, 고장이 없으며, 다루기 쉬워야 한다.
② 조작이 용이하고, 신속, 확실, 정숙하게 이루어져야 한다.
③ 단계가 없이 연속적으로 변속되어야 한다.
④ 전달 효율이 커야 한다.

04 수동 변속기의 종류

(1) 점진 기어식 변속기
반드시 단계를 거쳐 변속한다.

(2) 선택 기어식 변속기
① 선택 섭동식 변속기
② 상시 물림식 변속기(도그클러치 적용)
③ 동기 물림식 변속기(싱크로매시 기구 적용)

05 기어와 기어비, 변속비

수동변속기에서는 평 기어(Spur gear)와 헬리컬 기어(helical gear)가 사용된다.

(1) 평 기어(Spur gear)
축과 평행하게 제작된 톱니가 맞물려 동력을 전달하며, 평행한 두 축을 연결한다. 제작하기 쉬워 많이 쓰이기도 하지만 소음이 발생하기 쉽다는 단점을 갖고 있으며, 수동변속기의 후진 기어가 해당된다.

(2) 헬리컬 기어(helical gear)
평행한 두 축을 연결하지만, 평 기어와는 다르게 톱니의 줄기가 비스듬히 경사져 있다. 평 기어보다 접촉선의 길이가 길어서 큰 힘을 전달할 수 있고, 소음이 매우 작은 장점이 있는 반면에 제작이 어려운 단점이 있다. 수동변속기에서 후진 기어를 제외한 나머지 변속단의 전진 기어는 헬리컬 기어로 되어있다.

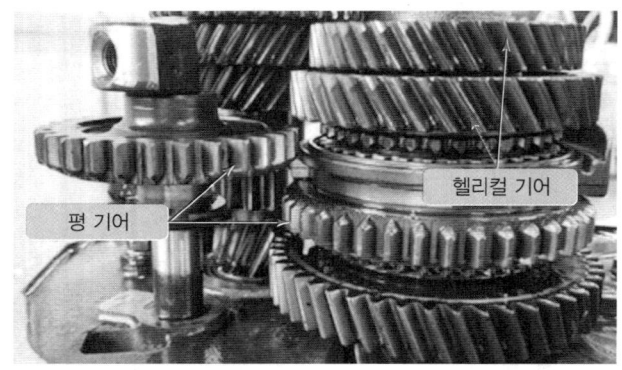

[그림 1-4] 평 기어, 헬리컬 기어

(3) 기어비

서로 맞물리는 기어에서 두 기어의 돌기의 수(잇수) 비율을 기어비라 한다. 수동변속기에서의 기어비는 출력축 기어의 잇수를 입력축 기어의 잇수로 나눈 값을 말한다. '지렛대의 원리'에 의해 큰 구동력을 얻을 수 있다.

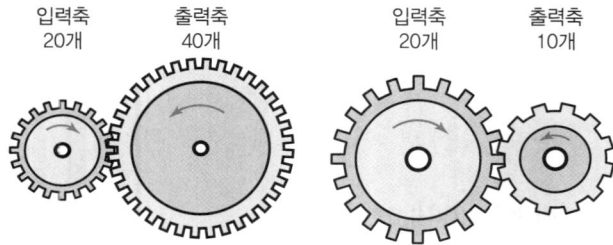

[그림 1-5] 기어비

(4) 변속비(변속기의 감속비)

$$변속비(기어비) = \frac{기관의 회전수}{추진축의 회전수}$$

또는

$$변속비 = \frac{(입력축)부축기어의 잇수}{(입력축)주축기어의 잇수} \times \frac{(출력축)주축기어의 잇수}{(출력축)부축기어의 잇수}$$

06 자동변속기

(1) 자동변속기의 구조

1) 유성기어 장치

유성기어 장치는 [그림 1-6]과 같이 선기어(sun gear), 유성기어(planetary gear), 유성기어 캐리어(planetary gear carrier) 및 링기어(ring gear)로 구성되어 있으며, 이들 중 1개를 고정시키고 나머지를 구동 및 피동으로 변환하여 감속, 증속 또는 역전한다.

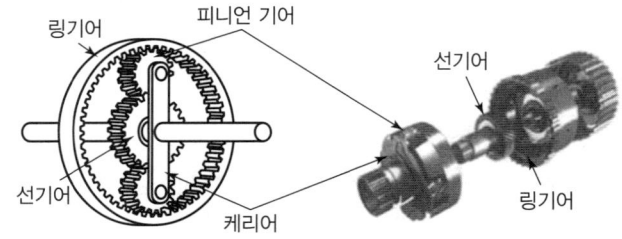

출처 : 교육부(2015), 자동변속기(LM1506030303_14v2) 한국직업능력개발원. p.45

[그림 1-6] 유성기어의 구성부품

① 유성기어 장치의 원리

유성기어의 작동원리는 엔진의 회전력을 유성기어 장치의 링기어, 선기어 그리고 캐리어 중 어느 하나의 축을 고정하고 남아 있는 두 개의 축을 구동하면 감속, 증속 및 역전(후진)의 변속작용이 이루어진다. 회전하는 두 개의 축에서 하나는 입력축이고, 다른 하나는 출력축이 된다.

※ 유성기어 캐리어의 유효잇수 : 선기어 잇수+링기어 잇수

㉠ 증속작용(캐리어 입력)

캐리어(C)를 입력, 링기어(D)를 출력, 선기어(A)를 고정하면 증속된다. 입력 캐리어의 유효잇수(100, 선기어와 링기어의 잇수를 더한 값)와 링기어의 잇수(80)를 비교하면 증속된 변속비(0.8 : 1)를 구할 수 있다.

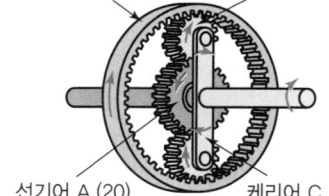

$$변속비(Dr) = \frac{D}{A+D} = \frac{80}{20+80} = 0.8$$

■ 출력 □ 입력 ■ 고정

출처 : 교육부(2015), 자동변속기(LM1506030303_14v2) 한국직업능력개발원. p.45

[그림 1-7] 유성기어의 증속작용

ⓒ 감속작용(캐리어 출력)

캐리어(C)를 출력, 링기어(D)를 입력, 선기어(A)를 고정하면 감속된다. 입력 링기어의 잇수(80)와 출력 캐리어의 잇수(100)를 비교하면 감속된 변속비(1.25 : 1)를 구할 수 있다.

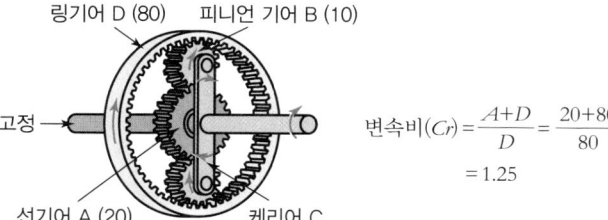

$$변속비(Gr) = \frac{A+D}{D} = \frac{20+80}{80} = 1.25$$

출처 : 교육부(2015), 자동변속기(LM1506030303_14v2) 한국직업능력개발원. p.46

[그림 1-8] 유성기어의 감속작용

ⓒ 역회전 감속과 증속작용(캐리어 고정)

캐리어(C)를 고정, 선기어(A)를 입력, 링기어(D)를 출력으로 하면 역회전된다. 입력 선기어의 잇수(20)와 출력 링기어의 잇수(80)를 비교하면 역회전 감속된 변속비(4 : 1)를 구할 수 있다. 반대로 링기어(D)를 입력, 선기어(A)를 출력으로 하면 역회전 증속된 변속비(0.25 : 1)를 구할 수 있다. 따라서 캐리어를 고정시키면 결과는 항상 역회전된다.

② 유압제어 기구

유압제어 기구는 유압을 발생시키는 오일 펌프와 발생 유압을 제어 유압으로 조절하는 유압 조절 밸브 및 제어 유압을 받아 유로를 전환시키는 컨트롤 밸브로 구성되어 있다. 밸브 바디 내에서 조절된 압력은 각 작동부(다판 클러치와 브레이크 밴드)로 전달되어 유성기어 장치의 조합으로 기어가 변속된다.

㉠ 오일펌프

오일펌프(oil pump)는 엔진에 의해 구동되는 토크 컨버터의 케이스가 오일펌프의 드라이브 기어를 회전시켜 유압을 형성한 후 변속기 내부의 각 장치에 오일을 공급하는 역할을 한다. 자동변속기 오일은 ATF(Automatic Transmission Fluid)라고 하며, 오일펌프는 오일팬의 오일을 압송하여 각종 기계장치의 윤활 및 냉각작용을 하며 동시에 토크 컨버터와 밸브 바디에 오일을 공급한다. 따라서 ATF의 과도한 온도 상승을 방지하기 위하여 오일쿨러(oil cooler)가 적용되고 있다.

㉡ 밸브 바디

밸브 바디는 여러 종류의 유압 밸브와 솔레노이드 밸브 등으로 구성되며 변속장치들을 작동시키기 위하여 오일펌프로부터 압송된 유압을 적절한 압력으로 조절하거나 스풀 밸브의 기계적인 작동과 전기적인 작동에 의해 유로를 전환하여 각종 클러치와 브레이크에 공급하여 변속을 실행한다.

㉢ 클러치

자동변속기에는 일반적으로 3개 이상의 클러치가 적용되며 클러치에 사용하는 습식 다판클러치는 마찰제인 클러치 디스크 사이에 금속 플레이트가 한 장씩 삽입되어 있으며 클러치에 유압이 작용하여 피스톤이 움직이면 클러치 디스크와 플레이트가 압착되면서 유성기어 장치의 입력과 출력을 제어하는 역할을 한다.

㉣ 브레이크

자동변속기에는 일반적으로 2~3개 정도의 브레이크류가 적용되며 대개는 클러치와 같이 습식 다판 클러치를 사용하지만, 경우에 따라서는 밴드형 브레이크를 사용하는 경우도 있다. 자동변속기에서 브레이크는 유성기어 장치의 각부를 고정시키는 역할을 한다.

(2) 전자제어 기구

1) 변속기 컨트롤 모듈(TCM)

변속기 컨트롤 모듈은 자동변속기의 두뇌와 같은 구성품으로 차량 운행 중에 각종 입력센서들의 정보를 받아 최적의 조건으로 변속기를 컨트롤 하는 부품이며 각종 정보를 메모리하여 신속 정확하게 수리할 수 있도록 정보를 제공하며 주요기능은 다음과 같다.

① 차량의 운전 조건을 고려하여 최적의 변속단을 판단한다.
② 판단된 변속단이 현재 변속단과 다를 경우 변속을 실시한다.

③ 댐퍼 클러치(D/C)의 작동 필요 여부를 판단하여 작동시킨다.
④ 현재의 토크를 판단하여 최적 라인압을 계산하고 제어한다.
⑤ 자동변속기의 고장 여부 진단한다.

2) 변속기 유온 센서
유온 센서(오일 온도 센서)는 온도가 올라갈수록 저항이 낮아지는 부특성 저항(NTC)이며 자동변속기 오일의 온도를 감지하여 변속단 제어, 댐퍼 클러치 작동 영역을 검출 및 변속 시 유압 보정제어 정보로 사용된다.

3) 출력축 속도 센서(PG-B)
변속기 출력축 회전수를 감지하여 피드백 제어, 댐퍼 클러치 제어, 변속단 설정 제어, 라인압 제어, 클러치 작동압 제어 정보로 사용된다.

4) 입력축 속도 센서(PG-A)
입력축 속도 센서는 변속기 내부로 입력되는 축의 회전수를 감지하여 피드백 제어, 댐퍼 클러치 제어, 변속단 설정 제어, 라인압 제어, 클러치 작동압 제어, 기타 센서 고장판단 등의 제어 정보로 사용된다.

5) 인히비터 스위치
인히비터 스위치는 N단과 P위치에서 시동신호를 연결하고 R위치에서 후진등을 점등시키는 포인트와 P, R, N, D의 각 위치를 감지하여 변속단 설정 신호 및 유지제어로 사용되는 포인트로 구성되어 있다.

6) 스로틀 포지션 센서
스로틀 포지션 센서는 운전자가 가속페달을 밟았을 때 스로틀 밸브가 열리는 양을 감지하는 센서로 자동변속기의 변속단 제어를 위해 사용된다.

※ 자동변속기의 변속단 제어를 위한 기본 입력 센서 : 차속 센서(VSS)+스로틀 포지션 센서(TPS)

7) 각종 유압 솔레노이드 밸브(출력요소)
유압 솔레노이드 밸브는 TCU에 의해 제어되며 각각의 클러치 및 브레이크에 유압을 공급하고 해제하는 역할을 한다.

① 라인 압력 제어 솔레노이드(body system)
라인 압력 제어 솔레노이드 밸브는 밸브 바디에 장착되어 있으며 엔진부하 감소를 위해 TCM이 주행 조건에 알맞게 라인 압력을 조절하는 가변 압력 솔레노이드(VFS ; Variable Force Solenoide)실 밸브이다.

② VFS 밸브는 리니어 솔레노이드(linear solenoide)라고도 하며 PWM(60Hz)보다 세밀한 듀티(580~620Hz)에 의해 스풀 밸브를 정밀 제어한다.

(3) 주요제어

1) 업 시프트
1~6속까지 변속단이 올라가는 변속패턴을 말한다.

2) 다운 시프트
6~1속까지 변속단이 내려가는 변속패턴을 말한다.

3) 킥다운
액셀페달을 순간적으로 많이 밟아 APS값의 변위율이 차속의 변화량보다 순간적으로 많은 경우, 변속단이 고단에서 저단으로 바뀌는 것을 말하며 가속력 확보 및 추월 성능이 향상된다.

4) 리프트 풋업
주행 중 차속에 비교하여 APS의 값이 현저히 작을 경우 즉 차속과 APS값의 변화량을 계산하여 적절히 저단에서 고단으로 변속되는 변속패턴을 말한다.

5) 댐퍼 클러치 제어
① 토크 컨버터는 엔진의 동력을 오일을 매개로 변속기에 전달하므로 항상 오일의 미끄럼이 발생하여 효율이 현저하게 떨어진다.
② 효율 향상을 위해 특정 운전 조건에서는 기계식 마찰 클러치와 같이 펌프와 터빈을 기계적으로 결합하는 댐퍼 클러치(damper clutch)를 토크 컨버터 내에 설치하여 미끄러짐에 의한 동력손실을 최소화하고 연비 및 정숙성을 확보한다.
③ 댐퍼 클러치 작동 시에는 비틀림에 의한 진동이 발생하게 되므로, 이를 방지하기 위해 대부분의 차량은 댐퍼 클러치 작동 시 댐퍼 클러치에 약간의 미끄럼을 허용하는 방식을 적용하여 비틀림 진동을 흡수하도록 하고 있다.
④ 댐퍼 클러치 작동 시 동력전달 순서는 엔진 → 프런트 커버 → 댐퍼클러치 → 변속기 입력축으로 전달

되며, 댐퍼 클러치가 작동하고 있는 상태에서는 토크증대 작용은 없어진다.

⑤ 댐퍼 클러치 작동 조건
  ㉠ D단 2단 이상일 때(단, 2단에서 작동은 유온이 125℃ 이상일 때)
  ㉡ 유온이 50℃ 이상일 때
  ㉢ TPS 출력 전압이 3.7V 이하일 때

> **TIP** TCM 학습의 목적과 실시 시기
> - 변속기 제품 간의 편차를 보정하여 학습 시간을 단축하고 초기 운전성을 향상시킨다.
> - 변속 충격 발생 시 진단장비를 이용하여 기존 학습치를 소거하고 TCM 학습을 실시한다.
> - 자동변속기 교환, 수리 및 TCM 교환 시 TCM 학습을 실시한다.

(4) 자동변속기 점검

1) 토크 컨버터 스톨 테스트

이 테스트는 선택 레버를 D, R 위치에서 스톨 시험 중에 엔진의 최고 회전수를 측정하며 토크 컨버터의 작동 및 트랜스미션에 내장되어 있는 클러치와 브레이크의 유지 성능을 파악하는 것이다.

> **TIP** 스톨 포인트
> 스톨 포인트에서는 엔진은 구동하지만 바퀴는 구동되지 않아 속도비가 '0'이고, 토크비는 최대인 지점이 된다. 따라서 클러치를 통한 전달효율은 '0'인 지점이다.

① 주의사항
  ㉠ 스로틀 전개는 5초 이상 하지 않을 것
  ㉡ 2회 이상 스톨 테스트를 할 경우에는 선택 레버를 N 레인지에 놓고 엔진 회전수를 1000rpm으로 운전하여 변속기 오일을 냉각한 후에 실시할 것

② 문제 원인
  ㉠ D, R 레인지 모두 스톨 회전수가 낮다.
    • 엔진의 출력 부족
    • 토크 컨버터 불량
  ㉡ D, R 레인지 모두 스톨 회전수가 높다.
    • 낮은 라인 압력

- 로-리버스 브레이크의 미끄러짐
- 각 차종의 정비지침서에 준하여 D 레인지에서 작동하는 클러치 이상

  ㉢ D 레인지에서 높은 스톨 회전수
    • 낮은 라인 압력
    • 리어 클러치 이상
    • 원 웨이 클러치 이상
    • 각 차종의 정비지침서에 준하여 D 레인지에서 작동하는 클러치 이상

  ㉣ R 레인지에서 높은 스톨 회전수
    • 낮은 라인 압력
    • 프런트 클러치 이상
    • 로-리버스 브레이크 이상
    • 각 차종의 정비지침서에 준하여 D 레인지에서 작동하는 클러치 이상

07 무단변속기

(1) 무단변속기의 특징

① 변속단이 없는 무단변속이므로 변속 충격이 없다.
  → 무단변속기의 발진장치 : 토크컨버터, 발진클러치, 전자파우더 방식
② 자동변속기에 비하여 연비가 우수하다.
  → 무단변속기는 기어비 변속 시 동력이 끊어지는 구간이 없으므로 최소 연비곡선의 변속 제어가 가능하여 연비를 향상시킬 수 있다.
③ 가속성능이 우수하다.
  → 무단변속기는 연속적인 변속으로 인하여 가속성능이 우수하며, 운전자의 성향에 따라 엔진의 속도를 일정하게 유지하면서 차속을 변화시킬 수 있으므로 모든 구간에서 최적의 구동력으로 운전이 가능하다.
④ 간단하고 중량이 작다.
  → 자동변속기에 비해 구조가 간단하며 중량이 가볍다.

(2) 무단변속기의 원리

기존 유단의 자동 및 수동변속기는 크기가 다른 기어를 이용하여 저단에서는 엔진축의 작은 기어가 크기가 큰 피동기어와 맞물려 천천히 움직이게 되고, 고단에서는 반대로 작은 기어와 맞물리게 하여 속도를 증가시킨다.

(3) 무단변속기의 구동방식

① 롤러 방식

롤러 방식은 트랙션(traction) 또는 트로이달(toroidal) 방식이라고도 하며, 입력축과 출력축에 원판 모양의 디스크를 설치하여 두 디스크 사이에서 롤러가 면접촉에 의해 구동력을 전달하는 방식이다.

② 가변직경 풀리 방식(VDP ; Variable Diameter Pulley)

가변직경 풀리 방식은 안쪽 지름이 작고 바깥쪽 지름이 큰 원뿔 형태의 두 풀리 사이에 금속 벨트 또는 체인을 사용하여 동력을 전달하는 형식으로서 차량의 가속 성능과 부하의 크기에 따라 입력축 풀리와 출력축 풀리의 홈(폭)의 변화를 유압모터 또는 유압펌프로 조정하여 연속적인 변속을 한다.

[그림 1-9] 무단변속기 원리(좌-감속, 우-증속)

[그림 1-10] 무단변속기 금속벨트

08 듀얼클러치 변속기(DCT)

① 듀얼 클러치 변속기(Dual Clutch Transmission)는 수동변속기와 자동변속기의 장점을 결합하여 만든 변속기로서 수동변속기의 높은 토크와 연료소비율 등의 효율성과 자동변속기의 조작의 편리성을 동시에 지니고 있다.

② 조작 방식은 자동변속기와 같아서 클러치 페달은 없지만, 변속기 내부는 수동변속기(기어트레인)를 기반으로 하고 있다.

③ 듀얼 클러치 변속기는 습식과 건식 방식이 있으며 건식 클러치는 전달 용량이 적어 중대형 승용차의 경우 습식 방식을 적용한다.

④ 듀얼 클러치 변속기는 홀수단을 제어하는 클러치와 짝수단을 제어하는 2개의 클러치와 2개의 클러치 액추에이터를 이용하여 연속적인 기어변속이 가능하다. 예를 들어, 업시프트의 경우 현재의 기어가 3단이라면, 짝수단 클러치에 연결되는 4단이 대기(예치합) 상태로 물려있어, 홀수단 클러치가 해제되며, 동시에 짝수단 클러치가 체결되는 것이 진행되어 부드럽고 매끄럽게 변속이 가능하다.

⑤ 듀얼 클러치 변속기는 자동변속기 대비 약 10%의 연비개선 효과가 있으며, 동력손실이 적고, 기어변속이 빠르고 부드러운 특징이 있다.

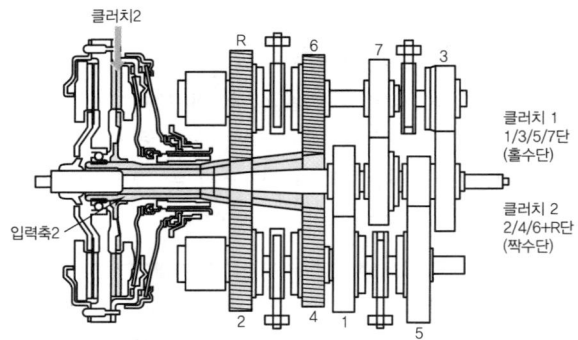

[그림 1-11] 듀얼클러치 변속기(DCT) 짝수단 구조

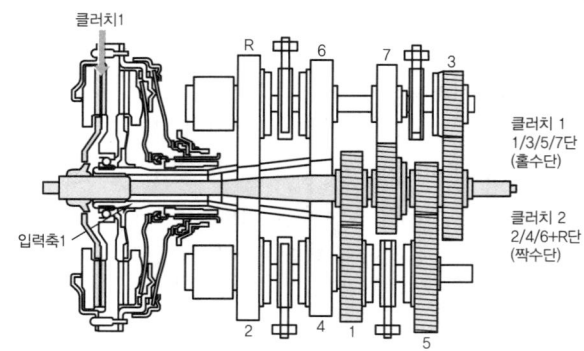

[그림 1-12] 듀얼클러치 변속기(DCT) 홀수단 구조

단원 마무리 문제

CHAPTER 01 파워트레인(클러치, 변속기)

01 전륜 구동형(FF) 차량의 특징이 아닌 것은?
① 추진축이 필요하지 않으므로 구동손실이 적다.
② 조향 방향과 동일한 방향으로 구동력이 전달된다.
③ 후륜 구동에 비해 빙판 언덕길 주행에 유리하다.
④ 후륜 구동에 비해 최소회전 반경이 작다.

해설
④는 후륜 구동의 특징이다.

02 FR 방식의 자동차가 주행 중 디퍼런셜 장치에서 많은 열이 발생한다면 고장원인으로 거리가 가장 먼 것은?
① 추진축의 밸런스 웨이트 이탈
② 기어의 백래시 과소
③ 프리로드 과소
④ 오일량 부족

해설
추진축의 밸런스 웨이트가 이탈하는 경우 추진축의 진동(휠링)이 발생하는 것이므로 차동기어의 과열과는 거리가 멀다.

03 클러치의 자유간극에 관한 설명 중에서 맞는 것은?
① 자유간극이 너무 작으면 동력차단이 제대로 이뤄지지 않아 변속 소음이 일어날 수 있다.
② 유압식 클러치의 마스터실린더 피스톤 컵이 마모되면 클러치 페달의 자유간극은 더욱 커진다.
③ 클러치의 자유간극이 너무 크면 클러치 페이싱의 마모를 촉진시킨다.
④ 페달을 밟은 후부터 릴리스 레버가 다이어프램 스프링을 밀어낼 때까지의 거리를 자유간극이라고 한다.

해설
① 자유간극이 작으면 클러치가 미끄러진다.
③ 자유간극이 크면 동력차단이 제대로 이루어지지 않아 변속 소음이 일어날 수 있다.
④ 페달을 밟은 후부터 릴리스 레버가 다이어프램 스프링을 밀어내기 전까지의 거리를 자유간극이라고 한다.

04 댐퍼 클러치 제어와 관련 없는 것은?
① 스로틀 포지션 센서
② 펄스 제너레이터-B
③ 오일온도 센서
④ 노크 센서

해설
노크 센서는 전자제어 기관에서 노킹을 검출하여 점화시기를 조정하기 위한 센서이다.

05 전자제어 자동변속기의 댐퍼 클러치 작동에 대한 설명으로 옳은 것은?
① 작동은 오버드라이브 솔레노이드 밸브의 듀티율로 결정된다.
② 페일세이프 모드에서 토크 확보를 위해 댐퍼 클러치를 동작시킨다.
③ 급가속 시는 토크 확보를 위해 댐퍼 클러치 작동을 유지한다.
④ 스로틀 포지션 센서 개도와 차속 등의 상황에 따라 작동과 비작동이 반복된다.

해설
① 작동은 댐퍼클러치 솔레노이드 밸브에 의해 결정된다.
② 페일 세이프 모드에서는 작동을 금지한다.
③ 급가·감속 시는 댐퍼 클러치 작동을 금지한다.

06 마찰 클러치의 마찰면을 6개의 코일 스프링이 각각 450N의 힘으로 압착하고 있다. 마찰계수가 0.35라면 마찰면의 한 면에 작용하는 마찰력의 크기는?
① 945N
② 1285N
③ 2700N
④ 7714N

해설
마찰력 = 스프링 장력 × 마찰계수 × 스프링 개수
= 450N × 0.35 × 6 = 945N

정답 01 ④ 02 ① 03 ② 04 ④ 05 ④ 06 ①

07 자동차가 주행하면서 클러치가 미끄러지는 원인으로 틀린 것은?

① 클러치 페달의 자유간극이 크다.
② 압력판 및 플라이휠 면이 손상되었다.
③ 마찰면의 경화 또는 오일이 부착되어있다.
④ 클러치 압력스프링이 쇠약 및 손상되었다.

해설
클러치 페달의 자유간극이 크면 클러치 차단이 불량한 원인이 된다.

08 클러치 페달을 밟았다가 천천히 놓을 때 페달이 심하게 떨리는 이유가 아닌 것은?

① 클러치 조정불량이 원인이다.
② 클러치 디스크 페이싱의 두께 차가 있다.
③ 플라이휠이 변형되었다.
④ 플라이휠의 링 기어가 마모되었다.

해설
플라이휠의 링 기어는 기관의 시동 시 기동전동기에서 동력을 전달받기 위한 것이므로 동력전달장치의 불량과는 거리가 멀다.

09 클러치판에 구성되어 있는 비틀림 코일 스프링의 역할은?

① 클러치판의 밀착을 더 크게 한다.
② 압력판과 마찰판의 마멸을 크게 한다.
③ 클러치판 중심부 스플라인의 마모를 방지한다.
④ 클러치가 접속될 때 회전 충격을 흡수한다.

해설
클러치 충격방지 스프링의 역할
• 비틀림 스프링(댐퍼 스프링)-회전 충격 흡수
• 쿠션 스프링-접촉 충격 흡수

10 변속기에서 싱크로메시 기구가 작동하는 시기는?

① 변속기어가 물릴 때
② 변속기어가 풀릴 때
③ 클러치 페달을 놓을 때
④ 클러치 페달을 밟을 때

해설
싱크로메시 기구는 변속기어와 허브의 회전속도를 동기화하여 변속기어가 물릴 때 작동한다.

11 앞바퀴 구동 승용차에서 드라이브 샤프트는 변속기 측과 차륜 측에 각각 1개의 조인트로 연결되어 있다. 변속기 측 조인트의 명칭은?

① 더블 오프셋 조인트(double offset joint)
② 버필드 조인트(birfield joint)
③ 유니버셜 조인트(universal joint)
④ 플렉시블 조인트(flexible joint)

해설
• 차륜 측 : 버필드 조인트
• 변속기 측 : 더블 오프셋 조인트

12 변속비가 1.25 : 1, 종감속비가 4 : 1, 구동륜의 유효반경 30cm, 엔진 회전수는 2700rpm일 때 차속은?

① 약 53km/h ② 약 58km/h
③ 약 61km/h ④ 약 65km/h

해설
$$\text{구동축의 회전수} = \frac{\text{엔진회전수}}{\text{변속비} \times \text{종감속비}}$$
$$= \frac{2700}{1.25 \times 4} = 540\text{rpm}$$

차속 = 구동축의 회전수 × $2\pi r$ = 540 × 2π0.3m
= 1017.36m/분

단위변환 m/분 → km/h(시)

$$1017.36\text{m/분} = \frac{1017.36 \times 60}{1000} = 61.04\text{km/h}$$
$$= \text{약 } 61\text{km/h}$$

13 자동변속기의 유압장치인 밸브 보디의 솔레노이드 밸브를 설명한 것으로서 틀린 것은?

① 댐퍼클러치 솔레노이드 밸브(DCCSV)는 토크 컨버터의 댐퍼 클러치에 유압을 제어하기 위한 것이다.
② 압력조절 솔레노이드 밸브(PCSV)는 변속 시에 독단적으로 압력을 조절하며 반드시 독립제어에 사용되어야 한다.
③ 변속조절 솔레노이드 밸브(SCSV)는 변속 시에 작용하는 밸브로서 주로 마찰요소(클러치, 브레이크)에 압력을 작용토록 한다.
④ PCSV와 SCSV는 변속 시 같이 작용하며 변속 시의 유압 충격을 흡수하는 기능을 담당하기도 한다.

해설
압력조절 솔레노이드 밸브(PCSV)는 변속 시에 변속조절 솔레노이드 밸브(SCSV)와 같이 작용하며 변속 시의 유압 충격을 흡수하는 기능을 담당하기도 한다.

14 동기물림식 수동 변속기에서 기어 변속 시 소음이 발생하는 원인이 아닌 것은?

① 클러치 디스크 변형
② 싱크로메시 기구 마멸
③ 싱크로나이저 링의 마모
④ 클러치 디스크 토션 스프링 장력 감쇠

해설
클러치 디스크 토션 스프링 장력이 약할 경우 회전 충격 흡수성능이 감소하여 클러치 접속 시 충격이 발생할 수 있다.

15 수동변속기 차량에서 주행 중 기어 변속 시 충돌음이 발생하는 원인으로 거리가 먼 것은?

① 변속기 내부 베어링 불량
② 싱크로나이저 링의 불량
③ 내부기어와 허브 불량
④ 클러치 유격의 과소

해설
클러치 유격이 작은 경우 클러치가 미끄러질 수 있다.

16 수동변속기 차량에서 주행 중 기어 변속 시 충돌음이 발생하는 원인으로 거리가 먼 것은?

① 변속기 내부 베어링 불량
② 싱크로나이저 링의 불량
③ 내부기어와 허브 불량
④ 클러치 유격의 과소

해설
클러치 유격이 작은 경우 클러치가 미끄러질 수 있다.

17 수동변속기 차량의 클러치 디스크에서 클러치 연결 동작 시에 유연성을 보장하고 평면 압착이 가능하게 해줌으로 동력전달을 확실하게 해주는 것은?

① 페이싱 리벳　　② 토션 댐퍼
③ 쿠션 스프링　　④ 피벗 링

해설
클러치 충격방지 스프링의 역할
- 비틀림 스프링(댐퍼 스프링)-회전 충격 흡수
- 쿠션 스프링-클러치 연결 동작 시 접촉 충격 흡수 및 유연성을 보장하여 평면압착이 가능하게 해주기 위한 장치

18 수동변속기에서 입력축의 회전 토크가 150kgf·m이고, 입력회전수가 1000rpm일 때 출력축에서 1000kgf·m의 토크를 내려면 출력축의 회전수는?

① 1670rpm　　② 1500rpm
③ 667rpm　　④ 150rpm

해설
$T_1 R_1 = T_2 R_2$(손실은 무시)
여기서, T_1=엔진축 토크, R_1=입력축 회전수, T_2=출력축 토크, R_2=출력축 회전수
$T_1 R_1 = T_2 R_2$에 대입하면, $150 \times 1000 = 1000 \times R_2$
$\therefore R_2 = \dfrac{150 \times 1000}{1000} = 150 \text{rpm}$

19 전자제어 자동변속기에서 댐퍼 또는 록업 클러치가 공회전 시에 작동된다면 나타날 수 있는 현상으로 옳은 것은?

① 엔진 시동이 꺼진다.
② 1단에서 2단으로 변속이 된다.
③ 기어변속이 안 된다.
④ 출력이 떨어진다.

해설
자동변속기에서 댐퍼 클러치는 엔진과 변속기를 직결 연결하는 장치로 여유동력이 없는 공회전 시 동작하는 경우 엔진의 시동이 꺼질 수 있다.

20 수동변속기의 클러치 역할을 하는 자동변속기의 부품은?

① 밸브 바디
② 토크 컨버터
③ 엔드 클러치
④ 댐퍼 클러치

해설
자동변속기에서 토크 컨버터는 유체 클러치의 일종으로 엔진의 동력을 변속기로 전달하기 위한 장치이다.

21 자동변속기와 비교 시 수동변속기의 특징이 아닌 것은?

① 고장률이 높다.
② 소형이며 경량이다.
③ 보수비용이 저렴하다.
④ 기계적인 동력전달로 연비가 우수하다.

해설
수동변속기는 자동변속기 대비 부품의 종류가 적고 전자제어 부분이 없으므로 고장률이 적다.

22 자동변속기의 토크 컨버터에서 터빈과 연결되는 것은?

① 조향 너클
② 스태빌라이저
③ 변속기 입력축
④ 엔진 플라이휠

해설
자동 변속기의 토크 컨버터에서 펌프는 엔진과 연결되고, 터빈은 변속기의 입력축과 연결되어 펌프에서 발생한 유압으로 터빈이 회전한다.

23 자동변속기에서 급히 가속페달을 밟았을 때, 일정속도 범위 내에서 한 단 낮은 단으로 강제 변속이 되도록 하는 장치는?

① 킥다운 스위치
② 스로틀 밸브
③ 거버너 밸브
④ 매뉴얼 밸브

해설
킥다운은 악셀 페달을 순간적으로 많이 밟아 APS값의 변위율이 차속의 변화량보다 순간적으로 많은 경우, 변속단이 고단에서 저단으로 바뀌는 것을 말하며 가속력 확보 및 추월 성능이 향상된다.

24 자동변속기 토크 컨버터에서 스테이터의 일방향 클러치가 양방향으로 회전하는 결함이 발생했을 때, 차량에 미치는 현상은?

① 출발이 어렵다.
② 전진이 불가능하다.
③ 후진이 불가능하다.
④ 고속 주행이 불가능하다.

해설
스테이터의 원웨이 클러치는 출발, 발진 시 고정되어 펌프의 토크 증대를 목적으로 하지만 원웨이 클러치가 양방향으로 회전하는 경우 토크 증대 작용이 일어나지 않기 때문에 출발, 가속이 어렵다.

25 자동변속기에서 댐퍼 클러치가 작동되는 경우로 가장 알맞은 것은?

① 1속 및 후진 시
② 엔진의 냉각수 온도가 50℃ 이하일 때
③ 4단 변속 후 스로틀 개도가 크지 않을 때
④ 급경사로 내리막길에서 엔진 브레이크가 작동될 때

해설
댐퍼 클러치 작동 조건
- D단 2단 이상일 때(단, 2단에서 작동은 유온이 125℃ 이상일 때)
- 유온이 50℃ 이상일 때
- TPS출력 전압이 3.7V 이하일 때(스로틀 개도가 크지 않을 때)

26 자동변속기의 오일압력이 너무 낮은 원인으로 틀린 것은?
① 엔진 rpm이 높다.
② 오일펌프 마모가 심하다.
③ 오일필터가 막혔다.
④ 릴리프 밸브 스프링 장력이 약하다.

해설
자동변속기의 오일펌프는 엔진의 동력으로 작동되므로 엔진 rpm이 높을 때가 아닌 낮을 때 오일 압력이 낮을 수 있다.

27 자동변속기에서 고장코드의 기억소거를 위한 조건으로 거리가 먼 것은?
① 이그니션 키는 ON 상태여야 한다.
② 자기진단 점검 단자가 단선되어야 한다.
③ 출력축 속도센서의 단선이 없어야 한다.
④ 인히비터 스위치 커넥터가 연결되어야 한다.

해설
고장코드 소거를 위해 자기진단 점검 단자는 연결해야 한다.

28 자동변속기에서 스톨 테스트로 확인할 수 없는 것은?
① 엔진의 출력 부족
② 댐퍼 클러치의 미끄러짐
③ 전진 클러치의 미끄러짐
④ 후진 클러치의 미끄러짐

해설
스톨 테스트는 선택 레버를 D, R 위치에서 스톨 시험 중에 엔진의 최고 회전수를 측정하며 토크 컨버터의 작동 및 트랜스미션에 내장되어 있는 클러치와 브레이크의 유지 성능을 파악하는 것이므로 댐퍼 클러치와는 관련이 없다.

29 자동변속기 차량에서 출발 및 기어 변속은 정상적으로 이루어지나 고속 주행 시 성능이 저하되는 원인으로 옳은 것은?
① 출력축 속도센서 신호선 단선
② 토크 컨버터 스테이터 고착
③ 매뉴얼 밸브 고착
④ 라인 압력 높음

해설
토크 컨버터의 스테이터가 클러치점 이후에도 고착된 경우 펌프의 회전을 방해하여 고속 주행 시 성능이 저하될 수 있다. 지문의 내용상 변속은 정상적이므로 출력축 속도센서 단선, 매뉴얼 밸브의 고착과는 거리가 멀다.

30 자동변속기 차량에서 변속기 오일점검과 관련된 내용으로 거리가 먼 것은?
① 유량이 부족하면 클러치 작용이 불량하게 되어 클러치의 미끄럼이 생긴다.
② 유량점검은 기관 정지 상태에서 실시하는 것이 보통의 방법이다.
③ 유량이 부족하면 펌프에 의해 공기가 흡입되어 회로 내에 기포가 생길 우려가 있다.
④ 오일의 색깔이 검은색을 나타내는 것은 오염 및 과열되었기 때문이다.

해설
자동변속기의 오일펌프는 엔진의 동력으로 작동되므로 유량점검 시 기관의 시동 상태에서 실시한다.

정답 19 ① 20 ② 21 ① 22 ③ 23 ① 24 ① 25 ③ 26 ① 27 ② 28 ② 29 ② 30 ②

31 토크 컨버터에 대한 설명 중 틀린 것은?

① 속도비율이 1일 때 회전력 변환비율이 가장 크다.
② 스테이터가 공전을 시작할 때까지 회전력 변환비율은 감소한다.
③ 클러치 점(clutch point) 이상의 속도비율에서 회전력 변환비율은 1이 된다.
④ 유체충돌의 손실은 속도비율이 0.6~0.7일 때 가장 적다.

> **해설**
> 속도비와 토크비는 반비례 관계이므로 속도비가 '1'일 때 토크비는 최소이다.

32 자동변속기 토크 컨버터의 스테이터가 정지하는 경우는?

① 터빈이 정지하고 있을 때
② 터빈 회전속도가 펌프속도와 같을 때
③ 터빈 회전속도가 펌프속도 2배일 때
④ 터빈 회전속도가 펌프속도 3배일 때

> **해설**
> 토크 컨버터의 스테이터가 정지되어 있는 경우는 터빈의 회전속도가 펌프의 회전속도보다 느리거나 정지되어 있을 때이다.

33 토크 컨버터의 펌프 회전수가 2800rpm이고, 속도비가 0.6, 토크비가 4일 때의 효율은?

① 0.24　　② 2.4
③ 0.34　　④ 3.4

> **해설**
> 전달효율 = 토크비 × 속도비 = 4 × 0.6 = 2.4

34 무단변속기(CVT)에 대한 설명으로 틀린 것은?

① 가속성능을 향상시킬 수 있다.
② 변속단에 의한 기관의 토크변화가 없다.
③ 변속비가 연속적으로 이루어지지 않는다.
④ 최적의 연료소비곡선에 근접해서 운행한다.

> **해설**
> 무단변속기는 변속비가 없이 연속적으로 변속되는 무단변속장치이다.

35 무단변속기(CVT)에 대한 설명으로 틀린 것은?

① 연비를 향상시킬 수 있다.
② 가속성능을 향상시킬 수 있다.
③ 동력성능이 우수하나, 변속 충격이 크다.
④ 변속 중에 동력전달이 중단되지 않는다.

> **해설**
> 무단변속기의 특징
> - 변속단이 없는 무단변속이므로 변속 충격이 없다.
> - 자동변속기에 비하여 연비가 우수하다.
> - 가속성능이 우수하다.
> - 간단하고 중량이 작다.

정답 31 ① 32 ① 33 ② 34 ③ 35 ①

CHAPTER 02 전자제어 제동장치

Industrial Engineer Motor Vehicles Maintenance

Topic 01 | 제동장치

01 제동장치 이해

(1) 정의

주행 중의 자동차를 감속 또는 정지시킴과 동시에 주차 상태를 유지하기 위하여 사용되는 중요한 장치이다.

(2) 제동장치의 구비조건

① 최고 속도와 차량 중량에 대하여 충분한 제동 작용을 한다.
② 제동 작용이 확실하고, 점검·조정이 용이해야 한다.
③ 신뢰성이 높고, 내구력이 커야 한다.
④ 조작이 간단하고 운전자에게 피로감을 주지 않아야 한다.
⑤ 브레이크를 작동시키지 않을 때에는 각 바퀴의 회전이 전혀 방해되지 않아야 한다.

(3) 제동장치의 구분

1) 주 제동장치 종류
   ① 유압식 브레이크
   ② 공기식 브레이크

2) 주차 브레이크 종류
   ① 외부 수축식
   ② 내부 확장식

3) 제3 브레이크(감속장치) 종류
   ① 엔진 브레이크 : 주행 중 액셀페달을 놓았을 때 엔진과 변속기에 의해 작동되는 제동효과로 엔진에 브레이크 작용을 하게 하는 장치
   ② 배기 브레이크 : 차량제동을 위해 배기가스를 차단시켜 엔진 회전수를 떨어뜨리는 장치
   ③ 와전류 리타더 : 전자 코일에 의해 생긴 자기장에서, 회전하는 원판에 발생하는 와전류 저항에 의하여 자동차를 감속하는 장치

④ 하이드롤릭 리타더(유체식 리타더) : 유체 클러치와 비슷한 구조로 로터를 회전시켜 오일을 스테이터로 보내면 로터에 회전 저항이 생겨 제동력이 발생함

02 제동이론

① 공주거리 : 운전자가 장애물을 인지하여 브레이크 페달을 밟아 브레이크의 작용이 시작할 때까지 걸리는 시간이다.

$$공주거리(m) = \frac{V}{3.6}$$

V : 제동초속도(km/h), t : 공주시간(sec, 보통 0.7~1.0sec)

② 제동거리 : 제동조작을 개시하여 제동력이 작용하기 시작한 다음에 정지할 때까지 자동차가 주행하는 거리이다.

$$제동거리(m) = \frac{V^2}{2\mu g}$$

V : 제동초속도(m/s), g : 중력가속도 9.8m/s²
μ : 타이어와 노면의 마찰계수
※ 참고 : 바퀴 슬립률이 100%일 때로 가정한다.

$$제동거리(m)\ S = \frac{V^2}{254} \times \frac{W(1+\varepsilon)}{F} + \frac{V}{36}$$

F : 제동력(kgf), V : 속도(km/h), W : 차량중량(kgf),
ε : 제동 시 상당계수

③ 정지거리 : 장애물을 발견한 후 자동차가 정지할 때까지의 거리(공주거리 + 제동거리)이다.

$$정지거리 = 공주거리 + 제동거리$$

Topic 02 | 유압식 브레이크

01 유압식 브레이크 이해

(1) 개요
① 파스칼의 원리를 응용한다.
② 장점 : 제동력이 모든 바퀴에 균일하게 전달되며, 마찰 손실이 적고, 조작력이 작아도 된다.
③ 단점 : 오일 파이프 등이 파손되어 오일이 누출되는 경우 브레이크 기능을 상실한다.

(2) 유압식 브레이크의 구조 및 작용
① 마스터 실린더(Master Cylinder) : 브레이크 페달을 밟아 유압을 발생시키는 부분이다.

> **TIP 잔압(Residual Pressure)**
> - 피스톤 리턴 스프링이 항상 체크밸브를 밀고 있으므로 회로 내에는 어느 정도 압력이 남게 되는 것으로 보통 0.6~0.8kgf/cm² 정도이다.
> - 잔압을 두는 이유
>   - 브레이크 작동 지연 방지
>   - 회로 내에 공기 유입 방지
>   - 휠 실린더 내에서의 오일 누출 방지
>   - 베이퍼 록 방지

> **TIP 탠덤 마스터 실린더**
> 오일 누출 시 브레이크가 작동되지 않는 것을 방지하기 위해 앞, 뒷바퀴가 별개로 작동하도록 만든 것을 말한다.

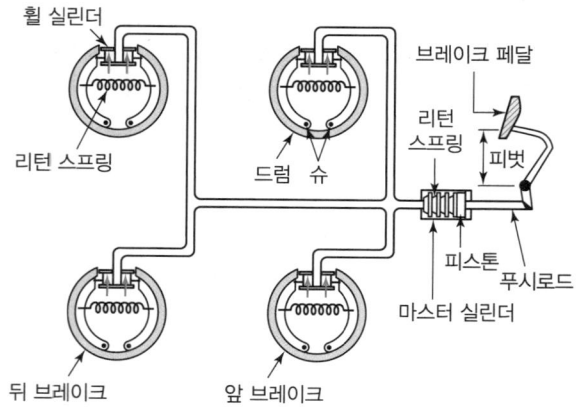

[그림 2-1] 유압식 브레이크

② 휠 실린더(Wheel Cylinder) : 마스터 실린더에서 온 유압으로 브레이크 슈를 드럼에 압착시키는 기구이다.
③ 브레이크 라인
  ㉠ 녹과 부식을 방지하기 위해 방청처리를 한 강 파이프 사용
  ㉡ 차축이나 바퀴 등에 연결하는 것으로 플렉시블 호스를 사용

02 드럼식 브레이크

(1) 구조
저장탱크, 마스터 실린더 몸체(피스톤, 피스톤 컵, 피스톤 컵 스페이서, 피스톤 스프링, 체크밸브 등)로 구성된다.

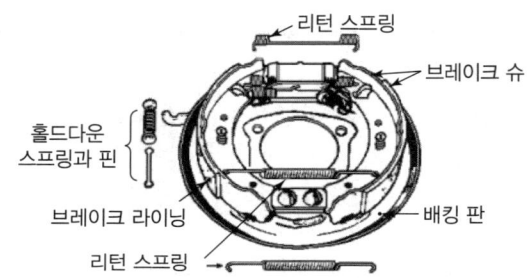

[그림 2-2] 드럼식 브레이크의 구조

(2) 브레이크 드럼(Brake Drum)
원통형 마찰부를 가지고 휠과 같이 회전, 라이닝과 마찰에 의하여 제동력을 발생, 정적, 동적 평형이 되고, 라이닝이 압착되어도 변형되지 않아야 하며, 내마멸성과 방열성이 좋아야 한다.

(3) 브레이크 슈와 브레이크 라이닝

1) 개요
① 휠 실린더의 피스톤에 의해 드럼과 접촉하여 제동력이 발생한다.
② 슈의 재질 : 주철이나 가단주철을 사용한다.
③ 리턴 스프링 : 마스터 실린더의 유압이 해제되었을 때 슈가 원위치로 복귀한다.
④ 홀드 다운 스프링 : 슈가 알맞은 위치에 유지되도록 한다.

2) 라이닝의 구비조건
① 내열성이 크고, 페이드(fade) 현상이 없어야 한다.
② 기계적 강도 및 내마모성이 커야 한다.
③ 온도의 변화, 물 등에 의한 마찰계수 변화가 적어야 한다.

3) 페이드(fade) 현상
① 브레이크 조작을 반복적으로 계속하면 드럼과 슈의 마찰열이 축적되어 제동력이 감소되는 현상이다.
② 원인 : 드럼과 슈의 열팽창과 라이닝의 마찰계수 저하 때문이다.
③ 페이드 현상 방지책
　㉠ 드럼은 방열성을 크게 하고, 열팽창율이 적은 형상으로 제작할 것
　㉡ 드럼은 열팽창율이 적은 재질을 사용할 것
　㉢ 온도 상승에 따른 마찰계수 변화가 적은 라이닝을 사용할 것

4) 베이퍼 록(Vapor Lock) 현상
① 브레이크 회로 내에 브레이크 오일이 비등, 기화하여 증발되어 오일의 압력 전달작용이 불가능하게 되는 현상이다.
② 원인
　㉠ 긴 내리막길에서 과도한 브레이크 사용 시
　㉡ 드럼과 라이닝의 끌림에 의한 가열
　㉢ 마스터 실린더, 브레이크 슈 리턴 스프링 회손에 의한 잔압의 저하
　㉣ 불량한 브레이크 오일 사용
　㉤ 브레이크 오일의 변질에 의한 비점의 저하

(4) 드럼식 브레이크의 작동

1) 리딩 트레일링 슈식(Leading Trailing Shoe Type)
① 가장 기본적인 형식이다.
② **종류** : 앵커 핀식, 앵커 고정식, 플로팅식
③ 자기작동하는 슈를 리딩 슈, 자기작동 하지 않는 슈를 트레일링 슈라 한다.
④ 앵커핀 형식은 전진 시는 앞쪽의 슈만이, 후진 시는 뒤쪽의 슈만이 자기작동 작용을 한다.

> **TIP 자기작동**
> 브레이크 작동 시 슈가 드럼을 강하게 압박하여 제동력을 증가시키는 작용

2) 자기 서보형(Self Servo Type)
휠 실린더의 힘코다 더 큰 힘으로 드럼을 압착하는 것으로, 배력 작용을 응용한 것이다.

유니 서보형	• 전진 제동 시 2개의 슈가 모두 리딩슈로 제동력이 커짐 • 후진 제동 시 2개의 슈가 모두 트레일링 슈가 되어 제등력이 작아짐
듀어 서보형	전·후진 모두 자기작동 작용이 되도록 하여 강력한 제동력을 얻도록 하는 형식

3) 2리딩형(Two Leading Type)
2개의 휠 실린더를 사용하여 2개의 슈가 모두 리딩 슈가 되도록 한다.

단동 2리딩 슈형	전진 시에 두 개 슈 모두 리딩 슈로서 작용하나, 후진 시에는 모두 트레일링 슈가 되어 제동력이 전진 시에 비해 1/3로 감소
복동 2리딩 슈형	드럼의 회전방향에 따라 고정측이 바퀴에 전·후진 모두 리딩 슈로서 작동하게 됨

(5) 자동 조정장치(어저스터)
① 브레이크 라이닝이 마멸되면 슈와 드럼 사이의 틈새가 커지는데 이 틈새를 자동으로 조정하는 장치이다.
② 2리딩 슈 형식 : 풋 브레이크를 작동시키면 조정한다.
③ 듀오 서보 형식 : 후진 시 제동에 의해 조정한다.
④ 리딩 트레일링 슈 형식 : 풋 브레이크를 작동시키면 조정된다.

03 디스크 브레이크

(1) 개요
드럼 대신에 바퀴와 함께 회전하는 디스크에, 유압에 의해 작동하는 패드(Pad)를 양쪽에서 압착하여 마찰력으로 제동하는 것이다.

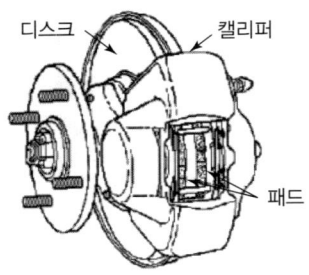

[그림 2-3] 디스크 브레이크

(2) 종류

1) 고정 캘리퍼형
① 캘리퍼에 실린더를 2개 설치하여 디스크 양쪽에 패드를 압착시켜 제동력을 발생시킨다.
② 단점 : 방열이 좋지 않아 베이퍼 록을 일으킬 수 있음

2) 부동(Float) 캘리퍼형
① 캘리퍼 한쪽에만 실린더를 설치하여 제동 시 유압이 작동되면 피스톤이 패드를 압착하고, 그 반력으로 캘리퍼 전체가 좌우로 움직여 반대쪽의 패드도 디스크에 압착되어 제동력을 발생시킨다.
② 구조 간단, 경량으로 소형 차량에 많이 사용한다.

(3) 구조
① 디스크(disk) : 바퀴와 함께 회전하여 양면에 작용하는 패드에 의해 제동되는 부분으로, 특수 주철로 제조한다.
② 캘리퍼(Caliper) : 지지 브래킷에 의해 너클 스핀들에 고정되어 있고, 양쪽에 실린더가 설치된다.
③ 브레이크 실린더와 피스톤으로 구성된다.
④ 패드(Pad) : 석면과 레진을 혼합하여 소결한다.

(4) 디스크 브레이크의 장·단점

1) 장점
① 디스크가 대기 중에 노출되어 방열성이 양호하다.
② 페이드현상이 방지되어 제동성능이 안정적이다.
③ 자기작동 작용이 없으므로 좌우 바퀴의 제동력이 안정되어 제동 시 한쪽만 제동되는 일이 적다.
④ 물이나 진흙 등이 묻어도 디스크로부터 이탈이 용이하다.
⑤ 디스크가 열에 의해 거의 변형되지 않으므로 브레이크 페달을 밟는 거리의 변화가 적다.
⑥ 점검 및 조정이 용이하고 간단하다.

2) 단점
① 마찰 면적이 작으므로 패드를 미는 힘이 커야 한다.
② 패드를 강도가 큰 재료로 제작한다.
③ 브레이크 페달을 밟는 힘이 커야 한다.
④ 구조상 고가이다.

04 진공 배력식 브레이크

① 유압 브레이크의 제동력을 더욱 강하게 보조하는 기구이다.
② 진공식 배력장치[부스터백(직접조작), 하이드로백(원격조작)] : 진공과 대기압과의 차압을 이용하는 형식이다.
③ 압축공기식 배력장치(에어백, 원격 조작식) : 압축공기 압력을 이용하는 형식, 공기압축기를 이용한다.
④ 전기차의 경우 진공을 이용할 수 없어 전동부스터를 사용하여 페달의 답력을 증가시킨다.

> **TIP 프로포셔닝 밸브(P-밸브) 및 리미팅 밸브**
>
> - 프로포셔닝 밸브(P-밸브) : 급제동 시에 후륜이 전륜보다 제동력이 강하면 후륜이 잠겨 슬립될 수 있으므로 후륜의 유압을 전륜의 유압보다 작게 배분하기 위한 장치이다.
> - 리미팅 밸브 : 후륜의 잠겨 슬립되는 것을 방지하기 위한 밸브로 프로포셔닝 밸브와 비슷하지만 리미팅 밸브는 후륜에 작용되는 유압이 한계값 이상일 때 동작하여 후륜의 유압 상승을 방지한다.
> - 로드센싱 프로포셔닝 밸브 : 화물차량의 경우 적재물 중량에 따라 후륜에 제동유압을 조절하기 위한 장치이다.

05 브레이크 고장 및 정비

(1) 브레이크가 작동하지 않는 원인
① 브레이크 오일 부족 및 오일이 누출된다.
② 브레이크 계통 내 공기가 혼입된다.
③ 브레이크 배력장치 작동이 불량하다.
④ 패드 및 라이닝 접촉이 불량하다.
⑤ 패드 및 라이닝에 오일이 묻어 있다.
⑥ 페이드 현상이 발생한다.
⑦ 브레이크 라인이 막혔다.

(2) 브레이크가 한쪽만 듣는 경우
① 타이어 공기압이 불평형하다.

② 브레이크 드럼 간극 조정이 불량하다.
③ 한쪽 라이닝에 오일이 묻었다.
④ 앞바퀴 정렬이 불량하다.
⑤ 패드나 라이닝의 접촉이 불량하다.

(3) 브레이크가 해제되지 않는 원인
① 마스터 실린더의 리턴 구멍 막힘 및 리턴 스프링이 불량하다.
② 마스터 실린더의 푸시로드 길이가 길다.
③ 페달의 자유간극이 적다.
④ 드럼과 라이닝이 소결된다.

Topic 03 | 공압식 제동장치(공기 브레이크)

01 공압식 제동장치(공기 브레이크) 개요

공기 브레이크 일반적인 구조는 [그림 2-4]에 나타낸 것과 같으며, 브레이크 페달을 밟으면 공기 탱크 내의 압축공기가 브레이크 밸브를 경유하여 릴레이 밸브를 눌러 열리도록 하기 때문에 공기 탱크에서 직접 브레이크 챔버로 압축공기가 송출되면 이때의 압력으로 슬랙조정기를 통하여 캠을 회전시키므로 브레이크 슈가 드럼에 압착되어 제동력이 발생된다.

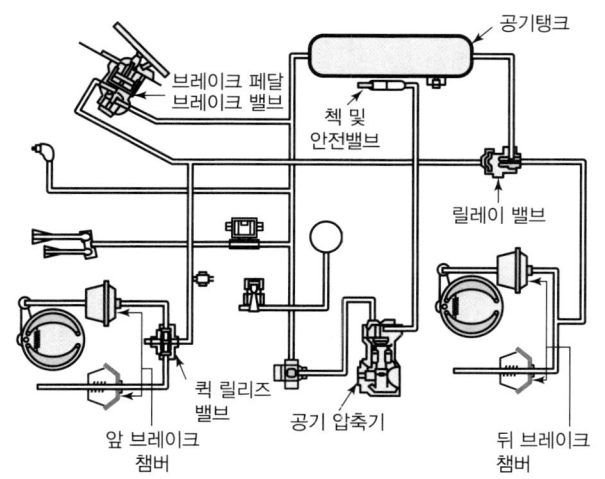

[그림 2-4] 공기식 브레이크 구조

02 공기 브레이크 특징

① 제동력이 브레이크 페달을 밟는 양에 비례하기 때문에 조작이 쉽다.
② 브레이크 오일을 사용하지 않기 때문에 베이퍼 록이 발생되지 않는다.
③ 공기가 약간 누출되어도 제동 성능이 현저하게 저하되지 않기 때문에 안전도가 높다.
④ 차량의 중량이 커도 사용이 가능하다.
⑤ 압축 공기의 압력을 높이면 더 큰 제동력을 얻을 수 있다.

03 공기 브레이크 구성품

(1) 공기 압축기(air compressor)
공기 압축기는 엔진에 의해 구동되며, 공기 압축기에 연결된 커넥팅 로드는 회전운동을 피스톤의 왕복운동으로 전달한다.

(2) 언로더 밸브(unloader valve)
언로더 밸브는 실린더 헤드에 설치되어 공기 탱크 내의 압력이 $5 \sim 7 kg/cm^2$가 되면 압축공기의 압력에 의해서 열려 공기 압축기의 압축 작용을 정지시킨다. 공기 압축기 및 기관의 과부하가 발생되는 것을 방지하는 역할을 한다.

(3) 압력 조절기(air pressure regulator)
압력 조절기는 공기 탱크와 언로더 밸브 사이에 설치되어 공기 탱크 내의 압력이 규정값을 유지하도록 하는 역할을 한다.

(4) 공기 탱크(air tank)
공기 탱크는 내부가 앞 브레이크용과 뒤 브레이크용으로 나누어져 있기 때문에 압축 공기가 앞 브레이크 계통과 뒤 브레이크 계통으로 분류되어 공급된다. 2계통으로 분리하는 것은 어느 한쪽 계통에서 공기의 누출에 의한 고장이 발생한 경우에도 나머지 한쪽 계통에서 확실히 작동되도록 하기 위하여 안전을 도모한 것이다.

(5) 브레이크 밸브(brake valve)
브레이크 밸브는 브레이크 페달의 조작에 의해서 압축 공기로 릴레이 밸브를 컨트롤하여 공기 탱크에서 브레이크 챔버로 공급하는 압축 공기를 단속, 조절하여 브레이크의 작동, 해제의 컨트롤이 이루어지며, 앞 브레이크 계통과 뒤 브레이크 계통에 독립하여 작동되도록 한다.

(6) 릴레이 밸브(relay valve)

릴레이 밸브는 브레이크의 작동 및 해제가 신속하게 이루어지도록 하며, 앞 또는 뒤 계통에 1개씩 설치되어 있기 때문에 브레이크 밸브에 의해 공기 탱크에서 브레이크 챔버에 공급되는 압축 공기를 단속하는 역할을 한다.

(7) 브레이크 챔버(brake chamber)

브레이크 챔버는 압축 공기의 압력을 기계적인 왕복 운동으로 변환하는 역할을 하며, 슬랙조정기는 캠을 회전시켜 브레이크 슈를 브레이크 드럼에 압착시켜 제동력을 발생시킨다.

(8) 오토 슬랙 어저스터(auto slack adjuster)

브레이크 라이닝은 브레이크를 사용함에 따라 라이닝과 드럼과의 간극이 커지게 되므로 이의 조정을 통해 적정 라이닝 간극을 유지해야 하는데 풀 에어 "S" 캠 브레이크에서는 오토 슬랙 어저스터에 의해 라이닝 간극을 조정한다.

(9) 에어 프로세싱 유닛(air processing unit)

APU는 2개의 압력 센서와 압력 컨트롤 밸브를 포함한 4회로 프로텍션 밸브와 에어 드라이어의 결합체이다. APU는 풀 에어 브레이크 시스템에 장착되며, 에어 컴프레서로부터 공급된 에어를 여러 개의 에어탱크로 적절히 공급해 주는 장치이다. APU는 에어 내의 포함된 수분을 제거하여 최적의 에어 공급, 에어 압력을 설정해 준다.

(10) 셉쿨러(sep-cooler)

셉쿨러란 Separator+Cooler를 합친 약어로 에어 컴프레서로부터 발생되는 이물질(오일/타르)을 1차적으로 필터링해주는 밸브이다. 에어 컴프레서에서 넘어오는 뜨거운 공기를 냉각시켜 주는 역할도 있다.

Topic 04 휠 잠김방지 제동장치 (ABS ; Anti lock Brake System)

01 휠 잠김방지 제동장치(ABS) 개요

바퀴가 고착되는 상황에서는 조향핸들을 조작하여도 운전자의 의지대로 조향되지 않아 장애물을 피하거나 안정된 제동을 할 수 없는 위험한 상태가 되는데 이러한 현상을 방지하기 위하여 사용하는 장치가 ABS이다.

02 사용 목적

① ABS는 바퀴의 회전속도를 검출하여 그 변화에 따라 제동력을 제어하는 방식으로 어떠한 주행조건, 어느 자동차의 바퀴도 고착(lock)되지 않도록 유압을 제어할 수 있다.
② ABS를 장착한 자동차는 제동 시 각 바퀴의 제동력이 독립적으로 제어되므로 직진 상태로 제동되는 것은 물론 제동거리 또한 단축할 수 있다.
③ ABS를 장착한 자동차는 바퀴의 고착이 방지되어 선회곡선을 따라 운전자의 의지대로 주행할 수 있다.

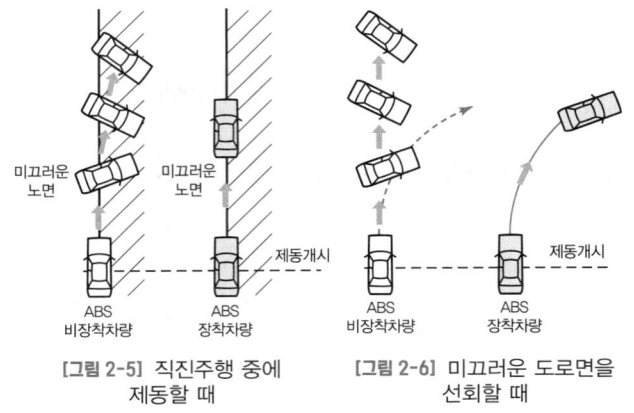

[그림 2-5] 직진주행 중에 제동할 때

[그림 2-6] 미끄러운 도로면을 선회할 때

03 기능

① 조향 안정성 유지 : 자동차 주행 중 급제동을 할 때 바퀴와 도로면과의 적절한 마찰력이 요구되는데 이를 위해 바퀴가 고착되지 않도록 제어하여 원하는 마찰력을 얻는다. 이때는 운전자가 요구하는 대로 조향 성능을 유지할 수 있다.
② 제동 및 조향 안정성 유지 : ABS용 컴퓨터는 각 바퀴의 회전속도를 검출하여 각 바퀴의 회전속도가 일치하도록 정확히 제어하므로 안정된 제동과 안정된 조향성능을 확보할 수 있다.
③ 제동거리 최소화 : 단순하게 제동 후 거리만을 측정한다면 일반도로에서는 ABS를 설치하지 않은 자동차가 더 짧을 수 있는데, 이때 자동차의 안정된 자세는 기대하기 어렵다. 그러나 미끄러운 도로면이나 빗길의 경우에는 확실하게 전자제어 제동장치를 설치한 자동차가 우수하다.

04 구성부품

현재 차량에서는 4개의 휠 스피드 센서 신호를 각각 입력받아 처리하는 4센서 4채널 시스템이 적용되고 있다.

(1) 휠 스피드 센서(wheel speed sensor)

휠 스피드 센서는 바퀴의 회전속도를 검출하기 위하여 각 바퀴에 설치되어 있으며, 허브와 함께 회전하는 톤 휠의 회전을 인덕션 방식(마그네틱 방식)으로 검출하여 ECU에 입력시키는 역할을 한다.

(2) HECU(Hydraulic Electronic Control Unit)

① 하이드롤릭 ECU 유닛은 하이드롤릭 유닛과 ECU의 일체형 부품이다.
② 여러 가지 솔레노이드 밸브(NO · NC)와 유압기구, 그리고 모터로 구성되어있다.
③ ECU는 슬립을 판단하고 ABS 작동 여부가 결정되면, 밸브와 모터를 작동시켜 각 바퀴의 유압을 증압, 감압, 유지되도록 제어한다.

05 작동원리

① 일반 제동 : NO(상시 열림) 솔레노이드 밸브는 열려 있으며, 마스터실린더의 유압을 휠 실린더 혹은 캘리퍼로 전달하여 제동 작용을 일으킨다. 이때 NC(상시 닫힘) 솔레노이드 밸브는 닫혀 있으며, 펌프 모터는 작동하지 않는다.

솔레노이드 구분	통전상태	밸브 개폐	펌프모터
NO SV	OFF	열림	OFF
NC SV	OFF	닫힘	

② 감압모드 : 휠의 잠김을 검출하면 NO(상시 열림) 솔레노이드 밸브는 닫혀 유로를 차단하고 NC(상시 닫힘) 솔레노이드 밸브는 열려 휠 실린더 혹은 캘리퍼의 작용압력을 낮춘다. 이때 방출된 오일은 펌프모터의 작동에 따라 마스터실린더로 다시 복귀하게 된다.

솔레노이드 구분	통전상태	밸브 개폐	펌프모터
NO SV	ON	닫힘	ON
NC SV	ON	열림	

③ 압력 유지 모드 : 적정 압력이 작용할 때에는 NO(상시 열림) 솔레노이드 밸브, NC(상시 닫힘) 솔레노이드 밸브를 모두 닫아 휠 실린더 혹은 캘리퍼의 작용압력을 유지한다.

솔레노이드 구분	통전상태	밸브 개폐	펌프모터
NO SV	ON	닫힘	OFF
NC SV	OFF	닫힘	

④ 증압 모드 : 제동압력이 낮을 때 NO(상시 열림) 솔레노이드 밸브는 열려 마스터실린더의 유압을 휠 실린더 혹은 캘리퍼로 전달하여 압력증가를 일으킨다. 이때 NC(상시 닫힘) 솔레노이드 밸브는 닫혀 있으며, 펌프 모터가 작동한다.

솔레노이드 구분	통전상태	밸브 개폐	펌프모터
NO SV	OFF	열림	ON
NC SV	OFF	닫힘	

Topic 05 차체 자세 제어장치 ECS, VDC (Vehicle Dynamic Control System)

01 차체 자세 제어장치 ECS, VDC 개요

① VDC(ESP) 시스템은 스핀(spin) 또는 언더 스티어(under steer), 오버 스티어(over steer) 등의 발생을 억제하여 사고를 미연에 방지할 수 있다.
② 차량에 스핀(spin) 또는 언더 스티어(under steer) 등의 발생 상황에 도달하면 이를 감지하여 자동적으로 내측 차륜 또는 외측 차륜에 제동을 가해 차량의 자세를 제어함으로써 이로 인한 차량의 안정된 상태를 유지하며(ABS 연계 제어), 스핀 한계 직전에 자동 감속한다.
③ VDC 시스템은 ABS/EBD(Electronic Brake-force Distribution) 제어, 트랙션 컨트롤(TCS), 요 컨트롤 기능을 포함한다.

02 언더 스티어와 오버 스티어

① 언더 스티어 : 차량 선회 시 앞바퀴의 슬립으로 인해 회전반경이 커지는 현상
② 오버 스티어 : 차량 선회 시 뒷바퀴의 슬립으로 인해 회전반경이 작아지는 현상

03 VDC 작동원리

① 1단계 : 조향 휠의 위치 + 차량속도 + 가속 페달을 통해 ECU는 운전자의 의도를 분석한다.
② 2단계 : 차량 2 회전속도 + 측면으로 작용하는 힘을 통해 차량의 거동 상태를 분석한다.
③ 3단계 : 제동력, 구동력을 통해 차량 자세를 제어한다.
  ㉠ ECU는 필요한 대책을 계산한다.
  ㉡ 유압조절 장치는 신속히 각 바퀴의 제동력을 독립적으로 조절한다.
  ㉢ 엔진과 연결된 통신라인을 통하여 엔진 출력을 조절한다.

04 구성품

(1) 요레이트&G센서
  ① 요레이트 센서 : 차량을 위에서 보았을 때 Z축을 기준으로 회전하는 움직임을 검출
  ② G센서 : 차량의 가속도, 움직임, 기울어짐 정도를 검출

(2) 조향각 센서(SAS)
  조향각속도를 검출하여 운전자의 회전 의지를 파악하여 CAN라인을 통해 HECU로 신호를 입력한다.

> **TIP** 조향각 센서의 영점조정
> - 조향각 센서, 스티어링 컬럼, VDC용 HECU를 교환하는 경우 실시한다.
> - 영점 설정방법
>   ① 휠 얼라이먼트 수행 후, 수평작업공간에서 조향휠을 직선 방향으로 정렬한다.
>   ② 자기진단기(스캐너)를 통해 조향각 센서 영점설정을 실시한다.

Topic 06 | 구동력 제어장치 (TCS ; Traction Control System)

01 구동력 제어장치(TCS) 개요

차량이 미끄러운 노면에서 출발, 가속, 급 선회시 구동력을 제어하여 슬립을 방지하여 안정성을 확보한다.

02 원리

① 구동 휠이 슬립현상(마찰력 저하에 의한 미끄러짐)이 발생하면 구동력이 슬립이 발생하는 휠에만 작용되므로 출발, 가속이 어렵다.
② TCS에서 HECU는 슬립하는 바퀴에 제동력을 가해 슬립을 억제한다.

03 구동력 제어장치 특징

① 구동성능 : 슬립이 제어되므로 차체의 흔들림이 적고, 발진성, 가속성, 등판성이 향상된다.
② 선회 추월성능 : 안전한 코너링 주행 및 추월이 가능하다.
③ 조향 안전성능 : 조향핸들을 돌릴 때 구동력에 의한 횡력을 우선적으로 제어하므로 회전이 용이하다.

04 트랙션 컨트롤 시스템(TCS)의 종류

(1) FTCS(Full Traction Control System)
  ① TCS 제어 시 엔진 ECU + 브레이크 제어를 실시한다.
  ② HECU가 요구한 양만큼 연료 차단을 실행하며, 또한 엔진 토크 저감 요구 신호에 따라 점화시기를 지각한다.
  ③ 시프트 포지션을 TCS 제어 시간만큼 유지시킴으로써 킥 다운에 의한 저속 변속으로 가속력이 증가하는 것을 방지할 수 있다.

(2) BTCS(Brake Traction Control System)
  ① TCS 제어 시 브레이크 제어만 수행한다.
  ② 모터 펌프에서 발생되는 압력으로 제어한다.

Topic 07 | EBD (Electronic Brake Force Distribution)

01 EBD 개요

기계적인 프로포셔닝 밸브의 역할을 ABS 모듈을 통해 전자제어를 한다.

02 EBD의 효과

① 전자제어를 통해 전륜, 후륜에 제동압력을 조절하므로 프로포셔닝 밸브(p-valve)가 필요 없다.
② 브레이크 페달을 밟는 힘이 감소한다.
③ 프로포셔닝 밸브를 적용한 방식보다 뒷바퀴의 제동력을 향상시켜 제동거리가 짧아진다.
④ 중량 변화(적재용량, 승원부하)에 따른 후륜제동력의 감압율 변경이 필요하다.
⑤ 후륜의 제동압력을 좌우 각각 독립적으로 제어하므로 선회제동 시 안전성이 확보된다.

단원 마무리 문제

CHAPTER 02 전자제어 제동장치

01 브레이크 라이닝 표면이 과열되어 마찰계수가 저하되고 브레이크 효과가 나빠지는 현상은?

① 페이드
② 캐비테이션
③ 언더 스티어링
④ 하이드로 플래닝

해설
드럼과 슈의 열팽창과 라이닝의 마찰계수 저하 때문에 발생하는 제동불량 현상은 페이드 현상이다.

02 브레이크 액이 비등하여 제동압력의 전달 작용이 불가능하게 되는 현상은?

① 페이드 현상
② 싸이클링 현상
③ 베이퍼 록 현상
④ 브레이크 록 현상

해설
브레이크 회로 내에 브레이크 오일이 비등, 기화하여 증발되어 오일의 압력 전달작용이 불가능하게 되는 현상은 베이퍼 록 현상이다.

03 ABS 시스템과 슬립(미끄럼)현상에 관한 설명으로 틀린 것은?

① 슬립(미끄럼)양을 백분율(%)로 표시한 것을 슬립률이라 한다.
② 슬립률은 주행속도가 늦거나 제동토크가 작을수록 커진다.
③ 주행속도와 바퀴 회전속도에 차이가 발생하는 것을 슬립현상이라고 한다.
④ 제동 시 슬립현상이 발생할 때 제동력이 최대가 될 수 있도록 ABS가 제동압력을 제어한다.

해설
슬립률은 주행속도가 빠르거나 제동토크가 클 때 커진다.

04 브레이크 장치의 프로포셔닝 밸브에 대한 설명으로 옳은 것은?

① 바퀴의 회전속도에 따라 제동시간을 조절한다.
② 바깥 바퀴의 제동력을 높여서 코너링 포스를 줄인다.
③ 급제동 시 앞바퀴보다 뒷바퀴가 먼저 제동되는 것을 방지한다.
④ 선회 시 조향 안정성 확보를 위해 앞바퀴의 제동력을 높여준다.

해설
프로포셔닝 밸브(P-밸브)는 급제동 시에 후륜이 전륜보다 제동력이 강하면 후륜이 잠겨 슬립될 수 있으므로 후륜의 유압을 전륜의 유압보다 작게 배분하기 위한 장치이다.

05 하이드로백은 무엇을 이용하여 브레이크 배력 작용을 하는가?

① 대기압과 흡기다기관 압력의 차
② 대기압과 압축 공기의 차
③ 배기가스 압력 이용
④ 공기압축기 이용

해설
하이드로백(진공식 배력장치)는 흡기다기관의 진공압력과 대기압의 압력 차이를 이용해 제동력을 증가시킨다.

06 브레이크를 밟았을 때 브레이크 페달이나 차체가 떨리는 원인으로 거리가 먼 것은?

① 브레이크 디스크 또는 드럼의 변형
② 브레이크 패드 및 라이닝 재질 불량
③ 앞·뒤 바퀴 허브 유격과다
④ 프로포셔닝 밸브 작동 불량

해설
프로포셔닝 밸브(P-밸브)는 후륜의 유압을 전륜의 유압보다 작게 배분하기 위한 장치이므로 차체가 떨리는 원인과는 거리가 멀다.

07 브레이크 장치의 라이닝에 발생하는 페이드 현상을 방지하는 조건이 아닌 것은?

① 열팽창이 적은 재질을 사용하고, 드럼은 변형이 적은 형상으로 제작한다.
② 마찰계수의 변화가 적으며, 마찰계수가 적은 라이닝을 사용한다.
③ 드럼의 방열성을 향상시킨다.
④ 주제동 장치의 과도한 사용을 금한다(엔진 브레이크 사용).

해설
페이드 현상은 마찰계수가 작아져 발생하므로 마찰계수가 큰 라이닝을 사용한다.

08 브레이크 마스터 실린더의 지름이 5cm이고 푸시로드의 미는 힘이 1000N일 때 브레이크 파이프 내의 압력(kPa)은?

① 약 5.093kPa
② 약 50.93kPa
③ 약 509.3kPa
④ 약 5093kPa

해설
$Pa = N/m^2$

압력 = $\dfrac{\text{힘}}{\text{단면적}} = \dfrac{1000N}{\dfrac{\pi}{4}0.05^2 m^2} = 509.554 N/m^2$

$= 509.3 kPa$

09 브레이크 파이프 라인에 잔압을 두는 이유로 틀린 것은?

① 베이퍼 록을 방지한다.
② 브레이크의 작동 지연을 방지한다.
③ 피스톤이 제자리로 복귀하도록 도와준다.
④ 휠 실린더에서 브레이크액이 누출되는 것을 방지한다.

해설
피스톤이 제자리로 복귀하도록 도와주는 것은 리턴 스프링이다.

10 브레이크 페달의 지렛대 비가 그림과 같을 때 페달을 100kgf의 힘으로 밟았다. 이때 푸시로드에 작용하는 힘은?

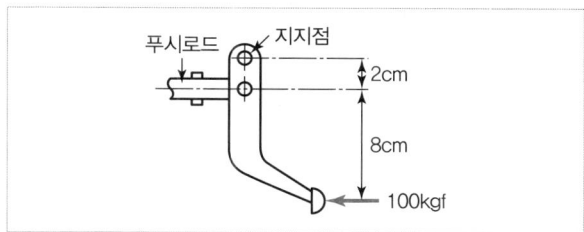

① 200kgf
② 400kgf
③ 500kgf
④ 600kgf

해설
지지점에서 작용된 힘에 의한 토크가 같아야 하므로
$2 \times F : 10 \times 100 kgf$
$F = 500 kgf$

11 그림에서 브레이크 페달의 유격조정 부위로 가장 적합한 곳은?

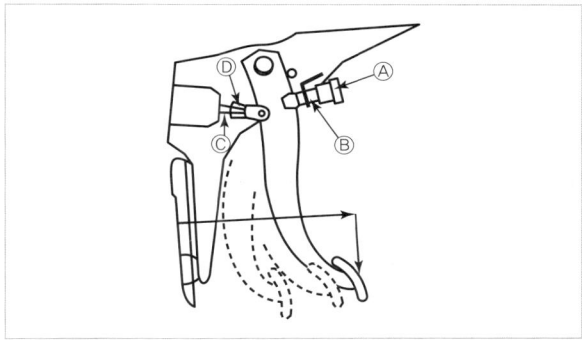

① A와 B
② C와 D
③ B와 D
④ B와 C

해설
• 페달 유격조정 : C와 D
• 페달 높이조정 : A와 B

정답 01 ① 02 ③ 03 ② 04 ③ 05 ① 06 ④ 07 ② 08 ③ 09 ③ 10 ③ 11 ②

12 브레이크 드럼의 지름은 25cm, 마찰계수가 0.28인 상태에서 브레이크슈가 76kgf의 힘으로 브레이크 드럼을 밀착하면 브레이크 토크는 약 얼마인가?

① 1.24kgf · m ② 2.17kgf · m
③ 2.66kgf · m ④ 8.22kgf · m

해설
브레이크 토크 = 밀착력 × 마찰계수 × 드럼의 반지름
= 76kgf × 0.28 × 0.125m
= 2.66kgf · m

13 디스크 브레이크에 관한 설명으로 틀린 것은?

① 브레이크 페이드 현상이 드럼 브레이크보다 현저하게 높다.
② 회전하는 디스크에 패드를 압착시키게 되어 있다.
③ 대개의 경우 자기 작동 기구로 되어있지 않다.
④ 캘리퍼가 설치된다.

해설
디스크 브레이크의 마찰면적은 드럼 브레이크보다 작고 방열성이 좋으므로 페이드 현상이 적다.

14 드럼 브레이크와 비교한 디스크 브레이크의 특성이 아닌 것은?

① 디스크에 물이 묻어도 제동력의 회복이 빠르다.
② 부품의 평형이 좋고, 편제동 되는 경우가 거의 없다.
③ 고속에서 반복적으로 사용하여도 제동력의 변화가 적다.
④ 디스크가 대기 중에 노출되어 방열성은 좋으나, 제동 안정성이 떨어진다.

해설
디스크가 대기 중에 노출되어 방열성이 좋아, 페이드 현상, 베이퍼록 현상 등이 적어 제동 안정성이 좋다.

15 브레이크 파이프에 베이퍼 록이 생기는 원인으로 가장 적합한 것은?

① 페달의 유격이 크다.
② 라이닝과 드럼의 틈새가 크다.
③ 과도한 브레이크 사용으로 인해 드럼이 과열되었다.
④ 비점이 높은 브레이크 오일을 사용했다.

해설
베이퍼 록이 생기는 원인
- 페달의 유격이 작아 브레이크가 끌려 과열된다.
- 라이닝과 드럼의 틈새가 작다.
- 비점이 낮은 브레이크 오일을 사용했다.

16 ABS(Anti-lock Brake System) 시스템에 대한 두 정비사의 의견 중 옳은 것은?

- 정비사 KIM : 발전기의 전압이 일정 전압 이하로 하강하면 ABS 경고등이 점등된다.
- 정비사 LEE : ABS 시스템의 고장으로 경고등 점등 시 일반 유압 제동시스템은 비작동한다.

① 정비사 KIM만 옳다.
② 정비사 LEE만 옳다.
③ 두 정비사 모두 틀리다.
④ 두 정비사 모두 옳다.

해설
발전기 전압이 일정 전압 이하로 하강하면 전압이상으로 ABS 경고등이 점등된다. ABS 시스템 고장으로 ABS 경고등이 점등된 경우에도 일반 유압시스템은 정상 작동한다.

17 공기 브레이크의 장점에 대한 설명으로 틀린 것은?

① 차량 중량에 제한을 받지 않는다.
② 베이퍼 록 현상이 발생하지 않는다.
③ 공기 압축기 구동으로 엔진 출력이 향상된다.
④ 공기가 조금 누출되어도 제동성능이 현저하게 저하되지 않는다.

해설
공기 브레이크의 압축기는 엔진의 동력을 사용하므로 압축기가 구동될 때 엔진 출력이 저하된다.

18 제동장치 중 공기 브레이크와 관계가 없는 것은?
① 브레이크 밸브
② 하이드로릭 브레이크 부스터
③ 릴레이 밸브
④ 퀵 릴리스 밸브

해설
하이드로릭 브레이크 부스터는 진공배력장치로 유압식 제동장치의 구성이다.

19 차체 자세 제어장치(VDC ; Vehicle Dynamic Control) 장착 차량의 스티어링 각 센서에 대한 두 정비사의 의견 중 옳은 것은?

- 정비사 KIM : VDC에 사용되는 스티어링 각 센서는 스티어링 각의 상대값을 읽어 들이기 때문에 관련 부품 교환 시 영점조정이 불필요하다.
- 정비사 LEE : 스티어링 각의 영점조정은 주로 LIN 통신 라인을 통해 이루어진다.

① 정비사 KIM만 옳다.
② 정비사 LEE만 옳다.
③ 두 정비사 모두 틀리다.
④ 두 정비사 모두 옳다.

해설
조향각 센서(스티어링 각) 관련 부품 교환 시 영점조정이 필요하며, 조향각 센서, 스티어링 컬럼, VDC용 HECU를 교환하는 경우 CAN 라인을 통해 이루어진다.

20 차량의 안전성 향상을 위하여 적용된 전자제어 주행 안전장치(VDC, ESP)의 구성요소가 아닌 것은?
① 횡 가속도 센서   ② 충돌 센서
③ 요-레이터 센서   ④ 조향각 센서

해설
충돌 센서는 에어백 시스템에서 기계적으로 충돌을 감지하여 G센서와 함께 에어백을 작동하기 위한 기준신호로 사용되므로 제동장치와는 거리가 멀다.

21 전자제어 브레이크 장치의 구성품 중 휠 스피드 센서의 기능으로 옳은 것은?
① 휠의 회전속도를 감지
② 하이드로닉 유닛을 제어
③ 휠 실린더의 유압을 제어
④ 페일 세이프 기능을 수행

해설
휠 스피드 센서(wheel speed sensor)는 바퀴의 회전속도를 검출하기 위하여 허브와 함께 회전하는 톤 휠의 회전을 인덕션 방식(마그네틱 방식)으로 검출하여 ECU에 입력시키는 역할을 한다.

22 자동차 제동성능에 영향을 주는 요소가 아닌 것은?
① 여유 동력   ② 제동 초속도
③ 차량 총중량   ④ 타이어의 미끄럼비

해설
엔진의 출력 또는 엔진의 여유 동력은 제동성능에 영향이 없다.

23 제동 시 슬립률(λ)을 구하는 공식으로 옳은 것은? (단, 자동차의 주행 속도는 V, 바퀴의 회전 속도는 V_ω이다.)

① $\lambda = \dfrac{V - V_\omega}{V} \times 100(\%)$

② $\lambda = \dfrac{V}{V - V_\omega} \times 100(\%)$

③ $\lambda = \dfrac{V_\omega - V}{V_\omega} \times 100(\%)$

④ $\lambda = \dfrac{V_\omega}{V_\omega - V} \times 100(\%)$

해설
슬립률은 차량의 주행 속도 대비 차량속도와 바퀴의 회전속도의 차이 비율을 표현한 것으로

$$슬립률(\lambda) = \dfrac{차량속도 - 차륜속도}{차량속도} \times 100(\%)$$

$$= \dfrac{V - V_\omega}{V} \times 100(\%)$$

정답 12 ③ 13 ① 14 ④ 15 ③ 16 ① 17 ③ 18 ② 19 ③ 20 ② 21 ① 22 ① 23 ①

24 자동차 검사기준 및 방법에서 제동장치의 제동력 검사기준으로 틀린 것은?

① 모든 축의 제동력 합이 공차중량의 50% 이상일 것
② 주차 제동력의 합은 차량중량의 30% 이상일 것
③ 동일 차축의 좌·우 차바퀴 제동력의 차이는 해당 축중의 8% 이내일 것
④ 각 축의 제동력은 해당 축중의 50%(뒤축의 제동력은 해당 축중의 20%) 이상일 것

해설
주차 제동력의 합은 차량중량의 20% 이상일 것

25 제동장치가 갖추어야 할 조건으로 틀린 것은?

① 최고속도와 차량의 중량에 대하여 항상 충분한 제동력을 발휘할 것
② 신뢰성과 내구성이 우수할 것
③ 조작이 간단하고, 운전자에게 피로감을 주지 않을 것
④ 고속 주행 상태에서 급제동 시 모든 바퀴의 제동력이 동일하게 작용할 것

해설
고속 주행 상태에서 급제동 시 전륜의 제동력이 후륜의 제동력보다 커야 한다.

26 검사기기를 이용하여 운행 자동차의 주 제동력을 측정하고자 한다. 다음 중 측정방법이 잘못된 것은?

① 바퀴의 흙이나 먼지, 물 등의 이물질을 제거한 상태로 측정한다.
② 공차상태에서 사람이 타지 않고 측정한다.
③ 적절히 예비운전이 되어 있는지 확인한다.
④ 타이어의 공기압은 표준 공기압으로 한다.

해설
제동력 측정을 위해 공차상태에서 운전자 1인이 탑승한 상태에서 점검한다.

27 중량이 2400kgf인 화물자동차가 80km/h로 정속 주행 중 제동을 하였더니 50m에서 정지하였다. 이때 제동력은 차량 중량의 몇 %인가? (단, 회전부분 상당중량은 7%이다.)

① 46
② 54
③ 62
④ 71

해설
$$S = \frac{V^2}{254} \times \frac{W(1+\varepsilon)}{F} + \frac{V}{36}$$
여기서, F : 제동력(kgf), m : 차량질량(kg), W : 차량중량(kgf), ε : 제동 시 상당계수

따라서, 제동력 $F = \frac{V^2}{254} \times \frac{W(1+\varepsilon)}{S} + \frac{V}{36}$
$= \frac{80^2}{254} \times \frac{2400(1+0.07)}{50} + \frac{80}{36} = 1296.3$kgf이므로
$\frac{1296.3}{2400} \times 100(\%) = 54.01\%$이다.

28 기관 정지 중에도 정상 작동이 가능한 제동장치는?

① 기계식 주차 브레이크
② 와전류 리타더 브레이크
③ 배력식 주 브레이크
④ 공기식 주 브레이크

해설
기계식 주차 브레이크는 내부 확장식, 외부 수축식이 있으며, 주차를 위한 제동장치이므로 기관이 정지된 상태에서 정상 작동한다.

29 가솔린 승용차에서 내리막길 주행 중 시동이 꺼질 때 제동력이 저하되는 이유는?

① 진공 배력장치 작동 불능
② 베이퍼 록 현상
③ 엔진 출력 상승
④ 하이드로 플래닝 현상

해설
시동이 꺼진 경우 흡기관의 진공압력(부압) 형성이 안되므로 배력장치 작동이 되지 않아 제동력이 저하된다.

정답 24 ② 25 ④ 26 ② 27 ② 28 ① 29 ①

CHAPTER 03 전자제어 조향장치

Industrial Engineer Motor Vehicles Maintenance

Topic 01 | 조향장치 개요

01 조향장치의 원리

(1) 애커먼 장토식
자동차가 선회 시에 양쪽 바퀴가 옆 방향으로 미끄러지거나 조향 휠을 돌릴 때에 큰 저항을 방지하기 위해 각각의 바퀴가 동심원을 그리면서 선회하는 구조이다.

(2) 조향장치의 구비조건
① 고속 주행 시 조향핸들이 안정될 것
② 저속 주행 시 조향핸들 조작을 위해 작은 힘이 요구될 것
③ 조향핸들의 회전과 구동바퀴 선회차가 크지 않을 것
④ 조작이 용이하고 방향전환이 원활하게 이루어질 것
⑤ 주행 중 받은 충격(킥백)에 조향조작이 영향을 받지 않을 것
⑥ 회전반경이 12m를 초과하지 말 것

(3) 최소회전반경
① 자동차의 핸들을 최대로 회전시킨 상태에서 선회할 때 바퀴가 그리는 동심원 중 바깥쪽 바퀴가 그리는 반지름을 말한다.
② 최소회전반경이 작을수록 좁은 도로에서 회전하는 등 이동이 편리하다.
③ 최소회전 반지름 구하는 공식은 다음과 같다.

$$\text{최소회전반경} = \frac{L}{\sin \alpha} + r$$

L=축간거리(축거, 휠베이스), α=최대조향각, r=킹핀 거리

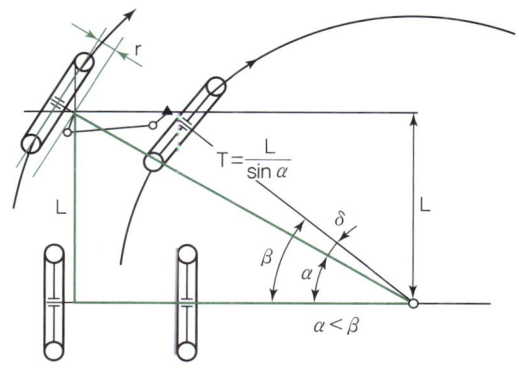

[그림 3-1] 최소회전반경 공식

02 조향장치의 구조

(1) 조향 휠
조향 조작을 하는 것으로서 림, 스포크, 허브로 구성된다.

(2) 조향 휠 축
핸들의 조작력을 조향 기어에 전달하는 축이다.

(3) 조향 기어장치의 종류
① 웜과 섹터형 : 조향 기어의 가장 기본적인 형식으로 구조와 취급이 간단하나, 조작력이 커 현재는 거의 사용하지 않는다.
② 웜과 섹터 롤러형(Worm and Sector Roller Type) : 볼 베어링으로 된 롤러를 섹터 축에 결합하여 이(齒) 사이의 미끄럼 접촉을 구름 접촉으로 바꾸어서 마찰을 적게 한 것이다.
③ 웜과 볼 너트형(Worm and Ball Nut Type) : 나사와 너트 사이에 여러 개의 볼을 넣어 웜의 회전을 볼의 구름 접촉으로 너트에 전달시키는 구조로 핸들의 조작이 가볍고 큰 하중에 견디며, 마모도 적다.

④ 래크와 피니언형(Rack and Pinion Type) : 조향 휠의 회전운동을 래크를 통해 좌·우로 직선운동을 하여 그 양끝의 타이로드를 거쳐 좌·우의 조향 암을 이동시켜 조향하는 구조로 마찰이 적고, 소형·경량화가 가능하다.
⑤ 그 외 웜과 너트형, 캠과 레버형, 웜과 웜 기어형 등이 있다.

(4) 조향 기어장치의 방식
① 가역식
  ㉠ 앞바퀴로도 조향핸들을 움직일 수 있는 방식
  ㉡ 장점 : 앞바퀴 복원성을 이용, 조향장치 마모가 적음
  ㉢ 단점 : 주행 중의 충격으로 조향핸들을 놓칠 우려가 있음
② 비가역식
  ㉠ 조향핸들로 앞바퀴를 움직일 수 있으나, 그 반대로는 조작이 불가능한 방식
  ㉡ 장점 : 노면 충격으로 인한 조향핸들을 놓칠 우려가 없음
  ㉢ 단점 : 앞바퀴의 복원성을 이용할 수 없고, 조향 링키지의 마모가 쉬움
③ 반가역식 : 가역식의 장점과 비가역식의 장점을 합한 방식

(5) 링크기구(Steering Linkage System)
① 조향 휠의 회전을 조향 휠 축과 조향 기어 및 각 로드를 거쳐 너클 암까지 전달하는 장치이다.
② 피트먼 암, 아이들 암, 타이로드, 릴레이 로드, 타이로드 엔드, 너클 암으로 구성된다.

(6) 조향 기어비 및 조향핸들에 발생하는 문제의 원인

$$조향 기어비(조향비) = \frac{조향핸들이 회전한 각도}{피트먼 암이 움직인 각도}$$

1) 조향핸들의 유격이 크게 되는 원인
  ① 볼 이음부분이 마멸됨
  ② 조향 너클이 헐거움
  ③ 앞바퀴 베어링이 마멸됨
  ④ 조향 기어의 백래시가 큼
  ⑤ 조향 링키지의 접속부가 헐거움
  ⑥ 조향의 너클의 베어링이 마멸됨

2) 주행 중 조향핸들이 한쪽 방향으로 쏠리는 원인
  ① 브레이크 라이닝 간극 조정이 불량함
  ② 휠이 불평형함
  ③ 쇽업쇼버의 작동이 불량함
  ④ 타이어 공기압력이 불균일함
  ⑤ 휠 얼라인먼트가 불량함
  ⑥ 한쪽 휠 실린더의 작동이 불량함
  ⑦ 뒤 차축이 차량의 중심선에 대하여 직각이 되지 않음

3) 주행 중 조향핸들이 떨리는 원인
  ① 휠 얼라인먼트가 불량함
  ② 바퀴의 허브너트가 풀림
  ③ 쇽업쇼버의 작동이 불량함
  ④ 조향기어의 백래시가 큼
  ⑤ 브레이크 패드 또는 라이닝 간격이 과다함
  ⑥ 앞바퀴의 휠 베어링이 마멸됨

4) 주행 중 조향핸들이 무거워지는 이유
  ① 앞 타이어의 공기가 빠짐
  ② 조향기어 박스의 오일이 부족함
  ③ 볼 조인트가 과도하게 마모됨
  ④ 조향기어의 백래시가 작음
  ⑤ 휠 얼라인먼트가 불량함
  ⑥ 타이어의 마모가 과다함

(7) 일체차축 방식 조향기구의 앞차축과 조향너클
① 일체차축 방식(ridge axle) : 앞차축은 강철을 단조한 I 단면의 빔이며, 그 양쪽 끝에는 스프링시크가 용접되어 있고, 킹핀 설치부분에 킹핀을 통해 조향너클이 설치된다.
② 엘리옷형(elliot type) : 앞차축 양끝 부분이 요크(yoke)로 되어 있으며, 이 요크에 조향너클이 설치되고 킹핀은 조향 너클에 고정된다.
③ 역 엘리옷형(revers elliot type) : 조향 너클에 요크가 설치된 것이며, 킹핀은 앞차축에 고정되고 조향너클과는 부싱을 사이에 두고 설치된다.
④ 마몬형(marmon type) : 앞차축 윗부분에 조향너클이 설치되며, 킹핀이 아래쪽으로 돌출되어 있다.
⑤ 르모앙형(lemonie type) : 앞차축 아랫부분에 조향너클이 설치되며, 킹핀이 위쪽으로 돌출되어 있다.

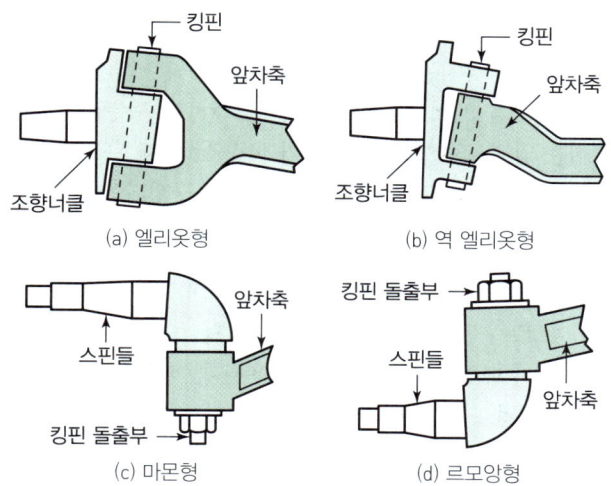

[그림 3-2] 조향너클 설치방식

(8) 킹핀(king pin)

킹핀은 일체차축 방식 조향기구에서 앞차축에 대해 규정의 각도(킹핀 경사각도)를 두고 설치되어 앞차축과 조향너클을 연결하며, 고정 볼트에 의해 앞차축에 고정되어 있다.

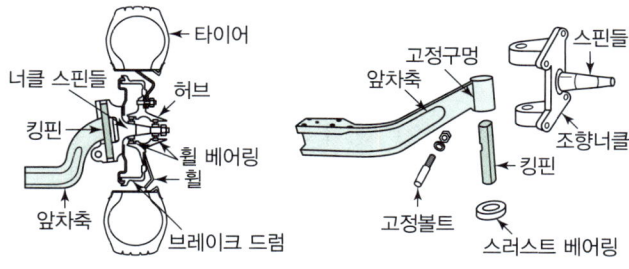

[그림 3-3] 킹핀

Topic 02 | 동력 조향장치 및 4륜 조향장치(4WS)

01 동력 조향장치

(1) 개요
가볍고 원활한 조향 조작을 위하여 유압 또는 전동기를 이용한다.

(2) 장점
① 조향 조작력이 작아 경쾌하고 신속하다.
② 노면으로부터의 충격 및 진동을 흡수한다.
③ 앞바퀴의 시미(shimmy) 현상을 감쇠시킨다.
④ 고속 주행 시 조향을 무겁게 하여 안정성을 도모할 수 있다.
⑤ 조향 조작력과 관계없이 조향 기어비 선정 가능하다.

(3) 단점
① 구조 복잡하고, 고가이다.
② 고장 시 정비 곤란하다.
③ 오일펌프 구동에 엔진의 출력이 일부 소모한다.

02 4륜 조향장치(4WS)

(1) 개요
① 4WS는 4바퀴를 모두 조향하여 조향성능을 향상시키는 장치이다.
② 뒷차축에서도 코너링포스가 발생하도록 뒷바퀴 조향 각도를 제어한다.
③ 차체 무게 중심에서의 측면 미끄럼 각도(side slip angle)를 감소시켜 안정되게 하는 조향장치이다.

(2) 장점
① 고속에서 직진 성능이 향상된다.
② 차로변경이 용이하다.
③ 경쾌한 고속선회가 가능하다.
④ 저속회전에서 최소회전 반지름이 감소한다.
⑤ 주차할 때 일렬 주차가 편리하다.
⑥ 미끄러운 도로를 주행할 때 안정성이 향상된다.

Topic 03 | 전자제어 동력조향장치(EPS)

01 전자제어 동력조향장치(EPS) 개요

① 자동차에서 가장 바람직한 조향조작력은 주행조건이 따라 최적의 조향조작력을 확보하여 주차를 하거나 저속으로 주행할 때에는 가볍고 부드러운 조향특성을, 중속 및 고속운전 영역에서는 안정성을 얻을 수 있도록 적당히 무거운 조향조작력이 필요하다.
② 상반되는 저·고속영역 두 조건의 요구특성을 만족시키기 위해 전자제어 동력조향장치(ECPS ; Electronic Control Power Steering)가 개발되었다.

02 구비조건

① 소형·경량이고 간단한 구조이어야 한다.
② 작동이 원활하고, 고속 주행 안정성이 있어야 한다.
③ 내구성과 신뢰성이 커야 한다.
④ 정숙성이 있어야 한다.
⑤ 광범위한 사용조건에 대한 안정성이 있어야 한다.

03 효과

① 저속에서 편리하고 안정적인 핸들링이 가능하다.
② 고속으로 주행할 때 최적화된 안전한 조향이 가능하다.
③ 정밀한 밸브제어에 의한 정교하고 민감한 핸들링이 가능하다.
④ 필요에 따라서 고속 주행 상태에서 안전한 유압의 지원이 가능하다.
⑤ 마이크로 프로세스의 프로그래밍에 의한 자동차 특성과의 최적화가 가능하다.

04 기능

주행속도 감응 기능	주행속도에 따른 최적의 조향조작력을 제공
조향각도 및 각속도 검출 기능	조향 각속도를 검출하여 중속 이상에서 급 조향할 때 발생되는 순간적 조향핸들 걸림 현상(catch up)을 방지하여 조향 불안감을 해소
주차 및 저속영역에서 조향조작력 감소 기능	주차 또는 저속 주행에서 조향조작력을 가볍게 하여 조향을 용이하게 함
직진 안정 기능	고속으로 주행할 때 중립으로의 조향복원력을 증가시켜 직진 안정성으로 부여
롤링 억제 기능	주행속도에 따라 조향조작력을 증가하여 빠른 조향에 따른 롤링의 영향을 방지
페일 세이프(fail safe) 기능	축전지 전압 변동, 주행속도 및 조향핸들 각속도 센서의 고장과 솔레노이드 밸브 고장을 검출

05 유압방식 전자제어 동력조향장치

유압방식 전자제어 동력조향장치는 기관에 의해 구동되는 유압펌프의 유압을 동력원으로 사용한다.

(1) 유압식 동력조향장치의 구성

동력 조향장치는 작동부와 제어부, 동력부로 나뉘며 최고 유량을 제어하는 유량조절 밸브와 최고 유압을 제어하는 압력조절 밸브, 동력부가 고장 났을 때 수동 조작을 가능하게 하는 안전 체크 밸브 등으로 구성되어 있다.

1) 오일펌프(동력부)

유압을 발생시키는 기구로 엔진 크랭크축에 의해 V벨트로 구동된다. 베인형과 로터리형, 슬리퍼형 등이 있으며 베인형이 가장 많이 사용된다. 베인형은 펌프 보디, 펌프축, 로터, 캠 링 및 베어링으로 구성되어 있고 베인이 반지름 방향으로 섭동하며 펌프 보디와 접촉하게 되는 구조이다.

2) 동력 실린더(작동부)

실린더 내에 피스톤, 피스톤 로드가 들어있는 구조이다. 오일펌프에서 발생한 유압유를 피스톤에 작용시키고, 조향 방향으로 힘을 더해주는 장치이다. 피스톤이 동력 실린더를 2개 공간으로 나누어, 한쪽에 유압유가 들어오면 다른 쪽 공간의 유압유가 오일 저장 탱크로 돌아가는 복동식 실린더이다.

3) 제어 밸브(제어부)

조향 휠의 조작력을 조절하는 부분으로 조향 휠을 돌려 피트먼 암으로 힘이 가해지면 오일펌프의 유압유가 동력 실린더 피스톤이 작동되도록 유로를 바꾼다. 제어 밸브는 밸브 보디와 축 방향으로 섭동해 밸브를 작동하는 밸브 스풀로 구성되며 피트먼 암 움직임이 밸브 스풀을 액추에이터를 통해 구동한다.

4) 안전 체크밸브

구동 중 안전성을 위하여 포함되는 부분으로 엔진 정지 시, 오일펌프 고장 시, 오일 누출 시 등 유압이 정상적으로 발생되지 않을 때 수동으로 휠을 작동할 수 있도록 하는 장치이다. 조향부가 고장 났을 경우 조향 휠을 조작하면 동력 실린더가 작동하여 실린더 한쪽 공간으로 압력이 가해지게 된다. 이때 반대쪽은 부압 상태가 되어 안전 체크밸브가 열리고 압력이 가해진 쪽의 오일이 부압 측으로 흘러 들어가게 됨으로써 동력 조향이 가능하다. 평상시에는 유압에 의해 밸브가 항시 닫혀 있다.

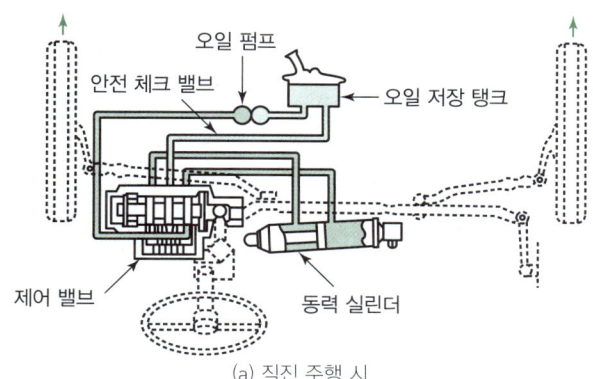

(a) 직진 주행 시

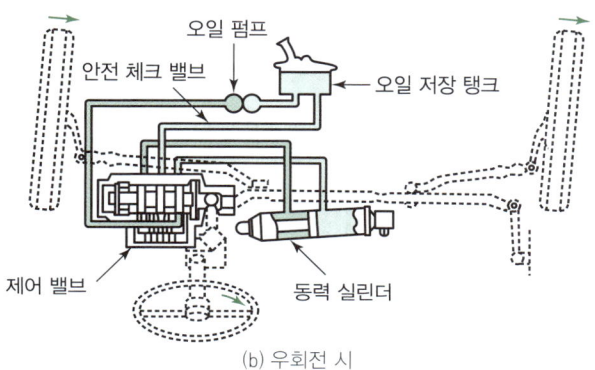

(b) 우회전 시

[그림 3-4] 유압식 동력조향장치의 구성

5) 제어 방식

① 유량제어(속도감응방식) : 솔레노이드밸브로 가는 전류 제어를 통해 유량을 제어, 조향기어 박스의 유압을 조절해 조향력이 변형된다.
② 실린더 바이패스 제어(연속 가변제어방식) : 조향기어 박스의 양쪽을 연결하는 밸브와 통로를 통해 밸브의 개폐면적을 확대하여 작용압력을 감소하여 제어된다.
③ 유압반력제어 : 고속 시 제어밸브에 반력 압력에 의해 조향력이 제한된다.

(2) 유압식 조향장치의 구조

작동부	유체의 압력을 기계적 에너지로 바꾸어 앞바퀴의 조향력을 발생시키는 부분
제어부	• 오일회로를 개폐하는 밸브, 제어밸브가 오일회로를 바꾸어 동력 실린더의 작동 방향과 작동상태를 제어 • 체크밸브 : 유압계통에 고장 발생 시 조향 휠의 수동 조작을 용이
동력부	동력원이 되는 유압을 발생시키는 부분으로 오일펌프, 유압조절밸브, 유량조절밸브로 구성

(3) 유압식 조향장치의 종류

인테그랄형 (일체형)	• 동력 실린더를 조향 기어 박스 내부에 설치한 형식 • 인라인형 : 조향 기어 하우징과 볼 너트를 직접 동력 기구로 사용하는 형식 • 오프셋형 : 동력 실린더를 별도로 설치하여 사용하는 형식
링키지형	• 작동장치인 동력 실린더를 조향 링키지 중간에 설치한 형식 • 조합형 : 동력 실린더와 제어밸브가 일체로 된 형식으로 설치 장소가 비교적 넓은 대형차에 사용 • 분리형 : 동력 실린더와 제어밸브가 분리되어 있는 형식으로 설치 장소가 제한된 승용차에 많이 사용

06 전동방식 전자제어 동력조향장치

전동방식 전자제어 동력조향장치는 유압펌프 대신 전동기를 사용한 방식이다.

(1) 전동방식 전자제어 동력조향장치의 구성

전동방식 동력 조향장치는 차속 센서, 회전력 센서, 제어기구, 조향기어 박스, 전동기, 전동기 회전각도 센서, 감속기구 등으로 구성되어 있다.

① 제어기구(controller)
   ㉠ 제어기구는 회전력의 신호에 의해 최적의 작동능력을 발휘하기 위해 전동기를 제어한다.
   ㉡ 센서로부터 입력되는 신호들을 검출하고, 고장 시에는 수동으로 전환되는 페일 세이프 기능이 작동된다. 3상 전동기를 활용하며 마이크로컴퓨터가 내장되어 있다.

② 3상 전동기
   ㉠ 3상 전동기는 전동기 스테이터에 코일을 배치하고 로터 쪽에 영구자석이 결합되어 있다.
   ㉡ 전동기와 로터 안쪽에는 랙 축과 볼너트가 배치되어 있으며 너트가 회전하면서 랙 축과 볼너트가 직선운동을 하게 된다. 제어기구 전류를 기준하여 작동한다.

③ 전동기 회전각도 센서 : 전동기의 로터 위치를 검출한다. 이 신호에 의해 컴퓨터가 전류 출력의 위상을 결정한다.
④ 회전력 센서 : 비접촉형 센서이며, 운전자의 조향핸들 조작력을 검출한다.

⑤ 차속 센서 : 자동차의 주행속도를 검출한다.
⑥ 조향기어 박스
  ㉠ 바퀴를 실제로 조향시키는 작동부분이다.
  ㉡ 전동기에서 발생하는 회전력을 증대시키며 운전자의 조향 조작에 따라 기어 입력축으로 신호를 전달해 토션바에서 바퀴로 응답된다.
  ㉢ 회전력 센서 출력에 따라 전동기의 힘이 볼·너트를 거쳐 랙으로 전달되어 배력이 바퀴에 작용한다.

(2) 제어회로의 구성과 작동

컴퓨터를 중심으로 주행속도와 2계통의 조향 회전력 신호 등의 입력회로, 전동기의 구동회로, 전동기 구동전류와 전압의 검출과 감시회로 등으로 구성되어 있다. 회전 신호와 주행속도 센서에 의해 배력이 변화하며 전동기의 회전 센서와 전동기의 전류값을 연산해 PWM 회로로 신호를 출력한다.

출처 : 교육부(2018), 조향장치 · 전자제어 조향장치정비(LM1506030310_17v3, LM1506030311_17v3), 사단법인한국자동차기술인협회, 한국직업능력개발원, p.13

[그림 3-5] 조향핸들 프리로드 점검

Topic 04 | 조향장치 점검·진단

01 조향장치 기능 점검

(1) 조향핸들 유격 점검 및 조정
  ① 핸들을 정렬해 차륜을 정면으로 정렬한다.
  ② 직진 상태를 핸들에 표시하고, 자를 준비해 반경을 잴 수 있도록 위치시킨다.
  ③ 조향핸들을 움직여 바퀴가 움직이지 않는 최대 반경을 측정하고 규정값의 한계는 정비지침서를 참고한다.
  ④ 규정 이상으로 유격이 심한 경우, 플러그를 사용해 조정하고 유격을 감소시키기 위해서는 요크 플러그를 시계방향으로 돌려준다.

(2) 조향핸들 프리로드 점검
  ① 조향바퀴가 땅에 닿지 않게 차량을 들어올리고, 안전상태를 확인한다.
  ② 핸들을 끝까지 돌린 후 직진방향으로 정렬한다.
  ③ 스프링 저울을 핸들에 묶는다.
  ④ 회전반경 구심력 방향으로 저울을 잡아당겨 회전하기 바로 전까지의 저울값을 확인한다.
  ⑤ 정비지침서를 기준으로 규정값을 확인하고, 이상이 있는 경우 현가장치와 조향장치를 전반적으로 점검한다.

02 스티어링 휠 복원 점검

(1) 조작점검
  ① 스티어링 조작을 움직인 뒤 손을 놓는다.
  ② 복원력이 스티어링 휠 회전속도에 따라, 좌우측에 따라 변화하는지 확인한다.

(2) 주행점검
  ① 차량을 35km/h의 속도로 운행하면서 스티어링 휠을 90° 정도 회전시킨다.
  ② 핸들을 놓았을 때 70°가량 복원되는지 점검한다.

Topic 05 | 조향장치 정비 조정, 수리, 교환, 검사

01 공기빼기 작업

① 리저브 탱크 최대 표시선까지 오일을 주입한다.
② 작업 간 오일의 양이 최저점 밑으로 떨어지지 않도록 지속적으로 보충한다.
③ 공기 분해로 인한 오일 흡수를 막기 위해 크랭킹을 실시한다.
④ 앞바퀴를 들어 올리고 고정한다.
⑤ 점화 케이블을 분리한 후 스타터 모터를 주기적으로 작동시키면서 스티어링 휠을 좌우측으로 끝까지 여러 차례 회전한다.

출처 : 교육부(2018), 조향장치·전자제어 조향장치정비(LM1506030310_17v3, LM1506030311_17v3), 사단법인한국자동차기술인협회, 한국직업능력개발원, p.57

[그림 3-6] 핸들 조작

⑥ 점화 케이블을 연결하여 엔진을 시동한 후 공회전시킨다.
⑦ 오일 리저버에서 공기 방울이 없어질 때까지 스티어링 휠을 좌우측으로 돌린다.
⑧ 오일이 뿌옇게 변하지 않고, 최대점에서 양의 변동이 없다면 오일 주입을 완료한다.
⑨ 오일 수준이 5mm 이상 차이가 나면 공기빼기 작업을 실시한다.
⑩ 스티어링 휠을 회전시켰을 때 오일 레벨 상하 변동이 있거나 정지시켰을 때 오일이 넘치면 공기빼기가 충분치 않은 것으로 펌프 내에 캐비테이션 현상이 발생되어 몬 노이즈 발생 및 조기 손상 우려가 있으므로 공기빼기 작업을 다시 실시한다.

> **TIP 공기빼기 주의사항**
> - 동력 조향장치 오일탱크를 확인해 엔진 시동 전후로 수준이 5mm 이상 차이가 나는 경우 회로에 공기가 유입된 것이다.
> - 엔진 정지 직후 오일 레벨이 올라가면 공기빼기를 잘못한 것이다.
> - 아이들 시 조향핸들을 지나치게 빠르게 돌리면 순간적으로 핸들이 무거워지는데 이는 아이들 시 오일펌프의 출력 저하로 인해 발생하는 현상으로 고장이 아니다.
> - 조향핸들에는 민감한 센서들이 부착되거나 에어백 장치가 결합되는 경우가 많으므로 정비와 탈부착 시 강한 충격을 주지 않도록 해야 한다.

02 벨트 장력 조정

① 벨트의 중간 지점에서 규정값의 힘을 가해 벨트를 누르고 휨의 상태가 규정치 이내인지 확인한다.
② 조정볼트를 반시계 방향으로 풀면서 벨트를 끼우고, 다시 시계방향으로 회전시켜 장력을 가해 힌지 볼트와 플런저 너트를 규정토크로 체결한다.
③ 벨트 장력 조절 시 텐션 풀리가 편심되지 않도록 힌지 볼트와 플런저 너트를 가체결한 후 장력을 조정한다.
④ 오토 텐셔너로 장력이 조절되는 것을 확인한다.

단원 마무리 문제

CHAPTER 03 전자제어 조향장치

01 조향장치에 대한 설명으로 틀린 것은?
① 고속 주행 시에도 조향핸들이 안정될 것
② 조작이 용이하고 방향전환이 원활하게 이루어질 것
③ 회전반경을 가능한 크게 하여 전복을 방지할 것
④ 노면으로부터의 충격이나 원심력 등의 영향을 받지 않을 것

해설
조향장치의 구비조건
- 고속 주행 시 조향핸들이 안정될 것
- 저속 주행 시 조향핸들 조작을 위해 작은 힘이 요구될 것
- 조향핸들의 회전과 구동바퀴 선회차가 크지 않을 것
- 조작이 용이하고 방향전환이 원활하게 이루어질 것
- 주행 중 받은 충격(킥백)에 조향조작이 영향을 받지 않을 것
- 회전반경이 12m를 초과하지 말 것

02 조향장치의 구비조건이 아닌 것은?
① 고속 주행 시 조향핸들이 안정될 것
② 조향핸들의 회전과 구동바퀴 선회차가 크지 않을 것
③ 저속 주행 시 조향핸들 조작을 위해 큰 힘이 요구될 것
④ 주행 중 받은 충격에 조향조작이 영향을 받지 않을 것

해설
조향장치의 구비조건
- 고속 주행 시 조향핸들이 안정될 것
- 저속 주행 시 조향핸들 조작을 위해 작은 힘이 요구될 것
- 조향핸들의 회전과 구동바퀴 선회차가 크지 않을 것
- 조작이 용이하고 방향전환이 원활하게 이루어질 것
- 주행 중 받은 충격(킥백)에 조향조작이 영향을 받지 않을 것
- 회전반경이 12m를 초과하지 말 것

03 다음 중 조향장치와 관계없는 것은?
① 스티어링 기어
② 피트먼 암
③ 타이 로드
④ 쇽업쇼버

해설
쇽업쇼버는 유압식 현가장치에서 차체 진동을 감쇠하기 위한 장치이다.

04 조향기어의 종류에 해당하지 않는 것은?
① 토르센형
② 볼 너트형
③ 웜 섹터 롤러형
④ 랙 피니언형

해설
토르센형은 차동제한장치(LSD) 종류의 하나이다.
조향 기어장치의 종류
- 웜과 섹터형
- 웜과 섹터 롤러형(Worm and Sector Roller Type)
- 웜과 볼 너트형(Worm and Ball Nut Type)
- 랙크와 피니언형(Rack and Pinion Type)
- 그 외 웜과 너트형, 캠과 레버형, 웜과 웜 기어형 등

05 조향축의 설치 각도와 길이를 조절할 수 있는 형식은?
① 랙 기어 형식
② 틸트 형식
③ 텔레스코핑 형식
④ 틸트 앤드 텔레스코핑 형식

해설
- 틸트 : 각도조절
- 텔레스코핑 : 길이조절

06 조향핸들을 2바퀴 돌렸을 때 피트먼 암이 90° 움직였다. 이때 조향 기어비는?
① 6 : 1
② 7 : 1
③ 8 : 1
④ 9 : 1

해설
조향 기어비 = $\dfrac{\text{조향휠 각도}}{\text{피트먼암 각도}} = \dfrac{720°}{90°} = 8$

07 자동차 주행 중 핸들이 한쪽으로 쏠리는 이유로 적합하지 않은 것은?

① 좌·우 타이어의 공기압 불평형
② 쇽업쇼버의 좌·우 불균형
③ 좌·우 스프링 상수가 같을 때
④ 뒤 차축이 차의 중심선에 대하여 직각이 아닐 때

해설
좌·우 스프링 상수가 다를 때(편차가 있을 때) 자동차 주행 중 핸들링 한쪽으로 쏠린다.

08 차량 주행 중 조향핸들이 한쪽으로 쏠리는 원인으로 틀린 것은?

① 한쪽 타이어의 마모
② 휠 얼라인먼트의 조정 불량
③ 좌·우 타이어의 공기압 불일치
④ 동력 조향장치 오일펌프 불량

해설
오일펌프가 불량한 것은 스티어링 휠의 작동이 무거운 원인으로 핸들이 한쪽으로 쏠리는 원인과는 거리가 멀다.

09 차량 주행 시 조향핸들이 한쪽으로 쏠리는 원인으로 틀린 것은?

① 조향핸들의 축 방향 유격이 크다.
② 좌·우 타이어의 공기 압력이 서로 다르다.
③ 앞차축 한쪽의 현가 스프링이 절손되었다.
④ 뒷차축이 차의 중심선에 대하여 직각이 아니다.

해설
조향핸들의 축 방향 유격과 쏠리는 것과는 관계가 없다.

10 조향장치에서 킹핀이 마모되면 캠버는 어떻게 되는가?

① 캠버의 변화가 없다.
② 항상 0의 캠버가 된다.
③ 더욱 정(+)의 캠버가 된다.
④ 더욱 부(-)의 캠버가 된다.

해설
킹핀이 마모되면 차체 하중에 의해 부(-)이 캠버로 되는 것을 방지하는 기능이 저하되므로 더욱 부(-)의 캠버가 된다.

11 그림과 같이 선회중심이 0점이라면 이 자동차의 최소회전반경은?

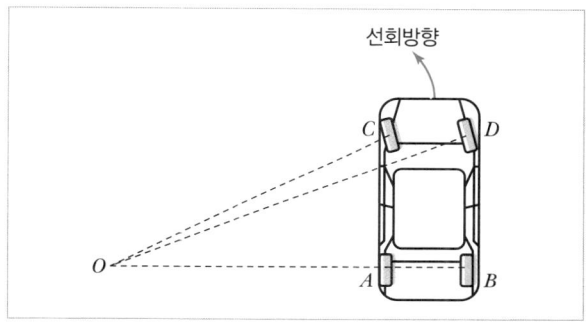

① 0~A
② 0~B
③ 0~C
④ 0~D

해설
최소회전반경은 차량의 회전 중심에서 전륜 외측 바퀴의 접지면까지의 거리를 의미한다.

정답 01 ③ 02 ③ 03 ④ 04 ① 05 ④ 06 ③ 07 ③ 08 ④ 09 ① 10 ④ 11 ④

12 표와 같은 제원인 승용차의 최소회전반경은 약 몇 m인가?

항목	제원
축거	2300mm
윤거	1040
외측 전륜의 최대 조향각도	30°
내측 전륜의 최대 조향각도	38°

① 2.6　　　② 2.9
③ 3.7　　　④ 4.6

해설

최소회전반경 $(R) = \dfrac{L}{\sin \alpha} + r$

여기서, α : 최대조향각(외측 바퀴), L : 축거(휠베이스)(m), r : 킹핀거리(m)

$\therefore R = \dfrac{2.3}{\sin 30°} + 0 = 4.6\text{m}$

13 자동차의 앞바퀴 윤거가 1500mm, 축간거리가 3500mm, 킹핀과 바퀴접지면의 중심거리가 100mm인 자동차가 우회전할 때, 왼쪽 앞바퀴의 조향각도가 32°이고 오른쪽 앞바퀴의 조향각도가 40°라면 이 자동차의 선회 시 최소회전반지름은?

① 약 6.7m　　　② 약 7.2m
③ 약 7.8m　　　④ 약 8.2m

해설

최소회전반경 $(R) = \dfrac{L}{\sin \alpha} + r$

여기서, α : 최대조향각(외측 바퀴), L : 축거(휠베이스)(m), r : 킹핀거리(m)

$\therefore R = \dfrac{3.5}{\sin 32°} + 0.1 = 6.70\text{m}$

14 차속 감응형 전자제어 유압방식 조향장치에서 제어모듈의 입력요소로 틀린 것은?

① 차속 센서　　　② 조향각 센서
③ 냉각수온 센서　　④ 스트롤 포지션 센서

해설

차속 감응형 제어는 차량의 속도가 빠를 때는 조향력을 크게, 속도가 느릴 때는 조향력을 작게 하기 위한 제어이므로 냉각수온 센서와는 관련이 없다.

15 유압식 전자제어 동력조향장치 중에서 실린더 바이패스 제어방식의 기본 구성부품으로 틀린 것은?

① 유압펌프
② 동력 실린더
③ 프로포셔닝 밸브
④ 유량제어 솔레노이드 밸브

해설

프로포셔닝 밸브는 제동장치에서 전륜에 가해지는 유압보다 후륜에 가해지는 유압을 작게 배분하기 위한 장치이다.

16 유압식 조향장치에 비해 전동식 조향장치(MDPS)의 특징이 아닌 것은?

① 오일을 사용하지 않아 친환경적이다.
② 부품수가 많아 경량화가 어렵다.
③ 차량속도별 정확한 조향력 제어가 가능하다.
④ 연비 향상에 도움이 된다.

해설

MDPS 방식의 경우 파워펌프, 제어 밸브, 동력실린더 등의 장치가 없이 모터+ECU+기어박스로 이루어지므로 경량화가 쉽다.

17 전자제어 동력조향장치에 대한 설명으로 틀린 것은?

① 동력조향장치에는 조향기어가 필요 없다.
② 공전과 저속에서 조향핸들 조작력이 작다.
③ 솔레노이드 밸브를 통해 오일탱크로 복귀되는 오일량을 제어한다.
④ 중속 이상에서는 차량속도에 감응하여 조향 핸들 조작력을 변화시킨다.

> **해설**
> 조향기어는 유압식, 전동식, 무동력 조향장치 등 모든 조향장치에서 필수적인 요소이다.

18 전자제어 동력조향장치(Electronic Power Steering System)의 특성에 대한 설명으로 틀린 것은?

① 정지 및 저속 시 조작력 경감
② 급 코너 조향 시 추종성 향상
③ 노면, 요철 등에 의한 충격 흡수 능력의 향상
④ 중·고속 시 향상된 조향력 확보

> **해설**
> 노면, 요철 등에 의한 충격 흡수 능력의 향상 기능은 전자제어 현가장치에 대한 설명이다.

19 전동식 전자제어 동력조향장치의 설명으로 틀린 것은?

① 속도감응형 파워스티어링의 기능 구현이 가능하다.
② 파워스티어링 펌프의 성능개선으로 핸들이 가벼워진다.
③ 오일 누유 및 오일교환이 필요 없는 친환경 시스템이다.
④ 기관의 부하가 감소되어 연비가 향상된다.

> **해설**
> 전동식 전자제어 동력조향장치(MDPS)방식은 파워스티어링 펌프를 사용하지 않고 전동모터를 사용한다.

20 동력조향장치에서 조향핸들을 회전시킬 때 기관의 회전속도를 보상시키기 위하여 ECU로 입력되는 신호는?

① 인히비터 스위치
② 파워스티어링 압력 스위치
③ 전기부하 스위치
④ 공전속도 제어 서보

> **해설**
> 유압식 동력조향장치에서 파워 펌프의 동력은 엔진 크랭크축 풀리에서 얻어지므로 엔진이 공회전 시 파워펌프 압력 스위치가 작동되면 엔진의 공회전 속도를 보상(상승)한다.

21 전자제어 파워스티어링 제어방식이 아닌 것은?

① 유량 제어식
② 유압반력 제어식
③ 유온반응 제어식
④ 실린더 바이패스 제어식

> **해설**
> 유압식 전자제어 동력조향장치의 제어종류는 유량(속도감응) 제어, 유압반력 제어, 실린더 바이패스 제어, 밸브특성 제어방식이 있다.

22 조향장치에서 조향 휠의 유격이 커지고 소음이 발생할 수 있는 원인으로 거리가 가장 먼 것은?

① 요크플러크의 풀림
② 스티어링 기어박스 장착 볼트의 풀림
③ 타이로드 엔드 조임 부분의 마모 및 풀림
④ 등속조인트의 불량

> **해설**
> 등속조인트가 불량일 경우 동력전달 불량과 소음이 발생할 수 있으나 조향 휠의 유격 발생과는 거리가 멀다.

정답 12 ④ 13 ① 14 ③ 15 ③ 16 ② 17 ① 18 ③ 19 ② 20 ② 21 ③ 22 ④

23 주행 중 조향 휠이 안쪽으로 치우칠 경우 예상되는 원인이 아닌 것은?

① 타이어 편마모
② 파워 오일펌프 벨트의 노화
③ 한쪽 앞 코일 스프링 약화
④ 휠 얼라인먼트 조정 불량

해설
파워 오일펌프 벨트가 노화되면 벨트장력의 저하로 핸들이 무거워질 수 있다.

24 동력 조향장치가 고장일 경우 수동조작이 가능하도록 하는 장치는?

① 인렛 밸브　　　② 안전 체크 밸브
③ 압력조절 밸브　④ 밸브스풀

해설
안전 체크 밸브는 구동 중 안전성을 위하여 포함되는 부분으로 엔진 정지 시, 오일펌프 고장 시, 오일 누출 등 유압이 정상적으로 발생되지 않을 때 수동으로 휠을 작동할 수 있도록 하는 장치이다.

25 4륜 조향장치(4 wheel steering system)의 장점으로 틀린 것은?

① 고속 직진성이 좋다.
② 차선 변경이 용이하다.
③ 선회 시 균형이 좋다.
④ 최소회전반경이 커진다.

해설
4WS 장점
- 고속에서 직진 성능이 향상된다.
- 차로변경이 용이하다.
- 경쾌한 고속선회가 가능하다.
- 저속회전에서 최소회전 반지름이 감소한다.

26 동력조향장치의 종류 중 파워 실린더를 스티어링 기어박스 내부에 설치한 형식은?

① 링키지형　　　② 인테그랄형
③ 콤바인드형　　④ 세퍼레이터형

해설
인테그랄형(일체형)
- 인테그랄형(일체형) : 동력 실린더를 조향기어 박스 내부에 설치한 형식
- 인라인형 : 조향기어 하우징과 볼 너트를 직접 동력 기구로 사용하는 형식
- 오프셋형 : 동력 실린더를 별도로 설치하여 사용하는 형식

27 유압식 동력조향장치의 오일펌프 압력시험에 대한 설명으로 틀린 것은?

① 유압회로 내의 공기빼기 작업을 반드시 실시해야 한다.
② 엔진의 회전수를 약 1000 ± 100rpm으로 상승시킨다.
③ 시동을 정지한 상태에서 압력을 측정한다.
④ 컷오프 밸브를 개폐하면서 유압이 규정 값 범위에 있는지를 확인한다.

해설
유압식 동력조향장치에서 파워 펌프의 동력은 엔진 크랭크축 풀리에서 얻어지므로 시동상태에서 유압을 점검한다.

정답　23 ②　24 ②　25 ④　26 ②　27 ③

CHAPTER 04 유압식·전자제어 현가장치

Industrial Engineer Motor Vehicles Maintenance

Topic 01 | 유압식 현가장치

01 자동차의 진동

(1) 스프링 위 질량의 진동

① 바운싱(bouncing) : 차체가 Z축으로 평행하게 상하운동을 하는 고유진동
② 피칭(pitching) : 차체가 Y축을 중심으로 앞뒤방향으로 회전운동을 하는 고유진동
③ 롤링(rolling) : 차체가 X축을 중심으로 좌우방향으로 회전운동을 하는 고유진동
④ 요잉(yawing) : 차체가 Z축을 중심으로 회전운동을 하는 고유진동

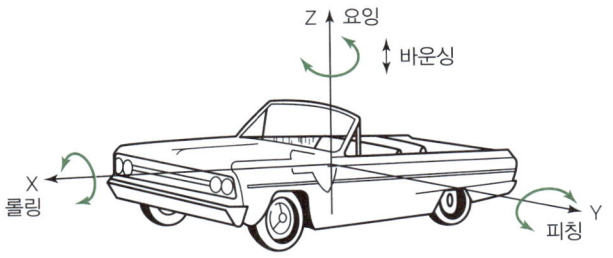

[그림 4-1] 스프링 위질량의 진동

(2) 스프링 아래질량의 진동

① 휠 호프(wheel hop) : 액슬 하우징이 Z축으로 평행하게 상하운동을 하는 고유진동
② 휠 트램프(wheel tramp) : 액슬 하우징이 X축을 중심으로 회전운동을 하는 고유진동

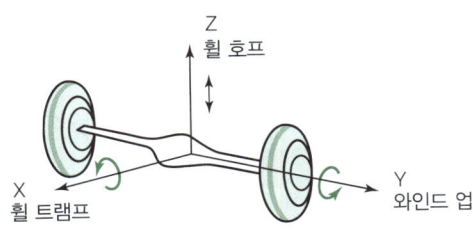

[그림 4-2] 스프링 아래 질량의 진동

③ 와인드 업(wind up) : 액슬 하우징이 Y축을 중심으로 회전운동을 하는 고유진동

> **TIP 진동수와 승차감**
> - 양호한 승차감 : 60~120사이클/min
> - 딱딱한 승차감 : 120사이클/min 이상
> - 멀미가 날 정도의 승차감 : 45사이클/min 이하

02 주행 중 진동의 발생

① 롤(Roll) : 롤 현상은 주행 중의 선회 시 발생하는 진동이다.
② 스쿼트(Squart) : 정차 중 출발과 주행 중 가속, 스톨 등 차량이 급격하게 가속되는 현상에서 발생되며, 앞쪽이 들어 올려지는 듯한 느낌으로 관성에 의해 뒤로 쏠리는 느낌을 강하게 받는다.
③ 다이브(Dive) : 주행 중에 정차 시 차량이 앞쪽으로 기울면서 생기는 진동을 의미하며 이때 화물과 탑승자는 관성에 의해 앞으로 밀리게 된다.
④ 쉬프트 스쿼트(Shift Squart) : 변속레버의 위치가 변하면서 생기는 관성에 의한 쏠림 발생을 의미한다.
⑤ 피칭 바운싱(Pitching-Bouncing) : 작은 수준의 요철을 주행할 때 덜컹거리는 진동으로, 통상 노면의 상태 이상에 의하여 발생하는 진동이다.
⑥ 스카이 훅(Sky-Hook) : 급격하게 공중에 떴다가 다시 곤두박질치는 느낌의 큰 상하 진동으로, 커다란 요철이나 노면 상의 장애물 등을 넘을 때 생긴다.
⑦ 기타 : 급격한 충격이나 급선회, 비상상황 등 예기치 못하는 차량의 주행 상태 변화에 대한 진동 역시 현가장치에서 제어되게 된다.

03 현가장치의 구성

① 스프링 : 노면으로부터의 충격을 완화시킴

② 속업소버 : 실린더 내 오일이 오리피스를 통해 통과하려고 할 때 발생하는 저항력을 이용하여 스프링의 진동을 흡수함
③ 스태빌라이저 : 롤링 현상 감소 및 차의 평형을 유지시킴
④ 판 스프링

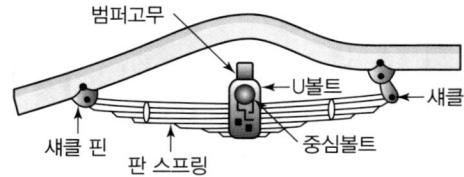

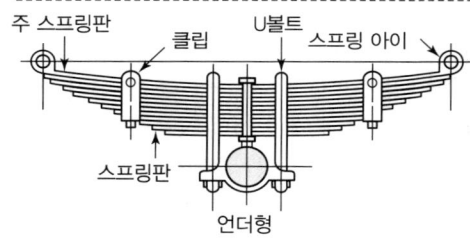

[그림 4-3] 판 스프링의 구조

04 현가장치의 종류

(1) 일체 차축 현가장치
① 일체로 된 차축에 좌·우 바퀴가 설치되어 있으며, 차축은 스프링을 거쳐 차체(또는 프레임)에 설치된 형식이다.
② 장점
　㉠ 부품수가 적어 구조가 간단함
　㉡ 선회 시 차체 기울기가 적음
　㉢ 휠 얼라이먼트의 변화가 적음
③ 단점
　㉠ 스프링 밑 질량이 커 승차감이 불량함

㉡ 앞바퀴에 시미(shimmy)의 발생이 쉬움
㉢ 스프링 정수가 너무 적은 것을 사용하기가 곤란함

> **TIP** 시미(shimmy)
> 주행 중 일어나는 바퀴의 좌우 진동 현상을 말한다.

(2) 독립 현가장치

1) 독립 현가장치 이해
① 차축을 분할하여 양쪽 바퀴가 서로 관계없이 움직이도록 한 것으로 승차감과 안전성이 향상되게 한다.
② 장점
　㉠ 스프링 밑 질량이 작아 승차감이 좋음
　㉡ 바퀴가 시미를 잘 일으키지 않고 로드 홀딩(road holding)이 우수함
　㉢ 스프링 정수가 작은 것을 사용할 수 있음
　㉣ 차고를 낮출 수 있어 안정성이 향상됨

> **TIP** 로드 홀딩(road holding)
> 자동차의 바퀴 모두가 노면에 밀착되는 현상

③ 단점
　㉠ 구조가 복잡, 고가, 취급 및 정비면에서 불리함
　㉡ 볼 이음부가 많아 그 마멸에 의한 앞바퀴 정렬이 틀어지기 쉬움
　㉢ 바퀴의 상하운동에 따라 윤거나 앞바퀴 정렬이 틀어지기 쉬워 타이어 마멸이 큼

2) 독립 현가장치의 형식
① 위시본 형식(Wishbone Type)
　㉠ 구성 : 위아래 컨트롤 암, 조향 너클, 코일 스프링, 볼 조인트 등
　㉡ 작용 : 바퀴가 받는 구동력이나 옆 방향 저항력 등은 컨트롤 암이 지지하고, 스프링은 상하 방향의 하중만을 지지
　㉢ 평행사변 형식
　　• 위, 아래 컨트롤 암을 연결하는 4점이 평행사변형
　　• 바퀴가 상하운동 시 윤거가 변화하며 타이어 마모가 촉진됨

- 캠버의 변화는 없어 커브 주행 시 안전성이 증대됨
ⓔ SLA(Short Long Arm Type) 형식
- 아래 컨트롤 암이 위 컨트롤 암보다 긴 형식. 캠버가 변화하는 결점
- 코일 스프링 설치위치 : 아래 컨트롤 암과 프레임

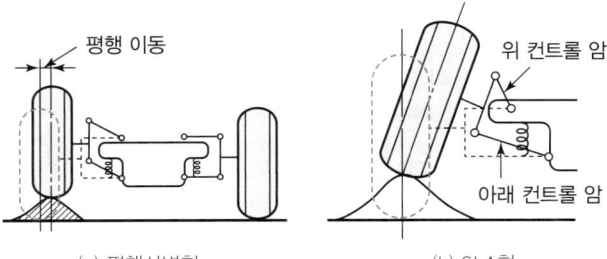

[그림 4-4] 위시본 형식

② 스트럿 형식(Strut Type, 맥퍼슨형)
  ㉠ 현가장치와 조향 너클이 일체
  ㉡ 쇽업소버가 내장된 스트럿(strut), 볼 조인트, 컨트롤 암, 스프링 등으로 구성

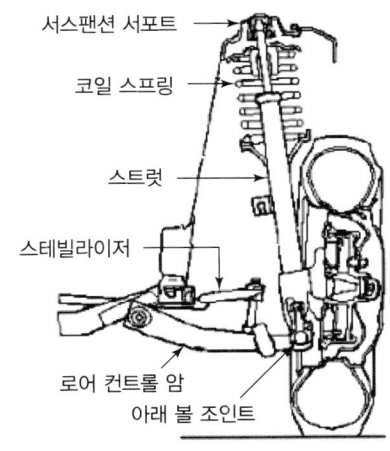

[그림 4-5] 맥퍼슨 형식

③ 트레일링 암 형식 : 자동차의 뒤쪽으로 향한 1개 또는 2개의 암에 의해 바퀴를 지지하는 방식
  ※ 앞 구동 차량에서 주로 사용되며, 뒤 현가장치로 많이 활용된다.

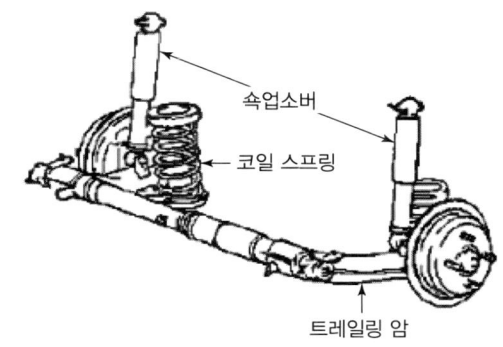

[그림 4-6] 트레일링 암 형식

(3) 드가르봉식 쇽업소버
① 유압식 쇽업소버의 일종으로 프리 피스톤을 설치하며 위쪽에는 오일이 그 아래쪽에는 고압 질소가스가 들어 있으며, 내부 압력이 걸려 실린더가 단 한 개라는 점과 질소가스가 봉해져 있다는 것으로 구분된다.
  ㉠ 밸브를 통과하는 오일의 저항으로 인해 피스톤이 내려가면 프리 피스톤에도 압력이 가해지게 됨
  ㉡ 쇽업소버가 정지하면 프리피스톤 아래의 가스가 팽창해 프리피스톤을 밀어올리고 첫 번째 오일실에 압력이 가해짐
  ㉢ 쇽업소버가 늘어날 때는 피스톤 밸브가 바깥 둘레에서부터 두 번째 오일실에서 첫 번째 오일실로 이동하지만, 첫 번째 오일실 압력이 낮아지므로 프리피스톤이 상승하게 됨
  ㉣ 늘어남이 중지되면 프리 피스톤이 제자리로 돌아가게 됨

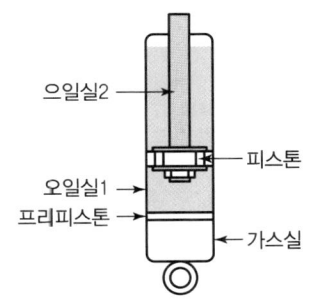

[그림 4-7] 드가르봉식 쇼바의 구조

② 특징
  ㉠ 구조가 간단함
  ㉡ 기포 발생이 적음

ⓒ 장시간 작동해도 감쇠효과 감소가 적음
ⓓ 방열성이 큼
ⓔ 내부에 고압으로 가스가 봉인되어 있으므로 분해하는 것이 매우 위험하여 취급에 주의하여야 함

(4) 스태빌라이저
한쪽으로 치우친 충격을 분산시켜주는 현가장치로 보통 활대와 비슷한 형태로 링크와 연결하여 차대의 롤링 진동을 막아준다.

(5) 공기식 스프링
공기압의 탄성작용을 이용한다. 보통 고압으로 수축된 공기는 반발력에 의해 대기압 수준으로 돌아가고자 하는데, 이러한 반발작용을 통해 밀봉된 실린더 내부 공기를 외부의 힘이 압축시키고 이때의 반발작용으로 부드러운 완충작용을 얻어내는 것이 공기 스프링이다.

1) 장점
① 매우 부드러운 스프링을 비교적 용이하게 얻을 수 있다.
② 공기 스프링 내부의 공기압을 조절함으로써 하중이 변해도 차고를 일정하게 유지할 수 있다.
③ 스프링 세기를 하중에 비례하여 변화시킬 수 있어 적차 시나 공차 시 변함이 거의 없다.
④ 공기압을 하중에 의해 조정하는 조절장치 및 압축공기를 만들기 위한 공기압축기 등이 필요하여 구조가 복잡해지는 특성으로, 소형차에는 거의 사용하지 않고 대형버스나 화물차에 주로 사용된다.

2) 전자제어 시스템 입/출력 신호

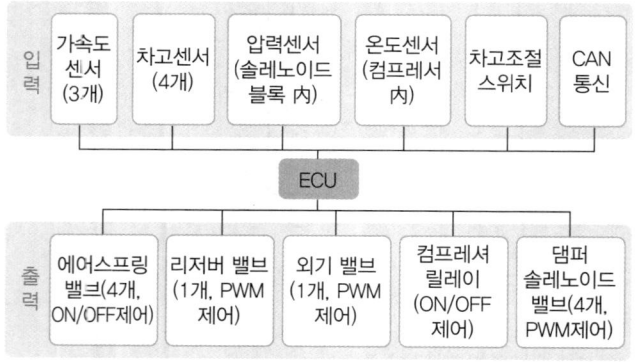

[그림 4-8] 전자제어 시스템 입/출력 신호

① 에어스프링 : 에어튜브를 통해 공기를 주입 또는 배출 시켜 차고를 조절
② 가변댐퍼 : 노면의 상태에 따라 감쇠력 조절(입력전류의 신호에 따라 제어밸브 안의 슬라이더가 횡방향으로 유동 → 밸브를 통과하는 유량을 제어)
③ 컴프레셔 : 내부에 있는 모터를 가동하여 공기를 압축
④ 솔레노이드 밸브 : 전기 신호에 따라 공압이 필요한 포트를 개폐함, 압력센서를 통해 리저버 내부 압력을 모니터링
⑤ 차고 센서 : 차체와 서스펜션 로워암 사이에 장착하여 차고 변화를 측정, 홀센서 방식
※ 보정이 필요한 상황 : 에어스프링을 신품으로 교체할 경우, 차고센서를 교체할 경우, 로워암 등 서스펜션 관련 부품을 교체할 경우, ECU를 신품으로 교체할 경우
⑥ 리저버 : 에어서스펜션 작동에 필요한 공기를 저장
⑦ 고압&저압 스위치 : 공기 저장탱크의 각각 고압측, 저압측에 장착되어있다.
㉠ 고압 스위치 : 고압탱크 내의 압력이 일정 압력 이하로 떨어지면 압축기를 작동시킴
㉡ 저압 스위치 : 저압탱크 내부에 압력이 일정압력 이상일 경우 리턴 펌프를 동작시켜 저압탱크의 압력을 일정하게 유지시킴
⑧ 센서를 통한 제어
㉠ 조향각 센서 : 안티 롤 제어
㉡ G센서 : 안티 롤 제어
㉢ 인히비터 스위치 : 안티 시프트 스쿼트 제어
㉣ 차속 센서 : 안티 다이브, 안티스쿼트 제어
㉤ 스로틀 위치 센서 : 안티 스쿼트 제어
㉥ 전조등 작동신호(릴레이) : 차고 제어
㉦ 도어 스위치 : 승하차 시 흔들림 방지 및 차고 제어
㉧ 제동등 스위치 : 안티 다이브 제어
㉨ 공전 스위치 : 안티 스쿼트, 변속 스쿼트 제어

> **TIP 레벨링 밸브 및 언로드 밸브**
> • 레벨링 밸브 : 차체의 높이가 항상 일정하게 유지되도록 압축공기를 자동적으로 공기 스프링에 공급하거나 배출하는 역할을 한다
> • 언로드 밸브 : 언로드 밸브 : 탱크 내 압력이 일정압력 이상일 때 동작하여 컴프레셔가 무부하운전 상태가 되게 한다.

Topic 02 | 전자제어 현가장치 (ECS)

01 전자제어 현가장치 종류

(1) 감쇠력 가변 방식 ECS

감쇠력 가변 방식은 감쇠력(Damping Force)을 다단계로 조절할 수 있다. 구조가 간단해 주로 중형 승용차에 사용하며 쇽업쇼버의 충격감쇠를 소프트, 미디움, 하드 등의 3단계 제어가 가능하다.

(2) 복합 방식 ECS

쇽업쇼버 감쇠력과 자동차 높이 조절 기능을 지닌 형태이다. 쇽업쇼버의 감쇠력은 소프트와 하드 두 단계로 제어하며 차고를 Low, Normal, High의 3단계로 조정할 수 있다. 코일 스프링이 하던 역할을 공기 스프링으로 수행하기 때문에 일정한 승차감 및 차고를 유지할 수 있다.

(3) 세미 액티브 ECS

역방향 감쇠력 가변 방식 쇽업쇼버를 사용해 기존 감쇠력 ECS의 경제성과 액티브 ECS의 성능을 만족시키는 장치이다. 쇽업쇼버의 감쇠력이 쇽업쇼버 외부 감쇠력 가변 솔레노이드 밸브에 의해 연속적 감쇠력 가변 제어가 가능하며, 쇽업쇼버 피스톤이 팽창-수축할 때에는 독립 제어가 가능하다. ECS 컴퓨터에 의해서 최대 256단계까지 세밀하게 제어가 가능하다.

(4) 액티브 ECS

액티브 ECS 방식은 감쇠력 제어 및 높이 조절 기능을 가지고 있어 자동차 자세 변화에 유연하게 대처하여 자세 제어가 가능한 장치이다. 쇽업쇼버 감쇠력 제어는 Super soft, Soft, Medium, Hard의 4단계 조절되며 차고는 Low, Normal, High, Extra High의 4단계로 제어가 가능하다. 자세 제어로 앤티 롤, 앤티 바운스, 앤티 피치, 앤티 다이브, 앤티 스쿼트 제어 등을 수행한다. 액티브 ECS 방식은 구조가 복잡하고 가격이 비싸 일부 고급 승용 차량에서만 사용된다.

02 전자제어 현가장치의 구성

① G센서 : 가속도 센서를 기본으로 하며, 차체의 롤을 감지하게 된다.
② TPS : 액셀의 위치를 감지해 가속 정도를 측정한다. 사용자의 오조작은 물론 급가속 등으로 인한 스쿼트(squart) 현상을 측정하며 또한 이로 인한 차대의 쏠림 현상을 제어해 Anti Squart 제어를 수행하게 된다.
③ 차고 센서 : 평시와 진동 시의 차고 높이차를 측정하여 이상을 감지하고, 이로 인한 차대 제어를 수행한다. 종전의 VDC(차체 자세 제어 장치)에서 가장 핵심적 기능을 수행하던 장치이다.
④ 차속 센서 : 차량의 속도에 관여하는 센서로, 지속적 감속이나 가속이 아닌 급제동 및 급가속 등을 측정하여 피드백하기 위하여 사용한다.
⑤ 정지등 소프트웨어 : 운전자의 제동 조작 여부를 확인하여 다이브(dive)를 방지한다.
⑥ R 기어 신호 : 현재 차량이 후진 중인지 확인하는 센서로, 차량의 주행 방향을 판독하여 급격한 기어 변속 시 완충작용을 수행하게 된다.

Topic 03 | 휠·얼라인먼트

01 앞바퀴 정렬(휠 얼라이먼트)

(1) 개요

차바퀴의 진동이나 조향 장치의 조작을 쉽게 하고, 타이어의 마멸을 감소시켜 효과적인 주행을 위해서 앞바퀴에 기하학적인 작동 관계를 두는 것을 말한다.

(2) 캠버(Camber)

① 차를 앞에서 볼 때 그 앞바퀴가 수선에 대해서 어떤 각도를 두고 설치되어 있는 것을 말한다.
② 캠버각 : 보통 $+0.5 \sim +1.5°$
③ 정(+)의 캠버 : 바퀴의 윗부분이 바깥쪽으로 벌어진 상태
④ 부(-)의 캠버 : 바퀴의 윗부분이 안쪽으로 기울어진 상태
⑤ 0의 캠버 : 바퀴의 중심선이 수직일 때
⑥ 캠버의 필요성
  ㉠ 수직방향의 하중에 의한 앞차축의 휨 방지
  ㉡ 조향 조작을 확실하고 안전하게 작용
  ㉢ 하중을 받을 시 앞바퀴가 아래쪽으로 벌어지는 것을 방지

[그림 4-9] 캠버

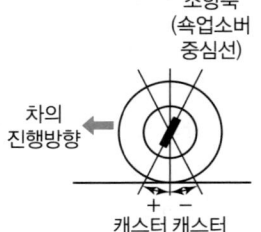

[그림 4-10] 캐스터

(3) 캐스터(Caster)
① 차의 앞바퀴를 옆에서 보면 조향 너클과 앞 차축을 고정하는 킹핀, 독립 차축식에서는 위, 아래 볼 이음을 연결하는 조향축이 수선과 어떤 각도를 두고 설치되어 있는 것을 말한다.
② 캐스터각 : 보통 +1~3°
③ 정(+)의 캐스터 : 킹핀의 윗부분(또는 위 볼 이음)이 자동차의 뒤쪽으로 기울어진 상태
④ 부(-)의 캐스터 : 킹핀의 윗부분이 앞쪽으로 기울어진 상태
⑤ 0의 캐스터 : 킹핀의 중심선(조향축)이 수선과 일치될 때
⑥ 캐스터의 작용
  ㉠ 주행 중 조향바퀴(앞바퀴)에 방향성을 부여
  ㉡ 조향하였을 때 직진방향으로 되돌아오는 복원력이 발생

(4) 킹핀 경사각(또는 조향축 경사각)
① 차를 앞에서 보면 킹핀(독립식 현가장치의 경우는 위·아래 볼 이음)의 중심선이 수직에 대하여 어떤 각을 두고 설치되어 있는 것을 말한다. 킹핀 경사각은 보통 7~9° 정도로 둔다.
② 작용
  ㉠ 캠버와 함께 조향 휠의 조작력을 가볍게 함
  ㉡ 앞바퀴가 시미운동을 일으키지 않게 함
  ㉢ 앞바퀴에 복원성을 주어 직진위치로 쉽게 되돌아가게 함

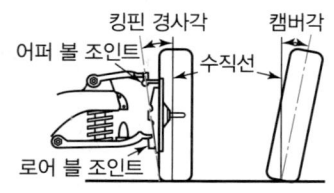

[그림 4-11] 킹핀 경사각

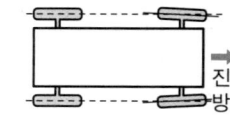

[그림 4-12] 토인

(5) 토인, 토아웃

1) 토인
① 자동차의 앞바퀴를 위에서 내려다보면 양쪽 바퀴의 중심선 사이의 거리가 앞쪽이 뒤쪽보다 작은 것을 말한다.
② 토인 값 : 보통 2~8mm
③ 토인의 필요성
  ㉠ 앞바퀴를 평행하게 회전시킴
  ㉡ 앞바퀴의 사이드슬립과 타이어 마모를 방지함
  ㉢ 조향 링키지의 마모에 따라 토 아웃이 되는 것을 방지함
  ㉣ 토인 조정은 타이로드 길이로 조정

2) 선회 시 토아웃
선회 시 애커먼 장토식의 원리에 따라 모든 바퀴가 동심원을 그리려면 안쪽 바퀴의 조향각이 바깥쪽 바퀴의 조향각보다 커야 한다.

(6) 앞바퀴 정렬을 해야 하는 경우
① 앞바퀴의 현가장치를 분해하였을 경우
② 핸들이 흔들리거나 빼앗겨 적절한 조향 조작이 곤란할 경우
③ 타이어가 한쪽만 미끄러지는 경우
④ 사고로 인하여 정렬이 불량하다고 예상될 경우

(7) 4륜 휠 얼라이먼트
① 협각(Included angel) : 킹핀 경사각 + 캠버각
② 셋백 : 앞, 뒤 차축의 평행도
③ 스러스트각 : 차량 중심선과 뒤 바퀴의 진행선이 이루는 각

(8) 휠 얼라이먼트 불량 증상과 원인
① 비정상적 타이어 마모 : 토 불량, 캠버 불량, 타이어 공기압 부적절, 바퀴 유격, 휠 밸런스 불량, 선회 시 토 아웃 불량 등
② 주행 중 핸들 쏠림 : 좌우 공기압 편차, 좌우 캠버 편차, 좌우 캐스터 편차, 한쪽 브레이크 제동상태, 차륜 링키지 불량 등
③ 핸들 복원력 불량 : 토 불량, 캐스터 부족, 조향 너클 손상, 조향기어 휨, 핸들 샤프트 휨 또는 조인트 고착 상태 등

④ **핸들 센터 불량** : 조향, 현가장치 마모 및 유격 발생, 조향기어 이완 등
⑤ **핸들이 가볍다** : 공기압 과다, 캠버 과다, 캐스터 과소, 핸들 유격 과다 등
⑥ **핸들이 무겁다** : 공기압 부족, 타이어 마모 심함, 마이너스 휠 상태, 캐스터 과대, 파워 오일 부족 및 벨트 불량 등
⑦ **핸들 떨림** : 휠밸런스 불량, 휠 및 타이어 런 아웃 과다, 드라이브 샤프트 상하 유격 과다, 조향장치 유격 과다, 공기압 부족, 브레이크 불량

단원 마무리 문제

CHAPTER 04 유압식·전자제어 현가장치

01 일체식 차축 현가방식의 특징으로 거리가 먼 것은?
① 앞바퀴에 시미 발생이 쉽다.
② 선회할 때 차체의 기울기가 크다.
③ 승차감이 좋지 않다.
④ 휠 얼라이먼트의 변화가 적다.

해설
일체 차축 현가방식의 특징
- 부품수가 적어 구조가 간단함
- 선회 시 차체 기울기가 적음
- 스프링 밑 질량이 커 승차감이 불량함
- 앞바퀴에 시미(shimmy)의 발생이 쉬움
- 휠 얼라이먼트의 변화가 적다.

02 진동을 흡수하고 스프링의 부담을 감소시키기 위한 장치는?
① 스태빌라이저
② 공기 스프링
③ 쇽업쇼버
④ 비틀림 막대 스프링

해설
쇽업쇼버는 실린더 내 오일이 오리피스를 통해 통과하려고 할 때 발생하는 저항력을 이용하여 스프링의 진동을 흡수한다.

03 유압식 쇽업쇼버의 구조에서 오일이 상·하 실린더로 이동하는 작은 구멍의 명칭은?
① 밸브 하우징
② 베이스 밸브
③ 오리피스
④ 스텝 홀

해설
오리피스는 오일이 이동하려고 할 때 발생하는 저항력을 이용하기 위한 것으로 피스톤에 작은 구멍을 내어 오일이 이동할 수 있는 경로를 만들어 놓은 것이다.

04 자동차의 독립현가장치 중에서 쇽업쇼버를 내장하고 있으며 상단은 차체에 고정하고, 하단은 로어 컨트롤암으로 지지하는 형식으로 스프링의 아래하중이 가볍고 앤티 다이브 효과가 우수한 형식은?
① 맥퍼슨 스트러트 현가장치
② 위시본 현가장치
③ 트레일링 암 현가장치
④ 멀티 링크 현가장치

해설
스트럿 형식(Strut Type, 맥퍼슨형)
- 현가장치와 조향 너클이 일체
- 쇽업쇼버가 내장된 스트럿(strut), 볼 조인트, 컨트롤 암, 스프링 등으로 구성

05 현가장치에서 드가르봉식 쇽업쇼버의 설명으로 가장 거리가 먼 것은?
① 질소가스가 봉입되어 있다.
② 오일실과 가스실이 분리되어 있다.
③ 오일에 기포가 발생하여도 충격 감쇠효과가 저하하지 않는다.
④ 쇽업쇼버의 작동이 정지되면 질소가스가 팽창하여 프리 피스톤의 압력을 상승시켜 오일 챔버의 오일을 감압한다.

해설
쇽업쇼버가 정지하면 프리피스톤 아래의 가스가 팽창해 프리 피스톤을 밀어 올리고 첫 번째 오일실에 압력이 가해진다.

06 차체의 롤링을 방지하기 위한 현가부품으로 옳은 것은?

① 로워 암   ② 컨트롤 암
③ 쇼크 업소버   ④ 스테빌라이저

해설
스테빌라이저는 한쪽으로 치우친 충격을 분산시켜주는 현가장치로 보통 활대와 비슷한 형태로 링크와 연결하여 차대의 롤링 진동을 막아준다.

07 공기식 현가장치에서 벨로스형 공기 스프링 내부의 압력 변화를 완화하여 스프링 작용을 유연하게 해주는 것은?

① 언로드 밸브   ② 레벨링 밸브
③ 서지 탱크   ④ 공기 압축기

해설
지문의 내용은 서지 탱크에 대한 설명이다.
① 언로드 밸브 : 탱크 내 압력이 일정압력 이상일 때 동작하여 컴프레서가 무부하 운전 상태가 되게 한다.
② 레벨링 밸브 : 차체의 높이가 항상 일정하게 유지되도록 압축공기를 자동적으로 공기 스프링에 공급하거나 배출하는 역할을 한다.

08 독립현가장치에 대한 설명으로 옳은 것은?

① 강도가 크고 구조가 간단하다.
② 타이어와 노면의 접지성이 우수하다.
③ 스프링 아래 무게가 커서 승차감이 좋다.
④ 앞바퀴에 시미(shimmy)가 일어나기 쉽다.

해설
독립현가장치 특징
• 바퀴가 시미를 잘 일으키지 않고 로드 홀딩(road holding)이 우수함
• 구조가 복잡, 고가, 취급 및 정비면에서 불리함
• 스프링 밑 질량이 작아 승차감이 좋음

09 독립현가방식의 현가장치 장점으로 틀린 것은?

① 바퀴의 시미(shimmy) 현상이 작다.
② 스프링의 정수가 작은 것을 사용할 수 있다.
③ 스프링 아래 질량이 작아 승차감이 좋다
④ 부품수가 적고 구조가 간단하다.

해설
독립현가장치 특징
• 바퀴가 시미를 잘 일으키지 않고 로드 홀딩(road holding)이 우수함
• 구조가 복잡, 고가, 취급 및 정비면에서 불리함
• 스프링 밑 질량이 작아 승차감이 좋음
• 스프링 정수가 작은 것을 사용할 수 있음

10 선회 시 차체의 기울어짐 방지와 관계된 전자제어 현가장치의 입력요소는?

① 도어 스위치 신호
② 헤드램프 동작신호
③ 스톱램프 스위치 신호
④ 조향 휠 각속도 센서 신호

해설
지문의 내용은 조향 각센서 혹은 G센서에 대한 내용이다.
① 도어 스위치 신호 : 승하차시 흔들림 방지 및 차고제어
② 헤드램프 동작신호 : 차고 제어
③ 스톱램프 스위치 : 안티(앤티) 다이브 제어

11 공기식 현가장치에서 공기 스프링 내의 공기압력을 가감시키는 장치로 자동차의 높이를 일정하게 유지하는 것은?

① 레벨링 밸브   ② 공기 스프링
③ 공기 압축기   ④ 언로드 밸브

해설
레벨링 밸브는 차체의 높이가 항상 일정하게 유지되도록 압축 공기를 자동적으로 공기 스프링에 공급하거나 배출하는 역할을 한다.

정답 01 ② 02 ③ 03 ③ 04 ① 05 ④ 06 ④ 07 ③ 08 ② 09 ④ 10 ④ 11 ①

12 공압식 전자제어 현가장치에서 저압 및 고압 스위치에 대한 설명으로 틀린 것은?

① 고압 스위치가 ON 되면 컴프레셔 구동조건에 해당된다.
② 저압 스위치는 리턴 펌프를 구동하기 위한 스위치이다.
③ 고압 스위치가 ON 되면 리턴 펌프가 구동된다.
④ 고압 스위치는 고압 탱크에 설치된다.

> **해설**
> 저압 스위치가 ON 되면 리턴 펌프가 구동된다.

13 공압식 전자제어 현가장치의 기본 구성품에 속하지 않는 것은?

① 컴프레셔　　　　② 공기저장 탱크
③ 컨트롤 유닛　　　④ 동력 실린더

> **해설**
> 동력 실린더는 유압식 동력조향장치에서 작동부에 해당하는 부품이다.

14 전자제어 서스펜션(ECS)시스템의 제어기능이 아닌 것은?

① 안티 피칭 제어　　② 안티 다이브 제어
③ 차속 감응 제어　　④ 안티 요잉 제어

> **해설**
> 전자제어 서스펜션 시스템의 제어기능
> • 안티롤　　　　• 안티 스쿼트
> • 안티 다이브　　• 시프트 스쿼트
> • 피칭, 바운싱　　• 스카이 훅

15 자동차의 바퀴가 동적 언밸런스(Unbalance)일 경우 발생할 수 있는 현상은?

① 트램핑(Tramping)　　② 정재파(Standing wave)
③ 요잉(Yawing)　　　　④ 시미(Shimmy)

> **해설**
> • 타이어의 정적 불평형 : 트램핑
> • 타이어의 동적 불평형 : 시미

16 아래 그림은 어떤 자동차의 뒤차 축이다. 스프링 아래 질량의 고유진동 중 X축을 중심으로 회전하는 진동은?

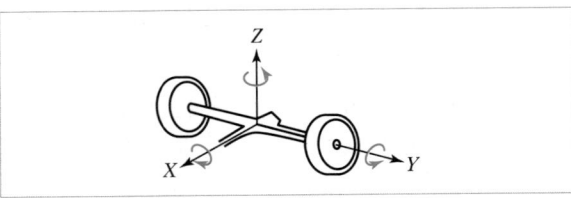

① 휠 트램프　　② 와인드업
③ 휠 홉　　　　④ 롤링

> **해설**
> 휠 트램프는 액슬 하우징이 X축을 중심으로 회전운동을 하는 고유진동이다.

17 전자제어 현가장치에서 자동차가 선회할 때 차체의 기울어진 정도를 검출하는 데 사용하는 센서는?

① G센서　　　　② 차속 센서
③ 뒤 압력 센서　④ 스로틀 포지션 센서

> **해설**
> G센서는 가속도 센서를 기본으로 하며, 차체의 롤(기울어짐)을 감지하게 된다.

18 전자제어 현가장치 제어모듈의 입·출력 요소가 아닌 것은?

① 차속 센서　　　② 조향각 센서
③ 휠 스피드 센서　④ 가속페달 스위치

> **해설**
> 휠 스피드 센서는 ABS, VDC 등 전자제어 제동장치에 입력요소이다.

19 전자제어 현가장치(ECS) 중 차고조절제어 기능은 없고 감쇠력만을 제어하는 현가방식은?

① 감쇠력 가변식과 세미액티브 방식
② 감쇠력 가변식과 복합식
③ 세미액티브 방식과 복합식
④ 세미액티브 방식과 액티브 방식

해설
- 감쇠력 가변 방식 ECS : 감쇠력 가변 방식은 감쇠력(Damping Force)을 다단계로 조절할 수 있다
- 세미 액티브 ECS : 역방향 감쇠력 가변 방식 쇽업소버를 사용해 기존 감쇠력 ECS의 경제성과 액티브 ECS의 성능을 만족시키는 장치이다

20 전자제어 현가장치의 제어 중 급출발 시 노즈업 현상을 방지하는 것은?

① 앤티 다이브 제어　② 앤티 스쿼트 제어
③ 앤티 피칭 제어　　④ 앤티 롤링 제어

해설
앤티(안티) 스쿼트 제어는 가속페달 위치 센서 혹은 스로틀 위치 센서와 차속 센서의 신호를 입력받아 급출발 시 차량 후방이 주저앉는 현상(스쿼트)을 방지한다.

21 전자제어 현가장치의 자세제어 중 안티 스쿼트 제어의 주요 입력신호는?

① 조향 휠 각도 센서, 차속 센서
② 스로틀 포지션 센서, 차속 센서
③ 브레이크 스위치, G-센서
④ 차고 센서, G-센서

해설
안티(앤티) 스쿼트 제어는 스로틀 위치 센서와 차속 센서의 신호를 입력받아 스쿼트 현상을 방지한다.

22 전자제어 현가장치(ECS)의 감쇠력 제어를 위해 입력되는 신호가 아닌 것은?

① G센서　　　　　　② 스로틀 포지션 센서
③ ECS 모드 선택 스위치　④ ECS 모드 표시등

해설
ECS 모드 선택 스위치를 통해 운전자가 선택한 모드를 입력받아 계기판에 표시등으로 표시하므로 ECS 모드 표시등은 출력신호이다.

23 주행안정성과 승차감을 향상시킬 목적으로 전자제어 현가장치가 변화시키는 것으로 옳은 것은?

① 토인　　　　② 쇽업소버의 감쇠계수
③ 윤중　　　　④ 타이어의 접지력

해설
전자제어 현가장치에서 쇽업소버의 감쇠력을 조절하여 복합방식의 경우 승차감을 소프트, 하드 단계로 조절할 수 있다.

24 전자제어 현가장치에서 노면의 상태 및 주행 조건에 따른 자세변화에 대하여 제어하는 것과 거리가 먼 것은?

① 안티 롤 제어　　② 안티 피치 제어
③ 안티 바운스 제어　④ 안티 트램핑 제어

해설
트램핑 현상은 스프링 아래 질량 진동으로 보통 타이어의 이상 마모 또는 정적 불평형에 의해 발생하므로 차체 자세 제어와는 거리가 멀다.

25 전자제어 현가장치에서 자세제어를 위한 입력 신호로 틀린 것은?

① 차속 센서　　　　② 스로틀 포지션 센서
③ 조향각 센서　　　④ 충돌감지 센서

해설
충돌감지 센서는 에어백을 작동시키기 위한 신호이다.

정답 12 ③　13 ④　14 ④　15 ④　16 ①　17 ①　18 ③　19 ①　20 ②　21 ②　22 ④　23 ②　24 ④　25 ④

MEMO

PART 04
친환경자동차 정비

CHAPTER 01 | 하이브리드 고전압장치
 + 단원 마무리문제

CHAPTER 02 | 전기자동차
 + 단원 마무리문제

CHAPTER 03 | 수소연료전지차 및 그 밖의 친환경 자동차
 + 단원 마무리문제

CHAPTER 01 하이브리드 고전압장치

Industrial Engineer Motor Vehicles Maintenance

Topic 01 | 하이브리드 자동차

01 하이브리드 자동차의 개요

하이브리드(hybrid)는 성질이 다른 것들을 결합해서 새로운 것을 창조한다는 의미로 사용된다. 따라서 하이브리드 자동차란 2개의 동력원(내연기관과 전기모터)을 이용하여 구동되는 자동차를 말하며, 내연기관 차량에 비해 연료효율이 높고 배기가스 배출량이 현저히 낮은 장점이 있다.

02 하이브리드 자동차의 형식

(1) 구조에 따른 분류

1) 직렬형 하이브리드(Serial)

① 직렬형은 엔진을 가동하여 얻은 전기를 배터리에 저장하고, 차체는 순수하게 모터의 힘만으로 구동하는 방식이다.
② 모터는 변속기를 통해 동력을 구동바퀴로 전달한다.
③ 모터에 공급하는 전기를 저장하는 배터리가 설치되어 있다.
④ 엔진은 바퀴를 구동하기 위한 것이 아니라 배터리를 충전하기 위한 것이다.
⑤ 에너지전달 과정은 엔진 → 발전기 → 배터리 → 모터 → 감속기 → 구동바퀴이다.
⑥ 직렬 하이브리드의 장점
  ㉠ 엔진의 작동 영역을 주행상황과 분리하여 운영이 가능하다.
  ㉡ 엔진의 작동 효율이 향상된다.
  ㉢ 엔진의 작동 비중이 줄어들어 배기가스의 저감에 유리하다.
  ㉣ 전기 자동차의 기술을 적용할 수 있다.
  ㉤ 연료 전지의 하이브리드 기술 개발에 이용하기 쉽다.
  ㉥ 구조 및 제어가 병렬형에 비해 간단하며 특별한 변속장치를 필요로 하지 않는다.

⑦ 직렬 하이브리드의 단점
  ㉠ 엔진에서 모터로의 에너지 변환 손실이 크다.
  ㉡ 주행 성능을 만족시킬 수 있는 효율이 높은 전동기가 필요하다.
  ㉢ 출력 대비 자동차의 무게비가 높은 편으로 가속 성능이 낮다.
  ㉣ 동력전달 장치의 구조가 크게 바뀌므로 기존의 자동차에 적용하기는 어렵다.

2) 병렬형 하이브리드(Parallel)

① 병렬형은 엔진과 변속기가 직접 연결되어 바퀴를 구동한다.
② 동력전달은 배터리 → 모터 → 변속기 → 바퀴로 이어지는 전기적 구성과 엔진 → 변속기 → 바퀴의 내연기관 구성이 변속기를 중심으로 병렬적으로 연결된다.
③ 병렬형 하이브리드의 장점
  ㉠ 기존 내연기관의 자동차를 구동장치의 변경 없이 활용이 가능하다.
  ㉡ 저성능의 모터와 용량이 적은 배터리로도 구현이 가능하다.
  ㉢ 모터는 동력의 보조 기능만 하기 때문에 에너지의 변환 손실이 적다.
  ㉣ 시스템 전체 효율이 직렬형에 비하여 우수하다.
④ 병렬형 하이브리드의 단점
  ㉠ 유단 변속 기구를 사용할 경우 엔진의 작동 영역이 주행상황에 연동이 된다.
  ㉡ 자동차의 상태에 따라 엔진과 모터의 작동점을 최적화하는 과정이 필요하다.

3) 직·병렬형 하이브리드 자동차

① 출발할 때와 경부하 영역에서는 배터리로부터의 전력으로 모터를 구동하여 주행하고, 통상적인 주행에서는 엔진의 직접 구동과 모터의 구동이 함께 사용된다.

② 가속, 앞지르기, 등판할 때 등 큰 동력이 필요한 경우, 통상주행에 추가하여 배터리로부터 전력을 공급하여 모터의 구동력을 증가시킨다.
③ 감속할 때에는 모터를 발전기로 변환시켜 감속에너지로 발전하여 배터리를 충전하여 재생한다.

(2) 기능에 따른 구분

1) 마일드 하이브리드(Mild)
① 마이크로 하이브리드(Micro) : 전기모터를 이용하고 엔진 Start-Stop 기능이 있는 하이브리드 자동차이다.
② 소프트 하이브리드(Soft) : 전기모터를 이용하고 엔진 Start-Stop 기능이 있으며, 회생제동과 전기 모터는 엔진의 동력을 보조하는(HEV 모드) 하이브리드 자동차이다.

2) 하드 하이브리드(Strong/Full)
전기모터를 이용하고 엔진 Start-Stop 기능이 있으며, 회생제동과 전기모터는 엔진의 동력을 보조할 수 있으며 별도로 EV모드 주행이 가능한 하이브리드 자동차이다.

(3) 병렬형 하이브리드 시스템
① FMED(Flywheel Mounted Electric Device)

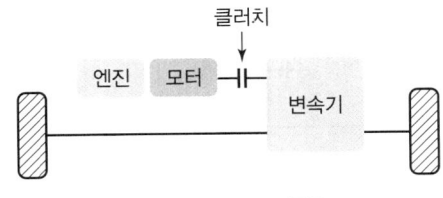

[그림 1-1] FMED 구조

㉠ 모터가 엔진 플라이휠에 설치되어 있다.
㉡ 모터를 통한 엔진 시동, 엔진 보조, 회생 제동 기능을 한다.
㉢ 출발할 때는 엔진과 전동 모터를 동시에 이용하여 주행한다.
㉣ 부하가 적은 평지의 주행에서는 엔진의 동력만을 이용하여 주행한다.
㉤ 가속 및 등판 주행과 같이 큰 출력이 요구되는 상태에서는 엔진과 모터를 동시에 이용하여 주행한다.

② TMED(Transmission Mounted Electric Device)

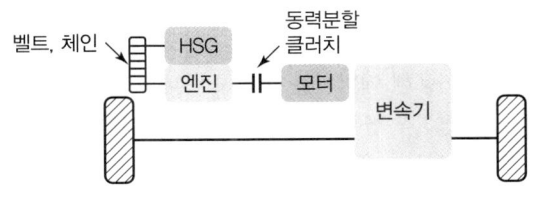

[그림 1-2] TMED 구조

㉠ TMED 특징
- 모터가 변속기에 직결되어 있다.
- 전기 자동차 주행(모터 단독 구동) 모드를 위해 엔진과 모터 사이에 클러치로 분리되어 있다.
- 출발과 저속 주행 시에는 모터만을 이용하는 전기 자동차 모드(EV)로 주행한다.
- 부하가 적은 평지의 주행에서는 엔진의 동력만을 이용하여 주행한다.
- 가속 및 등판 주행과 같이 큰 출력이 요구되는 주행 상태에서는 엔진과 모터를 동시에 이용하여 주행한다.
- 풀 HEV 타입 또는 하드 타입 HEV 시스템이라고 한다.
- 주행 중 엔진 시동을 위한 HSG(Hybrid Starter Generator : 엔진의 크랭크축과 연동되어 엔진을 시동할 때에는 기동 전동기로, 발전을 할 경우는 발전기로 작동하는 장치)가 있다.

㉡ 주행모드
- 시동 : 엔진 시동 없이 모터만을 구동하기 위한 EV모드를 준비
- 저속주행 : 저토크 주행 시 EV모드로 구동
- 가속/등판 주행 : 엔진과 모터를 동시에 구동하는 HEV모드를 사용하여 가속등판 시 강력한 파워와 엔진과 모터 사용을 적절히 분배하여 우수한 연비 제공

> **TIP** EV모드에서 HEV주행 모드로 전환 시 주의사항
> EV모드 주행 중 HEV주행 모드로 전환할 때 엔진동력을 연결하는 순간 쇼크가 발생할 수 있으므로 엔진회전수를 높여 HEV모터의 회전속도와 엔진의 속도를 동기화한 후 연결한다.

- 정속주행 : 엔진, 또는 모터로 구동되며 배터리 잔량이 적정수준 이하일 경우 충전함
- 감속/충전 : 엔진을 정지하고 회생제동 시스템을 이용해 에너지를 회수하여 배터리를 충전함
- 정지 : 정차 혹은 신호대기 시 엔진 및 모터를 정지시켜 배출가스 및 연료소모가 없음

③ 주행모드별 에너지 이동경로
  ㉠ 엔진 시동 시
   - 고전압 배터리의 DC전력 → 인버터를 통한 전력 변환(DC→AC) → HSG 작동 → 엔진 시동

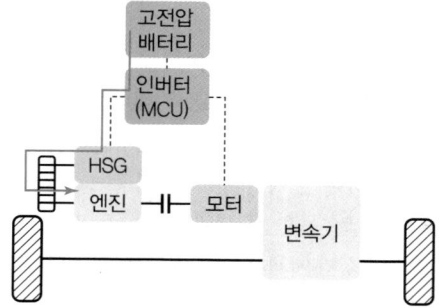

[그림 1-3] 엔진 시동 시 에너지 이동경로

  ㉡ EV주행 시
   - 모터의 동력만으로 작동하는 전기차 모드
   - 고전압 배터리의 DC전력 → 인버터를 통한 전력 변환(DC→AC) → 모터 작동 → 변속기 → 차륜 회전

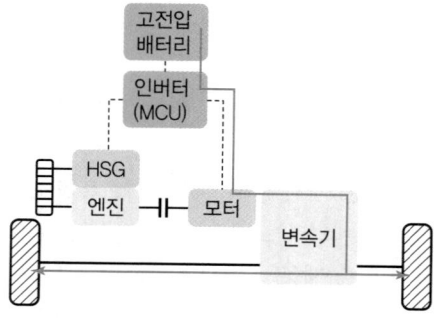

[그림 1-4] EV주행 시 에너지 이동경로

  ㉢ 엔진주행
   - 엔진의 동력만으로 작동하는 엔진주행 모드
   - 엔진의 동력 → 클러치 체결 → 변속기 → 차륜 회전

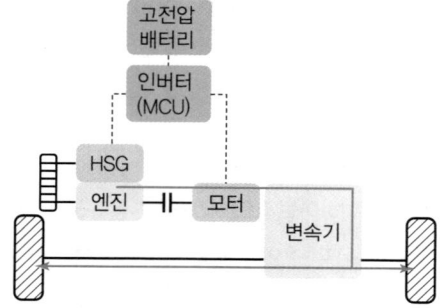

[그림 1-5] 엔진주행 시 에너지 이동경로

  ㉣ HEV주행
   - 엔진&모터 두 가지가 동시에 작동되는 하이브리드 모드
   - 고전압 배터리의 DC전력 → 인버터를 통한 전력 변환(DC→AC) → 모터 작동 → 변속기 → 차륜 회전
   - 엔진의 동력 → 클러치 체결 → 변속기 → 차륜 회전

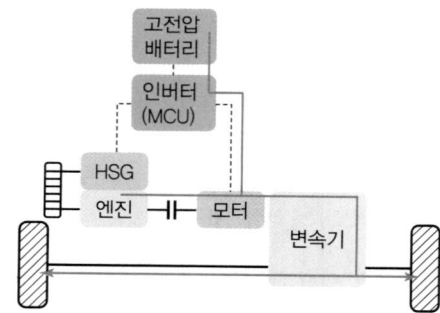

[그림 1-6] HEV주행 시 에너지 이동경로

ⓔ 회생제동
- 모터를 발전기로 전환하여 차륜의 회전 운동에너지를 통해 전기에너지를 저장하기 위한 모드
- 차륜의 회전운동에너지 → 모터에서 교류전류(AC) 발생 → MCU을 통한 전력 변환(AC→DC) → 고전압 배터리 충전

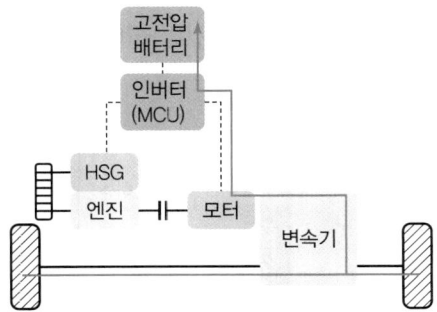

[그림 1-7] 회생 제동 시 에너지 이동경로

ⓕ 엔진+충전
- HSG를 발전기로 전환하여 엔진의 회전운동에너지를 통해 전기에너지를 저장하기 위한 모드
- 엔진의 회전에너지 → HSG에서 교류전류(AC) 발생 → MCU를 통한 전력 변환(AC → DC) → 고전압 배터리 충전

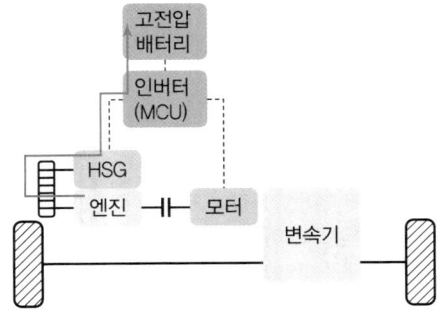

[그림 1-8] 엔진으로 고전압 배터리 충전 시 에너지 이동경로

(4) 플러그 인 하이브리드 자동차

플러그 인 하이브리드 전기 자동차(PHEV)의 구조는 하드 형식과 동일하거나 소프트 형식을 사용할 수 있으며, 가정용 전기 등 외부 전원을 이용하여 배터리를 충전할 수 있어 하이브리드 전기 자동차 대비 전기 자동차(Electric Vehicle)의 주행 능력을 확대하는 목적으로 이용된다. 하이브리드 전기 자동차와 전기 자동차의 중간 단계의 자동차라 할 수 있다.

02 하이브리드 시스템의 구성부품

(1) 하이브리드 전기 자동차 모터(HEV Motor)

고전압의 교류(AC)로 작동하는 영구자석형 동기 모터이며, 주 동력원으로 사용하는 구동 모터와 엔진의 시동과 발전기 역할을 수행하는 시동 발전기(HSG)가 있다.

1) 구동 모터의 역할과 구조

차량이 주행을 시작할 때 구동모터는 동력을 발생 시킨다(전기에너지→운동에너지). 또한, 모터의 감속 또는 제동 시에는 회전자의 회전에 의해 코일에 전기가 유도되고 이 전력을 통해 고전압 배터리를 충전하게 된다(운동에너지 → 전기에너지).

① 회전자(로터) : 영구자석 코어와 베어링으로 구성되어 있으며 주행 시에는 고정자의 회전자계에 의해 동력이 발생된다. 감속&제동 시에는 휠의 동력을 통해 고정자에 교류전압을 유도한다.

② 고정자(스테이터) : MCU는 권선 코일에 흐르는 교류전류를 적절히 제어하여 속도와 토크를 조절한다.

③ 레졸버&온도 센서 : 회전자(로터)의 회전 위치를 정확히 감지하며, 온도 센서로 과열을 방지하기 위해 MCU(인버터)를 통해 모터를 정밀 제어한다.

> **TIP** 레졸버 보정의 정의 및 필요한 경우
> - 레졸버 보정 : 레졸버는 회전자(로터)의 위치를 검출하여 MCU는 이 신호를 통해 모터를 정밀 제어하므로 레졸버의 보정은 필수적이다.
> - 레졸버 보정이 필요한 경우
>   - MCU를 교환 또는 탈·부착한 경우
>   - 구동모터를 교환 또는 탈·부착한 경우
>   - HSG를 교환 또는 탈·부착한 경우

2) 구동 전동기 교환 후 회전자 위치와 레졸버 회전자 위치 사이의 오프셋 보정

레졸버 오프셋(옵셋) 보정은 레졸버의 정확한 위치를 검출하기 위해 모터의 생산 및 조립 시 발생하는 모터의 회전자와 고정자의 하드웨어 편차를 인식시켜 주는 역할을 한다. 모터 및 인버터 교체 시 자기진단 장비를 이용하여 레졸버 오프셋 보정을 실시해야 한다.

[구동 모터 레졸버 센서]   [HSG 모터 레졸버 센서]

[그림 1-9] 레졸버 센서

3) 하이브리드 스타터&제네레이터(HSG ; Hybrid Starter Generator)

① 구조 : 고정자, 회전자
② 동력전달 방식 : 풀리를 통한 벨트방식
③ HSG 주요역할
  ㉠ 엔진 시동 제어 : HEV모드로 진입 시 엔진을 회전시키는 제어
  ㉡ 엔진속도 제어 : 엔진 시동 후 엔진과 모터의 부드러운 클러치 연결을 위해 엔진의 회전속도를 모터와 동기화시키는 제어
  ㉢ 소프트랜딩 제어 : 엔진 시동 OFF 시 HSG로 엔진에 부하를 걸어 엔진에서 발생되는 진동을 최소화하는 제어
  ㉣ 발전제어 : 고전압 배터리의 충전상태(SOC) 저하 시 엔진의 시동을 걸어 엔진 회전력으로 고전압 배터리를 충전하는 제어

(2) 엔진 클러치

① 습식 클러치와 건식 클러치로 구성되어 있다.
② 습식 엔진 클러치의 제어 : HCU는 변속기 측면에 장착되어 있는 엔진 클러치 압력 센서의 실제 압력신호를 받아 TCU에 목표오일 압력을 전송한다. 이에 TCU는 솔레노이드 밸브를 구동하여 엔진 클러치에 오일을 공급한다(압력 센서 → HCU → TCU → 솔레노이드 밸브 → 엔진 클러치).
③ 엔진 클러치 압력 센서 보정 시기 : 엔진, 변속기, 엔진 클러치, 엔진 클러치 압력 센서의 교환 또는 탈·부착한 경우 압력 센서의 보정을 실시한다.

03 하이브리드 제어시스템

(1) 하이브리드 파워 컨트롤 유닛(HPCU ; Hybrid Power Control Unit)

1) 구성

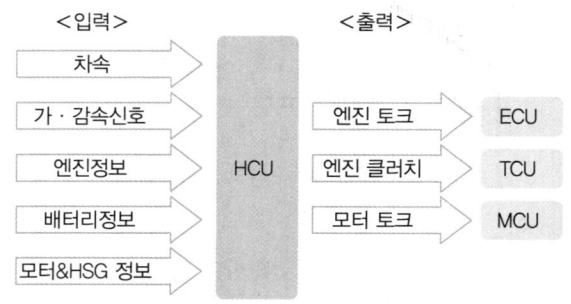

[그림 1-10] HCU 입출력 요소

① HCU(Hybrid Control Unit) : 하이브리드 고유 시스템의 기능을 수행하기 위해 각종 컨트롤 유닛들을 CAN 통신을 통해 각종 작동상태에 따른 제어조건들을 판단하여 해당 컨트롤 유닛을 제어한다.

> **참고** HCU 주요기능
>
> • 시스템 ON/OFF 제어 : 차량의 전원과 주행과 관련 전자제어기의 상태를 점검하여 이상 유무를 파악하고 이상이 없을 시 HEV Ready 상태로 출발이 가능한 제어
>
> ------ Ready 램프 동작상태에 따른 주행 가능 여부 ------
> 램프 점등 시 : 정상 주행 가능
> 램프 소등 시 : 정상 주행이 불가
> 램프 점멸 시(깜빡임) : 제한적 모드로 주행 가능
> --
> EV램프 : 모터 구동, 회생제동, 엔진 보조 시 점등되어 모터의 구동상태를 표시한다.
> --
>
> • 요구 토크계산 : 운전자의 가·감속 요구를 토크로 계산
> • 회생제동 제어 : 차량의 상태를 고려하여 실제 회생 제동량을 MCU로 보내는 제어

- EV/HEV모드 제어 : HCU는 주행 상황을 고려하여 EV모드, HEV모드, 엔진모드를 결정하는 제어
- 고전압 배터리 SOC 제어 : 고전압 배터리의 충·방전량을 결정하는 제어
- 엔진 컨트롤 : 엔진의 최적화된 작동 구간을 유지함
- 엔진 ON/OFF 제어 : 시스템 상태에 따라 엔진 시동 방법을 결정하며 HSG가 고장일 경우 HEV모터로 시동을 걸기도 하는 제어
- 엔진 클러치 제어 : HCU는 변속기 측면에 장착되어 있는 엔진 클러치 압력 센서의 실제 압력신호를 받아 TCU에 목표 오일 압력을 전송한다. 이에 TCU는 솔레노이드 밸브를 구동하여 엔진 클러치에 오일을 공급한다(압력 센서 → HCU → TCU → 솔레노이드 밸브 → 엔진 클러치).
- 토크 분배 : 주행상황에 필요한 토크를 엔진과 전기모터 두 동력원이 가장 효율적으로 작동할 수 있도록 분배한다.
- 시스템 제한 : 고전압 배터리의 충전과 방전 한계치를 제어한다. 필요시 모터의 출력을 제한하거나 HSG에 의한 충전량을 제한한다.
- 12V 보조 배터리 제어 : LDC의 출력전압을 제어하여 필요한 전원을 제공한다.
- 페일 세이프

② MCU(Motor Control Unit) : HCU(Hybrid Control Unit)의 구동 신호에 따라 모터로 공급되는 전류량을 제어하며, 인버터 기능(DC-AC)과 배터리 충전을 위해 모터에서 발생한 교류를 직류로 변환시키는 컨버터(AC→DC) 기능을 동시에 실행한다.

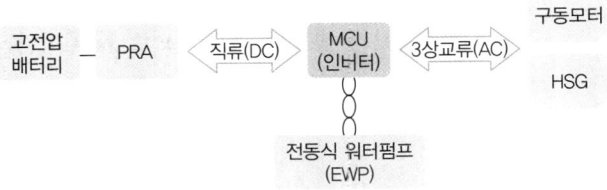

[그림 1-11] MCU의 회로 구성

③ LDC(Low DC-DC Converter) : 고전압 직류 전원을 저전압(12V) 직류전력으로 변환시켜 주는 장치

> **TIP** DC 초퍼 및 사이클로 컨버터
> - DC 초퍼 : 일종의 직류 변압기로 직류 → 직류의 전압 변환
> - 사이클로 컨버터 : 교류 → 교류의 전압, 주파수 변환

(2) 배터리 컨트롤 시스템(BMS ; Battery Management System)

배터리 에너지의 입출력 제어, 배터리 성능 유지를 위한 전류, 전압, 온도, 사용시간 등 각종 정보를 모니터링하여 하이브리드 컨트롤 유닛이나 모터 컨트롤 유닛으로 송신한다.

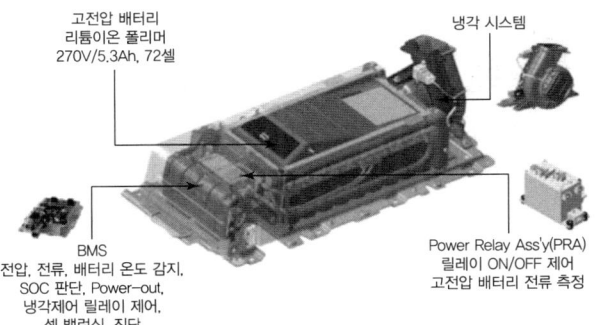

[그림 1-12] 고전압 배터리 구성

1) 고전압 배터리

리튬이온 폴리머 배터리로 DC 270V[각 셀의 전압은 3.75V, 72셀(8셀 × 9모듈)이다]로 트렁크 룸에 장착된다. BMS는 각 셀의 전압, 전체 충·방전 전류량 및 온도 값을 받고, BMS에서 계산된 SOC(충전상태)는 HCU로 보내지며, HCU는 이 값을 참조하여 고전압 배터리를 제어한다.

2) 파워릴레이 어셈블리(PRA)

메인 릴레이, 프리 챠지 릴레이, 프리 챠지 레지스터, 배터리 전류 센서로 구성되어 있다. PRA는 배터리 팩 어셈블리 내에 위치하며, 고전압 배터리와 BMS ECU의 제어 신호에 의한 인버터의 고전압 전원 회로를 제어한다.

① 메인 릴레이(+), 메인 릴레이(-) : IG OFF 시 고전압 시스템을 차단하여 감전 및 2차 사고를 예방한다.
② 프리차지 릴레이&레지스터 : 프리차지 회로를 구성하여 갑작스러운 전류 유입(In rush current)을 제한하여 고전압 회로를 보호한다.
③ 캐패시터 : BMS 입력 노이즈를 줄여준다.
④ 전류센서 : 입출력 전류량을 측정하여 BMS로 전송한다.

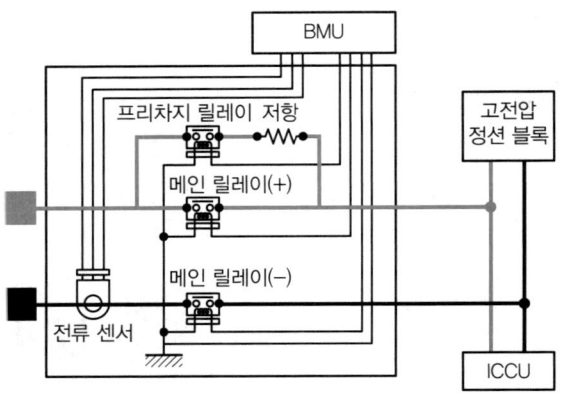

[그림 1-13] PRA 회로구성

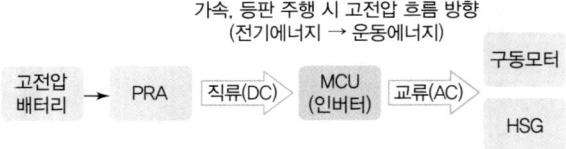

[그림 1-14] 가속, 등판 주행 시 고전압 흐름 방향

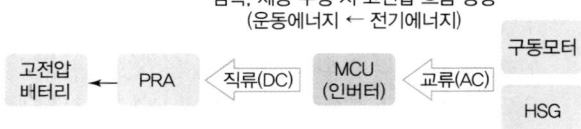

[그림 1-15] 감속, 제동 주행 시 고전압 흐름 방향

(3) BMS 주요기능

① SOC 제어 : 배터리 전압, 전류, 온도를 측정하여 충전 상태를 계산하고 적정 SOC 영역을 유지하도록 한다.

② HCU 충전 제한 : 충전상태 80% 이상에서는 충전을 제한하고, 충전상태 20% 미만에서는 방전을 제한하도록 HCU에 요청한다. 이에 HCU는 배터리의 최적효율 구간인 55~65%의 충전상태를 유지하도록 제어한다.

> **TIP** HCU 충전 제한 효과
> - 배터리 보호를 위해 상황별 입·출력 에너지 제한 값을 산출하여 HCU로 정보 제공
> - 배터리 가용파워 예측
> - 고충·방전 방지
> - 나구성 확보
> - 에너지 사용 극대화

③ 셀 밸런싱 : 충·방전 과정에서 전압 편차가 생긴 셀을 동일한 전압으로 매칭

④ 냉각 제어 : 냉각 팬 구동 및 속도 제어를 통해 최적의 배터리 동작 온도 유지 및 관리

※ 고전압 배터리가 최적의 효율을 내기 위해서는 온도관리가 매우 중요하다. 고온 구간에서는 배터리 성능이 저하되고 저온 구간에서는 충전효율이 떨어지므로 일반조건에서 고전압 배터리 온도는 평균 30℃를 유지한다.

⑤ PRA 제어 : 고전압 공급 및 차단, 사고 및 고장 시 안전사고 방지를 위해 고전압 차단 기능

⑥ 협조 제어 : CAN 통신을 통해 타 제어기(HCU, MCU 등) 협조 제어 수행

⑦ 12V 배터리 제어

⑧ 진단 : 배터리 시스템 모니터링, 페일 세이프 단계를 분류하여 출력 제한치를 규정

04 고전압 정비 시 주의사항

(1) 고전압 안전 관련 법류

1) 고전압 전기배선

① 전원 전기장치 간 연결배선의 피복(연결배선에 보호 기구를 설치한 경우)은 주황색으로 하여야 한다.

② 노출된 충전부가 없어야 한다.

③ 극성이 바뀔 수 있는 구조일 경우, 각각 다른 색상의 단자/커넥터를 적용한다.

④ 중간에 접속점이 없어야 한다.

⑤ 전기적 접속부가 진동 또는 충격으로 인해 이완되거나 손상되지 않아야 한다.

⑥ 이상전압 유기 시 절연 파괴나 플래시오버가 없어야 한다.

⑦ 노출 도전부와 전기연속성은 0.1Ω 이하이어야 한다.

2) 고전압 감전 경고 표기

① 고전압장치 외부, 고전압장치 보호커버, 고전압 전기배선 보호관에 식별이 쉽고, 쉽게 떨어지지 않는 구조로 부착하여야 한다.

② 변색되거나 지워지지 않아야 한다.

③ 심벌(symbol)의 바탕은 노란색으로 하고 외곽선은 검은색으로 한다.

[그림 1-16] 고전압 감전 경고 심벌

3) 고전압 연결배선

도구를 사용하지 않고 쉽게 열리거나 분해되지 않아야 한다.

(2) 고전압 보호장비

[그림 1-17] 고전압 개인 보호장비

1) 절연 장갑

① 고전압 부품 점검 및 관련 작업 시 착용하는 가장 필수적인 개인보호장비이다.

② 절연 성능은 AC 1000V/300A 이상 되어야 한다.

③ 절연 장갑의 찢김 및 파손을 막기 위해 절연 장갑 위에 가죽 장갑을 착용하기도 한다.

2) 절연화

① 고전압 부품 점검 및 관련 작업 시 바닥을 통한 감전을 방지하기 위해 착용한다.

② 절연 성능은 AC 1000V/300A 이상 되어야 한다.

3) 절연 피복

① 고전압 부품 점검 및 관련 작업 시 신체를 보호하기 위해 착용한다.

② 절연 성능은 AC 1000V/300A 이상 되어야 한다.

4) 절연 헬멧

고전압 부품 점검 및 관련 작업 시 머리를 보호하기 위해 착용한다.

5) 보호 안경, 안면 보호대

스파크가 발생할 수 있는 고전압 작업 시 착용한다.

6) 절연 매트

① 탈거한 고전압 부품에 의한 감전사고 예방을 위해 부품을 절연 매트 위에 정리하여 보관한다.

② 절연 성능은 AC 1000V/300A 이상 되어야 한다.

7) 절연 공구

① 기본적으로 작업자와 접촉을 통해 전류가 흐르지 않게 특수하게 설계된 공구들로 고전압 차량에서 작업 시, 작업자의 안전을 확보할 수 있다.

② 일반 공구와 상이하게 절연 특성(성능 : AC 1000V 이상)을 갖도록 설계되어 고전압부품 작업에 사용한다.

> **TIP** 인체 통전전류 크기에 따른 증상
> - 1~2mA : 찌릿함을 느낌(감지전류)
> - 5~20mA : 근육수축이 격렬하게 일어남(경련전류)
> - 30mA 이상 : 사망에 이를 수 있음(심실세동전류)

> **TIP** 감전 시 위험도 결정요인 요인
> - 통전시간
> - 통전 경로
> - 통전전류의 크기
> - 통전 전압

(3) 고전압 안전 작업 단계

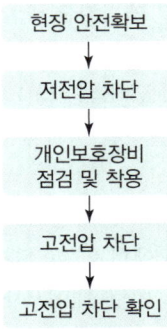

[그림 1-18] 고전압 안전 작업 단계

1) 고전압 차단 절차
① 저전압 차단 : 키 OFF하고 저전압 배터리의 (+), (-)단자를 탈거한다.
② 개인 보호장비를 점검 및 착용한다.
③ 서비스 인터록 커넥터를 분리한다(서비스 인터록이 없는 경우 안전 플러그를 탈거).
④ 인버터 커패시터 방전을 위하여 5분 이상 대기한다.
⑤ 인버터 단자 간 전압을 측정한다(잔존 전압 상태를 점검).
⑥ 측정 전압이 30V 이하인지 확인한다(30V 이하이면 고전압 회로가 정상적으로 차단된 상태임).

05 KSR 0121에 따른 도로 차량 하이브리드 자동차 용어의 정리

① 하이브리드 전기 자동차(HEV ; Hybrid Electric Vehicle) : HEV차량 추진을 위한 동력원으로 연료에 의한 동력원과 재충전식 전기에너지 저장 시스템(RESS)을 비롯한 전기 동력원을 갖춘 하이브리드 자동차
② 연료 전지 하이브리드 전기 자동차(FCHEV ; Fuel Cell Hybrid Electric Vehicle) : 자동차의 추진을 위한 동력원으로 재충전식 전기 에너지를 생성하기 위하여 연료 전지 시스템을 탑재한 하이브리드 자동차
③ 플러그 인 하이브리드 전기 자동차(PHEV ; Plug-in Hybrid Electric Vehicle) : 플러그 인 하이브리드 전기 자동차란 차량의 추진을 위한 동력원으로 연료에 의한 동력원과 재충전식 전기 에너지 저장 시스템(RESS)을 비롯한 전기 동력원을 갖추고 자동차 외부의 전기 공급원으로부터 재충전식 전기에너지 저장 시스템을 충전하여 차량에 전기 에너지를 공급할 수 있는 장치를 갖춘 하이브리드 자동차
④ 회생제동(regenerative braking) : 전기 구동 시스템으로 제동력 발생 시 발전된 전기에너지로 RESS를 충전하는 하이브리드 모드
⑤ 저장 시스템(RESS ; Rechargeable Energy Storage System) : 재생가능 에너지 축적 시스템을 비롯한 전기 동력원을 갖추고 차량 내에서 전기 에너지를 생성하기 위하여 연료 전지 시스템을 탑재한 하이브리드 자동차
⑥ 아이들 스탑(idle-stop) : 차량이 정지해있는 동안과 같이 동력 요구가 제로이거나 마이너스일 때 엔진이 자동적으로 꺼지고 자동적으로 다시 시동되는 것으로, start/stop, stop&go 등으로도 통용되고 있음
⑦ 2차 전지(rechargeable cell) : 충전시켜 다시 쓸 수 있는 전지를 말하며, 납산 축전지, 알칼리 축전지, 기체 전지, 리튬이온 전지, 니켈수소 전지, 니켈카드뮴 전지, 폴리머 전지 등이 있음
⑧ SOC : 배터리 팩이나 시스템에서의 유효한 용량으로 정격용량의 백분율로 표시함
⑨ 방전 심도(depth of discharge) : 배터리 팩이나 시스템으로부터 회수할 수 있는 암페어시 단위의 양을 시험 전류와 온도에서의 정격용량으로 나눈 것으로 백분율로 표시함
⑩ 에너지 밀도(energy density) : Wh/L로 표시되며, 배터리 팩이나 시스템의 체적당 저장되는 에너지량
⑪ DC/DC 변환 장치(DC/DC converter) : 직류 전압을 직류 전압으로 변환시키는 장치로 감압시키는 LDC(Low-voltage DC-DC converter)와 승압시키는 HDC(High-voltage DC-DC converter)가 있음

단원 마무리 문제

CHAPTER 01 하이브리드 고전압장치

01 하이브리드 시스템에 대한 설명 중 틀린 것은?
① 직렬형 하이브리드는 소프트타입과 하드타입이 있다.
② 소프트타입은 순수 EV(전기차) 주행모드가 없다.
③ 하드타입은 소프트타입에 비해 연비가 향상된다.
④ 플러그-인 타입은 외부 전원을 이용하여 배터리를 충전한다.

해설
소프트타입과 하드타입의 하이브리드는 병렬형이다.

02 하이브리드 자동차에서 직류전압(DC)전압을 다른 직류(DC)전압으로 바꾸어 주는 장치는 무엇인가?
① 캐패시터   ② DC-AC 인버터
③ DC-DC 컨버터   ④ 리졸버

해설
DC/DC 변환 장치(DC/DC converter)
- 직류전압을 직류전압으로 변환시키는 장치이다.
- 감압시키는 LDC(Low-voltage Dc-Dc Converter)와 승압시키는 HDC(High-voltage Dc-Dc Converter)가 있다.

03 하이브리드 시스템을 제어하는 컴퓨터의 종류가 아닌 것은?
① 모터 컨트롤 유닛(Motor Control Unit)
② 하이드로릭 컨트롤 유닛(Hydaulic Control Unit)
③ 배터리 콘트롤 유닛(Battery Control Unit)
④ 통합제어 유닛(Hybrid Control Unit)

해설
하이드롤릭 컨트롤 유닛(HECU)은 전자제어 제동장치의 제어장치이다.

04 하이브리드 자동차의 주행에 있어 감속 시 계기판의 에너지 사용표시 게이지는 어떻게 표시되는가?
① RPM   ② Charge
③ Assist   ④ 배터리 용량

해설
감속 시 회생제동시스템 작동에 의해 Charge가 점등된다.

05 하이브리드 자동차의 전기장치 정비 시 반드시 지켜야 할 내용이 아닌 것은?
① 절연 장갑을 착용하고 작업한다.
② 서비스 플러그(안전 플러그)를 제거한다.
③ 전원을 차단하고 일정 시간이 경과 후 작업한다.
④ 하이브리드 컴퓨터의 커넥터를 분리하여야 한다.

해설
고전압 차단 절차
- 저전압 차단을 위해 키 OFF하고 저전압 배터리의 (+), (-)단자를 탈거한다.
- 개인 보호 장비 점검 및 착용한다.
- 서비스 인터록 커넥터를 분리한다(서비스 인터록이 없는 경우 안전 플러그를 탈거한다).
- 인버터 커패시터 방전 위하여 5분 이상 대기한다.

06 하이브리드 자동차의 동력제어 장치에서 모터의 회전속도와 회전력을 자유롭게 제어할 수 있도록 직류를 교류로 변환하는 장치는?
① 컨버터   ② 레졸버
③ 인버터   ④ 커패시터

해설
MCU(Motor Control Unit)는 HCU(Hybrid Control Unit)의 구동 신호에 따라 인버터 기능(DC-AC)으로 모터로 공급되는 전류량을 제어한다.

정답 01 ① 02 ③ 03 ② 04 ② 05 ④ 06 ③

07 하이브리드 차량의 정비 시 전원을 차단하는 과정에서 안전플러그를 제거 후 고전압 부품을 취급하기 전에 5~10분 이상 대기 시간을 갖는 이유 중 가장 알맞은 것은?

① 고전압 배터리 내의 셀의 안정화를 위해서
② 제어모듈 내부의 메모리 공간의 확보를 위해서
③ 저전압(12V) 배터리에 서지전압이 인가되지 않기 위해서
④ 인버터 내의 컨덴서에 충전되어 있는 고전압을 방전시키기 위해서

해설
고전압 차단 절차 중 인버터 커패시터(콘덴서)의 방전 위하여 5분 이상 대기한다.

08 하이브리드 자동차에서 리튬 이온 폴리머 고전압 배터리는 9개의 모듈로 구성되어 있고, 1개의 모듈은 8개의 셀로 구성되어 있다. 이 배터리의 전압은? (단, 셀 전압은 3.75V이다.)

① 30V ② 90V
③ 270V ④ 375V

해설
배터리 전압 = 모듈 수 × 셀의 수 × 셀 전압
따라서, 배터리 전압 = 9 × 8 × 3.75V = 270V

09 전력용 변환기에 대한 설명 중 잘못된 것은?

① 인버터는 직류를 교류로 전환시키는 장치이다.
② 컨버터는 교류를 직류로 변환시키는 장치이다.
③ 초퍼는 직류를 다른 직류로 변환시키는 장치이다.
④ 사이클로 컨버터는 교류와 직류 구분 없이 변환 가능하다.

해설
• DC 초퍼, 일종의 직류 변압기 : 직류 → 직류의 전압 변환
• 사이클로 컨버터 : 교류 → 교류의 전압, 주파수 변환

10 하이브리드 자동차의 전원 제어시스템에 대한 두 정비사의 의견 중 옳은 것은?

> • 정비사 KIM : 인버터는 열을 발생하므로 냉각이 중요하다.
> • 정비사 LEE : 컨버터는 고전압의 전원을 12볼트로 변환하는 역할을 한다.

① 정비사 KIM만 옳다.
② 정비사 LEE만 옳다.
③ 두 정비사 모두 틀리다.
④ 두 정비사 모두 옳다.

해설
인버터에서 DC → AC로 변환하는 과정 중에 열이 발생하므로 냉각이 중요하다. 하이브리드 차량에서 LDC 컨버터는 고전압 배터리의 전원을 12V 배터리를 충전하는 데 이용된다.

11 하드 타입 하이브리드 구동모터의 주요 기능으로 틀린 것은?

① 출발 시 전기모드 주행
② 가속 시 구동력 증대
③ 감속 시 배터리 충전
④ 변속 시 동력 차단

해설
변속 시 동력 차단은 구동모터의 기능이 아닌 클러치의 기능이다.

12 하이브리드 자동차(HEV)에 대한 설명으로 거리가 먼 것은?

① 병렬형(Parallel)은 엔진과 변속기가 기계적으로 연결되어 있다.
② 병렬형(Parallel)은 구동용 모터 용량을 크게 할 수 있는 장점이 있다.
③ FMED(Flywheel Mounted Electric Device) 방식은 모터가 엔진 측에 장착되어 있다.
④ TMED(Transmission Mounted Electric Device)는 모터가 변속기 측에 장착되어 있다.

해설
병렬형(Parallel)은 저성능의 모터와 용량이 적은 배터리로도 구현이 가능하므로 용량을 작게 할 수 있는 장점이 있다.

13 일반적인 직렬형 하이브리드 자동차의 동력전달 과정으로 옳은 것은?

① 엔진 → 전동기 → 변속기 → 축전지 → 발전기 → 구동바퀴
② 엔진 → 변속기 → 축전지 → 발전기 → 전동기 → 구동바퀴
③ 엔진 → 변속기 → 발전기 → 축전지 → 전동기 → 전동바퀴
④ 엔진 → 발전기 → 축전지 → 전동기 → 변속기 → 구동바퀴

> **해설**
>
> 직렬형 하이브리드 자동차의 동력전달 과정은 엔진 → 발전기 → 배터리(축전지) → 모터(전동기) → 감속기 → 구동바퀴이다.

14 병렬형 하드타입 하이브리드 자동차에서 엔진 시동기능과 공전 상태에서 충전기능을 하는 장치는?

① MCU(Motor Control Unit)
② PRA(Power Relay Assembly)
③ LDC(Low DC-DC Converter)
④ HSG(Hybrid Starter Generator)

> **해설**
>
> HSG 주요역할
> • 엔진 시동 제어
> • 엔진 속도 제어
> • 소프트 랜딩 제어
> • 발전 제어

15 병렬형 하드 타입 하이브리드 자동차에 대한 설명으로 옳은 것은?

① 배터리 충전은 엔진이 구동시키는 발전기로만 가능하다.
② 구동모터가 플라이휠에 장착되고 변속기 앞에 엔진 클러치가 있다.
③ 엔진과 변속기 사이에 구동모터가 있는데 모터만으로는 주행이 불가능하다.
④ 구동모터는 엔진의 동력보조 뿐만 아니라 순수 전기 모터로도 주행이 가능하다.

> **해설**
>
> ① 직렬형 하이브리드에 대한 설명이다.
> ② 소프트 타입 하이브리드에 대한 설명이다.
> ③ 엔진과 변속기 사이에 구동모터가 있어 모터만으로는 주행이 가능하다.

16 하이브리드자동차 모터 제어기 및 고전압 배터리 패키지 냉각 시스템 설계 시 고려해야 할 사항으로 틀린 것은?

① 고전압 배터리 팩은 최적의 열관리가 되어야 한다.
② 모터제어기는 열이 발생하지 않으므로 냉각 시스템이 필요 없다.
③ 냉각 시스템의 소용은 적어야 한다.
④ 여름 및 겨울철을 고려할 때 실내 공기를 유입하여 냉각하는 것이 바람직하다.

> **해설**
>
> 모터제어기(MCU) 또한 내부에 열이 발생하므로 냉각 시스템이 필요하다.

정답 07 ④ 08 ③ 09 ④ 10 ④ 11 ④ 12 ② 13 ④ 14 ④ 15 ④ 16 ②

17 병렬형(Parallel) TMED(Transmission Mounted Electric Device) 방식의 하이브리드 자동차(HEV)의 주행 패턴에 대한 설명으로 틀린 것은?

① 엔진 OFF 시에는 EOP(Electric Oil Pump)를 작동해 자동변속기 구동에 필요한 유압을 만든다.
② 엔진 단독 구동 시에는 엔진클러치를 연결하여 변속기에 동력을 전달한다.
③ EV모드 주행 중 HEV주행 모드로 전환할 때 엔진동력을 연결하는 순간 쇼크가 발생할 수 있다.
④ HEV주행 모드로 전환할 때 엔진 회전속도를 느리게 하여 HEV모터 회전속도와 동기화되도록 한다.

해설
EV모드 주행 중 HEV주행 모드로 전환할 때 엔진동력을 연결하는 순간 쇼크가 발생할 수 있으므로 엔진회전수를 높여 HEV모터의 회전속도와 엔진의 속도를 동기화한 후 연결한다.

18 병렬형(Parallel) TMED(Transmission Mounted Electric Device) 방식의 하이브리드 자동차(HEV)에 대한 설명으로 틀린 것은?

① 모터가 변속기에 직결되어 있다.
② 모터 단독 구동이 가능하다.
③ 모터가 엔진과 연결되어 있다.
④ 주행 중 엔진 시동을 위한 HSG가 있다.

해설
TMED 특징
- 모터가 변속기에 직결되어 있다.
- 출발과 저속 주행 시에는 모터만을 이용하는 전기 자동차 모드(EV)로 주행한다.
- 주행 중 엔진 시동을 위한 HSG(Hybrid Starter Generator)가 있다.

19 병렬형 하드 타입의 하이브리드 자동차에서 HEV 모터에 의한 엔진 시동 금지 조건인 경우, 엔진의 시동은 무엇으로 하는가?

① HEV 모터
② 블로워 모터
③ 기동 발전기(HSG)
④ 모터 컨트롤 유닛(MCU)

해설
하이브리드 자동차는 고전압 배터리를 포함한 모든 전기 동력 시스템이 정상일 경우 모터를 이용한 엔진 시동을 한다. 아래 조건으로 HCU는 모터를 이용한 엔진 시동을 금지시키고 HSG를 작동시켜 엔진 시동을 제어한다.
HEV 모터에 의한 엔진시동 금지 조건
- 고전압 배터리 온도가 약 -10℃ 이하 또는 45℃ 이상
- 모터컨트롤모듈(MCU) 인버터 온도가 94℃ 이상
- 고전압 배터리 충전량이 18% 이하
- 엔진 냉각 수온이 -10℃ 이하
- ECU/MCU/BMS/HCU 고장 감지된 경우

20 주행 중인 하이브리드 자동차에서 제동 시에 발생된 에너지를 회수(충전)하는 모드는?

① 가속 모드　　② 발진 모드
③ 시동 모드　　④ 회생제동 모드

해설
회생제동 모드는 하이브리드 또는 전기차에서 제동 혹은 감속(엑셀레이터를 밟지 않은 상태) 상황에서 전기모터를 발전기로 전환하여 운동에너지를 전기에너지로 전환하는 장치이다.

21 하이브리드 차량에서 감속 시 전기 모터를 발전기로 전환하여 차량의 운동에너지를 전기 에너지로 변환시켜 배터리로 회수하는 시스템은?

① 회생 제동 시스템
② 파워 릴레이 시스템
③ 아이들링 스톱 시스템
④ 고전압 배터리 시스템

해설
회생 제동 시스템의 단계를 높여 전기에너지로 회수되는 양이 늘어나면 EV모드의 주행 가능거리가 증가되고, 관성주행이 줄어들 수 있다.

22 하이브리드 자동차는 감속 시 전기에너지를 고전압 배터리로 회수(충전)한다. 이러한 발전기 역할을 하는 부품은?

① AC 발전기 ② 스타팅 모터
③ 하이브리드 모터 ④ 모터 컨트롤 유닛

> **해설**
> 하이브리드 자동차는 별도의 발전기를 두지 않고 전기 모터를 통해 감속 및 제동시 교류전류를 생성하여 AD 컨버터를 통해 고전압 배터리를 충전한다.
> • 가속 시 : 전기에너지 → 운동에너지 변환
> • 감속 시 : 운동에너지 → 전기에너지 변환

23 주행 중인 하이브리드 자동차에서 제동 및 감속 시 충전 불량 현상이 발생하였을 때 점검이 필요한 곳은?

① 회생제동 장치 ② LDC 제어 장치
③ 발전 제어 장치 ④ 12V용 충전 장치

> **해설**
> 회생제동 시스템은 하이브리드 또는 전기차에서 제동 혹은 감속(엑셀레이터를 밟지 않은 상태) 상황에서 전기모터를 발전기로 전환하여 운동에너지를 전기에너지로 전환하는 장치이다. 따라서 제동 및 감속 시 충전 불량이 발생하는 경우 회생제동 시스템을 점검한다.

24 회생제동을 통한 에너지 회수 중 액티브 하이드로릭 부스터의 협조제어에 대한 설명으로 맞는 것은?

① 제동 초기 유압에 의한 제동력이 전기모터의 회생제동력보다 낮다.
② 제동 초기 유압에 의한 제동력이 전기모터의 회생제동력보다 높다.
③ 제동 초기 유압에 의한 제동력이 운전자의 요구 제동력보다 높다.
④ 제동 초기 전기모터의 회생제동력이 운전자의 요구 제동력보다 높다.

> **해설**
> 회생제동 협조제어기능에 있어 전체 제동력(운전자의 요구제동력) 내에서 유압제동력 증압 시 회생제동력은 저하되고, 감압 시 회생제동력이 증가 되므로 제동 초기 유압에 의한 제동력이 전기모터의 회생 제동력보다 높다.

25 하이브리드에 적용되는 오토 스톱 기능에 대한 설명으로 옳은 것은?

① 모터 주행을 위해 엔진을 정지
② 위험물 감지 시 엔진을 정지시켜 위험을 방지
③ 엔진에 이상이 발생 시 안전을 위해 엔진을 정지
④ 정차 시 엔진을 정지시켜 연료소비 및 배출가스 저감

> **해설**
> ISG(Idle Stop&Go) 기능은 정차 시 엔진(기관)을 정지시켜 연료 소비 및 배출가스 저감한다.

26 하이브리드 자동차의 오토 스톱(Auto Stop) 기능이 미작동하는 조건과 관계없는 것은?

① 고전압 배터리의 온도가 규정 온도보다 높은 경우
② 엔진 냉각수 온도가 규정 온도보다 낮은 경우
③ 무단변속기 오일 온도가 규정 온도보다 낮은 경우
④ 에어컨이 작동 중인 경우

> **해설**
> ISG 금지조건
> • 엔진 냉각수온이 낮을(50℃ 이하) 때(CVT 유온 30℃ 이하)
> • 메인 배터리의 SOC가 낮은 경우
> • 보조배터리 전압이 낮은 경우
> • 브레이크 부압이 낮은 경우
> • 가속페달을 밟은 경우
> • 변속레버가 P단, 또는 R단인 경우
> • 관련 시스템에 에러가 검출된 경우
> • ABS 작동 시 및 급경사에 정차 시
> • 촉매 컨버터의 온도가 낮은 경우 등

정답 17 ④ 18 ③ 19 ③ 20 ④ 21 ① 22 ② 23 ① 24 ④ 25 ④ 26 ④

27 하이브리드 자동차의 아이들링 스톱 시스템의 작동금지 조건이 아닌 것은?

① 배터리 충전이 필요한 경우
② 촉매장치의 온도가 일정 이하인 경우
③ 흡기온도가 일정 이하인 경우
④ 엔진 냉각수온도가 일정 이하인 경우

해설
ISG 금지조건
• 엔진 냉각수온이 낮을(50℃ 이하) 때(CVT 유온 30℃ 이하)
• 메인 배터리의 SOC가 낮은 경우
• 보조배터리 전압이 낮은 경우
• 브레이크 부압이 낮은 경우
• 가속페달을 밟은 경우
• 변속레버가 P단, 또는 R단인 경우
• 관련 시스템에 에러가 검출된 경우
• ABS 작동 시 및 급경사에 정차 시
• 촉매 컨버터의 온도가 낮은 경우 등

28 하이브리드 자동차에서 저전압(12V) 배터리가 장착된 이유로 틀린 것은?

① 오디오 작동
② 등화장치 작동
③ 네비게이션 작동
④ 하이브리드 모터 작동

해설
하이브리드 자동차에서 저전압(12V) 배터리의 역할을 각종 전장품의 작동이므로 하이브리드 모터 작동과는 거리가 멀다. 하이브리드 모터의 전원은 고전압 배터리이다.

29 하이브리드 자동차 고전압 배터리 충전상태(SOC)의 일반적인 제한 영역은?

① 20~80%
② 55~86%
③ 86~110%
④ 110~140%

해설
SOC 제어는 충전상태 80% 이상에서는 충전을 제한하고, 충전상태 20% 미만에서는 방전을 제한하도록 HCU에 요청한다.

30 하이브리드 자동차의 보조 배터리가 방전으로 시동 불량일 때 고장원인 또는 조치방법에 대한 설명으로 틀린 것은?

① 단시간에 방전이 되었다면 암전류 과다 발생이 원인이 될 수도 있다.
② 장시간 주행 후 바로 재시동시 불량하면 LDC 불량일 가능성이 있다.
③ 보조배터리가 방전이 되었어도 고전압 배터리로 시동이 가능하다.
④ 보조배터리를 점프 시동하여 주행 가능하다.

해설
보조배터리가 방전이 되면 보조배터리를 점프 시동하여야 하며, 고전압 배터리로 시동이 불가능하다.

31 하이브리드 자동차의 고전압 배터리 시스템 제어 특성에서 모터 구동을 위하여 고전압 배터리가 전기에너지를 방출하는 동작 모드로 맞는 것은?

① 제동모드
② 방전모드
③ 정지모드
④ 충전모드

해설
배터리의 전기에너지를 방출하는 동작모드는 '방전모드', 전기에너지를 충전하는 동작모드는 '충전모드'이다.

32 하이브리드 자동차에서 고전압 배터리 제어기(Battery Management System)의 역할 설명으로 틀린 것은?

① 충전상태 제어
② 파워 제한
③ 냉각 제어
④ 저전압 릴레이 제어

해설
BMS 주요기능
• SOC 제어
• 출력 제한
• 셀 밸런싱
• 냉각 제어
• PRA 제어

정답 27 ③ 28 ④ 29 ① 30 ③ 31 ② 32 ④

CHAPTER 02 전기자동차

Industrial Engineer Motor Vehicles Maintenance

Topic 01 | 전기자동차 개요

01 친환경 자동차 개발 목적

① 엔진에서 나오는 배기가스의 이산화탄소로 인해 지구의 온난화를 가속화시키고, 분진으로 인하여 폐암에 걸리고 지구상에서 오존이 생성되어 사람들의 호흡기에 큰 영향을 주고 있다.
② 화석연료는 한정되기 때문에 언젠가는 고갈될 위기에 처해 있다.
③ 이러한 문제들을 해결하기 위해서 여러 가지 대체 기술 중 현재의 엔진 효율을 따라갈 수 있고, 에너지 고갈과 환경 문제까지 해결할 수 있는 기술을 개발하고 있다.
④ 하이브리드 자동차, 전기자동차, 수소 연료전지 자동차 등이 친환경 자동차의 예이다.

02 전기차 개요

구동에너지를 내연기관이 아닌 전기에너지로부터 얻는 자동차를 말한다. 즉, 자동차의 동력원인 엔진이 전기모터로 대체되고, 변속기를 대신하여 감속기가 적용된다.

03 전기차 주행모드

(1) 출발/가속

시동키를 ON 후 운전자가 가속페달을 밟으면 전기자동차는 고전압 배터리에 저장된 전기에너지를 이용하여 구동모터로 주행한다.

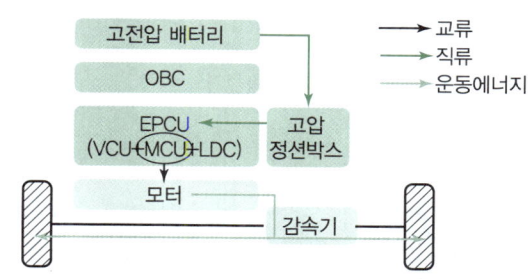

[그림 2-1] 출발/가속 시 에너지 흐름

(2) 감속

차량 속도가 운전자가 요구하는 속도보다 높아서 가속페달을 작게 밟거나, 브레이크를 작동할 때 전기모터의 구동력은 필요하지 않다. 이때 차량 바퀴의 운동에너지를 구동모터는 발전기의 역할을 하여 전기에너지를 만들어 낸다. 구동모터에서 만들어진 전기에너지는 고전압 배터리에 저장한다. 감속 시 발생하는 운동에너지를 버리지 않고 구동모터를 발전기로 사용하여 배터리를 재충전하는 것을 회생제동이라고 한다.

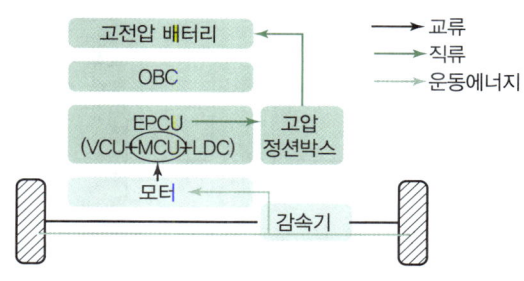

[그림 2-2] 감속/제동 시 에너지 흐름

Topic 02 　전기자동차의 구성

01 충전장치

(1) 충전기의 종류

　㉠ 완속충전 : 단상 5핀, 3상 7핀, GB/T
　② 급속충전 : 콤보 7핀, 콤보 9핀, 차데모(10핀), GB/T

[표 2-1] 전기차 충전기의 종류

구분	적용국가			
	일본, 한국	미국	유럽	중국
AC (완속충전)				
명칭	단상 5핀	단상 5핀	3상 7핀	GB/T
DC (급속충전)				
명칭	차데모 (CHAdeMO)	콤보 7핀	콤보 9핀	GB/T

(2) 완속충전

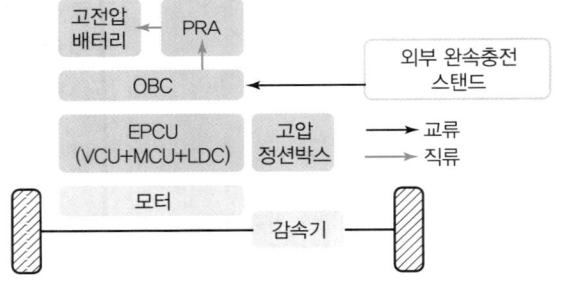

[그림 2-3] 완속충전 시 에너지 흐름

① 충전 전원 : 교류(AC), 220V, 35A
② 차량의 앞쪽에 설치된 완속충전기 인렛을 통해 충전한다.
③ 충전시간 : 약 9시간 35분으로 충전시간이 길다.
④ 충전 흐름도 : 완속충전 스탠드 → 차량 탑재형 충전기(OBC) → PRA → BMS
⑤ 충전량 : 충전 효율이 높아 배터리용량(SOC)의 95%까지 충전할 수 있다.

(3) 급속충전

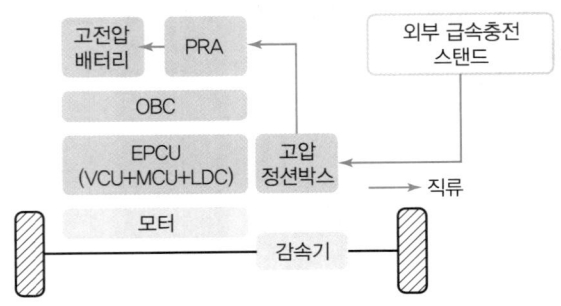

[그림 2-4] 급속충전 시 에너지 흐름

① 충전 전원 : 직류(DC), 500V, 200A
② 급속충전 인렛 포트을 통해 충전한다.
③ 충전시간 : 100kW 75분, 50kW 약 55분으로 짧다.
④ 충전 흐름도 : 급속충전 스탠드 → 고압정션박스 → PRA → BMS
⑤ 충전량 : 배터리용량(SOC)의 80%까지 충전할 수 있다.

(4) LDC(Low voltage DC-DC Converter)

고전압 배터리를 통해 12V의 저전압으로 변환하여 12V 보조배터리를 충전하고 차량 전장품에 공급하기 위한 전력 변환 시스템이다.

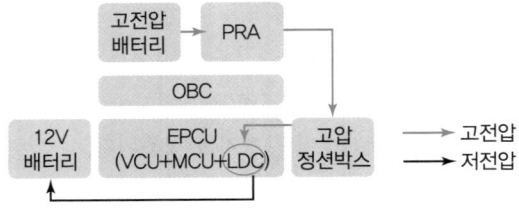

[그림 2-5] 저전압 배터리 충전 시 에너지 흐름

02 구동모터

전기차용 구동 모터는 엔진이 없는 전기 자동차에서 동력을 발생하는 장치로 높은 구동력과 출력으로 가속과 등판 및 고속 운전에 필요한 동력을 제공한다.

(1) 구비조건

　① 출력당 중량비가 작아야 한다.
　② 신뢰성 및 내구성이 우수해야 한다.
　③ 취급 및 보수가 간편해야 한다.

④ 속도제어가 용이해야 한다.
⑤ 구동 토크가 커야 한다.

(2) 동력전달
모터에서 발생한 동력은 회전자 축과 연결된 감속기와 드라이브 샤프트를 통해 바퀴에 전달된다.

(3) 주요 기능
① 동력(배터리 방전) : 배터리에 저장된 전기에너지를 이용하여 구동모터에서 구동력을 발생하여 바퀴에 전달한다.
② 회생제동(배터리 충전) : 감속 시 발생하는 운동에너지를 버리지 않고 구동모터를 발전기로 사용하여 전기에너지로 변환시켜 배터리 충전한다.

03 감속기

① 전기차용 감속기는 일반 가솔린 차량의 변속기와 같은 역할을 하지만 여러 단이 있는 변속기와는 달리 일정한 감속비로 모터의 동력을 자동차 차축으로 전달하는 역할을 한다.
② 변속기 대신 감속기라고 불린다.
③ 토크를 증대, 차동기능, 파킹기능이 있다.
④ 감속기 내부에는 파킹기어를 포함하여 5개의 기어가 있다.
⑤ 수동 변속기 오일이 들어있고, 오일은 무교환식이다.
⑥ 감속기 오일은 가혹 운전 시 매 120000km마다 점검 및 교환한다.
⑦ 가혹 조건은 아래와 같다.
　㉠ 짧은 거리를 반복해서 주행할 때
　㉡ 모래 먼지가 많은 지역을 주행할 때
　㉢ 기온이 섭씨 32도 이상이며, 교통체증이 심한 도로의 주행이 50% 이상인 경우
　㉣ 험한 길(요철로, 모래자갈길, 눈길, 비포장로) 주행의 빈도가 높은 경우
　㉤ 산길, 오르막길, 내리막길 주행의 빈도가 높은 경우
　㉥ 고속주행(170km/h 이상)의 빈도가 높은 경우
　㉦ 소금, 부식물질 또는 한랭지역을 주행하는 경우

04 고전압 배터리&BMS

전기차의 고접압 배터리는 DC 360V 정격의 리튬이온 폴리머(Li-Pb) 배터리는 DC 3.75V의 배터리 셀 총 96개가 직렬로 연결되어 있고, 모듈은 총 8개로 구성되어 있다. BMS의 역할은 하이브리드 차량의 고전압 배터리 관리 모듈(BMS)과 같다.

> **TIP** 대표적인 리튬이온전지의 양극재
> - $LiFePO_4$(LFP) : 리튬-철-인산염
> - $LiCoO_2$: 리튬-코발트
> - $LiMn_2O_4$: 리튬-망간
> - $LiNiMnCoO_2$(NCM) : 리튬-니켈-망간-코발트
> - $LiNiCoAlO_2$(NCA) : 리튬-니켈-코발트-알루미늄

05 EPCU

(1) OBC(On Board Charger)
① OBC(On Board Charger)는 차량 주차 상태에서 AC 110V/220V 전원으로 차량의 고전압 배터리를 완속으로 충전하는 차량 탑재형 충전기이다.
② OBC의 주요제어기능
　㉠ 제어기능 : AC입력전류 역률(power factor) 제어
　㉡ 보호기능 : 최대출력제한(최대용량, 제한 온도 초과 시), OBC 내부고장 검출
　㉢ 협조제어 : BMS와 배터리 충전 방식(정전류, 정전압) 제어, 예약충전

(2) VCU(Vehicle Control Unit)
VCU(Vehicle Control Unit)는 전기자동차의 주행과 관련된 여러 시스템이 최적의 성능을 유지할 수 있도록 역할을 수행하는 핵심 제어기이다. VCU는 EV의 메인 컴퓨터로 MCU, BMS, LDC, OBC, AHB, CLU FATC 등과 협조제어를 통해 각종 기능을 수행한다.

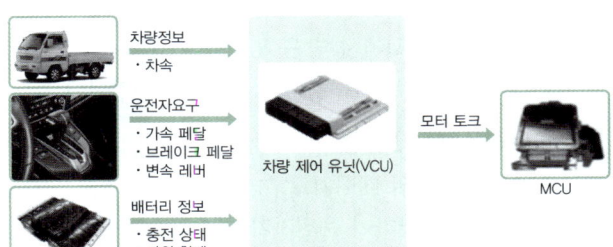

[그림 2-6] VCU 구성

1) 모터토크 제어
VCU는 BMS, MCU와 정보 교환을 통해 모터구동 제어를 한다. 배터리 가용 파워, 모터 가용토크, 운전자의 요구(APS, 브레이크 S/W, 변속레버)를 고려한 모터토크 계산 등

2) 회생제동 제어
① VCU는 AHB, MCU, BMS와 정보 교환을 통해 회생제동 제어를 한다.
② AHB 시스템은 운전자의 요구 제동량을 BPS (Brake Pedal Sensor)로부터 받아 연산하여 이를 유압 제동량과 회생제동 요청량으로 분배한다.
③ VCU는 각 컴퓨터로부터 정보를 종합한 후 모터의 회생제동 실행량을 연산하여 MCU에게 최종적으로 모터토크("-"토크)를 제어한다.
④ AHB 시스템은 회생제동 실행량을 VCU로부터 받아 유압 제동량을 결정하고 유압을 제어한다.

3) 공조부하 제어
① VCU는 FATC, BMS와 정보 교환을 통해 공조부하 제어를 한다.
② FATC는 운전자의 냉·난방 요구 시 차량 실내온도와 외기온도 정보를 종합하여 냉·난방 파워를 요청한다.
③ FATC는 VCU가 허용하는 범위 내에 전력으로 에어컨 컴프레서와 PTC히터를 제어한다.

4) 전장부하 전원공급 제어
① VCU는 LDC, BMS와 정보 교환을 통해 전장부하 전원공급 제어를 한다.
② VCU는 운전자의 요구 토크량 정보와 회생 제동량 변속레버의 위치에 따른 주행 상태를 종합적으로 판단하여 LDC에 충·방전 명령을 LDC에 보낸다.
③ LDC는 VCU에서 받은 명령을 기본으로 보조배터리에 충전 전압과 전류를 결정하여 제어한다.

5) 클러스터 램프 점등제어
① VCU는 하위 제어기로부터 받은 모든 정보를 종합적으로 판단하여 운전자가 쉽게 알 수 있도록 클러스터 램프 점등제어를 한다.
② 시동키를 ON하면 차량 주행 가능 상황을 판단하여 'READY' 램프를 점등하도록 클러스터 명령을 내려 주행 준비가 되었음을 표시한다.

(3) MCU(Motor Control Unit)
① MCU(Motor Control Unit)는 인버터(Inverter)라고도 한다.
② 고전압 배터리로부터 받은 직류(DC)전원을 3상 교류(AC)전원으로 변환시킨 후 전기차 통합제어기인 VCU의 명령을 받아 구동모터를 제어하는 기능을 담당한다.
③ MCU의 주요제어
  ㉠ 토크제어 : 회전자 자속의 위치에 따라 고정자의 전류의 크기와 방향을 제어
  ㉡ 과온제한 : 인버터 및 모터의 제한 온도 초과 시 출력 제한
  ㉢ 고장검출 : 인버터 내부 고장 검출
  ㉣ 협조제어 : 차량에서 필요한 정보를 타 제어기와 통신

06 냉각장치

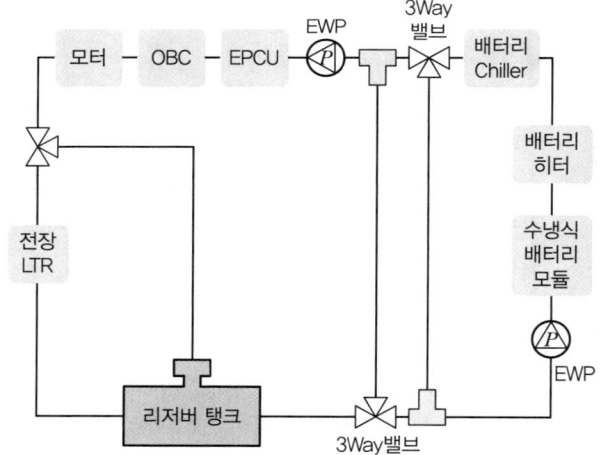

[그림 2-7] 전기차 냉각수 흐름도 히트펌프 적용차량

① EWP(Electronic Water Pump)
  ㉠ 전기식 워터펌프인 EWP는 LDC, MCU, 모터, OBC를 냉각하기 위해 냉각수를 강제 순환하기 위한 장치이다.
  ㉡ 개별 부품의 온도가 한계점을 넘으면 MCU가 EWP에 작동 신호를 보낸다.

ⓒ EWP교환 후 공기빼기(에어 브리딩) 작업을 실시해야 한다.

ⓓ 공기빼기는 EWP 강제구동을 실행한다.

② 리저버탱크 : 고전압 배터리 및 PE(Power Electric) 부품의 냉각수를 저장하는 탱크이다.

③ 라디에이터 : PE부품 냉각용(고온 라디에이터, HTR)과 배터리 냉각용(저온 라디에이터, LTR)을 분리해 사용한다.

④ 3WAY 밸브 : 난방 작동(히트펌프) 시 차량 실내 난방을 위해 필요한 열은 라디에이터를 거쳐 냉각시키지 않고 3WAY 밸브에 의해 바이패스(bypass)하여 리저버 탱크로 순환된다.

07 히트펌프 시스템

전기자동차에서는 엔진이 없으므로 PTC 히터나 히트펌프를 사용하여 난방한다. 히트펌프는 전기에너지 사용을 최소화하기 위해 냉방장치의 냉방 사이클을 역으로 하여, 즉 냉매 흐름을 전환하여 난방을 가능하게 한다.

(1) 히트펌프 난방

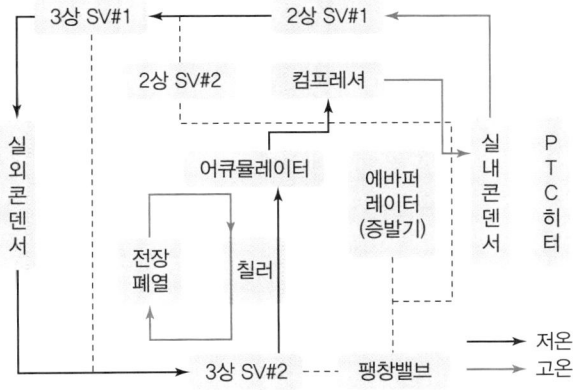

[그림 2-8] 히트펌프 난방 사이클

① 실외 컨덴서 : 액체 상태의 냉매를 증발시켜 저온·저압의 가스 냉매로 만든다.

② 3상 솔레노이드 밸브#2 : 히트펌프 작동 시 냉매의 방향을 칠러 쪽으로 바꿔준다.

③ 칠러 : 저온·저압 가스 냉매를 모터의 폐열을 이용하여 2차 열교환을 한다.

④ 어큐뮬레이터 : 컴프레서로 기체 냉매만 유입될 수 있게 냉매의 기체/액체를 분리한다.

⑤ 전동 컴프레서 : 전동 모터로 구동 되어지며 저온·저압 가스 냉매를 고온·고압 가스로 만들어 실내 컨덴서로 보내진다.

⑥ 실내 컨덴서 : 고온·고압 가스 냉매를 응축시켜 고온·고압의 액상 냉매로 만든다.

⑦ 2상 솔레노이드 밸브#1 : 냉매를 급속 팽창시켜 저온·저압 액상 냉매가 되게 한다.

⑧ 2상 솔레노이드 밸브#2 : 난방 시 제습모드를 사용할 경우 냉매를 에바퍼레이터로 보낸다.

⑨ 3상 솔레노이드 밸브#1 : 실외 컨덴서에 착상이 감지되면 냉매를 칠러로 바이패스 시킨다.

(2) 히트펌프 냉방

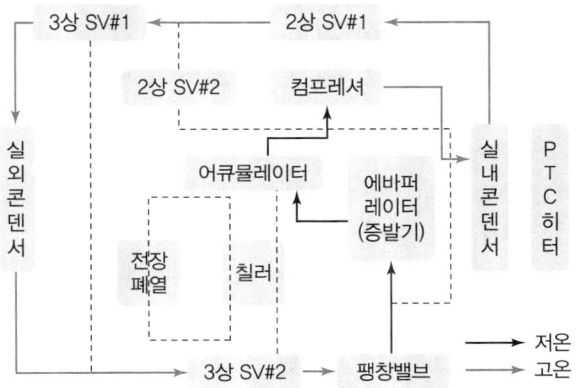

[그림 2-9] 히트펌프 냉방 사이클

① 실외 컨덴서 : 고온·고압 가스 냉매를 응축시켜 고온·고압의 액상 냉매로 만든다.

② 3상 솔레노이드 밸브#2 : 에어컨 작동 시 냉매의 방향을 팽창밸브 쪽으로 흐르게 만든다.

③ 팽창밸브 : 냉매를 급속 팽창시켜 저온·저압 기체가 되게 한다.

④ 에바퍼레이터 : 안개 상태의 냉매가 기체로 변하는 동안 블로어 팬의 작동으로 에바퍼레이터 핀을 통과하는 공기 중의 열을 빼앗는다(주위는 차가워진다).

⑤ 어큐뮬레이터 : 컴프레서로 기체 냉매만 유입될 수 있게 냉매의 기체/액체를 분리한다.

⑥ 전동 컴프레서 : 전동 모터로 구동 되어지며 저온·저압 가스 냉매를 고온·고압 가스로 만들어 실내 컨덴서로 보내진다.

⑦ 실내 컨덴서 : 고온·고압 가스 냉매가 지나가는 경로이다.
⑧ 2상 솔레노이드 밸브#1 : 에어컨 작동 시 팽창시키지 않고 순환하게 만든다.
⑨ 2상 솔레노이드 밸브#2 : 에바퍼레이터로 냉매 유입을 막는다.
⑩ 3상 솔레노이드 밸브#1 : 실외 컨덴서로 냉매를 순환하게 만든다.

(3) 기타 부품의 기능

① 어큐뮬레이터 : 컴프레셔 측으로 기체 냉매만 유입될 수 있도록 냉매의 기체/액체를 분리한다.
② 칠러 : PE부품&배터리 폐열을 이용하여 저온의 냉매의 온도를 상승시키기 위한 장치이다. 배터리 전용과 히트펌프 전용이 있다.
③ 냉매 온도 센서 : NTC 방식으로 공조 배관의 냉매온도를 감지하여 FATC(히터 및 에어컨 컨트롤유닛)로 전송한다.
④ 3WAY 밸브 : 전기적 신호에 의해 밸브의 출구 방향을 변경하여 냉각수 흐름방향을 전환한다.
  ㉠ 히트펌프 시 : 냉각수를 칠러방향으로 전환한다.
  ㉡ 일반 시 : 냉각수를 라디에이터 방향으로 전환한다.

(4) 주의사항

① 냉매는 반드시 R-1234yf를 사용한다.
② 전동식 컴프레셔 전용의 절연 냉동유(POE)를 주입한다.
③ O-링 부위에 냉동유를 반드시 도포한다.
④ 전동식 컴프레셔의 인버터/바디키트를 조립하기 전에 써멀구리스를 도포한다(일반 구리스는 사용 불가).

> **TIP 써멀구리스(써멀컴파운드)**
> 발열이 많은 부품과 냉각부품(방열판) 사이에 도포하여 열을 전달하기 위한 열전도성이 높은 유체 물질이다.

단원 마무리 문제

CHAPTER 02 전기자동차

01 전기자동차의 특징으로 옳지 않은 것은?

① 대용량 고전압 배터리를 탑재한다.
② 전기 모터를 사용하여 구동력을 얻는다.
③ 변속기를 이용하여 토크를 증대시킨다.
④ 전기를 동력원으로 사용하기 때문에 주행 시 배출가스가 없다.

해설
전기자동차는 전기모터를 이용하여 구동력을 얻으므로 변속기를 대신하여 감속기가 적용된다.

02 전기자동차 취급에 대한 설명으로 틀린 것은?

① 고전압 배터리 SOC(State Of Charge, 배터리 충전률)가 30% 이하일 경우, 장기 방치를 하지 않는다.
② 스타트 버튼을 OFF한 후, 의도치 않은 시동 방지를 위해 스마트 키를 차량으로부터 2m 이상 떨어진 위치에 보관한다.
③ 전기자동차의 냉매 회수/충전 시 일반 차량의 PAG 오일을 사용한다.
④ 고전압 배터리 SOC의 상태가 0으로 되는 것을 방지하기 위해 3개월에 한 번 보통 FULL 충전시킨다.

해설
고전압을 사용하는 전기자동차의 전동식 컴프레서는 절연성능이 높은 POE 오일을 사용한다.

03 전기자동차의 고전압 장치 점검 시 주의사항으로 틀린 것은?

① 조립 및 탈거 시 배터리 위에 어떠한 것도 놓지 말아야 한다.
② 키 스위치를 OFF시키면 고전압에 대한 위험성이 없어진다.
③ 취급 기술자는 고전압 시스템에 대한 검사와 서비스 교육이 선행되어야 한다.
④ 고전압 배터리는 "고전압" 주의 경고가 있으므로 취급 시 주의를 기울여야 한다.

해설
고전압 차단 절차를 모두 수행해야 고전압에 대한 위험성이 없어진다.

참고 고전압 차단절차
키 OFF → 저전압 배터리 (−)단자 탈거 → 서비스 인터록 혹은 안전플러그 탈거 → 5분 이상 방치(캐패시터 방전) → 인버터 단자 간 전압 30V 미만 확인 후 작업 실시

04 고전압 배터리 또는 차량화재 발생 시 조치해야 할 사항이 아닌 것은?

① 차량의 시동 키를 OFF하여 전기 동력 시스템 작동을 차단시킨다.
② 화재 초기 상태라면 트렁크를 열고 신속히 세이프티 플러그를 탈거한다.
③ 메인 릴레이(+)를 작동시켜 고전압 배터리(+) 전원을 인가한다.
④ 화재 진압을 위해서는 액체 물질을 사용하지 말고 분말소화기 또는 모래를 이용한다.

해설
화재발생 시 고전압을 연결하는 것이 아닌 차단절차를 실시한다.

정답 01 ③ 02 ③ 03 ② 04 ③

05 전압 배터리로 인해 인체의 근육이 마비될 수 있는 전류량으로 옳은 것은?

① 약 10~25mA ② 약 30~35mA
③ 약 40~45mA ④ 약 60~90mA

해설

통과전류에 따른 증상
- 1~2mA – 찌릿함을 느낌(감지전류)
- 5~20mA – 근육수축이 격렬하게 일어남(경련전류)
- 30mA 이상 – 사망에 이를 수 있음(심실세동전류)

06 인체의 감전 시 위험도 결정요인이 아닌 것은?

① 통전전류의 크기 ② 통전 전압
③ 통전 경로 ④ 절연저항

해설

감전 시 위험도 결정요인 요인
- 통전 시간
- 통전 경로
- 통전전류의 크기
- 통전 전압

07 전기자동차에서 고전압 배터리의 (+)측 메인릴레이와 함께 부착되어 초기 동작 시 전류를 제한하는 부품은?

① 전류 센서 ② 다이오드
③ 안전플러그 ④ 프리 차저 릴레이

해설

프리차지 릴레이&레지스터는 프리차지 회로를 구성하여 갑작스런 전류 유입(In rush current)을 제한하여 고전압 회로를 보호한다.

08 전기자동차의 BMS에서 상태 모니터링을 위해 측정하지 않는 것은?

① 셀 전압 ② 셀 밸런싱
③ 동작 온도 ④ SOC

해설

BMS는 SOC, 셀 전압, 동작 온도 등을 참조하여 출력 제한, 셀 밸런싱, 냉각 제어 등을 실시한다. 따라서 셀 밸런싱은 측정이 아닌 출력신호이다.

09 친환경자동차 법령상 완속충전시설과 급속충전시설을 구분하는 최대 출력값(kW) 기준은?

① 30 ② 40
③ 50 ④ 60

해설

- 급속충전시설 : 충전기의 최대 출력값이 40kW 이상인 시설
- 완속충전시설 : 충전기의 최대 출력값이 40kW 미만인 시설

10 전기자동차 배터리 용량이 300V 50Ah이고, 이 배터리가 완충되었을 때 저장된 총에너지는?

① 54000kJ ② 64000kJ
③ 74000kJ ④ 84000kJ

해설

배터리 용량 = $300 \times 50 = 15000$이며,
$15 \times 3600 = 54000$kJ $(1\text{kW} = 1\text{kJ/sec})$

11 고전압 릴레이 어셈블리(PRA)의 역할로 틀린 것은?

① 고전압 배터리의 냉각기능
② 고전압 회로의 과전류 흐름을 보호
③ 고전압 배터리의 기계적인 회로 차단
④ 고전압 정비 작업자를 위한 안전 스위치

해설

고전압 배터리의 냉각기능은 전동식워터펌프(EWP)를 통한 냉각장치이다.

12 전기자동차의 PTC 히터에 대한 내용으로 옳지 않은 것은?

① 히터를 작동시킬 때 PTC 히터 및 히터 펌프를 사용하여 난방을 한다.
② 히터 펌프는 난방을 필요로 하는 조건에서 고전압이 인가되고 블로워가 작동하면 찬 공기를 따뜻한 공기로 변환한다.
③ PTC 히터는 전원을 연결하면 바로 코일이 가열되어 그 열로 난방을 한다.
④ 히터 펌프는 냉매의 흐름을 전환하여 냉방, 난방이 가능하도록 하는 기능을 한다.

해설
히터 펌프의 전장품은 12V의 저전압이 인가된다.

13 고전압 배터리를 교환하려고 할 때 정비방법으로 틀린 것은?

① 고압 배터리의 케이블을 분리한다.
② 점화스위치를 OFF하고 보조배터리의 (-) 케이블을 분리한다.
③ 고전압 배터리 용량(SOC)을 20% 이상 방전시킨다.
④ 고전압 배터리에 적용된 안전플러그를 탈거한 후 규정 시간 이상 대기한다.

해설
고전압 차단방법
• 점화 스위치를 OFF하고, 보조배터리(12V)의 (-) 케이블을 분리한다.
• 서비스 인터록 커넥터(A)를 분리한다.
• 서비스 인터록 커넥터(A) 분리가 어려운 상황 발생 시 안전플러그를 탈거한 후 인버터 커패시터 방전 위하여 5분 이상 대기한 후 인버터 단자 간 전압을 측정한다(잔존 전압 상태를 점검).

14 전기자동차의 모터 컨트롤 유닛(MCU) 취급 시 유의사항이 아닌 것은?

① 충격이 가해지지 않도록 주의한다.
② 손으로 만지거나 전기 케이블을 임의로 탈착하지 않는다.
③ 안전 플러그를 탈거하지 않은 상태에서는 만지지 않는다.
④ 컨트롤 유닛이 자기보정을 하기 때문에 AC 3상 케이블의 각 상간 연결의 방향을 신경 쓸 필요가 없다.

해설
AC 3상 연결은 반드시 U, V, W상 각 상에 맞게 연결한다.

15 전기자동차에 사용되는 리튬이온 배터리의 양극재로 사용되지 않는 물질은?

① $LiMn_2O_4$　　② $LiFePO_4$
③ $LiTi_2O_2$　　④ $LiCoO_2$

해설
대표적인 리튬이온전지의 양극재
• $LiFePO_4$(LFP) : 리튬 - 철 - 인산염
• $LiCoO_2$: 리튬 - 코발트
• $LiMn_2O_4$: 리튬 - 망간
• $LiNiMnCoO_2$(NCM) : 리튬 - 니켈 - 망간 - 코발트
• $LiNiCoAlO_2$(NCA) : 리튬 - 니켈 - 코발트 - 알미늄

16 고전압 배터리의 충·방전 과정에서 전압 편차가 생긴 셀을 동일한 전압으로 매칭하여 배터리 수명과 에너지 용량 및 효율증대를 갖게 하는 것은?

① SOC(state of charge)
② 파워 제한
③ 셀 밸런싱
④ 배터리 냉각제어

해설
셀 밸런싱은 충·방전 과정에서 전압 편차가 생긴 셀을 동일한 전압으로 매칭한다.

17 전기자동차 고전압 배터리의 안전 플러그에 대한 설명으로 틀린 것은?

① 탈거 시 고전압 배터리 내부 회로의 연결을 차단한다.
② 전기자동차의 주행속도를 제한하는 기능을 한다.
③ 일부 플러그 내부에는 퓨즈가 내장되어 있다.
④ 고전압 장치 정비 전 탈거가 필요하다.

> **해설**
> 전기자동차의 주행속도 제한 기능을 하는 장치는 MCU이다.

18 고전압 배터리 셀 모니터링 유닛의 교환이 필요한 경우로 틀린 것은?

① 배터리 전압 센싱부의 이상/저전압
② 배터리 전압 센싱부의 이상/과전압
③ 배터리 전압 센싱부의 이상/전압편차
④ 배터리 전압 센싱부의 이상/저전류

> **해설**
> 셀 모니터링 시 전압이 규정보다 낮거나 높은 경우 또는 전압 편차가 규정 값 이상인 경우 불량이다. 저전류와는 거리가 멀다.
> • 셀전압 기준 : 2.5~4.2V
> • 팩전압 기준 : 일반형 240~413V, 도심형 225~337V
> • 셀간 전압편차 : 40mV 이하

19 전기자동차의 난방 시 고전압 PTC 사용을 최소화하여 소비전력 저감으로 주행거리 증대에 효과를 낼 수 있도록 하는 장치는?

① 히트 펌프 장치   ② 전력 변환 장치
③ 차동 제한 장치   ④ 회생 제동 장치

> **해설**
> 난방 사이클(히트 펌프)
> • 냉매 순환 : 컴프레서 – 실내 콘덴서 – 오리피스 – 실외 콘덴서 순으로 진행한다.
> • 실내 콘덴서 : 고온의 냉매와 실내 공기의 열 교환을 통해 방출된다.
> • 실외 콘덴서 : 오리피스를 통해 공급된 저온의 냉매와 외부 공기와 열 교환을 통해 열을 흡수한다.
> • 히트 펌프 시스템에는 실내 콘덴서가 추가된다.

20 BMS(Battery Management System)에서 제어하는 항목과 제어내용에 대한 설명으로 틀린 것은?

① 고장 진단 : 배터리 시스템 고장 진단
② 컨트롤 릴레이 제어 : 배터리 과열 시 컨트롤 릴레이 차단
③ 셀 밸런싱 : 전압 편차가 생긴 셀을 동일한 전압으로 매칭
④ SoC(State of Charge) 관리 : 배터리의 전압, 전류, 온도를 측정하여 적정 SoC 영역관리

> **해설**
> 파워 릴레이 어셈블리는 IG OFF 상태에서는 메인 릴레이를 차단한다. 고전압 배터리의 온도가 최적이 유지될 수 있도록 냉각팬이 적용되어 있다.

21 메모리 효과가 발생하는 배터리는?

① 납산 배터리
② 니켈 배터리
③ 리튬 – 이온 배터리
④ 리튬 – 폴리머 배터리

> **해설**
> 축전지의 메모리 효과는 불충분한 충전이 반복되는 경우 충전가능 용량이 줄어드는 현상으로 Nicad(니켈 카드뮴)전지에서 발생한다.

22 전기자동차용 배터리 관리 시스템에 대한 일반 요구사항(KS R 1201)에서 다음이 설명하는 것은?

> 배터리가 정지기능 상태가 되기 전까지의 유효한 방전 상태에서 배터리가 이동성 소자들에게 전류를 공급할 수 있는 것으로 평가되는 시간

① 잔여 운행시간   ② 안전 운전 범위
③ 잔존 수명   ④ 사이클 수명

> **해설**
> KS R 1201
> 잔여 운행시간(Tremaining run time)은 배터리가 정지 기능 상태가 되기 전까지의 유효한 방전 상태에서 배터리가 이동성 소자들에게 전류를 공급할 수 있는 것으로 평가되는 시간이다.

23 전기자동차용 배터리 관리 시스템에 대한 일반 요구사항(KS R 1201)에서 다음이 설명하는 것은?

> 배터리 팩이나 시스템으로부터 회수할 수 있는 암페어시 단위의 양을 시험 전류와 온도에서의 정격용량으로 나눈 것으로 백분율로 표시

① 배터리관리 시스템 ② 방전 심도
③ 배터리 용량 ④ 에너지 밀도

해설
방전 심도(Depth of discharge)는 배터리 팩이나 시스템으로부터 회수할 수 있는 암페어시 단위의 양을 시험 전류와 온도에서의 정격 용량으로 나눈 것으로 백분율로 표시한다.

24 다음과 같은 역할을 하는 전기 자동차의 제어 시스템은?

> 배터리 보호를 위한 입출력 에너지 제한 값을 산출하여 차량 제어기로 정보를 제공한다.

① 완속 충전 기능 ② 파워 제한 기능
③ 냉각 제어 기능 ④ 정속 주행 기능

해설
파워 제한 기능은 배터리 보호를 위한 입출력 에너지 제한 값을 산출하여 차량 제어기로 정보를 제공한다.

25 전기자동차 완속 충전기(OBC) 점검 시 확인 데이터가 아닌 것은?

① 1차 스위치부 온도 ② OBC 출력 전압
③ AC 입력전압 ④ BMS 총 동작시간

해설
BMS 총 동작시간은 OBC 점검사항과 거리가 멀다.
OBC 주요제어
- 제어기능 : AC입력전류 power factor 제어
- 보호기능 : 최대출력제한(최대용량, 제한 온도 초과 시), OBC 내부고장검출
- 협조제어 : BMS와 배터리 충전 방식(정전류, 정전압)제어, 예약충전

26 OBD-II의 진단 대상이 아닌 것은?

① 산소 센서 감지 ② 촉매 성능 감지
③ 엔진 실화 감지 ④ 쇽업소버 작동 감지

해설
OBD-II 진단 대상
- 증발가스 감지
- 연료계통 감지
- 배기가스 재순환 감지
- 산소 센서 감지
- 촉매 감지
- 실화 감지

27 전기자동차용 전동기에 요구되는 조건으로 틀린 것은?

① 구동 토크가 작아야 한다.
② 고출력 및 소형화해야 한다.
③ 속도제어가 용이해야 한다.
④ 취급 및 보수가 간편해야 한다.

해설
구동모터의 구비조건
- 출력당 중량비가 작아야 한다.
- 신뢰성 및 내구성이 우수해야 한다.
- 취급 및 보수가 간편해야 한다.
- 속도제어가 용이해야 한다.
- 구동 토크가 커야 한다.

정답 17 ② 18 ④ 19 ① 20 ② 21 ② 22 ① 23 ② 24 ② 25 ④ 26 ④ 27 ①

CHAPTER 03 수소연료전지차 및 그 밖의 친환경 자동차

Industrial Engineer Motor Vehicles Maintenance

Topic 01 | 수소연료전지차(FCEV) 개요

01 수소연료전지차 기본원리

① 연료전지(Stack)라는 특수한 장치에서 수소와 산소의 화학 반응을 통해 전기를 생산하고 이 전기 에너지를 사용하여 구동 모터를 돌려주는 자동차이다.
② 연료전지 시스템은 연료전지 스택, 운전 장치, 모터, 감속기로 구성된다.
③ 연료전지를 통해 발생한 전기(DC)에너지의 수급 균형을 위하여 축전지가 따로 있어야 한다.

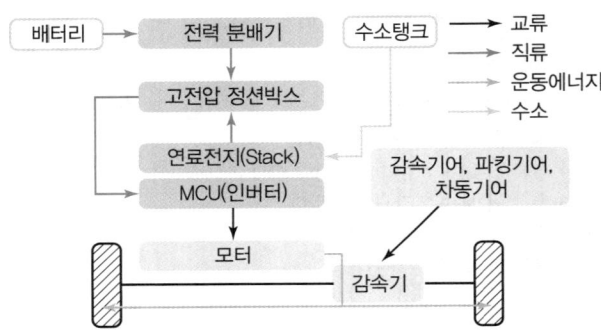

[그림 3-1] 수소연료전지차 에너지 흐름도

02 수소 연료전지차 장·단점

(1) 장점
① 연료전지의 효율이 높다.
② 전기구동장치의 효율이 높다.
③ 유해물질을 배출하지 않는다(화학반응 시 수증기 발생).
④ 실내 난방에 연료전지의 폐열을 사용할 수 있다.
⑤ 자원량이 풍부하다.

(2) 단점
① 출력 대비 중량이 무겁다.
② 수소의 생산비용이 비싸다.

Topic 02 | 고체 고분자 연료전지(PEMFC ; Polymer Electrolyte Membrane Fuel Cell)

01 연료전지의 특징

TIP 연료전지와 축전지의 연관성
연료전지라고 하여 축전지와 비슷하다고 생각할 수 있지만, 연료전지는 전기를 생산하는 에너지 변환기 즉, 전기화학 발전기이다.

① 전해질로 고분자 전해질(Polymer Electrolyte)을 이용한다.
② 출력의 밀도가 높아 소형 경량화가 가능하다.
③ 운전 온도가 상온에서 80℃까지로 저온에서 작동하므로 냉각시스템이 중요하다.
④ 전지 구성의 재료 면에서 제약이 적고 튼튼하여 진동에 강하다.

02 연료전지의 구조

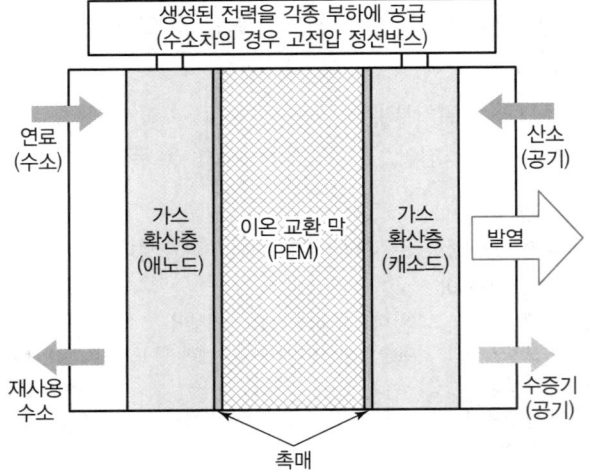

[그림 3-2] 고분자 전해질(Polymer Electrolyte) 연료전지의 구조

① PEM : 수소양성자(H^+) 또는 수소이온은 흡수하고, 전자는 표면에 달라붙어 있게 하는 고분자 고체 전해질의 얇은 막이다.
② 백금 촉매층 : 수소가 양성자(H^+)와 전자(e^-)로 쉽게 분리되도록 촉진한다.
③ 양극판(bipolar plate) : 일반적으로 말하는 (+)극판에 의미가 아닌 두 극의 성격을 가진 극판이라는 뜻으로 양극판(bipolar plate)이라고 한다. PEM 양쪽 촉매층 위에 도포된 탄소종이(carbon paper)층이다. 연료극(-)의 표면 전체를 인접한 셀의 공기 극(+)과 연결한다.

03 연료전지의 화학반응

① 애노드 (-)극에서의 이온작용 : 수소원자는 촉매에 의해 수소이온과 전자로 분리된다.

$$H_2 \rightarrow 2H^+ + 2e^-$$

[그림 3-3] 연료극 : 애노드 (-)극에서의 이온작용

② 캐노드 (+)극에서의 이온작용 : 음으로 대전된 산소와 수소이온 들은 PEM으로부터 흡수, 결합하여 물이 된다. 이때 기전력이 발생하여 전류가 흐른다(화학에너지 → 전기, 열에너지).

$$4H^+ + (4e^- + O_2) \rightarrow 2H_2O$$

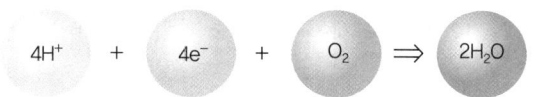

[그림 3-4] 공기극 : 캐소드 (+)극에서의 이온작용

③ 화학 반응식
전체 화학 반응식은 아래와 같다.

$$2H_2 + O_2 \rightarrow 2H_2O$$

[그림 3-5] 화학 반응식

④ 연료전지 효율(η)

$$\eta = \frac{1\text{mol의 연료가 생성하는 전기에너지}}{\text{생성엔탈피}}$$

Topic 03 | 수소가스 저장시스템

01 수소가스의 특징

① 수소는 가볍고 가연성이 높은 가스이다.
② 수소는 매우 넓은 범위에서 산소와 결합될 수 있어 연소 혼합가스를 생성한다.
③ 수소는 전기 스파크로 쉽게 점화할 수 있는 매우 낮은 점화 에너지를 가지고 있다.
④ 수소는 누출되었을 때 인화성 및 가연성, 반응성, 수소 침식, 질식, 저온의 위험이 있다.
⑤ 가연성에 미치는 다른 특성은 부력 속도와 확산 속도이다.
⑥ 부력 속도와 확산 속도는 다른 가스보다 매우 빨라서 주변의 공기이 급속하게 확산되어 폭발할 위험성이 높다.

02 수소 충전소의 충전 압력

① 수소를 충전할 때 수소가스의 압축으로 인해 탱크의 온도가 상승한다.
② 충전 통신으로 탱크 내부의 온도가 85℃를 초과되지 않도록 충전 속도를 제어한다.

03 충전 최대 압력

① 수소 탱크는 375bar의 최대 충전 압력으로 설정되어 있다.
② 탱크에 부착된 솔레노이드 밸브는 체크 밸브 타입으로 연료 통로를 막고 있다.
③ 수소의 고압가스는 체크 밸브 내부의 플런저를 밀어 통로를 개방하고 탱크에 충전된다.
④ 충전하는 동안에는 전력을 사용하지 않는다.
⑤ 수소는 압력 차에 의해 충전이 이루어지며, 3개의 탱크 압력은 동시에 상승한다.

04 수소가스 저장시스템의 주요부품

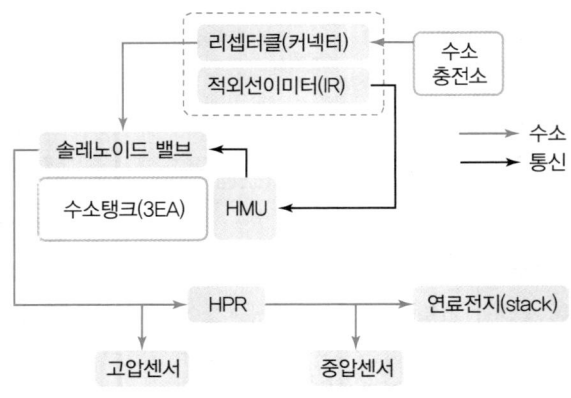

[그림 3-6] 수소가스 저장시스템의 흐름도

(1) 리셉터클(Receptacle)
① 수소 충전용 리셉터클은 수소가스 충전소 측의 충전 노즐 커넥터의 역할을 수행한다.
② 필터부와 체크부로 구성되어 있다

(2) IR(Infraed : 적외선) 이미터
① 적외선(IR) 이미터는 수소 저장시스템 내부의 온도 및 압력 데이터를 송신하여 안전성을 확보하고 수소 충전 속도를 제어하기 위해 HMU와 적외선 통신을 실시한다.
② 키 OFF 상태에서 수소 충전 이후 일정 시간이 경과하거나 단순 키 OFF 상태에서 적외선 송신기 및 각종 센서에 전원 공급을 자동으로 차단한다.
③ 기존 배터리의 방전으로 인한 시동 불능 상황의 발생을 방지하기 위해 자동으로 전원 공급 및 차단을 실시한다.

(3) 수소탱크
① 수소 저장 탱크는 수소 충전소에서 약 875bar로 충전시킨 기체 수소를 저장하는 탱크이다. 고압의 수소를 저장하기 때문에 내화재 및 유리섬유를 적용하여 안전성 확보, 경량화, 위급 상황 시 발생할 수 있는 안전도를 확보하여야 한다.
② 주요부품
　㉠ 솔레노이드 밸브 : 수소의 입·출력 흐름을 제어하기 위해 각각의 탱크에 연결되어 있고, 탱크 내부의 온도를 측정하는 온도 센서가 장착되어 있음
　㉡ 고압 조정기 : 탱크 압력을 16bar로 조절
　㉢ T-PRD : 화재 발생 시 외부에 수소를 배출시킴
　㉣ 과류 방지 밸브 : 고압 라인에 손상이 발생한 경우 과도한 수소의 대기 누출을 기계적으로 차단
　㉤ 체크 밸브 : 충전된 수소가 충전 주입구를 통해 누출되지 않도록 함
　㉥ 압력 조정기 : 각각의 흡입구 및 배출구에 압력 센서가 장착되어 있음
　㉦ 연료 도어 개폐 감지 센서와 IR(적외선) 통신 이미터 : 연료 도어 내에 장착됨
　㉧ 수소 저장 시스템 제어기(HMU) : 남은 연료를 계산하기 위해 각각의 센서 신호를 사용하며, 수소가 충전되고 있는 동안 연료전지 기동 방지 로직을 사용하고 수소 충전 시에 충전소와 실시간 통신을 함

(4) 수소 저장 시스템 제어기(HMU ; Hydrogen Module Unit)
① 남은 연료를 계산하기 위해 각각의 센서 신호를 사용한다.
② 수소가 충전되고 있는 동안 연료전지 가동 방지 로직을 사용한다.
③ 수소 충전 시에 충전소와 실시간 통신을 한다.
④ 수소 탱크 솔레노이드 밸브, IR 이미터 등을 제어한다.

(5) 고압 센서
① 고압 센서는 프런트 수소 탱크 솔레노이드 밸브에 장착된다.
② 고압 센서는 탱크 압력을 측정하여 남은 연료를 계산한다.
③ 고압 센서는 고압 조정기의 장애를 모니터링한다.
④ 계기판의 연료 게이지는 수소 압력에 따라 변경된다.

(6) 중압 센서
① 중압 센서는 고압 조정기(HPR ; High Pressure Regulator)에 장착된다.
② 고압 조정기는 탱크로부터 공급되는 수소 압력을 약 16bar로 감압한다.
③ 중앙 센서는 공급 압력을 측정하여 연료량을 계산한다.
④ 중압 센서는 고압 조정기의 장애를 감지하기 위해 수소 저장시스템에 압력 값을 보낸다.

(7) 솔레노이드 밸브 어셈블리

① 수소의 흡입 배출의 흐름을 제어하기 위해 각각의 탱크(3EA)에 연결되어 있다.
② 솔레노이드 밸브 어셈블리는 솔레노이드 밸브, 감압장치, 온도 센서와 과류 차단 밸브로 구성되어 있다.
③ 솔레노이드 밸브는 수소 저장 시스템 제어기(HMU)에 의해 제어된다.
④ 밸브가 정상적으로 작동되지 않는 경우 수소 저장시스템 제어기는 고장 코드를 설정하고 서비스 램프를 점등시킨다.
⑤ 솔레노이드 밸브 어셈블리 구성부품
  ㉠ 온도 센서
    • 탱크 내부에 배치되어 탱크 내부의 온도를 측정한다.
    • 수소 저장 시스템 제어기는 남은 연료를 계산하기 위해 측정된 온도를 이용한다.
  ㉡ 열 감응식 안전밸브
    • 3적 활성화 장치라고도 한다.
    • 밸브 주변의 온도가 110℃를 초과하는 경우 안전 조치를 위해 수소를 배출한다.
    • 감압장치는 유리 밸브 타입이며, 한 번 작동 후 교환하여야 한다.
  ㉢ 과류 차단 밸브
    • 고압 라인이 손상된 경우 대기 중에 수소가 과도하게 방출되는 것을 기계적으로 차단하는 과류 플로 방지 밸브이다.
    • 밸브가 작동하면 연료 공급이 차단되고 연료전지 모듈의 작동은 정지된다.
    • 과류 차단 밸브는 탱크의 솔레노이드 밸브에 배치되어 있다.

(8) 고압 조정기(HPR)

① 탱크 압력을 16bar로 감압시키는 역할을 한다.
② 감압된 수소는 스택으로 공급된다.
③ 고압 조정기는 압력 릴리프 밸브, 서비스 퍼지 밸브를 포함하여 중압 센서가 장착된다.
④ 고압 조정기(HPR) 구성부품
  ㉠ 중압 센서 : 중압 센서는 고압 조정기에 장착되어 조정기에 의해 감압된 압력을 수소 저장 시스템 제어기에 전달한다.
  ㉡ 서비스 퍼지 밸브
    • 수소 공급 및 저장 시스템의 부품 정비 시는 스택과 탱크 사이의 수소 공급 라인의 수소를 배출시키는 밸브이다.
    • 서비스 퍼지 밸브의 니플에 수소 배출 튜브를 연결하여 공급 라인의 수소를 배출할 수 있다.

Topic 04 | 수소, 공기 공급 시스템

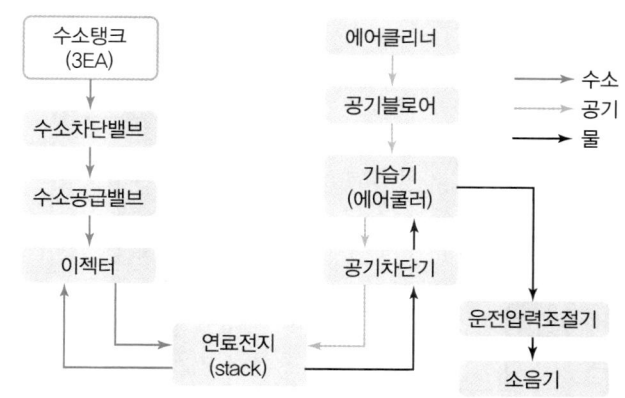

[그림 3-7] 수소&공기 공급 시스템 흐름도

01 수소 공급 시스템

(1) 수소 차단 밸브(SOL)

① 수소 탱크에서 스택으로 수소를 공급하거나 차단하는 개폐식 밸브이다.
② 밸브는 시동이 걸릴 때는 열리고 시동이 꺼질 때는 닫힌다.

(2) 수소 공급 밸브(HPR)

① 수소가 스택에 공급되기 전에 수소 압력을 낮추어 스택의 전류에 맞춰 수소를 공급한다.
② 스택의 전류가 더 많이 요구되는 경우 수소 공급 밸브는 더 많이 스택으로 공급될 수 있도록 제어한다.

(3) 수소 이젝터

① 노즐을 통해 공급되는 수소가 스택 출구의 혼합 기체(수분, 질소 등 포함)를 흡입하여 미반응 수소를 재순환시키는 역할을 한다.

② 별도로 동작하는 부품은 없으며, 수소 공급 밸브의 제어를 통해 재순환을 수행한다.

(4) 수소 압력 센서
① 센서는 연료전지 스택에 공급되는 수소의 압력을 제어하기 위해 압력을 측정한다.
② 금속 박판에 압력이 인가되면 내부 3심 칩의 다이어프램에 압력이 전달되어 변형이 발생된다.
③ 압력 센서는 변형에 의한 저항의 변화를 측정하여 이를 압력 차이로 변환한다.

(5) 퍼지 밸브

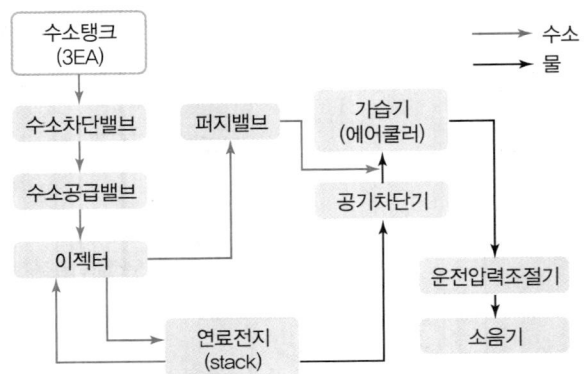

[그림 3-8] 퍼지밸브 작동 흐름도

① 스택 내부의 수소 순도를 높이기 위해 사용된다.
② 전기를 발생시키기 위해 스택이 수소를 계속 소비하는 경우 스택 내부에 미세량의 질소가 계속 누적이 되어 수소의 순도는 점점 감소한다.
③ 스택이 일정량의 수소를 소비할 때 퍼지 밸브가 수소의 순도를 높이기 위해 약 0.5초 동안 개방된다.
④ 연료전지 제어 유닛(FCU)이 일정 수준 이상으로 스택 내 수소의 순도를 유지하기 위해 퍼지 밸브의 개폐를 제어한다.
  ㉠ 시동 시 개방 차단 실패 : 시동 불가능
  ㉡ 주행 중 개방 실패 : 드레인 밸브에 의해 제어
  ㉢ 주행 중 차단 실패 : 전기 자동차(EV) 모드로 주행

(6) 워터 트랩 및 드레인 밸브

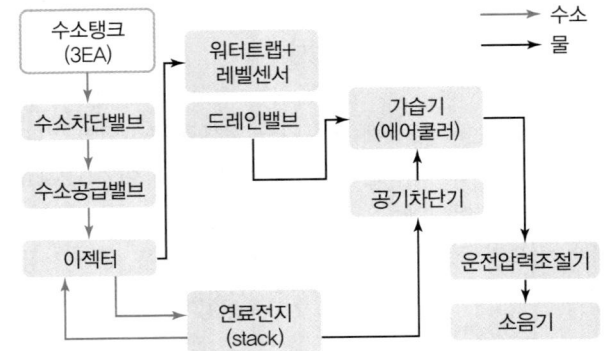

[그림 3-9] 드레인 밸브 작동 흐름도

① 연료전지는 화학 반응을 공기 극에서 수분을 생성한다.
② 수분은 농도 차이로 인하여 막(Membrane)을 통과하여 연료 극에서 액체가 되어 중력에 의해 워터 트랩으로 흘러내린다.
③ 워터 트랩에 저장된 물이 일정 수준에 도달하면 물이 외부로 배출되도록 드레인 밸브가 개방된다.
④ 워터 트랩은 최대 200cc를 수용할 수 있으며, 레벨 센서는 10단계에 걸쳐 120cc까지 물의 양을 순차적으로 측정한다.
⑤ 물이 110cc 이상 워터 트랩에 포집되는 경우 드레인 밸브가 물을 배출하도록 개방한다.

(7) 레벨 센서
① 감지면 외부에 부착된 전극을 통해 물로 인해 발생되는 정전 용량의 변화를 감지한다.
② 워터 트랩 내에 물이 축적되면 물에 의해 하단부의 전극부터 정전 용량의 값이 변화되는 원리를 이용하여 총 10단계로 수위를 출력한다.

02 공기공급 시스템

(1) 에어 클리너
① 흡입 공기에서 먼지 입자와 유해물(아황산가스, 부탄)을 걸러내는 화학 필터를 사용한다.
② 필터의 먼지 및 유해가스 포집 용량을 고려하여 주기적으로 교환하여야 한다.
③ 필터가 막힌 경우 필터의 통기 저항이 증가되어 공기 압축기가 빠르게 회전하고 에너지가 소비되며, 많은 소음이 발생한다.

(2) 공기 유량 센서
① 스택에 유입되는 공기량을 측정한다.
② 센서의 열막은 공기 압축기에서 얼마나 많은 공기가 공급되는지 공기 흡입 통로에서 측정한다.
③ 지정된 온도에서 열막을 유지하기 위해 공급되는 전력 신호로 변환된다.

(3) 공기 차단기
① 연료전지 스택 어셈블리 우측에 배치되어 있다.
② 연료전지에 공기를 공급 및 차단하는 역할을 한다.
③ 공기 차단 밸브는 키 ON 상태에서 열리고 OFF 시 차단되는 개폐식 밸브이다.
④ 공기 차단 밸브는 키를 OFF 시킨 후 공기가 연료전지 스택 안으로 유입되는 것을 방지한다.
⑤ 공기 차단 밸브는 모터의 작동을 위한 드라이버를 내장하고 있으며, 연료전지 차량 제어 유닛(FCU)과의 CAN 통신에 의해 제어된다.

(4) 공기 블로어
① 연료전지 스택의 반응에 필요한 공기를 적정한 유량 압력으로 공급한다.
② 임펠러 등의 압축부와 이를 구동하기 위한 고속 모터부로 구성되어 연료전지 스택의 반응에 필요한 공기를 공급한다.
③ 모터의 회전수에 따라 공기의 유량을 제어하게 되며, 모터 축에 연결된 임펠러의 고속 회전에 의해 공기가 압축된다.
④ 모터에서 발생하는 열을 냉각하기 위한 수냉식으로 외부에서 냉각수가 공급된다.

(5) 가습기
① 연료전지 스택에 공급되는 공기가 내부의 가습막을 통해 스택의 배기에 포함된 열 및 수분을 스택에 공급되는 공기에 공급한다.
② 연료전지 스택의 안정적인 운전을 위해 일정 수준 이상의 가습이 필수적이다.
③ 스택의 배출 공기의 열 및 수분을 스택의 공급 공기에 전달하여 스택에 공급되는 공기의 온도 및 수분을 스택의 요구 조건에 적합하도록 조절한다.

(6) 스택 출구 온도 센서
스택에 유입되는 흡입 공기 및 배출되는 공기의 온도를 측정한다.

(7) 운전 압력 조절장치
① 연료전지 시스템의 운전 압력을 조절하는 역할을 한다.
② 외기 조건(온도, 압력)에 따라 밸브의 개도를 조절하여 스택이 가압 운전이 될 수 있도록 한다.
③ FCU(Fuel Cell Control Unit)와 CAN 통신을 통하여 지령을 받고 모터를 구동하기 위한 드라이버를 내장하고 있다.

(8) 소음기 및 배기 덕트
① 소음기는 배기 덕트와 배기 파이프 사이에 배치되어 있다.
② 소음기는 스택에서 배출되는 공기의 흐름에 의해 생성된 소음을 감소시킨다.

(9) 블로어 펌프 제어 유닛(BPCU ; Blower Pump Control Unit)
① 공기 블로어를 제어하는 인버터이다.
② CAN 통신을 통해 연료전지 제어 유닛으로부터 속도의 명령을 수신하고 모터의 속도를 제어한다.

Topic 05 | **열관리 시스템**

01 열관리 시스템 개요

① 스택에서 공기 중의 산소와 수소가 반응할 때 전기뿐만 아니라 열이 발생된다.
② 발생한 열은 스택의 수명, 출력에 밀접한 관계가 있으므로 연료전지차의 열관리는 전기차에서 더욱 중요하다고 할 수 있다.
  ㉠ 출력 : 스택의 시스템 내 발열량은 내연기관의 2배이나 시스템 작동온도가 낮아 방열이 어렵기에 최대 출력이 타 차종보다 낮다.
  ㉡ 스택 수명, 효율 : 온도에 민감해 정밀한 온도 제어가 필요하다. → 스택의 출입구 허용 온도차는 10℃ 내외로 관리돼야 한다.

02 냉각수 흐름도

(1) 냉간 시동 시 냉각수 흐름

① 연료전지의 일반적인 작동온도는 60~80℃ 범위로 저온 시 출력 및 효율이 떨어진다. 냉간 시동 시 히터를 이용하여 냉각수 온도를 빠르게 상승시킨다.

② 흐름도 : 연료전지 → 온도 제어밸브 → 냉각펌프 → 바이패스 밸브 → COD 히터 → 온도제어밸브

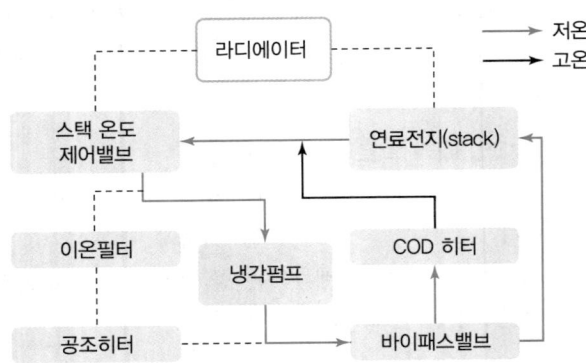

[그림 3-10] 냉간 시동 시 냉각수 흐름도

(2) 스택 냉각 시 냉각수 흐름

① 라디에이터와 쿨링팬(냉각팬)을 통해 냉각수를 냉각한다.

② 흐름도 : 연료전지 → 라디에이터 → 온도제어밸브 → 냉각펌프 → 바이패스밸브 → 연료전지

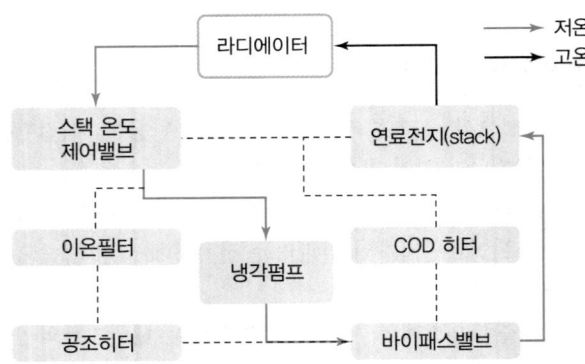

[그림 3-11] 스택 냉각 시 냉각수 흐름도

03 열관리 시스템

(1) 라디에이터

엔진, 전기차의 라디에이터와 역할과 원리가 같다.

(2) 온도 제어 밸브(4WAY 밸브)

① 스택에 공급되는 냉각수의 흐름을 제어한다.
② PE 부품의 냉각 장치와 별도로 구성되어 있다.
③ 밸브 고장으로 인해 정상작동이 불가한 경우 안전밸브를 작동하여 완전 개방 위치로 전환한다(라디에이터 방향으로 100% 개방).

(3) 냉각펌프(EWP)

스택 냉각시스템에서 냉각수를 순환시키는 역할을 하며, MCU의 신호를 받아 작동하는 고용량의 전동펌프이다.

(4) 바이패스 밸브(3WAY 밸브)

① 스택 냉각수의 유로를 COD 방향, 스택 방향, FCU 명령에 따른 각도 방향으로 제어를 한다.
② 밸브 고장으로 인해 정상작동이 불가한 경우 안전밸브를 작동하여 완전 개방 위치로 전환한다(스택 방향으로 100% 개방).

(5) COD(Cathode Oxygen Depletion) 히터

① 스택에 측면에 붙어 있는 고전압 전기 히터이다.
② 최대 사용 시 10% 이상 연비 소모된다.
③ 냉각수를 예열하여 스택의 냉간 시동 능력 향상시킨다.
④ 시동 종료 시에 잔존 산소와 수소를 열 에너지로 소모하여 내구성을 향상시킨다.

(6) 이온필터

차량에서 감전을 방지하고 절연저항을 유지하여 전기적 안정성을 확보하기 위해 스택 냉각수로부터 이온을 필터링한다.

(7) 공조히터(실내 난방장치)

냉각수 온도가 낮아 부족한 난방 열원을 보충하기 위해 PTC 히터를 사용한다.

(8) 쿨링팬(냉각팬)

① 브러시리스 DC모터 방식(BLDC ; Brushless DC electric motor)이다.
② 라디에이터 앞쪽에 위치하여 스택 라디에이터, 인버터 라디에이터, 콘덴서를 냉각한다.

단원 마무리 문제

CHAPTER 03 수소연료전지차 및 그 밖의 친환경 자동차

Industrial Engineer Motor Vehicles Maintenance

01 수소 연료전지 자동차의 특징으로 옳은 것은?

① 전기 구동장치의 효율이 낮다.
② 연료 충전소요 시간이 길고, 주행거리가 짧다.
③ 이동하면서 유해물질을 배출하지 않는다.
④ 동력원 전체의 작동소음 수준이 크다.

> **해설**
> 수소 연료전지차의 특징
> • 연료전지의 효율이 높다.
> • 전기 구동장치의 효율이 높다.
> • 유해물질을 배출하지 않는다(화학반응 시 수증기 발생).
> • 실내 난방에 연료전지의 폐열을 사용할 수 있다.
> • 생산 비용이 크다.
> • 출력 대비 중량이 무겁다.
> • 수소의 생산비용이 비싸다.

02 수소 연료전지 자동차에서 주기적으로 교환해야 하는 부품으로 옳지 않은 것은?

① 이온 필터
② 연료 전지 클리너 필터
③ 연료 전지(스택) 냉각수
④ 감속기 윤활유

> **해설**
> 감속기 오일은 통상 운전 시 무교환을 원칙으로 한다.

03 수소 연료전지 자동차에서 스택에 공급된 수소와 산소가 반응하여 전기를 생산하는 과정 중 발생하는 이물질을 차량 외부로 배출하는 장치는?

① 이젝터
② 퍼지 밸브
③ 솔레노이드 밸브
④ 수소재순환 블로어

> **해설**
> 퍼지 밸브는 스택 내부의 이물질을 배출하여 수소 순도를 높이기 위해 사용된다. 스택이 일정량의 수소를 소비할 때 퍼지 밸브가 수소의 순도를 높이기 위해 약 0.5초 동안 개방된다.

04 연료전지의 장점에 대한 설명 중 거리가 먼 것은?

① 자원량이 풍부하다.
② 출력 밀도가 높다.
③ 에너지 밀도가 높다.
④ 가격이 저렴하다.

> **해설**
> 연료전지의 장점
> • 자원량이 풍부하다.
> • 출력밀도가 높다.
> • 전기구동장치의 효율이 높다.
> • 유해물질을 배출하지 않는다(화학반응 시 수증기 발생).
>
> 연료전지의 단점
> • 수소의 생산비용이 비싸다.
> • 출력대비 중량이 무겁다.

05 연료전지 자동차의 주요 구성부품으로 틀린 것은?

① 모터 및 감속기
② 급속 충전장치
③ 전력 변환장치
④ 연료 저장장치

> **해설**
> 연료전지 자동차는 연료전지(스택)를 통해 고전압 배터리를 충전하므로 전기 충전장치가 없다.

정답 01 ③ 02 ④ 03 ② 04 ④ 05 ②

06 다음 중 연료전지 자동차의 구성품이 아닌 것은?

① 연료전지 스택
② 공기압축기, 열 교환기
③ 연료 공급장치
④ 연료 인젝터

해설
연료를 분사하여 연소시키는 자동차가 아니기 때문에 연료 인젝터를 적용하지 않는다. 비슷한 단어로 수소 이젝터는 노즐을 통해 공급되는 수소가 스택 출구의 혼합 기체(수분, 질소 등 포함)를 흡입하여 미반응 수소를 재순환시키는 역할을 한다.

07 연료전지 자동차의 연료전지에서 배출되는 물질로 옳은 것은?

① H_2O ② CO_2
③ HC   ④ O_2

해설
스택의 전체 화학 반응식
$2H_2 + O_2 = 2H_2O$

08 고분자 전해질형 연료전지의 특징에 관한 설명 중 틀린 것은?

① 촉매로 백금을 사용한다.
② 저온 시동성이 좋지 않다
③ 다른 연료전지에 비해 전류밀도가 비교적 크다.
④ 고체막을 전해질로 사용하기 때문에 취급이 용이하다.

해설
연료전지와 저온시동성과는 거리가 멀다.
고체 고분자 연료 전지(PEMFC ; Polymer Electrolyte Membrane Fuel Cell)의 특징
• 전해질로 고분자 전해질(Polymer Electrolyte)을 이용한다.
• 출력의 밀도가 높아 소형 경량화가 가능하다.
• 운전 온도가 상온에서 80℃까지로 저온에서 작동하므로 냉각시스템이 중요하다.
• 백금 촉매층을 이용한다.

09 ( ) 안에 들어갈 내용으로 순서대로 나열한 것은?

> 연료전지는 전해질을 사이에 두고 연료극과 공기극이 샌드위치 형태로 부착되어 있으며, 연료극을 통하여 (ㄱ)가 공급되고 공기극을 통하여 (ㄴ)가 공급되면 (ㄷ)가 발생되고 부산물로 열과 물이 생성된다. 수소분자로부터 나누어진 전자는 전해질을 나가지 못하기 때문에 도선으로 연결된 (ㄹ)과 (ㅁ)을 통해 전류가 흐르는 원리를 이용한 것이다.

① 수소, 산소, 저항, 양극, 음극
② 연료, 공기, 전류, 양극, 음극
③ 연료, 공기, 전기, 연료극, 공기극
④ 수소, 산소, 전류, 연료극, 공기극

해설
연료극을 통하여 (연료)가 공급되고 공기극을 통하여 (공기)가 공급되면 (전류)가 발생되고 부산물로 열과 물이 생성된다. 수소분자로부터 나누어진 전자는 전해질을 나가지 못하기 때문에 도선으로 연결된 (양극)과 (음극)을 통해 전류가 흐르는 원리를 이용한 것이다.

10 수소 연료전지 자동차에서 열관리 시스템의 구성 요소가 아닌 것은?

① 연료전지 냉각 펌프
② COD 히터
③ 칠러 장치
④ 라디에이터 및 쿨링 팬

해설
칠러 장치는 공조장치에서 전장폐열을 통해 난방을 돕기 위한 장치이다.

11 연료전지 차량의 열관리 시스템의 구성부품으로 틀린 것은?

① 탈이온기   ② 냉각수 펌프
③ PTC 히터   ④ 가습기

해설
PTC 히터는 공조장치에서 난방을 보조하는 장치이다.

12 리튬이온 배터리와 비교한 리튬폴리머 배터리의 장점이 아닌 것은?

① 폭발 가능성 적어 안전성이 좋다
② 패키지 설계에서 기계적 강성이 좋다.
③ 발열 특성이 우수하여 내구 수명이 좋다.
④ 대용량 설계가 유리하여 기술 확장성이 좋다.

해설

리튬폴리머 배터리의 특징
- 리튬이온 배터리의 액체 전해질과 달리 고체 또는 젤 형태로 누설이나 폭발위험이 적으나 기계적 강성이 나쁘다.
- 다양한 형태로 제작할 수 있어 대용량 설계가 유리하다.
- 외장을 라미네이트 필름을 사용하여 발열 특성이 우수하나 외부 자극에 약한다.
- 과방전/과충전에 약하다.

13 리튬-이온 축전지의 일반적인 특징에 대한 설명으로 틀린 것은?

① 셀당 전압이 낮다.
② 높은 출력밀도를 가진다.
③ 과충전 및 과방전에 민감하다.
④ 열관리 및 전압관리가 필요하다.

해설

리튬-이온 배터리의 특징
- 셀당 전압은 약 3~4V로 납축전지(약 1.75V)보다 높다.
- 단위 에너지 밀도가 높다(소형 전자기기에 사용).
- 고출력 전압이다.
- 자기 방전율이 낮다.
- 과부하 제어, 충방전 전압 제어 및 온도 제어 등 충방전 특성에 민감하다.

14 수소연료전지 자동차를 충전할 때 노즐과 충전구를 연결하는 이음매이며, 적외선 통신으로 충전 속도를 조절하는 기능을 갖고 있는 장치는?

① 스택
② 레귤레이터 장치
③ 리셉터클
④ 다기능 솔레노이드 밸브

해설

리셉터클(Receptacle)
수소 충전용 리셉터클은 수소가스 충전소 측의 충전 노즐 커넥터의 역할을 수행하는 리셉터클 본체와 내부는 리셉터클 본체를 통과하는 수소가스에 이물질을 필터링하는 필터부와 일방향으로 흐름을 단속하는 체크부로 구성되어 있다.

15 수소연료전지 자동차의 압축 수소탱크의 구성품이 아닌 것은?

① 고밀도 폴리머 라이너
② 압력 릴리프 기구
③ 탱크 내부 가스 온도 센서
④ 유량 플로트 센서

해설

기체 상태로 저장된 수소가스는 압력으로 그 저장량을 판단하므로 액체상태의 연료량을 감지하는 유량 플로트 센서는 적용되지 않는다.

16 수소 연료전지 자동차의 연료라인 분해작업 시 작업 내용이 아닌 것은?

① 수소 가스를 누출시킬 때에는 누출 경로 주변에 점화원이 없어야 한다.
② 연료라인 분해 시 연료라인 내에 잔압을 제거하는 작업을 우선해야 한다.
③ 수소탱크의 해압 밸브(블리드 밸브)를 개방한다.
④ 연료라인 분해 시 수소탱크의 매뉴얼 밸브를 닫는다.

해설

수소탱크의 해압 밸브(블리드 밸브)를 잠근다.

정답 06 ④ 07 ① 08 ② 09 ② 10 ③ 11 ③ 12 ② 13 ① 14 ③ 15 ④ 16 ③

MEMO

PART 05
최신 기출문제

최신 기출문제 2018년 1회
최신 기출문제 2018년 2회
최신 기출문제 2018년 3회
최신 기출문제 2019년 1회
최신 기출문제 2019년 2회
최신 기출문제 2019년 3회
최신 기출문제 2020년 1, 2회
최신 기출문제 2020년 3회

1과목 자동차엔진

01 엔진의 지시마력이 105PS, 마찰마력이 21PS일 때 기계효율은 약 몇 %인가?
① 70
② 80
③ 84
④ 90

02 실린더 내에 흡입되는 흡기량이 감소하는 이유가 아닌 것은?
① 배기가스의 배압을 이용하는 과급기를 설치하였을 때
② 흡입 및 배기 밸브의 개폐 시기 조정이 불량할 때
③ 흡입 및 배기의 관성이 피스톤 운동을 따르지 못할 때
④ 피스톤 링, 밸브 등의 마모에 의하여 가스누설이 발생할 때

03 지르코니아방식의 산소센서에 대한 설명으로 틀린 것은?
① 지르코니아 소자는 백금으로 코팅되어있다.
② 배기가스 중의 산소농도에 따라 출력 전압이 변화한다.
③ 산소센서의 출력 전압은 연료분사량 보정 제어에 사용된다.
④ 산소센서의 온도가 100℃ 정도가 되어야 정상적으로 작동하기 시작한다.

04 가솔린엔진에서 공기과잉률(λ)에 대한 설명으로 틀린 것은?
① λ값이 1일 때가 이론 혼합비 상태이다.
② λ값이 1보다 크면 공기과잉상태이고, 1보다 작으면 공기부족상태이다.
③ λ값이 1에 가까울 때 질소산화물(NOx)의 발생량이 최소가 된다.
④ 엔진에 공급된 연료를 완전 연소시키는 데 필요한 이론공기량과 실제로 흡인한 공기량과의 비이다.

05 전자제어 디젤 연료분사장치에서 예비분사에 대한 설명으로 옳은 것은?
① 예비분사는 디젤엔진의 시동성을 향상시키기 위한 분사를 말한다.
② 예비분사는 연소실의 연소압력 상승을 부드럽게 하여 소음과 진동을 줄여준다.
③ 예비분사는 주 분사 이후에 미연소가스의 완전연소와 후처리 장치의 재연소를 위해 이루어지는 분사이다.
④ 예비분사는 인젝터의 노후화에 따른 보정분사를 실시하여 엔진의 출력저하 및 엔진부조를 방지하는 분사이다.

06 CNG(Compressed Natural Gas) 엔진에서 가스의 역류를 방지하기 위한 장치는?
① 체크밸브
② 에어조절기
③ 저압연료차단밸브
④ 고압연료차단밸브

07 엔진에서 디지털 신호를 출력하는 센서는?
① 압전 세라믹을 이용한 노크 센서
② 가변저항을 이용한 스로틀포지션 센서
③ 칼만 와류 방식을 이용한 공기유량 센서
④ 전자유도 방식을 이용한 크랭크축 각도 센서

08 총 배기량이 2000cc인 4행정 사이클 엔진이 2000rpm으로 회전할 때, 회전력이 15kgf·m이라면 제동 평균유효압력은 약 몇 kgf/cm^2인가?
① 7.8
② 8.5
③ 9.4
④ 10.2

09 다음은 운행차 정기검사의 배기소음도 측정을 위한 검사 방법에 대한 설명이다. ( ) 안에 알맞은 것은?

> 자동차의 변속장치를 중립위치로 하고 정지가동 상태에서 원동기의 최고 출력 시의 75% 회전속도로 ( )초 동안 운전하여 최대 소음도를 측정한다.

① 3 ② 4
③ 5 ④ 6

10 전자제어 엔진에서 분사량은 인젝터 솔레노이드 코일의 어떤 인자에 의해 결정되는가?

① 전압치 ② 저항치
③ 통전시간 ④ 코일권수

11 전자제어 연료분사장치에서 연료분사량 제어에 대한 설명 중 틀린 것은?

① 기본 분사량은 흡입공기량과 엔진회전수에 의해 결정된다.
② 기본 분사시간은 흡입공기량과 엔진회전수를 곱한 값이다.
③ 스로틀밸브의 개도 변화율이 크면 클수록 비동기 분사시간은 길어진다.
④ 비동기분사는 급가속 시 엔진의 회전수와 관계없이 순차모드에 추가로 분사하여 가속 응답성을 향상시킨다.

12 엔진 플라이휠의 기능과 관계없는 것은?

① 엔진의 동력을 전달한다.
② 엔진을 무부하 상태로 만든다.
③ 엔진의 회전력을 균일하게 한다.
④ 링기어를 설치하여 엔진의 시동을 걸 수 있게 한다.

13 디젤노크에 대한 설명으로 가장 적합한 것은?

① 착화지연기간이 길어지면 발생한다.
② 노크 예방을 위해 냉각수온도를 낮춘다.
③ 고온 고압의 연소실에서 주로 발생한다.
④ 노크가 발생되면 엔진회전수를 낮추면 된다.

14 제동 열효율에 대한 설명으로 틀린 것은?

① 정미 열효율이라고도 한다.
② 작동가스가 피스톤에 한 일이다.
③ 지시 열효율어 기계효율을 곱한 값이다.
④ 제동 일로 변환된 열량과 총 공급된 열량의 비이다.

15 엔진에서 윤활유 소비증대에 영향을 주는 원인으로 가장 적절한 것은?

① 신품 여과기의 사용
② 실린더 내벽의 마멸
③ 플라이휠 링기어 마모
④ 타이밍 체인 텐셔너의 마모

16 연료필터에서 오버플로우 밸브의 역할이 아닌 것은?

① 필터 각부의 보호 작용
② 운전 중에 공기빼기 작용
③ 분사펌프의 압력상승 작용
④ 연료공급 펌프의 소음발생 방지

17 엔진의 실린더 지름이 55mm, 피스톤 행정이 50mm, 압축비가 7.4라면 연소실 체적은 약 몇 cm^3인가?

① 9.6 ② 12.6
③ 15.6 ④ 18.6

18 운행차의 배출가스 정기검사의 배출가스 및 공기과잉률(λ) 검사에서 측정기의 최종측정치를 읽는 방법에 대한 설명으로 틀린 것은? (단, 저속 공회전 검사모드이다.)

① 측정치가 불안정할 경우에는 5초간의 평균치로 읽는다.
② 공기과잉률은 소수점 셋째 자리에서 0.001단위로 읽는다.
③ 탄화수소는 소수점 첫째 자리 이하는 버리고 1ppm 단위로 읽는다.
④ 일산화탄소는 소수점 둘째 자리 이하는 버리고 0.1% 단위로 읽는다.

19 산소센서를 설치하는 목적으로 옳은 것은?

① 연료펌프의 작동을 위해서
② 정확한 공연비 제어를 위해서
③ 컨트롤 릴레이를 제어하기 위해서
④ 인젝터의 작동을 정확히 조절하기 위해서

20 액상 LPG의 압력을 낮추어 기체 상태로 변환시킨 후 엔진에 연료를 공급하는 장치는?

① 믹서　　　　　② 봄베
③ 대시 포트　　　④ 베이퍼라이저

2과목 자동차섀시

21 우측 앞 타이어의 바깥쪽이 심하게 마모되었을 때의 조치 방법으로 옳은 것은?

① 토인으로 수정한다.
② 앞뒤 현가스프링을 교환한다.
③ 우측 차륜의 캠버를 부(−)의 방향으로 조절한다.
④ 우측 차륜의 캐스터를 정(+)의 방향으로 조절한다.

22 공압식 전자제어 현가장치에서 컴프레셔에 장착되어 차고를 낮출 때 작동하며, 공기 챔버 내의 압축공기를 대기 중으로 방출시키는 작용을 하는 것은?

① 에어 액추에이터 밸브
② 배기 솔레노이드 밸브
③ 압력 스위치 제어 밸브
④ 컴프레셔 압력 변환 밸브

23 조향장치가 기본적으로 갖추어야 할 조건이 아닌 것은?

① 선회 시 좌·우 차륜의 조향각이 달라야 한다.
② 조향장치의 기계적 강성이 충분하여야 한다.
③ 노면의 충격을 감쇄시켜 조향핸들에 가능한 적게 전달되어야 한다.
④ 선회 주행 시 조향핸들에서 손을 떼도 선회 방향성이 유지되어야 한다.

24 유압식 브레이크의 마스터 실린더 단면적이 $4cm^2$이고, 마스터실린더 내 푸시로드에 작용하는 힘이 80kgf라면, 단면적이 $3cm^2$인 휠 실린더의 피스톤에 작용되는 힘은 몇 kgf인가?

① 40　　　　　② 60
③ 80　　　　　④ 120

25 자동차 바퀴가 정적 불평형일 때 일어나는 현상은?

① 시미 현상　　　② 롤링 현상
③ 트램핑 현상　　④ 스탠딩 웨이브 현상

26 전자제어 현가장치와 관련된 센서가 아닌 것은?

① 차속센서　　　② 조향각 센서
③ 스로틀 개도 센서　④ 파워오일압력 센서

27 자동변속기의 6포지션형 변속레버 위치(select pattern)를 올바르게 나열한 것은? (단, D : 전진위치, N : 중립위치, R : 후진위치, 2, 1 : 저속 전진위치, P : 주차위치이다.)
① P-R-N-D-2-1
② P-N-R-D-2-1
③ R-N-D-P-2-1
④ R-N-P-D-2-1

28 일반적으로 브레이크 드럼의 재료로 사용되는 것은?
① 연강
② 청동
③ 주철
④ 켈밋 합금

29 자동차의 변속기에서 제3속의 감속비 1.5, 종감속 구동 피니언 기어의 잇수 5, 링기어의 잇수 22, 구동바퀴의 타이어 유효반경 280mm, 엔진회전수 3300rpm으로 직진 주행하고 있다. 이때 자동차의 주행속도는 약 몇 km/h인가? (단, 타이어의 미끄러짐은 무시한다.)
① 26.4
② 52.8
③ 116.2
④ 128.4

30 타이어에 195/70R 13 82S라고 적혀 있다면 S는 무엇을 의미하는가?
① 편평 타이어
② 타이어의 전폭
③ 허용 최고 속도
④ 스틸 레이디얼 타이어

31 제동 초속도가 105km/h, 차륜과 노면의 마찰계수가 0.4인 차량의 제동거리는 약 몇 m인가?
① 91.5
② 100.5
③ 108.5
④ 120.5

32 선회 시 차체가 조향각도에 비해 지나치게 많이 돌아가는 것을 말하며, 뒷바퀴에 원심력이 작용하는 현상은?
① 하이드로 플래닝
② 오버 스티어링
③ 드라이브 휠 스핀
④ 코너링 포스

33 변속기에서 싱크로메시 기구가 작동하는 시기는?
① 변속기어가 물릴 때
② 변속기어가 풀릴 때
③ 클러치 페달을 놓을 때
④ 클러치 페달을 밟을 때

34 차량의 여유 구동력을 크게 하기 위한 방법이 아닌 것은?
① 주행저항을 적게 한다.
② 총 감속비를 크게 한다.
③ 엔진 회전력을 크게 한다.
④ 구동 바퀴의 유효반지름을 크게 한다.

35 타이어가 편마모되는 원인이 아닌 것은?
① 쇽업쇼버가 불량하다.
② 앞바퀴 정렬이 불량하다.
③ 타이어의 공기압이 낮다.
④ 자동차의 중량이 증가하였다.

36 차륜정렬에서 캐스터에 대한 설명으로 틀린 것은?
① 캐스터에 의해 바퀴가 추종성을 가지게 된다.
② 선회 시 차체운동에 의한 바퀴 복원력이 발생한다.
③ 수직방향의 하중에 의해 조향륜이 아래로 벌어지는 것을 방지한다.
④ 바퀴를 차축에 설치하는 킹핀이 바퀴의 수직선과 이루는 각도를 말한다.

37. ABS 장치에서 펌프로부터 토출된 고압의 오일을 일시적으로 저장하고 맥동을 완화시켜주는 구성품은?
   ① 어큐뮬레이터
   ② 솔레노이드 밸브
   ③ 모듈레이터
   ④ 프로포셔닝 밸브

38. 전자제어 제동장치(ABS)의 구성요소가 아닌 것은?
   ① 휠 스피드 센서
   ② 차고 센서
   ③ 하이드로릭 유닛
   ④ 어큐뮬레이터

39. 자동차의 동력전달 계통에 사용되는 클러치의 종류가 아닌 것은?
   ① 마찰 클러치
   ② 유체 클러치
   ③ 전자 클러치
   ④ 슬립 클러치

40. 동력전달장치인 추진축이 기하학적인 중심과 질량중심이 일치하지 않을 때 일어나는 진동은?
   ① 요잉
   ② 피칭
   ③ 롤링
   ④ 휠링

3과목 자동차전기

41. 교류발전기에서 유도전압이 발생되는 구성품은?
   ① 로터
   ② 회전자
   ③ 계자코일
   ④ 스테이터

42. 공기조화장치에서 저압과 고압 스위치로 구성되어 있으며, 리시버 드라이어에 주로 장착되어 있으며 컴프레셔의 과열을 방지하는 역할을 하는 스위치는?
   ① 듀얼 압력 스위치
   ② 콘덴서 압력 스위치
   ③ 어큐뮬레이터 스위치
   ④ 리시버드라이어 스위치

43. 일반적인 오실로스코프에 대한 설명으로 옳은 것은?
   ① X축은 전압을 표시한다.
   ② Y축은 시간을 표시한다.
   ③ 멀티미터의 데이터보다 값이 정밀하다.
   ④ 전압, 온도, 습도 등을 기본으로 표시한다.

44. 점화코일에 관한 설명으로 틀린 것은?
   ① 점화플러그에 불꽃방전을 일으킬 수 있는 높은 전압을 발생한다.
   ② 점화코일의 입력측이 1차 코일이고, 출력측이 2차 코일이다.
   ③ 1차 코일에 전류 차단 시 플레밍의 왼손법칙에 의해 전압이 상승된다.
   ④ 2차 코일에서는 상호유도작용으로 2차 코일의 권수비에 비례하여 높은 전압이 발생한다.

45. 오토라이트(Auto light) 제어회로의 구성부품으로 가장 거리가 먼 것은?
   ① 압력센서
   ② 조도감지 센서
   ③ 오토 라이트 스위치
   ④ 램프 제어용 휴즈 및 릴레이

46 전자동 에어컨 시스템에서 제어모듈의 출력요소로 틀린 것은?

① 블로워 모터
② 냉각수 밸브
③ 내·외기 도어 액추에이터
④ 에어믹스 도어 액추에이터

47 에어백 장치에서 승객의 안전벨트 착용 여부를 판단하는 것은?

① 시트부하 스위치   ② 충돌 센서
③ 버클 스위치   ④ 안전 센서

48 다이오드를 이용한 자동차용 전구회로에 대한 설명 중 옳은 것은?

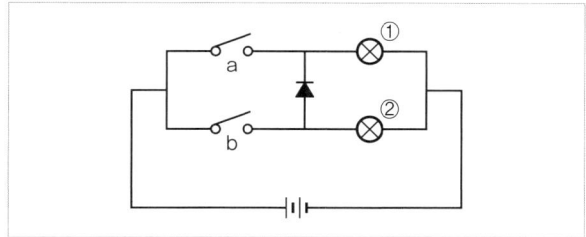

① 스위치 b가 ON일 때 전구 ②만 점등된다.
② 스위치 b가 ON일 때 전구 ①만 점등된다.
③ 스위치 a가 ON일 때 전구 ①만 점등된다.
④ 스위치 a가 ON일 때 전구 ①과 전구 ② 모두 점등된다.

49 회로가 그림과 같이 연결되었을 때 멀티미터가 지시하는 전류값은 몇 A인가?

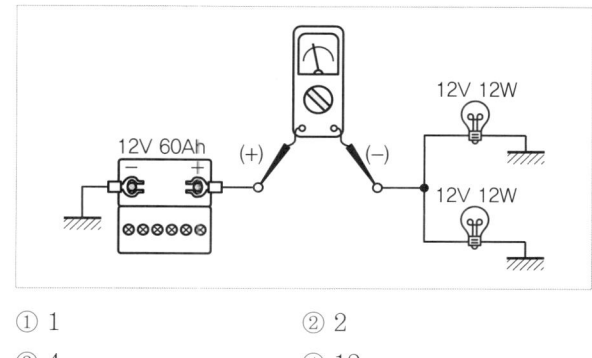

① 1   ② 2
③ 4   ④ 12

50 점화파형에 대한 설명으로 틀린 것은?

① 압축압력이 높을수록 점화요구전압이 높아진다.
② 점화플러그의 간극이 클수록 점화요구전압이 높아진다.
③ 점화플러그의 간극이 좁을수록 불꽃방전시간이 길어진다.
④ 점화 1차 코일에 흐르는 전류가 클수록 자기 유도전압이 낮아진다.

51 직권식 기동전동기의 전기자 코일과 계자코일의 연결방식은?

① 직렬로 연결되었다.
② 병렬로 연결되었다.
③ 직·병렬 혼합 연결되었다.
④ 델타 방식으로 연결되었다.

52 서로 다른 종류의 두 도체(또는 반도체)의 접점에서 전류가 흐를 때 접점에서 줄열(Joule' sheat) 외에 발열 또는 흡열이 일어나는 현상은?

① 홀 효과   ② 피에조 효과
③ 자계 효과   ④ 펠티에 효과

53 하이브리드 자동차에서 모터의 회전자와 고정자의 위치를 감지하는 것은?

① 레졸버
② 인버터
③ 경사각 센서
④ 저전압 직류 변환장치

54 가솔린엔진에서 크랭크축의 회전수와 점화시기의 관계에 대한 설명으로 옳은 것은?

① 회전수와 점화시기는 무관하다.
② 회전수의 증가와 더불어 점화시기는 진각된다.
③ 회전수의 감소와 더불어 점화시기는 진각 후 지각 된다.
④ 회전수의 증가와 더불어 점화시기는 지각 후 진각 된다.

55 하이브리드 차량에서 감속 시 전기 모터를 발전기로 전환하여 차량의 운동에너지를 전기 에너지로 변환시켜 배터리로 회수하는 시스템은?

① 회생 제동 시스템
② 파워 릴레이 시스템
③ 아이들링 스톱 시스템
④ 고전압 배터리 시스템

56 배터리 극판의 영구 황산납(유화, 설페이션) 현상의 원인으로 틀린 것은?

① 전해액의 비중이 너무 낮다.
② 전해액이 부족하여 극판이 노출되었다.
③ 배터리의 극판이 충분하게 충전되었다.
④ 배터리를 방전된 상태로 장기간 방치하였다.

57 〈보기〉가 설명하고 있는 법칙으로 옳은 것은?

〈보기〉
유도 기전력의 방향은 코일 내 자속의 변화를 방해하는 방향으로 발생한다.

① 렌츠의 법칙
② 자기유도 법칙
③ 플레밍의 왼손 법칙
④ 플레밍의 오른손 법칙

58 전조등 시험기 측정 시 관련사항으로 틀린 것은?

① 공차 상태에서 서서히 진입하면서 측정한다.
② 타이어 공기압을 표준공기압으로 한다.
③ 4등식 전조등의 경우 측정하지 않는 등화는 발산하는 빛을 차단한 상태로 한다.
④ 엔진은 공회전 상태로 한다.

59 점화순서가 1-5-3-6-2-4인 직렬 6기통 기관에서 2번 실린더가 흡입 초 행정일 경우 1번 실린더의 상태는?

① 흡입 말
② 동력 초
③ 동력 말
④ 배기 중

60 제동등과 후미등에 관한 설명으로 틀린 것은?

① 제동등과 후미등은 직렬로 연결되어 있다.
② LED 방식의 제동등은 점등속도가 빠르다.
③ 제동등은 브레이크 스위치에 의해 점등된다.
④ 퓨즈 단선 시 전체 후미등이 점등되지 않는다.

정답 및 해설 2018년 1회

01	02	03	04	05	06	07	08	09	10
②	①	④	③	②	①	③	③	③	③
11	12	13	14	15	16	17	18	19	20
②	②	①	②	②	③	④	②	②	④
21	22	23	24	25	26	27	28	29	30
③	②	④	②	③	④	①	③	②	③
31	32	33	34	35	36	37	38	39	40
③	②	①	④	④	③	①	②	④	④
41	42	43	44	45	46	47	48	49	50
④	①	③	③	①	②	③	③	②	④
51	52	53	54	55	56	57	58	59	60
①	④	①	②	①	③	①	①	③	①

01 정답 | ②
해설 | 기계효율 = $\dfrac{\text{제동마력}}{\text{지시마력}} \times 100\%$

$\dfrac{\text{지시마력} - \text{손실마력}}{\text{지시마력}} \times 100\% = \dfrac{105 - 21}{105} \times 100\%$
$= 80\%$

02 정답 | ①
해설 | 과급기는 흡기량을 증가시켜 체적효율(충진효율)을 향상시킨다.

03 정답 | ④
해설 | 지르코니아 산소센서의 정상 작동온도는 약 300~600℃이다. 또한, 배기온도가 300℃ 이하 때에는 작동되지 않으며, 900℃가 넘으면 센서는 고장을 일으킬 수 있다.

04 정답 | ③
해설 | 공급과잉률(λ)은 1에 가까울수록 이론공연비에 가까워지며, NOx 발생량은 이론공연비에서 최대가 된다. λ값은 1보다 크면 공기과잉상태(희박연소), 1보다 작으면 공기부족상태(농후연소)이다.

05 정답 | ②
해설 | 커먼레일 디젤기관의 연료의 분사과정
- 예비분사 : 주분사 전에 연료를 분사해 착화지연시간을 짧게 하여 소음과 진동 감소 효과를 줌
- 주분사 : 분사과정 전체를 통해 분사 압력이 일정하게 유지될 수 있도록 제어
- 사후분사 : 연소가 완료된 후에 분사하여 배기가스를 통해 같이 공급된 연료를 연소시켜, DPF에 퇴적된 PM을 제거하는 역할

06 정답 | ①
해설 | 체크밸브는 한쪽 방향으로만 유체가 흐를 수 있게 하는 장치로 각종 유압회로에 장착되어 역류를 방지한다.

07 정답 | ③
해설 | ① 압전소자 : 소자에 압력이 가해졌을 때 발생하는 기전력 또는 저항의 변화로 압력이 클수록 저항이 크다 – 아날로그 파형
② 가변저항 : 저항 변화에 따른 전압 변화 – 아날로그 파형
③ 칼만와류식 : 초음파 변화에 의한 펄스 신호 – 디지털 파형
④ 전자유도 방식 : 교류전압(기전력) 발생 – 아날로그 파형

08 정답 | ③
해설 | 4행정기관의 제동마력
$= \dfrac{PLAN}{2 \times 75 \times 60 \times 100} = \dfrac{TR}{716} \text{PS}$

- P = 제동평균유효압력(kgf/cm²)
- A = 실린더 단면적(cm²)
- L = 피스톤 행정(cm)
- N = 실린더 수 = 1
- R = 엔진회전수 = 2000rpm
- T = 크랭크축 회전력(m · kgf)

$\dfrac{P\text{kgf/cm}^2 \times 2000\text{cm}^3 \times 2000}{2 \times 75\text{kgf} \cdot \text{m/s} \times 60\text{s} \times 100}$

$= \dfrac{15\text{kgf} \cdot \text{m} \times 2000}{716} = 9.42\text{kgf/cm}^2$

09 **정답 | ③**
   해설 | 운행차 정기검사의 방법·기준 및 대상 항목(제44조제1항 관련)(「소음·진동관리법 시행규칙」[별표 15])
   자동차의 변속장치를 중립 또는 주차 위치로 하고 정지가동상태에서 가속페달을 밟아 최고출력의 75% 회전속도에 4초 이내 도달하고 그 상태를 1초 이상 유지시킨 후 가속페달을 놓고 정지가동상태로 다시 돌아올 때까지 최대 소음도를 측정한다. 2회 이상 측정치 중 가장 큰 값을 최종 측정치로 한다.

10 **정답 | ③**
   해설 | 연료분사량은 인젝터에 작동하는 통전시간을 통해 결정된다.

11 **정답 | ②**
   해설 | 기본분사시간 = $\dfrac{\text{흡입공기량}}{\text{엔진회전수}}$ 이므로 흡입공기량을 엔진회전수로 나눈 값이다.

12 **정답 | ②**
   해설 | ②은 클러치에 대한 설명이다.

13 **정답 | ①**
   해설 | 디젤노크는 착화지연시간이 길어지기 때문에 발생한다. 흡기온도, 압축압력, 압축비 등이 낮을 때 그리고 엔진회전수가 낮을 때 발생한다.

14 **정답 | ②**
   해설 | ②은 기계적으로 피스톤이 한 일에 관한 내용으로 열효율의 설명과는 거리가 멀다.

15 **정답 | ②**
   해설 | 윤활유 소비증대의 주원인은 연소 및 누설이며, 연소의 경우 실린더 간극 과대, 밸브 스템실 파손의 원인이 있다.

16 **정답 | ③**
   해설 | 디젤기관의 오버플로우 밸브 기능
   - 오버플로우 밸브는 필터 내 압력을 규정값 이상으로 상승됨을 방지하여 펌프에서 발생하는 소음을 감소하고, 필터의 부품을 보호한다.
   - 오버플로우 밸브는 연료회로 내에 공기를 제거하여 레일로 연료이송을 돕는다.

17 **정답 | ④**
   해설 | 압축비 = $1 + \dfrac{\text{행정체적}}{\text{연소실체적}} = \dfrac{0.785 \times 5.5^2 \times 5}{\text{연소실체적}}$
   $= \dfrac{118.73\text{cc}}{\text{연소실체적}} = 6.4$
   연소실체적 $= \dfrac{118.73}{6.4} = 18.55$

18 **정답 | ②**
   해설 | 배출가스 및 공기과잉률 검사
   측정기 지시가 안정된 후 일산화탄소는 소수점 둘째 자리 이하는 버리고 0.1% 단위로, 탄화수소는 소수점 첫째 자리 이하는 버리고 1ppm 단위로, 공기과잉률(λ)은 소수점 둘째 자리에서 0.01단위로 최종측정치를 읽는다. 단, 측정치가 불안정할 경우에는 5초간의 평균치로 읽는다.

19 **정답 | ②**
   해설 | 가솔린 전자제어 엔진에서 산소센서를 설치하는 목적은 이론공연비에 근접한 연료분사량 제어를 통해 연비 향상과 유해배기가스 발생을 억제하기 위한 것이다.

20 **정답 | ④**
   해설 |
   - LPG 기관에서 액상 LPG를 감압하여 기체상태로 변환하는 장치는 베이퍼라이저이다.
   - LPG 기관의 연료공급 순서 : 봄베 → 솔레노이드 밸브 → 베이퍼라이저 → 믹서 → 연소실

21 **정답 | ③**
   해설 | 정의 캠버(+)가 과도한 경우 타이어의 바깥쪽이 마모되므로 캠버를 부의 캠버(−) 방향으로 조절한다.

22 **정답 | ②**
   해설 |
   - 차고를 높일 때 : 흡기 솔레노이드 밸브와 차고 조절 에어밸브 개방 → 공기챔버에 압축공기 공급 → 체적 증가 → 쇽업쇼버의 길이 증대 → 차고가 높아짐
   - 차고를 낮출 때 : 압축기에 설치된 배기 솔레노이드 밸브와 차고 조절 에어밸브 개방 → 공기챔버의 공기 방출 → 쇽업쇼버의 길이 감소 → 차고가 낮아짐

23 **정답 | ④**
   해설 | 선회 주행 시 조향핸들에서 손을 떼면 캐스터에 의해 직전 위치로 돌아올 수 있도록 한다(핸들의 복원성).

24 **정답 | ②**
   해설 | 파스칼의 원리에 의해
   $P_1 = P_2 = \dfrac{F_1}{A_1} = \dfrac{F_2}{A_2} = \dfrac{80}{4} = \dfrac{F_2}{3}$
   $F_2 = 20 \times 3 = 60$
   여기에서
   - P_1 = 마스터실린더의 유압
   - P_2 = 휠실린더의 유압
   - F_1 = 마스터 실린더에 작용된 힘
   - F_2 = 휠실린더에 작용하는 힘
   - A_1 = 마스터실린더의 단면적
   - A_2 = 휠실린더의 단면적

25 정답 | ③
해설 | • 타이어의 정적 평형
   – 타이어에 작용하는 힘의 평형
   – 정적 불평형 시 상하 진동에 의한 트램핑 현상 발생
 • 타이어의 동적 평형
   – 타이어의 내측 외측에 작용하는 힘의 평형
   – 동적 불평형 시 좌우 진동에 의한 시미 현상 발생

26 정답 | ④
해설 | 파워스티어링 오일압력 센서는 엔진 공회전 시 파워펌프의 오일압력이 상승하는 것을 검출하여 공회전속도를 높이긴 위한 신호로 사용되므로 전자제어 현가장치와는 거리가 멀다.

27 정답 | ①
해설 | 자동변속기의 6포지션형 변속레버 선택 패턴은 P-R-N-D-2-1이다.

28 정답 | ③
해설 | 브레이크 드럼은 내마모성, 기계적 강성, 방열을 위해 특수주철, 주강 등을 사용한다.

29 정답 | ②
해설 | 주행속도 $V = \dfrac{\pi \times D \times N}{r_t \times r_f} \times \dfrac{60}{1000}$ km/h
여기서, D : 바퀴의 직경(m),
N : 엔진의 회전수(rpm), r_t : 변속비, r_f : 종감속비
따라서, 종감속비 $= \dfrac{\text{링기어의 잇수}}{\text{구동피니언의 잇수}} = \dfrac{22}{5} = 4.4$
$V = \dfrac{\pi \times 0.56 \times 3300}{1.5 \times 4.4} \times \dfrac{60}{1000} =$ 약 52.8(km/h)

30 정답 | ③
해설 |

195	70	R	13	82s
타이어 폭	편평비	레이디얼 타이어	타이어 내경 또는 림외경	허용최고 속도

31 정답 | ③
해설 | 제동거리 $S = \dfrac{v^2}{2\mu g}$ (m)
여기서, v : 제동 초속도(m/s),
μ : 마찰계수,
g : 중력가속도(9.8m/s²)
$S = \dfrac{(29.16)^2}{2 \times 0.4 \times 9.8} =$ 약 108.45(m)

32 정답 | ②
해설 | • 드라이브 휠 스핀 : 지나친 구동력으로 타이어가 접지력의 한계를 넘어 공전하는 것(헛도는 것)
 • 코너링 포스 : 원심력에 대항하여 타이어가 비틀려 조금 미끄러지면서 접지면을 지지하는 힘으로 타이어의 진행방향에 수직으로 작용
 • 하이드로 플래닝 : 수막현상
 • 오버 스티어링 : 선회 시 뒷바퀴의 슬립으로 조향각도에 비해 차체의 선회반지름이 작아지는 현상

33 정답 | ①
해설 | 싱크로메시 기구는 수동변속기의 기어가 물릴 때 작용하여 기어와 허브의 회전속도를 동기화하여 기어의 파손 및 소음을 방지한다.

34 정답 | ④
해설 | 차량의 구동력을 크게 하기 위한 방법
 • 주행저항을 적게 한다.
 • 총감속비를 크게 한다.
 • 엔진회전력, 액슬축의 구동력을 크게 한다.
 • 구동바퀴의 유효반지름을 작게 한다.

35 정답 | ④
해설 | 타이어 편마모의 원인
 • 한쪽 쇽업소버의 저항력 감소에 의한 자체 기울어짐
 • 얼라이먼트 불량(토우, 캠버, 캐스터 등의 차이)
 • 타이어 공기압의 불균형에 의한 각 타이어 접지력 차이
 • 좌, 우 제동력 차이에 의한 편제동

36 정답 | ③
해설 | 정의 캐스터는 차량을 옆에서 보았을 때 킹핀의 중심선이 뒤쪽으로 기울여 설치된 것을 말하며, ③은 캠버에 대한 설명이다.

37 정답 | ①
해설 | 어큐뮬레이터는 ABS ECU에서 솔레노이드 밸브에 감압신호가 전달될 때 일시적으로 펌프로부터 토출된 고압의 오일을 저장하고, 맥동을 감소시키며, 증압 시에는 휠 실린더로 오일을 공급한다.

38 정답 | ②
해설 | 차고 센서는 전자제어 현가장치의 구성요소에 해당된다.

39 정답 | ④
해설 | 클러치의 종류
 • 건식 마찰 클러치
 • 습식 마찰 클러치
 • 유체클러치
 • 전자클러치

40 **정답 | ④**
   해설 | 휠링은 추진축의 굽힘에 의한 진동을 말하며, 추진축의 기하학적 중심과 질량적 중심이 일치하지 않았을 때 발생한다.

41 **정답 | ④**
   해설 | 직류 발전기와 달리 교류발전기는 로터(회전자)에서 자속을 발생시키고, 스테이터(고정자)에서 유도전압을 발생시킨다.

42 **정답 | ①**
   해설 | 듀얼 압력 스위치는 냉매라인의 저압이 규정보다 낮을 경우 또는 냉매라인의 고압이 규정보다 높을 경우 컴프레셔 작동을 중단시키기 위한 신호로 사용된다.

43 **정답 | ③**
   해설 |
   - X축은 시간, Y축은 전압을 표시하고 멀티미터보다 정밀한 출력 값을 얻을 수 있다.
   - 측정 요소 : 주기, 주파수 듀티 사이클, 진폭(신호의 높이), 전압, 노이즈 등

44 **정답 | ③**
   해설 | 플레밍의 왼손 법칙은 전동기의 기본원리이다.

45 **정답 | ①**
   해설 | 압력센서는 에어백 시스템에서 승객 좌석에 적용하여 어린이의 탑승 또는 카시트를 설치한 경우 승객 좌석에 에어백 전개를 금지하여 어린이, 영유아의 안전확보를 위한 장치이다.

46 **정답 | ②**
   해설 | 냉각수 밸브는 히터유닛에서 히터코어로 유입되는 냉각수 라인을 개폐하는 역할이다.

47 **정답 | ③**
   해설 | 안전밸트 착용 여부는 시트에 부착된 밸트버클 내의 센서를 통해 알 수 있다.

48 **정답 | ③**
   해설 |
   - 스위치 a가 ON일 때 : 전구 ①만 점등
   - 스위치 b가 ON일 때 : 전구 ①, ② 모두 점등

49 **정답 | ②**
   해설 | 하나의 전구 전력 $P = EI = 12W$이므로, 하나의 전구에 흐르는 전류 $I = 12/12 = 1A$이다. 따라서 전체 전류 값은 2A가 된다.

50 **정답 | ④**
   해설 | 점화플러그의 간극에 따른 영향
   - 점화플러그의 간극이 작을 경우 : 점화시기가 늦어진다. 점화요구전압이 낮다, 불꽃이 약함, 불꽃방전시간이 길다.
   - 점화플러그의 간극이 클 경우 : 점화시기가 빨라진다. 점화요구전압 높다, 고속에서 실화, 불꽃방전시간이 짧다.
   - 점화 1차코일의 전류가 클수록 역기전력(유도전압)도 커진다.

51 **정답 | ①**
   해설 |
   - 직권 : 직렬연결
   - 분권 : 병렬연결
   - 복권 : 직·병렬연결

52 **정답 | ④**
   해설 |
   - 펠티에 효과 : 두 금속의 접점에 전류가 흐를 때 가열 또는 냉각되는 효과
   - 제백 효과 : 두 금속 접합점 양단에 온도차에 의해 기전력 발생

53 **정답 | ①**
   해설 | 레졸버는 모터와 유사한 구조로 모터의 회전자와 고정자의 위치를 감지하여 모터의 회전각과 회전속도를 감지하여 정밀한 구동 제어에 사용된다.

54 **정답 | ②**
   해설 | 고속에서는 혼합기 유입속도 및 화염전파속도 증가로 최대폭발압력에 도달하는 시간이 짧아지므로 점화시기를 빠르게 한다(기관회전수와 진각도는 비례한다).

55 **정답 | ①**
   해설 | 회생 제동 시스템의 단계를 높여 전기에너지로 회수되는 양이 늘어나면 EV모드의 주행 가능거리가 증가되고, 관성주행이 줄어들 수 있다.

56 **정답 | ③**
   해설 | 설페이션의 원인
   - 전해액 비중이 매우 낮을 때
   - 전해액이 매우 부족하여 극판이 공기 중에 노출될 때
   - 방전 상태에서 장기간 방치하였을 때

57 **정답 | ①**
   해설 | 지문의 내용은 렌츠의 법칙이다.
   > **참고** 자기유도작용 : 점화1차 코일에 흐르는 전류를 차단하면 급격히 자기장이 소멸하며 코일에 역기전력(유도전압)이 발생한다.

58 **정답 | ①**
   해설 | 전조등 광도 시험은 공차상태에서 전조등 테스터기와 1m 거리(집광식 측정 장비)에서 정지한 상태로 측정한다.

59 정답 | ③
해설 |

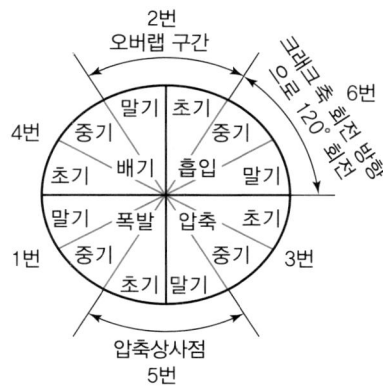

그림에서 흡입 초 행정에 2번을 입력한 후, 시계반대방향으로 점화순서에 따라 120°만큼 점화순서(4-1-5-3-6-2)대로 입력한다. 그러면 1번 실린더는 동력(폭발) 말 행정임을 알 수 있다.

60 정답 | ①
해설 | • 제동등과 후미등의 경우 더블 필라멘트를 적용하여 전구를 1개이지만 필라멘트가 2개이다.
• 각 필라멘트는 후미등 : 미등릴레이 스위치, 제동등 : 정지등 스위치에 각각 병렬로 연결되어 있다.

최신 기출문제 2018년 2회

1과목 자동차엔진

01 기관의 도시 평균유효압력에 대한 설명으로 옳은 것은?
① 이론 PV선도로부터 구한 평균유효압력
② 기관의 기계적 손실로부터 구한 평균유효압력
③ 기관의 실제 지압선도로부터 구한 평균유효압력
④ 기관의 크랭크축 출력으로부터 계산한 평균유효압력

02 전자제어 디젤 연료분사방식 중 다단분사의 종류에 해당하지 않는 것은?
① 주분사
② 예비분사
③ 사후분사
④ 예열분사

03 디젤엔진의 기계식 연료분사장치에서 연료의 분사량을 조절하는 것은?
① 컷오프밸브
② 조속기
③ 연료여과기
④ 타이머

04 자동차 정기검사의 소음도 측정에서 운행자동차의 소음허용기준 중 ( )에 알맞은 것은? (단, 2006년 1월 1일 이후에 제작되는 자동차이다.)

소음항목 자동차종류	배기소음 (dB(A))	경적소음 (dB(C))
경자동차	( ) 이하	110 이하

① 100
② 105
③ 110
④ 115

05 자동차 디젤엔진의 분사펌프에서 분사 초기에는 분사시기를 변경시키고 분사 말기는 분사시기를 일정하게 하는 리드 형식은?
① 역 리드
② 양 리드
③ 정 리드
④ 각 리드

06 캐니스터에서 포집한 연료 증발가스를 흡기다기관으로 보내주는 장치는?
① PCV
② EGR밸브
③ PCSV
④ 써모밸브

07 전자제어 가솔린엔진에 사용되는 센서 중 흡기온도 센서에 대한 내용으로 틀린 것은?
① 흡기온도가 낮을수록 공연비는 증가된다.
② 온도에 따라 저항값이 변화되는 NTC형 서미스터를 주로 사용한다.
③ 엔진 시동과 직접 관련되며 흡입공기량과 함께 기본 분사량을 결정한다.
④ 온도에 따라 달라지는 흡입 공기밀도 차이를 보정하여 최적의 공연비가 되도록 한다.

08 전자제어 가솔린 분사장치의 흡입공기량 센서 중에서 흡입하는 공기의 질량에 비례하여 전압을 출력하는 방식은?
① 핫 필름식
② 칼만 와류식
③ 맵 센서식
④ 베인식

09 운행차 정밀검사의 관능 및 기능검사에서 배출가스 재순환 장치의 정상적 작동상태를 확인하는 검사방법으로 틀린 것은?

① 정화용 촉매의 정상부착 여부 확인
② 재순환 밸브의 수정 또는 파손 여부를 확인
③ 진공호스 및 라인 설치 여부, 호스 폐쇄 여부 확인
④ 진공밸브 등 부속장치의 유·무, 우회로 설치 및 변경 여부를 확인

10 기관에서 밸브 스템의 구비조건이 아닌 것은?

① 관성력이 증대되지 않도록 가벼워야 한다.
② 열전달 면적을 크게 하기 위하여 지름을 크게 한다.
③ 스템과 헤드의 연결부는 응력집중을 방지하도록 곡률반경이 작아야 한다.
④ 밸브 스템의 윤활이 불충분하기에 마멸을 고려하여 경도가 커야 한다.

11 LPG를 사용하는 자동차의 봄베에 부착되지 않는 것은?

① 충전밸브
② 송출밸브
③ 안전밸브
④ 메인 듀티 솔레노이드밸브

12 LPG엔진의 특징에 대한 설명으로 옳은 것은?

① 연료관 내에 베이퍼록이 발생하기 쉽다.
② 연료의 증발잠열로 인해 겨울철 시동성이 좋지 않다.
③ 옥탄가가 낮은 연료를 사용하여 노크가 빈번히 발생한다.
④ 연소가 불안정하여 다른 엔진에 비해 대기오염물질이 많이 발생한다.

13 전자제어 엔진에서 연료의 기본 분사량 결정요소는?

① 배기 산소 농도
② 대기압
③ 흡입 공기량
④ 배기량

14 엔진이 압축행정일 때 연소실 내의 열과 내부 에너지의 변화의 관계로 옳은 것은? (단, 연소실 내부 벽면온도가 일정하고, 혼합가스가 이상기체이다.)

① 열 = 방열, 내부 에너지 = 증가
② 열 = 흡열, 내부 에너지 = 불변
③ 열 = 흡열, 내부 에너지 = 증가
④ 열 = 방열, 내부 에너지 = 불변

15 배기량 400cc, 연소실 체적 50cc인 가솔린엔진이 3000rpm일 때, 축 토크가 8.95kgf·m이라면 축출력은 약 몇 PS인가?

① 15.5
② 35.1
③ 37.5
④ 38.1

16 전자제어 엔진의 연료분사장치 특징에 대한 설명으로 가장 적절한 것은?

① 연료 과다 분사로 연료소비가 크다.
② 진단장비 이용으로 고장수리가 용이하지 않다.
③ 연료분사 처리속도가 빨라서 가속 응답성이 좋아진다.
④ 연료 분사장치 단품의 제조원가가 저렴하여 엔진가격이 저렴하다.

17 엔진의 오일 여과기 및 오일 팬에 쌓이는 이물질이 아닌 것은?

① 오일의 열화 및 노화로 발생한 산화물
② 토크컨버터의 열화로 인한 퇴적물(슬러지)
③ 기관 섭동부분의 마모로 발생한 금속 분말
④ 연료 및 윤활유의 불완전 연소로 생긴 카본

18 연료장치에서 연료가 고온상태일 때 체적 팽창을 일으켜 연료공급이 과다해지는 현상은?

① 베이퍼록 현상 ② 퍼컬레이션 현상
③ 캐비테이션 현상 ④ 스텀블 현상

19 가솔린엔진에서 노크발생을 억제하기 위한 방법으로 틀린 것은?

① 연소실벽 온도를 낮춘다.
② 압축비, 흡기온도를 낮춘다.
③ 자연 발화온도가 낮은 연료를 사용한다.
④ 연소실 내 공기와 연료의 혼합을 원활하게 한다.

20 피스톤의 단면적 40cm², 행정 10cm, 연소실 체적 50cm³ 인 기관의 압축비는 얼마인가?

① 3:1 ② 9:1
③ 12:1 ④ 18:1

2과목 자동차섀시

21 중량이 2000kgf인 자동차가 20°의 경사로를 등반 시 구배(등판) 저항은 약 몇 kgf인가?

① 522 ② 584
③ 622 ④ 684

22 무단변속기(CVT)를 제어하는 유압제어 구성부품에 해당하지 않는 것은?

① 오일펌프 ② 유압제어밸브
③ 레귤레이터밸브 ④ 싱크로메시기구

23 축거를 L(m), 최소 회전반경을 R(m), 킹핀과 바퀴 접지면과의 거리를 r(m)이라 할 때 조향각 α를 구하는 식은?

① $\sin\alpha = \dfrac{L}{R-r}$ ② $\sin\alpha = \dfrac{L-r}{R}$

③ $\sin\alpha = \dfrac{R-r}{L}$ ④ $\sin\alpha = \dfrac{L-R}{r}$

24 TCS(Traction Control System)가 제어하는 항목에 해당하는 것은?

① 슬립제어 ② 킥 업 제어
③ 킥 다운 제어 ④ 히스테리시스 제어

25 TCS(Traction Control System)에서 트레이스 제어를 위해 컴퓨터(TCU)로 입력되는 항목이 아닌 것은?

① 차고센서
② 휠스피드 센서
③ 조향 각속도 센서
④ 액셀러레이터 페달 위치 센서

26 선회 주행 시 앞바퀴에서 발생하는 코너링 포스가 뒷바퀴보다 크게 되면 나타나는 현상은?

① 토크 스티어링 현상
② 언더 스티어링 현상
③ 오버 스티어링 현상
④ 리버스 스티어링 현상

27 사이드슬립 테스터로 측정한 결과 왼쪽 바퀴가 안쪽으로 6mm, 오른쪽 바퀴가 바깥쪽으로 8mm 움직였다면 전체 미끄럼량은?

① in 1mm ② out 1mm
③ in 7mm ④ out 7mm

28 클러치 페달을 밟았다가 천천히 놓을 때 페달이 심하게 떨리는 이유가 아닌 것은?
① 플라이 휠이 변형되었다.
② 클러치 압력판이 변형되었다.
③ 플라이 휠의 링기어가 마모되었다.
④ 클러치 디스크 페이싱의 두께차가 있다.

29 2세트의 유성기어 장치를 연이어 접속시키고 일체식 선기어를 공용으로 사용하는 방식은?
① 라비뇨식　② 심프슨식
③ 벤딕스식　④ 평행축 기어방식

30 저속시미(shimmy) 현상이 일어나는 원인으로 틀린 것은?
① 앞 스프링이 절손되었다.
② 조향핸들의 유격이 작다.
③ 로어암의 볼조인트가 마모되었다.
④ 타이로드 엔드의 볼조인트가 마모되었다.

31 병렬형 하이브리드 자동차의 특징 설명으로 틀린 것은?
① 모터는 동력 보조만 하므로 에너지 변환 손실이 적다.
② 기존 내연기관 차량을 구동장치의 변경 없이 활용이 가능하다.
③ 소프트 방식은 일반 주행 시에는 모터 구동만을 이용한다.
④ 하드 방식은 EV 주행 중 엔진 시동을 위해 별도의 장치가 필요하다.

32 드럼식 브레이크와 비교한 디스크식 브레이크의 특징이 아닌 것은?
① 자기작동작용이 발생하지 않는다.
② 냉각성능이 작아 제동성능이 향상된다.
③ 마찰 면적이 적어 패드의 압착력이 커야 한다.
④ 주행 시 반복 사용하여도 제동력 변화가 적다.

33 전자제어 현가장치의 기능에 대한 설명 중 틀린 것은?
① 급제동 시 노스다운을 방지할 수 있다.
② 변속단에 따라 변속비를 제어할 수 있다.
③ 노면으로부터의 차량 높이를 조절할 수 있다.
④ 급선회 시 원심력에 의한 차체의 기울어짐을 방지할 수 있다.

34 무단변속기(CVT)의 특징에 대한 설명으로 틀린 것은?
① 토크 컨버터가 없다.
② 가속 성능이 우수하다.
③ A/T 대비 연비가 우수하다.
④ 변속단이 없어서 변속 충격이 거의 없다.

35 다음 그림은 자동차의 뒤차축이다. 스프링 아래 질량의 진동 중에서 X축을 중심으로 회전하는 진동은?

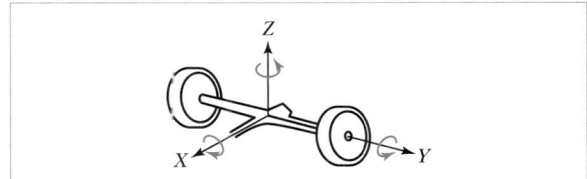

① 휠 트램프　② 휠 홉
③ 와인드 업　④ 롤링

36 공기 브레이크의 특징으로 틀린 것은?
① 베이퍼록이 발생되지 않는다.
② 유압으로 제동력을 조절한다.
③ 기관의 출력이 일부 사용된다.
④ 압축공기의 압력을 높이면 더 큰 제동력을 얻을 수 있다.

37 ABS(Anti-lock Brake System)에 대한 두 정비사의 의견 중 옳은 것은?

> • 정비사 KIM : 발전기의 전압이 일정 전압 이하로 하강하면 ABS 경고등이 점등된다.
> • 정비사 LEE : ABS 시스템의 고장으로 경고등 점등 시 일반 유압 제동시스템은 작동할 수 없다.

① 정비사 KIM만 옳다.
② 정비사 LEE만 옳다.
③ 두 정비사 모두 옳다.
④ 두 정비사 모두 틀리다.

38 기관의 축출력은 5000rpm에서 75kW이고, 구동륜에서 측정한 구동출력이 64kW이면 동력전달장치의 총 효율은 약 몇 %인가?

① 15.3
② 58.8
③ 85.3
④ 117.8

39 다음은 종감속기어에서 종감속비를 구하는 공식이다. ( ) 안에 알맞은 것은?

$$종감속비 = \frac{(\quad)의\ 잇수}{구동피니언의\ 잇수}$$

① 링기어
② 스크루기어
③ 스퍼기어
④ 래크기어

40 휴대용 진공펌프 시험기로 점검할 수 있는 항목과 관계없는 것은?

① 서모밸브 점검
② EGR밸브 점검
③ 라디에이터 캡 점검
④ 브레이크 하이드로 백 점검

3과목 자동차전기

41 에어백 시스템을 설명한 것으로 옳은 것은?

① 충돌이 생기면 무조건 전개되어야 한다.
② 프리텐셔너는 운전석 에어백이 전개된 후에 작동한다.
③ 에어백 경고등이 계기판에 들어와도 조수석 에어백은 작동된다.
④ 에어백이 전개되려면 충돌감지 센서의 신호가 입력되어야 한다.

42 기동전동기의 풀인(pull-in) 시험을 시행할 때 필요한 단자의 연결로 옳은 것은?

① 배터리 (+)는 ST단자에 배터리 (-)는 M단자에 연결한다.
② 배터리 (+)는 ST단자에 배터리 (-)는 B단자에 연결한다.
③ 배터리 (+)는 B단자에 배터리 (-)는 M단자에 연결한다.
④ 배터리 (+)는 B단자에 배터리 (-)는 ST단자에 연결한다.

43 기전력이 2V이고 0.2Ω의 저항 5개가 병렬로 접속되었을 때 각 저항에 흐르는 전류는 몇 A인가?

① 10
② 20
③ 30
④ 40

44 방향지시등 회로에서 점멸이 느리게 작동되는 원인으로 틀린 것은?

① 전구용량이 규정보다 크다.
② 퓨즈 또는 배선의 접촉이 불량하다.
③ 축전지 용량이 저하되었다.
④ 플래셔 유닛에 결함이 있다.

45 0.2μF와 0.3μF의 축전기를 병렬로 하여 12V의 전압을 가하면 축전기에 저장되는 전하량은?

① 1.2μC ② 6μC
③ 7.2μC ④ 14.4μC

46 점화플러그의 방전전압에 영향을 미치는 요인이 아닌 것은?

① 전극의 틈새모양, 극성
② 혼합가스의 온도, 압력
③ 흡입공기의 습도와 온도
④ 파워트랜지스터의 위치

47 그림과 같은 회로에서 전구의 용량이 정상일 때 전원 내부로 흐르는 전류는 몇 A인가?

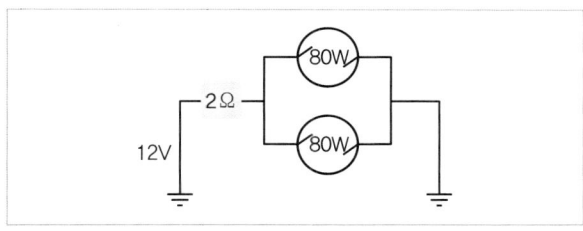

① 2.14 ② 4.13
③ 6.65 ④ 13.32

48 다음은 자동차 정기검사의 계기장치검사기준이다. ( ) 안의 내용으로 알맞은 것은?

> 속도계의 지시오차는 정 (㉠)퍼센트, 부 (㉡)퍼센트 이내일 것

① ㉠ 15, ㉡ 5   ② ㉠ 15, ㉡ 10
③ ㉠ 25, ㉡ 5   ④ ㉠ 25, ㉡ 10

49 자계와 자력선에 대한 설명으로 틀린 것은?

① 자계란 자력선이 존재하는 영역이다.
② 자속은 자력선 다발을 의미하며 단위로는 Wb/m²를 사용한다.
③ 자계강도는 단위 자기량을 가지는 물체에 작용하는 자기력의 크기를 나타낸다.
④ 자기유도는 자석이 아닌 물체가 자계 내에서 자기력의 영향을 받아 자석을 띠는 현상을 말한다.

50 MF(Maintenance Free) 배터리의 특징에 대한 설명으로 틀린 것은?

① 자기방전률이 높다.
② 전해액의 증발량이 감소되었다.
③ 무보수(무정비) 배터리라고도 한다.
④ 산소와 수소가스를 증류수로 환원시킬 수 있는 촉매 마개를 사용한다.

51 전자제어 점화장치의 작동 순서로 옳은 것은?

① 각종 센서 → ECU → 파워트랜지스터 → 점화코일
② ECU → 각종 센서 → 파워트랜지스터 → 점화코일
③ 파워트랜지스터 → 각종 센서 → ECU → 점화코일
④ 각종 센서 → 파워트랜지스터 → ECU → 점화코일

52 점화 2차 파형에서 감쇠 진동 구간이 없을 경우 고장 원인으로 옳은 것은?

① 점화코일 불량
② 점화코일의 극성 불량
③ 점화 케이블의 절연 상태 불량
④ 스파크 플러그의 에어갭 불량

53 릴레이 내부에 다이오드 또는 저항이 장착된 목적으로 옳은 것은?

① 역방향 전류 차단으로 릴레이 점검 보호
② 역방향 전류 차단으로 릴레이 코일 보호
③ 릴레이 접속 시 발생하는 스파크로부터 전장품 보호
④ 릴레이 차단 시 코일에서 발생하는 서지전압으로부터 제어모듈 보호

54 교류발전기 불량 시 점검해야 할 항목으로 틀린 것은?

① 다이오드 불량 점검
② 로터 코일 절연 점검
③ 홀드인 코일 단선 점검
④ 스테이터 코일 단선 점검

55 자동차의 에어컨 중 냉방효과가 저하되는 원인으로 틀린 것은?

① 압축기 작동시간이 짧을 때
② 냉매량이 규정보다 부족할 때
③ 냉매주입 시 공기가 유입되었을 때
④ 실내 공기순환이 내기로 되어 있을 때

56 자동차의 전조등에 사용되는 전조등 전구에 대한 설명 중 ( )안에 알맞은 것은?

> ( )전구는 전구 안에 ( ) 화합물과 불활성가스가 함께 봉입되어 있으며, 백열전구에 비해 필라멘트와 전구의 온도가 높고 광효율이 좋다.

① 네온　　　　　② 할로겐
③ 필라멘트　　　④ LED

57 배터리의 과충전 현상이 발생되는 주된 원인은?

① 배터리 단자의 부식
② 전압 조정기의 작동 불량
③ 발전기 구동벨트 장력의 느슨함
④ 발전기 커넥터의 단선 및 접촉 불량

58 차량으로부터 탈거된 에어백 모듈이 외부전원으로 인해 폭발(전개)되는 것을 방지하는 구성품은?

① 클럭 스프링　　② 단락 바
③ 방폭 콘덴서　　④ 인플레이터

59 자동차에 적용된 이모빌라이저 시스템의 구성품이 아닌 것은?

① 외부 수신기
② 안테나 코일
③ 트랜스 폰더 키
④ 이모빌라이저 컨트롤 유닛

60 배터리 전해액의 온도(1℃) 변화에 따른 비중의 변화량은? (단, 표준온도는 20℃이다.)

① 0.0003　　　　② 0.0005
③ 0.0007　　　　④ 0.0009

정답 및 해설 2018년 2회

01	02	03	04	05	06	07	08	09	10
③	④	②	①	①	③	③	①	①	③
11	12	13	14	15	16	17	18	19	20
④	②	③	④	③	③	②	②	③	②
21	22	23	24	25	26	27	28	29	30
④	④	①	①	①	③	②	③	②	②
31	32	33	34	35	36	37	38	39	40
③	②	②	①	①	③	①	③	①	③
41	42	43	44	45	46	47	48	49	50
④	①	①	①	②	④	③	④	②	①
51	52	53	54	55	56	57	58	59	60
①	①	④	③	④	②	②	②	①	③

01 정답 | ③
해설 | ① 이론 평균유효압력
② 마찰 평균유효압력
③ 도시 평균유효압력
④ 제동 평균유효압력

02 정답 | ④
해설 | 전자제어 디젤 연료분사 형태 : 예비분사, 주분사, 사후분사

03 정답 | ②
해설 | 디젤엔진의 조속기는 출력에 관계없이(운전조건에 따라 회전속도가 불규칙함) 연료분사량을 조절하여 회전수를 일정하게 유지시킨다. 이에 오버런이나 엔진 꺼짐을 방지하는 역할을 한다.

04 정답 | ①
해설 | 2000년 1월 1일 이후에 제작한 경자동차가 운행할 경우 배기소음은 100dB 이하이다.
※ 1999년 12월 31일 이전 제작한 경자동차의 운행 시 배기소음은 103dB 이하, 경적소음은 115dB 이하이다.

05 정답 | ①
해설 | 플런저의 리드 유형
• 정 리드 플런저 : 분사 초기는 일정, 분사 말기가 변화
• 역 리드 플런저 : 분사 초기는 변화, 분사 말기가 일정
• 양 리드 플런저 : 분사 초기 및 말기 모두 변화

06 정답 | ③
해설 | • PCV(Positive Crankcase Ventilation) 밸브 : 블로바이 가스를 흡기관으로 유입시켜 재연소한다.
• PCSV(Purge Control Solenoid Valve) : 캐니스터에 포집되어 있는 연료증발가스를 ECU신호에 의해 연소실로 유입시켜 재연소한다.

07 정답 | ③
해설 | 흡입공기의 온도를 검출하는 부특성 서미스터(NTC형, 온도가 올라가면 저항값은 내려가고, 출력 전압도 내려감)으로, 흡입공기의 온도를 검출하여 온도에 따른 밀도 변화에 대응하는 연료 분사량을 보정한다(증량 분사량).
① 흡입온도가 낮아지면 밀도가 높아져 공기유입이 많아지므로 공연비(= 공기량/연료량)가 증가한다.
※ 기본 분사량 결정 요소 : 흡입공기량, 엔진회전수

08 정답 | ①
해설 | AFS의 특징 구분
• 베인식 : 공기체적 검출
• 칼만 와류식 : 공기체적 검출, 초음파, 펄스신호(디지털 신호)
• 열선·열각식 : 공기질량 검출, 직접 계측방식
• 맵센서식 : 절대압력 검출, 간접 계측방식

09 정답 | ①
해설 | ①은 촉매장치의 작동상태 검사이므로 문제의 내용과는 거리가 멀다.
배출가스 재순환 장치의 정상적 작동상태 검사방법
- 재순환 밸브의 부착 여부 확인
- 재순환 밸브의 수정 또는 파손 여부를 확인
- 진공밸브 등 부속장치의 유무, 우회로 설치 여부 및 변경 여부를 확인
- 진공호스 및 라인 설치 여부, 호스 폐쇄 여부 확인

10 정답 | ③
해설 | **밸브 스템의 구비조건**
- 열전달 면적을 넓게 하려면 지름이 커야 한다.
- 밸브가 가벼워야 한다.
- 가이드와 스템 사이의 윤활이 불충분하므로 마멸을 고려하여 경도가 커야 한다.
- 곡률 반지름을 크게 하여야 한다(곡률 반지름이 크면 연결부위가 완만해진다).

11 정답 | ④
해설 | **봄베의 밸브 종류**
- 충전 밸브, 송출 밸브
- 안전밸브(과충전방지 밸브)
- 긴급차단 밸브
※ 메인 듀티 솔레노이드 밸브는 봄베는 믹서에 장착되어 ECU에 의해 연료량을 조절한다.

12 정답 | ②
해설 | LPG기관(LPI는 해당없음)은 겨울철 증발잠열에 의해 베이퍼라이저 밸브의 동결되고 이로 인해 연료 공급이 어려워 시동이 잘 걸리지 않는다.

13 정답 | ③
해설 | 기본 분사량 결정 요소 : 흡입공기량(AFS), 엔진 회전수(CKPS)

14 정답 | ④
해설 | '열량 = 내부 에너지 + 외부에 한 일'에서
$Q = \Delta U + W = \Delta U + P\Delta V = 0$
온도가 일정(등온과정)하므로 내부 에너지(ΔU)의 변화는 0이고, 압축상태(일을 받음)이므로 Q(열량)는 마이너스, 즉 방열상태이다.

15 정답 | ③
해설 | 축출력 = 제동마력이므로
제동마력 = $\dfrac{TR}{716}$
여기서, T : 토크(kgf·m), R : 회전수(rpm)
제동마력 = $\dfrac{8.95 \times 3000}{716} = 37.5$

16 정답 | ③
해설 | **전자제어 엔진의 연료분사장치 특징**
- 연료를 적정량 분사하여 연료소비가 적다.
- 진단기(스캐너) 이용으로 고장 수리가 용이하다.
- 연료 분사 처리속도가 빨라서 가속 응답성이 좋다.
- 연료 분사장치 제조원가가 비싸고 각종 센서류의 적용으로 엔진 가격이 비싸다.

17 정답 | ②
해설 | 토크컨버터는 엔진과 변속기 사이에 동력전달을 위한 장치로 엔진 오일팬에 쌓이는 이물질과는 거리가 멀다.

18 정답 | ②
해설 |
- 퍼컬레이션 현상 : 연료장치 내에 연료가 열을 받아 부피가 팽창하여 연료공급이 과다해져 농후하게 한다.
- 캐비테이션 현상 : 공동현상으로 오일에 기포가 발생되는 현상이다.
- 스텀블(stumble) 현상 : '비틀거린다'는 의미로 가속은 되나 바로 출력이 저하되는 현상이다.

19 정답 | ③
해설 | 자연 발화온도가 낮으면 저온에서 쉽게 발화하므로 노크 발생이 증가한다.

20 정답 | ②
해설 | 압축비 = $1 + \dfrac{\text{행정체적}}{\text{연료실체적}} = 1 + \dfrac{400}{50} = 9$
※ 행정체적 = 단면적 × 행정 = 40cm² × 10cm
  = 400cm³ = 400cc

21 정답 | ④
해설 | **구배(등판)저항**
$R = W\sin\theta = 2000 \times \sin 20° = 684 \text{kgf}$

22 정답 | ④
해설 | 무단변속기도 자동변속기와 마찬가지로 토크컨버터(또는 전자파우더클러치)로 동력을 전달하므로 오일펌프, 유압제어밸브, 레귤레이터 밸브가 사용된다. 싱크로메시기구는 동기물림방식의 수동변속기 구성품이다.

23 정답 | ①
해설 | 최소회전반경 $R = \dfrac{L}{\sin\alpha} + r$
여기서, L : 축거, α : 전륜 바깥쪽 바퀴의 조향각, r : 킹핀과 타이어 중심 거리

24 정답 | ①
해설 | TCS는 '구동 슬립율 제어'와 '트레이스 제어'를 실시한다.

25 정답 | ①
해설 | 차고센서는 전자제어 현가장치에서 차체높이를 검출하는 입력신호이다.

26 정답 | ③
해설 | 코너링 코스와 스티어링 현상
- 전륜 코너링 포스 > 후륜 코너링 포스 : 전륜이 슬립하므로 언더 스티어링
- 전륜 코너링 포스 < 후륜 코너링 포스 : 후륜이 슬립하므로 오버 스티어링

27 정답 | ②
해설 | 사이드 슬립 = $\frac{+6-8}{2}$ = -1m/mm
∴ 전체 미끄럼량은 out 1mm이다.

28 정답 | ③
해설 | 플라이 휠의 링기어 마모는 시동(크랭킹) 불량과 크랭킹 소음에 관계가 있으므로 문제의 지문과는 거리가 멀다.

29 정답 | ②
해설 | • 심프슨식 : 2세트의 단일 유성기어의 각각에 선기어를 결합하여 공용으로 사용하는 방식
- 라비뇨식 : 1세트의 단일 유성기어와 다른 한 세트의 더블 유성기어 세트를 조합한 형식

30 정답 | ②
해설 | 저속시미 현상의 원인
- 낮은 타이어 공기압
- 타이어, 휠의 변형
- 휠 얼라인먼트 정렬 불량
- 쇽업쇼버 작동 불량, 스프링 절손 등 현가장치 불량
- 조향 링키지, 볼 조인트 불량

31 정답 | ③
해설 | 소프트 방식은 엔진을 주 동력원으로 하며, 모터가 엔진을 보조하는 형태이다.

32 정답 | ②
해설 | 디스크식 브레이크는 디스크가 외부로 노출되어 방열 작용이 우수하다.
① 자기작동작용은 드럼식의 특징이다.

33 정답 | ②
해설 | 변속단에 따라 변속비를 제어하는 장치는 TCU 변속기컨트롤 유닛이다.

34 정답 | ①
해설 | 무단변속기의 동력전달 순서
엔진 → 토크 컨버터(또는 전자파우더클러치) → 유성기어장치 → 입력 풀리 → 출력 풀리 → 차동기어 → 출력

35 정답 | ①
해설 | 축에 따른 진동 분류

구분	스프링 아래 질량의 고유 진동
X축	휠 트램프(회전)
Y축	와인드 업(회전)
Z축	휠 홉(상하), 죠잉(회전)

36 정답 | ②
해설 | 공기 브레이크는 압축공기의 공압을 이용하여 페달 → 퀵 릴리스 밸브 → 앞뒤 브레이크 챔버 → 브레이크 캠에 의해 브레이크 슈가 드럼에 밀착되어 제동되는 방식이므로 '유압이 아닌 공압'을 이용한다.

37 정답 | ①
해설 | 발전기 전압이 일정전압 이하로 하강하면 전원공급이상으로 ABS 경고등이 점등될 수 있으며, ABS 시스템의 고장 시 ABS ECU의 페일세이프에 의해 ABS 작동은 멈추고, 일반 유압제동장치는 작동한다.

38 정답 | ③
해설 | 효율이란 입력값에 대한 출력값 정도를 나타내므로
$\eta = \frac{64}{75} \times 100 = 85.3\%$

39 정답 | ①
해설 | 종감속비는 종감속 링기어와 구동피니언 기어의 잇수비로 괄호 안에 알맞은 것은 종감속 링기어이다.

40 정답 | ③
해설 | ③의 라디에이터 캡은 라디에이터 압력 테스터를 이용하여 누설 여부를 확인한다.
- 서모밸브 : 냉각수 온도가 낮을 때 EGR 밸브가 닫히게 한다.
- 하이드로 백 : 진공식 배력장치로, 대기압과 흡기다기관의 진공의 압력차를 이용하여 제동력을 보조한다.

41 정답 | ④
해설 | 에어백 작동조건은 정면에서 좌우 30° 이내의 각도로 유효 충돌속도(=주행속도-충돌 시 속도)가 약 20~30km/h 이상일 때이므로 무조건 전개되는 것은 아니다.
- 프리텐셔너 : 차량의 가속도를 감지하여 전, 측방 충돌 시 에어백 전개 전에 벨트를 빠르게 되감아 운전자와 승객을 시트에 밀착시킨다.
- 에어백 경고등이 계기판에 들어온 경우 운전석, 조수석 에어백 모두 동작하지 않는다.
- 에어백이 전개되려면 'G센서 신호'와 '충돌감지 센서 신호'가 입력되어야 한다.

42 정답 | ①
해설 |
- 풀인 시험 : ST단자에 배터리 (+) 단자 연결, 모터 M단자에 배터리 (−) 단자 연결
- 홀드인 시험 : ST단자에 배터리 (+) 단자 연결, 모터 바디(Body)에 배터리 (−) 단자 연결

43 정답 | ①
해설 | 병렬저항연결에서 위치와 관계없이 어느 지점에서나 전압 값은 동일하므로 전류 $I = \frac{E}{R} = \frac{2}{0.2} = 10A$ 이다.

44 정답 | ①
해설 | **방향지시등 점멸이 느린 원인**
- 퓨즈 또는 배선이 단락되었다.
- 전구의 용량이 규정보다 작다.
- 배터리 전압이 낮다.
- 플래셔 유닛이 불량하다.

45 정답 | ②
해설 |
- 콘덴서의 병렬연결 = 0.2 + 0.3 = 0.5μF
- 콘덴서의 전하량(Q) = 정전용량 × 전압 = 0.5 × 12 = 6μC

46 정답 | ④
해설 | **점화플러그 방전전압에 영향을 미치는 요인**
- 전극의 간극이 클수록 방전 전압이 높다(틈새모양).
- 혼합가스의 압력이 클수록 방전 전압이 높다(혼합가스의 온도, 압력).
- 흡입공기의 습도와 온도가 높을수록 방전전압이 높다(흡입공기의 습도, 온도).
- 혼합공기가 희박할수록 방전 전압이 높다(공연비).
- 트랜지스터의 설치위치와는 무관하다.

47 정답 | ②
해설 |
- 전력 $P[W] = EI = \frac{E^2}{R}$
- 전구의 저항 $R = \frac{12^2}{80} = 1.8\Omega$
- 전체 합성저항 $R = 2 + \frac{1.8}{2} = 2.9$

따라서 전류 $= \frac{12}{2.9} = 4.13A$

48 정답 | ④
해설 | 매시 40킬로미터의 속도에서 자동차속도계의 지시오차를 속도계시험기로 측정한 속도계의 지시오차는 정 25퍼센트, 부 10퍼센트 이내일 것(「자동차 규칙」에 의거)

49 정답 | ②
해설 | 자속은 자기선속(= 자기다발) 또는 자력선들의 다발을 의미한다. 자속의 단위는 웨버(Wb)이며, Wb/m²는 자속밀도의 단위이다.

50 정답 | ①
해설 | MF 배터리는 '무보수 배터리'라고도 한다. 극판에 납-칼슘화합물을 첨가하여 전해액이 증발량이 감소되었다. 극판에서 발생하는 산소와 수소가스를 증류수로 환원시킬 수 있는 촉매마개를 사용하여 증류수 보충이 필요 없고, 자기방전률이 매우 낮은 특징이 있다.

51 정답 | ①
해설 | **전자제어 점화장치의 작동**
크랭크각 센서를 통한 점화시기 및 순서 검출(입력) → ECU(제어) → 파워 트랜지스터(출력) → 점화코일(자기유도, 상호 유도에 의한 고전압 발생) → 점화플러그에서 불꽃 발생

52 정답 | ①
해설 | 감쇠 진동은 코일에 남아있는 에너지가 서서히 소멸하는 과정으로 이 구간이 없다면 점화코일이 불량하다.

53 정답 | ④
해설 | 릴레이 코일에 흐르는 전류를 갑자기 차단시키면 자기장이 급격히 붕괴되면서 발생되는 역기전력(서지전압, 피크전압)이 역방향으로 발생하여 전기장치에 이상을 줄 수 있으므로 릴레이 코일에 다이오드 또는 저항을 병렬로 연결시켜 서지전압이 다이오드 또는 저항을 통해 코일에 순환하게 하여 서지전압을 방지한다.

54 정답 | ③
해설 | 홀드인 코일은 기동전동기의 솔레노이드에 해당된다.

55 정답 | ④
해설 | 실내 공기순환이 외기로 되어있을 때 외기온도가 너무 높은 경우 냉방효과가 저하될 수 있다.

56 정답 | ②
해설 | 할로겐 전구는 전구 안에 할로겐화합물과 불활성 가스를 주입하여, 백열전구에 비해 필라멘트와 전구의 온도가 높고 광효율이 좋으며, 할로겐 사이클로 인해 흑화 현상이 없다.

57 정답 | ②
해설 | 전압조정기는 발전기의 회전속도와 관계없이 항상 일정한 전압으로 유지되도록 조정하는 역할을 하는데 불량 시 전압 불안정, 과충전, 노이즈(잡음) 등이 발생한다.
①, ③, ④ 배터리 충전부족의 원인에 해당된다.

58 정답 | ②
해설 | 에어백 커넥터 내부에 단락 바를 설치하여 전원 커넥터 분리 시 인플레이터 회로를 단락시켜 에어백 모듈 정비 시 에어백의 우발적인 전개를 방지한다.

59 정답 | ①

해설 | 이모빌라이저 시스템의 구성품 : 트랜스 폰더 키, 코일 안테나, 스마트라, 이모빌라이저 컨트롤 유닛(ECU)

60 정답 | ③

해설 | $S_{20} = S_t + 0.0007(t-20)$식에서 보이는 바와 같이 전해액의 비중은 1℃ 오를 때 0.0007씩 낮아진다.

최신 기출문제 2018년 3회

1과목 자동차엔진

01 4행정 사이클 자동차엔진의 열역학적 사이클 분류로 틀린 것은?
① 클러크 사이클
② 디젤 사이클
③ 사바테 사이클
④ 오토 사이클

02 전자제어 가솔린엔진에서 (−)duty 제어타입의 액추에이터 작동 사이클 중 (−)duty가 40%일 경우의 설명으로 옳은 것은?
① 전류 통전시간 비율이 40%이다.
② 전압 비통전시간 비율이 40%이다.
③ 한 사이클 중 분사시간의 비율이 60%이다.
④ 한 사이클 중 작동하는 시간의 비율이 60%이다.

03 LPG 자동차 봄베의 액상연료 최대 충전량은 내용적의 몇 %를 넘지 않아야 하는가?
① 75%
② 80%
③ 85%
④ 90%

04 점화 1차 전압 파형으로 확인할 수 없는 사항은?
① 드웰 시간
② 방전 전류
③ 점화코일 공급 전압
④ 점화플러그 방전 시간

05 무부하 검사방법으로 휘발유 사용 운행 자동차의 배출가스검사 시 측정 전에 확인해야 하는 자동차의 상태로 틀린 것은?
① 냉·난방 장치를 정지시킨다.
② 변속기를 중립 위치로 놓는다.
③ 원동기를 정지시켜 충분히 냉각시킨다.
④ 측정에 장애를 줄 수 있는 부속 장치들의 가동을 정지한다.

06 전자 제어 가솔린엔진에 대한 설명으로 틀린 것은?
① 흡기온도 센서는 공기밀도 보정 시 사용된다.
② 공회전속도 제어에 스텝 모터를 사용하기도 한다.
③ 산소 센서의 신호는 이론공연비 제어에 사용된다.
④ 점화시기는 크랭크각 센서가 점화 2차 코일의 저항으로 제어한다.

07 전자제어 디젤엔진의 연료분사장치에서 예비(파일럿)분사가 중단될 수 있는 경우로 틀린 것은?
① 연료분사량이 너무 작은 경우
② 연료압력이 최소 압력보다 높은 경우
③ 규정된 엔진회전수를 초과하였을 경우
④ 예비(파일럿)분사가 주분사를 너무 앞지르는 경우

08 전자제어 가솔린엔진에서 인젝터의 연료 분사량을 결정하는 주요 인자로 옳은 것은?
① 분사 각도
② 솔레노이드 코일 수
③ 연료펌프 복귀 전류
④ 니들밸브의 열림 시간

09 엔진의 밸브 스프링이 진동을 일으켜 밸브 개폐시기가 불량해지는 현상은?
① 스텀블　　　　② 서징
③ 스털링　　　　④ 스트레치

10 차량에서 발생되는 배출가스 중 지구 온난화에 가장 큰 영향을 미치는 것은?
① H_2　　　　② CO_2
③ O_2　　　　④ HC

11 엔진의 부하 및 회전속도의 변화에 따라 형성되는 흡입다기관의 압력변화를 측정하여 흡입공기량을 계측하는 센서는?
① MAP 센서　　　　② 베인 방식 센서
③ 핫 와이어 방식 센서　　　　④ 칼만 와류방식 센서

12 가솔린엔진의 연소실체적이 행정체적의 20%일 때 압축비는 얼마인가?
① 6 : 1　　　　② 7 : 1
③ 8 : 1　　　　④ 9 : 1

13 엔진 오일을 점검하는 방법으로 틀린 것은?
① 엔진 정지 상태에서 오일량을 점검한다.
② 오일의 변색과 수분의 유입 여부를 점검한다.
③ 엔진오일의 색상과 점도가 불량한 경우 보충한다.
④ 오일량 게이지 F와 L 사이에 위치하는지 확인한다.

14 산소센서의 피드백 작용이 이루어지고 있는 운전조건으로 옳은 것은?
① 시동 시　　　　② 연료 차단 시
③ 급감속 시　　　　④ 통상 운전 시

15 수냉식 엔진의 과열 원인으로 틀린 것은?
① 라디에이터 코어가 30% 막힌 경우
② 워터펌프 구동벨트의 장력이 큰 경우
③ 수온조절기가 닫힌 상태로 고장 난 경우
④ 워터재킷 내에 스케일이 많이 있는 경우

16 전자제어 가솔린엔진에서 인젝터 연료분사압력을 항상 일정하게 조절하는 다이어프램 방식의 연료압력조절기 작동과 직접적인 관련이 있는 것은?
① 바퀴의 회전속도
② 흡입 매니폴드의 압력
③ 실린더 내의 압축 압력
④ 배기가스 중의 산소 농도

17 가솔린 전자제어 연료분사장치에서 ECU로 입력되는 요소가 아닌 것은?
① 연료 분사 신호　　　　② 대기 압력 신호
③ 냉각수 온도 신호　　　　④ 흡입 공기 온도 신호

18 엔진의 회전수가 4000rpm이고, 연소지연시간이 1/600초일 때 연소지연시간 동안 크랭크축의 회전각도로 옳은 것은?
① 28°　　　　② 37°
③ 40°　　　　④ 46°

19 엔진의 연소실 체적이 행정체적의 20%일 때 오토 사이클의 열효율은 약 몇 %인가? (단, 비열비 $\kappa = 1.4$이다.)

① 51.2　　② 56.4
③ 60.3　　④ 65.9

20 운행차 정기검사에서 가솔린 승용자동차의 배출가스검사 결과 CO 측정값이 2.2%로 나온 경우, 검사 결과에 대한 판정으로 옳은 것은? (단, 2007년 11월 제작된 차량이며, 무부하 검사방법으로 측정하였다.)

① 허용기준인 1.0%를 초과하였으므로 부적합
② 허용기준인 1.5%를 초과하였으므로 부적합
③ 허용기준인 2.5%를 이하이므로 적합
④ 허용기준인 3.2%를 이하이므로 적합

2과목 자동차섀시

21 4륜 조향장치(4 wheel steering system)의 장점으로 틀린 것은?

① 선회 안정성이 좋다.
② 최소회전반경이 크다.
③ 견인력(휠 구동력)이 크다.
④ 미끄러운 노면에서의 주행 안정성이 좋다.

22 6속 더블 클러치 변속기(DCT)의 주요 구성품이 아닌 것은?

① 토크 컨버터　　② 더블 클러치
③ 기어 액추에이터　　④ 클러치 액추에이터

23 96km/h로 주행 중인 자동차의 제동을 위한 공주시간이 0.3초일 때 공주거리는 몇 m인가?

① 2　　② 4
③ 8　　④ 12

24 브레이크액의 구비조건이 아닌 것은?

① 압축성일 것
② 비등점이 높을 것
③ 온도에 의한 변화가 적을 것
④ 고온에서의 안정성이 높을 것

25 ABS 장치에서 펌프로부터 발생된 유압을 일시적으로 저장하고 맥동을 안정시켜 주는 부품은?

① 모듈레이터　　② 아웃-렛 밸브
③ 어큐뮬레이터　　④ 솔레노이드 밸브

26 전동식 동력조향장치의 자기진단이 안 될 경우 점검사항으로 틀린 것은?

① CAN 통신 파형 점검
② 컨트롤유닛 측 배터리 전원 측정
③ 컨트롤유닛 측 배터리 접지 여부 점검
④ KEY ON 상태에서 CAN 종단저항 측정

27 전자제어 현가장치(ECS)의 감쇠력 제어 모드에 해당되지 않는 것은?

① Hard　　② Super Soft
③ Soft　　④ Height Control

28 차량의 주행 성능 및 안정성을 높이기 위한 방법에 관한 설명 중 틀린 것은?

① 유선형 차체형상으로 공기저항을 줄인다.
② 고속 주행 시 언더 스티어링 차량이 유리하다.
③ 액티브 요잉 제어장치로 안정성을 높일 수 있다.
④ 리어 스포일러를 부착하여 횡력의 영향을 줄인다.

29 엔진이 2000rpm일 때 발생한 토크 60kgf · m가 클러치를 거쳐, 변속기로 입력된 회전수와 토크가 1900rpm, 56kgf · m이다. 이때 클러치의 전달효율은 약 몇 %인가?
① 47.28
② 62.34
③ 88.67
④ 93.84

30 자동변속기 차량의 셀렉트 레버 조작 시 브레이크 페달을 밟아야만 레버 위치를 변경할 수 있도록 제한하는 구성부품으로 나열된 것은?
① 파킹 리버스 블록 밸브, 시프트 록 케이블
② 시프트 록 케이블, 시프트 록 솔레노이드 밸브
③ 시프트 록 솔레노이드 밸브, 스타트 록 아웃
④ 스타트 록 아웃 스위치, 파킹 리버스 블록 밸브

31 레이디얼 타이어의 특징에 대한 설명으로 틀린 것은?
① 하중에 의한 트레드 변형이 큰 편이다.
② 타이어 단면의 편평율을 크게 할 수 있다.
③ 로드홀딩이 우수하며 스탠딩 웨이브가 잘 일어나지 않는다.
④ 선회 시에 트레드 변형이 적어 접지 면적이 감소되는 경향이 적다.

32 유체클러치와 토크컨버터에 대한 설명 중 틀린 것은?
① 토크컨버터에는 스테이터가 있다.
② 토크컨버터는 토크를 증가시킬 수 있다.
③ 유체클러치는 펌프, 터빈, 가이드 링으로 구성되어 있다.
④ 가이드 링은 유체클러치 내부의 압력을 증가시키는 역할을 한다.

33 자동변속기에서 급히 가속페달을 밟았을 때, 일정속도 범위 내에서 한 단 낮은 단으로 강제 변속이 되도록 하는 것은?
① 킥 업
② 킥 다운
③ 업 시프트
④ 리프트 풋 업

34 조향장치에 관한 설명으로 틀린 것은?
① 방향 전환을 원활하게 한다.
② 선회 후 복원성을 좋게 한다.
③ 조향핸들의 회전과 바퀴의 선회 차이가 크지 않아야 한다.
④ 조향핸들의 조작력을 저속에서는 무겁게, 고속에서는 가볍게 한다.

35 동력 조향장치에서 3가지 주요부의 구성으로 옳은 것은?
① 작동부-오일펌프, 동력부-동력실린더, 제어부-제어밸브
② 작동부-제어밸브, 동력부-오일펌프, 제어부-동력실린더
③ 작동부-동력실린더, 동력부-제어밸브, 제어부-오일펌프
④ 작동부-동력실린더, 동력부-오일펌프, 제어부-제어밸브

36 구동륜 제어 장치(TCS)에 대한 설명으로 틀린 것은?
① 차체 높이 제어를 위한 성능 유지
② 눈길, 빙판길에서 미끄러짐 방지
③ 커브 길 선회 시 주행 안정성 유지
④ 노면과 차륜간의 마찰 상태에 따라 엔진 출력 제어

37 수동변속기에서 기어변속이 불량한 원인이 아닌 것은?
① 릴리스 실린더가 파손된 경우
② 컨트롤 케이블이 단선된 경우
③ 싱크로나이저 링의 내부가 마모된 경우
④ 싱크로나이저 슬리브와 링의 회전속도가 동일한 경우

38 휠 얼라인먼트를 점검하여 바르게 유지해야 하는 이유로 틀린 것은?
① 직진성능의 개선
② 축간 거리의 감소
③ 사이드슬립의 방지
④ 타이어 이상 마모의 최소화

39 종감속장치에서 구동피니언의 잇수가 8, 링기어의 잇수가 40이다. 추진축이 1200rpm일 때 왼쪽 바퀴가 180rpm으로 회전하고 있다. 이때 오른쪽 바퀴의 회전수는 몇 rpm인가?
① 200
② 300
③ 600
④ 800

40 브레이크 회로 내의 오일이 비등·기화하여 제동압력의 전달작용을 방해하는 현상은?
① 페이드 현상
② 사이클링 현상
③ 베이퍼록 현상
④ 브레이크록 현상

3과목 자동차전기

41 점화플러그에 대한 설명으로 틀린 것은?
① 열형플러그는 열발산이 나쁘며 온도가 상승하기 쉽다.
② 열가는 점화플러그 열발산의 정도를 수치로 나타내는 것이다.
③ 고부하 및 고속회전의 엔진은 열형플러그를 사용하는 것이 좋다.
④ 전극 부분의 작동온도가 자기청정온도보다 낮을 때 실화가 발생할 수 있다.

42 그림과 같은 회로에서 스위치가 OFF되어 있는 상태로 커넥터가 단선되었다. 이 회로를 테스트 램프로 점검하였을 때 테스트 램프의 점등상태로 옳은 것은?

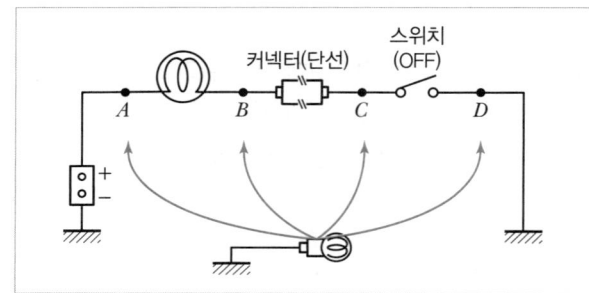

① A : OFF, B : OFF, C : OFF, D : OFF
② A : ON, B : OFF, C : OFF, D : OFF
③ A : ON, B : ON, C : OFF, D : OFF
④ A : ON, B : ON, C : ON, D : OFF

43 점화장치에서 파워TR(트랜지스터)의 B(베이스)전류가 단속될 때 점화코일에서는 어떤 현상이 발생하는가?
① 1차 코일에 전류가 단속된다.
② 2차 코일에 전류가 단속된다.
③ 2차 코일에 역기전력이 형성된다.
④ 1차 코일에 상호유도작용이 발생한다.

44 물체의 전기저항 특성에 대한 설명 중 틀린 것은?
① 단면적이 증가하면 저항은 감소한다.
② 도체의 저항은 온도에 따라서 변한다.
③ 보통의 금속은 온도상승에 따라 저항이 감소된다.
④ 온도가 상승하면 전기저항이 감소하는 소자를 부특성 서미스터(NTC)라 한다.

45 기동전동기에 흐르는 전류가 160A이고, 전압이 12V일 때 기동전동기의 출력은 약 몇 PS인가?
① 1.3 ② 2.6
③ 3.9 ④ 5.2

46 하이브리드 자동차의 고전압 배터리 관리 시스템에서 셀 밸런싱 제어의 목적은?
① 배터리의 적정 온도 유지
② 상황별 입출력 에너지 제한
③ 배터리 수명 및 에너지 효율 증대
④ 고전압 계통 고장에 의한 안전사고 예방

47 논리회로 중 NOR 회로에 대한 설명으로 틀린 것은?
① 논리합회로에 부정회로를 연결한 것이다.
② 입력 A와 입력 B가 모두 0이면 출력이 1이다.
③ 입력 A와 입력 B가 모두 1이면 출력이 0이다.
④ 입력 A 또는 입력 B 중에서 1개가 1이면 출력이 1이다.

48 단위로 cd(칸델라)를 사용하는 것은?
① 광원 ② 광속
③ 광도 ④ 조도

49 4행정 사이클 가솔린엔진에서 점화 후 최고 압력에 도달할 때까지 1/400초가 소요된다. 2100rpm으로 운전될 때의 점화시기는? (단, 최고 폭발압력에 도달하는 시기는 ATDC 10°이다.)
① BTDC 19.5° ② BTDC 21.5°
③ BTDC 23.5° ④ BTDC 25.5°

50 15000cd의 광원에서 10m 떨어진 위치의 조도는?
① 1500lux ② 1000lux
③ 500lux ④ 150lux

51 조수석 전방 미등은 작동되나 후방만 작동되지 않는 경우의 고장 원인으로 옳은 것은?
① 미등 퓨즈 단선
② 후방 미등 전구 단선
③ 미등 스위치 접촉 불량
④ 미등 릴레이 코일 단선

52 전류의 3대 작용으로 옳은 것은?
① 발열작용, 화학작용, 자기작용
② 물리작용, 발열작용, 자기작용
③ 저장작용, 유도작용, 자기작용
④ 발열작용, 유도작용, 증폭작용

53 자동 전조등에서 외부 빛의 밝기를 감지하여 자동으로 미등 및 전조등을 점등시키기 위해 적용된 센서는?
① 조도 센서 ② 초음파 센서
③ 중력(G) 센서 ④ 조향 각속도 센서

54 발전기 B단자의 접촉불량 및 배선 저항과다로 발생할 수 있는 현상은?
① 엔진 과열
② 충전 시 소음
③ B단자 배선 발열
④ 과충전으로 인한 배터리 손상

55 자동차 전자제어 에어컨시스템에서 제어모듈의 입력요소가 아닌 것은?
① 산소센서　　② 외기온도센서
③ 일사량센서　④ 증발기 온도센서

56 발광 다이오드에 대한 설명으로 틀린 것은?
① 응답속도가 느리다.
② 백열전구에 비해 수명이 길다.
③ 전기적 에너지를 빛으로 변환시킨다.
④ 자동차의 차속센서, 차고센서 등에 적용되어 있다.

57 주행 중인 하이브리드 자동차에서 제동 및 감속 시 충전불량 현상이 발생하였을 때 점검이 필요한 곳은?
① 회생제동 장치　　② LDC 제어 장치
③ 발전 제어장치　　④ 12V용 충전 장치

58 하이브리드 차량 정비 시 고전압 차단을 위해 안전 플러그(세이프티 플러그)를 제거한 후 고전압 부품을 취급하기 전 일정시간 이상 대기시간을 갖는 이유로 가장 적절한 것은?
① 고전압 배터리 내의 셀의 안정화
② 제어모듈 내부의 메모리 공간의 확보
③ 저전압(12V) 배터리에 서지전압 차단
④ 인버터 내 콘덴서에 충전되어 있는 고전압 방전

59 바디 컨트롤 모듈(BCM)에서 타이머 제어를 하지 않는 것은?
① 파워 윈도우　　② 후진등
③ 감광 룸램프　　④ 뒤 유리 열선

60 자동차에 직류 발전기보다 교류발전기를 많이 사용하는 이유로 틀린 것은?
① 크기가 작고 가볍다.
② 정류자에서 불꽃 발생이 크다.
③ 내구성이 뛰어나고 공회전이나 저속에도 충전이 가능하다.
④ 출력 전류의 제어작용을 하고 조정기의 구조가 간단하다.

정답 및 해설 2018년 3회

01	02	03	04	05	06	07	08	09	10
①	①	③	②	③	④	②	④	②	②
11	12	13	14	15	16	17	18	19	20
①	①	③	④	②	②	①	③	①	①
21	22	23	24	25	26	27	28	29	30
②	①	③	①	③	④	④	④	③	②
31	32	33	34	35	36	37	38	39	40
①	④	②	④	④	①	②	②	②	③
41	42	43	44	45	46	47	48	49	50
③	③	①	③	②	③	④	③	②	④
51	52	53	54	55	56	57	58	59	60
②	①	①	③	①	①	①	④	②	②

01 정답 | ①
해설 | ① 클러크 사이클(clerk cycle)은 2행정 기관의 열역학 사이클이다.
4행정 사이클 자동차 엔진의 열역학적 분류
- 정적(오토) 사이클
- 정압(디젤) 사이클
- 복합(사바테) 사이클

02 정답 | ①
해설 | 듀티는 펄스 파형에서 펄스 주기에 대한 전류 통전시간의 비율을 나타내는 수치로, (-)duty 40%는 전류통전시간의 비율을 말하며, 액추에이터가 작동되는 시간이다.

03 정답 | ③
해설 | 열팽창을 고려하여 법규상 봄베 내용적의 85% 이내로 충전을 제한한다.

04 정답 | ②
해설 | ②은 전류이므로 전압 파형에서 확인할 수 없다.
점화 1차 전압 파형에서 확인할 수 있는 사항
- 드웰시간
- 방전시간
- 감쇠구간
- 전원전압
- 접지전압
- 피크전압
- 방전전압

05 정답 | ③
해설 | 가솔린 차량의 배출가스 무부하검사 시 정차상태에서 공회전상태로 최대 30초 동안 측정한다.

06 정답 | ④
해설 | 점화시기 제어 : 크랭크 각 센서의 신호 → ECU → 파워 TR → 점화 1차 코일의 전류 단속

07 정답 | ②
해설 | **예비분사를 실시하지 않는 조건**
- 예비분사가 주 분사를 너무 앞지르는 경우
- 엔진회전수 3200rpm 이상인 경우
- 분사량이 너무 적은 경우
- 주 분사량의 연료량이 충분하지 않을 경우
- 연료압력이 최솟값 이하인 경우(약 100~120bar 정도)

08 정답 | ④
해설 | 인젝터의 연료 분사량은 니들밸브의 열림 시간 즉, 통전시간에 의해 결정된다.

09 정답 | ②
해설 | 문제의 지문 내용은 밸브스프링의 서징현상으로 아래와 같은 방법으로 방지할 수 있다.
서징현상을 방지하기 위한 방법
- 원추형 스프링 사용
- 이중스프링 사용
- 고유진동수가 높은 스프링 사용
- 이중피치 스프링 사용

10 정답 | ②
해설 | 지구온난화에 가장 큰 영향을 미치는 것은 이산화탄소(CO_2)이다.

11 정답 | ①
해설 | MAP 센서는 흡입다기관의 절대압력 변화를 저항값으로 변환하여 흡입공기량을 간접적으로 계측한다.

12 정답 | ①
해설 | 압축비 $= 1 + \dfrac{행정체적}{연소실체적} = 1 + \dfrac{100}{20} = 6$

13 정답 | ③
해설 | 엔진오일의 색상과 점도가 불량할 경우 오일을 교체해야 한다.

14 정답 | ④
해설 |
- 시동 시 농후한 혼합기가 요구되어 피드백 제어를 실시하지 않는다.
- 산소센서는 온도가 300℃ 이하에서는 작동되지 않는다(냉간 시).
- 급가속(농후연소), 급감속(희박연소, 연료 컷) 시에는 피드백 제어를 실시하지 않는다.

15 정답 | ②
해설 | ② 워터펌프 구동벨트의 장력이 큰 경우 워터펌프 구동에는 문제가 없으므로 과열의 원인이 아니다.
④ 워터 재킷 내에 스케일(물때)이 많은 경우 코어 막힘 현상과 마찬가지로 냉각효율이 떨어진다.

16 정답 | ②
해설 | 가솔린 기관의 연료압력조절기는 연료압력과 흡입매니폴드의 부압과의 압력차를 이용하여 연료압력을 일정하게(공회전 시 연료압력을 낮게, 가속 시 연료압력을 높게) 유지시킨다.

17 정답 | ①
해설 | 냉각수온센서, 흡기온도센서, 스로틀 위치센서, 대기압력센서 등의 센서 신호값이 ECU에 입력되면 ECU는 이 신호를 기초로 하여 모든 인젝터에 연료 분사 신호를 보내 연료가 분사되도록 하므로 연료 분사 신호는 출력신호이다.

18 정답 | ③
해설 | 지연각도 $= 6 \times 4000\text{rpm} \times$ 연소지연시간(초)
$= 6 \times 4000\text{rpm} \times \dfrac{1}{600}\text{s} = 40°$

19 정답 | ①
해설 | 압축비와 정적사이클의 이론 열효율
- 압축비 $= 1 + \dfrac{행정체적}{연소실체적} = 1 + \dfrac{100}{20} = 6$
- $\eta_0 = \left[1 - \left(\dfrac{1}{\varepsilon}\right)^{k-1}\right] \times 100\% (\varepsilon : 압축비, k : 비열비)$
- $\eta_0 = \left[1 - \left(\dfrac{1}{6}\right)^{1.4-1}\right] \times 100\%$
$= [1 - (0.08)^{0.4}] \times 100\% = 51.2\%$

20 정답 | ①
해설 | 가솔린 승용자동차의 배출가스 허용기준(2006년 1월 1일 이후)
- 일산화탄소 : 1.0% 이하
- 탄화수소 : 120ppm 이하
- 공기과잉률 : 1 ± 0.1 이내

21 정답 | ②
해설 | 4륜 조향장치의 주요 특징은 최소회전반경이 작다. U턴이나 평형주차가 편리하다는 장점이 있다.

22 정답 | ①
해설 | DCT(더블 클러치 트랜스미션)
- DCT는 자동화 수동변속기(클러치를 자동화함, 내부는 수동변속기와 같은 기어트레인 구조)로, 더블클러치 및 클러치 액추에이터와 기어 액추에이터에 의해 자동으로 변속되어 구동력 손실이 적다.
- 1, 3, 5단의 축과 2, 4, 6단의 축에 각각의 클러치를 연결하여 변속 시 동력을 끊지 않고 다음 단으로 변속이 가능하게 하여 변속이 부드럽다.

23 정답 | ③
해설 | 속도 $= \dfrac{96}{3.6}$ m/s $= \dfrac{거리(m)}{0.3s}$
∴ 거리 $= \dfrac{96}{3.6} \times 0.3 = 8\text{m}$

24 정답 | ①
해설 | 브레이크액이 압축성(유체에 외력이 가해지면 부피, 온도, 밀도가 크게 변하는 성질)이 있으면 브레이크의 응답성 저하, 제동력 감소 등의 단점이 있다.

25 정답 | ③
해설 | 어큐뮬레이터는 가압된 유압을 일시 저장하며, 맥동 및 서징을 감소시키는 역할을 한다.
※ 아웃렛(outlet) 밸브는 펌프의 토출구를 의미하며, 어큐뮬레이터를 이용하여 토출구 압력을 안정화시킨다.

26 정답 | ④
해설 | 대부분의 자동차 전기전자 장비의 저항은 멀티미터 내의 건전지 전원을 이용하여 측정되므로 KEY OFF 또는 전원 차단 상태에서 측정한다. KEY ON 상태에서 CAN 버스에 약 2.5V가 흐르므로 종단저항 측정 시 테스터기가 고장 날 수 있다.

27 정답 | ④
해설 | 전자제어 현가장치의 제어모드
- 감쇠력 제어 : Super soft, Soft, Medium, Hard
- 자세 제어 : 롤, 다이브, 스쿼트, 시프트 스쿼트, 피칭, 바운싱 스카이 훅, 프리뷰 제어, 차고 제어 등
- 차고 조정 : Low, Normal, High, Ex-high

28 정답 | ④
해설 | ④ 리어 스포일러 : 차량 뒤쪽에 설치하며 차량 뒤쪽에서 발생하는 공기 저항(와류)를 제거하여 저항을 줄여준다.
※ 횡력은 옆방향 저항으로 리어 스포일러와는 거리가 멀다.

29 정답 | ③
해설 | 클러치의 전달효율 $= \dfrac{\text{클러치로부터 얻은 출력}}{\text{엔진출력}} \times 100$
$= \dfrac{\text{클러치 출력토크} \times \text{클러치 회전수}}{\text{엔진 출력토크} \times \text{엔진 회전수}} \times 100$
$= \dfrac{1900 \times 56}{2000 \times 60} \times 100 = 88.67\%$

30 정답 | ②
해설 | 시프트록(shift lock, 기어변속잠금장치)라고도 하며, P 또는 N레버에서 브레이크 페달을 밟지 않으면 변속레버가 다른 위치로 이동하지 않도록 해 주는 장치로 케이블과 솔레노이드 밸브로 구성되어 있다.

31 정답 | ①
해설 | 레이디얼 타이어는 하중에 의한 트레드 변형이 적다.

32 정답 | ④
해설 | 유체클러치 내부에서 터빈의 토크를 증가시키는 것은 '스테이터'이며, 가이드링은 오일 순환 시 유체 충돌로 인한 와류를 방지한다.

33 정답 | ②
해설 | 킥다운은 가속페달을 깊게 밟아 기어변속을 한 단 낮춰 순간 가속력을 높이는 변속제어이다.

34 정답 | ④
해설 | 핸들의 조작력은 저속에서는 가볍고, 고속에서는 무겁게 해야 한다.

35 정답 | ④
해설 | 유압식 동력조향장치의 기능 수행
- 동력부 : 오일펌프를 통한 유압형성
- 제어부 : 제어밸브를 통한 유로를 제어
- 작동부 : 동력실린더를 통해 유압을 운동에너지로 변환

36 정답 | ①
해설 | TCS는 슬립 및 트레이스 제어를 위한 장치이며, 차고제어는 ECS에서 담당한다.

37 정답 | ④
해설 | 수동변속기의 싱크로메시 기구는 기어가 맞물릴 때 싱크로나이저 슬리브와 링이 싱크로나이저 슬리브와 링이 변속기어와 회전속도를 일치(동기화)시켜 변속을 원활하게 한다.

38 정답 | ②
해설 | • 휠 얼라이먼트를 통해 회전반경 감소 효과가 있다.
- 축간거리는 휠베이스로 앞축과 뒤축 사이의 거리를 말하며 얼라이먼트의 구성에 포함되지 않는다.

39 정답 | ②
해설 | • 한쪽 바퀴의 회전수 $= \dfrac{\text{추진축 회전수}}{\text{종감속비}} \times 2 - \text{다른쪽 바퀴의 회전수}$
- 종감속비 $= \dfrac{\text{링기어 기어잇수}}{\text{구동피니언 기어잇수}} = \dfrac{40}{8} = 5$
∴ 오른쪽 바퀴의 회전수 $= \dfrac{1200}{5} \times 2 - 180$
$= 300 \text{rpm}$

40 정답 | ③
해설 | 유압회로에서 오일이 비등하여 회로 내 압력 저하로 기능이 저하되는 현상을 베이퍼록 현상이라고 한다.

41 정답 | ③
해설 | ① 열형플러그는 방열량이 적고 열가가 낮다. 그러므로 열 발산이 나쁘며 온도가 상승하기 쉽다.
③ 고부하 및 고속회전의 엔진은 열방출 경로가 짧은 냉형 플러그를 사용하는 것이 좋다.
④ 전극부의 온도가 400℃ 이하에서 실화의 원인이 되며, 850℃ 이상에서 조기점화를 유발한다.

42 정답 | ③
해설 | 커넥터가 단선되었으므로 단선위치까지 배터리 전원이 공급되므로 C, D는 OFF, 그리고 A, B는 ON이 된다.

43 정답 | ①
해설 | TR의 베이스 전류를 단속 → 1차 코일의 전류가 단속 → 자기유도작용에 의해 자기장이 소멸되어 역기전력이 형성 → 이 전압이 상호유도작용에 의해 2차 코일에 유기

44 정답 | ③
해설 | 보통의 금속은 온도와 저항이 비례하는 정특성 성질이 있다.

45 정답 | ②
해설 | 출력 $P = E \times I = 12 \times 160 = 1920W = 1.92kW$
1PS = 0.736kW이므로, $1.92kW \times 1.36 = 2.6PS$이다.

46 정답 | ③
해설 | 셀 밸런싱은 셀 간의 전압을 균일하게 하여 배터리 수명 및 에너지 효율을 증대시킨다.

47 정답 | ④
해설 | NOR회로의 입력과 출력

입력1	입력2	출력
1	1	0
1	0	0
0	1	0
0	0	1

48 정답 | ③
해설 |
- 광도(cd, 칸델라) : 광원에서 한 방향으로 나오는 빛의 밝기
- 조도(Lux, 룩스) : 광원에서 일정거리만큼 떨어진 면에서의 빛의 세기
- 광원 : 빛을 만들어내는 것
- 광속(Im, 루멘) : 광원에서 나오는 단위시간당 빛의 양

49 정답 | ②
해설 | 연소지연각도
- 연소지연각도는 연소지연시간 동안 크랭크축이 회전한 각도를 말한다.
- 연소지연각도 $= \dfrac{\text{엔진회전수(rpm)}}{60s} \times 360° \times \text{연소지연시간(s)}$
$= 6 \times \text{엔진회전수} \times \text{연소지연시간}$
$= 6 \times 2100rpm \times \dfrac{1}{400}s = 31.5°$

최고폭발압력이 ATDC 10°이므로 31.5° 진각하면 BTDC 21.5°가 된다.

50 정답 | ④
해설 | 조도 $= \dfrac{\text{광도}}{\text{거리}^2} = \dfrac{15000}{10^2} = 150lux$

51 정답 | ②
해설 | 미등 퓨즈, 미등 스위치, 미등 릴레이가 단선된 경우 후방 미등 뿐만 아니라 전방 미등도 작동하지 않는다.

52 정답 | ①
해설 | 전류의 3대 작용
- 발열작용 : 전류가 흐를 때 열이 발생하는 작용(전구, 열선 등)
- 화학작용 : 물질에 전기가 흐를 때 화학적 분해가 되거나, 화합 시 전기가 발생되는 현상(납산 축전지, 수소자동차의 스택 등)
- 자기작용 : 코일에 전류가 흐를 때 코일 주변에 자기장이 생기는 현상(릴레이, 모터, 발전기 등)

53 정답 | ①
해설 | 문제의 지문은 조도센서에 대한 내용으로 광량센서(cdS)를 적용하여 주변이 밝을 때는 미등 및 전조등을 소등하고, 어두울 때는 미등 및 전조등을 점등하기 위한 기준신호로 사용된다.

54 정답 | ③
해설 | 발전기 B 출력단자는 배터리로 연결되는 단자로, B단자를 떼어내고 발전기를 회전시키면 다이오드가 손상되고, 접촉 불량 및 배선 저항 과다 시 B단자 배선 발열이 발생한다.

55 정답 | ①
해설 | 산소센서는 기관의 피드백제어에 사용된다.

56 정답 | ①
해설 | 발광 다이오드는 반도체 소자로 응답속도가 빠르고 수명이 길며, 열에 약한 특징이 있다.

57 정답 | ①
해설 | 회생제동 시스템은 하이브리드 또는 전기차에서 제동 혹은 감속(엑셀레이터를 밟지 않은 상태) 상황에서 전기모터를 발전기로 전환하여 운동에너지를 전기에너지로 전환하는 장치이다. 따라서, 제동 및 감속 시 충전 불량이 발생하는 경우 회생 제동 시스템을 점검한다.

58 정답 | ④
해설 | 정비를 위해 안전플러그 제거 시 인버터 내 콘덴서에 충전되어 있는 고전압을 방전하기 위해 대기시간이 필요하다.

59 정답 | ②
해설 | BCM(차체제어모듈)은 ETACS와 같은 의미로 와이퍼, 열선 타이머, 안전띠 경고 타이머, 감광식 룸램프, 점화키 홀 조명, 파워 윈도우 타이머, 중앙 집중식 도어락 및 자동 도어락 등을 통합하여 제어한다.

60 정답 | ②

해설 | 교류 발전기에는 정류자가 없다(직류 발전기, 직류 전동기에 정류자를 사용).

교류 발전기의 장점
- 소형, 경량이다.
- 속도 변동에 따른 적응 범위가 넓다(저속 시에도 충전이 가능하다).
- 중량에 따른 출력이 직류발전기보다 약 1.5배 정도 높다.
- 브러시에는 계자 전류만 흐르기 때문에 불꽃 발생이 없고 점검, 정비가 쉽다(직류에 비해 브러시 수명이 길다).
- 역류가 없어서 컷아웃 릴레이가 필요 없다.
- 정류자가 없어 소손에 의한 고장이 적으며, 슬립링 손질이 불필요하다.

최신 기출문제 2019년 1회

1과목 자동차엔진

01 6기통 4행정 사이클 엔진이 10kgf·m의 토크로 1000rpm 으로 회전할 때 축출력은 약 몇 kW인가?
① 9.2
② 10.3
③ 13.9
④ 20

02 연료 10.4kg을 연소시키는 데 152kg의 공기를 소비하였다면 공기와 연료의 비는? (단, 공기의 밀도는 1.29kg/m³이다.)
① 공기(14.6kg) : 연료(1kg)
② 공기(14.6m³) : 연료(1m³)
③ 공기(12.6kg) : 연료(1kg)
④ 공기(12.6m³) : 연료(1m³)

03 전자제어 엔진에서 흡입되는 공기량 측정방법으로 가장 거리가 먼 것은?
① 피스톤 직경
② 흡기 다기관 부압
③ 핫 와이어 전류량
④ 칼만와류 발생 주파수

04 디젤 사이클의 P-V 선도에 대한 설명으로 틀린 것은?

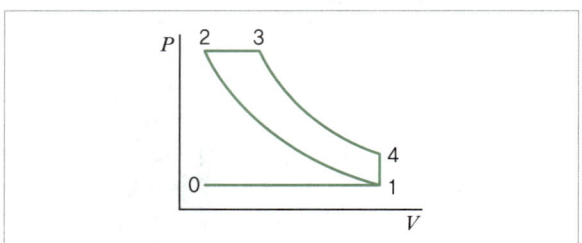

① 1→2 : 단열 압축과정
② 2→3 : 정적 팽창과정
③ 3→4 : 단열 팽창과정
④ 4→1 : 정적 방열과정

05 실린더 내경 80mm, 행정 90mm인 4행정 사이클 엔진이 2000rpm으로 운전할 때 피스톤의 평균속도는 몇 m/sec 인가? (단, 실린더는 4개이다.)
① 6
② 7
③ 8
④ 9

06 라디에이터 캡의 작용에 대한 설명으로 틀린 것은?
① 라디에이터 내의 냉각수 비등점을 높여준다.
② 라디에이터 내의 압력이 낮을 때 압력밸브가 열린다.
③ 냉각장치의 압력이 규정값 이상이 되면 수증기가 배출되게 한다.
④ 냉각수가 냉각되면 보조 물탱크의 냉각수가 라디에이터로 들어가게 한다.

07 배출가스 중 질소산화물을 저감시키키 위해 사용하는 장치가 아닌 것은?
① 매연 필터(DPF)
② 삼원 촉매 장치(TWC)
③ 선택적 환원 촉매(SCR)
④ 배기가스 재순환 장치(EGR)

08 전자제어 가솔린엔진(MPI)에서 급가속 시 연료를 분사하는 방법으로 옳은 것은?

① 동기분사 ② 순차분사
③ 간헐분사 ④ 비동기분사

09 운행차 배출가스 정기검사의 매연 검사방법에 관한 설명에서 ( )에 알맞은 것은?

> 측정기의 시료채취관을 배기관의 벽면으로부터 5mm 이상 떨어지도록 설치하고 ( )cm 정도의 깊이로 삽입한다.

① 5 ② 10
③ 15 ④ 30

10 커먼레일 디젤엔진에서 연료압력 조절밸브의 장착 위치는? (단, 입구 제어 방식이다.)

① 고압펌프와 인젝터 사이
② 저압펌프와 인젝터 사이
③ 저압펌프와 고압펌프 사이
④ 연료필터와 저압펌프 사이

11 엔진의 기계효율을 구하는 공식은?

① $\dfrac{마찰마력}{제동마력} \times 100\%$

② $\dfrac{도시마력}{이론마력} \times 100\%$

③ $\dfrac{제동마력}{도시마력} \times 100\%$

④ $\dfrac{마찰마력}{제동마력} \times 100\%$

12 산소센서 내측의 고체 전해질로 사용되는 것은?

① 은 ② 구리
③ 코발트 ④ 지르코니아

13 옥탄가에 대한 설명으로 옳은 것은?

① 탄화수소의 종류에 따라 옥탄가가 변화한다.
② 옥탄가 90 이하의 가솔린은 4 에틸납을 혼합한다.
③ 옥탄가의 수치가 높은 연료일수록 노크를 일으키기 쉽다.
④ 노크를 일으키지 않는 기준연료를 이소옥탄으로 하고 그 옥탄가를 0으로 한다.

14 윤활유의 유압 계통에서 유압이 저하되는 원인으로 틀린 것은?

① 윤활유 누설
② 윤활유 부족
③ 윤활유 공급펌프 손상
④ 윤활유 점도가 너무 높을 때

15 디젤엔진 후처리장치의 재생을 위한 연료 분사는?

① 주 분사 ② 점화 분사
③ 사후 분사 ④ 직접 분사

16 전자제어 가솔린엔진(MPI)에서 동기분사가 이루어지는 시기는 언제인가?

① 흡입행정 말 ② 압축행정 말
③ 폭발행정 말 ④ 배기행정 말

17 자동차 엔진에서 인터쿨러 장치의 작동에 대한 설명으로 옳은 것은?

① 차량의 속도 변화
② 흡입 공기의 와류 형성
③ 배기 가스의 압력 변화
④ 온도 변화에 따른 공기의 밀도 변화

18 전자제어 가솔린엔진에서 연료분사량 제어를 위한 기본 입력신호가 아닌 것은?

① 냉각수온 센서　　② MAP 센서
③ 크랭크각 센서　　④ 공기유량 센서

19 엔진의 윤활장치 구성부품이 아닌 것은?

① 오일 펌프　　② 유압 스위치
③ 릴리프 밸브　　④ 킥다운 스위치

20 가솔린엔진에 사용되는 연료의 구비조건이 아닌 것은?

① 옥탄가가 높을 것
② 착화온도가 낮을 것
③ 체적 및 무게가 적고 발열량이 클 것
④ 연소 후 유해 화합물을 남기지 말 것

2과목 자동차섀시

21 무단변속기(CVT)의 제어밸브 기능 중 라인압력을 주행조건에 맞도록 적절한 압력으로 조정하는 밸브로 옳은 것은?

① 변속 제어 밸브
② 레귤레이터 밸브
③ 클러치 압력 제어 밸브
④ 댐퍼 클러치 제어 밸브

22 주행 중 차량에 노면으로부터 전달되는 충격이나 진동을 완화하여 바퀴와 노면과의 밀착을 양호하게 하고 승차감을 향상시키는 완충기구로 짝지어진 것은?

① 코일스프링, 토션바, 타이로드
② 코일스프링, 겹판스프링, 토션바
③ 코일스프링, 겹판스프링, 프레임
④ 코일스프링, 너클 스핀들, 스테이빌라이저

23 휠 얼라인먼트의 요소 중 토인의 필요성과 가장 거리가 먼 것은?

① 앞바퀴를 차량 중심선상으로 평행하게 회전시킨다.
② 조향 후 직진 방향으로 되돌아오는 복원력을 준다.
③ 조향 링키지의 마멸에 의해 토 아웃이 되는 것을 방지한다.
④ 바퀴가 옆 방향으로 미끄러지는 것과 타이어 마멸을 방지한다.

24 조향장치에서 조향휠의 유격이 커지고 소음이 발생할 수 있는 원인과 가장 거리가 먼 것은?

① 요크플러그의 풀림
② 등속조인트의 불량
③ 스티어링 기어박스 장착 볼트의 풀림
④ 타이로드 엔드 조임 부분의 마모 및 풀림

25 선회 시 안쪽 차륜과 바깥쪽 차륜의 조향각 차이를 무엇이라 하는가?

① 애커먼 각　　② 토우 인 각
③ 최소회전반경　　④ 타이어 슬립각

26 추진축의 회전 시 발생되는 휠링(whirling)에 대한 설명으로 옳은 것은?

① 기하학적 중심과 질량적 중심이 일치하지 않을 때 일어나는 현상
② 일정한 조향각으로 선회하며 속도를 높일 때 선회반경이 작아지는 현상
③ 물체가 원운동을 하고 있을 때 그 원의 중심에서 멀어지려고 하는 현상
④ 선회하거나 횡풍을 받을 때 중심을 통과하는 차체의 전후 방향축 둘레의 회전운동 현상

27 자동차의 엔진 토크 14kgf·m, 총 감속비 3.0, 전달효율 0.9, 구동바퀴의 유효반경 0.3m일 때 구동력은 몇 kgf인가?

① 68
② 116
③ 126
④ 228

28 제동장치에서 발생되는 베이퍼 록 현상을 방지하기 위한 방법이 아닌 것은?

① 벤틸레이티드 디스크를 적용한다.
② 브레이크 회로 내에 잔압을 유지한다.
③ 라이닝의 마찰표면에 윤활제를 도포한다.
④ 비등점이 높은 브레이크 오일을 사용한다.

29 수동변속기의 마찰클러치에 대한 설명으로 틀린 것은?

① 클러치 조작기구는 케이블식 외에 유압식을 사용하기도 한다.
② 클러치 디스크의 비틀림 코일 스프링은 회전 충격을 흡수한다.
③ 클러치 릴리스 베어링과 릴리스 레버 사이의 유격은 없어야 한다.
④ 다이어프램 스프링식은 코일 스프링식에 비해 구조가 간단하고 단속작용이 유연하다.

30 자동차 수동변속기의 단판 클러치 마찰면의 외경이 22cm, 내경이 14cm, 마찰계수 0.3, 클러치 스프링 9개, 1개의 스프링에 각각 300N의 장력이 작용한다면 클러치가 전달 가능한 토크는 몇 N·m인가? (단, 안전계수는 무시한다.)

① 74.8
② 145.8
③ 210.4
④ 281.2

31 다음 승용차용 타이어의 표기에 대한 설명이 틀린 것은?

205 / 65 / R14

① 205 : 단면폭 205mm
② 65 : 편평비 65%
③ R : 레이디얼 타이어
④ 14 : 림 외경 14mm

32 자동변속기에서 변속시점을 결정하는 가장 중요한 요소는?

① 매뉴얼 밸브와 차속
② 엔진 스로틀밸브 개도와 차속
③ 변속 모드 스위치와 변속시간
④ 엔진 스로틀밸브 개도와 변속시간

33 차륜 정렬 시 사전 점검사항과 가장 거리가 먼 것은?

① 계측기를 설치한다.
② 운전자의 상황 설명이나 고충을 청취한다.
③ 조향 핸들의 위치가 바른지의 여부를 확인한다.
④ 허브 베어링 및 액슬 베어링의 유격을 점검한다.

34 ABS와 TCS(Traction Control System)에 대한 설명으로 틀린 것은?

① TCS는 구동륜이 슬립하는 현상을 방지한다.
② ABS는 주행 중 제동 시 타이어의 록(Lock)을 방지한다.
③ ABS는 제동 시 조향 안정성 확보를 위한 시스템이다.
④ TCS는 급제동 시 제동력 제어를 통해 차량 스핀 현상을 방지한다.

35 브레이크 작동 시 조향 휠이 한쪽으로 쏠리는 원인이 아닌 것은?

① 브레이크 간극 조정 불량
② 휠 허브 베어링의 헐거움
③ 한쪽 브레이크 디스크의 변형
④ 마스터 실린더의 체크밸브 작동이 불량

36 자동차가 주행 시 발생하는 저항 중 타이어 접지부의 변형에 의한 저항은?

① 구름저항　　② 공기저항
③ 등판저항　　④ 가속저항

37 자동변속기에서 변속레버를 조작할 때 밸브바디의 유압회로를 변환시켜 라인압력을 공급하거나 배출시키는 밸브로 옳은 것은?

① 매뉴얼 밸브　　② 리듀싱 밸브
③ 변속제어 밸브　　④ 레귤레이터 밸브

38 전자제어 현가장치(ECS)의 제어기능이 아닌 것은?

① 안티 피칭 제어　　② 안티 다이브 제어
③ 차속 감응 제어　　④ 감속 제어

39 캐스터에 대한 설명으로 틀린 것은?

① 앞바퀴에 방향성을 준다.
② 캐스터 효과란 추종성과 복원성을 말한다.
③ (+) 캐스터가 크면 직진성이 향상되지 않는다.
④ (+) 캐스터는 선회할 때 차체의 높이가 선회하는 바깥쪽보다 안쪽이 높아지게 된다.

40 평탄한 도로를 90km/h로 달리는 승용차의 총 주행저항은 약 몇 kgf인가? (단, 공기저항계수 0.03, 총중량 1145kgf, 투영면적 1.6m², 구름저항계수 0.015이다.)

① 37.18　　② 47.18
③ 57.18　　④ 67.18

3과목 자동차전기

41 12V를 사용하는 자동차의 점화코일에 흐르는 전류가 0.01초 동안에 50A 변화하였다. 자기인덕턴스가 0.5H일 때 코일에 유도되는 기전력은 몇 V인가?

① 6　　② 104
③ 2500　　④ 60000

42 자동차에어컨(FATC) 작동 시 바람은 배출되나 차갑지 않고, 컴프레서 동작음이 들리지 않는다. 다음 중 고장원인과 가장 거리가 먼 것은?

① 블로우 모터 불량
② 핀 서모 센서 불량
③ 트리플 스위치 불량
④ 컴프레서 릴레이 불량

43 라이트를 벽에 비추어 보면 차량의 광축을 중심으로 좌측 라이트는 수평으로, 우측 라이트는 약 15도 정도의 상향 기울기를 가지게 된다. 이를 무엇이라 하는가?

① 컷 오프 라인　　② 쉴드 빔 라인
③ 루미네슨스 라인　　④ 주광축 경계 라인

44 다음 직렬회로에서 저항 에 5mA의 전류가 흐를 때 의 저항값은?

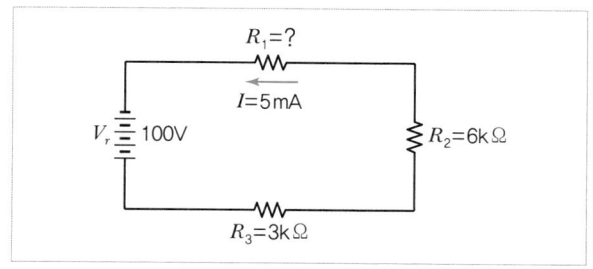

① 7kΩ   ② 9kΩ
③ 11kΩ ④ 13kΩ

45 가솔린엔진에서 기동전동기의 소모전류가 90A이고, 배터리 전압이 12V일 때 기동전동기의 마력은 약 몇 PS인가?

① 0.75   ② 1.26
③ 1.47   ④ 1.78

46 자동차의 회로 부품 중에서 일반적으로 "ACC 회로"에 포함된 것은?

① 카 오디오   ② 히터
③ 와이퍼 모터 ④ 전조등

47 전자배전 점화장치(DLI)의 구성부품으로 틀린 것은?

① 배전기   ② 점화플러그
③ 파워TR ④ 점화코일

48 직류 직권식 기동 전동기의 계자 코일과 전기자 코일에 흐르는 전류에 대한 설명으로 옳은 것은?

① 계자 코일 전류와 전기자 코일 전류가 같다.
② 계자 코일 전류가 전기자 코일 전류보다 크다.
③ 전기자 코일 전류가 계자 코일 전류보다 크다.
④ 계자 코일 전류와 전기자 코일 전류가 같을 때도 있고, 다를 때도 있다.

49 리모콘으로 록(Lock) 버튼을 눌렀을 때 문은 잠기지만, 경계상태로 진입하지 못하는 현상이 발생하는 원인과 가장 거리가 먼 것은?

① 후드 스위치 불량
② 트렁크 스위치 불량
③ 파워윈도우 스위치 불량
④ 운전석 도어 스위치 불량

50 하이브리드 자동차는 감속 시 전기에너지를 고전압 배터리로 회수(충전)한다. 이러한 발전기 역할을 하는 부품은?

① AC 발전기
② 스타팅 모터
③ 하이브리드 모터
④ 모터 컨트롤 유닛

51 1개의 코일로 2개 실린더를 점화하는 시스템의 특징에 대한 설명으로 틀린 것은?

① 동시점화방식이라 한다.
② 배전기 캡 내로부터 발생하는 전파 잡음이 없다.
③ 배전기로 고전압을 배전하지 않기 때문에 누전이 발생하지 않는다.
④ 배전기 캡이 없어 로터와 세그먼트(고압단자) 사이의 전압에너지 손실이 크다.

52 자동차 에어백 구성품 중 인플레이터 역할에 대한 설명으로 옳은 것은?

① 충돌 시 충격을 감지한다.
② 에어백 시스템 고장 발생 시 감지하여 경고등을 점등한다.
③ 질소가스, 점화회로 등이 내장되어 에어백이 작동될 수 있도록 점화장치 역할을 한다.
④ 에어백 작동을 위한 전기적인 충전을 하여 배터리 전원이 차단되어도 에어백을 전개시킨다.

53 다음 회로에서 전압계 V_1과 V_2를 연결하여 스위치를 「ON」, 「OFF」하면서 측정한 결과로 옳은 것은? (단, 접촉 저항은 없다.)

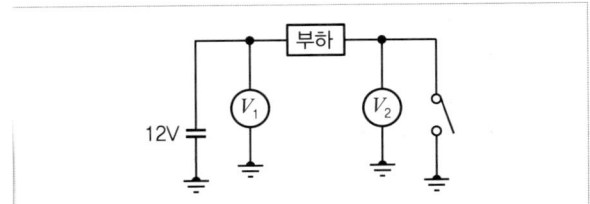

① ON : V_1-12V, V_2-12V, OFF : V_1-12V, V_2-12V
② ON : V_1-12V, V_2-12V, OFF : V_1-0V, V_2-12V
③ ON : V_1-12V, V_2-0V,   OFF : V_1-12V, V_2-12V
④ ON : V_1-12V, V_2-0V,   OFF : V_1-0V, V_2-0V

54 운행자동차 정기검사에서 등화장치 점검 시 광도 및 광축을 측정하는 방법으로 틀린 것은?
① 타이어 공기압을 표준공기압으로 한다.
② 광축 측정 시 엔진 공회전 상태로 한다.
③ 적차 상태로 서서히 진입하면서 측정한다.
④ 4등식 전조등의 경우 측정하지 않는 등화는 발산하는 빛을 차단한 상태로 한다.

55 반도체의 장점으로 틀린 것은?
① 수명이 길다.
② 매우 소형이고 가볍다.
③ 일정시간 예열이 필요하다.
④ 내부 전력 손실이 매우 적다.

56 발전기 구조에서 기전력 발생 요소에 대한 설명으로 틀린 것은?
① 자극의 수가 많은 경우 자력은 크다.
② 코일의 권수가 적을수록 자력은 커진다.
③ 로터코일의 회전이 빠를수록 기전력은 많이 발생한다.
④ 로터코일에 흐르는 전류가 클수록 기전력이 커진다.

57 바디 컨트롤 모듈(BCM)에서 타이머 제어를 하지 않는 것은?
① 파워 윈도우
② 후진등
③ 감광 룸램프
④ 뒤 유리 열선

58 리튬이온 배터리와 비교한 리튬폴리머 배터리의 장점이 아닌 것은?
① 폭발 가능성 적어 안전성이 좋다.
② 패키지 설계에서 기계적 강성이 좋다.
③ 발열 특성이 우수하여 내구 수명이 좋다.
④ 대용량 설계가 유리하여 기술 확장성이 좋다.

59 자동차용 냉방장치에서 냉매사이클의 순서로 옳은 것은?
① 증발기 → 압축기 → 응축기 → 팽창밸브
② 증발기 → 응축기 → 팽창밸브 → 압축기
③ 응축기 → 압축기 → 팽창밸브 → 증발기
④ 응축기 → 증발기 → 압축기 → 팽창밸브

60 교류발전기에서 정류작용이 이루어지는 소자로 옳은 것은?
① 계자 코일
② 트랜지스터
③ 다이오드
④ 아마추어

정답 및 해설 2019년 1회

Industrial Engineer Motor Vehicles Maintenance

01	02	03	04	05	06	07	08	09	10
②	①	①	②	①	②	①	④	①	③
11	12	13	14	15	16	17	18	19	20
③	④	①	④	③	④	④	①	④	②
21	22	23	24	25	26	27	28	29	30
②	②	②	②	①	①	②	③	③	②
31	32	33	34	35	36	37	38	39	40
④	②	①	④	④	①	①	④	③	②
41	42	43	44	45	46	47	48	49	50
③	①	①	③	③	①	③	①	③	③
51	52	53	54	55	56	57	58	59	60
④	③	③	③	③	②	②	②	①	③

01 정답 | ②

해설 | 축 출력 = 제동마력이므로

제동마력 $= \dfrac{TR}{716} \text{PS}$

여기서, T : 엔진회전력(kgf·m), R : 회전수(rpm)

$BHP = \dfrac{10\text{kgf} \cdot \text{m} \times 1000\text{rpm}}{716} = 13.96\text{PS}$

1PS = 0.736kW이므로

$13.96 \times 0.736 = 10.27\text{kW}$

02 정답 | ①

해설 | 공연비 = 공기 : 연료 = 152 : 10.4 = 14.6 : 1

03 정답 | ①

해설 | 피스톤직경과 행정을 통해 알 수 있는 것은 배기량이므로 흡입공기량 측정방법과는 거리가 멀다.

흡입공기량 측정방식
- 가변저항 + 플레이트 : 베인식
- 흡기 다기관 절대압력 : MAP 센서식
- 핫 와이어 전류량 : 열선식
- 칼만 와류 발생 주파수 : 칼만 와류식

04 정답 | ②

해설 | 주어진 PV 선도는 정압 사이클로 2-3구간에서 압력의 변화가 없는 정압과정임을 알 수 있다.
2 → 3 : 정압 팽창과정

05 정답 | ①

해설 | 피스톤 평균속도 $= \dfrac{2NL}{60}$ m/s

여기서, L : 행정(m), N : 엔진회전수(rpm)

크랭크축이 1회전 할 때 피스톤은 2행정 이동하므로 행정에 2를 곱하여 주는 것

피스톤 평균속도 $= \dfrac{2000 \times 0.09 \times 2}{60} = 6\text{m/sec}$

06 정답 | ②

해설 | **라디에이터 캡의 작용**
- 냉각수의 비등점을 높여 냉각수의 비등을 방지한다.
- 라디에이터 내의 압력이 규정값 이상이 되면 압력밸브가 열려 냉각수가 리저버탱크로 배출되게 한다.
- 캡의 진공밸브는 라디에이터 내 압력이 떨어져 발생할 수 있는 코어 변형을 방지하기 위해 리저버탱크의 냉각수가 라디에이터로 들어가게 한다.

07 정답 | ①

해설 | DPF는 배기가스 중 미세먼지 배출량을 감소시키는 장치이다.

08 정답 | ④

해설 | 비동기 분사는 연료분사증가가 필요한 시동 시 또는 급가속 시 사용된다.

09 정답 | ①

해설 | **시료 채취관 삽입깊이**
- 디젤 매연 광투과식 : 5cm
- 디젤 매연 여지반사식 : 20cm
- 가솔린 배기가스 : 30cm

10 정답 | ③
해설 | 입구 제어 방식은 압력조절밸브가 저압펌프와 고압펌프 사이에 위치하여 저압측의 연료분사 압력을 제어한다.

11 정답 | ③
해설 | 엔진의 기계효율은 피스톤에서 발생한 마력(도시마력)이 얼마만큼 크랭크축을 회전(제동마력)시킬 수 있을지를 나타낸다.

12 정답 | ④
해설 | 산소센서의 고체 전해질에는 지르코니아, 티타니아가 있다.

13 정답 | ①
해설 | • 가솔린은 HC(탄화수소)의 종류에 따라 옥탄가가 변한다.
• 4에틸납은 옥탄가 향상제(노킹억제)로, 4에틸납을 첨가한 유연 휘발유이다(현재는 환경오염, 촉매 손상 등의 이유로 사용하지 않는다).
• 옥탄가의 수치가 높을수록 노킹이 억제된다.

14 정답 | ④
해설 | 점도가 너무 높으면 오일의 유동성이 떨어져 유압이 상승된다.

15 정답 | ③
해설 | 디젤의 연소 시 발생하는 PM은 DPF에서 포집한다. 이때 DPF 전후단의 압력차를 검출하여 일정 압력 이상일 때 '사후분사'를 실시하여 DPF에 포집된 PM의 연소를 도와 DPF를 재생한다.

16 정답 | ④
해설 | MPI 방식에서 동기분사(순차분사)는 각 흡기밸브가 열리기 전에 분사하므로 배기행정 말에 분사하여 혼합기 상태로 연소실에 유입된다.

17 정답 | ④
해설 | 인터쿨러는 터보차저의 구성품으로, 압축기(임펠러)에 의해 강제 압축된 공기의 온도가 높아짐에 따라 공기밀도가 감소한다. 이에 충전 효율이 감소하므로 과급되는 '공기온도'를 낮춰 '공기밀도'를 증가시킨다.

18 정답 | ①
해설 | 기본 분사량 제어 : 크랭크각 센서(CKPS)와 흡입공기량 (AFS, MAP)을 기초로 작동한다.
※ 냉각수온 센서는 냉간 시동 시 연료분사량을 증량하는 보정제어에 사용한다.

19 정답 | ④
해설 | 킥다운 스위치는 자동변속기 차량에서 가속페달을 깊이 밟아 기어변속을 한 단 낮춰 가속력을 높이는 제어를 위한 입력신호이다.

20 정답 | ②
해설 | 가솔린에 착화온도가 낮으면 불꽃이 도달하기 전에 착화되므로 노킹 발생 우려가 높다.
※ 실제 가솔린의 착화온도(발화점)는 경유보다 약 100℃~150℃ 높다.

21 정답 | ②
해설 | **무단변속기 제어 솔레노이드 밸브 종류**
• 댐퍼클러치 솔레노이드
• 변속컨트롤 솔레노이드
• 라인 압 솔레노이드
• 클러치 솔레노이드

22 정답 | ②
해설 | 본문의 설명은 현가장치에 대한 내용으로 코일스프링, 겹판스프링, 토션바, 스테빌라이저, 쇽업소버 등이 있다.
• 타이로드(조향장치)
• 프레임, 너클 스핀들(고정장치)

23 정답 | ②
해설 | ②는 캐스터에 대한 설명이다.

24 정답 | ②
해설 | 등속조인트는 변속기와 허브베어링 사이에서 동력전달을 위한 것으로 불량한 경우 동력전달 불량이나 구동 시 소음이 발생한다.
조향 휠의 유격이 커지는 원인
• 조향기어의 백래시의 조정 불량
• 조향 링키지의 마모 및 손상
• 킹핀의 마모
• 요크플러그의 풀림
• 프리로드 조정불량
• 조향기어의 마모 등

25 정답 | ①
해설 | • 토인 : 차량을 위에서 보았을 때 바퀴의 앞쪽이 안쪽으로 기울어진 정도
• 최소회전반경 : 차량이 회전할 때 외측바퀴의 노면과 접촉면의 중심이 그리는 궤적의 반경
• 타이어 슬립각 : 타이어의 실제 진행 방향과 향하고 있는 방향이 이루는 각도

26 정답 | ①
해설 | 휠링은 추진축의 굽힘 진동을 말하며, 추진축의 기하학적 중심(도형의 중심)과 질량적 중심이 일치하지 않았을 때 발생하며, 추진축의 내부 질량이 평형하지 않다는 것을 의미한다.

27 정답 | ③
해설 | • 차륜의 구동력 $F = \dfrac{T}{r}$ (T : 축의 회전력, r : 타이어 반경)
• 축회전력 T = 엔진회전력 × 총감속비 × 전달효율
= 14 × 3 × 0.9 = 86.4kgf · m
$\therefore \dfrac{86.4 \text{kgf} \cdot \text{m}}{0.3 \text{m}} = 126 \text{kgf}$

28 정답 | ③
해설 | 라이닝의 마찰표면에 윤활제를 도포하면 마찰력이 떨어지며, 베이퍼 록과는 무관하다.
※ 벤틸에이티드 디스크(ventilated disc) : 디스크형 브레이크에서 디스크 내부에 여러 개의 작은 구멍을 내어 열 방출을 향상시켜 열에 의한 페이드 현상, 베이퍼 록 현상을 감소시키는 역할을 한다.

29 정답 | ③
해설 | 클러치의 미끄럼 방지 및 클러치 베어링의 수명 연장을 위해 릴리스 베어링과 릴리스 레버 사이의 유격(자유간극)이 필요하다. 클러치 자유간극이 작거나 없으면 클러치판에 미끄러짐이 발생한다.

30 정답 | ②
해설 | 클러치에 전달되는 토크
$T = \mu \times P \times z \times \dfrac{D+d}{2}$
$= 0.3 \times (300 \times 9) \times \dfrac{0.22 + 0.14}{2} \times 1 = 145.8$
여기서, μ : 마찰계수, P : 작용압력, D : 클러치 외경, d : 클러치 내경, z : 스프링 수

31 정답 | ④
해설 | 14는 림의 내경 또는 외경(직경)을 나타내며, 단위는 inch이다.

32 정답 | ②
해설 | 변속시점은 스로틀밸브 개도량과 차속에 의해 결정된다.

33 정답 | ①
해설 | 계측기를 설치하는 것은 차륜정렬(휠 얼라이먼트)의 실시 과정이므로 사전점검과는 거리가 멀다.

34 정답 | ④
해설 | ④는 EBD에 대한 설명으로, 급제동 시 무게중심이 앞으로 이동하여 차량 뒤쪽이 돌아가는 스핀현상이 발생하는데, EBD는 급제동 시 스핀방지 및 제동성능을 향상시키는 장치이다.
• ABS : 방향/조향 안전성, 제동거리 단축효과
• TCS : 슬립 및 트레이스 제어

35 정답 | ④
해설 | 마스터 실린더의 체크밸브가 불량하면 앞쪽 및 뒤쪽 또는 전체 브레이크에 문제가 발생하므로 한쪽으로 쏠리지는 않는다.

36 정답 | ①
해설 | • 구름저항 : 타이어 접지부 변형, 노면의 변형 등에 의한 저항
• 공기저항 : 차체형상 및 표면, 또는 공기흐름에 의한 저항
• 등판저항(구배저항) : 경사면 주행에 의한 저항
• 가속저항 : 주행속도를 변화시키는데 필요한 힘

37 정답 | ①
해설 | 매뉴얼 밸브는 변속레버 조작에 의해 유압회로를 변경하는 밸브를 말한다.

38 정답 | ④
해설 | ECS의 제어
• 감쇠력 제어
• 차고 제어
• 자세 제어(앤티 롤, 앤티 다이브, 앤티 스쿼드, 앤티 피칭, 앤티 바운싱, 차속감응)

39 정답 | ③
해설 | (+) 캐스터가 크면 직진 복원성이 향상된다.
참고 (+) 캐스터가 클수록 핸들이 무거워진다.

40 정답 | ②
해설 | 평탄로의 전주행 저항 R_t = 구름저항 + 공기저항
• 구름저항 $= \mu_r \times W = 0.015 \times 1145 = 17.175$
• 공기저항 $= \mu_a \times A \times V^2 = 0.03 \times 1.6 \times (90/3.6)^2$
$= 30$
$\therefore R_t = 17.175 + 30 = 47.18$

41 정답 | ③
해설 | 코일의 유도기전력 = 인덕턴스 $\times \dfrac{\text{전류변화}}{\text{시간변화}}$
$= 0.5\text{H} \times \dfrac{50\text{A}}{0.01\text{s}} = 2500\text{V}$

42 정답 | ①
해설 | 바람이 배출되므로 블로우 모터 불량과는 거리가 멀다.
※ 트리플 스위치 : 저압, 고압 스위치가 모두 ON 상태이거나 중압 스위치가 ON일 경우에 컴프레셔를 동작시키기 위한 입력 신호

43 정답 | ①
해설 | 하향등(변환빔)의 컷 오프라인은 그림과 같이 조사면의 우측이 일정 각도만큼 상향으로 기울어져 있어 상대 차량의 눈부심을 최소화하고 도로 표지판 식별을 용이하게 한다.

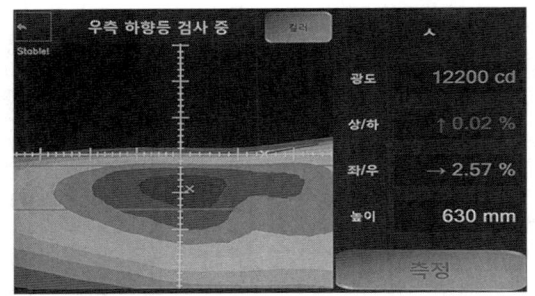

44 정답 | ③
해설 | 옴의 법칙 $\left(R = \dfrac{E}{I}\right)$에 의해
$6000 + 3000 + R = \dfrac{100V}{0.005A}$
$= 20000 - 9000 = 11000\Omega = 11k\Omega$

45 정답 | ③
해설 | $P = EI = 90A \times 12V = 1080W = 1.08kW$
$1PS = 0.736kW$이므로
$1.08 \times \dfrac{1}{0.736} = 1.467PS$

46 정답 | ①
해설 | • 배터리 전원 : 정지등(스톱램프), 실내등, 혼과 같이 키 스위치와 관계없이 작동되는 곳으로 공급
• ACC 전원 : 오디오, 시계, 시가라이터 등
• IG1 전원 : 점화회로, 연료회로, 전자제어 등과 같이 시동과 관계되는 장치에 공급
• IG2 전원 : 전조등, 와이퍼, 에어컨, 파워윈도우 등과 같이 주행 시 필요한 장치에 공급
• ST 전원 : 엔진 크랭킹을 위해 기동전동기로 공급

47 정답 | ①
해설 | DLI(Distributor Less Ignition) 방식으로 배전기 없이 1개의 점화코일로 2개의 점화플러그를 동시 점화하거나 1개의 점화코일로 1개의 점화플러그를 점화하는 방식이므로 배전기가 없다.

48 정답 | ①
해설 | 직류 직권식은 계자와 전기자가 직렬로 연결되므로 전류는 같다(직류 연결일 때 어느 위치에서나 전류값은 동일함).

49 정답 | ③
해설 | 기본 도난경계모드 돌입 조건은 모든 도어 스위치가 LOCK 상태, 후드 및 트렁크 열림 스위치 LOCK 상태, 리모컨 키가 LOCK 상태이다.

50 정답 | ③
해설 | 하이브리드, 전기차는 별도의 발전기를 두지 않고 전기 모터를 통해 감속 및 제동 시 교류전류를 생성하여 AD컨버터를 통해 고전압 배터리를 충전한다.
• 가속 시 : 전기에너지 → 운동에너지 변환
• 감속 시 : 운동에너지 → 전기에너지 변환

51 정답 | ④
해설 | • 동시점화방식은 1개의 점화코일에 2개 실린더(배기행정 중인 실린더와 압축(점화)행정 중인 실린더)를 동시에 점화시킨다.
• 동시점화방식은 DLI(Distributor Less Ignition) 점화장치에 속하며, DLI의 특징은 배전기가 없으므로 배전기에 의한 누전 및 전파잡음이 없고, 배전기 캡의 로터와 단자는 배전지의 구성이다.

52 정답 | ③
해설 | ① 충돌센서
② 에어컨 ECU
④ 에어백 ECU 내의 콘덴서

53 정답 | ③
해설 | 회로에서 스위치 ON 상태에서 부하 양단간에는 전압차가 존재하여(전압강하) 부하 앞은 12V, 부하 뒤는 0V이며, 스위치 OFF 상태에서는 어느 지점에서나 전압값은 12V이다.

54 정답 | ③
해설 | 등화장치 점검 시 공차상태에서 운전자 1인 탑승 후 실시한다.

55 정답 | ③
해설 | **반도체의 장점**
• 수명이 길다(내구성이 좋다).
• 예열이 필요 없다.
• 매우 소형이고, 가볍다.
• 내부 전력 손실이 적다.
• 작동이 신속하다.

56 정답 | ②
해설 | • 기전력은 자극수, 자속, 권수, 회전수에 비례한다.
• 권수와 극수는 자속, 즉 자력에 비례한다.

57 정답 | ②
해설 | 후진등은 변속레버가 R단일 때만 작동하므로 타이머 제어와는 무관하다.

BCM의 타이머제어
- 파워윈도우 : 키 전원 OFF 시 일정 시간 동안 윈도우 모터에 전원을 공급하여 차량에서 내리기 전 윈도우 작동이 가능하도록 제어한다.
- 감광 룸램프 : 야간에 차량에 탑승 시 도어를 닫자마자 실내가 어두워지는 것을 방지하기 위해 일정 시간 서서히 빛이 줄어들도록 제어한다.
- 뒤 유리 열선 : 열선 작동 시 전류 소모가 크기 때문에 일정 시간 이후에 자동으로 OFF하도록 제어한다.

58 정답 | ②
해설 | **리튬폴리머 배터리의 특징**
- 리튬이온 배터리의 액체 전해질과 달리 고체 또는 젤 형태로 누설이나 폭발위험이 적으나 기계적 강성이 나쁘다.
- 다양한 형태로 제작할 수 있어 대용량 설계가 유리하다.
- 외장을 라미네이트 필름을 사용하여 발열 특성이 우수하나 외부 자극에 약한다.
- 과방전/과충전에 약하다.

59 정답 | ①
해설 | **에어컨 순환과정**
압축기 → 응축기 → 건조기 → 팽창밸브 → 증발기 → 압축기

60 정답 | ③
해설 |
- 계자코일 : 직류발전기 혹은 직권 전동기에서 자계를 형성하는 장치
- 트랜지스터 : 이중접합 반도체로 증폭작용, 스위치 작용을 위한 장치
- 아마추어 : 직류발전기에서 혹은 직권 전동기에서 회전하는 부분

1과목 자동차엔진

01 출력이 A=120PS, B=90kW, C=110HP인 3개의 엔진을 출력이 큰 순서대로 나열한 것은?
① B > C > A
② A > C > B
③ C > A > B
④ B > A > C

02 전자제어 가솔린엔진에서 고속운전 중 스로틀 밸브를 급격히 닫을 때 연료 분사량을 제어하는 방법은?
① 변함 없음
② 분사량 증가
③ 분사량 감소
④ 분사 일시 중단

03 점화 파형에서 파워 TR(트랜지스터)의 통전시간을 의미하는 것은?
① 전원전압
② 피크(peak)전압
③ 드웰(dwell)시간
④ 점화시간

04 자동차에 사용되는 센서 중 원리가 다른 것은?
① 맵(MAP) 센서
② 노크 센서
③ 가속페달센서
④ 연료탱크압력센서

05 라디에이터 캡의 점검 방법으로 틀린 것은?
① 압력이 하강하는 경우 캡을 교환한다.
② 0.95~1.25gf/cm² 정도로 압력을 가한다.
③ 압력 유지 후 약 10~20초 사이에 압력이 상승하면 정상이다.
④ 라디에이터 캡을 분리한 뒤 씰 부분에 냉각수를 도포하고 압력 테스터를 설치한다.

06 디젤엔진의 배출가스 특성에 대한 설명으로 틀린 것은?
① NOx 저감 대책으로 연소온도를 높인다.
② 가솔린 기관에 비해 CO, HC 배출량이 적다.
③ 입자상물질(PM)을 저감하기 위해 필터(DPF)를 사용한다.
④ NOx 배출을 줄이기 위해 배기가스 재순환 장치를 사용한다.

07 LPG를 사용하는 자동차에서 봄베의 설명으로 틀린 것은?
① 용기의 도색은 회색으로 한다.
② 안전밸브에 주 밸브를 설치할 수는 없다.
③ 안전밸브는 충전밸브와 일체로 조립된다.
④ 안전밸브에서 분출된 가스는 대기 중으로 방출되는 구조이다.

08 도시마력(지시마력, indicated horsepower) 계산에 필요한 항목으로 틀린 것은?
① 총 배기량
② 엔진회전수
③ 크랭크축 중량
④ 도시 평균 유효 압력

09 다음 설명에 해당하는 커먼레일 인젝터는?

> 운전 전영역에서 분사된 연료량을 측정하여 이것을 데이터베이스화한 것으로, 생산 계통에서 데이터베이스 정보를 ECU에 저장하여 인젝터별 분사 시간보정 및 실린더 간 연료분사량의 오차를 감소시킬 수 있도록 문자와 숫자로 구성된 7자리 코드를 사용한다.

① 일반 인젝터
② IQA 인젝터
③ 클래스 인젝터
④ 그레이드 인젝터

10 전자제어 MPI 가솔린엔진과 비교한 GDI 엔진의 특징에 대한 설명으로 틀린 것은?

① 내부냉각효과를 이용하여 출력이 증가된다.
② 층상 급기모드를 통해 EGR 비율을 많이 높일 수 있다.
③ 연료분사 압력이 높고, 연료 소비율이 향상된다.
④ 층상 급기모드 연소에 의하여 NOx 배출이 현저히 감소한다.

11 디젤엔진에서 단실식 연료분사방식을 사용하는 연소실의 형식은?

① 와류실식　　② 공기실식
③ 예연소실식　④ 직접분사실식

12 4행정 가솔린엔진이 1분당 2500rpm에서 9.23kgf·m의 회전토크일 때 축 마력은 약 몇 PS인가?

① 28.1　　② 32.2
③ 35.3　　④ 37.5

13 다음 그림은 스로틀 포지션 센서(TPS)의 내부회로도이다. 스로틀 밸브가 그림에서 B와 같이 닫혀 있는 현재 상태의 출력전압은 약 몇 V인가? (단, 공회전 상태이다.)

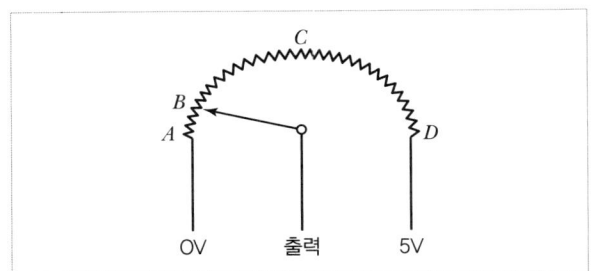

① 0V　　② 약 0.5V
③ 약 2.5V　④ 약 5V

14 전자제어 엔진에서 연료 차단(fuel cut)에 대한 설명으로 틀린 것은?

① 배출가스 저감을 위함이다.
② 연비를 개선하기 위함이다.
③ 인젝터 분사 신호를 정지한다.
④ 엔진의 고속회전을 위한 준비단계이다.

15 윤활유의 주요 기능이 아닌 것은?

① 방청작용　　② 산화작용
③ 밀봉작용　　④ 응력분산작용

16 엔진 크랭크축의 휨을 측정할 때 필요한 기기가 아닌 것은?

① 블록 게이지　　② 정반
③ 다이얼 게이지　④ V블록

17 배출가스 측정 시 HC(탄화수소)의 농도 단위인 ppm을 설명한 것으로 적당한 것은?

① 백분의 1을 나타내는 농도 단위
② 천분의 1을 나타내는 농도 단위
③ 만분의 1을 나타내는 농도 단위
④ 백만분의 1을 나타내는 농도 단위

18 피스톤의 재질로서 가장 거리가 먼 것은?

① Y-합금
② 특수 주철
③ 켈밋 합금
④ 로엑스(Lo-Ex) 합금

19 4실린더 4행정 사이클 엔진을 65PS로 30분간 운전시켰더니 연료 10L가 소모되었다. 연료의 비중이 0.73, 저위발열량이 11000kcal/kg이라면 이 엔진의 열효율은 몇 %인가? (단, 1마력당 일량은 632.5kcal/h이다.)
① 23.6　② 24.6
③ 25.6　④ 51.2

20 전자제어 가솔린 분사장치(MPI)에서 폐회로 공연비 제어를 목적으로 사용하는 센서는?
① 노크센서　② 산소센서
③ 차압센서　④ EGR 위치센서

2과목 자동차섀시

21 제동장치에서 공기 브레이크의 구성요소가 아닌 것은?
① 언로더 밸브　② 릴레이 밸브
③ 브레이크 챔버　④ 하이드로 에어백

22 클러치의 구비조건에 대한 설명으로 틀린 것은?
① 단속작용이 확실해야 한다.
② 회전 부분의 평형이 좋아야 한다.
③ 과열되지 않도록 냉각이 잘 되어야 한다.
④ 전달효율이 높도록 회전관성이 커야 한다.

23 자동차 타이어의 수명에 영향을 미치는 요인과 가장 거리가 먼 것은?
① 엔진의 출력
② 주행 노면의 상태
③ 타이어와 노면 온도
④ 주행 시 타이어 적정 공기압 유무

24 하이드로 플래닝에 관한 설명으로 옳은 것은?
① 저속으로 주행할 때 하이드로 플래닝이 쉽게 발생한다.
② 트레드가 과하게 마모된 타이어에서는 하이드로 플래닝이 쉽게 발생한다.
③ 하이드로 플래닝이 발생할 때 조향은 불안정하지만, 효율적인 제동은 가능하다.
④ 타이어의 공기압이 감소할 때 접촉영역이 증가하여 하이드로 플래닝이 방지된다.

25 자동변속기에 사용되고 있는 오일(ATF)의 기능이 아닌 것은?
① 충격을 흡수한다.
② 동력을 발생시킨다.
③ 작동 유압을 전달한다.
④ 윤활 및 냉각작용을 한다.

26 자동차 정속주행(크루즈 컨트롤)장치에 적용되어 있는 스위치와 가장 거리가 먼 것은?
① 세트(set) 스위치
② 리드(read) 스위치
③ 해제(cancel) 스위치
④ 리줌(resume) 스위치

27 정지 상태의 자동차가 출발하여 100m에 도달했을 때의 속도가 60km/h이다. 이 자동차의 가속도는 약 m/s²인가?
① 1.4　② 5.6
③ 6.0　④ 8.7

28 자동차의 축간거리가 2.5m, 킹핀의 연장선과 캠퍼의 연장선이 지면 위에서 만나는 거리가 30cm인 자동차를 좌측으로 회전하였을 때 바깥쪽 바퀴의 조향각도가 30°라면 최소회전 반경은 약 몇 m인가?

① 4.3
② 5.3
③ 6.2
④ 7.2

29 자동차 정기검사에서 조향장치의 검사기준 및 방법으로 틀린 것은?

① 조향 계통의 변형, 느슨함 및 누유가 없어야 한다.
② 조향바퀴 옆 미끄럼양은 1m 주행에 5mm 이내이어야 한다.
③ 기어박스, 로드암, 파워실린더, 너클 등의 설치상태 및 누유 여부를 확인한다.
④ 조향핸들을 고정한 채 사이드슬립 측정기의 답판 위로 직진하여 측정한다.

30 자동차 검사를 위한 기준 및 방법으로 틀린 것은?

① 자동차의 검사항목 중 제원측정은 공차상태에서 시행한다.
② 긴급자동차는 승차인원 없는 공차상태에서만 검사를 시행해야 한다.
③ 제원측정 이외의 검사항목은 공차상태에서 운전자 1인이 승차하여 측정한다.
④ 자동차 검사기준 및 방법에 따라 검사기기, 관능 또는 서류 확인 등을 시행한다.

31 듀얼 클러치 변속기(DCT)에 대한 설명으로 틀린 것은?

① 연료소비율이 좋다.
② 가속력이 뛰어나다.
③ 동력 손실이 적은 편이다.
④ 변속단이 없으므로 변속충격이 없다.

32 차체 자세제어장치(VDC, ESP)에서 선회 주행 시 자동차의 비틀림을 검출하는 센서는?

① 차속 센서
② 휠 스피드 센서
③ 요 레이트 센서
④ 조향핸들 각속도 센서

33 차체 자세제어장치(VDC, ESC)에 관한 설명으로 틀린 것은?

① 요 레이트 센서, G센서 등이 적용되어 있다.
② ABS제어, TCS 등의 기능이 포함되어있다.
③ 자동차의 주행 자세를 제어하여 안전성을 확보한다.
④ 뒷바퀴가 원심력에 의해 바깥쪽으로 미끄러질 때 오버 스티어링으로 제어를 한다.

34 사이드 슬립 점검 시 왼쪽 바퀴가 안쪽으로 8mm, 오른쪽 바퀴가 바깥쪽으로 4mm 슬립되는 것으로 측정되었다면 전체 미끄럼값 및 방향은?

① 안쪽으로 2mm 미끄러진다.
② 안쪽으로 4mm 미끄러진다.
③ 바깥쪽으로 2mm 미끄러진다.
④ 바깥쪽으로 4mm 미끄러진다.

35 동력전달장치에 사용되는 종감속장치의 기능으로 틀린 것은?

① 회전속도를 감소시킨다.
② 축 방향 길이를 변화시킨다.
③ 동력전달 방향을 변환시킨다.
④ 구동 토크를 증가시켜 전달한다.

36. 디스크 브레이크의 특징에 대한 설명으로 틀린 것은?
   ① 마찰면적이 적어 패드의 압착력이 커야 한다.
   ② 반복적으로 사용하여도 제동력의 변화가 적다.
   ③ 디스크가 대기 중에 노출되어 냉각 성능이 좋다.
   ④ 자기 작동 작용으로 인해 페달 조작력이 작아도 제동 효과가 좋다.

37. 토크 컨버터의 클러치 점(cluth point)에 대한 설명과 관계 없는 것은?
   ① 토크 증대가 최대인 상태이다.
   ② 오일이 스테이터 후면에 부딪친다.
   ③ 일방향 클러치가 회전하기 시작한다.
   ④ 클러치 점 이상에서 토크 컨버터는 유체 클러치로 작동한다.

38. 자동차 ABS에서 제어모듈(ECU)의 신호를 받아 밸브와 모터가 작동되면서 유압의 증가, 감소, 유지 등을 제어하는 것은?
   ① 마스터 실린더   ② 딜리버리 밸브
   ③ 프로포셔닝 밸브   ④ 하이드롤릭 유닛

39. 전자제어 현가장치에서 자동차가 선회할 때 원심력에 의한 차체의 흔들림을 최소로 제어하는 기능은?
   ① 안티 롤 제어   ② 안티 다이브 제어
   ③ 안티 스쿼트 제어   ④ 안티 드라이브 제어

40. ABS 시스템의 구성품이 아닌 것은?
   ① 차고 센서   ② 휠 스피드 센서
   ③ 하이드롤릭 유닛   ④ ABS 컨트롤 유닛

3과목 자동차전기

41. 자동 공조장치에 대한 설명으로 틀린 것은?
   ① 파워 트랜지스터의 베이스 전류를 가변하여 송풍량을 제어한다.
   ② 온도 설정에 따라 믹스 액추에이터 도어의 개방 정도를 조절한다.
   ③ 실내 및 외기온도 센서 신호에 따라 에어컨 시스템의 제어를 최적화한다.
   ④ 핀서모 센서는 에어컨 라인의 빙결을 막기 위해 콘덴서에 장착되어 있다.

42. 5A의 일정한 전류로 방전되어 20시간이 지났을 때 방전 종지전압에 이르는 배터리의 용량은?
   ① 60Ah   ② 80Ah
   ③ 100Ah   ④ 120Ah

43. 기동전동기의 피니언기어 잇수가 9, 플라이휠의 링기어 잇수가 113, 배기량 1500cc인 엔진의 회전저항이 8kgf·m일 때 기동전동기의 최소 회전토크는 약 몇 kgf·m인가?
   ① 0.38   ② 0.48
   ③ 0.55   ④ 0.64

44. 자동차용 납산 배터리의 구성요소로 틀린 것은?
   ① 양극판   ② 격리판
   ③ 코어 플러그   ④ 벤트 플러그

45. 에어컨 자동온도조절장치(FATC)에서 제어 모듈의 출력요소로 틀린 것은?
   ① 블로어 모터
   ② 에어컨 릴레이
   ③ 엔진 회전수 보상
   ④ 믹스 도어 액추에이터

46 그림과 같이 캔(CAN) 통신회로가 접지 단락되었을 때 고장진단 커넥터에서 6번과 14번 단자의 저항을 측정하면 몇 Ω인가?

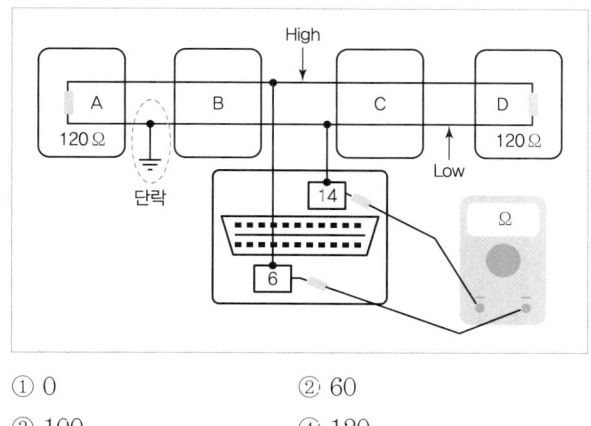

① 0
② 60
③ 100
④ 120

47 BMS(Battery Management System)에서 제어하는 항목과 제어내용에 대한 설명으로 틀린 것은?

① 고장 진단 : 배터리 시스템 고장 진단
② 컨트롤 릴레이 제어 : 배터리 과열 시 컨트롤 릴레이 차단
③ 셀 밸런싱 : 전압 편차가 생긴 셀을 동일한 전압으로 매칭
④ SoC(State of Charge) 관리 : 배터리의 전압, 전류, 온도를 측정하여 적정 SoC 영역관리

48 12V 5W 번호판등이 사용되는 승용차량에 24V 3W가 잘못 장착되었을 때, 전류값과 밝기의 변화는 어떻게 되는가?

① 0.125A, 밝아진다.
② 0.125A, 어두워진다.
③ 0.0625A, 밝아진다.
④ 0.0625A, 어두워진다.

49 자동차 정기검사에서 전기장치의 검사기준 및 방법에 해당되지 않는 것은?

① 축전지의 설치상태를 확인한다.
② 전기배선의 손상여부를 확인한다.
③ 전기선의 허용 전류량을 측정한다.
④ 축전지의 접속, 절연상태를 확인한다.

50 납산 배터리 양(+)극판에 대한 설명으로 틀린 것은?

① 음극판보다 1장 더 많다.
② 방전 시 황산납으로 변환된다.
③ 충전 후 갈색의 과산화납으로 변환된다.
④ 충전 시 전자를 방출하면서 이산화납으로 변환된다.

51 LAN(Local Area Network) 통신장치의 특징이 아닌 것은?

① 전장부품의 설치장소 확보가 용이하다.
② 설계변경에 대하여 변경하기 어렵다.
③ 배선의 경량화가 가능하다.
④ 장치의 신뢰성 및 정비성을 향상시킬 수 있다.

52 점화플러그의 열가(heat range)를 좌우하는 요인으로 거리가 먼 것은?

① 엔진 냉각수의 온도
② 연소실의 형상과 체적
③ 절연체 및 전극의 열전도율
④ 화염이 접촉되는 부분의 표면적

53 에어백 시스템에서 화약 점화제, 가스 발생제, 필터 등을 알루미늄 용기에 넣은 것으로, 에어백 모듈 하우징 안쪽에 조립되어 있는 것은?

① 인플레이터
② 에어백 모듈
③ 디퓨저 스크린
④ 클럭 스프링 하우징

54 방향지시등의 점멸 속도가 빠르다. 그 원인에 대한 설명으로 틀린 것은?

① 플래셔 유닛이 불량이다.
② 비상등 스위치가 단선되었다.
③ 전방 우측 방향지시등이 단선되었다.
④ 후방 우측 방향지시등이 단선되었다.

55 점화장치 고장 시 발생될 수 있는 현상으로 틀린 것은?

① 노킹 현상이 발생할 수 있다.
② 공회전 속도가 상승할 수 있다.
③ 배기가스가 과다 발생할 수 있다.
④ 출력 및 연비에 영향을 미칠 수 있다.

56 리튬-이온 축전지의 일반적인 특징에 대한 설명으로 틀린 것은?

① 셀당 전압이 낮다.
② 높은 출력밀도를 가진다.
③ 과충전 및 과방전에 민감하다.
④ 열관리 및 전압관리가 필요하다.

57 자동 전조등에서 외부 빛의 밝기를 감지하여 자동으로 미등 및 전조등을 점등시키기 위해 적용된 센서는?

① 조도 센서　　② 초음파 센서
③ 중력(G) 센서　④ 조향 각속도 센서

58 점화장치에서 드웰시간에 대한 설명으로 옳은 것은?

① 점화 1차 코일에 전류가 흐르는 시간
② 점화 2차 코일에 전류가 흐르는 시간
③ 점화 1차 코일에 아크가 방전되는 시간
④ 점화 2차 코일에 아크가 방전되는 시간

59 다음에 설명하고 있는 법칙은?

> 회로에 유입되는 전류의 총합과 회로를 빠져나가는 전류의 총합이 같다.

① 옴의 법칙
② 줄의 법칙
③ 키르히호프의 제1법칙
④ 키르히호프의 제2법칙

60 기동전동기의 오버러닝클러치에 대한 설명으로 옳은 것은?

① 작동원리는 플레밍의 왼손 법칙을 따른다.
② 실리콘 다이오드에 의해 정류된 전류로 구동된다.
③ 변속기로 전달되는 동력을 차단하는 역할도 한다.
④ 시동 직후, 엔진 회전에 의한 기동전동기의 파손을 방지한다.

정답 및 해설 [2019년 2회]

01	02	03	04	05	06	07	08	09	10
④	④	③	③	③	①	②	③	②	④
11	12	13	14	15	16	17	18	19	20
④	②	②	④	②	①	④	③	③	②
21	22	23	24	25	26	27	28	29	30
④	④	①	②	②	②	①	②	④	②
31	32	33	34	35	36	37	38	39	40
④	③	③	①	②	④	①	③	①	①
41	42	43	44	45	46	47	48	49	50
④	③	④	③	③	②	②	④	③	①
51	52	53	54	55	56	57	58	59	60
②	①	①	②	②	①	②	①	③	④

01 정답 | ④
해설 | 1PS = 0.736kW, 1HP = 0.746kW이므로
B(90kW) > A(88.32kW) > C(82.06kW)

02 정답 | ④
해설 | 고속운전 중 스로틀 밸브를 급격히 닫을 경우 엔진이 강한 충격을 받을 수 있어 ISC를 통한 대시포트 제어와 함께 연료분사를 일시적으로 차단하여 충격을 방지한다.

03 정답 | ③
해설 | 드웰 시간은 점화에 필요한 전기적 에너지를 확보하기 위한 시간을 말한다. 즉, 파워 TR이 ON(통전)되어 1차 점화코일에 전류가 흐르는 시간이다.

04 정답 | ③
해설 | ①, ②, ④는 압전소자를 이용한 방식이며, ③은 가변저항 식이다.

05 정답 | ③
해설 |
- 압력식 캡 점검 시 수동펌프를 사용하므로 펌프질 없이 압력이 상승할 수 없다.
- 압력 테스터의 압력계 눈금이 규정압력을 유지하면 양호하며, 압력이 떨어지면 누설이 있는 것으로 판단한다.

06 정답 | ①
해설 | NOx는 고온, 가속 시, 희박연소 부근에서 배출량이 증가하므로 NOx 저감 대책으로 연소온도는 낮춰야 한다.
- ②의 경우 CO, HC는 주로 공기가 부족할 경우 발생하며, 디젤기관은 압축 착화 방식이므로 희박연소로 CO, HC 발생량은 적고, NOx 발생량이 크다.
- NOx 저감 장치 : EGR, 삼원촉매장치

07 정답 | ②
해설 | 안전밸브는 충전밸브에 설치하여 가스가 규정압 이상일 때 대기 중으로 방출시키는 장치로 주 밸브에 1개 이상의 안전밸브를 설치할 수 있다.

08 정답 | ③
해설 | 지시마력 = $\dfrac{PVNR}{75 \times 60 \times 100}$

여기서, P : 지시평균유효압력, V : 배기량, N : 실린더 수, R : 엔진회전수

09 정답 | ②
해설 | 인젝터의 종류
- 일반 인젝터 : 분사량 보정을 위해 등급을 나누지 않음 (스캐너 입력 없음)
- 그레이드 인젝션 : 분사량 편차에 따라 X, Y, Z 3등급으로 분류(조합표에 따라 조합하여 조립)
- 클래스화 인젝션 : C1, C2, C3 클래스로 나누어 ECU에 입력하여 이 값에 따라 분사량을 조정하여 분사량 편차 감소
- IQA(Injection Quantity Adaptation) 인젝터 : 생산되는 인젝터마다 전부하, 부분부하, 공전상태, 파일럿 분사구간에 따른 분사량을 측정하여 이 정보를 인젝션에 코딩하고, 엔진 조립 시 이 정보를 ECU에 저장하여 인젝션 별로 분사시간과 분사량을 조정함으로써 편차를 보정하여 연료 분사량을 보다 정밀하게 제어(각 인젝터 코드를 ECU에 입력)

10 **정답** | ④
해설 | GDI 엔진은 층상 급기 모드(시동 또는 저속모드)에서 압축행정에서 연료를 분사할 때 연료와 공기가 분리되는 성층화 현상에 의해 연료가 점화플러그 부근에 모이면서 점화된다. 이로 인해 시동성능은 향상되며, 이 부근의 공연비가 희박한 상태로 NOx 배출이 증가한다.
※ GDI 인젝터는 연료분사압력이 높아 초희박연소로 연료 소비율이 향상된다.

11 **정답** | ④
해설 | ①~③ 타입은 명칭 그대로 각각 부연소실이 있으나, 직접분사실식은 부연소실이 없는 단실식 방식이다.

12 **정답** | ②
해설 | 축마력 = 제동마력이므로
제동마력 $= \dfrac{TR}{716}$
여기서, T : 엔진회전력(kgf·m), R : 회전수(rpm)
따라서, 제동마력 $= \dfrac{9.23\text{kgf}\cdot\text{m} \times 2500\text{rpm}}{716}$
$= 32.2\text{PS}$

13 **정답** | ②
해설 | A(아이들) → D(최대부하)로 갈수록 전압이 높아지므로
A = 약 0V
B = 약 0.5V
C = 약 2.5V
D = 약 4.8V

14 **정답** | ④
해설 | **연료차단(Fuel cut) 제어**
- 감속 시 : 스로틀밸브가 완전히 열리고 엔진회전속도가 설정회전속도 이상의 조건에서 가속페달에서 발을 떼었을 때 연료를 차단시켜 연료소비율 감소 및 배기가스 감소 효과
- 고회전 시 : 엔진회전속도가 레드존 이상일 때 과도한 엔진 회전 방지를 위해 연료를 차단

15 **정답** | ②
해설 | 윤활유의 기능
- 감마작용
- 방청작용
- 밀봉작용
- 응력분산작용
- 산화방지작용
- 청정작용

16 **정답** | ①
해설 | 크랭크축의 휨은 절대 길이를 측정할 수 없어 상대 길이 측정방식으로 측정하기 위해 다이얼 게이지를 사용하며, V블록에 축을 올려놓은 후 축의 중심 수직으로 다이얼게이지를 설치한 뒤 축을 회전시키면서 측정한다.
※ 블록게이지 : 측정 장비의 영점 조절을 위해 사용되는 영점기준이 되는 시료

17 **정답** | ④
해설 | ppm(Parts Per Million)은 백만분의 일을 의미한다. 일반적으로 농도를 나타낸다.

18 **정답** | ③
해설 | 켈밋 합금은 대표적인 베어링 금속으로 마찰계수가 적고, 고속 고하중에 많이 사용된다.

19 **정답** | ③
해설 | **제동 열효율**
연료의 질량(kg) = 비중 × 부피(L) = 0.73 × 10 = 7.3kg
시간당 연료소비량(kg/h) $= \dfrac{7.3}{0.5} = 14.6(\text{kg/h})$
$\eta_e = \dfrac{632.5 \times BPS}{G \times H_l} \times 100\%$
여기서, BPS : 제동마력(PS), G : 시간당 연료소비량(kg/h), H_l : 연료의 저위발열량(kcal/kg)
$\therefore \eta_e = \dfrac{632.5 \times 65}{14.6 \times 11000} \times 100\% = $ 약 25.6%

20 **정답** | ②
해설 | 폐회로의 의미는 ECU → 인젝터 → 배기가스 → 산소센서 → ECU와 같이 산소센서의 측정값을 다시 ECU에 피드백하여 이론공연비에 적합한 연료 분사를 제어하는 것을 말한다.

21 **정답** | ④
해설 | 하이드로 에어백은 압축공기식 배력장치에 해당한다.

22 **정답** | ④
해설 | 회전관성이 커지면 클러치의 신속한 반응이 어렵다.
④은 플라이휠에 구비조건에 대한 설명이다.

23 **정답** | ①
해설 | 타이어에 수명의 영향을 주는 것은 온도와 압력이다. 따라서, 영향을 미치는 요인은 마찰력, 접지력(공기압), 차량중량, 노면 온도, 차량의 속도 등으로 볼 수 있다.

24 **정답** | ②
해설 | 하이드로 플래닝(수막)현상은 고속 주행 시, 과도하게 마모된 타이어 사용 시, 공기압 감소에 의한 물빠짐 불량 등이 원인이며, 수막현상 발생 시 조향 및 제동이 어려워 사고의 위험성이 있다.

25 정답 | ②
해설 | 오일은 동력을 전달하는 역할을 한다. 동력을 발생시키는 부분은 변속기 입력축과 연결된 오일펌프이다.

26 정답 | ②
해설 | **정속주행 장치의 제어 모드**
- 메인 스위치 : 전원을 공급
- 세트 스위치 : 정속주행장치의 차속 신호를 ECU에 입력
- 리줌 스위치 : 일시적으로 해제된 차속을 다시 정속주행 속도로 복원시킴
- 해제 스위치 : 정속주행 설정 속도를 해제

27 정답 | ①
해설 | 등가속도 운동방정식 $2as = v^2 - v_0^2$
$2 \times a \times 100 = (60/36)^2 - 0$
$a = \dfrac{16.67^2}{200} = 1.38$
여기서, a : 가속도, s : 이동거리, v : 나중속도, v_0 : 처음속도

28 정답 | ②
해설 | 최소회전반경 $R = \dfrac{L}{\sin\alpha} + r$
여기서, L : 축거, α : 전륜 바깥쪽 바퀴의 조향각, r : 타이어 중심선에서 킹핀 중심선까지의 거리
$\dfrac{2.5}{\sin 30} + 0.3 = 5.3[\text{m}]$

29 정답 | ④
해설 | 조향핸들에 힘을 가하지 아니한 상태에서 사이드슬립 측정기의 답판 위를 직진할 때 조향바퀴의 옆 미끄럼량을 사이드슬립측정기로 측정(「자동차관리법시행규칙」 제73조 관련 [별표 15] 자동차검사기준 및 방법에 의거)

30 정답 | ②
해설 | 긴급자동차에 관계없이 제원측정 이외의 검사항목은 공차상태에서 운전자 1인이 승차하여 측정한다(「자동차관리법시행규칙」 제73조 관련 [별표 15] 자동차검사기준 및 방법에 의거).

31 정답 | ④
해설 | ④는 무단변속기에 대한 설명이다.

32 정답 | ③
해설 | 요 레이트 센서는 회전운동을 할 때 진동자의 이동방향 및 크기에 따라 발생되는 출력전압을 통해 회전 각속도로 검출한다.

33 정답 | ④
해설 | 선회 시 뒷바퀴가 슬립하면 더욱 오버 스티어링이 되므로 언더 스티어링으로 제어해야 한다.

34 정답 | ①
해설 | 사이드슬립 $= \dfrac{+8-4}{2} = 2\text{mm/m}$
(+ : in, − : out을 의미)
∴ 전체 미끄럼량은 in 2mm이다(안쪽으로 2mm).

35 정답 | ②
해설 | ②는 슬립 이음(조인트)에 대한 설명이다.

36 정답 | ④
해설 | 자기 작동 작용은 드럼식 브레이크의 특징이다.

37 정답 | ①
해설 | 클러치점은 터빈의 회전속도가 펌프의 회전속도에 가까워져 스테이터가 공전하기 시작하는 지점을 말하며, 클러치점 이상이면 토크컨버터는 유체 클러치로 작동한다. ①은 스톨 포인트(속도비 = 0)에 대한 설명이다.

38 정답 | ④
해설 | 하이드롤릭 유닛(모듈레이터)은 ECU의 제어신호를 받아 밸브와 모터가 작동되어 짧은 시간에 각 휠 실린더에 유압을 공급/유지/감소하여 ABS가 작동하게 한다.

39 정답 | ①
해설 | ① 안티 롤 제어 : 선회 시 발생되는 롤 제어
② 안티 다이브 제어 : 제동 시 발생되는 노즈다운(다이브) 제어
③ 안티 스쿼트 제어 : 급출발 · 급가속 시 노즈업 제어

40 정답 | ①
해설 | 차고 센서는 전자제어 현가장치의 구성품이다.

41 정답 | ④
해설 | 증발기 온도가 너무 낮으면 증발기가 빙결되어 냉각효과가 저하된다. 이를 방지하기 위해 '증발기'에 핀서모 센서를 설치하며 증발기 온도를 검출하여 일정온도 이하일 때 압축기의 작동을 차단시킨다.

42 정답 | ③
해설 | 배터리 용량 = 전류 × 시간 = 5A × 20h = 100Ah

43 정답 | ④
해설 | **기동전동기의 최소회전토크**
$= \dfrac{\text{피니언 기어 잇수}}{\text{플라이휠의 링기어 잇수}} \times \text{크랭크축 회전력}$
$= \dfrac{9}{113} \times 8 = 0.637\text{kgf} \cdot \text{m}$
※ $\dfrac{\text{출력기어 잇수}}{\text{입력기어 잇수}} = \dfrac{\text{출력토크}}{\text{입력토크}}$

44 정답 | ③
해설 | **납산 배터리의 구성요소**
- 극판(+, −)
- 격리판
- 벤트 플러그
- 터미널(단자)

45 정답 | ③
해설 | A/C 스위치가 ON되면 엔진의 공회전 속도를 증가시키는 보상 제어를 하게 되는데 이는 에어컨 모듈의 역할이 아닌 엔진제어 모듈의 역할이다.
FATC의 입·출력 요소
- 입력 : 냉각수온 센서, 실내온도 센서, 외기온도 센서, 일사량 센서, 파워 TR 전압, 습도센서, 배터리 전원, 모터 위치 센서
- 출력 : 블로어 릴레이(블로어 모터), 컴프레서 릴레이(에어컨 릴레이), 믹스 도어 액추에이터 등

46 정답 | ②
해설 | 테스터기로 CAN_H(6번 단자), CAN_L(14번 단자) 라인 사이의 저항값은 60Ω일 때 정상으로 판단한다. CAN_L 라인이 접지 단락된 경우에도 회로의 병렬연결에는 변화가 없으므로 저항은 60Ω이 나타난다.

47 정답 | ②
해설 |
- 파워 릴레이 어셈블리는 IG OFF 또는 배터리 고장상태에서 메인 릴레이를 차단한다.
- 배터리 과열 시 냉각팬을 동작하여 냉각시킨다.

48 정답 | ④
해설 | 공급전원이 12V이므로
24V 3W 전구에 저항은 $R = \dfrac{E^2}{P} = \dfrac{24^2}{3} = 192\,\Omega$
12V에서 전력 $P = \dfrac{E^2}{R} = \dfrac{12^2}{192} = 0.75\text{W}$
$P = EI$에서, $I = \dfrac{0.75\text{W}}{12\text{V}} = 0.0625\text{A}$
※ 동일 조건에서
- 전력용량(W)이 크다=밝다.
- 전력용량(W)이 작다=어둡다.
따라서, 12V 5W>12V 0.75W이므로 어두워진다.

49 정답 | ③
해설 | **전기장치의 검사기준 및 방법**
- 축전지의 접속·절연 및 설치상태가 양호할 것
- 축전지의 차실과 벽 또는 보호판으로 격리되는 구조일 것
- 전기배선의 손상이 없고 설치상태가 양호할 것
- 차 실내 및 차체 외부에 노출되는 고전원 전기장치 간 전기배선은 금속 또는 플라스틱 재질의 보호 기구를 설치할 것

50 정답 | ①
해설 | 화학적 평형을 유지하기 위해 음극판이 양극판보다 1장 더 많다.

51 정답 | ②
해설 | **LAN통신 장치의 특징**
- 전장부품의 설치장소 확보가 용이하다.
- 설계변경에 대하여 변경하기 쉽다.
- 배선의 경량화가 가능하다.
- 장치의 신뢰성 및 정비성을 향상시킬 수 있다.

52 정답 | ①
해설 | **점화플러그의 열가(heat range)**
'절연체 및 전극의 길이의 열전도율', '화염의 접촉 부위의 표면적', '연소실 형상 및 체적' 등에 따라 냉형 플러그(고속기관), 열형 플러그(저속기관)로 구분한다.

53 정답 | ①
해설 | 에어백 모듈에는 각 부품(에어백+인플레이터+디퓨저 스크린)이 하우징 안쪽에 조립되어 있다.
- 디퓨저 스크린 : 연소가스의 물질을 제거한다.
- 클럭 스프링 : 스티어링 컬럼과 스티어링 휠 사이에 설치해 멀티평션 스위치와 에어백 모듈을 스티어링 휠이 회전하여도 배선이 꼬이지 않게 연결하는 기능이 있다.

54 정답 | ②
해설 | 비상등 스위치가 단선되는 경우 방향지시등 전체가 점등되지 않는다.
방향지시등의 점멸 속도가 빨라지는 원인
- 플래셔 유닛(방향지시등 릴레이) 불량
- 전구 중 하나가 단선
- 전구 중 하나가 규정 전구가 아님

55 정답 | ②
해설 | 공회전 속도 상승이 아닌 부조(떨림) 현상이 발생할 수 있다.
가솔린엔진에 점화장치 고장 시 현상
- 시동성 불량
- 공회전 시 엔진 부조
- 가속 시 출력 저하
- 차량떨림 현상 발생
- 유해 배출가스 증가와 연비 감소

56 정답 | ①
해설 | **리튬-이온 배터리의 특징**
- 셀당 전압은 약 3~4V로 납축전지(약 1.75V)보다 높다.
- 단위 에너지 밀도가 높다(소형 전자기기에 사용).
- 고출력 전압이다.
- 자기방전율이 낮다.
- 과부하 제어, 충방전 전압 제어 및 온도 제어 등 충방전 특성에 민감하다.

57 정답 | ①

해설 | 지문의 내용은 오토라이트 기능으로 조도센서를 통해 외부 밝기를 검출하여 어두운 경우 라이트를 작동시킨다.

각 센서의 기능
- 초음파 센서 : 초음파를 통한 장애물을 검출하여 충돌방지 보조
- G센서(가속도센서) : 차량의 충격, 회전, 진동 등을 검출하여 에어백 작동 신호 또는 차체 자세제어에 사용
- 조향 각속도 센서 : 조향 휠의 회전각속도를 검출하여 동력조향장치 제어 혹은 차체 자세제어에 사용

58 정답 | ①

해설 | 드웰시간은 접점이 닫히거나(포인트 방식) 파워 TR의 ON 되어 점화 1차 코일에 전류가 흐르는 점화 준비시간이다.

59 정답 | ③

해설 | 지문의 내용은 키르히호프의 제1법칙이며, 키르히호프의 제2법칙은 전압강하에 대한 설명이다.

60 정답 | ④

해설 | 오버러닝 클러치는 기동전동기 피니언기어에 설치되어 플라이 휠의 동력이 기동전동기로 전달되는 것을 방지하기 위한 원웨이 클러치의 일종이다.
① 전동기의 원리이다.
② 교류발전기에서 발생된 전류이므로 오버러닝 클러치와 관계가 없다.
③ 엔진과 변속기 사이 클러치에 대한 설명이다.

최신 기출문제 2019년 3회

1과목 자동차엔진

01 라디에이터 캡 시험기로 점검할 수 없는 것은?
① 라디에이터 캡의 불량
② 라디에이터 코어 막힘 정도
③ 라디에이터 코어 손상으로 인한 누수
④ 냉각수 호스 및 파이프와 연결부에서의 누수

02 다음은 운행차 정기검사에서 배기소음 측정을 위한 검사 방법에 대한 설명이다. (   )안에 알맞은 것은?

> 자동차의 변속장치를 중립 위치로 하고 정지가동상태에서 원동기의 최고 출력 시의 75% 회전속도로 (   )초 동안 운전하여 최대 소음도를 측정한다.

① 3　② 4
③ 5　④ 6

03 전자제어 엔진에서 수온센서 단선으로 컴퓨터(ECU)에 정상적인 냉각수온값이 입력되지 않으면 어떻게 연료분사 되는가?
① 연료분사를 중단
② 흡기온도를 기준으로 분사
③ 엔진오일온도를 기준으로 분사
④ ECU에 의한 페일 세이프 값을 근거로 분사

04 엔진의 냉각장치에 사용되는 서모스탯에 대한 설명으로 거리가 먼 것은?
① 과열을 방지한다.
② 엔진의 온도를 일정하게 유지한다.
③ 과냉을 통해 차내 난방효과를 낮춘다.
④ 냉각수 통로를 개폐하여 온도를 조절한다.

05 디젤엔진에서 냉간 시 시동성 향상을 위해 예열장치를 두어 흡기를 예열하는 방식 중 가열 플랜지 방법을 주로 사용하는 연소실 형식은?
① 직접분사식　② 와류실식
③ 예연소실식　④ 공기실식

06 배기가스 후처리 장치(DPF)의 필터에 포집된 PM을 연소시키기 위한 연료분사 방법으로 옳은 것은?
① 주 분사　② 점화 분사
③ 사후 분사　④ 파일럿 분사

07 가솔린엔진의 연료 구비조건으로 틀린 것은?
① 발열량이 클 것
② 옥탄가가 높을 것
③ 연소속도가 빠를 것
④ 온도와 유동성이 비례할 것

08 실린더 헤드의 변형 점검 시 사용되는 측정도구는?
① 보어 게이지　② 마이크로미터
③ 간극 게이지　④ 텔레스코핑 게이지

09 전자제어 연료분사장치에서 차량의 가·감속판단에 사용되는 센서는?
① 스로틀 포지션 센서　② 수온 센서
③ 노크 센서　④ 산소 센서

10 가솔린엔진에서 인젝터의 연료 분사량 제어와 직접적으로 관계있는 것은?

① 인젝터의 니들 밸브 지름
② 인젝터의 니들 밸브 유효 행정
③ 인젝터의 솔레노이드 코일 통전 시간
④ 인젝터의 솔레노이드 코일 차단 전류 크기

11 단행정 엔진의 특징에 대한 설명으로 틀린 것은?

① 직렬형 엔진인 경우 엔진의 길이가 짧아진다.
② 직렬형 엔진인 경우 엔진의 높이를 낮게 할 수 있다.
③ 피스톤의 평균속도를 올리지 않고 회전속도를 높일 수 있다.
④ 흡·배기 밸브의 지름을 크게 할 수 있어 흡입효율을 높일 수 있다.

12 압축상사점에서 연소실체적(V_c)은 0.1ℓ이고 압력(P_c)은 30bar이다. 체적이 1.1ℓ로 증가하면 압력은 약 몇 bar가 되는가? (단, 동작유체는 이상기체이며 등온과정이다.)

① 2.73 ② 3.3
③ 27.3 ④ 33

13 운행차 정기검사에서 자동차 배기소음 허용기준으로 옳은 것은? (단, 2006년 1월 1일 이후 제작되어 운행하고 있는 소형 승용자동차이다.)

① 95dB 이하   ② 100dB 이하
③ 110dB 이하 ④ 112dB 이하

14 엔진이 과열되는 원인이 아닌 것은?

① 워터펌프 작동 불량
② 라디에이터의 코어 손상
③ 워터재킷 내 스케일 과다
④ 수온조절기가 열린 상태로 고장

15 가솔린 300cc를 연소시키기 위해 필요한 공기는 약 몇 kg인가? (단, 혼합비는 15:1이고 가솔린의 비중은 0.750이다.)

① 1.19 ② 2.42
③ 3.38 ④ 4.92

16 실린더의 라이너에 대한 설명으로 틀린 것은?

① 도금하기가 쉽다.
② 건식과 습식이 있다.
③ 라이너가 마모되면 보링 작업을 해야 한다.
④ 특수주철을 사용하여 원심 주조할 수 있다.

17 오토사이클의 압축비가 8.5일 경우 이론 열효율은 약 몇 %인가? (단, 공기의 비열비는 1.4이다.)

① 49.6 ② 52.4
③ 54.6 ④ 57.5

18 DOHC 엔진의 특징이 아닌 것은?

① 구조가 간단하다.
② 연소효율이 좋다.
③ 최고회전속도를 높일 수 있다.
④ 흡입 효율의 향상으로 응답성이 좋다.

19 GDI 엔진에 대한 설명으로 틀린 것은?

① 흡입과정에서 공기의 온도를 높인다.
② 엔진 운전조건에 따라 레일압력이 변동된다.
③ 고부하 운전영역에서 흡입공기 밀도가 높아진다.
④ 분사시간은 흡입공기량의 정보에 의해 보정된다.

20 전자제어 엔진에서 연료 분사 피드백에 사용되는 센서는?

① 수온 센서   ② 스로틀 포지션센서
③ 산소 센서   ④ 에어플로어센서

2과목 자동차섀시

21 클러치의 차단 불량 원인으로 틀린 것은?
① 클러치 페달 자유간극 과소
② 클러치 유압계통에 공기 유입
③ 릴리스 포크의 소손 또는 파손
④ 릴리스 베어링의 소손 또는 파손

22 전륜 6속 자동변속기 전자제어 장치에서 변속기 컨트롤 모듈(TCM)의 입력신호로 틀린 것은?
① 공기량 센서
② 오일 온도 센서
③ 입력축 속도 센서
④ 인히비터 스위치 신호

23 조향 핸들을 2바퀴 돌렸을 때 피트먼 암이 90° 움직였다면 조향 기어비는?
① 1:6   ② 1:7
③ 8:1   ④ 9:1

24 자동변속기에서 유성기어 장치의 3요소가 아닌 것은?
① 선 기어   ② 캐리어
③ 링 기어   ④ 베벨 기어

25 자동차 앞바퀴 정렬 중 "캐스터"에 관한 설명으로 옳은 것은?
① 자동차의 전륜을 위에서 보았을 때 바퀴의 앞부분이 뒷부분보다 좁은 상태를 말한다.
② 자동차의 전륜을 앞에서 보았을 때 바퀴중심선의 윗부분이 약간 벌어져 있는 상태를 말한다.
③ 자동차의 전륜을 옆에서 보면 킹핀의 중심선이 수직선에 대하여 어느 한쪽으로 기울어져 있는 상태를 말한다.
④ 자동차의 전륜을 앞에서 보면 킹핀의 중심선이 수직선에 대하여 약간 안쪽으로 설치된 상태를 말한다.

26 록업(lock-up) 클러치가 작동할 때 동력전달 순서로 옳은 것은?
① 엔진 → 드라이브 플레이트 → 컨버터 케이스 → 펌프 임펠러 → 록 업 클러치 → 터빈 러너허브 → 입력 샤프트
② 엔진 → 드라이브 플레이트 → 터빈 러너 → 터빈 러너 허브 → 록 업 클러치 → 입력 샤프트
③ 엔진 → 드라이브 플레이트 → 컨버터 케이스 → 록 업 클러치 → 터빈 러너 허브 → 입력 샤프트
④ 엔진 → 드라이브 플레이트 → 터빈 러너 → 펌프 임펠러 → 일 방향 클러치 → 입력 샤프트

27 총 중량 1톤인 자동차가 72km/h로 주행 중 급제동하였을 때 운동에너지가 모두 브레이크 드럼에 흡수되어 열이 되었다. 흡수된 열량(kcal)은 얼마인가? (단, 노면의 마찰계수는 1이다.)
① 47.79   ② 52.30
③ 54.68   ④ 60.25

28 수동변속기의 클러치에서 디스크의 마모가 너무 빠르게 발생하는 경우로 틀린 것은?

① 지나친 반클러치의 사용
② 디스크 페이싱의 재질 불량
③ 다이어프램 스프링의 장력이 과도할 때
④ 디스크 교환 시 페이싱 단면적이 규정보다 작은 제품을 사용하였을 경우

29 유압식과 비교한 전동식 동력조향장치(MDPS)의 장점으로 틀린 것은?

① 부품수가 적다.
② 연비가 향상된다.
③ 구조가 단순하다.
④ 조향 휠 조작력이 증가한다.

30 전자제어 제동장치(ABS)의 유압제어 모드에서 주행 중 급제동 시 고착된 바퀴의 유압제어는?

① 감압제어　　② 정압제어
③ 분압제어　　④ 증압제어

31 전자제어 제동장치(ABS)에서 하이드로릭 유닛의 내부 구성부품으로 틀린 것은?

① 어큐뮬레이터
② 인렛 미터링 밸브
③ 상시 열림 솔레노이드 밸브
④ 상시 닫힘 솔레노이드 밸브

32 브레이크 페달을 강하게 밟을 때 후륜이 먼저 록(lock) 되지 않도록 하기 위하여 유압이 일정 압력으로 상승하면 그 이상 후륜 측에 유압이 가해지지 않도록 제한하는 장치는?

① 프로포셔닝 밸브　　② 압력 체크 밸브
③ 이너셔 밸브　　　　④ EGR 밸브

33 동기물림식 수동변속기의 주요 구성품이 아닌 것은?

① 도그 클러치　　② 클러치 허브
③ 클러치 슬리브　　④ 싱크로나이저 링

34 TCS(Traction Control System)의 제어장치에 관련이 없는 센서는?

① 냉각수온 센서
② 아이들 신호
③ 후차륜 속도 센서
④ 가속페달포지션 센서

35 휠 실린더의 길이와 폭이 85mm×35mm, 브레이크 슈를 미는 힘이 50kgf일 때 브레이크 압력은 약 몇 kgf/cm^2인가?

① 5.19　　② 4.57
③ 51.9　　④ 45.7

36 전자제어 현가장치(ECS)에 대한 입력 신호에 해당되지 않는 것은?

① 도어 스위치　　② 조향 휠 각도
③ 차속 센서　　　④ 파워 윈도우 스위치

37 금속분말을 소결시킨 브레이크 라이닝으로 열전도성이 크며 몇 개의 조각으로 나누어 슈에 설치된 것은?

① 몰드 라이닝　　② 우븐 라이닝
③ 메탈릭 라이닝　　④ 세미 메탈릭 라이닝

38 유체 클러치의 스톨 포인트에 대한 설명으로 틀린 것은?

① 속도비가 "0"일 때를 의미한다.
② 스톨 포인트에서 효율이 최대가 된다.
③ 스톨 포인트에서 토크비가 최대가 된다.
④ 펌프는 회전하나 터빈이 회전하지 않는 상태이다.

39 자동차의 바퀴가 동적 불균형 상태일 경우 발생할 수 있는 현상은?

① 시미 ② 요잉
③ 트램핑 ④ 스탠딩 웨이브

40 브레이크 내의 잔압을 두는 이유로 틀린 것은?

① 제동의 늦음을 방지하기 위해
② 베이퍼 록 현상을 방지하기 위해
③ 브레이크 오일의 오염을 방지하기 위해
④ 휠 실린더 내의 오일 누설을 방지하기 위해

3과목 자동차전기

41 주행 중인 하이브리드 자동차에서 제동 시에 발생된 에너지를 회수(충전)하는 모드는?

① 가속 모드 ② 발진 모드
③ 시동 모드 ④ 회생제동 모드

42 다이오드 종류 중 역방향으로 일정 이상의 전압을 가하면 전류가 급격히 흐르는 특성을 가지고 회로보호 및 전압조정용으로 사용되는 다이오드는?

① 스위치 다이오드 ② 정류 다이오드
③ 제너 다이오드 ④ 트리오 다이오드

43 두 개의 영구자석 사이에 도체를 직각으로 설치하고 도체에 전류를 흘리면 도체의 한 면에는 전자가 과잉되고 다른 면에는 전자가 부족해 도체 양면을 가로질러 전압이 발생되는 현상을 무엇이라고 하는가?

① 홀 효과 ② 렌츠의 현상
③ 칼만 볼텍스 ④ 자기유도

44 할로겐 전구를 백열전구와 비교했을 때 작동 특성이 아닌 것은?

① 필라멘트 코일과 전구의 온도가 아주 높다.
② 전구 내부에 봉입된 가스압력이 약 40bar까지 높다.
③ 유리구 내의 가스로는 불소, 염소, 브롬 등을 봉입한다.
④ 필라멘트의 가열 온도가 높기 때문에 광효율이 낮다.

45 그림과 같은 회로에서 스위치가 OFF되어 있는 상태로 커넥터가 단선되었다. 테스트램프를 사용하여 점검하였을 경우 테스트램프 점등상태로 옳은 것은?

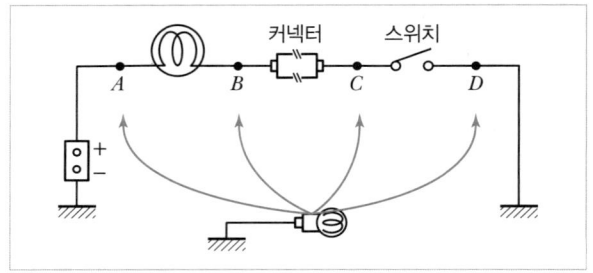

① A : OFF, B : OFF, C : OFF, D : OFF
② A : ON, B : OFF, C : OFF, D : OFF
③ A : ON, B : ON, C : OFF, D : OFF
④ A : ON, B : ON, C : ON, D : OFF

46 20시간율 45Ah, 12V의 완전충전된 배터리를 20시간율의 전류로 방전시키기 위해 몇 와트(W)가 필요한가?

① 21W ② 25W
③ 27W ④ 30W

47 자동차의 오토라이트 장치에 사용되는 광전도셀에 대한 설명 중 틀린 것은?

① 빛이 약할 경우 저항값이 증가한다.
② 빛이 강할 경우 저항값이 감소한다.
③ 황화카드뮴을 주성분으로 한 소자이다.
④ 광전소자의 저항값은 빛의 조사량에 비례한다.

48 에어컨 구성부품 중 응축기에서 들어온 냉매를 저장하여 액체상태의 냉매를 팽창 밸브로 보내는 역할을 하는 것은?
① 온도 조절기 ② 증발기
③ 리시버 드라이어 ④ 압축기

49 자동차 에어컨 시스템에서 고온·고압의 기체 냉매를 냉각 및 액화시키는 역할을 하는 것은?
① 압축기 ② 응축기
③ 팽창밸브 ④ 증발기

50 전압 24V, 출력전류 60A인 자동차용 발전기의 출력은?
① 0.36kW ② 0.72kW
③ 1.44kW ④ 1.88kW

51 점화플러그의 착화성을 향상시키는 방법으로 틀린 것은?
① 점화플러그의 소염작용을 크게 한다.
② 점화플러그의 간극을 넓게 한다.
③ 중심 전극을 가늘게 한다.
④ 접지 전극에 U자의 홈을 설치한다.

52 다음 중 유압계의 형식으로 틀린 것은?
① 서모스탯 바이메탈식
② 밸런싱 코일 타입
③ 바이메탈식
④ 부든 튜브식

53 에어컨 냉매(R-134a)의 구비조건으로 옳은 것은?
① 비등점이 적당히 높을 것
② 냉매의 증발 잠열이 작을 것
③ 응축 압력이 적당히 높을 것
④ 임계 온도가 충분히 높을 것

54 하이브리드 고전압장치 중 프리차저 릴레이&프리차저 저항의 기능 아닌 것은?
① 메인릴레이 보호
② 타 고전압 부품 보호
③ 메인 퓨즈, 버스바, 와이어 하네스 보호
④ 배터리 관리 시스템 입력 노이즈 저감

55 기본 점화시기에 영향을 미치는 요소는?
① 산소센서 ② 모터포지션센서
③ 공기유량센서 ④ 오일온도센서

56 에어백 시스템에서 모듈 탈거 시 각종 에어백 점화 회로가 외부 전원과 단락되어 에어백이 전개될 수 있다. 이러한 사고를 방지하는 안전장치는?
① 단락 바 ② 프리텐셔너
③ 클럭 스프링 ④ 인플레이터

57 전자제어식 가솔린엔진의 점화시기 제어에 대한 설명으로 옳은 것은?
① 점화시기와 노킹 발생은 무관하다.
② 연소에 의한 최대 연소압력 발생점은 하사점과 일치하도록 제어한다.
③ 연소에 의한 최대 연소압력 발생점이 상사점 직후에 있도록 제어한다.
④ 연소에 의한 최대 연소압력 발생점이 상사점 직전에 있도록 제어한다.

58 전조등 장치에 관한 설명으로 옳은 것은?

① 전조등 회로는 좌우로 직렬 연결되어 있다.
② 실드 빔 전조등은 렌즈를 교환할 수 있는 구조로 되어 있다.
③ 실드 빔 전조등 형식은 내부에 불활성 가스가 봉입되어 있다.
④ 전조등을 측정할 때 전조등과 시험기의 거리는 반드시 10m를 유지해야 한다.

59 자동차 기동전동기 종류에서 전기자코일과 계자코일의 접속방법으로 틀린 것은?

① 직권전동기　　② 복권전동기
③ 분권전동기　　④ 파권전동기

60 자동차 축전지의 기능으로 옳지 않은 것은?

① 시동장치의 전기적 부하를 담당한다.
② 발전기가 고장일 때 주행을 확보하기 위한 전원으로 작동한다.
③ 주행상태에 따른 발전기의 출력과 부하와의 불균형을 조정한다.
④ 전류의 화학작용을 이용한 장치이며, 양극판, 음극판 및 전해액이 가지는 화학적 에너지를 기계적 에너지로 변환하는 기구이다.

정답 및 해설 2019년 3회

01	02	03	04	05	06	07	08	09	10
②	③	④	③	①	③	④	③	①	③
11	12	13	14	15	16	17	18	19	20
①	①	②	④	③	④	①	①	①	③
21	22	23	24	25	26	27	28	29	30
①	①	③	④	③	③	①	③	④	①
31	32	33	34	35	36	37	38	39	40
②	①	①	③	①	④	③	②	③	④
41	42	43	44	45	46	47	48	49	50
④	③	①	④	③	③	④	③	②	③
51	52	53	54	55	56	57	58	59	60
①	①	④	④	③	①	③	③	④	④

01 정답 | ②
해설 | 라디에이터 코어 막힘은 사용 중인 라디에이터와 신품 라디에이터의 물 주입량의 비교를 통해 점검한다.

02 정답 | ③
해설 | 자동차의 변속장치를 중립 또는 주차 위치로 하고 정지가동상태(Idle)에서 가속페달을 밟아 가속되는 시점부터 원동기의 최고출력 시의 75% 회전속도에 4초 이내 도달하고 그 상태를 1초 이상 유지시킨 후 가속페달을 놓고 정지가동상태로 다시 돌아올 때까지 최대소음도를 측정한다. 그리고 정지가동상태로 10초 이상 둔다. 이와 같은 과정을 2회 이상 반복한다(「소음진동관리법 시행규칙」 [별표 15] 운행차 정기검사의 방법기준 및 대상항목).

03 정답 | ④
해설 | 전자제어 엔진의 ECU 내에 각 센서의 작동 기본값(페일세이프값)을 설정해 두어 센서 입력값이 정상범위를 벗어나는 경우 페일세이프 값을 근거로 연산하도록 한다.

04 정답 | ③
해설 | 서모스탯이 열린 채 고장나면, 겨울철 난방효과가 떨어질 수 있지만 난방효과를 낮추는 역할을 하는 것은 아니다. 서모스탯은 냉각수 온도 변화에 따라 밸브를 개폐하여 엔진의 온도를 일정하게 유지하는 역할을 한다. 밸브가 열린 채 고장나면, 워밍업 및 예열이 늦어지고 겨울철 난방효과가 떨어질 수 있다. 밸브가 닫힌 채 고장나면 엔진이 과열된다.

05 정답 | ①
해설 | 직접분사식은 예열 플러그 방식(연소실 내의 압축공기를 직접 예열)이 아니라, 흡기다기관에서 흡입공기를 가열하는 가열 플랜지 방식을 사용한다.

06 정답 | ③
해설 | 디젤엔진의 사-후 분사
연소가 완료된 후에 연료를 분사하여 DPF에 포집된 PM의 연소를 도와 DPF를 재생하기 위한 분사 방법이다.

07 정답 | ④
해설 | 가솔린엔진의 연료 구비조건
- 옥탄가가 높을 것
- 단위 체적당 발열량이 클 것
- 연소 후 유해 화합물을 남기지 말 것
- 온도와 관계없이 유동성이 좋을 것
- 연소속도가 빠를 것

08 정답 | ③
해설 | 실린더 헤드의 변형 점검은 곧은 자를 실린더 블록과 접촉하는 면에 놓고 시크니스 게이지로 틈새를 측정한다.
※ 간극 게이지=두께 게이지(시크니스 게이지)=필러 게이지

09 정답 | ①
해설 | 지문의 내용은 스로틀 포지션 센서에 대한 설명이다.
각 센서의 역할
- 수온 센서 : 냉각수 온도를 검출하여 냉간시동성 향상
- 노크 센서 : 실린더에 노크상태를 검출하여 점화지각
- 산소 센서 : 피드백제어를 통한 공연비제어 및 배출가스 저감

10 정답 | ③

해설 | 연료량 제어에서 가장 직접적인 항목은 솔레노이드 코일의 통전 시간을 통해 연료분사 시간을 조절한다.

11 정답 | ①

해설 | **단행정 엔진(오버스퀘어)의 특징**
- 행정이 짧아 엔진의 높이가 낮다.
- 피스톤의 평균속도를 올리지 않고 회전수를 높일 수 있다.
- 단위 체적당 출력을 크게 할 수 있다.
- 흡·배기 밸브의 지름을 크게 하여 흡입효율을 증대한다.
- 회전수가 빠르고 측압이 커 피스톤이 과열되기 쉽다.

12 정답 | ①

해설 | 이상기체의 등온가정은 온도가 일정할 때 체적과 압력은 서로 반비례한다. 즉, 보일의 법칙 $P_1V_1 = P_2V_2$에서

$$P_2 = \frac{P_1V_1}{V_2} = \frac{30 \times 0.1}{1.1} ≒ 2.73$$

13 정답 | ②

해설 | 2006년 1월 1일 이후에 제작한 경자동차 소·중형 자동차가 운행할 경우 배기소음은 100dB 이하, 경적소음은 110dB 이하이다.

14 정답 | ④

해설 |
- 수온조절기가 열린 상태로 고장 : 예열이 늦음 혹은 과냉
- 수온조절기가 닫힌 상태로 고장 : 과열

15 정답 | ③

해설 | 가솔린의 중량 = 부피 × 밀도 = 체적 × 비중
= 300cc × 0.75g/cc = 225g

혼합비가 15 : 1이므로
15 : 1 = x : 225g
따라서, x = 225 × 15 = 3375g ≒ 3.38kg

16 정답 | ③

해설 | **라이너식 실린더**
- 라이너를 실린더 블록에 끼우는 형식이다.
- 마멸되면 라이너만 교체하여 정비성능이 우수하다.
- 원심 주조방법으로 제작한다.
- 실린더 벽에 도금하기 쉽다.
- 워터재킷을 실린더 블록 내에 두는 방식을 건식라이너, 라이너에 냉각수가 직접 닿게 하는 방식을 습식라이너라 한다.

17 정답 | ④

해설 | **정적사이클의 이론 열효율**

$$\eta_0 = \left[1 - \left(\frac{1}{\varepsilon}\right)^{k-1}\right] \times 100\% (\varepsilon : 압축비, k : 비열비)$$

$$\eta_0 = \left[1 - \left(\frac{1}{8.5}\right)^{1.4-1}\right] \times 100\%$$

$$= [1 - (0.117)^{0.4}] \times 100\%$$

$$= (1 - 0.425) \times 100\% = 57.5\%$$

18 정답 | ①

해설 | **DOHC(Double OverHead Camshaft) 엔진**
- 캠샤프트를 2개 장착하여 흡·배기 밸브를 따로 구동한다.
- 로커암이 없이 캠을 이용한 밸브 작동으로 고회전, 고출력이 향상된다.
- 엔진 구조 설계가 자유로우며, 우수한 연소효율, 연비 향상된다.
- 부품이 많아 구조가 복잡하며, 비싸다.

19 정답 | ①

해설 |
- GDI(Gasoline Direct Injection) 엔진은 디젤엔진과 같이 연료분사를 흡입포트가 아닌 실린더 내에 직접 분사하는 방식으로 분사시기 및 분사량 조절이 정확하다.
- 운전조건에 따라 고압펌프 및 레귤레이터에 의해 레일 압력이 제어된다.
- 저부하 시에는 압축과정에서 연료가 분사되지만, 고부하일 때에는 흡입과정에 연료를 분사시켜 연료의 기화열로 연소실 내 온도를 저하시켜, 흡입공기의 밀도를 증가시켜 충진효율을 향상시킨다.

20 정답 | ③

해설 |
- 산소 센서 : 분사량 피드백 제어
- 에어플로어센서 : 기본분사량 제어
- 스로틀 포지션, 수온 센서 : 보정분사량 제어

21 정답 | ①

해설 | **클러치의 차단 불량**
- 클러치 유압계통에 공기가 유입(베이퍼록)
- 릴리스 포크, 릴리스 베어링 불량 : 릴리스 베어링이 다이어프램을 누르는 힘이 부족하면 동력차단이 불량
- 클러치 페달 자유간극이 큼
- 클러치판의 런아웃이 큼

22 정답 | ①

해설 | **TCM의 입력신호**
스로틀포지션 센서, 차속 센서, 인히비터 스위치, 오일온도센서(유온센서), 가속페달 스위치, 펄스 제너레이터 A(입력축 속도), 펄스 제너레이터 B(출력축 속도), 오버 드라이브 스위치, 킥다운 서보 스위치 등

23 정답 | ③

해설 | 조향기어비 = $\dfrac{조향핸들의 회전각도}{피트먼암의 회전각도}$ = $\dfrac{360° \times 2}{90°}$ = 8

24 정답 | ④

해설 | 베벨기어는 기어형태 중 하나로 맞물림이 좋아 운전이 정숙하고 고속 운전에 적합하여 변속기 기어에 주로 사용된다.

유성기어 장치의 3요소
- 선 기어
- 캐리어
- 링 기어

25 정답 | ③

해설 | 캐스터는 차량을 옆에서 보았을 때 킹핀의 중심선이 수직선에 대하여 어느 한쪽으로 기울어져 있는 상태를 말한다.
① 토우
② 캠버
④ 킹핀경사각

26 정답 | ③

해설 | 댐퍼클러치 컨트롤 밸브 ON → 유압이 토크컨버터의 펌프와 스테이터 축 사이로 흘러 댐퍼클러치 플레이트를 토크컨버터 케이스로 밀어내 록업 클러치를 밀착시킨다. 따라서, 동력 전달 순서는 '크랭크축 → 드라이브 플레이트 → 토크컨버터 커버(컨버터 케이스) → 록업클러치 → 터빈 러버축(터빈러너 허브) → 변속기 입력축'이다.

27 정답 | ①

해설 | 운동에너지 $E = \frac{1}{2}mv^2$ (m : 질량, v : 속도)

$= \frac{1}{2} \times \frac{1000\text{kgf}}{9.8\text{m/s}^2} \times \left(\frac{72}{3.6}\right)^2 \text{m}^2/\text{s}^2$

$= 20408 \text{kgf} \cdot \text{m}$

$1\text{kgf} \cdot \text{m} = \frac{1}{427}\text{kcal}$이므로 $\frac{20408}{427} = 47.79\text{kcal}$이다.

28 정답 | ③

해설 | 장력이 과도하면 클러치 차단이 어렵고 장력이 약하면 슬립에 의해 디스크 마모가 빠르다. 디스크 마모가 빠른 이유는 ①, ②, ④ 이외에 클러치 유격이 적거나 없을 경우 발생하는 슬립상태에서 운전했을 경우이다.

29 정답 | ④

해설 | MDPS는 모터를 이용하여 운전자의 조향 조작력을 줄여준다.

30 정답 | ①

해설 |
- 바퀴가 고착되어 ECU는 모듈레이터에 의해 감압모드 신호를 보내 N.O 밸브는 닫고 N.C 밸브는 열어 오일을 리저버로 보내며 휠 실린더의 압력을 낮추어 차륜의 잠금을 해제시킨다.
- 반대로 휠 실린더가 감압된 후 잠금 해제가 되면 다시 N.O 밸브는 열고, N.C 밸브는 닫아 모듈레이터 내 펌프 모터를 구동시켜 펌프에 의한 유압으로 빠르게 휠 실린더에 증압시킨다.

참고 바퀴가 고착되면 '감압-유지-증압'모드를 반복하여 슬립을 최소화한다.

31 정답 | ②

해설 | 인렛 미터링 밸브 : 커먼레일디젤기관의 고압 펌프에 장착되어 있으며 냉각수온, 배터리 전압 및 흡기온에 따라 ECU에 의해 레일의 연료압력을 조정

하이드로릭 유닛의 내부 구성부품
- 어큐뮬레이터 : 감압 시 휠 실린더의 유압을 일시 저장하고, 증압 시 리턴 모터에 의해 빠르게 캘리퍼, 휠 실린더로 내보냄
- NO(상시 열림) 솔레노이드 밸브 : 마스터 실린더와 캘리퍼 휠 실린더 사이의 유로가 연결되어 있는 상태에서 통전이 되면 유로를 차단
- NC(상시 닫힘) 솔레노이드 밸브 : 캘리퍼, 휠 실린더와 어큐뮬레이터 사이의 유로가 차단되어 있는 상태에서 통전이 되면 유로를 연결

32 정답 | ①

해설 | **후륜 바퀴의 잠김(lock)을 방지하는 밸브**
- 프로포셔닝 밸브(p-valve) : 전륜에 비하여 후륜에 가해지는 제동력을 낮추어 슬립을 막아 후륜의 잠김을 방지하는 유압 조정 밸브
- 리미팅 밸브 : 후륜에 가해지는 유압이 제한값(Limit)을 넘어서는 경우 작동하여 후륜의 잠김을 방지

33 정답 | ①

해설 | 도그 클러치는 상시물림식 수동변속기의 구성품이다.

34 정답 | ①

해설 | TCS는 엔진토크 제어식, 구동바퀴 제동 제어식, 엔진/브레이크 병용 제어식이 있으며, 엔진/브레이크 병용 제어식은 ABS&TCS ECU, 휠 속도센서, 가속페달포지션 센서, TCS 브레이크 액추에이터, ABS 액추에이터 등으로 구성된다.

35 정답 | ①

해설 | $P = \frac{F}{A} = \frac{50\text{kgf}}{0.785 \times 3.5\text{cm}^2} = 5.19\text{kgf/cm}^2$

36 정답 | ④

해설 | **ECS의 입력 신호**
차속센서, 차고센서, 조향휠 각도 센서, 스로틀 위치센서, G센서, 도어스위치, 발전기 L단자, 제동 스위치 등

37 정답 | ③

해설 | 지문의 내용은 메탈릭 라이닝에 대한 설명으로 금속 분말 합금을 고온, 고압으로 소결하여 열전도성이 크다.
- 몰드 라이닝 : 석면을 고온, 고압으로 성형
- 세믹 메탈릭 라이닝 : 석면 + 금속가루
- 브레이크 패드 : 얇은 철판 + 석면 + 레진 + 소량의 쇳가루

38 정답 | ②
해설 | 유체클러치는 클러치 점(속도비가 '1')에서 최대 효율로 동력을 전달한다.

스톨포인트 특징
- 펌프는 회전하나 터빈이 회전하지 않는 상태
- 속도비가 '0'일 때를 의미
- 효율이 최소
- 토크비 최대

39 정답 | ①
해설 | shimmy(시미)는 타이어가 주행 중 동적 불균형일 때 바퀴가 좌우로 진동하는 현상을 말한다.

40 정답 | ③
해설 | **제동장치 내 잔압을 두는 이유**
- 신속한 빠른 제동
- 베이퍼 록 현상 방지
- 휠 실린더 내의 오일 누설 방지

41 정답 | ④
해설 | 회생제동 시스템은 하이브리드 또는 전기차에서 제동 혹은 감속(엑셀레이터를 밟지 않은 상태) 상황에서 전기모터를 발전기로 전환하여 운동에너지를 전기에너지로 전환하는 장치이다.

42 정답 | ③
해설 | 제너 다이오드는 역방향으로 일정값 이상의 브레이크 다운 전압(제너전압)이 가해졌을 때 전류가 흐르는 특성을 이용하여 넓은 전류범위에서 안정된 전압특성이 있어 간단히 정전압을 만들거나 과전압으로부터 회로를 보호하는 용도로 사용된다.

43 정답 | ①
해설 | 지문의 내용은 홀효과에 대한 설명이다.
- 렌츠의 법칙 : 전류회로의 상대적 운동에 의해 생기는 자기선속의 변화에 반대되는 방향으로 유도기전력이 생기는 것
- 칼만 볼텍스(Karman vortex) : 진행하는 유체가 장애물을 만날 경우 그 장애물을 우회하는 과정에서 유체의 흐름이 분리될 때 소용돌이가 반복해서 발생하는 현상
- 자기유도 : 코일에 흐르는 전류가 변화하면 그에 따라 자속이 변화하므로 전자 유도에 의해서 코일 내에 유기기전력이 발생하는 현상

44 정답 | ④
해설 | 할로겐 전구는 전구 내에 할로겐 가스와 불활성 가스(불소, 염소, 브롬 등)를 주입하여 빛을 내며, 백열 전구에 비해 온도가 높고 광효율이 높아 빛이 밝다. 또한, 할로겐 사이클로 흑화현상이 없다.

45 정답 | ③
해설 | B점과 C점 사이의 커넥터가 단선되었기 때문에 전원에서 발생한 전압은 커넥터에 단선된 부분까지 적용된다. 따라서 A, B점은 테스트램프가 켜지고, C, D점은 테스트램프가 켜지지 않는다.

46 정답 | ③
해설 | 45Ah의 20시간율 $= \dfrac{45}{20} = 2.25A$
$P = EI = 12 \times 2.25 = 27W$

47 정답 | ④
해설 | 오토라이트는 광전소자의 외부 빛의 변화에 따른 전기적 변화를 이용하여 자동으로 전조등을 점등, 소등하는 장치를 말한다. 광전소자의 저항값은 광량에 반비례한다.

48 정답 | ③
해설 | 리시버 드라이어는 응축기에서 들어온 냉매를 저장하여 액체상태의 냉매를 팽창밸브로 보내는 역할을 한다. 또한, 냉방사이클이 원활히 작동되도록 필요한 양의 냉매를 저장하는 역할도 하여 팽창밸브에서 교축작용 외에 실내온도에 따라 증발기로 보내는 냉매량을 조절한다.

49 정답 | ②
해설 | 고온·고압의 '기체 냉매'를 '액체 냉매'로 변환시키는 부품은 응축기이다.

TXV 방식 에어컨 순환과정
압축기(저압→고압) → 응축기(기체→액체) → 건조기(수분제거) → 팽창밸브(고압→저압) → 증발기(액체→기체)

50 정답 | ③
해설 | $24V \times 60A = 1440W = $ 약 $1.4kW$

51 정답 | ①
해설 | 점화플러그의 소염작용이란 점화 초기에 전극의 중앙부근에 최초의 화염핵이 형성되고 이 화염핵이 점차 전극에 닿게 되는데, 이때 화염핵의 에너지가 전극에 흡수되어 오히려 화염을 끄는 작용을 말하므로 소염작용을 크게 하면 착화성이 감소된다.

52 정답 | ①
해설 | 서모스탯 바이메탈식은 연료계나 수온조절기의 형식이다.

유압계의 형식
- 미터식 : 밸런싱 코일식, 바이메탈식, 부든 튜브식
- 경고등식 : 압력식 스위치(유압경고등)

53 정답 | ④
해설 | **에어컨 냉매(R-134a)의 주요 구비조건**
- 비등점이 적당히 낮을 것
- 냉매의 증발 잠열이 클 것
- 응축 압력이 적당히 낮을 것
- 임계 온도가 충분히 높을 것
- 비체적이 적을 것

54 정답 | ④
해설 | 프리차저 릴레이&저항은 메인 릴레이 구동 전에 서지전류로 인한 각종 전기부하의 손상 및 메인 릴레이의 융착을 방지하기 위해 초기 충전을 하는 역할을 한다(초기 캐패시터 충전 전류에 의한 고전압 회로 보호).
- 메인 릴레이 보호
- 타 고전압 부품 보호
- 메인 퓨즈, 버스바&와이어 하네스 보호

55 정답 | ③
해설 | 기본 분사량, 기본 점화시기, 연료분사시기 모두 공기유량 센서(AFS), 크랭크 각 센서(CKPS)를 기준신호로 한다.

56 정답 | ①
해설 | 에어백 모듈 커넥터 내부에 단락 바를 설치하여 전원 커넥터 분리 시 에어백의 내부회로를 단락시켜 에어백 모듈 정비 시 외부 전원에 의한 작동을 방지한다.

57 정답 | ③
해설 | 점화시기를 상사점 전에(BTDC) 실시하여 연소에 의한 최대 연소압력 발생점이 상사점 직후(ATDC)에 있도록 제어한다.
① 노킹이 발생하면 점화시기를 늦춘다.

58 정답 | ③
해설 | ① 전조등 회로는 좌우로 병렬로 연결한다.
② 실드 빔 전조등은 렌즈와 반사경 일체형이므로 렌즈만 교환이 불가능하다.
④ 전조등 측정 시 전조등과 시험기의 거리는 1m(집광식) 또는 3m(스크린식)을 유지해야 한다.

59 정답 | ④
해설 | **기동전동기의 종류**
- 직권(직렬)
- 분권(병렬)
- 복권(직·병렬)

60 정답 | ④
해설 | 축전지는 화학에너지를 전기에너지로 변환하는 장치이다.

최신 기출문제 [2020년 1, 2회]

1과목 자동차엔진

01 배출가스 정밀검사의 기준 및 방법, 검사항목 등 필요한 사항은 무엇으로 정하는가?
① 대통령령
② 환경부령
③ 행정안전부령
④ 국토교통부령

02 베이퍼라이저 1차실 압력 측정에 대한 설명으로 틀린 것은?
① 1차실 압력은 약 $0.3 kgf/cm^2$ 정도이다.
② 압력 측정 시에는 반드시 시동을 끈다.
③ 압력 조정 스크류를 돌려 압력을 조정한다.
④ 압력 게이지를 설치하여 압력이 규정치가 되는지 측정한다.

03 가솔린 연료 분사장치에서 공기량 계측센서 형식 중 직접 계측방식으로 틀린 것은?
① 베인식
② MAP 센서식
③ 칼만 와류식
④ 핫 와이어식

04 동력행정 말기에 배기밸브를 미리 열어 연소압력을 이용하여 배기가스를 조기에 배출시켜 충전 효율을 좋게 하는 현상은?
① 블로바이(blow by)
② 블로다운(blow down)
③ 블로아웃(blow out)
④ 블로백(blow back)

05 가변 밸브 타이밍 시스템에 대한 설명으로 틀린 것은?
① 공전 시 밸브 오버랩을 최소화하여 연소 안정화를 이룬다.
② 펌핑 손실을 줄여 연료소비율을 향상시킨다.
③ 공전 시 흡입 관성효과를 향상시키기 위해 밸브오버랩을 크게 한다.
④ 중부하 영역에서 밸브 오버랩을 크게 하여 연소실 내의 배기가스 재순환 양을 높인다.

06 자동차 연료의 특성 중 연소 시 발생한 H_2O가 기체일 때의 발열량은?
① 저 발열량
② 중 발열량
③ 고 발열량
④ 노크 발열량

07 흡·배기 밸브의 냉각 효과를 증대하기 위해 밸브 스템 중공에 채우는 물질로 옳은 것은?
① 리튬
② 바륨
③ 알루미늄
④ 나트륨

08 고온 327℃, 저온 27℃의 온도 범위에서 작동되는 카르노 사이클의 열효율은 몇 %인가?
① 30
② 40
③ 50
④ 60

09 LPI 엔진에서 사용하는 가스 온도센서(GTS)의 소자로 옳은 것은?
① 서미스터
② 다이오드
③ 트랜지스터
④ 사이리스터

10 가변 흡입 장치에 대한 설명으로 틀린 것은?
① 고속 시 매니폴드의 길이를 길게 조절한다.
② 흡입 효율을 향상시켜 엔진 출력을 증가시킨다.
③ 엔진회전속도에 따라 매니폴드의 길이를 조절한다.
④ 저속 시 흡입관성의 효과를 향상시켜 회전력을 증대한다.

11 디젤엔진의 직접 분사실식의 장점으로 옳은 것은?
① 노크의 발생이 쉽다.
② 사용 연료의 변화에 둔감하다.
③ 실린더 헤드의 구조가 간단하다.
④ 타 형식과 비교하여 엔진의 유연성이 있다.

12 CNG(Compressed Natural Gas) 엔진에서 스로틀 압력센서의 기능으로 옳은 것은?
① 대기 압력을 검출하는 센서
② 스로틀의 위치를 감지하는 센서
③ 흡기다기관의 압력을 검출하는 센서
④ 배기 다기관 내의 압력을 측정하는 센서

13 공회전 속도 조절장치(ISA)에서 열림(open)측 파형을 측정한 결과 ON시간이 1ms이고, OFF 시간이 3ms일 때, 열림 듀티값은 몇 %인가?
① 25   ② 35
③ 50   ④ 60

14 내연기관의 열역학적 사이클에 대한 설명으로 틀린 것은?
① 정적 사이클을 오토 사이클이라고도 한다.
② 정압 사이클을 디젤 사이클이라고도 한다.
③ 복합 사이클을 사바테 사이클이라고도 한다.
④ 오토, 디젤, 사바테 사이클 이외의 사이클은 자동차용 엔진에 적용하지 못한다.

15 전자제어 모듈 내부에서 각종 고정 데이터나 차량제원 등을 장기적으로 저장하는 것은?
① IFB(Inter Face Box)
② ROM(Read Only Memory)
③ RAM(Random Access Memory)
④ TTL(Transistor Transistor Logic)

16 4행정 사이클 기관의 총배기량 1000cc, 축마력 50PS, 회전수 3000rpm일 때 제동평균 유효압력은 몇 kgf/cm^2인가?
① 11   ② 15
③ 17   ④ 18

17 최적의 점화시기를 의미하는 MBT(Minimum spark advance for Best Torque)에 대한 설명으로 가장 적절한 것은?
① BTDC 약 10~15° 부근에서 최대폭발압력이 발생되는 점화시기
② ATDC 약 10~15° 부근에서 최대폭발압력이 발생되는 점화시기
③ BBDC 약 10~15° 부근에서 최대폭발압력이 발생되는 점화시기
④ ABDC 약 10~15° 부근에서 최대폭발압력이 발생되는 점화시기

18 전자제어 가솔린엔진에서 티타니아 산소센서의 경우 전원은 어디에서 공급되는가?
① ECU   ② 축전지
③ 컨트롤 릴레이   ④ 파워TR

19 전자제어 가솔린 연료 분사장치에서 흡입 공기량과 엔진 회전수의 입력으로만 결정되는 분사량으로 옳은 것은?

① 기본 분사량
② 엔진시동 분사량
③ 연료차단 분사량
④ 부분 부하 운전 분사량

20 디젤엔진에서 최대분사량이 40cc, 최소분사량이 32cc일 때 각 실린더의 평균 분사량이 34cc라면 (+) 불균율은 몇 %인가?

① 5.9
② 17.6
③ 20.2
④ 23.5

2과목 자동차섀시

21 휠 얼라인먼트의 주요 요소가 아닌 것은??

① 캠버
② 캠 옵셋
③ 셋백
④ 캐스터

22 ECS 제어에 필요한 센서와 그 역할로 틀린 것은?

① G센서 : 차체의 각속도를 검출
② 차속센서 : 차량의 주행에 따른 차량속도 검출
③ 차고센서 : 차량의 거동에 따른 차체 높이를 검출
④ 조향휠 각도센서 : 조향휠의 현재 조향방향과 각도를 검출

23 최고출력이 90PS로 운전되는 기관에서 기계효율이 0.9인 변속장치를 통하여 전달된다면 추진축에서 발생되는 회전수와 회전력은 약 얼마인가? (단, 기관회전수 5000rpm, 변속비는 2.50이다.)

① 회전수 : 2456rpm, 회전력 : 32kgf · m
② 회전수 : 2456rpm, 회전력 : 29kgf · m
③ 회전수 : 2000rpm, 회전력 : 29kgf · m
④ 회전수 : 2000rpm, 회전력 : 32kgf · m

24 브레이크 파이프 라인에 잔압을 두는 이유로 틀린 것은?

① 베이퍼 록을 방지한다.
② 브레이크의 작동 지연을 방지한다.
③ 피스톤이 제자리로 복귀하도록 도와준다.
④ 휠 실린더에서 브레이크액이 누출되는 것을 방지한다.

25 무단변속기(CVT)의 장점으로 틀린 것은?

① 변속충격이 적다.
② 가속성능이 우수하다.
③ 연료소비량이 증가한다.
④ 연료소비율이 향상된다.

26 노면과 직접 접촉은 하지 않고 충격에 완충작용을 하며 타이어 규격과 기타정보가 표시된 부분은?

① 비드
② 트레드
③ 카커스
④ 사이드 월

27 제동 시 뒷바퀴의 록(Lock)으로 인한 스핀을 방지하기 위해 사용되는 것은?

① 딜레이 밸브
② 어큐물레이터
③ 바이패스 밸브
④ 프로포셔닝 밸브

28. 엔진회전수가 2000rpm으로 주행 중인 자동차에서 수동변속기의 감속비가 0.8이고, 차동장치 구동피니언의 잇수가 6, 링기어의 잇수가 30일 때, 왼쪽 바퀴가 600rpm으로 회전한다면 오른쪽 바퀴는 몇 rpm인가?
   ① 400 ② 600
   ③ 1000 ④ 2000

29. 후륜 구동 차량의 종감속 장치에서 구동피니언과 링기어 중심선이 편심되어 추진축의 위치를 낮출 수 있는 것은?
   ① 베벨 기어 ② 스퍼 기어
   ③ 웜과 웜 기어 ④ 하이포이드 기어

30. 전동식 동력 조향장치(MDPS)의 장점으로 틀린 것은?
   ① 전동모터 구동 시 큰 전류가 흐른다.
   ② 엔진의 출력 향상과 연비를 절감할 수 있다.
   ③ 오일 펌프 유압을 이용하지 않아 연결 호스가 필요 없다.
   ④ 시스템 고장 시 경고등을 점등 또는 점멸시켜 운전자에게 알려준다.

31. 공기식 제동장치의 특성으로 틀린 것은?
   ① 베이퍼 록이 발생하지 않는다.
   ② 차량의 중량에 제한을 받지 않는다.
   ③ 공기가 누출되어도 제동 성능이 현저히 저하되지 않는다.
   ④ 브레이크 페달을 밟는 양에 따라서 제동력이 감소되므로 조작하기 쉽다.

32. 자동차에 사용하는 휠 스피드 센서의 파형을 오실로스코프로 측정하였다. 파형의 정보를 통해 확인할 수 없는 것은?
   ① 최저 전압 ② 평균 저항
   ③ 최고 전압 ④ 평균 전압

33. 대부분의 자동차에서 2회로 유압 브레이크를 사용하는 주된 이유는?
   ① 안전상의 이유 때문에
   ② 더블 브레이크 효과를 얻을 수 있기 때문에
   ③ 리턴 회로를 통해 브레이크가 빠르게 풀리게 할 수 있기 때문에
   ④ 드럼 브레이크와 디스크 브레이크를 함께 사용할 수 있기 때문에

34. 현재 실용화된 무단변속기에 사용되는 벨트 종류 중 가장 널리 사용되는 것은?
   ① 고무벨트 ② 금속벨트
   ③ 금속체인 ④ 가변체인

35. 선회 시 자동차의 조향 특성 중 전륜 구동보다는 후륜 구동 차량에 주로 나타나는 현상으로 옳은 것은?
   ① 오버 스티어 ② 언더 스티어
   ③ 토크 스티어 ④ 뉴트럴 스티어

36. 중량 1350kgf의 자동차의 구름저항계수가 0.02이면 구름저항은 몇 kgf인가? (단, 공기저항은 무시하고, 회전 상당부분 중량은 0으로 한다.)
   ① 13.5 ② 27
   ③ 54 ④ 67.5

37. 자동변속기 컨트롤유닛과 연결된 각 센서의 설명으로 틀린 것은?
   ① VSS(Vehicle Speed Sensor) - 차속 검출
   ② MAF(Mass Airflow Sensor) - 엔진 회전속도 검출
   ③ TPS(Throttle position Sensor) - 스로틀밸브 개도 검출
   ④ OTS(Oil Temperature Sensor) - 오일 온도 검출

38 CAN통신이 적용된 전동식 동력 조향 장치(MDPS)에서 EPS경고등이 점등(점멸)될 수 있는 조건으로 틀린 것은?

① 자기 진단 시
② 토크센서 불량
③ 컨트롤 모듈측 전원 공급 불량
④ 핸들위치가 정위치에서 ±2° 틀어짐

39 수동변속기의 클러치 차단 불량 원인은?

① 자유간극 과소
② 릴리스 실린더 소손
③ 클러치판 과다 마모
④ 쿠션스프링 장력 약화

40 전자제어 에어 서스펜션의 기본 구성품으로 틀린 것은?

① 공기압축기　　② 컨트롤 유닛
③ 마스터 실린더　④ 공기저장 탱크

3과목 자동차전기

41 용량이 90Ah인 배터리를 3A의 전류로 몇 시간 동안 방전시킬 수 있는가?

① 15　　② 30
③ 45　　④ 60

42 점화 1차 파형에 대한 설명으로 옳은 것은?

① 최고 점화전압은 15~20kV의 전압이 발생한다.
② 드웰구간은 점화 1차 전류가 통전되는 구간이다.
③ 드웰구간이 짧아질수록 1차 점화 전압이 높게 발생한다.
④ 스파크 소멸 후 감쇄 진동구간이 나타나면 점화 1차 코일의 단선이다.

43 전자제어 구동력 조절장치(TCS)의 컴퓨터는 구동바퀴가 헛돌지 않도록 최적의 구동력을 얻기 위해 구동 슬립율이 몇 %가 되도록 제어하는가?

① 약 5~10%　　② 약 15~20%
③ 약 25~30%　　④ 약 35~40%

44 그림과 같은 논리(logic)게이트 회로에서 출력상태로 옳은 것은?

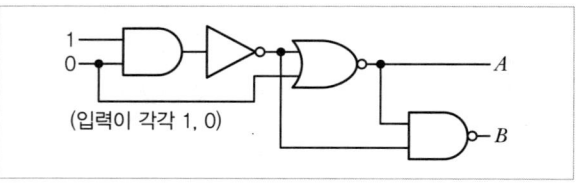

① A = 0, B = 0
② A = 1, B = 1
③ A = 1, B = 0
④ A = 0, B = 1

45 저항의 도체에 전류가 흐를 때 주행 중에 소비되는 에너지는 전부 열로 되고, 이때의 열을 줄열(H)이라고 한다. 이 줄열(H)을 구하는 공식으로 틀린 것은? (단, E는 전압, I는 전류, R은 저항, t는 시간이다.)

① $H = 0.24EIt$　　② $H = 0.24IE^2t$
③ $H = 0.24\dfrac{E^2}{R}t$　　④ $H = 0.24I^2Rt$

46 병렬형 하드 타입의 하이브리드 자동차에서 HEV 모터에 의한 엔진 시동 금지 조건인 경우, 엔진의 시동은 무엇으로 하는가?

① HEV 모터
② 블로워 모터
③ 기동 발전기(HSG)
④ 모터 컨트롤 유닛(MCU)

47 냉방장치의 구성품으로 압축기로부터 들어온 고온고압의 기체 냉매를 냉각시켜 액체로 변환시키는 장치는?

① 증발기
② 응축기
③ 건조기
④ 팽창 밸브

48 할로겐 전조등에 비하여 고휘도 방전(HID) 전조등의 특징으로 틀린 것은?

① 광도가 향상된다.
② 전력소비가 크다.
③ 조사거리가 향상된다.
④ 전구의 수명이 향상된다.

49 다음 중 배터리 용량 시험 시 주의 사항으로 가장 거리가 먼 것은?

① 기름 묻은 손으로 테스터 조작은 피한다.
② 시험은 약 10~15초 이내에 하도록 한다.
③ 전해액이 옷이나 피부에 묻지 않도록 한다.
④ 부하 전류는 축전지 용량의 5배 이상으로 조정하지 않는다.

50 점화순서가 1-5-3-6-2-4인 직렬 6기통 가솔린 엔진에서 점화장치가 1코일 2실린더(DLI)일 경우 1번 실린더와 동시에 불꽃이 발생되는 실린더는?

① 3번
② 4번
③ 5번
④ 6번

51 빛과 조명에 관한 단위와 용어의 설명으로 틀린 것은?

① 광속(luminous flux)이란 빛의 근원 즉, 광원으로부터 공간으로 발산되는 빛의 다발을 말하는데, 단위는 루멘(lm ; lumen)을 사용한다.
② 광밀도(Luminance)란 어느 한 방향의 단위 입체각에 대한 광속의 방향을 말하며 단위는 칸델라(cd ; candela)이다.
③ 조도(Illuminance)란 피조면에 입사되는 광속을 피조면 단면적으로 나눈 값으로서, 단위는 룩스(lx)이다.
④ 광효율(Luminous efficiency)이란 방사된 광속과 사용된 전기에너지의 비로서, 100W 전구의 광속이 1380lm이라면 광효율은 1380lm/100W = 13.8lm/W가 된다.

52 하드타입의 하이브리드 차량이 주행 중 감속 및 제동할 경우 차량의 운동에너지를 전기에너지로 변환하여 고전압 배터리를 충전하는 것은?

① 가속제동
② 감속제동
③ 재생제동
④ 회생제동

53 기동전동기의 작동원리는?

① 렌츠의 법칙
② 앙페르 법칙
③ 플레밍의 왼손 법칙
④ 플레밍의 오른손 법칙

54 윈드 실드 와이퍼가 작동하지 않는 원인으로 틀린 것은?

① 퓨즈 단선
② 전동기 브러시 마모
③ 와이퍼 블레이드 노화
④ 전동기 전기자 코일의 단선

55 계기판의 유압 경고등 회로에 대한 설명으로 틀린 것은?
① 시동 후 유압 스위치 접점은 ON된다.
② 점화스위치 ON 시 유압 경고등이 점등된다.
③ 시동 후 경고등이 점등되면 오일양 점검이 필요하다.
④ 압력 스위치는 유압에 따라 ON/OFF된다.

56 점화 2차 파형의 점화전압에 대한 설명으로 틀린 것은?
① 혼합기가 희박할수록 점화전압이 높아진다.
② 실린더 간 점화전압의 차이는 약 10kV 이내이어야 한다.
③ 점화플러그 간극이 넓으면 점화전압이 높아진다.
④ 점화전압의 크기는 점화 2차 회로의 저항과 비례한다.

57 디지털 오실로스코프에 대한 설명으로 틀린 것은?
① AC전압과 DC전압 모두 측정이 가능하다.
② X축에서는 시간, Y축에서는 전압을 표시한다.
③ 빠르게 변화하는 신호를 판독이 편하도록 트리거링할 수 있다.
④ UNI(Unipolar) 모드에서 Y축은 (+), (−)영역을 대칭으로 표시한다.

58 점화코일에 대한 설명으로 틀린 것은?
① 1차 코일보다 2차 코일의 권수가 많다.
② 1차 코일의 저항이 2차 코일의 저항보다 작다.
③ 1차 코일의 배선 굵기가 2차 코일보다 가늘다.
④ 1차 코일에서 발생되는 전압보다 2차 코일에서 발생되는 전압이 높다.

59 에어컨 시스템이 정상 작동 중일 때 냉매의 온도가 가장 높은 곳은?
① 압축기와 응축기 사이
② 응축기와 팽창밸브 사이
③ 팽창밸브와 증발기 사이
④ 증발기와 압축기 사이

60 지름 2mm, 길이 100cm인 구리선의 저항은? (단, 구리선의 고유저항은 $1.69\mu\Omega m$이다.)
① 약 0.54Ω
② 약 0.72Ω
③ 약 0.9Ω
④ 약 2.8Ω

정답 및 해설 2020년 1, 2회

01	02	03	04	05	06	07	08	09	10
②	②	②	②	③	①	④	③	①	①
11	12	13	14	15	16	17	18	19	20
③	③	①	④	②	②	②	①	①	②
21	22	23	24	25	26	27	28	29	30
②	①	③	③	③	④	④	①	④	①
31	32	33	34	35	36	37	38	39	40
④	②	①	②	①	②	②	④	②	③
41	42	43	44	45	46	47	48	49	50
②	②	②	④	②	③	②	②	②	②
51	52	53	54	55	56	57	58	59	60
②	④	③	③	①	②	④	③	①	①

01 정답 | ②
해설 | 배출가스 정기검사, 정밀검사의 기준 및 방법, 검사항목 등은 대기환경보전법에 의한 환경부령으로 정한다.

02 정답 | ②
해설 | 베이퍼라이저는 1차 감압실에서 $0.3kgf/cm^2$, 2차 감압실에서 대기압에 가깝게 감압한다. 여기서 1차실에서 압력을 감압할 때 연료차단을 반복하여 감압하므로 시동이 켜져 있어야 한다.

03 정답 | ②
해설 | MAP 센서는 스로틀 밸브 뒤에 흡입다기관의 서지탱크에 설치되며, 흡입매니폴드의 압력과 진공압의 차를 이용하여 공기유량을 간접적으로 계측한다.

04 정답 | ②
해설 |
 • 블로바이 : 실린더 벽 또는 피스톤 링 마모 등으로 인해 압축행정에서 크랭크실로 유입되는 가스
 • 블로다운 : 배기가스 자체의 압력에 의하여 배기가스가 배출되는 현상
 • 블로백 : 밸브와 밸브 시트 사이에서 가스가 누출되는 현상
 • 블로아웃 오일 : 블로바이 가스 내에 함유되어 엔진 외부로 빠져나가는 오일

05 정답 | ③
해설 | 가변밸브 타이밍 장치는 엔진회전수에 따라 밸브의 개폐시기에 변화를 주는 것이다. 저부하(공전) 시 흡배기 밸브가 모두 열린 오버랩이 발생하면 효율이 떨어지므로 오버랩을 줄여 연소안정성을 향상시키고, 중부하 이상에서는 오버랩을 크게 하여 펌핑로스를 저감하고 충진 효율을 높인다.

06 정답 | ①
해설 | 액체연료를 기화시켜 연소하려면 기체상태로 변화하기 위해 증발열(수분을 증발)이 필요한데, 저위 발열량은 이러한 수분 증발열을 뺀 실제로 효용되는 연료의 발열량을 말한다. 고위 발열량은 연소 시 발생한 H_2O가 수분으로 응축될 때 발생하는 열량까지 포함한 열량을 의미한다.

07 정답 | ④
해설 | 밸브 스템에 중공(공간을 두어) 상태로 체적의 60% 정도를 금속나트륨으로 채운 구조로, 열을 받으면 액화되어 열을 방출시킨다.

08 정답 | ③
해설 | 카르노 사이클 열효율 $(\eta) = 1 - \dfrac{T_2}{T_1} \times 100\%$

T_1 : 고온(절대온도), T_2 : 저온(절대온도)

$\eta = 1 - \dfrac{T_2}{T_1} = 1 - \dfrac{273+27}{273+327} \times 100\% = 50\%$

09 정답 | ①
해설 | 온도센서는 부특성(NTC) 타입 서미스터를 사용한다.

10 정답 | ①
해설 | 가변흡입장치는 고속 시 매니폴드의 길이를 짧게 하여 출력을 증가시킨다. 저속 시 매니폴드의 길이를 길게하여 흡입관성 효과를 향상시킨다.

11 정답 | ③
해설 | 직접 분사실식의 특징

장점	• 실린더 헤드 구조가 간단함 • 연소실 표면적이 작아 냉각 손실이 적음 • 분사압력이 가장 높고, 열효율이 가장 높음 • 시동성이 양호함 • 연료소비율이 낮음
단점	• 분사펌프와 노즐 등의 수명이 짧음 • 분사노즐의 상태와 연료의 질에 민감함 • 연료계통의 연료누출의 염려가 큼 • 노크가 일어나기 쉬움

12 정답 | ③
해설 | CNG엔진은 터보차저(인터쿨러)를 장착하여 흡입공기를 압축시켜 고밀도 흡기를 공급하는 터보차저와 압축된 공기를 냉각시켜 충전효율을 향상시키는 인터쿨러를 장착한다. 이때 스로틀바디 뒤에는 MAP센서를 장착하고, 스로틀바디 앞에는 PTP센서(Pre-Throttle Pressure, 스로틀압력센서)를 두어 과급압력(흡기압력, 부스트 압력)을 측정한다. 이 압력값을 토대로 ECU는 터보차저의 웨이스트 게이트 밸브를 작동하는 액추에이터 공기압을 제어하여 과급압을 제어한다.

13 정답 | ①
해설 | 열림듀티값 = $\dfrac{\text{ON 시간}}{\text{ON 시간} + \text{OFF 시간}} = \dfrac{1}{1+3} = 25\%$

14 정답 | ④
해설 | 정적사이클, 정압사이클, 복합 사이클은 내연기관의 대표적인 열역학적 사이클로 주로 적용될 뿐 그 종류를 정해놓을 수 없다.
예 하이브리드 차량에 주로 사용되는 밀러 사이클(아킨슨 사이클) 등

15 정답 | ②
해설 |
- IFB : LPG 연료장치 인터페이스 박스
- RAM : 전원이 꺼지면 데이터가 사라지는 메모리로, 저장된 정보 로딩, 연산보조작용, 데이터 일시 저장 등에 사용
- ROM : 데이터를 저장한 후 전원이 꺼져도 지속적으로 데이터를 사용될 수 있도록 한다.
- TTL : 트렌지스터를 이용한 대표적인 논리회로

16 정답 | ②
해설 | 제동마력 = $\dfrac{PALNR}{2 \times 75 \times 60 \times 100}$

여기서, P : 제동평균 유효압력(kgf/cm²), A : 실린더 단면적(cm²), L : 피스톤 행정(cm), N : 실린더 수, R : 엔진회전수

$50PS = \dfrac{P \times 100 \times 3000}{2 \times 75 \times 60 \times 100}$

$P = \dfrac{2 \times 75 \times 100 \times 50}{1000 \times 3000} = 15\text{kgf/cm}^2$

17 정답 | ②
해설 | MBT는 최대 폭발압력(최대 토크)을 얻는 최적의 점화 시기라는 뜻으로, 최대폭발압력이 발생되는 시점이 상사점 후(ATDC) 10~15° 부근에 맞추어 점화시기를 결정한다.
- BTDC - 상사점 전
- ATDC - 상사점 후
- BBDC - 하사점 전
- ABDC - 하사점 후

18 정답 | ①
해설 | 티타니아 방식은 ECU에서 전압을 공급 받아 전자 전도체인 티타니아가 주위의 산소분압에 대응하여 전기저항을 전압으로 변환시켜 출력된 신호를 ECU로 보낸다.

19 정답 | ①
해설 | 기본 분사량은 AFS(공기유량센서)와 CKPS(크랭크각센서)의 신호로 결정된다.
- 엔진시동 분사량의 경우 ST신호가 추가적으로 요구된다.
- 연료차단 분사량, 부분 부하, 전부하 운전 분사량의 경우 스로틀 포지션 센서(TPS)의 신호가 추가적으로 요구된다.

20 정답 | ②
해설 | $(+)$불균율 = $\dfrac{\text{최대분사량} - \text{평균분사량}}{\text{평균분사량}} \times 100\%$

$= \dfrac{40-34}{34} \times 100\% = 17.6\%$

21 정답 | ②
해설 | 휠 얼라이먼트 요소 : 캠버, 캐스터, 토인, 킹핀 경사각, 셋백, 스러스트 각, 협각

22 정답 | ①
해설 | G센서(가속도센서)는 감쇠력 제어를 위해 차체의 가속도를 검출하는 역할이므로 지문에 나온 각속도와는 거리가 멀다.

23 정답 | ③
해설 | 추진축회전수 = $\dfrac{\text{기관회전수}}{\text{변속비}}$

$= \dfrac{5000}{2.5} = 2000\text{rpm}$

추진축의 마력 = 제동마력 $\times$ 기계효율 = $90 \times 0.9 = 81\text{PS}$

$= \dfrac{TR}{716} = \dfrac{T \times 2000\text{rpm}}{716}$

∴ 회전력(토크) = $\dfrac{81 \times 716}{2000} = 28.9\text{kgf} \cdot \text{m}$

24 정답 | ③
해설 | 마스터 실린더, 휠 실린더의 피스톤이 제자리로 복귀시키는 것은 리턴 스프링의 역할이다. 리턴 스프링의 장력이 약할 경우 브레이크 라인의 진압이 낮아진다.

25 정답 | ③
해설 | **무단변속기의 특징**
- 변속단이 없어 변속충격이 없다.
- 가속성능이 좋다.
- 연료소비량이 감소되어 연료소비율이 향상된다.

26 정답 | ④
해설 |
- 비드 : 타이어를 림에 고정하는 부분을 말하며, 림과 접촉하여 타이어 내부 공기가 빠져나가지 않도록 한다.
- 트레드 : 원어는 '밟는다'는 뜻으로 자동차의 경우에는 타이어가 노면에 접하는 면을 뜻하고 또 좌우 바퀴의 간격 치수를 의미하기도 한다. 트레드패턴은 타이어의 접지면에 새겨진 무늬를 말한다.
- 카카스 : 타이어의 뼈대로 타이어 내부의 공기압과 차량 전체의 하중을 지지하고 주행 중 노면 충격에 따라 변형되어 완충 작용을 한다.

27 정답 | ④
해설 | **후륜 바퀴의 잠김(lock)을 방지하는 밸브**
- 프로포셔닝 밸브(p-valve) : 전륜에 비하여 후륜에 가해지는 제동력을 낮추어 슬립을 막아 후륜의 잠김을 방지하는 유압 조정 밸브
- 리미팅 밸브 : 후륜에 가해지는 유압이 제한값(Limit)을 넘어서는 경우 작동하여 후륜의 잠김을 방지

28 정답 | ①
해설 | 종감속비 = $\dfrac{링기어\ 기어잇수}{구동피니언\ 기어잇수} = \dfrac{30}{6} = 5$
총감속비 = 변속기 × 종감속비 = 0.8 × 5 = 4
∴ $\dfrac{2000}{4} = 500 - 100 = 400$rpm

29 정답 | ④
해설 | 하이포이드 기어는 구동피니언이 링기어 중심보다 10~20% 낮게 편심(옵셋)시켜 차고를 낮추고(승차 공간 확보 유리) 안전성을 증가시킨다.

30 정답 | ①
해설 | MDPS의 경우 전동모터를 통해 조향을 보조하므로 전동모터 구동 시 큰 전류가 흘러 발전기 용량이 커야 한다는 것이 '단점'으로 작용한다.

31 정답 | ④
해설 | 공기식 제동장치는 제동력이 브레이크 페달을 밟는 양에 비례하므로 조작이 쉽다.

32 정답 | ②
해설 | 휠 스피드 센서의 파형은 교류파형으로 오실로스코프에서는 시간에 따른 전압정보만 확인할 수 있으므로 평균 저항은 측정이 불가능하다.

33 정답 | ①
해설 | 제동장치의 유압회로가 1회로일 경우 유압회로가 고장난 경우 제동능력 전부가 상실되어 사고발생 가능성이 크기 때문에 2회로로 구성하여 1회로가 고장난 경우에도 다른 1회로에서 최소한의 제동기능을 하여 사고발생 가능성을 줄일 수 있다.

34 정답 | ②
해설 | 현재 무단변속기에 가장 널리 사용되는 것은 입·출력 풀리의 홈 폭을 유압 제어에 의해 변화시켜 서로의 유효 반지름을 변화시키는 방식에 적용되는 '금속벨트'이다.

35 정답 | ①
해설 | 오버 스티어링 → 후륜 구동 차량(구동축인 뒷바퀴가 접지력을 잃고 미끄러지기 쉬움)

36 정답 | ②
해설 | 구름저항 $R_r = \mu_r \times W = 0.02 \times 1350 = 27$kgf

37 정답 | ②
해설 | 엔진 회전속도 검출은 크랭크 각 센서(CKPS)의 역할이다.
※ MAF : 핫필름, 핫 와이어 방식으로 흡입 공기 유량을 검출한다.

38 정답 | ④
해설 | **EPS 경고등이 점등될 수 있는 조건**
- 자기 진단 시
- 토크센서 불량
- 컨트롤 모듈측 전원 공급 불량
- 조향각센서가 정위치에서 ±2° 틀어짐
- 모터 회로불량

39 정답 | ②
해설 | **클러치 차단 불량**
- 클러치 베어링 불량
- 클러치 페달의 자유간극이 클 때
- 릴리스 실린더, 릴리스 포크 마모 소손
- 클러치판의 런아웃이 클 때
- 플라이 휠 및 압력판이 변형

40 정답 | ③
해설 | 마스터 실린더는 유압식 제동장치의 구성품이다.

41 정답 | ②
해설 | 축전지 용량(Ah) = 방전전류(A) × 방전시간(h)이므로
90Ah = 3A × 방전시간(h), 방전시간 = 30h

42 정답 | ②
해설 | ① 1차 파형의 최고 점화전압은 300~400V이며, 2차 파형의 경우 10~15kV이다.
③ 드웰구간이 짧아질수록 쌓이는 전자가 적으므로 전압이 낮아진다.
④ 점화 1차 코일이 단선된 경우 오실로스코프 파형에서 DV로 고정된다.

43 정답 | ②
해설 | TCS는 미끄러운 노면에서 출발 또는 가속 시 스핀을 방지하기 위해 바퀴와 노면과의 마찰력을 최대로 유지하기 위해 슬립율을 약 15~20%로 제어한다.

44 정답 | ④
해설 |
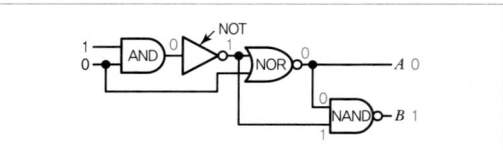

45 정답 | ②
해설 | 이 문제는 줄열의 기본 공식에 옴의 법칙을 반영한 것이다.
$$H = 0.24I^2Rt = 0.24IIRT = 0.24ELt$$
$$\longrightarrow 0.24\left(\frac{E}{R}\right)^2 Rt = 0.24\frac{E^2}{R}t$$

46 정답 | ③
해설 | 하이브리드 자동차는 고전압 배터리를 포함한 모든 전기동력 시스템이 정상일 경우 모터를 이용한 엔진 시동을 한다. 다만 아래 조건으로 HCU는 모터를 이용한 엔진 시동을 금지시키고 하이브리드 기동발전기(HSG)를 작동시켜 엔진을 시동한다.
HEV 모터에 의한 엔진시동 금지 조건
- 고전압 배터리 온도가 약 -10℃ 이하 또는 45℃ 이상
- 모터컨트롤모듈(MCU) 인버터 온도가 94℃ 이상
- 고전압 배터리 충전량이 18% 이하
- 엔진 냉각 수온이 -10℃ 이하
- ECU/MCU/BMS/HCU 고장 감지된 경우

47 정답 | ②
해설 | 냉방사이클에서 기체를 액체로 변환하는 장치는 '응축기'이다.
에어컨 순환과정
압축기(저압→고압) → 응축기(기체→액체) → 건조기(수분 제거) → 팽창밸브(고압→저압) → 증발기(액체→기체)

48 정답 | ②
해설 | HID 전조등은 필라멘트가 없이 전극 사이에 방전에 의해 빛을 발산한다. 일반 전구보다 밝고 선명하며, 전력소비가 적고 수명이 긴 장점이 있다.

49 정답 | ④
해설 | 축전지 용량 테스트 시 부하 전류는 축전지 용량의 3배 이하로 한다.

50 정답 | ④
해설 | 지문에서 동시 점화방식임을 알 수 있다. 6기통 1-6, 2-5, 3-4, 실린더의 크랭크핀이 각각 동일 방향으로 120°의 각도로 3방향으로 배열되어 있어 동시에 불꽃이 발생하지만, 실제로는 두 개의 실린더 중 압축행정 말기의 실린더만 점화가 이루어진다.

51 정답 | ②
해설 | 광밀도는 단면적 당 광도[cd/m^2]를 말한다. 즉, 일정한 단면적 내의 빛의 세기를 나타낸다.

52 정답 | ④
해설 | 회생제동 시스템은 하이브리드 또는 전기차에서 제동 혹은 감속(엑셀레이터를 밟지 않은 상태) 상황에서 전기모터를 발전기로 전환하여 운동에너지를 전기에너지로 전환하여 전비를 향상하기 위한 시스템이다.

53 정답 | ③
해설 |
- 전동기의 작동원리 : 플레밍의 왼손 법칙
- 발전기의 작동원리 : 플레밍의 오른손 법칙
- 교류발전기의 작동원리 : 렌츠의 법칙

54 정답 | ③
해설 | 와이퍼 블레이드가 노화된 경우 와이퍼는 작동하지만 잘 닦이지 않거나 소음이 발생할 수 있다.

55 정답 | ①
해설 | 유압 경고등은 점화스위치 ON할 때 유압 스위치 접점이 ON되어 경고등이 점등된다. 시동 후 유압 스위치 접점이 OFF되어 경고등이 소등된다.

56 정답 | ②
해설 | 실린더 간 점화전압의 차이는 약 3kV 이내이어야 한다.

점화전압의 크기에 영향을 미치는 요인

요인	증가	감소
혼합비	희박할 때	농후할 때
점화플러그 간극	넓어질 때	좁아질 때
2차 회로의 저항	클 때	작을 때
압축압력	높을 때	낮을 때

57 정답 | ④

해설 | 오실로스코프의 화면 설정
- AC전압과 DC전압 모두 측정이 가능하다.
- X축에서는 시간, Y축에서는 전압(전류, 압력 등으로 변환가능)을 표시한다.
- 빠르게 변화하는 신호를 판독이 편하도록 트리거링 할 수 있다.
- BI : 0레벨을 기준으로 (+), (−) 영역으로 출력
- UNI : 0레벨을 기준으로 (+) 영역만 출력

58 정답 | ③

해설 | 1 · 2차 코일의 비교

권선수	1차코일<2차코일
저항	1차코일<2차코일
유도전압	1차코일<2차코일
굵기	1차코일>2차코일

59 정답 | ①

해설 | 고온고압 영역에서 기체 상태일 때 온도가 높으므로 압축기와 응축기 사이이다.

60 정답 | ①

해설 | 저항 $R = \rho \dfrac{l}{A}$

여기서, ρ : 고유저항($\mu\Omega$m), l : 길이(m), A : 단면적(m²)

$R = 1.69 \times 10^{-6} \times \dfrac{1}{0.785 \times (2 \times 10^{-3})^2} = 0.538\Omega$

1과목 자동차엔진

01 디젤엔진에서 경유의 착화성과 관련하여 세탄 60cc, α-메틸나프탈린 40cc를 혼합하면 세탄가(%)는?
① 70　　② 60
③ 50　　④ 40

02 엔진이 과냉되었을 때의 영향이 아닌 것은?
① 연료의 응결로 연소가 불량
② 연료가 쉽게 기화하지 못함
③ 조기 점화 또는 노크가 발생
④ 엔진 오일의 점도가 높아져 시동할 때 회전저항이 커짐

03 디젤기관에서 착화지연기간이 1/1000초, 착화 후 최고 압력에 도달할 때까지의 시간이 1/1000초일 때, 2000rpm으로 운전되는 기관의 착화시기는? (단, 최고 폭발압력은 상사점 후 12°이다.)
① 상사점 전 32°　　② 상사점 전 12°
③ 상사점(TDC)　　④ 상사점 전 24°

04 전자제어 가솔린엔진에서 기본적인 연료분사시기와 점화시기를 결정하는 주요 센서는?
① 크랭크축 위치센서(Crankshaft Position Sensor)
② 냉각 수온 센서(Water Temperature Sensor)
③ 공전 스위치 센서(Idle Switch Sensor)
④ 산소 센서(O_2 Sensor)

05 운행차 배출가스 정기검사 및 정밀검사의 검사항목으로 틀린 것은?
① 휘발유 자동차 운행차 배출가스 정기검사 : 일산화탄소, 탄화수소, 공기과잉률
② 휘발유 자동차 운행차 배출가스 정밀검사 : 일산화탄소, 탄화수소, 질소산화물
③ 경유 자동차 운행차 배출가스 정기검사 : 매연
④ 경유 자동차 운행차 배출가스 정밀검사 : 매연, 엔진 최대출력검사, 공기과잉률

06 일반적으로 자동차용 크랭크축 재질로 사용하지 않는 것은?
① 마그네슘-구리강　　② 크롬-몰리브덴강
③ 니켈-크롬강　　　　④ 고탄소강

07 밸브 오버랩에 대한 설명으로 틀린 것은?
① 흡·배기 밸브가 동시에 열려 있는 상태이다.
② 공회전 운전 영역에서는 밸브 오버랩을 최소화한다.
③ 밸브 오버랩을 통한 내부 EGR 제어가 가능하다.
④ 밸브 오버랩은 상사점과 하사점 부근에서 발생한다.

08 냉각계통의 수온 조절기에 대한 설명으로 틀린 것은?
① 펠릿형은 냉각수 온도가 60℃ 이하에서 최대로 열려 냉각수 순환을 잘되게 한다.
② 수온 조절기는 엔진의 온도를 알맞게 유지한다.
③ 펠릿형은 왁스와 합성고무를 봉입한 형식이다.
④ 수온 조절기는 벨로즈형과 펠릿형이 있다.

09 커먼레일 디젤엔진의 솔레노이드 인젝터 열림(분사 개시)에 대한 설명으로 틀린 것은?

① 솔레노이드 코일에 전류를 지속적으로 가한 상태이다.
② 공급된 연료는 계속 인젝터 내부로 유입된다.
③ 노즐 니들을 위에서 누르는 압력은 점차 낮아진다.
④ 인젝터 아랫부분의 제어 플런저가 내려가면서 분사가 개시된다.

10 LPG 연료의 장점에 대한 설명으로 틀린 것은?

① 대기 오염이 적고 위생적이다.
② 노킹이 일어나지 않아 기관이 정숙하다.
③ 퍼컬레이션으로 인해 연소 효율이 증가한다.
④ 기관 오일을 더럽히지 않으며 기관의 수명이 길다.

11 전자제어 연료분사장치에서 제어방식에 의한 분류 중 흡기압력 검출방식을 의미하는 것은?

① K-Jetronic ② L-Jetronic
③ D-Jetronic ④ Mono-Jetronic

12 내연기관의 열손실을 측정한 결과 냉각수에 의한 손실이 30%, 배기 및 복사에 의한 손실이 30%였다. 기계효율이 85%라면 정미 열효율(%)은?

① 28 ② 30
③ 32 ④ 34

13 전자제어 가솔린 엔진에서 흡입 공기량 계측 방식으로 틀린 것은?

① 베인식 ② 열막식
③ 칼만 와류식 ④ 피드백 제어식

14 다음 중 전자제어엔진에서 스로틀 포지션 센서와 기본 구조 및 출력 특성이 가장 유사한 것은?

① 크랭크 각 센서
② 모터 포지션 센서
③ 액셀러레이터 포지션 센서
④ 흡입 다기관 절대 압력 센서

15 기관의 점화순서가 1-6-2-5-8-3-7-4인 8기통 기관에서 5번 기통이 압축 초에 있을 때 8번 기통은 무슨 행정과 가장 가까운가?

① 폭발 초 ② 흡입 중
③ 배기 말 ④ 압축 중

16 자동차관리법상 저속전기자동차의 최고속도(km/h) 기준은? (단, 차량 총중량이 1361kg을 초과하지 않는다.)

① 20 ② 40
③ 60 ④ 80

17 연료 여과기의 오버플로 밸브의 역할로 틀린 것은?

① 공급 펌프의 소음 발생을 억제한다.
② 운전 중 연료에 공기를 투입한다.
③ 분사펌프의 엘리먼트 각 부분을 보호한다.
④ 공급 펌프와 분사 펌프 내의 연료 균형을 유지한다.

18 윤활장치에서 오일 여과기의 여과방식이 아닌 것은?

① 비산식 ② 전류식
③ 분류식 ④ 샨트식

19 가솔린 연료 200cc를 완전 연소시키기 위한 공기량(kg)은 약 얼마인가? (단, 공기와 연료의 혼합비는 15:1, 가솔린의 비중은 0.730이다.)

① 2.19
② 5.19
③ 8.19
④ 11.19

20 전자제어 가솔린 엔진에서 연료분사장치의 특징으로 틀린 것은?

① 응답성 향상
② 냉간 시동성 저하
③ 연료소비율 향상
④ 유해 배출가스 감소

2과목 자동차섀시

21 제동 시 슬립률(λ)을 구하는 공식은? (단, 자동차의 주행속도는 V, 바퀴의 회전속도는 V_W이다.)

① $\lambda = \dfrac{V-V_W}{V} \times 100(\%)$

② $\lambda = \dfrac{V}{V-V_W} \times 100(\%)$

③ $\lambda = \dfrac{V_W-V}{V_W} \times 100(\%)$

④ $\lambda = \dfrac{V_W}{V_W-V} \times 100(\%)$

22 브레이크장치의 프로포셔닝 밸브에 대한 설명으로 옳은 것은?

① 바퀴의 회전속도에 따라 제동시간을 조절한다.
② 바깥 바퀴의 제동력을 높여서 코너링 포스를 줄인다.
③ 급제동 시 앞바퀴보다 뒷바퀴가 먼저 제동되는 것을 방지한다.
④ 선회 시 조향 안정성 확보를 위해 앞바퀴의 제동력을 높여준다.

23 ABS 컨트롤 유닛(제어모듈)에 대한 설명으로 틀린 것은?

① 휠의 회전속도 및 가·감속을 계산한다.
② 각 바퀴의 속도를 비교·분석한다.
③ 미끄럼 비를 계산하여 ABS 작동 여부를 결정한다.
④ 컨트롤 유닛이 작동하지 않으면 브레이크가 전혀 작동하지 않는다.

24 클러치의 구성부품 중 릴리스 베어링(Release bearing)의 종류에 해당하지 않는 것은?

① 카본형
② 볼 베어링형
③ 니들 베어링형
④ 앵귤러 접촉형

25 오버 드라이브(Over Drive) 장치에 대한 설명으로 틀린 것은?

① 기관의 수명이 향상되고 운전이 정숙하게 되어 승차감도 향상된다.
② 속도가 증가하기 때문에 윤활유의 소비가 많고 연료 소비가 증가한다.
③ 기관의 여유출력을 이용하였기 때문에 기관의 회전속도를 약 30% 정도 낮추어도 그 주행속도를 유지할 수 있다.
④ 자동변속기에서도 오버 드라이브가 있어 운전자의 의지(주행속도, TPS 개도량)에 따라 그 기능을 발휘하게 된다.

26 기관의 최대토크 20kgf·m, 변속기의 제1변속비 3.5, 종감속비 5.2, 구동바퀴의 유효반지름이 0.35m일 때 자동차의 구동력(kgf)은? (단, 엔진과 구동바퀴 사이의 동력전달 효율은 0.45이다.)

① 468
② 368
③ 328
④ 268

27 자동차 제동장치가 갖추어야 할 조건으로 틀린 것은?

① 최고속도의 차량의 중량에 대하여 항상 충분히 제동력을 발휘할 것
② 신뢰성과 내구성이 우수할 것
③ 조작이 간단하고 운전자에게 피로감을 주지 않을 것
④ 고속주행 상태에서 급제동 시 모든 바퀴에 제동력이 동일하게 작용할 것

28 전동식 동력조향장치의 입력 요소 중 조향핸들의 조작력 제어를 위한 신호가 아닌 것은?

① 토크 센서 신호 ② 차속 센서 신호
③ G 센서 신호 ④ 조향각 센서 신호

29 다음 중 구동륜의 동적 휠 밸런스가 맞지 않을 경우 나타나는 현상은?

① 피칭 현상 ② 시미 현상
③ 캐치 업 현상 ④ 링클링 현상

30 다음 중 댐퍼 클러치 제어와 가장 관련이 없는 것은?

① 스로틀 포지션 센서
② 에어컨 릴레이 스위치
③ 오일 온도 센서
④ 노크 센서

31 전자제어 동력 조향장치에서 다음 주행 조건 중 운전자에 의한 조향휠의 조작력이 가장 작은 것은?

① 40km/h 주행 시
② 80km/h 주행 시
③ 120km/h 주행 시
④ 160km/h 주행 시

32 무단변속기(CVT)의 구동 풀리와 피동 풀리에 대한 설명으로 옳은 것은?

① 구동 풀리 반지름이 크고 피동 풀리의 반지름이 작을 경우 증속된다.
② 구동 풀리 반지름이 작고 피동 풀리의 반지름이 클 경우 증속된다.
③ 구동 풀리 반지름이 크고 피동 풀리의 반지름이 작을 경우 역전 감속된다.
④ 구동 풀리 반지름이 작고 피동 풀리의 반지름이 클 경우 역전 증속된다.

33 전동식 동력 조향장치(Motor Driven Power Steering) 시스템에서 정차 중 핸들 무거움 현상의 발생 원인이 아닌 것은?

① MDPS CAN 통신선의 단선
② MDPS 컨트롤 유닛측의 통신 불량
③ MDPS 타이어 공기압 과다주입
④ MDPS 컨트롤 유닛측 배터리 전원 공급 불량

34 기관의 토크가 14.32kgf · m이고, 2500rpm으로 회전하고 있다. 이때 클러치에 의해 전달되는 마력(PS)은? (단, 클러치의 미끄럼은 없는 것으로 가정한다.)

① 40 ② 50
③ 60 ④ 70

35 전자제어 현가장치에 대한 설명을 틀린 것은?
① 조향각 센서는 조향휠의 조향 각도를 감지하여 제어 모듈에 신호를 보낸다.
② 일반적으로 차량의 주행상태를 감지하기 위해서는 최소 3점의 G센서가 필요하며 차량의 상·하 움직임을 판단한다.
③ 차속센서는 차량의 주행속도를 감지하며 앤티 다이브, 앤티 롤, 고속안정성 등을 제어할 때 입력신호로 사용된다.
④ 스로틀 포지션 센서는 가속페달의 위치를 감지하여 고속 안정성을 제어할 때 입력신호로 사용된다.

36 센터 디퍼렌셜 기어 장치가 없는 4WD 차량에서 4륜 구동 상태로 선회 시 브레이크가 걸리는 듯한 현상은?
① 타이트 코너 브레이킹
② 코너링 언더 스티어
③ 코너링 요 모멘트
④ 코너링 포스

37 전자제어 현가장치에서 안티 스쿼트(Anti-squat) 제어의 기준신호로 사용되는 것은?
① G 센서 신호
② 프리뷰 센서 신호
③ 스로틀 포지션 센서 신호
④ 브레이크 스위치 신호

38 자동차를 옆에서 보았을 때 킹핀의 중심선이 노면에 수직인 직선에 대하여 어느 한쪽으로 기울어져 있는 상태는?
① 캐스터   ② 캠버
③ 셋백   ④ 토인

39 구동력이 108kgf인 자동차가 100km/h로 주행하기 위한 엔진의 소요마력(PS)은?
① 20   ② 40
③ 80   ④ 100

40 공기 브레이크의 주요 구성부품이 아닌 것은?
① 브레이크 밸브   ② 레벨링 밸브
③ 릴레이 밸브   ④ 언로더 밸브

3과목 자동차전기

41 자동차 냉방 시스템에서 CCOT(Clutch Cycling Orifice Tube)형식의 오리피스 튜브와 동일한 역할을 수행하는 TXV(Thermal eXpansion Valve)형식의 구성부품은?
① 컨덴서   ② 팽창 밸브
③ 핀센서   ④ 리시버 드라이어

42 차량에서 12V 배터리를 탈거한 후 절연체의 저항을 측정하였더니 1MΩ이라면 누설전류(mA)는?
① 0.006   ② 0.008
③ 0.010   ④ 0.012

43 자동차에서 저항 플러그 및 고압 케이블을 사용하는 가장 적합한 이유는?
① 배기가스 저감   ② 잡음 발생 방지
③ 연소 효율 증대   ④ 강력한 불꽃 발생

44 하이브리드 자동차에서 고전압 배터리관리시스템(BMS)의 주요 제어 기능으로 틀린 것은?
① 모터 제어   ② 출력 제한
③ 냉각 제어   ④ SOC 제어

45 점화 플러그에 대한 설명으로 옳은 것은?
① 에어 갭(간극)이 규정보다 클수록 불꽃 방전 시간이 짧아진다.
② 에어 갭(간극)이 규정보다 작을수록 불꽃 방전 전압이 높아진다.
③ 전극의 온도가 낮을수록 조기점화 현상이 발생된다.
④ 전극의 온도가 높을수록 카본퇴적 현상이 발생된다.

46 메모리 효과가 발생하는 배터리는?
① 납산 배터리
② 니켈 배터리
③ 리튬-이온 배터리
④ 리튬-폴리머 배터리

47 경음기 소음 측정 시 암소음 보정을 하지 않아도 되는 경우는?
① 경음기소음 : 84dB, 암소음 : 75dB
② 경음기소음 : 90dB, 암소음 : 85dB
③ 경음기소음 : 100dB, 암소음 : 92dB
④ 경음기소음 : 100dB, 암소음 : 85dB

48 어린이 운송용 승합자동차에 설치되어 있는 적색 표시등과 황색 표시등의 작동 조건에 대한 설명으로 옳은 것은?
① 정지하려고 할 때는 적색 표시등이 점멸
② 출발하려고 할 때는 적색 표시등이 점멸
③ 정차 후 승강구가 열릴 때는 적색 표시등 점멸
④ 출발하려고 할 때는 적색 및 황색 표시등이 동시에 점등

49 기동 전동기 작동 시 소모전류가 규정치보다 낮은 이유는?
① 압축압력 증가
② 엔진 회전저항 증대
③ 점도가 높은 엔진오일 사용
④ 정류자와 브러시 접촉저항이 큼

50 충전장치의 고장 진단방법으로 틀린 것은?
① 발전기 B단자의 저항을 점검한다.
② 배터리 (+)단자의 접촉 상태를 점검한다.
③ 배터리 (-)단자의 접촉 상태를 점검한다.
④ 발전기 몸체와 차체의 접촉상태를 점검한다.

51 방향지시등을 작동시켰을 때 앞 우측 방향지시등은 정상적인 점멸을 하는데, 뒤 좌측 방향지시등은 점멸속도가 빨라졌다면 고장원인으로 볼 수 있는 것은?
① 비상등 스위치 불량
② 방향지시등 스위치 불량
③ 앞 우측 방향지시등 단선
④ 앞 좌측 방향지시등 단선

52 트랜지스터식 점화장치에서 파워 트랜지스터에 대한 설명을 틀린 것은?
① 점화장치의 파워 트랜지스터는 주로 PNP형 트랜지스터를 사용한다.
② 점화 1차 코일의 (-)단자는 파워 트랜지스터의 컬렉터(C) 단자에 연결된다.
③ 베이스(B) 단자는 ECU로부터 신호를 받아 점화코일의 스위칭 작용을 한다.
④ 이미터(E) 단자는 파워 트랜지스터의 접지 단으로 코일의 전류가 접지로 흐르게 한다.

53 단면적 0.002cm², 길이 10m인 니켈-크롬선의 전기저항(Ω)은? (단, 니켈-크롬선의 고유저항은 110Ωcm이다.)
① 45　　② 50
③ 55　　④ 60

54 다음 회로에서 스위치를 ON하였으나 전구가 점등되지 않아 테스트 램프(LED)를 사용하여 점검한 결과 i점과 j점이 모두 점등되었을 때 고장원인을 옳은 것은?

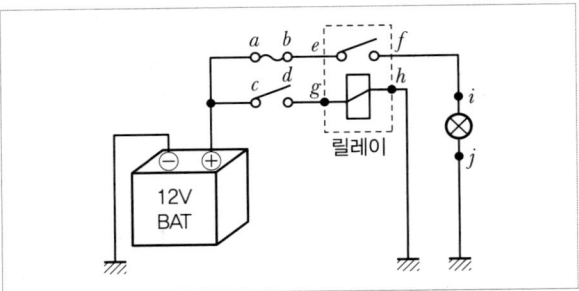

① 휴즈 단선　　② 릴레이 고장
③ h와 접지선 단선　　④ j와 접지선 단선

55 광도가 25000cd의 전조등으로부터 5m 떨어진 위치에서의 조도(lx)은?
① 100　　② 500
③ 1000　　④ 5000

56 전기회로의 점검방법으로 틀린 것은?
① 전류 측정 시 회로와 병렬로 연결한다.
② 회로가 접속 불량일 경우 전압 강하를 점검한다.
③ 회로의 단선 시 회로의 저항 측정을 통해서 점검할 수 있다.
④ 제어모듈 회로 점검 시 디지털 멀티미터를 사용해서 점검할 수 있다.

57 냉·난방장치에서 블로워 모터 및 레지스터에 대한 설명으로 옳은 것은?
① 최고 속도에서 모터와 레지스터는 병렬 연결된다.
② 블로워 모터 회전속도는 레지스터의 저항값에 반비례한다.
③ 블로워 모터 레지스터는 라디에이터 팬 앞쪽에 장착되어 있다.
④ 블로워 모터가 최고속도로 작동하면 블로워 모터 퓨즈가 단선될 수도 있다.

58 점화장치의 파워 트랜지스터 불량 시 발생하는 고장 현상이 아닌 것은?
① 주행 중 엔진이 정지한다.
② 공전 시 엔진이 정지한다.
③ 엔진 크랭킹이 되지 않는다.
④ 점화 불량으로 시동이 안 걸린다.

59 자동차 PIC 시스템의 주요기능으로 가장 거리가 먼 것은?
① 스마트키 인증에 의한 도어 록
② 스마트키 인증에 의한 엔진 정지
③ 스마트키 인증에 의한 도어 언록
④ 스마트키 인증에 의한 트렁크 언록

60 반도체 접합 중 이중접합의 적용으로 틀린 것은?
① 서미스터　　② 발광 다이오드
③ PNP 트랜지스터　　④ NPN 트랜지스터

정답 및 해설 2020년 3회

01	02	03	04	05	06	07	08	09	10
②	③	③	①	④	①	④	①	④	③
11	12	13	14	15	16	17	18	19	20
③	④	④	③	②	③	②	①	①	②
21	22	23	24	25	26	27	28	29	30
①	③	④	③	②	①	②	③	③	④
31	32	33	34	35	36	37	38	39	40
①	①	③	②	④	①	③	①	②	②
41	42	43	44	45	46	47	48	49	50
②	④	②	①	①	②	④	③	④	①
51	52	53	54	55	56	57	58	59	60
④	①	③	④	③	①	②	③	②	①

01 정답 | ②
해설 | 세탄가 $= \dfrac{세탄}{세탄 + \alpha-\text{메탈나프탈린}} \times 100(\%)$
$= \dfrac{60cc}{60cc + 40cc} \times 100(\%) = 60\%$

02 정답 | ③
해설 | 엔진이 과냉일 경우 점화플러그의 자기청정온도가 낮아 실화가 발생할 수 있다. 조기점화 또는 노크의 발생원인은 고온이다.

03 정답 | ③
해설 | 2000rpm = 2000회전/min = 2000 × 360°/60s = 12000°/s
최고압력에 도달할 때까지의 시간이 1/1000s이므로 이동한 크랭크축의 회전각도는 12°이다. 따라서, 착화 후 최고 압력에 도달한 지점이 상사점 후 12°이므로 착화점은 상사점 부근이다.

04 정답 | ①
해설 | 전자제어 가솔린엔진에서 크랭크 각 위치 센서는 현재 엔진의 회전속도와 1번 피스톤의 상사점 위치를 검출하여 점화시기와 연료분사시기를 결정하는 주요 센서이다.

05 정답 | ④
해설 | 경유자동차의 경우 공기과잉률 검사는 실시하지 않는다.

06 정답 | ①
해설 | 마그네슘 – 구리는 화학전지의 일종이다.

크랭크축의 재질
- 고탄소강
- 니켈 – 크롬강
- 크롬 – 몰리브덴강
- 특수 주철

07 정답 | ④
해설 | 밸브오버랩은 배기 말기, 흡기 초기에 상사점 부근에서 발생한다.

08 정답 | ①
해설 | 펠릿형 수온조절기는 냉각수 온도가 70℃에서 열리기 시작하여 냉각수가 라디에이터로 순환될 수 있도록 한다.

09 정답 | ④
해설 | 솔레노이드 밸브가 작동되면 볼 밸브가 열리고, 이에 따라 컨트롤 체임버의 압력이 낮아지므로 플런저에 작용하는 유압이 낮아진다. 연료압력이 니들 밸브 압력에 작용하는 압력보다 낮아지면 니들 밸브가 열려 제어 플런저가 올라가면서 분사가 개시된다.

10 정답 | ③
해설 | 퍼컬레이션이란 LPG 기관의 기화기에 잔열에 의해 과농한 혼합 가스에 의한 시동 불능의 고장현상이 나타나는 것으로, 퍼컬레이션으로 인해 연소효율이 감소한다.

11 정답 | ③
   해설 | 가솔린 기관에서 흡기압 센서를 통해 흡기다기관 혹은 서지탱크의 압력을 통해 흡입공기유량을 측정하여 기본 연료분사량을 제어하는 제어방식은 D-Jetronic이다.

12 정답 | ④
   해설 | 정미 열효율 = [100% − 열손실(냉각수, 배기 및 복사)] × 기계효율 = (100% − 30% − 30%) × 기계효율 = 34%

13 정답 | ④
   해설 | 피드백 제어는 산소센서의 역할로 배기가스 중에 잔여산소를 검출하여 공기과잉률을 측정한다.

14 정답 | ③
   해설 | 스로틀 포지션센서는 스로틀의 열림 정도를 검출하는 가변저항방식으로 악셀포지션센서(APS) 또한 악셀에 밟힘 정도를 검출하는 가변저항방식으로 동일하다.

15 정답 | ②
   해설 | 8기통 기관의 위상각은 90°이므로 아래 그림과 같이 8번 실린더는 흡입행정 초기이다.

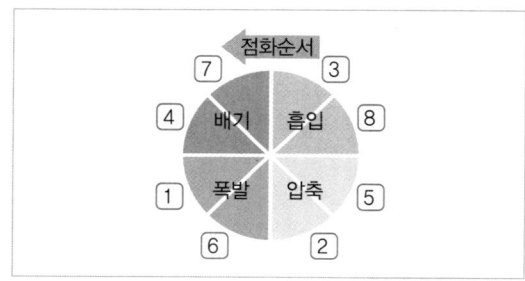

16 정답 | ③
   해설 | 저속전기자동차 : 매시 60킬로미터(「자동차 및 자동차 부품의 성능과 기준에 관한 규칙」 제54조 4항에 의거)

17 정답 | ②
   해설 | 오버플로 밸브는 연료 여과기 내의 압력이 1.5kgf/cm 이상으로 높아지면 열려 과잉 연료를 탱크로 되돌려 보내어 연료 여과기 내의 압력을 일정하게 유지하여 소음억제, 분사펌프 각 부의 보호, 연료 균형, 운전중 '연료에 공기투입을 방지'하는 역할이 있다.

18 정답 | ①
   해설 | 비산식은 오일 공급 방식 중 하나이다.
   윤활장치에서 오일 여과기의 여과방식
   • 전류식
   • 분류식
   • 샨트식(복합식)

19 정답 | ①
   해설 | • 연료의 질량 = 체적 × 비중 = 200cc × 비중
                   = 200cc × 0.73 = 0.146kg
        • 공기량 = 혼합비 × 연료의 질량 = 15 × 0.146
                 = 2.19kg

20 정답 | ②
   해설 | 전자제어 연료분사장치는 냉각수온센서를 통해 엔진의 냉간 상태를 검출하여 냉간 시동성이 향상되는 특징이 있다.

21 정답 | ①
   해설 | 슬립률 = $\dfrac{\text{차체속도} - \text{차륜속도}}{\text{차체속도}} \times 100(\%)$

22 정답 | ③
   해설 | 프로포셔닝 밸브(p-valve) : 전륜에 비하여 후륜에 가해지는 제동력을 낮추어 슬립을 막아 후륜의 잠김을 방지하는 유압 조정 밸브

23 정답 | ④
   해설 | ABS컨트롤 유닛 또는 센서가 불량한 경우 페일세이프 기능에 의해 일반 유압제동은 가능하다.

24 정답 | ③
   해설 | 니들 롤러베어링의 경우 수동, 자동변속기 축의 고정에 주로 사용된다.

25 정답 | ②
   해설 | 오버드라이브 장치의 경우 엔진의 잔여동력을 이용할 수 있으므로 연료소비가 줄어든다.

26 정답 | ①
   해설 | 구동토크 = 기관의 토크 × 변속비 × 감속비 × 전달효율
              = 20 × 3.5 × 5.2 × 0.45 = 163.8kgf · m
        자동차의 구동력 = $\dfrac{\text{구동토크}}{\text{바퀴의 유효반지름}}$
              = $\dfrac{163.8\text{kgf} \cdot \text{m}}{0.35\text{m}}$ = 468kgf

27 정답 | ④
   해설 | 고속주행상태에서 급제동 시 모든 바퀴에 제동력이 동일하게 작용될 경우 후륜의 슬립으로 조향능력이 상실될 수 있으므로 프로포셔닝밸브와 리미팅 밸브를 사용하여 후륜의 제동압력을 조정한다.

28 정답 | ③
   해설 | G 센서는 에어백장치나 전자제어 현가장치, 차체자세제어 장치에 사용된다.

29 정답 | ②
   해설 | • 정적밸런스 불량 : 휠 트램핑
        • 동적밸런스 불량 : 시미

30 정답 | ④
  해설 | • 노크 센서는 기관의 노킹을 검출하여 점화시기를 지각시키기위한 센서로 댐퍼클러치 제어와 거리가 멀다.
  • 댐퍼클러치의 경우 기관의 중속 상태에서 유체클러치로 인해 손실되는 에너지를 최소화하기 위한 장치로 출발 시, 급 가·감속 시에는 작동하지 않는다. 따라서 스로틀위치센서를 통해 기관의 가감속 상태를 기준신호로 사용한다. 또한, 오일 온도가 낮을 때(유온센서), 에어컨 릴레이 스위치가 작동 중일 때는 댐퍼클러치 작동을 중단할 수 있다.

31 정답 | ①
  해설 | 전자제어 동력조향장치에서 운전자에 조향휠을 회전하기 위한 조작력이 가장 작을 때는 차량이 저속상태이다. 차량이 고속상태에서는 직진안정성을 위해 운전자의 조작력을 크게 한다.

32 정답 | ①
  해설 | 기본원리는 기어비의 원리와 같다. 구동 풀리의 반지름이 작고 피동 풀리의 반지름이 큰 경우 감속되며, 구동력은 증가한다.

33 정답 | ③
  해설 | 타이어 공기압이 너무 '낮을 경우' 지면과 접지력이 증가되어 핸들의 무거움 현상이 발생할 수 있다. ③의 내용처럼 타이어 공기압이 '과다한 경우' 지면과 접지력이 감소되어 오히려 핸들이 가벼울 수 있다.

34 정답 | ②
  해설 | 지문에 내용은 축(제동)마력을 구하는 문제로
  축마력 $= \dfrac{TR}{716} = \dfrac{14.32 \times 2500}{716} = 50PS$

35 정답 | ④
  해설 | 스로틀포지션센서는 스로틀밸브의 열림량을 검출한다. 가속페달의 위치를 검출하는 센서는 악셀포지션 센서이다. 이러한 센서를 통해 급 가속 시 안티스쿼트 제어를 실시한다.

36 정답 | ①
  해설 | 지문의 내용은 타이트코너브레이킹 현상이다.
  • 언더스티어 : 차량의 선회 시 전륜의 슬립으로 인해 회전반경이 커지는 현상이다.
  • 요 모멘트 : 차량이 Z 중심으로 회전하는 현상이다.
  • 코너링 포스 : 바퀴와 지면 사이에서 발생하는 힘으로 차량 선회 시 원심력에 대응하는 힘이다.

37 정답 | ③
  해설 | 전자제어 현가장치(ECS)에서 스로틀위치센서의 급가속 신호를 입력받아 차량 뒤쪽이 내려앉는 스쿼트현상을 제어할 수 있다.

38 정답 | ①
  해설 | 지문의 내용은 캐스터 각이다.
  • 캠버 : 차량을 앞에서 보았을 때 위쪽이 벌어진 상태를 정의 캠버라 한다.
  • 셋백 : 동일 차축에서 한쪽 차륜이 반대쪽 차륜보다 앞 또는 뒤로 틀어진 정도를 말한다.
  • 토인 : 차량을 위에서 봤을 때 차륜의 앞쪽이 약간 안쪽으로 들어간 상태를 말한다.

39 정답 | ②
  해설 | km/h → m/s로 단위 변환
  $100 \times \dfrac{1000}{3600} =$ 약 27.78m/s
  출력(마력) = 구동력 × 속도 = 108kgf × 27.78m/s
  = 약 3000.24kgf · m/s
  PS를 단위변환
  $\dfrac{3000.24}{75} =$ 약 40PS

40 정답 | ②
  해설 | 레벨링 밸브는 공기 현가장치에서 차체의 높이가 항상 일정하게 유지되도록 공기스프링에 공급하거나 배출하는 역할을 한다.

41 정답 | ②
  해설 | TXV(Thermal eXpansion Valve)에서 볼 수 있듯 팽창밸브를 통해 냉매를 감압하는 방식이다.

42 정답 | ④
  해설 | $E = IR$, $I = \dfrac{E}{R} = \dfrac{12}{10^6} = 12 \times 10^{-6}A$
  $= 12 \times 10^{-3}mA = 0.012mA$

43 정답 | ②
  해설 | 점화 2차계통은 고전압이 발생되는 부분으로 고전압에 의한 노이즈(전기적 잡음)가 발생할 수 있어 저항플러그나 하이텐션 코드를 사용한다.

44 정답 | ①
  해설 | 하이브리드 또는 전기차에서 모터를 제어하는 부품은 MCU(인버터)이다.

45 정답 | ①
  해설 | 점화플러그 간극이 클수록 불꽃방전시간은 짧고 방전전압은 높다. 전극의 온도가 높으면 조기점화가 발생하고, 온도가 낮으면 실화에 의한 카본퇴적현상이 발생한다.

46 정답 | ②
  해설 | 축전지의 메모리 효과는 불충분한 충전이 반복되는 경우 충전가능 용량이 줄어드는 현상으로 Nicd(니켈 카드뮴)전지에서 발생한다.

47 정답 | ④
해설 | 차이가 3dB 미만일 때에는 측정치를 무효로 한다. 차이가 10dB 이상일 때에는 보정이 필요 없다.

소음도 측정 검사 방법(「소음진동관리법 시행규칙」 [별표 15]에 의거)

단위:dB(A), dB(C)

자동차소음과 암소음의 측정치 차이	3	4~5	6~9
보정치	3	2	1

48 정답 | ③
해설 | 어린이운송용 승합자동차의 표시등에 관한 기준(「자동차 및 자동차부품의 성능과 기준에 관한 규칙」 제48조 5항에 의거)
- 도로에 정지하려는 때에는 황색표시등 또는 호박색시등이 점멸
- 어린이의 승하차를 위한 승강구가 열릴 때에는 자동으로 적색표시등이 점멸될 것
- 출발하기 위하여 승강구가 닫혔을 때에는 다시 자동으로 황색표시등 또는 호박색시등이 점멸될 것
- 적색표시등과 황색표시등 또는 호박색시등이 동시에 점멸되지 아니할 것

49 정답 | ④
해설 | ①, ②, ③ 항목의 경우 기동전동기 작동 시 소모전류가 크다.

50 정답 | ①
해설 | 발전기의 B단자에서 출력전압을 측정하여 발전기의 정상 유무를 판단한다.

51 정답 | ④
해설 | 비상등 스위치 불량, 방향등 스위치 불량, 앞 우측방향지시등이 단선일 경우 앞 우측 방향지시등이 작동하지 않으므로 제외한다. 퓨즈 배선이 좌, 우로 나뉘진 경우 앞 좌측 방향지시등이 단선일 경우 뒤 좌측 방향지시등의 점멸속도가 빨라질 수 있다.

52 정답 | ①
해설 | 점화장치의 파워트랜지스터는 주로 NPN형 트랜지스터를 사용한다.

53 정답 | ③
해설 | 전기저항 = 고유저항 × $\dfrac{길이}{단면적}$

$= 1.10 \times 10^{-6} m\Omega \times \dfrac{10m}{0.002 \times 10^{-4} m^2}$

$= 55\Omega$

54 정답 | ④
해설 | 테스트램프를 사용하여 점검 시 전압 차이가 있을 때 점등되므로 회로도에 j부분까지 전압이 존재함을 알 수 있다. 이를 통해 j부분과 접지선 사이가 단선되어 개회로가 되어 전류가 흐르지 못함을 알 수 있다.

55 정답 | ③
해설 | 조도 × $\dfrac{광도}{거리^2} = \dfrac{25000}{5^2} = 1000lx$

56 정답 | ①
해설 |
- 전류측정 시 회로와 직렬로 연결한다.
- 전압, 저항 측정 시 회로와 병렬로 연결한다.

57 정답 | ②
해설 | ① 레지스터는 일종의 저항으로 블로워 모터와 직렬로 연결된다.
② 블로워 모터의 회전속도는 레지스터의 저항이 클수록 줄어든다.
③ 블로워 모터는 조수석 앞쪽 공조장치에 설치된다.
④ 퓨즈는 블로워 모터 회로에 단락에 의한 과전류가 흐를 때 단선될 수 있다.

58 정답 | ③
해설 | 점화장치와 기동모터의 동작과는 관련이 없다. 따라서 점화장치가 불량일 경우에도 크랭킹은 정상적으로 동작한다.

59 정답 | ②
해설 | PIC(Personal Identificated Card) 시스템
- 스마트키 인증에 의해 도어, 트렁크의 잠금, 풀림 기능을 한다.
- 스마트키 인증에 의해 엔진의 시동을 가능하게 한다.

60 정답 | ①
해설 | 서미스터의 경우 무접점 방식으로 유기물계와 실리콘계로 나뉘어있다.

PART 06
적중 복원모의고사

제1회 적중복원 모의고사
제2회 적중복원 모의고사
제3회 적중복원 모의고사
제4회 적중복원 모의고사
제5회 적중복원 모의고사
제6회 적중복원 모의고사
제7회 적중복원 모의고사

1과목 자동차엔진

01 흡·배기 밸브의 밸브간극을 측정하여 새로운 태핏을 장착하고자 한다. 새로운 태핏의 두께를 구하는 공식으로 올바른 것은? (단, N : 새로운 태핏의 두께, T : 분리된 태핏의 두께, A : 측정된 밸브의 간극, K : 밸브규정간극이다.)

① N = T + (A−K)
② N = T + (A + K)
③ N = T − (A−K)
④ N = T + (A × K)

02 공기과잉률(λ)에 대한 설명으로 옳지 않은 것은?

① 연소에 필요한 이론적 공기량에 대한 공급된 공기량과의 비를 말한다.
② 엔진에 흡입된 공기의 중량을 알면 연료의 양을 결정할 수 있다.
③ 공기과잉률이 1에 가까울수록 출력은 감소하며, 검은 연기를 배출하게 된다.
④ 자동차 엔진에서는 전부하(최대 분사량)일 때 공기과잉률은 0.8~0.9 정도가 된다.

03 전자제어 엔진에서 열선식(hot wire type) 공기유량센서의 특징으로 맞는 것은?

① 맥동 오차가 다소 크다.
② 자기청정기능의 열선이 있다.
③ 초음파 신호로 공기 부피를 감지한다.
④ 대기 압력을 통해 공기 질량을 검출한다.

04 운행차 배출가스 정기검사의 휘발유 자동차 배출가스 측정 및 읽는 방법에 관한 설명으로 틀린 것은?

① 배출가스측정기 시료 채취관을 배기관 내에 20cm 이상 삽입하여야 한다.
② 일산화탄소는 소수점 둘째 자리에서 절삭하여 0.1% 단위로 최종측정치를 읽는다.
③ 탄화수소는 소수점 첫째 자리에서 절삭하여 1ppm 단위로 측정치를 읽는다.
④ 공기과잉률은 소수점 둘째 자리에서 0.01 단위로 측정치를 읽는다.

05 4행정 가솔린 엔진이 1분당 2500rpm에서 9.23kgf·m의 회전토크일 때 축 마력은 약 몇 PS인가?

① 28.1
② 32.2
③ 35.3
④ 37.5

06 아래 그림은 삼원촉매의 정화율을 나타낸 그래프이다. ㉠, ㉡, ㉢을 바르게 표현한 것은?

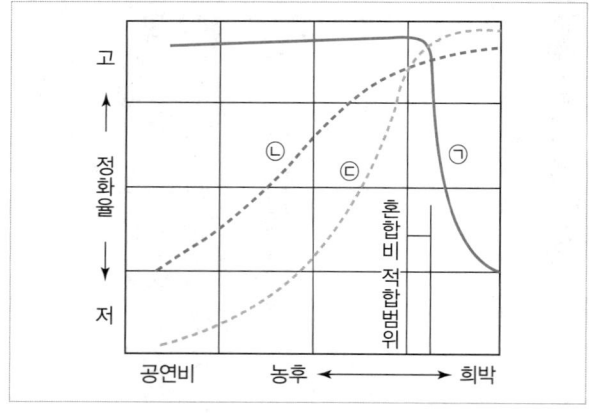

① CO, NOx, HC
② NOx, CO_2, HC
③ NOx, HC, CO
④ HC, CO, NOx

07 엔진에서 윤활유 소비증대에 영향을 주는 원인으로 가장 적절한 것은?
① 신품여과기의 사용
② 실린더 내벽의 마멸
③ 플라이휠 링기어 마모
④ 타이밍 체인 텐셔너의 마모

08 무부하 검사방법으로 휘발유 사용 운행자동차의 배출가스 검사 시 측정 전에 확인해야 하는 자동차의 상태로 틀린 것은?
① 배기관이 2개 이상일 때에는 모든 배기관을 측정한 후 최댓값을 기준으로 한다.
② 자동차 배기관에 배출가스분석기의 시료 채취관을 30cm 이상 삽입한다.
③ 측정에 장애를 줄 수 있는 부속장치들은 가동을 정지한다.
④ 수동변속기 자동차는 변속기어를 N단에 놓는다.

09 실린더 헤드 교환 후 엔진 부조현상이 발생하였을 때 실린더 파워 밸런스의 점검과 관련된 내용으로 틀린 것은?
① 점화플러그 배선을 제거하였을 때의 엔진회전수가 점화플러그 배선을 제거하지 않고 확인한 엔진회전수와 차이가 있다면 해당 실린더는 문제가 있는 실린더로 판정한다.
② 1개 실린더의 점화플러그 배선을 제거하였을 경우 엔진회전수를 비교한다.
③ 파워밸런스 점검으로 각각의 회전수를 기록하고 판정하여 차이가 많은 실린더는 압축압력 시험으로 재측정한다.
④ 엔진 시동을 걸고 각 실린더의 점화플러그 배선을 하나씩 제거한다.

10 과급장치 검사에 대한 설명으로 틀린 것은?
① 스캐너의 센서 데이터 모드에서 VGT액추에이터와 부스터 압력센서 작동상태를 점검한다.
② 엔진 시동을 걸고 정상 온도까지 워밍업한다.
③ 전기장치 및 어어컨을 ON한다.
④ EGR밸브 및 인터쿨러 연결 부분에 배기가스 누출 여부를 검사한다.

11 연비를 표시하는 방법이 아닌 것은?
① 복합연비 ② 도심연비
③ 고속도로연비 ④ 평균연비

12 디젤엔진의 노크 방지책으로 틀린 것은?
① 압축비를 높게 한다.
② 흡입공기 온도를 높게 한다.
③ 연료의 착화성을 좋게 한다.
④ 착화지연기간을 길게 한다.

13 착화지연기간에 대한 설명으로 맞는 것은?
① 연료가 연소실에 분사되기 전부터 자기착화되기까지 일정한 시간이 소요되는 것을 말한다.
② 연료가 연소실 내로 분사된 후부터 자기착화되기까지 일정한 시간이 소요되는 것을 말한다.
③ 연료가 연소실에 분사되기 전부터 후기연소기간까지 일정한 시간이 소요되는 것을 말한다.
④ 연료가 연소실 내로 분사된 후부터 후기연소기간까지 일정한 시간이 소요되는 것을 말한다.

14 LPG 엔진의 장점에 대한 내용으로 틀린 것은?
① 연소실에 카본부착이 적어 점화플러그 수명이 길어진다.
② 노킹현상이 가솔린보다 많이 일어난다.
③ 엔진오일의 오염이 적으므로 오일 교환 기간이 길어진다.
④ 가솔린보다 옥탄가가 높다.

15 인젝터의 점검방법 중 가장 비효율적인 것은?
① 각 인젝터 코일의 저항 점검
② ECU의 전압 점검
③ 인젝터의 전류 점검
④ 인젝터의 서지전압 점검

16 APS를 초기화해야 할 경우가 아닌 것은?
① 악셀 페달 모듈의 교환 시
② APS 교환 시
③ ECU 교환 시
④ APS2 출력전압이 APS1 출력전압의 1/2인 경우

17 점화장치가 고장인 경우 나타나는 현상이 아닌 것은?
① 노킹현상 발생 ② 공회전 속도 증가
③ 엔진의 출력 감소 ④ 연비 감소

18 디젤기관의 시동 보조장치가 아닌 것은?
① 히터레인지 ② 예열플러그
③ 감압장치 ④ 과급장치

19 디젤엔진 연소실 형식 중 직접분사식의 장점으로 틀린 것은?
① 연료 소비율이 향상된다.
② 연소실의 구조가 간단하다.
③ 연료 분사 개시 압력이 타 형식에 비해 높다.
④ 연소실 내에 표면적이 작아 냉각손실이 적다.

20 가솔린엔진에서 저온 시동성 향상과 관련된 센서는?
① 산소 센서 ② 대기압 센서
③ 냉각수온 센서 ④ 흡입공기량 센서

2과목 자동차섀시

21 자동변속기 토크 컨버터에서 스테이터의 일방향 클러치가 양방향으로 회전하는 결함이 발생했을 때 차량에 미치는 현상은?
① 출발이 어렵다.
② 전진이 불가능하다.
③ 후진이 불가능하다.
④ 고속 주행이 불가능하다.

22 유체 클러치에서 스톨 포인트에 대한 설명이 아닌 것은?
① 속도비가 '0'인 점이다.
② 펌프는 회전하나 터빈이 회전하지 않는 점이다.
③ 스톨 포인트에서 토크비가 최대가 된다.
④ 스톨 포인트에서 효율이 최대가 된다.

23 자동변속기의 오일 압력이 너무 낮은 원인으로 틀린 것은?
① 엔진 rpm이 높다.
② 오일펌프 마모가 심하다.
③ 오일필터가 막혔다.
④ 릴리프 밸브 스프링 장력이 약하다.

24 조향장치에서 조향 휠의 유격이 커지고 소음이 발생할 수 있는 원인과 가장 거리가 먼 것은?
① 요크 플러그의 풀림
② 등속 조인트의 불량
③ 스티어링 기어박스 장착 볼트의 풀림
④ 타이로드 엔드 조임 부분의 마모 및 풀림

25 자동변속기 오일 압력이 너무 높거나 낮은 원인이 아닌 것은?
① 댐퍼솔레노이드의 미작동
② 밸브바디 조임부가 풀림
③ 압력 레귤레이터 손상
④ 오일필터의 막힘

26 차량 주행 중 조향핸들이 한쪽으로 쏠리는 원인으로 틀린 것은?
① 한쪽 타이어의 마모
② 휠 얼라인먼트의 조정 불량
③ 좌·우 타이어의 공기압 불일치
④ 동력 조향장치 오일펌프 불량

27 전자제어 현가장치 관련 하이트 센서 이상 시 일반적으로 점검 및 조치해야 하는 내용으로 틀린 것은?
① 계기판 스피드미터 이동을 확인한다.
② 센서 전원의 회로를 점검한다.
③ ECS-ECU 하니스를 점검하고 이상이 있을 경우 수정한다.
④ 하이트 센서 계통에서 단선 혹은 쇼트를 확인한다.

28 조향 핸들의 유격이 커지는 원인과 거리가 먼 것은?
① 볼 이음의 마멸
② 오일 부족
③ 조향기어의 마멸
④ 웜축 또는 섹터축의 유격

29 텔레스코핑형 쇽업쇼버의 작동상태에 대한 설명으로 틀린 것은?
① 피스톤에는 오일이 지나가는 작은 구멍이 있고, 이 구멍을 개폐하는 밸브가 설치되어 있다.
② 단동식은 스프링이 압축될 때에는 저항이 걸려 차체에 충격을 주지 않아 평탄하지 못한 도로에서 유리한 점이 있다.
③ 복동식은 스프링이 늘어날 때나 압축될 때 모두 저항이 발생하는 형식이다.
④ 실린더에는 오일이 들어있다.

30 6%의 경사로를 50km/h로 정속 등판 주행 중인 자동차의 총 주행 저항은? (단, 자동차의 중량은 1500kgf, 구름저항은 자동차 중량의 3%이다.)
① 45kgf ② 75kgf
③ 135kgf ④ 180kgf

31 「자동차관리법 시행규칙」에 따른 사이드슬립측정기로 조향바퀴 옆 미끄럼량 측정 시 검사기준으로 옳은 것은? (단, 신규 및 정기검사이며, 비사업용 자동차에 국한한다.)
① 조향바퀴 옆 미끄럼량은 1미터 주행 시 3밀리미터 이내일 것
② 조향바퀴 옆 미끄럼량은 1미터 주행 시 5밀리미터 이내일 것
③ 조향바퀴 옆 미끄럼량은 1미터 주행 시 7밀리미터 이내일 것
④ 조향바퀴 옆 미끄럼량은 1미터 주행 시 10밀리미터 이내일 것

32 주행 중 급제동 시 차체 앞쪽이 내려가고 뒤가 들리는 현상을 방지하기 위한 제어는?
① 앤티 바운싱(Anti bouncing) 제어
② 앤티 롤링(Anti rolling) 제어
③ 앤티 다이브(Anti dive) 제어
④ 앤티 스쿼트(Anti squat) 제어

33 국내 승용차에 가장 많이 사용되는 현가장치로서 구조가 간단하고 스트러트가 조향 시 회전하는 것은?
① 위시본형　　　② 맥퍼슨형
③ SLA형　　　　④ 데디온형

34 독립식 현가장치의 장점으로 틀린 것은?
① 스프링 아래 하중이 커 승차감이 좋아진다.
② 휠 얼라이먼트 변화에 자유도를 가할 수 있어 조종 안정성이 우수하다.
③ 좌·우륜을 연결하는 축이 없기 때문에 엔진과 트랜스미션의 설치 위치를 낮게 할 수 있다.
④ 단차가 있는 도로 조건에서도 차체의 움직임을 최소화함으로 타이어의 접지력이 좋다.

35 무게가 2400kgf이고, 속도가 80km/h인 자동차가 제동하여 50m에서 정지하였다면 이 자동차의 제동력은 중량의 약 몇 %인가? (단, 제동 시 상당중량은 7%이다.)
① 46　　　② 54
③ 78　　　④ 85

36 자동변속기를 점검하기 위한 선행 점검으로 옳은 것은?
① 앤드클러치의 분해 점검
② 오일 필터의 오염상태 점검
③ 밸브바디의 누설 상태 점검
④ ATF의 점검 및 스톨테스트

37 자동차가 72km/h로 주행하다가 144km/h로 증속하는 데 4초가 걸렸다면 평균가속도는 약 몇 m/s²인가?
① 2　　　② 3
③ 4　　　④ 5

38 무단변속기의 구동방식에 해당되지 않는 것은?
① 트랙션 구동방식
② 가변체인 구동방식
③ 금속체인 구동방식
④ 유압모터-펌프 조합형 구동방식

39 차륜정렬에서 정의 캠버를 주면 바퀴는 바깥쪽으로 나가게 된다. 이때 바퀴를 직진방법으로 진행하게 하는 앞바퀴 정렬은?
① 토인　　　② 캠버
③ 캐스터　　④ 킹핀경사각

40 코일 스프링의 특징이 아닌 것은?
① 단위 중량당 에너지 흡수율이 크다.
② 차축에 설치할 때 숔업쇼버나 링크기구가 필요해 구조가 복잡하다.
③ 제작비가 적고 스프링 작용이 효과적이다.
④ 판간 마찰이 있어 진동감쇠 작용을 한다.

3과목 자동차전기

41 스마트 키 시스템이 적용된 차량의 동작 특징으로 틀린 것은?

① 안테나는 ECU신호에 의해 송신신호를 보낸다.
② ECU는 주기적으로 안테나를 구동하여 스마트 키가 차량을 떠났는지 확인한다.
③ 일정시간 스마트 키 없음이 인지되면 스마트 키 찾기를 중지한다.
④ 리모컨의 언록스위치를 누르면 패시브 록 기능을 수행하여 경계상태로 진입한다.

42 자동차 소음과 암소음의 측정치의 차이가 5dB인 경우 보정치로 적절한 것은?

① 1dB ② 2dB
③ 3dB ④ 4dB

43 AGM 배터리에 대한 설명으로 틀린 것은?

① 충방전 속도와 저온 시동성을 개선하기 위한 배터리이다.
② 아주 얇은 유리섬유 매트가 배터리 연판들 사이에 놓여 있어 전해액의 유동을 방지한다.
③ 내부 접촉 압력이 높아 활성 물질의 손실을 최소화하면서 내부 저항은 극도로 낮게 유지한다.
④ 충격에 의한 파손 시 전해액이 흘러나와 다른 2차 피해를 줄 수 있다.

44 발전기 B단자의 접촉 불량 및 배선 저항과다로 발생할 수 있는 현상은?

① 과충전으로 인한 배터리 손상
② B단자 배선 발열
③ 엔진 과열
④ 충전 시 소음

45 VDC 시스템에 사용되는 센서가 아닌 것은?

① 노크 센서 ② 조향각 센서
③ 휠 속도 센서 ④ 요레이트 센서

46 점화시기 조정이 가능한 배전기 타입 가솔린 엔진에서 초기 점화시기의 점검 및 조치방법으로 옳은 것은?

① 점화시기 점검은 3000rpm 이상에서 한다.
② 3번 고압 케이블에 타이밍 라이트를 설치하고 점검한다.
③ 공회전 상태에서 기본 점화시기를 고정한 후 타이밍 라이트로 확인한다.
④ 크랭크 풀리의 타이밍 표시가 일치하지 않을 때에는 타이밍 벨트를 교환해야 한다.

47 0°F(영하 17.7℃)에서 300A 전류로 방전하여 셀당 기전력이 1V 전압강하 하는데 소요된 시간으로 표시되는 축전지 용량 표기법은?

① 냉간율 ② 25 암페어율
③ 20 전압율 ④ 20 시간율

48 주행안전장치에 적용되는 레이더 센서의 보정이 필요한 경우가 아닌 것은?

① 주행 중 전방 차량을 인식하는 경우
② 접촉사고로 센서 부위에 충격을 받은 경우
③ Radar sensor를 교환한 경우
④ Steering Angle sensor의 교환 및 영점 조정 후

49 주행보조시스템(ADAS)의 카메라 및 레이더 교환에 대한 설명으로 틀린 것은?

① 자동보정이 되므로 보정작업이 필요 없다.
② 후측방 레이더 교환 후 레이더 보정을 해야 한다.
③ 전방 레이더 교환 후 카메라 보정을 해야 한다.
④ 전방 레이더 교환 후 수평보정 및 수직보정을 해야 한다.

50 지름 2mm, 길이 100cm인 구리선의 저항은 약 얼마인가? (단, 구리선의 고유저항은 1.69μΩ · m이다.)

① 약 0.54Ω
② 약 0.72Ω
③ 약 0.9Ω
④ 약 2.8Ω

51 제동등과 후미등에 관한 설명을 틀린 것은?

① 브레이크 스위치를 작동하면 제동등이 점등된다.
② 제동등과 후미등은 직렬로 연결되어 있다.
③ LED 방식의 제동등은 점등 속도가 빠르다.
④ 퓨즈 단선 시 후미등이 점등되지 않는다.

52 전방 충돌 방지 시스템(FCA)의 기능에 대해서 설명한 것은?

① 운전자가 설정한 속도로 자동차가 자동 주행 하도록 하는 시스템이다.
② 전방 장애물이나 도로 상황에 대해 자동으로 대처하도록 설정된 시스템이다.
③ 운전자가 의도하지 않은 차로 이탈 검출 시 경고하는 시스템이다.
④ 차량 스스로 브레이크를 작동시켜 충돌을 방지하거나 충돌속도를 낮추어 운전자를 보호한다.

53 다음 중 클러스터의 고장진단으로 교환해야 할 상황이 아닌 것은?

① 시트벨트 경고등 제어
② 트립 컴퓨터 제어
③ 와이퍼 와셔 연동 제어
④ 계기판의 각종 경고등 제어

54 타이어 공기압 경보장치(TPMS)에서 측정하는 항목이 아닌 것은?

① 타이어 온도
② 휠 가속도
③ 휠 속도
④ 타이어 압력

55 네트워크 통신장치(High Speed CAN)의 주선과 종단저항에 대한 설명으로 틀린 것은?

① 주선이 단선된 경우 120Ω의 종단저항이 측정된다.
② 종단저항은 CAN BUS에 일정한 전류를 흐르게 하며, 반사파 없이 신호를 전송하는 중요한 역할을 한다.
③ 종단저항이 없으면 C-CAN에서는 BUS가 ON 상태가 되어 데이터 송수신이 불가능하게 된다.
④ C-CAN의 주선에 연결된 모든 시스템(제어기)들은 종단저항의 영향을 받는다.

56 자동차에서 CAN 통신 시스템의 특징이 아닌 것은?

① 싱글 마스터(single master) 방식이다.
② 모듈 간의 통신이 가능하다.
③ 데이터를 2개의 배선(CAN-High, CAN-Low)을 이용하여 전송한다.
④ 양방향 통신이다.

57 차선이탈경보 및 차선이탈방지 시스템(LDW&LKA)의 입력 신호가 아닌 것은?

① 와이퍼 작동 신호
② 방향지시등 작동 신호
③ 운전자 조향 토크 신호
④ 휠 스피드 센서 신호

58 냉방장치의 구성품으로 압축기로부터 들어온 고온고압의 기체 냉매를 냉각시켜 액체로 변환시키는 장치는?

① 증발기
② 팽창밸브
③ 응축기
④ 건조기

59 첨단 운전자 보조시스템(ADAS) 센서 진단 시 사양설정 오류 DTC 발생에 따른 정비 방법으로 옳은 것은?
① 베리언트 코딩 실시
② 시스템 초기화
③ 해당 센서 신품 교체
④ 해당 옵션 재설정

60 다음 중 납산축전지의 특징으로 틀린 것은?
① 충전 시 비중이 낮은 묽은황산이 비중이 높은 묽은황산이 된다.
② 일반적으로 전해액의 온도가 상승하면 비중이 낮아진다.
③ 방전 시 전해액의 비중이 낮아지고 비중이 낮은 상태로 온도가 낮아지면 전해액이 빙결될 수 있다.
④ 축전지의 (-)극판은 구멍이 많은 납으로 이루어져 있으며, (+)극판보다 화학적으로 불안정한 상태이다.

4과목 친환경 자동차

61 하이브리드 차량의 내연기관에서 발생하는 기계적 출력 상당 부분을 분할(split) 변속기를 통해 동력으로 전달시키는 방식은?
① 하드 타입 병렬형   ② 소프트 타입 병렬형
③ 직렬형   ④ 복합형

62 전기 자동차용 배터리 관리 시스템에 대한 일반 요구사항(KS R 1201)에서 다음이 설명하는 것은?

> 배터리가 정지기능 상태가 되기 전까지의 유효한 방전상태에서 배터리가 이동성 소자들에게 전류를 공급할 수 있는 것으로 평가되는 시간

① 잔여 운행시간   ② 안전 운전 범위
③ 잔존 수명   ④ 사이클 수명

63 다음과 같은 역할을 하는 전기 자동차의 제어 시스템은?

> 배터리 보호를 위한 입출력 에너지 제한 값을 산출하여 차량 제어기로 정보를 제공한다.

① 완속 충전 기능   ② 파워 제한 기능
③ 냉각 제어 기능   ④ 정속 주행 기능

64 모터 컨트롤 유닛(MCU)의 설명으로 틀린 것은?
① 3상 교류(AC) 전원으로 변환된 전력으로 구동모터를 작동한다.
② 구동모터에서 발생된 DC 전류를 AC로 변환하여 고전압 배터리를 충전한다.
③ 가속 시 고전압 배터리에서 구동모터로 에너지를 공급한다.
④ 고전압 배터리의 DC 전력을 모터 구동을 위한 AC 전력으로 변환한다.

65 배터리 표시방식 중 '600CCA'는 무엇을 의미하는가?
① 축전지 용량   ② 저온시동성능
③ 축전지 효율   ④ 축전지 수명

66 전기자동차 고전압 배터리의 안전 플러그에 대한 설명으로 틀린 것은?
① 일부 플러그 내부에는 퓨즈가 내장되어 있다.
② 탈거 시 고전압 배터리 내부 회로 연결을 차단한다.
③ 전기자동차의 주행속도 제한 기능을 한다.
④ 고전압 장치 정비 전 탈거가 필요하다.

67 고전압 배터리 셀 모니터링 유닛의 교환이 필요한 경우로 틀린 것은?

① 배터리 전압 센싱부의 이상/저전압
② 배터리 전압 센싱부의 이상/과전압
③ 배터리 전압 센싱부의 이상/전압편차
④ 배터리 전압 센싱부의 이상/저전류

68 고전압 배터리를 교환하려고 할 때 정비방법으로 틀린 것은?

① 고압 배터리의 케이블을 분리한다.
② 점화스위치를 OFF하고 보조배터리의 (-) 케이블을 분리한다.
③ 고전압 배터리 용량(SOC)을 20% 이상 방전시킨다.
④ 고전압 배터리에 적용된 안전플러그를 탈거한 후 규정 시간 이상 대기한다.

69 하이브리드 자동차의 주행에 있어 감속 시 계기판의 에너지 사용표시 게이지는 어떻게 표시되는가?

① RPM   ② Charge
③ Assist   ④ 배터리 용량

70 전기사용자동차의 에너지 소비효율 계산식으로 옳은 것은?

① $\dfrac{1회 충전주행거리(km)}{차량주행 시 전기에너지 충전량(kWh)}$

② $1 - \dfrac{1회 충전주행거리(km)}{차량주행 시 전기에너지 충전량(kWh)}$

③ $\dfrac{차량주행 시 전기에너지 충전량(kWh)}{1회 충전주행거리(km)}$

④ $1 - \dfrac{차량주행 시 전기에너지 충전량(kWh)}{1회 충전주행거리(km)}$

71 저전압 직류변환장치(LDC)에 대한 설명으로 틀린 것은?

① 보조배터리(12V)를 충전한다.
② 약 DC 360V 고전압을 약 DC 12V로 변환한다.
③ 저전압 전기장치 부품의 전원을 공급한다.
④ 전기자동차 가정용 충전기에 전원을 공급한다.

72 환경친화적 자동차의 요건 등에 관한 규칙상 승용 고속전기자동차의 1회 충전 주행거리의 기준은 몇 km 이상인가?

① 150km   ② 200km
③ 300km   ④ 400km

73 직류 고전원 전기장치의 활선 도체부와 차체 사이의 절연저항은 얼마인가?

① 100Ω/V   ② 200Ω/V
③ 300Ω/V   ④ 500Ω/V

74 하이브리드 자동차의 EV 모드 운행 중 보행자에게 차량 근접에 대한 경고를 하기 위한 장치는?

① 주차 연동 소음 장치
② 제동 지연 장치
③ 보행자 경로 이탈 장치
④ 가상엔진 사운드 장치

75 수소자동차 압력용기의 사용압력 기준으로 맞는 것은?

① 15℃에서 35MPa 또는 70MPa의 압력을 말한다.
② 15℃에서 50MPa 또는 100MPa의 압력을 말한다.
③ 20℃에서 35MPa 또는 70MPa의 압력을 말한다.
④ 20℃에서 50MPa 또는 100MPa의 압력을 말한다.

76 전기 자동차용 배터리 관리 시스템에 대한 일반 요구사항(KS R 1201)에서 다음이 설명하는 것은?

> 배터리 팩이나 시스템으로부터 회수할 수 있는 암페어시 단위의 양을 시험 전류와 온도에서의 정격용량으로 나눈 것으로 백분율로 표시

① 배터리관리 시스템
② 방전심도
③ 배터리 용량
④ 에너지 밀도

77 주행 조향 보조 시스템에 대한 구성 요소별 역할에 대한 설명으로 틀린 것은?

① 클러스터 : 동작상태 알림
② 레이더 센서 : 전방 차선, 광원, 차량
③ LKA 스위치 : 운전자에 의한 시스템 ON/OFF 제어
④ 전동식 파워 스티어링 : 목표 조향 토크에 따른 조향력 제어

78 하이브리드 고전압 모터를 검사하는 방법이 아닌 것은?

① 배터리 성능 검사
② 레졸버 센서 저항 검사
③ 선간 저항 검사
④ 온도센서 저항 검사

79 하이브리드 자동차에 사용하는 고전압 배터리가 72셀일 때 배터리 전압은 약 얼마인가?

① 144V
② 240V
③ 270V
④ 360V

80 하이브리드 자동차 용어(KS R 0121)에서 충전시켜 다시 쓸 수 있는 전지를 의미하는 것은?

① 1차 전지
② 2차 전지
③ 3차 전지
④ 4차 전지

정답 및 해설 제1회

Industrial Engineer Motor Vehicles Maintenance

01	02	03	04	05	06	07	08	09	10
①	③	②	①	②	③	②	①	①	③
11	12	13	14	15	16	17	18	19	20
④	④	②	①	②	④	②	④	③	③
21	22	23	24	25	26	27	28	29	30
①	④	①	②	①	④	①	②	②	③
31	32	33	34	35	36	37	38	39	40
②	②	③	②	①	④	③	③	①	④
41	42	43	44	45	46	47	48	49	50
④	②	④	②	①	③	①	①	①	①
51	52	53	54	55	56	57	58	59	60
②	④	②	②	③	①	②	①	②	④
61	62	63	64	65	66	67	68	69	70
④	①	②	②	②	③	④	③	②	①
71	72	73	74	75	76	77	78	79	80
④	①	①	④	①	②	②	①	③	②

01 정답 | ①
해설 | N(신규 태핏의 두께) = T(구품 태핏의 두께) + [A(규정 값) − K(측정 값)]

02 정답 | ③
해설 | 공기과잉률이 1에 가까울수록 이론적 공연비이므로 출력이 향상되고 배기가스가 적다.

03 정답 | ②
해설 | 공기유량센서는 자기청정기능이 있다.
① 공기유량센서는 맥동오차가 적다.
③ 칼만와류방식의 공기유량센서에 관한 설명이다.
④ 대기 압력을 측정하는 것은 대기압력 센서이다.

04 정답 | ①
해설 | 가솔린 자동차의 시료채취관은 배기관 내에 30cm 이상 삽입한다.

05 정답 | ②
해설 | 제동마력 $= \dfrac{TR}{716} = \dfrac{9.23 \times 2500}{716}$
$= 32.22\text{PS}$

06 정답 | ③
해설 | ㉠ 질소산화물(NOx)은 공기가 많은 희박구간에서 발생률이 높으므로 이론 공연비부근과 공연비가 농후할 때 정화율이 높다.
㉡ 탄화수소(HC)는 공연비가 희박한 경우에도 실화가 발생할 수 있어 일산화탄소보다 정화율이 낮다.
㉢ 일산화탄소(CO)는 공기가 부족한 경우에 발생되므로 공기가 많은 희박구간에서 정화율이 높다.

07 정답 | ②
해설 | 실린더 내벽 마멸에 의해 실린더 간극이 커지므로 오일이 연소실로 유입되어 연소될 수 있다.

08 정답 | ①
해설 | 운행자동차의 배출가스 검사 시 배기관이 2개 이상일 때는 한쪽 배기관을 측정하여 판정한다.

09 정답 | ①
해설 | 파워 밸런스 시험에서 점화플러그 배선을 제거하였을 때의 엔진회전수가 점화플러그 배선을 제거하지 않고 확인한 엔진회전수와 차이가 없다면 해당 실린더는 문제가 있는 실린더로 판정한다.

10 정답 | ③
해설 | 과급장치 검사 시 전기장치 및 에어컨을 OFF하여 엔진의 부하를 최소한으로 한다.

11 정답 | ④
해설 | 연비를 표시하는 방법으로는 도심연비, 고속도로연비, 복합연비(도심 + 고속도로)가 있으며, 평균연비는 실제 주행하였을 때의 연비를 말한다.

12 정답 | ④
해설 | 디젤엔진의 노크방지 방법
- 압축비를 높게 한다.
- 흡입공기의 온도를 높게 한다.
- 착화성이 좋은 연료를 사용한다(세탄가가 높은).
- 착화지연시간을 짧게 한다.
- 분사초기의 분사량을 줄인다.

13 정답 | ②
해설 | 착화지연시간이란 연료가 연소실에 분사된 후부터 자기착화되기까지 일정한 시간이 소요되는 것을 말하므로 ②와 일치한다.

14 정답 | ②
해설 | LPG 엔진의 장점
- 연소실에 카본부착이 적어 점화플러그 수명이 길어진다.
- 엔진오일의 오염이 적으므로 오일 교환 기간이 길어진다.
- 가솔린보다 옥탄가가 높기 때문에 노킹현상이 적다.

15 정답 | ②
해설 | ECU 내부에 인젝터 구동을 위한 트랜지스터의 베이스 단자 측정이 어렵다.

16 정답 | ④
해설 | 악셀 포지션센서(APS)2의 경우 악셀 포지션센서(APS)1의 고장판단을 위한 감시센서로 APS1 센서 전압의 1/2 전압으로 출력되는 경우 정상이다.

17 정답 | ②
해설 | 점화장치가 고장인 경우 공회전 시 엔진이 부조할 수 있다. 공회전 속도가 증가하는 경우 ISC(공전속도조절장치)의 고장일 수 있다.

18 정답 | ④
해설 | 디젤엔진에서 과급장치는 흡입공기밀도를 증가하여 엔진의 출력향상을 위한 장치이다.

19 정답 | ③
해설 | 직접분사식 연소실의 특징
- 단실식으로 열효율이 높다.
- 연소실 내의 표면적이 작아 냉각손실이 적다.
- 시동이 용이하다.
- 실린더 헤드 구조가 간단하여 열변형이 적다.

20 정답 | ③
해설 | 가솔린 엔진에서 엔진의 온도를 측정하는 센서는 냉각수온 센서이다.

21 정답 | ①
해설 | 토크 컨버터에서 스테이터는 자동변속기 차량의 출발, 가속 시 토크를 증대시키는 역할로 스테이터가 불량일 경우 출발, 가속 시 토크 증대가 없어 출발이 어려울 수 있다.

22 정답 | ④
해설 | 유체 클러치의 스톨 포인트는 엔진과 연결된 펌프는 회전하나 변속기와 연결된 터빈은 회전하지 않는 속도비가 0인 점으로 회전 토크는 최대지만 전달효율은 0이므로 최소이다.

23 정답 | ①
해설 | 자동변속기 오일 압력이 너무 낮은 원인
- 엔진 rpm이 낮은 경우
- 오일펌프 마모가 심한 경우
- 오일필터가 막힌 경우
- 릴리프 밸브 스프링 장력이 약한 경우
- O링 또는 실링의 손상으로 누설이 있는 경우

24 정답 | ②
해설 | 등속 조인트의 불량일 경우 일반 주행 시 소음이 발생할 수 있고, 조향 휠의 유격과는 거리가 멀다.

25 정답 | ①
해설 | 자동변속기 오일 압력이 너무 낮은 경우 댐퍼솔레노이드의 작동이 불량할 수 있다. 따라서, ①은 오일 압력이 낮거나 높은 원인이 아닌 결과이다.

26 정답 | ④
해설 | 동력조향장치 오일펌프가 불량한 경우 저속에서 핸들 조작력이 무거워지는 현상이 발생하며, 한쪽으로 쏠리는 원인과는 거리가 멀다.

27 정답 | ①
해설 | 계기판에 스피드미터는 차속 센서를 통한 현재 차속을 출력하므로 하이트 센서(차고 센서)와는 관련이 없다.

28 정답 | ②
해설 | 동력 조향장치의 오일이 부족한 경우 핸들 조작력이 무거워진다.

29 정답 | ②
해설 | 단동식은 스프링이 압축될 때에는 저항이 없어 차체에 충격을 주지 않아 평탄하지 못한 도로에서 유리한 점이 있다.

30 **정답 | ③**
　해설 | 주행저항 = 등판저항 + 구름저항
　　　　　　　　 = 1500 × 0.06 + 1500 × 0.03 = 135kgf

31 **정답 | ②**
　해설 | 조향바퀴 옆미끄럼량은 1미터 주행에 5밀리미터 이내일 것(「자동차검사기준 및 방법」(제73조 관련) 「자동차관리법 시행규칙」 [별표 15])

32 **정답 | ③**
　해설 | 급제동 시 차체 앞쪽이 내려가는 현상은 다이브 현상으로 이를 방지하기 위한 제어는 앤티 다이브 제어이다.

33 **정답 | ②**
　해설 | 스트러트가 조향 시 킹핀 역할로 회전하는 현가 방식은 맥퍼슨 방식이다.

34 **정답 | ①**
　해설 | 스프링 아래 하중이 커 승차감이 나쁜 것은 일체차축 현가장치이다. 독립식 현가장치의 경우 스프링 아래 하중이 작아 승차감이 좋다.

35 **정답 | ②**
　해설 | $S = \dfrac{V^2}{254} \times \dfrac{W(1+\varepsilon)}{F} + \dfrac{V}{36}$
　　　 여기서, F : 제동력(kgf), m : 차량질량(kg),
　　　　　　　W : 차량중량(kgf), ε : 제동 시 상당계수
　　　 따라서, 제동력 $F = \dfrac{V^2}{254} \times \dfrac{W(1+\varepsilon)}{S} + \dfrac{V}{36}$
　　　　　　　　　$= \dfrac{80^2}{254} \times \dfrac{2400(1+0.07)}{S} + \dfrac{80}{36}$
　　　　　　　　　$= 1296.3$kgf이므로
　　　 $\dfrac{1296.3}{2400} \times 100(\%) = 54.01\%$이다.

36 **정답 | ④**
　해설 | 앤드클러치의 분해 점검, 오일필터의 오염상태, 밸브바디의 누설 상태 점검은 선행 점검에서 이상이 발생한 경우 실시하는 점검이다.

37 **정답 | ④**
　해설 | 차속의 변화량 = 144km/h − 72km/h = 72km/h
　　　 단위변환(km/h → m/s)
　　　 72km/h = 72 × $\dfrac{1,000}{3,600}$ = 20m/s
　　　 따라서, 가속도 = $\dfrac{20\text{m/s}}{4\text{s}}$ = 5m/s²이다.

38 **정답 | ②**
　해설 | **무단변속기의 구동방식**
　　　　• 트랙션 방식(롤러방식)
　　　　• 금속체인, 금속벨트 방식(가변직경 풀리 적용)

39 **정답 | ①**
　해설 | 차륜 앞쪽이 밖으로 벌어지는 것을 방지하는 것은 토인에 대한 설명이다.

40 **정답 | ④**
　해설 | ④ 판스프링에 대한 내용이다.

41 **정답 | ④**
　해설 | 리모컨의 록스위치(잠김버튼)를 누르면 패시브 록 기능을 수행하여 경계상태로 진입한다.

42 **정답 | ②**
　해설 | 기준에 따라 보정치는 2dB이다.

「운행차 정기검사의 방법·기준 및 대상항목」(제44조제1항 관련) 소음·진동관리법 시행규칙 [별표 15]

단위 : dB(A), dB(C)

자동차소음과 암소음의 측정치 차이	3	4~5	6~9
보정치	3	2	1

43 **정답 | ④**
　해설 | AGM 배터리는 글라스 매트를 사용하여 파손 시에도 전해액의 누액을 방지한다.

44 **정답 | ②**
　해설 | B단자에 접촉 불량 및 저항이 과다하면 전류의 발열작용에 의해 열이 발생할 수 있다.

45 **정답 | ①**
　해설 | 노크 센서는 실린더블록에 설치하여 노킹 현상을 검출하기 위한 센서로 차체자세제어장치(VDC)의 입력 신호와는 거리가 멀다.

46 **정답 | ③**
　해설 | 크랭크 풀리의 타이밍 라이트를 통해 점검한다.
　　　 ① 점화시기 점검은 공회전에서 한다.
　　　 ② 1번 고압 케이블에 압력센서를 설치하고 점검한다.
　　　 ④ 크랭크 풀리의 타이밍 표시가 일치하지 않을 때에는 풀리의 위치를 조정한다.

47 **정답 | ①**
　해설 | 지문은 ①에 대한 설명이다.
　　　 ② 25 암페어율 : 25A로 방전하여 방전종지전압까지 방전되는 시간을 측정하여 용량을 표기
　　　 ④ 20 시간율 : 20시간 동안 방전종지전압까지 방전하여 공급할 수 있는 전류의 양을 측정하여 용량을 표기

48 **정답 | ①**
　해설 | 레이더 센서의 보정이 필요한 경우는 주행 중 전방 차량을 인식하지 못하는 경우이다.

49 정답 | ①
해설 | 주행 중 전방 차량을 인식하지 못하는 경우 레이더 센서의 보정이 필요하다.

50 정답 | ①
해설 | 구리선의 저항 = 고유저항 × $\dfrac{길이}{단면적}$

$= 0.00169\Omega \cdot mm \times \dfrac{1000mm}{\dfrac{\pi}{4} \times 4mm^2}$

$=$ 약 0.54Ω

51 정답 | ②
해설 | 제동등과 후미등은 일반적으로 더블필라멘트를 적용하여 같은 전구를 사용하지만, 회로 구성으로는 제동등은 제동 스위치에 후미등은 미등릴레이에 병렬로 연결되어 있다.

52 정답 | ④
해설 | ① 오토크루즈 시스템
② ADAS(첨단운전자보조)의 통칭
③ LKA(차로이탈보조) 시스템

53 정답 | ③
해설 | 와이퍼 와셔 연동제어는 BCM의 역할이므로 클러스터의 고장진단과 거리가 멀다.

54 정답 | ②
해설 | 휠 가속도(휠 G센서)의 경우 전자제어 현가장치에서 바퀴의 진동을 감지하는 역할이다.

55 정답 | ③
해설 | 종단저항이 없는 경우 반사파에 의해 데이터 송수신이 불가능하게 된다.

56 정답 | ①
해설 | 자동차에서 CAN 통신은 멀티 마스터(multi master) 방식으로 ECU 간의 데이터 송수신이 자유롭다.

57 정답 | ④
해설 | 휠 스피드 센서의 경우 바퀴의 잠김을 검출하여 제동장치(ABS), 차체자세제어장치(VDC), 간접식 TPMS에 사용된다.

58 정답 | ③
해설 | 고온고압의 기체 냉매가 가진 열을 방출하여 액체상태로 변환시키는 장치는 응축기(콘덴서)이다.

59 정답 | ①
해설 | 베리언트 코딩은 부품 수리 후 차량에 장착된 옵션의 종류에 따라 수정 부품의 기능을 최적화시키는 작업이다.

60 정답 | ④
해설 | 축전지의 (-)극판은 구멍이 많은 납(해면상납)으로 이루어져 있으며 (+)극판보다 화학적으로 안정한 상태이므로 셀 구성 시 양극판보다 음극판을 1장 많게 설치한다.

61 정답 | ④
해설 | 하드타입 병렬형 하이브리드 자동차(Hard Hybrid Vehicle)
- TMED(Transmission Mounted Electric Device) 방식은 모터가 변속기에 직결되어 있다.
- 전기 자동차 주행(모터 단독 구동) 모드를 위해 엔진과 모터 사이에 클러치로 분리되어 있다.
- 출발과 저속 주행 시에는 모터만을 이용하는 전기 자동차 모드로 주행한다.

62 정답 | ①
해설 | KS R 1201
잔여 운행시간(Tremaining run time) : 배터리가 정지기능 상태가 되기 전까지의 유효한 방전상태에서 배터리가 이동성 소자들에게 전류를 공급할 수 있는 것으로 평가되는 시간

63 정답 | ②
해설 | 파워 제한 기능은 배터리 보호를 위한 입출력 에너지 제한 값을 산출하여 차량 제어기로 정보를 제공하는 기능이다.

64 정답 | ②
해설 | 감속 시 구동모터에서 발생된 AC 전류를 DC로 변환하여 고전압 배터리를 충전한다.

65 정답 | ②
해설 | 배터리 표시방식 중 '600CCA'는 저온시동성능(저온시동전류)을 말하며, CCA는 영하 18℃에서 30초 동안 방전하여 7.2V가 될 때까지 흐를 수 있는 전류량을 뜻한다.

66 정답 | ③
해설 | 전기자동차의 주행속도 제한 기능을 하는 장치는 MCU이다.

67 정답 | ④
해설 | 셀 모니터링 시 전압이 규정보다 낮거나 높은 경우 또는 전압 편차가 규정 값 이상인 경우 불량이다. 저전류와는 거리가 멀다.
- 셀전압 기준 : 2.5~4.2V
- 팩전압 일반형 기준 : 240~413V
- 도심형 기준 : 225~337V
- 셀간 전압편차 기준 : 40mV 이하

68 정답 | ③
해설 | **고전압 차단방법**
- 점화 스위치를 OFF하고, 보조배터리(12V)의 (−) 케이블을 분리한다.
- 서비스 인터록 커넥터(A)를 분리한다.
- 서비스 인터록 커넥터(A)의 분리가 어려운 상황 발생 시 안전 플러그를 탈거한 후 인버터 커패시터 방전 위하여 5분 이상 대기한 후 인버터 단자 간 전압을 측정한다(잔존 전압 상태를 점검).

69 정답 | ②
해설 | 감속 시 회생제동시스템 작동에 의해 Charge(충전)가 점등된다.

70 정답 | ①
해설 | **전기사용자동차의 에너지 소비효율**(「자동차의 에너지소비효율 및 등급표시에 관한 규정」 부칙 2조 관련 [별표 1] 자동차의 에너지소비효율 산정방법 등에 의거)

에너지 소비효율(km/kWh) = $\dfrac{1회\ 충전주행거리(km)}{차량주행\ 시\ 전기에너지충전량(kWh)}$

71 정답 | ④
해설 | DC 전원을 다른 DC 전원으로 변환시키는 장치(고전압 → 저전압)이며 고전압 배터리의 전력(DC)을 저전압 배터리의 전력(DC 12V)으로 이동시킨다. 가정용 충전기의 전원은 AC 220V이므로 틀린 내용이다.

72 정답 | ①
해설 | **고속전기자동차(승용자동차/화물자동차/경·소형 승합자동차) 1회 충전 주행거리**(「환경친화적 자동차의 요건 등에 관한 규정」 제4조(기술적 세부사항)에 의거)
- 1회 충전 주행거리 : 승용자동차는 150km 이상
- 경·소형 화물자동차 : 70km 이상
- 중·대형 화물자동차 : 100km 이상
- 경·소형 승합자동차 : 70km 이상

73 정답 | ①
해설 | 고전압 직류회로는 절연 저항이 100Ω/V 이하로 떨어질 경우 운전자에게 경고를 줄 수 있도록 절연 저항 감시시스템을 갖추어야 한다.

74 정답 | ④
해설 | 저소음 자동차의 경고음 발생장치인 가상엔진 사운드 장치는 20km/h 이하에서 75dB을 초과하지 않는 소음을 발생시켜 보행자의 안전을 확보하기 위한 장치이다(「자동차 규칙」 제53조 관련[별표 6의33] 저소음자동차 경고음발생장치 설치 기준에 의거).

75 정답 | ①
해설 | 15℃에서 35MPa 또는 70MPa의 압력을 말한다(「자동차용 내압용기 안전에 관한 규정」 [별표 4] 압축수소가스 내압용기 제조관련 세부기준 검사방법 및 절차에 의거).

76 정답 | ②
해설 | **방전심도(Depth of discharge)**
배터리 팩이나 시스템으로부터 회수할 수 있는 암페어시 단위의 양을 시험 전류와 온도에서의 정격 용량으로 나눈 것으로 백분율로 표시

77 정답 | ②
해설 | 현재 LKAS는 LKA 차로 이탈방지 보조장치로 명칭이 변경되었으며, 멀티펑션카메라(MFC)모듈을 통해 전방 차선, 광원, 차량을 인식한다.
※ 레이더 센서는 SCC w/S&G, FCA, BCW 전방의 차량 및 물체를 감지하는 역할이다.

78 정답 | ①
해설 | **하이브리드 고전압 모터의 검사방법**
- 하이브리드 구동 모터 U, V, W 선간 저항 검사
- 하이브리드 구동 모터 레졸버 센서 저항 검사
- 하이브리드 구동 모터 온도센서 저항 검사

79 정답 | ③
해설 | 고전압 배터리는 리튬전지이므로 셀당 전압이 3.75V이다. 따라서, 3.75V × 72 = 270V이다.

80 정답 | ②
해설 | **KS R 0121 에너지 저장 시스템**
2차 전지(rechargeable cell)의 정의 : 충전시켜 다시 쓸 수 있는 전지이다. 납산 축전지, 알칼리 축전지, 기체 전지, 리튬 이온 전지, 니켈수소 전지, 니켈카드뮴 전지, 폴리머 전지 등이 있다.

1과목 자동차엔진

01 복합사이클의 이론 열효율은 어느 경우에 디젤사이클의 이론 열효율과 일치하는가? [단, ε=압축비, ρ=압력비, σ=체절비(단절비), x=비열비이다.]
① $\rho = 1$
② $\rho = 2$
③ $\sigma = 1$
④ $\sigma = 2$

02 크랭크축 엔드플레이 간극이 크면 발생할 수 있는 내용이 아닌 것은?
① 커넥팅로드에 휨 하중 발생
② 피스톤 측압 증대
③ 밸브간극의 증대
④ 클러치 작동 시 진동 발생

03 전자제어 디젤장치의 저압라인 점검 중 저압펌프 점검 방법으로 옳은 것은?
① 전기식 저압펌프-부압측정
② 전기식 저압펌프-정압측정
③ 기계식 저압펌프-전압측정
④ 기계식 저압펌프-중압측정

04 총배기량이 1800cc인 4행정기관의 도시평균유효압력이 16kgf/cm², 회전수 2000rpm일 때 도시마력(PS)은? (단, 실린더 수는 1개이다.)
① 33
② 44
③ 64
④ 54

05 무부하 검사방법으로 휘발유 사용 운행자동차의 배출가스 검사 시 측정 전에 확인해야 하는 자동차의 상태로 틀린 것은?
① 자동차 배기관에 배출가스분석기의 시료 채취관을 30cm 이상 삽입한다.
② 배기관이 2개 이상일 때에는 모든 배기관을 측정한 후 최댓값을 기준으로 한다.
③ 측정에 장애를 줄 수 있는 부속장치들의 가동을 정지한다.
④ 수동 변속기 자동차는 변속기어를 중립 위치에 놓는다.

06 커먼레일 디젤엔진의 연료장치에서 솔레노이드 인젝터 대비 피에조 인젝터의 장점으로 틀린 것은?
① 분사 응답성을 향상시킬 수 있다.
② 배출가스를 최소화할 수 있다.
③ 스위칭 ON 시간이 길다.
④ 엔진 출력을 최적화할 수 있다.

07 실린더 헤드 교환 후 엔진 부조현상이 발생하였을 때 실린더 파워밸런스의 점검과 관련된 내용으로 틀린 것은?
① 1개 실린더의 점화플러그 배선을 제거하였을 경우 엔진회전수를 비교한다.
② 파워밸런스 점검으로 각각의 회전수를 기록하고 판정하여 차이가 많은 실린더는 압축압력 시험으로 재측정한다.
③ 점화플러그 배선을 제거하였을 때의 엔진회전수가 점화플러그 배선을 제거하지 않고 확인한 엔진회전수와 차이가 있다면 해당 실린더는 문제가 있는 실린더로 판정한다.
④ 엔진시동을 걸고 각 실린더의 점화플러그 배선을 하나씩 제거한다.

08 현재 사용하고 있는 정기검사 디젤엔진 매연검사 방법으로 옳은 것은?
① 광투과식 부하 가속 모드검사
② 광투과식 무부하 급가속 모드검사
③ 여지 반사식 매연검사
④ 여지 광투과식 매연검사

09 디젤엔진에 사용되는 연료분사펌프에서 정(+) 리드 플런저에 대한 설명으로 옳은 것은?
① 분사개시 때의 분사시기를 변화한다.
② 예행정이 필요 없다.
③ 분사개시 때의 분사시기가 일정하고 분사 말기에는 변화한다.
④ 분사개시와 분사 말기의 분사시기가 모두 변화한다.

10 가솔린 기관의 조기 점화에 대한 설명으로 틀린 것은?
① 점화플러그 전극에 카본이 부착되어도 일어난다.
② 조기점화가 일어나면 연료소비량이 적어진다.
③ 과열된 배기밸브에 의해서도 일어난다.
④ 조기 점화가 일어나면 출력이 저하된다.

11 차량총중량 1900kgf인 상시 4륜 휘발유 자동차의 배출가스 정밀검사에 적합한 검사모드는?
① 무부하 정지가동 검사모드
② 무부하 급가속 검사모드
③ Lug Down 3모드
④ ASM2525 모드

12 터보장치(VGT)가 작동하지 않는 조건으로 틀린 것은?
① 차속이 60~80km/h인 경우
② 엔진회전수가 700rpm 이하인 경우
③ 냉각수온이 0℃ 이하인 경우
④ 터보장치(VGT) 관련 부품이 고장인 경우

13 배기량이 1500cc인 FF 방식의 2003년식 소형승용자동차의 경적소음을 측정하였다. 원동기 회전속도계를 사용하지 않고 측정한 값이 111dB(A)이었고 자동차 소음과 암소음 측정값의 차이가 8dB이었다면 이 자동차의 경적소음과 운행자동차의 소음 허용기준에 따른 적합 여부는?
① 110dB(A), 부적합 ② 110dB(A), 적합
③ 109dB(A), 부적합 ④ 109dB(A), 적합

14 구동방식에 따라 분류한 과급기의 종류가 아닌 것은?
① 흡입가스 과급기
② 배기 터빈 과급기
③ 기계 구동식 과급기
④ 전기 구동식 과급기

15 전자제어 디젤엔진의 연료필터에 연료가열장치는 연료온도(℃)가 얼마일 때 작동하는가?
① 약 10℃   ② 약 15℃
③ 약 0℃   ④ 약 30℃

16 가솔린 엔진의 연료 구비조건으로 틀린 것은?
① 연소속도가 빠를 것
② 발열량이 클 것
③ 옥탄가가 높을 것
④ 온도와 유동성이 비례할 것

17 전자제어 엔진에서 분사량은 인젝터 솔레노이드 코일의 어떤 인자에 의해 결정되는가?
① 코일 권수   ② 저항치
③ 전압치   ④ 통전시간

18 과급장치 검사에 대한 설명으로 틀린 것은?
  ① 스캐너의 센서 데이터 모드에서 VGT 액추에이터와 부스터 압력 센서 작동상태를 점검한다.
  ② 엔진 시동을 걸고 정상 온도까지 워밍업한다.
  ③ 전기장치 및 에어컨을 ON한다.
  ④ EGR 밸브 및 인터쿨러 연결 부분에 배기가스 누출 여부를 검사한다.

19 실린더 내경이 105mm, 행정이 100mm인 4기통 디젤엔진의 SAE 마력(PS)은 약 얼마인가?
  ① 36.7   ② 43.9
  ③ 41.3   ④ 27.3

20 CNG(Compressed Natural Gas) 엔진에서 입력센서로 틀린 것은?
  ① 가스압력센서   ② EGR 밸브
  ③ 산소센서   ④ 가속페달 센서

2과목 자동차섀시

21 무단변속기(CVT)의 특징에 대한 설명으로 틀린 것은?
  ① A/T 대비 연비가 우수하다.
  ② 가속 성능이 우수하다.
  ③ 변속단이 없어서 변속 충격이 거의 없다.
  ④ 토크 컨버터가 없다.

22 전동식 전자제어 동력조향장치에 대한 설명으로 틀린 것은?
  ① 오일 누유 및 오일 교환이 필요 없는 친환경 시스템이다.
  ② 기관의 부하가 감소되어 연비가 향상된다.
  ③ 속도감응형 파워스티어링의 기능 구현이 가능하다.
  ④ 파워스티어링 펌프의 성능 개선으로 핸들이 가벼워진다.

23 유압식 속업소버의 종류가 아닌 것은?
  ① 텔레스코핑식   ② 드가르봉식
  ③ 벨로우즈식   ④ 레버형 피스톤식

24 코일스프링에 대한 설명으로 틀린 것은?
  ① 에너지 흡수율이 크고 체적비율이 적다.
  ② 제작비가 적고 스프링 탄성이 좋다.
  ③ 단위 중량당 에너지 흡수율이 크다.
  ④ 판간 마찰이 있어 진동감쇠 작용이 좋다.

25 차체의 롤링을 방지하기 위한 부품으로 옳은 것은?
  ① 스태빌라이저   ② 컨트롤암
  ③ 속업소버   ④ 로어암

26 드가르봉식 속업소버에 대한 설명으로 틀린 것은?
  ① 늘어남이 중지되면 프리 피스톤은 원위치로 복귀한다.
  ② 밸브를 통과하는 오일의 유동저항으로 인하여 피스톤이 하강함에 따라 프리 피스톤도 가압된다.
  ③ 오일실과 가스실은 일체로 되어 있다.
  ④ 가스실 내에는 고압의 질소가스가 봉입되어 있다.

27 브레이크 휠실린더의 길이와 폭이 85mm×35mm, 브레이크 슈를 미는 힘이 50kgf일 때 브레이크 압력은 약 몇 kgf/cm²인가?

① 5.19
② 4.57
③ 51.9
④ 45.7

28 현가스프링의 진동을 흡수하고, 스프링의 부담을 감소시키기 위한 장치는?

① 비틀림 막대 스프링
② 쇽업소버
③ 스태빌라이저
④ 공기 스프링

29 싱글 피니언 유성기어 장치를 사용하는 오버드라이브 장치에서 선기어가 고정된 상태에서 링기어를 회전시키면 유성기어 캐리어는?

① 링기어와 함께 일체로 회전하게 된다.
② 캐리어는 선기어와 링기어 사이에 고정된다.
③ 반대 방향으로 링기어 보다 빠르게 회전하게 된다.
④ 회전수는 링기어보다 느리게 된다.

30 자동차의 축거가 2.2m, 좌회전 시 바깥쪽 조향각이 30°이다. 이 자동차의 최소회전반경(m)은 얼마인가? (단, 바퀴의 접지면 중심과 킹핀과의 거리는 30cm이다.)

① 4.4m
② 4.7m
③ 4.1m
④ 7.4m

31 적재 차량의 앞축중이 1500kgf 차량 총중량이 3200kgf, 타이어 허용하중이 850kgf인 앞 타이어의 부하율은 약 몇 %인가? (단, 앞 타이어 2개, 뒷 타이어 2개, 접지폭 13cm이다.)

① 78
② 81
③ 88
④ 91

32 휠 스피드 센서 파형 점검 시 가장 유용한 장비는?

① 오실로스코프
② 멀티테스터기
③ 전류계
④ 회전계

33 전자제어 현가장치의 제어 중 급출발 시 노즈업 현상을 방지하는 것은?

① 앤티 다이브 제어
② 앤티 스쿼트 제어
③ 앤티 피칭 제어
④ 앤티 롤링 제어

34 차량 주행 시 조향핸들이 한쪽으로 쏠리는 원인으로 틀린 것은?

① 뒤 차축이 차의 중심선에 대하여 직각이 아니다.
② 조향핸들의 축방향 유격이 크다.
③ 앞 차축 한쪽의 현가스프링이 절손되었다.
④ 좌우 타이어의 공기압력이 서로 다르다.

35 자동차가 주행 중 휠의 동적 불평형으로 인해 바퀴가 좌·우로 흔들리는 현상을 무엇이라 하는가?

① 시미
② 휠링
③ 요잉
④ 바운싱

36 다음 현가장치 구성 중 섀시 스프링의 종류가 아닌 것은?

① 스태빌라이저
② 토션바 스프링
③ 코일 스프링
④ 고무 스프링

37 전자제어 현가장치 종류가 아닌 것은?

① 복합 방식
② 세미 액티브 방식
③ 액티브 방식
④ 위시본 방식

38 자동변속기 오일 압력이 너무 높거나 낮은 원인이 아닌 것은?
① 댐퍼솔레노이드의 미작동
② 밸브바디 조임부가 풀림
③ 압력 레귤레이터 손상
④ 오일필터의 막힘

39 타이어와 노면 사이에서 발생하는 마찰력이 아닌 것은?
① 항력
② 횡력
③ 구동력
④ 선회력

40 ABS의 고장진단 시 경고등의 점등에 관한 설명 중 틀린 것은?
① 점화 스위치 ON 시 점등되어야 한다.
② ABS 컴퓨터 고장 발생 시에는 소등된다.
③ ABS 컴퓨터 커넥터 분리 시 점등되어야 한다.
④ 정상 시 ABS 경고등은 엔진 시동 후 일정시간 점등되었다가 소등된다.

3과목 자동차전기

41 스마트 키 시스템이 적용된 차량에서 사용자가 접근할 때 기본동작으로 옳은 것은?
① 언록 버튼 조작 시 인증된 스마트 키로 확인되면 록 명령을 출력한다.
② 스마트 키가 안테나 신호를 수신하면 자기 정보를 엔진 ECU로 송신한다.
③ 송신기(LF)는 송신된 신호를 스마트 정선박스로 전송한다.
④ 스마트 키 ECU는 정기적으로 발신 안테나를 구동하여 스마트 키를 찾는다.

42 다음 중 주행장치의 점검기준이 아닌 것은?
① 차축의 외관, 휠 및 타이어의 손상 변형 및 돌출이 없고 수나사 및 암나사가 견고하게 조여 있을 것
② 타이어 요철형 무늬의 깊이는 안전기준에 적합하여야 하며, 타이어 공기압이 적정할 것
③ 클러치 페달 유격이 적정하고 자동변속기 선택레버의 작동상태 및 현재 위치와 표시가 일치할 것
④ 흙받이 및 휠 하우스가 정상적으로 설치되어 있을 것

43 다음 중 클러스터 모듈(CLUM)의 고장진단으로 교환해야 할 상황이 아닌 것은?
① 계기판의 각종 경고등 제어 고장
② 도어 오픈 경고등 제어
③ 트립 컴퓨터 제어 고장
④ 방향지시등 플래셔 제어 고장

44 타이어 공기압 경보장치(TPMS)에서 측정하는 항목이 아닌 것은?
① 타이어 온도
② 휠 속도
③ 휠 가속도
④ 타이어 압력

45 자동차에서 CAN 통신 시스템의 특징이 아닌 것은?
① 싱글 마스터(single master) 방식이다.
② 모듈 간의 통신이 가능하다.
③ 데이터를 2개의 배선(CAN-High, CAN-Low)을 이용하여 전송한다.
④ 양방향 통신이다.

46 지름 2mm, 길이 100cm인 구리선의 저항은? (단, 구리선의 고유 저항은 1.69μΩ·m이다.)
① 약 0.54Ω
② 약 0.72Ω
③ 약 0.9Ω
④ 약 2.8Ω

47 네트워크 통신장치(High Speed CAN)의 주선과 종단저항에 대한 설명으로 틀린 것은?

① 주선이 단선된 경우 120Ω의 종단저항이 측정된다.
② 종단저항은 CAN BUS에 일정한 전류를 흐르게 하며, 반사파 없이 신호를 전송하는 중요한 역할을 한다.
③ 종단저항이 없으면 C-CAN에서는 BUS가 ON 상태가 되어 데이터 송수신이 불가능하게 된다.
④ C-CAN의 주선에 연결된 모든 시스템(제어기)들은 종단저항의 영향을 받는다.

48 첨단 운전자 보조시스템(ADAS) 센서 진단 시 사양설정 오류 DTC 발생에 따른 정비 방법으로 옳은 것은?

① 베리언트 코딩 실시
② 시스템 초기화
③ 해당 센서 신품 교체
④ 해당 옵션 재설정

49 운행차 정기검사에서 측정한 경적소음이 1회 96dB, 2회 97dB이고 암소음이 90dB인 경우 최종 측정치는?

① 95.0dB   ② 95.5dB
③ 96.5dB   ④ 96.0dB

50 고객 불편사항 청취 방법으로 틀린 것은?

① 고객이 자신의 차량의 상태를 가장 잘 알고 있으므로 고객의 의견에 귀 기울인다.
② 고객이 제시한 상황에서의 고장 내용을 시뮬레이션 한다.
③ 자기진단기를 사용하여 정확한 진단을 한다.
④ 고객의 의뢰사항을 청취하여 정비지침서에 따라 고객의뢰사항을 분류한다.

51 차선이탈경보 및 차선이탈방지 시스템(LDW&LKA)의 입력 신호가 아닌 것은?

① 와이퍼 작동 신호
② 방향지시등 작동 신호
③ 운전자 조향 토크 신호
④ 휠 스피드 센서 신호

52 냉방장치의 구성품으로 압축기로부터 들어온 고온고압의 기체 냉매를 냉각시켜 액체로 변환시키는 장치는?

① 증발기   ② 팽창밸브
③ 응축기   ④ 건조기

53 제동등과 후미등에 관한 설명으로 틀린 것은?

① LED 방식의 제동등은 점등 속도가 빠르다.
② 제동등과 후미등은 직렬로 연결되어 있다.
③ 브레이크 스위치를 작동하면 제동등이 점등된다.
④ 퓨즈 단선 시 후미등이 점등되지 않는다.

54 아래 그림의 논리기호를 나타내는 것은?

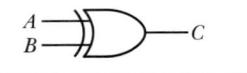

① NOR   ② EX-OR
③ AND   ④ NAND

55 차로 이탈 방지 시스템(LKA)이 고장 났을 때 점검해야 할 부분으로 옳은 것은?

① 전동 조향장치   ② 후측방 카메라
③ 클러스터   ④ 레이더 센서

56 자동차용 컴퓨터 통신방식 중 CAN(Controller Area Network) 통신에 대한 설명으로 틀린 것은?

① 일종의 자동차 전용 프로토콜이다.
② 전장회로의 이상상태를 컴퓨터를 통해 점검할 수 있다.
③ 차량용 통신으로 적합하나 배선수가 현저하게 많다.
④ 독일의 로버트 보쉬사가 국제특허를 취득한 컴퓨터 통신방식이다.

57 다음 중 납산축전지의 특징으로 틀린 것은?

① 충전 시 비중이 낮은 묽은황산이 비중이 높은 묽은황산이 된다.
② 일반적으로 전해액의 온도가 상승하면 비중이 낮아진다.
③ 방전 시 전해액의 비중이 낮아지고 비중이 낮은 상태로 온도가 낮아지면 전해액이 빙결될 수 있다.
④ 축전지의 (−)극판은 구멍이 많은 납으로 이루어져 있으며, (+)극판보다 화학적으로 불안정한 상태이다.

58 배터리 규격 표시 기호에서 "CCA 660A"는 무엇을 뜻하는가?

① 20 전압율
② 25 암페어율
③ 저온 시동 전류
④ 냉간율

59 전방 충돌 방지 시스템(FCA)의 기능에 대해서 설명한 것은?

① 운전자가 설정한 속도로 자동차가 자동 주행하도록 하는 시스템이다.
② 전방 장애물이나 도로 상황에 대해 자동으로 대처하도록 설정된 시스템이다.
③ 운전자가 의도하지 않은 차로 이탈 검출 시 경고하는 시스템이다.
④ 차량 스스로 브레이크를 작동시켜 충돌을 방지하거나 충돌속도를 낮추어 운전자를 보호한다.

60 후측방 충돌 경보(BCW) 시스템의 구성품에 해당되지 않는 것은?

① 제어 모듈
② 후방 레이더 센서
③ BCW 스위치
④ 요 레이트 센서

4과목 친환경 자동차

61 전기자동차 완속 충전기(OBC) 점검 시 확인 데이터가 아닌 것은?

① 1차 스위치부 온도
② OBC 출력 전압
③ AC 입력전압
④ BMS 총 동작시간

62 수소연료전지 자동차의 압축 수소탱크의 구성품이 아닌 것은?

① 고밀도 폴리머 라이너
② 압력 릴리프 기구
③ 탱크 내부 가스 온도센서
④ 유량 플로트 센서

63 하이브리드 자동차의 전동식 워터펌프 교환 시 유의사항으로 틀린 것은?

① 하이브리드 차량이기 때문에 에어빼기는 필요치 않다.
② 전동식 워터펌프 교환 후 학습할 필요는 없다.
③ 바닥에 냉각수가 흐르지 않도록 한다.
④ 정비지침서의 분해 순서를 참고하여 작업한다.

64 하이브리드 자동차의 모터 컨트롤 유닛(MCU) 취급 시 유의사항으로 틀린 것은?
① MCU는 고전압 시스템이기 때문에 작업하기 전에 고전압을 차단하여 안전을 확보해야 한다.
② 작업하기 전 반드시 절연장갑을 착용해야 하며, MCU 시스템을 숙지한 후 작동한다.
③ 고전압 차단을 피해서는 차량 이그니션 키를 OFF 상태로 하고, 방전된 것을 확인하고 작업한다.
④ 방전 여부는 파워케이블을 커넥터 커버 분리 후, 절연계를 사용하여 각 상간(U/V/W) 전압이 12V인지 확인한다.

65 전기자동차 또는 하이브리드 자동차의 구동모터 역할로 틀린 것은?
① 고전압 배터리의 전기에너지를 이용하여 주행
② 모터 감속 시 구동모터를 직류에서 교류로 변환시켜 충전
③ 후진 시에는 모터를 역회전하여 구동
④ 감속기를 통해 토크 증대

66 엔진의 역할이 고전압 배터리를 충전하기 위해서만 존재하고, HEV 모터에 의해서만 주행이 가능한 하이브리드 방식은?
① 직렬형 ② 직·병렬형
③ 혼합형 ④ 병렬형

67 자동차규칙상 고전원 전기장치 절연 안전성에 대한 아래 설명 중 ( ) 안에 들어갈 내용은?

> 연료전지 자동차의 고전압 직류회로는 절연 저항이 ( ) 이하로 떨어질 경우 운전자에게 경고를 줄 수 있도록 절연 저항 감시시스템을 갖추어야 한다.

① 100Ω/V ② 300Ω/V
③ 200Ω/V ④ 400Ω/V

68 수소 연료전지 자동차의 수소 저장장치에 고압으로 저장된 수소를 감압시켜 연료전지에 저압으로 수소를 공급시키는 장치는?
① 레귤레이터 ② 리셉터클
③ 솔레노이드 밸브 ④ 스택

69 전기자동차의 충전방법에 관한 내용으로 틀린 것은?
① 완속 충전은 AC 전원을 이용하여 충전한다.
② 급속 및 완속 충전 시 공급되는 모든 전원은 OBC(On Board Charger)를 통해 변환된다.
③ 급속 충전은 DC로 인버터된 전원을 이용하여 충전한다.
④ 전기자동차 충전은 급속 충전기, 완속 충전기, 휴대용 완속 충전기로 구분한다.

70 모터 컨트롤 유닛 MCU(Motor Control Unit)의 설명으로 틀린 것은?
① 3상 교류 전원(U, V, W)으로 변환된 전력으로 구동모터를 구동시킨다.
② 고전압 배터리의 DC 전력을 모터 구동에 필요한 AC 전력으로 변환한다.
③ 구동모터에서 발생한 DC 전력을 AC로 변환하여 고전압 배터리에 충전한다.
④ 가속 시에 고전압 배터리에서 구동모터로 에너지를 공급한다.

71 전기자동차 배터리의 단자전류가 100A, 무부하 전압이 380V, 단자전압이 360V일 때 내부저항(Ω)은?
① 0.1 ② 0.2
③ 0.3 ④ 0.4

72 하이브리드 자동차의 EV 모드 운행 중 보행자에게 차량 근접에 대한 경고를 하기 위한 장치는?
① 주차 연동 소음 장치
② 가상엔진 사운드 장치
③ 보행자 경로 이탈 장치
④ 제동 지연 장치

73 전기자동차의 고전압 배터리 관련 정비에 대한 내용으로 틀린 것은?
① 안전플러그 탈착 후 잔류전류 방전까지 규정시간 이상 대기한다.
② 안전플러그는 탈착 후 반드시 신품으로 교환한다.
③ 통전시험으로 안전플러그를 점검한다.
④ 멀티테스터를 이용하여 메인퓨즈를 점검한다.

74 플러그인 하이브리드자동차의 연료소비효율 및 연료소비율 표시를 위해 소모된 전기에너지를 자동차에 사용된 연료의 순 발열량으로 등가 환산하여 적용할 때 환산인자로 옳지 않은 것은?
① 1cal = 4.1868J
② 휘발유 1L = 7230kcal
③ 전기 1kWh = 860kcal
④ 경유 1L = 6250kcal

75 공기정화용 에어필터에 관련된 내용으로 틀린 것은?
① 공기 중의 이물질만 제거 가능한 형식이 있다.
② 필터가 막히면 블로워 모터의 소음이 감소된다.
③ 필터가 막히면 블로워 모터의 송풍량이 감소된다.
④ 공기 중의 이물질과 냄새를 함께 제거 가능한 형식이 있다.

76 연료전지 차량의 열관리 시스템의 구성부품으로 틀린 것은?
① 탈이온기
② 냉각수 펌프
③ 냉각팬
④ 가습기

77 전기자동차 구동 모터 검사방법이 아닌 것은?
① 모터 절연 내력 검사
② 모터 절연 저항 검사
③ 모터 선간 저항 검사
④ 모터 최대회전 속도 검사

78 하이브리드 자동차의 하이브리드 컨트롤 유닛(HCU)의 학습 작업을 해야 하는 경우가 아닌 것은?
① 엔진 교체 작업
② 구동모터/미션 정비작업
③ 엔진클러치 유압센서 교체 작업
④ 고전압 배터리 유닛 교체 작업

79 연료전지 자동차의 구동모터에 설치되어 로터의 정확한 위치를 파악하여 모터의 최대 출력 제어를 정밀하게 하기 위한 부품은?
① DC-DC 모터
② 인클로저
③ 모터위치 센서
④ 콘덴서

80 전기자동차의 모터 컨트롤 유닛의 역할로 틀린 것은?
① 감속 시 구동모터를 제어하여 발전기로 전환하는 기능
② 레졸버로부터 회전자의 위치 신호를 받는 기능
③ 직류를 교류로 변환하여 구동모터를 제어하는 기능
④ 가속 시 구동모터의 절연파괴 방지 제어 기능

01	02	03	04	05	06	07	08	09	10
①	③	②	③	②	③	③	②	③	②
11	12	13	14	15	16	17	18	19	20
①	①	②	①	③	④	④	③	④	②
21	22	23	24	25	26	27	28	29	30
④	④	③	④	①	③	①	②	③	④
31	32	33	34	35	36	37	38	39	40
③	①	②	③	④	②	③	③	③	②
41	42	43	44	45	46	47	48	49	50
④	③	④	③	①	①	③	①	③	③
51	52	53	54	55	56	57	58	59	60
④	④	②	②	①	③	③	②	④	④
61	62	63	64	65	66	67	68	69	70
④	④	①	④	②	①	①	①	②	③
71	72	73	74	75	76	77	78	79	80
②	②	②	④	②	④	④	④	③	④

01 정답 | ①
해설 |
- 디젤사이클 이론열효율
$$(\eta) = 1 - \frac{1}{\varepsilon^{\kappa-1}} \times \frac{\sigma^\kappa - 1}{\kappa(\sigma-1)}$$
- 복합사이클 이론열효율
$$(\eta) = 1 - \frac{1}{\varepsilon^{\kappa-1}} \times \frac{\rho \cdot \sigma^\kappa - 1}{(\rho-1) + \kappa(\sigma-1)}$$
여기서, ε : 압축비, κ : 비열비, σ : 체절비(단절비), ρ : 압력비(폭발비)이므로 압력비가 1일 경우 정압 사이클과 동일하다.

02 정답 | ③
해설 | 크랭크축 엔드플레이 간극은 크랭크축의 축방향 유격으로 흡·배기밸브 간극과는 거리가 멀다.

03 정답 | ②
해설 | 저압펌프의 점검방법
- 기계식 저압펌프 – 부압측정
- 전기식 저압펌프 – 정압측정

04 정답 | ③
해설 | 도시마력 $= \dfrac{PVNR}{75 \times 60 \times 100} = \dfrac{16 \times 1800 \times 1 \times 1000}{75 \times 60 \times 100}$
$= 64PS$
여기서, P : 도시평균유효압력, V : 배기량(cc), N : 실린더수, R : 회전수(rpm)

4행정 사이클의 경우, 크랭크축 2회전에 1회 폭발이므로 $\dfrac{1}{2}$값을 적용한다.

05 정답 | ②
해설 | 운행자동차의 배출가스 검사 시 배기관이 2개 이상일 때는 한쪽 배기관을 측정하여 판정한다.

06 정답 | ③
해설 | 피에조 인젝터의 경우 흐르는 전류의 양을 조절하여 피에조 액추에이터의 수축·팽창을 통해 작동하므로 솔레노이드 방식보다 입력전압이 높아 '스위칭 ON 시간이 짧고' 응답성이 빠르며, 소음이 적은 장점이 있다.

07 정답 | ③
해설 | 점화플러그 배선을 제거하였을 때의 엔진회전수가 점화플러그 배선을 제거하지 않고 확인한 엔진회전수와 차이가 없다면 해당 실린더는 문제가 있는 실린더로 판정한다.

08 정답 | ②
해설 | 경유차량의 정기검사 방법은 무부하 급가속 검사이며, 광투과식 측정장비를 사용한다.

09 정답 | ③
해설 |
- 정리드 플런저 : 분사 말기에 분사량을 조절
- 역리드 플런저 : 분사 초기에 분사량을 조절
- 양리드 플런저 : 분사 초·말기에 분사량을 조절

10 정답 | ②
해설 | 조기 점화가 일어나면 출력이 저하되어 그만큼 연료소비량도 증가한다.

11 정답 | ①
해설 | 가솔린 차량의 경우 ASM2525 모드를 통한 정밀검사를 진행하지만 상시사륜 차량의 경우 2륜만 회전시킬 수 없으므로 가솔린 정기 검사 모드(무부하 정지 가동 검사)로 실시한다.

12 정답 | ①
해설 | **터보장치가 작동하지 않는 조건**
- 엔진회전수가 낮을 때
- 냉각수온이 낮을 때
- VGT 관련 부품이 고장일 때
- 부스트 압력이 높을 때

13 정답 | ②
해설 | 차량 소음과 암소음의 차이가 8이므로 보정 값은 1이다. 따라서, 측정한 값 111dB에서 1을 뺀 110 값이 최종값이며, 2003년식 차량의 소음 기준은 110dB 이하이므로 적합하다.
운행차 정기검사의 방법·기준 및 대상 항목(「소음·진동관리법」 제44조제1항 관련)

단위:dB(A), dB(C)

자동차소음과 암소음의 측정치 차이	3	4~5	6~9
보정치	3	2	1

14 정답 | ①
해설 | 과급기는 흡입되는 공기량을 높이기 위한 장치이므로 그 구동력이 흡입가스가 될 수 없다.

15 정답 | ③
해설 | 겨울철에 연료여과기 내부의 연료가 빙결되어 연료공급이 되지 않는 고장이 발생하는데 이를 방지하기 위해 PTC 히터를 설치한다. 약 −3∼3℃에서 작동한다.

16 정답 | ④
해설 | 가솔린 연료는 온도와 관계없이 유동성이 좋아야 한다.

17 정답 | ④
해설 | 전자제어 엔진에서 솔레노이드 인젝터의 분사량은 솔레노이드에 통전시간(밸브의 열림시간)에 비례한다. 즉, 통전시간이 길수록 분사량은 많다.

18 정답 | ③
해설 | 과급장치의 검사 시 엔진의 부하를 최소화하기 위해 전기장치 및 에어컨은 OFF한다.

19 정답 | ④
해설 | SAE 마력 $= \dfrac{M^2 \cdot N}{1613} = \dfrac{105^2 \times 4}{1613} = 27.34 \text{PS}$

20 정답 | ②
해설 | EGR 밸브는 배기가스 재순환 장치로 ECU의 신호에 따라 작동되는 액츄에이터(출력 신호)이다.

21 정답 | ④
해설 | 클러치 종류로는 토크컨버터방식, 발진 클러치방식, 전자파우더 방식이 있다.
CVT의 특징
- 변속단이 없는 무단변속이므로 변속 충격이 없다.
- 자동변속기에 비하여 연비가 우수하다.
- 가속 성능이 우수하다.
- 구조가 간단하고 중량이 작다.

22 정답 | ④
해설 | 전동식 동력조향장치는 파워스티어링 펌프 대신 전동모터와 유성기어를 사용한 방식이다.

23 정답 | ③
해설 | 벨로우즈 방식은 공기식 현가장치의 종류이다.

24 정답 | ④
해설 | 판스프링에 대한 설명이다.

25 정답 | ①
해설 | 독립현가장치에서 차체의 롤링을 방지하기 위한 부품은 스태빌라이저(활대)이다.

26 정답 | ③
해설 | 드가르봉식 쇽업소버는 오일실과 가스실이 분리되어 있어 프리피스톤에 의해 오일실의 압력을 일정하게 유지하여 오일의 캐비테이션(오일의 압력이 낮아 기포가 발생하는 현상)을 방지한다.

27 정답 | ①
해설 | 압력 $= \dfrac{F}{A} = \dfrac{50\text{kgf}}{0.785 \times 3.5^2} = 5.19 \text{kgf/cm}^2$

28 정답 | ②
해설 | 쇽업소버는 내부의 오리피스를 통해 오일이 통과할 때 저항력을 이용한 것으로 스프링의 진동을 감쇠하는 역할을 한다.

29 정답 | ④
해설 | 예를 들어, 선기어 잇수 : 10, 링기어 잇수 : 20, 캐리어의 유효잇수 : 30이라면 링기어 입력 : 20 → 캐리어 출력 : 30이므로 변속비는 1.5로 감속된다.

30 정답 | ②
해설 | 최소회전반경(R) = $\dfrac{L}{\sin\alpha}$ + r
= $\dfrac{2.2m}{\sin 30}$ + 0.3 = 4.7m

31 정답 | ③
해설 | 전륜에 가해지는 윤중
= 타이어 부하율 = $\dfrac{\text{윤중}}{\text{허용중량}}$
= $\dfrac{1500kgf \div 2}{850kgf}$ × 100(%) = 88.23%

32 정답 | ①
해설 | 일반적으로 시간에 따른 전압, 전류의 변화를 점검하는 파형을 측정하는 장비는 오실로스코프이다.

33 정답 | ②
해설 | 급출발 시 노즈업(스쿼트)를 방지하는 것은 앤티 스쿼트 제어이다.

34 정답 | ②
해설 | 조향기어의 간극(백래시)이 큰 경우 혹은 타이로드앤드 볼 조인트에 유격이 있는 경우 조향핸들이 한쪽으로 쏠릴 수 있다. 축방향 유격과는 거리가 멀다.

35 정답 | ①
해설 | 타이어의 이상 진동
• 동적 불평형 – 시미
• 정적 불평형 – 트램핑

36 정답 | ④
해설 | 현가장치 구성 중 스프링의 종류
• 판 스프링
• 코일 스프링
• 비틀림 스프링(토션바, 스태빌라이저)

37 정답 | ④
해설 | 위시본 방식은 독립현가장치의 종류이며, SLA 형식과 평행사변형 형식으로 나뉜다.

38 정답 | ①
해설 | 자동변속기 오일 압력이 너무 낮은 경우 댐퍼솔레노이드의 작동이 불량할 수 있다. 따라서, ①은 오일 압력이 낮거나 높은 원인이 아닌 결과이다.

39 정답 | ③
해설 | 타이어에 작용하는 힘
• 횡력(side-force) : 조향 또는 외란에 의해 타이어가 옆 미끄럼되면 타이어는 노면과의 접촉면에서 옆방향으로 변형되는데 이 변형에 의해 타이어의 회전방향에 대한 직각방향으로 나타나는 힘이다.
• 항력(drag force) : 타이어 회전방향의 성분으로 구름저항, 구동력, 제동력을 의미한다.
• 마찰력(friction force) : 횡력과 항력에 대한 벡터성분의 힘으로 자동차의 운동력은 타이어와 노면 사이의 마찰력에 의해 좌우된다.
• 선회력(cornering force) : 마찰력에 대한 분력으로 타이어 진행방향에 대한 직각방향 성분의 힘이다. 선회력은 선회운동을 원활히 하기 위한 구심력의 대부분을 차지한다.

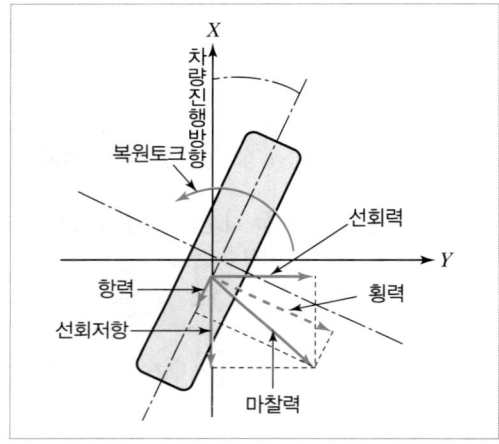

40 정답 | ②
해설 | ABS 컴퓨터 고장 발생 시 점등되어 운전자에게 알려야 한다.

41 정답 | ④
해설 | 언록 버튼 조작 시 인증된 스마트 키로 확인되면 언록(풀림) 명령을 출력한다.

42 정답 | ③
해설 | ③은 동력전달장치의 점검기준에 속한다.
주행장치의 점검기준(「자동차관리법」 73조 관련 [별표15] 자동차검사기준 및 방법에 의거)
• 차축의 외관, 휠 및 타이어의 손상·변형 및 돌출이 없고, 수나사 및 암나사가 견고하게 조여 있을 것
• 타이어 요철형 무늬의 깊이는 안전기준에 적합하여야 하며, 타이어 공기압이 적정할 것
• 흙받이 및 휠하우스가 정상적으로 설치되어 있을 것
• 가변축 승강조작장치 및 압력조절장치의 설치위치는 안전기준에 적합할 것

43 **정답 | ④**
해설 | 방향지시등 플래셔 유닛은 별도의 릴레이 제어를 실시하므로 클러스터 모의 고장진단과 거리가 멀다.

44 **정답 | ③**
해설 | 휠 가속도(휠 G 센서)의 경우 전자제어 현가장치에서 바퀴의 진동을 감지하는 역할이다.

45 **정답 | ①**
해설 | 자동차에서 CAN 통신은 멀티 마스터(multi master) 방식으로 ECU 간의 데이터 송수신이 자유롭다.

46 **정답 | ①**
해설 | 구리선의 저항
$$= 고유저항 \times \frac{길이}{단면적}$$
$$= 0.00169\Omega \cdot mm \times \frac{1000mm}{\frac{\pi}{4} \times 4mm^2}$$
$$= 약\ 0.54\Omega$$

47 **정답 | ③**
해설 | 종단저항이 없는 경우 반사파에 의해 데이터 송수신이 불가능하게 된다.

48 **정답 | ①**
해설 | 베리언트 코딩은 부품 수리 후 차량에 장착된 옵션의 종류에 따라 수정 부품의 기능을 최적화시키는 작업이다.

49 **정답 | ④**
해설 | 운행차 정기검사의 방법 · 기준 및 대상 항목(「소음 · 진동관리법」 제44조 제1항 관련)

단위:dB(A), dB(C)

자동차소음과 암소음의 측정치 차이	3	4~5	6~9
보정치	3	2	1

50 **정답 | ③**
해설 | ③은 고객 불편사항을 청취한 이후에 점검을 하기 위한 방법이므로 지문의 내용과는 거리가 멀다.

51 **정답 | ④**
해설 | 휠 스피드 센서의 경우 바퀴의 잠김을 검출하여 제동장치(ABS), 차체자세제어장치, 간접식 TPMS에 사용된다.

52 **정답 | ③**
해설 | 고온고압의 기체 냉매가 가진 열을 방출하여 액체상태로 변환시키는 장치는 응축기(콘덴서)이다.

53 **정답 | ②**
해설 | 제동등과 후미등은 일반적으로 더블필라멘트를 사용하여 같은 전구를 사용하지만, 회로구성으로는 제동등은 제동 스위치에 후미등은 미등릴레이에 연결되어 있다.

54 **정답 | ②**
해설 | 해당 심볼은 베타적 논리합 회로의 부호이며, A, B 두 입력값이 다른 경우에만 출력이 발생하는 회로이다.

EX-OR 논리표

A	B	OUT
0	0	0
0	1	1
1	0	1
1	1	0

55 **정답 | ①**
해설 | 차로 이탈 방지 시스템(LKA)의 입력은 멀티펑션카메라(MFC)를 통해 차선을 입력받아 운전자의 의지와 관계없이(조향 혹은 방향지시등 작동) 차선 이탈이 감지된 경우 경고와 MDPS(전동식 동력 조향장치)를 통해 차선을 벗어나지 않도록 하는 기능이 있다.

56 **정답 | ③**
해설 | CAN 통신을 사용하는 경우 CAN BUS를 통한 송신이 가능하기 때문에 배선수가 감소하는 효과가 있다.

57 **정답 | ④**
해설 | 축전지의 (−)극판은 구멍이 많은 납(해면상납)으로 이루어져 있으며, (+)극판보다 화학적으로 안정한 상태이므로 셀 구성 시 양극판보다 음극판을 1장 많게 설치한다.

58 **정답 | ③**
해설 | CCA(Cold Cranking Amperage)는 저온 시동 전류라고 하며, 완충된 축전지가 영하 18℃에서 순간적으로 출력을 나타낼 수 있는 성능을 말한다. "CCA 660A"는 660A를 30초간 방전하였을 때 전압이 7.2V 이상을 유지할 수 있음을 의미한다.

59 **정답 | ④**
해설 | ① 오토크루즈 시스템
② ADAS(첨단운전자보조)의 통칭
③ LDW(차로이탈경고) 시스템

60 정답 | ④
해설 | 요 레이트 센서의 경우 차체의 요모먼트(Z축을 중심으로 회전)를 검출하여 차체자세제어장치에 입력신호로 사용된다.

61 정답 | ④
해설 | **OBC 점검 시 확인 데이터**
- 인렛 잠금 및 온도 센싱 점검
- AC 입력 전압
- OBC 출력 전압

62 정답 | ④
해설 | 유량 플로트 센서는 뜨게를 이용한 탱크 내 연료 또는 오일의 양 측정을 위한 장치로 수소탱크에는 적용되지 않는다.
수소탱크의 구성품
- 라이너 : 섬유 등의 외피가 덮이는 내부 용기
- 역류방지장치(체크밸브)
- 주 밸브(고압차단 밸브)
- 압력 조정기(감압밸브, 압력 릴리프 기구)
- 과류 방지 밸브
- 가스 온도 센서
- 탱크압력 센서

63 정답 | ①
해설 | IG on 상태에서 진단 장비를 이용하여 전자식 워터펌프(EWP)를 강제 구동시켜 리저버에서 공기방울이 보이지 않을 때까지 에어빼기 작업을 실시한다.

64 정답 | ④
해설 | 방전 여부는 안전플러그 탈거 후 최소 5분 후 인버터의 (+)단자와 (−)단자 사이의 전압값을 측정한다. 측정값이 30V 이하이면 고전압 회로가 정상적으로 차단된 것으로 판단하고, 30V를 초과하면 고전압 회로에 이상이 있는 것으로 점검해야 한다.

65 정답 | ②
해설 | 모터 감속 시 구동모터에서 발생한 교류전류를 직류로 변환시켜 배터리를 충전한다.

66 정답 | ①
해설 | 직렬 하이브리드 차량의 경우 엔진이 직접 구동축에 동력을 전달하지 않고. 엔진은 발전기를 통해 전기에너지를 생성하고, 그 에너지를 사용하는 전기 모터가 구동하여 차량을 주행시킨다.

67 정답 | ①
해설 | 연료전지 자동차의 고전압 직류회로는 절연저항이 100Ω/V 이하로 떨어질 경우 운전자에게 경고를 줄 수 있도록 절연저항 감시시스템을 갖추어야 한다.

68 정답 | ①
해설 | 지문은 레귤레이터에 대한 내용이다.
참고 리셉터클(Receptacle) : 수소 충전용 리셉터클은 수소가스 충전소 측의 충전 노즐 커넥터의 역할을 수행하는 리셉터클 본체와 내부는 리셉터클 본체를 통과하는 수소가스에 이물질을 필터링하는 필터부와 일방향으로 흐름을 단속하는 체크부로 구성되어 있다.

69 정답 | ②
해설 | 완속 충전 시 공급되는 전원은 OBC(On Board Charger)를 통해 변환된다. 급속 충전은 DC 방식의 입력 전원이기 때문에 차량에서는 변환이 필요 없다.

70 정답 | ③
해설 | 감속 시 구동모터에서 발생하는 AC 전력을 DC로 변환하여 고전압 배터리에 충전한다.

71 정답 | ②
해설 | 강하된 전압이 20V이므로
내부저항 $R = \dfrac{E}{I} = \dfrac{20}{100} = 0.2\Omega$이다.

72 정답 | ②
해설 | 저소음 자동차의 경고음 발생장치인 가상엔진 사운드 장치는 20km/h 이하에서 75dB을 초과하지 않는 소음을 발생시켜 보행자의 안전을 확보하기 위한 장치이다(「자동차규칙」 제53조 관련 [별표6의 33] 저소음자동차 경고음발생장치 설치 기준에 의거).

73 정답 | ②
해설 | 안전플러그는 소모성 부품이 아니므로 이상이 없는 경우는 교환하지 않는다.

74 정답 | ④
해설 | 플러그인 하이브리드자동차의 에너지소비효율, 온실가스 배출량 및 연료소비율 측정방법(「자동차의 에너지소비효율 및 등급표시에 관한 규정」에 의거)
- 전기 1kWh = 860kcal
- 휘발유 1L = 7230kcal
- 경유 1L = 8420kcal
- 1cal = 4.1868J

75 정답 | ②
해설 | 필터가 막히면 흡입공기의 저항이 증가하여 블로워 모터에서 토출되는 송풍량이 감소되고 소음이 커진다.

76 정답 | ④
해설 | 연료전지 차량에서 가습기는 공기공급시스템에서 스택에 공급되는 공기에 수분을 공급하는 장치이다.

77 정답 | ④
해설 | **구동 모터 검사방법**
- 모터 선간 저항 : 멀티 옴 미터를 이용하여 각 선간(U, V, W)의 저항을 점검한다.
- 모터 절연 저항 : 절연저항 시험기를 이용하여 절연저항을 점검한다(1분간 DC 540V를 인가하여 측정값을 확인).
- 절연 내력 : 내전압 시험기를 이용하여 누설 전류를 점검한다.

78 정답 | ④
해설 | **HCU 학습요건**(HCU는 엔진의 동력이 변속기에 연결될 때의 충격을 최소화하기 위해 클러치 양쪽의 접촉점에 대한 학습이 필요하다.)
- 엔진클러치 유압센서(CPS) 교체 작업 후
- 엔진 교체작업 후
- 하이브리드 구동 모터 교체작업 후
- HCU 교체작업 후

79 정답 | ③
해설 | 모터위치 센서 : 하이브리드, 전기차량에서는 보통 레졸버 센서로 명칭

80 정답 | ④
해설 | 구동모터의 절연파괴 방지 제어는 PRA의 역할이다.

MCU의 주요기능
- MCU는 VCU와 통신하여 주행조건에 따라 구동 모터를 최적으로 제어한다.
- 고전압 배터리의 직류를 구동모터 작동에 필요한 3상 교류로 전환한다.
- 감속 및 가속 시에는 MCU가 인버터 대신 컨버터의 임무를 수행하여, 모터를 발전기로 전환한다. 이때 에너지 회수기능을 담당하며, 고전압 배터리를 충전한다.

1과목 자동차엔진

01 엔진에 사용되는 연료의 필요 옥탄가에 영향을 미치는 요소가 아닌 것은?
① 압축비
② 배기압
③ 공연비
④ 점화시기

02 흡입 밸브의 닫힘 시기에 관한 설명 중 틀린 것은?
① 저속 운전영역에서 흡입 밸브를 늦게 닫으면 혼합가스가 역류한다.
② 저속 운전영역에서 흡입 밸브를 빨리 닫으면 혼합기가 희박해진다.
③ 고속 운전영역에서 흡입 밸브를 빨리 닫으면 회전력과 최고 출력이 낮아진다.
④ 고속 운전영역에서 흡입 밸브를 늦게 닫으면 흡입 공기의 관성을 충분히 활용할 수 있다.

03 「자동차 및 자동차부품의 성능과 기준에 관한 규칙」에 따른 자동차의 연료탱크, 주입구 및 가스배출구의 적합 기준으로 틀린 것은?
① 배기관의 끝으로부터 20cm 이상 떨어져 있을 것(연료탱크를 제외한다.)
② 차실 안에 설치하지 아니하여야 하며, 연료탱크는 차실과 또는 보호판 등으로 격리되는 구조일 것
③ 노출된 전기단자 및 전기개폐로부터 20cm 이상 떨어져 있을 것(연료탱크를 제외한다.)
④ 연료장치는 자동차의 움직임에 의하여 연료가 새지 아니하는 구조일 것

04 LPG 자동차에서 액상분사장치(LPI)에 대한 설명으로 틀린 것은?
① 액기상 연료 공급에 따라 연료 분사량이 제어되기도 한다.
② 연료탱크 내부에 연료송출용 연료 펌프를 설치한다.
③ 가솔린 분사용 인젝터와 공용으로 사용할 수 없다.
④ 빙결 방지용 아이싱 팁을 사용한다.

05 엔진을 감속할 때 연료 공급을 일시 차단시킴과 동시에 충격을 방지하기 위해 감속 조건에 따라 스로틀 밸브의 닫힘 속도를 제어하는 것은?
① 피드백 제어
② 공전속도 제어
③ 대시포트 제어
④ 패스트 아이들 제어

06 다음 중 윤활유 첨가제가 아닌 것은?
① 부식 방지제
② 유동점 강하제
③ 극압 윤활제
④ 인화점 강하제

07 크랭크축 엔드플레이 간극이 크면 발생할 수 있는 내용이 아닌 것은?
① 커넥팅로드에 휨 하중 발생
② 피스톤 측압 증대
③ 밸브 간극의 증대
④ 클러치 작동 시 진동 발생

08 스로틀 포지션 센서의 입력 값이 5V일 때, 정상적인 출력 값으로 틀린 것은?
① 0.5~1.0V
② 1.5~2.0V
③ 3.5~4.0V
④ 5.5~6.0V

09 전자제어 가솔린 엔진에서 연속가변밸브타이밍(CVVT) 시스템의 적용 목적으로 틀린 것은?

① 연비 향상
② 공회전 안정화
③ 배기가스 저감
④ 엔진 냉각 효율 향상

10 전자제어 디젤엔진의 연료필터에 연료가열장치는 연료온도(℃)가 얼마일 때 작동하는가?

① 약 20℃
② 약 10℃
③ 약 0℃
④ 약 30℃

11 디젤 엔진에서 노크를 방지하는 방법으로 옳지 않은 것은?

① 압축비를 높게 한다.
② 흡기 온도를 높게 한다.
③ 연료의 착화지연을 길게 한다.
④ 연료의 착화시기를 정확하게 한다.

12 실린더 헤드 교환 후 엔진 부조 현상이 발생하였을 때 실린더 파워밸런스의 점검과 관련된 내용으로 틀린 것은?

① 점화플러그 배선을 제거하였을 때의 엔진회전수가 점화플러그 배선을 제거하지 않고 확인한 엔진회전수와 차이가 있다면 해당 실린더는 문제가 있는 실린더로 판정한다.
② 1개 실린더의 점화플러그 배선을 제거하였을 경우 엔진회전수를 비교한다.
③ 파워밸런스 점검으로 각각의 회전수를 기록하고 판정하여 차이가 많은 실린더는 압축압력 시험으로 재측정한다.
④ 엔진 시동을 걸고 각 실린더의 점화플러그 배선을 하나씩 제거한다.

13 디젤엔진에 사용되는 연료분사펌프에서 정(+) 리드 플런저에 대한 설명으로 옳은 것은?

① 분사개시 때의 분사시기를 변화한다.
② 예행정이 필요 없다.
③ 분사개시 때의 분사시기가 일정하고 분사 말기에는 변화한다.
④ 분사개시와 분사 말기의 분사시기가 모두 변화한다.

14 커먼레일 디젤엔진의 연료장치에서 솔레노이드 인젝터 대비 피에조 인젝터의 장점으로 틀린 것은?

① 분사 응답성을 향상시킬 수 있다.
② 배출가스를 최소화할 수 있다.
③ 엔진 출력을 최적화할 수 있다.
④ 스위칭 ON 시간이 길다.

15 무부하 검사방법으로 휘발유 사용 운행자동차의 배출가스 검사 시 측정 전에 확인해야 하는 자동차의 상태로 틀린 것은?

① 자동차 배기관에 배출가스분석기의 시료 채취관을 30cm 이상 삽입한다.
② 배기관이 2개 이상일 때에는 모든 배기관을 측정한 후 최댓값을 기준으로 한다.
③ 측정에 장애를 줄 수 있는 부속장치들의 가동을 정지한다.
④ 수동 변속기 자동차는 변속기어를 중립 위치에 놓는다.

16 디젤 엔진 연소실 형식 중 직접분사식의 장점으로 틀린 것은?

① 연료 소비율이 향상된다.
② 연소실의 구조가 간단하다.
③ 연료 분사개시 압력이 타 형식에 비해 높다.
④ 연소실 내의 표면적이 작아 냉각손실이 적다.

17 공기과잉률(λ)에 대한 설명으로 옳지 않은 것은?

① 공기과잉률이 1에 가까울수록 출력은 감소하며, 검은 연기를 배출하게 된다.
② 엔진에 흡입된 공기의 중량을 알면 연료의 양을 결정할 수 있다.
③ 연소에 필요한 이론적 공기량에 대한 공급된 공기량과의 비를 말한다.
④ 자동차 엔진에서는 전부하(최대 분사량)일 때 공기과잉률은 0.8~0.9 정도가 된다.

18 가솔린 엔진에서 저온 시동성 향상과 관련된 센서는?

① 산소 센서   ② 대기압 센서
③ 냉각수온 센서   ④ 흡입공기량 센서

19 가솔린 기관에서 압축비가 12일 경우 열효율(η)은 약 몇 %인가? [단, 비열비(x)=1.4이다.]

① 54   ② 60
③ 63   ④ 65

20 총배기량이 1800cc인 4행정기관의 도시평균유효압력이 16kgf/cm², 회전수 2000rpm일 때 도시마력(ps)은? (단, 실린더 수는 1개이다.)

① 33   ② 44
③ 54   ④ 64

2과목 자동차새시

21 전자제어 현가장치에서 자동차가 선회할 때 차체의 기울어진 정도를 검출하는 데 사용되는 센서는?

① G 센서   ② 차속 센서
③ 스로틀 포지션 센서   ④ 리어 압력 센서

22 입출력 속도비 0.4, 토크비 2인 토크컨버터에서 펌프 토크가 8kgf·m일 때 터빈 토크(kgf·m)는?

① 12   ② 16
③ 38   ④ 24

23 현가장치에서 드가르봉식 쇽업소버의 설명으로 가장 거리가 먼 것은?

① 질소가스가 봉입되어 있다.
② 오일실과 가스실이 분리되어 있다.
③ 오일에 기포가 발생하여도 충격 감쇠효과가 저하하지 않는다.
④ 쇽업소버의 작동이 정지되면 질소가스가 팽창하여 프리 피스톤의 압력을 상승시켜 오일 챔버의 오일을 감압한다.

24 전동식 전자제어 동력조향장치에 대한 설명으로 옳은 것은?

① 엔진의 동력을 이용하지 않지만, 모터로 베인펌프를 회전시킨다.
② 모터 가격이 저렴하여 현재 모든 차량에 적용하고 있다.
③ 베인펌프를 사용하여 유압을 발생시킨다.
④ 모터를 사용하여 스티어링을 회전시키고 엔진동력을 사용하지 않으므로 연비가 좋다.

25 무단변속기(CVT)의 특징에 대한 설명으로 틀린 것은?

① A/T 대비 연비가 우수하다.
② 가속 성능이 우수하다.
③ 토크 컨버터가 없다.
④ 변속단이 없어서 변속 충격이 거의 없다.

26 가속폐달을 급격히 밟으면 시프트 다운으로 변환시켜주는 전자제어 자동변속기 관련 장치는?
① 스로틀 밸브 ② 댐퍼 클러치
③ 차속센서 ④ 킥다운 스위치

27 무단변속기의 구동방식에 해당되지 않는 것은?
① 트랙션 구동방식
② 가변체인 구동방식
③ 금속체인 구동방식
④ 유압모터 – 펌프 조합형 구동방식

28 브레이크 라이닝의 표면이 과열되어 마찰계수가 저하되고 브레이크 효과가 나빠지는 현상은?
① 캐비테이션 현상
② 하이드로 플레이닝 현상
③ 언더스티어링 현상
④ 브레이크 페이드 현상

29 유체 클러치에서 스톨 포인트에 대한 설명이 아닌 것은?
① 속도비가 '0'인 점이다.
② 펌프는 회전하나 터빈이 회전하지 않는 점이다.
③ 스톨 포인트에서 토크비가 최대가 된다.
④ 스톨 포인트에서 효율이 최대가 된다.

30 코일스프링에 대한 설명으로 틀린 것은?
① 에너지 흡수율이 크고 체적비율이 적다.
② 제작비가 적고 스프링 탄성이 좋다.
③ 단위 중량당 에너지 흡수율이 크다.
④ 판간 마찰이 있어 진동감쇠 작용이 좋다.

31 타이어와 노면 사이에서 발생하는 마찰력이 아닌 것은?
① 항력 ② 횡력
③ 구동력 ④ 선회력

32 자동변속기 오일 압력이 너무 높거나 낮은 원인이 아닌 것은?
① 댐퍼솔레노이드의 미작동
② 밸브바디 조임부가 풀림
③ 압력 레귤레이터 손상
④ 오일필터의 막힘

33 전동식 EPS(Electric Power Steering) 시스템 조향장치의 단점이 아닌 것은?
① 설치 및 유지 가격이 유압식에 비해 비싸다.
② 고성능화로 배출가스의 발생을 줄일 수 있으며 연비 향상을 가져온다.
③ 전동 모터 구동 시 큰 전류가 흘러 배터리 방전대책이 필요하다.
④ 전기모터 회전 시 컬럼 샤프트를 통해 진동이 스티어링 휠에 전달될 수 있다.

34 차륜정렬에서 정의 캠버를 주면 바퀴는 바깥쪽으로 나가게 된다. 이때 바퀴를 직진방법으로 진행하게 하는 앞바퀴 정렬은?
① 토인 ② 캠버
③ 캐스터 ④ 킹핀경사각

35 자동차의 축거가 2.2m, 좌회전 시 조향각이 바깥쪽 30°이다. 이 자동차의 최소회전반경(m)은 얼마인가? (단, 바퀴의 접지면 중심과 킹핀과의 거리는 30cm이다.)
① 4.1m ② 4.4m
③ 4.7m ④ 7.4m

36 ABS의 고장진단 시 경고등의 점등에 관한 설명 중 틀린 것은?
① 점화 스위치 ON 시 점등되어야 한다.
② ABS 컴퓨터 고장 발생 시에는 소등된다.
③ ABS 컴퓨터 커넥터 분리 시 점등되어야 한다.
④ 정상 시 ABS 경고등은 엔진 시동 후 일정시간 점등 되었다가 소등된다.

37 텔레스코핑형 쇽업쇼버의 작동상태에 대한 설명으로 틀린 것은?
① 피스톤에는 오일이 지나가는 작은 구멍이 있고, 이 구멍을 개폐하는 밸브가 설치되어 있다.
② 실린더에는 오일이 들어있다.
③ 복동식은 스프링이 늘어날 때나 압축될 때 모두 저항이 발생되는 형식이다.
④ 단동식은 스프링이 압축될 때에는 저항이 걸려 차체에 충격을 주지 않아 평탄하지 못한 도로에서 유리한 점이 있다.

38 휠 얼라이먼트를 점검하여 바르게 유지해야 하는 이유로 틀린 것은?
① 사이드 슬립의 방지
② 축간거리의 감소
③ 직진성의 개선
④ 타이어 이상 마모를 최소화

39 유압식 동력조향장치의 오일펌프 압력시험에 대한 설명으로 틀린 것은?
① 컷오프 밸브를 개폐하면서 유압이 규정값 범위에 있는지 확인한다.
② 엔진의 회전수를 약 1000 ± 100rpm으로 상승시킨다.
③ 유압회로 내의 공기빼기 작업을 반드시 실시해야 한다.
④ 시동을 정지한 상태에서 입력을 측정한다.

40 자동차관리법 시행규칙상 제동시험기 롤러의 마모 한계는 기준 직경의 몇 % 이내인가?
① 2%   ② 3%
③ 4%   ④ 5%

3과목 자동차전기

41 고객 불편사항 청취 방법으로 틀린 것은?
① 고객이 자신의 차량의 상태를 가장 잘 알고 있으므로 고객의 의견에 귀 기울인다.
② 고객이 제시한 상황에서의 고장 내용을 시뮬레이션 한다.
③ 자기진단기를 사용하여 정확한 진단을 한다.
④ 고객의 의뢰사항을 청취하여 정비지침서에 따라 고객의뢰사항을 분류한다.

42 운행차 정기검사에서 측정한 경적소음이 1회 96dB, 2회 97dB이고 암소음이 90dB인 경우 최종 측정치는?
① 95.0dB   ② 96.0dB
③ 96.5dB   ④ 97.0dB

43 스티어링 핸들 조향 시 운전식 에어백 모듈 배선의 단선과 꼬임을 방지해주는 부품은?
① 클럭 스프링   ② 프리텐셔너
③ 트위스트 와이어   ④ 인플레이터

44 자동차용 컴퓨터 통신방식 중 CAN(Controller Area Network) 통신에 대한 설명으로 틀린 것은?
① 일종의 자동차 전용 프로토콜이다.
② 전장회로의 이상상태를 컴퓨터를 통해 점검할 수 있다.
③ 차량용 통신으로 적합하나 배선수가 현저하게 많다.
④ 독일의 로버트 보쉬사가 국제특허를 취득한 컴퓨터 통신방식이다

45 제동등과 후미등에 관한 설명으로 틀린 것은?
① LED 방식의 제동등은 점등 속도가 빠르다.
② 제동등과 후미등은 직렬로 연결되어 있다.
③ 브레이크 스위치를 작동하면 제동등이 점등된다.
④ 퓨즈 단선 시 후미등이 점등되지 않는다.

46 다음 중 주행장치의 점검기준이 아닌 것은?
① 차축의 외관, 휠 및 타이어의 손상 변형 및 돌출이 없고 수나사 및 암나사가 견고하게 조여 있을 것
② 타이어 요철형 무늬의 깊이는 안전기준에 적합하여야 하며, 타이어 공기압이 적정할 것
③ 클러치 페달 유격이 적정하고 자동변속기 선택레버의 작동상태 및 현재 위치와 표시가 일치할 것
④ 흙받이 및 휠 하우스가 정상적으로 설치되어 있을 것

47 차량에 사용하는 통신 프로토콜 중 통신속도가 가장 빠른 것은?
① LIN   ② CAN
③ K-LINE   ④ MOST

48 AGM 배터리에 대한 설명으로 틀린 것은?
① 충·방전 속도와 저온 시동성을 개선하기 위한 배터리이다.
② 아주 얇은 유리섬유 매트가 배터리 연판들 사이에 놓여 있어 전해액의 유동을 방지한다.
③ 내부 접촉 압력이 높아 활성 물질의 손실을 최소화하면서 내부 저항은 극도로 낮게 유지한다.
④ 충격에 의한 파손 시 전해액이 흘러나와 다른 2차 피해를 줄 수 있다.

49 PIC 스마트 키 작동범위 및 방법에 대한 설명으로 틀린 것은?
① PIC 스마트 키를 가지고 있는 운전자가 차량에 접근하여 도어 핸들을 터치하면 도어 핸들 내에 있는 안테나는 유선으로 PIC ECU에 신호를 보낸다.
② 외부 안테나로부터 최소 2m에서 최대 4m까지 범위 안에서 송수신된 스마트 키 요구 신호를 수신하고 이를 해석한다.
③ 커패시티브(capacitive) 센서가 부착된 도어 핸들에 운전자가 접근하는 것은 운전자가 차량 실내에 진입하기 위한 의도를 나타내며, 시스템 트리거 신호로 인식한다.
④ PIC 스마트 키에서 데이터를 받은 외부 수신기는 유선(시리얼 통신)으로 PIC ECU에게 데이터를 보내게 되고, PIC ECU는 차량에 맞는 스마트 키라고 인증을 한다.

50 VDC 시스템에 사용되는 센서가 아닌 것은?
① 노크 센서   ② 조향각 센서
③ 휠 속도 센서   ④ 요레이트 센서

51 점화시기 조정이 가능한 배전기 타입 가솔린 엔진에서 초기 점화시기의 점검 및 조치방법으로 옳은 것은?

① 점화시기 점검은 3000rpm 이상에서 한다.
② 3번 고압 케이블에 타이밍 라이트를 설치하고 점검한다.
③ 공회전 상태에서 기본 점화시기를 고정한 후 타이밍 라이트로 확인한다.
④ 크랭크 풀리의 타이밍 표시가 일치하지 않을 때에는 타이밍 벨트를 교환해야 한다.

52 차로이탈방지 보조시스템(LKA)의 미작동 조건이 아닌 것은?

① 급격한 곡선로를 주행하는 경우
② 급격한 제동 또는 급격하게 차선을 변경하는 경우
③ 차로 폭이 너무 넓거나 너무 좁은 경우
④ 노면의 경사로가 있는 경우

53 배터리측에서 암전류(방전전류)를 측정하는 방법으로 옳은 것은?

① 배터리 '+'측과 '−'측의 전류가 서로 다르기 때문에 반드시 배터리 '+'측에서만 측정하여야 한다.
② 디지털 멀티미터를 사용하여 암전류를 점검할 경우 탐침을 배터리 '+'측에서 병렬로 연결한다.
③ 클램프 타입 전류계를 이용할 경우 배터리 '+'측과 '−'측 배선 모두 클램프 안에 넣어야 한다.
④ 배터리 '+'측과 '−'측 무관하게 한 단자를 탈거하고 멀티미터를 직렬로 연결한다.

54 IC조정기 부착형 교류발전기에서 로터코일 저항을 측정하는 단자는? (단, IG : Ignition, F : Field, L : Lamp, B : Battery, E : Earth이다.)

① IG단자와 F단자
② L단자와 F단자
③ B단자와 L단자
④ F단자와 E단자

55 주행안전장치 적용 차량의 전면 라디에이터 그릴 중앙부 또는 범퍼 하단에 장착되어 선행 차량들의 정보를 수집하는 모듈은?

① 레이더(Radar) 모듈
② 전자식 차량 자세제어(ESC) 모듈
③ 파워트레인 컨트롤 모듈(PCM)
④ 전자식 파킹 브레이크(EPB) 모듈

56 주행보조시스템(ADAS)의 카메라 및 레이더 교환에 대한 설명으로 틀린 것은?

① 자동보정이 되므로 보정작업이 필요 없다.
② 후측방 레이더 교환 후 레이더 보정을 해야 한다.
③ 전방 레이더 교환 후 레이더 보정을 해야 한다.
④ 전방 레이더 교환 후 수평보정 및 수직보정을 해야 한다.

57 발전기 B단자의 접촉 불량 및 배선 저항과다로 발생할 수 있는 현상은?

① 과충전으로 인한 배터리 손상
② B단자 배선 발열
③ 엔진 과열
④ 충전 시 소음

58 BCM(Body Control Module)에 포함된 기능이 아닌 것은?

① 와이퍼 제어
② 암전류 제어
③ 파워 윈도우 제어
④ 뒷유리 열선 제어

59 타이어 압력센서에 대한 설명으로 틀린 것은?

① 휠 스피드 센서의 신호를 활용한다.
② 타이어의 압력과 온도를 감지하여 경보한다.
③ 휠에 장착하여 타이어 상태를 통신으로 ECU에 보낸다.
④ 각 바퀴의 공기압 수치를 계기판에 지시한다.

60 자동차 규칙상 저소음자동차 경고음 발생장치 설치 기준에 대한 설명으로 틀린 것은?

① 하이브리드 자동차, 전기자동차, 연료전지자동차 등 동력발생장치가 내연기관인 자동차에 설치하여야 한다.
② 전진 주행 시 발생되는 전체음의 크기가 75데시벨(dB)을 초과하지 않아야 한다.
③ 운전자가 경고음 발생을 중단시킬 수 있는 장치를 설치하여서는 아니된다.
④ 최소한 매시 20킬로미터 이하의 주행상태에서 경고음을 내야 한다.

4과목 친환경 자동차

61 수소연료전지 자동차를 충전할 때 노즐과 충전구를 연결하는 이음매이며, 적외선 통신으로 충전 속도를 조절하는 기능을 갖고 있는 장치는?

① 스택
② 레귤레이터 장치
③ 리셉터클
④ 다기능 솔레노이드 밸브

62 하이브리드의 고전압 배터리 충전 불량의 원인이 아닌 것은?

① LDC(Low DC/DC Converter) 불량
② HSG(Hybrid Starter Generator) 불량
③ 고전압 배터리 불량
④ BMS(Battery Management System) 불량

63 전기자동차 고전압 배터리의 안전 플러그에 대한 설명으로 틀린 것은?

① 일부 플러그 내부에는 퓨즈가 내장되어 있다.
② 탈거 시 고전압 배터리 내부 회로 연결을 차단한다.
③ 전기자동차의 주행속도 제한 기능을 한다.
④ 고전압 장치 정비 전 탈거가 필요하다.

64 수소가스를 연료로 사용하는 자동차에서 내압용기의 연료 공급 자동 차단밸브 이후의 연료장치에서 수소가스 누설 시 승객거주 공간의 공기 중 수소농도 기준은?

① 1%   ② 3%
③ 5%   ④ 7%

65 전기자동차의 난방 시 고전압 PTC 사용을 최소화하여 소비전력 저감으로 주행거리 증대에 효과를 낼 수 있도록 하는 장치는?

① 히트 펌프 장치   ② 전력 변환 장치
③ 차동 제한 장치   ④ 회생 제동 장치

66 주행 조향 보조 시스템에 대한 구성 요소별 역할에 대한 설명으로 틀린 것은?

① 클러스터 : 동작상태 알림
② 레이더 센서 : 전방 차선, 광원, 차량
③ LKA 스위치 : 운전자에 의한 시스템 ON/OFF 제어
④ 전동식 파워 스티어링:목표 조향 토크에 따른 조향력 제어

67 전기자동차 구동모터의 Y결선에 대한 설명으로 옳은 것은?

① Y결선에서는 선전류와 상전류가 같다.
② Y결선에서는 선전류와 선전압이 같다.
③ Y결선에서는 상전압과 선전류가 같다.
④ Y결선에서는 상전압과 선전압이 같다.

68 고전압 배터리 시스템의 데이터 SOH(State Of Health)에 대한 의미를 설명한 것으로 옳은 것은?

① 배터리의 방전수준을 정격용량 백분율로 환산하여 표시하는 값
② 배터리의 내부저항 상승 및 전압 손실 등으로 발생한 배터리의 노화를 알 수 있는 값
③ 배터리가 완충 상태 대비 몇 %만큼 정격용량을 사용할 수 있는지 알 수 있는 값
④ 배터리가 현재 상태에서 필요한 임무를 수행할 수 있는 능력을 알 수 있는 값

69 수소자동차 압력용기의 사용압력 기준으로 맞는 것은?

① 15℃에서 35MPa 또는 70MPa의 압력을 말한다.
② 15℃에서 50MPa 또는 100MPa의 압력을 말한다.
③ 20℃에서 35MPa 또는 70MPa의 압력을 말한다.
④ 20℃에서 50MPa 또는 100MPa의 압력을 말한다.

70 하이브리드 고전압 모터를 검사하는 방법이 아닌 것은?

① 배터리 성능 검사
② 레졸버 센서 저항 검사
③ 선간 저항 검사
④ 온도센서 저항 검사

71 하이브리드 자동차의 주행에 있어 감속 시 계기판의 에너지 사용표시 게이지는 어떻게 표시되는가?

① RPM
② Charge
③ Assist
④ 배터리 용량

72 하이브리드 자동차에 사용하는 고전압 배터리가 72셀일 때 배터리 전압은 약 얼마인가?

① 144V
② 240V
③ 270V
④ 360V

73 수소 연료전지 자동차의 연료라인 분해작업 시 작업 내용이 아닌 것은?

① 수소 가스를 누출시킬 때에는 누출 경로 주변에 점화원이 없어야 한다.
② 연료라인 분해 시 연료라인 내에 잔압을 제거하는 작업을 우선해야 한다.
③ 수소탱크의 해압 밸브(블리드 밸브)를 개방한다.
④ 연료라인 분해 시 수소탱크의 매뉴얼 밸브를 닫는다.

74 하이브리드 자동차의 고전압 계통 부품을 점검하기 위해 선행해야 할 작업이 아닌 것은?

① 인버터로 입력되는 고전압 (+), (-)전압 측정 시 규정값 이하인지 확인한다.
② 고전압 배터리 용량(SOC)를 20% 이하로 방전시킨다.
③ 고전압 배터리에 적용된 안전플러그를 탈거한 후 규정 시간 이상 대기한다.
④ 점화스위치를 OFF하고 보조배터리(12V)의 (-)케이블을 분리한다.

75 하이브리드 자동차에서 고전압 장치 정비 시 고전압을 해제하는 것은?

① 전류 센서
② 배터리 팩
③ 프리차저 저항
④ 안전 플러그

76 연료전지 자동차에서 연료전지 스택의 생성 전압이 400V 이고, 전류가 100A일 때 출력(kW)은?

① 20
② 40
③ 80
④ 160

77 수소 연료전지 자동차의 수소탱크에 관한 설명으로 옳은 것은?

① 최대 사용한도는 20년에 5000회이다.
② 1년에 1회 의무적인 내압검사를 실시한다.
③ 수소탱크 제어모듈은 일정 압력 이상의 충전 시 충전 횟수를 카운트한다.
④ 탄소섬유로 이루어진 수소탱크는 강철에 비해 강도가 강하지만 강성은 약하다.

78 KS R 0121에 의한 하이브리드의 동력 전달 구조에 따른 분류가 아닌 것은?

① 병렬형 HV
② 복합형 HV
③ 동력 집중형 HV
④ 동력 분기형 HV

79 전압 배터리의 셀 밸런싱을 제어하는 장치는?

① MCU
② LDC
③ ECM
④ BMS

80 하이브리드 자동차 용어(KS R 0121)에서 충전시켜 다시 쓸 수 있는 전지를 의미하는 것은?

① 1차 전지
② 2차 전지
③ 3차 전지
④ 4차 전지

정답 및 해설 제3회

Industrial Engineer Motor Vehicles Maintenance

01	02	03	04	05	06	07	08	09	10
②	②	①	①	③	④	③	④	④	③
11	12	13	14	15	16	17	18	19	20
③	①	③	④	②	③	①	③	③	④
21	22	23	24	25	26	27	28	29	30
①	②	④	④	③	④	②	④	④	④
31	32	33	34	35	36	37	38	39	40
③	①	③	①	③	②	④	③	③	①
41	42	43	44	45	46	47	48	49	50
③	③	①	③	②	③	④	④	②	①
51	52	53	54	55	56	57	58	59	60
③	④	③	②	①	①	②	③	③	①
61	62	63	64	65	66	67	68	69	70
③	①	③	①	①	②	①	②	①	①
71	72	73	74	75	76	77	78	79	80
②	③	③	②	④	②	③	③	④	②

01 정답 | ②
해설 | 옥탄가는 가솔린엔진 안티 노크성을 말하며 압축비가 높을 때, 공연비가 희박할 때 점화시기가 빠를 경우 노킹발생 가능성이 높으므로 옥탄가가 높은 연료를 사용해야 한다. 배기압력과는 거리가 멀다.

02 정답 | ②
해설 | 저속 운전영역에서 흡입밸브를 빨리 닫는 경우 흡입공기량이 적어 공연비가 농후해진다.

03 정답 | ①
해설 | 배기관의 끝으로부터 30cm 이상 떨어져 있을 것(연료탱크를 제외한다.)「자동차 및 자동차부품의 성능과 기준에 관한 법칙」17조에 의거)

04 정답 | ①
해설 | LPI 방식의 경우 항시 액상의 연료를 분사하므로 연료의 액체상태 기체상태를 구분하지 않는다.

05 정답 | ③
해설 | 지문의 내용은 대시포트 제어에 관한 설명이다.
① 산소센서의 기준신호를 통한 공연비 피드백제어
②, ④ 냉각수온센서, 에어컨 스위치, 파워펌프 압력스위치 등을 통한 공회전속도 조절 장치제어

06 정답 | ④
해설 | 인화점이 낮은 경우 화재의 위험성이 있으므로 인화점이 높은 것이 안전하다.

07 정답 | ③
해설 | 크랭크축 엔드플레이 간극은 크랭크축의 축방향 유격으로 흡·배기밸브 간극과는 거리가 멀다.

08 정답 | ④
해설 | 스로틀 포지션센서의 입력 값이 5V인 경우 최대 5V까지 출력될 수 있다. 따라서, 5V를 초과한 ④가 정답이다.

09 정답 | ④
해설 | 연속가변밸브타이밍(CVVT)장치는 흡·배기밸브의 열림 타이밍을 조정하고, 펌핑로스를 저감하여 연비향상과 공회전 안정화, 유해 배기가스 저감을 목적으로 두고 있다. 엔진 냉각효율의 향상은 냉각장치의 기능이다.

10 정답 | ③
해설 | 겨울철에 연료여과기 내부의 연료가 빙결되어 연료공급이 되지 않는 고장이 발생하는데 이를 방지하기 위해 PTC 히터를 설치한다. 약 −3~3℃ 이하에서 작동한다.

11 정답 | ③
해설 | 디젤엔진의 노크방지 방법
- 압축비를 높게 한다.
- 흡입 공기의 온도를 높게 한다.
- 착화성이 좋은(세탄가가 높은) 연료를 사용한다.
- 착화지연시간을 짧게 한다.
- 분사 초기의 분사량을 줄인다.

12 정답 | ①
해설 | 점화플러그 배선을 제거하였을 때의 엔진회전수가 점화플러그 배선을 제거하지 않고 확인한 엔진회전수와 차이가 없다면 해당 실린더는 문제가 있는 실린더로 판정한다.

13 정답 | ③
해설 |
- 정리드 플런저 : 분사 말기에 분사량을 조절
- 역리드 플런저 : 분사 초기에 분사량을 조절
- 양리드 플런저 : 분사 초·말기에 분사량을 조절

14 정답 | ④
해설 | 피에조 인젝터의 경우 흐르는 전류의 양을 조절하여 피에조 액츄에이터의 수축·팽창을 통해 작동하므로 솔레노이드 방식보다 입력 전압이 높아 '스위칭 ON 시간이 짧고' 응답성이 빠르며, 소음이 적은 장점이 있다.

15 정답 | ②
해설 | 배기관이 2개 이상일 때에는 한 개의 배기관에서 측정한다.

16 정답 | ③
해설 | 직접분사식 연소실의 특징
- 단실식으로 열효율이 높다.
- 연소실 내의 표면적 작아 냉각손실이 적다.
- 시동이 용이하다.
- 실린더 헤드 구조가 간단하여 열변형이 적다.

17 정답 | ①
해설 | 공기과잉률(λ)이란 실제 공연비를 이론공연비로 나눈 값으로 공기과잉률이 1이라면 실제 공연비가 이론공연비와 비슷한 수준이므로 출력이 양호하고 배기가스 배출도 적다. 검은 연기가 나오는 경우 연료가 많은 상태 즉 농후한 공연비이므로 공기과잉률이 0에 가깝다.

18 정답 | ③
해설 | 엔진의 온도를 감지하는 센서는 냉각수온 센서이므로 냉각수온을 검출하여 저온인 경우 냉간시동제어를 적용하여 시동성을 향상시킬 수 있다

19 정답 | ③
해설 | 오토사이클 이론열효율(η) $= 1 - \left(\dfrac{1}{\varepsilon}\right)^{k-1}$
$= 1 - \left(\dfrac{1}{12}\right)^{1.4-1} = 62.98\%$

20 정답 | ④
해설 | 도시마력 $= \dfrac{PVNR}{75 \times 60 \times 100} = \dfrac{16 \times 1800 \times 1 \times 1000}{75 \times 60 \times 100}$
$= 64PS$
여기서, P : 도시평균유효압력, V : 배기량(cc),
N : 실린더 수, R : 회전수(rpm)
4행정 사이클의 경우, 크랭크축 2회전에 1회 폭발이므로 $\dfrac{1}{2}$값을 적용한다.

21 정답 | ①
해설 | 리어 압력 센서는 공기현가장치에서 뒤쪽 현가장치의 공기압력을 검출한다.
- 바디 G 센서 : 차체의 기울어진 정도를 검출
- 휠 G 센서 : 바퀴의 진동을 검출
- 차속 센서 : 차량의 속도를 검출
- 스로틀 포지션 센서 : 스로틀의 열림 정도를 검출

22 정답 | ②
해설 | 터빈 토크 = 펌프토크 × 토크비 = 8kgf·m × 2 = 16kgf·m

23 정답 | ④
해설 | 드가르봉식 쇽업소버는 오일실 가스실이 분리되어 있어 프리피스톤에 의해 오일실의 압력을 일정하게 유지하여 오일의 캐비테이션(오일의 압력이 낮아 기포가 발생하는 현상)을 방지한다.

24 정답 | ④
해설 | 전동식 동력조향장치(MDPS)의 경우 오일펌프 없이 전동모터를 사용하여 조향력을 보조한다. 모터와 제어기의 가격이 비싸 모든 차량에 적용되지는 않는다.

25 정답 | ③
해설 | ③ 클러치 종류로는 토크 컨버터방식, 발진 클러치방식, 전자 파우더 방식이 있다.
CVT의 특징
- 변속단이 없는 무단변속이므로 변속 충격이 없다.
- 자동변속기에 비하여 연비가 우수하다.
- 가속 성능이 우수하다.
- 가단하고 중량이 작다.

26 정답 | ④
해설 | 가속페달을 급격히 밟으면 순간 가속력(토크)이 필요하므로 변속단을 낮춰야 한다. 이를 위해 운전자의 급가속 의지를 판단하기 위해 킥다운 스위치 혹은 스로틀위치센서(일정전압 이상)의 신호를 검출한다.

27 정답 | ②
해설 | 무단변속기의 구동방식
- 트랙션방식(롤러방식)
- 금속체인, 금속벨트방식(가변직경 풀리 적용)

28 정답 | ④
해설 | 브레이크 라이닝의 과열에 의해 마찰계수가 저하되어 제동기능을 상실하는 현상은 페이드 현상이다.
① 공동현상으로 유압회로 내에 공기기포 발생에 의해 압력저하가 발생하는 현상
② 수막현상
③ 조향 시 전륜 슬립에 의해 선회반경이 커지는 현상

29 정답 | ④
해설 | 유체클러치의 스톨포인트는 엔진과 연결된 펌프는 회전하나 변속기와 연결된 터빈은 회전하지 않는 속도비가 0인 점으로 회전 토크는 최대지만 전달효율은 0이므로 최소이다.

30 정답 | ④
해설 | 판간 마찰이 있어 진동감쇠 작용이 우수한 것은 판스프링이다.

31 정답 | ③
해설 | **타이어에 작용하는 힘**
- 횡력(side-force) : 조향 또는 외란에 의해 타이어가 옆 미끄럼되면 타이어는 노면과의 접촉면에서 옆방향으로 변형되는데 이 변형에 의해 타이어의 회전방향에 대한 직각방향으로 나타나는 힘이다.
- 항력(drag force) : 타이어 회전방향의 성분으로 구름저항, 구동력, 제동력을 의미한다.
- 마찰력(friction force) : 횡력과 항력에 대한 벡터성분의 힘으로 자동차의 운동력은 타이어와 노면사이의 마찰력에 의해 좌우된다.
- 선회력(cornering force) : 마찰력에 대한 분력으로 타이어 진행방향에 대한 직각방향 성분의 힘이다. 선회력은 선회운동을 원활히 하기 위한 구심력의 대부분을 차지한다.

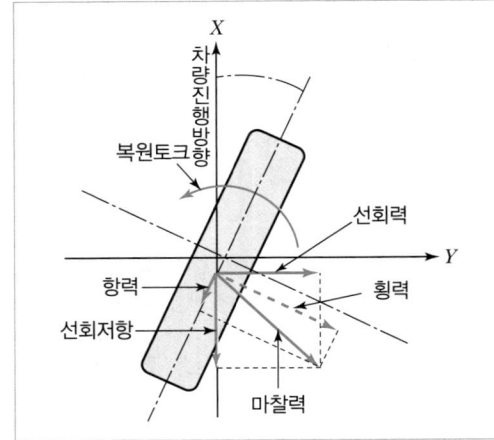

32 정답 | ①
해설 | 자동변속기 오일 압력이 너무 낮은 경우 댐퍼솔레노이드의 작동이 불량할 수 있다. 따라서, ①은 오일 압력이 낮거나 높은 원인이 아닌 결과이다.

33 정답 | ②
해설 | ②는 전동식 파워스티어링 시스템의 장점이다.

34 정답 | ①
해설 | 차륜 앞쪽이 밖으로 벌어지는 것을 방지하는 것은 토인에 대한 설명이다.

35 정답 | ③
해설 | $R = \dfrac{L}{\sin\alpha} + r$
$= \dfrac{2.2m}{\sin 30} + 0.3m$
$= 4.7m$
여기서, L : 축간거리(축거), α : 조향각, r : 킹핀거리

36 정답 | ②
해설 | ABS 컴퓨터 고장 발생 시 점등되어 운전자에게 알려야 한다.

37 정답 | ④
해설 | 단동식은 스프링이 압축될 때에는 저항이 없어 차체에 충격을 주지 않아 평탄하지 못한 도로에서 유리한 점이 있다.

38 정답 | ②
해설 | 축간거리(휠 베이스)는 축과 축 사이의 거리로 차량 제원에 따라 다르다.
휠 얼라이먼트(차륜 정렬)의 목적
- 타이어의 편마모방지
- 조향 복원성 확보
- 직진 안정성
- 주행 시 차량의 쏠림 방지(사이드슬립)

39 정답 | ④
해설 | 유압식 동력조향장치의 경우 오일펌프를 통해 동력을 얻으므로 엔진이 정지된 상태에서의 유압측정은 의미 없다.

40 정답 | ①
해설 | 제동시험기 롤러는 기준 직경의 2% 이상 과도하게 마모된 부분이 없을 것("기계·기구의 정밀도 검사기준" [별표12]에 의거)

41 정답 | ③
해설 | ③은 고객 불편사항을 청취한 이후에 점검을 하기 위한 방법이다.

42 정답 | ②
해설 | 2회 측정값 중 최댓값 97dB과 암소음의 차이가 8dB이므로 보정치는 1dB이다. 따라서, 97dB－1dB = 96dB이다.

운행차 정기검사의 방법·기준 및 대상 항목(「소음·진동관리법」제44조제1항 관련)

단위：dB(A), dB(C)

자동차소음과 암소음의 측정치 차이	3	4～5	6～9
보정치	3	2	1

43 정답 | ①
해설 | 지문의 내용은 클럭 스프링에 대한 내용이다.
② 안전벨트 프리텐셔너 : 차량의 전·측방 충돌 시 에어백이 터지기 전 벨트를 잡아당겨 운전자 혹은 승객이 시트에 밀착될 수 있도록 하는 안전장치
③ 트위스트 와이어 : 쌍꼬임선으로 CAN BUS에 주로 사용하여 노이즈 감소효과가 있음
④ 인플레이터 : 에어백시스템에서 기폭장치

44 정답 | ③
해설 | CAN 통신을 사용하는 경우 CAN BUS를 통한 송신이 가능하기 때문에 배선수가 감소하는 효과가 있다.

45 정답 | ②
해설 | 제동등과 후미등은 일반적으로 더블필라멘트를 적용하여 같은 전구를 사용하지만, 회로구성으로는 제동등은 제동스위치에 후미등은 미등릴레이에 병렬로 연결되어 있다.

46 정답 | ③
해설 | ③은 동력전달장치의 점검기준에 대한 설명이다.

주행장치의 점검기준(「자동차 관리법」 73조 관련 [별표15] 자동차검사기준 및 방법에 의거)
- 차축의 외관, 휠 및 타이어의 손상·변형 및 돌출이 없고, 수나사 및 암나사가 견고하게 조여 있을 것
- 타이어 요철형 무늬의 깊이는 안전기준에 적합하여야 하며, 타이어 공기압이 적정할 것
- 흙받이 및 휠하우스가 정상적으로 설치되어 있을 것
- 가변축 승강조작장치 및 압력조절장치의 설치위치는 안전기준에 적합할 것

47 정답 | ④
해설 | 통신 프로토콜 속도

구분	통신구조	통신라인	통신속도	적용예시
K-Line	Master&Slave	1선	4kb/s	• 이모빌라이저 인증
KWP 2000	Master&Slave	1선	10.4kb/s	• 진단장비 통신
LIN	Master&Slave	1선	20kb/s	• 편의장치 일부
C-CAN	Multi Master	UTP	1MB/s	• 파워트레인 • 섀시제어기
B-CAN	Multi Master	UTP	125kb/s	• 바디전장 • 멀티미디어
FelxRay	Multi Master	UTP	20MB/s	• 고급, 안전제어 통신
MOST	Multi Master	광통신선	150MB/s	• 멀티미디어 통신
LVDS	Multi Master	UTP	655MB/s	• 멀티미디어 영상 통신
LAN	Multi Master	UTP	100MB/s	• 멀티미디어 통신(고해상도 카메라)

48 정답 | ④
해설 | AGM 배터리는 글라스 매트를 사용하여 파손 시에도 전해액의 누액을 방지한다.

49 정답 | ②
해설 | 외부 안테나로부터 리모컨(RF) 신호를 최대 30m 범위 안에서 송수신된 스마트 키 요구 신호를 수신하고 이를 해석한다.
※ 패시브(LF) 신호는 0.7m 범위이다.

50 정답 | ①
해설 | 노크 센서는 실린더블록에 설치하여 노킹 현상을 검출하기 위한 센서로 차체자세제어(VDC)장치의 입력 신호와는 거리가 멀다.

51 정답 | ③
해설 | 크랭크 풀리에 타이밍 라이트를 통해 점검한다.
① 점화시기 점검은 공회전에서 한다.
② 1번 고압 케이블에 압력센서를 설치하고 점검한다.
④ 크랭크 풀리의 타이밍 표시가 일치하지 않을 때에는 풀리의 위치를 조정한다.

52 정답 | ④
해설 | 차로이탈방지 보조시스템에서 급커브 구간이나 도로의 경사도가 심한 경우에서 작동하지 않으므로 경사로가 있는 것이 아닌 '심한 경우' 미작동 조건이 될 수 있다.

53 정답 | ④
해설 | 배터리 +, -측의 전류는 같으며, 전류측정을 위해서는 직렬로 연결한다. 클램프 타입의 후크미터를 사용하는 경우에는 한쪽의 배선만 클램프 안에 넣어 측정한다.

54 정답 | ②
해설 | 발전기의 로터코일은 F단자에서 전원을 입력받아 L단자에서 접지가 제어되므로 저항 측정을 위해 F단자와 L단자에서 측정한다.

55 정답 | ①
해설 | 지문의 내용은 레이더 모듈에 대한 설명이다.
② 전자식 차량 자세제어(ESC) : 제동장치, 현가장치, 구동력을 제어하기 위한 정보를 수집한다.
③ 파워트레인 컨트롤 모듈(PCM) : 엔진, 클러치, 변속기 제어를 위한 정보를 수집한다.
④ 전자식 파킹 브레이크 모듈(EPB) : 주차브레이크 작동을 위한 모듈이다.

56 정답 | ①
해설 | ADAS에서 카메라 및 레이더는 차량의 위치, 보행자 위치, 차선 등 정보에 오류가 있는 경우 정상작동이 불가하기 때문에 보정작업이 꼭 필요하다.

57 정답 | ②
해설 | B단자에 접촉불량 및 저항이 과다하면 전류의 발열 작용에 의해 열이 발생할 수 있다.

58 정답 | ②
해설 | BCM은 종전의 편의장치 통합제어 유닛으로 와이퍼 제어, 윈도우 제어, 열선 제어, 각종 등화장치 제어 등에 역할이 있으며, 암전류 제어는 베터리 센서의 기능이다.

59 정답 | ①
해설 | • 휠 스피드 센서를 신호로 사용하는 TPMS는 간접식으로 각 바퀴 휠 센서의 속도 차이가 있는 경우를 감지하여 공기압이 빠진 것으로 보고 경고등을 제어한다.
• 타이어 압력 센서를 신호로 사용하는 TPMS는 직접식으로 타이어의 압력과 온도를 검출하여 ECU로 보내면 각 바퀴에 공기압 수치를 계기판에 표시할 수 있으며, 공기압에 이상이 감지되는 경우 경고한다.

60 정답 | ①
해설 | 하이브리드 자동차, 전기자동차, 연료전지자동차 등 동력발생장치가 전기모터인 자동차에 설치하여야 한다.

61 정답 | ③
해설 | 리셉터클(Receptacle)
수소 충전용 리셉터클은 수소가스 충전소 측의 충전 노즐 커넥터의 역할을 수행하는 리셉터클 본체와 내부의 리셉터클 본체를 통과하는 수소가스에 이물질을 필터링하는 필터부와 일방향으로 흐름을 단속하는 체크부로 구성되어 있다.

62 정답 | ①
해설 | LDC(Low DC/DC Converter)가 불량일 경우 저전압 배터리의 충전 불량이 발생한다.

63 정답 | ③
해설 | 전기자동차의 주행속도 제한 기능을 하는 장치는 MCU이다.

64 정답 | ①
해설 | 차단밸브(내압용기의 연료공급 자동 차단장치) 이후의 연료장치에서 수소가스 누출 시 승객거주 공간의 공기 중 수소농도는 1% 이하일 것(「자동차 규칙」제17조(연료장치)에 의거)

65 정답 | ①
해설 | 난방 사이클(히트 펌프)
• 냉매 순환 : 컴프레서 – 실내 콘덴서 – 오리피스 – 실외 콘덴서 순으로 진행한다.
• 실내 콘덴서 : 고온의 냉매와 실내 공기의 열 교환을 통해 방출된다.
• 실외 콘덴서 : 오리피스를 통해 공급된 저온의 냉매와 외부 공기와 열 교환을 통해 열을 흡수한다.
• 히트 펌프 시스템에는 실내 콘덴서가 추가된다.
※ 히트 펌프 장점 : 난방 시 고전압 PTC(Positive Temperature Coefficient) 사용을 최소화하여 소비전력 저감으로 주행거리가 증대함은 물론 전장품(EPCU, 모터 냉각수)의 폐열을 활용하여 극저온에서도 연속적인 사이클을 구현한다.

66 정답 | ②
해설 | 레이더 센서는 SCC w/S&G, FCA, BCW 전방의 차량 및 물체를 감지하는 역할이다. 현재 LKAS는 LKA 차로 이탈방지 보조장치로 명칭이 변경되었으며, 멀티펑션카메라(MFC)모듈을 통해 전방 차선, 광원, 차량을 인식한다.

67 정답 | ①
해설 | Y결선의 경우 각 상의 전류는 선전류와 같고, 각 상의 전압은 선간 전압의 $\frac{1}{\sqrt{3}}$ 과 같다.

68 정답 | ②
해설 | ② SOH(건강 상태)에 대한 설명이다.
①, ③, ④ SOC(충전 상태)에 대한 설명이다.

69 정답 | ①
해설 | 15℃에서 35MPa 또는 70MPa의 압력을 말한다(「자동차용 내압용기 안전에 관한 규정」 [별표4] 압축수소가스 내압용기 제조관련 세부기준 검사방법 및 절차에 의거).

70 정답 | ①
해설 | 하이브리드 고전압 모터의 검사방법
- 하이브리드 구동 모터 U, V, W 선간 저항을 검사
- 하이브리드 구동 모터 레졸버 센서 저항을 검사
- 하이브리드 구동 모터 온도 센서 저항을 검사

71 정답 | ②
해설 | 감속 시 회생제동시스템 작동에 의해 Charge가 점등된다.

72 정답 | ③
해설 | 고전압 배터리는 리튬전지이므로 셀당 전압이 3.75V이다. 따라서, 3.75V × 75 = 270V이다.

73 정답 | ③
해설 | 수소탱크의 해압 밸브(블리드 밸브)를 잠근다.

74 정답 | ②
해설 | 고전압 차단방법
- 점화 스위치를 OFF하고, 보조배터리(12V)의 (−)케이블을 분리한다.
- 서비스 인터록 커넥터를 분리한다.
- 서비스 인터록 커넥터 분리가 어려운 상황 발생 시 안전 플러그를 탈거한 후 인버터 커패시터 방전을 위하여 5분 이상 대기한 후 인버터 단자 간 전압을 측정한다(잔존 전압 상태를 점검).

75 정답 | ④
해설 | 고전압 장치 정비 시 고전압을 해제하기 위한 장치는 안전 플러그, 서비스 인터록 커넥터가 있다.

76 정답 | ②
해설 |
- $P = EI = 400 \times 100 = 40000W$
- $40000W = 40kW$

77 정답 | ③
해설 | 수소탱크 제어모듈은 일정 압력 이상의 충전 시 충전 횟수를 카운트한다.
① 최대 사용한도는 15년, 충전횟수 4000회이다.
② 내압시험일로부터 3년 이상 경과 시 내압검사를 실시한다.
④ 탄소섬유로 이루어진 내압용기는 강철에 비해 강도와 강성이 강하다.

78 정답 | ③
해설 | KS R 0121 동력 전달 구조에 따른 분류
- 병렬형 HV(parallel HV) : 하이브리드 자동차의 두 개의 동력원이 공통으로 사용되는 동력 전달 장치를 거쳐 각각 독립적으로 구동축을 구동시키는 방식의 구조를 갖는 하이브리드 자동차
- 직렬형 HV(series HV) : 하이브리드 자동차의 두 개의 동력원 중 하나는 다른 하나의 동력을 공급하는 데 사용되나, 구동축에는 직접 동력 전달이 되지 않는 구조를 갖는 하이브리드 자동차
- 복합형 HV(compound HV)
- 동력 분기형 HV(power split HV) : 복합형 HV의 종류 중 하나로 직렬형과 병렬형 하이브리드 자동차를 결합한 형식의 하이브리드 자동차

79 정답 | ④
해설 | BMS의 주요 제어 기능
- 전압 제어 : 충전 전압, 과방전 전압
- 전류 제어 : 과전류, 충전전류, 방전전류
- 출력 제한 : 전류제어와 전압제어를 통한 출력제어
- 온도 제어 : 냉각시스템 제어
- 셀 밸런싱(balancing)
- SoC 제어 및 셀 보호

80 정답 | ②
해설 | KS R 0121 에너지 저장시스템
2차 전지(rechargeable cell)의 정의 : 충전시켜 다시 쓸 수 있는 전지이다. 납산 축전지, 알칼리 축전지, 기체 전지, 리튬 이온 전지, 니켈수소 전지, 니켈카드뮴 전지, 폴리머 전지 등이 있다.

1과목 자동차엔진

01 크랭크축의 엔드플레이 간극이 크면 나타나는 현상이 아닌 것은?
① 클러치 작동 시 진동증대
② 피스톤 측압 증대
③ 밸브 간극의 증대
④ 커넥팅로드에 휨 하중 발생

02 디젤엔진에 적용되는 센서와 기능의 연결이 잘못된 것은?
① PM 센서 – DPF 재생시기 제어
② 흡입공기량 센서 – EGR 제어, 연료분사량 보정
③ NOx 센서 – 요소수 분사 제어
④ 연료온도센서 – 연료분사량 보정, 일정온도 이상 시 연료 분사량 제한

03 전자제어 디젤장치의 저압라인 점검 중 저압펌프 점검방법으로 옳은 것은?
① 전기식 저압펌프 – 부압측정
② 전기식 저압펌프 – 정압측정
③ 기계식 저압펌프 – 전압측정
④ 기계식 저압펌프 – 중압측정

04 2행정 디젤엔진의 소기방식이 아닌 것은?
① 단류 소기식
② 루프 소기식
③ 가변 벤튜리 소기식
④ 횡단 소기식

05 전자제어 엔진에서 연료 차단(fuel cut)에 대한 설명으로 틀린 것은?
① 엔진의 고속회전을 위한 준비단계이다.
② 인젝터 분사를 정지한다.
③ 배출가스 저감을 위함이다.
④ 연비를 개선하기 위함이다.

06 디젤엔진의 배출가스 특성에 대한 설명으로 틀린 것은?
① 입자상 물질(PM)을 저감하기 위해 필터(DPF)를 사용한다.
② NOx 저감 대책으로 연소온도를 높인다.
③ NOx 배출을 줄이기 위해 배기가스 재순환장치를 사용한다.
④ 가솔린 기관에 비해 CO, HC 배출량이 적다.

07 디젤기관 연소실 중 와류실식의 특징이 아닌 것은?
① 직접분사식에 비해 열효율이 높다.
② 실린더 헤드의 구조가 복잡하다.
③ 한냉 시 시동에는 예열플러그가 필요하다.
④ 직접 분사식에 비해 연료소비율이 높다.

08 윤활장치에서 유압조절밸브의 기능에 대한 설명으로 옳은 것은?
① 기관 오일량이 부족할 때 압력을 상승시킨다.
② 유압라인의 에어레이션 발생을 조절한다.
③ 유압이 높아지는 것을 방지한다.
④ 불충분한 오일량을 방지한다.

09 실린더 헤드의 구비조건으로 틀린 것은?

① 고온에서도 강도가 커야 한다.
② 주조나 가공이 쉬워야 한다.
③ 열팽창이 커야 한다.
④ 조기점화를 방지하기 위하여 가열되기 쉬운 돌출부가 없어야 한다.

10 다음 중 LPI(Liquid Petroleum Injection) 엔진의 연료펌프 구성품이 아닌 것은?

① 매뉴얼 밸브
② 기상/액상 솔레노이드 밸브
③ 릴리프 밸브
④ 과류 방지 밸브

11 가솔린엔진에 사용되는 연료의 구비조건으로 틀린 것은?

① 연소 후 유해 화합물을 남기지 말 것
② 체적 및 무게가 적고 발열량이 클 것
③ 세탄가가 높을 것
④ 옥탄가가 높을 것

12 운행차 정기검사 시 배출가스 정화용 촉매장치 미부착 자동차의 공기과잉률 허용기준은? (단, 희박연소방식을 적용한 자동차는 제외한다.)

① 1±0.10 이내
② 1±0.15 이내
③ 1±0.20 이내
④ 1±0.25 이내

13 과급압력이 지나치게 높으면 흡입공기량이 많아지고 압축행정 말에 압력이 급상승하여 노크를 유발하거나 크랭크기구 및 밸브기구에 부하를 가할 수 있다. 한계 이상의 배기가스가 들어왔을 때 과부하가 걸리지 않도록 배기 일부를 바이패스(bypass)시켜 회전에 사용할 배기량을 조절하는 방식의 과급장치는?

① 트윈 차저(Twin charger)
② 가변용량식 과급장치(VGT ; Variable Geometry Turbo charger)
③ 슈퍼 차저(Supercharger)
④ 웨이스트 게이트 과급장치(Waste gate charger)

14 전자제어 디젤엔진에서 엑셀포지션센서 1, 2의 공회전 시 정상적인 입력값은?

① APS1 : 0.7~0.8V, APS2 : 0.29~0.45V
② APS1 : 1.2~1.4V, APS2 : 0.60~0.75V
③ APS1 : 1.5~1.6V, APS2 : 0.70~0.85V
④ APS1 : 2.0~2.1V, APS2 : 0.90~1.10V

15 전자제어 디젤기관의 인젝터 연료분사량 편차보정기능(IQA)에 대한 설명 중 거리가 먼 것은?

① 각 실린더별 분사 연료량을 편차를 줄여 엔진의 정숙성을 돕는다.
② 인젝터의 내구성 향상에 영향을 미친다.
③ 강화되는 배기가스 규제대응에 용이하다.
④ 각 실린더별 분사 연료량을 예측함으로 최대의 분사량 제어가 가능하다.

16 전자제어 디젤장치의 전기식 저압펌프 구동회로에서 순차적인 작동방법으로 틀린 것은?

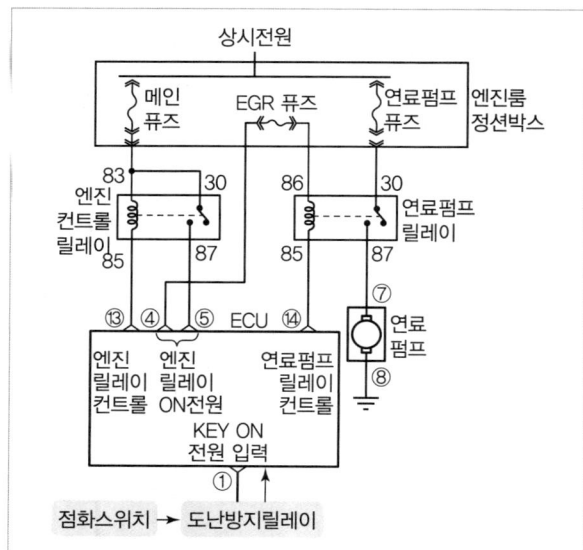

① 리모컨을 이용하여 도어 unlock 후 이모빌라이저 점화 스위치를 켜면 ECU ①번 단자에 배터리 전원이 인가된다.
② ECU는 ⑭번 단자를 접지시켜 연료펌프 릴레이를 작동시키면 30번과 87번 단자가 도통되어 연료펌프에 배터리 전원이 인가되면 펌프가 구동된다.
③ ECU는 점화스위치 ON 후 연속적으로 연료펌프를 강제 구동시켜 시동지연을 방지한다.
④ ECU는 ⑬번 단자를 접지시켜 엔진 컨트롤 릴레이를 작동시키면 30번 단자와 87번 단자가 도통되어 ECU ④번과 ⑤번 단자에 메인 릴레이가 작동했다는 신호입력과 동시에 연료펌프 릴레이 코일 86번에 전원을 공급한다.

17 내경 87mm, 행정 70mm인 6기통 기관의 출력이 회전속도 5500rpm에서 90kW일 때, 이 기관의 리터당 출력(kW/L)은 약 얼마인가?
① 6   ② 8
③ 25   ④ 36

18 다음은 배출가스 정밀검사에 관한 내용이다. 정밀검사모드로 맞는 것을 모두 고른 것은?

| 1. ASM2525 모드 | 2. KD147 모드 |
| 3. Lug Down 3 모드 | 4. CVS-75 모드 |

① 1, 2   ② 1, 2, 3
③ 1, 3, 4   ④ 2, 3, 4

19 전자제어 가솔린 연료분사 장치의 인젝터에서 분사되는 연료의 양은 무엇으로 조정하는가?
① 인젝터 개방시간
② 연료 압력
③ 니들 밸브의 행정
④ 인젝터의 유량계수와 분구의 면적

20 디젤엔진의 예열플러그에 대한 설명으로 옳은 것은?
① 고압연료라인에 장착되며, 연료온도를 상승시켜 시동성을 향상시킨다.
② 연소실에 장착되며, 연소실 내부의 공기온도를 상승시켜 시동을 향상시킨다.
③ 흡기매니폴드에 장착되며, 흡기공기의 온도를 상승시켜 시동을 향상시킨다.
④ 실린더헤드에 장착되며, 엔진오일의 온도를 상승시켜 엔진 오일의 점도를 낮춘다.

2과목 자동차섀시

21 전자제어 조향장치 유압제어방식의 입력신호가 아닌 것은?
① 조향각 센서
② 유량조절 솔레노이드 밸브
③ 차속
④ TPS

22 전자제어 자동변속기에서 각 시프트의 위치를 TCU로 입력하는 기능을 하는 구성 부품은?
① 인히비터 스위치
② 브레이크 스위치
③ 오버드라이브 스위치
④ 킥다운 서보 스위치

23 조향 핸들의 유격이 커지는 원인과 거리가 먼 것은?
① 볼 이음의 마멸
② 급유 부족
③ 조향기어의 마멸
④ 웜축 또는 섹터축의 유격

24 자동변속기 자동차의 스톨 포인트에 대한 설명으로 옳은 것은?
① 클러치 포인트라고도 한다.
② 펌프는 회전하지만, 터빈은 구동되지 않는 상태이다.
③ 스톨 포인트에서 펌프의 회전수와 터빈의 회전비가 '1'이다.
④ 약한 제동이 걸린 상태의 스톨 포인트에서는 차량 구동력이 '0'이다.

25 독립현가장치에서 기관실의 유효면적을 가장 넓게 할 수 있는 형식은?
① 맥퍼슨 형식
② 위시본 형식
③ 트레일링 암 형식
④ 평행판 스프링 형식

26 ECS 제어에 필요한 센서와 그 역할로 틀린 것은?
① G 센서 : 차체의 각속도를 검출
② 차속 센서 : 차량의 주행에 따른 차량속도 검출
③ 차고 센서 : 차량의 거동에 따른 차체 높이를 검출
④ 조향 휠 각도센서 : 조향 휠의 현재 조향방향과 각도를 검출

27 조향 핸들을 2바퀴 돌렸을 때 피트먼 암이 90° 움직였다. 이때 조향 기어비는?
① 6 : 1
② 7 : 1
③ 8 : 1
④ 9 : 1

28 종감속비를 결정하는 요소가 아닌 것은?
① 가속 성능
② 차량 중량
③ 제동 성능
④ 엔진의 출력

29 능동형 전자제어 현가장치의 주요 제어기능이 아닌 것은?
① 감쇠력 제어
② 자세제어
③ 차속제어
④ 차고제어

30 조향장치에서 킹핀이 마모되면 캠버는 어떻게 되는가?
① 캠버의 변화가 없다.
② 항상 0의 캠버가 된다.
③ 더욱 정(+)의 캠버가 된다.
④ 더욱 부(−)의 캠버가 된다.

31 브레이크 시스템에서 브레이크 오일 공기빼기를 해야 하는 경우가 아닌 것은?
① 캘리퍼 또는 휠 실린더를 교체한 경우
② 하이드롤릭 유닛을 교체한 경우
③ 브레이크 파이프를 교체한 경우
④ 브레이크 챔버를 교체한 경우

32 유압식 브레이크의 마스터 실린더 단면적이 $4cm^2$이고, 마스터 실린더 내 푸시로드에 작용하는 힘이 80kgf라면, 단면적이 $3cm^2$인 휠 실린더의 피스톤에 작용하는 힘은?
① 40kgf
② 60kgf
③ 80kgf
④ 120kgf

33 자동변속기에서 토크 컨버터의 구성부품이 아닌 것은?
① 스테이터
② 터빈
③ 액추에이터
④ 펌프

34 자동차관리법 시행규칙의 자동차 검사기준 및 방법에서 제동장치의 검사기준으로 틀린 것은? (단, 신규 및 정기검사이며 비사업용자동차에 해당한다.)
① 모든 축의 제동력 합이 공차중량의 50% 이상일 것
② 주차 제동력의 합은 차량 중량의 30% 이상일 것
③ 동일 차축의 좌·우 차바퀴 제동력의 차이는 해당 축중의 8% 이내일 것
④ 각축의 제동력은 해당 축중의 50%(뒤축의 제동력은 해당 축중의 20% 이상일 것)

35 자동차의 바퀴가 동적 불균형 상태일 경우 발생할 수 있는 현상은?
① 트램핑
② 시미
③ 스탠딩 웨이브
④ 요잉

36 타이어의 종류 중 레이디얼 타이어의 특징으로 틀린 것은?
① 트레드 하중에 의한 변형이 적다.
② 코너링 포스가 우수하다.
③ 고속주행 시 안전성이 적다.
④ 접지면적이 크다.

37 4WD 시스템에 대한 설명으로 틀린 것은?
① 타이어 사이즈 또는 트레드가 다른 상태로 4륜 주행할 경우 드라이브 와인드 업(Drive Wind Up) 현상이 발생할 수 있다.
② 4륜 구동 특성상 타이어 교체 시 반드시 4개를 한꺼번에 교체해야 한다.
③ 일반적으로 상시 4륜형과 선택형 4륜이 있다.
④ 4륜 구동 중 급선회(유턴 등) 시 타이트 코너 브레크(Tight corner Brake) 현상이 발생할 수 있다.

38 전자제어 현가장치에서 자동차가 선회할 때 차체의 기울어진 정도를 검출하는 데 사용되는 센서는?
① G 센서
② 차속 센서
③ 스로틀 포지션 센서
④ 리어 압력 센서

39 차량 주행 시 조향핸들이 한쪽으로 쏠리는 원인으로 틀린 것은?
① 뒤 차축이 차의 중심선에 대하여 직각이 아니다.
② 조향핸들의 축방향 유격이 크다.
③ 앞 차축 한쪽의 현가스프링이 절손되었다.
④ 좌우 타이어의 공기압력이 서로 다르다.

40 전자제어 현가장치 중 에어 쇽업쇼버로 차고를 높이는 방법으로 옳은 것은?
① 앞뒤 솔레노이드 공기밸브의 배기수를 개방시킨다.
② 공기 챔버의 체적과 쇽업쇼버의 길이를 증가시킨다.
③ 공기 챔버의 체적과 쇽업쇼버의 길이를 감소시킨다.
④ 배기 솔레노이드 밸브를 작동시킨다.

3과목 자동차전기

41 CAN의 데이터 링크 및 물리 하위 계층에서 CAN 계층으로 틀린 것은?

① 논리 링크 제어 계층
② 매체 접근 제어 계층
③ 물리 매체 독립 계층
④ 물리 부호화 하위 계층

42 발전기 B단자의 접촉 불량 및 배선 저항과다로 발생할 수 있는 현상은?

① 과충전으로 인한 배터리 손상
② B단자 배선 발열
③ 엔진 과열
④ 충전 시 소음

43 역방향 전류가 흘러도 파괴되지 않고 역전압이 낮아지면 전류를 차단하는 다이오드는?

① 검파 다이오드
② 발광 다이오드
③ 포토 다이오드
④ 제너 다이오드

44 후측방 레이더 감지가 정상적으로 되지 않고 자동해제 되는 조건으로 틀린 것은?

① 차량 후방에 짐칸(트레일러, 캐리어) 등을 장착한 경우
② 차량 운행이 많은 도로를 운행하는 경우
③ 범퍼 표면 또는 범퍼 내부에 이물질이 묻어 있는 경우
④ 광활한 사막을 운행하는 경우

45 네트워크 회로 CAN 통신에서 아래와 같이 A제어기와 B제어기 사이의 통신선이 단선되었을 때 측정 저항은?

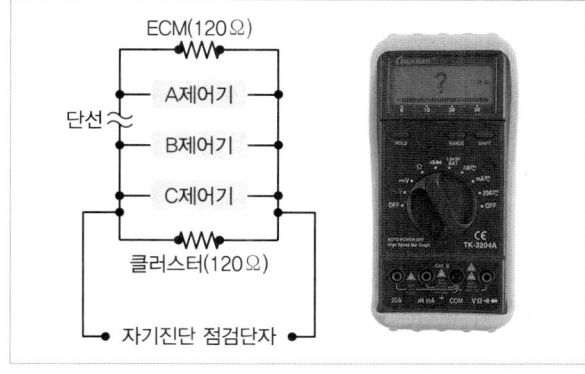

① 0Ω
② 60Ω
③ 120Ω
④ 240Ω

46 차량에 사용되는 통신방법에 대한 설명으로 틀린 것은?

① MOST 통신은 동기통신이다.
② CAN, LIN 통신은 직렬통신한다.
③ CAN 통신은 멀티마스터(multi master) 통신이다.
④ LIN 통신은 멀티마스터(multi master) 통신이다.

47 전방 카메라의 보정이 필요하지 않은 경우는?

① 전방 카메라를 탈부착한 경우
② 전방 카메라를 신품으로 교환한 경우
③ 범퍼를 교환한 경우
④ 윈드쉴드 글라스를 교환한 경우

48 타이어 공기압 경보장치(TPMS)의 경고등이 점등될 때 조치해야 할 사항으로 옳은 것은?

① TPMS ECU 교환
② 측정된 타이어에 공기주입
③ TPMS 교환
④ TPMS ECU 등록

49 스티어링 휠에 부착된 스마트 크루즈 컨트롤 리모컨 스위치 교환방법으로 틀린 것은?

① 클럭 스프링을 탈거한다.
② 배터리 (–)단자를 분리한다.
③ 고정 스크류를 풀고 스티어링 리모컨 어셈블리를 탈거한다.
④ 스티어링 휠 어셈블리를 탈거한다.

50 자동차 편의장치 중 이모빌라이저 시스템에 대한 설명으로 틀린 것은?

① 이모빌라이저 시스템이 적용된 차량은 일반 키로 복사하여 사용할 수 없다.
② 이모빌라이저는 등록된 키가 아니면 시동되지 않는다.
③ 통신 안정성을 높이는 CAN 통신을 사용한다.
④ 이모빌라이저 시스템에 사용되는 시동키 내부에는 전자 칩이 내장되어 있다.

51 자동차 전조등 시험 전 준비사항으로 틀린 것은?

① 타이어 공기압력이 규정 값인지 확인한다.
② 공차상태에서 측정한다.
③ 시험기 상하 조정 다이얼을 0으로 맞춘다.
④ 배터리 성능을 확인한다.

52 지르코니아 타입의 산소센서는 혼합기가 농후할 때 출력전압은?

① 0.5V에 가까워진다.
② 변화가 없다.
③ 1V에 가까워진다.
④ 0V에 가까워진다.

53 다음 병렬회로의 합성저항은 몇 Ω인가?

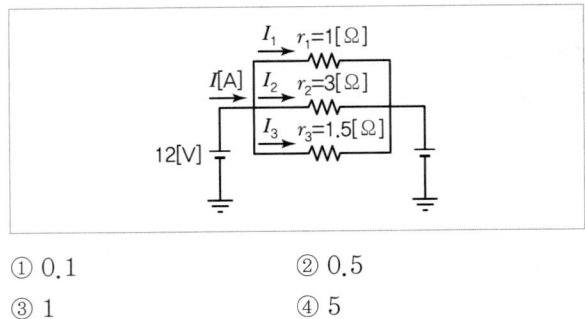

① 0.1　② 0.5
③ 1　④ 5

54 주행안전장치 적용 차량의 전면 라디에이터 그릴 중앙부 또는 범퍼 하단에 장착되어 선행 차량들의 정보를 수집하는 모듈은?

① 레이더(Radar) 모듈
② 전자식 차량 자세제어(ESC) 모듈
③ 파워트레인 컨트롤 모듈(PCM)
④ 전자식 파킹 브레이크(EPB) 모듈

55 자동차 전장부품의 제어방법 중 중앙제어 방식과 비교했을 때 LAN(Local Area Network) 시스템의 특징이 아닌 것은?

① 전장부품의 설치장소 확보가 용이함
② 설계 변경의 어려움
③ 배선의 경량화
④ 장치의 신뢰성 및 정비성 향상

56 기동전동기의 작동원리는?

① 앙페르 법칙
② 플레밍의 왼손 법칙
③ 플레밍의 오른손 법칙
④ 렌츠의 법칙

57 자동차에 사용되는 교류발전기 작동 설명으로 옳은 것은?

① 여자 다이오드가 단선되면 충전전압이 규정치보다 높게 된다.
② 여자 전류 제어는 정류기가 수행한다.
③ 여자 전류의 평균값은 전압조정기의 듀티율로 조정된다.
④ 충전전류는 발전기의 회전속도에 반비례한다.

58 2개의 코일 간의 상호 인덕턴스가 0.8H일 때 한쪽 코일의 전류가 0.01초 간에 4A에서 1A로 동일하게 변화하면 다른 쪽 코일에 유도되는 기전력은?

① 100V
② 240V
③ 300V
④ 320V

59 전방 레이더 교환방법에 대한 설명으로 틀린 것은?

① 범퍼 장착 후 스마트 크루즈 컨트롤 센서 정렬을 실시한다.
② 탈거 절차의 역순으로 스마트 크루즈 컨트롤 유닛을 장착한다.
③ 스마트 크루즈 컨트롤 유닛의 커넥터를 분리하고 차체에서 탈거한다.
④ 범퍼를 탈거한다.

60 자동긴급제동장치(AEB) 작동 시 감속도 1g란 어떠한 상황인가?

① 초당 약 35km/h의 속도변화로 35km/h의 속도로 주행 중인 차량이 급제동을 실시해 1초 후 0km/h가 될 정도의 감속도
② 초당 약 15km/h의 속도변화로 15km/h의 속도로 주행 중인 차량이 급제동을 실시해 1초 후 0km/h가 될 정도의 감속도
③ 초당 약 25km/h의 속도변화로 25km/h의 속도로 주행 중인 차량이 급제동을 실시해 1초 후 0km/h가 될 정도의 감속도
④ 초당 약 45km/h의 속도변화로 45km/h의 속도로 주행 중인 차량이 급제동을 실시해 1초 후 0km/h가 될 정도의 감속도

4과목 친환경 자동차

61 전기자동차의 출발/가속 주행모드에서 고전압 전기의 흐름 과정으로 옳은 것은?

① 고전압 배터리 → 전력제어장치 → 파워릴레이 어셈블리 → 고전압 정션박스 → 모터
② 고전압 배터리 → 파워릴레이 어셈블리 → 전력제어장치 → 고전압 정션박스 → 모터
③ 고전압 배터리 → 파워릴레이 어셈블리 → 고전압 정션박스 → 전력제어장치 → 모터
④ 고전압 배터리 → 고전압 정션박스 → 전력제어장치 → 파워릴레이 어셈블리 → 모터

62 환경친화적 자동차의 요건에 관한 규정상 플러그인 하이브리드 자동차에 사용하는 구동축전지 공칭전압 기준은?

① 직류 100V 초과
② 교류 220V 초과
③ 직류 60V 초과
④ 직류 220V 초과

63 전동식 컴프레셔 바디와 인버터 조립 시 도포해야 하는 것은?
① 실런트
② 냉매 오일
③ 써멀 구리스
④ 냉동유

64 전기자동차 고전압장치 정비 시 보호장구 사용에 대한 설명으로 틀린 것은?
① 고전압 관련 작업 시 절연화를 필수로 착용한다.
② 절연장갑은 절연성능(1000V/300A 이상)을 갖추어야 한다.
③ 시계, 반지 등 금속물질은 작업 전 몸에서 제거한다.
④ 보호안경 대신 일반 안경을 사용해도 된다.

65 아래 〈보기〉 내용에 대한 조치사항으로 옳은 것은?

〈보기〉
하이브리드 전기자동차를 진단장비 서비스 데이터를 활용하여 고전압 배터리의 셀 전압 점검 시 최대 셀 전압이 3.78V이며 최소 셀 전압이 2.6V로 측정되었다.

① 배터리 모듈의 위치를 변경하여 최대, 최소 전압을 보정한다.
② 배터리 팩 전압이 정격전압을 유지할 경우 재사용이 가능하다.
③ 셀 전압이 1V 이상 차이가 나는 셀이 포함된 모듈을 교환한다.
④ 배터리를 완전 방전 후 재충전하면 사용이 가능하다.

66 연료전지 스택에 필요한 주변장치(BOP)가 아닌 것은?
① 열관리 시스템
② 공기처리시스템
③ 연료처리시스템
④ 구동제어시스템

67 일반 하이브리드 자동차에서 직류전원을 교류전원으로 전환시키는 장치는?
① MCU(Motor Control Unit)
② EOP(Electronic Oil Pump)
③ BMS(Battary Management System)
④ HCU(Hybrid Control Unit)

68 자율주행시스템의 종류 중 지정된 조건에서 운전자의 개입 없이 자동차를 운행하는 자율주행시스템은? (단, 「자동차 및 자동차부품의 성능과 기준에 관한 규칙」에 의한다.)
① 완전 자율주행시스템
② 선택적 부분 자율주행시스템
③ 조건부 완전 자율주행시스템
④ 부분 자율주행시스템

69 하이브리드 자동차에서 고전압 배터리 관리 시스템(BMS)의 주요 제어기능으로 틀린 것은?
① 냉각제어
② 모터제어
③ 출력제한
④ SOC 제어

70 고전압 배터리 제어장치의 구성요소가 아닌 것은?
① 배터리 관리 시스템(BMS)
② 고전압 전류 변환장치(HDC)
③ 냉각 덕트
④ 배터리 전류 센서

71 전기자동차에서 LDC, MCU, 모터, OBC를 냉각하기 위해 냉각수를 강제순환하는 장치는?
① Chiller
② COD(Cathode Oxygen Depletion)
③ EWP(Electronic Water Pump)
④ PTC(Positive Temperature Coefficient)

72 수소 연료전지 자동차의 수소탱크에 관한 설명으로 옳은 것은?

① 1년에 1회 의무적인 내압검사를 실시한다.
② 탄소섬유로 이루어진 수소탱크는 강철에 비해 강도가 강하지만 강성은 약하다.
③ 최대 사용한도는 20년에 5,000회이다.
④ 수소탱크 제어모듈은 일정 압력 이상의 충전 시 충전 횟수를 카운트한다.

73 하이브리드 자동차의 고전압 계통 부품을 점검하기 위해 선행해야 할 작업이 아닌 것은?

① 인버터로 입력되는 고전압 (+), (-)전압 측정 시 규정값 이하인지 확인한다.
② 고전압 배터리 용량(SOC)을 20% 이하로 방전시킨다.
③ 고전압 배터리에 적용된 안전플러그를 탈거한 후 규정 시간 이상 대기한다.
④ 점화스위치를 OFF하고 보조배터리(12V)의 (-)케이블을 분리한다.

74 자동차의 에너지 소비효율 산정에서 최종 결과치를 산출하기 전까지 계산을 위하여 사용하는 모든 값을 처리하는 방법으로 옳은 것은?

① 반올림 없이 산출된 소수점 그대로 적용
② 반올림하여 소수점 이하 첫째 자리로 적용
③ 반올림하여 정수로 적용
④ 반올림 없이 소수점 이하 첫째 자리로 적용

75 수소가스를 연료로 사용하는 자동차 배기구에서 배출되는 가스의 수소농도 기준으로 옳은 것은?

① 평균 2%, 순간 최대 4%를 초과하지 아니할 것
② 평균 3%, 순간 최대 6%를 초과하지 아니할 것
③ 평균 5%, 순간 최대 10%를 초과하지 아니할 것
④ 평균 4%, 순간 최대 8%를 초과하지 아니할 것

76 SBW(Shift By Wire)가 적용된 차량에서 포지션 센서 또는 SBW 액추에이터가 - 증속(6km/h) 주행 중 고장 시 제어방법으로 옳은 것은?

① 경보음을 울리며 엔진 출력 제어
② 변속단 상태 유지
③ N단으로 제어하여 정차시킴
④ 브레이크를 제어하여 정차시킴

77 전기자동차의 공조장치(히트펌프)에 대한 설명으로 틀린 것은?

① 온도센서 점검 시 저항(Ω) 측정
② PTC 형식 이배퍼레이터 온도센서 적용
③ 정비 시 전용 냉동유(POE) 주입
④ 전동형 BLDC 블로어 모터 적용

78 연료전지의 효율(η)을 구하는 식은?

① $\eta = \dfrac{1\text{mol의 연료가 생성하는 전기에너지}}{\text{생성 엔트로피}}$

② $\eta = \dfrac{10\text{mol의 연료가 생성하는 전기에너지}}{\text{생성 엔트로피}}$

③ $\eta = \dfrac{1\text{mol의 연료가 생성하는 전기에너지}}{\text{생성 엔탈피}}$

④ $\eta = \dfrac{10\text{mol의 연료가 생성하는 전기에너지}}{\text{생성 엔탈피}}$

79 전기자동차 충전기 기술기준에서 충전기 기준 주파수(Hz)는?

① 60Hz ② 120Hz
③ 180Hz ④ 240Hz

80 환경친화적 자동차의 요건 등에 관한 규칙상 승용 고속전기 자동차의 최고속도 기준(km/h)은?

① 80km/h   ② 180km/h
③ 100km/h ④ 250km/h

정답 및 해설 제4회

01	02	03	04	05	06	07	08	09	10
③	①	②	③	①	②	①	③	③	②
11	12	13	14	15	16	17	18	19	20
③	③	④	①	④	③	④	②	①	②
21	22	23	24	25	26	27	28	29	30
②	①	②	②	①	①	③	②	③	④
31	32	33	34	35	36	37	38	39	40
④	②	②	②	②	③	②	①	②	②
41	42	43	44	45	46	47	48	49	50
③	②	④	②	③	④	③	②	①	③
51	52	53	54	55	56	57	58	59	60
②	③	③	①	③	②	③	③	③	③
61	62	63	64	65	66	67	68	69	70
③	①	③	④	③	④	①	③	②	②
71	72	73	74	75	76	77	78	79	80
①	④	②	①	④	②	②	③	①	③

01 정답 | ③
해설 | 크랭크축 엔드플레이 간극은 크랭크축의 축방향 유격으로 흡·배기밸브 간극과는 거리가 멀다.

02 정답 | ①
해설 | DPF의 재생시기의 판정은 일반적으로 차압센서를 통해 DPF의 전·후방에 발생한 압력차로 간접 계산하는 방법을 사용한다.

03 정답 | ②
해설 | **저압펌프의 점검방법**
 • 기계식 저압펌프 : 부압측정
 • 전기식 저압펌프 : 정압측정

04 정답 | ③
해설 | 가변 벤튜리방식은 기화기방식(carburetor)에 가솔린엔진에서 사용하던 연료계통에 하나로 현재는 사용하지 않는다.

05 정답 | ①
해설 | 연료차단은 대시포트제어와 함께 엔진의 급감속 시에 작용한다.

06 정답 | ②
해설 | NOx(질소산화물)의 경우 연소온도가 높을수록 발생량이 많기 때문에 NOx 저감을 위해선 연소온도를 낮춰야 한다.

07 정답 | ①
해설 | 디젤기관 연소실의 종류 중 직접분사식의 열효율이 가장 높다.

08 정답 | ③
해설 | 유압조절밸브는 펌프에서 발생하는 오일 압력이 높을 경우 바이패스통로를 통해 배출하여 압력을 낮춰주는 장치로 배관 및 피팅부, 실링부의 파손을 방지한다.

09 정답 | ③
해설 | 실린더 헤드는 열팽창이 큰 경우 고온에서 변형이 일어날 수 있으므로 열팽창률은 작은 것이 좋다.

10 정답 | ②
해설 | LPI 방식의 경우 액상연료를 직접 분사하는 방식이므로 기상 밸브가 필요치 않다.

11 정답 | ③
해설 | 세탄가는 디젤기관에 사용하는 연료인 경유의 안티노크성을 판단하는 기준으로 가솔린의 구비조건과는 무관하다. 다만, 가솔린연료의 착화온도가 높을수록 노킹이 방지될 수 있다.

12 정답 | ③
   해설 | 가솔린 자동차의 공기과잉률 1 ± 0.1 이내. 다만, 기화기식 연료공급장치 부착자동차는 1 ± 0.15 이내, '촉매 미부착 자동차는 1 ± 0.20 이내'(「대기환경보전법 시행규칙」 [별표 21] 운행차배출허용기준)

13 정답 | ④
   해설 | 웨이스트게이트 장치에 대한 설명으로 부스트압력(흡기압)이 일정압력 이상일 때 열려 배기가스의 일부를 바이패스 시키는 장치로 진공식과 전자식이 있다.

14 정답 | ①
   해설 | 가속페달센서(APS)1 전압이 가속페달센서(APS)2 전압보다 2배 크며, 가속 및 감속 구간에서 이상 없이 일정하게 나오는지 점검한다.
   • 아이들 시
     – APS1 : 0.7~0.8V
     – APS2 : 0.29~0.46V
   • 전개 시
     – APS1 : 3.85~4.35V
     – APS2 : 1.93~2.18V

15 정답 | ④
   해설 | 각 실린더별 분사 연료량을 예측함으로 최적의 분사량 제어가 가능하다.

16 정답 | ③
   해설 | • ECU는 점화스위치 ON 후 '일시적으로' 연료펌프를 강제 구동시켜 시동지연을 방지한다.
   • 연속적으로 연료펌프를 동작시키기 위해서는 '시동신호'와 'CKPS'의 신호가 요구된다.

17 정답 | ④
   해설 | • 총배기량 $= \frac{\pi}{4} \times D(cm)^2 \times L(cm) \times N$
   $= \frac{\pi}{4} \times 8.7^2 \times 7 \times 6 = 2495cc$
   $= 2.495\ell$
   • 리터당 출력 $= \frac{출력}{총배기량} \times \frac{90kW}{2.495\ell} = 36.14kW/\ell$

18 정답 | ②
   해설 | CVS-75 모드는 부착용 배출가스 저감장치 측정방법이다.
   참고 배출가스검사(부하검사방법의 적용)
   • ASM2525 모드 : 가솔린차 정밀검사
   • KD-147 모드 : 경유차 정밀검사(소·중형)
   • Lugdown3 모드 : 경유차 정밀검사(중·대형)

19 정답 | ①
   해설 | 가솔린 연료분사 장치의 인젝터에서 분사되는 연료의 양은 인젝터 내부 솔레노이드밸브가 작동되는 시간(통전시간) 즉, 노즐의 개방시간으로 조절한다.

20 정답 | ②
   해설 | 예열플러그는 연소실에 장착되어 연소실 내부의 공기온도를 상승시켜 시동 초기에 연료의 착화지연시간을 짧게 하여 시동성능을 향상 시킨다.

21 정답 | ②
   해설 | 유량조절 솔레노이드 밸브를 통해 유압회로 내 압력을 조절하는 것으로 입력신호가 아닌 출력신호이다.

22 정답 | ①
   해설 | 운전자가 선택한 변속레버의 시프트 위치에 신호를 TCU로 입력하기 위한 부품은 인히비터 스위치로 다른 역할로는 P·N단이 아닌 위치에서는 시동을 제한하는 기능을 한다.

23 정답 | ②
   해설 | 조향기어부에 급유(오일공급)가 부족한 경우 조작력이 무거울 수 있다. 그러나, 유격이 커지는 원인과는 거리가 멀다.

24 정답 | ②
   해설 | 자동변속기의 스톨포인트는 토크컨버터 내부에 펌프는 회전하지만, 터빈은 구동되지 않는 상태를 말하므로 스톨포인트에서는 펌프와 터빈의 회전비는 '0'이며 토크비는 최대가 된다. 클러치포인트는 펌프와 터빈의 속도비가 '1'이 되는 지점을 말한다.

25 정답 | ①
   해설 | 독립현가장치에서 맥퍼슨 형식은 위시본형식과 비교하였을 때 어퍼암이 없어 구조가 간단하여 기관실의 유효면적을 가장 넓게 할 수 있는 형식이다.
   ③ 트레일링 암 형식 : 후륜 현가장치
   ④ 평행판 스프링 형식 : 일체 차축현가장치

26 정답 | ①
   해설 | G 센서는 차체의 각속도가 아닌 가속도를 검출한다.

27 정답 | ③
   해설 | 웜섹터기어를 사용한 조향 방식의 조향 기어비
   조향 기어비 $= \frac{핸들의\ 각도}{피트먼암의\ 각도} = \frac{720°}{90°} = 8$

28 정답 | ③
   해설 | 종감속장치는 엔진의 동력으로 바퀴를 구동하기 위한 장치이므로 제동성능과는 거리가 멀다.

29 정답 | ③
   해설 | 차량의 속도는 운전자의 의지에 따라 제어되므로 현가장치의 기능과는 거리가 멀다.

30 정답 | ④
   해설 | 킹핀이 마모되는 경우 차량을 앞에서 보았을 때 바퀴 위쪽의 지지력이 약화되어 부의 캠버(-)가 된다.

31 정답 | ④
해설 | 브레이크 챔버는 공기식 브레이크의 부품이다.

32 정답 | ②
해설 | 파스칼의 원리에 따라
마스터 실린더의 유압 = 휠 실린더의 유압
$$\frac{80\text{kgf}}{4\text{cm}^2} = \frac{x\text{kgf}}{3\text{cm}^2}$$
따라서, $x = \frac{80\text{kgf} \times 3\text{cm}^2}{4\text{cm}^2} = 60\text{kgf}$ 이다.

33 정답 | ③
해설 | **토크 컨버터의 구성부품**
- 터빈
- 펌프
- 스테이터(내부에 원웨이클러치)
- 댐퍼클러치

34 정답 | ②
해설 | 주차 제동력의 합을 차량 중량의 20% 이상일 것

35 정답 | ②
해설 | **타이어의 불균형**
- 동적 불균형 : 시미
- 정적 불균형 : 트램핑

36 정답 | ③
해설 | **레이디얼 타이어의 특징**
- 타이어 수명이 길다.
- 트레드 하중에 의한 변형이 적다.
- 접지력이 우수하다.
- 코너링 포스가 우수하다.
- 조정안정성이 좋다.
- 고속주행시 안정성이 크다.
- 비포장도로에 취약하다.

37 정답 | ②
해설 | 4륜 구동 차량일지라도 마모가 심한 부분의 타이어만 교체가 가능하다.
드라이브 와인드업 현상
타이어사이즈 또는 트레드, 공기압이 다른 상태로 4륜 주행할 때 서로 다른 접지력에 의해 구동력이 서로 상충되는 현상

38 정답 | ①
해설 |
- 바디 G 센서 : 차체의 기울어진 정도를 검출
- 휠 G 센서 : 바퀴의 진동을 검출
- 차속 센서 : 차량의 속도를 검출
- 스로틀 포지션 센서 : 스로틀의 열림 정도를 검출
- 리어 압력 센서 : 공기현가장치에서 뒤쪽 현가장치의 공기압력을 검출

39 정답 | ②
해설 | 조향기어의 간극(백래시)이 큰 경우 혹은 타이로드앤드 볼 조인트에 유격이 있는 경우에는 조향핸들이 한쪽으로 쏠릴 수 있다. 조향핸들이 한쪽으로 쏠리는 것과 축 방향 유격과는 거리가 멀다.

40 정답 | ②
해설 | **차고를 높이는 방법**
급기 솔레노이드밸브를 작동하여 에어쇼바의 길이를 증가시킨다.

41 정답 | ③
해설 | **데이터 링크 및 물리 하위 계층**

```
CAN layers
  2. Data Link(데이터링크)
     • Logic link control(논리 링크 제어)
     • Media access control(매체 접근 제어)
  1. Physical(물리)
     • Physical coding sub-layer(물리 부호화 하위계층)
     • Physical media attachment(물리 매체 접속 장치)
     • Physical media dependent(물리층 매체 의존부)
```

- 컴퓨터 논리 링크 제어(LLC ; Logical Link Control)
- 통신망 매체 접근 제어(MAC ; Media Access Control)
- 물리 코딩(부호화) 하위 계층(Physical coding sub-layer)
- 물리 매체 접속 장치(Physical media attachment)
- 물리층 매체 의존부(Physical media dependent)

42 정답 | ②
해설 | B단자에 접촉 불량 및 저항이 과다하면 전류의 발열작용에 의해 열이 발생할 수 있다.

43 정답 | ④
해설 | 제너 다이오드는 일정전압(브레이크 다운전압, 제너전압) 이상 발생 시 역방향으로 전류가 흘러 회로 내 전압을 일정하게 유지하는 정전압회로에 사용되는 다이오드이다.

44 정답 | ②
해설 | 후측방 레이더 제한사항
- 후측방 레이더 주위 범퍼 표면이 눈, 비, 흙 등에 의해 오염될 경우
- 후측방 레이더 주위 온도가 높거나 낮을 경우
- 주변 차량 및 구조물이 적은 광활한 지역을 주행할 경우 (사막, 초원, 교외 등)
- 상대 차량의 속도가 매우 빨라서 짧은 시간에 자차를 추월하여 지나갈 경우
- 후측방 레이더 주위에 짐칸(트레일러 혹은 캐리어)을 장착할 경우
- 차고높이 변화가 심하게 생길 경우(타이어 공기압 이상, 화물칸의 과다 적재 등)

45 정답 | ③
해설 | 120Ω의 종단저항이 단선되어 있으므로 회로의 합성저항은 120Ω이다.

46 정답 | ④
해설 | LIN 통신은 싱글마스터 통신규약으로 하나의 마스터가 다수의 슬레이브를 제어한다.

47 정답 | ③
해설 | 전방카메라 보정이 필요한 경우
- 전방 카메라를 탈부착한 경우
- 전방 카메라를 신품으로 교체한 경우(베리언트 코딩 및 보정 필요)
- 윈드쉴드 글라스를 교환한 경우
- 윈드쉴드 글라스의 전방카메라 브라켓이 변형 및 파손된 경우

48 정답 | ②
해설 | TPMS의 경고등이 점등되었을 때 공기압이 부족한 위치의 타이어를 확인하여 공기가 부족한 경우에는 공기를 주입하고 펑크 등 타이어에 이상이 있는 경우에는 타이어를 수리한다.

49 정답 | ①
해설 | 스마트 크루즈 컨트롤 스위치 교환방법
- 점화스위치를 OFF하고, 배터리 (−)단자를 분리한다.
- 스티어링 휠을 탈거한다.
- 리모트 컨트롤 스위치 커넥터를 분리한 후, 와이어링을 탈거한다.
- 스마트 크루즈 컨트롤(SCC) 스위치 어셈블리를 탈거한다.

50 정답 | ③
해설 | K−line 통신은 스마트키&버튼 시동 시스템 또는 이모빌라이저 적용 차량에서 엔진 제어기(EMS)(마스터)와 이모빌라이저(슬레이브) 인증 통신에 사용되고 있다.

51 정답 | ②
해설 | 전조등 시험 시 공차상태에 운전자 1인이 탑승한 상태에서 측정한다.

52 정답 | ③
해설 | 지르코니아 산소센서의 출력 전압 특성
- 최소 0V ~ 최대 1V까지 출력
- 공연비가 농후한 경우($\lambda < 1$) = 0.6 ~ 0.8V
- 이론공연비 부근($\lambda = 1$) = 0.45 ~ 0.5V
- 공연비가 희박한 경우($\lambda > 1$) = 0.1 ~ 0.2V

53 정답 | ②
해설 | 옴의 법칙
$$\frac{1}{R} = \frac{1}{r_1} + \frac{1}{r_2} + \frac{1}{r_3} + \frac{1}{1} + \frac{1}{3} + \frac{1}{1.5}$$
$$= \frac{3}{3} + \frac{1}{3} + \frac{2}{3} = \frac{6}{3} = \frac{2}{1}$$

따라서, $R = \frac{1}{2}\Omega = 0.5\Omega$이다.

54 정답 | ①
해설 | 지문의 내용은 레이더 모듈에 대한 설명이다.
② 전자식 차량 자세제어(ESC) : 제동장치, 현가장치, 구동력를 제어하기 위한 정보를 수집한다.
③ 파워트레인 컨트롤 모듈(PCM) : 엔진, 클러치, 변속기 제어를 위한 정보를 수집한다.
④ 전자식 파킹 브레이크 모듈(EPB) : 주차브레이크 작동을 위한 모듈이다.

55 정답 | ②
해설 | LAN통신의 특징
- 설치비와 유지비가 저렴
- 확장성이 용이
- 설계 변경이 쉬움
- 배선의 경량화
- 통신 속도가 빠름(기가비트 이더넷의 경우 1000Mbps)

56 정답 | ②
해설 | 플레밍의 왼손 법칙은 기동전동기의 기본 작동원리이다.
① 앙페르 법칙 : 전류의 방향과 자기장의 방향과의 관계를 나타내는 '오른나사의 법칙'
③ 플레밍의 오른손 법칙 : 발전기의 기본 작동원리
④ 렌츠의 법칙 : 유도기전력과 유도전류는 자기장의 변화를 상쇄하려는 방향으로 발생한다는 전자기법칙

57 정답 | ③
해설 | **교류발전기의 작동 설명**
- 여자 다이오드가 단선되면 충전전압이 규정치보다 낮게 된다.
- 여자 전류의 제어는 전압조정기가 수행한다.
- 여자 전류의 평균값은 전압조정기의 듀티율에 의해 조정된다.
- 충전전류는 발전기의 회전속도에 비례한다.

58 정답 | ②
해설 | **패러데이 전자기유도법칙**
$$\text{유도기 전력}(\varepsilon) = M \times \frac{dI}{dt}$$
$$= \text{상호인덕턴스} \times \frac{\text{전류변화}}{\text{변화시간}}$$
$$= 0.8 \times \frac{3}{0.01} = 240V$$

59 정답 | ①
해설 | 전방 레이더 교환 시 레이더 센서의 정렬을 실시한 후 범퍼를 장착한다.

60 정답 | ①
해설 | $1g = 9.81 m/s^2$이므로 1초간 9.8m/s의 변화될 정도에 감속도를 말한다.
① $35km/h = 35 \times \frac{1000}{3600} = 약\ 9.72m/s$
② $15km/h = 15 \times \frac{1000}{3600} = 약\ 4.16m/s$
③ $25km/h = 25 \times \frac{1000}{3600} = 약\ 6.94m/s$
④ $45km/h = 45 \times \frac{1000}{3600} = 12.5m/s$
따라서, 가속도가 $9.8m/s^2$와 가장 가까운 것은 ①이다.

61 정답 | ③
해설 | **전기자동차의 출발, 가속 주행모드의 고전압 전기 흐름**
고전압 배터리 → 파워릴레이 어셈블리 → 고전압 정션박스 → 전력제어장치(MCU) → 모터

62 정답 | ①
해설 | **기술적 세부사항(「환경친화적 자동차의 요건 등에 관한 규정」 제4조 관련)**
- 일반하이브리드 직류 60V 이상
- 플러그인 하이브리드 직류 100V 이상

63 정답 | ③
해설 | 전동식 컴프레셔의 인버터/바디키트를 조립하기 전에 써멀 구리스를 도포한다(일반 구리스는 사용 불가).

64 정답 | ④
해설 | 고전압 보호장구에서 보호안경, 안면 보호대는 '스파크가 발생할 수 있는 작업 시 착용하기 때문에 일반 안경을 쓰는 경우 위험하다.

65 정답 | ③
해설 | 최대 셀 전압과 최소 셀 전압이 1V 이상 차이가 나는 경우 셀이 포함된 모듈을 교환한다. 점검 시 출력전압은 2.5~4.3V 이내에 존재하여야 한다.

66 정답 | ④
해설 | 구동제어시스템은 MCU 기능이다.
BOP 주변기기
- 수소 공급장치 : FPS
- 공기 공급장치 : APS
- 냉각수 열관리 시스템 : TMS

67 정답 | ①
해설 | MCU 내부의 인버터는 직류(DC)전원을 교류(AC)전원으로 변환하여 모터의 토크와 회전속도를 제어한다.
② EOP(Electronic Oil Pump) : 전자식 오일펌프
③ BMS(Battary Management System) : 배터리관리시스템
④ HCU(Hybrid Control Unit) : 하이브이드 컨트롤 유닛

68 정답 | ③
해설 | **자율주행시스템의 종류(「자동차규칙」 제111조에 의거)**
- 부분 자율주행시스템 : 지정된 조건에서 자동차를 운행하되 작동 한계상황 등 필요한 경우 운전자의 개입을 요구하는 자율주행시스템
- 조건부 완전자율주행시스템 : 지정된 조건에서 운전자의 개입 없이 자동차를 운행하는 자율주행시스템
- 완전 자율주행시스템 : 모든 영역에서 운전자의 개입 없이 자동차를 운행하는 자율주행시스템

69 정답 | ②
해설 | ②은 MCU의 기능에 관한 설명이다.
BMS의 주요 제어 기능
- 전압 제어 : 충전 전압, 과방전 전압
- 전류 제어 : 과전류, 충전전류, 방전전류
- 출력 제한 : 전류제어와 전압제어를 통한 출력제어
- 온도 제어 : 냉각시스템 제어
- 셀 밸런싱(balancing)
- SoC 제어 및 셀 보호

70 정답 | ②
해설 | 고전압 배터리 제어장치에는 고전압 전류 변환장치(HDC)가 아닌 저전압 직류 변환장치(LDC)가 들어있다. LDC는 고전압 배터리를 통해 저전압 배터리 충전을 위한 변환기이다.

71 정답 | ③
해설 | 전기자동차는 엔진이 없어 냉각수 순환을 위해 전자식워터펌프 EWP(Electronic Water Pump)가 사용된다.

72 정답 | ④
해설 | 수소탱크 제어모듈은 일정 압력 이상의 충전 시 충전 횟수를 카운트한다.
① 내압시험일로부터 3년 이상 경과 시 내압검사를 실시한다.
② 탄소섬유로 이루어진 내압용기는 강철에 비해 강도와 강성이 강하다.
③ 최대 사용한도는 15년, 충전횟수 4000회이다.

73 정답 | ②
해설 | 배터리 용량을 방전시킬 필요는 없다.

고전압 차단방법
- 점화 스위치를 OFF하고, 보조배터리(12V)의 (−)케이블을 분리한다.
- 서비스 인터록 커넥터(A)를 분리한다.
- 서비스 인터록 커넥터(A) 분리가 어려운 상황 발생 시 안전 플러그를 탈거한 후 인버터 커패시터 방전을 위하여 5분 이상 대기한 후 인버터 단자 간 전압을 측정한다 (잔존 전압 상태를 점검).

74 정답 | ①
해설 | 에너지소비효율, CO_2 등의 최종 결과치를 산출하기 전까지 계산을 위하여 사용하는 모든 값은 반올림 없이 산출된 소수점 그대로를 적용한다(「자동차의 에너지소비효율 및 등급표시에 관한 규정」 [별표 1] 자동차의 에너지소비효율 산정방법 등에 의거).

75 정답 | ④
해설 | 수소가스를 연료로 사용하는 자동차의 배기구에서 배출되는 가스의 수소농도는 평균 4%, 순간 최대 8%를 초과하지 아니할 것(「자동차규칙」 제17조에 의거)

76 정답 | ②
해설 | 변속기 관련 고장이 발생하면 페일세이프 기능이 작동하여 최소한의 기능(변속제한, 고정)을 유지하여 정비소로 갈 수 있도록 하는 림프 홈 모드(limp home mode)로 주행하게 된다.

77 정답 | ②
해설 | 이베퍼레이터 온도센서는 NTC 형식으로 적용한다.

78 정답 | ③
해설 | $\eta = \dfrac{1\text{mol}의\ 연료가\ 생성하는\ 전기에너지}{생성엔탈피}$

79 정답 | ①
해설 | **전기자동차 충전기 기준 주파수**(「전기자동차 충전기 기술기준」에 의거)

기준 주파수	$f_n = 60\text{Hz}$
규정동작 범위($f_n \pm 2\%$)	58.8Hz~61.2Hz

80 정답 | ③
해설 | 고속전기자동차의 최고속도 : 승용자동차는 100km/h 이상, 화물자동차는 80km/h 이상, 승합자동차는 100km/h 이상(「환경친화적 자동차의 요건 등에 관한 규정」 제3조 2항에 의거)

1과목 자동차엔진

01 디젤 엔진에서 노크를 방지하는 방법으로 옳지 않은 것은?
 ① 압축비를 높게 한다.
 ② 흡기 온도를 높게 한다.
 ③ 세탄가가 낮은 연료를 사용한다.
 ④ 착화성이 좋은 연료를 사용한다.

02 DPF(Diesel Particulate Filter)의 구성요소가 아닌 것은?
 ① 온도센서 ② PM센서
 ③ 차압센서 ④ 산소센서

03 운행차의 정밀검사에서 배출가스 검사 전에 받는 관능검사 및 기능검사의 항목이 아닌 것은?
 ① 조속기 등 배출가스 관련 장치의 봉인훼손 여부
 ② 에어컨, 서리제어장치 등 부속장치의 작동 여부
 ③ 현가장치 및 타이어 규격의 이상 여부
 ④ 변속기, 브레이크 등 기계적인 결함 여부

04 전자제어 LPI 기관에서 인젝터 점검방법으로 틀린 것은?
 ① 아이싱 팁 막힘 여부 확인
 ② 연료 리턴량 측정
 ③ 인젝터 저항 측정
 ④ 인젝터 누설 시험

05 가솔린 기관의 조기점화에 대한 설명으로 틀린 것은?
 ① 조기점화가 일어나면 연료소비율이 적어진다.
 ② 조기점화가 일어나면 출력이 저하된다.
 ③ 점화플러그의 전극에 카본이 부착되어도 일어난다.
 ④ 과열된 배기밸브에 의해서도 일어난다.

06 기관출력시험에서 크랭크축에 밴드 브레이크를 감고 3m 거리에서 끝 지점의 힘을 측정했을 때 4.5kgf이다. 기관속도계가 2800rpm일 때 제동마력은?
 ① 63.3PS ② 52.8PS
 ③ 48.2PS ④ 84.1PS

07 내연기관의 열역학적 사이클에 대한 설명으로 틀린 것은?
 ① 정적사이클을 오토사이클이라고도 한다.
 ② 정압사이클을 디젤사이클이라고도 한다.
 ③ 복합사이클을 사바테사이클이라고도 한다.
 ④ 오토, 디젤, 사바테 사이클 이외의 사이클은 자동차용 엔진에 적용하지 못한다.

08 전자제어 디젤엔진에서 진단 장비를 활용하여 연료 보정량을 측정하였을 때 얼마 이상인 경우 불량한가?
 ① $\pm 1mm^3$ 이상 ③ $\pm 3mm^3$ 이상
 ② $\pm 2mm^3$ 이상 ④ $\pm 4mm^3$ 이상

09 LPI 엔진의 구성품이 아닌 것은?
 ① 액상·기상 솔레노이드 밸브
 ② 과류방지 밸브
 ③ 연료차단 솔레노이드 밸브
 ④ 릴리프 밸브

10 정격출력이 80ps/4000rpm인 자동차를 엔진회전수 제어방식(Lug-Down 3모드)으로 배출가스를 정밀검사할 때 2모드에서 엔진회전수는?
 ① 최대출력의 엔진정격회전수, 4000rpm
 ② 엔진정격회전수의 90%, 3600rpm
 ③ 엔진정격회전수의 80%, 3200rpm
 ④ 엔진정격회전수의 70%, 2800rpm

11 다음 중 터보차저에 대한 설명으로 틀린 것은?
① 가속페달을 밟은 직후 일정 유량이 확보되기까지 시간 지연이 발생하는데 이를 터보래그라 한다.
② 가변 용량 터보차저(Variable Geometry Turbocharger)는 터보래그의 개선 효과가 있다.
③ 가변 용량 터보차저에는 웨이스트 게이트 밸브가 적용되지 않는다.
④ 인터쿨러는 실린더로 유입되는 공기밀도를 낮추는 장치이다.

12 전자제어 가솔린 엔진에 사용되는 센서 중 흡기온도 센서에 대한 내용으로 틀린 것은?
① 엔진 시동과 직접 관련되며 흡입공기량과 함께 기본 분사량을 결정한다.
② 흡기온도를 검출하여 점화시기를 보정한다.
③ 온도에 따라 달라지는 흡기 온도밀도 차이를 보정하여 최적의 공연비가 되도록 한다.
④ 온도에 따라 저항값이 변화되는 NTC형 서미스터를 주로 사용한다.

13 오토사이클엔진의 실린더 간극체적이 행정체적의 15%일 때 이 엔진의 이론열효율(%)은 약 얼마인가? (단, 비열비는 1.4이다.)
① 약 55.73   ② 약 46.23
③ 약 39.23   ④ 약 51.73

14 열선식(hot wire type) 흡입공기량 센서의 장점으로 옳은 것은?
① 질량유량의 검출이 가능하다.
② 먼지나 이물질에 의한 고장 염려가 적다.
③ 소형이며, 가격이 저렴하다.
④ 기계적 충격에 강하다.

15 전자제어 엔진의 연료분사장치 특성에 대한 설명으로 옳은 것은?
① 연료분사장치 단품의 제조원가가 저렴하여 엔진 가격이 저렴하다.
② 진단장비 이용으로 고장수리가 용이하지 않다.
③ 연료분사 처리속도가 빨라 가속 응답성이 좋다.
④ 연료 과다 분사로 연료소비가 크다.

16 전자제어 커먼레일 디젤엔진의 연료장치에서 솔레노이드 인젝터 대비 피에조 인젝터의 장점으로 틀린 것은?
① 분사 응답성 향상
② 낮은 구동전압으로 안전성 향상
③ 배출가스 최적화
④ 연료소비 저감

17 가솔린 엔진에서 가장 농후한 혼합기를 공급해야 할 시기는?
① 냉간 시동 시   ② 감속 시
③ 가속 시   ④ 저속 주행 시

18 기관 고속운전 시 피스톤 링이 정확하게 상하운동을 못하고 링이 링 홈에서 고주파 진동을 하는 현상은?
① 링의 펌프 작용   ② 스틱 현상
③ 플러터 현상   ④ 스커핑 현상

19 다음 중 윤활유 첨가제가 아닌 것은?
① 부식 방지제   ② 유동점 강하제
③ 인화점 하강제   ④ 극압 윤활제

20 스플릿 피스톤에 슬롯을 두는 이유로 적절한 것은?
① 폭발 압력을 견디기 위해
② 피스톤의 측압 및 슬랩(slap)을 감소시키기 위해
③ 블로바이 가스를 저감하기 위해
④ 헤드부의 높은 열이 스커트로 가는 것을 방지하기 위해

2과목 자동차섀시

21 유압식 전자제어 조향장치의 점검항목이 아닌 것은?
① 전기모터
② 유량제어 솔레노이드 밸브
③ 차속 센서
④ 스로틀 위치 센서

22 자동차가 정지상태에서부터 100km/h까지 가속하는 데 6초가 걸렸다. 이 자동차의 평균가속도는?
① 약 $4.63m/s^2$ ② 약 $16.67m/s^2$
③ 약 $6.0m/s^2$ ④ 약 $8.34m/s^2$

23 총중량이 1ton인 자동차가 72km/h로 주행 중 급제동하였을 때 운동에너지가 모두 브레이크 드럼에 흡수되어 열이 되었다 흡수된 열량(kcal)은 얼마인가? (단, 노면의 마찰계수는 1이다.)
① 60.25 ② 47.80
③ 54.68 ④ 52.30

24 레이디얼 타이어의 특징이 아닌 것은?
① 미끄럼이 적고 견인력이 좋다.
② 하중에 의한 트레드 변형이 크다.
③ 타이어 단면의 편평율을 크게 할 수 있다.
④ 선회 시 트레드 변형이 적어 접지면적이 감소되는 경향이 적다.

25 전자제어 제동장치 관련 톤 휠 간극 측정 및 조정에 대한 설명으로 틀린 것은?
① 톤 휠 간극을 점검하여 규정값 범위이면 정상이다.
② 톤 휠 간극의 규정값을 벗어난 경우 센서를 탈거한 다음 규정 토크값으로 조정한다.
③ 각 바퀴의 ABS 휠 스피드센서 톤 휠 상태는 이물질 오염 상태만 확인하면 된다.
④ 톤 휠 부와 센서 감응부(폴 피스) 사이를 시크니스 게이지로 측정한다.

26 자동변속기 장착 차량의 전자제어 센서 중 TPS(Throttle Position Sensor)에 대한 설명으로 옳은 것은?
① 킥다운(kick down) 작용과 관련이 없다.
② 자동변속기 변속 시점과 관련이 있다.
③ 주행 중 선회시 충격 흡수와 관련이 있다.
④ 엔진 출력이 달라져도 킥다운과 관련이 없다.

27 자동차의 축간거리가 2.5m 킹핀의 연장선과 캠버의 연장선이 지면 위에서 만나는 거리가 30cm인 자동차를 좌측으로 회전하였을 때 바깥쪽 바퀴의 조향각도가 30°라면 최소회전반경은 약 몇 m 미만인가?
① 4.3m ② 5.3m
③ 6.2m ④ 7.2m

28 듀얼클러치 변속기(DCT)의 특징으로 틀린 것은?
① 수동변속기에 비해 동력손실이 크다.
② 수동변속기에 비해 작동이 빠르다.
③ 수동변속기에 비해 연료소비율이 좋다.
④ 수동변속기에 비해 변속충격이 적다.

29 전자제어 현가장치 관련 점검결과 ECS 조작 시에도 인디게이터 전환이 이루어지지 않는 현상이 확인됐다. 이에 대한 조치사항으로 틀린 것은?

① 인디케이터 점등회로를 전압 계측하고 선로를 수리한다.
② 컴프레셔 작동상태를 확인하고 이상있는 컴프레셔를 교체한다.
③ 커넥터를 확인하고 하니스 간 접지상태를 점검한다.
④ 전구를 점검하고 손상 시 수리 및 교체한다.

30 유압식 전자제어 조향장치의 점검항목이 아닌 것은?

① 유량제어 솔레노이드 밸브
② 전기모터
③ 체크밸브
④ 스로틀 위치 센서

31 휠 얼라이먼트를 하는 이유가 아닌 것은?

① 조향 휠의 조작안정성 및 주행안정성 부여
② 조향 휠에 복원성 부여
③ 타이어의 편마모 방지로 타이어의 수명 연장
④ 제동 성능향상

32 VDC(Vehicle Dynamic Control) 모듈(HECU) 교환에 대한 일반적인 순서로 옳은 것은?

〈보기〉
1. 점화스위치를 OFF하고, 배터리 (-)단자를 분리한다.
2. VDC 모듈 잠금장치를 위로 들어 올려 커넥터를 분리한다.
3. VDC 모듈에 연결된 브레이크 튜브 플레어 너트 6개소를 스패너를 사용하여 시계 반대방향으로 회전시켜 분리한다.
4. VDC 모듈 브래킷 장착 너트를 풀고, HECU 및 브래킷을 탈거한다.

① 1 → 3 → 4 → 2
② 1 → 3 → 2 → 4
③ 1 → 2 → 3 → 4
④ 1 → 4 → 2 → 3

33 무단변속기(CVT)의 장점으로 틀린 것은?

① 변속충격이 적다.
② 가속성능이 우수하다.
③ 연료소비량이 증가한다.
④ 연료소비율이 향상된다.

34 전자제어 구동력 조절장치(TCS)의 컴퓨터는 구동바퀴가 헛돌지 않도록 최적의 구동력을 얻기 위해 구동 슬립율이 약 몇 %가 되도록 제어하는가?

① 약 5~10%
② 약 15~20%
③ 약 25~30%
④ 약 35~40%

35 사고 후에 측정한 제동궤적(skid mark)은 48m이고, 사고 당시의 제동 감속도는 $6m/s^2$이다. 이때 사고 당시의 주행 속도는?

① 57.6km/h
② 86.4km/h
③ 43.2km/h
④ 114km/h

36 자동변속기에서 토크컨버터의 불량이 발생했을 경우에 대한 설명으로 옳은 것은?

① 엔진 시동 및 가속이 불가능하다.
② 전·후진 작동이 불가능하다.
③ 댐퍼클러치가 작동하지 않는다.
④ 구동 출력이 떨어진다.

37 자동차 및 자동차부품의 성능과 기준에 관한 규칙상 자동변속장치에 대한 기준으로 틀린 것은?

① 조종레버가 조향기둥에 설치된 경우 조종레버의 조작방향은 중립위치에서 전진위치로 조작되는 방향이 반시계방향일 것
② 주차위치가 있는 경우에는 후진위치에 가까운 끝부분에 있을 것
③ 중립위치는 전진위치와 후진위치 사이에 있을 것
④ 전진변속단수가 2단계 이상일 경우 40km/h 이하의 속도에서 어느 하나의 변속단수의 원동기 제동효과는 최고변속 단수에서의 원동기 제동효과보다 클 것

38 구동륜의 타이어 치수가 비정상일 때 나타날 수 있는 현상으로 가장 거리가 먼 것은?

① 변속기 소음   ② 연비 변화
③ 차고 변화   ④ 타이어 이상 마모

39 총중량 1200kgf, 전면 투영면적 1.4m²인 차량이 평탄한 포장도로를 100km/h로 주행하고 있다면, 이때 공기저항(kgf)는 약 얼마인가? (단, 공기저항계수는 0.025이다.)

① 15   ② 18
③ 21   ④ 27

40 자동차검사기준 및 방법에 의해 공차상태에서만 시행하는 검사항목은?

① 제동력   ② 제원 측정
③ 등화장치   ④ 경음기

3과목 자동차전기

41 스마트 키 시스템이 적용된 차량의 동작 특징으로 틀린 것은? (단, 리모컨 Lock 작동 후이다.)

① LF 안테나가 일시적으로 수신하는 대기모드로 진입한다.
② 스마트 키 ECU는 LF 안테나를 주기적으로 구동하며 스마트키가 차량을 떠났는지 확인한다.
③ 일정기간 동안 스마트 키 없음이 인지되면 스마트 키 찾기를 중지한다.
④ 패시브 록 또는 리모컨 기능을 수행하여 경계 상태로 진입한다.

42 CAN의 데이터 링크 및 물리 하위계층에서 OSI 참조 계층이 아닌 것은? (단, ISO 11898-1에 의한다.)

① 물리   ② 표현
③ 응용   ④ 신호

43 진단 장비를 활용한 전방 레이더 센서 보정방법으로 틀린 것은?

① 바닥이 고른 공간에서 차량을 수평상태로 한다.
② 주행모드가 지원되는 경우에도 수평계, 수직계, 레이저, 리플렉터 등 별도의 보정 장비가 필요하다.
③ 주행모드가 지원되지 않는 경우 레이저, 리플렉터, 삼각대 등 보정용 장비가 필요하다.
④ 메뉴는 전방 레이터 센서 보정(SCC/FCA)으로 선택한다.

44 첨단운전자보조시스템(ADAS) 기능 중 차선유지보조시스템(LKA)의 미작동 조건으로 틀린 것은?

① 곡률반경이 큰 도로 조건
② 주행 중 양쪽 차선이 사라진 도로
③ 차선 미인식
④ 방향지시등 작동

45 시동 전동기에 흐르는 전류가 160A이고, 전압이 12V일 때 시동 전동기의 출력은 약 몇 ⊃S인가?

① 1.3   ② 2.6
③ 3.9   ④ 5.2

46 그림과 같은 회로에서 스위치가 OFF 되어 있는 상태로 커넥터가 단선되었다. 이 회로를 테스트 램프로 점검하였을 때 테스트 램프의 점등상태로 옳은 것은?

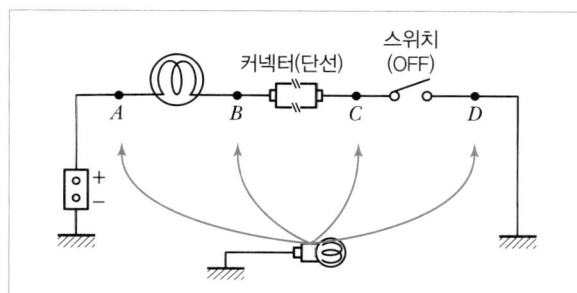

① A : OFF, B : OFF, C : OFF, D : OFF
② A : ON, B : OFF, C : OFF, D : OFF
③ A : ON, B : ON, C : OFF, D : OFF
④ A : ON, B : ON, C : ON, D : OFF

47 자동차 네트워크 계통도(C-CAN) 와이어 결선 및 제어기 배열 과정에 대한 설명으로 틀린 것은?

① PCM(종단저항)에서 출발해 ECM(종단저항)까지 주선의 흐름을 완성한다.
② 각 조인트 커넥터 및 연결 커넥터의 위치를 확인한 후 표시한다.
③ 주선과 연결된 제어기를 조인트 커넥터 중심으로 표현한다.
④ 제어기 위치와 배열 순서를 종합해 차량에서의 C-CAN 와이어 결선을 완성한다.

48 하이브리드 고전압장치 중 프리차저 릴레이&프리차저 저항의 기능 아닌 것은?

① 메인릴레이 보호
② 타 고전압 부품 보호
③ 메인 퓨즈, 버스바, 와이어 하네스 보호
④ 배터리 관리 시스템 입력 노이즈 저감

49 점화플러그에 대한 설명으로 옳은 것은?

① 전극의 온도가 높을수록 카본퇴적 현상이 발생된다.
② 전극의 온도가 낮을수록 조기점화 현상이 발생된다.
③ 에어갭(간극)이 규정보다 클수록 불꽃 방전시간이 길어진다.
④ 에어갭(간극)이 규정보다 클수록 불꽃 방전 전압이 높아진다.

50 IPS(Inteligent Power Switching device)의 장점에 대한 설명으로 틀린 것은?

① 회로의 단순화 : 소형의 퓨즈와 릴레이를 별개로 사용하여 회로가 단순
② 상품성 향상 : 서지전압에 대한 손상이 없어 내구성이 우수
③ 공간성 확보 : 릴레이 대비 크기가 감소되어 공간 효율성이 향상
④ 고장진단 기능 : 회로에 과전류가 흐를 때 이를 감지 기록

51 운행차 정기검사에서 측정한 경적소음이 1회 96dB, 2회 97dB이고 암소음이 90dB일 경우 최종측정치는? (단, 「소음 진동관리법 시행규칙」에 의한다.)

① 95.7dB   ② 95.0dB
③ 96.0dB   ④ 94.3dB

52 교류전류를 아래 그림과 같이 변환시키는 회로를 무엇이라 하는가?

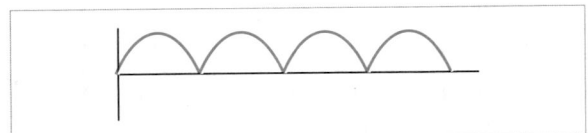

① 평활회로　　② 반파정류회로
③ 전파정류회로　④ 간섭회로

53 자동차규칙상 저소음자동차 경고음 발생장치 설치기준에 대한 설명으로 틀린 것은?

① 하이브리드자동차, 전기자동차, 연료전지자동차 등 동력발생장치가 내연기관인 자동차에 설치하여야 한다.
② 전진 주행 시 발생되는 전체음의 크기를 75데시벨(dB)을 초과하지 않아야 한다.
③ 운전자가 경고음 발생을 중단시킬 수 있는 장치를 설치하여서는 아니 된다.
④ 최소한 매시 20킬로미터 이하의 주행상태에서 경고음을 내야 한다.

54 High speed CAN 파형분석 시 지선부위 점검 중 High-line이 전원에 단락되었을 때 측정파형의 현상으로 옳은 것은?

① Low 파형은 종단저항에 의한 전압강하로 11.8V 유지
② High 파형 0V 유지(접지)
③ Low 신호도 High선 단락의 영향으로 0.25V 유지
④ 데이터에 따라 간헐적으로 0V로 하강

55 부특성 서미스터(NTC)를 적용한 냉각수 온도센서는 온도가 상승함에 따라 출력 값이 어떻게 되는가?

① 상승한다.
② 감소한다.
③ 상승 후 감소한다.
④ 감소 후 상승한다.

56 자동차에 사용되는 통신에서 프로토콜에 따른 기준전압으로 옳은 것은?

① K-line:5V
② LIN:5V
③ HS CAN(500kps):2.5V
④ KWP2000:5V

57 운행차 정기검사에서 소음도 검사 전 확인해야 하는 항목으로 거리가 먼 것은? (단, 「소음 진동관리법 시행규칙」에 의한다.)

① 소음덮개　② 경음기
③ 배기관　　④ 원동기

58 이모빌라이저 시스템에 대한 설명으로 틀린 것은?

① 키 등록(이모빌라이저 등록)을 해야만 시동을 걸 수 있다.
② 자동차의 도난을 방지할 수 있다.
③ 차량에 등록된 인증키가 아니어도 점화 및 연료공급이 가능하다.
④ 차량에 입력된 암호와 트랜스폰더에 입력된 암호가 일치하여야 한다.

59 공기정화용 에어필터에 관련 내용으로 틀린 것은?

① 공기 중에 이물질만 제거 가능한 형식이 있다.
② 필터가 막히면 블로워 모터의 소음이 감소된다.
③ 공기 중의 이물질과 냄새를 함께 제거하는 형식이 있다.
④ 필터가 막히면 블로워 모터의 송풍량이 감소된다.

60 그림과 같은 회로의 파형을 어떻게 출력되는가?

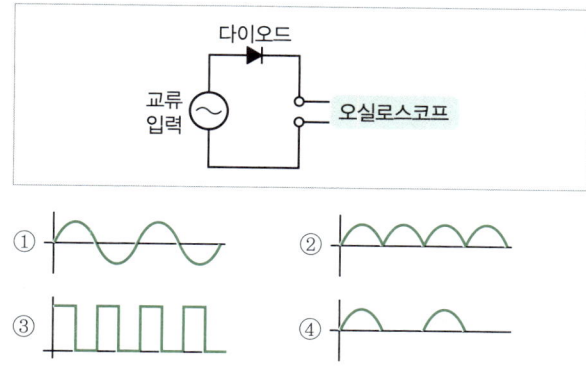

4과목 친환경 자동차

61 현재 사용하는 전기자동차의 충전기 커넥터 및 소켓 규격이 아닌 것은?
① GB/T
② AC 3상 5핀
③ AC 단상 5핀
④ DC 차데모

62 전력제어 컨트롤 유닛(EPCU)의 구성품으로 틀린 것은?
① 모터 컨트롤 유닛-MCU(Motor Control Unit)
② 배터리 관리 유닛-BMU(Battery Management Unit)
③ 저전압 DC-DC 컨버터-LDC(Low Voltage DC-DC Converter)
④ 차량 컨트롤 유닛-VCU(Vehicle Control Unit)

63 병렬형 하이브리드 자동차의 특징 설명으로 틀린 것은?
① 모터는 동력 보조만 하므로 에너지 변환 손실이 적다.
② 기존 내연기관 차량을 구동장치의 변경 없이 활용 가능하다.
③ 소프트 방식은 일반주행 시에는 모터 구동만을 이용한다.
④ 하드 방식은 EV 주행 중 엔진 시동을 위해 별도의 장치가 필요하다.

64 아래 수소 화학식을 완성하기 위해 괄호에 들어가는 숫자로 알맞은 것은?

| ( )H_2 + ( )O_2 = ( )H_2O |

① 2, 1, 2
② 2, 2, 2
③ 4, 1, 2
④ 4, 2, 2

65 리튬-이온 배터리의 일반적인 특징에 대한 설명으로 틀린 것은?
① 과충전 및 과방전에 민감하다.
② 높은 출력밀도를 가진다.
③ 열관리 및 전압관리가 필요하다.
④ 셀당 전압이 낮다.

66 하이브리드 자동차 전기장치 정비 시 지켜야 할 안전사항으로 틀린 것은?
① 서비스 플러그(안전플러그)를 제거한다.
② 전원을 차단하고 일정시간 경과 후 작업한다.
③ 절연장갑을 착용하고 작업한다.
④ 하이브리드 컴퓨터의 커넥터를 분리해야 한다.

67 전기자동차 구동모터의 점검방법으로 옳은 것은?
① W, V상의 단락점검을 하였을 때 저항이 1Ω 이하이면 정상이다.
② W, W상의 단선점검을 하였을 때 저항이 1Ω 이하이면 정상이다.
③ W, W상의 단선점검을 하였을 때 저항이 1Ω 이상이면 정상이다.
④ W, V상의 단락점검을 하였을 때 저항이 1Ω 이상이면 정상이다.

68 하이브리드 전기자동차 계기판에 'Ready' 점등 시 알 수 있는 정보가 아닌 것은?

① 고전압 케이블은 정상이다.
② 고전압 배터리는 정상이다.
③ 엔진의 연료 잔량은 20% 이상이다.
④ 이모빌라이저는 정상 인증되었다.

69 하이브리드 고전압 모터를 검사하는 방법이 아닌 것은?

① 배터리 성능 검사
② 레졸버 센서 저항 검사
③ 선간 저항 검사
④ 온도센서 저항 검사

70 하이브리드 차량의 구동모터에 대한 설명으로 틀린 것은?

① 모터 고정자는 형성된 회전 자계에 의해 발생된 회전 토크를 변속기 입력축으로 전달한다.
② 댐퍼클러치는 엔진 또는 모터 회전에 따른 동력을 변속기 입력축에 전달하는 역할을 한다.
③ 모터의 고정자에는 3상(U, V, W) 계자코일이 Y결선으로 감겨 있다.
④ 리어 플레이트에 로터의 위치 및 속도정보를 검출하는 레졸버가 장착된다.

71 하이브리드 자동차의 모터 컨트롤 유닛(MCU)의 역할이 아닌 것은?

① 고전압 메인 릴레이(PRA)를 제어한다.
② 회생제동 시 모터에서 발생하는 교류를 직류로 변환한다.
③ 고전압 배터리의 직류전원을 교류전원으로 변환한다.
④ HCU의 토크 구동명령에 따라 모터로 공급되는 전류량을 제어한다.

72 수소 연료전지 자동차에서 셀에 공급된 연료의 질량이 950kg이고, 셀에서 반응한 연료의 질량은 700kg일 때 연료의 이용률(%)은?

① 약 73.6 ② 약 36.8
③ 약 68 ④ 약 135

73 전기자동차 완속충전기(OBC)의 주요 제어기능에 대한 설명으로 틀린 것은?

① 최대 용량 초과 시 최대출력 제한
② 내부 고장 검출
③ 입력 DC 전원 규격 만족을 위해 역률(power factor) 제어
④ 제한 온도 초과 시 최대출력 제한

74 전기자동차의 모터 컨트롤 유닛의 역할로 틀린 것은?

① 직류를 교류로 변환하며 구동모터를 제어
② 레졸버로부터 회전자의 위치 신호를 받아 모터를 제어
③ 감속 시 구동모터를 제어하여 발전기로 전환
④ 가속 시 구동모터의 절연 파괴 방지 제어

75 수소 연료전지 자동차의 연료라인 분해작업 시 작업내용이 아닌 것은?

① 연료라인 분해 시 수소탱크의 매뉴얼 밸브를 닫는다.
② 연료라인 분해 시 연료라인 내에 잔압을 제거하는 작업을 우선해야 한다.
③ 수소 가스를 누출시킬 때에는 누출 경로 주변에 점화원이 없어야 한다.
④ 수소탱크의 해압밸브(블리드밸브)를 개방한다.

76 자동차 및 자동차 부품의 성능과 기준에 관한 규정상 아래 그림과 밀접한 관련이 있는 장치는?

① 저소음자동차 경고음 발생장치
② 회생제동장치
③ 자동차안정성제어장치
④ 고전원 전기장치

77 전기자동차의 브레이크 페달 스트로크 센서(PTS) 영점 설정시기가 아닌 것은?

① 자기진단시스템에 영점 설정 코드 검출 시
② 브레이크 페달 어셈블리 교체 후
③ 브레이크 액추에이션 유닛(BAU) 교체 후
④ 브레이크패드 교체 후

78 수소 연료전지 자동차에서 연료전지의 열관리 시스템에 대한 설명으로 틀린 것은?

① 연료전지 시스템은 산소와 수소가 반응할 때 전기뿐 아니라 열도 발생된다.
② 연료전지 냉각수 필터는 연료전지 냉각수로부터 이온을 포집한다.
③ 연료전지 차량도 라디에이터를 이용하여 열을 방출한다.
④ 연료전지에서 발생되는 열을 제어하기 위해 펠티어(peltier) 열전소자 쿨러로 냉각을 제어한다.

79 교류회로에서 유도저항을 R, 리액턴스를 X라고 할 때 임피던스(Z)를 나타내는 식은?

① $Z=\sqrt{R^2+X^2}$
② $Z=\sqrt{R^2+X}$
③ $Z=\sqrt{R+X^2}$
④ $Z=\sqrt{R+X}$

80 전기자동차의 히트펌프 시스템에서 냉방성능과 관련하여 2개의 정압 사이클과 1개 단열과정, 1개 교축과정으로 이루어진 냉방사이클은?

① 랭킨 사이클
② 증기압축 냉동사이클
③ 역 카르노 사이클
④ 카르노 사이클

정답 및 해설 제5회

01	02	03	04	05	06	07	08	09	10
③	④	③	②	①	②	④	④	①	②
11	12	13	14	15	16	17	18	19	20
④	①	①	①	③	②	①	③	③	④
21	22	23	24	25	26	27	28	29	30
①	②	②	②	③	②	②	①	③	②
31	32	33	34	35	36	37	38	39	40
④	③	③	②	②	④	③	③	③	②
41	42	43	44	45	46	47	48	49	50
①	④	②	①	②	③	①	④	②	①
51	52	53	54	55	56	57	58	59	60
③	③	③	①	②	③	④	③	②	④
61	62	63	64	65	66	67	68	69	70
②	②	③	①	④	④	②	③	①	①
71	72	73	74	75	76	77	78	79	80
①	①	③	④	④	④	④	④	①	②

01 정답 | ③
해설 | 디젤엔진의 노크방지 방법
- 압축비를 높게 한다.
- 흡입공기의 온도를 높게 한다.
- 착화성이 좋은 연료를 사용한다(세탄가가 높은).
- 착화지연시간을 짧게 한다.
- 분사초기의 분사량을 줄인다.

02 정답 | ④
해설 | 전자제어 디젤기관에서 산소센서는 EGR제어와 연료분사량 보정제어에 입력신호로 사용된다.

03 정답 | ③
해설 | 관능검사 및 기능검사 점검사항
- 조속기 등 배출가스 관련 장치의 봉인훼손 여부
- 에어컨, 서리제거장치 등 부속장치의 작동 여부
- 변속기, 브레이크 등 기계적인 결함 여부
- 엔진오일, 냉각수, 연료 등의 누설 여부
- 배출가스 관련 부품 및 장치의 임의 변경 여부

04 정답 | ②
해설 | 연료의 리턴량 측정방법은 커먼레일 디젤기관의 솔레노이드 타입의 인젝터 점검방법이다.

05 정답 | ①
해설 | 조기점화가 일어나면 출력이 저하되어 그만큼 연료소비량도 증가한다.

06 정답 | ②
해설 |
- 축 토크 = 힘 × 거리 = $4.5 kgf × 3m = 13.5 kgf \cdot m$
- 제동마력 = $\dfrac{TR}{716} = \dfrac{13.5 × 2800}{716} = 52.79 PS$

07 정답 | ④
해설 | 정적 사이클, 정압 사이클, 복합 사이클은 내연기관의 대표적인 열역학적 사이클로 주로 적용될 뿐 그 종류를 정해놓을 수 없다.
예 하이브리드 차량에 주로 사용되는 밀러 사이클, (아킨슨) 사이클 등

08 정답 | ④
해설 | 연료 보정량이 '±4 mm^3' 이상 나온 인젝터는 노즐 팁의 마모 및 긁힘, 홀의 오염 및 막힘, 볼 밸브 기밀 불량 등 인젝터 자체의 문제이므로 탈거하여 분해 수리 및 클리닝을 실시하여 수정하거나 신품으로 교환한다.

09 정답 | ①
해설 | LPI 방식의 경우 항시 액상의 연료를 분사하므로 연료의 액체상태, 기체상태를 구분하지 않으므로 액상·기상 솔레노이드 밸브는 설치하지 않는다.

10 정답 | ②
해설 | 엔진회전수 제어방식(Lug-Down 3모드)
- 1모드 : 최대출력의 엔진정격회전수, 4000rpm
- 2모드 : 엔진정격회전수의 90%, 3600rpm
- 3모드 : 엔진정격회전수의 80%, 3200rpm

11 정답 | ④
해설 | 과급기장착 차량에서는 흡입되는 공기가 압축과정에서 온도가 상승하여 밀도가 감소할 수 있다. 이를 방지하기 위한 장치가 인터쿨러로 실린더로 유입되는 공기의 온도를 낮춰 밀도를 증가시키기 위한 장치이다.

12 정답 | ①
해설 |
- 흡기온도센서가 불량일 경우도 시동에는 문제가 없으므로 엔진 시동과 직접 관련은 없으며, 연료의 분사량을 보정하기 위한 센서이다.
- 가솔린기관에서 연료의 기본 분사량을 결정하는 센서는 흡입공기량센서(AFS) & 크랭크 각 센서(CKPS)이다.

13 정답 | ①
해설 | 압축비 = $1 + \dfrac{\text{행정체적}}{\text{연소실체적}}$

주어진 실린더 간극체적 = 연소실 체적

여기서 $15\% = \dfrac{\text{연소실체적}}{\text{행정체적}} \times 100(\%)$이므로

$\dfrac{\text{행정체적}}{\text{연소실체적}} = \dfrac{100}{15} = 6.66$이다.

따라서, 압축비 = $1 + 6.66 = 7.66$

오토사이클이론열효율$(\eta) = 1 + \left(\dfrac{1}{\varepsilon}\right)^{k-1}$

$= 1 - \left(\dfrac{1}{7.66}\right)^{1.4-1} = 55.73\%$

14 정답 | ①
해설 | 열선의 표면이 오염되면 출력신호가 변화하기 때문에, 기관의 작동을 정지시킬 때마다 1초 동안 고온으로 가열하는 청정기능이 있다.
③, ④ MAP 센서에 대한 설명이다.

15 정답 | ③
해설 | **전자제어 엔진의 연료 분사장치 특성**
- 분사장치의 단품의 제조원가가 비싸므로 엔진가격도 비싸다.
- 진단장비 이용으로 고장 수리가 용이하다.
- 연료분사 처리속도가 빨라 가속 응답성이 좋다.
- 연료의 적정량 분사로 연료소비가 적다.
- 배기가스 규제 대응에 유리하다.

16 정답 | ②
해설 | 피에조 인젝터는 코일 내장형이 아니므로 구동 전압이 높다(150~200V).

피에조 인젝터와 기존 솔레노이드 형식의 인젝터와의 차이
- 최대 1800bar의 높은 분사압력
- 빠른 분사 응답성
- 엔진의 출력향상
- 매연 저감
- 기존 솔레노이드 인젝터처럼 리턴 유량 시험을 할 수 없음
- ECU 구동 전압(150~200V)에 따라 피에조 소자의 팽창(+5~6A)과 수축(-5~6A)으로 인한 압력 변화로 분사가 이루어짐

17 정답 | ①
해설 | 냉간 시에는 무화된 연료가 차가운 연소실 내에서 압축되기 전까지 실린더 벽면 등에 응축되어(wall wetting) 연소가 잘 이루어지지 않아 시동성을 떨어뜨리므로 연료를 증량하여 냉간시동성을 개선한다.

18 정답 | ③
해설 | 플러터 현상 : 엔진의 회전속도가 높아지면 피스톤 링이 링 홈 내에서 상하 방향이나 반지름 방향으로 진동하여 가스 누설에 의한 엔진의 출력저하 등이 발생되는 현상이다.

플러터 현상 방지 방법
- 링의 장력을 높인다.
- 링의 중량을 감소시켜 관성력을 감소시킨다.

19 정답 | ③
해설 | 인화점이 낮은 경우 화재의 위험성이 있으므로 첨가제로 적절하지 않다.

20 정답 | ④
해설 | 스플릿 피스톤에 슬롯을 두는 이유는 측압이 작은 쪽의 스커트 윗부분에 새로 홈(slot)을 두는 이유는 스커트부에 열이 전도되는 방지하기 위함이다(히트댐).

스플릿 피스톤의 특징
- 피스톤은 강도가 좋지 않다.
- 제작이 용이하다.
- 피스톤 간극을 작게 할 수 있어 피스톤의 슬랩이 적고, 블로바이가스를 저감 할 수 있다.

21 정답 | ①
해설 | 전기모터는 전동식 전자제어조향장치(MDPS)의 구성품이다.

22 정답 | ①
해설 | $100\text{km/h} = 100 \times \dfrac{1000}{3600}\text{m/s} = 27.78\text{m/s}$

27.78m/s까지 가속하는 데 6초 걸렸으므로

가속도 = $\dfrac{27.78\text{m/s}}{6\text{s}} = $ 약 4.63m/s^2이다.

23 정답 | ②

해설 | 1kcal = 4184J

브레이크로 소비된 운동에너지

$= 72\text{km/h} = 72 \times \dfrac{1000}{3600} \text{m/s} = 20\text{m/s}$

$E = \dfrac{1}{2}mV^2 = \dfrac{1}{2} \times 1000 \times 20^2 = 200000\text{J}$

J → kcal로 변환 $\dfrac{200000}{4184} = 47.80\text{kcal}$

24 정답 | ②

해설 | 레이디얼 타이어의 특징
- 트레드 하중에 의한 변형이 적다.
- 타이어 단면의 편평율을 크게 할 수 있다.
- 접지력이 우수하다.
- 미끄럼이 적고 견인력이 좋다.
- 조정안정성이 좋다.
- 고속주행시 안정성이 크다.
- 비포장 도로에 취약하다.

25 정답 | ③

해설 | 휠 스피드센서와 톤 휠 점검은 이물질 오염 상태를 확인하는 육안점검과 톤 휠과 센서 사이의 간극을 점검하는 방법을 모두 실시한다. 간극이 불량한 경우에도 센서의 출력파형의 이상이 나타날 수 있다.

26 정답 | ②

해설 | ①, ④ 가속페달을 급격히 밟으면 순간 가속력(토크)가 필요하므로 변속단을 낮추는 킥다운 작용을 한다. 이를 위해 스로틀 위치센서의 신호를 검출한다.
② 자동변속기 변속 시점의 기준신호는 스로틀위치센서(TPS)와 차속센서(VSS)이다.
③ 주행 중 급가·감속 시 충격흡수와 관련이 있다.

27 정답 | ②

해설 | $R = \dfrac{L}{\sin\alpha} + r$

$= \dfrac{2.5\text{m}}{\sin 30} + 0.3$

$= 5.3\text{m}$

여기서, L : 축간거리(축거), α : 조향각, r : 킹핀거리

28 정답 | ①

해설 | 듀얼클러치 변속기(DCT)의 특징
- 클러치페달 작동이 자동화된 수동변속기로 볼 수 있다.
- 기본 변속 구조가 수동변속기이기 때문에 동력손실이 적고, 연료소비율이 좋다.
- 클러치 액추에이터를 통해 자동으로 클러치를 연결 및 차단하므로 작동이 빠르다.
- 홀수단, 짝수단 두 개의 클러치와 두 개의 입력축으로 구성되어 있어 기어 변속 시 변속 충격이 적다.

29 정답 | ②

해설 | ECS 조작 시에도 인디케이터 전환이 이루어지지 않는 경우 조치사항
- 전구를 점검하고, 손상 시 수리 및 교환한다.
- 인디케이터 점등회로를 전압계측하고 선로를 수리한다.
- 커넥터를 확인하고 하니스 간 접지를 점검한다.
- 이상 부위 회로를 수정한다.

30 정답 | ②

해설 | 전기모터는 전동식 전자제어조향장치(MDPS)의 구성품이다.

31 정답 | ④

해설 | 휠 얼라이먼트(차륜정렬)의 목적
- 타이어의 편마모 방지
- 조향 복원성 확보
- 직진 안정성
- 주행 시 차량의 쏠림방지(사이드슬립)

32 정답 | ③

해설 | VDC 컨트롤 모듈(HECU) 교환 순서
1. 점화 스위치를 OFF하고, 배터리 (−)단자를 분리한다.
2. VDC 컨트롤 모듈(HECU) 잠금장치를 위로 들어 올려 커넥터를 분리한다.
3. VDC 컨트롤 모듈(HECU)에 연결된 브레이크 튜브 플레어 너트 6개소를 스패너를 사용하여 시계 반대방향으로 회전시켜 분리한다.
4. VDC 컨트롤 모듈 브래킷 장착 너트를 풀고, HECU 및 브래킷을 탈거한다.

※ 주의사항
- HECU는 무거우므로 탈거 시 주의한다.
- HECU는 절대로 분해하지 않는다.
- HECU는 위·아래로 돌리거나 옆으로 세우지 않도록 한다.

33 정답 | ③

해설 | 클러치 종류로는 토크컨버터방식, 발전 클러치방식, 전자파우더 방식이 있다.

CVT의 특징
- 변속단이 없는 무단변속이므로 변속 충격이 없다.
- 자동변속기에 비하여 연비가 우수하다.
- 가속성능이 우수하다.
- 구조가 간단하고 중량이 작다.

34 정답 | ②

해설 | 승용자동차 타이어의 마찰계수와 슬립의 상관 관계도에 의해 타이어의 길이방향 슬립률이 10~20%에서 최대 점착 마찰계수에 도달하므로 TCS의 컴퓨터는 구동 슬립률이 15~20%가 되도록 제어한다.

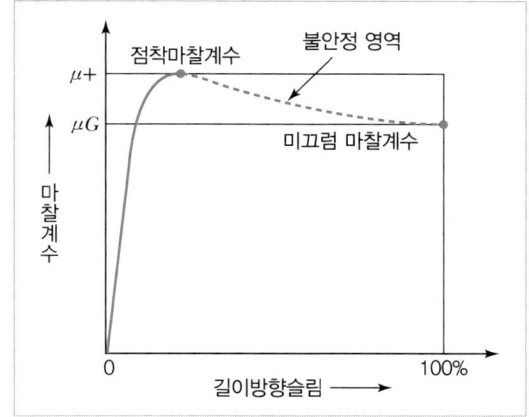

35 정답 | ②

해설 | $S = \dfrac{V^2}{2a}$ 이므로

$V^2 = S \times 2a = 48m \times 2 \times 6m/s^2$

$V = \sqrt{48 \times 2 \times 6m^2/s^2} = \sqrt{576} = 24m/s$

km/h로 단위변환 → $24 \times \dfrac{3600}{1000}$ km/h = 86.4km/h

36 정답 | ④

해설 | 토크컨버터는 자동변속기 차량에서 엔진-변속기 사이에 동력을 전달하는 장치로 토크컨버터가 불량일 경우 토크컨버터 슬립에 의해 출발, 가속 성능 저하, 구동 출력 감소와 오일 압력 저하에 의한 댐퍼클러치의 작동불능 등의 현상이 나타날 수 있다. 전·후진 작동이 불가한 경우는 선택레버 불량 혹은 인히비터 스위치의 위치설정 불량일 수 있다.

37 정답 | ①

해설 | **자동변속장치 기준**(「자동차 규칙」 13조에 의거)
- 조종레버가 조향기둥에 설치된 경우 조종레버의 조작방향은 중립위치에서 전진위치로 조작되는 방향이 시계방향일 것
- 주차위치가 있는 경우에는 후진위치에 가까운 끝부분에 있을 것(다만, 순서대로 조작되지 아니하는 조종레버를 갖춘 경우에는 그러하지 아니하다.)
- 중립위치는 전진위치와 후진위치 사이에 있을 것
- 조종레버가 전진 또는 후진위치에 있는 경우 원동기가 시동되지 아니할 것
- 전진변속단수가 2단계 이상일 경우 매시 40km 이하의 속도에서 어느 하나의 변속단수의 원동기제동효과는 최고속 변속 단수에서의 원동기제동효과보다 클 것

38 정답 | ①

해설 | **구동륜의 타이어 치수가 비정상일 경우 나타날 수 있는 현상**
- 타이어 치수가 비정상적으로 큰 경우 구동력 저하로 연비가 감소하고, 차고가 높아진다.
- 타이어 치수가 비정상적으로 작은 경우 타이어 이상 마모와 차고가 낮아진다.

39 정답 | ④

해설 | 공기저항(R_a) = λAV^2

여기서, λ : 공기저항 계수, A : 투영면적(m^2), V : 차속(m/s)

차속단위변환 100km/h = $100 \times \dfrac{3600}{1000}$ m/s = 27.78m/s

주어진 값을 대입하면 $0.025 \times 1.4 \times 27.78^2$
= 약 27.01kgf이다.

40 정답 | ②

해설 | 자동차의 검사항목 중 제원측정은 공차(空車)상태에서 시행하며 그 외의 항목은 공차상태에서 운전자 1명이 승차하여 시행한다(「자동차관리법 시행규칙」 [별표 15]에 의거).

41 정답 | ①

해설 | 스마트키 시스템에서 LF 안테나는 주기적으로 신호를 확인한다.

스마트키 유닛의 기능
- 시동 정지 버튼(SSB) 모니터링
- 이모빌라이저 통신(EMS와 통신)
- ESCL 제어
- 인증 기능(트랜스폰더 효력 및 FOB 인증)
- 시스템 지속 모니터링
- 시스템 진단
- 경고 버저/표시 메시지 제어

42 정답 | ④
해설 | ISO 11898-1에 따른 OSI 참조 계층

```
OSI reference layers
7. Application(응용)
6. Presentation(표현)
5. Session(세션)
4. Transport(전송)
3. Network(네트워크)
2. Data Link(데이터링크)
1. Physical(물리)
```

- 응용(Application Layer)
- 표현(Presentation Layer)
- 세션(Session Layer)
- 전송(Transport Layer)
- 네트워크(Network Layer)
- 데이터링크(DataLink Layer)
- 물리(Physical Layer)

43 정답 | ②
해설 | 주행모드가 지원되는 제품의 경우 수직/수평계를 제외하고는 별도의 보정 장비는 필요 없으나 교통상황이나 도로에 인식을 위한 고정 물체가 요구된다.

44 정답 | ①
해설 | 차선유지보조시스템(LKA)의 미작동 조건
- 운전자가 방향지시등 스위치나 비상 경고등 버튼을 조작할 경우
- 차로 이탈방지 보조 시스템 작동이나 차로 변경 후 차로 중앙으로 이동하지 않고 차선에 붙어서 계속 주행할 경우
- 차체자세제어(ESC) 장치 또는 샤시 통합 제어(VSM) 시스템이 작동할 경우
- 곡선로에서 빠르게 선회할 경우
- 차량 속도가 55km/h 미만이거나 210km/h 초과일 경우
- 다른 차로로 차량을 급하게 이동시킬 경우
- 차량이 급제동할 경우

45 정답 | ②
해설 | $P = EI = 12 \times 160 \times 1920W$
1PS = 736W이므로
$1920W = \dfrac{1920}{736} = 약\ 2.6PS$

46 정답 | ③
해설 | B점과 C점 사이의 커넥터가 단선되었으므로 테스트램프로 점검 시 B점까지 전등이 켜진다. 따라서 A, B에서는 테스트램프의 전등이 켜지고 C, D에서는 테스트램프의 전등이 꺼진 상태이다.

47 정답 | ①
해설 | ICU 정션블록(종단저항)에서 출발해 클러스터(종단저항)까지 주선의 흐름을 완성한다.

48 정답 | ④
해설 | 파워릴레이 어셈블리의 기능
- 파워제한
- 파워릴레이 제어

49 정답 | ④
해설 |
- 전극의 온도가 낮을수록 실화에 따른 카본퇴적 현상이 발생한다.
- 전극의 온도가 높을수록 자기착화에 따른 조기점화 현상이 발생한다.
- 간극이 클수록 불꽃 방전시간이 짧아진다.
- 간극이 클수록 방전 전압이 높아진다.

50 정답 | ①
해설 | 소형의 퓨즈와 릴레이를 통합하여 사용하여 회로가 단순하다.

51 정답 | ③
해설 | 2회 측정값 중 최댓값 97dB과 암소음의 차이가 8dB이므로 보정치는 1dB이다. 따라서, 97dB − 1dB = 96dB이다.

「운행차 정기검사의 방법·기준 및 대상 항목」(제44조제1항 관련) 소음·진동관리법

단위:dB(A), dB(C)

자동차소음과 암소음의 측정치 차이	3	4~5	6~9
보정치	3	2	1

52 정답 | ③
해설 |
- 반파정류회로

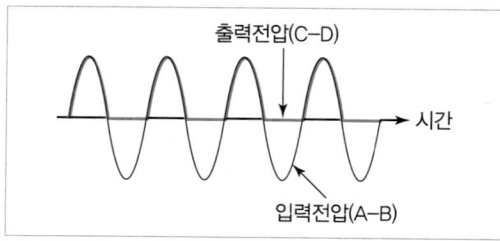

- 전파정류회로

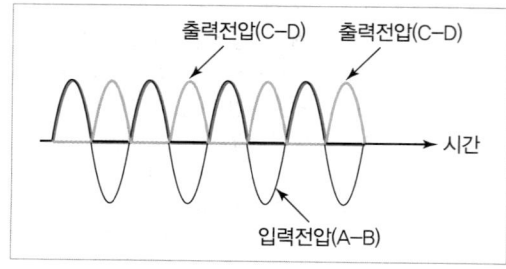

• 평활회로

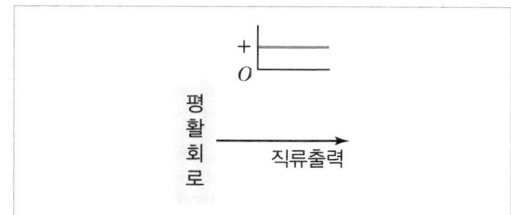

53 정답 | ①
해설 | 하이브리드자동차, 전기자동차, 연료전지자동차 등 동력 발생장치가 전동기인 자동차에 적용한다.

54 정답 | ①
해설 | 지문의 내용은 지선 high 라인이 전원(12V)에 단락되었으므로 High 파형은 12V, Low 파형은 종단저항에 의해 전압강하로 11.8V를 유지하게 된다.

55 정답 | ②
해설 | 부특성 서미스터는 온도와 저항이 반비례함으로 온도가 상승하면 출력 전압은 낮아진다.

56 정답 | ③
해설 | ① K-line : 12V
② LIN : 12V
③ HS CAN(500kps) : 2.5V
④ KW2000 : 12V

57 정답 | ④
해설 | **소음도 검사 전 확인(「소음·진동관리법 시행규칙」[별표 15])**
• 소음덮개가 떼어지거나 훼손되어 있지 아니할 것
• 배기관 및 소음기를 확인하여 배출가스가 최종 배출구 전에서 유출되지 아니할 것
• 경음기가 추가로 부착되어 있지 아니할 것

58 정답 | ③
해설 | 이모빌라이저 시스템은 차량에 등록된 인증키가 아닐 경우 점화 및 연료공급을 차단하여 시동을 걸 수 없다.

59 정답 | ②
해설 | 공기정화용 에어필터(에어컨필터)가 막힌 경우 블로워 모터의 송풍량 감소와 흡입저항에 의한 소음이 발생할 수 있다.

60 정답 | ④
해설 | 그림은 반파정류회로이므로 반파정류파형인 ④가 정답이다.

61 정답 | ②
해설 |

구분	적용국가			
	일본, 한국	미국	유럽	중국
AC (완속충전)				
명칭	단상 5핀	단상 5핀	3상 7핀	GB/T
DC (급속충전)				
명칭	차데모 (CHAdeMO)	콤보 7핀	콤보 9핀	GB/T

• 완속충전 : 단상 5핀, 3상 7핀
• 급속충전 : 콤보 7핀, 콤보 9핀, 차데모(10핀)

62 정답 | ②
해설 | EPCU(Electronic Power Ccontrol Unit)는 전력제어기이다.

제어기 내부 부품
• MCU(Motor Control Unit) : 모터컨트롤 유닛
• LDC(Llow Voltage DC-DC Converter) : 저전압 배터리 충전 기능
• VCU(Vehicle Control Unit) : 차량 컨트롤 유닛
※ BMU(Battery Management Unit)는 고전압 배터리 시스템에서 배터리 제어 및 고장진단 기능을 한다.

63 정답 | ③
해설 | 소프트 방식은 일반 주행 시 엔진의 동력을 이용한다.

64 정답 | ①
해설 | $(2)H_2 + (1)O_2 = (2)H_2O$

65 정답 | ④
해설 | **리튬-이온 배터리의 일반적인 특징**
• 출력밀도가 높다.
• 셀당 전압이 높아 직렬 연결해야 하는 셀의 수가 적다.
• 충전효율이 높다.
• 수명이 길다.
• 과충전 및 과방전에 민감하다(최대 충전 ⇌ 최소 방전 전압 범위가 좁다).
• 열관리 및 전압관리가 필요하다(셀의 개별 감시가 필요).

66 정답 | ④
해설 | 고전압 안전 작업 단계 : 현장 안전 확보 → 저전압 차단 → 개인보호장비 점검 및 착용 → 고전압 차단 → 고전압 차단 확인
①, ② 고전압 차단 단계에 해당한다.
③ 개인보호장비 점검 및 착용 단계에 해당한다.

고전압 차단방법
- 점화 스위치를 OFF하고, 보조배터리(12V)의 (-) 케이블을 분리한다.
- 서비스 인터록 커넥터(A)를 분리한다.
- 서비스 인터록 커넥터(A) 분리가 어려운 상황 발생 시 안전 플러그를 탈거한 후 인버터 커패시터 방전 위하여 5분 이상 대기한 후 인버터 단자 간 전압을 측정한다(잔존 전압 상태를 점검).

67 정답 | ②
해설 | 같은 상(UU, VV, WW)배선의 단선시험에서는 전류가 통해야 정상(도통, 통전)이므로 저항은 1Ω 이하이면 정상이다. 다른 상(UV, UW, VW) 배선의 단락 점검에서는 전류가 통하지 않아야 정상(불통, 비통전)이므로 저항이 ∞ 혹은 OL로 표시되어야 정상이다.

68 정답 | ③
해설 | ready 램프가 점등된 경우 하이브리드 시스템에서 ECU(엔진제어기), MCU(모터제어기), TCU(변속제어기)의 동작 상태가 양호함을 알 수 있다. 연료 잔량 경고등은 별도로 점등된다.

69 정답 | ①
해설 | **하이브리드 고전압 모터의 검사방법**
- 하이브리드 구동 모터 U, V, W 선간 저항을 검사
- 하이브리드 구동 모터 레졸버 센서 저항을 검사
- 하이브리드 구동 모터 온도 센서 저항을 검사

70 정답 | ①
해설 | 모터 회전자는 형성된 회전 자계에 의해 발생 된 회전 토크를 변속기 입력축으로 전달한다.

71 정답 | ①
해설 | PRA(Power Relay Assembly)는 고전압 배터리의 구성 부품으로 BMS의 제어신호에 의해 인버터에 인가되는 고전압 전원 회로를 제어한다.

72 정답 | ①
해설 | 연료의 이용률(%) = 반응연료의 질량 / 공급연료의 질량
= $\frac{700kg}{950kg} \times 100(\%) = 73.68\%$

73 정답 | ③
해설 | OBC(On Board Charger)는 외부에서 공급된 220V 교류 전원을 직류전원으로 변환하여 고전압 배터리를 완속 충전하는 제어기이다.

OBC의 기능
- 최대 용량 초과 시 최대출력 제한
- 내부 고장 검출
- 입력 AC 전원 규격 만족을 위해 역률(power factor) 제어
- 제한 온도 초과 시 최대출력 제한

74 정답 | ④
해설 | 구동모터의 절연파괴 방지 제어는 PRA의 역할이다.

MCU의 주요기능
- MCU는 VCU와 통신하여 주행조건에 따라 구동 모터를 최적으로 제어한다.
- 고전압 배터리의 직류를 구동모터 작동에 필요한 3상 교류로 전환한다.
- 감속 및 제동 시에는 MCU가 인버터 대신 컨버터의 임무를 수행하여, 모터를 발전기로 전환한다. 이때 에너지 회수기능을 담당하여, 고전압 배터리를 충전한다.

75 정답 | ④
해설 | 수소탱크의 해압밸브(블리드밸브)를 잠근다.

76 정답 | ④
해설 | 고전원전기장치의 외부 또는 보호 기구에는 다음 각 목의 기준에 적합하게 경고표시를 하여야 한다. 경고표시는 다음과 같다(『자동차 및 자동차부품의 성능과 기준에 관한 규칙』[별표 5]에 의거).

77 정답 | ④
해설 | 브레이크패드 교환 시에는 초기화 작업이 불필요하다.

78 정답 | ④
해설 | 연료전지에서 발생되는 열을 제어하기 위해 수냉식 냉각 시스템을 사용하며, 전동팬을 작동시켜 냉각효율을 향상시킨다.

79 정답 | ①

해설 | 임피던스는 교류전압의 진폭과 실제 회로에 흐르는 교류의 진폭의 비율로 정의된다. 임피던스 Z와 저항 R, 그리고 용량성 리액턴스 및 유도 리액턴스 와의 관계식은 아래와 같다.

$Z = \sqrt{R^2 + (X_L - X_C)^2}$

여기서, 용량성 리액턴스 X_C는 음의 값, 유도성 리액턴스 X_L는 양의 값을 갖기 때문에 전체 리액턴스 $X = X_L - X_C$이므로 $Z = \sqrt{R^2 + X^2}$이다

80 정답 | ②

해설 | 증기압축 냉동사이클은 역 카르노 사이클을 기본으로 하여 저온에서 열을 퍼올려 고온으로 방출하는 사이클이며, 단열압축 · 등온방열 · 단열팽창 · 등온흡열로 이루어진다.

적중 복원모의고사 제6회

1과목 자동차엔진

01 전자제어 디젤장치의 저압라인 점검 중 저압펌프 점검방법으로 옳은 것은?

① 전기식 저압펌프 – 부압측정
② 기계식 저압펌프 – 전압측정
③ 전기식 저압펌프 – 정압측정
④ 기계식 저압펌프 – 중압측정

02 기관 고속운전 시 피스톤링이 정확하게 상하운동을 하지 못하고 링 홈에서 고주파 진동을 하는 현상은?

① 펌프 현상
② 플러터 현상
③ 스틱 현상
④ 스커핑 현상

03 전자제어 디젤엔진에서 공회전시 엑셀포지션센서 1, 2의 정상적인 입력값은?

① APS1 : 2.0~2.1V, APS2 : 0.9~1.1V
② APS1 : 1.5~1.6V, APS2 : 0.7~0.8V
③ APS1 : 1.2~1.4V, APS2 : 0.6~0.7V
④ APS1 : 0.7~0.8V, APS2 : 0.3~0.4V

04 전자제어 연료분사장치에서 인젝터 분사시간에 대한 설명으로 틀린 것은?

① 급감속할 경우 연료분사가 차단되기도 한다.
② 배터리 전압이 낮으면 무효분사 시간이 길어진다.
③ 급가속할 경우 순간적으로 분사시간이 길어진다.
④ 지르코니아 산소센서의 전압이 높으면 분사시간이 길어진다.

05 분사펌프 방식 디젤엔진의 플런저 유효행정이 클 때의 설명으로 맞는 것은?

① 송출 유량이 많아진다.
② 송출 유량이 적어진다.
③ 송출 압력이 커진다.
④ 송출 압력이 낮아진다.

06 전자제어 연료분사 기관에서 흡입공기 온도는 35℃, 냉각수 온도가 60℃일 때 연료분사량 보정은? (단, 분사량 보정 기준은 흡입공기 온도 : 20℃, 냉각수 온도 : 80℃이다.)

① 흡기온 보정 – 증량, 냉각수온 보정 – 증량
② 흡기온 보정 – 증량, 냉각수온 보정 – 감량
③ 흡기온 보정 – 감량, 냉각수온 보정 – 증량
④ 흡기온 보정 – 감량, 냉각수온 보정 – 감량

07 차량총중량 1900kgf인 상시 4륜 휘발유 자동차의 배출가스 정밀검사에 적합한 검사모드는?

① Lug Down3 모드
② ASM 2525 모드
③ 무부하 급가속 검사 모드
④ 무부하 정지가동 검사 모드

08 전자제어 디젤엔진에서 진단장비를 활용하여 연료 보정량을 측정하였을 때 얼마 이상인 경우 불량한가?

① ±1mm^3
② ±2mm^3
③ ±3mm^3
④ ±4mm^3

09 디젤 기관의 노킹 방지 방법으로 틀린 것은?
① 압축비를 높인다.
② 세탄가가 높은 연료를 사용한다.
③ 흡기온도를 낮춘다.
④ 연료분사량을 줄인다.

10 과급압력이 지나치게 높으면 흡입공기량이 많아지고 압축행정 말에 압력이 급상승하여 노크를 유발하거나 크랭크 기구 및 밸브기구에 부하를 가할 수 있다. 한계 이상의 배기가스가 들어왔을 때 과부하가 걸리지 않도록 배기가스 일부를 바이패스 시켜 회전에 사용할 배량을 조절하는 방식의 과급장치는?
① 트윈차저   ② 슈퍼차저
③ 가변용량 터보차저   ④ 웨이스트 게이트

11 운행차 정기검사 시 배출가스 정화용 촉매장치 미 부착 자동차의 공기과잉률 허용기준은? (단, 희박연소방식을 적용한 자동차는 제외한다.)
① 1±0.10 이내   ② 1±0.15 이내
③ 1±0.20 이내   ④ 1±0.25 이내

12 디젤엔진에서 연소실 내 공기유동을 강화하는 부품으로 옳은 것은?
① EGR밸브
② 스월컨트롤 밸브(SCV)
③ 에어컨트롤 밸브(ACV)
④ 트윈 스크롤 터보차저

13 운행차 배출가스 검사방법과 관련하여 차대동력계 검사장비의 준비사항에 대한 설명으로 틀린 것은?
① 차대동력계는 작동요령에 따라 충분히 예열시킨 다음 코스트다운 점검을 실시하여야 한다.
② 차대동력계는 형식승인된 기기로서 최근 1년 이내에 정도검사를 필한 것이어야 한다.
③ 코스트다운 점검은 당일 점검업무 개시 전에 실시하여야 하며, 최소한 1개월에 1회 이상 실시하여야 한다.
④ 코스트다운 점검에서 부적합한 경우에는 차대동력계 자체손실마력을 측정하여 교정한 후 코스트다운 점검을 다시 실시하여야 한다.

14 다음 〈보기〉는 엔진이 부조할 때 실시하는 점검방법에 관련한 설명이다. 이에 해당하는 용어는?

〈보기〉
자동차에 장착한 상태에서 점화계통, 연료계통, 흡입계통을 종합적으로 점검하는 방법으로, 점화플러그 또는 인젝터 배선을 탈거한 후 장시간 점검 시 촉매가 손상될 수 있으므로 빠른 시간 내에 점검해야 한다.

① 압축압력 점검
② 엔진 공회전 점검
③ 실린더 누설 점검
④ 실린더 파워밸런스 점검

15 커먼레일 디젤엔진 연료계통의 구성부품으로 틀린 것은?
① 인젝터   ② 연료압력 조절밸브
③ 고압펌프   ④ 스로틀 밸브

16 LPG엔진의 장점에 대한 내용으로 틀린 것은?
① 연소실에 카본부착이 적어 점화플러그 수명이 길어진다.
② 배기가스 상태에서 냄새가 없으며 CO 함유량이 적고 매연이 없어 위생적이다.
③ 엔진오일의 오염이 적으므로 오일 교환 기간이 길어진다.
④ 옥탄가가 낮아 노킹현상 일어난다.

17 엔진 ECU제어 기능 중 분사량 제어와 관련이 없는 것은?
① 대시포트 제어
② 흡기온도 따른 제어
③ 배터리(발전기) 전압에 따른 제어
④ 점화전압에 따른 제어

18 전자제어 디젤엔진의 기계식 저압펌프 진공 규정값에 대한 판정결과로 옳은 것은?
① 약 0~7cmHg 연료필터 또는 저압 라인 막힘
② 약 8~19cmHg 정상
③ 약 20~60cmHg 저압 라인 누설 또는 흡입 펌프 손상
④ 약 70~80cmHg 정상

19 디젤엔진에서 배기가스를 줄이기 위한 방법이 아닌 것은?
① 과급기 설치
② 초고압 연료분사
③ CPF장착
④ 배기가스 재순환

20 다음 중 터보차저 성능저하의 원인과 가장 거리가 먼 것은?
① 엔진오일 압력이 낮을 경우
② 인터쿨러 호스와 파이프가 손상될 경우
③ 에어클리너 필터가 젖거나 오염된 경우
④ 산소센서가 불량일 경우

2과목 자동차섀시

21 유압식 쇽업소버의 종류 아닌 것은?
① 텔레스코핑식   ② 드가르봉식
③ 벨로우즈식   ④ 레버형 피스톤식

22 코일 스프링의 특징이 아닌 것은?
① 단위 중량당 에너지 흡수율이 크다.
② 제작비가 적고 스프링 작용이 효과적이다.
③ 판간 마찰이 있어 진동감쇠 작용을 한다.
④ 차축에 설치할 때 쇽업쇼버나 링크기구가 필요해 구조가 복잡하다.

23 자동변속기 주행패턴 제어에서 스로틀 밸브의 개도가 큰 주행상태에서 가속페달에서 발을 떼면 증속 변속선을 지나 고속기어로 변속되는 주행방식으로 옳은 것은?
① 리프트 풋 업(lift foot up)
② 킥 다운(kick down)
③ 킥 업(kick up)
④ 오버 드라이브(over drive)

24 전동식 EPS(Electric Power Steering)시스템 조향장치의 단점이 아닌 것은?

① 전동 모터 구동 시 큰 전류가 흘러 배터리 방전 대책이 필요하다.
② 설치 및 유지가격이 유압식에 비해 비싸다.
③ 전기모터 회전 시 칼럼 샤프트를 통해 진동이 스티어링 휠에 전달될 수 있다.
④ 고성능화로 배출가스의 발생을 줄일 수 있으며, 연비 향상을 가져온다.

25 「자동차관리법 시행규칙」상 제동시험기 롤러의 마모 한계는 기준 직경의 몇 % 이내인가?

① 2% ② 3%
③ 4% ④ 5%

26 무단변속기 종류 중 트랙션 구동(Traction driver)방식의 특징과 거리가 먼 것은?

① 변속 범위가 좁아 높은 효율을 낼 수 있고 작동상태가 정숙하다.
② 무게가 무겁고 전용오일을 사용하여야 한다.
③ 큰 추진력 및 회전면이 높은 정밀도와 강성이 요구된다.
④ 마멸에 따른 출력 부족 가능성이 크다.

27 조향장치 검사내용 중 정지상태의 스티어링 작동력 검사 내용으로 틀린 것은?

① 핸들을 놓았을 때 70°가량 복원되는지를 점검한다.
② 스프링 저울로 스티어링 휠을 좌우 각각 1바퀴 반씩 회전시켜 회전력을 측정한다.
③ 차량을 평탄한 곳에 위치시키고 바퀴를 정면으로 정렬한다.
④ 스티어링 휠을 돌리면서 급격히 힘이 변화하지 않는가를 점검한다.

28 주행 중 차량에 노면으로부터 전달 충격이나 진동을 완화하여 바퀴와 노면과의 밀착을 양호하게 하고 승차감을 향상시키는 완충기구로 짝지어진 것은?

① 코일 스프링, 토션바, 타이로드
② 코일 스프링, 판스프링, 토션바
③ 코일 스프링, 판스프링, 프레임
④ 코일 스프링, 너클 스핀들, 스태빌라이저

29 유압식 브레이크 시스템에서 브레이크 오일 공기빼기를 해야 하는 경우가 아닌 것은?

① 캘리퍼 또는 휠 실린더를 교체한 경우
② 하이드롤릭 유닛을 교체한 경우
③ 브레이크 파이프를 교체한 경우
④ 브레이크 챔버를 교체한 경우

30 자동변속기의 고장을 진단하기 전에 미리 점검할 항목이 아닌 것은?

① 자동변속기 오일압력
② 자동변속기 오일의 누유상태
③ 엔진의 공회전 상태
④ 자동변속기 오일의 색깔과 냄새

31 유압식 동력조향장치의 오일펌프 압력시험에 대한 설명으로 틀린 것은?

① 유압회로 내의 공기빼기 작업을 반드시 실시해야 한다.
② 엔진의 회전수를 약 1000 ± 100rpm으로 상승시킨다.
③ 시동을 정지한 상태에서 압력을 측정한다.
④ 컷오프 밸브를 개폐하면서 유압이 규정값 범위에 있는지 확인한다.

32 유압식 전자제어 조향장치의 점검 항목이 아닌 것은?
① 전기모터
② 유량제어 솔레노이드 밸브
③ 스로틀 위치센서
④ 차속센서

33 능동형 전자제어 현가장치의 주요 제어기능이 아닌 것은?
① 감쇠력 제어
② 자세 제어
③ 차속 제어
④ 차고 제어

34 엔진 플라이 휠과 직결되어 기관 회전수와 동일한 속도로 회전하는 토크컨버터 부품은?
① 스테이터
② 펌프 임펠러
③ 터빈 러너
④ 원웨이 클러치

35 일반적으로 무단변속기의 전자제어 구성요소로 가장 거리가 먼 것은?
① 오일온도센서
② 유압센서
③ 솔레노이드 밸브
④ 라인온도 센서

36 전자제어 현가장치의 기능에서 안티 스쿼트 제어에 대한 설명으로 옳은 것은?
① 급제동 시 차량의 앞쪽이 낮아지는 현상을 제어한다.
② 요철이나 비포장도로 주행 시 차량의 상하운동을 제어한다.
③ 급가속 시 차량의 앞쪽이 들리는 현상을 제어한다.
④ 차량이 선회할 때 원심력에 의해 바깥쪽 바퀴는 낮아지고 안쪽 바퀴는 높아지는 현상을 제어한다.

37 자동변속기 유압시험에 대한 설명으로 틀린 것은?
① 엔진 회전수 측정은 계기판 엔진 회전수 게이지를 활용하여도 된다.
② 유압을 측정할 수 있는 체크 포트에 압력 게이지를 설치한다.
③ 유압시험 전 자동변속기의 오일을 예열한다.
④ 측정조건에 따라 차량을 주행하면서 각 포트의 유압을 측정한다.

38 전자제어 제동장치의 점검사항이 아닌 것은?
① 프로포셔닝 밸브
② 조향 휠 각속도 센서
③ 브레이크 스위치
④ ABS 휠 스피드 센서

39 「자동차관리법 시행규칙」상 제동시험기의 검사기준에서 설정 하중에 대한 정밀도 허용오차 범위로 틀린 것은?
① 중량 설정 지시 ±5% 이내
② 좌우 제동력 지시 ±5% 이내
③ 좌우 합계 제동력 지시 ±5% 이내
④ 좌우 차이 제동력 지시 ±5% 이내

40 사고 후에 측정한 제동궤적(skid mark)은 48m이고, 사고 당시의 제동감속도는 $6m/s^2$이다. 이때 사고 당시의 주행속도는?
① 43.2km/h
② 57.6km/h
③ 86.4km/h
④ 114.4km/h

3과목 자동차전기

41 발전기의 스테이터 및 로터 코일 점검에 대한 설명으로 틀린 것은?

① 스테이터 코일과 코일 사이가 통전 시 스테이터는 양호하다.
② 슬립링과 로터 철심 사이가 통전되면 로터 어셈블리를 교환한다.
③ 로터 코일과 슬립링 사이의 저항 값이 너무 낮으면 회로가 단락상태이다.
④ 스테이터 코일과 스테이터 철심 사이의 통전여부를 점검하여 통전되면 스테이터는 양호하다.

42 자동차 네트워크의 종단저항에 대한 설명으로 틀린 것은?

① 종단저항은 양 끝단 외에 중간에도 설치해도 된다.
② B-CAN의 경우 종단저항은 모든 제어기 내부에 있다.
③ 고속통신에서 데이터 왜곡이 발생하지 않도록 임피던스를 매칭한다.
④ CAN버스 제어기를 추가해도 전체 임피던스 값이 120Ω이 된다.

43 주행안전장치 적용 차량의 전방 주시용 카메라 교환 시 카메라에 이미 인식하고 있는 좌표와 틀어진 경우가 발생할 수 있어 장착 카메라에 좌표를 재인식하기 위해 보정판을 이용한 보정은?

① EOL 보정
② SPTAC 보정
③ SPC 보정
④ 자동 보정

44 자동차에 사용되는 통신에서 프로토콜에 따른 기준전압으로 옳지 않은 것은?

① K-line : 12V
② KWP2000 : 12V
③ LIN : 5V
④ High speed CAN : 2.5V

45 MOST통신에 대한 설명으로 옳은 것은?

① 주로 멀티미디어 데이터를 전송
② High Speed와 Low Speed로 구성
③ 데이터 영역에서 통신 bit를 늘려 전송량을 증대시킴
④ 적은 변경으로 기존의 CAN 하드웨어 사용 가능

46 CAN통신은 어떤 토폴로지(Topology)를 사용하는가?

① 복합 토폴로지
② 버스 토폴로지
③ 링 토폴로지
④ 스타 토폴로지

47 바이메탈형 연료면 표시기에서 연료탱크에 연료를 가득차 있는데 연료경고등이 점등될 수 있는 원인으로 옳은 것은?

① 연료펌프 고장
② 경고등 접지선의 단선
③ 바이메탈 릴레이 단락
④ 퓨즈의 단선

48 전류를 계속 흐르게 하려면 전압을 연속적으로 만들어 주는 어떤 힘이 필요하게 되는데 이 힘을 무엇이라 하는가?

① 자기력
② 기전력
③ 전자력
④ 전기장

49 AGM 배터리에 대한 설명으로 틀린 것은?

① 충방전 속도와 저온 시동성을 개선하기 위한 배터리이다.
② 충격에 의한 파손 시 전해액이 흘러나와 다른 2차 피해를 줄 수 있다.
③ 아주 얇은 유리섬유 매트가 배터리 연판들 사이에 놓여있어 전해액의 유동을 방지한다.
④ 내부접촉 압력이 높아 활성 물질의 손실을 최소화하면서 내부저항은 극도로 낮게 유지한다.

50 High speed CAN 파형분석 시 지선부위 점검 중 High-Line이 전원에 단락되었을 때 측정 파형의 현상으로 옳은 것은?
① Low 파형은 종단저항에 의한 전압강하로 11.8V 유지
② High 파형 0V 유지(접지)
③ 데이터에 따라 간헐적으로 0V로 하강
④ Low 신호도 High선 단락의 영향으로 0.25V 유지

51 자동차에 사용되는 교류발전기 작동설명으로 옳은 것은?
① 충전전류는 발전기의 회전속도에 반비례한다.
② 여자전류 제어는 정류기가 수행한다.
③ 여자전류의 평균값은 전압조정기의 듀티율로 조정된다.
④ 여자 다이오드가 단선되면 충전전압이 규정치보다 높게 된다.

52 다음 〈보기〉의 빈칸에 공통으로 들어갈 현상으로 알맞은 것은?

〈보기〉
차량 네트워크 계통의 에러 발생 중 메시지를 보냈지만 아무도 수신하지 않아 스스로를 (   )상태로 판단하는 경우로, 이후에 정상인 상태에서 진단을 수행하면 과거의 고장으로 (   )을/를 띄우게 된다.

① CAN bus off ② CAN 메시지 off
③ CAN 통신불가 ④ CAN time out

53 자동차 네트워크 계통도(C-CAN) 와이어 결선 및 제어기 배열과정에 대한 설명으로 틀린 것은?
① 제어기 위치와 배열 순서를 종합해 차량에서의 C-CAN 와이어 결선을 완성한다.
② 각 조인트 커넥터 및 연결 커넥터의 위치를 확인한 후 표시한다.
③ 주선과 연결된 제어기를 조인트 커넥터 중심으로 표현한다.
④ PCM(종단저항)에서 출발해 ECM(종단저항)까지 주선의 흐름을 완성한다.

54 차선이탈경보(LDW) 및 차선이탈방지 시스템(LKA)제어의 미작동 조건에 대한 설명으로 틀린 것은?
① 방향지시등&비상등 ON시 LDW/LKA 비활성화
② ESC 작동 시 LDW/LKA 비활성화
③ 차선 미인식 시 LDW/LKA비활성화
④ 한 쪽 차선만 인식될 경우 LDW/LKA비활성화

55 주행안전장치에 적용되는 레이더 센서의 보정이 필요한 경우가 아닌 것은?
① 주행 중 전방 차량을 인식하는 경우
② 접촉 사고로 센서 부위에 충격을 받은 경우
③ Radar Sensor를 교환한 경우
④ Steering Angle Sensor를 교환 및 영점 조정 후

56 자율주행 시스템의 종류 중 지정된 조건에서 운전자의 개입 없이 자동차를 운행하는 자율주행시스템은? (단, 「자동차 및 자동차부품의 성능과 기준에 관한 규칙」에 의한다.)
① 완전 자율주행시스템
② 조건부 완전 자율주행 시스템
③ 선택적 부분 자율주행시스템
④ 부분 자율주행 시스템

57 자동차의 에너지 소비효율 산정에서 최종 결과치를 산출하기 전까지 계산을 위하여 사용하는 모든 값을 처리하는 방법으로 옳은 것은?

① 반올림하여 정수로 적용
② 반올림하여 소수점 이하 첫째 자리로 적용
③ 반올림 없이 소수점 이하 첫째 자리로 적용
④ 반올림 없이 산출된 소수점 그대로 적용

58 기동전동기의 기동 소요 회전력에 대한 설명 중 틀린 것은?

① 일반적으로 가솔린 기관 보다 디젤기관의 기동 소요 회전력이 크다.
② 엔진오일의 점도가 클수록 기동 소요 회전력이 크다.
③ 압축비가 큰 기관일수록 소요 회전력이 작다.
④ 압축비가 큰 기관일수록 소요 회전력이 크다.

59 CAN 시스템에서 배선하나가 단선 또는 단락되면 두 선의 전압 레벨을 판단할 수 없어 통신 능력을 상실하는 통신은?

① A-CAN   ② B-CAN
③ C-CAN   ④ D-CAN

60 LDWS(Lane Departure Warning System)의 설명으로 틀린 것은?

① 카메라 모듈을 통해 차선을 감지한다.
② 조향을 위해 MDPS를 제어한다.
③ 차로 이탈 경고 작동 중에는 운전자의 의지에 의해 차선 변경이 가능하다.
④ LDWS 시스템은 작동 스위치가 On이더라도 차속이 60km/h에 도달하지 않으면 경보를 시작하지 않는다.

4과목 친환경 자동차

61 전기자동차 충전기 기술기준에서 충전기 기준 주파수는?

① 60Hz   ② 120Hz
③ 180Hz   ④ 240Hz

62 하드 타입의 하이브리드 자동차에서 EV주행 시 고전압 DC전압을 AC전압으로 변환시키고, 회생 제동 시 HEV모터에 의한 AC발전전압을 DC로 변환시켜 충전하게 하는 장치는?

① 인버터
② Low DC-DC컨버터
③ Low AC-AC컨버터
④ 고전압 배터리 제어모듈

63 전동기 컴프레셔 인버터의 점검 요소로 틀린 것은?

① 저전압 핀의 저항 점검
② 컴프레셔와 절연 저항 점검
③ 고전압 핀의 저항 점검
④ U-V-W상 저항 점검

64 전기자동차의 히트펌프 시스템 구성부품으로 틀린 것은?

① 전자식 워터펌프(EWP)
② 팽창밸브
③ 4-Way밸브
④ 냉매 압력 센서

65 고전압 배터리 시스템의 데이터 SOH(State of Health)에 대한 의미를 설명한 것으로 옳은 것은?
① 배터리의 방전수준을 정격용량 백분율로 환산하여 표시하는 값
② 배터리의 내부저항 상승 및 전압 손실 등으로 발생한 배터리의 노화를 알 수 있는 값
③ 배터리가 완충 상태 대비 몇 %만큼 정격용량을 사용할 수 있는지 알 수 있는 값
④ 배터리가 현재 상태에서 필요한 임무를 수행할 수 있는 능력을 알 수 있는 값

66 하이브리드 시스템에서 주파수 변환을 통하여 스위칭 및 전류를 제어하는 방식은?
① PWM제어
② SCC제어
③ COMP제어
④ CAN제어

67 전기자동차의 공조장치(히트펌프)에 대한 설명으로 틀린 것은?
① 정비 시 전용 냉동유(POE) 주입
② PTC형식 이베퍼레이터 온도 센서 적용
③ 온도센서 점검 시 저항(Ω) 점검
④ 전동형 BLDC 블로어 모터 적용

68 자동차의 주행상태 모드에 대한 내용으로 틀린 것은?
① 자동차가 정지할 경우 연료 소비를 줄이고, 배기가스를 저감시키기 위해 엔진을 자동으로 정지시키는 기능을 오토스톱 모드라 한다.
② 감속이나 제동시 모터의 발전기능을 통해 차량의 운동에너지를 전기에너지로 변환하여 고전압 배터리를 충전하는 기능을 회생제동 모드라 한다.
③ 하이브리드 엔진 부하가 낮은 영역에서 엔진 출력 및 모터의 동력 보조로 운전하는 상태를 정속 주행 모드라 한다.
④ 고전압 배터리를 포함한 모든 전기 동력 시스템이 정상일 경우 모터를 이용한 엔진 시동을 제어하는 기능을 시동 모드라 한다.

69 다음 〈보기〉는 전기자동차 전원공급설비 점검지침과 관련한 설명이다. 이에 해당하는 용어는?

〈보기〉
충전장치의 커플러를 구성하는 부분으로, 전기자동차에 장착되어 전원공급설비의 충전 케이블 커넥터와 연결되는 부분이다.

① 플러그(plug)
② 인렛(inlet)
③ 소켓 아웃렛(socket outlet)
④ 커플러(coupler)

70 전기자동차 완속충전기(OBC) 점검 시 확인 데이터가 아닌 것은?
① AC 입력전압
② OBC 출력전압
③ 1차 스위치부 온도
④ BMS 총 동작시간

71 연료전지 자동차에서 수소라인 및 수소탱크 누출 상태점검에 대한 설명으로 옳은 것은?

① 수소 누출 포인트별 누기 감지 센서가 있어 별도 누설점검은 필요 없다.
② 소량누설의 경우 차량 시스템에서 감지할 수 없다.
③ 수소탱크 및 라인검사 시 누출 감지기 또는 누출 감지액으로 누기 점검을 한다.
④ 수소가스 누출 시험은 압력이 형성된 연료전지 시스템이 작동 중에서만 측정한다.

72 RESS에 충전된 전기에너지를 소비하여 자동차를 운전하는 모드는?

① CS모드　　② CD모드
③ HWFET 모드　　④ FTP-75 모드

73 전기자동차 구동모터의 Y결선에 대한 설명을 옳은 것은?

① Y결선에서는 선전류와 상전류가 같다.
② Y결선에서는 선전류와 상전압가 같다.
③ Y결선에서는 상전압과 상전류가 같다.
④ Y결선에서는 상전압과 선전압이 같다.

74 전기자동차 구동모터의 점검방법으로 틀린 것은?

① 멀티미터를 사용하여 구동모터의 U, V, W선의 선간저항을 점검한다.
② 절연저항 시험기를 사용하여 모터 하우징과 U, V, W선의 절연저항을 점검한다.
③ 내전압 시험기를 사용하여 누설전류를 점검한다.
④ 전류계를 사용하여 U, V, W 선간의 작동전류를 점검한다.

75 고전압 배터리 시스템의 구성품 및 작동에 대한 설명으로 틀린 것은?

① 고전압 릴레이의 출력순서는 프리차저 릴레이 → 메인 릴레이(-) → 메인 릴레이(+)이다.
② 프리차저 릴레이는 메인 릴레이보다 먼저 작동한다.
③ 배터리 매니지먼트 모듈은 배터리 상태를 모니터링하고 에너지 입출력을 제한한다.
④ 안전플러그는 고전압 배터리의 전원을 임의로 차단시키는 장치로 일부는 퓨즈를 포함하고 있다.

76 하이브리드 자동차의 전동기 작동에 대한 설명으로 틀린 것은?

① 차량 감속 시 전동기의 역기전력으로 배터리를 저장한다.
② 차량 가속 시 엔진 구동력을 보조한다.
③ 차량 주행 시 찰전기능과 구동기능을 동시에 구현한다.
④ 차량 시동 시 구동기로 작동한다.

77 고전압 배터리의 수동형 셀 밸런싱에 해당하는 설명이 아닌 것은?

① 충방전 시 셀 밸런싱 작용이 이루어진다.
② 높은 SOC를 갖는 셀을 저항을 통해 방전하여 SOC 편차를 줄인다.
③ 에너지 효율권에서 나쁘다.
④ 구조가 단순하고 비용이 낮다.

78 수소 연료전지 자동차의 수소에 대한 화학적 결합으로 옳은 것은?

① 연료극과 전해극의 반응
② 연료극과 공기극의 반응
③ 전해극과 음극판의 반응
④ 전해극과 양극판의 반응

79 다음 그림은 전기자동차의 DC 콤보 충전기를 나타낸 것이다. 6번과 7번 단자의 역할에 해당하는 것은?

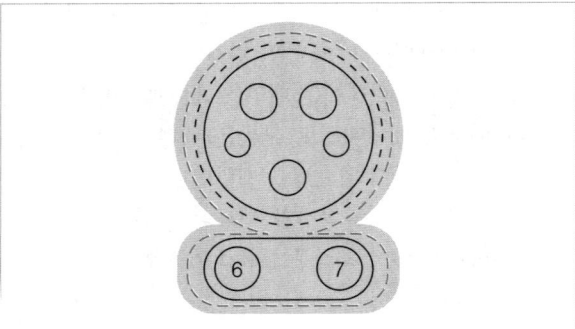

① AC 완속 충전용
② DC 급속 충전용
③ 충전커넥터의 연결 상태 감지
④ 충전기와 차량 간의 정보 교환

80 고전압 배터리 셀 모니터링 유닛의 교환이 필요한 경우로 틀린 것은?

① 배터리 전압 센싱부의 이상/저전류
② 배터리 전압 센싱부의 이상/과전압
③ 배터리 전압 센싱부의 이상/전압편차
④ 배터리 전압 센싱부의 이상/저전압

정답 및 해설 제6회

01	02	03	04	05	06	07	08	09	10
③	②	④	④	①	③	④	④	③	④
11	12	13	14	15	16	17	18	19	20
③	②	③	④	④	④	④	②	①	④
21	22	23	24	25	26	27	28	29	30
③	③	①	④	②	①	①	③	④	①
31	32	33	34	35	36	37	38	39	40
③	①	③	②	④	③	④	①	④	③
41	42	43	44	45	46	47	48	49	50
④	①	②	③	①	②	③	②	②	①
51	52	53	54	55	56	57	58	59	60
③	①	④	④	①	②	④	③	③	②
61	62	63	64	65	66	67	68	69	70
①	①	④	③	②	①	②	③	②	④
71	72	73	74	75	76	77	78	79	80
③	②	①	④	④	③	①	②	②	①

01 정답 | ③
해설 | 디젤장치 저압 펌프 방식에 따른 점검방법
- 기계식 저압펌프 – 부압 측정(펌프 입구 측정)
- 전기식 저압펌프 – 정압 측정(펌프 출구 측정)

02 정답 | ②
해설 | 지문의 내용은 플러터 현상이다.
③ 스틱현상 : 고온고압에 의해 두 금속이 붙는 현상
④ 스커핑 현상 : 피스톤 스커트 부분의 국부적인 융착에 의하여 손상되는 현상

03 정답 | ④
해설 | 공회전 시는 악셀레이터를 밟지 않는 상태이므로 APS 신호가 0V에 가까우며, APS2 신호는 APS1신호의 1/2이므로 ④이 가장 정상적인 입력 값이다.

04 정답 | ④
해설 | 지르코니아 산소센서의 전압이 높은 경우(약 0.9~1.0V) 배기가스 내에 산소농도가 적은 것이므로 연료가 많은 농후한 연소이므로 연료분사량을 감소시키기 위해 분사시간을 짧게 제어한다.

05 정답 | ①
해설 | 플런저의 유효행정은 송출 유량에 비례하므로, 유효행정이 커지면 송출유량이 많아진다.

06 정답 | ③
해설 | 흡입온도가 높은 경우 AFS를 통해 측정된 질량보다 실제 질량이 작으므로 연료량을 감량한다. 냉각수 온도가 낮을 경우 예열이 필요하므로 연료량을 증량한다.

07 정답 | ④
해설 | 휘발유(가솔린) 차량의 정밀 검사모드는 ASM 2525모드이나 상시 4륜 운행차의 정밀검사 방법·기준 및 검사대상 항목「대기환경법 시행규칙」[별표 26])에 의거하여 상시 4륜 차량에서는 무부하 검사방법을 적용할 수 있다.

08 정답 | ④
해설 | 만약 측정된 연료 보정량이 ±4mm³ 이상일 경우 불량으로 판정하며, 인젝터 단품 테스트를 하는 다음 단계로 진행하도록 한다.

09 정답 | ③
해설 | 디젤기관의 노킹을 방지하기 위해 흡기온도를 높인다.

10 정답 | ④
해설 | 지문의 내용은 웨이스트 게이트 방식에 대한 설명이다.
② 슈퍼차저 : 크랭크축의 동력으로 과급하는 방식의 과급기 형식이다.
③ 가변용량 터보차저(VGT) : 엔진의 저·고속에 따라 과급량을 변화시킬 수 있는 과급기 형식이다.

11 정답 | ③
해설 | 운행차 배출허용 기준(「대기환경보전법 시행규칙」 [별표 21])
기화기식 연료공급장치 부착 자동차는 1 ± 0.15 이내, 촉매 미부착 자동차는 1 ± 0.20 이내

12 정답 | ②
해설 | 스월컨트롤 밸브는 흡기구 2개 중 1개를 닫아 연소실에 유입되는 공기에 와류(스월)를 발생시켜 공기 유동을 강화하기 위한 장치이다.

13 정답 | ③
해설 | 코스트다운 점검은 당일 검사 업무개시 전에 실시하여야 하며, 최소한 1일 1회 이상 실시하여야 한다.
운행차 배출가스 검사방법
- 차대동력계는 형식 승인된 기기로서 최근 1년 이내에 정도검사를 필한 것이어야 한다.
- 차대동력계는 작동요령에 따라 충분히 예열시킨 다음 코스트다운 점검을 실시하여야 한다.
- 코스트다운 점검에서 부적합된 경우에는 차대동력계 자체손실마력을 측정하여 교정한 후 코스트다운 점검을 다시 실시하여야 한다.
- 엔진냉각용 송풍장치, 동력흡수장치용 냉각장치 및 기타 주변장치의 작동상태를 점검한다.

14 정답 | ④
해설 | 〈보기〉는 실린더 파워밸런스 점검에 대한 내용이다.

15 정답 | ④
해설 | 스로틀 밸브는 흡기계통의 구성으로, 디젤엔진에서는 에어 컨트롤밸브(ACV)로도 불리며 디젤기관의 엔진 OFF 시 흡기를 차단하는 역할과 EGR 제어에 관여한다.

16 정답 | ④
해설 | LPG는 가솔린보다 옥탄가가 높아 노킹현상이 잘 일어나지 않는다.

17 정답 | ④
해설 | 점화전압과 연료분사 제어와는 거리가 멀다.
① 대시포트제어를 실시할 때 연료분사를 중단한다.
② 흡기온도가 높을 때 연료분사량을 감량한다.
③ 배터리(발전기)전압이 낮을 때 연료분사시간을 길게(증량)한다.

18 정답 | ②
해설 | ① 약 0~7cmHg 저압라인 누설 또는 흡입펌프 손상
③ 약 20~60cmHg 연료필터 또는 저압 라인 막힘

19 정답 | ①
해설 | 과급기 설치의 목적은 엔진의 출력 향상이므로 배기가스를 줄이기 위한 방법과는 거리가 멀다.

20 정답 | ④
해설 | 터보차저(과급기)의 성능저하 원인으로 산소센서 불량은 거리가 멀다.
① 오일압력이 낮을 경우 – 윤활 기능이 떨어져 과급기 부하가 커짐
② 인터쿨러 호스와 파이프가 손상될 경우 – 부스트 압력(과급 압력) 저하
③ 에어클리너 필터가 젖거나 오염된 경우 – 흡입 불량

21 정답 | ③
해설 | 벨로우즈식은 서모스탯의 종류 중 하나이다.
유압식 쇽업소버의 종류
- 텔레스코핑식
- 레버형 피스톤식
- 드가르봉식

22 정답 | ③
해설 | ③은 판스프링의 특징이다.

23 정답 | ①
해설 | **리프트 풋 업**
킥다운과 반대로 스로틀 밸브의 개도량이 많은 상태에서 주행 중 차속에 비교하여 APS의 값이 현저히 작을 경우(가속페달에서 발을 떼면) 저단에서 고단으로 변속되는 변속패턴을 말한다.

24 정답 | ④
해설 | ④은 EPS의 특징은 맞지만, 단점이 아닌 장점이다.

25 정답 | ①
해설 | 기계 · 기구의 정밀도 검사기준 및 검사방법(「자동차관리법 시행규칙」 [별표 12])에 따라 롤러는 기준 직경의 2퍼센트 이상 과도하게 손상 또는 마모된 부분이 없을 것

26 정답 | ①
해설 | 트랙션 구동방식은 롤러방식을 기반으로 하므로 다음과 같은 특징이 있다.
- 후륜구동에 많이 적용된다.
- 넓은 변속 범위에 적용되고, 정숙하다.
- 큰 추진력 및 회전면이 높은 정밀도와 강성이 요구된다.
- 슬립방지를 위한 특수한 오일이 적용된다.
- 마멸에 따른 출력 부족 가능성이 크다.

27 정답 | ①
해설 | ①은 스티어링 휠 복원 시험 중 주행점검에 해당하는 내용이다.
정지 상태의 스티어링 작동력 검사
- 차량을 평탄한 곳에 위치시키고 스티어링 휠을 정면으로 정렬한다.

- 엔진의 시동을 걸고 1000rpm 내외로 회전수를 유지한 뒤, 공회전 상태로 유지한다.
- 스프링 저울로 스티어링 휠을 좌우 각각 한 바퀴 반씩 회전시켜 회전력을 측정한다.
- 스티어링 휠을 돌리면서 급격히 힘이 변하지 않는가를 점검한다.

28 정답 | ②
해설 | 승차감을 향상시키는 완충기구는 현가장치를 의미하므로 코일 스프링, 판스프링, 토션바, 스태빌라이저 등이 해당된다.

29 정답 | ④
해설 | 브레이크 챔버는 공압식 브레이크 시스템이므로 공기빼기 작업에 해당하지 않는다.

30 정답 | ①
해설 | 자동변속기 오일압력 점검은 고장진단 방법 중에 하나이므로 사전점검 사항과는 거리가 멀다.

자동변속기의 고장진단 전 사전점검 사항
- 오일의 누유상태
- 오일의 색깔과 냄새
- 오일 레벨 점검
- 엔진의 공회전 상태 확인 등

31 정답 | ③
해설 | 오일펌프 압력시험은 시동을 켜고 공회전 상태에서 점검해야 한다.

오일펌프 압력시험
- 준비작업 : 공기빼기 작업을 실시하고 오일온도를 약 50~60℃로 올린다.
- 엔진 회전수를 1000rpm으로 증가시킨다.
- 특수공구로 컷오프밸브(차단밸브)를 완전히 닫고 열며 유압이 규정치 이내인지 확인한다.

32 정답 | ①
해설 | 유압식 전자제어 조향장치는 유압펌프를 사용하는 방식이므로 전기모터를 사용하지 않는다.
※ 전기모터를 사용하는 방식은 MDPS(Motor Driven Power Steering) 방식이다.

33 정답 | ③
해설 | 능동형 전자제어 현가장치(액티브 ECS) 방식은 감쇠력 제어 및 높이 조절 기능이 있어 자동차 자세 변화에 유연하게 대처하여 자세 제어가 가능한 장치이다.

34 정답 | ②
해설 | 토크컨버터의 부품 중 펌프 임펠러는 엔진 플라이 휠과 직결 연결되어 있다. 터빈러너의 경우 변속기의 입력축과 연결되어 있다.

35 정답 | ④
해설 | 무단변속기 전자제어 요소
- 솔레노이드 밸브(듀티 솔레노이드 밸브)
- 유온센서
- 유압센서
- 회전속도센서

36 정답 | ③
해설 | ③ 급가속 시 차량의 앞쪽이 들리는 현상을 제어한다. – 안티 스쿼트
① 급제동 시 차량의 앞쪽이 낮아지는 현상을 제어한다. – 안티 다이브
② 요철이나 비포장도로 주행 시 차량의 상하운동을 제어한다. – 안티 바운싱
④ 차량이 선회할 때 원심력에 의해 바깥쪽 바퀴는 낮아지고 안쪽 바퀴는 높아지는 현상을 제어한다. – 안티 롤링

37 정답 | ④
해설 | 자동변속기 유압시험은 리프트를 이용하여 차량의 구동바퀴가 회전할 수 있도록 들어 올린 후에 진행하므로 차량을 주행하지 않고 변속단을 조절하며 유압을 측정한다.

38 정답 | ①
해설 | 전자제어 제동장치(EBD)의 경우 기존 프로포셔닝 밸브(P-밸브) 대신 ABS ECU에 로직을 추가하여 제동력을 분배하는 방식이므로 프로포셔닝 밸브가 적용되지 않는다.

39 정답 | ④
해설 | 좌·우 차이 제동력 지시 : ±25% 이내이다.
제동력 지시 및 중량설정 정밀도는 설정하중에 대하여 다음의 허용오차 범위 이내일 것
- 좌·우 제동력 지시 : ±5% 이내 (차륜구동형은 ±2% 이내)
- 좌·우 합계 제동력 지시 : ±5% 이내
- 좌·우 차이 제동력 지시 : ±25% 이내
- 중량 설정 지시 : ±5% 이내

40 정답 | ③
해설 | 등가속도 운동공식에서
$V^2 = 2as$
V = 주행속도
a = 제동감속도
s = 스키드마크
따라서
$V = \sqrt{2 \times 6 \times 48} = 24\text{m/s}$
단위변환
$24\text{m/s} \rightarrow 24 \times \dfrac{3600}{1000} \text{km/h} = 86.4\text{km/h}$

41 정답 | ④
해설 | 스테이터 코일과 스테이터 철심 사이의 통전여부를 점검하여 통전되면 스테이터가 접지된 경우이므로 스테이터를 교환한다.

42 정답 | ①
해설 | 종단저항은 양 끝단에 설치하여 고속통신에서 반사파에 의한 데이터 왜곡이 발생하지 않도록 한다.

43 정답 | ②
해설 | 해당 지문은 정비과정(A/S)에서 적용된 보정 작업이므로 SPTAC 보정이 적합하다.

카메라 보정의 종류
- EOL 보정 : 생산 공장의 최종 검차 라인에서 수행되는 보정판을 이용한 보정
- SPTAC 보정 : A/S에서 보정판을 이용한 보정 작업
  - 진단장비와 보정판을 이용한 작업 필요
  - 오차를 줄이기 위한 노력 필요
- SPC 보정 : A/S에서 보정판이 없을 경우, 진단장비의 부가 기능을 활용하여 주행 상황을 유지한 상태에서 보정하는 방법
- 자동 보정(Auto-fix) : 최초 보정 이후 실제 도로 주행 중 발생한 카메라 장착 각도 오차를 자동 보정
- 최소 15분 이상 다음의 조건을 지속적으로 만족하는 경우 자동 보정 가능
  - 차속 30km/h 이상 직선로(곡률 반경 최소 1000m 이상)를 직진 주행할 것
  - 좌우 차선 훼손이 없고, 끊어짐 없이 연속적인 인식이 가능할 것
  - 청명한 맑은 날씨의 선명한 차선 인식 환경에서 수행할 것(짙은 안개, 눈, 우천 등의 조건에서는 차선 인식이 불가하여 자동 주행보정(Auto-fix) 기능의 수행이 어려움)

44 정답 | ③
해설 | ① K-line : 12V
② KWP2000 : 12V
③ LIN : 12V
④ High speed CAN : 2.5V

45 정답 | ①
해설 | **MOST 통신의 특징**
- 순환구조
- 광케이블 통신라인
- 통신속도 : 25~50Mbps
- 적용범위 : 멀티미디어
- 외부잡음에 강함

46 정답 | ②
해설 | CAN 통신 프로토콜 내용 중 제어기 상호간 접속이나 전달 방법이 bus 형태의 쌍꼬임선이므로 버스 토폴로지로 볼 수 있다.

47 정답 | ③
해설 | 아래 그림에서 바이메탈 릴레이에 P1 부분이 단락된 경우 연료레벨에 관계없이 연료경고등이 점등될 수 있다.

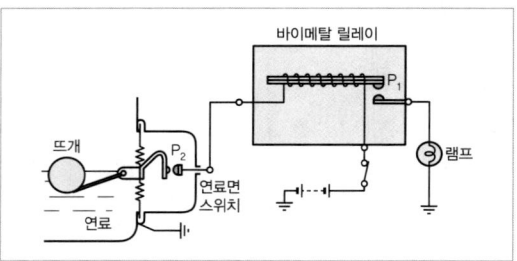

48 정답 | ②
해설 | 유압회로에서 펌프가 압력을 가해주는 것처럼 전기에도 전압을 가해줘야 하는데, 이러한 힘을 기전력이라 한다. 사전적 의미로는 배터리 같은 전원(電源)에 의해 생성되는 전위차를 뜻한다.

49 정답 | ②
해설 | AGM 축전지는 고밀도 흡습성 글라스 매트(glass mat)로 양·음극판을 감싸게 되고 유리섬유 매트에 황산이 흡수되어 극판은 완전히 밀폐되기 때문에 전해액의 누액을 방지하고 가스 발생을 최소화함으로써 진동 저항성이 양호하고 축전지의 수명도 기존의 납산 축전지보다 4배 이상이 되며 충전 성능도 우수하다.

50 정답 | ①
해설 | 지선부위의 High-Line이 전원에 단락되었을 때 High 파형은 13.9V를 유지하고, Low 파형은 종단저항에 의한 전압강하로 11.8V 유지된다.

51 정답 | ③
해설 | ① 교류발전기 충전전류는 발전기의 회전속도에 비례한다.
② 여자전류 제어는 전압조정기가 수행한다.
④ 여자 다이오드가 단선되면 충전전압이 규정치보다 낮게 된다.

52 정답 | ①
해설 | 메시지를 보냈지만 아무도 수신하지 않아 스스로를 bus off 상태로 판단하고 CAN bus상에서 이탈하는 경우 CAN bus off로 분석한다. 이후에 정상인 상태에서 진단을 수행하면 과거의 고장으로 bus off를 띄우게 된다. 그래서 bus off 고장은 주로 과거의 고장으로 인해 나타나는 것으로 볼 수 있다.

53 정답 | ④
해설 | PCM(종단저항)에서 출발해 클러스터 혹은 정션박스(종단저항)까지 주선의 흐름을 완성한다.

54 정답 | ④
해설 | 한 쪽 차선만 인식될 경우 LKA는 비활성화되지만, LDW는 한 쪽 차선을 기준에 대하여 작동한다.
차선이탈경보(LDW) 및 차선이탈방지 시스템(LKA)제어의 미작동 조건
- 방향지시등&비상등 On
- ESC 작동
  - 차선 미인식
  - 한 쪽 차선 인식
  - 보조조향 토크제한
  - 조향 중 제한
  - 요구토크 > 조향가능토크
  - 시스템 모듈 불량

55 정답 | ①
해설 | 주행 중 전방 차량을 인식하는 경우는 정상적인 상황이므로 보정이 필요 없다.

56 정답 | ②
해설 | 자율주행시스템의 종류(「자동차 및 자동차부품의 성능과 기준에 관한 규칙」 제111조)
1. 부분 자율주행시스템 : 지정된 조건에서 자동차를 운행하되 작동 한계 상황 등 필요한 경우 운전자의 개입을 요구하는 자율주행시스템
2. 조건부 완전 자율주행시스템 : 지정된 조건에서 운전자의 개입 없이 자동차를 운행하는 자율주행시스템
3. 완전 자율주행시스템 : 모든 영역에서 운전자의 개입 없이 자동차를 운행하는 자율주행시스템

57 정답 | ④
해설 | 자동차의 에너지 소비효율 산정방법 등에 의거하여 계산 과정 중의 모든 값은 반올림 없이 산출된 소수점 그대로를 적용한다.

58 정답 | ③
해설 | 압축비가 큰 기관일수록 크랭크축을 강제 회전할 때 필요한 힘이 크므로 소요 회전력이 크다.

59 정답 | ③
해설 | 고속 캔(C-CAN)은 단일 배선 적응 능력이 없어 배선 하나가 단선 또는 단락되면 통신 능력을 상실한다.

60 정답 | ②
해설 | LDWS는 현재 LDW라고도 하며, 차로이탈 경고 장치로 차로를 이탈할 경우 경고등, 경고음을 작동하며, MDPS를 통한 조향을 하는 방식은 아니다.
※ MDPS를 통해 조향이 가능한 방식 : LKA

61 정답 | ①
해설 | • 전기자동차 기준 주파수 : 60Hz
• 규정 동작 범위 : 58.8~61.2Hz

62 정답 | ①
해설 | 인버터는 일종의 전력변환 장치이며, 전기에너지를 조절함으로써 모터의 회전속도와 토크를 제어하는 장치로 MCU라고 한다.

63 정답 | ④
해설 | 전동식 컴프레셔 인버터를 점검방법
- 전동식 컴프레셔 인버터 고전압 핀 이상 여부를 확인한다.
- 전동식 컴프레셔 인버터 저전압 핀 이상 여부를 확인한다.
- 전동식 컴프레셔 절연저항을 점검한다.
- 저전압 핀 저항을 측정한다(단자번호 2-5, 1-2, 1-5)
- Interlock High / low 저항을 측정한다(단자번호 3-6).

64 정답 | ③
해설 | 히트펌프 시스템 구성부품
실외 콘덴서, 실내 콘덴서, 2-way밸브, 3-way밸브, 칠러, 어큐뮬레이터, 컴프레서, PTC히터 냉매압력센서 EWP 등이 있다.

65 정답 | ②
해설 | SOH는 배터리의 내부저항 상승 및 전압 손실 등으로 발생한 배터리의 노화를 알 수 있는 값이다.
①, ③, ④ SOC(State of Charge)에 대한 내용이다.

66 정답 | ①
해설 | PWM(펄스 폭 변조)제어는 스위칭 레귤레이터의 기본으로 ON/OFF 시간비(듀티 사이클)를 통해 전류 및 전압을 제어한다.

67 정답 | ②
해설 | 이베퍼레이터 온도 센서의 경우 부특성 서미스터(NTC)를 사용한다.

68 정답 | ③
해설 | 하이브리드 엔진 부하가 낮은 영역에서 엔진 출력 및 모터의 동력 보조로 운전하는 상태를 HEV모드라 한다.

69 정답 | ②
해설 | 인렛(Inlet)은 전기자동차에 부착되어 충전케이블의 커넥터와 연결되는 부분으로 차량 충전 입구 즉 차량 쪽 충전 소켓을 말한다.

70 정답 | ④
해설 | OBC 점검 시 확인 데이터
- 인렛 잠금 및 온도 센싱 점검
- AC 입력 전압
- OBC 출력 전압

71 정답 | ③
    해설 | ① 수소 누출 포인트별 누기 감지 센서가 있어도 별도의 누설점검이 필요하다.
          ② 소량누설의 경우에도 차량 시스템에서 감지할 수 있다.
          ④ 수소가스 누출 시험은 압력 형성과 관계없이 점검이 가능하며, 시스템 자체적으로 누출 문제가 발생할 경우 수소공급 시스템이 차단된다.

72 정답 | ②
    해설 | ① CS(Charge-Sustaining)모드 : 충전-유지모드, 충전량이 유지되는 동안 연료를 소비하며 운전하는 모드
          ② CD(Charge-Depleting)모드 : 충전-소진모드, 전기에너지를 소비하여 자동차를 운전하는 모드
          ③ HWFET모드 : 고속도로 주행모드
          ④ FTP-75 모드 : 연비측정 모드

73 정답 | ①
    해설 | 전기자동차의 구동모터는 3상 Y결선을 사용하며, Y결선에서는 선전류와 상전류가 같고, 선간전압은 상전압의 $\sqrt{3}$배이다.

74 정답 | ④
    해설 | 내전압 시험기를 사용하여 U, V, W상의 누설전류를 점검한다.

    전기자동차의 구동모터 점검방법
    • 모터의 선간 저항(U, V, W)을 검사
    • 모터의 절연저항을 검사
    • 모터의 누설전류를 검사

75 정답 | ④
    해설 | 안전플러그는 차량에 공급되는 전원을 수동으로 차단하는 장치로 일부는 퓨즈를 포함하고 있다.

76 정답 | ③
    해설 | 차량 주행 상황에 따라 발전기능과 구동기능을 상황에 맞게 구현한다.

77 정답 | ①
    해설 | 수동형 셀 밸런싱은 가장 낮은 전압의 셀을 기준으로 맞추어주는 방법으로 높은 SOC를 갖는 셀을 저항을 통해 방전(열로 방출)하여 SOC 편차를 줄이므로 에너지 효율면에서 나쁘나 구조가 단순하고 비용이 낮은 특징이 있다.

78 정답 | ②
    해설 | • 연료극-캐소드(Cathode)로 수소를 주입
          • 공기극-애노드(anode)로 산소를 주입
          • 연료극과 공기극의 화학결합으로 기전력이 발생

79 정답 | ②
    해설 | DC 급속 충전용

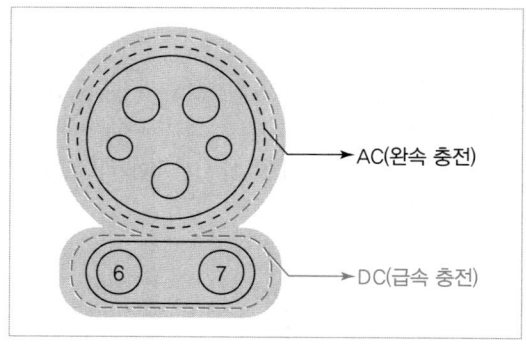

80 정답 | ①
    해설 | 고전압 배터리 셀 모니터링 전압을 통해 셀 밸런싱 하므로 전류와는 관련이 없다.

적중 복원모의고사 제7회

1과목 자동차엔진

01 커먼레일 디젤엔진에서 연료압력 조절밸브의 장착 위치는? (단, 입구 제어 방식이다.)
① 고압펌프와 인젝터 사이
② 저압펌프와 인젝터 사이
③ 저압펌프와 고압펌프 사이
④ 연료필터와 저압펌프 사이

02 전자제어 엔진에서 연료 차단(fuel cut)에 대한 설명으로 틀린 것은?
① 배출가스 저감을 위함이다.
② 연비를 개선하기 위함이다.
③ 인젝터 분사 신호를 정지한다.
④ 엔진의 고속회전을 위한 준비단계이다.

03 GDI 엔진에 대한 설명으로 틀린 것은?
① 흡입 과정에서 공기의 온도를 높인다.
② 엔진 운전 조건에 따라 레일압력이 변동된다.
③ 고부하 운전영역에서 흡입공기 밀도가 높아진다.
④ 분사시간은 흡입공기량의 정보에 의해 보정된다.

04 전자제어 연료분사 장치에서 인젝터 분사시간에 대한 설명으로 틀린 것은?
① 급가속 시 순간적으로 분사시간이 길어진다.
② 급감속 시 순간적으로 분사가 차단되기도 한다.
③ 배터리 전압이 낮으면 무효 분사기간이 짧아진다.
④ 지르코니아 산소센서의 전압이 높으면 분사시간이 짧아진다.

05 전자제어 연료분사장치 중 인젝터 설명으로 틀린 것은?
① 인젝터의 연료분사 시간이 ECU 트랜지스터의 작동 시간과 일치하지 않는 것을 무효 분사시간이라 한다.
② 인젝터에 저항을 붙여 응답성 향상과 코일의 발열을 방지하는 방식을 전압 제어식 인젝터라 한다.
③ 저온 시동성을 양호하게 하는 방식을 콜드스타트인젝터(Cold Start Imjector)라 한다.
④ 인젝터를 제어하는 ECU의 트랜지스터는 일반적으로 ⊕제어방식을 쓰고 있다.

06 디젤기관의 회전속도가 1800rpm일 때 20°의 착화지연 시간은 얼마인가?
① 2.77ms   ② 0.10ms
③ 66.66ms   ④ 1.85ms

07 전자제어 커먼레일 기관의 연료압력조절 방식에 대한 설명 중 틀린 것은?
① 출구제어 방식에서 조절밸브 작동 듀티 값이 높을수록 레일압력은 높다.
② 커먼레일은 일종의 저장창고와 같은 어큐뮬레이터이다.
③ 입구제어방식은 커먼레일 끝부분에 연료 압력조절밸브가 장착되어 있다.
④ 입구제어 방식에서 조절밸브 작동 듀티값이 높을수록 레일압력은 낮다.

08 전자제어 가솔린기관의 연료압력조절기 내의 압력이 일정 압력 이상일 경우 어떻게 작동하는가?
① 흡기관의 압력을 낮추어 준다.
② 인젝터에서 연료를 추가 분사시킨다.
③ 연료펌프의 토출압력을 낮추어 연료공급량을 줄인다.
④ 연료를 연료탱크로 되돌려 보내 연료압력을 조정한다.

09 디젤엔진의 노크 방지법으로 옳은 것은?
① 착화지연기간이 짧은 연료를 사용한다.
② 분사 초기에 연료 분사량을 증가시킨다.
③ 흡기 온도를 낮춘다.
④ 압축비를 낮춘다.

10 기관 작동 중 실린더 내 흡입효율이 저하되는 원인이 아닌 것은?
① 흡입 및 배기의 관성이 피스톤 운동을 따르지 못할 경우
② 밸브 및 피스톤링의 마모로 인한 가스 누설이 발생되는 경우
③ 흡·배기 밸브의 개폐시기 불안정으로 인한 단속 타이밍이 맞지 않을 경우
④ 흡입압력이 대기압보다 높은 경우

11 다음 중 공연비 피드백 중단 조건(오픈 루프)으로 볼 수 없는 것은?
① 냉각수온이 낮을 때, 시동 시, 시동 후 연료 증량 시
② 저 부하 주행 시(TPS 개도량 20% 이하)
③ 연료 차단 시
④ 산소센서, AFS 센서, 인젝터 및 인젝션에 영향을 주는 센서 고장 시

12 디젤 차량에서 사후 분사를 실시하는 목적으로 옳지 않은 것은?
① 매연을 태우기 위한 경우
② 스파크에 의한 점화가 필요한 경우
③ 디젤 후처리 필터의 재생이 필요한 경우
④ 질소산화물(NOx)을 환원하기 위한 경우

13 스로틀 밸브 전개 시, APS1의 값이 3.86~4.36V일 경우에 APS2의 출력데이터로 옳은 것은?
① 0.7~0.8V
② 0.29~0.46V
③ 1.93~2.18V
④ 3.85~4.35V

14 디젤 엔진 소음 저감과 유해 배기가스 배출저하의 필요성으로 디젤 전자제어 엔진의 직분사 장치인 CRDI 시스템에 대한 설명으로 틀린 것은?
① 공기유량센서는 흡입공기량을 검출하며, ECU는 순간적인 공기량 변화에 대응하여 EGR 밸브를 작동시킨다.
② 컴퓨터 입력 신호로는 레일압력센서, 차량속도센서, 노크센서, 엑셀포지션센서, EGR 액츄에이터가 있다.
③ 주요 구성부품은 커먼레일, 저압펌프, 고압펌프, 인젝터 등으로 구성되어 있다.
④ 이산화탄소 20%, 일산화탄소 40%, 탄화수소 50%, PM 60%까지 감소시킬 수 있다.

15 운행차 정기검사에서 가솔린 승용자동차의 배출가스검사 결과 CO 측정값이 1.2%로 나온 경우, 검사 결과에 대한 판정으로 옳은 것은? (단, 2005년 12월 제작된 차량이며, 무부하 검사방법으로 측정하였다.)
① 허용기준인 1.0% 초과하였으므로 부적합
② 허용기준인 0.9% 초과하였으므로 부적합
③ 허용기준인 1.2% 이하이므로 적합
④ 허용기준인 1.2% 미만이므로 적합

16 자동차의 선택적 환원촉매(SCR)에 관한 내용으로 옳지 않은 것은?

① 요소수를 분사하여 배기가스 중 NOx를 환원시키는 시스템이다.
② 암모니아(NH_3)가 SCR 촉매 물질로 필요하지만 위험성 때문에 직접적으로 사용하지는 못한다.
③ 매연 발생량도 줄게 되어 DPF의 용량을 늘릴 수 있으므로 필요한 배압이 발생되는 장점이 있다.
④ 도징 인젝터는 컴퓨터(도징 컨트롤 유닛)의 분사 명령에 의해 SCR 촉매 전단에 요소수를 분사한다.

17 가솔린 배기가스 점검 사항을 설명한 것으로 옳지 않은 것은?

① 공기과잉율이 1 이상이면 희박, 1 이하이면 농후한 상태이다.
② 채취관을 배기구에 장시간 삽입시키면 테스터기의 수명이 단축된다.
③ CO 측정값은 소수점 셋째 자리 이하는 버리고 0.01% 단위로 기재한다.
④ 배기구가 2개 이상일 경우에는 임의로 배기관 1개의 배기구에 채취관을 삽입한다.

18 다음 중 운행차의 정밀검사 방법과 기준(부하검사)에 대한 설명으로 옳지 않은 것은?

① 휘발유 · 가스 · 알코올 사용 연료 모든 자동차 – ASM2525모드(저속 공회전검사모드 포함)
② 경유 사용 승용 자동차 – KD147모드 검사
③ 경유 사용 승용차 – 광투과 무부하 급가속모드 검사
④ 경유 사용 대형 승합 · 화물 · 특수자동차 – Lug Down 3모드 검사

19 PCSV 비 작동조건이 아닌 것은?

① 연료 피드백 조정 시
② 냉각수 온도가 일정 온도 이하 시
③ 피드백 제어 시 농후상태가 일정 시간 지속 시
④ 누설 진단에 따른 고장코드 감지 시

20 다음은 경유를 사용하는 자동차의 무부하급가속모드를 이용한 매연 농도 검사값이다. 옳지 않은 것은?

1. 차량	승용자동차	2015년	과급기(터보) 적용
2. 매연 측정값	1회 : 8.9%	2회 : 8.6%	3회 : 8.7%
3. 배출 허용기준	(㉮)		
4. 측정값 및 판정	측정값 : (㉯)		판정 : (㉰)

① ㉮항은 차량의 연식 기준에 따른 허용기준은 20% 이하이다.
② ㉯항은 3회 측정값 산술 평균값인 8.73%로 기록하면 된다.
③ ㉰는 배출허용기준 20% 이하이므로 양호 또는 적합이다.
④ 3회 측정값이 각각 편차가 5% 이내이므로 측정은 3회로 종료한다.

2과목 자동차섀시

21 무단변속기(CVT)의 구동방식이 아닌 것은?

① 스테이터 조합형
② 벨트 드라이브 식
③ 트렉션 드라이브 식
④ 유압모터/펌프 조합형

22 기관 플라이휠과 직결되어 기관 회전수와 동일한 속도로 회전하는 토크 컨버터의 부품은?

① 터빈 런너
② 펌프 임펠러
③ 스테이터
④ 원웨이 클러치

23. 기관에서 발생한 토크와 회전수가 각각 80kgf·m, 1000rpm, 클러치를 통과하여 변속기로 들어가는 토크와 회전수가 각각 60kgf·m, 900rpm일 경우 클러치의 전달효율은 약 얼마인가?
   ① 37.5%   ② 47.5%
   ③ 57.5%   ④ 67.5%

24. 자동차의 변속기에서 제3속의 감속비 1.5, 종감속 구동 피니언 기어의 잇수 5, 링 기어의 잇수 22, 구동바퀴의 타이어 유효반경 280mm, 엔진회전수 3300rpm으로 직진 주행하고 있다. 이 자동차의 주행속도는? (단, 타이어의 미끄러짐은 무시한다.)
   ① 약 26.4km/h   ② 약 52.8km/h
   ③ 약 116.2km/h ④ 약 128.4km/h

25. 타이어 압력 모니터링 장치(TPMS)에 대한 설명 중 틀린 것은?
   ① 타이어의 내구성 향상과 안전운행에 도움이 된다.
   ② 휠 밸런스를 고려하여 타이어압력센서가 장착되어 있다.
   ③ 타이어의 압력과 온도를 감지하여 저압 시 경고등을 점등한다.
   ④ 가혹한 노면 주행이 가능하도록 타이어 압력을 조절한다.

26. 자동변속기의 차량의 점검방법으로 틀린 것은?
   ① 자동변속기의 오일량은 평탄한 노면에서 측정한다.
   ② 인히비터 스위치는 N 위치에서 점검 조정한다.
   ③ 오일압력을 측정할 때는 시동을 끄고 약 3분간 기다린 후 점검한다.
   ④ 스톨테스터 시 회전수가 기준보다 낮으면 엔진을 점검해본다.

27. 다음은 자동변속기 학습제어에 대한 설명이다. 괄호 안에 알맞은 것을 순서대로 적은 것은?

   > 학습제어에 의해 내리막길에서 브레이크 페달을 빈번히 밟는 운전자에 대해서는 빠르게 (   )을/를 하여 엔진 브레이크가 잘 듣게 한다. 또한, 내리막에서도 가속페달을 잘 밟는 운전자에게는 (   )을/를 하기 어렵게 하여 엔진 브레이크를 억제한다.

   ① 다운시프트, 다운시프트
   ② 업시프트, 업시프트
   ③ 다운시프트, 업시프트
   ④ 업시프트, 다운시프트

28. 주행속도가 일정 값에 도달하면 토크 컨버터의 펌프와 터빈을 기계적으로 직결시켜 미끄러짐에 의한 손실을 최소화하는 장치는?
   ① 프런트 클러치   ② 리어 클러치
   ③ 엔드 클러치   ④ 댐퍼 클러치

29. 현가장치 판(리프) 스프링에 대한 설명으로 옳지 않은 것은?
   ① 판(리프) 사이의 마찰이 존재하여 미세 진동은 흡수하기 어렵다.
   ② 길이가 짧은 판(리프)일수록 강한 캠버로 조여지며, 이를 쇼츠라 한다.
   ③ 판(리프)간 사이 마찰의 제진 작용에 의해 진동이 감쇄되어 내구성이 좋다.
   ④ 판(리프) 스프링 자체의 강성에 따라 차축을 정위치할 수 있어 구조가 간단하다.

30 파워스티어링 공기빼기 작업 수행에 관한 사항으로 옳지 않은 것은?

① 리저브 탱크 최대 표시선까지 오일을 주입한다.
② 스타터 모터를 주기적으로 작동시키면서 스티어링 휠을 좌우측으로 끝까지 여러 차례 회전시킨다.
③ 점화케이블을 연결하여 엔진 시동 후 공회전상태에서 스티어링 휠을 좌우측으로 돌린다.
④ 필요 시 빠른 작업수행을 위하여 기관회전수 2500rpm 상태에서 수행하여도 된다.

31 ABS 컨트롤 유닛(제어모듈)에 대한 설명으로 틀린 것은?

① 휠의 감속·가속을 계산한다.
② 각 바퀴의 속도를 비교·분석한다.
③ 미끄러짐 비를 계산하여 ABS 작동 여부를 결정한다.
④ 컨트롤 유닛이 작동하지 않으면 브레이크가 전혀 작동하지 않는다.

32 브레이크 푸시로드의 작용력이 62.8kgf이고 마스터실린더의 내경이 2cm일 때 브레이크 디스크에 가해지는 힘은? (단, 휠 실린더의 면적은 3cm²이다.)

① 약 40kgf　　② 약 60kgf
③ 약 80kgf　　④ 약 100kgf

33 유압식 브레이크 계통의 설명으로 옳은 것은?

① 유압계통 내에 잔압을 두어 베이퍼 록 현상을 방지한다.
② 유압계통 내에 공기가 혼입되면 페달의 유격이 작아진다.
③ 휠 실린더의 피스톤 컵을 교환한 경우에는 공기빼기 작업을 하지 않아도 된다.
④ 마스터 실린더의 체크 밸브가 불량하면 브레이크 오일이 외부로 누유된다.

34 자동차의 공기브레이크에서 공기압축기의 공기압력을 제어하는 것은?

① 안전 밸브　　② 언로더 밸브
③ 릴레이 밸브　　④ 체크 밸브

35 자동차 제동 시 정지거리로 옳은 것은?

① 반응시간+제동시간
② 반응시간+공주거리
③ 공주거리+제동거리
④ 미끄럼 양+제동시간

36 VDC(Vehicle Dynamic Control) 장치에 대한 설명으로 틀린 것은?

① 스핀 또는 언더 스티어링 등의 발생을 억제하는 장치이다.
② VDC는 ABS 제어, TCS 제어 기능 등이 포함되어 있으며 요 모멘트 제어와 자동감속 제어를 같이 수행한다.
③ VDC 장치는 TCS에 요 레이터 센서, G센서, 마스터 실린더 압력 센서 등을 사용한다.
④ 오버 스티어 현상을 더욱 증가시킨다.

37 전자제어 제동장치인 EBD(Electronic Brake force Distribution) 시스템의 효과로 틀린 것은?

① 적재용량 및 승차 인원과 관계없이 일정하게 유압을 제어한다.
② 뒷바퀴의 제동력을 향상시켜 제동거리가 짧아진다.
③ 프로포셔닝 밸브를 사용하지 않아도 된다.
④ 브레이크 페달을 밟는 힘이 감소된다.

38 전동식 전자제어 동력조향장치의 설명으로 틀린 것은?

① 속도감응형 파워 스티어링의 기능 구현이 가능하다.
② 파워 스티어링 펌프의 성능개선으로 핸들이 가벼워진다.
③ 오일 누유 및 오일교환이 필요 없는 친환경 시스템이다.
④ 기관의 부하가 감소되어 연비가 향상된다.

39 전자제어 현가장치(ECS) 시스템의 센서와 제어기능의 연결이 맞지 않는 것은?

① 앤티 피칭 제어-상하가속도 센서
② 앤티 바운싱 제어-상하가속도 센서
③ 앤티 다이브 제어-조향각 센서
④ 앤티 롤링 제어-조향각 센서

40 자동변속기 변속제어에서 악셀포지션센서(APS)의 값이 차속보다 작을 경우 저단에서 고단으로 변속되는 패턴의 제어 방식으로 옳은 것은?

① 킥 다운 ② 업 시프트
③ 다운 시프트 ④ 리프트 풋업

3과목 자동차전기

41 다음의 회로도를 보고 윈드쉴드 와이퍼 로우 스위치 선택 시 직렬합성저항 값(Ω)을 구하시오.

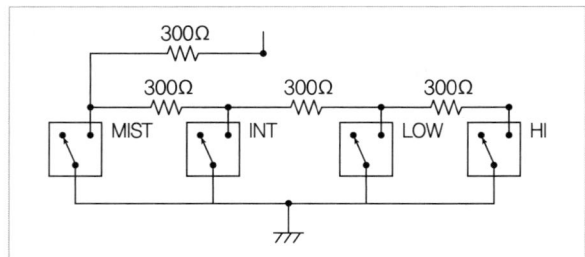

① 3kΩ ② 6kΩ
③ 9kΩ ④ 12kΩ

42 그림의 회로와 논리기호를 나타내는 것은?

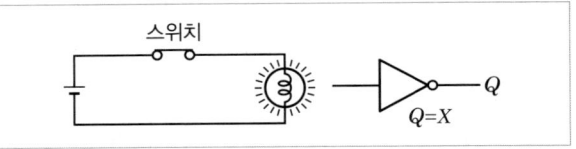

① AND(논리곱) 회로
② OR(논리합) 회로
③ NOT(논리부정) 회로
④ NAND(논리곱부정) 회로

43 자동차용 발전기 점검사항 및 판정에 대한 설명으로 틀린 것은?

① 스테이터 코일 단선 점검 시 시험기의 지침이 움직이지 않으면 코일이 단선된 것이다.
② 다이오드 점검 시 순방향은 ∞Ω쪽으로 역방향은 0Ω쪽으로 지침이 움직이면 정상이다.
③ 슬립링과 로터 축 사이의 절연 점검 시 시험기의 지침이 움직이면 도통된 것이다.
④ 로터 코일 단선 점검 시 시험기의 지침이 움직이지 않으면 코일이 단선된 것이다.

44 배터리 측에서 암전류(방전전류)를 측정하는 방법으로 옳은 것은?

① 배터리 '+'측과 '-'측의 전류가 서로 다르기에 반드시 배터리 '+'측에서만 측정하여야 한다.
② 디지털 멀티미터를 사용하여 암전류를 점검할 경우 탐침을 배터리 '+'측에서 병렬로 연결한다.
③ 클램프 타입 전류계를 이용할 경우 배터리 '+'측과 '-'측 배선 모두 클램프 안에 넣어야 한다.
④ 배터리 '+'측과 '-'측 무관하게 한 단자를 탈거하고 멀티미터를 직렬로 연결한다.

45 충전장치 정비 시에 안전에 위배되는 것은?
① 급속충전기로 충전을 하기 전에 점화 스위치를 OFF 하고 배터리 케이블을 분리한다.
② 발전기 B단자를 분리한 후 엔진을 고속회전하지 않는다.
③ 발전기 출력전압이나 전류를 점검할 때는 메가Ω테스터를 활용한다.
④ 접지 극성에 주의한다.

46 자동차에어컨(FATC) 작동 시 바람은 배출되나 차갑지 않고, 컴프레서 동작음이 들리지 않는다. 다음 중 고장 원인과 가장 거리가 먼 것은?
① 블로우 모터 불량
② 핀 서모 센서 불량
③ 트리플 스위치 불량
④ 컴프레서 릴레이 불량

47 에어컨 자동온도조절장치(FATC)에서 제어 모듈의 출력요소로 틀린 것은?
① 블로어 모터
② 에어컨 릴레이
③ 엔진 회전수
④ 믹스 도어 액추에이터

48 에어백 시스템에서 모듈을 탈거 시 각종 에어백 회로가 전원과 접지되어 에어백이 펼쳐질 수 있다. 이러한 사고를 미연에 방지하는 것은?
① 프리 텐셔너
② 단락 바
③ 클럭 스프링
④ 인플레이터

49 에어백 모듈의 취급 방법으로 잘못 설명된 것은?
① 탈거하거나 장착 시에는 전원을 차단한다.
② 내부저항의 점검은 아날로그 시험기를 사용한다.
③ 전류를 직접 부품에 통하지 않도록 한다.
④ 백 커버는 면을 위로하여 보관한다.

50 다음 중 ADAS(첨단운전자 보조시스템)의 전방레이더 보정이 필요한 경우가 아닌 것은?
① 전방 레이더를 탈거 후 재장착한 경우
② 전방 레이더 정렬 실패 DTC가 발생한 경우
③ 전방 레이더 감지 및 인식 기능에 문제가 있는 경우
④ 윈드실드글라스를 교체한 경우

51 버튼 엔진 시동 시스템에서 주행 중 엔진 정지 또는 시동 꺼짐에 대비하여 FOB 키가 없을 경우에도 시동을 허용하기 위한 인증 타이머가 있다. 이 인증 타이머의 시간은?
① 10초
② 20초
③ 30초
④ 40초

52 이모빌라이저 시스템에 대한 설명으로 틀린 것은?
① 자동차의 도난을 방지할 수 있다.
② 키 등록(이모빌라이저 등록)을 해야만 시동을 걸 수 있다.
③ 차량에 등록된 인증키가 아니어도 점화 및 연료 공급은 된다.
④ 차량에 입력된 암호와 트랜스폰더에 입력된 암호가 일치해야 한다.

53 윈드쉴드 와이퍼 작동 중 스위치 OFF시 초기 위치까지 이동시키는 구성부품으로 옳은 것은?
① 레인 센서
② 조도 센서
③ INT 스위치
④ 파킹 스위치

54 전조등 자동제어 시스템이 갖추어야 할 조건으로 틀린 것은?
① 차고 높이에 따라 전조등 높이를 제어한다.
② 어느 정도 빛이 확산하여 주위의 상태를 파악할 수 있어야 한다.
③ 승차인원이나 적재 하중에 따라 전조등의 조사방향을 좌우로 제어한다.
④ 교행할 때 맞은편에서 오는 차를 눈부시게 하여 운전의 방해가 되어서는 안 된다.

55 자동차 통신 네트워크별 통신속도에 관한 내용으로 옳은 것은?
① 저속 CAN(10~125Kbit/s)은 진단장비 통신에만 사용한다.
② 고속 CAN(125Kbit/s~1Mbit/s)은 동력전달장치에서 사용한다.
③ MOST(1Mbit/s 이상)은 진단장비 통신 및 바디전장에서 사용한다.
④ K-line, LIN(10Kbit/s 이하)은 바디전장, 멀티미디어장치에서 사용한다.

56 C-CAN에서 지선의 단락/단선에 의한 영향이 아닌 것은?
① 지선 중 1선이 단선일 경우 해당 제어기만 BUS에서 이탈한다.
② 지선 중 2선이 단선일 경우 해당 제어기를 제외한 다른 제어기 정상 통신 가능하다.
③ 지선 중 1선이 단락일 경우 CAN BUS 전체 통신 불가하다.
④ 지선 중 2선이 단락일 경우 CAN BUS 전체 통신 가능하다.

57 다음 중 자동차의 난방장치 종류에 대한 설명으로 옳지 않은 것은?
① 프리히터 방식의 경우, 냉각수 라인 내에 설치되어 외기온도가 낮을 경우 일정시간 작동한다.
② NTC 코일을 전기적으로 가열하여 실내로 유입되는 공기를 덥혀준다.
③ 독립된 외부 연소기를 이용하는 연소식의 경우, 직접형과 간접형이 있으며 자동차에는 주로 간접형을 사용한다.
④ 엔진 연소실의 연소열을 이용하여 데워진 냉각수를 이용한 온수식이 있다.

58 에어컨 압축기 종류 중 가변용량 압축기에 대한 설명으로 옳은 것은?
① 냉방 부하에 따라 냉매 토출량을 조절한다.
② 냉방 부하에 관계없이 일정량의 냉매를 토출한다.
③ 냉방 부하가 작을 때만 냉매 토출량을 많게 한다.
④ 냉방 부하가 클 때만 작동하여 냉매 토출량을 적게 한다.

59 에어컨 장치가 증발기의 출구 온도가 약 0.5~1.0℃ 이하가 되면 에어컨 릴레이를 OFF하여 압축기를 정지하고, 약 3~4℃가 되면 다시 에어컨을 구동시켜 증발기의 동결을 방지하는 데 이용되는 센서는?
① 핀 서모 센서 ② 실내 온도 센서
③ 실외 온도 센서 ④ PTC 센서

60 12V 50AH의 배터리에서 100A의 전류로 방전하여 비중 1.180으로 저하될 때까지의 소요시간은? (단, 전해액의 온도는 20℃이며, 비중이 1.180일 때 배터리의 SOC는 50%이다.)
① 5분 ② 10분
③ 15분 ④ 30분

4과목 친환경 자동차

61 하이브리드 자동차 용어(KS R 0121)에서 충전시켜 다시 쓸 수 있는 전지를 의미하는 것은?

① 1차 전지
② 2차 전지
③ 3차 전지
④ 4차 전지

62 하이브리드 고전압장치 중 프리차저 릴레이&프리차저 저항의 기능 아닌 것은?

① 메인 릴레이 보호
② 타 고전압 부품 보호
③ 메인 퓨즈, 버스바&와이어 하네스 보호
④ 배터리 관리 시스템 입력 노이즈 저감

63 하이브리드 차량의 HSG/HPCU 및 EWP 관련 정비 후, 냉각수 보충 시 공기빼기 및 냉각수 순환을 위해 EWP 구동 검사를 할 경우 검사조건으로 틀린 것은?

① 엔진 정지
② 기타 고장코드 없을 것
③ 점화 스위치 ON
④ 워밍업

64 하이브리드 자동차 계기판(Cluster)에 대한 설명으로 틀린 것은?

① 계기판에 'READY' 램프가 소등(OFF) 시 주행이 안 된다.
② 계기판에 'READY' 램프가 점등(ON) 시 정상 주행이 가능하다.
③ 계기판에 'READY' 램프가 점멸(Blinking) 시 비상 모드 주행이 가능하다.
④ EV 램프는 HEV(Hybrid Electric Vehicle) 모터에 의한 주행 시 소등된다.

65 하이브리드 자동차의 컨버터(Converter)와 인버터(Inverter)의 전기특성 표현으로 옳은 것은?

① 컨버터(Converter) : AC에서 DC로 변환, 인버터(Inverter) : DC에서 AC로 변환
② 컨버터(Converter) : DC에서 AC로 변환, 인버터(Inverter) : AC에서 DC로 변환
③ 컨버터(Converter) : AC에서 AC로 변환, 인버터(Inverter) : DC에서 DC로 변환
④ 컨버터(Converter) : DC에서 DC로 변환, 인버터(Inverter) : AC에서 AC로 변환

66 다음 중 수소연료전지(스택) 열관리 시스템의 구성이 아닌 것은?

① 전동식 워터펌프(EWP)
② 탈이온기(이온필터)
③ COD히터
④ 가습기

67 병렬형(Parallel), TMED(Transmission Mounted Electric Device) 방식의 하이브리드 자동차의 HSG(Hybrid Starter Generator)에 대한 설명 중 틀린 것은?

① 엔진 시동 기능과 발전 기능을 수행한다.
② 감속 시 발생하는 운동에너지를 전기에너지로 전환하여 배터리를 충전한다.
③ EV 모드에서 HEV(Hybrid Electric Vehicle) 모드로 전환 시 엔진을 시동한다.
④ 소프트 랜딩(Soft Landing) 제어로 시동 ON 시 엔진 진동을 최소화하기 위해 엔진 회전수를 제어한다.

68. 전기자동차 정비 시 고전압 차단을 위해 안전 플러그(세이프티 플러그)를 제거한 후 고전압 부품을 취급하기 전 일정시간 이상 대기시간을 갖는 이유로 가장 적절한 것은?

① 고전압 배터리 내의 셀의 안정화
② 제어모듈 내부의 메모리 공간의 확보
③ 저전압(12V) 배터리에 서지 전압 차단
④ 인버터 내 콘덴서에 충전되어 있는 고전압 방전

69. 하이브리드 자동차에서 고전압 회로를 연결하기 위한 파워 릴레이 어셈블리(PRA)의 구성품으로 틀린 것은?

① 프리차지 릴레이
② 인버터
③ 전류 센서
④ 고전압 연결용 버스 바

70. 전기자동차에서 EWP(전자식 워터펌프)의 회전수 및 3웨이 밸브 방향전환이 결정되는 온도 센서는?

① 내기 온도 센서   ② 냉각수 온도 센서
③ 외기 온도 센서   ④ 인렛 온도 센서

71. 전기자동차에서 인버터나 모터를 교환하거나 조립하는 과정에서 기계공차에 의해 발생한 옵셋(offset) 값을 인버터에 저장하여 모터 회전자의 절대 위치를 검출하기 위한 과정은?

① 레졸버 보정
② 인버터 보정
③ 스캔툴 보정
④ 하이브리드 보정

72. 모터 컨트롤 유닛 MCU(Motor Control Unit)의 설명으로 틀린 것은?

① 고전압 배터리의(DC) 전력을 모터 구동을 위한 AC 전력으로 변환한다.
② 구동 모터에서 발생한 DC 전력을 AC로 변환하여 고전압 배터리에 충전한다.
③ 가속 시에 고전압 배터리에서 구동 모터로 에너지를 공급한다.
④ 3상 교류(AC) 전원(U, V, W)으로 변환된 전력으로 구동 모터를 구동시킨다.

73. 전기자동차의 고전압 배터리 관리 시스템에서 셀 밸런싱 제어의 목적은?

① 배터리의 적정 온도 유지
② 상황별 입출력 에너지 제한
③ 배터리 수명 및 에너지 효율 증대
④ 고전압 계통 고장에 의한 안전사고 예방

74. 전기자동차의 고전압 모터를 검사하는 방법이 아닌 것은?

① 배터리 성능 검사
② 레졸버 센서 저항 검사
③ 선간 저항 검사
④ 온도 센서 저항 검사

75. 하이브리드 자동차에서 기동발전기(hybrid starter&generator)의 교환방법으로 틀린 것은?

① 안전 스위치를 OFF하고, 5분 이상 대기한다.
② HSG 교환 후 반드시 냉각수 보충과 공기빼기를 실시한다.
③ HSG 교환 후 진단장비를 통해 HSG 위치 센서(레졸버)를 보정한다.
④ 점화 스위치를 OFF하고, 보조배터리의 (−)케이블은 분리하지 않는다.

76 하이브리드의 고전압 배터리 충전 불량의 원인이 아닌 것은?

① LDC(Low DC/DC Converter) 불량
② HSG(Hybrid Starter Generator) 불량
③ 고전압 배터리 불량
④ BMS(Battery Management System) 불량

77 하이브리드 자동차에서 고전압 배터리 관리시스템(BMS)의 주요 제어기능으로 틀린 것은?

① 모터 제어
② 출력 제한
③ 냉각 제어
④ SOC 제어

78 전기회생제동장치가 주제동장치의 일부로 작동되는 경우에 대한 설명으로 틀린 것은? (단,「자동차 및 자동차 부품의 성능과 기준에 관한 규칙」에 의한다.)

① 주제동장치의 제동력은 동력 전달계통으로부터의 구동전동기 분리 또는 자동차의 변속비에 영향을 받는 구조일 것
② 전기회생제동력이 해제되는 경우에는 마찰제동력이 작동하여 1초 내에 해제 당시 요구 제동력의 75% 이상 도달하는 구조일 것
③ 주제동장치는 하나의 조종장치에 의하여 작동되어야 하며, 그 외의 방법으로는 제동력의 전부 또는 일부가 해제되지 아니하는 구조일 것
④ 주제동장치 작동 시 전기회생제동장치가 독립적으로 제어될 수 있는 경우에는 자동차에 요구되는 제동력을 전기회생제동력과 마찰제동력 간에 자동으로 보상하는 구조일 것

79 전기자동차 구동모터의 Y결선에 대한 설명으로 옳은 것은?

① Y결선에서는 선전류와 상전류가 같다.
② Y결선에서는 선전류와 선전압이 같다.
③ Y결선에서는 상전압과 선전류가 같다.
④ Y결선에서는 상전압과 선전압이 같다.

80 연료전지의 효율(η)을 구하는 식은?

① $\eta = \dfrac{1\text{mol의 연료가 생성하는 전기에너지}}{\text{생성 엔트로피}}$

② $\eta = \dfrac{10\text{mol의 연료가 생성하는 전기에너지}}{\text{생성 엔트로피}}$

③ $\eta = \dfrac{1\text{mol의 연료가 생성하는 전기에너지}}{\text{생성 엔탈피}}$

④ $\eta = \dfrac{10\text{mol의 연료가 생성하는 전기에너지}}{\text{생성 엔탈피}}$

01	02	03	04	05	06	07	08	09	10
③	④	①	③	④	④	③	④	①	④
11	12	13	14	15	16	17	18	19	20
②	②	③	②	③	③	③	③	①	②
21	22	23	24	25	26	27	28	29	30
①	②	④	②	④	③	②	④	②	④
31	32	33	34	35	36	37	38	39	40
④	②	①	②	③	④	②	②	③	④
41	42	43	44	45	46	47	48	49	50
③	③	②	④	③	①	③	③	③	④
51	52	53	54	55	56	57	58	59	60
③	③	④	③	③	④	②	①	③	③
61	62	63	64	65	66	67	68	69	70
②	④	③	④	①	④	④	④	②	④
71	72	73	74	75	76	77	78	79	80
①	②	③	①	④	①	①	③	①	③

01 정답 | ③
해설 | CRDI 엔진의 연료압력 조절밸브 설치위치
- 입구제어방식 : 저압펌프와 고압펌프 사이
- 출구제어방식 : 커먼레일 끝단

02 정답 | ④
해설 | 연료차단제어(퓨얼컷)는 엔진의 급감속 시 대시포트 제어와 함께 동작하므로 고속회전 준비와는 관련이 없다.

03 정답 | ①
해설 | GDI 엔진은 일반적으로 과급기가 장착되어 흡입되는 공기의 밀도를 높여 흡기온도가 상승되므로 인터쿨러를 적용하여 흡입 공기 온도를 낮춰야 한다.

04 정답 | ③
해설 | 배터리 전압이 낮으면 무효 분사시간이 길어지므로 ECU는 총 TR ON 시간을 늘려 유효분사시간을 길게 한다.

05 정답 | ④
해설 | 인젝터를 제어하는 ECU의 트랜지스터(TR)은 일반적으로 NPN방식으로 (-)제어 방식이다.

06 정답 | ④
해설 | $1800\text{rpm} = 1800\text{회전/분}$
$= 1800 \times 360°/60\text{s}$
$= 10800°/\text{s}$

따라서, 착화지연시간 $= \dfrac{1\text{s}}{10800°} \times 20°$
$= 0.00185\text{s} = 1.85\text{ms}$

07 정답 | ③
해설 | CRDI 입구제어 방식의 압력조절밸브는 저압펌프와 고압펌프 사이에 장착되어 있다.

08 정답 | ④
해설 | MPI 방식의 가솔린기관의 연료압력조절기는 흡기관의 압력이 낮을 때 밸브가 열려 연료분배관에 연료를 연료탱크로 보낸다.

09 정답 | ①
해설 | 디젤엔진의 노킹 원인은 착화지연시간이 길어질 때 발생하므로 착화지연시간을 짧게하기 위해 세탄가가 높은 (착화지연시간이 짧은) 연료를 사용하거나 분사초기 연료 분사량을 적게, 흡기온도 및 압축비를 높이는 것이 유리하다.

10 정답 | ④
해설 | 기관의 흡입압력을 높여 흡입효율을 향상시키기 위해 과급기를 적용한다. 따라서 흡입압력이 대기압보다 높을 때 흡입효율은 향상된다.

11 정답 | ②
해설 | 고부하 주행(TPS개도량 80% 이상) 시에는 차량의 가속 성능에 영향을 미치므로 피드백제어를 중단한다.

12 정답 | ②
해설 | 디젤 차량의 사후분사를 통해 DPF에 쌓인 매연을 태우고 LNT에 포집된 NOx를 환원할 수 있다.

13 정답 | ③
해설 | APS2의 정상 출력 값은 APS1의 출력값에 절반이다.

14 정답 | ②
해설 | EGR 액츄에이터는 CRDI 엔진에서 출력 요소이다.

15 정답 | ③
해설 | 05년식까지의 가솔린 승용차의 일산화탄소(CO) 규정값은 1.2% 이하이다. 06년식 이후 가솔린 승용차의 일산화탄소(CO) 규정값은 1.0% 이하이다.

16 정답 | ③
해설 | DPF의 용량을 늘릴 수 있게 되면 배압이 줄어드는 장점이 있다.

17 정답 | ③
해설 | CO 측정값은 소수점 둘째 자리 이하는 버리고 0.1% 단위로 기재한다.

18 정답 | ③
해설 | 광투과식 무부하 급가속모드는 경유자동차의 정기검사 방법이다.

19 정답 | ①
해설 | PCSV 비 작동조건
- 공회전 시(차종에 따라 다를 수 있음)
- 냉각수 온도가 일정 온도 이하 시(예 50℃ 이하)
- 시동 후 냉각 수온에 따라 일정 시간 동안
- 공연비 피드백 제어를 미실시 중
- 공연비 피드백 제어 시 일정량 이상 농후로 판단한 상태가 일정 시간 지속 시
- DTC 고장 코드 감지 시(누설 진단, 촉매 진단, PCSV 진단, CCV 진단 시)

20 정답 | ②
해설 | ④항은 3회 측정값 산술 평균값인 8.73%에서 소수점을 버린 8%로 기록하면 된다.

21 정답 | ①
해설 | 무단변속기의 구동방식은 크게 롤러형(트랙션 방식)과 가변 풀리 방식(벨트 또는 체인드라이브)으로 나뉜다. 가변 풀리 방식에서는 유압모터와 유압펌프를 통해 풀리의 직경을 변화시킨다. 따라서 스테이터 조합형은 무단변속기의 구동방식과 거리가 멀다.

22 정답 | ②
해설 | 토크 컨버터에서 펌프는 엔진과 연결되고, 터빈은 변속기의 입력축곽- 연결되어 펌프에서 발생한 유압으로 터빈이 회전하므로 지문의 내용은 펌프 임펠러에 대한 설명이다.

23 정답 | ④
해설 | 클러치의 전달효율 $= \dfrac{T_2 \times R_2}{T_1 \times R_1}$

여기서, T_1 : 엔진 토크, R_1 : 엔진회전수,
T_2 : 변속기토크, R_2 : 변속기회전수

∴ 클러치의 전달효율 $= \dfrac{60 \times 900}{80 \times 100} \times 100(\%) = 67.5\%$

24 정답 | ②
해설 | 종감속비 $= \dfrac{\text{링기어 잇수}}{\text{피니언 잇수}} = \dfrac{22}{5} = 4.4$이므로,

구동축의 회전수 $= \dfrac{\text{엔진회전수}}{\text{변속비} \times \text{종감속비}}$
$= \dfrac{3300}{1.5 \times 4.4} = 500 \text{rpm}$

차속 = 구동축의 회전수 $\times 2\pi r = 500 \times 2\pi 0.28\text{m} = 879.26\text{m/분}$
단위변환 m/분 → km/h(시)
$879.2\text{m/분} = \dfrac{879.2 \times 60}{1000} = 52.75\text{km/h} = 약\ 52.8\text{km/h}$

25 정답 | ④
해설 | TPMS 타이어 압력 모니터링 장치는 명칭에 나타난 것처럼 타이어 압력을 모니터링하여 운전자에게 압력변화를 경고하기 위한 장치이므로 압력 조절 기능은 포함되지 않는다.

26 정답 | ③
해설 | 자동변속기의 오일펌프는 엔진의 동력으로 작동되므로 오일압력 점검 시 기관의 시동상태에서 실시한다.

27 정답 | ③
해설 | 다운시프트를 통해 엔진브레이크를 잘 들게한다.
업시스트를 통해 엔진브레이크를 억제한다.

28 정답 | ④
해설 | 댐퍼 클러치는 자동변속기 차량에서 동력전달 효율 향상을 위해 특정 운전 조건에서는 기계식 마찰 클러치와 같이 펌프와 터빈을 기계적으로 결합하여 미끄러짐에 의한 동력손실을 최소화하고 연비 및 정숙성을 확보한다.

29 정답 | ②
해설 | 길이가 짧은 판(리프)일수록 강한 캠버로 조여지며, 이를 닙(Nib)이라 한다

30 정답 | ④
해설 | 파워스티어링 오일펌프의 공기빼기 작업 시 엔진의 회전수를 상승시키면 펌프토출부의 캐비테이션 현상이 발생할 수 있다.

31 정답 | ④
해설 | ABS 시스템 고장인 경우에도 일반 브레이크 유압 시스템은 정상 작동한다.

32 정답 | ②
해설 | 브레이크 마스터실린더에 작용하는 압력
$$P_1 = \frac{힘}{단면적} = \frac{62.8\text{kgf}}{\frac{\pi}{4}2^2\text{cm}^2} = 20\text{kgf/cm}^2$$
파스칼의 원리에 의해 $P_1 = P_2$(휠 실린더의 압력)이므로,
$$20\text{kgf/cm}^2 = \frac{F(디스크에 작용된 힘)}{3\text{cm}^2}$$
$$F = 20\text{kgf/cm}^2 \times 3\text{cm}^2 = 60\text{kgf}$$

33 정답 | ①
해설 | ② 유압계통 내에 공기가 혼입되면 페달의 유격이 커진다.
③ 휠 실린더의 피스톤 컵을 교환한 경우에는 공기빼기 작업을 해야 한다.
④ 마스터 실린더의 체크 밸브가 불량하면 잔압 형성이 되지 않아 제동 응답성이 떨어진다.

34 정답 | ②
해설 | 언로더 밸브(unloader valve)
• 언로더 밸브는 실린더 헤드에 설치되어 공기 탱크 내의 압력이 5~7kg/cm²가 되면 압축공기의 압력에 의해서 열려 공기 압축기의 압축 작용을 정지시킨다.
• 공기 압축기 및 기관의 과부하가 발생되는 것을 방지하는 역할을 한다.

35 정답 | ③
해설 | 정지거리 = 물체를 발견한 직후 브레이크를 밟기 전까지의 시간(공주거리) + 브레이크를 밟아 차량이 정지할 때까지의 거리(제동거리)

36 정답 | ④
해설 | 운전자가 의도하지 않은 오버 스티어, 언더 스티어는 조향 불량이므로, VDC를 적용하여 이런 현상을 감소시키는 데 목적이 있다.

37 정답 | ②
해설 | EBD의 효과
• 전자제어를 통해 전륜, 후륜에 제동압력을 조절하므로 프로포셔닝 밸브(p-valve)가 필요 없다.
• 브레이크 페달을 밟는 힘이 감소한다.
• 프로포셔닝 밸브를 적용한 방식보다 뒷바퀴의 제동력을 향상시켜 제동거리가 짧아진다.
• 중량 변화(적재용량, 승원부하)에 따른 후륜제동력의 감압율 변경이 필요하다.
• 후륜의 제동압력을 좌우 각각 독립적으로 제어하므로 선회제동 시 안전성이 확보된다.

38 정답 | ②
해설 | 전동식 파워스티어링 시스템은 파워펌프가 없이 모터를 사용한다.

39 정답 | ③
해설 | 안티 다이브 제어
제동 시 발생하는 노즈 다운 현상(다이브)를 방지하기 위한 것으로 제동신호인 브레이크 스위치와 차속 센서의 신호를 사용한다.

40 정답 | ④
해설 | 지문의 내용은 리프트 풋업에 대한 설명이다. 리프트 풋업 제어를 통해 운전의 정숙성과 엔진의 부하를 감소시킬 수 있다.

41 정답 | ③
해설 | 로우 스위치 부분까지 3kΩ저항이 3개 직렬연결이므로 3kΩ + 3kΩ + 3kΩ = 9kΩ이다.

42 정답 | ③
해설 | 회로의 스위치는 NC 스위치로 작동 시 회로가 Open되므로 출력이 없다. 따라서, 논리 부정회로이다.

43 정답 | ②
해설 | 다이오드 점검 시 순방향은 0Ω쪽으로 역방향은 ∞Ω쪽으로 지침이 움직이면 정상이다.

44 정답 | ④
해설 | • 배터리 +, - 측의 전류는 같으며, 전류측정을 위해서는 직렬로 연결한다.
• 클램프타입의 후크미터를 사용하는 경우에는 한쪽의 배선만 클램프 안에 넣어 측정한다.

45 정답 | ③
해설 | 메가Ω테스터는 절연저항을 측정하는 장비이므로 발전기 출력전압이나 전류를 점검할 때는 멀티테스터를 사용한다.

46 정답 | ①
해설 | 바람이 배출되므로 블로우 모터 불량과는 거리가 멀다.
※ 트리플 스위치 : 규정고압 이상 및 규정저압 이하일 때 컴프레서를 정지 시키며, 고온고압의 냉매를 더 빨리 식혀주기 위해 냉각팬이 HIGH로 운전하는 역할을 한다.

47 정답 | ③
해설 | FATC의 입·출력 요소
- 입력 : 냉각수온 센서, 실내 온도 센서, 외기 온도 센서, 일광 센서, 파워 TR 전압, 습도 센서, 배터리 전원, 흡기온도 센서, 각 댐퍼모터의 위치 센서, 컴프레셔 록킹 신호
- 출력 : 블로어 릴레이(블로어 모터), 컴프레셔 릴레이, 도어 액추에이터 등

48 정답 | ②
해설 | 단락 바는 에어백 점화라인 중 고압(High) 배선과 저압(Low) 배선을 서로 단락시켜 에어백 점화회로가 구성되지 않도록 하는 역할을 한다.

49 정답 | ②
해설 | 에어백 모듈의 저항을 측정할 경우 뜻하지 않은 에어백의 전개(全開)로 위험을 초래할 수 있으므로 절대 측정하지 않는다.

50 정답 | ④
해설 | 윈드실드 글라스를 교체한 경우 멀티펑션 카메라의 보정이 필요하므로 레이더 보정과는 거리가 멀다. 일반적인 전방레이더의 설치위치는 범퍼 내측이다.

51 정답 | ③
해설 | FOB 키 홀더의 기능 중 30초 인증 타이머 : 주행 중 엔진 정지 혹은 시동 꺼짐에 대비하여 FOB 키가 없을 때에도 시동을 허용하기 위한 기능이다.

52 정답 | ③
해설 | 이모빌라이저 시스템에서 차량에 등록된 인증키를 통해 시동하는 경우에만 점화 및 연료 공급이 가능하다.

53 정답 | ④
해설 | 파킹 스위치는 와이퍼 모터가 정위치에 오게 되면 원래 상태로 분리되면서 전원 공급이 끊어지고 와이퍼 정위치에서 멈추게 된다.

54 정답 | ③
해설 | 승차인원이나 적재 하중에 따라 전조등의 조사방향을 상하로 제어한다.

55 정답 | ②
해설 | ① 저속 CAN은 바디전장/멀티미디어 장치, M-CAN 등에 사용된다.
③ MOST(1Mbit/s 이상)은 대용량 영상 및 음성전송에 사용된다.
④ K-line, LIN(10Kbit/s 이하)은 진단장비 통신에 사용한다.

56 정답 | ④
해설 | 지선 중 2선기 단락일 경우 CAN BUS 전체 통신이 불가능하다.

57 정답 | ②
해설 | PTC 코일을 전기적으로 가열하여 실내로 유입되는 공기를 덮혀준다.

58 정답 | ①
해설 | 가변용량 압축기는 사판의 경사를 변화시켜 냉방 부하에 따라 냉매 토출량을 조절한다.

59 정답 | ①
해설 | 지문의 내용은 핀 서모 센서(증발기 온도 센서, 에바 센서)에 대한 설명이다.

60 정답 | ③
해설 | SOC 50%이므로 축전지 총 방전량은 50/2=25A이다. 따라서 100A로 방전하여 15분이 소요된다.

61 정답 | ②
해설 | KSR 0121 에너지 저장 시스템
2차 전지(rechargeable cell)의 정의 : 충전시켜 다시 쓸 수 있는 전지로 납산 축전지, 알칼리 축전지, 기체 전지, 리튬이온 전지, 니켈수소 전지, 니켈카드뮴 전지, 폴리머 전지 등이 있다.

62 정답 | ④
해설 | 배터리 관리 시스템의 입력 노이즈 저감기능은 캐패시터의 역할이다.
프리차저 릴레이&저항의 역할
- 메인 릴레이 보호
- 타 고전압 부품 보호
- 메인 퓨즈, 버스바&와이어 하네스 보호

63 정답 | ③
해설 | 점화스위치는 OFF 상태에서 작업한다.

64 정답 | ④
해설 | EV 램프 : 모터 구동, 회생제동, 엔진 보조 시 점등되어 모터의 구동상태를 표시한다.

65 정답 | ①
해설 | • 컨버터(Converter) : AC에서 DC로 변환 또는 직류의 전압을 변환
• 인버터(Inverter) : DC에서 AC로 변환

66 정답 | ④
해설 | 가습기는 수소자동차의 공기공급 시스템에서 수분을 공급하여 수소+공기 화학반응을 돕는다.

67 정답 | ④
해설 | **소프트 랜딩 제어**
엔진 시동 OFF 시 HSG로 엔진에 부하를 걸어 엔진에서 발생되는 진동을 최소화한다.

68 정답 | ④
해설 | 정비를 위해 안전 플러그 제거 시 인버터 내 콘덴서에 충전되어 있는 고전압을 방전하기 위해 대기시간이 필요하다.

69 정답 | ②
해설 | 파워 릴레이 어셈블리(PRA)는 배터리에서 인버터로 방전되는 고전압 전원 회로를 제어하므로 인버터는 PRA 구성품에 해당하지 않는다.

70 정답 | ④
해설 | 인렛 온도 센서는 고전압 배터리 모듈, 배터리 승온 히터, 냉각수 호스에 장착되어 있으며 배터리 및 전장 시스템 내부 냉각수 온도를 감지하는 역할을 한다. 인렛 온도 센서 값에 따라 EWP RPM 및 3way 밸브 방향전환이 결정된다.

71 정답 | ①
해설 | 레졸버는 모터와 유사한 구조로 모터의 회전자와 고정자의 위치, 모터의 회전각과 회전속도를 감지하여 정밀한 구동 제어에 사용된다.

72 정답 | ②
해설 | MCU는 인버터 기능과 배터리 충전을 위해 모터에서 발생한 교류를 직류로 변환시키는 컨버터(AC → DC) 기능을 실행한다.

73 정답 | ③
해설 | 셀 밸런싱은 셀 간의 전압을 균일하게 하여 과충전 및 과방전을 방지함으로써 배터리 수명 및 에너지 효율을 증대시킨다.

74 정답 | ①
해설 | **고전압 모터의 검사방법**
• 구동 모터 U, V, W 선간 저항을 검사
• 구동 모터 레졸버 센서 저항을 검사
• 구동 모터 온도 센서 저항을 검사

75 정답 | ④
해설 | 안전을 위해 점화 스위치를 OFF하고, 보조배터리의 (−) 케이블은 분리한다.

76 정답 | ①
해설 | LDC(Low DC/DC Converter)가 불량일 경우 저전압 배터리의 충전 불량이 발생한다.

77 정답 | ①
해설 | 하이브리드 또는 전기차에서 모터를 제어하는 부품은 MCU(인버터)이다.

78 정답 | ①
해설 | 주제동장치의 제동력은 동력 전달계통으로부터의 구동전동기 분리 또는 자동차의 변속비에 영향을 받지 아니하는 구조일 것(「자동차 및 자동차 부품의 성능과 기준에 관한 규칙」 제15조 제11항)

79 정답 | ①
해설 | Y결선의 경우 각 상의 전류는 선전류와 같고, 각 상의 전압은 선간 전압의 $\dfrac{1}{\sqrt{3}}$과 같다.

80 정답 | ③
해설 | $\eta = \dfrac{1\text{mol의 연료가 생성하는 전기에너지}}{\text{생성 엔탈피}}$

MEMO

2026
자동차정비산업기사 **필기** 한권완성

초 판 발 행	2024년 01월 10일
개정2판1쇄	2026년 01월 30일

편 저	이병근 박지은
발 행 인	정용수
발 행 처	(주)예문아카이브
주 소	경기도 파주시 광인사길 79 4층(문발동)
T E L	031) 955-0550
F A X	031) 955-0660
등 록 번 호	제2016-000240호
정 가	25,000원

- 이 책의 어느 부분도 저작권자나 발행인의 승인 없이 무단 복제하여 이용할 수 없습니다.
- 파본 및 낙장은 구입하신 서점에서 교환하여 드립니다.

홈페이지 http://www.yeamoonedu.com

ISBN 979-11-6386-534-6   [13550]